Rheinland-Pfalz

SPEKTRUM
PHYSIK S1

Gymnasium

Schroedel

SPEKTRUM
PHYSIK S1 Rheinland-Pfalz

Bearbeitet von
Thomas Appel, Northeim
Benjamin Dickert, Mainz
Gerhard Glas, Frankfurt/Main
Michael Langer, Vellmar
Lars-Patrick May, Ingelheim
Marcus Rutz-Lewandowski, Billigheim-Ingenheim

Unter Mitarbeit von
Jürgen Bissel, Frank Eiselt, Ulrich Fries, Jens Gössing, Norbert Goldenstein, Dagmar Günther, Daniel Heß, Katja von Jagow, Manfred Klostermann, Frank Küchenberg, Prof.em Dr. Hansjoachim Lechner †, Dietmar Lohmann, Dr. Michael Müller, Sigrun Otte-Spille, Georg Peters, Wolfgang Rieger, Dr. Karl Sarnow, Jürgen M. Schröder, Rainer Serret, Reinhard Stumpf, Kerstin Schieler, Petra Ullrich, Michael Voß, Thea Wolf, Gottfried Wolfermann, Martin Zieris

Druck A[1] / Jahr 2016
Alle Drucke der Serie A sind im Unterricht parallel verwendbar.

Redaktion: Bernd Trambauer
Fotos: Michael Fabian, Markus Mettin, Hans Tegen
Grafik: deckermedia, Liselotte Lüddecke, newVISION!, Karin Mall, Walther-Maria Scheid, Birgit Schlierf
Umschlaggestaltung: Janssen Kahlert Design & Kommunikation GmbH, Hannover
Repro/Druck/Bindung: westermann druck GmbH, Braunschweig
ISBN 978-3-507-**86880**-9

Strukturelemente

Sachtexte
Sie dienen insbesondere der Vermittlung von Kompetenzen aus dem Bereich Erkenntnisgewinnung und Nutzung fachlicher Konzepte.

Werkzeug

Diese Arbeitstechniken und Fertigkeiten ermöglichen eine erfolgreiche Auseinandersetzung mit den physikalischen Inhalten und helfen beim Erwerb prozessbezogener Kompetenzen naturwissenschaftlichen Arbeitens.

Durchblick

Einzelaspekte naturwissenschaftlichen Arbeitens werden in größeren Zusammenhängen reflektiert, wodurch Überblickswissen entsteht. Die dabei erworbenen Kompetenzen befähigen zur bewussten Auseinandersetzung mit naturwissenschaftlichen Verfahren und ihren Ergebnissen.

Grundwissen

Das Grundwissen des Kapitels ist nach Basiskonzepten geordnet grafisch dargestellt. Lebensweltliche, zur Aufschlüsselung auffordernde Situationen bilden die Basis von Aufgaben, die das physikalische Wissen aktivieren.

Projekt

Sie fordern selbsttätige Erarbeitung fach- und prozessbezogener Kompetenzen und ermöglichen ergänzend zu den Sachtexten ein kontextgebundenes Lernen.

Versuche und Aufträge

Wichtige physikalische Inhalte werden anhand einfacher Freihandversuche selbstständig erarbeitet.

Pinnwand

Sie bieten Anregungen, die im Unterricht erarbeiteten verbindlichen Inhalte mit außerschulischen Sachverhalten in Verbindung zu bringen, und stellen so Kontexte her.

Streifzug

Streifzüge enthalten u.a. anwendungsorientierte, oft fächerübergreifende Bezüge, die über die verpflichtenden Inhalte hinausgehen. Sie vertiefen die Inhalte der Sachtexte oder ergänzen sie durch Ausblicke in andere Fächer.

Basiskonzepte

S W M E

Die Inhalte jeder Sachtextseite sind mindestens einem der Basiskonzepte *System*, *Wechselwirkung*, *Materie* oder *Energie* zugewiesen. Sie sind durchgehendes Ordnungsprinzip aller Inhalte und damit des gesamten physikalischen Wissens der Schülerinnen und Schüler.

Inhalt

Schall

Musik, mal laut mal leise, mal getragen mal kraftvoll: Musikhören ist für viele Menschen wichtig. Genau wie Sprache dient sie als Kommunikationsmittel zwischen den Menschen. Zu laute Musik aus Kopfhörern oder andere laute Geräusche können gefährlich für unsere Ohren werden, weil Hörschäden drohen. Schall kann aber auch Informationen über Fischschwärme, Gewitter oder den Gesundheitszustand liefern.

In diesem Kapitel lernst du, wie Schall erzeugt wird, wie er sich ausbreitet und und mit welchen Begriffen akustische Phänomene beschrieben werden können. Du erfährst etwas über deinen Hörsinn und wie du dich vor ungewünschtem Schall schützen kannst.

Lärm und Lärmschutz: Sehr lauter Schall kann nicht nur lästiger Lärm, sondern auch eine Gefahr für die Ohren sein – deshalb müssen Bauarbeiter einen Gehörschutz tragen. Aber wie laut ist es in der Disco oder unter einem Kopfhörer?

DJ-Führerschein: Durch die laute Musik in Diskotheken und auf Konzerten kann es zu schweren Hörschäden kommen. Mittlerweile hat jeder vierte Jugendliche einen Hörschaden!
Um diesem entgegenzuwirken gibt es den DJ- und DJane-Führerschein. Dort lernen Discjockeys, welche Grenzwerte einzuhalten sind, um Hörschäden zu vermeiden und wie Hilfsmittel zur Überwachung der Lautstärke zu nutzen sind.

Schalltoter Raum: Um Schallquellen untersuchen zu können, müssen andere Einflussgrößen wie Echo, Hall und Fremdschall ausgeschlossen werden. Dazu haben Forschungseinrichtungen schalltote Räume. Die Keile an der Wand absorbieren den Schall, sodass keine Reflexionen auftreten. Auch der Boden absorbiert den Schall, weil die Experimente auf einem Gitter durchgeführt werden. Hier werden z. B. Autos oder LKW, Mikrofone und Lautsprecher untersucht oder Schallpegelmessgeräte kalibriert.

Musikinstrumente:
Bei einem Xylophon wird mit einem Klöppel auf verschieden lange Holzstäbe geschlagen. Je nach Länge der Stäbe erklingen unterschiedliche Töne. Wie entstehen Töne bei anderen Instrumenten? Können Töne auch sichtbar gemacht werden?

Vorbereitung

1 Lies die Texte dieser beiden Seiten durch und betrachte die zugehörigen Bilder. Schreibe zu den einzelnen Themen Fragen auf, die du dazu hast.
2 Blättere das folgende Kapitel durch, lies die Überschriften und betrachte die Bilder. Notiere neben den Fragen aus 1 die Seitenzahlen, die deiner Meinung nach Antworten zu deinen Fragen liefern könnten.
3 Überlege und schreibe auf, was du in Experimenten untersuchen möchtest. Vielleicht hast du ja schon Ideen, wie die Versuche aussehen könnten

Projekt Lärmtagebuch

„Musik wird oft nicht schön gefunden, weil sie stets mit Geräusch verbunden." stellte bereits WILHELM BUSCH 1872 in seinem Werk „Der Maulwurf" fest. Ob etwas als Lärm oder als angenehm empfunden wird, hängt nicht unbedingt von der Lautstärke ab, sondern auch davon, welche Einstellung die betroffene Person zu dem Geräusch hat. So mögen viele Leute das Geräusch eines Zahnarztbohrer nicht, den Zahnarzt selbst stört es jedoch nicht.

P1 a) Stellt eine Sammlung von **Tönen**, **Geräuschen** und unterschiedlichen Musikrichtungen zusammen und übertragt diese auf einen Medienspieler. Spielt die Ausschnitte unterschiedlichen Leuten vor und lasst sie von diesen bewerten. Erstellt dafür einen geeigneten Fragenkatalog. Überlegt und recherchiert, welche Fragen ihr stellen wollt und welche Daten zusätzlich erhoben werden sollen.

b) Veranschaulicht eure Ergebnisse der Umfrage anschaulich und haltet einen Vortag über eure Untersuchung vor der Klasse.

P2 a) Beobachtet die Geräusche, die täglich auf Euch einwirken genauer, indem Ihr über einen Zeitraum von einer Woche ein „Lärmtagebuch" führt. Dort soll die Art des Geräusches, der Zeitpunkt, die gefühlte Lautstärke sowie das zugehörige Empfinden verzeichnet werden. Tragt die Ergebnisse in eurer Gruppe übersichtlich zusammen.
b) Versucht, Zusammenhänge zu finden und veranschaulicht eure Ergebnisse in Form eines Plakats.

P3 Informiert euch über persönliche Schallschutzausrüstung und **Schallschutz** in Gebäuden. Erstellt einen Vortrag zum Thema „(Un)vermeidbarer Lärm – Strategien zur Lärmvermeidung und zum Lärmschutz".

P4 So wie die Augen nicht alles sehen können, haben auch unsere Ohren Grenzen. Nennt Beispiele, wie tief und wie hoch Töne sein können, die ihr gerade noch hören könnt. Erstellt aus den Beispielen Audiodateien, die ihr in einem Vortrag über das Thema „Schwerhörigkeit im Alter" verwendet.

Projekt Signale

Schall ist für den Menschen und viele Tiere ein Mittel zur Kommunikation. Informationen können schnell und präzise übermittelt und sogar zur späteren Verwendung aufgezeichnet werden. Der physikalische Begriff für Informationen, wenn sie übertragen oder aufgezeichnet werden, ist Signale.

P1 a) Recherchiert die Geschichte der **Schallaufzeichnung.** Erstellt eine Zeitleiste mit den technischen Geräten und zugehörigen Erklärungen als Wandzeitung.
b) Parallel zur Schallaufzeichnung hat sich auch die **Schallübertragung** entwickelt. Informiert euch über verschiedene Verfahren, Informationen schnell auch über große Entfernungen zu übertragen. Stellt Eure Ergebnisse in Form einer Zeitleiste dar.

P2 a) Eine wichtige Aufgabe von Schall ist die schnelle und kurze Übermittlunge von Informationen in Form von **Signalen.** Schaut euch in Eurer häuslichen Umgebung um, in der Schule, auf dem Schulweg, in Bussen und Bahnen ... Tragt zusammen, welche Signale und Signalquellen vorhanden sind. Sortiert diese nach dem Zweck und der Art des Signals. Erstellt Plakate, auf denen Ihr Eure Ergebnisse präsentiert. Überlegt dabei auch, warum für den gewünschten Zweck Schall zur Signalübermittlung verwendet wird.
b) Recherchiert zum Begriff **Jingle** und erstellt daraus einen multimedialen Vortrag.

Physiker machen Musik — Projekt

Es gibt eine Vielzahl an unterschiedlichen Musikinstrumenten. Jeder Kulturkreis, jede Zeitepoche hat eigene hervorgebracht, die ihre Besonderheiten aufweisen. Sie werden geblasen, gezupft, geschlagen oder gestrichen, sie sind leise oder ohrenbetäubend, sie sind aus einfachen Mitteln oder mit teuren Materialien und hohem technischen Aufwand gebaut.

P1 Notiert alle **Instrumente**, die euch einfallen, in euer Protokollheft. Sortiert sie dann nach geeigneten Gruppen. Nennt die Kriterien, nach denen ihr sie eingeteilt habt.

P2 Einfache Instrumente lassen sich leicht selbst bauen – Beispiele findet ihr auf den Fotos. Überlegt euch, welches Orchester ihr gründen wollt. Soll es Blasmusik werden oder lieber ein Streichorchester? Oder ist doch die Big Band die erste Wahl? Auch alternative Musikformen haben hier ihre große Chance. Überlegt euch deshalb, wer welches Instrument bauen will, und haltet es in eurem Protokoll fest.

P3 Recherchiert in der Literatur und im Internet nach **Bauplänen für Instrumente**. Besprecht diese dann untereinander und entscheidet, wie ihr eure Instrumente am besten baut.
Schreibt ebenfalls nieder, wer die benötigten Materialien zum nächsten Treffen mitbringen kann, damit es keinen Streit gibt.

P4 Baut eure Instrumente nach euren Anleitungen und testet ihre Funktion. Achtet auf eine gute „Alltagstauglichkeit“, damit sie das ganze Konzert über halten.

P5 An den selbst zu bauenden Instrumenten gibt es eine Menge zu untersuchen. Zunächst ist zu klären, wie die **Töne** oder **Geräusche** eurer Instrumente erzeugt werden. Fertigt dazu kleine Skizzen an und schreibt eure Beobachtungen und Vermutungen möglichst ausführlich nieder.

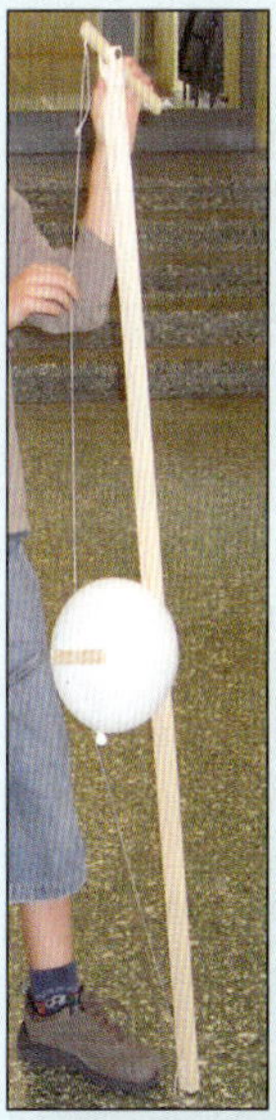

P6 Besprecht in der Gruppe, wie sich die Töne oder Geräusche der einzelnen Instrumente beeinflussen lassen. Klärt, ob und wie sich die **Tonhöhe** und die **Lautstärke** verändern lassen.
Verbessert dann eure Instrumente und haltet die Umbauten im Protokoll fest.

P7 Vergleicht die Töne eures Instruments z.B. mit denen eines Klaviers oder einer Gitarre. Wie viele unterschiedliche Töne könnt ihr erzeugen? Wie lückenlos reihen sich die Töne eures Instruments aneinander? Könnt ihr vielleicht sogar eure Töne in einer **Notation (Notenschrift)** angeben?

P8 Recherchiert nach weiteren Methoden, wie ihr die Töne eures Instruments charakterisieren könnt. Sucht nach Möglichkeiten, die gefundenen Methoden auf eure Instrumente anzuwenden. Fragt bei benötigten Geräten aus der Physiksammlung bei eurem Lehrer nach.

P9 Setzt euch zusammen und überlegt euch ein musikalisches Thema für die ganze Gruppe. Bildet Untergruppen mit ähnlichen Instrumenten und stimmt eure Instrumente aufeinander in Tonlage und Lautstärke ab. Versucht das vorgenommene Thema in eurer Gruppe umzusetzen, probiert Variationen aus, baut Wiederholungen ein. Übt fleißig miteinander und gebt dann ein großes Konzert.

Schallentstehung

Auf uns stürmen jeden Tag viele Geräusche ein: Das Klingeln des Weckers, die Musik im Radio oder aus dem MP3-Player, der Lärm des Straßenverkehrs und vieles mehr. In der Schule ist Ruhe zum Zuhören wichtig oder Stille zur Konzentration bei der Klausur. Geräusche, Musik, Sprache oder Lärm wären dann sehr störend.

In diesem Abschnitt wird zunächst geklärt, was Schall überhaupt ist und wie er beschrieben werden kann, danach auch, wie er sich ausbreitet.

Von der Quelle zum Empfänger

Schall kommt vom Mund, von Lautsprechern, von Musikinstrumenten, von Maschinen oder von plätscherndem Wasser. Sie alle senden Schall aus. Aber erst wenn Schall auf unser Ohr trifft, können wir ihn wahrnehmen. Körper, von denen Schall ausgeht, sind **Schallquellen** oder Schallsender, Körper, die Schall aufnehmen, **Schallempfänger.**
Besondere Schallempfänger sind Mikrofone. Mit ihnen lässt sich der Schall empfangen, in elektrische Signale umwandeln und dann weiter verarbeiten.

Alles Hörbare ist Schall. Für Schall gilt:

Schallquelle → **Schall** → Schallempfänger

Aufgaben

1 Nenne mindestens zehn Verben, die Schall beschreiben. Gib jeweils die dazugehörige Schallquelle an.

2 „Auf den Ohren sitzen“, „Wie man in den Wald hineinruft, so schallt es heraus.“, ... Es gibt viele Redensarten mit „Schall“. Schreibe einige auf, erkläre ihre Bedeutung und ihren Bezug zum physikalischen Schallbegriff.

3 Nenne Schallquellen und unterteile sie in Musik, Sprache, Lärm.

Schallentstehung

- Wenn wir beim Sprechen die Hand an den Kehlkopf legen, so sind nicht nur die Worte zu hören, sondern es ist auch ein Vibrieren in der Kehle zu fühlen.
- Eine Stimmgabel, die angeschlagen wird, sendet ebenfalls Schall aus. Beim Berühren ist zu spüren, dass die Zinken hin und her schwingen.
- Styroporkügelchen tanzen wie wild auf der Membran eines tönenden Lautsprechers. Die Bewegung der Membran lässt sich fühlen.

Zentraler Versuch

Die Entstehung von Schall ist offensichtlich mit der Hin- und Herbewegung eines Körpers verknüpft. Andere Körper (z. B. Geigensaite, Trommel, Glocke) lassen sich ganz ähnlich zu solchen Hin- und Herbewegungen anregen.
Was aber bewegt sich bei einer Blockflöte? In die Öffnung geblasener Rauch zeigt, dass es die Luftteilchen sind, die sich hin und her bewegen.

Diese Bewegungen heißen **Schwingungen.** Offenkundig ist bei der Schallentstehung immer auch ein schwingender Körper oder ein schwingender Teil eines Körpers beteiligt.

Schwingende Körper können Schall aussenden.

Schwingungen

Zur genaueren Beschreibung einer Schwingung soll eine langsam schwingende Blattfeder betrachtet werden: Nach dem Auslenken aus der **Ruhelage** schwingt die Blattfeder hin und her; dabei geht sie immer wieder durch die Ruhelage. Ein kompletter Durchgang wird als **Periode** der Schwingung bezeichnet. Die maximale Auslenkung von der Ruhelage bis zum jeweiligen Umkehrpunkt wird **Schwingungsweite** oder **Amplitude** genannt.

Die Zeitdauer für eine Periode lässt sich durch Abstoppen mit einer Uhr messen. Dabei stellt sich heraus, dass die schwingende Blattfeder für einen vollen Durchgang (Ruhelage → ganz nach links → Ruhelage → ganz nach rechts → Ruhelage) jeweils dieselbe Zeitdauer benötigt. Diese Zeit für eine volle Periode wird **Schwingungsdauer *T*** genannt.

Zentraler Versuch

Unabhängig davon, wie weit die Blattfeder aus der Ruhelage ausgelenkt wird, ist die Zeit für eine Schwingung immer gleich. Es spielt für die Schwingungsdauer keine Rolle, ob die Blattfeder mehr oder weniger weit ausgelenkt wird. Die Schwingungsdauer lässt sich genauer bestimmen, wenn nicht die Zeit für eine, sondern für mehrere Perioden gemessen wird. Anschließend wird der ermittelte Wert durch die Anzahl der Perioden geteilt. Werden für 20 Perioden z.B. 100 s gemessen, so beträgt die Schwingungsdauer $T = \frac{100\text{ s}}{20} = 5$ s.

Bei schnell schwingenden Körpern ist die Schwingungsdauer sehr klein, die Anzahl der Schwingungen groß. Deshalb lässt sich eine Schwingung auch durch die Zahl der Perioden in *einer* Sekunde beschreiben. Diese Zahl der Schwingungen pro Sekunde wird **Frequenz *f*** genannt. Ihre Einheit ist das Hertz: 1 Hz = $\frac{1}{\text{s}}$. Für eine Lautsprechermembran bedeutet eine Frequenz von 1000 Hz, dass sie 1000 komplette Perioden in einer Sekunde vollführt. Die Schwingungsdauer beträgt in diesem Fall $T = \frac{1\text{ s}}{1000} = 0{,}001$ s = 1 ms.
Aus der Frequenz *f* lässt sich somit die Schwingungsdauer *T* leicht berechnen und umgekehrt:
$\boldsymbol{T = \frac{1}{f}}$ und $\boldsymbol{f = \frac{1}{T}}$.

Schwingungsdauer

Das Formelzeichen ist *T*.
Die Einheit ist s (Sekunde).

Frequenz

Das Formelzeichen ist *f*.
Die Einheit ist 1 Hz (Hertz) = 1$\frac{1}{\text{s}}$
Weitere Einheiten:
Kilohertz: 1 kH = 1000 Hz

Schwingungen sind gekennzeichnet durch Amplitude bzw. Schwingungsweite und Schwingungsdauer bzw. Frequenz.

Rechenbeispiel

Eine große, eingespannte Blattfeder schwingt in 15 Sekunden 30-mal hin und her. Bestimme die Frequenz und die Schwingungsdauer.

Geg.: 30 Schwingungen in 15 s

Ges.: Frequenz *f*, Schwingungsdauer *T*

Lösung: $f = \frac{\text{Anzahl der Perioden}}{\text{dafür benötigte Zeit}}$

$= \frac{30}{15\text{ s}} = 2\,\frac{1}{\text{s}} = 2$ Hz

$T = \frac{\text{Zeit für alle Perioden}}{\text{Anzahl der Perioden}}$

$= \frac{15\text{ s}}{30} = 0{,}5$ s = 500 ms

Die Blattfeder schwingt mit einer Frequenz von 2 Hz. Die Schwingungsdauer beträgt 0,5 s.

Schwingungen — Versuche und Aufträge

V1 a) Nenne Gegenstände deiner Umgebung, die schwingen; bestimme Ruhelage, Amplitude und Frequenz.
b) Beschreibe deine Vorgehensweise.

V2 Suche schwingende Gegenstände (z.B. das Pendel einer Wanduhr oder eine Schaukel).
a) Beschreibe, wie du Schwingungsdauer oder Frequenz messen kannst.
b) Nenne Schwierigkeiten, die beim Messen auftreten können, und wie sie sich vermeiden lassen.
c) Führe die Messung durch.

V3 a) Bestimme die Schwingungsdauer einer leeren Kinderschaukel.
b) Lege einen schweren, aber kleinen Gegenstand (z.B. einen Ranzen) auf die Schaukel. Miss die Schwingungsdauer erneut. Vergleiche die Ergebnisse.

Töne sichtbar gemacht

Damit Schwingungen besser untersucht werden können, wäre es gut, wenn sie „festgehalten" werden könnten. Dies lässt sich erreichen, indem die Stimmgabel mit ihrer schwingenden Zinke gleichmäßig über eine rußgeschwärzte Platte gezogen wird. Sie hinterlässt dann im Ruß eine deutliche Spur, aus der sich der Weg der schwingenden Zinke ablesen lässt.

Zentraler Versuch

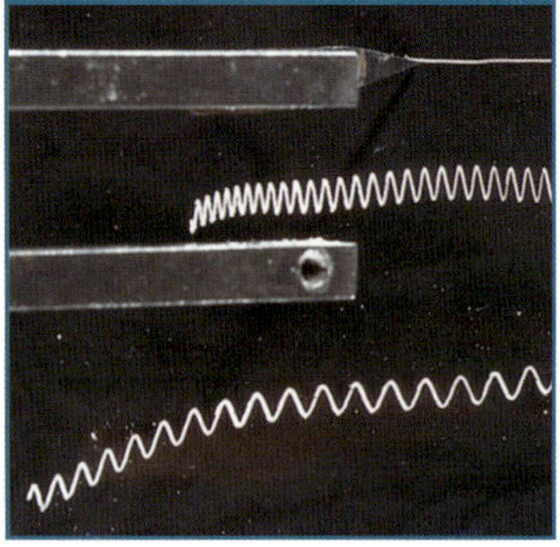

Aus der Rußspur lässt sich die Zahl der kompletten Perioden abzählen. Durch das Messen der Zeit zwischen Anfang und Ende der Spur können die Schwingungsdauer und damit die Frequenz bestimmt werden.
Auf der Rußplatte wird auch sichtbar, wie weit die Stimmgabel beim Schwingen aus der Ruhelage ausgelenkt wurde. Es zeigt sich, dass die Ausschläge nach oben und unten mit der Zeit geringer werden, die Amplitude also abnimmt – der Ton wird leiser. Da sich die Frequenz dabei nicht ändert, ist es immer noch der gleiche Ton.

Schallsender	Schwingungsbilder
lange Stimmgabel	 leiser tiefer Ton 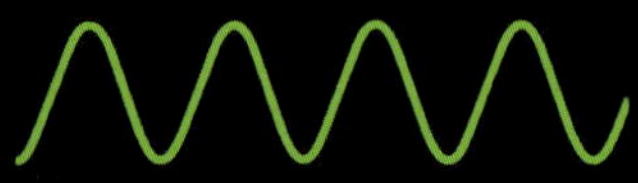 lauter tiefer Ton
kurze Stimmgabel	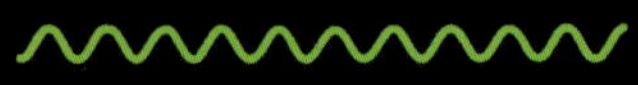 leiser hoher Ton 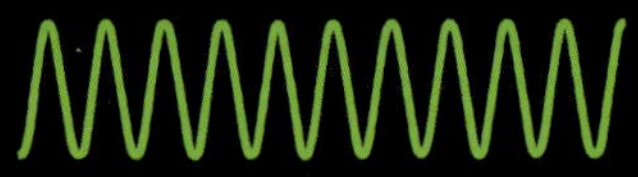 lauter hoher Ton
Rasseln mit Schlüsselbund	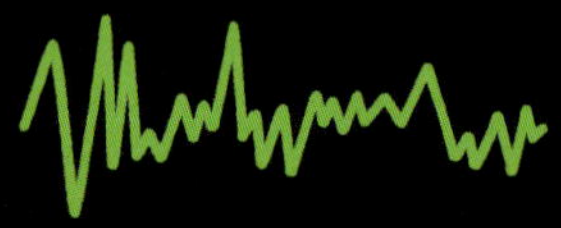 Geräusch
Schuss; platzender Ballon; Zerschlagen einer aufgeblasenen Papiertüte	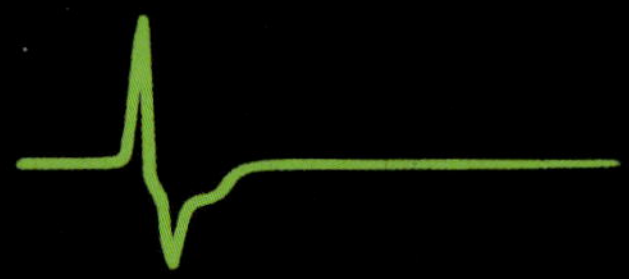 Knall
Geige	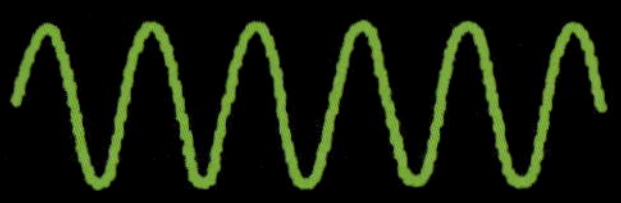 Klang
menschliche Stimme	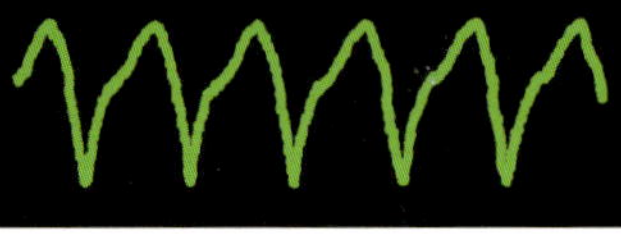

Die Stimmgabel hat auf der berußten Glasplatte Schwingungen sichtbar gemacht. Besser geht es mit Mikrofon, Computer und passender Software. Damit lässt sich der vom Mikrofon aufgenommene Schall in die unten dargestellten Schwingungsbilder wandeln und entweder direkt auf dem Bildschirm darstellen oder für später speichern. Dadurch können verschiedene Schwingungsbilder miteinander verglichen und Lautstärke (Amplitude) und Tonhöhe (Frequenz) bestimmt werden.

Je größer die Amplitude ist, desto lauter klingt der Ton.
Je größer die Frequenz eines Tons ist, desto höher klingt er.

Aufgaben

1 Vergleiche die folgenden Schwingungsbilder ①–⑤. Formuliere Sätze wie „Ton ① ist lauter als …", „Ton ② ist höher als …"

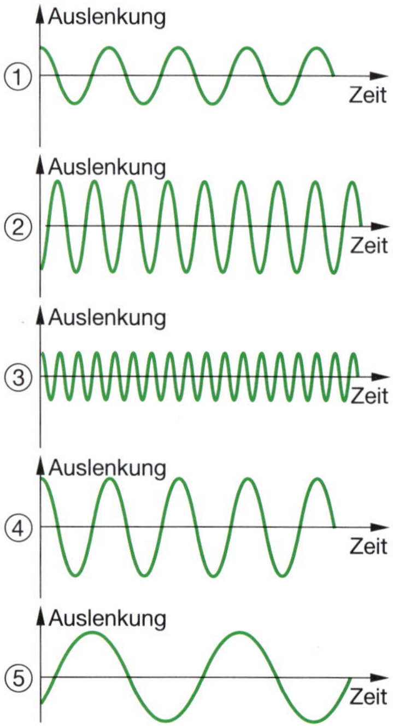

Schall und Schwingungen

Versuche und Aufträge

V1 a) Fülle Wasser in einen Becher. Schlage die Zinken einer großen Gabel (z. B. Tranchiergabel aus dem Bratenbesteck) an und halte sie ins Wasser.
b) Beschreibe deine Beobachtung und erkläre.

V2 Nimm ein biegsames Lineal und halte es so auf einem Tisch fest, dass es noch über die Tischkante ragt. Lenke das überstehende Ende aus. Experimentiere und schildere deine Beobachtungen.

V3 Glasorgel: Besorge dir möglichst ein Dutzend gleicher Gläser aus dünnem Glas. Fülle sie der Reihe nach mit immer mehr Wasser. Fahre mit dem angefeuchteten Finger langsam am Rand der Gläser entlang.
a) Beschreibe den Zusammenhang Tonhöhe ↔ Wasserstand.
b) Erkläre das Zustandekommen der Töne und warum dünne Gläser besser klingen als dicke.
c) Stimme die Gläser durch Verändern des Wasserstands und spiele ein „Lied“.

V4 Dosenlaute: Bohre in eine unten offene Dose seitlich je ein Loch und stecke einen ca. 1 m langen Holzstab hindurch. Verknote an beiden Enden eine Saite und spanne sie mit einem dreieckigen Holzkeil.

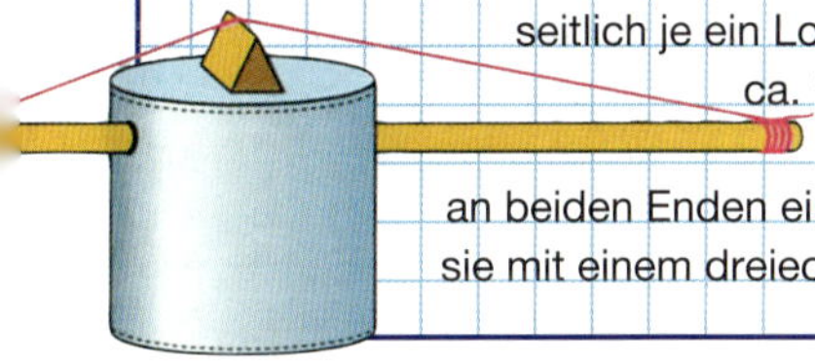

a) Bestimme die Größen deines Instruments, welche die Tonhöhe beeinflussen.
b) Verändere während des Spielens die Tonhöhe und spiele ein „Lied“.

V5 Hänge ein Wägestück an einen ca. 1,5 m langen Faden, lenke dieses Pendel ein wenig aus und lass es schwingen.
a) Bestimme Amplitude, Schwingungsdauer und Frequenz des Pendels.
b) Untersuche, ob die Amplitude einen Einfluss auf die Frequenz der Schwingung hat.
c) Untersuche, ob die Länge das Fadens (also die Pendellänge) Auswirkungen auf Schwingungsdauer bzw. Frequenz hat. Kürze den Faden dazu schrittweise um jeweils 10 cm. Trage deine Messergebnisse in eine Tabelle ein und stelle sie auch grafisch dar.
d) Formuliere Zusammenhänge und prüfe, ob sie proportional oder antiproportional sind.

V6 Experimente mit einer Computer-Soundkarte:
a) Nimm unterschiedliche Töne von verschiedenen Musikinstrumenten mit einem Mikrofon auf. Bestimme jeweils die Frequenzen der Töne.
b) Vergleiche Klangbilder unterschiedlicher Instrumente bei gleicher Frequenz.
c) Nimm denselben gesprochenen Satz von verschieden Personen auf und vergleiche.

Die menschliche Stimme

Streifzug

Die menschliche Stimme ist ein unglaublich vielseitiges „Instrument“. Sie kann zwischen Schreien und Flüstern, zwischen tiefem Brummen und hohem Kreischen variiert werden. Durch verschiedene Klangfarben können viele Geräusche nachgeahmt werden.

Die Stimmbäder liegen im Kehlkopf. Strömt Luft aus der Lunge durch die Stimmritze zwischen den Stimmbändern, so werden sie auseinander gedrückt und schlagen wieder zusammen. Dieses Hin und Her erzeugt ein schnarrendes Geräusch. Die Länge der Stimmbänder ist verantwortlich dafür, dass sich bei den Sängerinnen und Sängern Sopran, Alt, Tenor und Bass unterscheiden lassen. Je länger die Stimmbänder, desto tiefer die Stimmlage. Aber erst durch den Raum in Brust, Rachen, Nase und Mund sowie durch die Stellung der Zunge, des Gaumens, der Zähne und der Lippen entstehen die vielfältigen Laute, zu denen der Mensch fähig ist. Die darauf beruhende Sprache war ein wesentlicher Schritt in der Entwicklungsgeschichte des Menschen.

Saitenschwingungen

Gitarren, Geigen, Banjos usw. unterscheiden sich deutlich in ihrem Klang – im Prinzip funktionieren sie jedoch alle gleich: Das Auslenken und anschließende Schwingen einer Saite erzeugt hohe oder tiefe, laute oder leise Töne. Welche Größen sind für die Tonhöhe ausschlaggebend? Lassen sich Regeln aufstellen? Was ändert sich von einem Saiteninstrument zu einem anderen?

Zentraler Versuch

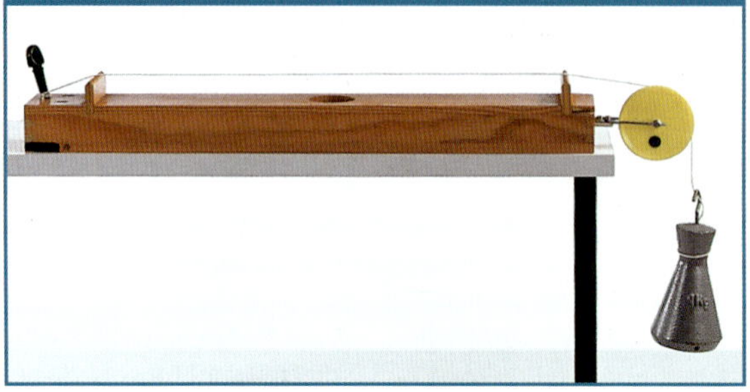

Zur Klärung dieser Frage dient das Monochord. Es ist ein „Instrument" mit nur einer Saite. Über den verschiebbaren Steg kann die Länge der schwingenden Saite verändert werden, über das angehängte Wägestück ihre Spannung. Sowohl die Länge als auch die Zugkraft können somit gemessen werden. Die Frequenz, mit der die Saite schwingt, wird mit einem Stimmgerät ermitelt.

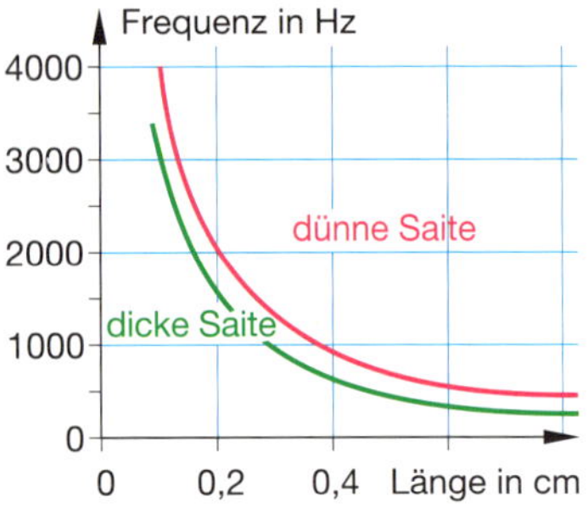

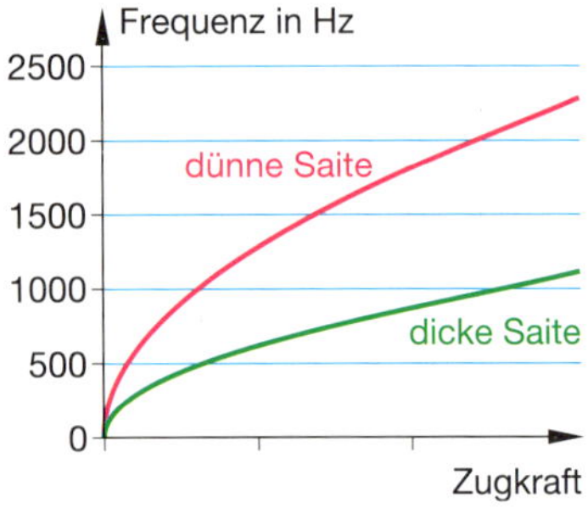

Tonhöhe und Saite

Saitenlänge: Wird die Saite verlängert oder verkürzt, dann ist schon mit bloßem Ohr festzustellen, dass der Ton umso tiefer ist, je länger die Saite ist und umgekehrt.
Genaue Messungen zeigen, dass die Frequenz umgekehrt proportional zur Saitenlänge ist.

Spannung der Saite: Wird die Zugkraft – also die Spannung der Saite – bei gleichbleibender Saitenlänge verändert, dann ist ein umso höherer Ton zu hören, je größer die Spannung der Saite ist und umgekehrt.
Genaue Untersuchungen zeigen, dass die Frequenz nicht linear mit der Zugkraft wächst: Erst eine vierfache Zugkraft bewirkt eine Verdopplung der Frequenz, eine neunfache eine Verdreifachung.

Dicke der Saite: Werden verschieden dicke Saiten eingespannt, dann ist der zu hörende Ton umso tiefer, je dicker die Saite ist. Ganz tiefe Töne entstehen, wenn die Saite zusätzlich mit Draht umwickelt ist.

Die Frequenz einer schwingenden Saite ist umso größer, je kürzer die Saite und je größer ihre Spannung ist. Dickere Saiten schwingen langsamer als dünnere, der von ihnen erzeugte Ton ist tiefer.

Der Klang von Instrumenten

Wird ein von verschiedenen Instrumenten erzeugter Ton mit einem Oszilloskop aufgezeichnet, dann sind Gemeinsamkeiten, aber auch deutliche Unterschiede festzustellen:

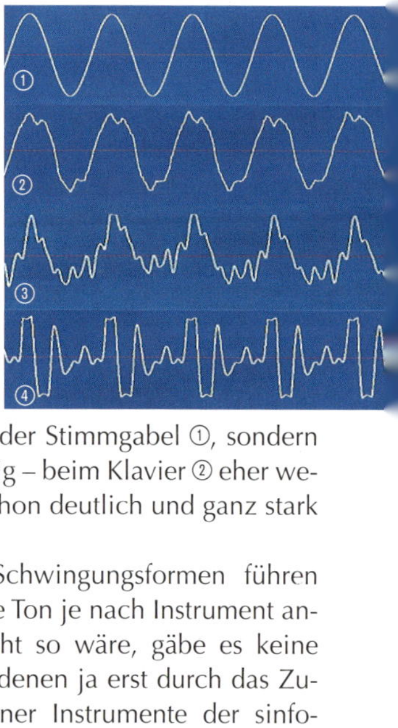

- Alle Schwingungen haben im Großen und Ganzen den gleichen Verlauf, d.h. den gleichen Abstand von Maximum zu Maximum – sie haben ja alle die gleiche Frequenz.
- Je nach Instrument ist die Schwingung aber nicht glatt wie bei der Stimmgabel ①, sondern mehr oder weniger zackig – beim Klavier ② eher wenig, bei der Gitarre ③ schon deutlich und ganz stark bei der Trompete ④.

Diese unterschiedlichen Schwingungsformen führen dazu, dass ein und derselbe Ton je nach Instrument anders klingt. Wenn das nicht so wäre, gäbe es keine Bands oder Orchester, bei denen ja erst durch das Zusammenwirken verschiedener Instrumente der sinfonische Höreindruck entsteht.

Aufgaben

1 Begründe, dass eine dicke und eine gleichlange dünne Saite denselben Ton erzeugen können.

2 Nennen Gründe dafür, dass es Gitarrensaiten in unterschiedlichen Ausführungen gibt (dick, dünn, umwickelt, aus Kunststoff, aus Metall).

Planen, Durchführen und Auswerten eines Experiments — Werkzeug

Theorie ... / **... und Praxis**

Neugieriges Wahrnehmen
- Sicher ist dir schon oft etwas aufgefallen, was dir nicht sofort klar war. Vielleicht hast du versucht, das Phänomen zu erklären. So kannst du deine Erklärungung überprüfen.

- Gitarrensaiten sind unterschiedlich dick. Manche sind auch noch mit Draht umwickelt.
  Die erzeugten Töne sind unterschiedlich hoch.

Die Vermutung → Aufgabe
- Formuliere deine Vermutung möglichst genau als eine Frage, die beantwortet werden soll.

- Klingt eine Saite umso tiefer, je dicker sie ist?

Planung und Vorbereitung
- Nutze dein Wissen (z. B. über Materialeigenschaften, über ..., über ..., über ...) und formuliere eine begründete Vermutung (Hypothese) in Form eines Aussage-Satzes.
- Überlege dir, wie du überprüfen kannst, ob deine Vermutung richtig ist.
- Fertige eine Skizze an.
- Lege eine sinnvolle Reihenfolge der Arbeitsschritte fest.
- Stelle alles benötigte Material bereit.
- Baue den Versuch auf.

- Kunststoff ist ein sehr leichtes Material, Metall ein schweres.
  Leichtere Gegenstände sind einfacher in Bewegung zu versetzen.
- *Material:* Monochord, verschiedene Saiten (aus dem Musikgeschäft), Stimmgerät, Papier und Bleistift, Wägestück, Messschieber.
- Das Experimenten ist so einfach, dass das Anfertigen einer Skizze entfallen kann.

Die Durchführung
- Führe den Versuch in der vorher festgelegten Reihenfolge durch.

- Die Dicken der Saiten werden mit dem Messschieber ermittelt.
- Bei gleichbleibender Spannung und fester Saitenlänge werden verschieden dicke Saiten eingespannt und angeschlagen.

Die Beobachtung
- Beobachte genau, was geschieht (was siehst du; was zeigen die Geräte an; was hörst du; ...)
- Notiere deine Beobachtungen z. B. in einem Lerntagebuch.

- Mit den Ohren sind die unterschiedlichen Tonhöhen wahrnehmbar.
  Am Stimmgerät können unterschiedliche Frequenzen abgelesen werden.
  In einem Diagramm wird die Frequenz in Abhängigkeit von der Dicke und vom Material aufgetragen.

Die Auswertung
- Fertige ein Versuchsprotokoll an.
- Vergleiche das Versuchsergebnis mit deiner Vermutung.

- Protokoll
- Ergebnis und Vermutung stimmen überein.
  Die Vermutung war also richtig.

Das Ergebnis
- Formuliere das Ergebnis in Form eines Merksatzes.
- Bemühe dich um eine Erklärung.

- Je dicker (und damit schwerer) eine schwingende Saite ist, desto tiefer ist der entstehende Ton.

Die Fehlerbetrachtung
- Überlege, was zu Fehlern geführt haben könnte.

- War das Stimmgerät korrekt eingestellt?
  War die Länge tatsächlich immer gleich?
  Sind die Saiten vom selben Hersteller?

Resonanz

Zentraler Versuch

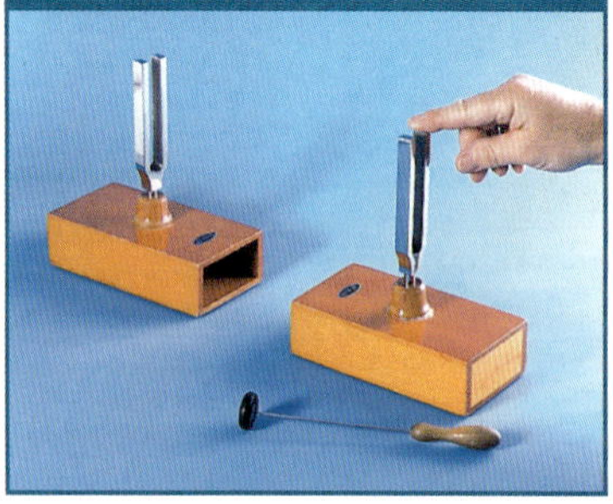

Werden eine Gitarrensaite oder eine Stimmgabel einmalig zum Schwingen angeregt, so entsteht dadurch eine freie Schwingung. Die zugehörige Frequenz wird **Eigenfrequenz** genannt.

Die zwei identischen Stimmgabeln des zentralen Versuchs besitzen dieselbe Eigenfrequenz. Um den Ton der Stimmgabeln gut hörbar zu machen, sind sie auf Holzkistchen montiert, die auf einer Seite offen sind. Diese offenen Seiten zeigen im zentralen Versuch zueinander. Nach dem Anschlagen der rechten Stimmgabel ist ihr Ton deutlich hörbar. Wird sie mit der Hand angefasst und somit zur Ruhe gebracht, ist trotzdem der Ton noch hörbar. Erst wenn auch die linke Stimmgabel berührt wird, ist nichts mehr zu hören.

Die Schwingung der ersten Stimmgabel muss auf die zweite Stimmgabel übertragen worden sein. Dies geht auch noch mit einiger Entfernung zwischen den Holzkistchen.

In einem zweiten Versuch wird eine der beiden Stimmgabeln mit einem Laufkörper versehen. Dabei handelt es sich um ein kleines Massestück, das an einer Zinke der Stimmgabel befestigt wird. Beim Anschlagen wird die Wirkung des Laufkörpers deutlich: Die Eigenfrequenz der Stimmgabel hat sich verändert.
Wird jetzt die rechten Stimmgabel angeschlagen und dann gestoppt, so ist nach dem Stoppen der rechten Stimmgabel kein Ton mehr zu hören. Die linke Stimmgabel ist offensichtlich nicht zum Schwingen angeregt worden.

Dadurch, dass sich die Öffnungen der Kistchen gegenüberstehen, überträgt die Luft die Schwingung von der einen Stimmgabel auf die andere. Diese Übertragung der Schwingung funktioniert aber nur, wenn beide Stimmgabeln dieselbe Eigenfrequenz besitzen.

Die vormals ruhende Stimmgabel wird zu *erzwungenen Schwingungen* in ihrer Eigenfrequenz angeregt. Dieses Phänomen wird als **Resonanz** bezeichnet. Sind die Eigenfrequenzen unterschiedlich, findet keine Resonanz statt.

Ein Körper wird besonders gut zum Mitschwingen angeregt, wenn seine Eigenfrequenz mit der anregenden Frequenz übereinstimmt.

Aufgaben

1 Begründe, welche Eigenschaft(en) der Resonanzkörper von Musikinstrumenten haben muss.

2 Erkläre die Begriffe Eigenfrequenz, erzwungene Schwingung und Resonanz an einem weiteren, eigenen Beispiel.

3 Begründe, warum die Trommeln von Waschmaschinen an Schwingungsdämpfern aufgehängt sind.

RESONANZEN?

Resonanzkörper, die keine sind

Bei allen Saiteninstrumenten laufen die Saiten über einen meist hölzernen „Resonanzkasten". Auf diesen wird die Schwingung der Saiten übertragen. Wegen der großen Fläche, die nun den Schall abstrahlt, ist der entstehende Ton viel lauter als von der Saite allein.
Aber der Resananzkasten darf nicht in Resonanz geraten. Denn dann würde ja bei der Anregung in der Eigenfrequenz Resonanz eintreten, also der Klangkörper besonders stark mitschwingen – dieser Ton würde lauter werden als alle anderen, die nicht die Eigenfrequenz haben.

Schwingungsdämpfer

Die Räder von Autos und mancher Bikes sind an Federn aufgehängt, um Fahrbahnunebenheiten sanft auszugleichen. Natürlich kann das System Federung–Reifen auch zu Schwingungen angeregt werden. Gefährlich wird das, wenn die Schwingung in ihrer Eigenfrequenz erregt wird, weil dann Resonanz eintritt und die Amplitude der Schwingung besonders groß wird – der Reifen könnte den Kontakt zur Straße verlieren, das Fahrzeug wäre nicht mehr lenk- und bremsbar! Um das zu verhindern, wird an jedem Rad ein „Stoßdämpfer" angebracht. Das ist ein ölgefüllter Zylinder, in dem sich ein Kolben hin und her bewegen kann. Ventile und dünne Kanäle sorgen dafür, dass diese Bewegung nicht schnell abläuft, sondern dass das Rad langsam „einfedert" und auch langsam „zurückfedert". Dadurch kommt es nicht ins Schwingen.
„Stoßdämpfer" sind also eigentlich „Schwingungsdämpfer"! Es gibt sie auch z. B. für Tennisschläger.

Blasinstrumente

Streifzug

Wird ein Glasrohr so in eine gefüllte Wasserflasche gesteckt, dass das obere Ende mit spitzen Lippen angeblasen werden kann, so entsteht ein Ton. Die Tonhöhe ändert sich, wenn das Glasrohr weiter aus der Flasche herausgezogen wird: Je weiter es herausgezogen wird, desto tiefer klingt der Ton, desto kleiner ist seine Frequenz. Zu jeder Länge gehört also eine bestimmte Frequenz.

Wird das Rohr so weit hoch gezogen, dass es unten aus dem Wasser kommt, also nicht mehr verschlossen ist, ist ein tieferer Ton zu hören als bei gleicher Länge des unten gerade noch verschlossenen Rohrs.

Genau so entstehen die Töne bei den **Pfeifen** einer Kirchenorgel. Die Pfeifen haben Längen von nur einigen Zentimetern bis zu mehreren Metern. Damit bei diesen Lippenpfeifen immer ein Ton entsteht – was beim Anblasen des Glasrohres ja nicht immer gelingt – wird der Luftstrom auf der offenen Seite durch einen schmalen Anblaskanal genau auf eine Schneide geführt. Durch die Entstehung von Wirbeln wird die Luft nach innen gelenkt und presst die im Rohr befindliche Luft zusammen. Kurz danach strömt sie außen entlang und zieht Luft von innen heraus. Im Inneren der Pfeife gibt es Bereiche, in denen die Luft mehr zusammengepresst ist, und Bereiche, in denen sie weniger zusammengepresst ist. Dieses periodische Hinein- und Herausschwingen der Luft erzeugt einen Ton mit einer für die Pfeife charakteristischen Frequenz.

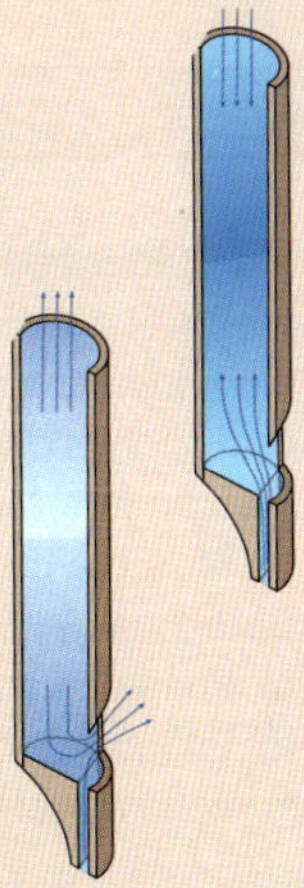

Ganz ähnlich erfolgt die Anregung der Schwingungen der Luft bei Flöten und anderen Holzblasinstrumenten (wie z. B. Saxophon, Klarinette, Oboe). Dabei kann die Länge der schwingenden Luftsäule durch Öffnen oder Schließen der Löcher oder Klappen beeinflusst und dadurch der Ton verändert werden.

Bei den **Blechblasinstrumenten** wird die Luft anders zum Schwingen angeregt: Der Bläser spannt die Lippen an und bläst Luft hindurch. Dadurch schwingen die Lippen. Das hat zur Folge, dass der Luftstrom aus dem Mund des Bläsers in das Instrument hinein periodisch unterbrochen wird.

Bei einfachen Blasinstrumenten wie einer Fanfare können damit nur bestimmte Töne gespielt werden. Es handelt sich dabei um den Grundton und seine Obertöne, die ganzzahlige Vielfache der Grundfrequenz haben. Diese werden in der Naturtonreihe zusammengefasst.

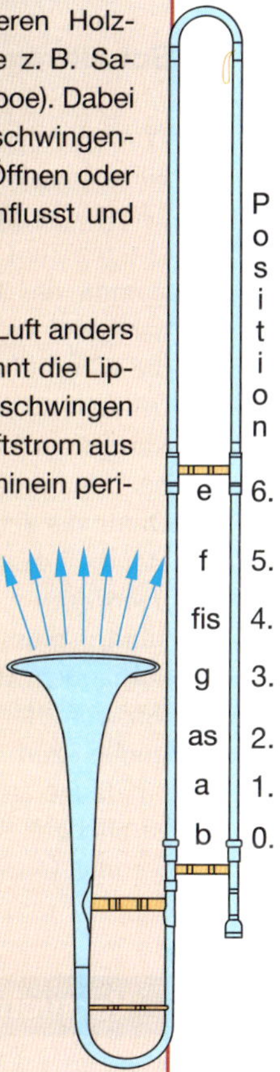

Bei anderen Instrumenten wie z. B. Posaunen oder Trompeten kann durch Züge oder Ventile die Länge des Rohres und damit die Länge der schwingenden Luft verändert und somit die Tonhöhe fast beliebig variiert werden.

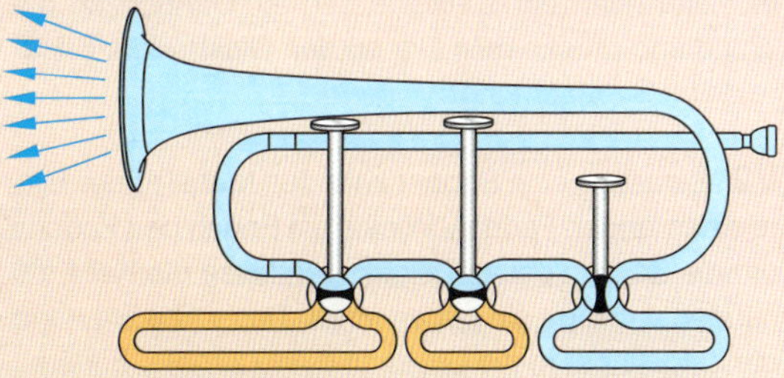

Schallausbreitung

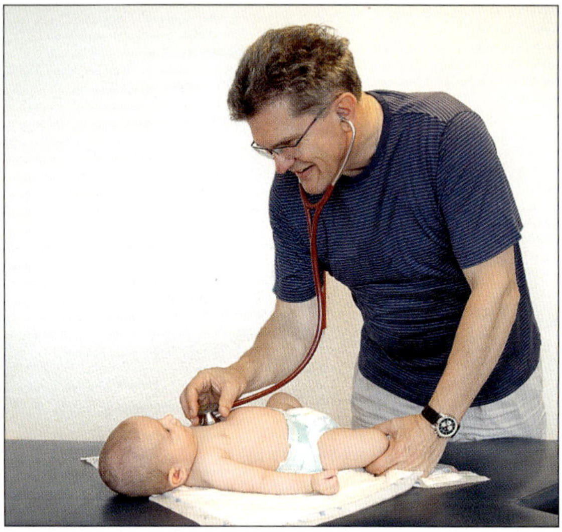

Mit einem Stethoskop kann ein Arzt die Geräusche aus dem Körperinneren hören: Den Herzschlag, das strömende Blut oder Atemgeräusche.

Wer das Ohr an die Wand hält kann erfahren, was im Nebenzimmer gesprochen wird.

In diesem Abschnitt wird geklärt, wie sich Schall ausbreitet und warum wir manche Töne gut und andere gar nicht hören können.

Schallträger

Wird ein laut klingelndes Handy auf einen Schwamm unter eine Glasglocke gelegt und die Luft herausgepumpt, so verstummt das Klingeln nach und nach. Wird die Glocke langsam belüftet, so wird das Klingeln wieder hörbar und immer lauter. Damit der Schall vom Handy zum Ohr übertragen werden kann, muss etwas vorhanden sein, das ihn von der Schallquelle zum Schallempfänger gelangen lässt. Die Luft ist also zur Schallübertragung notwendig. Ohne diesen **(Über-)träger** gibt es offenbar keinen Schall. Wird das Handy im Experiment auf eine Metallunterlage statt auf den Schwamm gelegt, so reduziert sich die Lautstärke kaum. Der Schall kann jetzt über das feste Metall zur Luft und dann zum Ohr gelangen.

Zentraler Versuch

Es ist meist die Luft, die den Schall an unser Ohr trägt. Aber auch andere Körper können Schall übertragen, viele sogar besser als Luft: Er kommt schneller voran und kann größere Entfernungen zurücklegen als in Luft. Der Grafik lässt sich entnehmen, wievielmal besser bestimmte Stoffe Schall übertragen im Vergleich zu Luft.

Schall braucht einen Träger, um von der Schallquelle zum Schallempfänger zu gelangen.

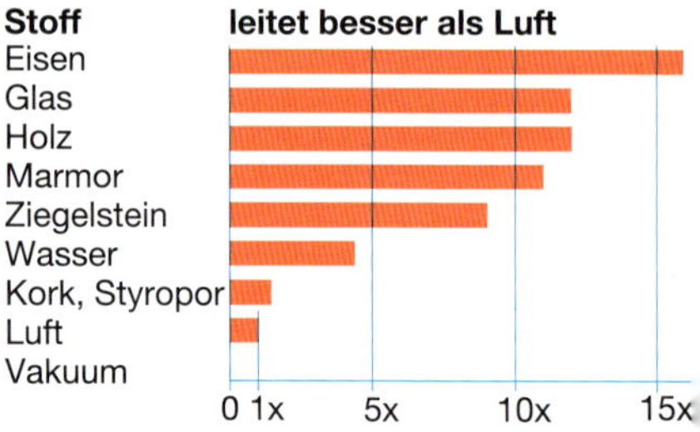

Versuche und Aufträge — Schallausbreitung

V1 a) Lausche einer Radiosendung im Nachbarzimmer ohne Hilfsmittel.
b) Halte dann ein Trinkglas mit der Öffnung an die Wand und drücke dein Ohr an den Glasboden. Erkläre deine Beobachtung.

V2 Befestige eine Suppenkelle aus Metall in der Mitte eines langen Fadens. Wickle die Enden des Fadens um die Spitzen deiner Zeigefinger, lasse die Kelle frei hängen, schlage sie gegen einen Tisch. Stecke dann die Zeigefinger in die Ohren und wiederhole. Erkläre.

V3 Fadentelefon: Bohre je ein Loch in die Böden von zwei leeren Plastikbechern oder Blechdosen und verbinde sie durch eine Schnur.
a) Sprich in den einen Becher hinein. Kann jemand in dem anderen Becher deine Worte gut hören?
b) Miss die Entfernung, über die ihr eine brauchbare Sprachverbindung herstellen könnt.
c) Erkläre, warum die Schnur gespannt sein muss.
d) Erläutere, ob und gegebenfalls wie eure Gespräche abgehört werden könnten.

Schallausbreitung im Teilchenmodell

Zentraler Versuch

Schall braucht Zeit, um von einem Ort zu einem anderen zu gelangen. Auch das Foto links zeigt das: Wird das linke Tamburin angeschlagen, so springt der Tischtennisball am rechten Tamburin kurze Zeit später weg. Diese Beobachtung wird durch einen Vergleich erklärbar:
Stößt in einer wartenden Schülerschlange ein hinten Stehender gegen einen vor ihm Stehenden, so kann der Gestoßene nach vorne fallen und den vor ihm Stehenden umstoßen – was sich nach vorne weiter fortsetzen kann. Die **Störung** hat sich nach vorne ausgebreitet, ohne dass die Schüler sich in der Schlange von ihrem Platz weg bewegt haben.

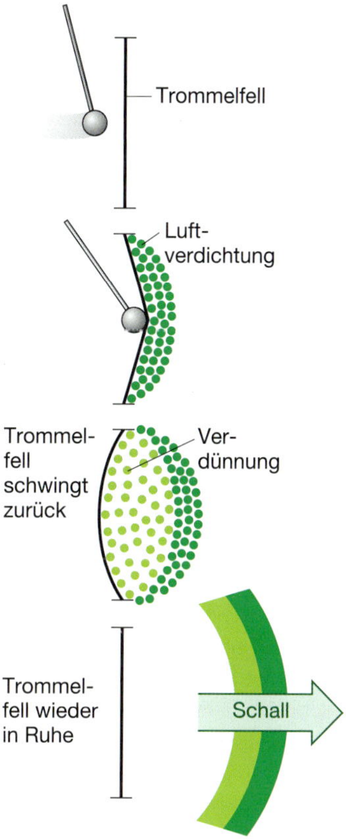

Läufer und Radfahrer bewegen sich durch ein „Meer von Luft"; dabei schieben sie die Luftteilchen zur Seite. Bei einem Schlag auf eine Trommel werden die Luftteilchen so schnell angestoßen, dass sie nur wenig zur Seite ausweichen können. Hinter dem Trommelfell wird die Luft zusammengedrückt. In diesem Bereich ist die Luft dichter als in ihrer Umgebung. Diese Luftteilchen stoßen nun ihrerseits die vor ihnen liegende Luftteilchen, die dadurch verdichtet werden. Das „verdichtete Luftpaket" wandert also immer weiter von dem Trommelfell weg, ohne dass die einzelnen Luftteilchen dabei mitwandern.

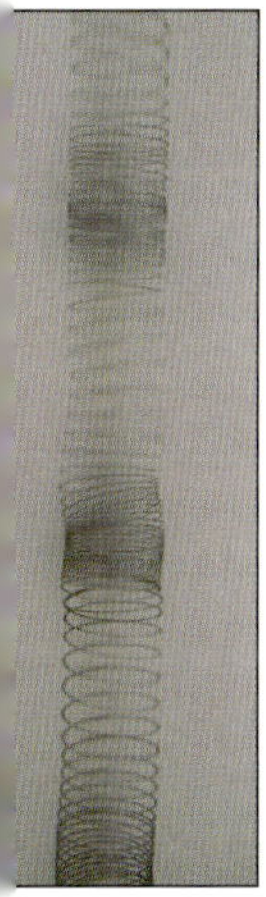

Schwingt das Trommelfell zurück, so entsteht eine Stelle, in welcher die Luft mehr Platz zur Verfügung hat, eine *Luftverdünnung*. In diese strömt Luft aus der nächsten Luftschicht wieder hinein. Wie die Luftverdichtung pflanzt sich auch die Luftverdünnung fort. Sie läuft hinter der Verdichtung her – der Trommelschlag gelangt zum Ohr. Dabei werden aber keine Luftteilchen transportiert, sondern sie bewegen sich nur an ihrem Ort etwas vor und zurück, im Takt des Tons. Die Schraubenfeder links verdeutlicht den Vorgang: Wird sie an einem Ende kurz vor- und zurück bewegt, so läuft diese Störung über die ganze Feder. Die einzelnen Windungen bleiben an ihrem Ort, sie werden nur kurzzeitig aus ihrer Ruhelage ausgelenkt.

Mit jedem Hin und Her eines schwingenden Körpers entstehen abwechselnd Verdichtungen und Verdünnungen in der Luft, die sich ausbreiten.

Die Ausbreitung in anderen Materialien verläuft ganz ähnlich. Nur sind es dort nicht die Luftteilchen, die hin und her schwingen und die Störung weitergeben, sondern die Teilchen des betreffenden Stoffes. Da in flüssigen oder festen Stoffen die Teilchen viel dichter gepackt sind und fester zusammenhängen als in Luft, leiten diese Materialien den Schall auch besser.

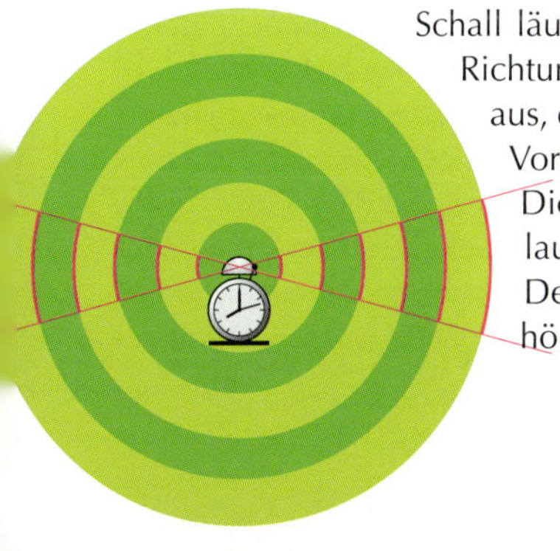

Schall läuft von einer Schallquelle nicht nur in eine Richtung weg, sondern breitet sich auch seitlich aus, denn die Luftteilchen stoßen nicht nur die in Vorwärtsrichtung befindlichen Teilchen an. Die Luftverdichtungen und -verdünnungen laufen als Kugelschalen von der Quelle weg. Deshalb ist Schall auch hinter einer Quelle zu hören.

Aufgaben

1 Eine lange Schraubenfeder wird ausgestreckt hingelegt, an den Enden festgehalten und an einer Stelle in Längsrichtung angestoßen. Beschreibe, wie sich diese Störung ausbreitet.

2 Beschreibe die Schallausbreitung eines sich nähernden Zuges in einer Eisenbahnschiene mit dem Teilchenmodell.

3 Erkläre die Funktionsweise eines „Faden- bzw. Bechertelefons". Beschreibe eventuelle Fehler bei der Benutzung.

Schall unterwegs

Zentraler Versuch

- **Reflexion**
  Schall wird an festen Materialien (z. B. an einer Glasplatte) wie Licht an einem Spiegel reflektiert. Das Ticken des Weckers ist mit Spiegel viel lauter zu hören als ohne. Schall lässt sich also um die Ecke lenken.
- **Absorption**
  Der Schall kann in der Ausbreitung behindert werden, indem weiche Stoffe wie z. B. ein Schwamm oder ein Tuch auf den Wecker gelegt werden.
- **Beugung**
  Wird der Spiegel entfernt, so ist das Ticken nach wie vor zu hören, obwohl keine geradlinige Verbindung zwischen Wecker und Ohr besteht. Der Schall muss also auch „um die Ecke" gehen können.

Schallgeschwindigkeit

Das Bild unten zeigt zwei Möglichkeiten, die **Schallgeschwindigkeit** in Luft zu bestimmen.

- Im ersten Fall stoppt die Person B (mindestens 150 m von A entfernt) die Zeit zwischen dem Sehen und dem Hören des Zusammenklappens der Startklappe. Diese Zeit braucht der Schall für den Weg von A nach B. Einfache Rechnungen ergeben für die Schallgeschwindigkeit Werte zwischen 250 – 370 $\frac{m}{s}$.
- Wesentlich genauere Werte sind mit einer Messaparatur zu erhalten: Ein elektronisches Kurzzeitmessgerät wird gestartet, wenn der vom Lautsprecher ausgesandte Ton auf das linke Mikrofon trifft; kommt er beim rechten an, wird die Messung gestoppt. Die Auswertung eines mehrfach durchgeführten Experiments ergibt einen Mittelwert der Schallgeschwindigkeit von etwa 340 $\frac{m}{s}$.

Diese Messung kann auch mit einer Stahl- oder Holzstange als Medium für die Schallübertragung wiederholt werden. Dann wird das Schallsignal durch einen Schlag mit einem Hammer auf ein Stangenende erzeugt. Die Laufzeiten sind in Stahl oder Holz wesentlich kürzer als in Luft, die Schallgeschwindigkeit deswegen deutlich größer.

Stoff	Schallgeschwindigkeit
Luft (0 °C)	331 $\frac{m}{s}$
Luft (30 °C)	349 $\frac{m}{s}$
Wasser	1485 $\frac{m}{s}$
Eis (–4 °C)	3240 $\frac{m}{s}$
Holz	1300 – 5500 $\frac{m}{s}$
Glas	4200 – 5900 $\frac{m}{s}$
Stahl	5100 $\frac{m}{s}$

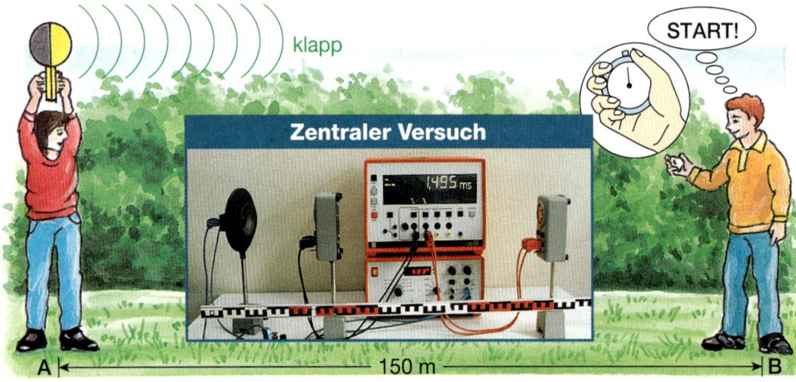

Schall kann reflektiert, absorbiert und gebeugt werden.
In Luft beträgt die Schallgeschwindigkeit etwa 340 $\frac{m}{s}$.
In Festkörpern und in Flüssigkeiten ist sie deutlich größer.

Aufgaben

1 An manchen Bergwänden können wir unsere Rufe nach der Reflexion an der Wand als Echo wieder hören. In großen, leeren Räumen hören wir dagegen einen unangenehmen Nachhall. Erkläre den Unterschied.

2 Begründe, woran du beim Telefonieren heraushörst, ob sich der Anrufer im Bad, im Flur oder im Wohnzimmer befindet.

3 **a)** Im Gebirge ist an vielen Stellen ein Echo zu hören. Erläutere seine Entstehung.
b) Das Echo eines kurzen Knalls ist nach 3 Sekunden zu hören. Berechne die Entfernung der schallreflektierenden Wand.
c) Schätze den Unterschied in der Echozeit zwischen Hochsommer und Winter ab.
d) Überlege, ob ein Echo auch von Tauchern vor einer Steilküste gehört werden könnte.

Schallgeschwindigkeit **Streifzug**

Wie entsteht der Donner?

Eigentlich ist Luft ein Isolator, das heißt sie leitet elektrischen Strom nicht. Bei Gewittern ist das anders. Da fließen gewaltige elektrische Ströme von einer Wolke zu einer anderen oder von einer Wolke zum Erdboden. Dadurch wird die Luft in Bruchteilen von Sekunden auf etwa 30 000 °C erhitzt – sie leuchtet hell auf, wir sehen einen grellen Blitz.

Durch diese Temperaturerhöhung dehnt sich die Luft im Blitzkanal explosionsartig aus. Es entsteht ein kurzer, scharfer Knall, wenn die umgebende Luft in diesen nahezu luftleeren Kanal zurückfließt.
Ist der Blitz sehr nah, dann hören wir auch nur diesen Knall und keinen Donner. Ist der Blitz weit von uns entfernt, dann kommt der Knall aus unterschiedlichen Entfernungen mit entsprechender Verzögerung zu uns. Wir hören mehrere sich überlagernde Knalle, den Donner.

Das Echolot

Wie bei einem Gewitter oder einem Echo lässt sich bei jeder Schallausbreitung aus der Laufzeit des Schalls auf die Entfernung der Schallquelle schließen. Dies wird unter anderem von Fischern genutzt. Mithilfe eines Echolots können sie feststellen, wie tief das Meer unter ihnen ist oder wo und in welcher Tiefe sich große Fischschwärme befinden. Auch zur Ortung gesunkener Schiffe können Echolote eingesetzt werden. So wurde z. B. das Wrack der Titanic 90 Jahre nach ihrem Untergang entdeckt.

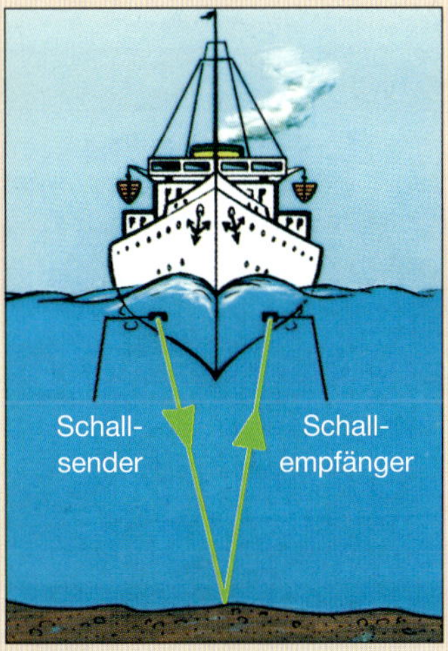

Dabei wird ausgenutzt, dass Schall an Hindernissen reflektiert wird. Ein Sender sendet Schall aus. Dieser läuft bis zum Meeresboden, wird dort reflektiert und kehrt zum Schiff zurück, wo er von einem Empfänger registriert wird. Die Zeit zwischen Senden und Empfangen des Schalls wird gemessen. Daraus lässt sich dann die Wassertiefe bestimmen. Wird der Schall von einem Fischschwarm reflektiert, so kann seine Entfernung genauso ermittelt werden. Mithilfe einer besonderen Darstellung, eines Echogramms, kann unterschieden werden, ob der Schall vom Meeresboden oder von einem Fischschwarm reflektiert wird.

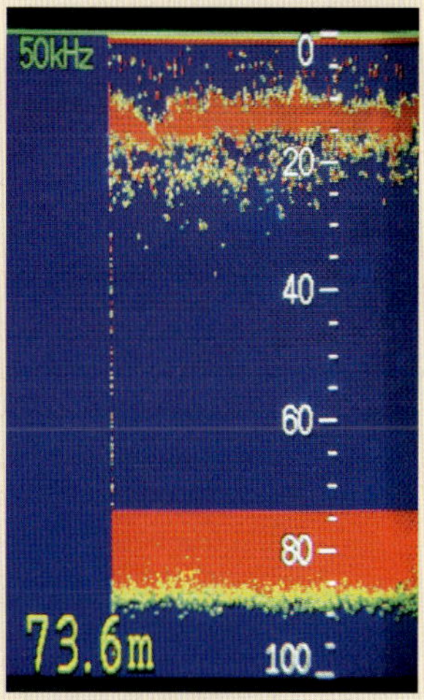

Hörbereich

Die Zahl der Dichteschwankungen der Luft in einer Sekunde gibt die Frquenz des Schalls an, den das Ohr empfängt. Das menschliche Ohr kann jedoch nicht jede beliebige Frequenz verarbeiten. Am besten hören wir Frequenzen von 300 Hz bis 5000 Hz. In diesem Bereich gibt z. B. ein Handy den Schall an das Ohr weiter.

Zentraler Versuch

Der gesamte Bereich der Frequenzen, den der Mensch hören kann, der **Hörbereich,** erstreckt sich von 16 Hz bis 20000 Hz.
Dieser Bereich gilt allerdings nur für Kinder und Jugendliche. Im Laufe des Lebens sinkt die obere Hörgrenze etwa jedes Lebensjahrzehnt infolge der nachlassenden Elastizität des Trommelfells um ca. 2000 Hz. Deshalb hören manche ältere Menschen das Zirpen der Grillen nicht mehr, weil die hohen Frequenzen des Zirpens oberhalb ihrer Hörgrenze liegen. Der wahrnehmbare Frequenzbereich kann in einem Gehörtest mit einem Tongenerator ausgemessen werden. Dabei zeigt ein Oszilloskop auch die Frequenzen, die nicht mehr zu hören sind.
Schall mit Frequenzen unterhalb unseres Hörvermögens heißt **Infraschall,** der oberhalb **Ultraschall.**

Der Unterschied im Hörverhalten von Mensch und Hund wird bei speziellen Pfeifen für Hunde genutzt: Der Hund hört die Töne im Ultraschallbereich der Pfeife sehr gut, der Mensch dagegen sehr schlecht oder gar nicht.

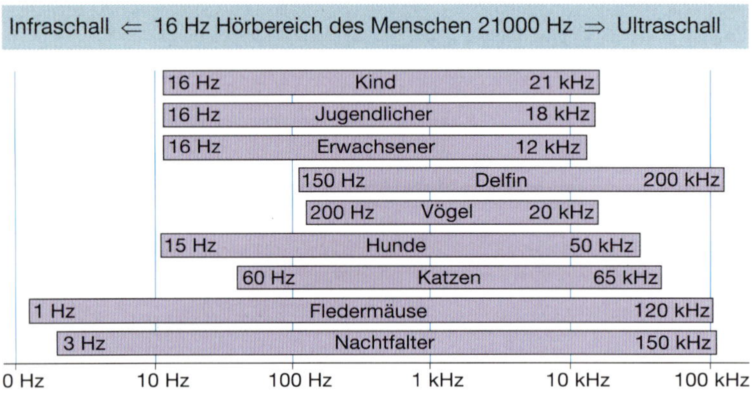

Aufgaben

1 Fliegende Hummeln können sehr gut gehört werden, Schmetterlinge dagegen nicht. Erkläre.

2 Recherchiere nach weiteren Hörbereichen bei Tieren. Achte besonders auf Ultra- bzw. Infraschall und die Größe des Hörbereichs. Vergleiche mit dem Menschen.

Streifzug **Eine Schnecke kommt ins Schwingen**

Der von einer Schallquelle ausgesandte Schall wird im äußeren Ohr von der trichterförmigen Ohrmuschel eingefangen und durch den Gehörgang in Richtung Trommelfell geleitet. Das Trommelfell, ein hauchdünnes Häutchen, wird dadurch in Schwingung versetzt, was sich auf der Innenseite des Trommelfells auf die Gehörknöchelchen Hammer, Amboss und Steigbügel im Mittelohr überträgt. Dadurch werden die Schwingungen verstärkt. Sie werden auf die Membran des ovalen Fensters und von dieser auf die Flüssigkeit in der Schnecke des Innenohrs übertragen.

In der Schnecke sitzen ca. 18000 feine Haarzellen, welche die Flüssigkeitsschwingungen in elektrische Impulse umsetzen. Diese elektrischen Reize werden dann über die Hörnerven ins Gehirn geleitet. Dauerlärm und zu große Lautstärken zerstören unwiederbringlich die feinen Haarzellen in der Schnecke.

Schütze deine Ohren und die deiner Mitmenschen!

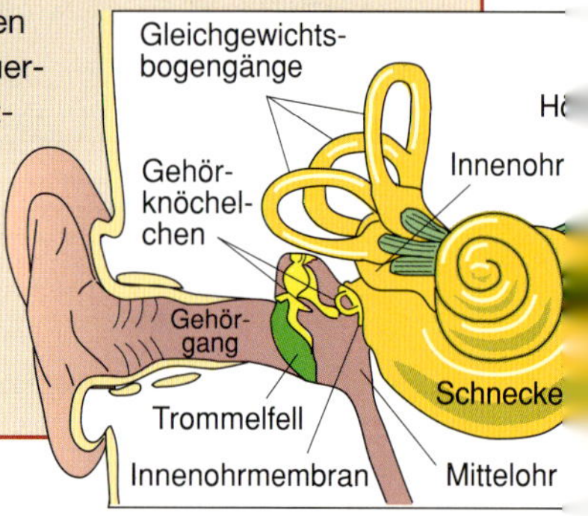

Lautstärke

Wie laut oder wie leise ein Ton oder ein Geräusch ist, hängt nicht nur von der Schallquelle ab, sondern sehr stark vom Hörempfinden der Menschen: Ein jüngerer Mensch nimmt Schall anders wahr als ein älterer; sehr hohe Frequenzen werden nur von Kleinkindern wahrgenommen. Weitere Faktoren wie Schwerhörigkeit durch Unfall oder Krankheit beeinflussen ebenfalls das Hörempfinden.

Zentraler Versuch

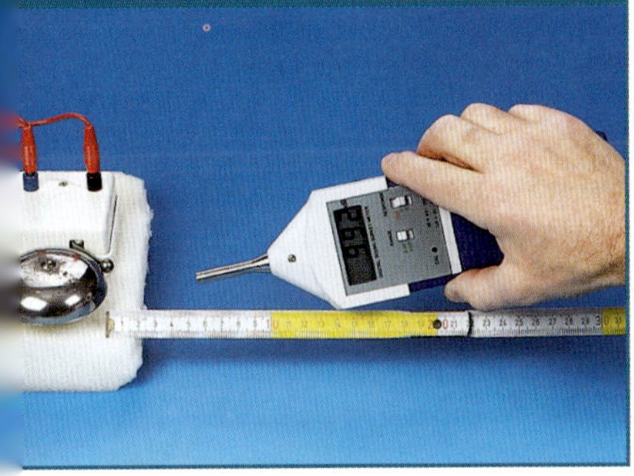

Das menschliche Gehör reagiert auf verschiedene Frequenzen unterschiedlich. Mittlere Frequenzen unseres Hörbereichs nimmt es sehr gut wahr, während die Empfindlichkeit bei tiefen oder höheren Frequenzen nachlässt.

Zur objektiven Beurteilung, wie laut oder wie leise eine Schallquelle ist, gibt es Messgeräte. Die Lautstärke wird dabei in der Einheit **Dezibel (dB)** angegeben.

Wird zum Beispiel die Lautstärke von 10 Klingeln gemessen, so ergibt sich ein Wert von 66 dB. Werden alle Klingeln bis auf eine abgeschaltet, so ergibt sich ein Wert von 56 dB. Die einzelne Klingel wird aber nur etwa halb so laut empfunden wie die zehn Klingeln zusammen.
Umgekehrt wird eine Erhöhung der Lautstärke um 10 dB als Verdoppelung empfunden.

Zentraler Versuch

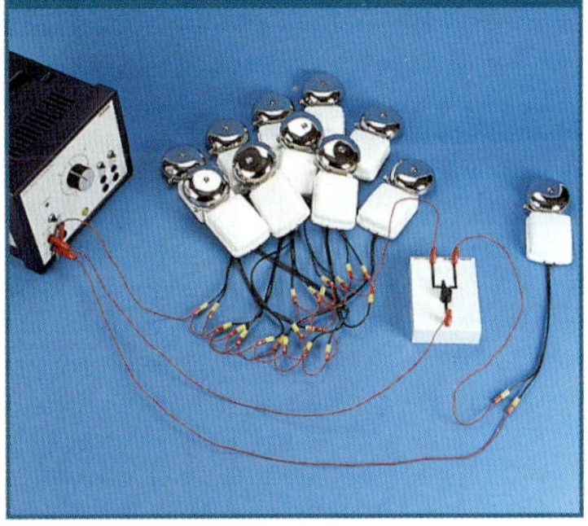

Eine Verringerung der Lautstärke um 10 dB bedeutet eine Halbierung der empfundenen Lautstärke.
Die Tabelle rechts zeigt die Lautstärken verschiedener Geräusche. Sie startet bei der Hörschwelle mit 0 dB und hört bei der Schmerzgrenze von 130 dB noch längst nicht auf.

Lautstärke

Die Einheit ist dB (Dezibel)

Weitere Einheit:
Bel = 100 Dezibel

Lautstärke	
0 dB	Reiz- oder Hörschwelle
10 dB	sehr leises Blätterrauschen
20 dB	Flüstern
30 dB	schwacher Straßenlärm
40 dB	normale Unterhaltung
50 dB	normale Lautsprechermusik
60 dB	Fernseher auf Zimmerlautstärke
70 dB	starker Verkehrslärm
80 dB	Hauptverkehrsstraße, Schreien
90 dB	lautes Autohupen
100 dB	ungedämpftes Motorrad
110 dB	stärkster Fabriklärm, Kampfflugzeug (100 m entfernt)
120 dB	Presslufthammer (1 m entfernt)
130 dB	Schmerzgrenze

Eine Verringerung der Lautstärke um 10 dB bedeutet eine Halbierung der empfundenen Lautstärke.

Aufgaben

1 Recherchiere die Lautstärken von weiteren Schallquellen und sortiere sie in die Tabelle rechts ein.

2 Eine Erhöhung der Lautstärke um 10 dB entspricht einer empfundenen Verdopplung. Vergleiche in dieser Hinsicht Flüstern mit lautem Autohupen.

3 Befrage einen Ohrenarzt oder Hörgeräte-Akustiker danach, wie sich Hörschäden feststellen lassen, welche Auswirkungen sie haben und welche Untersuchungsmethoden eingesetzt werden.

4 Recherchiere die Funktionsweise verschiedener Hörgeräte und stelle die Ergebnisse übersichtlich auf einem Plakat dar.

5 Erkundige dich über Gesundheitsschäden durch zu große Lautstärke und erstelle eine Tabelle.

6 Bei einigen Angaben der Tabelle stehen Entfernungsangaben. Suche dazu weitere Beispiele und diskutiere die Rolle der Entfernung.

Lärm und Lärmschutz

Straßenverkehrslärm ist in vielen Ländern die am weitesten verbreitete Lärmquelle. Es kommen noch Baulärm, Lärm von Flugzeugen, Schienenfahrzeugen und Menschen hinzu. Selbst am Arbeitsplatz oder sogar in der Freizeit kann uns der Lärm treffen und belästigen oder sogar gefährden.
Welche Arten von Lärm wirken auf uns und wie empfinden wir ihn?
Welche Möglichkeiten gibt es, sich vor Lärm zu schützen oder ihn zu verringern?

Lärm

Ein Geräusch wird als **Lärm** empfunden, wenn es das Sprechen miteinander, die Freizeitaktivitäten, die Erholung oder die Gesundheit beeinträchtigt. Dabei kommt es nicht nur auf die Lautstärke, sondern auch auf den Informationsgehalt an. Der Motorradfreak ist begeistert vom Sound seiner Maschine, während sich die Passanten die Ohren zuhalten. Auch Erfahrung, Einstellung, Stimmung, Gesundheitszustand, Alter und Tageszeit spielen eine Rolle beim Lärmempfinden.

Da mit dem Lärm Gesundheitsrisiken einhergehen, gibt es Regeln, die uns vor Schäden schützen sollen. Und es gibt Grenzwerte für Schall, die helfen, die Risiken besser einzuschätzen:

- Bereits 30 dB dürfen in reinen Wohngebieten nachts nicht überschritten werden.
- Überschreitet Schall längere Zeit den Wert von 80 dB, so treten Gehörschäden auf. Daher sollte der Aufenthalt in einer Diskothek nicht allzu lang sein.
- Bei 130 dB wird die Schmerzgrenze überschritten.

Schutzmaßnahmen gegen Lärm

Grundsätzlich sollte die Entstehung von Lärm vermieden werden. Also:

- Lärm in Ruhezeiten am Abend bzw. in der Mittagszeit vermeiden (z. B. nicht den Rasen mähen).
- Die Lautstärke von Musik angemessen einstellen; bei lauter Musik Kopfhörer verwenden.
- Keine Veränderungen an Schallquellen (z. B. Auspuffanlagen) vornehmen.
- Sich leise in Gebäuden bewegen.

Folgende Schutzmaßnahmen sind möglich:

- Ohren zuhalten.
- Gehörschutz tragen.
- Abstand zur Schallquelle vergrößern. Eine Verdoppelung des Abstandes bringt eine Reduzierung der Lautstärke auf ein Viertel des ursprünglichen Wertes.
- Das Ohr nur sehr selten lauten Ereignissen aussetzen.
- Die Ruhepausen für eine Gehörerholung nutzen.

Schädigung des Gehörs

Lärm zerstört im Innenohr empfindliche Sinneszellen. Hörminderung oder Gehörschäden beginnen meist unmerklich. Sie werden vom Betroffenen in der Regel erst dann wahrgenommen, wenn es zu spät ist, wenn also schon ein beträchtlicher Schaden vorliegt. Besonders junge Menschen setzen sich in Diskotheken und beim Hören von lauter Musik mit Ohrhörern großen Lautstärken aus. Ein taubes Gefühl im Ohr oder ein Ohrengeräusch nach einem lauten Schallereignis deuten auf eine Überlastung des Gehörs und eine mögliche Schädigung hin.
Nach dem Auftreten dieser Symptome benötigt das Ohr auf jeden Fall eine Erholungspause, damit die vorhandene Überreizung der Nerven abgebaut werden kann. Untersuchungen sprechen dafür, dass beim Dauerhören von zu lauter Musik mit vielen Bässen die Aufnahmefähigkeit für tiefe Frequenzen geschädigt wird; Gleiches gilt für laute, hohe Töne wie etwa von Maschinen oder Triebwerken von Flugzeugen.

Aufgaben

1. Recherchiere den Aufbau des Innenohrs und beschreibe, an welchen Stellen dort Schäden durch zu hohe Lautstärke auftreten können.
2. Erkundige dich nach weiteren Vorschriften zum Lärmschutz. Beschreibe, in wieweit sie deine Lebensweise beeinflussen.
3. Schreibe in einem Wochenprotokoll auf, wann dein Gehör besonderen Belastungen ausgesetzt ist. Überlege dir Abhilfen.

Lärmschutz

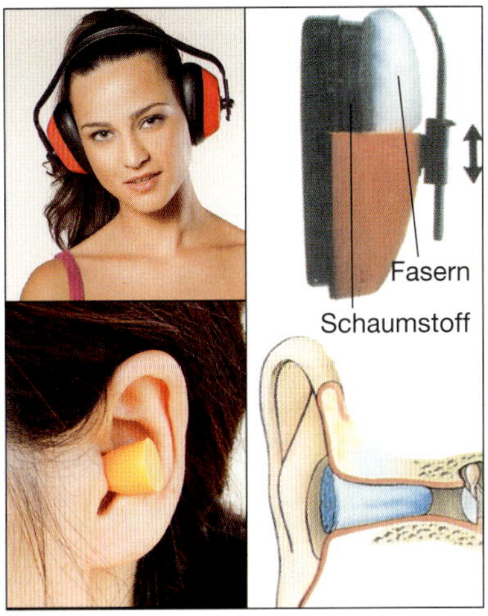

Wenn die Entstehung von Lärm nicht vermieden oder der Abstand zur Schallquelle nicht vergrößert werden kann, müssen technische Maßnahmen ergriffen werden. Dies bedeutet z. B. einen Gehörschutz zu tragen. Für Gehörschutzstöpsel oder Gehörschutzkapseln werden weiche Stoffe, z. B. Schaumstoff, verwendet. Diese schlucken einen großen Teil des auf das Ohr treffenden Schalls, sodass nur noch wenig in den Gehörgang ein- und zum Trommelfell vordringen kann.

Bei den technischen Formen des Lärmschutzes kommt es darauf an, die direkte oder indirekte Ausbreitung des Schalls zu verhindern.

- Wird eine Maschine offen direkt auf eine Tischplatte gelegt, macht sie großen Lärm.
- Unterlegen von Schaumstoff (zwischen Maschine und Tischplatte) lässt den Lärmpegel sinken, weil der Tisch nicht mehr zum Mitschwingen angeregt wird. Die Tischplatte wirkt nicht mehr als große, Schall abstrahlende Fläche.
- Wenn die Maschine außerdem in einen Kasten eingebaut wird, verringert sich die direkte Schallabstrahlung. Solange der Kasten jedoch oben offen ist und nicht zusätzlich mit schalldämmendem Material ausgekleidet wird, ist die Reduzierung der Lautstärke nicht sehr groß, weil die direkte Schallausbreitung in der Luft nicht unterbunden wird.

Lärm und laute Geräusche sind schädlich für den Menschen.
Durch technische Maßnahmen ist ein Schutz möglich.
Besser als Lärmschutz ist die Vermeidung von Lärm.

Zentraler Versuch

Eine Wohnung kann durch verschiedene Maßnahmen ebenfalls zu einem „Ort der Ruhe" gemacht werden.

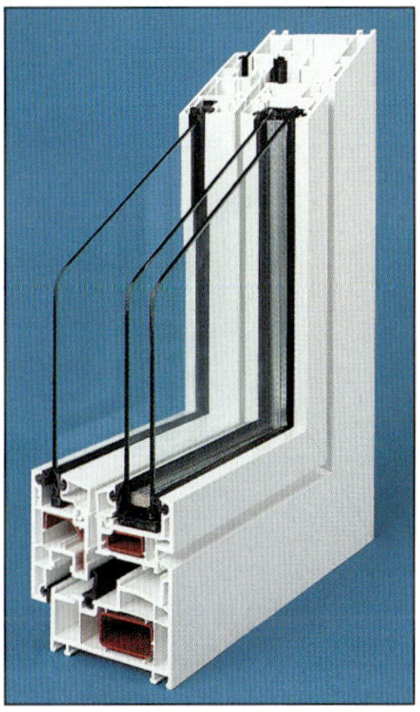

- Schall von äußeren Schallquellen kann durch Hindernisse (Lärmschutzwände) ferngehalten werden. Diese Hindernisse sind so konstruiert, dass sie Teile des Schalls reflektieren und möglichst große Anteile absorbieren. Grundsätzlich verhindern sie die direkte Schallausbreitung.
- Weitere Maßnahmen gegen von außen auftreffenden Schall sind der Einbau von Schallschutzfenstern und die Anbringung einer Dämmung an der Fassade.

Diese Maßnahmen sind jedoch wenig sinnvoll, wenn die Schallausbreitung innerhalb des Gebäudes nicht optimal unterbunden wird. Andernfalls würden die Bewohner nicht mehr durch Lärm von außen, sondern durch Wohnlärm belästigt.
Hierzu zählt vor allem der „Trittschall". Daher gehören zum Fußbodenaufbau schalldämpfende Materialien wie Kork oder Hartschaumplatten. Sie sind Bestandteil des Fußbodenaufbaus, um die Übertragung von Schall auf Gebäudeteile, die ihn weiterleiten, zu erschweren. Auch Teppiche mindern den Trittschall.

Aufgaben

1 Nenne Vor- und Nachteile bei der Verwendung von Kopfhörern anstelle von Lautsprecherboxen.

2 Erkläre den Nutzen eines Lautstärke-Messgeräts.

3 **a)** Nenne prinzipielle Möglichkeiten, sich vor Lärm zu schützen.
b) Beschreibe den Einsatz von Materialien, die beim Lärmschutz helfen können.

4 Erkundige dich nach den Unterschieden zwischen einfachen Ohrschutzstöpseln und Kapsel-Gehörschutz. Achte auf die Dämmwerte bei verschiedenen Frequenzen.

Jäger und Gejagte

Wahre Meister im Hören von Ultraschall sind die Fledermäuse. Einige Arten können Laute bis 100 000 Hz senden und hören. Anhand der Echos können sie sehr genau Hindernisse ausmachen. Sie können dabei nicht nur Beutetiere erkennen, sondern sogar deren Bewegungsrichtung bestimmen.

Um der Gefahr durch die jagenden Fledermäuse zu entgehen, haben im Laufe von Jahrmillionen einige nachtaktive Insekten wie Grillen und Nachtfalter „Ohren“ entwickelt, die empfindlich auf die Frequenzen der Fledermäuse reagieren. Wird ein Nachtfalter von dem Suchlaut einer jagenden Fledermaus getroffen, kann er Schutzmaßnahmen ergreifen: Wenn er den Ultraschall hört, lässt er sich einfach zu Boden fallen. Dieses Verhalten des Nachtfalters lässt sich auch auslösen, indem mit einem Schlüsselbund gerasselt wird. Dabei entsteht neben dem Klimpern, das wir hören können, auch Ultraschall. Dieser veranlasst den Nachtfalter, sich auf den Boden fallen zu lassen.

Ultraschall in der Medizin

In der Medizin wird zur Untersuchung von Organen oder zur Beobachtung einer Schwangerschaft eine Art Echolot eingesetzt. Das Ultraschallgerät sendet sehr kurze, hohe Töne von 20 kHz und mehr aus, die an der Grenzschicht zweier Stoffe reflektiert werden. Die Stärke der Reflexion wird vom Computer als Grauwert in einem Bild dargestellt. Der darauffolgende Schallimpuls wird durch Schwenken der schallerzeugenden Sonde in eine etwas andere Richtung ausgestrahlt. Dadurch scannt die Sonde einen gewissen Bereich des Körpers und erzeugt ein zweidimensionales Schnittbild.

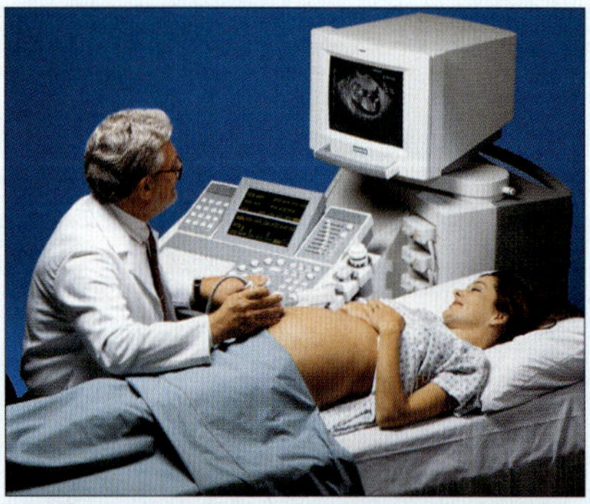

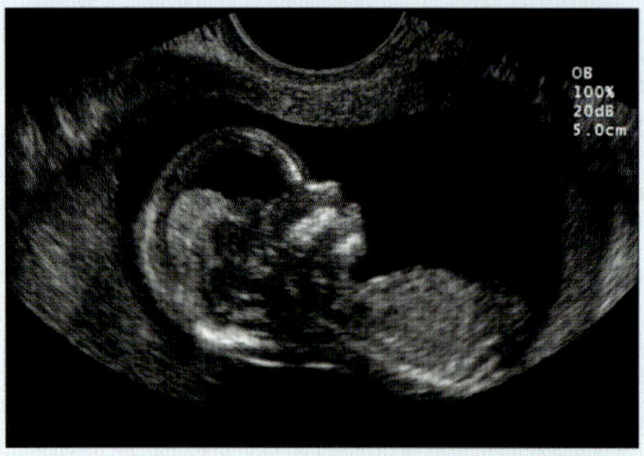

Dialog im Dunkeln

Das ist eine Ausstellung in Frankfurt oder anderen Großstädten. Durch die absolut abgedunkelten Räumen werden die Besucher von Sehbehinderten geführt und in die Situation von blinden Menschen versetzt. Nur durch Tasten, Hören, Riechen und das Vertrauen in einen blinden Führer bewältigen die Besucher Situationen des täglichen Lebens. So ist beispielsweise ein Spaziergang im Park und ein Besuch der Dunkel-Bar im Programm. Die meisten Angestellten der Ausstellung sind blind oder stark sehbehindert und haben durch dieses Projekt einen Arbeitsplatz gefunden.

Die Idee zu Dialog im Dunkeln stammt aus dem Jahr 1988 von ANDREAS HEINECKE. Seitdem haben weltweit über zwei Millionen Menschen eine Ausstellung dieser Art besucht.

Probenraum einer Band

Wenn eine Rockband probt, geht es meistens sehr laut zu. Das stört nicht nur die meist unfreiwilligen Zuhörer, sondern auch die Musiker selbst. Der Schall wird im engen Probenraum von den Wänden reflektiert, im großen Konzertsaal dagegen wird er von Zuschauern und Wänden zum Großteil absorbiert. Deswegen wird die Band ihren Probenraum an den Wänden und der Decke mit schallschluckenden Schaumstoffmatten auskleiden und Teppiche auf den Boden legen.

Auch ein Tonstudio beim Rundfunk ist nach diesen Gesichtspunkten aufgebaut: Viele schallschluckende Materialien an den Wänden und Vorhänge vor den Fenstern. Ohne diese Maßnahmen würde der Eindruck entstehen, die Sendung würde aus einem Badezimmer übertragen.

Mikro mit Zottel-Fellumhang

Der Kugel-Windschutz, der auf ein Mikrofon aufgesteckt wird, soll bei Außenaufnahmen verhindern, dass Windgeräusche die Aufnahme stören. Bei Interviews dient er als Schutz vor störenden „Plop"-Lauten. Sie entstehen bei der Aussprache von Buchstaben wie p, t, f, s, pf.

Eine Variante des Windschutzes ist ein das Mikrofon komplett umschließender Kunststoff-Fellüberzug („*Windjammer*"). Dieser verhindert zusätzlich Windgeräusche, weil die Haare Luftturbulenzen um den Korb herum dämpfen. Sie eignen sich für extreme Windverhältnisse.

Lärmschutz

Der Lärm, der von stark befahrene Strassen oder Bahnlinien ausgeht, ist für die Bewohner naheliegender Häuser unerträglich. Daher ist der Bau von Lärmschutzwänden beim Überschreiten von Grenzwerten gesetzlich vorgeschrieben. Durch ihre raue Oberfläche, viele Hohlräume und durch ihre Höhe können Sie Schall gut absorbieren und die dahinter liegenden Gebäude schützen.

Stethoskop

Die gebräuchlichsten Stethoskope sind akustische Stethoskope, die Körpergeräusche besser hörbar machen. Sie bestehen aus den drei Grundelementen: Ohrbügel, Schlauch und Bruststück (oder „Kopf"). Im Bruststück des Stethoskops befindet sich eine Membran, die vom auftreffenden Schall in Schwingungen versetzt wird und diese an die Luftsäule im Schlauch weitergibt. Über die Ohrbügel werden die Luftverdichtungen und -verdünnungen an das Ohr des Untersuchenden geleitet. Die am Ende des Ohrbügels angebrachten „Oliven" aus Kunststoff dichten die Gehörgänge ab. Bei einigen Modellen kann das Bruststück gedreht werden, wo sich alternativ zur Membranseite ein Trichter ohne Membran befindet. Dieser Trichter ermöglicht ein besseres Hören tieferer Töne. Das ist z. B. bei Herzuntersuchungen erforderlich.
Stethoskope werden nicht nur in der Medizin sondern auch von Ingenieuren eingesetzt. Sie können dadurch aus den Motor- oder Getriebegeräuschen auf unsichtbare Schäden schließen.

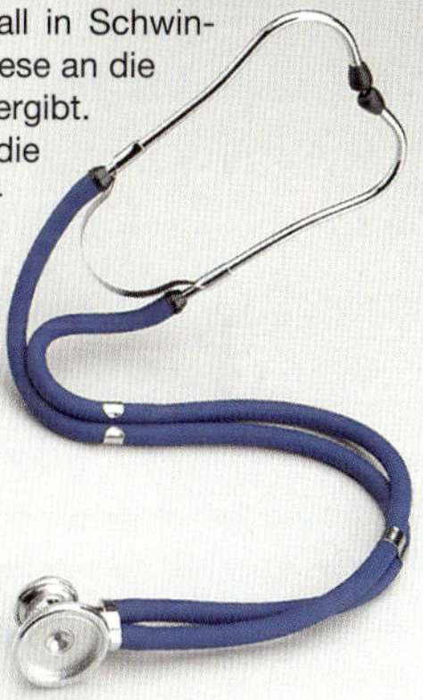

Besonderheiten bei der Schallausbreitung

Beim Herannahen eines hupenden Fahrzeugs ist ein höherer Ton zu hören als bei stehendem Fahrzeug. Fährt das Fahrzeug vorbei und entfernt sich, so wird der Ton plötzlich tiefer. Dieser **Doppler-Effekt** beruht darauf, dass beim Annähern die Luftverdichtungen und -verdünnungen quasi zusammengedrückt werden, also schneller aufeinanderfolgen als beim stehenden oder wegfahrenden Auto.

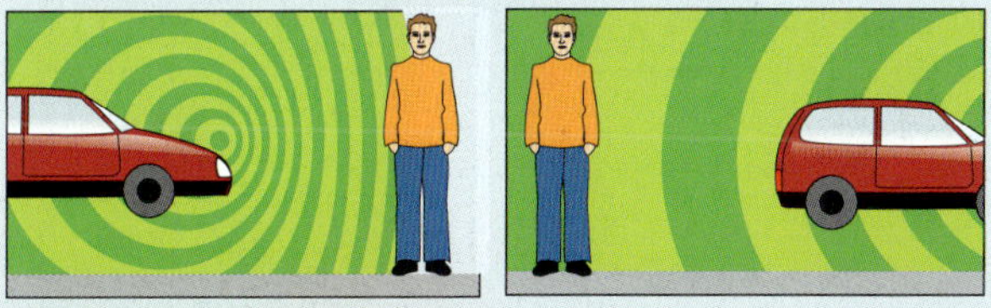

Steht jemand hinter einer Hausecke im „optischen Schatten", dann hört er die Rufe einer anderen Person, obwohl er sie nicht sehen kann. Das funktioniert besonders gut bei tiefen Tönen. Das Eindringen von Schall in den Schattenraum eines Hindernisses heißt **Beugung.**

Wanzen im Ozean

Ein Unterwasser-Messsystem wird eingesetzt, um die Einhaltung des Kernwaffen-Teststopp-Vertrags zu überwachen.

Obwohl bei Tests auf hoher See nur ein kleiner Teil des Schalls durch den Ozean wandert, kann er sich mit Frequenzen bis 100 Hertz darin ozeanweit ausbreiten, weil sich der Schall im Meerwasser in einer Stunde bis zu 5 500 km weit ausbreitet und er nur wenig gedämpft wird. Dies reicht aus, um nukleare Explosionen eindeutig zu erkennen und sie z. B. von Vulkanausbrüchen zu unterscheiden.

Durchblick – Grundideen schaffen Ordnung

Naturwissenschaftler bevorzugen Ordnung und Übersichtlichkeit aller Dinge, aller Erkenntnisse und aller Fragen, mit denen sie sich befassen. Sie versuchen, mit möglichst wenigen **Grundideen** ihre Erkenntnisse sinnvoll zu ordnen. Je weniger Schachteln sie benötigen, um ihr Wissen darin unterzubringen, desto besser. Tatsächlich ist es den Physikern unter den Naturwissenschaftlern gelungen, mithilfe von nur vier Grundideen, den *„Basiskonzepten"*, alles so zu ordnen, dass nichts ausgeschlossen bleibt.

Auf den Deckeln dieser vier Schachteln stehen die Namen der Grundideen:

- S SYSTEM
- M MATERIE
- W WECHSELWIRKUNG
- E ENERGIE

Auch die Inhalte der Schachteln selbst sind wieder klar geordnet. So lässt sich alles wiederfinden und die Beziehungen unter den Inhalten der Schachteln sind gut zu verstehen.

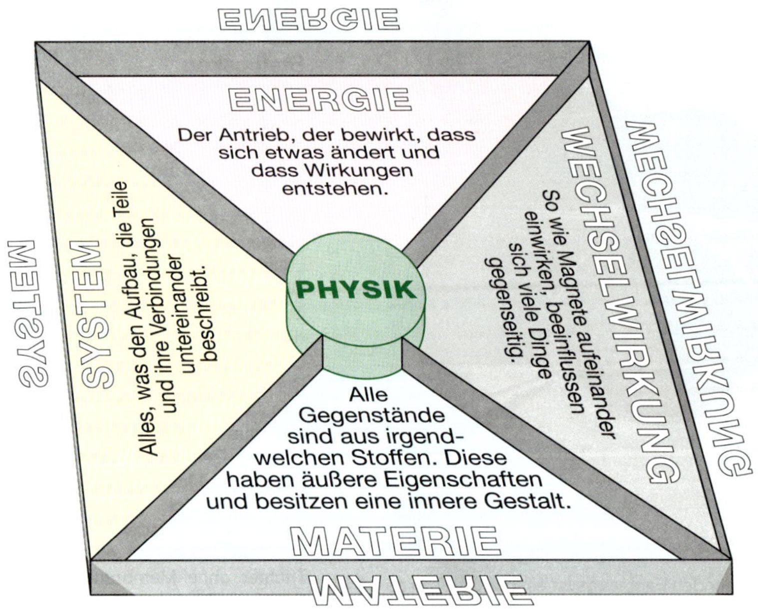

Auf den Seiten dieses Buches, auf denen Neues gelernt wird, steht ganz unten jeweils die Aufschrift der Schachtel (das Basiskonzept), in die der Inhalt der Seite hinein gehört.
Auf der am Schluss des jeweiligen Kapitels stehenden *Grundwissen-Seite* sind die Schachteln mitsamt den Inhalten dargestellt, die in dem Kapitel behandelt wurden. Damit hast du eine gute Übersicht über das, was du in diesem Kapitel gelernt hast – genau so, wie die Physiker ihr weit umfassenderes Wissen geordnet haben.

Erstellen einer Mindmap — Werkzeug

Eine Mindmap stellt die Zusammenhänge zwischen den wichtigen Inhalten eines Sachverhaltes übersichtlich geordnet dar. Die grafische Darstellung macht die Beziehungen zwischen den einzelnen Begriffen deutlich. Damit wird der Sachverhalt auch optisch strukturiert und bleibt so besser im Gedächtnis haften.

① Zentralbegriff festlegen

Bei einer Mindmap wird im Unterschied zu den üblichen Aufzeichnungsverfahren mit dem *Thema* oder dem wichtigsten, dem *zentralen Begriff* in der Mitte eines Blattes begonnen.
Es sollte
- unliniertes A3- oder A4-Papier verwendet werden;
- das Blatt im Querformat beschrieben werden, damit die Lesbarkeit verbessert wird.

② Sammlung

Vom zentralen Begriff/Thema ausgehend werden weitere Begriffe, die mit diesem Thema zusammenhängen, auf einem weiteren Blatt gesammelt oder direkt in die Mindmap eingetragen. Die Informationsquellen dafür sind:
- das eigene Vorwissen;
- Bücher, vor allem Lexika;
- das Internet;
- andere Quellen.

Diese weiteren Begriffe werden danach überprüft, ob sie übergeordnet oder Einzelheiten sind. Die übergeordneten Begriffe werden als *Grundbegriffe* an die Hauptäste möglichst waagerecht geschrieben.

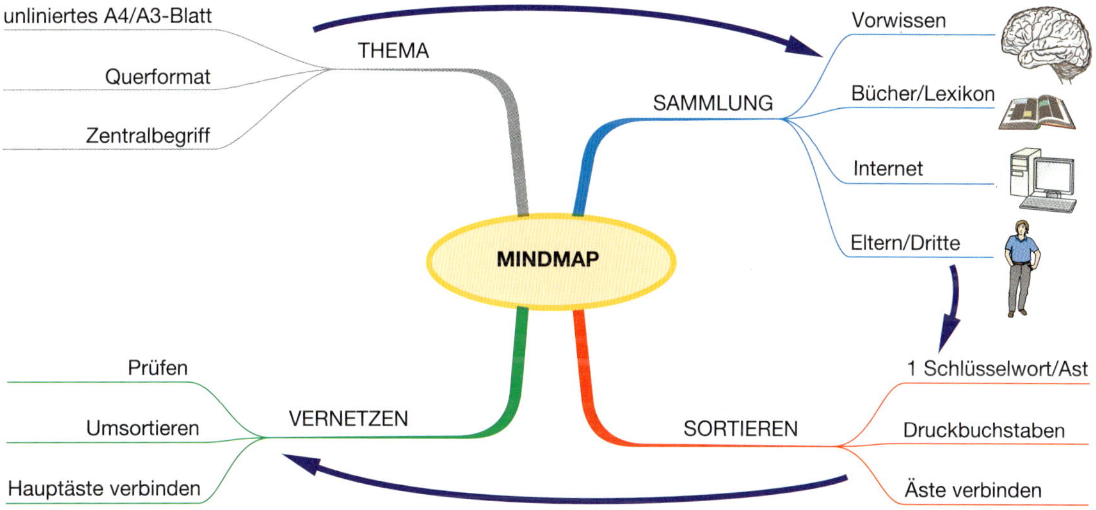

④ Ordnen, Vernetzen

Im Anschluss an die erste Erstellung der Mindmap – eventuell auch zu einem späteren Zeitpunkt – ist vielfach eine Überarbeitung der Mindmap erforderlich.
Die Begriffe werden auf ihre richtige Zuordnung hin überprüft. Gegebenenfalls wird umsortiert. Begriffe, die mehreren Themenbereichen angehören, können Hauptäste miteinander vernetzen.

③ Sortieren

Sofern noch keine Grundbegriffe festgelegt wurden, werden sie an die Hauptäste geschrieben. In Unterverzweigungen werden weitere Begriffe notiert, die zu dem Grundbegriff auf den Hauptästen gehören. Jedem Hauptast und seinen Unterverzweigungen kann eine eigene Farbe gegeben werden.
Auch kleine Symbole (z. B. Pfeile, Gedankenstriche) oder Bildchen sind für eine einprägsame Gestaltung geeignet.
Beachte:
- Auf jedem Ast darf nur ein Schlüsselwort stehen.
- Auf den Hauptästen in Großbuchstaben schreiben.
- Die Äste müssen miteinander verbunden sein.

Grundwissen Schall

SYSTEM

Schwingungen

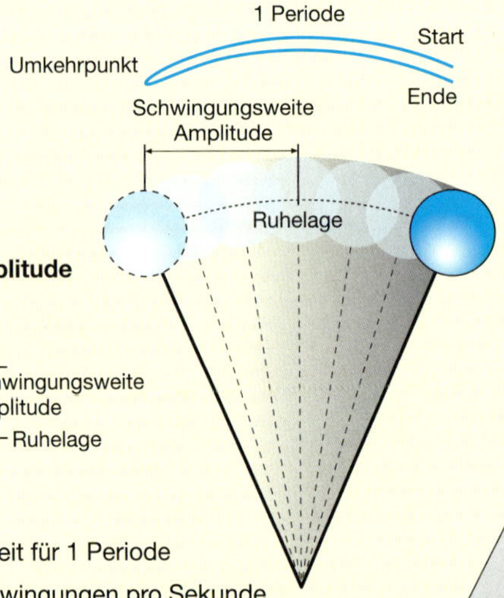

Kenngrößen von Schwingungen

Schwingungsweite = Amplitude
= maximale Auslenkung aus der Ruhelage

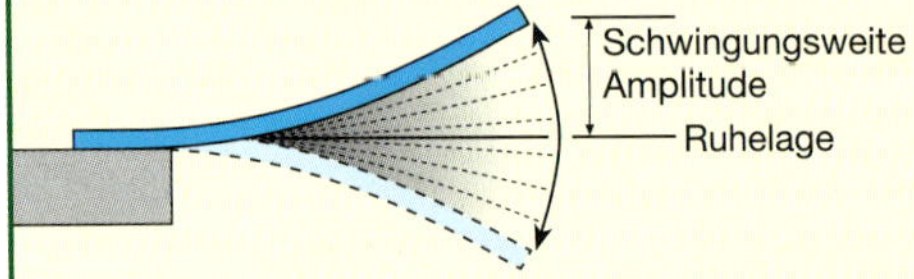

Schwingungsdauer *T* = Zeit für 1 Periode

Frequenz *f* = Zahl der Schwingungen pro Sekunde

Es gilt $f = \frac{1}{T}$ Einheit $1 \text{Hz} = \frac{1}{\text{s}}$

1 kHz = 1000 Hz

Resonanz: Wird ein Körper zu erzwungenen Schwingungen in seiner Eigenfrequenz angeregt, dann wird die Amplitude seiner Schwingungen sehr groß.

Töne

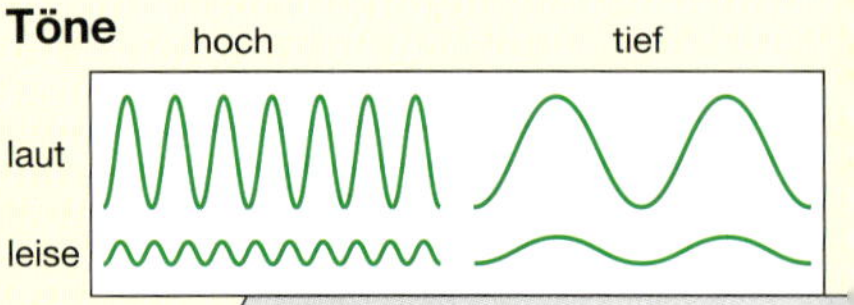

Lärm und Lärmschutz

Lautstärken werden in Dezibel (dB) gemessen.

Schutzmaßnahmen gegen Lärm

- Lärm in Ruhezeiten vermeiden.
- Die Lautstärke von Musik angemessen einstellen.
- Ohren zuhalten.
- Gehörschutz tragen.
- Abstand zur Schallquelle vergrößern.
- Das Ohr nur sehr selten lauten Ereignissen aussetzen.
- Ruhepausen für eine Gehörerholung nutzen.

Schallquelle → **Schall** → **Schallempfänger**

MATERIE

Schallausbreitung

Schall braucht einen Träger, um von der Schallquelle zum Empfänger zu kommen.

Es hängt vom Träger ab, wie schnell sich Schall ausbreitet:
Für 1 km braucht Schall in Luft etwa 3 s, in Wasser 0,7 s, in Eisen/Stein etwa 0,2 s.

Schall breitet sich als eine Folge von Verdichtungen und Verdünnungen aus.

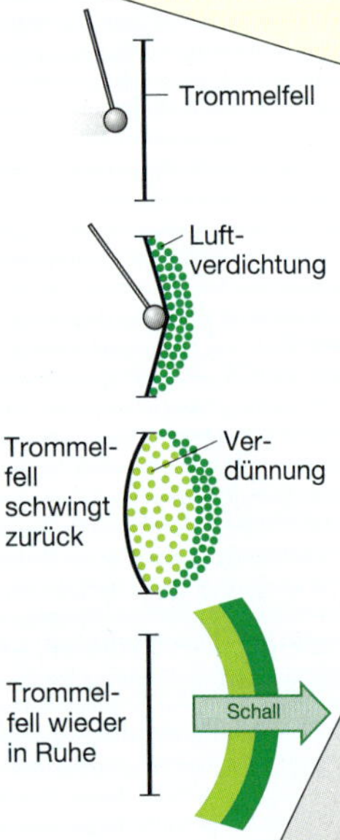

Reflexion

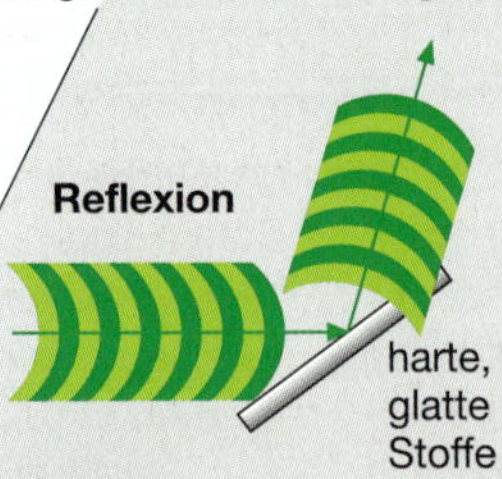

Absorption

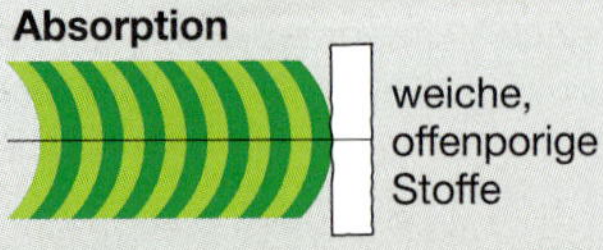

Beugung

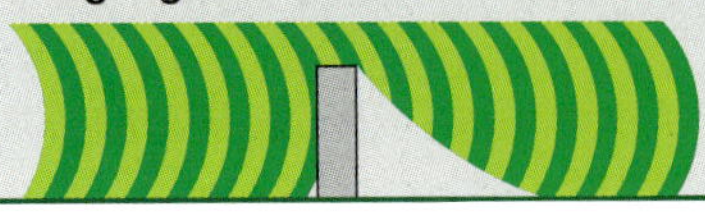

Hörbereich

16 Hz — Kind — 21 kHz
16 Hz — Jugendlicher — 18 kHz
16 Hz — Erwachsener — 12 kHz

Gehörschäden treten ab 80 dB auf.
Die Schmerzgrenze liegt bei 130 dB.

Grundbegriffe

A1 **a)** Fertige mit den Grundbegriffen links Karteikarten an. Notiere den Begriff auf der Vorderseite und erläutere ihn auf der Rückseite. Anstelle der Karteikarten kannst du auch eine elektronische Datenbank anlegen.
b) Erstelle eine Mindmap für das ganze Kapitel „Schall". Die Grundbegriffe auf Seite 34 helfen dir dabei.

A2 In Tonaufnahmen mit einem Mikrofon und einem Computer können die folgenden Schwingungsbilder A–D gesehen werden. Lies dazu noch einmal Seite 16.

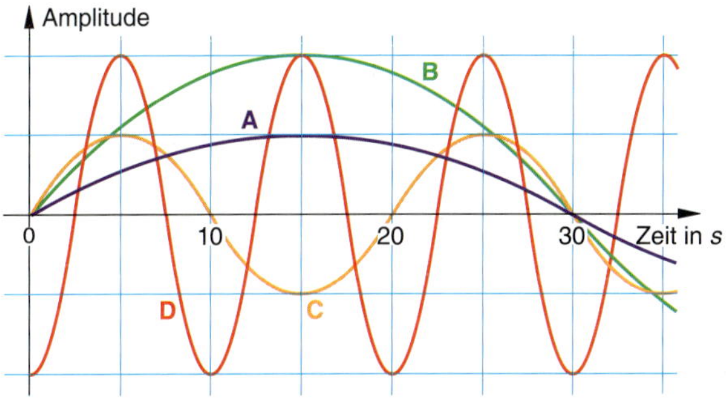

a) Ordne die dargestellten Töne nach ihrer Lautstärke und begründe kurz deine Reihenfolge.
b) Ordne die dargestellten Töne entsprechend ihrer Tonhöhe und begründe kurz deine Reihenfolge.
c) Bestimme aus dem Diagramm jeweils die Frequenz f und die Schwingungsdauer T. Nimm Stellung zu den Ergebnissen.
d) Zeichne in jeweils einem neuen Diagramm die Schwingung für den tiefsten und den höchsten für den Menschen hörbaren Ton. Achte auf die Achsenbeschriftung.

A3 **a)** Das menschliche Ohr kann nicht alle Frequenzen hören. Gib den Frequenzbereich an, den das menschliche Ohr wahrnehmen kann.
b) Nenne den Bereich, in dem unser Ohr am empfindlichsten hört.

A4 Bei zwei Astronauten auf dem Mond fällt bei ihrem Spaziergang das Funkgerät aus. Beschreibe eine Möglichkeit, wie sie sich dennoch mit normaler Sprache miteinander verständigen können. Erkläre.

A5 **a)** Zeichne die Saite eines Monochords als 12 cm lange Strecke. Skizziere auf dieser Saite eine Schwingung mit der kleinstmöglichen Frequenz.
b) Begründe durch einen Vergleich mit dem Ergebnis aus a), wie sich die Frequenz ändert, wenn die Saite 2 cm, 3 cm, 4 cm, 6 cm, 8 cm oder 9 cm lang ist.

A6 Es soll Sängerinnen gegeben haben, die angeblich so hoch und so laut singen konnten, dass Gläser in ihrer Nähe zersprangen.
Nimm zu dieser Aussage Stellung und begründe deine Meinung physikalisch.

A7 In einer Nacht des Jahres 1622 fand in Paris einer der vielen Versuche zur Bestimmung der Schallgeschwindigkeit in Luft statt: Auf zwei Befestigungsanlagen wurden mehrmals Kanonen gezündet. Ein Beobachter stand in einer Entfernung von 1860 m zum Geschütz und registrierte eine Zeit von 5,5 s zwischen der Wahrnehmung des Feuerscheins und dem nachfolgendem Knall.
Errechne aus diesen Daten die Schallgeschwindigkeit und vergleiche mit dem Wert auf S. 22.

A8 Im Jahre 1985 – 73 Jahre nach dem Untergang der Titanic – ortete der Amerikaner BALLARD mithilfe eines Echolot-Gerätes das Wrack. Bestimme die Tiefe, in der das Wrack liegt, wenn das Echo des Ultraschallimpulses nach 5,1 s registriert wurde.

A9 Vor einer Kneipe steht ein Motorradfan und lässt – sehr zum Ärger der Anwohner – sein Motorrad aufheulen. Gib an, wie viele seiner Freunde das Gleiche tun müssten, damit die Anwohner
a) die doppelte
b) die dreifache Lautstärke empfinden.

A10 Geräusche in Gebäuden sind oft störend.
a) Nenne Maßnahmen, die innerhalb und außerhalb des Gebäudes zu einer besseren Schalldämmung führen können. Begründe die Maßnahmen auch.
b) Nenne Materialien, die verwendet werden können.

A11 Eine Wohnsiedlung in der Nähe einer viel befahrenen Hauptstraße soll besser vor Lärm geschützt werden.
a) In erster Linie soll der Lärm durch eine Lärmschutzwand abgehalten werden. Beschreibe ihre Wirkungsweise.
b) Die Bewohner im Erdgeschoss beschweren sich weiterhin über zu viel Lärm. Nimm dazu Stellung.
c) Nenne weitere Maßnahmen, um die Lärmbelästigung zu mindern.

Ein Besuch auf dem Volksfest bei Dunkelheit ist ein ganz besonderes Erlebnis, da das Licht und die Musik noch viel intensiver wirken als am hellen Tag.
Bei einem Pop-Konzert wird die Wirkung der Musik verstärkt, wenn die Beleuchtung den Rhythmus der Musiker aufgreift.

In diesem Kapitel lernst du, wie das Sehen funktioniert und was passiert, wenn Licht auf verschiedene Gegenstände fällt.
Es wird geklärt, wie sich Licht ausbreitet und wie Schatten entstehen, aber auch, warum Licht manchmal im Verlauf seine Richtung ändert und welche Auswirkungen das hat.

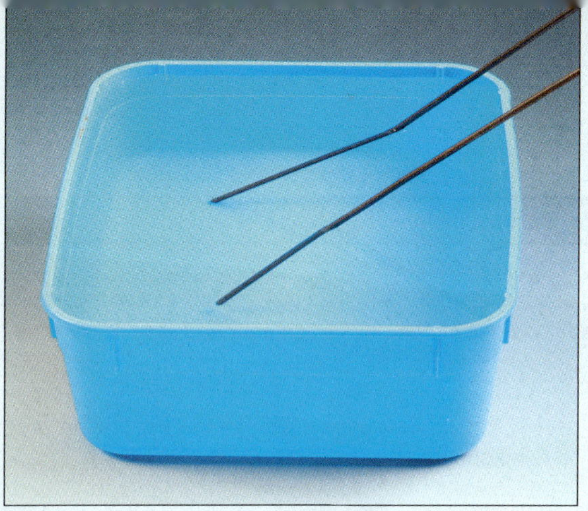

Der Knick in der Optik: Wenn gerade Gegenstände wie z. B. ein Metallstab in ein Wasserbecken gehalten werden, sehen sie auf einmal ungewöhnlich aus. Einer der beiden Metallstäbe erscheint gerade, der andere geknickt. Warum sind sie so unterschiedlich zu sehen?

Laser-Show: Vor dem Beginn der Laser-Show wurde in der Diskothek künstlicher Nebel verteilt. Erst dadurch werden die Lichtbündel der Laser für die Zuschauer sichtbar.

Sicherheitskleidung: Für die sichere Teilnahme am Straßenverkehr sind richtige Kleidung und richtiges Verhalten wichtig. Auf dem Foto ist das nur bei einem Jugendlichen der Fall!

Spiegelkabinett: In einem Spiegelkabinett sieht sich jeder selbst oder andere Personen mehrfach und scheinbar aus verschiedenen Richtungen. Oft ist auch nicht klar, ob eine Person z. B. einen Fotoapparat, in der linken oder in der rechten Hand hält.

Farben: Wird der Junge im hellen Sonnenlicht fotografiert, sieht alles ganz normal aus. Wird er dagegen mit dem gelben Licht von Straßenlaternen beleuchtet, erscheint er erschreckend farblos! Wo sind die Fraben geblieben?

Vorbereitung

1. Lies die Texte dieser beiden Seiten durch und betrachte die zugehörigen Bilder. Schreibe zu den einzelnen Themen Fragen auf, die du dazu hast.
2. Blättere das folgende Kapitel durch, lies die Überschriften und betrachte die Bilder. Notiere neben den Fragen aus 1 die Seitenzahlen, die deiner Meinung nach Antworten zu deinen Fragen liefern könnten.
3. Überlege und schreibe auf, was du in Experimenten untersuchen möchtest. Vielleicht hast du ja schon Ideen, wie die Versuche aussehen könnten.

Projekt — Augen und ihre Schwächen

Die Augen geben uns viele Informationen über die Welt, die uns umgibt. Aber nicht alle Menschen sehen gut und scharf – Augen haben oft Schwächen und Grenzen; aber diese können mit verschiedenen Hilfsmitteln immer besser ausgeglichen werden.

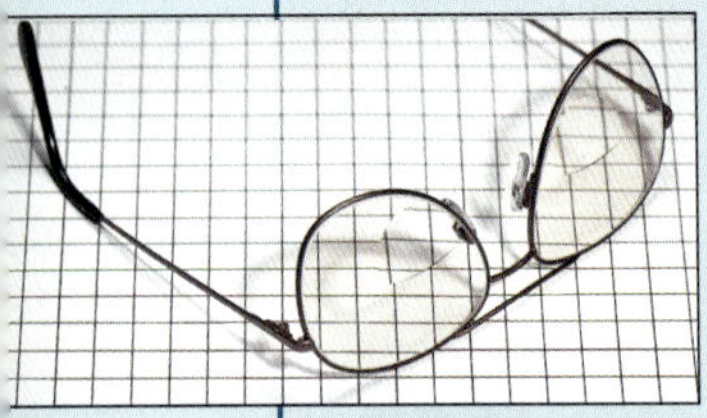

P1 **a)** Ermittelt durch Befragen von Brillenträgern, welche **Sehschwächen** sie haben und wie ihnen eine **Brille** dabei von Nutzen ist.
b) Leiht euch möglichst viele verschiedene Brillen und untersucht ihre Eigenschaften und ihren jeweiligen Verwendungszweck. Teilt dann eure Ergebnisse in verschiedene Kategorien mit gemeinsamen Eigenschaften ein.

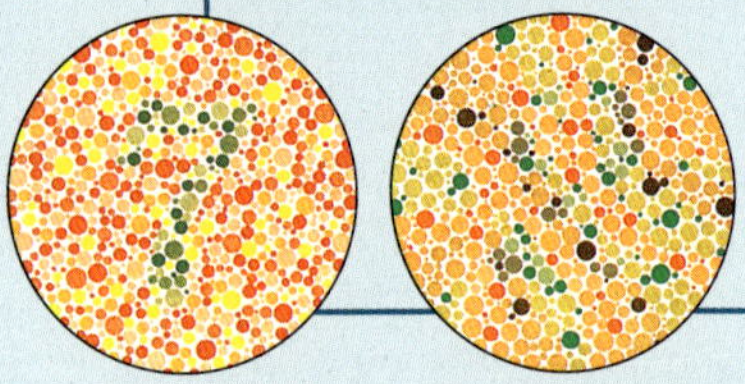

P2 Für manche Menschen ist es schwierig, Farben zu unterscheiden.
a) Erkundigt euch, wie durch einen **Sehtest** solche Schwächen erkannt werden können.
b) Überlegt, wie ihr solche Tests für eure Klasse durchführen könntet und führt sie dann durch.

P3 Zum Betrachten von Gegenständen benötigen die Augen eine ausreichende Beleuchtung.
a) Experimentiert, wie viel **Beleuchtung** ihr benötigt. Reduziert dazu die Lichtintensität und achtet darauf, wann der Farbeindruck schwindet.
b) Beobachtet, wie Gegenstände bei der Beleuchtung mit unterschiedlichen Lichtquellen (Taschenlampe mit Farbfolien, Schwarzlicht, Wärmelampe, ...) aussehen. Dokumentiert eure Erkenntnisse in Form eines Zeitungsartikels als neue Ergebnisse von „Jugend forscht".

Projekt — Spiegel

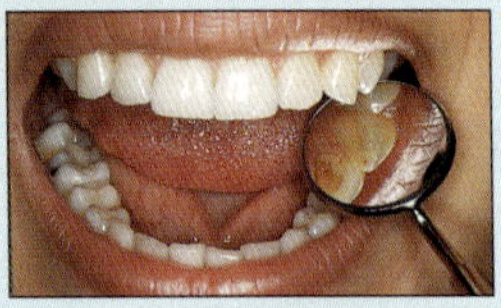

Immer wieder begegnen uns Spiegel: Morgens im Badezimmer, der Rückspiegel im Auto, der Überwachungsspiegel im Supermarkt oder die verspiegelten Scheiben am Hochhaus sind nur einige Beispiele einer langen Liste. Vielen ist gemeinsam, dass sie dabei helfen, etwas zu sehen, was wir ohne ihre Hilfe nicht oder nicht so gut sehen könnten.

P1 Nicht nur **Spiegel** lenken das Sonnenlicht um, auch viele andere Gegenstände tun das. Untersucht daraufhin verschiedene Gegenstände und erstellt eine Übersicht mit gut geeigneten Gegenständen.

P2 Mit Spiegeln kann das Sonnenlicht so umgelenkt werden, dass sonst dunkle Stellen beleuchtet werden. Bildet eine „Lichtkette", mit der das Sonnenlicht über mehrere Stationen durch optimal gehaltene Spiegel in einen dunklen Raum geleitet wird. Versucht dabei, möglichst viele Stationen zu nutzen. Überlegt auch, wer die größeren und wer die kleineren Spiegel bekommen soll.

P3 Viele Spiegel sind eben, manche aber gewölbt. Informiert euch, welche besonderen Eigenschaften Spiegel haben, die nach innen (**Hohlspiegel**) oder nach außen (**Wölbspiegel**) gewölbt sind. Erstellt eine Wandzeitung über diese besonderen Spiegelarten. Schildert auch ihre Bedeutung im Alltag.

P4 DAVID BREWSTER (1781 – 1868), ein schottischer Physiker, erhielt 1817 das Patent auf das **Kaleidoskop**. Informiert euch über den Aufbau und die Funktion eines solchen Geräts und baut es nach.

P5 Beim Blick in den Spiegel sehen wir alles spiegelverkehrt. Mit zwei ebenen Spiegeln, die sich an einer Kante berühren (**Winkelspiegel**), ist es möglich, ein Spiegelbild zu sehen, das seitenrichtig ist.
a) Experimentiert mit einem solchen Winkelspiegel: Bei welchem Winkel zwischen den Spiegeln ist das Spiegelbild seitenrichtig?
b) Wird der Winkel zwischen den Spiegeln weiter verkleinert, dann treten andere Spiegelbildformen auf. Notiert, was bei welchem Winkel zu beobachten ist.

Verkehrssicherheit

Projekt

Für die Sicherheit im Straßenverkehr ist es wichtig, andere Verkehrsteilnehmer zu sehen und von ihnen gesehen zu werden. Tagsüber ist es meistens einfach, gut gesehen zu werden, besonders im Sommer, aber nachts oder in der Dämmerung, bei Schneetreiben und Regenwetter kann es sehr schwierig sein. Deswegen sind außer der Beleuchtung auch Reflektoren am Fahrrad vorgeschrieben; reflektierende Kleidung erhöht zusätzlich die Verkehrssicherheit.
Im Straßenverkehr gibt es viele Lichtquellen: außer den Straßenlampen auch die Lampe und das Rücklicht an deinem Fahrrad, die Scheinwerfer der Autos und die Ampeln an den Straßenkreuzungen. Alle beleuchten etwas oder warnen vor Gefahren.

P1 Untersucht mit einer Taschenlampe, wie gut unterschiedliche Materialien **Licht reflektieren**.

P2 Untersucht, wie gut eure Oberbekleidung Licht reflektiert. Beurteilt so die **Verkehrssicherheit** eurer Kleidung.

P3 In jedem Auto müssen **Warnwesten** mitgeführt werden. Sie müssen von allen getragen werden, die das Auto bei einer Panne verlassen.
a) Untersucht, wie gut jemand in der Dunkelheit mit oder ohne eine solche Warnweste gesehen wird.
b) Erkundigt euch nach den Eigenschaften, die die Kleidung von Straßenarbeitern haben muss.

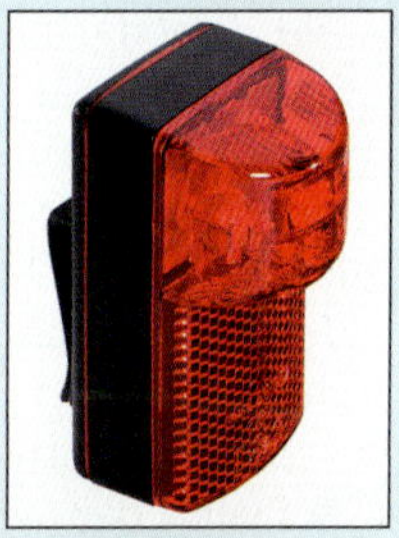

P4 **a)** Erstellt ein Merkblatt zu den vorgeschriebenen **Reflektoren** am Fahrrad.
b) Untersucht die Räder auf dem Fahrradhof eurer Schule, ob alle erforderlichen Reflektoren angebracht sind. Gebt euren Mitschülern wenn nötig Hinweise, wie sie die Verkehrssicherheit ihrer Räder noch verbessern können.

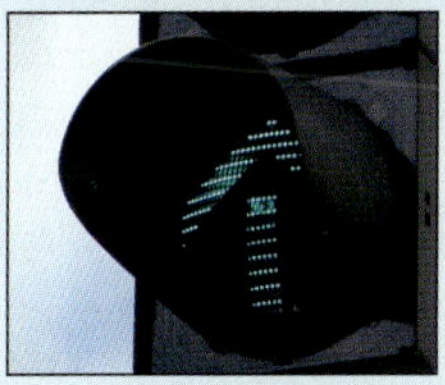

P5 Auch **Verkehrsschilder** müssen in der Dunkelheit gut gesehen werden. Einige sehr wichtige Schilder leuchten deswegen selbst oder werden beleuchtet, die meisten aber nicht. Trotzdem leuchten sie sehr hell, wenn sie von einem Scheinwerfer angestrahlt werden. Untersucht die Oberflächen von verschiedenen Schildern und erklärt, warum sie unterschiedlich hell leuchten. Betrachtet auch einmal die Oberfläche eines Auto-Nummernschildes mit einer Lupe.

P6 Untersucht die verschiedenen Lampen von Fahrrädern hinsichtlich Reichweite, Aufbau, Qualität und Preis. Schreibt einen Prüfbericht mit Empfehlungen für Mitschüler.

P7 Auch **Autoscheinwerfer** unterscheiden sich sehr stark. Erkundigt euch, wie verschiedene Scheinwerfertypen aufgebaut sind. Stellt die Ergebnisse eurer Untersuchung und die jeweiligen Vor- und Nachteile auf einer Wandzeitung zusammen.

P8 **a)** Im Straßenverkehr gibt es Lichter in verschiedenen Farben; auch am Armaturenbrett im Auto haben verschiedene Farben jeweils eine eigene Bedeutung. Erstellt eine Übersicht über die Bedeutung der jeweiligen Farben.
b) Neue **Ampeln** (amtlich **Lichtsignalanlagen**) leuchten ganz anders als ihre älteren Vorgänger. Erkundigt euch über die Vorteile der neuen Ampeln.

P9 Manche Jogger tragen eine Stirnlampe, wenn sie bei Dunkelheit unterwegs sind. Diskutiert, ob eine Beleuchtungspflicht für Fußgänger eingeführt werden soll.

Licht und Sehen

Früher hielten die Kapitäne auf See Ausschau nach Leuchtfeuern und Leuchttürmen. Mit ihrer großen Helligkeit waren sie nachts noch aus großer Entfernung zu sehen, sodass die Schiffe sicher entlang der Küsten gesteuert werden konnten.
Wie kommt es, dass ein Gegenstand gesehen werden kann?

Lichtquellen

In einem völlig dunklen Raum kann keiner etwas sehen (auch Katzen nicht). Das ändert sich erst, wenn eine Kerze oder Lampe angezündet wird. Sie erzeugen Licht und senden es aus, sind also **Lichtquellen.** Ein kleiner Teil gelangt direkt ins Auge, deswegen werden Kerze oder Lampe gesehen. Doch auch alle anderen Gegenstände sind jetzt zu sehen, obwohl sie kein Licht erzeugen. Sie werden von der Kerze oder der Lampe **beleuchtet** und werfen das empfangene Licht in alle Richtungen. Ein Teil davon gelangt ins Auge, weswegen diese Gegenstände dann gesehen werden.

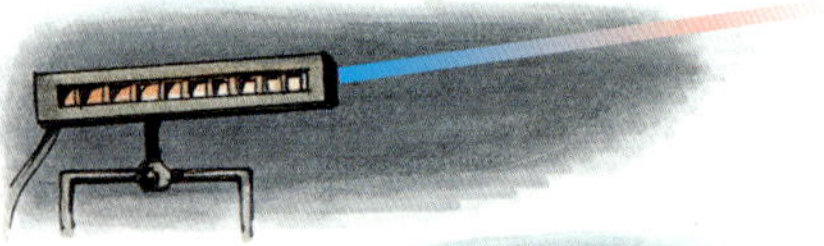

Die Augen sind **Lichtempfänger.** Sie nehmen das Licht auf und wandeln es in elektrische Signale um, die durch Nerven an das Gehirn geleitet werden. Dort erst entsteht das Bild des Gegenstands, der das Licht gesendet hat.

- Unter den vielfältigen *natürlichen Lichtquellen* ist für uns die Sonne die wichtigste. Wie alle anderen Sterne ist sie heiß. Das Glühwürmchen dagegen bleibt bei der Lichterzeugung kalt. Auch manche Tiefseefische und tropische Pilze können kaltes Licht erzeugen. Zu den gefährlichen natürlichen Lichtquellen zählen der Blitz und das Feuer.
- Die Erfindung des Dochtes war ein erster Schritt auf dem Weg zu *künstlichen Lichtquellen*. Die heutige Form der elektrischen Glühlampe wurde vor etwa 150 Jahren erfunden. Sie wird zunehmend durch LED oder andere Energiesparlampen ersetzt. Laser als neuartige Lichtquellen werden in vielen alltäglichen Anwendungen (z.B. Laserpointer) und für technische Zwecke eingesetzt.

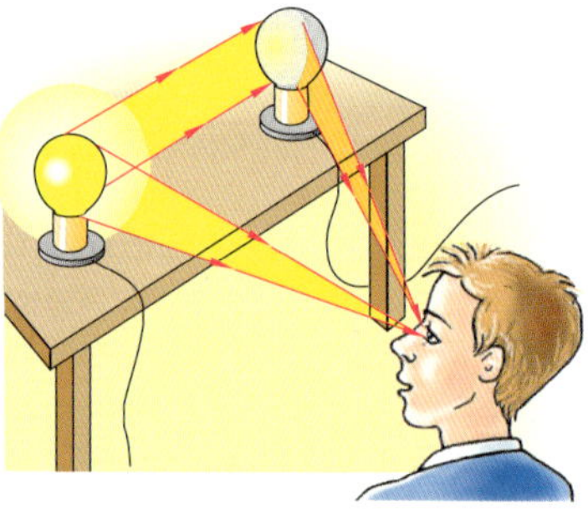

Wir sehen einen Gegenstand, wenn Licht von ihm in unser Auge fällt.
Bei lichtaussendenden Körpern, wird unterschieden zwischen:
- Lichtquellen, die Licht selbst erzeugen;
- beleuchtete Körper, die auftreffendes Licht nur zurückwerfen.

Aufgaben

1 **a)** Nenne weitere Lichtquellen und beleuchtete Körper. Unterscheide dabei zwischen kalten und heißen Lichtquellen.
b) Ordne Bildschirm, Mond und Sternschnuppe den Gruppen zu.

2 **a)** Beschreibe den Lichtweg, wenn du sagst: „Ich sehe Oma".
b) Begründe, weshalb die Redeweise „Jemandem feurige Blicke zuwerfen" physikalisch falsch ist.
c) Erläutere, ob Katzen bei völliger Dunkelheit etwas sehen können.

Der Sehvorgang

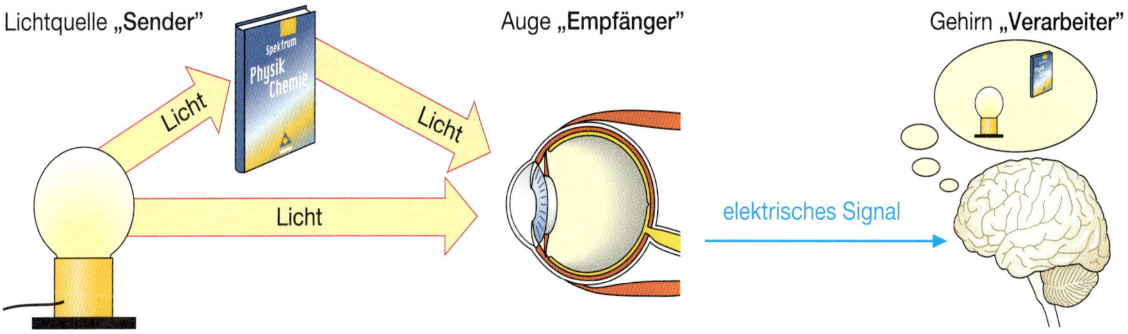

Aufgaben

1 Suche nach Ausdrücken und Redewendungen, in denen der Sehvorgang beschrieben wird. Bewerte, ob die physikalischen Vorgänge dabei richtig dargestellt sind.

2 Wer nachts in einem hell erleuchteten Zimmer sitzt, kann draußen höchstens die Straßenlaternen erkennen. Von draußen sind aber Personen und Möbel im Zimmer gut zu erkennen. Erkläre diesen Unterschied.

3 Im Theater können die Zuschauer die Schauspieler gut erkennen, obwohl es im Zuschauerraum dunkel ist. Die Schauspieler sehen aber höchstens das Publikum in der ersten Reihe, der Rest erscheint für sie völlig schwarz.
a) Erkläre diesen Unterschied.
b) Vergleiche das mit der Situation, dass ein Autofahrer nachts von einem entgegenkommenden Fahrzeug geblendet wird.

4 Für eine Nachtwanderung möchten die Kinder gerne Taschenlampen mitnehmen. Überlege, welche Vor- und welche Nachteile sich durch den Einsatz der Taschenlampen ergeben. Unterscheide dabei auch, ob die Wanderung durch den Wald oder über Wiesen und Felder geht, ob sie in einer Voll- oder in einer Neumondnacht stattfindet.

Sehen – physikalisch und umgangssprachlich — Durchblick

So wie bei Supermanns „Hitzeblick“ wird auch sprachlich oft ein falsches Bild der physikalischen Wirklichkeit vermittelt. Redewendungen wie „Ein Auge darauf werfen“, „Er hat einen durchdringenden Blick“ oder „Wenn Blicke töten könnten“ lassen vermuten, dass das Sehen eines Gegenstands so verläuft, als würden wir aktiv Licht/Blicke aussenden und dann Informationen über den Gegenstand zurückbekommen.
So kann der Sehvorgang aber nicht ablaufen, denn sonst gäbe es keine völlige Dunkelheit. Nur durch unser Hinsehen wären dann Gegenstände jederzeit sichtbar, einen Unterschied zwischen Tag und Nacht gäbe es nicht. Das passt aber nicht zu unseren Erfahrungen! Deswegen muss die Idee von den Sehstrahlen falsch sein. Es ist das Licht, das Dinge sichtbar macht! Es wird von Lichtquellen ausgesandt und gelangt direkt oder auf Umwegen ins Auge .

Auch Tiere haben keine wesentlich anderen Augen als Menschen. Auch sie können bei völliger Dunkelheit nichts sehen, auch sie sind auf Licht angewiesen, das in ihre Augen fällt. Nachtaktive Tiere können aber das wenige Licht, das in der Dämmerung ihre Augen noch erreicht, besonders gut in Signale an ihr Gehirn umwandeln. Sie sehen deswegen auch bei sehr wenig Licht noch sehr gut und können daher auch nachts noch Beute finden.

Licht ist unsichtbar!

Fällt Licht von einer Taschenlampe auf eine Wand, dann ist auf der Wand ein heller Fleck zu sehen. Wird die Taschenlampe aber in eine Pappröhre gesteckt und trifft das Licht in eine innen geschwärzte Tonne, dann ist kein Licht mehr zu sehen – selbst wenn der Raum abgedunkelt ist! Wird aber Rauch zwischen den Gegenstand und die Röhre geblasen, so wird sichtbar, wo Licht ist. Es ist also nicht das Licht selbst sichtbar sondern nur die Gegenstände, von denen es in die Augen gelangt.

Zentraler Versuch

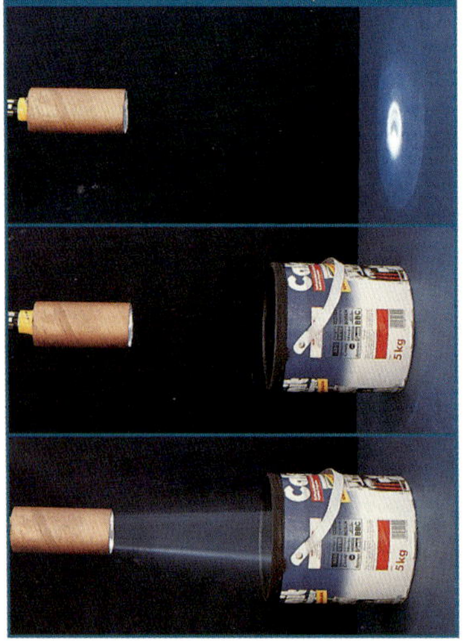

Auch den Weg, den das Licht von der Quelle „Taschenlampe" zum hellen Fleck auf der Wand nimmt, können wir nicht verfolgen, denn wir sehen ja nur, dass es an einer bestimmten Stelle angekommen ist. Wie es dorthin und von dort in unser Auge gekommen ist, verrät das Licht nicht.

Licht selbst ist unsichtbar. Nur die Gegenstände, auf die es fällt, werden sichtbar.

Aufgaben

1 In staubigen Räumen oder bei Nebel im Wald glaubt man, das Sonnenlicht auf die Erde fallen zu sehen. Begründe, warum diese Vermutung falsch ist.

2 In einem Hotelprospekt steht, dass die Räume „lichtdurchflutet" seien. Erkläre, was damit gemeint sein könnte und wie das zu beobachten wäre.

3 Vergleiche die Ergebnisse aus dem zentralen Versuch mit der Meinung, die Sonne scheine nachts nicht.

Licht und Farben

Zentraler Versuch

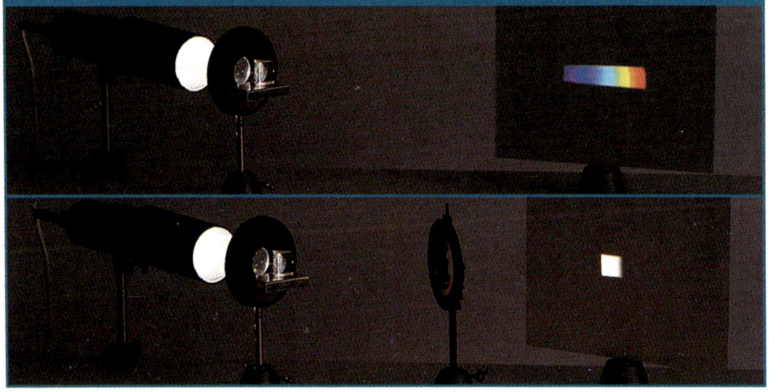

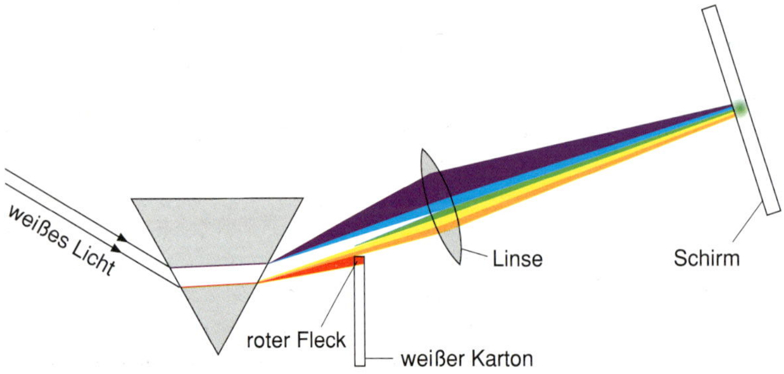

Geht weißes Licht durch ein dreieckiges Glas (Prisma), so wird es geknickt – **gebrochen** – und zerfasert in viele Einzelfarben, die **Spektralfarben**. Sie reichen von Rot über Grün bis zu Violett. Offenbar sind sie im weißen Licht enthalten.

Werden alle Einzelfarben mit einer Sammellinse auf einem Schirm zu einem Fleck zusammengebracht, so entsteht wieder die Farbe Weiß.

Fehlt auch nur eine Farbe in der Mischung, so fügen sich die übrigen nicht mehr zu Weiß zusammen: Wird zum Beispiel Rot aus dem Farbenbündel ausgeblendet, indem ein Kartonstreifen in das aufgefächerte Lichtbündel gehalten wird, so ergeben die verbleibenden Spektralfarben zusammen dann die Mischfarbe Grün auf dem Schirm. Wird dieses grüne Licht dann durch ein Prisma geschickt, dann fehlt bei den Spektralfarben Rot.

Damit wird verständlich, wie ein Gegenstand seine Farbigkeit erhält:
Wird er mit weißem Licht beleuchtet, so werden von dem Körper die darin enthaltenen Spektralfarben nicht alle gleichermaßen zurückgeworfen. Gibt er z. B. die Farbe Rot überhaupt nicht zurück, während er alle anderen ungeschwächt wieder abgibt, so hat der Körper die **Mischfarbe** Grün.

Hält der Gegenstand das Licht einer anderen Spektralfarbe zurück, so wechselt auch der Farbeindruck.

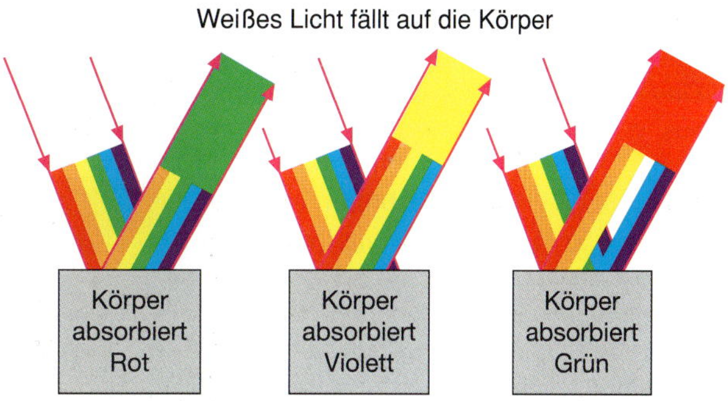

Außer dem Körper selbst ist aber auch die Lichtquelle an dem entstehenden Farbeindruck beteiligt: Ein Blumenstrauß leuchtet im Sonnenlicht in den schönsten Farben; im gelben Licht einer Straßenlaterne wirkt er dagegen blass und gelblich.

Da das Licht der Straßenlaterne nur aus einem gelben Anteil besteht, erscheint uns der Körper entweder gelb, wenn er Gelb zurückwirft, oder schwarz, wenn er Gelb einbehält.

Weißes Licht ist eine Mischung aus allen Spektralfarben.
Wird weißem Licht eine Spektralfarbe entzogen, so fügen sich die übrigen Farben zu einer Mischfarbe zusammen.
Die Farben von Körpern sind Mischfarben. Sie entstehen dadurch, dass der Körper eine Farbe nicht zurückwirft.

Aufgaben

1 Erkläre, was unter einer Spektralfarbe zu verstehen ist und wie sie sichtbar gemacht werden kann.

2 Erläutere, wie der Farbeindruck „Gelb" eines T-Shirts zustande kommt.

3 Weißes Licht wird durch ein Prisma zerlegt, Gelb ausgeblendet und der Rest zusammengeführt. Überlege, welche Farbe auf einem Schirm zu sehen ist.

4 Beschreibe, wie der Blumenstrauß der Abbildung oben im Licht einer roten Lampe aussehen würde.

Farbkreisel — Versuche und Aufträge

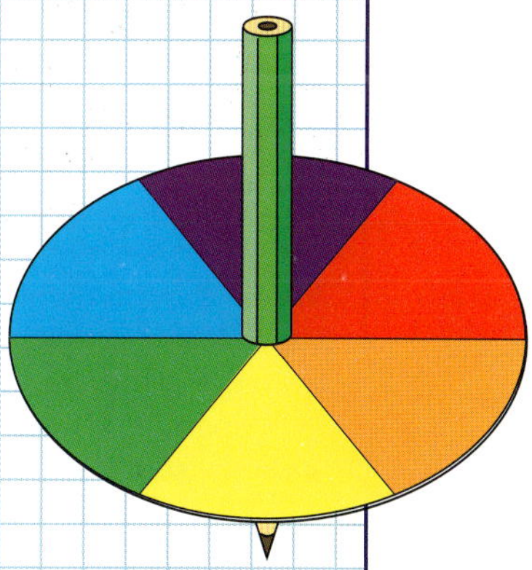

V1 Schneide eine runde Pappscheibe aus (Durchmesser etwa 10 cm). Teile sie in sechs gleichgroße Abschnitte ein. Färbe oder beklebe dann die einzelnen Abschnitte mit den sechs Spektralfarben. Wenn du nun einen kurzen Bleistift genau durch die Mitte der Scheibe bohrst, hast du einen Farbkreisel. Drehe den Farbkreisel möglichst schnell und beobachte ihn dabei von oben.
a) Beschreibe deine Beobachtung.
b) Erkläre die Beobachtung.

Farbfilter

Das Ausblenden einzelner Farben aus dem Spektrum von weißem Licht lässt sich auch durch farbige Folien oder gläserne **Farbfilter** erreichen. So lässt ein Gelbfilter die Farbe Gelb durch, meist auch die benachbarten Farben Rot, Orange und Grün. Die Farben Blau und Violett dagegen werden absorbiert. Das Mischlicht ist braun

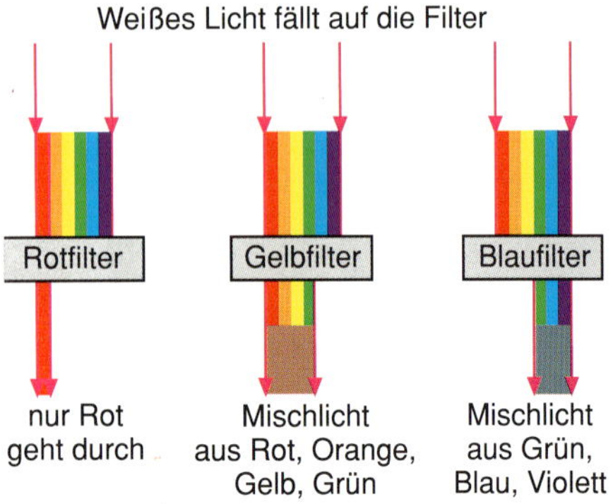

Zentraler Versuch

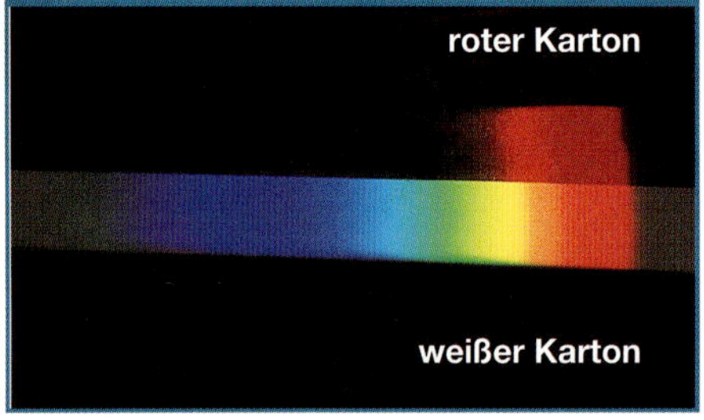

Fällt das Licht einer Glühlampe auf weißes Papier, so werden alle Farben gleichermaßen reflektiert. Bei farbigen Kartons zeigen sich Unterschiede. So gibt es rote Kartons, die nur reines Rot reflektieren und den Rest des Spektrums absorbieren. Es gibt aber auch rote Kartons, die nur Grün absorbieren; der Rest setzt sich zur Mischfarbe Rot zusammen. Es ist unserem Auge nicht möglich, zwischen der Mischfarbe und der spektral reinen Farbe zu unterscheiden.
Die Farbe, in der wir einen Körper im Sonnenlicht sehen, ist die **Körperfarbe.**

Werden Gegenstände mit farbigem Licht beleuchtet, so können nur Anteile von den Farben, die im auffallenden Licht enthalten sind, reflektiert werden. Deshalb erscheinen Körperfarben in Kunstlicht oft verfremdet.

Filtergläser oder farbige Körper absorbieren einen Teil der auffallenden Farben. Der durchgelassene bzw. gestreute Rest vereinigt sich zu einer Mischfarbe, in der uns der Körper erscheint.

Versuche und Aufträge — Farben

V1 a) Betrachte den Bildschirm eines TV-Gerätes oder eines Farb-Monitors mit einer Lupe. Beschreibe und skizziere den Aufbau und die Farben, die du siehst.
b) Aus größerer Entfernung erscheint der Bildschirm rot, grün oder blau. Untersuche, welcher Bereich dabei welche Farbe aussendet.
c) Untersuche, wie aus den Farben, die der Bildschirm aussendet, in deinem Auge in einiger Entfernung der Farbeindruck Weiß oder anderer Mischfarben entsteht.

V2 Besorge dir Folien in unterschiedlichen Farben. Halte sie erst einzeln vor eine helle Glühlampe, dann in Kombinationen von zweien oder mehreren.
a) Beobachte, in welchen Farben du die Lampe jeweils siehst, und halte deine Beobachtungen fest.
b) Erkläre, wie die Farben zustande kommen.

V3 a) Besorge dir eine rote (blaue, grüne oder gelbe) Lampe. Beleuchte zunächst verschiedene Gegenstände (ein grünes Blatt, einen roten Pullover, ein grünes T-Shirt, usw.) mit einer normalen Glühlampe, danach mit der farbigen. Dokumentiere, in welcher Farbe der Gegenstand jeweils erscheint.
b) Erkläre, wie seine Farbe zustande kommt.

V4 Fülle ein durchsichtiges Trinkglas mit Wasser.
a) Beschreibe genau, wie sich damit das Licht einer Taschenlampe spektral zerlegen lässt.
b) Erkläre, wie das Spektrum entsteht.

V5 Spritze an einem klaren, sonnigen Tag im Garten fein zerstäubtes Wasser in die Luft. Stelle dich so in den Garten, dass du einen schönen Regenbogen sehen kannst.
a) Beschreibe, wie du dann zur Sonne stehst.
b) Zeige mit der Hand auf den Kreismittelpunkt des Regenbogens und dann in die Mitte des Farbbandes. Schätze ab, um wie viel Grad du deinen Arm dabei gedreht hast.

Wie entsteht ein Regenbogen?

Streifzug

Kaum sind die letzten Regentropfen gefallen und die Sonne scheint wieder – oder es regnet gar noch und gleichzeitig schaut schon die Sonne hervor – ist ein wunderbarer Regenbogen zu sehen. Etwas oberhalb ist bei guten Verhältnissen noch ein zweiter Regenbogen zu sehen, er ist etwas blasser.

Ein Regenbogen entsteht dort, wo sich Wassertröpfchen in der Luft befinden. Der Regenbogen ist nur zu sehen, wenn die Sonne im Rücken des Beobachters steht. Und er befindet sich auch nicht hoch am Himmel, sondern eher in Richtung Horizont. Da Farben entstehen, muss das weiße Licht der Sonne spektral zerlegt werden. Dafür kann nur die Wand aus Regentröpfchen verantwortlich sein.

Das Sonnenlicht fällt auf einen Wassertropfen. Die linke Lupe zeigt, dass es sehr verschiedene Wege nehmen kann, je nachdem, wo es den Tropfen trifft:

- Sehr weit oben wird es an der Oberfläche reflektiert.
- Genau in der Mitte geht Licht ungebrochen hindurch.
- Nahe der Mitte eintretendes Licht wird zweimal gebrochen und verlässt den Tropfen schräg nach hinten.
- Tritt Licht in einem bestimmten Abstand von der Mitte in den Tropfen, so wird es gebrochen und dabei spektral zerlegt. An der Rückseite wird es zurückgeworfen. Bei der zweiten Brechung an der Vorderseite wird das farbige Band weiter aufgeweitet. Blaues Licht verlässt den Tropfen also am flachsten, rotes am steilsten. (Der Einfachheit halber sind in den Bildern nicht alle Spektralfarben gezeichnet, sondern nur Rot, Grün und Blau.)

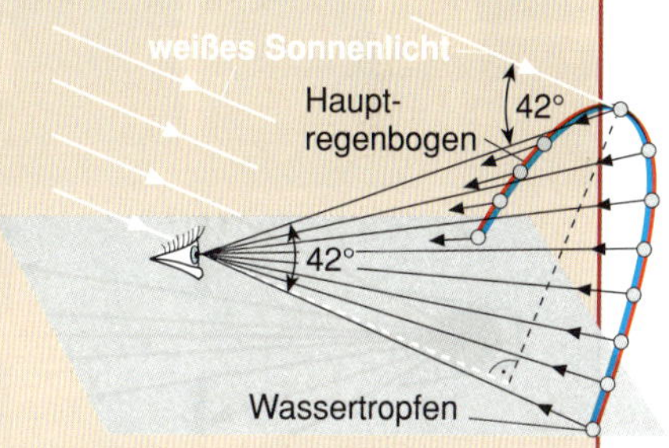

Diese Spektralzerlegung des Sonnenlichts geschieht an vielen Tropfen gleichzeitig. Ein Beobachter des Regenbogens sieht alle Tropfen, die in einem bestimmten Winkel Sonne – Regenwand – Auge stehen, in einer bestimmten Farbe. Für Rot ist dieser Winkel am größten, für Blau am kleinsten. Deshalb hat ein Regenbogen immer den roten Rand oben/außen und den blauen unten/innen.

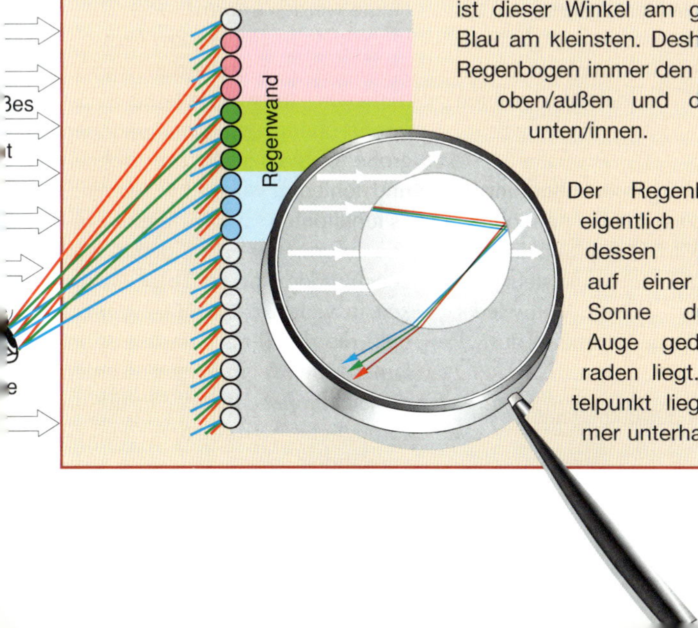

Der Regenbogen ist eigentlich ein Kreis, dessen Mittelpunkt auf einer von der Sonne durch das Auge gedachten Geraden liegt. Sein Mittelpunkt liegt also immer unterhalb des Horizonts. Ein kompletter Halbkreis ist daher nur bei Sonnenaufgang bzw. Sonnenuntergang zu sehen oder wenn mit einem Gartenschlauch fein verteiltes Wasser in die Höhe gespritzt wird.

Neben dem *Hauptregenbogen* (bei ca. 42°) ist manchmal noch ein zweiter Bogen, der *Nebenregenbogen* zu sehen, der aber immer viel lichtschwächer ist. Er liegt weiter außen (bei ca. 52°). Bei ihm ist die Farbreihenfolge genau umgekehrt. Die Ursache dafür ist eine zweite Spiegelung an der Rückwand des Regentropfens.

Lichtausbreitung

Wenn es im Wald neblig ist, schneidet das Sonnenlicht an gewissen Stellen scharf umrissene Nebelstreifen fächerartig aus.

Verrät uns die Natur damit etwas darüber, auf welchem Weg sich Licht bewegt? Läuft es auf ganz bestimmten Bahnen? Sind sie gerade, wie kleine Kinder Lichtstrahlen immer malen, oder krumm?

Wie breitet sich Licht aus?

Das Naturschauspiel im Foto oben kann mit einer Lampe und mehreren Blenden in einem staubigen Raum nachgestellt werden

Zentraler Versuch

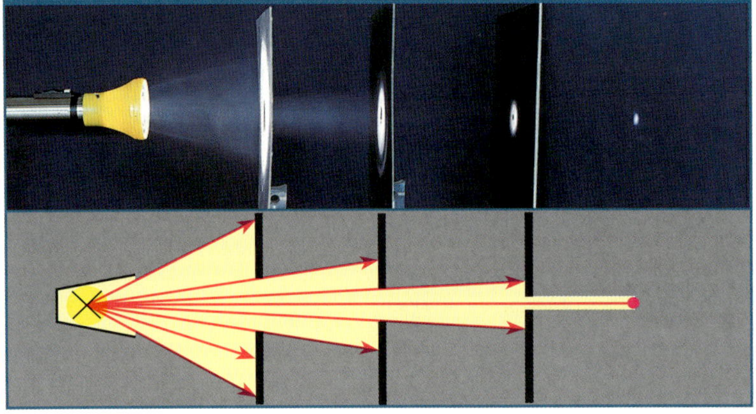

- Der Lichtraum wird von den Blenden immer weiter eingeengt.
- Die einzelnen Ränder des Lichtraums sind immer geradlinig.
- Alle Ränder können geradlinig bis zur Lichtquelle zurück so verlängert werden, dass ineinander liegende Lichtkegel entstehen.

Durch weitere Blenden lassen sich immer engere Lichtbündel erzeugen, deren Ränder immer weniger auseinander laufen. Der Unterschied zu einem Strahl, wie er aus der Mathematik bekannt ist, wird immer geringer. Die Ausbreitung des Lichts kann deshalb sehr gut mithilfe von Strahlen gezeichnet werden. Lichtbündel werden dann durch die beiden Randstrahlen dargestellt.

Schall breitet sich bekanntlich mit etwa 340 $\frac{m}{s}$ aus. Bei großer Entfernung ist der Donner deutlich später zu hören als der Blitz zu sehen ist. Aber ob der Blitz genau im Moment seiner Entstehung gesehen wird, ist noch unklar.
Wird ein Lichtblitz zu einem Spiegel geschickt, der auf dem Mond steht (Entfernung etwa 380 000 km), dann ist er erst nach etwa $2\frac{1}{2}$ Sekunden wieder zurück. Licht ist also sehr schnell. Es breitet sich mit etwa 300 000 $\frac{km}{s}$ aus.

Licht breitet sich geradlinig mit der Geschwindigkeit 300 000 $\frac{km}{s}$ aus.
Lichtbündel werden durch ihre beiden Randstrahlen dargestellt.

Informationsübertragung

Schon die Indianer nutzten die Informationsübertragung durch Licht: Mit Rauchzeichen wurden Informationen über große Entfernungen übermittelt.

1794 wurde der „optisch-mechanische Telegraf" erfunden. In einem Abstand von 10 bis 15 km standen Masten mit bis zu 6 Signalarmen. Nach einem bestimmten Code waren Zeichen verabredet. In Potsdam erinnert der „Telegrafenberg" an die Station Nr. 4 einer optischen Telegrafenlinie von Berlin nach Koblenz. Für die Übermittlung eines Zeichens über die 61 Stationen wurden nur 10 Minuten benötigt. Allerdings versagte der Telegraf bei Dunkelheit und schlechtem Wetter – und „abhörsicher" war er natürlich auch nicht.

Heute werden Informationen (Telefongespräche, Radio- oder Fernsehsendungen, Computerdaten, usw.) mit Licht durch Kabel aus Glasfasern übertragen. Damit können große Datenmengen sehr schnell und fehlerfrei übermittelt werden. Es funktioniert im Prinzip einfach: Die Information wird durch eine Leuchtdiode mit variabler Helligkeit in viele Lichtimpulse verwandelt, die durch das Glasfaserkabel laufen. Beim Empfänger werden die Lichtimpulse wieder in die ursprüngliche Information zurück verwandelt.

Streifzug — Blick in die Vergangenheit

Bei der ungeheuren Geschwindigkeit des Lichts wird klar, dass bei den alltäglichen, kleinen Entfernungen nichts von einer Zeitdauer für die Lichtausbreitung zu merken ist. Anders ist dies jedoch bei den großen Entfernungen im Weltall. So benötigt das Licht für seinen Weg bis zur Erde

- vom Mond 1,28 s
- von der Sonne 8,3 min
- vom nächsten Fixstern (α Centauri) 4,3 Jahre
- vom Polarstern 470 Jahre
- vom Andromeda-Nebel 2 000 000 Jahre.

Andromeda-Nebel

Ein Blick in den Sternenhimmel ist also ein Blick in die Vergangenheit! Wie z. B. der α Centauri heute aussieht, weiß niemand, da von ihm keine schnellere Botschaft als das Licht zu uns gelangen kann. Erst 2020 klärt sich die Frage, wie dieser Stern im Jahr 2016 ausgesehen hat.

Aufgaben

1 Landvermesser peilen mit Laserstrahlen entfernte Objekte an, um ihre Entfernungen und Höhen zu bestimmen. Gib an, welche Eigenschaft von Licht sie dabei nutzen.

2 Beschreibe Beispiele aus der Natur oder dem Alltag, bei denen die Ausbreitung des Lichts zu beobachten ist.

3 Beim Auto werden Abblendlicht und Fernlicht verwendet. Beschreibe die Unterschiede zwischen diesen beiden Beleuchtungsarten.

4 Bei Bauarbeiten, beim Schreiner oder Schlosser muss öfter geprüft werden, ob etwas gerade ist. Überlege Methoden, wie diese Frage mithilfe von Licht entschieden werden kann.

5 Der italienische Naturwissenschaftler GALILEI wollte vor ca. 400 Jahren mit zwei Lampen die Lichtgeschwindigkeit bestimmen. Er blitzte einem 4 km entfernten Helfer zu und wollte die Zeit messen, bis dessen Lampenlicht als Antwort wieder bei ihm eintraf. Begründe, weshalb GALILEI erfolglos blieb.

Lichtausbreitung — Versuche und Aufträge

V1 a) Stelle verschiedene Lochblenden (2 cm, 3 cm, 5 cm) zwischen eine Pappe und eine kleine Glühlampe. Miss die Durchmesser der Lichtkreise auf der Pappe.
b) Übertrage den Aufbau in der Seitenansicht in dein Heft. Halbiere dazu alle Maße. Zeichne den jeweiligen Lichtkegel mit ein.

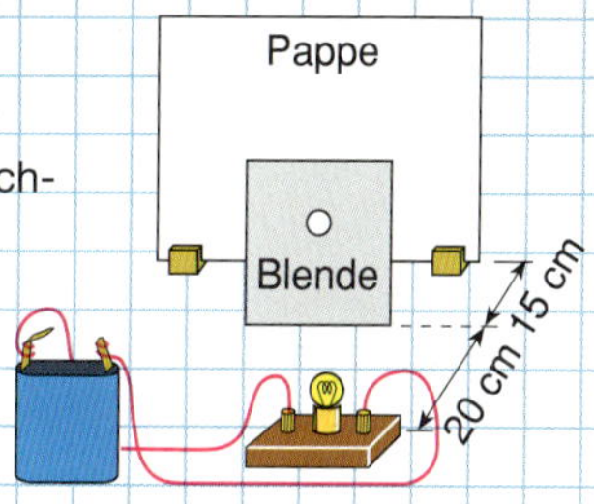

c) Bestätige die Größe deiner gemessenen Lichtkreise durch die Zeichnung.

V2 a) Schneide aus Pappe drei quadratische Stücke mit einer Kantenlänge von 15 cm aus. Bohre mit einem spitzen Gegenstand jeweils genau in der Mitte der Pappstücke ein Loch mit etwa 0,5 cm Durchmesser. Befestige an den so entstandenen Lochblenden unten zwei Wäscheklammern so, dass du sie senkrecht aufstellen kannst.
b) Untersuche, wie du die Lochblenden aufstellen musst, damit du einen hellen Gegenstand, z. B. eine Kerze, durch die Blenden hindurch beobachten kannst. Schreibe dein Ergebnis als einen Merksatz auf.
c) Fertige eine Skizze des Versuchsaufbaus an.

A3 Zeichne den Lichtkegel der Lichtquelle L. Bestimme die Bereiche auf den Schirmen, die beleuchtet werden.

Übertrage dazu die Anordnung in dein Heft; 1 Kästchen ≙ 5 mm.

Wie Bilder entstehen

Mit einem Handy kann heute jeder schnell und einfach fotografieren, das Ergebnis ist ein Bild des Motivs. Damit das mit dem Fotografieren auch klappt, muss das Licht vom Motiv durch ein sehr kleines Loch in die Kamera kommen – trotzdem ist auf den Bildern alles sehr gut zu erkennen.
Wie ist es möglich, mithilfe eines so kleinen Loches ein Bild zu erzeugen? Ist das bei unseren Augen genauso?

Die Lochblende

Steht eine Kerze vor einem Schirm, dann ist der Schirm gleichmäßig hell – mehr ist nicht zu sehen. Wird aber eine Lochblende zwischen Kerze und Schirm gebracht, erscheint auf dem Schirm ein Bild der Kerzenflamme.

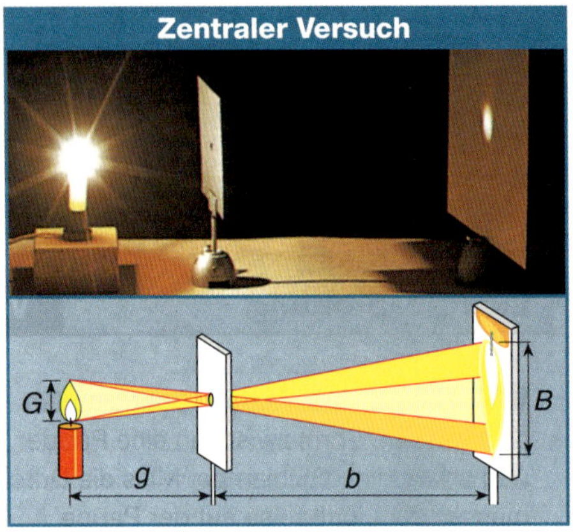

Durch die Lochblende wird erreicht, dass das Licht eines bestimmten Punktes der Flamme nur auf eine bestimmte Stelle des Schirms trifft und dort einen Lichtfleck erzeugt. Aus all diesen Lichtflecken auf dem Schirm setzt sich das Bild der Kerzenflamme zusammen. Weil sich die Lichtbündel im Loch kreuzen, steht das Bild auf dem Kopf und ist seitenverkehrt.

Durch Vergrößern der Blendenöffnung wird das Bild zwar heller, aber auch weniger scharf. Seine Größe ist abhängig vom Abstand der Blende zur Kerze und zum Schirm. Es lassen sich folgende Aussagen formulieren:

- Je kleiner die Blendenöffnung, desto deutlicher (schärfer), aber auch dunkler wird das Bild.
- Die Bildgröße B hängt von der Gegenstandsweite g und von der Bildweite b ab.

Die letzte Aussage lässt sich experimentell überprüfen. Es zeigt sich:

- Je größer die Bildweite b ist, desto größer wird die Bildgröße B (sofern die Gegenstandsweite g und die Gegenstandsgröße G nicht verändert werden).
- Je größer die Gegenstandsweite g ist, desto kleiner wird die Bildgröße B (die Gegenstandsgröße G und die Bildweite b werden nicht verändert).

Eine **Lochkamera** besteht aus einem lichtdichten Gehäuse, einer kleinen Öffnung (Lochblende) und einem der Öffnung gegenüberliegenden, durchsichtigen Schirm. Mithilfe einer Lochkamera war es erstmals möglich, Bilder nicht durch Malerei zu erzeugen – die Technik des Fotografierens wurde aus dieser Idee entwickelt.

Das Auge

Das menschliche Auge erzeugt die Bilder von Gegenständen im Prinzip wie eine Lochblende:
Durch die *Pupille* (≙ Loch) kann Licht in das Auge einfallen. Auf der gegenüberliegenden Seite entsteht auf der *Netzhaut* ein Bild. Über den *Sehnerv* ist das Auge mit dem Gehirn verbunden, sodass wir ein Bild wahrnehmen können.

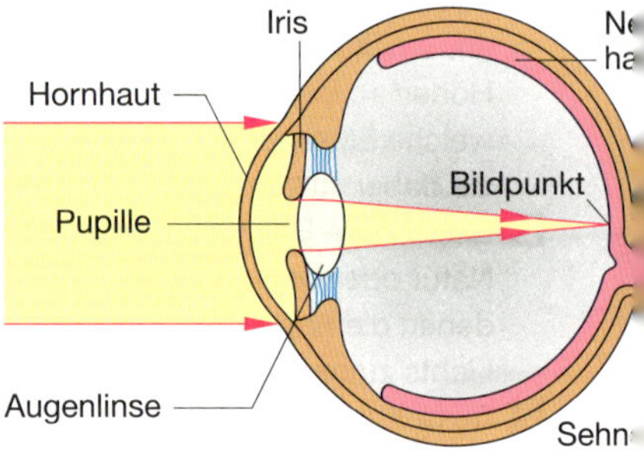

Wie bei einer Lochblende steht das Bild auch beim Auge auf dem Kopf. Vom Gehirn wird es „umgedreht" und als „aufrecht" empfunden.
Im Gegensatz zur Lochblende kann das Auge gleichzeitig sowohl scharfe als auch helle Bilder erzeugen. Das ermöglicht die *Augenlinse*, die sich den unterschiedlichen Entfernungen anpassen kann. Wenn es dunkel wird geht die Pupille weiter auf, dadurch kommt mehr Licht in das Auge. Bei großer Helligkeit wird die Pupille sehr klein.

Lochblende und Auge erzeugen Bilder, die auf dem Kopf stehen und seitenverkehrt sind.

Aufgaben

1 Erkläre, warum das von einer Lochblende erzeugte Bild
a) seitenverkehrt ist;
b) auf dem Kopf steht.

2 Zeichne das Querschnittsbild einer Lochblende mit einem Durchmesser von 2 mm, einem Schirm und von drei Gegenstandspunkten, die den gleichen Abstand zur Lochblende haben. Zeichne dann die von den Gegenständen durch die Lochblende gehenden Lichtbündel ein und die Bildflecken auf dem Schirm.
a) Finde heraus, wie sich diese Bildflecken verändern, wenn die Blendenöffnung größer wird.
b) Erkläre anhand deiner Zeichnung, warum nur unscharfe Bilder entstehen können.

3 **a)** Erläutere, welche Druckschrift-Großbuchstaben auf dem Schirm hinter einer Lochblende genauso (eventuell verkleinert) aussehen wie der Buchstabe selbst.
b) Finde Gegenstände, bei denen der gleiche Effekt auftritt.
c) Erläutere, welche Form Gegenstände generell haben müssen, damit das Lochblenden-Bild auf dem Schirm und das Original gleich aussehen.

4 **a)** Erkundige Dich, was eine „Camera obscura" ist und wie sie früher von Malern eingesetzt wurde.
b) Begründe, weshalb eine „Camera obscura" nachts nicht funktionieren konnte.

5 Ein Mitschüler hält sich für zehn Sekunden die Augen zu. Beschreibe deine Beobachtung seiner Pupillen, wenn er die Hände von den Augen nimmt.

6 **a)** Erläutere die Aussage „Eine Sonnenbrille täuscht das Auge."
b) Erkundige dich bei einem Augenoptiker, weshalb Skibrillen unbedingt einen UV-Filter haben sollten.

7 Begründe, warum Straßentunnel auch tagsüber im Eingangsbereich sehr hell beleuchtet werden.

Lochkamera — Versuche und Aufträge

V1 Baue entsprechend der folgenden Abbildung eine einfache Lochkamera:
① Fertige aus Karton zwei genau ineinander passende Röhren, indem du zwei Bögen Kartonpapier um eine Flasche wickelst und einzeln verklebst.

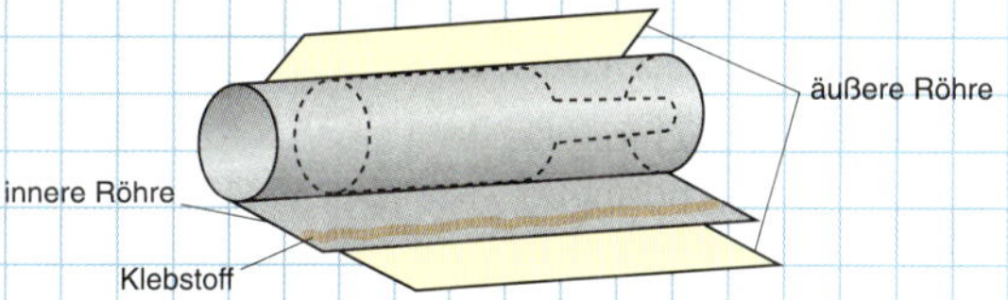

② Beklebe nun die engere Röhre vorne mit Pergamentpapier und bastele für die größere Röhre gut passende Deckel mit Löchern unterschiedlicher Größe.

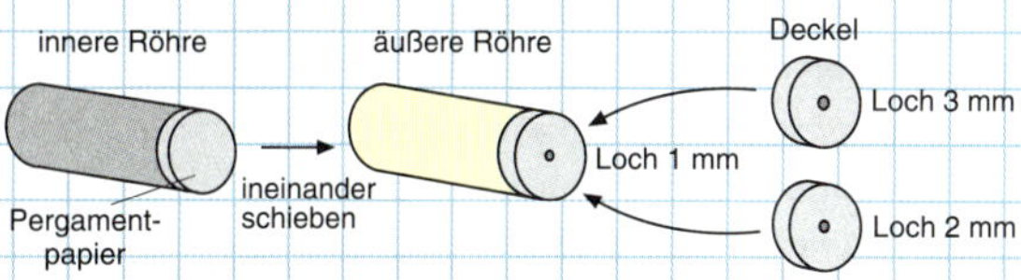

③ Schiebe die Röhren ineinander und schaue von hinten in die enge Röhre.

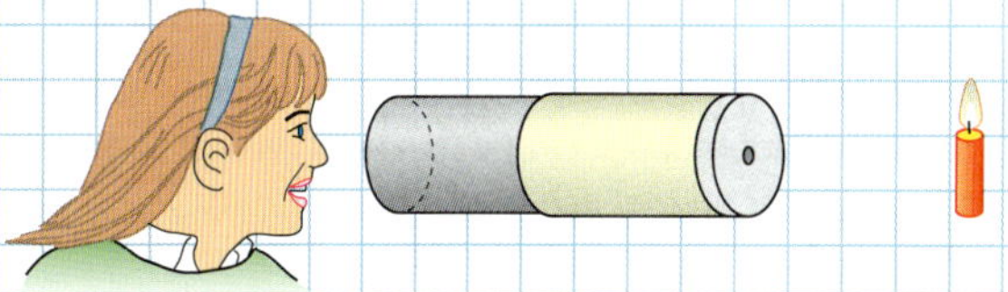

V2 Betrachte einen hellen Gegenstand durch eine Lochkamera.
a) Vergleiche das gesehene Bild mit dem Gegenstand selbst.
b) Erkläre Unterschiede zwischen dem Aussehen des Gegenstandes und seinem Bild.
c) Nenne Eigenschaften des Bildes, die sich ändern bei folgenden Veränderungen:
① die Größe des Lochs;
② den Abstand Mattscheibe – Loch;
③ den Abstand Gegenstand – Loch.
Formuliere deine Ergebnisse als „Je-Desto-Beziehungen".

V3 Verwende bei deiner Lochkamera andere Lochformen (z. B. quadratisch, strichförmig, dreieckig etc.). Beschreibe, wie sich dadurch jeweils das Bild verändert.

V4 Mit einer Lochkamera lassen sich wirkliche Bilder machen. Anders als bei Digitalkameras werden Fotopapier und Chemikalien benötigt.
a) Erkunde notwendige Voraussetzungen und Materialien, um mit einer Lochkamera ein Foto machen zu können.
b) Entwickle einen Plan zur Durchführung, um mit deiner Klasse auf diese Weise zu „fotografieren".

Licht und Schatten

Mit Licht lässt sich spielen, indem die Finger und Handflächen so geschickt geformt werden, dass ein Freund das dargestellte Tier an der Wand erraten kann. Schade nur, wenn der Schatten bei aller Fingerfertigkeit so verwaschen und unscharf wird wie im Bild rechts.

Wann wird ein Schatten scharf, wann wird er unscharf? Wie entstehen Schatten überhaupt? Wovon hängt es ab, wie groß die Schatten sind? Gibt es immer einen Schatten?

Entstehung von Schatten

Werden unterschiedliche Gegenstände mit einer sehr kleinen, hellen Lichtquelle einer *Punktlichtquelle,* beleuchtet, so sind an einer entfernten Wand Schattenbilder zu erkennen.
Je nachdem, welche Abstände Lichtquelle, Gegenstand und Wand voneinander haben, ergeben sich unterschiedlich große Schattenbilder:

Zentraler Versuch

- Wird der Abstand Lichtquelle–Gegenstand verkleinert, so werden Höhe und Breite des Schattens größer.
- Wird der Abstand Schirm–Gegenstand vergrößert, wird auch der Schatten größer.

In allen Fällen haben die Schattenbilder ziemlich scharf begrenzte Umrisse.

a)

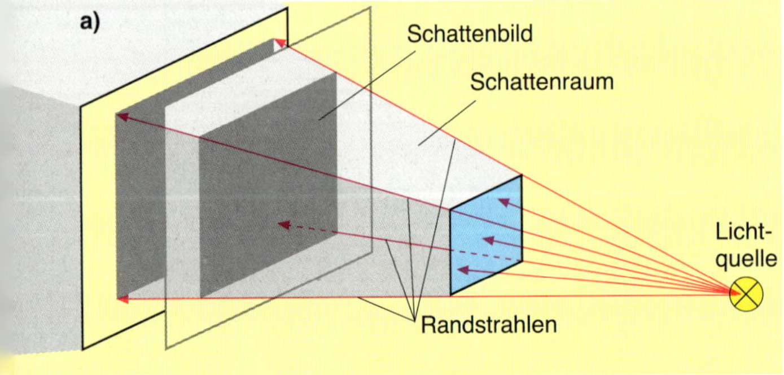

b)

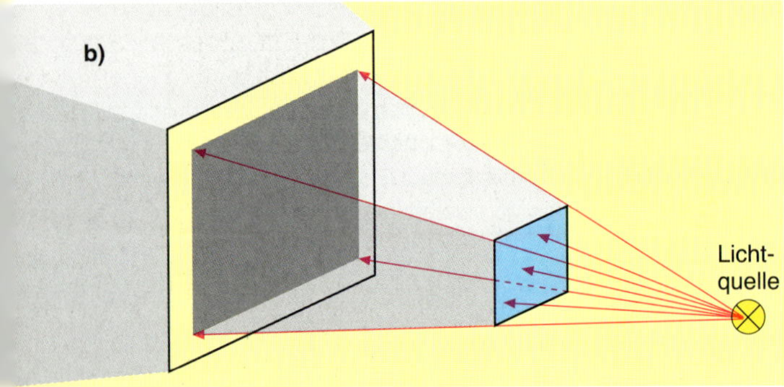

Mit der geradlinigen Ausbreitung des Lichts lassen sich die Eigenschaften der Schattenbilder leicht erklären: Von der Punktlichtquelle wird Licht ausgesendet, das auf die undurchdringliche Körperoberfläche trifft. In den dahinter befindlichen Raum gelangt also kein Licht. Dieser Raum wird **Schattenraum** genannt. Er wird seitlich von solchen Gebieten begrenzt, in die noch Licht gelangen kann. Steht ein Schirm hinter dem beleuchteten Körper, so ist die Schirmfläche, die im Schattenraum liegt, dunkel. Dies ist das **Schattenbild.**

- Da die Randstrahlen von der Punktlichtquelle aus immer weiter auseinanderlaufen, ist ein Schattenbild auf einem entfernteren Schirm größer (Grafik a).
- Wird der Gegenstand näher an die Lichtquelle herangerückt, so vergrößert sich der Schattenraum, da die Randstrahlen jetzt stärker auseinanderlaufen. Auch dadurch vergrößert sich das Schattenbild (Grafik b).

Punktlichtquellen erzeugen scharf umrissene Schattenbilder, deren Größe zunimmt, wenn
- der Körper an die Lichtquelle heranrückt;
- der Schirm vom Körper wegrückt.

Schatten bei zwei Lichtquellen

Das Schattenbild des Holzklotzes wird im Bild rechts von den beiden Lampen erzeugt. Die Grafik darunter zeigt, warum zwei unterschiedliche Schatten entstehen:

- Die beiden Lichtquellen und erzeugen jede für sich einen eigenen Schattenraum. In den ganz dunklen Bereich gelangt von keiner Lichtquelle Licht. Dieser nahezu schwarze Bereich heißt **Kernschatten** (KS).
- Daneben gibt es aber noch Bereiche, die von Licht aus einer Lichtquelle durchquert werden. Diese Bereiche, in denen der Schirm deshalb halbhell leuchtet, werden **Halbschatten** (HS) genannt.
- Außerhalb der Halbschatten ist es hell. Dort kommt Licht beider Lichtquellen an.

Bei zwei Punktlichtquellen entstehen ein Kernschatten und zwei Halbschatten.

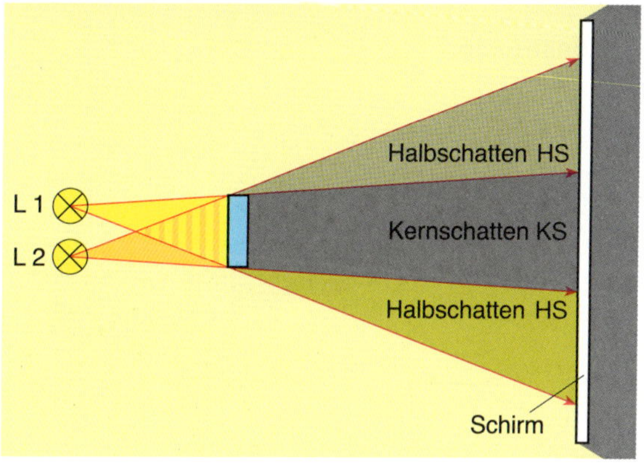

Schatten bei ausgedehnten Lichtquellen

Eine Leuchtstoffröhre ist eine ausgedehnte Lichtquelle. Sie kann als eine Aneinanderreihung von vielen Punktlichtquellen gedacht werden. Mit dieser Vorstellung wird verständlich, wie das verwaschene Schattenbild entsteht: Jetzt überlagern sich die Schattenräume von mehreren Lichtquellen. Die Helligkeit nimmt beidseitig neben dem Kernschatten gleichmäßig zu. Der Kernschatten zerfließt also nach außen; er wird **Übergangsschatten** genannt. Eine solche ausgedehnte Lichtquelle ist offenbar auch für die Schattenspiele im Bild links oben benutzt worden. Um scharfe Bilder zu erhalten, hätte eine Punktlichtquelle verwendet werden müssen.

Bei ausgedehnten Lichtquellen entsteht neben dem Kernschatten ein weicher Übergangsschatten.

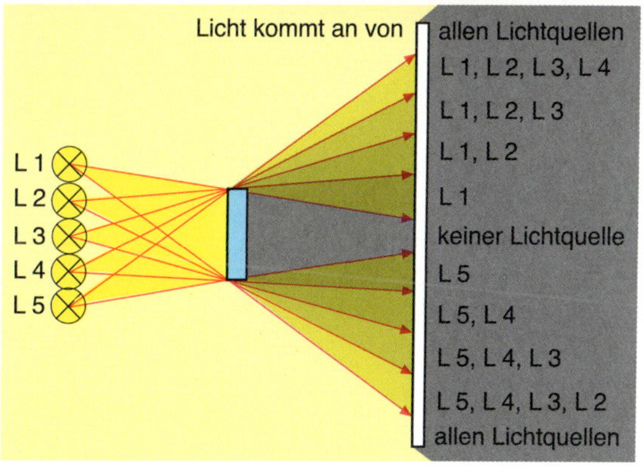

Aufgaben

1 Beschreibe die Begriffe „Schattenraum“ und „Schattenbild“. Fertige dazu auch eine Skizze an.

2 Entscheide, ob vom Schattenbild oder vom Schattenraum die Rede ist.
① Im Schatten ist es angenehm kühl.
② Abends ist der Schatten länger.
③ Wo viel Licht ist, ist auch viel Schatten.

3 Ein aus Pappe ausgeschnittener Buchstabe wird vor eine Kerze gestellt. Beschreibe Möglichkeiten, die Größe des Schattenbildes zu verändern.

4 Schneide aus Pappe zwei nicht zu kleine Kreise aus. Stelle sie so vor zwei Kerzen, dass verschieden dunkle Schatten entstehen. Fertige eine Zeichnung an, die den Blick von oben auf die Anordnung zeigt. Benenne die Schattenbilder mit den Fachbegriffen.

Werkzeug | **Lichtstrahlen erklären Schatten**

Schattenkonstruktion

Mit der zeichnerischen Darstellung des Lichtwegs durch Strahlen lässt sich das Schattenbild eines Gegenstandes konstruieren. Dabei ist es einfacher, den Versuchsaufbau aus der Vogelperspektive zu betrachten und mit vereinfachten Symbolen darzustellen.

- Zunächst wird die Anordnung aus der Vogelperspektive aufgezeichnet.
- Dann werden vom Zentrum der Glühlampe aus die beiden Randstrahlen eingezeichnet, welche den Schattenraum begrenzen. Sie berühren den Gegenstand an seinen Begrenzungen.
- Die Verlängerung der Randstrahlen bis zum Schirm sind die Ränder des Schattenbildes, das zwischen diesen beiden Punkten liegt.

Konstruktion

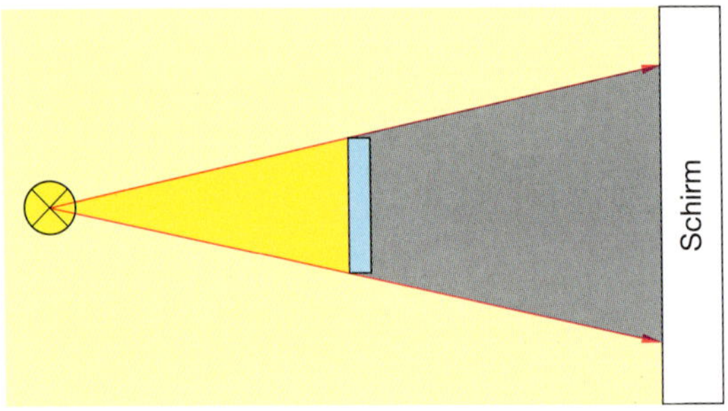

Bild auf dem Schirm

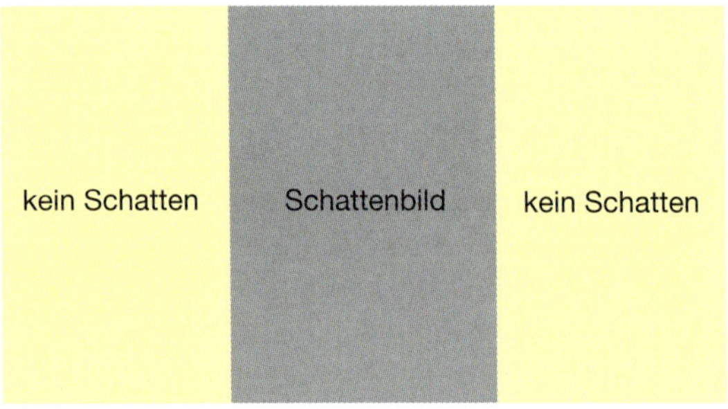

Die Schattenvorhersage

Nun soll eine Vorhersage getroffen werden, wie der Schattenraum von zwei Lichtquellen aussieht.
Dazu muss die obige Konstruktion für jede der beiden Lichtquellen durchgeführt werden.

Konstruktion 1

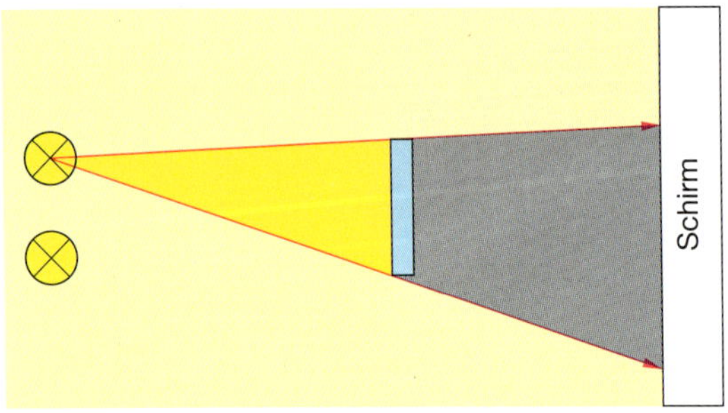

Konstruktion 2

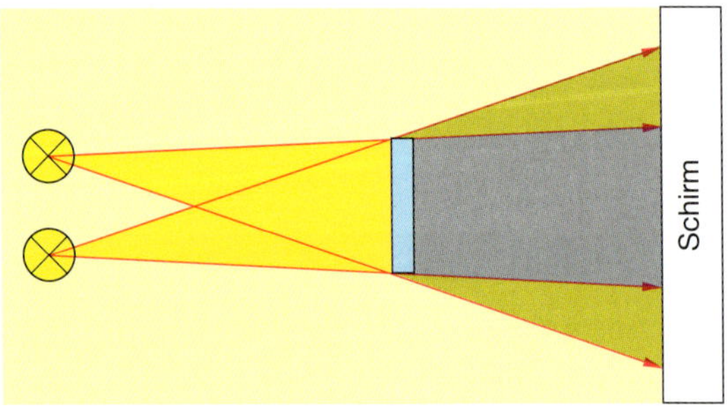

Bild auf dem Schirm

Der Schattenraum besteht jetzt aus drei Schatten. Die beiden äußeren Schatten sind gleich dunkel **(Halbschatten).** Der mittlere Schatten ist völlig dunkel. Hier überlagern sich die Schatten beider Lichtquellen **(Kernschatten).**

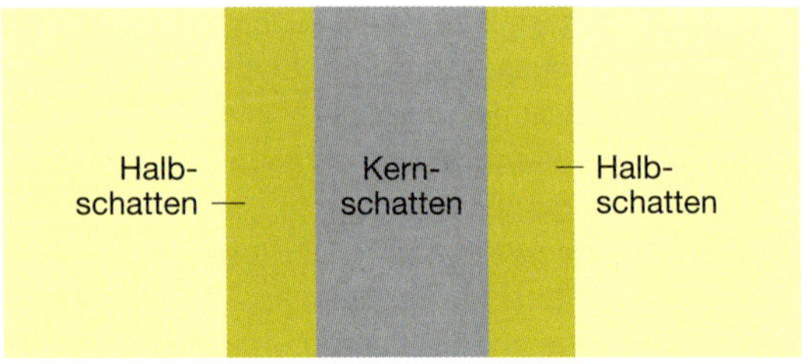

Schatten

Versuche und Aufträge

V1 a) Baue mit zwei Kerzen, einem Schirm und einem schmalen, quaderförmigen Gegenstand den Versuch zur Schattenvorhersage (S. 52) nach. Überzeuge dich, dass wirklich drei Schatten entstehen. Nimm anschließend eine dritte (vierte) Kerze dazu. Erzeuge möglichst viele Schatten. Schätze zunächst ab, wie viele Schatten du auf dem Schirm jeweils erzeugen kannst.

b) Zeichne für drei (bzw. vier) Lichtquellen zunächst die entsprechenden Schattenkonstruktionen, dann die zugehörigen Schattenbilder. Markiere gleich dunkle Schatten mit derselben Farbe.

c) Zähle die Anzahl der Schatten auf diesem Schattenbild.

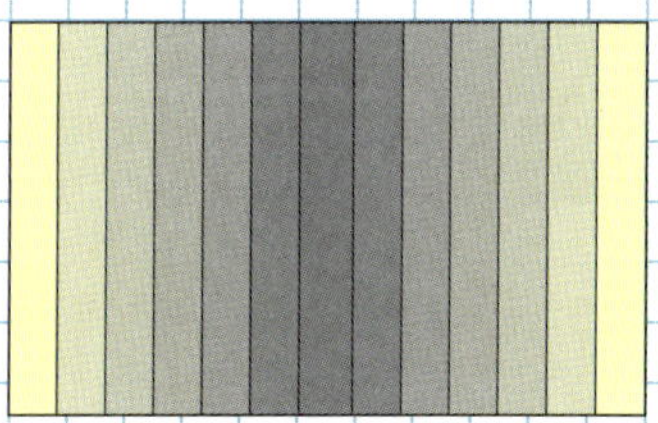

Begründe, wie viele Lichtquellen zur Verfügung gestanden haben.

d) In b) ist bei der Konstruktion der Schattenbilder mithilfe des Werkzeugs „Schattenbilder" darauf zu achten, dass möglichst viele Schatten entstehen. Erläutere, worauf du bei der Zeichnung achten musstest, um z. B. bei drei Kerzen auch fünf Schatten zu erhalten.

V2 a) Schneide aus Pappe ein kleines Küken aus und besorge dir ein Ei in einem Eierbecher. Stelle beide so vor zwei Kerzen, dass im Kernschatten der Eindruck entsteht, das Huhn sei im Ei zu sehen.

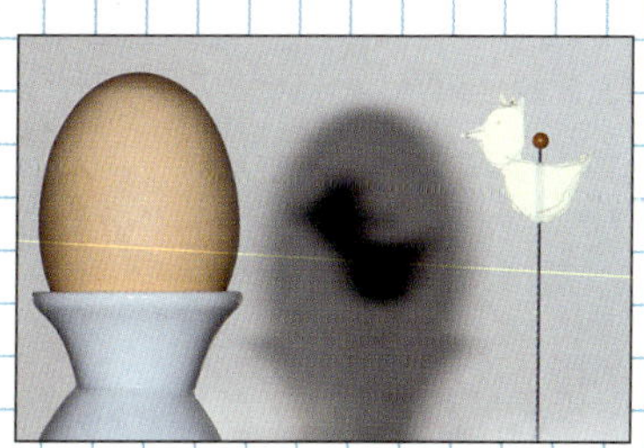

Beschreibe, wie du vorgegangen bist und skizziere den Versuchsaufbau.

b) Schneide je einen Kreis von 50 mm, 70 mm und 90 mm Durchmesser aus. Versuche, ob du (zusammen mit einem Mitschüler) sie so vor drei Kerzen halten kannst, dass im Schattenbild drei konzentrische Schatten wie auf einer Zielscheibe entstehen.

c) Wiederhole den Versuch, verwende jetzt aber drei gleich große Scheiben.

A3 Zeichne die Anordnung mit den angegebenen Maßen in dein Heft.

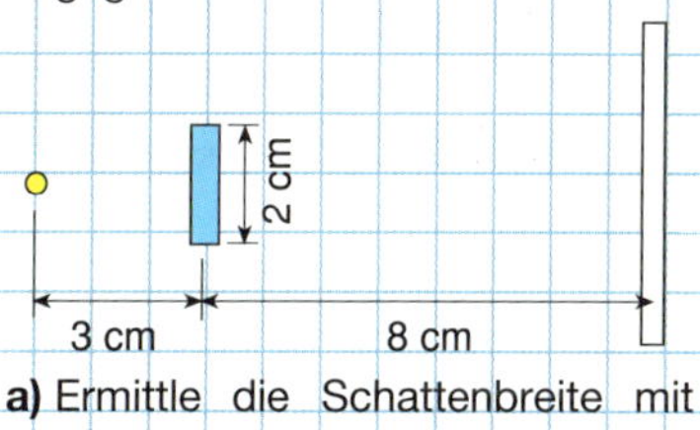

a) Ermittle die Schattenbreite mit einem Versuch. Beschreibe die Änderung der Schattenbreite, wenn du in der Anordnung den Abstand des Gegenstands zur Lichtquelle veränderst.

b) Ermittle die Schattenbreite gemäß der Versuchsanordnung zeichnerisch.

c) Finde zeichnerisch den Ort der Lichtquelle, wenn das Schattenbild 10 cm breit sein soll.

A4 Das Auto strahlt ein Hinweisschild an.

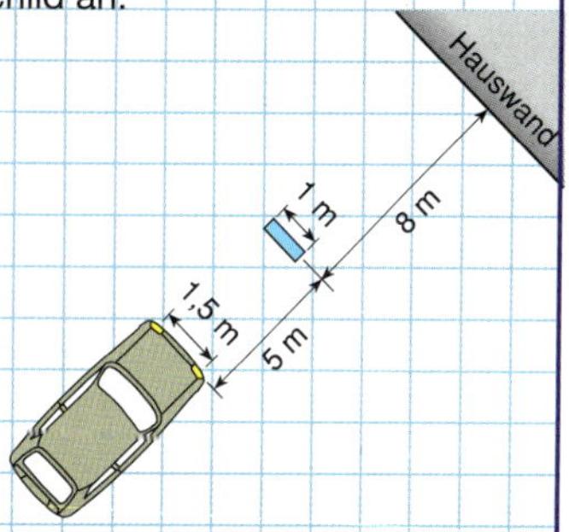

a) Finde heraus, wie breit das Schattenbild an der Wand ist. Erstelle dazu eine maßstabsgetreue Zeichnung.

b) Ermittle in einer weiteren Zeichnung die Breite der Schatten, wenn das Auto 3 m vorwärts fährt.

V5 Befestige in Sitzhöhe an der Wand einen Bogen Papier und richte aus *größerer Entfernung* eine starke *Punktlichtquelle* darauf. Setze dich nun *nahe der Wand* so in den Lichtkegel, dass dein Kopf von der Seite beleuchtet wird. Auf dem Bogen ist jetzt ein **Schattenriss-Porträt** deines Profils zu sehen, das ein(e) Freund(in) für dich nachzeichnen kann. Bevor es die Fotografie gab, war dieses Verfahren zum Porträtieren sehr verbreitet.

Erläutere, weshalb die schräg gedruckten Worte im Text oben wichtig sind. Finde heraus, was mit dem Schattenbild geschieht, wenn sie missachtet werden.

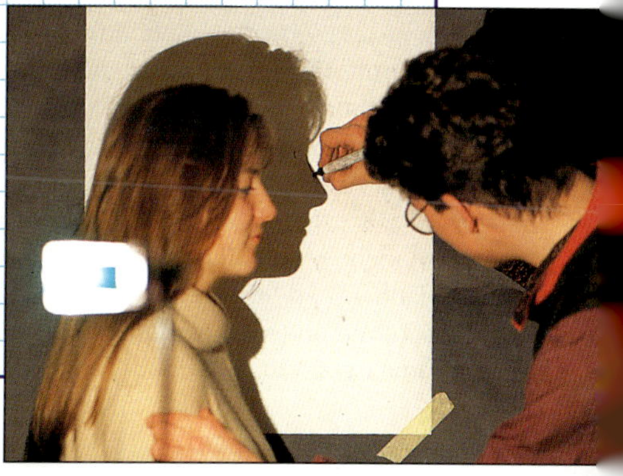

Licht an Grenzflächen

Damit wir einen Gegenstand sehen, muss Licht von ihm in unser Auge gelangen. Wie sich Licht verhält, wenn es auf einen Körper trifft, hängt entscheidend von dessen Oberfläche ab. Bei einem Motorrad zum Beispiel trifft das Sonnenlicht auf unterschiedliche Materialien. Je nach Beschaffenheit dieser Materialien wird das Licht von ihnen in unser Auge umgelenkt. Das kann auf verschiedene Arten geschehen.

Licht trifft auf Körper

① Ist die Oberfläche besonders glatt wie z.B. der Spiegel im zentralen Versuch, so wird das auftreffende Licht in eine ganz bestimmte Richtung umgelenkt und erzeugt auf dem Papier der Rückwand den Lichtfleck. Dieser Vorgang heißt **Reflexion.**

② Fällt Licht auf eine raue und helle Oberfläche, so wird die Rückwand überall ein wenig erhellt. Also muss das Licht von dem Material in alle Richtungen umgelenkt worden sein. Dieser Vorgang heißt **Streuung.** Selbst winzige Staubteilchen können das auftreffende Licht streuen. Überall da, wo Lichtwege sichtbar werden, ist das Licht von Staub-, Kreide- oder Nebelteilchen gestreut worden.

③ Ein Körper mit einer rauen und dunklen Oberfläche erscheint schwarz, obwohl auch dort Licht auftrifft. Offenbar verlässt das Licht die Oberfläche nicht mehr, sondern verschwindet in ihr. Dieser Vorgang heißt **Absorption.**

Manche Materialien besitzen Oberflächen, an denen nur ganz bestimmte Sorten von Licht reflektiert oder gestreut werden. Dies geschieht z.B. am Tank des Motorrades. Hier werden alle Farben außer blau absorbiert. Der Tank erscheint deshalb blau.

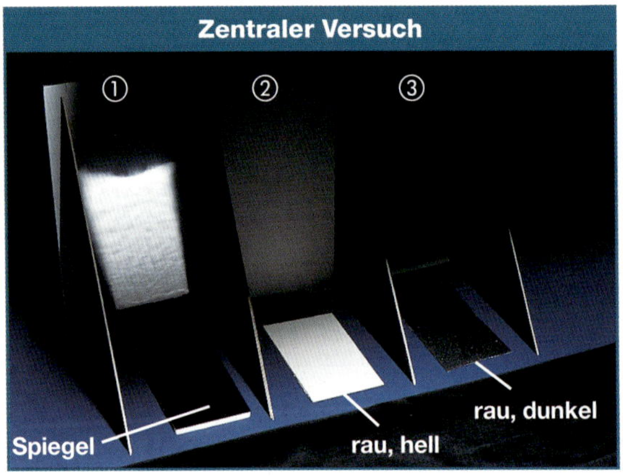

Neben diesen Vorgängen, die sich auf der Oberfläche von Gegenständen abspielen, kann Licht aber auch durch bestimmte Körper hindurchdringen:

④ Geht das Licht wie bei einer Windschutzscheibe unabgelenkt und vollständig hindurch, wird der Körper **durchsichtig** genannt. Derartige Körper sind fast gar nicht zu erkennen, da das Licht nahezu ungestört durch sie hindurchgeht. Nur lichtaussendende Gegenstände hinter oder Verunreinigungen auf dem durchsichtigen Körper sind zu sehen, weil von ihnen das Licht gestreut wird.

⑤ Milchglas streut Licht bereits beim Durchdringen in alle Richtungen. Dadurch wird es selbst sichtbar, während der lichtaussendende Körper dahinter nicht mehr scharf gesehen werden kann. Gegenstände wie Milchglas heißen **durchscheinend (transparent).**

Die beschriebenen Vorgänge treten nie alleine auf: Bei einer dicken Glasscheibe geht zwar der größte Teil des auftreffenden Lichts hindurch, aber ein kleiner Teil wird reflektiert und ein weiterer kleiner Teil absorbiert. Kratzer oder Staub auf der Scheibe führen zusätzlich zu Streuung.

Trifft Licht auf einen undurchsichtigen Körper, so kann es reflektiert, gestreut oder absorbiert werden.
Bei lichtdurchlässigen Körpern wird zwischen durchsichtig und durchscheinend unterschieden.

Reflexion

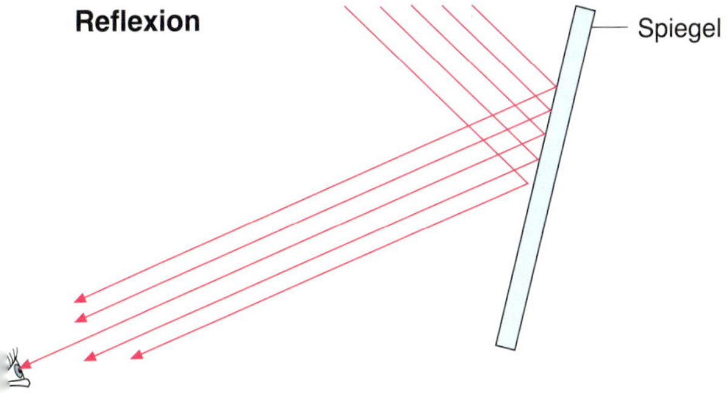

Streuung

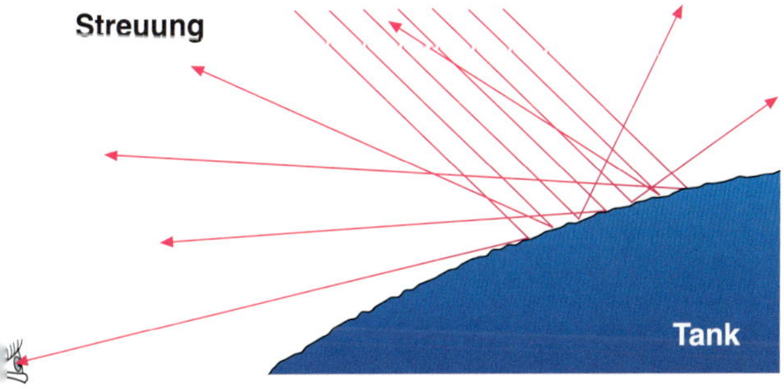

Absorption

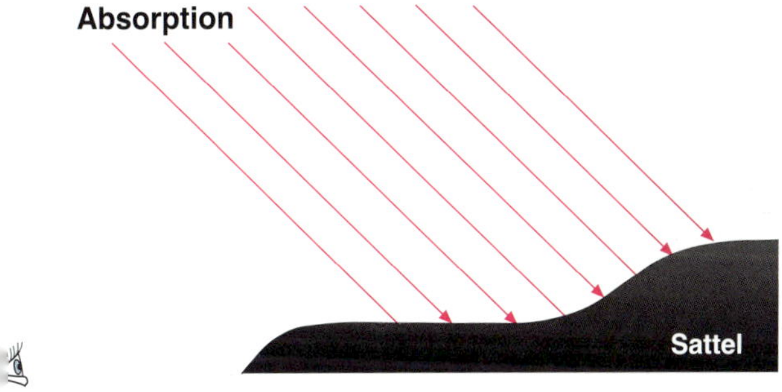

Durchgang ungestört (durchsichtig)

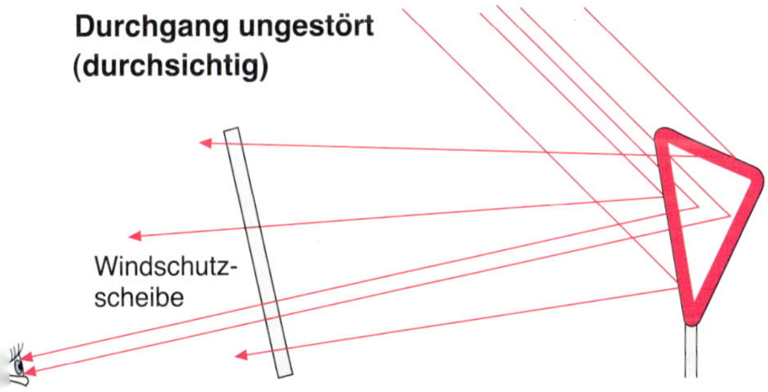

Durchgang mit Streuung (durchscheinend)

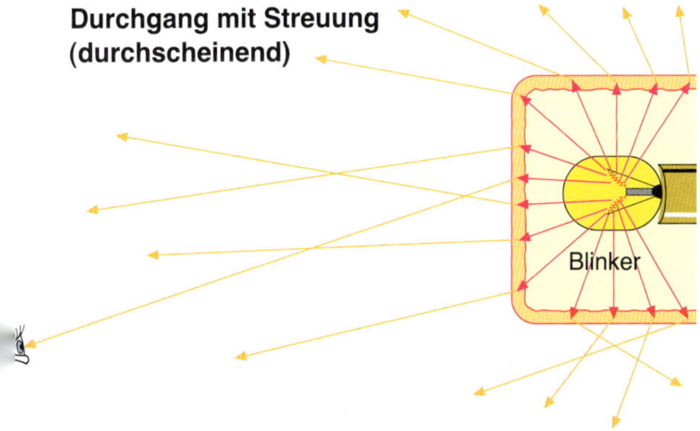

Aufgaben

1 Beschreibe die Vorgänge, die stattfinden können, wenn Licht auf einen Gegenstand trifft. Nenne zu jedem Vorgang auch ein Beispiel.

2 Beschreibe, wie sich Licht an folgenden Oberflächen verhält:
a) ruhender, ungestörter Gebirgssee;
b) heller Sandstrand;
c) diese Buchseite (Unterschiede beachten!).

3 **a)** Begründe, weshalb rahmenlose Glastüren eine Verletzungsgefahr darstellen.
b) Nenne Maßnahmen, um diese Gefährdung zu verringern.

4 Vitamine in Fruchtsäften werden zerstört, wenn sie dem Sonnenlicht ausgesetzt sind.
a) Erkläre, warum bei der Abfüllung dunkle Flaschen verwendet werden.
b) Gibt es auch Nachteile durch die dunklen Flaschen?

Versuche und Aufträge

V1 **a)** Beleuchte mit einer Taschenlampe verschiedene Gegenstände, z. B. Alufolie (beide Seiten!), Pergamentpapier, Buchseite. Verfolge mit dem Finger den Lichtweg bis zu deinem Auge.
b) Fertige eine Skizze zum Lichtverlauf.
c) Erkläre die unterschiedliche Helligkeit der Körper.
d) Erkläre, was mit dem Licht an der Körperoberfläche passiert.

V2 **a)** Fülle Wasser in ein klares Glasgefäß und lasse das Licht einer Taschenlampe senkrecht darauf fallen. Beschreibe, wie sich das Licht verhält, wenn die Oberfläche nach einiger Zeit zur Ruhe gekommen ist.
b) Gib nacheinander tropfenweise Milch in das Wasser und verrühre sie. Was beobachtest du?
c) Beschreibe, wie sich die Ausbreitung des Lichts durch die Zugabe der Milch geändert hat.

V3 Stecke auf eine Taschenlampe anstelle des Reflektors eine Papprӧhre und drücke sie vorne zu einem schmalen Schlitz zusammen.
a) Lasse das Licht streifend entlang der Pappe von schräg oben auf einen Spiegel fallen und zeichne den gesamten Lichtweg nach.

b) Ersetze den Spiegel durch ein Stück weiße Pappe und führe den Versuch erneut durch. Vergleiche die Beobachtung mit der aus Teilaufgabe a).

Reflexion

Das Mädchen reicht seinem Spiegelbild die rechte Hand, dieses reicht ihm aber die linke. Vertauscht ein Spiegel also rechts und links?
Der Pfeil auf der (durchsichtigen) Folie aber zeigt in Wirklichkeit und im Spiegel nach rechts. Also vertauscht ein Spiegel doch nicht die Seiten? Was vertauscht er dann?

Eigenschaften des Spiegelbildes

Gegenstände werden sichtbar, weil das von ihnen gestreute Licht in das Auge gelangt. Glasplatten, polierte Metallflächen oder ruhige Wasseroberflächen streuen das Licht nicht mehr, sondern reflektieren es in eine Richtung. So entstehen Spiegelbilder von der Umgebung und vom Betrachter selbst.

Zentraler Versuch

Das Kerzenmännchen vor dem Spiegel ist der **Gegenstand.** Im Spiegel ist das gleiche Männchen als **Spiegelbild** zu erkennen. Was ist das Besondere an diesem Spiegelbild?

- Das Spiegelbild sehen wir *hinter* dem Spiegel.
- Die Verbindungslinie Gegenstand – Spiegelbild steht *senkrecht* auf der Spiegelfläche.
- Die Abstände Gegenstand – Spiegel und Spiegel – Spiegelbild sind *gleich* groß.
- Die dicke Knollennase zeigt auch im Spiegelbild nach links; die Kerzenflamme ist oben, der Fuß unten.

Aber es gibt auch Unterschiede: Das Abzeichen auf dem rechten Arm des Männchens ist nicht zu sehen, sondern nur bei seinem Spiegelbild; dafür ist das Fehlen des Abzeichens auf dem linken Arm im Spiegelbild nicht zu erkennen. Vorder- und Rückseite bezüglich der Spiegelebene sind also vertauscht.

Beim Spiegel liegen Gegenstand und Spiegelbild symmetrisch zueinander, der Spiegel ist die Symmetrieebene.
Beim Spiegelbild sind nur vorn und hinten vertauscht. Rechts und links sowie oben und unten bleiben gleich.

Aufgaben

1 **a)** Beschreibe das Bild in einem Spiegel, der sich an der Zimmerdecke über dem Beobachter oder auf dem Fußboden unter ihm befindet.
b) Fertige eine Skizze an und erkläre, wie das Spiegelbild entsteht.

2 **a)** Eine Fotografie von dir sieht nicht genau so aus wie dein Spiegelbild. Begründe.
b) Mache Vorschläge, damit die Fotografie dem Spiegelbild exakt gleicht.

3 Überlege, ob auch Schatten gespiegelt werden.

4 Du stehst 2 m vor einem Spiegel und möchtest dein Spiegelbild fotografieren. Bestimme die Entfernung, auf die du den Fotoapparat einstellen musst.

5 Schreibe die Aufschrift „Rettungswagen" auf der Motorhaube eines Rettungsautos so, dass andere Autofahrer sie im Rückspiegel lesen können.

6 LEONARDO DA VINCI hat viele seiner Entdeckungen und Ideen in Spiegelschrift notiert. Nenne Gründe für diese eigenartige Vorgehensweise.

7 Im Schloss von Versailles gibt es den berühmten Spiegelsaal, alle Wände sind mit Spiegeln versehen. Überlege, welche Gründe die Bauherren dafür gehabt haben könnten.

Spiegel täuschen uns

Der Junge auf dem Foto rechts soll mit einem Bleistift ein Labyrinth „durchwandern“. Dabei sieht er die Vorlage selbst nicht, sondern nur deren Spiegelbild. Kann doch nicht so schwer sein!
Ist es aber doch, denn der Junge meint, sein Spiegelbild wäre seitenverkehrt: Bewegt er seine rechte Hand, so bewegt sein Spiegelbild die linke. Also ist rechts und links vertauscht und entsprechend bewegt er seine Hand in die falsche Richtung! Dieser Widerspruch kommt daher, dass er sich in Gedanken in sein Spiegelbild hineinversetzt.

Aufgaben

1 Du willst ein Labyrinth entwerfen, welches in einem Spiegel betrachtet besonders schwierig nachzuzeichnen ist. Erläutere, worauf du achten musst.

2 Schreibe deinen Namen mithilfe eines Spiegels. Blicke beim Schreiben nur in den Spiegel und achte darauf, dass dein Name im Spiegel lesbar ist.

Spiegelbild — Versuche und Aufträge

V1 Lege einen Würfel vor einen senkrechten Spiegel.
a) Bewege den Würfel nach rechts und links, oben und unten, vorne und hinten. Beschreibe die Bewegung des Spiegelbildes (Tabelle).
b) Betrachte die verschiedenen Würfelflächen und vergleiche Gegenstand und Spiegelbild. Notiere.

V2 Zeichne vor einen Spiegel (von oben betrachtet) ein beliebiges Drei-, Vier-, Fünf- und Sechseck und das dazu gehörige Spiegelbild.

V3 Stelle eine Glasscheibe mithilfe eines Buches senkrecht auf ein Blatt Papier wie im Bild unten. Lege vor die Scheibe einen Bleistift und markiere seine Lage.
a) Lege nun einen zweiten Bleistift gleicher Größe an die Stelle, wo du das Spiegelbild siehst. Markiere auch diese Position. Wiederhole diesen Versuch für andere Abstände des Bleistifts zur Glasplatte.

b) Welchen Winkel bilden die Verbindungslinien der beiden Bleistiftspitzen und die Glasplatte?
c) Vergleiche auch die Abstände Bleistift – Glasplatte und Glasplatte – Spiegelbild.

V4 Brennt im Bild oben tatsächlich eine Kerze unter Wasser?
a) Probiere den Versuch selber aus.
b) Fertige eine Skizze an (Draufsicht) und erkläre damit deine Beobachtung.
c) Was ändert sich an der Spiegelbildflamme, wenn du sie von einem anderen Ort aus betrachtest?

V5 Stelle dich etwa 50 cm vor einen Spiegel und zeichne den Umriss deines Spiegelbildes mit einem wasserlöslichen Stift nach. Schließe dabei ein Auge.
a) Vergleiche die Größe von Spiegelbild und Original (messen). Nimm zur genauen Kontrolle ein sauberes Lineal quer in den Mund und markiere die Enden im Spiegelbild.
b) Was stellst du fest? Erkläre deine Beobachtung.

Das Reflexionsgesetz

Zur Untersuchung der Gesetzmäßigkeiten der Reflexion wird ein sehr schmales Lichtbündel betrachtet. Es trifft unter dem Winkel α (*Einfallswinkel*) auf einen ebenen Spiegel und wird von dort unter dem *Reflexionswinkel* β reflektiert. Gemessen werden diese beiden Winkel immer zwischen dem Lichtbündel und dem *Einfallslot*, einer gedachten Linie senkrecht zur Spiegelfläche.

Die Messungen zeigen, dass der Reflexionswinkel immer genau so groß ist wie der Einfallswinkel und dass das reflektierte Lichtbündel mit dem ankommenden Lichtbündel und dem Einfallslot immer in einer Ebene liegt.

Zentraler Versuch

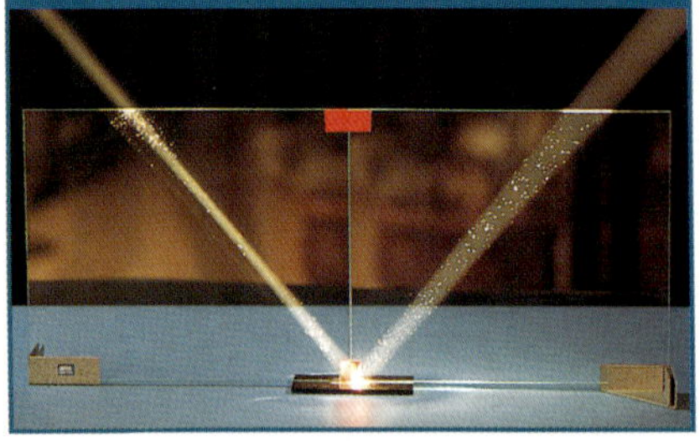

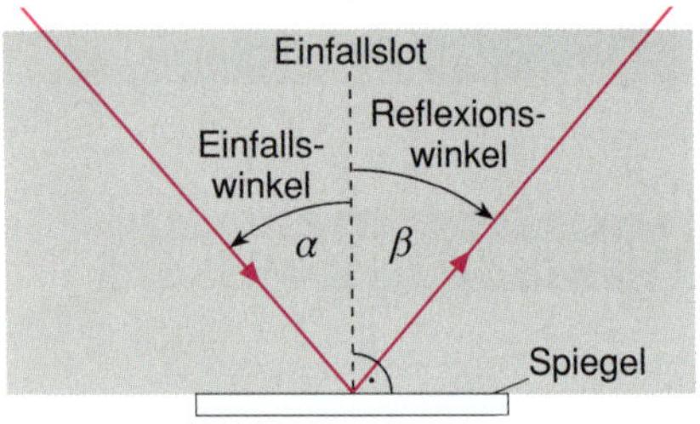

Für spiegelnde Oberflächen gilt:
- Einfallswinkel und Reflexionswinkel sind gleich groß: $\alpha = \beta$.
- Einfallendes Lichtbündel, Einfallslot und reflektiertes Lichtbündel liegen in einer Ebene.

Aufgaben

1 Nenne die beiden Aussagen des Reflexionsgesetzes.

2 **a)** Das Reflexionsgesetz wird oft auf die Aussage „Einfallswinkel = Ausfallswinkel" verkürzt. Beschreibe, welche Lichtwege möglich wären, wenn der zweite Teil des Reflexionsgesetzes entfiele.
b) Überlege, ob es ein ähnliches Reflexionsgesetz für einen scharf geschlagenen Tischtennisball gibt.

3 Erkläre folgende Beobachtung: Wird bei dem Versuch „Kerze vor Spiegel" von Seite 54 ein Gegenstand zwischen Kerze und Spiegel gehalten, wirft er einen Schatten auf den Spiegel. Dadurch sind zwei Schatten zu sehen, das Original und sein Spiegelbild.

Wie entsteht das Spiegelbild?

Steht eine Kerze vor einem Spiegel, so geht von ihr Licht nach allen Seiten weg. Ein Teil des Lichts gelangt direkt ins Auge, ein anderer Teil indirekt nach der Reflexion am Spiegel. Dieses Lichtbündel wird am Spiegel nach dem Reflexionsgesetz zurückgeworfen und gelangt ins Auge. Auge bzw Gehirn „kennen" aber nur Licht, welches sich geradlinig ausbreitet. Deshalb scheint das Licht von einem Punkt hinter dem Spiegel zu kommen. Dort, wo sich die nach hinten verlängerten Ränder des Lichtbündels schneiden, „sehen" wir das Spiegelbild der Kerze.

Damit sich eine Person von den Haaren bis zu den Fußspitzen im Spiegel sehen kann, muss vom obersten und vom untersten Punkt noch Licht in die Augen gelangen. Die Grafik unten zeigt, dass diese Bedingung nach dem Reflexionsgesetz zwei Dreiecke ergibt, deren Spitzen die Ober- und Unterkante des Spiegels festlegen. Für eine Augenhöhe von 170 cm liegt die Oberkante des Spiegels bei 175 cm und die Unterkante bei 85 cm. Eine Person von 180 cm Körpergröße braucht also nur einen 90 cm hohen Spiegel, eine 120 cm große Person nur einen 60 cm hohen Spiegel.

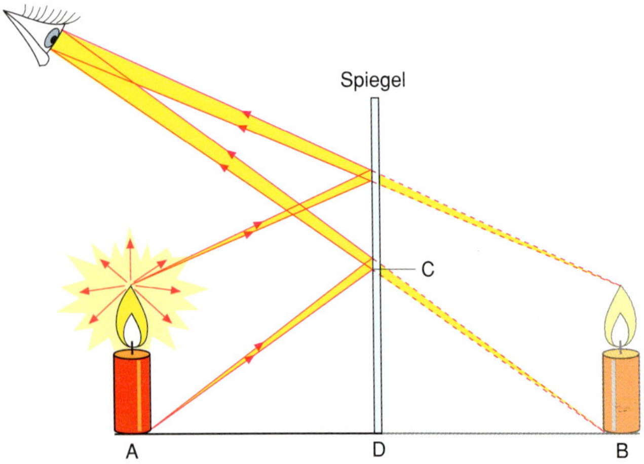

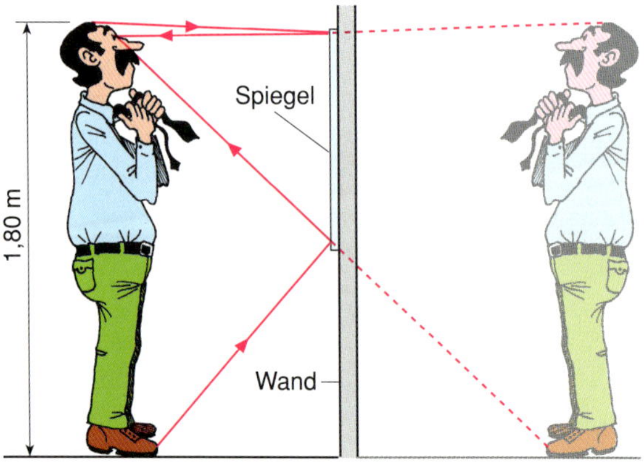

Reflexion — Versuche und Aufträge

Fällt der Lichtkegel einer Taschenlampe streifend auf eine helle Fläche, so ist er gut zu erkennen. Versuche, mit Blenden aus Pappe ein gut sichtbares, aber möglichst schmales Lichtbündel zu erzeugen.

V1 Baue den Versuch entsprechend dem Foto unten auf. Achte darauf, dass der weiße Karton

entlang der gestrichelten Linie gut gefalzt ist.
a) Stelle die Taschenlampe so ein, dass die Lichtbündel gut zu sehen sind und zeichne sie nach.
b) Nimm das rechte Buch weg, sodass der rechte Kartonteil nach unten klappt. Beobachtung?
c) Nenne den Teil des Reflexionsgesetzes, der hier verdeutlicht wird.

V2 Ein Kamm liefert die Spalte, durch die das Licht einer Taschenlampe unter verschiedenen Winkeln auf einen Spiegel trifft. Als Unterlage wird ein weißer Pappkarton oder festes Papier benutzt, auf dem die Lichtwege mit Bleistift und Lineal nachgezogen werden können.

Überprüfe für verschiedene Einfallswinkel das Reflexionsgesetz.

V3 a) Beschreibe den Versuch in dem folgenden Foto und erkläre die Versuchsdurchführung mithilfe einer Skizze.

b) Notiere, welche Bewegungen das Mädchen machen muss, wenn sich der Junge
① nach oben oder unten
② nach rechts oder links bewegt.
c) Beschreibe die Bewegungen, die beide machen müssen, wenn der Spiegel
① links oder rechts
② hinten oder vorne etwas angehoben wird.

Gewölbte Spiegel

Zahnarztspiegel sind gewölbt, wodurch das Spiegelbild etwas vergrößert wird. Der Spiegel ist nicht größer als ein Daumennagel, damit er gut in den Mund passt.

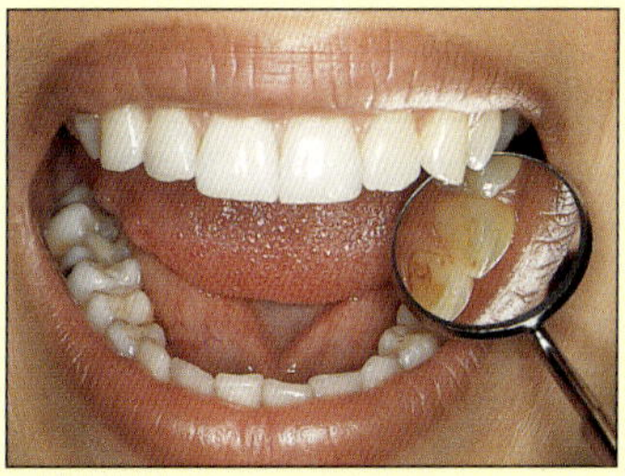

Kosmetikspiegel und Rasierspiegel sind gewölbt und vergrößern dadurch (Hohlspiegel).

Panoramaspiegel sind nach außen gewölbt. Dadurch entstehen verkleinerte Bilder. Der Blickwinkel dagegen wird vergrößert (Wölbspiegel).

SPIEGEL

Reflektoren am Fahrrad

Bei der Reflexion wird Licht nur in eine bestimmte Richtung zurückgeworfen – und das ist im Regelfall nicht die Richtung zur Lichtquelle zurück. Damit das Licht in jedem Fall zur Quelle reflektiert wird, sind kleinste Tripelspiegel entwickelt worden, von denen viele in einem Reflektor nebeneinander eingebaut sind.

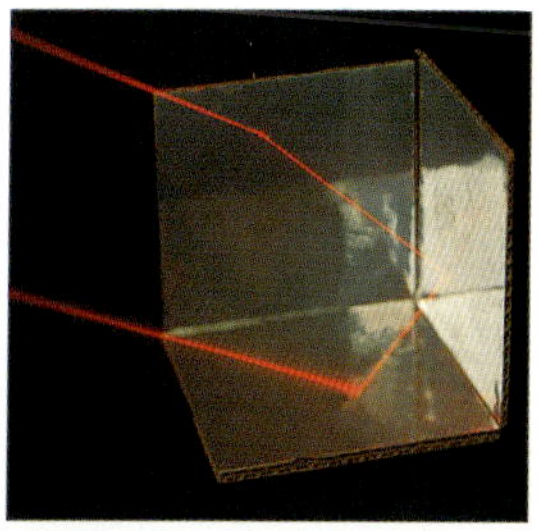

Ein Tripelspiegel besteht aus drei zueinander senkrecht stehenden Spiegelflächen. Eine solche Anordnung reflektiert auftreffendes Licht immer in die Herkunftsrichtung zurück.

Brechung

Wenn eine Kerze vor einem gefüllten Weinglas steht, dann erscheint auf der Wand ein heller Fleck. Werden die Kerze oder das Weinglas ein wenig verschoben, so kann der Lichtfleck zu einem scharfen Bild der Kerzenflamme werden – das steht aber auf dem Kopf!
Durch Glas oder in Wein scheint sich Licht nicht so auszubreiten wie in Luft. Wie es sich ausbreitet, wird in Experimenten untersucht. Daraus werden Modellvorstellungen und Gesetze entwickelt, mit denen diese Vorgänge verständlich beschrieben werden können. Damit kann auch die Wirkungsweise von Lupen und Brillen verstanden werden.

Prisma

Schon bei den Farben wurde ein weißes Lichtbündel in seine Farben zerlegt, aber es wurde auch aus seiner ursprünglichen Richtung abgelenkt. Dieser Vorgang wird **Brechung** genannt und soll nun genauer untersucht werden.

Zentraler Versuch

Das Licht wird beide Male im gleichen Sinn gebrochen. Dadurch entsteht eine große Ablenkung des Lichtbündels bezogen auf seine ursprüngliche Richtung.
Für eine genauere Beschreibung des Lichtweges über Winkel werden Lote benötigt. Diese werden am Auftreffpunkt des Lichts auf die Grenzfläche zwischen Luft und Glas gezeichnet. (In den Grafiken rechts sind sie schwarz gestrichelt.)
Dabei gilt es zu beachten, dass die Größe der Winkel am Prisma immer zwischen dem Lichtstrahl und dem Lot auf die Glasfläche gemessen wird.

Beim Eintreten in das Prisma wird das Licht zum Lot hin gebrochen, der Winkel im Glas ist kleiner als der in Luft. Im Glas bewegt sich das Licht geradlinig weiter bis es wieder auf Luft trifft. Beim Austritt aus dem Prisma wird das Licht diesmal vom Lot weg gebrochen, der Winkel im Glas ist wieder kleiner als der Winkel in der Luft. In der Luft bewegt sich das Licht wie gewohnt geradlinig weiter.
Die gesamte Ablenkung des Lichts beschreibt der Winkel zwischen der Richtung des Lichts ohne Prisma und der Richtung des Lichts mit Prisma.

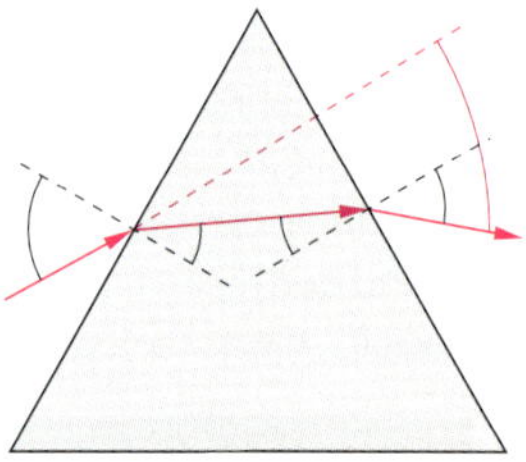

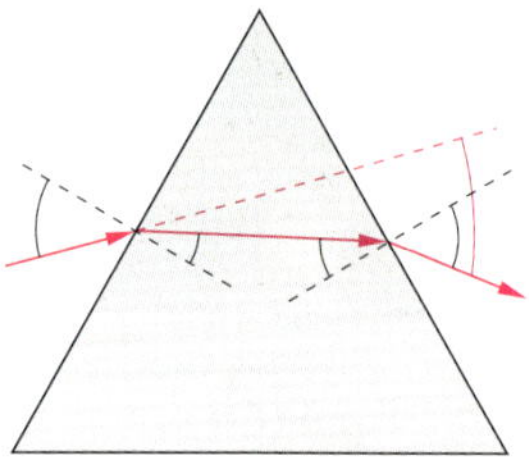

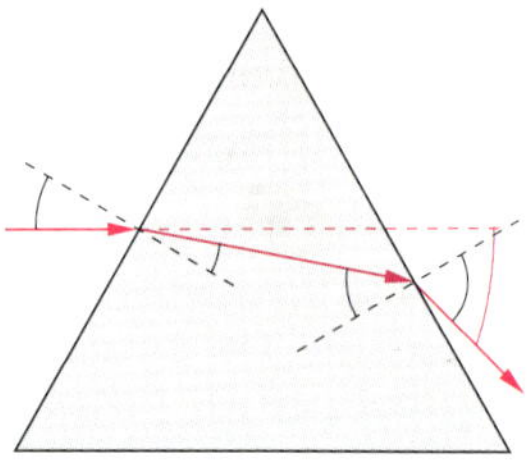

Beim Eintritt in ein Glasprisma wird ein Lichtbündel zum Lot hin gebrochen, beim Austritt vom Lot weg. Insgesamt gibt es dadurch eine besonders starke Ablenkung.

Aufgaben

1 Beschreibe den Weg des Lichts im Versuchsfoto oben, wenn es nicht von links auf das Prisma trifft, sondern von rechts.

2 Stelle Vermutungen an, welche Rolle die Größe des Prismas für die Ablenkung hat. Zeichne dazu mehrere geeignete Prismen.

3 Beschreibe, wie sich der Weg des Lichtstrahls in den drei Grafiken oben ändert, wenn der Eintritt in das Prisma deutlich nach oben oder unten verschoben wird.

4 Bestimme in den Grafiken oben alle eingezeichneten Winkel. Überprüfe, ob diese Ergebnisse dem Merksatz entsprechen.

Planparallele Platte

Licht, das auf eine Fensterscheibe trifft, wird einmal beim Übergang von Luft nach Glas und dann noch einmal von Glas in Luft gebrochen. Allerdings wird unter normalen Umständen nichts davon bemerkt, die Gegenstände sehen genauso aus wie ohne Glasscheibe.
Das Besondere an der Glasscheibe ist, dass ihre Glasflächen parallel zueinander sind; das Glas ist überall gleich dick.

Zentraler Versuch

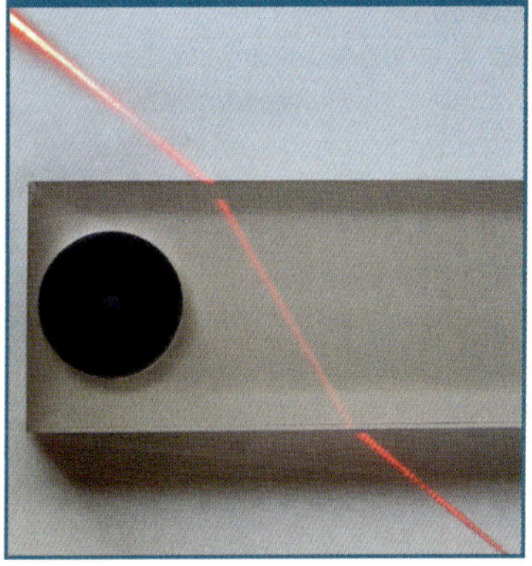

Das Lichtbündel wird beim Eintritt zum Lot hin gebrochen, beim Austritt an der gegenüberliegenden Seite vom Lot weg. Die Werte für die Winkel beim Austritt sind identisch zu denen beim Eintritt.
Wegen der parallel zueinander liegenden Seiten ergibt sich insgesamt nur eine Parallelverschiebung des Lichtbündels.

Beim Durchgang durch eine planparallele Platte wird ein Lichtbündel parallel verschoben.

Linsen aus vielen Prismen

Beim Übergang Luft → Glas bzw. Glas → Luft wird Licht aus seiner Richtung abgelenkt. Diese zweimalige Brechung ist der Grund für die sammelnde oder zerstreuende Wirkung von Linsen.

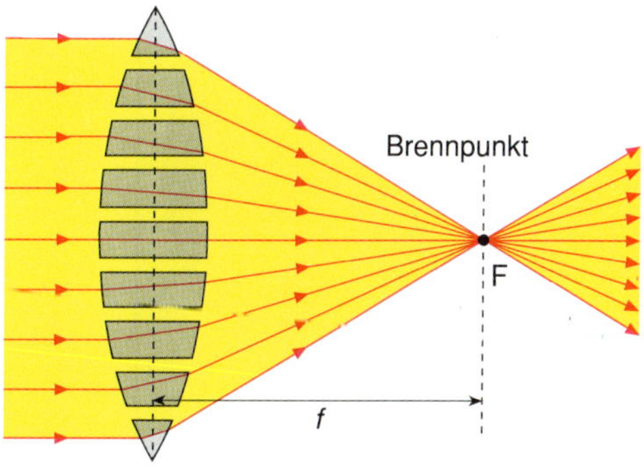

Eine **Sammellinse** lässt sich stark vereinfacht aus einzelnen Glasteilen zusammengesetzt denken. Beim obersten und beim untersten Glasteil hat das Licht den größten Einfallswinkel und wird daher stärker gebrochen als bei den näher zur Mitte liegenden Glasteilen. Beim folgenden Übergang Glas → Luft wird durch die erneute Brechung die Ablenkung noch einmal verstärkt. Auf das mittlere Glasteil trifft das Licht senkrecht und geht ungebrochen durch. Eine Sammellinse ist so konstruiert, dass sich alle auftreffenden Lichtbündel in einem Punkt, dem **Brennpunkt F,** treffen.
Bei stärker gewölbten Linsen wird das Licht stärker gebrochen, der Brennpunkt liegt näher an der Linse. Der Abstand Brennpunkt–Linsenmitte heißt **Brennweite** und wird mit dem Buchstaben *f* bezeichnet.

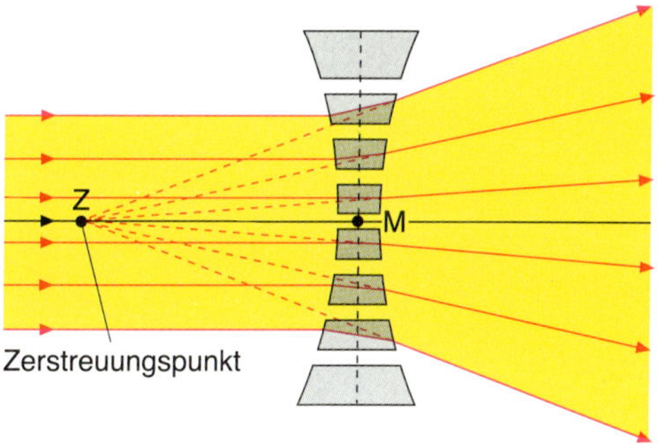

Auch die Wirkung einer **Zerstreuungslinse** lässt sich mit der Vorstellung verstehen, dass sie aus verschiedenen Glasteilen zusammengesetzt ist. Ähnlich wie bei einer Sammellinse werden die Lichtbündel am Rand der Linse stärker gebrochen als in der Mitte.
Auffallend ist, dass die rückwärtigen Verlängerungen der auseinanderlaufenden Bündel sich in einem Punkt schneiden. Es sieht so aus, als ob das gebrochene Lichtbündel von diesem Punkt ausginge. Es ist der **Zerstreuungspunkt Z** dieser Linse. Er ist vergleichbar mit dem Brennpunkt F einer Sammellinse.

Bei genauerer Betrachtung experimentell bestimmter Brennweiten und Brennpunkte (bzw. Zerstreuungspunkte) fällt auf, dass sich nur die inneren, achsnahen Lichtbündel genau im Brennpunkt treffen. Weiter außen liegende Lichtbündel treffen sich näher an der Linse. Abhilfe bringt manchmal das Umdrehen der Linse, eine Lochblende oder eine zusätzliche Linse.

Aufgaben

1 Aus einer Zeitungsmeldung: „Die Feuerwehr nimmt an, dass der Brand durch die Scherben einer Glasflasche ausgelöst wurde." Nimm dazu Stellung.

2 Ein Bleistift liegt quer vor dir auf dem Tisch und ist im mittleren Teil von einem Quader aus Plexiglas bedeckt. Skizziere das Bild und erkläre.

3 Licht fällt unter einem Winkel von 30° auf eine planparallele Glasplatte; im Glas trifft es unter einem Winkel von 20° auf die zweite Grenzfläche. Skizziere den Lichtweg jeweils für eine 1 cm, 3 cm und 5 cm dicke Glasplatte. Bestimme jeweils, wie weit das Lichtbündel versetzt wurde.

Licht an verschiedenen Grenzflächen

Zentraler Versuch

Zur genauen Untersuchung des Übergangs Luft → Glas wird ein halbkreisförmiger Glaskörper benutzt. Dieser hat den Vorteil, dass der Austritt des Lichtbündels genau senkrecht zur Grenzfläche erfolgt. Dabei findet also keine Brechung statt, wodurch das Ablesen des Brechungswinkels an der Gradskala wesentlich erleichtert wird.

Im Diagramm ist jetzt jedem Winkel in Luft der zugehörige Winkel im Stoff zugeordnet. Der mathematische Zusammenhang zeigt keine einfache Proportionalität mehr. Bei einem in Luft von 0° bis nahe 90° wachsenden Winkel wächst auch der Winkel im Stoff an. Allerdings wird die Zunahme des Winkels im Stoff mit größer werdendem Winkel immer geringer.

Zum Finden des richtigen Lichtweges hilft es zu wissen, dass der Lichtweg umkehrbar ist.

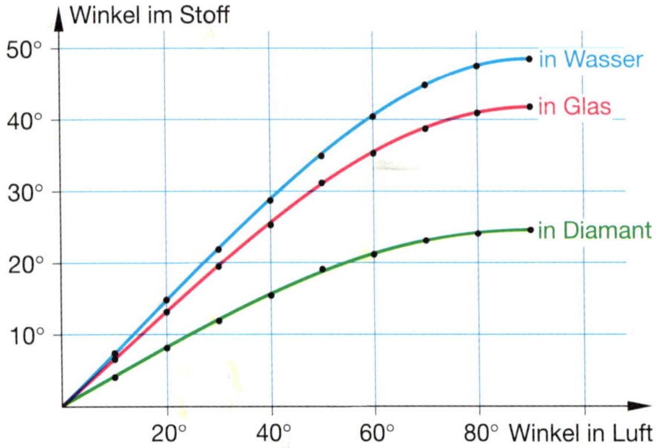

Es wurde vereinbart, dass der Stoff, in dem sich der kleinere Winkel befindet als *optisch dichter* bezeichnet wird. Damit kann das Brechungsgesetz allgemeingültig formuliert werden:

> Ein Lichtbündel wird beim Übergang
> - vom optisch dünneren zum optisch dichteren Stoff zum Einfallslot hin gebrochen,
> - vom optisch dichteren zum optisch dünneren Stoff vom Lot weg gebrochen.
>
> Einfallslot sowie einfallendes und gebrochenes Lichtbündel liegen in einer Ebene.

Aufgaben

1 Bestimme den Winkel in Luft für den Übergang Luft → Diamant, wenn der Winkel im Diamant 10° beträgt.

2 Ein Lichtbündel trifft unter einem Winkel von 45° aus Luft in Wasser. Bestimme die Größe der Richtungsänderung.

3 Gesucht ist der Winkel, unter dem Licht auf eine Wasseroberfläche treffen muss, damit das reflektierte und das gebrochene Licht einen Winkel von 90° bilden.
a) Konstruiere dazu jeweils beide Lichtbündel für die Winkel 40°, 50° und 60° in Luft und schätze daraus den richtigen Winkel ab.
b) Stelle über die Winkelbeziehungen eine Formel auf und löse das Problem mithilfe einer Tabelle.

4 Zehn Meter vom Ufer entfernt schwebt ein Taucher in 5 m Tiefe und schaut unter einem Winkel von 30° nach oben. Bestimme durch Konstruktion, ob er seinen Freund am Ufer sehen kann.

5 Erstelle aus dem Diagramm für die Winkel im Stoff eine übersichtliche Tabelle.

6 Untersuche, wie die Ablenkung des Lichts vom Prismenwinkel abhängt. Das Licht fällt in allen drei Fällen unter einem Winkel von 50° auf das Glas-Prisma. Übernimm dazu die Abbildungen in dein Heft und konstruiere jeweils den Weg des Lichts durch die Prismen. Gib alle Werte der auftretenden Winkel an.
Bestimme, wie stark das Lichtbündel insgesamt abgelenkt wird.

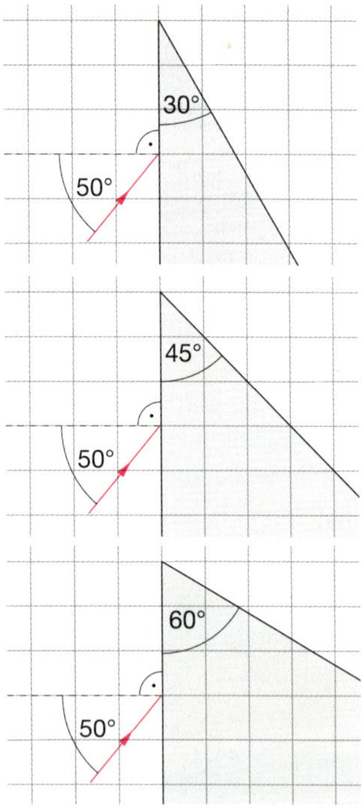

7 Neben das erste Prisma von Aufgabe 6 wird mit wenigen Millimetern Abstand ein zweites gestellt – aber mit der Spitze nach unten. Stelle begründete Vermutungen über die Ablenkung des Lichts durch diese Prismenkombination an und über den Einfluss der Breite des Luftspaltes zwischen den Prismen.

Mit Diagrammen arbeiten — Werkzeug

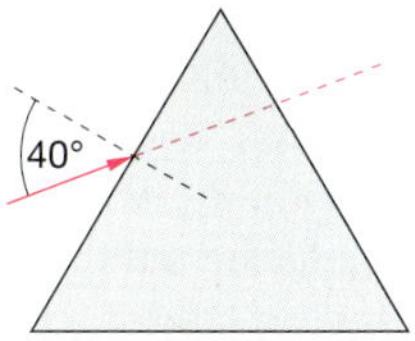

Licht fällt – aus Luft kommend – unter einem Winkel von 40° auf ein Glasprisma. Es wird beim Eintritt ins Glas zum Lot hin gebrochen. Der Winkel im Glas lässt sich aus dem Diagramm „Winkel im Stoff“ bestimmen, indem zum Winkel in Luft der zugehörige Winkel im Stoff (hier: Glas) gesucht wird.

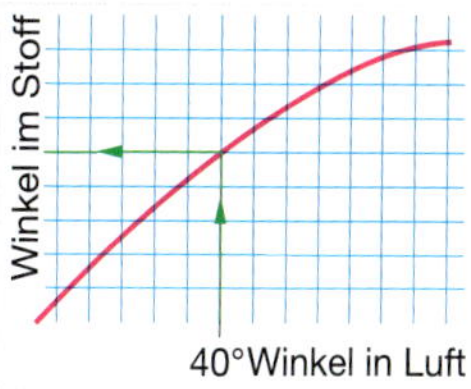

Trifft das Licht danach auf die nächste Grenzfläche, so lässt sich der Winkel im Glas zum Lot durch Ausmessen bestimmen. Mit diesem Winkel in Glas wird jetzt der Winkel in Luft aus dem Diagramm abgelesen, allerdings jetzt in umgekehrter Richtung.

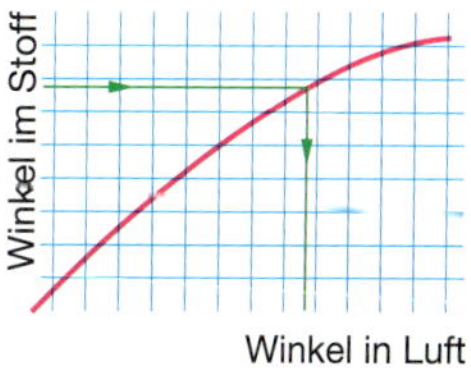

Die gesamte Ablenkung des Strahls beträgt ca. 38°. Dieser Wert lässt sich durch eine Zeichnung mit den exakten Winkeln für den Strahlengang leicht überprüfen.

Brechung — Versuche und Aufträge

V1 Fülle einen durchsichtigen, möglichst quaderförmigen Behälter mit Wasser. Du erhältst verschieden dicke planparallele „Platten“ durch unterschiedliche Wasserhöhen.

a) Lege den Wasserbehälter auf eine gerade Linie und miss die Parallelverschiebung des Bildes für verschiedene Plattendicken. Trage die Ergebnisse in ein Diagramm ein.

b) Beschreibe den Einfluss des Blickwinkels auf die Messung.

c) Experimentiere auch mit anderen Flüssigkeiten (Zucker-, Salzwasser, Öl).

V2 Die linke Tasse scheint leer zu sein. Wird Wasser hineingegossen, so erscheint plötzlich eine Münze.

a) Führe den Versuch selbst durch. Experimentiere mit verschiedenen Blickwinkeln und Wasserhöhen.

b) Erkläre das Erscheinen der Münze mithilfe einer Skizze.

V3 **a)** Stecke einen Bleistift in ein leeres Reagenzglas und tauche das Reagenzglas in ein wassergefülltes Trinkglas. Beschreibe deine Beobachtungen und finde eine Erklärung.

b) Stelle den Bleistift direkt in das Trinkglas. Beobachte die Anordnung von allen Seiten. Beschreibe und erkläre.

c) Nimm den Bleistift aus dem Glas, halte ihn vertikal und führe ihn hinter dem Glas entlang. Beschreibe und erkläre deine Beobachtung, wenn du von der Seite auf das Glas schaust.

V4 Für den folgenden Versuch benötigst du einen halbkreisförmigen Glaskörper. Frage in der Schule danach. Du brauchst außerdem noch drei Stecknadeln, eine weiche Unterlage, in die sich die Stecknadeln gut einstecken lassen und ein Blatt Papier.

a) Stich die Stecknadeln ① und ② so wie in der Skizze dargestellt ein. Peile sie nun so an, dass sie sich gegenseitig verdecken. Verschiebe dann die Nadel ③ so hinter dem Glas, dass ihr Bild im Glas hinter den Nadeln ① und ② verschwindet. Markiere die Position der Stecknadeln und lies Einfalls- und Brechungswinkel ab.

b) Ermittle so mindestens fünf Paare Einfallswinkel–Brechungswinkel und trage sie in eine Tabelle ein. Stelle das Ergebnis auch grafisch dar.

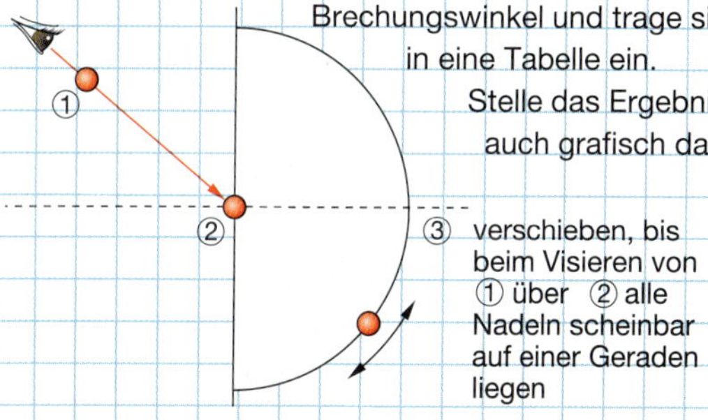

Totalreflexion

Von der Lampe, die sich unter der Wasseroberfläche befindet, gehen mehrere Lichtbündel aus. Sie treffen unter verschiedenen Winkeln auf die Grenzfläche Wasser–Luft. Die inneren Lichtbündel werden reflektiert und gebrochen, die äußeren werden nur reflektiert und gehen nicht von Wasser in Luft über. Dieses Phänomen heißt **Totalreflexion.**

Bei dem rechten Lichtbündel ist der Einfallswinkel am größten. Der Einfallswinkel, von dem an Totalreflexion auftritt, heißt **Grenzwinkel α_G** der Totalreflexion.

Damit Totalreflexion an einer Grenzfläche auftritt, müssen zwei Voraussetzungen erfüllt sein:

- Das Licht muss vom optisch dichteren Medium kommend auf die Grenzfläche treffen.
- Der Einfallswinkel muss größer sein als α_G.

Zentraler Versuch

Bei stetiger Vergrößerung des Einfallswinkels vergrößert sich auch der Brechungswinkel, bis er schließlich den Wert 90° erreicht. Ab jetzt wird das Licht total reflektiert. Dieser Grenzwinkel lässt sich aus dem Diagramm für den Zusammenhang der Brechungswinkel (S. 60) ablesen. Der Winkel im Stoff ist stets kleiner als der in Luft. Der kleinste vorkommende Winkel im Stoff ist gleichzeitig der Grenzwinkel für die Totalreflexion. Er tritt bei dem Winkel von 90° für Luft auf. Für den Übergang Glas → Luft lässt sich 41,8°, für Wasser → Luft 48,6° und für Diamant → Luft 24,6° ablesen.

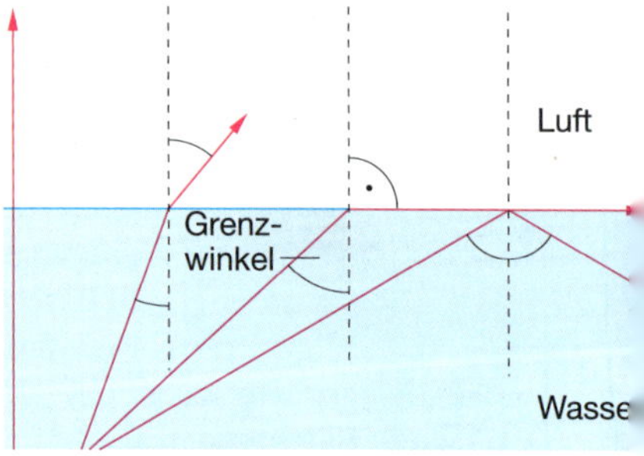

Lichtleiter

Eine wichtige Anwendung der Totalreflexion ist das **Lichtleitkabel.** Das Foto unten zeigt die Funktionsweise: Obwohl der Glasbogen am Innenrand nicht verspiegelt ist, tritt kein Licht über die Seitenwände nach außen, weil das Licht immer mit Einfallswinkeln auf die Grenzfläche Glas–Luft trifft, die größer sind als der Grenzwinkel. Deshalb kann Licht in Lichtleitern über große Entfernungen auch um Ecken und Kurven übertragen werden.

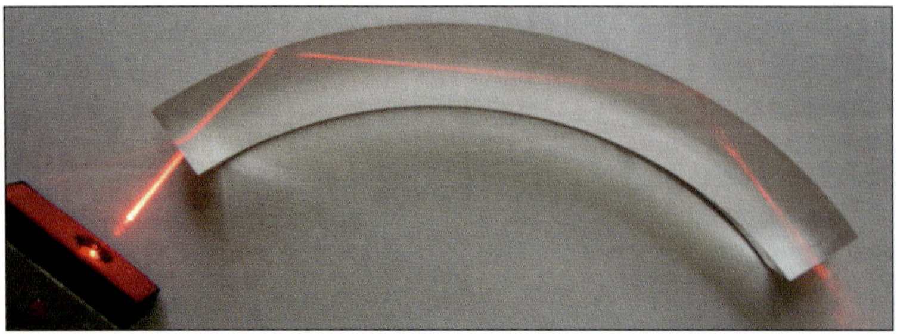

Beim Übergang des Lichts vom optisch dichteren zum optisch dünneren Medium tritt ab dem Grenzwinkel Totalreflexion auf. Anwendung sind Lichtleiter.

1 Liter Licht

In vielen Städten wachsen die Slums schnell an. Dort leben die Menschen in Wellblechhütten, die eine Tür aber sehr selten ein Fenster haben. Daher ist es im Inneren heiß und dunkel. Für eine elektrische Beleuchtung, für Kerzen oder Öllampen fehlt meistens das Geld – und offenes Feuer in diesen Räumen ist auch gefährlich. Der Brasilianer Alfredo Moser hatte 2002 bei einem längeren Stromausfall in seiner Werkstatt die Idee:
In das Dach schnitt er ein Loch passgenau, um eine mit Wasser gefüllte Plastikflasche hinein zu stecken. Das über dem Dach in die Flasche einfallende Sonnenlicht wird im Wasser hin und her reflektiert, tritt unter dem Dach wieder aus und beleuchtet so den Raum. Die Helligkeit entspricht der einer 60 W-Glühlampe. Bis heute sind so schon mehrere Millionen Hütten mit Licht versorgt worden.

Glasfaserkabel

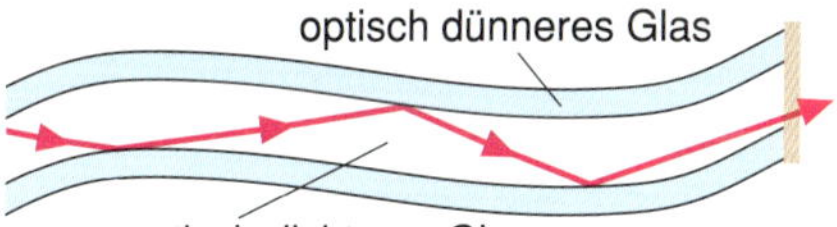

Glasfasern sehen aus wie sehr dünne Angelschnüre und sind fast genauso elastisch. Sie bestehen meist aus zwei Glassorten. Der Kern aus optisch dichterem Glas ist von einer Schicht aus optisch dünnerem Glas ummantelt. Dadurch wird Licht fast ohne Verluste durch das Kabel geleitet, weil an der Grenzfläche der beiden Glassorten nahezu immer Totalreflexion auftritt. Dadurch ist es möglich, optische Signale zu übertragen, also Nachrichten.

Werden tausende dieser Fasern zu einem Kabel zusammengefasst, so ist auch die Übertragung von Bildern möglich. Eine wichtige Anwendung ist das **Endoskop.** Damit können medizinische Untersuchungen im Körperinneren ohne Operation durchgeführt werden. Dazu sind mindestens zwei Glasfaserkabel erforderlich. Das eine dient zur Beleuchtung, das andere überträgt die Bildinformation. Meist ist noch ein Hohlkabel daneben angebracht, durch das spezielle Werkzeuge eingeführt werden können, sodass sogar Operationen durchgeführt werden können.

Nasse Straße ohne Wasser?

An heißen, trockenen Tagen erscheinen weiter vorn liegende Straßenabschnitte manchmal „nass“, obwohl sie staubtrocken sind. Diese Täuschung (Fata Morgana) entsteht durch Brechung und Totalreflexion an unterschiedlich warmen Luftschichten. Die Luft direkt über der Straße hat eine höhere Temperatur als die darüber liegende: Je höher die Temperatur, desto kleiner die Brechzahl. Von den unterschiedlich dichten Luftschichten wird das vom Himmel kommende Licht in das Auge umgelenkt. Für den Betrachter scheint das Licht aber von unten zu kommen.

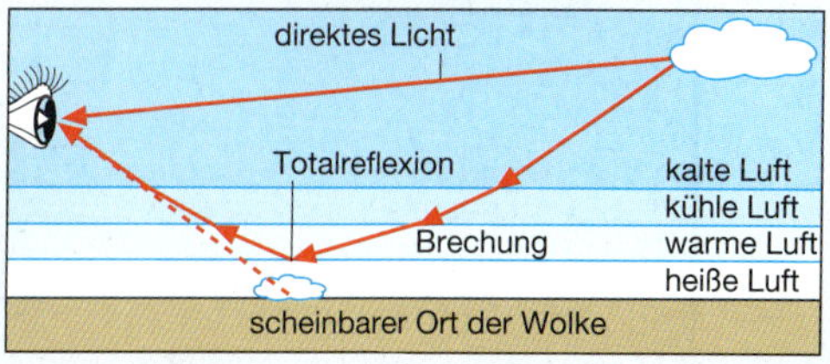

Streifzug **Auge und Sehfehler**

Helligkeitsanpassung

Zum Schutz vor zu viel Lichteinfall passt das Auge die Weite der Pupille der ankommenden Lichtmenge an:
- Bei großer Helligkeit, d.h. viel Licht, wird die Pupille ganz klein, damit nicht das gesamte Licht auf die Netzhaut gelangt.
- Bei schwachem Licht ist die Pupille weit geöffnet, damit möglichst viel Licht genügend Sehzellen auf der Netzhaut reizt.

In manchen Fällen reicht dieser Regelmechanismus aber nicht aus. Bei hellem Sonnenlicht, besonders im Schnee oder am Meer, kneifen wir die Augen zusammen, halten die Hand als Schattenspender über die Augen, tragen eine Schirmmütze oder eine Sonnenbrille, um die in die Augen gelangende Lichtmenge zu verringern. Denn wenn die auf die Netzhaut treffende Lichtmenge zu groß ist, kann dies zu bleibenden Schäden bis hin zur Erblindung führen.

Entfernungsanpassung

Die Gegenstände in der Umgebung sind ganz unterschiedlich weit vom Auge entfernt. Um trotz der verschiedenen Gegenstandsweiten jederzeit ein scharfes Bild zu bekommen, sind zwei Möglichkeiten für die Abbildung denkbar:
- die Bildweite wird angepasst;
- die Brechkraft der Linse wird verändert.

Da der Abstand zwischen Linse und Netzhaut, die Bildweite, nicht geändert werden kann, bleibt nur die zweite Möglichkeit, um scharfe Bilder zu erzeugen: die Änderung der Brechkraft.

Diese erstaunliche Eigenschaft der Augenlinse beruht darauf, dass sie elastisch ist, denn dadurch kann sie dicker oder dünner werden. Je dicker, also stärker gekrümmt sie ist, desto stärker bündelt sie Licht und desto näher können Gegenstände dem Auge sein und doch noch scharf gesehen werden.

Die Veränderung des Linsensystems erfolgt durch den Ziliarkörper und die natürliche Elastizität der Linse. Der Ziliarkörper ist ein Muskelsystem aus ringförmigen und strahlenförmigen Muskelfasern. Im entspannten Zustand des Ringmuskels üben die strahlenförmigen Fasern eine Zugkraft auf die Linse aus. Sie ist dadurch abgeflacht und ermöglicht so das scharfe Sehen von weit entfernten Gegenständen.Beim Zusammenziehen des Ziliarkörpers nähert er sich dem Linsenrand. Dadurch lässt die Zugkraft durch die strahlenförmigen Muskelfasern auf die Linse nach. Die Linse krümmt sich stärker, sie folgt ihrer natürlichen Elastizität. Die Lichtbündel werden stärker gebrochen, Gegenstände in der Nähe können scharf gesehen werden. Die Anpassung der Augenlinse an die veränderten Gegenstandsweiten heißt **Akkommodation.**

Beim gesunden Auge werden entfernte Objekte bei entspanntem Ziliarmuskel ohne Anstrengung scharf gesehen, weil der Abstand zwischen Linse und Netzhaut genau zur Stärke der Augenlinse passt. Wenn die Entfernung der Gegenstände vom Auge geringer als 25 cm wird, kann die Linse nur mit Anstrengung auf den Nahpunkt (10 cm – 15 cm) eingestellt werden. Das ist nach einiger Zeit als Ermüdung zu spüren.

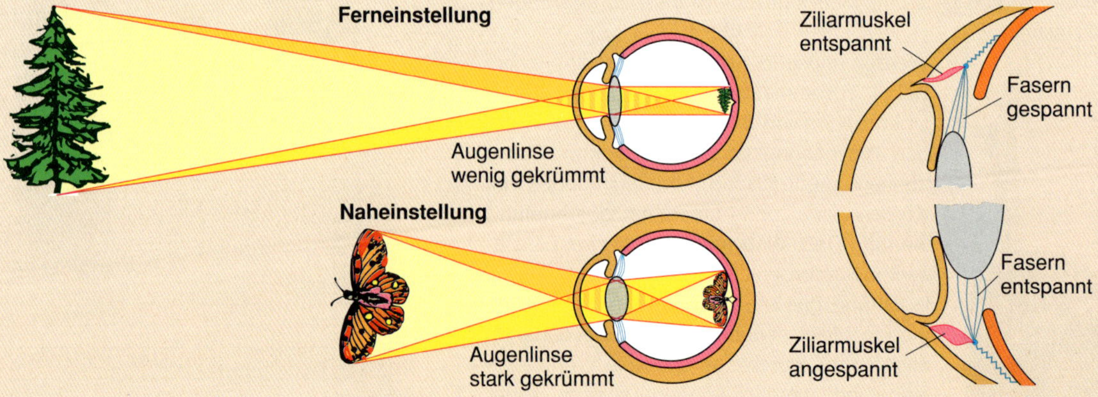

Sehfehler und ihre Korrektur

Viele Leute können ohne Brille oder Kontaktlinsen nicht scharf sehen. Dabei gibt es unterschiedliche Arten von Sehfehlern, die angeboren sein können oder sich im Laufe des Lebens ergeben.

Wenn die Buchstaben verschwimmen
Ein Mensch ist *weitsichtig,* wenn er nur Gegenstände in der Ferne scharf sehen kann. Bei Weitsichtigen ist
- entweder die stärkere Krümmung der Augenlinse nur mühsam möglich
- oder der Augapfel ist für die kleinste mögliche Brennweite der Augenlinse zu kurz.

Die Lichtbündel würden erst hinter der Netzhaut kleine Bildpunkte ergeben. Das scharfe Bild würde daher erst hinter der Netzhaut entstehen.

Auf der Netzhaut ergeben sich Bildflecke, die sich überdecken. Daher kann ein weitsichtiger Mensch Gegenstände in der Nähe nur unscharf wahrnehmen. Selbst bei entfernten Gegenständen muss die Brechkraft der Augenlinse durch Anspannen des Ziliarmuskels wie sonst nur bei der Naheinstellung verändert werden. Vor allem beim Lesen bedeutet das eine große Muskelanstrengung, was zu Ermüdungserscheinungen führt.

Zur Korrektur der Weitsichtigkeit muss die Brechkraft des Auges durch Sammellinsen verstärkt werden; dadurch wird der Bildpunkt von einem Ort hinter der Netzhaut auf die Netzhaut vorgezogen.

Wenn mit der Nase geschrieben wird
Ein Mensch ist *kurzsichtig*, wenn er nur Gegenstände in der Nähe scharf sehen kann. Bei Kurzsichtigen ist
- entweder die Krümmung der Augenlinse bereits im entspannten Zustand zu stark
- oder der Augapfel ist für die größte mögliche Brennweite der Augenlinse zu lang.

Die Lichtbündel vereinigen sich bereits vor der Netzhaut zu kleinen Bildpunkten und laufen dann wieder auseinander. Das scharfe Bild würde daher vor der Netzhaut entstehen.

Auf der Netzhaut ergeben sich Bildflecke, die sich überlagern. Daher kann der kurzsichtige Mensch entfernte Gegenstände nur verschwommen wahrnehmen, weil eine weitere Abflachung der Linse (Brechkraftverringerung) nicht mehr möglich ist.

Bei Weitsichtigkeit müssen eine Brille oder Kontaktlinsen die Lichtbündel so verändern, dass der Ort, wo das scharfe Bild entsteht, nach hinten auf die Netzhaut rückt; die Brechkraft des Auges muss also verringert werden. Für diese Form der Korrektur werden Zerstreuungslinsen verwendet.

Weitsichtigkeit

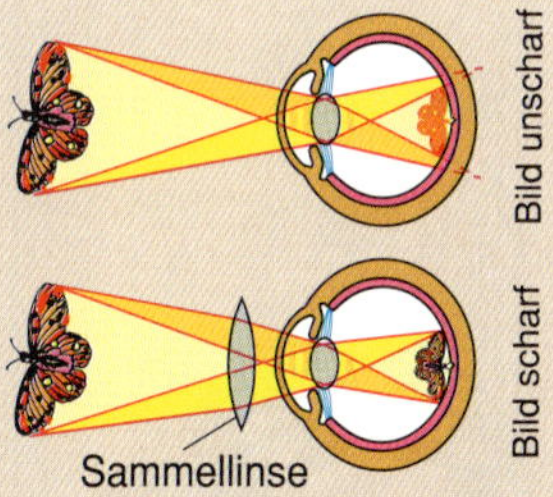

Kurzsichtigkeit

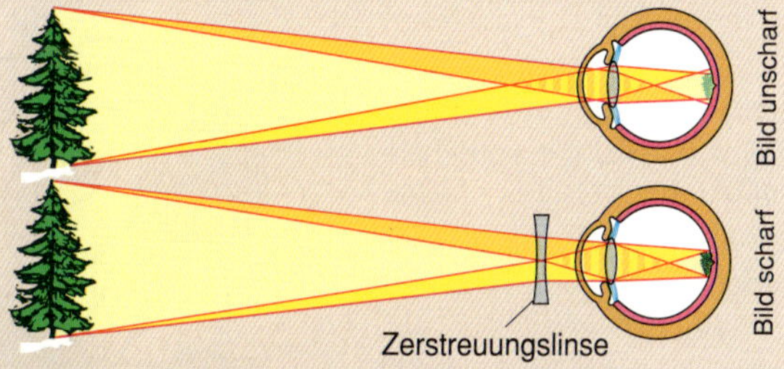

Kontaktlinsen
Mit **Kontaktlinsen** bleibt der Seheindruck uneingeschränkt erhalten, denn nichts stört, hemmt, rutscht, wird optisch verzerrt oder kann zu Bruch gehen. Kontaktlinsen sind hauchdünn (ca. 0,10 mm) und für viele Menschen bei der Ausübung ihres Berufes oder zur Korrektur ihrer starken Sehfehler eine willkommene Sehhilfe. Kontaktlinsen haben allerdings den Nachteil, dass sie sehr schmutzempfindlich sind und dass sie allergische Reaktionen am Auge auslösen können.

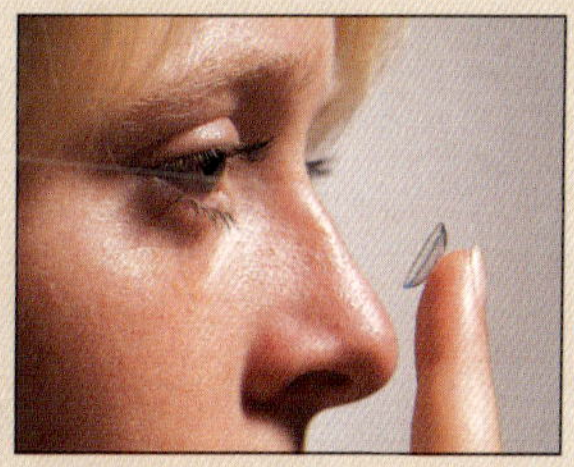

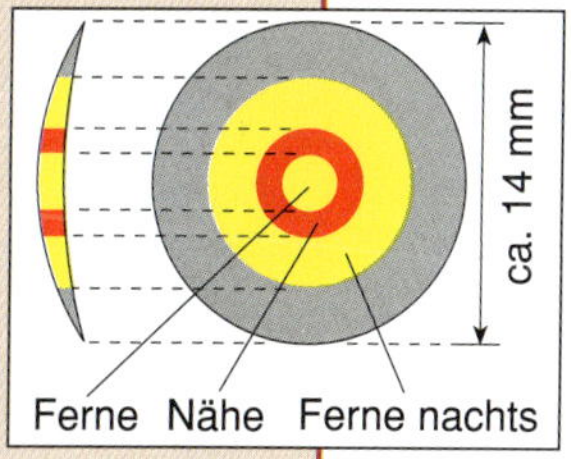

LICHT

Werden die Abstände der Leitersprossen wirklich kürzer?

Was ist mit dem Bootshaken beim Eintauchen ins Wasser passiert?

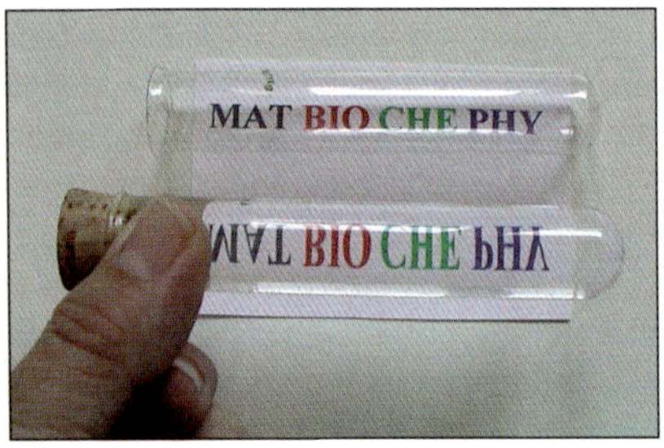

Optische Zauberei

Ein Glasstab hilft beim Lesen

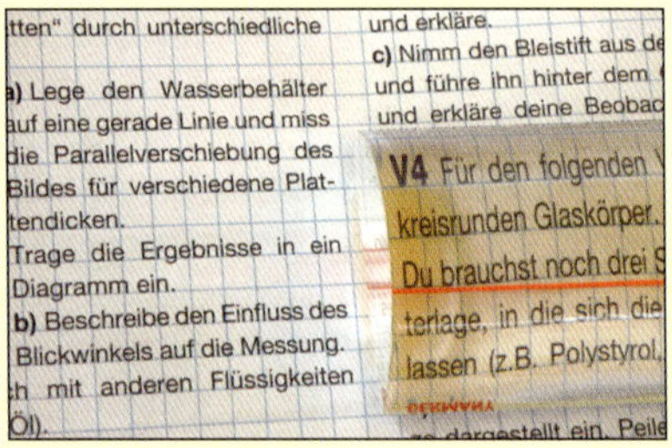
tten" durch unterschiedliche

a) Lege den Wasserbehälter auf eine gerade Linie und miss die Parallelverschiebung des Bildes für verschiedene Plattendicken.
Trage die Ergebnisse in ein Diagramm ein.
b) Beschreibe den Einfluss des Blickwinkels auf die Messung.
h mit anderen Flüssigkeiten Öl).

und erkläre.
c) Nimm den Bleistift aus de und führe ihn hinter dem und erkläre deine Beobac

V4 Für den folgenden V kreisrunden Glaskörper. Du brauchst noch drei S terlage, in die sich die lassen (z.B. Polystyrol, ... dargestellt ein. Peile

Optische Täuschungen

Die Lichtwirkungen rufen in der Netzhaut des Auges Reize hervor, die vom Sehnerv zum Gehirn weitergeleitet werden. Wir nehmen jedoch das vom Auge erzeugte Bild nicht nur auf, sondern das Gehirn deutet es. Dabei spielen die Erfahrungen jedes Einzelnen eine Rolle.

Als optische Täuschung wird etwas bezeichnet, was wir zu sehen glauben, was aber so in Wirklichkeit gar nicht dargestellt ist. Die Bilder täuschen, weil unser Gehirn das Netzhautbild eigenständig weiterverarbeitet.

Handelt es sich um eine alte oder eine junge Frau?

Sind die Figuren unterschiedlich groß?

Stellen die Flecken etwas dar?

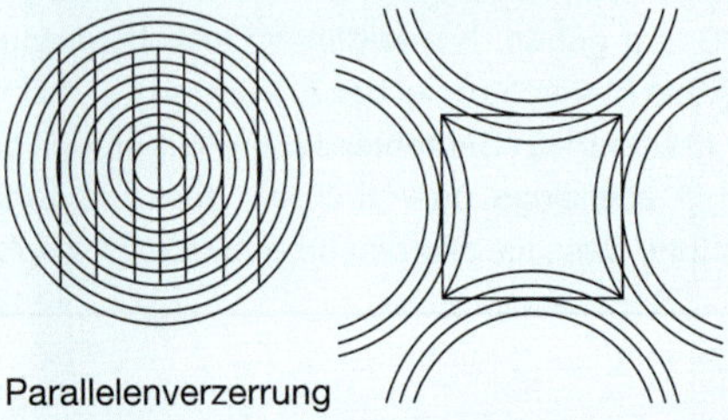

Parallelenverzerrung

Warum zwei Augen und zwei Ohren?

Streifzug

Zwei Ohren – Richtungen hören

Durch die seitliche Anordnung der beiden Ohren sind wir rundum gut empfänglich für Geräusche. Das hilft uns, Gefahren frühzeitig wahrzunehmen. Es ist oft erst einmal nicht so wichtig, wo genau eine Störung herkommt, sondern dass sie überhaupt wahrgenommen wird. So kann uns ein kleines Rascheln bereits in Alarmbereitschaft versetzen, ohne dass wir schon wissen, woher es genau kommt. Zusätzlich kann die Position eines Geräusches sehr gut und schnell geortet werden, d.h. die Lage der Schallquelle relativ zum Kopf bestimmt werden.

Ein von der Seite kommender Schall erreicht immer ein Ohr früher als das andere. Befindet sich z.B. die Schallquelle links von uns, so nimmt das linke Ohr ein Geräusch ein kleines bisschen früher wahr als das rechte. Der Schall hat zum rechten Ohr ein längeres Stück Weg zurücklegen müssen als zum linken und dafür mehr Zeit benötigt. Aus der unterschiedlichen Laufzeit des Schalls errechnet das Gehirn die Richtung zur Schallquelle erstaunlich präzise. Sofort schwenkt der Kopf in die Richtung der Schallquelle. Dabei betragen diese Unterschiede in der Laufzeit weniger als eine Tausendstel Sekunde.

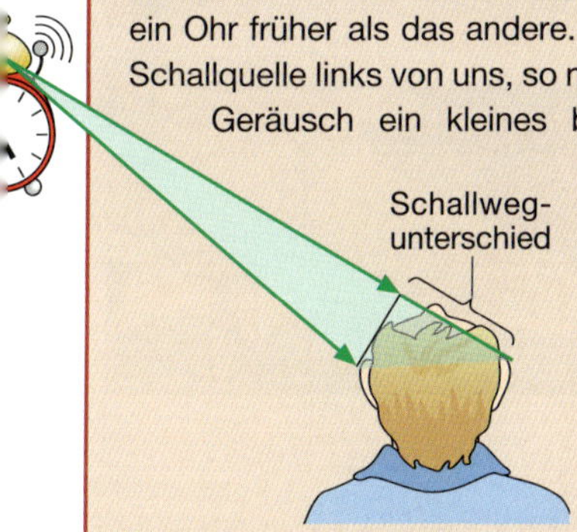

Zwei Augen – Entfernungen sehen

Beim Menschen sind die beiden Augen nach vorne ausgerichtet und bringen somit eine Überlappung des Sehbereichs. Eine seitliche Anordnung der Augen brächte eine bessere Rundumsicht, wie sie z.B. Vögel besitzen. Ein Richtungssehen analog dem Richtungshören funktioniert allerdings nicht, da wegen der extrem großen Lichtgeschwindigkeit die Laufzeitunterschiede unmessbar gering ausfielen – das Licht kommt gleichzeitig in beiden Augen an.

Aber die Ausrichtung der Augen nach vorne hat einen anderen Vorteil: Die Augen sehen einen Gegenstand aus unterschiedlichen Blickwinkeln. Das linke Auge sieht einen Gegenstand ein kleines bisschen anderes als das rechte Auge; die Winkel, unter denen der Gegenstand gesehen wird, sind für jedes Auge unterschiedlich. Die beiden Fotos einer Schraube geben die beiden Bilder wieder, die das linke und das rechte Auge sehen – sie sind deutlich verschieden!

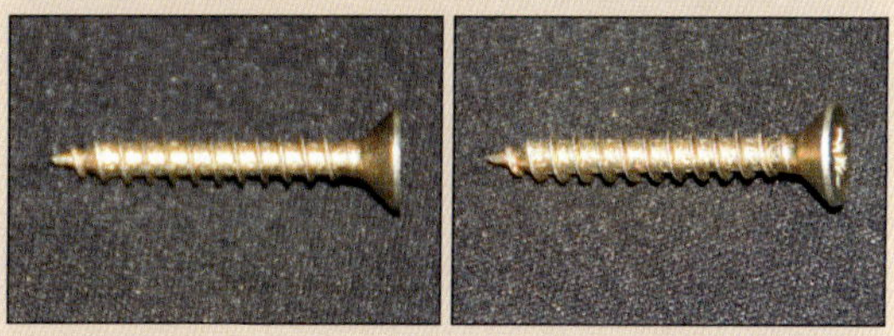

Diese 3-dimensionale Erfassung hilft dem Gehirn, die Entfernung des Gegenstands abzuschätzen. Im Tierreich ist dies besonders gut bei Jägern (z.B. Löwen und Tigern) ausgebildet.

Sehfeld des Chamäleons – Zwei Augen einmal anders

Ganz anders als beim Menschen sehen die Augen eines Chamäleons aus. Zwei große Augen liegen weit entfernt voneinander auf jeder Seite des Kopfes. Mit dem Lidloch und der Pupille lässt sich so ein Auge am besten mit einer Lochkamera vergleichen. Die Linse trägt dabei sehr wenig zur guten Sicht bei.

Eine Besonderheit liegt im unabhängigen Bewegen dieser beiden Augen. Damit hat das Chamäleon fast eine Panorama-Rundumsicht (342° statt der vollen 360°). Im normalen Gebrauch wird die gesamte Gegend nach eventueller Beute abgesucht. Erblickt das Chamäleon ein Beutetier mit einem Auge, so ist es in der Lage, nur dieses eine Auge scharf auf die Beute einzustellen, während das andere weiter wachsam die Gegend beobachtet.

Chamäleons können bis auf einen Kilometer scharf sehen. Das ermöglicht ihnen die rechtzeitige Flucht vor Feinden und genügt bei weitem, die Entfernung zu einer Beute genau abzuschätzen. Ist das Auge scharf eingestellt, so schnellt die lange, klebrige Zunge heraus und fasst die Beute.

Durchblick — Licht und Schall – im Prinzip gleich

Licht und Schall haben viele Gemeinsamkeiten, von denen einige in der Tabelle auf der nächsten Seite gegenübergestellt sind. So etwas gibt es oft in der Physik – Ähnlichkeiten in zwei ganz verschiedenen Sachgebieten. Wenn diese Ähnlichkeiten bekannt sind oder auch nur vermutet werden, kann Bekanntes aus dem einen Gebiet gezielt im anderen gesucht werden. So hilft das Wissen über die Ähnlichkeiten zweier Sachgebiete, Fragen zu stellen, Lücken zu finden oder Untersuchungsverfahren zu entwickeln. Bei der Betrachtung verschiedener, aber ähnlicher Gebiete unter einem bestimmten Blickwinkel ergeben sich dann häufig gemeinsame Gesichtspunkte, die beide Sachgebiete besser verstehen lassen.
Hier einige Beispiele:

Akustik: Durch einen Paukenschlag kann eine Kerze ausgelöscht werden. Die Pauke ist die Schallquelle, der Schall***sender;*** die Luft ***überträgt*** den Schall; die Kerzenflamme ist der ***Empfänger.***

Schallquelle → Schall → Schallempfänger

Optik: Damit nachts ein Verkehrsschild zu sehen ist, muss eine Lampe (Lichtquelle) Licht aus***senden.*** Das Licht wird im Raum zum Schild ***übertragen,*** von dem es in alle Richtungen gestreut und schließlich vom Auge des Betrachters ***empfangen*** wird.

Lichtquelle → Licht → Lichtempfänger

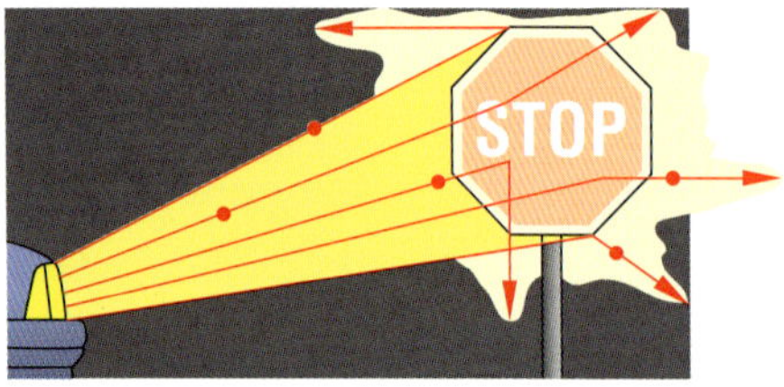

Für **Optik** und **Akustik** gilt das gleiche, allgemeine Schema:

Sender → Übertragung → Empfänger

Dieser gemeinsame Grundgedanke wird kurz **Sender–Empfänger–Prinzip** genannt. Er ist nicht nur in der Optik und in der Akustik anwendbar, sondern auch in der Elektrik und in der Wärmelehre.

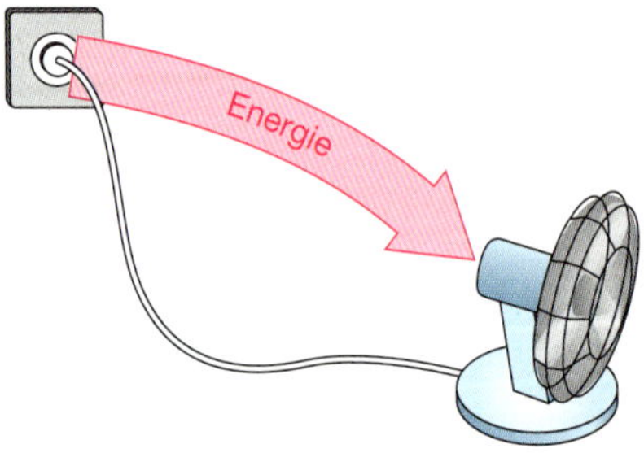

Elektrik: Von einer Steckdose oder einer elektrischen Quelle ***(Sender)*** wird nicht Licht oder Schall, sondern Energie in den Stromkreis eingespeist, von ihm ***übertragen*** und vom Ventilator-Motor ***(Empfänger)*** aufgenommen.

Quelle → Energie → Motor

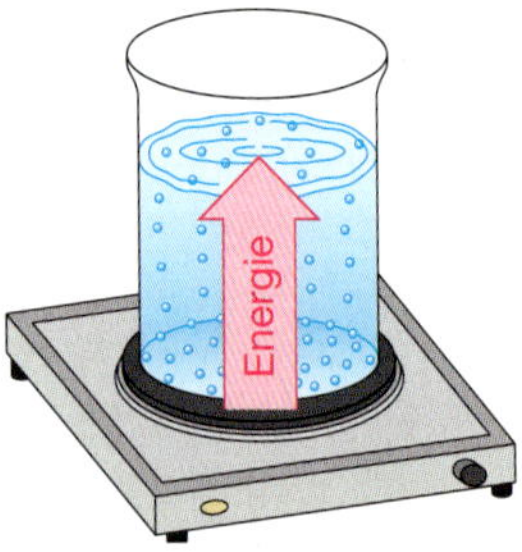

Wärmelehre: Beim Erhitzen von Wasser wird von einer Herdplatte, der Quelle ***(Sender),*** Energie ***übertragen*** an einen ***Empfänger,*** das Wasser im Becherglas.

Wärmequelle → Energie → (Wärme-)Empfänger

In der Physik wird versucht, Einzelbeobachtungen aus verschiedenen Teilgebieten unter bestimmten Gesichtspunkten zu vergleichen und einheitlich zu beschreiben. Diese Beschreibungen werden dann als Analogien bezeichnet. In den Beispielen oben war dies das Sender–Empfänger–Prinzip. Solche Analogien sind der Weg zu einem gemeinsamen Grundprinzip, einem gemeinsamen Grundgedanken. Mithilfe von Analogien können neue Erscheinungen auf gewohnte Weise beschrieben und verstanden werden.

Ähnlichkeiten bei Schall und Licht

<table>
<tr><th></th><th>Licht</th><th>Schall</th></tr>
<tr><td>Träger</td><td>breitet sich auch ohne Materie im Raum (z. B. im Weltall) aus.

Die Lichtgeschwindigkeit ist sehr groß.</td><td>benötigt einen materiellen Träger.

Die Schallgeschwindigkeit ist in unterschiedlichen Stoffen verschieden.</td></tr>
<tr><td rowspan="2">Ausbreitung</td><td colspan="2">breitet sich von einer punktförmigen Quelle geradlinig in alle Richtungen aus.
Mit zunehmender Entfernung wird die Helligkeit/die Lautstärke immer schwächer.</td></tr>
<tr><td></td><td>Die Ausbreitung ist mit dem Teilchenmodell erklärbar.</td></tr>
<tr><td>Reflexion</td><td colspan="2">wird an glatten Flächen zurückgeworfen.</td></tr>
<tr><td rowspan="2">Absorption</td><td colspan="2">wird je nach Beschaffenheit der getroffenen Fläche mehr oder weniger stark absorbiert.</td></tr>
<tr><td>Je dunkler die Fläche ist, desto mehr Licht wird absorbiert.</td><td>Je rauer und poröser die Fläche ist, desto mehr Schall wird absorbiert.</td></tr>
<tr><td>Schatten</td><td>wirft hinter lichtundurchlässigen Körpern Schatten.

Bei zwei Lichtquellen bilden sich Kern- und Halbschatten, bei mehreren Lichtquellen kontinuierliche Übergangsschatten.</td><td>hat keinen scharfen Schattenraum hinter einem Hindernis (Mauer/Haus), sondern wird um das Hindernis herum gebeugt.</td></tr>
<tr><td>Streuung</td><td>Trifft es auf helle, raue Körper, wird es in alle Richtungen gestreut, ebenso bei durchscheinenden Körpern.</td><td>Im Nebel lässt sich die Richtung, aus der der Schall kommt, schwer einschätzen, da er in alle Richtungen gestreut wird.</td></tr>
<tr><td>Beugung</td><td>?</td><td>kann „um die Ecke gehen“, also in den Raum hinter einem Hindernis eindringen.</td></tr>
</table>

Ergebnis

Licht und Schall haben vieles gemeinsam: Viele Beobachtungen und Beschreibungen, aber auch manche Vorstellungen und Gesetzmäßigkeiten lassen sich von Licht auf Schall oder von Schall auf Licht übertragen. Dabei fallen Unterschiede oder fehlende Teile auf. Hier lässt sich ganz gezielt weiter untersuchen, um die noch bestehenden Lücken zu schließen.

Die folgenden Fragestellungen (und noch viele mehr) ergeben sich aus diesen Überlegungen:

- Gibt es auch bei Licht „Beugung“, also das Eintreten in den Raum, wo eigentlich Schatten zu erwarten ist?
- Gibt es unterschiedliche Lichtgeschwindigkeiten in verschiedenen Materialien? Hat Licht in Wasser oder in einem Glasfaserkabel eine andere Geschwindigkeit als im Vakuum?
  Gibt es höhere Geschwindigkeiten als die Lichtgeschwindigkeit? Was bewegt sich so schnell?
- Gibt es auch bei Schall einen „Schatten“ wie bei Licht?
- Gibt es ein Modell, mit dem die Ausbreitung von Licht erklärt werden kann wie die Ausbreitung von Schall mit dem Teilchenmodell?

Durch gemeinsame Grundgedanken und durch Analogien können neue und noch nicht verstandene Beobachtungen aus unterschiedlichen Teilgebieten der Physik auf Bekanntes und Gemeinsames zurückgeführt und dadurch verstanden werden. Diese einheitliche Beschreibung erleichtert das Verständnis.

Grundwissen Licht

Brechung und Reflexion

Beim Übergang von Luft in Wasser oder Glas wird ein Lichtbündel zum Einfallslot hingebrochen, beim Übergang Wasser → Luft bzw. Glas → Luft vom Lot weg.

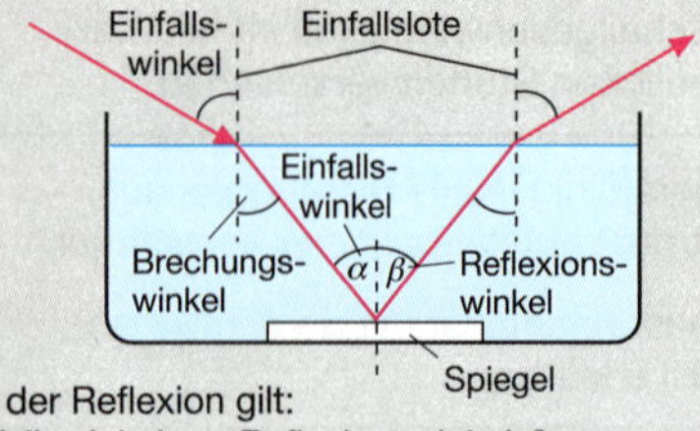

Bei der Reflexion gilt:
Einfallswinkel α = Reflexionswinkel β

Licht und Schatten

Hinter lichtundurchlässigen Körpern bilden sich bei Beleuchtung durch Licht Schatten.

Bei einer Lichtquelle entsteht ein gleichmäßig dunkler Schattenraum, bei zwei Lichtquellen der lichtlose Kernschatten und die helleren Halbschatten.

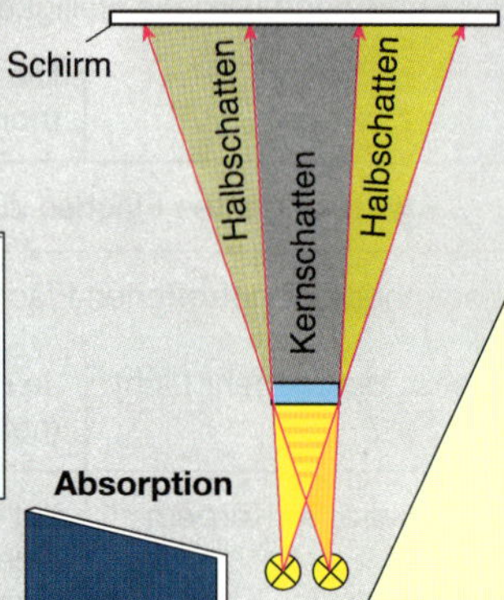

Farben

Weißes Licht, z.B. das ei… Kerze, setzt sich aus Licht… verschiedener Spektralfarb… zusammen.

Wird von einem Gegenstand n… eine Spektralfarbe reflektiert, da… erscheint er nur in dieser Farbe (Körperfarbe).

Wird von einem Gegenstand oder einem Filter eine Spektralfarbe absor… biert, vereinigen sich die restlichen Spektralfarben zu einer Mischfarbe.

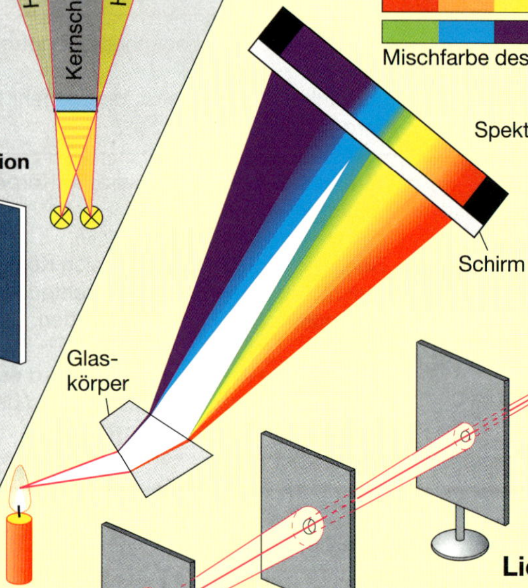

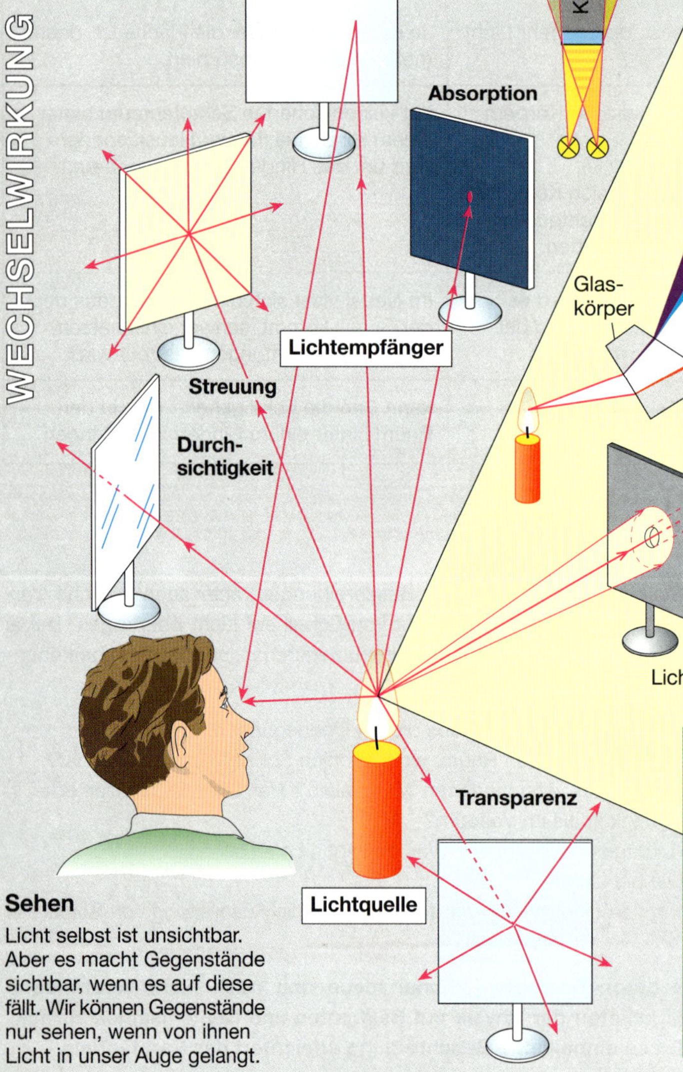

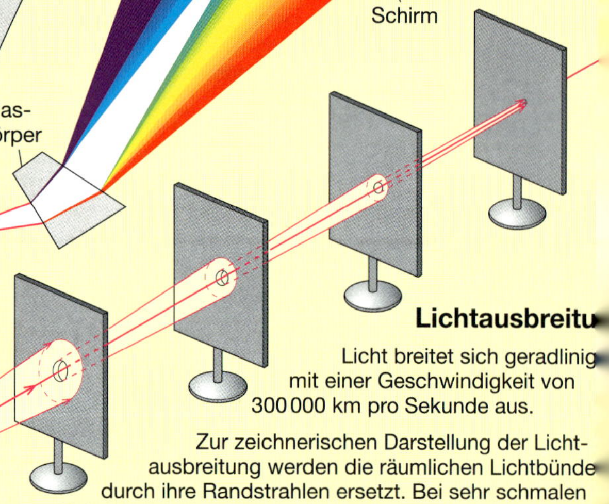

Lichtausbreitu…

Licht breitet sich geradlinig… mit einer Geschwindigkeit von 300 000 km pro Sekunde aus.

Zur zeichnerischen Darstellung der Lichtausbreitung werden die räumlichen Lichtbünde… durch ihre Randstrahlen ersetzt. Bei sehr schmalen Lichtbündeln fallen beide Randstrahlen praktisch zusamm…

Sehen

Licht selbst ist unsichtbar. Aber es macht Gegenstände sichtbar, wenn es auf diese fällt. Wir können Gegenstände nur sehen, wenn von ihnen Licht in unser Auge gelangt.

Grundbegriffe

A1 **a)** Fertige mit den Grundbegriffen auf der linken Seite Karteikarten an. Notiere den Begriff auf der Vorderseite und erläutere ihn auf der Rückseite, eventuell mit weiteren Besonderheiten. Anstelle der Karteikarten kannst du auch eine elektronische Datenbank anlegen.
b) Erstelle eine Mindmap für das ganze Kapitel. Die Grundbegriffe links helfen dir dabei.

A2 Erläutere das Sehen und Gesehenwerden im physikalischen Sinne und unterscheide verschiedene Arten von Lichquellen.

A3 Erstelle eine farbige Zeichnung, mit der die Zerlegung von weißem Licht durch ein Prisma in verschiedene Farben verdeutlicht werden kann. Achte auf die richtige Reihenfolge der Farben.

A4 Ein Kind steht nachts auf einer Straße, irgendwo zwischen zwei Laternen, von denen es beleuchtet wird.
a) Fertige eine Skizze der Situation an.
b) Überlege, ob die Schatten scharf begrenzt sein können und welche verschiedenen Schattenformen es dabei geben kann.
c) Beschreibe, wie sich die Schattenbilder ändern, wenn sich das Kind von den Lampen entfernt oder auf eine Lampe zugeht. Erkläre, warum der Schatten beim Entfernen von der Lampe sehr rasch sehr groß wird.
d) Bestimme die Orte, an denen das Kind keinen Kernschatten hat, und begründe, warum es immer mindestens einen Halbschatten hat.

A5 **a)** Beschreibe das Spiegelbild des Kerzenmännchens.
b) Oft wird behauptet, das Spiegelbild sei seitenverkehrt. Begründe, wie es zu dieser falschen Aussage kommen kann.
c) Zeichne von dem Foto den Spiegel, die Kerzenflamme mit ihrem Spiegelbild und das sehende Auge ab. Füge dann den Lichtweg von der Kerzenspitze zum Auge mit ein.

A6 Beschreibe anhand von Beispielen aus dem Badezimmer, wie sich Licht verhalten kann, wenn es auf unterschiedliche Gegenstände trifft.

A7 Martins Spielzeugauto ist in den Gartenteich gefallen und auf den Boden gesunken. Mit einem langen Bambusstab versucht er, das Auto vom Rand des Teiches aus zu „angeln".
Beschreibe, welchen optischen Effekt er dabei beobachten wird und skizziere die Situation.

A8 In einer Kiste liegen verschiedene Linsen.
a) Gib zwei Möglichkeiten an, wie du unterscheiden kannst, ob es sich jeweils um eine Sammel- oder eine Zerstreuungslinse handelt.
b) Beschreibe ein Experiment, mit dem die Brennweite einer Sammellinse ungefähr bestimmt werden kann.

A9 Ein Arbeitsplatz sollte so gestaltet sein, dass es möglichst keine Schatten gibt. Beschreibe, wie das in der Schule gelöst wird. Vergleiche diese Beleuchtung mit der Situation an deinem Arbeitsplatz daheim.

A10 Der Filmsaal der Schule hat Fenster zum Schulhof. In die Verdunklung hat leider jemand ein Loch gebohrt, durch das ein Bleistift gesteckt werden kann.
a) Beschreibe und erkläre, welche Beobachtungen jetzt an der Wand des Filmsaals möglich sind.
b) Gib an, welche Veränderungen das Vergrößern oder Verkleinern des Lochs hervorruft.

A11 Ein schmales paralleles Lichtbündel fällt auf eine dicke Glasplatte. Entscheide, welche Darstellung den Lichtweg richtig wiedergibt. Begründe, was an den anderen Darstellungen nicht der Wirklichkeit entspricht.

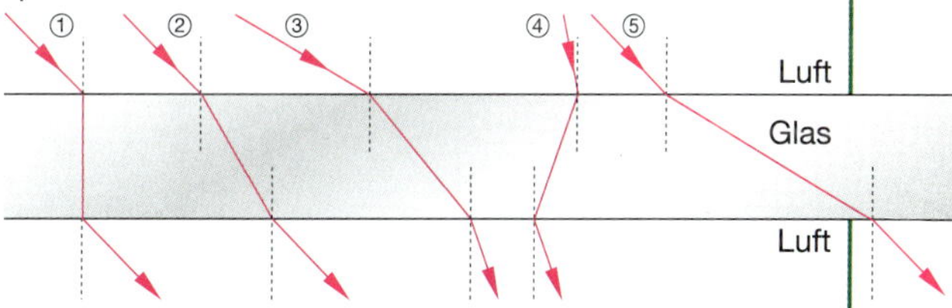

A12 **a)** Beschreibe, welche Folgen es hätte, wenn Glasscheiben das Licht vollständig durchließen und nichts reflektiert würde.
b) Wenn du dein Spiegelbild in einer Doppelglasscheibe betrachtest, siehst du zwei gleiche Bilder, die gegeneinander versetzt sind.
• Erkläre anhand einer Zeichnung, wie diese beiden Bilder entstehen.
• Gib die Veränderungen bei den beiden beobachteten Bildern an, wenn der Blickwinkel oder der Abstand der beiden Scheiben geändert wird.

Thermische Ausdehnung

Wasser ist normalerweise flüssig. Aber es kann auch fest sein wie Stein (dann ist es Eis) oder gasförmig wie Luft (dann ist es Wasserdampf). Wird Eis erwärmt, dann schmilzt es; das entstandene Wasser verdampft.
Ob sich ein Gegenstand im festen, flüssigen oder gasförmigen Zustand befindet, hängt von seiner Temperatur und der Umgebungstemperatur ab.

In diesem Kapitel lernst du, wie Temperaturen gemessen werden und worauf die Thermometerskala beruht. Du erfährst, wie sich Stoffe bei Temperaturveränderung verhalten und dass Wasser ein besonderes Verhalten hat. Abschließend erhältst du einen Einblick in die Modellvorstellungen, mit denen diese Beobachtungen gedeutet werden können.

■ **Fiebermessen:** Die Kinder sind krank und deshalb ist es sinnvoll, die Körpertemperatur zu messen. Das geht auf verschiedene Weisen. Das ältere Kind muss dazu das Fieberthermometer so lange im Mund behalten, bis es nicht mehr blinkt oder bis es piept. Dann kann die Körpertemperatur abgelesen werden. Bei Kleinkindern wird ein Thermometer benutzt, das nur ein paar Sekunden ins Ohr gehalten werden muss, um die Temperatur zu messen.

■ **Brücken- und Straßenbau:** Beim Brückenbau wird wegen der thermischen Ausdehnung ein Ende der Brücke auf Rollen gelagert. Im Brückenbelag sorgt eine Dehnungsfuge für entsprechende Bewegungsfreiheit.

Solche Dehnungsfugen gibt es auch auf Autobahnen. Dort bestehen sie aus einem mit Kunststoff oder Asphalt ausgefüllten Spalt zwischen den großen Betonplatten.

■ **Rettungsgeräte der Feuerwehr:** Bei Verkehrsunfällen sind zum Bergen von Unfallopfern aus deformierten Fahrzeugen oft sehr große Kräfte erforderlich. Die hydraulischen Rettungsgeräte der Feuerwehr zerschneiden die Karosserie problemlos oder drücken sie mühelos auseinander. Der Öldruck in den dünnen Zuleitung reicht dafür völlig aus.

Vorbereitung

1 Lies die Texte dieser beiden Seiten durch und betrachte die dazugehörigen Bilder. Schreibe zu den einzelnen Themen Fragen auf, die du dazu hast.

2 Blättere das folgende Kapitel durch. Lies die Überschriften und betrachte die Bilder. Notiere neben den Fragen aus **1** die Seitenzahlen, die deiner Meinung nach Antworten zu deinen Fragen liefern könnten.

3 Überlege und schreibe auf, was du in Experimenten untersuchen möchtest. Vielleicht hast du ja schon Ideen, wie die Versuche aussehen könnten.

4 Studiere die im Vorwissen „Temperatur und Thermometer" auf Seite 74 dargestellten Zusammenhänge. Schreibe dazu die wichtigsten Begriffe zusammen mit einer kurzen Erklärung auf.

Vorwissen — Thermische Ausdehnung

Temperatur und Thermometer

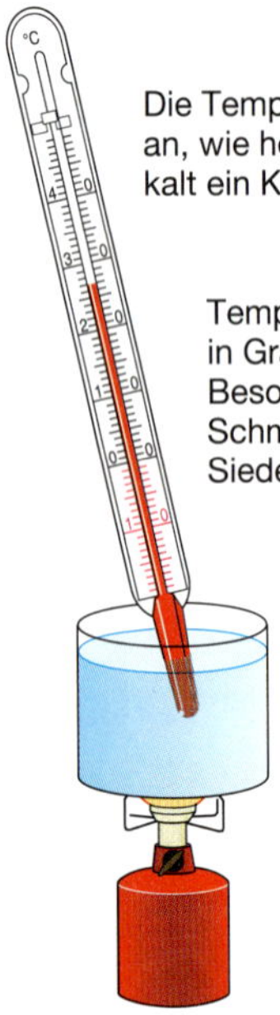

Die Temperatur gibt an, wie heiß oder kalt ein Körper ist.

Temperaturen werden in Grad Celsius (°C) angegeben.
Besondere Temperaturen sind:
Schmelzen von Eis : 0 °C
Sieden von Wasser: 100 °C

Messgeräte für Temperaturen sind Thermometer.

Die gebräuchlichen Flüssigkeitsthermometer beruhen auf der Ausdehnung von Flüssigkeiten bei Erwährmung.

Ausdehnung von Flüssigkeiten

Erwärmung

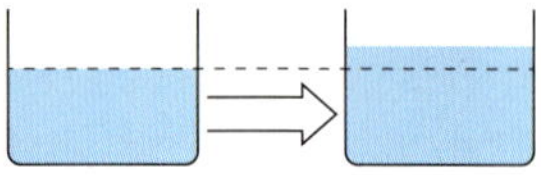

Wird eine Flüssigkeit erwärmt, so dehnt sie sich aus.

Abkühlung

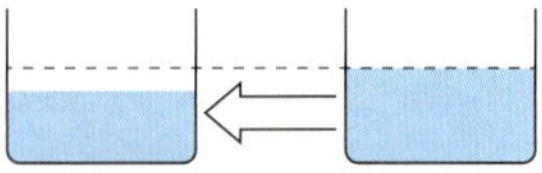

Wird eine Flüssigkeit abgekühlt, so zieht sie sich zusammen.

Grundbegriffe

- *Temperatur*
- *Thermometer*
- *Ausdehnung von Flüssigkeiten*

Projekt — Was sich mit der Temperatur so alles ändert

Welche Temperatur gibt es heute? Diese Frage beschäftigt Menschen sehr häufig, weil die Temperatur eine wichtige Größe in der Natur ist. Menschen und Tiere müssen sich der Temperatur anpassen. Temperaturschwankungen können sogar große Veränderungen in der Natur hervorrufen.

P1 a) Messt über mehrere Wochen Außentemperaturen zu unterschiedlichen Tageszeiten. Notiert auch, ob es bewölkt ist oder klar. Gibt es Zusammenhänge zwischen der Tageszeit, der Wetterlage sowie der Temperatur?

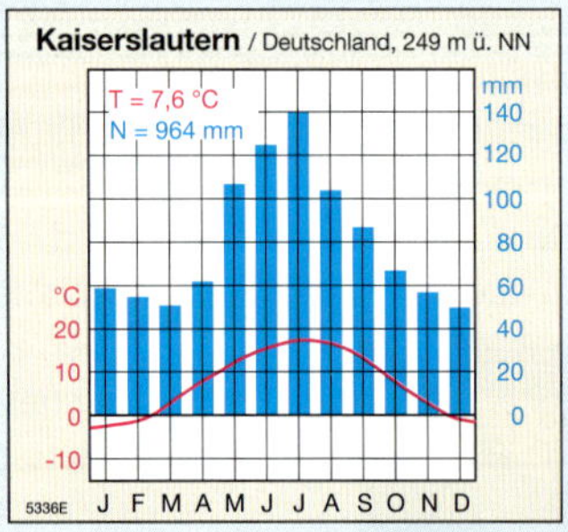

b) Sucht im Erdkundebuch oder im Internet nach Diagrammen, die das Klimageschehen darstellen. In solchen **Klimadiagrammen** werden für jeden Monat des Jahres die Durchschnittstemperatur und die durchschnittliche Niederschlagsmenge dargestellt. Vergleicht diese mit euren Messungen. Wählt zwei Diagramme aus, die sich besonders stark unterscheiden, und erklärt auch warum.

P2 Sucht in Biologiebüchern oder im Internet nach Informationen darüber, wie Tiere sich dem Leben in kalten und heißen Regionen der Erde anpassen. Sucht weiterhin Informationen darüber, wie Tiere in unseren Regionen auf den Sommer bzw. Winter reagieren. Vergleicht die Maßnahmen der Tiere damit, wie sich Menschen an Kälte und Wärme anpassen. Ermittelt auch, warum bestimmte Reaktionen auf Kälte und Wärme erfolgen.
b) Stellt eure Ergebnisse übersichtlich auf einem großen Plakat zusammen.

P3 Temperaturänderungen können großen Einfluss auf Gesteine in der Natur haben. Diese Erscheinung wird als **Erosion** bezeichnet. Ermittelt in Erdkundebüchern oder im Internet, was der Begriff bedeutet und warum Temperaturschwankungen zu Erosionen führen können. Erstellt eine Übersicht.

Wasserkreislauf — Projekt

Wasser ist ein wichtiger Stoff, mit dem Wohnhäuser, Ställe und Fabriken durch Wasserleitungen versorgt werden. Aber auch in der Natur wird das Wasser über weite Wege transportiert. Es bewegt sich in Flüssen, Gräben und Bächen oder fällt in unterschiedlichen Formen als Niederschlag auf die Erde. Das Wasser macht hierbei sehr weite Wege und ändert mehrfach seine Zustandsform: mal ist es flüssig, mal fest, oft auch gasförmig.

P1 Beim Wettergeschehen spielt Wasser eine wichtige Rolle. Benutzt für die folgende Aufgabe Lexika oder auch das Internet mit dem Suchbegriff **Wasserkreislauf.**

a) Ermittelt, was unter diesem Begriff zu verstehen ist. Geht auf möglichst viele Formen ein, in denen Wasser auf die Erde fällt und wieder in die Atmosphäre gelangt.

b) Erstellt ein möglichst großes Plakat, auf dem der Kreislauf des Wassers in der Natur dargestellt wird. Geht dabei auf die unterschiedlichen Zustandsformen ein, in denen Wasser vorkommt, und erklärt, wodurch der Wechsel entsteht.

P2 Entwickelt Versuche, mit denen Teile des Transportweges des Wassers in der Natur nachgebildet werden können. Ihr könnt hierzu einen Topf, einen Herd, ein Gefrierfach, ein Glas, einen Haarföhn, eine Glasplatte oder Ähnliches benutzen. Erklärt bei jedem Versuch, welcher Wechsel der Zustandsform vorliegt.

P3 Stellt euch vor, dass Wasser nur in flüssiger Form vorkäme; ein Wechsel des Zustands wäre nicht möglich. Beschreibt unter dieser Voraussetzung, welche Schwierigkeiten sich daraus für die Natur und den Menschen ergeben. Geht auch auf die Frage ein, ob es dann überhaupt Leben auf der Erde geben könnte.

Eiszeit — Projekt

In den meisten Haushalten ist die Tiefkühltruhe oder das Gefrierfach im Kühlschrank der kälteste Ort. Hier beträgt die Temperatur etwa -18°C. So kalt wird es bei uns draußen nur noch sehr selten - aber Beobachtungen bei diesen tiefen Temperaturen lassen sich in der Kühltruhe das ganze Jahr über machen.

P1 Eine im Winter bei allen Verkehrsteilnehmern sehr gefürchtete Wettererscheinung ist das „Blitzeis". Legt für die Untersuchung einen faustgroßen Kieselstein für mehrere Stunden in die Kühltruhe. Wenn ihr ihn dann wieder herausholt, gebt mit der Blumenspritze einige „Regentropfen" auf den Stein. Beschreibt die Entstehung von Blitzeis in einem kurzen Artikel für eine Tageszeitung.

P2 In einem kurzen Videostreifen sollt ihr die Entstehung von Raureif erklären – eine Kühltruhe dient als „Filmstudio".

a) Stellt zunächst Trinkgläser in die Kühltruhe und nach etwa einer Stunde dann noch eine Schale mit heißem Wasser in die Nähe der Gläser. Schaut euch die Gläser eine Stunde später wieder an. Versucht mit diesem Experiment das Entstehen von Raureif zu erklären, der an manchen kalten Wintertagen morgens an Bäumen und Sträuchern zu sehen ist, besonders ausgeprägt in der Nähe von Flüssen.

b) Fotografiert euren selbst hergestellten Raureif und vergleicht die Aufnahmen mit Bildern von Raureif an Pflanzen aus dem Internet. Beschreibt Gemeinsamkeiten und Unterschiede.

P1 Raureif befindet sich aber auch an den Wänden der Kühltruhe, wenn keine offene Schale mit Wasser darin steht. Um die Frage zu klären, woher dieser Raureif kommt, legt ihr ein Stück Brot oder Brötchen, ein kleines Stück Fleisch, etwas Käse oder auch ein Stückchen Obst völlig unverpackt in die Kühltruhe. Fotografiert sie vorher und nachdem ihr sie 2 Wochen später wieder herausholt. Vergleicht die Bilder. Entwerft einen Prospekt in dem ihr die Vorteile von Kunststoffdosen für das Einfrieren von Lebensmitteln anpreist.

Thermische Ausdehnung

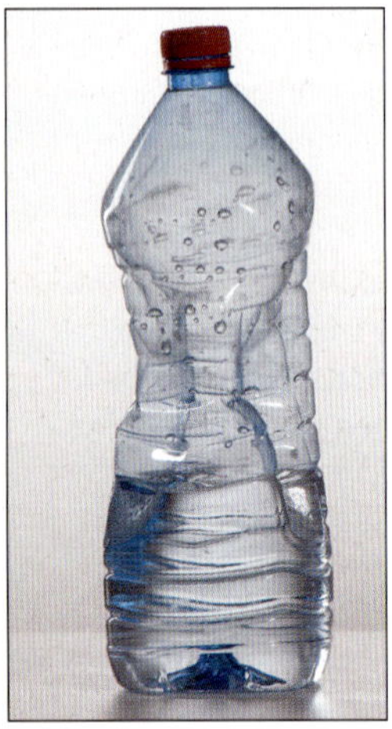

Getränke gibt es seit einigen Jahren in den leichten und dünnwandigen PET-Flaschen. Beim Austrinken knistern sie immer ein wenig, weil sie sich dabei verformen. Durch etwas Hineinpusten bekommen sie wieder ihre Ausgangsform. Verformen können sie sich aber auch aus anderen Gründen.
Die linke Getränkeflasche war offen und stand einige Zeit in der Sonne. Dann wurde sie verschlossen und in den Kühlschrank gestellt. Die rechte kam aus dem Kühlschrank und wurde in die Sonne gestellt. Die eine schaut sehr verschrumpelt aus, die andere so, als würde sie gleich platzen wollen.
Diese Veränderung kann nur vom Getränk oder der Luft in der Flasche kommen. Wer von den beiden hat sein Volumen verändert? Eines oder alle beide?

Flüssigkeiten werden erhitzt

Bei genauer Betrachtung der Skalen von Flüssigkeitsthermometern fällt auf, dass die angezeigte Temperatur umso größer ist, je höher die Thermometerflüssigkeit im Steigrohr angestiegen ist. Bei steigender Temperatur braucht die Flüssigkeit zunehmend mehr Platz – sie dehnt sich aus. Verhalten sich alle Flüssigkeiten so?

Zentraler Versuch

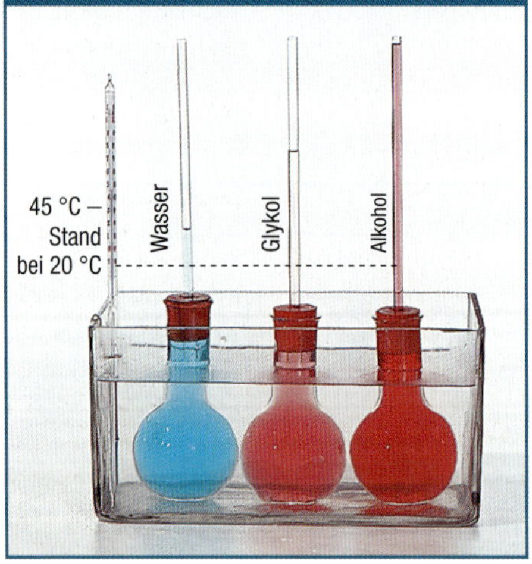

Der Versuch im Bild rechts zeigt das Verhalten dreier Flüssigkeiten, die gleichzeitig in heißes Wasser gestellt wurden. Der Flüssigkeitsspiegel, vorher bei allen gleich hoch, ist unterschiedlich stark angestiegen. Bleiben die Flüssigkeiten eine Weile stehen, so ziehen sie sich bei Abkühlung wieder zusammen – der Flüssigkeitsspiegel sinkt.

Die Volumenzunahme einer Flüssigkeit ist um so größer,
- je größer ihr Ausgangsvolumen ist;
- je höher die Temperaturzunahme ist.

Damit wird klar, was bei den Flaschen in den Bildern oben passiert ist: Bei der rechten Wasserflasche wurden die kühle Luft und die Flüssigkeit durch die Sonneneinstrahlung stark erhitzt, sie dehnten sich aus. Da die Flasche verschlossen war, hat sie sich so weit wie möglich gedehnt und dadurch etwas die Form verloren.

Wird dann der Verschluss geöffnet, dann zischt die Luft heraus. Die Luft in der linken Flasche war zunächst zimmerwarm. Dann hat sie sich in dem kalten Kühlschrank abgekühlt und dabei zusammengezogen.

Flüssigkeiten dehnen sich bei Temperaturerhöhung aus und ziehen sich bei Abkühlung zusammen.
Diese thermische Ausdehnung ist unterschiedlich stark für verschiedene Flüssigkeiten.

Aufgaben

1 Erläutere, woher der umgangssprachliche Ausdruck „Die Temperatur steigt" bzw. „fällt" kommt.

2 Erläutere, was sich im zentralen Versuch ändern würde, wenn dickere Steigrohre benutzt worden wären.
Nenne mögliche weitere Änderungen im Versuchsaufbau und ihre Auswirken.

3 **a)** Begründe, warum Getränkeflaschen nie randvoll gefüllt sind.
b) Erkläre, warum Gurken oder Melonen nicht längere Zeit in der prallen Sonne liegen sollten.

Die Celsius-Skala

Zentraler Versuch

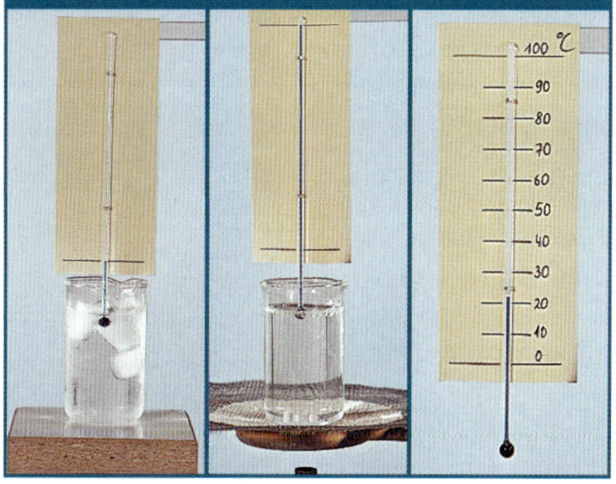

Wird eine Mischung aus zerstoßenem Eis und Wasser so lange erhitzt, bis sie schließlich siedet, und dabei das „Thermometer" ohne Skaleneinteilung beobachtet, so fällt auf: Solange das Eis schmilzt, bleibt die Thermometerflüssigkeit an derselben Stelle stehen. Erst wenn alles Eis geschmolzen ist, steigt sie allmählich an, um dann während des Siedens wieder stehen zu bleiben!

Diese erstaunliche Beobachtung veranlasste den Schweden ANDERS CELSIUS im Jahre 1742 dazu, diese beiden Temperaturwerte als **Fixpunkte** für eine Temperaturskala zu wählen. So entstand die auch heute noch verwendete **Celsius-Skala** mit den beiden Fixpunkten **0 °C** („null Grad Celsius") für schmelzendes Eis und **100 °C** für siedendes Wasser. Den Abstand zwischen diesen beiden Fixpunkten teilte CELSIUS in 100 gleich große Teile und erhielt so die Einheit für die Temperatur, das Grad Celsius „1 °C".

Für Temperaturen unterhalb von 0 °C und oberhalb von 100 °C wird die Skala einfach nach unten und oben mit gleicher Einteilung fortgesetzt. Temperaturen unter 0 °C bekommen ein Minus als Vorzeichen, das Pluszeichen für Temperaturen über 0 °C wird nur selten notiert.

Das Thermometer hat im Versuch mithilfe der beiden Fixpunkte eine Temperaturskala bekommen, es wurde *kalibriert.*

Oft sind die **Temperaturunterschiede** wichtiger als die genauen Werte: War im Sommer die höchste Tagestemperatur z. B. 32 °C und die niedrigste Nachttemperatur 8 °C, so betrug der Temperaturunterschied zwischen Tag und Nacht 32 °C – 8 °C = 24 °C. Im Winter betrug die Temperaturdifferenz zwischen Tag (9 °C) und Nacht (–15 °C) ebenfalls 24 °C.

Beim **Messen mit einem Flüssigkeitsthermometer** muss Folgendes beachtet werden:

- Messfühler vollständig in die Flüssigkeit eintauchen;
- Das Thermometer in der Flüssigkeit bewegen.
- Warten, bis die Thermometerflüssigkeit nicht mehr steigt oder sinkt;
- senkrecht auf die Skala blicken.

Grundlage für die Celsius-Skala sind die Fixpunkte:
0 °C: Schmelztemperatur von Eis
100 °C: Siedetemperatur von Wasser

Durchblick – Physikalische Größen

Die Temperatur ist eine **physikalische Größe.** Sie beschreibt eine Eigenschaft von Körpern, die gemessen werden kann. Bei der Angabe einer physikalischen Größe ist die **Einheit** genau so wichtig wie der **Zahlenwert.** *Beispiel:* In Europa werden Temperaturen in „Grad Celsius" angegben, in Amerika in „Fahrenheit". Sagt ein Amerikaner „heute sind es 25 Grad" dann ist es ziemlich kalt (–10°C), hört er diesen Satz in Europa, dann würde er die Temperatur mit „90 degree Fahrenheit" angeben.

Physikalische Größen und Einheiten werden mit **Symbolen** abgekürzt. Um sie voneinander unterscheiden zu können, werden die Größensymbole schräg gedruckt.

Phys. Größe	Symbol	Zahlenwert	Einheit
Temperatur	ϑ	25	°C

Aufgaben

1 **a)** Beschreibe, wie ein Flüssigkeitsthermometer verändert werden müsste, damit die Striche auf der Skala weiter auseinander liegen (drei Möglichkeiten).
b) Nenne Vor- und Nachteil einer solchen Skala.

2 Recherchiere jeweils die Temperaturdifferenz
a) zwischen der höchsten und der tiefsten je auf der Erde gemessenen Temperatur,
b) zwischen der durchschnittlichen Tagestemperatur auf dem Mond und der dortigen Nachttemperatur,
c) zwischen der Tages- und der Nachttemperatur in einer Trockenwüste.
d) zwischen der Vorlauf- und der Rücklauftemperatur der Heizung in eurer Wohnung.

3 Erkläre, warum sich Wasser bei uns nicht als Thermometerflüssigkeit für ein Außenthermometer eignet. Überlege, ob es am Äquator funktionieren würde.

4 Erläutere das Besondere an den Fixpunkten der Celsius-Skala.

Thermische Ausdehnung von festen Körpern – kleinste Änderungen sichtbar machen

Merkwürdig: An einer Stelle hat der Dachdecker die Teile der Dachrinne nicht fest miteinander verlötet, sondern sehr kunstvoll durch ein Stück Kautschuk verbunden. Das kann gedehnt und gestaucht werden. Die Dachrinne braucht diese „Bewegungsfreiheit".

Zentraler Versuch

Die Stahlkugel, die bei Zimmertemperatur genau durch den Ring passt, wird erhitzt und wieder auf den Ring gelegt: Jetzt bleibt sie auf dem Ring liegen! Einige Zeit später fällt sie plötzlich wieder durch den Ring durch. Wird danach der Ring mit Leitungswasser abgekühlt und die Kugel wieder aufgelegt, so bleibt sie wieder liegen. Nach einiger Zeit fällt sie wieder hindurch.

Offensichtlich hat sich die Kugel beim Erhitzen ausgedehnt, sie passt nicht mehr durch den Ring. Durch den Kontakt mit dem Ring wird jetzt auch der Ring durch die heiße Kugel erwärmt; auch der Ring dehnt sich dadurch aus und das Loch wird größer. Jetzt passt die Kugel wieder durch das Loch! Beim Abkühlen des Rings wird das Loch wieder kleiner, die Kugel bleibt darauf liegen.

Ohne den Ring wären diese Volumenänderungen nicht zu beobachten, dafür sind sie zu gering. Nur durch diesen Trick haben diese kleinsten Änderungen eine deutlich erkennbare Auswirkung. Dadurch werden sie auch ohne eine Messung feststellbar.

Bei der Dachrinne ist nur die Veränderung der Länge von Bedeutung, sie muss durch das Kautschukstück ausgeglichen werden. Dass sie beim Erwärmen auch ein ganz klein wenig breiter und dicker wird ist dagegen unwichtig. So ist das auch bei allen anderen Bauteilen: Bei Kabeln, Rohren, Schienen, Türmen, Brücken ist es meistens nur wichtig, die Längenausdehnung zu kennen und zu berücksichtigen.

Mit einem auf Seite 92 beschriebenen Verfahren ist es möglich, die sehr kleinen Längenänderungen verschiedener Metallrohre bei Temperaturänderungen zu messen und ihr Ausdehungsverhalten zu vergleichen.

Der Vergleich verschiedener Rohre zeigt, dass die Längenausdehnung abhängig ist von
- *Material:* Ein Aluminiumrohr dehnt sich bei gleicher Temperaturerhöhung stärker aus als ein Kupferrohr.
- *Temperaturänderung:* Je größer der Unterschied zwischen zwei Temperaturen ist, desto größer ist die dadurch verursachte Längenänderung.
- *Ausgangslänge*: Ein doppelt so langes Rohr dehnt sich auch doppelt so stark aus.

Das Diagramm oben rechts zeigt die Längenänderung verschiedener 1 m langer Stäbe bei einer Temperaturänderung von 100 °C. Die Zahlenwerte erscheinen sehr gering. Bei der 5 m langen Dachrinne aus Aluminium werden es bei 100 °C Temperaturunterschied aber schon 12 cm. Das Kautschukstück in der Dachrinne muss dies ausgleichen.

Solche Dehnungsfugen können im Alltag sehr häufig beobachtet werden, sie müssen immer dann eingebaut werden, wenn die Längenänderung eines Teiles zu Schäden führen kann. Besonders bei Brücken sind sie deswegen wichtig, aber auch bei Fliesen, zwischen größeren Betonteilen oder bei Stahlkonstruktionen. Damit sich die verschiedenen Bauteile unterschiedlich bewegen können und kein Wasser in die Dehnungsfuge eindringen kann, werden diese meist mit Silikon gefüllt.

Feste Körper dehnen sich im Allgemeinen bei Temperaturerhöhung in alle Richtungen aus.
Die Längenausdehnung fester Körper bei Temperaturerhöhung ist abhängig vom Material, von der Ausgangslänge und von der Temperaturzunahme des Körpers.

So weit dehnen sich 1 m lange Stäbe bei Erwärmung um 100 °C aus:

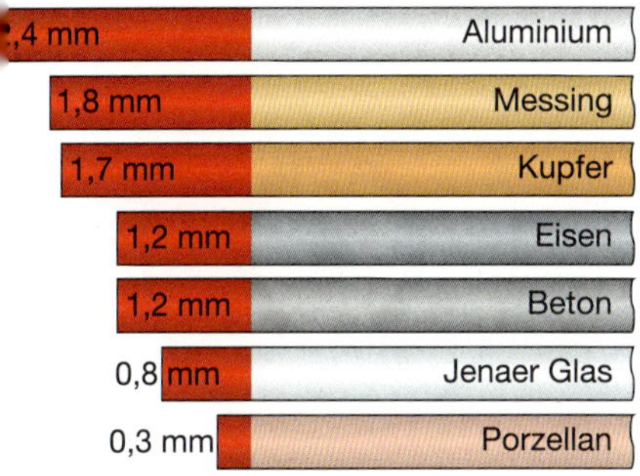

Wie groß die auftretenden Kräfte bei der thermischen Ausdehnung fester Stoffe sein können, zeigt der „Bolzensprengapparat". Wenn der Mittelstab erhitzt wird, dehnt er sich aus. Durch Hineinschieben des Keils kann er während des Erhitzens nachgespannt werden. Kühlt der Stab anschließend ab, zieht er sich so stark zusammen, dass der Bolzen zerbricht.

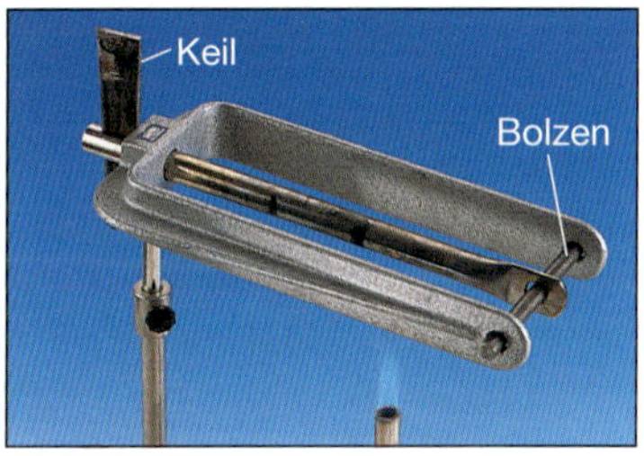

Aufgaben

1 Eisen und Beton sind für die Konstruktion großer Bauwerke „füreinander wie geschaffen". Begründe diese Aussage.

2 Ein eisernes Gartentor klemmt in einer Jahreszeit immer an der seitlichen Verriegelung am gemauerten Pfosten.
a) In welcher Jahreszeit tritt diese Schwierigkeit auf?
b) Benenne mögliche Ursachen dafür und beschreibe mögliche Gegenmaßnahmen.

3 Der Eiffelturm, eine Konstruktion ganz aus Eisen, ist im Winter bei −20 °C etwa 300 m hoch. Berechne seine Höhe an einem heißen Sommertag bei +35 °C.

Rechenbeispiel

Diese Autobahnbrücke wird ab 2018 bei Zeltingen-Rachtig eine Verbindung zwischen Hunsrück und Eifel herstellen, das Rhein-Main-Gebiet über eine Fernstraße mit Belgien und den Niederlanden verbinden. Die Brücke soll mindestens 100 Jahre befahren werden. Sie wird mit einer Länge von ca 1700 m eines der größten Bauwerke Deutschlands. Die Stützen werden zwischen 15 m und 150 m hoch sein, ihre Abstände betragen zwischen 104 m und 210 m. Etwa 40 000 m³ Beton und 7000 t Betonstahl werden für die Pfeiler verbaut, für die Brücke, die auf diesen Pfeilern aufliegt, werden noch einmal 30 000 t Baustahl verarbeitet. Es wird damit gerechnet, dass täglich etwa 20 000 Autos über die Brücke fahren.

Die Temperaturdifferenzen zwischen Winter- und Sommertagen führen zu Änderungen der Länge und der Höhe der Brücke; sie können gut abgeschätzt werden.

In unseren Regionen ist im Winter mit Temperaturen bis zu −30 °C, im Sommer bis zu +50 °C zu rechnen, d. h. mit Temperaturdifferenzen von etwa 80 °C.

Dem Diagramm links ist zu entnehmen, dass sich ein 1 m langer Betonstab bei einer Temperaturerhöhung von 1 °C um 0,012 mm ausdehnt.
Die 1700 m lange Brücke verlängert sich folglich bei einer Temperaturerhöhung um 1 °C um 1700 · 0,012 mm = 20,4 mm.
Bei der angenommenen Temperaturdifferenz von 80 °C ergibt sich eine Längenänderung von 80 · 20,4 mm = 1632 mm = 1,63 m.

Beim Entwurf der Brücke wurde eine Längenänderung von bis zu 2,20 m eingeplant, dafür wurden spezielle Lager und Dehnungsfugen eingebaut. So kann sich die Brücke ausdehnen, ohne dass sie dabei zerstört wird. Aber auch die Pfeiler dehnen sich unterschiedlich stark aus: Der 210 m große Pfeiler in der Mitte um etwas mehr als 20 cm, die kurzen 15 m-Stützen am Rand nur um 1,4 cm.

Diese Veränderung wird beim Überfahren der Brücke nicht zu bemerken sein. Deutlich größere Abweichung in der Höhe der Brücke gibt es, wenn der Untergrund unter der großen Belastung immer noch etwas nachgibt.

Streifzug — Das Bimetall

Die thermische Ausdehnung fester Körper bereitet im Alltag zwar oft Probleme, lässt sich aber auch nutzbringend anwenden.

Das **Bimetall** (bi, lat.: zwei) ist ein Beispiel dafür. Es besteht aus zwei fest miteinander verbundenen Metallstreifen (z. B. ein Streifen aus Eisen und der andere aus Messing), die sich unterschiedlich stark ausdehnen.
Bei Erhitzung biegt sich der Bimetallstreifen folglich in die Richtung des Stoffes, der sich weniger stark ausdehnt, im Fall Eisen-Messing also in Richtung zum Eisen. Je größer die Temperaturzunahme ist, desto stärker ist die Krümmung.

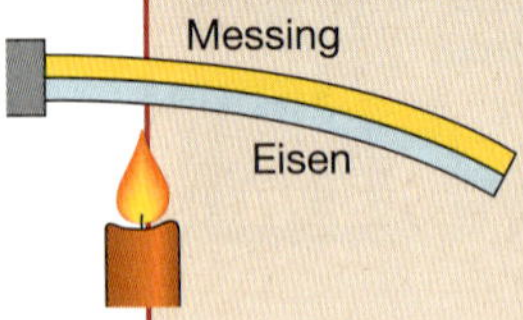

Wird ein langer, schmaler Bimetallstreifen zu einer Spirale gerollt, so kann dieser zur Messung von Temperaturen verwendet werden.
Dazu wird das eine Ende des Streifens fest auf einer Achse montiert, die im Boden des Gehäuses befestigt ist. Am anderen Ende der Bimetallspirale ist ein Zeiger befestigt, der sich über eine Temperaturskala hinweg bewegen kann – fertig ist das **Bimetallthermometer.**

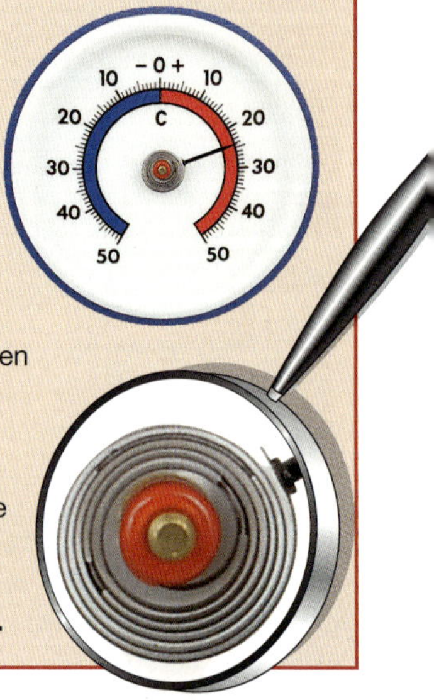

Versuche und Aufträge — Thermische Ausdehnung von festen Körpern

V1 Baue mit zwei gleich hohen Flaschen, einem Korken, einer Stricknadel aus Metall (oder einer alten Fahrradspeiche), einer Nähnadel, einer Kerze und einem Trinkhalm als Zeiger folgende Versuchsanordnung auf.

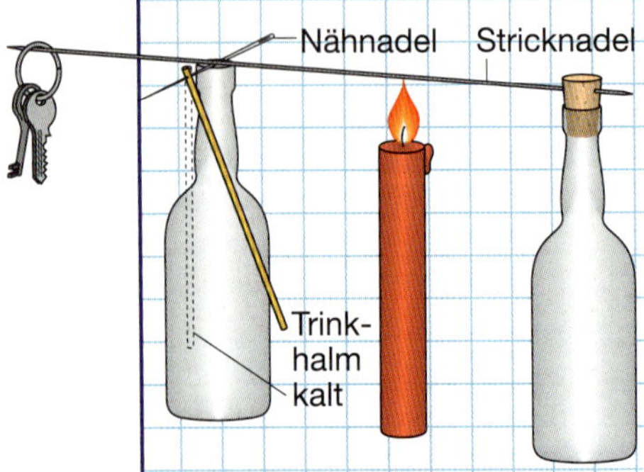

Das freie Ende der Nadel soll auf dem Flaschenhals der zweiten Flasche aufliegen (evtl. mit einem Schlüssel beschweren).
a) Erhitze die Stricknadel mit der Kerzenflamme und beobachte.
b) Erkläre deine Beobachtung.

V2 Schlage zwei Nägel so in ein Holzbrettchen, dass eine Münze gerade noch durchrutschen kann.
a) Halte die Münze mit einer Pinzette über eine Kerzenflamme. Probiere, ob sie danach immer noch hindurch passt.
b) Tauche die heiße Münze dann in kaltes Wasser und teste erneut.
c) Erkläre deine Beobachtungen.

V3 Schneide aus Alufolie einen etwa 15 cm langen und 1,5 cm breiten Streifen. Klebe ihn ganz glatt auf ein gleich großes Stück Schreibpapier. Dabei musst du darauf achten, dass der Klebstoff überall gut zwischen der Alufolie und dem Papier verteilt ist. Klebe dann das eine Ende deines Bi-Streifens am Ende einer Stricknadel (oder eines Holzspießes oder einer alten Kugelschreibermine) fest. Wickele zum Schluss deinen ganzen Bi-Streifen so um die Stricknadel, dass sich eine Spirale wie im obigen Foto des Bimetallthermometers ergibt.

Die folgenden Experimente darfst du nur unter größter Vorsicht und zusammen mit einem Erwachsenen durchführen!

a) Überlege, was wohl passieren wird, wenn du die Spirale erhitzt. Notiere deine Vermutungen.
Nähere die Spirale einer Kerzenflamme und erwärme sie vorsichtig. Beschreibe deine Beobachtungen und vergleiche sie mit deinen Vermutungen.
b) Was wird sich ändern, wenn du die Spirale anders herum wickelst und erneut erhitzt? Führe das veränderte Experiment durch.
c) Untersuche, ob die Erwärmung über einem eingeschalteten Toaster ausreicht, um den gleichen Effekt wie über der heißen Kerzenflamme zu erzielen.
d) Fasse die Ergebnisse deiner Experimente schriftlich zusammen.

THERMISCHE AUSDEHNUNG IN UMWELT UND TECHNIK

Stahlbeton

Beim Bau von großen Gebäuden wird meist Stahlbeton verwendet, d. h. zur Verstärkung werden Stahlgerippe in die Betonwände oder -decken mit eingegossen. Die Verbindung dieser Baustoffe ist deshalb möglich, weil sich Stahl und Beton bei Temperaturerhöhung gleich stark ausdehnen.

Lange Rohrleitungen z. B. bei Fernheizungen, in chemischen Industrieanlagen usw. werden in regelmäßigen Abständen in Bögen gelegt. Wenn das Rohr sich ausdehnt, wird der Bogen unten entsprechend enger, aber das Rohr bricht nicht.

Eisenbahnräder und Weinfässer

Der Radreifen, das ist die Lauffläche des Rades, besteht aus besonders hartem Stahl. Durch „Aufschrumpfen“ wird er auf dem eigentlichen Rad befestigt. Das Bild zeigt, wie der Spurkranz mit einem ringförmigen Gasbrenner erhitzt wird. Dann wird der kalte Radkörper von oben hineingesetzt und das Ganze wird abgekühlt. Ohne Schweißen oder Verschrauben sitzt der Spurkranz felsenfest.

Weinfässer aus Holz werden von Metallreifen zusammengehalten. Bei der Fertigung der Fässer wird der Reifen stark erhitzt und in heißem Zustand um das Fass gelegt. Wenn er sich anschließend abkühlt, zieht er sich zusammen und presst die Holzteile (Fassdauben und Boden) so fest zusammen, dass keine Flüssigkeit auslaufen kann.

Ausdehnungsgefäß bei einer Warmwasser-Zentralheizung

Rohre, Heizkörper und Kessel einer Heizanlage sind ein geschlossenes System, aus dem kein Wasser entweichen kann. Um ein Platzen durch die Ausdehnung des Wassers beim Erhitzen zu vermeiden, ist ein Ausdehnungsgefäß eingebaut. Es ist zum Teil mit Wasser, zum Teil mit Luft gefüllt.

Wenn sich das Wasser bei höheren Temperaturen ausdehnt, wird die Luft zusammengepresst.

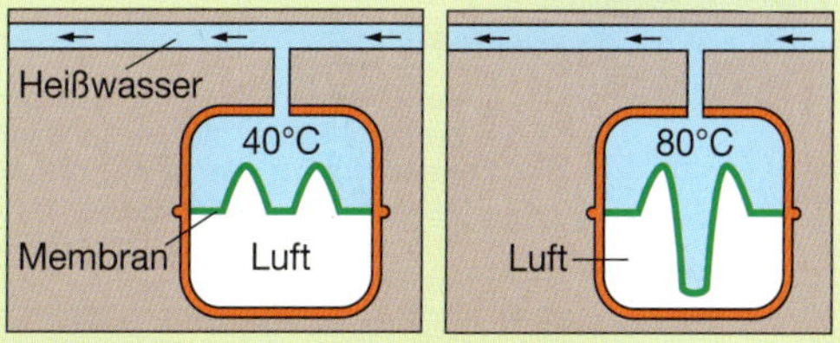

Werkzeug Dokumentieren

Jeder Naturwissenschaftler muss bei seinem wissenschaftlichen Arbeiten mehr tun als nur denken und experimentieren. Er muss auch **dokumentieren,** d.h. aufschreiben, was er gedacht und getan hat und zu welchen Ergebnissen er gekommen ist. Dies ist nicht nur für sein eigenes Erinnern wichtig, sondern mit dem Aufschreiben ist auch die Möglichkeit gegeben, seine Ergebnisse von anderen nachprüfen zu lassen.

Das Lerntagebuch

Früher wurde die Geschwindigkeit eines Schiffes mit einem Log (engl.: Klotz, Block) gemessen, der an einer mit Knoten versehenen Leine ins Wasser geworfen wurde („Login" oder „einloggen" haben hier ihren Ursprung).
Auf jedem Schiff wird bis heute ein *Logbuch* geführt, in dem alle wichtigen Ereignisse notiert werden: Wetter, Seegang, Geschwindigkeit, Inseln und Untiefen. Aber auch Überlegungen zur Route, gute und schlechte Erfahrungen, Stimmungen und Gefühle, Meuterei und Freude.

Das **Lerntagebuch** ist das „Logbuch des Lernens". Alles, was wichtig sein könnte, wird hier festgehalten: Außer Versuchsbeschreibungen und Messergebnissen auch Stimmungen, Ideen, Gedanken und Fragen. Dadurch unterscheidet es sich vom Versuchsprotokoll.
Gut geeignet als Lerntagebuch ist ein mindestens A5 großes Heft, besser aber noch ein A5-Buch mit freien Seiten. Ganz vorne hinein kommt ein Inhaltsverzeichnis, damit einzelne Ereignisse später besser wiedergefunden werden können.

Zuerst werden das **Datum** und das **Thema** der Stunde notiert. Dann kommt das, was **neu gelernt** wurde – ergänzt durch Anmerkungen und Erklärungen.

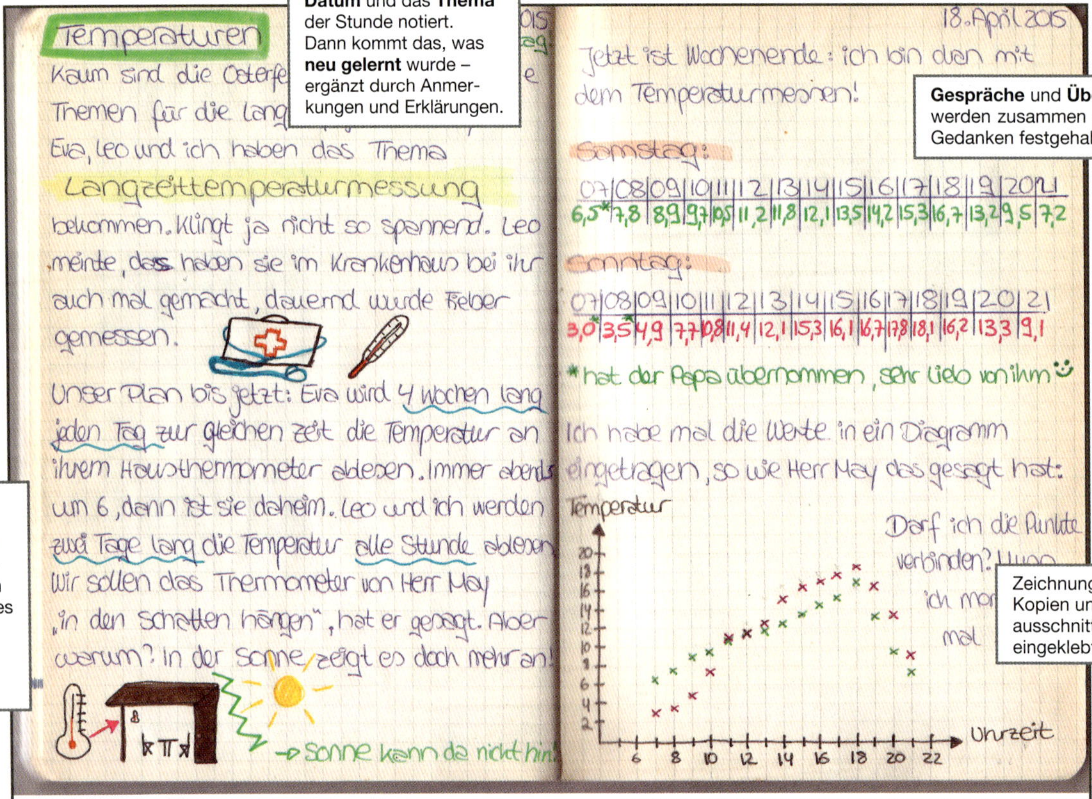

Gespräche und **Überlegung** werden zusammen mit eiger Gedanken festgehalten.

Die Seiten werden mit **Farbstiften** bunt gestaltet. Dadurch tritt Wichtiges deutlicher hervor und prägt sich besser ein.

Zeichnungen, **Bild** Kopien und Zeitung ausschnitte könner eingeklebt werden.

Ganz wichtig sind auch die **noch offenen Fragen,** die in nächster Zeit zu klären sind, und das, was noch nicht ganz klar ist und noch einmal besprochen werden muss. **Gefühle** und **Stimmungen** können auch notiert werden; sie erleichtern später das Erinnern an das Gelernte.

Am Ende der Einheit wird der **Lernweg zusammengefasst,** also der „rote Faden" der letzten Stunden beschrieben. Ist das Ziel erreicht worden oder ist es noch weit entfernt? Muss etwas geänd werden oder geht es „weiter so"?
Auf dieser Grundlage kann geplant werden, wie das Experimenti ren und Forschen weitergeht, damit das Ziel erreicht werden kan

Vom Fragen zum Wissen

Durchblick

Physiker forschen so ähnlich, wie du dir im Unterricht neues Wissen erarbeitest. Dabei greifen Fragen und Vermuten, Versuchen und Erkennen sowie Kritisieren und wieder Fragen in ganz bestimmter Weise ineinander. In der Protokollführung ist dieser Weg bereits angelegt.

Protokoll

Die Aufgabe
- Formulieren und aufschreiben, was untersucht werden soll.

Die Planung und Vorbereitung
- Zuerst eine Vermutung über das mögliche Versuchsergebnis aufschreiben (auch als Frage möglich).
- Die zu untersuchenden Größen festlegen.
- Die nötigen Geräte bereitstellen.
- Anfertigen einer Zeichnung des Versuches unter Verwendung der Vorgaben (Foto im Buch, Zeichnung auf einem Arbeitsblatt, Wandtafel …).

Die Durchführung
- Kurz, eventuell auch stichwortartig, aufschreiben, was getan wurde.

Die Beobachtung/Die Auswertung
- Übersichtlich aufschreiben, was gesehen oder gemessen wurde.
- Dabei auf die für die Fragestellung wichtigen Dinge beschränken.
- Eine Tabelle, eine Skizze oder ein Diagramm sind hilfreich.

Das Ergebnis
- Das Versuchsergebnis mit der Vermutung vergleichen, die vor Beginn des Versuches angestellt wurde.
- Formulieren des Ergebnisses.
- Evtl. eine Erklärung dazu schreiben.

Die Fehlerbetrachtung
- Sich vergewissern, was bei der Durchführung des Versuches hätte besser gemacht werden können.
- Überlegen, was zu Fehlern geführt haben könnte, die nicht zu vermeiden waren.

Naturwissenschaftliches Vorgehen

Am Anfang steht etwas **Interessantes, Fragwürdiges** aus Natur oder Technik, das neugierig macht.

Daraus entsteht eine **Vermutung,** die als **Frage** formuliert wird.

Jetzt wird überlegt, wie aus der Natur selbst oder mit technischen Hilfsmitteln eine Antwort gefunden werden kann.

Durch ein Experiment wird die Natur nachgestellt. Das ermöglicht ein genaueres Hinschauen, um eine Antwort auf die Eingangsfrage zu bekommen.
Der **Versuch** wird dadurch zu einer **Frage an die Natur/Technik.**

Die sehr genaue **Beobachtung, Auswertung und Darstellung** führen zu einem Ergebnis, mit dem sich die **Vermutung überprüfen** lässt.

War die Vermutung *richtig,* wird ein **Satz** oder ein **Gesetz** als Antwort auf die Eingangsfrage formuliert.

Vorher muss in einer **Fehlerbetrachtung** darüber nachgedacht werden, welche Fehler sich eingeschlichen haben könnten.

Bestätigt sich die Vermutung nicht, so setzt ein **erneutes Fragen nach prüfendem Nachdenken** ein.
Dies geschieht auch dann, wenn die Ergebnisse eines Versuches neugierig gemacht haben auf weiteres Wissen.

Dann geht alles von vorne los!

Beispiel

Das Gartentor klemmt nur an heißen Sommertagen, im Winter nie.

Hängt die Breite des Tores von der Temperatur ab?

Zentraler Versuch

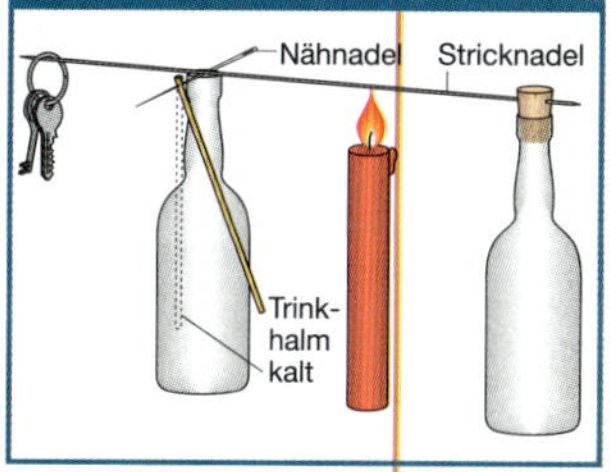

Durch das Erhitzen wird die Stricknadel länger, beim Abkühlen kürzer.

Stahl (Eisen) dehnt sich beim Erwärmen aus, beim Abkühlen zieht es sich zusammen.

Ich finde keine Fehlermöglichkeiten bei meinem Versuch.

Meine Vermutung hat sich bestätigt.

Dehnen sich alle Metalle so stark aus wie Stahl?

Durchblick **Fragend und messend forschen**

Vorgehensweise zum Auffinden von Ergebnissen

Die Ermittlung der Ausbreitungsgeschwindigkeit des Schalls, die Entdeckung der Lichtbrechung, die Ausdehnung von Körpern bei einer Temperaturzunahme wurden aus einem neugierigen Beobachten, dem Aufstellen einer Vermutung und durch Experimente gefunden. Die Wege zu den Ergebnissen waren in allen drei Fällen ähnlich.

	Lichtbrechung	**Wärmeausdehnung**	**Schallgeschwindigkeit**
Irgendein Phänomen löst eine neugierige Wahrnehmung aus.		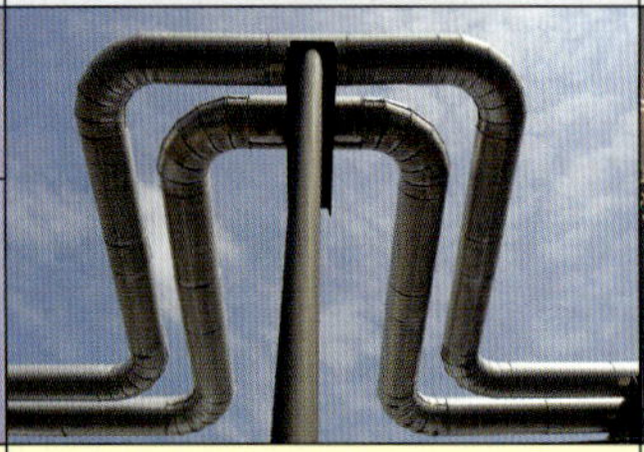	
Vermutung	Das Lichtbündel ändert beim Übergang Wasser → Luft seine Richtung.	Metallrohre dehnen sich aus, wenn sie heiß werden.	Schall braucht eine ganz bestimmte Zeit, um von seinem Entstehungsort an das Ohr zu kommen.
Versuch (Experiment) Durchführung Beobachtung	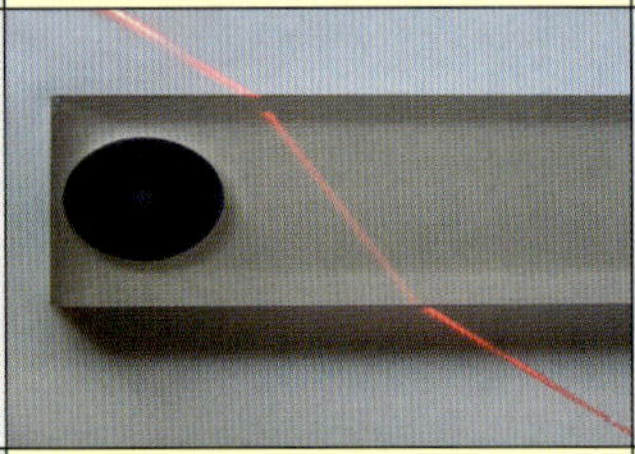		
Auswertung	Ein schmales Lichtbündel trifft unter verschiedenen Winkeln auf eine planparallel Platte.	Eine erhitzte Eisenkugel passt nicht mehr durch das Loch.	Weg und Zeit der Schallausbreitung werden gemessen. Die Schallgeschwindigkeit wird berechnet.
Ergebnis	Beim Durchgang durch eine planparallele Platte wird ein Lichtbündel zweimal gebrochen.	Metalle dehnen sich beim Erwärmen aus und ziehen sich beim Abkühlen zusammen.	Schall braucht für 300 m etwa 1 Sekunde, hat also eine Geschwindigkeit von 300 $\frac{m}{s}$.
Anwendung (Ist meist die Folge naturwissenschaftlicher Erkenntnisse)	 Linsen korrigieren Augenfehler. Sie helfen besser zu sehen.	 Das „Aufschrumpfen" eines stählernen Spurkranzes beruht auf Erhitzen und Abkühlen.	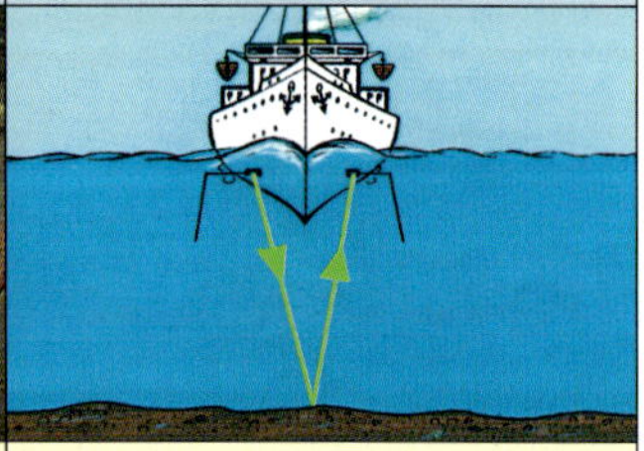 Mithilfe der Schallgeschwindigkeit wird die Wassertiefe gemessen.

- **Neugieriges Wahrnehmen** führt zu Fragen, warum etwas so ist oder abläuft, wie es beobachtet wird.
- Daraus entsteht eine **Vermutung.**
- Die Vermutung wird durch **Versuche** überprüft, in denen auch Messungen gemacht werden können. Experimente stellen die Natur unter vereinfachten oder gezielt veränderten Bedingungen nach.
- Die **Auswertung** bestätigt oder widerlegt die Vermutung.
- Daraus wird ein **Ergebnis** abgeleitet und in einem Satz formuliert.
  Das Ergebnis muss die Beobachtungen erklären, sonst wäre es keine Antwort auf die Vermutung, die aus dem neugierigen Wahrnehmen abgeleitet wurde.

Die Frage bestimmt das Ergebnis

Seltsam, ein zu einer Rakete geformtes Stück Kunststoff mit Loch und Wasser darin wird mithilfe einer Luftpumpe zu einer wirklich fliegenden Rakete!!

- *Warum* fliegt das Ding eigentlich?
- Ist der Treibstoff das Wasser oder die zusammengedrückte Luft im Inneren der Flasche?
- *Weshalb* strömt das Wasser nach hinten und die Rakete fliegt trotzdem nach vorne?
- *Wie hoch* fliegt die Rakete?
- *Wie schnell* steigt sie hoch?

Die Fragen führen zu unterschiedlichem Ausprobieren (naturwissenschaftlich „Versuch“ / „Experiment“):

- Warum sie fliegt heißt: Es muss ausprobiert werden, unter welchen Bedingungen ein Gegenstand fliegt.
- Die Frage nach dem Treibstoff hat eine Untersuchung der Stoffe Wasser und Luft zur Folge.
- Die entgegengesetzten Bewegungsrichtungen von Wasser und Rakete lassen fragen, was überhaupt die Ursache der Bewegung der Rakete ist.
- Bei der Frage „*Wie schnell* …“ muss festgelegt werden, was Geschwindigkeit sein soll.

Eine Rakete – viele Fragen – viele Blickrichtungen bei der Suche nach Antworten. Jeder will über die gleiche Sache etwas Anderes wissen. Erst wenn alle Gesichtspunkte ausgeleuchtet sind, ist die „ganze Sache“ wirklich bekannt. Immer aber gehen wir gleich vor:
Wir **fragen,** wir **versuchen,** wir **finden Antworten** – und fragen dann womöglich von Neuem.

Antworten zu finden setzt voraus, die richtigen Fragen gestellt zu haben:

- Fragen nach dem Wie, Warum, Weshalb … sind Fragen an die Beschaffenheit, an die Qualität einer Sache: **qualitative Fragen.**
- Geht es um das Wie-Viel, ist nach messbaren Mengen gefragt, nach Quantitäten: **quantitative Fragen.**

Messen als Prinzip

Bestätigung durch Messung

Viele Vermutungen fragen nach dem „Wie-Viel“ (z. B. „Wie warm oder kalt ist es?“). Ihnen liegt also eine quantitative Frage zugrunde. In den dazu erforderlichen Versuchen wird gemessen, wodurch die Beobachtung mit den Sinnen verfeinert wird. Dazu werden zwei Typen von Messgeräten benutzt:

Analoge Messgeräte

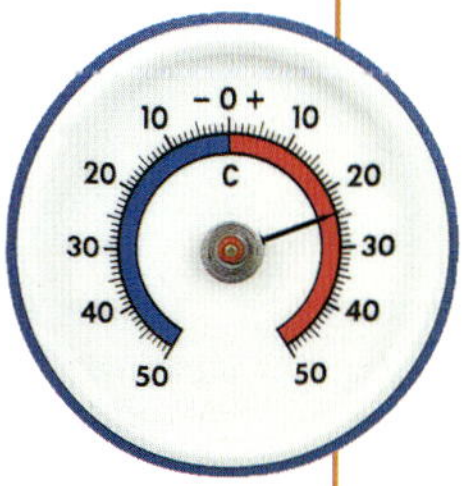

Das einfachste Messgerät für Temperaturen ist das Thermometer. Die Temperatur der Luft, die ermittelt werden soll, wird einfach auf einer vorgegebenen Skala abgelesen und in einer Einheit angegeben – oft nur in „Grad“, richtiger in Grad Celsius (°C).

Digitale Messgeräte

Solche Messgeräte haben ein Zifferndisplay, das den gemessenen Wert direkt als Zahl angibt. Das Gerät bestimmt durch einen Sensor (der Metallstift oben) die zu messende Größe (z. B. die Temperatur) und rechnet sie in eine Zahl um, die dann angezeigt wird.

Messfehler

- *Messfehler des Gerätes* sind unvermeidbar. Um ihren Einfluss auf das Messergebnis beurteilen zu können, müssen die Fehler bekannt sein.
- *Messfehler durch falsche Bedienung* unbedingt vermeiden. Gebrauchsanleitungen beachten!
- *Messfehler aufgrund falscher Versuchsdurchführung* korrigieren durch nochmaliges Messen.

Unerwartete Messergebnisse

Wenn ein Messergebnis einer Vermutung widerspricht, kann das zwei Ursachen haben:

- Es wurde nicht genau genug gemessen;
- die Vermutung war falsch.

In beiden Fällen muss die Messung wiederholt werden, wenn möglich auch mit anderen Messgeräten und/oder mit einem anderen Versuchsaufbau.
Die Vermutungen, die vielen wichtigen Erkenntnissen in den Naturwissenschaften vorausgingen, waren zunächst falsch; sie sind dann durch sorgfältiges Nachmessen korrigiert oder gar völlig neu formuliert worden.

Der Aufbau von Körpern im Teilchenbild

Eis wird selten in der Nähe von siedendem Wasser vermutet, doch beides kann sogar gleichzeitig in dem begrenzten Raum eines Reagenzglases auftreten.

Was passiert dabei auf dem Weg vom Eis zum flüssigen Wasser und vom flüssigen Wasser zum Wasserdampf?

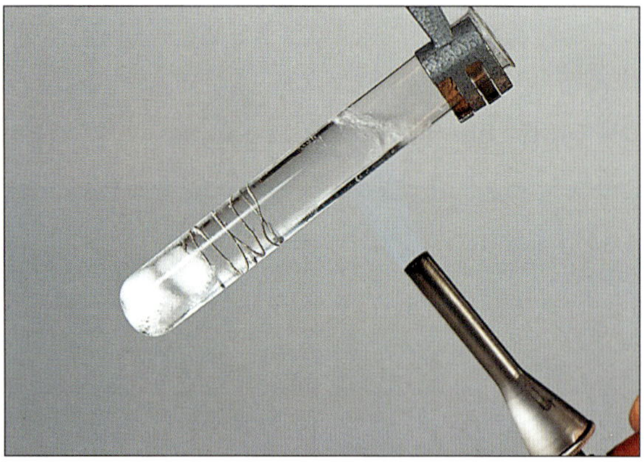

Ein Blick ins Innere der Körper

Gase nehmen jeden ihnen zur Verfügung stehenden Raum ein und lassen sich mit geringem Kraftaufwand zusammendrücken. Die Ursache dafür sind die sehr großen Abstände zwischen den Teilchen und ihre regellose Anordnung. Zwischen ihnen herrschen keine Bindungskräfte, sodass die Teilchen frei sind und sich ungehindert bewegen können.

Flüssige Körper: Ihr Volumen lässt sich auch durch große Kräfte nicht verändern. Sie passen sich aber der Form des Gefäßes an, in dem sie sich befinden. Auch ohne Gefäß bleiben sie zusammen, weil Bindungskräfte zwischen den Teilchen vorhanden sind. Sie sind aber nicht sehr stark; deshalb lassen sich die Teilchen leicht gegeneinander verschieben.

Feste Körper: Ihre Form kann meist nur durch große Kräfte von außen verändert werden, denn der Zusammenhalt zwischen ihren Teilchen ist sehr stark. Die Teilchen haben einen bestimmten Platz in einer meist regelmäßigen Anordnung, dem Kristallgitter. Deshalb haben feste Körper eine bestimmte Form und ein unveränderbares Volumen.

Alle Körper bestehen aus winzig kleinen Teilchen. Die Art der Teilchen legt fest, um welchen Stoff es sich handelt: Ein Stahllöffel besteht aus anderen Teilchen als eine Wachskerze. Die Teilchen unterscheiden sich dabei in ihrer Masse, Größe und Anordnung.
In festem und in geschmolzenem Kerzenwachs sowie im Dampf der gelöschten Kerze ist immer die gleiche Teilchenart zu finden. Nur der Zusammenhalt und das Verhalten der Teilchen sind bei den drei Zustandsformen (Aggregatzustände) unterschiedlich.

Die Zustandsformen fest, flüssig und gasförmig von Körpern unterscheiden sich durch Anordnung und Abstand der Teilchen und durch die Kräfte zwischen ihnen. Je größer der Abstand der Teilchen, desto geringer die Kräfte, desto höher die Beweglichkeit.

Aufgaben

1 Eine wassergefüllte, zugehaltene Spritze lässt sich fast gar nicht und eine mit Luft gefüllte nur bis zu einem bestimmten Punkt zusammendrücken. Erkläre.

2 Begründe, warum Autoreifen nicht mit Wasser gefüllt werden.

Brown'sche Teilchenbewegung

In einem mit Wasser gefüllten Glas ist feiner Aluminiumstaub verrührt. Eine genaue Beobachtung der Staubteilchen zeigt, dass sie nicht wie erwartet relativ schnell auf den Boden des Glases sinken, sondern regellose Bewegungen in alle Richtungen ausführen. Die Bahn eines einzelnen Teilchens auf der Wasseroberfläche ist in das kleine Foto eingezeichnet.

Zur Lösung der Frage, was die Staubteilchen zu diesen ziellosen Bewegungen veranlasst, hilft folgende Überlegung:
Das Wasser besteht aus winzigen Teilchen, die in ständiger Bewegung sind und daher zwangsläufig mit dem Aluminiumstaub zusammenstoßen. So wird das im Vergleich zum Wasserteilchen große Aluminiumteilchen durch die Wassermoleküle regellos hin und her gestoßen. Damit wird verhindert, dass die Aluminiumteilchen sofort auf den Boden sinken.

Diese Bewegung wurde als erstes von dem Naturforscher ROBERT BROWN (1773–1858) im Jahr 1827 entdeckt und ihm zu Ehren **Brown'sche Teilchenbewegung** genannt.

Eigentlich wollte BROWN Pflanzenzellen untersuchen, da machte er unter einem Mikroskop die erstaunliche Beobachtung, dass sich die Pollenkörner in der Flüssigkeit bewegen. BROWN vermutete zunächst, dass die Pollen Lebewesen seien; aber auch verkohlte Pollen und sicherlich leblose Staubkörnchen verhielten sich so.

BROWN konnte die Beobachtung noch nicht deuten. Erst zu Beginn des 20. Jahrhunderts fand ALBERT EINSTEIN in der Teilchenbewegung die Ursache der Brown'schen Bewegung.

Ein Gedankenexperiment hilft, den Vorgang besser zu verstehen: Ein Papierschnipsel wird auf einen Ameisenhaufen gelegt. Der Schnipsel bewegt sich in alle Richtungen, denn die durcheinander wuselnden Ameisen tragen ihn hin und her. Aus größerer Entfernung ist nur noch die Bewegung des Schnipsels zu erkennen, aber nicht mehr die der Ameisen.

- Die Bewegung des Aluminiumstaubs legt nahe, dass die mit bloßem Auge nicht sichtbaren Wasserteilchen sich ständig und regellos bewegen.
- Diese Beobachtung lässt sich auf Gasteilchen ausweiten. In schwach abgedunkelten Räumen weisen „tanzende" Staubkörner in Lichtbündeln von Beamern oder Overheadprojektoren auf die Bewegung der Luftteilchen hin.
- Die Teilchen fester Körper können sich nicht so stark bewegen. Sie sind an ihren Platz gebunden und schwingen dort nur hin und her.

Als Brown'sche Bewegung wird die regellose Bewegung kleinster Festkörper bezeichnet, die ihre Ursache in den Zusammenstößen mit den sich ständig in Bewegung befindlichen Teilchen von Gasen oder Flüssigkeiten hat.
Die Brown'sche Bewegung ist ein Beleg für die ständige Bewegung der Teilchen aller Körper.

Versuche und Aufträge

V1 Richte das Licht einer starken Taschenlampe in einen abgedunkelten Raum und schüttle mit einem Lappen Kreidestaub oder Puder in das Lichtbündel. Beobachte das Verhalten der Teilchen.

V2 Schichte vorsichtig in einem Glas farbigen Getränkesirup und Wasser und in einem zweiten Glas Öl und Wasser übereinander. Lasse die Gläser ruhig stehen und beobachte sie mehrere Tage lang.

V3 Ein Glas voll runder Perlen oder Murmeln eignet sich gut als Modell für Flüssigkeiten. Nenne die Eigenschaften, die durch folgende Versuche dargestellt werden:
a) Ein Bleistift wird eingetaucht.
b) Das Glas wird schräg gehalten.
c) Die Murmeln werden in ein anderes Gefäß umgeschüttet, z. B. in einen flachen Teller.

Teilchenbewegung und Temperatur

In den Fotos rechts vermischt sich Tinte von selbst mit Wasser. In heißem Wasser (rechte Bilder) läuft dieser Vorgang offensichtlich deutlich schneller ab.
Da die Ursache für die Durchmischung die Bewegung der Wasser- und der Tintenteilchen ist, müssen sich die Teilchen des heißen Wassers schneller bewegen als die des kalten. Nur dann erfolgt die Durchmischung rascher.

Zentraler Versuch

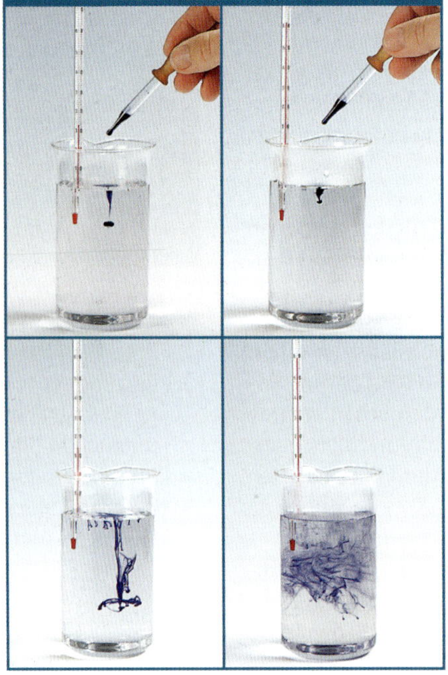

Die Bewegung der Teilchen eines Körpers und seine Temperatur hängen also zusammen: Je heftiger sich die Teilchen bewegen, desto höher ist die Temperatur des Körpers.

In Luft bewegen sich die Teilchen zum Beispiel nahezu mit Schallgeschwindigkeit! Aber sie sind nicht alle gleich schnell. Es gibt in jedem Körper einige Teilchen, die sich schneller bewegen, und andere, die langsamer sind. Deshalb kann die Geschwindigkeit eines einzelnen Teilchens nicht genau angegeben werden, sondern immer nur ein Mittelwert für die Bewegung aller Teilchen.
Die Teilchenbewegung kann insgesamt so heftig werden, dass sogar die Bindungen zwischen den Teilchen aufgebrochen werden; z. B. wird Wasser zum Gas Wasserdampf – die Bewegungsfreiheit der Teilchen nimmt deutlich zu.

Beim Abkühlen einer Flüssigkeit ist es umgekehrt: Die Teilchen bewegen sich alle weniger heftig – die einen mehr, die anderen weniger. Bei noch weiterer Temperaturerniedrigung gehen die Teilchen wieder feste Bindungen ein, der Körper erstarrt.

Die Temperatur eines Körpers ist ein Maß für die Bewegung seiner Teilchen. Je höher die Temperatur ist, desto heftiger bewegen sich die Teilchen insgesamt.

Absoluter Nullpunkt

Wird ein Körper abgekühlt, so bewegen sich die Teilchen langsamer. Wenn die Temperatur noch weiter abnimmt, werden die Teilchen noch langsamer. Konsequent weiter gedacht heißt das: Je geringer die Temperatur des Körpers wird, desto langsamer werden die Teilchen, bis sie schließlich alle in einem Zustand vollkommener Ruhe sind. Sind alle Teilchen in diesem Ruhezustand, müsste die tiefste Temperatur erreicht sein, die ein Körper überhaupt annehmen kann. Stimmt das?

Genaue Überlegungen und Berechnungen zeigen, dass dies tatsächlich bei –273,15 °C der Fall ist. Niedrigere Temperaturen kann es nicht geben. Deshalb heißt diese tiefste erreichbare Temperatur **absoluter (Temperatur-)Nullpunkt**.

Diese tiefste Temperatur kommt auf der Erde und im ganzen Weltall nicht vor, in Wissenschaft und Technik aber gibt es Experimente, mit denen sie fast erreicht wird. So arbeiten Physiker im Labor bereits mit Temperaturen von weniger als ein Millionstel Grad über dem absoluten Nullpunkt. In manchen medizinischen Diagnose-Geräten wird eine Temperatur von –269 °C benötigt; das ist die Temperatur von flüssigem Helium.

Die tiefste mögliche Temperatur, der absolute Temperatur-Nullpunkt, beträgt etwa –273 °C.

Aufgaben

1 Eine Flasche Mineralwasser wird zum schnellen Abkühlen in ein Gefrierfach gelegt. Erläutere was geschieht, wenn die Flasche nicht rechtzeitig wieder herausgeholt wird.
Beschreibe auch im Teilchenbild.

2 Beschreibe die Bewegung der Teilchen, wenn sich die Temperatur eines Körpers dem absoluten Nullpunkt nähert.

3 Nenne Gründe, die ein experimentelles Erreichen des absoluten Nullpunktes verhindern.

4 Beschreibe und erkläre mithilfe des Teilchenbilds, weshalb ein straff aufgeblasener Luftballon platzt, wenn er der prallen Sonne ausgesetzt wird.

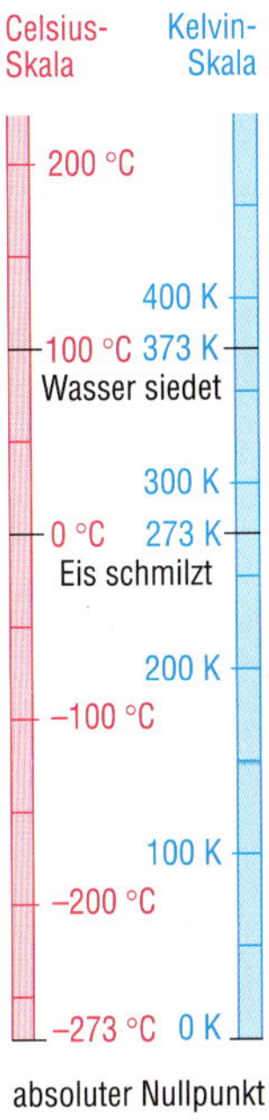

Die Kelvin-Skala

Die tiefste Temperatur, die theoretisch erreichbar ist, beträgt auf der Celsius-Skala etwa –273 °C. Für viele Untersuchungen in Wissenschaft und Technik ist es zweckmäßig, von diesem absoluten Nullpunkt aus zu messen. Dieser Vorschlag geht auf LORD KELVIN (1834–1907) zurück. Die Temperatur des absoluten Nullpunktes wird deshalb heute mit 0 K (sprich: null Kelvin) bezeichnet.

Im Bild links stehen die Kelvin-Skala und die Celsius-Skala nebeneinander. Ein Vergleich der beiden zeigt den Vorteil der Kelvin-Skala: Es gibt keine negativen Temperatur-Werte. Der Temperaturunterschied 1 K ist in der Kelvin-Skala genauso groß wie der Unterschied 1 °C in der Celsius-Skala.

Temperaturangaben in K und in °C lassen sich leicht ineinander umrechnen:
Der Celsius-Temperatur $\vartheta = 40$ °C entspricht die Kelvin-Temperatur $T = (273 + 40)$ K = 313 K.
Umgekehrt entspricht der Temperatur $T = 300$ K die Celsius-Temperatur $\vartheta = (300 - 273)$ °C = 27 °C.

Temperatur

Das Formelzeichen ist
ϑ für Temperaturangaben in Grad Celsius
T für Temperaturangaben in Kelvin.

Die Einheit ist 1 K (Kelvin) oder 1 °C (Grad Celsius).

Temperaturunterschiede werden mit ΔT bezeichnet und in Kelvin angegeben.

Aufgaben

1 Gib in °C und in K an:
a) deine Körpertemperatur;
b) die Siedetemperatur von Wasser;
c) die Schmelztemperatur von Eis.

2 Das Kühlmittel im Kühlschrank mit zunächst 18 °C nimmt nacheinander folgende Temperaturen an: 45 °C, 30 °C, 20 °C, 18 °C, –18 °C. Gib jeweils die Temperaturdifferenzen an.

3 Die Temperatur eines Backofens betrug 18 °C. Durch Regelung am Thermostat wurde sie nacheinander um 15 K, 50 K und 150 K erhöht. Gib die Temperatur an, die der Backofen jeweils erreicht hatte.

Die Größe von Teilchen

Streifzug

Körper, egal ob fest, flüssig oder gasförmig, bestehen aus kleinen Teilchen, deren Art und Zusammenhalt die Eigenschaften eines Körpers bestimmen. Aber zwei Fragen sind noch nicht beantwortet, die inhaltlich miteinander zusammenhängen:

- Aus wie vielen Teilchen besteht ein Körper, z. B. ein Spielwürfel oder ein Glas Wasser?
- Wie groß sind diese Teilchen?

Die erste Frage hat der Italiener AMEDEO AVOGADRO (1776–1856) im 19. Jahrhundert beantworten können. AVOGADRO fand heraus, dass sich in einem Glas Wasser die unvorstellbar große Zahl von 6 020 000 000 000 000 000 000 000 (sechs Quadrillionen zwanzig Trilliarden) Teilchen befindet! Bei dieser riesigen Anzahl müssen die Teilchen sehr klein sein – sie sind nur ein zehnmillionstel Millimeter groß.

Da alle diese Zahlen schwer vorstellbar sind, sollen zwei Vergleiche helfen:

- Würden alle Teilchen, die in 1 cm^3 Wasser enthalten sind, wie auf einer Perlenkette aufgereiht, dann ließe sich die Kette etwa 70-mal um den Äquator wickeln.
- Würden die Teilchen hingegen so stark vergrößert, dass sie einen Durchmesser von 2 cm hätten, dann wäre ein Mensch ungefähr so groß wie die Strecke von der Erde zum Mond.

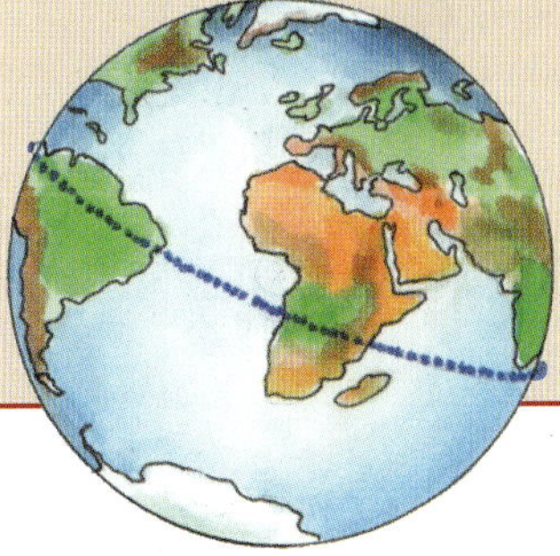

Auch wenn die Teilchen, von denen hier die Rede ist, unvorstellbar klein sind, so gibt es doch noch viel kleinere Teilchen. Das sind die elementaren Bausteine, aus denen alle Materie zusammengesetzt ist.

Thermische Ausdehnung im Teilchenbild

Um zu verstehen, warum sich Gase und Flüssigkeiten beim Erwärmen ausdehnen, wird das Teilchenmodell herangezogen. Bekannt ist, dass die Erwärmung eines Stoffes dazu führt, dass sich die Teilchen schneller bewegen. Wie sich dabei die Teilchen verhalten, kann in folgendem Experiment veranschaulicht werden:

Gelbe und blaue Holzkugeln, welche die Teilchen darstellen, werden auf einen Lautsprecher gelegt und mit einem Plastikring am Wegrollen gehindert. Dann wird der Lautsprecher zum Schwingen gebracht. Ist der Ton leise, so bewegen sich die Kugeln nur wenig, was einer niedrigen Temperatur entspricht. Wird die Lautstärke nach und nach erhöht, so bewegen sich die Teilchen immer schneller; das entspricht einer Zunahme der Temperatur.

Zentraler Versuch

Ausdehnung von Festkörpern
Bei einer niedrigen Temperatur liegen die Kugeln dicht an dicht und bewegen sich fast gar nicht; sie sind ortsfest.
Wird die Temperatur erhöht, so bewegen sich die Teilchen schneller, sind aber im Kristallgitter gebunden. Sie sind nicht in der Lage, sich frei im Raum zu bewegen, sondern können nur in einem begrenzten Bereich stärker wackeln. Dafür ist mehr Platz notwendig, der Festköper dehnt sich aus.

Ausdehnung von Flüssigkeiten
Flüssige Stoffe besitzen kein festes Kristallgitter mehr. Die Teilchen können sich frei bewegen.
Bei Erhöhung der Temperatur, bewegen sich die Teilchen stärker und stoßen gegeneinander. Auf diese Weise vergrößert sich der Abstand der Teilchen zueinander; die Flüssigkeit dehnt sich aus. Trotzdem besitzen flüssige Stoffe noch eine definierte Oberfläche.

Ausdehnung von Gasen
Bei Gasen ist die Situation ähnlich wie bei Flüssigkeiten. Die Teilchen sind ungebunden und können sich frei bewegen. Ihre Geschwindigkeit und damit die Wucht der Stöße untereinander sind so groß, dass sie den gesamten Raum einnehmen.
Bei einer Steigerung der Temperatur nimmt die Geschwindigkeit der Teilchen weiter zu. Sie stoßen heftiger zusammen und beanspruchen noch mehr Raum; das Gas dehnt sich aus.

Die Ausdehnung eines Stoffes bei Erwärmung liegt an der zunehmenden Bewegung der Teilchen. Dadurch vergrößern sich die Abstände der Teilchen untereinander, was zu einer Volumenzunahme führt.

Versuche und Aufträge

V1 Veranschaulichung der Erwärmung eines Gases
a) Zeichnet mit Kreide auf den Boden einen Kreis mit einem Durchmesser von 2 m. In diesen Kreis sollen sich nach und nach Schüler stellen, bis sie den Kreis locker ausgefüllt haben.
b) Die im Kreis befindlichen Personen sollen nun anfangen, zu flotter Musik zu tanzen. Beobachte die Auswirkungen des Tanzes und erläutere, was damit verdeutlicht wird.

Aufgaben

1 Erkläre mithilfe des Teilchenmodells, was mit dem Loch in der Metallplatte geschieht, wenn die Platte erhitzt wird.

2 Begründe mit dem Teilchenmodell, warum sich Gase beim Erwärmen stärker ausdehnen als Festkörper.

Ungewöhnliches Verhalten von Wasser

Wasser gefriert – und bekommt Sprengkraft

Eine volle Mineralwasserflasche aus Glas wird zum raschen Abkühlen „mal kurz" in das Gefrierfach gelegt und danach leider für einige Zeit vergessen. Das Ergebnis ist eine kleine Explosion: Die Flasche wurde vom gefrorenen Getränk regelrecht gesprengt.

Zentraler Versuch

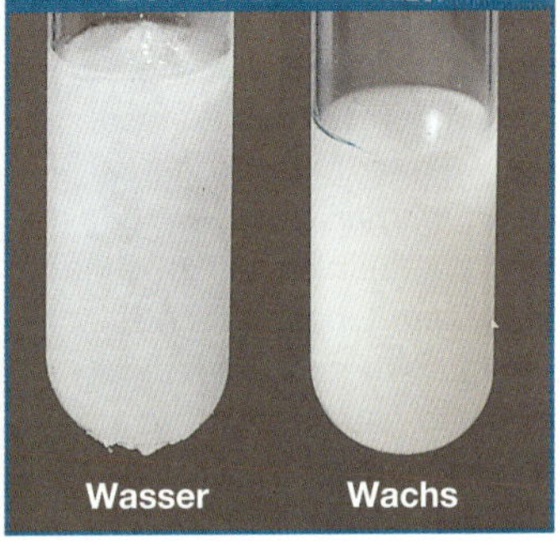

Der Grund dafür ist, dass sich Wasser nicht wie die meisten anderen Flüssigkeiten verhält. Eine gefrorene Wassermenge benötigt etwa 10% mehr Raum als eine flüssige. Um dieses Phänomen beschreiben zu können, ist eine Verfeinerung des Teilchenmodells notwendig:

In dem verfeinerten Modell haben die Wasserteilchen die Form einer Banane. Wenn Bananen zu einem Haufen gestapelt sind, liegen diese kreuz und quer und benötigen nicht viel Platz (flüssiges Wasser). Wenn sich jedoch immer nur die Enden der Bananen berühren dürfen, dann wird wesentlich mehr Platz für dieselbe Anzahl an Bananen benötigt. Gefrorenes Wasser verhält sich genauso. Dieses Beispiel verdeutlicht, dass die Vorstellung, die Teilchen wären kugelförmig, nicht immer korrekt ist.

Dieses besondere Verhalten von Wasser hat Folgen:

- Die Wasserrohre der Kanalisation werden mindestens 1 m tief im Boden verlegt, da in dieser Tiefe auch im strengsten Winter kaum Minusgrade erreicht werden. Gefährdet sind dagegen weniger tief oder offen verlegte Wasserrohre im Garten. Deshalb muss im Winter das Wasser daraus abgelassen werden.
- Im Gebirge sorgt gefrierendes Wasser in Gesteinsspalten für Risse und Spaltungen im Fels. Die Entstehung von Geröllfeldern ist die Folge.
- Auch Straßenschäden entstehen durch gefrierendes Wasser – die gefürchteten Schlaglöcher.

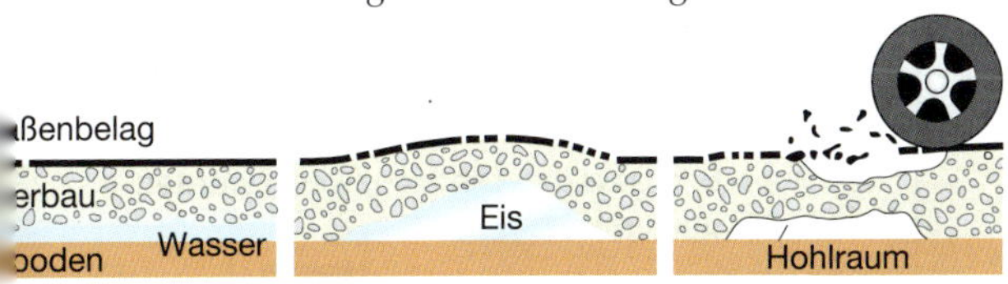

ost: Regenwasser ngt durch kleine e unter die bahn.

Winter: Beim Gefrieren braucht das Wasser mehr Platz, die Straßendecke wird aufgewölbt.

Frühling: Nach dem Schmelzen versickert das Wasser, ein Hohlraum entsteht.

Warum gefriert ein See von oben zu?

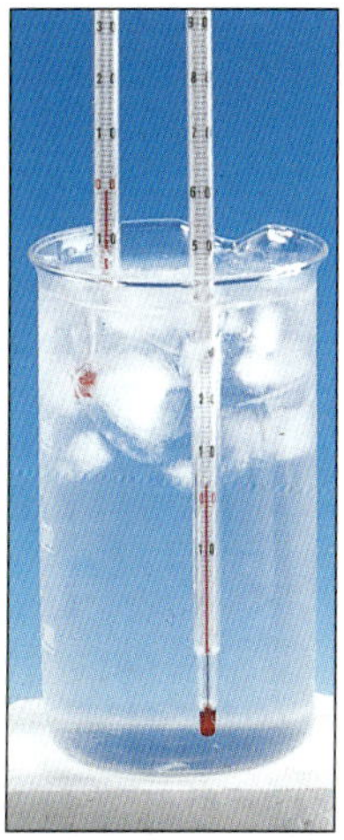

Im Sommer kannst du beim Schwimmen und Tauchen in einem See feststellen, dass das Wasser an der Oberfläche wärmer ist als weiter unten. Je tiefer du tauchst, desto kälter wird es. Das wärmere Wasser ist offenbar leichter, das kältere schwerer, es sinkt nach unten. Deswegen müßte das Seewasser eigentlich zuerst am Boden gefrieren – was es aber nicht macht!

Hier zeigt sich ein eigenwilliges Verhalten des Wassers: Wird Wasser abgekühlt, so nimmt das Volumen zunächst wie erwartet ab. Doch ab 4 °C tritt etwas Unerwartetes ein – bei weiterer Abkühlung bis 0 °C dehnt sich das Wasser wieder aus! Bei 4 °C hat das Wasser demnach sein kleinstes Volumen. Wasser verhält sich in diesem Temperaturbereich ganz anders als alle anderen Flüssigkeiten; diese Eigenschaft wird als **Anomalie des Wassers** bezeichnet.

Damit lässt sich das Zufrieren eine Sees von oben nach unten erklären:

Im Winter kühlt der See immer weiter ab. Ab einer Temperatur von 4 °C dehnt sich bei weiterer Abkühlung das Wasser aber wieder aus. Dieses kältere Wasser ist nun leichter als das 4 °C „warme" Wasser darunter, bleibt deshalb oben und gefriert schließlich. Während also der See an der Oberfläche zufriert, beträgt unten am Boden des Sees die Temperatur 4 °C und gewährleistet Pflanzen und Tieren das Überleben auch im kalten Winter, weil das Wasser nicht bis zum Boden durchfriert.

Aufgaben

1 Werden Eiswürfel im Kühlfach „hergestellt", dann haben sie an der Oberfläche einen kleinen Hügel. Erkläre seine Entstehung.

2 Erkläre, warum tiefere Seen im Winter nicht bis zum Boden durchgefroren sind, flachere Tümpel dagegen schon.

Werkzeug – Darstellen und Auswerten von Messwerten

In einem Experiment soll untersucht werden, wie die Längenausdehnung eines Metallstabes von der Temperaturänderung abhängt. Bekannt ist, dass seine Länge zunimmt, wenn die Temperatur steigt. Nun gilt es herauszufinden, ob eine proportionale Beziehung vorliegt, die dann durch eine Formel ausgedrückt werden kann. Das Experiment wird mit einem Kupferrohr durchgeführt, später kann es mit Rohren aus anderen Materialien wiederholt werden.

Das Experiment

Weil die Dehnungsfugen größerer Brücken nur wenige Zentimeter breit sind, kann vermutet werden, dass sich ein 50 cm langer Metallstab nur um ein sehr kleines Stück ausdehnen wird. Eine so kleine Änderung ist kaum zu sehen und daher auch schwer zu messen! Deswegen wird diese kleinste Längenänderung durch einen Zeiger in eine gut zu erkennende Anzeige auf einer Skala „verstärkt“. Eine Längenänderung von 0,2 mm entspricht dem Weiterrücken des Zeigers von 0 auf 1. Bei Zimmertemperatur wird der Zeiger auf 0 gestellt.

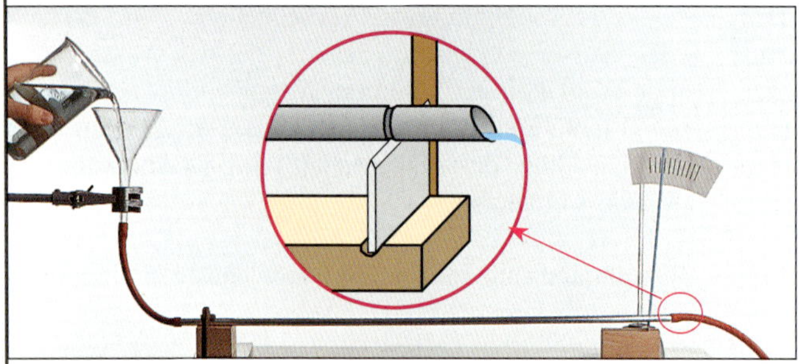

Wasser bekannter Temperatur wird durch das Rohr geleitet und Wassertemperatur und Zeigerstellung in einer Tabelle notiert.

Temperatur	18 °C	35 °C	86 °C	72 °C	48 °C	2 °C
Skalenwert	0	0,7	2,8	2,3	1,3	−0,7
Längenänderung	–	0,14 mm	0,56 mm	0,46 mm	0,26 mm	−0,14 mm
Temperaturänderung	0	17 °C	68 °C	54 °C	30 °C	−16 °C

Die Auswertung mit Bleistift und Papier

Die Messwerte werden in ein Koordinatensystem eingetragen. Da die Temperatur geändert wurde und die Längenänderung von der Temperaturänderung abhängt, wird diese auf der horizontalen Achse aufgetragen.

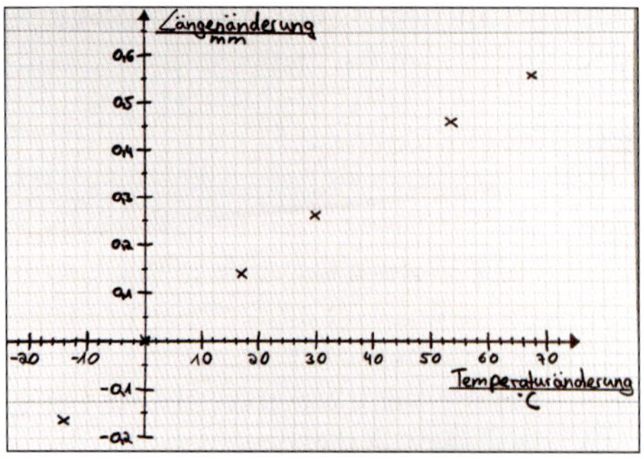

Die Lage der Punkte im Koordinatensystem lässt die Vermutung zu, dass sie durch eine Ursprungsgerade verbunden werden können, denn die Ergebnisse weiterer Messungen bei anderen Temperaturen würden im Koordinatensystem vermutlich zu Punkten auf dieser Geraden führen. Mit einem Lineal wird diese *Ausgleichsgerade* so gut wie möglich eingezeichnet: Manche Punkte liegen etwas über, andere etwas unter der Geraden.

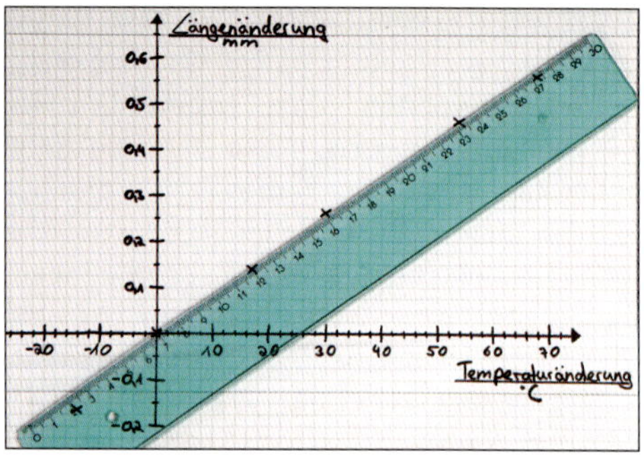

Mithilfe dieser Geraden sind Vorhersagen möglich: Würde das Kupferrohr auf 60 °C (um 42 K) erwärmt, würde es sich um 0,35 mm ausdehnen.

Fazit: Wenn die Punkte auf einer Ursprungsgeraden liegen, dann liegt ein proportionaler Zusammenhang vor. Der Quotient aus Längenänderung und Temperaturänderung ist konstant, die Länge ändert sich pro Grad Temperaturveränderung immer um den gleichen Wert.

Die Auswertung mit dem Taschenrechnerr

Die Gleichung der Geraden kann auch mit dem Taschenrechner bestimmt werden. Dazu wird im Statistik-Menü die Geradengleichung y = a + b · x gewählt. Die Messwerte werden in die Spalten für x (Temperaturänderung) und y (Längenänderung) eingetragen:

	x	y
1	0	0
2	17	0,14
3	68	0,56
4	54	0,46

Anschließend wird die Regression durchgeführt. Das Ergebnis ist:

```
y=a+bx
    a=-8,596439×10⁻⁴
    b=8,3997245×10⁻³
    r=0,999630653
```

Der Wert für r gibt an, wie gut die Punkte auf einer Geraden liegen. Immer, wenn der Wert für r nur wenig von 1 abweicht, ist die Gerade eine gute Beschreibung des Zusammenhangs. Der vermutete lineare Zusammenhang wird durch diesen Wert untermauert.
Der Wert für a gibt den *y*-Achsenabschnitt an. Dieser Wert ist fast 0. Das entspricht auch dem eingegebenen Messwert. Mit a = 0 liegt eine Ursprungsgerade vor und damit ein *proportionaler Zusammenhang.*

Wichtiger ist der Wert für b, die Steigung der Geraden. Er gibt an, um wie viel mm sich die Länge des 50 cm langen Kupferstabes ändert, wenn die Temperatur um 1 °K zu oder abnimmt: um 0,0084 mm. Wenn zwei dieser Stäbe zu einem Stab von 1 m Länge kombiniert werden, verändert er seine Länge um 0,0168 mm pro 1 K Temperaturänderung. Das entspricht sehr gut dem Tabellenwert auf Seite 79.

Das Ergebnis

Sowohl die Auswertung mit Bleistift und Papier als auch die exaktere mit dem Taschenrechner führen zu derselben proportionalen Beziehungen. Diese lässt sich zu einer Formel für die Längenänderung eines Stabs bei Temperaturänderung zusammenfassen:

$$\Delta \ell = 0{,}0168\ \frac{\text{mm}}{\text{m} \cdot \text{K}} \cdot \ell_0 \cdot \Delta T$$

Dabei ist ℓ_0 die anfängliche Länge des Stabs (in Meter) und ΔT die Temperaturänderung.

Die Formel beruht auf der Annahme, dass ein proportionaler Zusammenhang vorliegt. Das wurde bisher nur – aus guten Gründen – vermutet, bewiesen werden kann es nicht. Der Zahlenwert 0,0168 resultiert aus den Ergebnissen der Messungen, die sind aber ganz sicher fehlerhaft: Die Temperatur des Wassers nimmt beim Experimentieren etwas ab, die Messwerte werden nur mit begrenzter Genauigkeit abgelesen usw. Sehr stark werden die Abweichungen kaum sein, der Wert für die Konstante a wird wahrscheinlich zwischen 0,0163 und 0,0173 liegen. Er gilt auch nur für Kupfer – für andere Materialien muss das Experiment erneut durchgeführt und ausgewertet werden. Angenommen wurde auch, dass der Zahlenwert nicht selbst von der Anfangs oder Endtemperatur abhängt.

Trotzdem ermöglicht die Gleichung gute Vorhersagen über Längenänderungen zu treffen:
Um welchen Wert ändert sich die Länge eines 100 m langen Kupferkabels wenn die Temperatur zwischen –20 °C und +40 °C schwankt?

$$\Delta \ell = 0{,}0168\ \frac{\text{mm}}{\text{m} \cdot \text{K}} \cdot 100\ \text{m} \cdot 60\ \text{K} = 100{,}8\ \text{mm} \approx 10\ \text{cm}$$

Wenn das Kabel im Sommer verlegt wird, dann sollte es 10 cm länger sein. So kann es seine Funktion auch im tiefen Winter erfüllen.

Verallgemeinerung/Analogie

Mit einem ähnlichen Verfahren kann auch die Volumenänderung von Flüssigkeiten bei einer Temperaturänderung untersucht und ausgewertet werden. Da es sich auch hierbei um kleinste Volumenänderungen handelt, wird die Flüssigkeit in einen Glaskolben gefüllt, der mit einem Stopfen verschlossen wird, in dem ein Glasrohr mit einem kleinen Innendurchmesser steckt. Dadurch wird eine kleine Volumenänderung in eine gut sichtbare Längenänderung verwandelt.

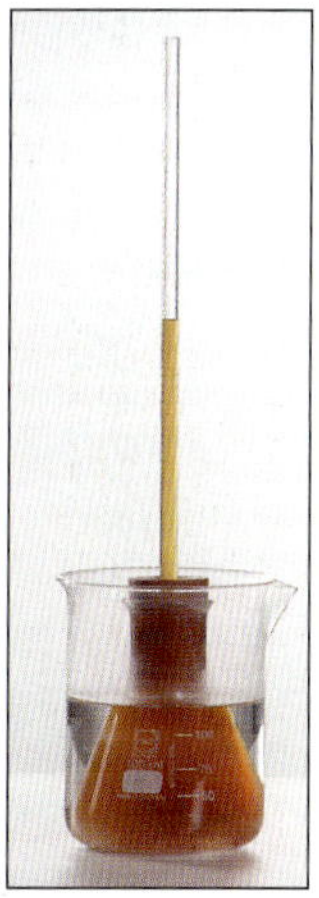

Wird der Glaskolben in ein warmes Wasserbad bekannter Temperatur gehalten, so dehnt sich die Flüssigkeit aus, die Flüssigkeit im Röhrchen steigt.
Ist der Innendurchmesser des Glasrohres bekannt, dann kann die Volumenänderung berechnet werden. Viele Messwerte führen auch hier wieder zu einem Diagramm mit Messpunkten, die auf einer Geraden zu liegen scheinen. Die Steigung der Geraden sagt aus, welche Volumenänderung bei einer Temperaturänderung von 1 K eintritt.

Als Formel für die Volumenänderung bei Wasser:

$$\Delta V = 207\ \frac{\text{mm}^3}{\text{dm}^3 \cdot \text{K}} \cdot V_0 \cdot \Delta T$$

Der Zahlenwert 207 für Wasser gilt nur für etwa 20 °C.

Experimentell gewonnene Messwerte können in einem Koordinatensystem anschaulich dargestellt werden. Begründete Vermutungen über einen Zusammenhang der Größen führen zu einer Formel, die Berechnungen und Vorhersagen in den Grenzen der Genauigkeit ermöglicht.

Die Änderung der Zustandsformen von Wasser

Wasser ist eine der wichtigsten Lebensgrundlagen. Es kommt in drei verschiedenen Formen vor – als flüssiges Wasser, als festes Eis oder als gasförmiger Wasserdampf.

Wovon hängt es ab, welchen Zustand das Wasser annimmt? Wann wechselt es von einer Form in die andere? Welche Vorgänge laufen dabei im Wasser ab?

Fest → flüssig → gasförmig und zurück

Eiserne Gegenstände sind normalerweise feste Körper, Benzin eine Flüssigkeit und Luft ein Gas. Aber Eisen kann durch starkes Erhitzen flüssig werden und Benzin kann – besonders an warmen Sommertagen – Dämpfe entwickeln, also gasförmig werden.
Körper können also je nach ihrer Temperatur in verschiedenen **Zustandsformen** auftreten.

Einige Stoffe können bei den normalerweise herrschenden Umgebungstemperaturen in allen drei Zustandsformen vorkommen. Das beste Beispiel ist Wasser, deshalb soll es stellvertretend für andere Stoffe genauer untersucht werden:

- In der Kühltruhe wird aus flüssigem Wasser festes Eis. Dieser Vorgang heißt beim Wasser *Gefrieren,* bei allen anderen Stoffen **Erstarren.**
- Umgekehrt wird das Eis beim Erwärmen durch eine Gasflamme flüssig: **Schmelzen.**
- Bei weiterem Erhitzen bläht sich der Beutel auf, d.h. über dem Wasser muss sich ein unsichtbares Gas befinden: Wasserdampf. Der Übergang vom flüssigen in den gasförmigen Zustand heißt **Verdampfen.** Jede Flüssigkeit verdampft – unabhängig von ihrer Temperatur; besonders schnell läuft das Verdampfen ab, wenn die Flüssigkeit siedet, denn dann entsteht das Gas auch in ihrem Inneren.

Zentraler Versuch

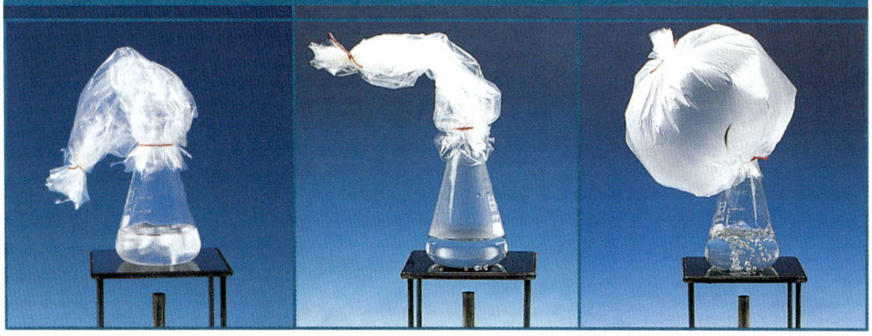

- Auf der Innenseite des Beutels bilden sich Wassertröpfchen: Der Wasserdampf ist dort wieder flüssig geworden. Dieser Vorgang heißt **Kondensieren.**

Neben diesen Zustandsänderungen gibt es auch direkte Übergänge vom festen in den gasförmigen Zustand und umgekehrt. Der Zustandsübergang vom festen in den gasförmigen Zustand heißt **Sublimieren,** der vom gasförmigen in den festen Zustand **Resublimieren.** In der Natur ist der Vorgang des Resublimierens für die Bildung des Raureifs verantwortlich. Bei hoher Luftfeuchtigkeit und Temperaturen deutlich unter 0 °C bilden sich direkt aus dem in der Luft enthaltenen Wasserdampf Eiskristalle.
Beim Sublimieren verlassen die Teilchen das Kristallgitter, obwohl die Temperatur dafür eigentlich zu niedrig ist. Dieser Effekt kann im Winter beim Trocknen von Wäsche beobachtet werden. Trotz Temperaturen unterhalb des Gefrierpunkts von Wasser trocknet im Freien aufgehängte Wäsche.

Da die Kondensationstemperatur bei allen Stoffen mit der Siedetemperatur übereinstimmt und die Erstarrungstemperatur mit der Schmelztemperatur, gibt es in Tabellen nur Angaben zu Siedetemperatur und Schmelztemperatur.

Stoff	Schmelztemperatur	Siedetemperatur
Alkohol	−114 °C	78 °C
Quecksilber	−39 °C	357 °C
Wasser	0 °C	100 °C
Aluminium	660 °C	2450 °C
Blei	327 °C	1750 °C
Eisen	1540 °C	3070 °C
Gold	1063 °C	2700 °C
Kupfer	1083 °C	2590 °C
Silber	960 °C	2200 °C
Zinn	232 °C	2650 °C

Zustandsformen von Wasser und ihre Änderungen im Teilchenbild

Zustand	Beschreibung im Teilchenbild

FEST

Die Eiswürfel
- sind hart und lassen sich nicht verformen;
- zerbrechen, wenn große Kraft auf sie ausgeübt wird;
- sind formstabil und benötigen kein Gefäß.

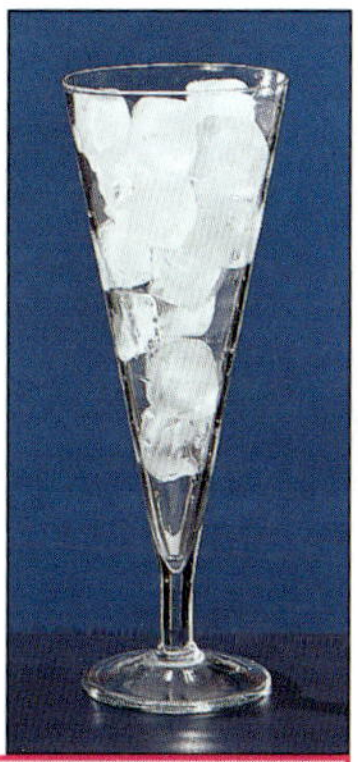

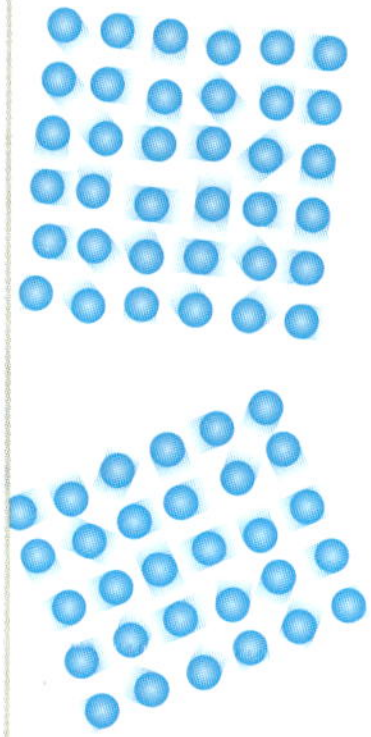

FEST

Die Teilchen
- liegen sehr dicht beieinander;
- werden durch Bindungen auf ihren Positionen gehalten;
- können nur leichte Zitterbewegungen ausführen.

SCHMELZEN
Beim Schmelzen bewegen sich die Teilchen immer schneller, bis die Bindungen zueinander aufbrechen. Der Verbund löst sich auf.

Beim Abkühlen werden die Teilchenbewegungen noch langsamer. Die Bindungen ordnen die Teilchen in einem festen Verbund, dem Kristallgitter an.
ERSTARREN

FLÜSSIG

Flüssige Stoffe wie Wasser
- lassen sich von einem Gefäß in ein anderes gießen;
- passen sich der Gefäßform an;
- weichen anderen (festen) Körpern aus.

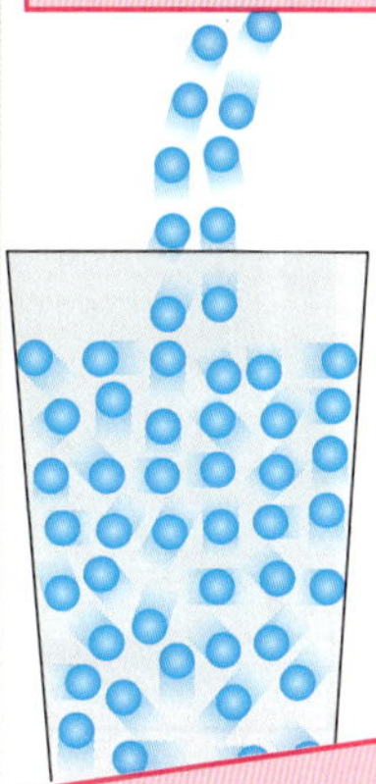

FLÜSSIG

Die Teilchen
- besitzen nur schwache Bindungen untereinander;
- bilden keinen festen Verbund;
- sind gegeneinander verschiebbar und passen sich gemeinsam so jeder Gefäßform an.

VERDAMPFEN
Die Teilchenbewegungen werden noch schneller, sodass nach und nach immer mehr Teilchen die Flüssigkeit verlassen.

Beim Kondensieren wird durch Abkühlung die Bewegung der Teilchen wesentlich langsamer. Die Bindungen werden stärker und der Zusammenhalt untereinander größer.
KONDENSIEREN

GASFÖRMIG

Gasförmige Stoffe
- nehmen allen ihnen zur Verfügung stehenden Raum ein;
- haben gemeinsam keine bestimmt Form mehr.

GASFÖRMIG

Die Teilchen
- besitzen keine Anziehung mehr untereinander;
- bewegen sich frei und sehr schnell;
- führen untereinander Stöße aus.

Verdunsten

Wasser siedet bei 100 °C. Doch so sehr die Sonne auch scheint, diese Temperatur wird die Wäsche auf der Leine ganz sicher nicht erreichen. Trotzdem wird sie trocken. Das Wasser ist also auch ohne Erreichen der Siedetemperatur in den gasförmigen Zustand übergegangen. Dieser Vorgang wird als **Verdunsten** bezeichnet.

Die auf der Leine aufgehängte Wäsche trocknet schneller, wenn es warm, trocken und windig ist. Wenn die Wäsche weit ausgebreitet wird, also die Oberfläche, an der das Wasser verdunsten kann, besonders groß ist, geht es ebenfalls schneller.

Im zentralen Versuch wird die Temperatur des verdunstenden Wassers gemessen: Obwohl die Schale schon sehr lange im Zimmer steht, ist die Wassertemperatur stets geringer als die Lufttemperatur. (Dies wird häufig als „Verdunstungskälte" bezeichnet.) Die Temperatur des Wassers sinkt aber nicht beliebig weit ab, denn die umgebende Luft erwärmt das Wasser ständig.
Die Wäsche auf der Leine wird trocken, hat aber während des Trocknens stets eine niedrigere Temperatur als die sie umgebende Luft, sie fühlt sich kühl an.

Zentraler Versuch

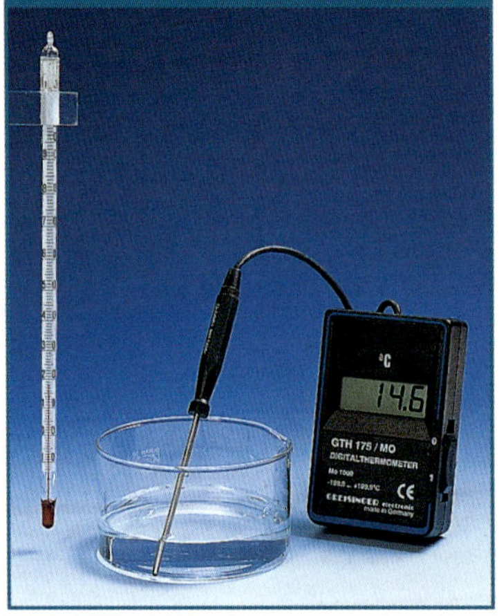

Diese Temperaturdifferenz kann jeder spüren, der nach dem Schwimmen die Badekleidung nicht wechselt: Durch das Verdunsten kühlt die Haut stark ab, besonders bei windigem Wetter. Durch die Luftbewegung wird der Wasserdampf weggetragen. So gelangt stets frische und trockene Luft an die Badekleidung, was das Verdunsten erheblich beschleunigt.

Verdunsten im Teilchenmodell

Eigentlich sind die Wasserteilchen im Temperaturbereich unter 100 °C in ihrer Bewegung zu langsam, um die Bindungen zu den anderen Teilchen ganz zu lösen und die Flüssigkeit zu verlassen. Die Temperatur beschreibt aber nur eine mittlere Geschwindigkeit aller Teilchen. Im Wasser gibt es stets auch langsamere und einige sehr heftig zappelnde Teilchen – bezogen auf die Durchschnittsgeschwindigkeit aller. Diese sich heftig bewegenden Teilchen können ihre Bindungen lösen und aus der Oberfläche austreten. Sie bilden dann den gasförmigen Wasserdampf.

Da die schnelleren Teilchen das Wasser verlassen haben, sind die restlichen Wasserteilchen danach im Durchschnitt langsamer: Die Temperatur des Wassers sinkt.

Nun ist auch klar, warum die Wäsche an einem heißen Sommertag schneller trocknet. Da die Temperaturdifferenz der Wäsche (und damit des Wassers) zum Siedepunkt geringer ist, ist die mittlere Geschwindigkeit der Wasserteilchen größer. Damit sind mehr schnelle Teilchen vorhanden, die die Flüssigkeit verlassen können als bei kühlem Wetter.

Beim Verdunsten geht eine Flüssigkeit unterhalb der Siedetemperatur in den gasförmigen Zustand über.
Das Verdunsten wird verstärkt durch:
- Vergrößerung der Flüssigkeitsoberfläche;
- mehr Luftbewegung über der Flüssigkeit;
- Verringerung des Unterschieds zwischen Flüssigkeitstemperatur und Siedetemperatur;
- geringere Luftfeuchtigkeit.

Aufgaben

1 Entscheide, ob es besser ist, zur Kühlung einer Verstauchung einen feuchten Umschlag anzulegen statt die Verletzung nur mit Wasser zu befeuchten.
2 Bei einer zu heißen Suppe hilft das Pusten über die Oberfläche. Begründe diese „Kühlung" physikalisch.
3 Erkläre die kühlende Wirkung eines Erfrischungstuches.

Zustandsformen — Versuche und Aufträge

V1 a) Wenn im Frühling während der Baumblüte Nachtfrost droht, werden die Bäume am Abend mit Wasser eingesprüht. Erkläre, warum dadurch das Erfrieren der Blüten verhindert wird.
b) Überprüfe dies in einem Experiment. Lege ein abgekühltes Thermometer so in ein Gefrierfach, dass es sonst fast nichts berührt. Notiere nach 10 und nach 30 Minuten die angezeigte Temperatur.
c) Wiederhole das Experiment, umhülle jetzt aber das Thermometer mit etwas feuchtem Zellstoff. Halte es vorher wieder unter fließendes Wasser.

V2 „Fieber kann auch nur mit einem feuchten Wadenwickel gesenkt werden."
Teste dieses alte Hausmittel, indem du einen solchen Wickel um den Unterarm legst und zur Temperaturkontrolle direkt über der Haut ein Thermometer mit einwickelst. Erkläre deine Beobachtung.

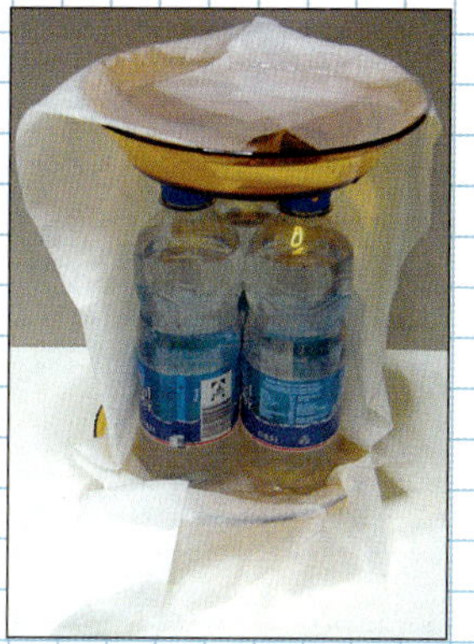

V3 Stelle Getränkeflaschen oder -dosen in eine Schüssel mit Wasser; stelle eine Schale mit Wasser oben auf die Getränke. Verhülle alles so mit saugfähigen Tüchern (z. B. Wischlappen), dass diese stets durch das Wasser feucht gehalten werden. Fülle gegebenenfalls oben Wasser nach. Teste in der Sonne, wie hoch bzw. niedrig die Temperatur in deinem „Kühlschrank" ist.
b) Erläutere die Funktionsweise dieses „Kühlschranks".

Die Haut – ein Temperaturfühler? — Streifzug

Aus der täglichen Erfahrung ist allgemein bekannt: Metall, Stein, Styropor, Papier, Kork oder Holz fühlen sich unterschiedlich kalt oder warm an, auch wenn sie alle die gleiche Temperatur besitzen. Der Grund dafür ist, dass nicht die Temperatur des Körpers gefühlt wird, sondern nur, wie schnell bzw. wie stark Wärme unserem Körper zu- oder von ihm abgeführt wird. Sind die Gegenstände wärmer als unser Körper, strömt Wärme durch die Haut in den Körper hinein und umgekehrt.

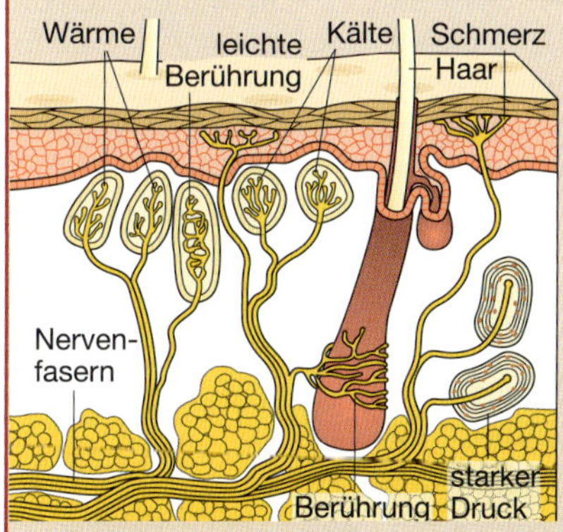

Die Wärmesensoren liegen im Körperkern, vor allem aber in der Haut. Sie sind in der Haut zu *Kälte- und Wärmepunkten* zusammengefasst. Das Gehirn vergleicht die von der Haut und vom Körperinnern eintreffenden Nervensignale und versucht, die Innentemperatur des Körpers auf dem Standardwert von etwa 36,5 °C zu halten:

- Bei Wärmezufuhr sondert der Körper Schweiß ab. Die für das Verdunsten nötige Wärme wird dem Körper entzogen, wodurch die Körpertemperatur sinkt.
- Umgekehrt zittern wir bei Kälte. Denn bei der Bewegung der Muskeln entsteht viel Wärme, die die Muskeln aufheizt und somit insgesamt zu einer Temperaturerhöhung des Körpers führt.

Auch die *„Gänsehaut"* ist eine Gegenreaktion: Dieser Reflex ist den Menschen seit Urzeiten angeboren – seit jener Zeit, als sie noch überall mit einem dichten Haarpelz bedeckt waren. Wurde es kalt, so traten winzige Muskeln in Aktion. Jedes Muskelchen wirkte auf einen Haarbalg, in dem die Wurzel eines Haares saß. Dadurch wurden die glatt anliegenden Haare aufgerichtet, wodurch ein isolierendes Luftpolster entstand. Heutzutage gibt es diesen dichten Haarpelz nicht mehr – zumindest nicht dort, wo man meist eine Gänsehaut hat, an den Armen beispielsweise. Aber die winzigen Haarbälge gibt es noch, auch die kleinen Muskeln dazu – und die funktionieren immer noch.

Druck

Druck muss in Wasser- und Gasleitungen herrschen, Druck brauchen der Autoreifen und der Luftballon. Und ohne den richtigen Druck in den Schläuchen könnte die Feuerwehr nicht löschen. Was aber ist „Druck“? Was geschieht im Innern der Körper, in denen Druck herrscht? Welche Wirkungen ruft der Druck hervor und wie kann er technisch genutzt werden?

Druck in Gasen und Flüssigkeiten

Zuerst muss an der Gartenspritze kräftig gepumpt werden, damit sie nachher auch möglichst weit spritzt. Bei diesem Aufpumpen wird immer mehr Luft in den Zylinder hinein befördert. Zu der schon vorhandenen kommt immer neue Luft hinzu, sodass die Luft, die sich schon im Zylinder befindet, immer weiter zusammengepresst wird.

Dieser Zustand der „Gepresstheit“ heißt **Druck.** Im Zylinder herrscht nach dem Pumpen ein größerer Druck als vorher. Der Zustand „Druck“ herrscht in jedem Gas und in jeder Flüssigkeit – mal stärker, mal schwächer.

Zentraler Versuch

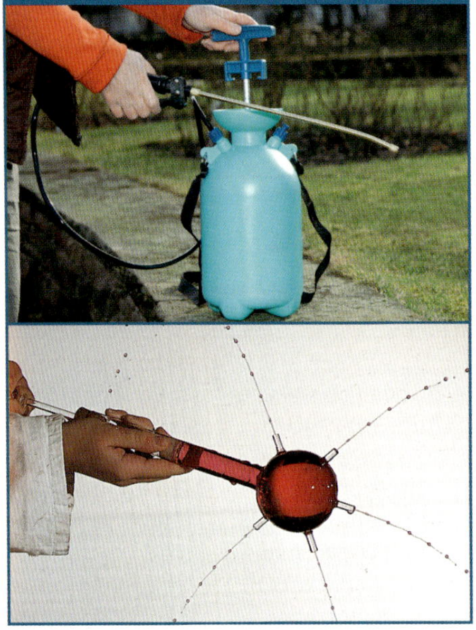

In der Gartenspritze sollte ein möglichst großer Druck herrschen, damit für eine längere Zeit viel Wasser herausspritzt und das auch ordentlich weit. Ein Finger vor der Düse spürt, wie stark das Wasser von der Luft herausgedrückt wird.

Wasser läßt sich auch pressen, wie jede andere Flüssigkeit. Wenn der Kolben in die Kugelspritze hineingeschoben wird, spritzt das Wasser nach allen Seiten heraus. Der Zustand der „Gepresstheit“ wird erhöht. Es herrscht ein höherer Druck im Wasser, der durch das Hineinschieben des Kolbens (des Stempels) erzeugt wird.
Der Druck, der durch das Pressen entsteht, ist im gesamten Wasservolumen offenbar gleich. Aus den Düsen der Glaskugel spritzt es ja überall gleich stark in senkrechter Richtung zur Begrenzungsfläche heraus.

Beim Tauchen ist der Druck im Innern des Wassers, in dem der Taucher sich bewegt, deutlich spürbar. Das Trommelfell registriert ihn, weil das Wasser dagegen drückt. Wäre ein Loch im Trommelfell, dann spritzte das Wasser wie aus der Kolbenspritze in das Ohr hinein. Deshalb dürfen Menschen mit defektem Trommelfell nicht tauchen.
Druck herrscht also nicht nur an den Außenwänden einer eingeschlossenen Gas- oder Flüssigkeitsmenge, sondern auch in ihrem Inneren.

Das Spritzen aus dem Spritzkolben zeigt eine weitere Eigenschaft des Druckes: Durch den Druck in einer Flüssigkeit oder einem Gas wirken starke Kräfte auf die Begrenzungsflächen. Bei uns werden solche Kräfte z.B. vom Trommelfell registriert, eine feine Haut im Ohr, die Innen- und Außenohr trennt. Beim Tauchen oder im Flugzeug sind Druckunterschiede zwischen beiden Seiten durch sie sehr gut spürbar. Messgeräte für den Druck in Flüssigkeiten und Gasen arbeiten nach dem gleichen Prinzip.

Druck in einem Gas oder einer Flüssigkeit ist der Zustand der „Gepresstheit“ des betreffenden Stoffes.
- Der Druck herrscht innerhalb des gesamten Gas- oder Flüssigkeitsvolumens.
- Wenn Druck herrscht, übt die Flüssigkeit oder das Gas eine überall gleiche Kraft auf die Begrenzungsflächen aus.

Druck, von den Teilchen verursacht

Zentraler Versuch

In Gasen und Flüssigkeiten sind die Teilchen gegeneinander verschiebbar. Sie füllen den Raum bis an die Gefäßwände vollständig aus. Beim Erwärmen wird die Geschwindigkeit der einzelnen Teilchen größer. Sie benötigen für die heftigeren Bewegungen, die sie bei höherer Temperatur ausführen, mehr Raum. Der Ballon dehnt sich aus und ein voll mit Wasser gefülltes Glasgefäß würde überlaufen.

Steht den Teilchen dieser Raum nicht zur Verfügung, so prallen sie öfter und heftiger gegen die Gefäßwände. Dies wird als erhöhter Druck des Gases oder der Flüssigkeit registriert.

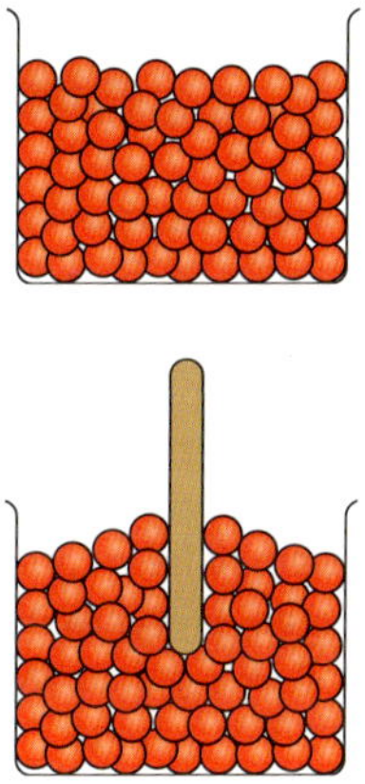

Die Modellflüssigkeit aus Kugeln zeigt: Wird in eine von einem Gefäß eingeschlossene Kugelmenge ein Stab hineingeschoben, so müssen die Kugeln ausweichen. Beide zusammen brauchen also mehr Raum als ohne den Stab.

Wenn nun in dem Spritzkolben durch das Hineinschieben des Stempels der für die Teilchen verfügbare Raum verkleinert wird, so werden die Teilchen gegeneinander gepresst und drücken gemeinsam die Gefäßwände gleichmäßig nach außen, um den für sie notwendigen Platz zu bekommen. Damit entsteht ein Druck in der Flüssigkeit, deshhalb drückt sie gegen die Gefäßwände.

Der Druck in Flüssigkeiten oder Gasen wird nicht nur durch äußeres Pressen erhöht. Beim Erhitzen geraten die Teilchen in stärkere Bewegung. Dadurch brauchen sie mehr Platz und prallen heftiger gegen die Außenwände. Der Druck in der Flüssigkeit oder dem Gas wird erhöht.

Druck in Gasen oder Flüssigkeiten entsteht durch Zusammenpressen der Teilchen oder durch Erhöhung ihrer Bewegung bei Erwärmung. Spürbar ist dies auch an den Begrenzungsflächen.

Aufgaben

1 Erläutere die Funktionsweisen
a) einer Spritze, die bei Impfungen verwendet wird;
b) einer Wasserspritzpistole.

2 Beschreibe den Fahrkomfort eines mit Wasser gefüllten Fahrradreifens gegenüber einem normal mit Luft gefüllten Reifen.

3 Erläutere im Teilchenbild, warum bei einem Wasserrohrbruch nur noch wenig Wasser aus dem Wasserhahn läuft.

Druck – Versuche und Aufträge

V1 a) Blase zwei Luftballons unterschiedlich stark auf und verbinde sie über ein Rohr miteinander. Halte dabei die Ballons stets zu. Gib dann die Verbindung über das Rohr frei. Beobachte und erläutere den nun folgenden Vorgang.
b) Ziehe Schlussfolgerungen über den Druck in den Ballons und vergleiche sie mit Beobachtungen beim Aufpusten.

V2 Nutze einen Wasserhahn im Freien, der einen Ansatz zum Aufstecken eines Schlauches besitzt.
a) Dichte den Ansatz mit einer Gummihaut (z. B. alter Fahrradschlauch) ab. Baue dann alles so auf, wie in der Skizze dargestellt.
b) Drehe nun den Hahn auf und entferne so lange Sand aus dem Eimer, bis Wasser aus dem Hahn austritt.

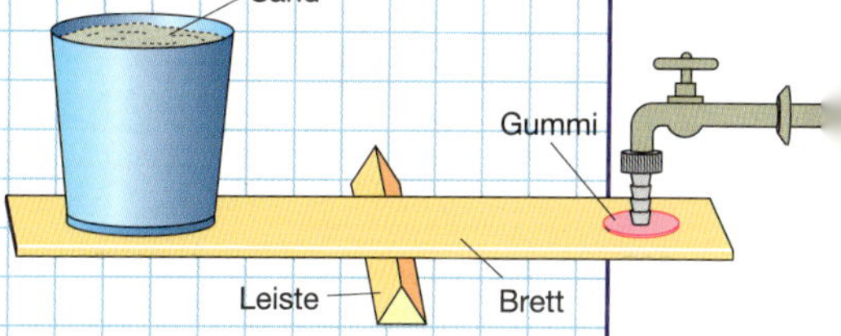

Durch Anheben des Eimers kannst bekommst du eine Vorstellung davon, wie stark das Wasser auf das Brett drückt.

V3 Durchlöchere einen nicht aufgeblasenen Luftballon mit einer heißen Nadel und fülle ihn dann mit Wasser.

V4 Den abgebildeten Rasensprenger kannst du mit einem kurzen Stück Schlauch nachbauen. Begründe, weshalb das Wasser aus allen Löchern gleichmäßig spritzt.

W S

Druckmessung

Die auf den vorhergegangenen Seiten genannten Eigenschaften des Druckes
- sich allseitig auszubreiten und
- an allen Stellen der Flüssigkeit bzw. des Gases gleich groß zu sein, lassen sich für Messungen nutzen.

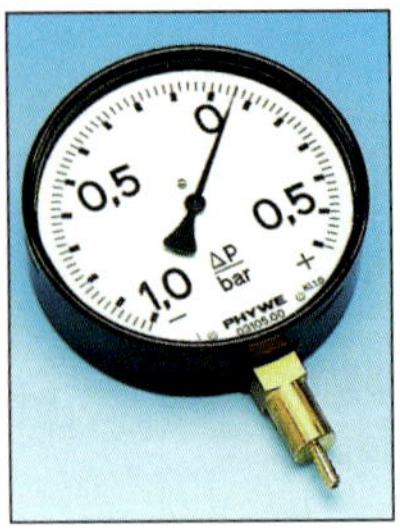

Um den Druck zu ermitteln, ist es nur notwendig, ihn an einer einzigen Stelle zu messen. Eine Verbindung vom Messgerät, dem **Manometer,** zur Flüssigkeit über ein flüssigkeits- oder gasgefülltes Rohr ist ausreichend. Beim Anschließen des Manometers wird jedoch das Volumen ein wenig erweitert und damit das Messergebnis beeinflusst.

Auf einigen Manometern ist der Druck in **Bar (bar)** angegeben. Diese Einheit muss umgerechnet werden: 1 bar = 100 kPa.

Druck

Das Formelzeichen ist *p*.
Die Einheit ist 1 Pa (Pascal): 1 Pa.

Weitere Einheiten:

Hektopascal:	1 hPa	=	100 Pa
Kilopascal:	1 kPa	=	1000 Pa
Bar:	1 bar	=	100 kPa
		=	1000 hPa

Aufgaben

1 Begründe den großen Druckunterschied in einem Fahrradreifen und in einem Autoreifen.

DRUCKMESSUNG

Manometer

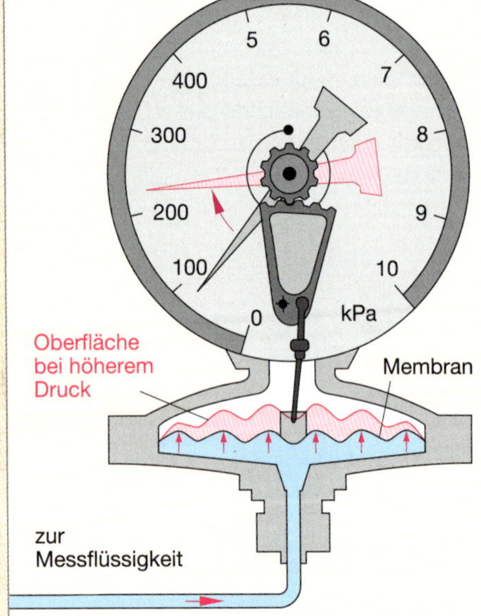

Zum Messen des Drucks werden häufig Dosenmanometer verwendet. Die stabile Druckdose des Manometers hat an der Oberseite eine verformbare Membran.

Wird der Druck in der Flüssigkeit erhöht, so erhöht sich der Druck in der Dose ebenfalls. Die Flüssigkeit im Manometer drückt dann auf die Membran, die dadurch verformt wird. Die Stärke der Verformung ist abhängig vom Druck in der Flüssigkeit.

Die Membran bewegt über ein Gestänge ein Zahnradsegment. Dieses Zahnradsegment dreht über das kleine Zahnrad den Zeiger. Die Teile sind so aufeinander abgestimmt, dass eine kleine Bewegung der Membran eine große Bewegung des Zeigers ergibt.

Blutdruck

Im Ruhezustand schlägt das Herz eines Erwachsenen zwischen 60 und 80 mal pro Minute. Mit jedem Herzschlag pumpt es Blut durch den Körper. Während der *Systole,* dem Zusammenziehen des Herzmuskels, wird vom Muskel auf die gesamte Gefäßwand der linken Herzkammer eine Kraft ausgeübt. Dadurch steigt der Druck des Blutes im Herzen und in allen Arterien an – wir spüren den Pulsschlag: Das Blut wird durch die engen Kapillargefäße gepresst. Danach nimmt der Druck in den Arterien wieder ab. Wenn sich der Herzmuskel entspannt, wird das Herz wieder mit Blut gefüllt. Während dieser Phase, der *Diastole,* ist der Druck im Blut geringer.

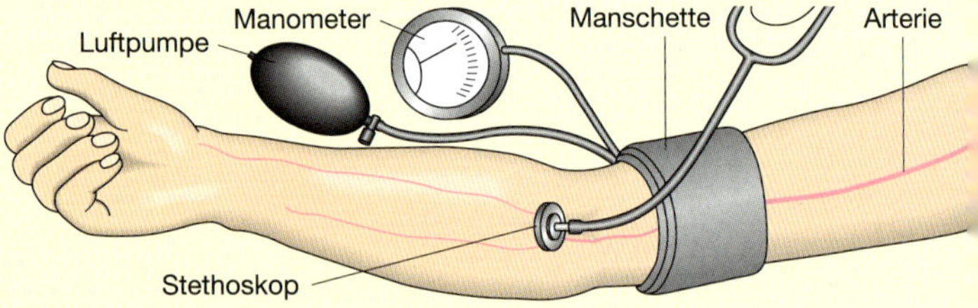

Typische Drücke

Fahrradreifen		ca. 5 bar = 5000 hPa
Autoreifen		ca. 2 bar = 2000 hPa
3 m Wassertiefe		1,3 bar = 1300 hPa
Luftdruck	normal auf Meereshöhe (NN)	1013 hPa
	im Orkantief	950–970 hPa
	Hochdruck	mehr als 1013 hPa
Blutdruck	Systole 120 mm Quecksilbersäule	160 hPa
	Diastole 80 mm Quecksilbersäule	107 hPa

Der Nullpunkt der Kelvinskala

Temperatur und Volumen

Zentraler Versuch

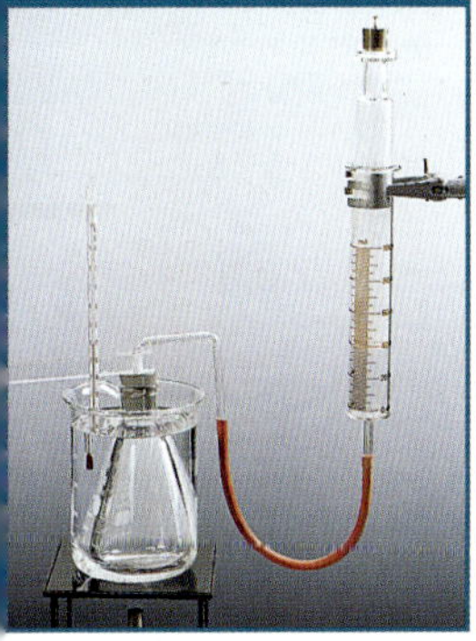

Durch das aufgelegte Wägestück wird ein gleichbleibender Druck in der eingeschlossenen Luftmenge erzeugt. Wird die Temperatur der Luft erhöht, so vergrößert sich auch ihr Volumen. An der Skala des Kolbenprobers ist die Änderung des Gasvolumens ablesbar.

In der Tabelle unten stehen die Messwerte. Der *V*-*T* Graph ergibt mit den Kelvinwerten eine Ursprungshalbgerade. Also gilt:

Das Volumen einer abgeschlossenen Gasmenge ist bei konstantem Druck proportional zu ihrer absoluten Temperatur: $V \sim T$, wenn p = konstant.

Temperatur und Druck

Die Luft im Erlenmeyerkolben wird erwärmt. Ihr Volumen bleibt konstant, weil alle Wände der Gefäße fest sind und nicht nachgeben. Am Manometer kann der Druck abgelesen werden. der sich bei unterschiedlichen Temperaturen einstellt.

Es zeigt sich, dass der Druck mit zunehmender Gastemperatur steigt. Die Tabelle unten zeigt die zugehörigen Messwerte. Der *p*-*T*-Graph ergibt eine Ursprungshalbgerade. Also gilt:

Zentraler Versuch

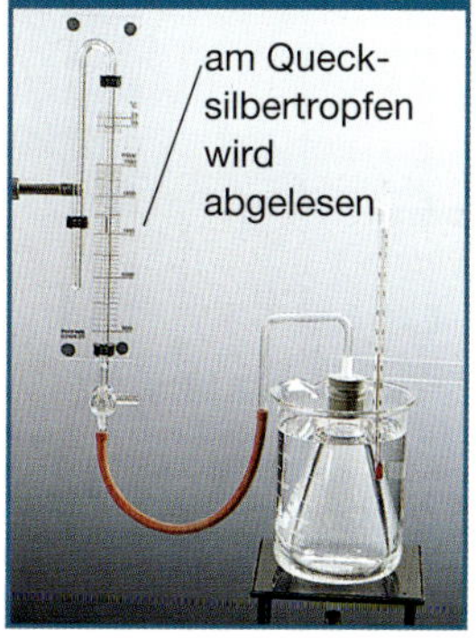

Der Druck in einer abgeschlossenen Gasmenge ist bei konstantem Volumen proportional zu ihrer absoluten Temperatur: $p \sim T$, wenn V = konstant

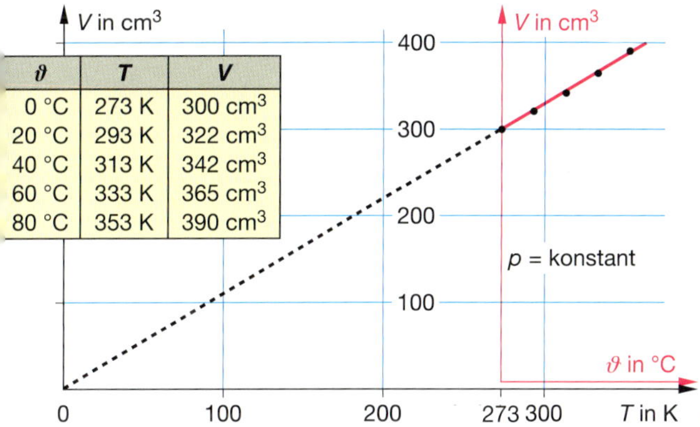

ϑ	T	V
0 °C	273 K	300 cm³
20 °C	293 K	322 cm³
40 °C	313 K	342 cm³
60 °C	333 K	365 cm³
80 °C	353 K	390 cm³

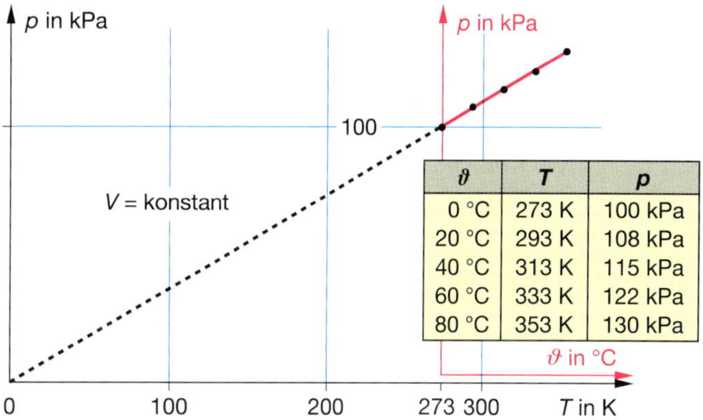

ϑ	T	p
0 °C	273 K	100 kPa
20 °C	293 K	108 kPa
40 °C	313 K	115 kPa
60 °C	333 K	122 kPa
80 °C	353 K	130 kPa

Die in °C gemessenen Werte ergeben in beiden Celsius-Diagrammen (rot) keine Ursprungshalbgeraden. Werden diese Geraden jedoch verlängert, schneiden sie in beiden Diagrammen bei gleicher Temperatur die *T*-Achse. Es kann in diesen Punkten je eine neue Volumen- bzw. Druckachse (schwarz) gezeichnet werden. So werden die Graphen darin zu Ursprungshalbgeraden. Da es weder ein negatives Volumen noch einen negativen Druck geben kann, ist die so gefundene Temperatur von –273 °C auch die niedrigste Temperatur, die überhaupt denkbar ist. LORD KELVIN hat sie zum Nullpunkt der nach ihm benannten Temperaturskala gemacht. Es gilt also: **0 K = –273 °C.**
In Kelvin gemessene Temperaturen werden oft auch als „absolute" Temperaturen bezeichnet.

Aufgaben

1 Bei 27 °C beträgt der Druck in einem Autoreifen 250 kPa. Durch die heiße Straße wird der Reifen auf 77 °C erwärmt, im Winter kühlt er durch Schnee und Eis auf –23 °C ab.
a) Berechne den Druck im Reifen bei den beiden Temperaturen.
b) Es gibt PKW, die den Reifendruck automatisch nachregeln. Nenne Gründe dafür.

Gasgesetze – Versuche und Aufträge

V1 Einkochen von Marmelade: Fülle ein Schraubdeckelglas zu etwa 3/4 mit heißem Wasser und schraube den Deckel sofort zu. Beobachte den Deckel während des Abkühlens. Erkläre deine Beobachtung mithilfe der Gasgesetze. Variiere den Versuch. Erkläre die unterschiedlichen Ergebnisse.

Grundwissen — Thermische Ausdehnung

SYSTEM

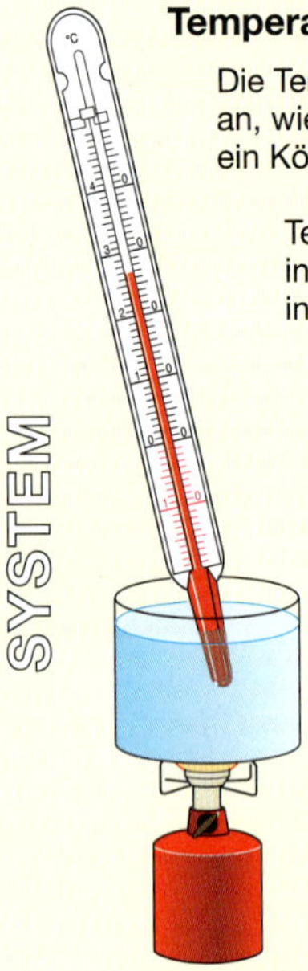

Temperatur

Die Temperatur gibt an, wie heiß oder kalt ein Körper ist.

Temperaturen werden in Grad Celsius (°C) oder in Kelvin (K) angegeben.

Umrechnung:
ϑ (Grad Celsius) → T (Kelvin):
$\vartheta + 273\ \text{K} \rightarrow T$
T (Kelvin) → ϑ (Grad Celsius):
$T - 273\ °\text{C} \rightarrow \vartheta$

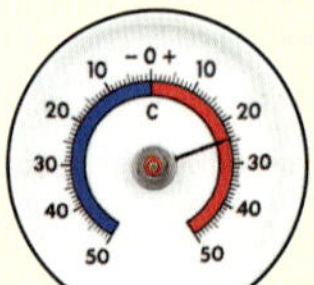

Flüssigkeits- und Bimetallthermometer beruhen auf der thermischen Ausdehnung.

Druck

Druck ist der Zustand des Gepresstseins einer Flüssigkeit oder eines Gases. Er ist überall in der Flüssigkeit bzw. im Gas gleich groß.

Flüssigkeiten und Gase unter Druck drücken senkrecht auf die Begrenzungsflächen.

Wird eine Gasmenge erhitzt, dann
- vergrößert sich ihr Volumen (bei p = konstant).
- steigt in ihr der Druck (bei V = konstant).

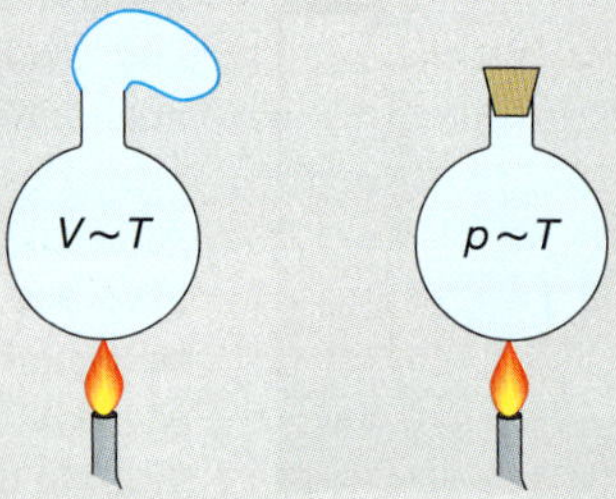

Thermische Ausdehnung

Flüssigkeiten dehnen sich bei Temperaturerhöhung stärker aus als Festkörper. Die Längen- bzw. Volumenänderungen sind allerdings so gering, dass sie nur mit besonderen Techniken sichtbar gemacht werden können.

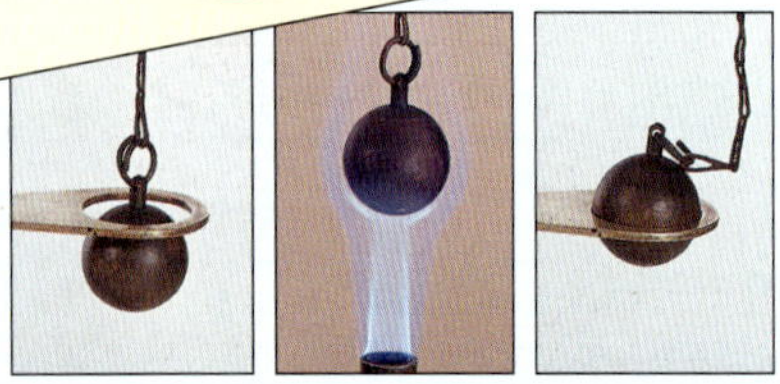

Die Ausdehnung hängt ab von
- Temperaturänderung
- Ausgangslänge bzw. -volumen
- Material

Zustandsänderungen

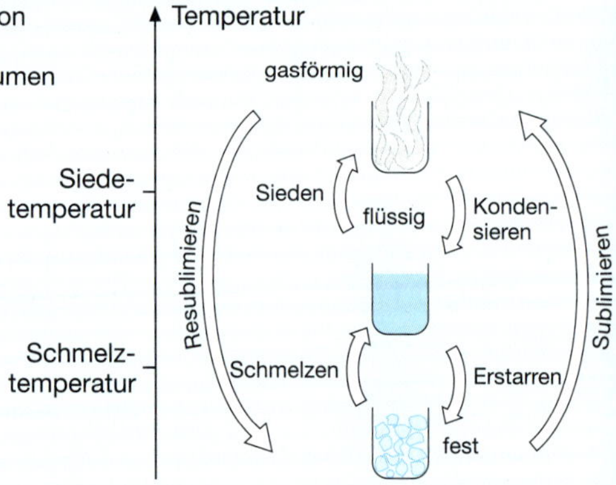

Beim Verdunsten geht eine Flüssigkeit unterhalb der Siedetemperatur in den gasförmigen Zustand über.

Zustandsformen und Teilchenbild

Festkörper
Die Teilchen liegen dicht an dicht und halten sich gegenseitig auf ihren Plätzen fest; sie können nur ein wenig hin und her zittern.

Flüssigkeit
Die Teilchen hängen nur locker aneinander und können ihre Plätze tauschen; sie liegen so dicht beieinander wie im Festkörper.

Luft/Gase
Die Teilchen sind nicht miteinander verbunden, sondern völlig frei beweglich.

Je höher die Temperatur eines Körpers ist, desto heftiger schwingen die Teilchen um ihre Ruhelage, desto mehr Platz brauchen sie. Deshalb dehnen sich Körper bei Erwärmung aus. Ausnahme Wasser zwischen 0 °C und 4 °C (Anomalie).

Am absoluten Nullpunkt sind alle Teilchen völlig in Ruhe. Das ist der Nullpunkt der Kelvin-Skala. Tiefere Temperaturen gibt es nicht.

MATERIE

Grundbegriffe

- *Thermische Ausdehnung* S. 76–7
  - *im Teilchenbild* S. 9
- *Celsius-Skala* S. 7
- *Teilchenbild von Körpern* S. 86/8
- *Teilchenbewegung und Temperatur* S. 8
- *Kelvin-Skala* S. 89, 10
- *Anomalie von Wasser* S. 9
- *Zustandsänderungen* S. 94–9
- *Druck* S. 98–10

A1 **a)** Fertige mit den Grundbegriffen auf der linken Seite Karteikarten an. Notiere den Begriff auf der Vorderseite und erläutere ihn auf der Rückseite, eventuell mit Besonderheiten. Anstelle der Karteikarten kannst du auch eine elektronische Datenbank anlegen.
b) Erstelle eine Mindmap für das ganze Kapitel. Die Grundbegriffe links helfen dir dabei.

A2 **a)** Beim Bau von Häusern wird der Beton für die Zwischendecken in ein Stahlnetz gegossen. Erkläre, warum für dieses Netz nicht Aluminium oder Kupfer verwendet werden kann.
b) Für Fenster werden meistens Aluminiumrahmen verwendet, in die Glasscheiben ganz dicht sitzend eingepasst werden könnten. In der Realität werden aber auch in Alu-Rahmen die Glasscheiben mit Gummidichtungen eingesetzt. Erläutere, warum das erforderlich ist.

A3 Im Kindergarten sind Luftballons um die Wette aufgeblasen worden. Die Siegerin nimmt ihren prall gefüllten Ballon voller Stolz mit nach Hause, um ihn der Familie zu zeigen. Als sie zu Hause ankommt, wird sie vom kleinen Bruder ausgelacht, weil der Ballon schlaff herunterhängt. Die Mutter tröstet sie und sagt: „Wir legen den Ballon erst mal in dein Zimmer und nach dem Essen zeigst du den Ballon noch einmal – dann vergeht deinem Bruder das Lachen."
a) Erkläre physikalisch, warum die Mutter Recht hat.
b) Zu welcher Jahreszeit hat die Geschichte wohl stattgefunden? Begründe deine Antwort.

A4 Stoffe können in den Zustandsformen fest, flüssig und gasförmig vorkommen.
a) Benenne Gemeinsamkeiten und Unterschiede eines Körpers in seinen verschiedenen Zustandsformen.
b) Skizziere den Aufbau der Stoffe in den jeweiligen Zustandsformen.
c) Benenne die Übergänge von einer Zustandsform in die andere und erkläre sie mit dem Teilchenmodell.

A4 An Tankstellen kann der Luftdruck in den Autoreifen kontrolliert und bei Bedarf auch korrigiert werden. Dazu gibt es entweder ein tragbares Gerät oder einen Spiralschlauch, der an den Kompressor der Tankstelle angeschlossen ist.
a) Stelle die Vor- und Nachteile dieser beiden Systeme gegenüber.
b) Begründe, warum Autofahrer den Luftdruck regelmäßig kontrollieren sollen.

A6 **a)** Beschreibe den Aufbau eines Flüssigkeitsthermometers und erläutere seine Funktionsweise.
b) Die Thermometer mit den nebenstehenden Skalen sind alle mit der gleichen Flüssigkeit gefüllt. Wie unterscheiden sich die Steigrohre hinsichtlich Länge und Durchmesser?

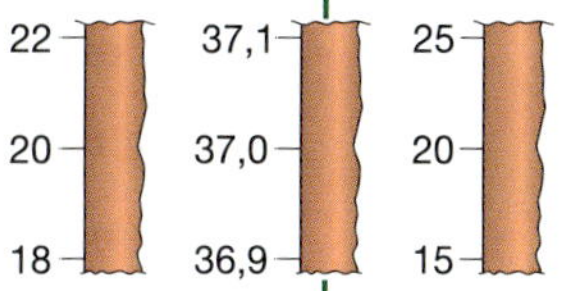

A7 **a)** Beschreibe, wie CELSIUS eine Skala für ein ungeeichtes Flüssigkeitsthermometer entwickelt hat und wie diese Skala heute genutzt wird.
b) „Fix" heißt „fest". Erläutere den Namen „Fixpunkt".

A8 Gib die Temperaturänderung an, wenn sich die Spitze der Flüssigkeitssäule eines Thermometers bewegt
a) von 27 °C bis 42 °C
b) von 9 °C bis –4 °C
c) von –12 °C bis –3 °C
d) von 103 °C bis –103 °C?

A9 **a)** Beschreibe die Funktionsweise der rechts dargestellten Thermometer.
b) Beschreibe die Veränderung der Anzeige bei Zu- oder Abnahme der Temperatur.

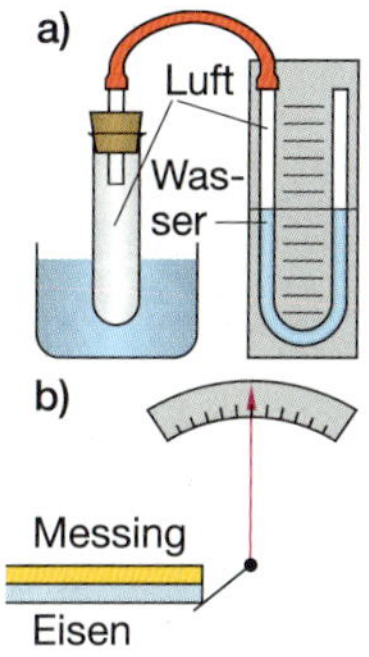

A10 Zwei Glasrohre sind nebeneinander angeordnet. Sie werden so erhitzt, wie es im rechten Foto dargestellt ist.
a) Begründe, weshalb sich die Glasrohre gerade in dieser Weise verändern.
b) Erläutere, ob auch die umgekehrte Änderung möglich ist.

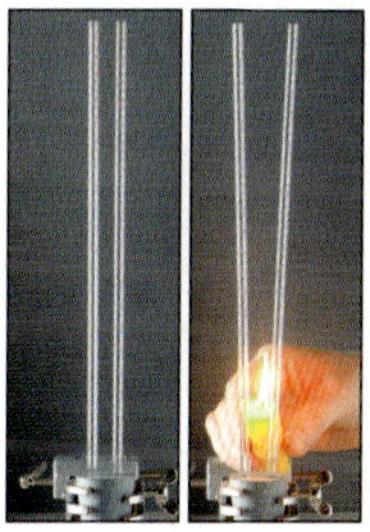

A11 Du hast eine Tasse versehentlich so voll heißen Tee gegossen, dass ein „Hügel" entstanden ist. Nach etwa zehn Minuten ist der Hügel nicht mehr vorhanden, ohne dass aus der Tasse getrunken worden wäre. Erläutere diese Beobachtung.

A12 Damit ein Geysir Wasser ausstößt, muss Dampf in der unterirdischen Röhre sein.
a) Erkläre, wie der Dampf entsteht.
b) Erläutere, wie es es zum Ausstoßen des Wassers kommt.

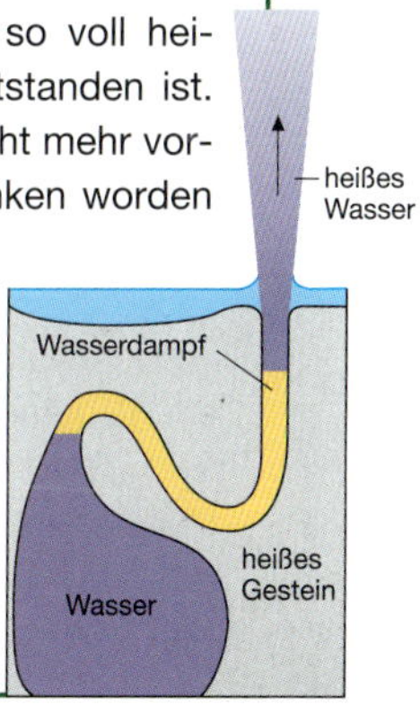

Bewegungen, Kräfte und Energie

Autos, Busse, Straßenbahnen, Motorräder, Fahrräder und Fußgänger und vieles mehr prägen das Bild einer Stadt. Vögel und Insekten fliegen in der Luft umher, Flugzeuge starten und landen und durchkreuzen den Himmel. Überall sind Bewegungen zu sehen – bei manchen ändert sich die Geschwindigkeit nicht, bei manchen wird beschleunigt oder abgebremst (z. B. vor Ampeln). Manche Bewegungen laufen von alleine ab, andere müssen angetrieben werden.

In diesem Kapitel lernst du, wie die physikalischen Größen Geschwindigkeit, Impuls und Kraft genutzt werden, um Bewegungen zu beschreiben. Und wie in vielen anderen Teilgebieten der Physik, spielt auch bei Bewegungen die Energie eine wichtige Rolle.

Crashtests helfen, Informationen über die Sicherheit von Fahrzeuginsassen bei Unfällen zu gewinnen. Bei einem Aufprall mit den dabei entstehenden enormen Bremsverzögerungen wirken auf die Autofahrer große Kräfte. Schon im Innenstadtverkehr wirkt bei einem Frontalaufprall auf ein Hindernis eine Kraft auf den Brustkorb des Fahrers, die seine Gewichtskraft um ein Vielfaches übertrifft.
Durch den Sicherheitsgurt wird die Bremsstrecke verlängert. So werden die einwirkenden Kräfte verringert. Die Wahrscheinlichkeit, einen Unfall zu überleben, ist dadurch wesentlich höher.

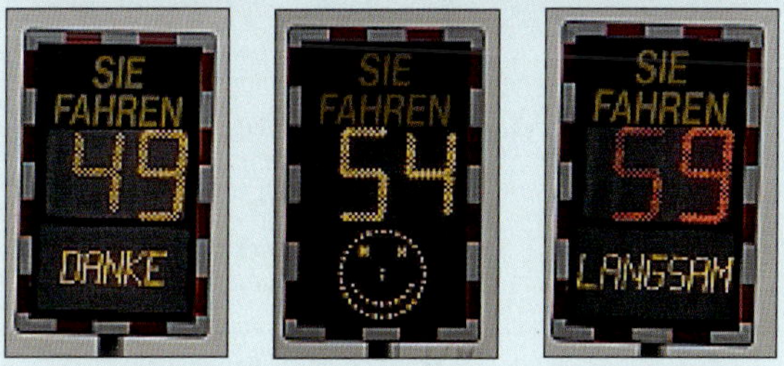

■ Geschwindigkeitskontrolle im Straßenverkehr

An einigen Straßen befinden sich automatische Geschwindigkeits-Überwachungsanlagen. Einige davon erstellen bei Überschreiten der zulässigen Geschwindigkeit ein Foto des Autofahrers, andere zeigen ihm „nur“ die momentan gefahrene Geschwindigkeit an, sodass er selbst überprüfen kann, ob er sich regelgerecht verhält. Oft werden auch Geschwindigkeitskontrollen von der Polizei mit Laserpistolen durchgeführt.

■ **Paris, Bahnhof Montparnasse 1895:** Damals ereignete sich ein spektakuläres Unglück. Ein Zug mit 14 Wagen fuhr mit 45 $\frac{km}{h}$ ungebremst in den Kopfbahnhof ein, überfuhr den Prellbock und den Bahnsteig und brach danach durch die Wand des Bahnhofsgebäudes. Beim Sturz auf den ein Stockwerk tiefer liegenden Platz verfehlte die Lok nur knapp eine Straßenbahn.

■ **Achterbahn:** Fahrten mit Achterbahnen gehören zu den großen Attraktionen auf Jahrmärkten und in Vergnügungsparks. Zunächst werden die Wagen von einem Kettenlift auf den höchsten Punkt gezogen, dann fahren sie alleine in rasanter Fahrt bergab. Der nächste Hügel ist nicht ganz so hoch, sodass der Schwung der Wagen ausreicht, um ihn zu erklimmen und schon geht es wieder bergab.

■ Geschwindigkeiten

Weinbergschnecke	0,003 km/h
Fliege	8 km/h
Biene	29 km/h
Hai	36 km/h
Hase	65 km/h
Schwertfisch	90 km/h
Gepard	120 km/h
Wanderfalke	180 km/h
ICE	280 km/h
Verkehrsflugzeug	1 000 km/h
Satellit	28 500 km/h

Schneeflocke	0,2 m/s
Regentropfen	6 m/s
Wachstum Haar	0,3 mm/d

Eine der schnellsten bekannten Bewegungen im Tierreich ist der Ausstoß der Nesselkapseln bei Feuerquallen: In 700 Nanosekunden (= 0,000 000 7 s) von 0 auf 125 $\frac{km}{h}$!

Vorbereitung

1 Lies die Texte dieser beiden Seiten durch und betrachte die zugehörigen Bilder. Schreibe zu den einzelnen Themen Fragen auf, die du dazu hast.

2 Blättere das folgende Kapitel durch, lies die Überschriften und betrachte die Bilder. Notiere neben den Fragen aus **1** die Seitenzahlen, die deiner Meinung nach Antworten zu deinen Fragen liefern könnten.

3 Überlege und schreibe auf, was du in Experimenten untersuchen möchtest. Vielleicht hast du ja schon Ideen, wie die Versuche aussehen könnten.

4 Studiere die im Vorwissen „Bewegungen, Kräfte und Energie“ auf Seite 106 dargestellten Zusammenhänge. Schreibe die wichtigsten Begriffe zusammen mit einer kurzen Erklärung auf.

Vorwissen — Bewegungen, Kräfte und Energie

Bewegungen

Bewegungen können geradlinig, krummlinig oder Schwingungen sein.
Sie werden durch den zurückgelegten Weg s und die dafür benötigte Zeit t beschrieben.

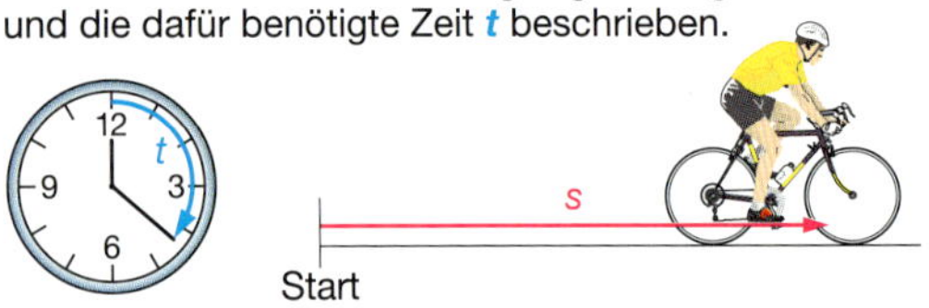

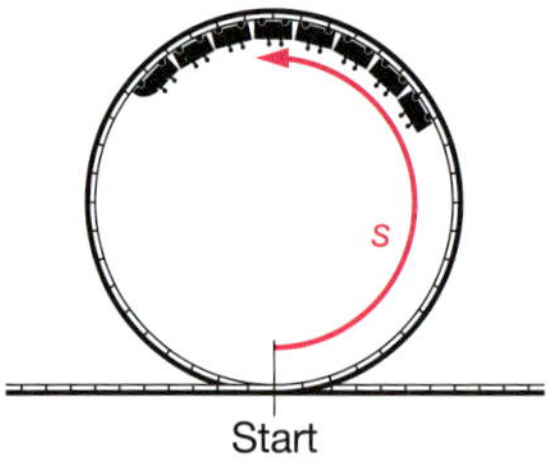

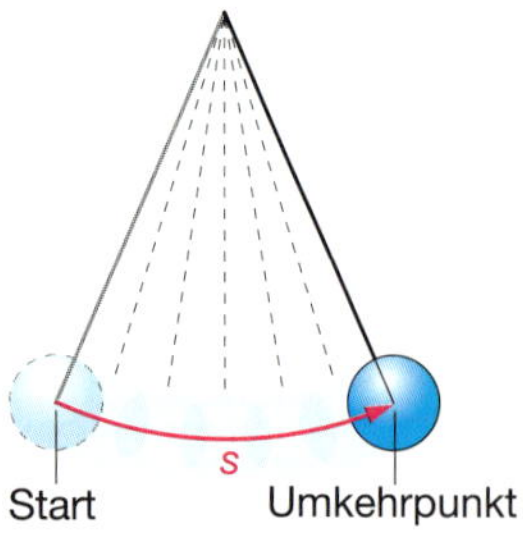

Bewegungen sind gleichförmig, wenn in gleichen Zeitabschnitten Δt gleiche Wegstrecken Δs zurückgelegt werden.
Die Geschwindigkeit ist bei gleichförmigen Bewegungen konstant.
Der Quotient aus zurückgelegtem Weg Δs und dafür benötigter Zeit Δt ist die Geschwindigkeit v des Körpers: $\boldsymbol{v = \frac{\Delta s}{\Delta t}}$.

Einheiten sind $1\,\frac{m}{s}$ oder $1\,\frac{km}{h}$.

Umrechnung: $\frac{m}{s} \xrightarrow{\cdot 3{,}6} \frac{km}{h}$ oder $\mathbf{x}\,\frac{m}{s} = (\mathbf{x} \cdot 3{,}6)\,\frac{km}{h}$

$\frac{km}{h} \xrightarrow{:3{,}6} \frac{m}{s}$ oder $\mathbf{x}\,\frac{km}{h} = \mathbf{x} \cdot \frac{1000\ m}{3600\ s} = (\mathbf{x} : 3{,}6)\,\frac{m}{s}$

Grundbegriffe
- *Bewegungen*
- *Geschwindigkeit*

Projekt — Geschwindigkeitsmessung

P1 Immer öfter werden in Städten Geschwindigkeitsmessungen durchgeführt, die der Information der Autofahrer dienen.
a) Überlegt, was diese Anlagen bewirken sollen.
b) Führt Befragungen durch, um herauszufinden, ob Autofahrer auch so verantwortungsbewusst sind und sich danach richten.

P2 a) Entwickelt ein Verfahren, mit dem ihr die Geschwindigkeit von Fahrzeugen mit Bandmaß und Stoppuhr oder mit einer Digital- bzw. Videokamera messen könnt.
Notiert die gefahrenen Geschwindigkeiten und erstellt eine Tabelle mit verschiedenen Geschwindigkeitsintervallen, z.B. $60-55\,\frac{km}{h}$, $55-50\,\frac{km}{h}$, $50-45\,\frac{km}{h}$, $45-40\,\frac{km}{h}$, ...
b) Stellt die Ergebnisse mithilfe von geeigneten Diagrammen dar.
b) Führt eine Langzeitstudie durch und schreibt einen Zeitungsartikel darüber.

Projekt — Grafische Darstellung von Bewegungen

P1 Es gibt im täglichen Leben viele Situationen, die mit „Bewegung" und „Geschwindigkeit" zu tun haben, aber meistens völlig unbeobachtet oder unbewusst ablaufen.
a) Überlegt euch solche möglichst interessanten Situationen und macht Voraussagen über die Ergebnisse, die ihr erwartet.
b) Führt zu solchen Situationen geeignete Versuchsreihen durch und stellt die Ergebnisse in entsprechenden Diagrammen dar.

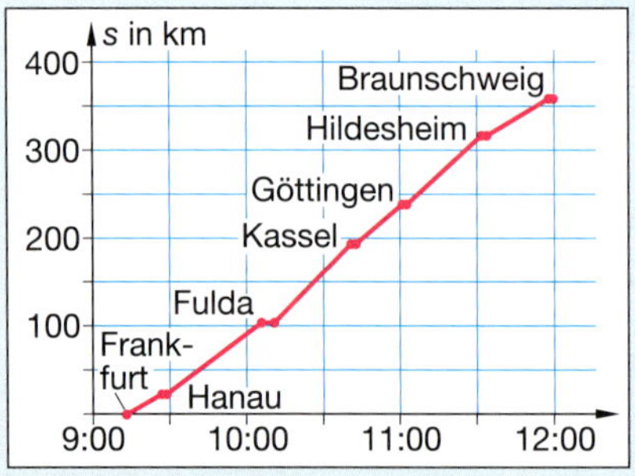

P2 a) Recherchiert, was ein **grafischer Fahrplan** ist.
b) Erstellt einen grafischen Fahrplan für die Verkehrsmittel, die ihr auf eurem Schulweg verwendet.

Schneller – Höher – Weiter

Projekt

Beim Kugelstoßen der Frauen wiegt die Kugel 4 kg und wird über 20 m weit gestoßen. Die besten Weitspringer bei den Männern erreichen fast 9 m. Der Weltrekord im Hochsprung liegt bei 2,45 m und im Stabhochsprung bei 6,16 m. Bei allen Sportarten spielen Bewegungsabläufe und der Einsatz von Kräften eine große Rolle und Sportler müssen hart trainieren und an ihren Bewegungsabläufen feilen, um zu solchen Höchstleistungen in der Lage zu sein.

P1 a) Informiert euch darüber, welche Techniken in der Leichtathletik beim Kugelstoßen, Hammerwerfen, usw. angewandt werden. Achtet hierbei besonders auf die Begriffe **Kraft** und **Geschwindigkeit**.
b) Stellt die Ergebnisse in geeigneter Form dar (z. B. auf Plakaten mithilfe von Bildfolgen).

P2 Für die folgenden Versuchsreihen benötigt ihr Stoppuhren und eine Videokamera. Die Auswertung von Bewegungsabläufen kann am besten mit geeigneter Computer-Software durchgeführt werden. Hilfreich ist es, am Körper der Sportler in der Nähe der Hüfte einen Markierungspunkt zu befestigen.
a) Nehmt nun verschiedene Messreihen bei unterschiedlichen Sportarten (z. B. beim Weitsprung) auf. Wählt auch mehrere Versuchspersonen aus.
b) Stellt die Messwerte in geeigneten Diagrammen dar. Geht in eurer Auswertung auf die Frage ein, wie sich Geschwindigkeiten geändert bzw. welche Kräfte gewirkt haben.

Mit Schwung in die Mauer

Projekt

Baut eine Bahn, auf der ihr untersuchen könnt, wie mit dem Schwung von Spielzeugautos am besten eine Mauer wegzuschieben ist. Vielleicht lässt sich die Mauer auch zum Einsturz bringen oder von der Bahn fegen.

P1 Verwendet verschiedene Autos und lasst diese aus verschiedenen Höhen starten. Baut auch verschiedene Mauern. Plant und dokumentiert systematische Versuchsreihen dazu.

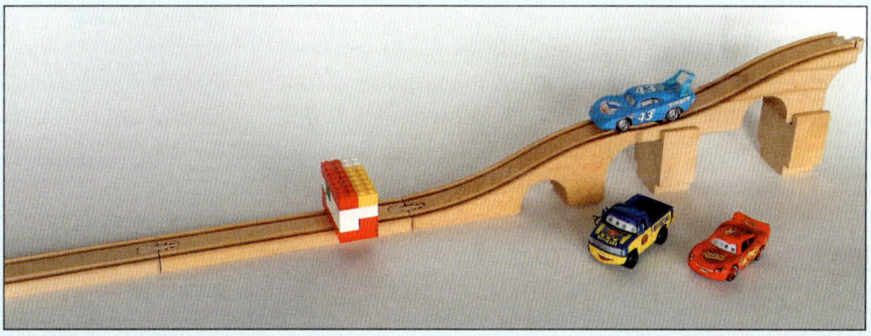

P2 Erstellt Präsentationen, mit denen ihr verdeutlichen könnt, wovon die Wucht und Zerstörungskraft der Autos abhängen.

P3 Informiert euch über die Größen **Impuls** und **Energie** und stellt sie in einen Zusammenhang mit euren Experimenten.

Körper in Bewegung

Wenn ein Physiker von einem „Körper" spricht, so meint er damit einen Gegenstand. Dabei sind in bestimmten physikalischen Zusammenhängen nur bestimmte Eigenschaften von Belang. In der Optik kann es wichtig sein, ob ein Körper grün oder blau ist, will man aber nur die Bewegung eines Gegenstandes beschreiben, so spielt die Farbe keine Rolle.
In diesem Kapitel betrachten wir nur die Eigenschaften, die wichtig sind, um die Bewegung von Gegenständen zu beschreiben.

Körper haben Masse

Zentraler Versuch

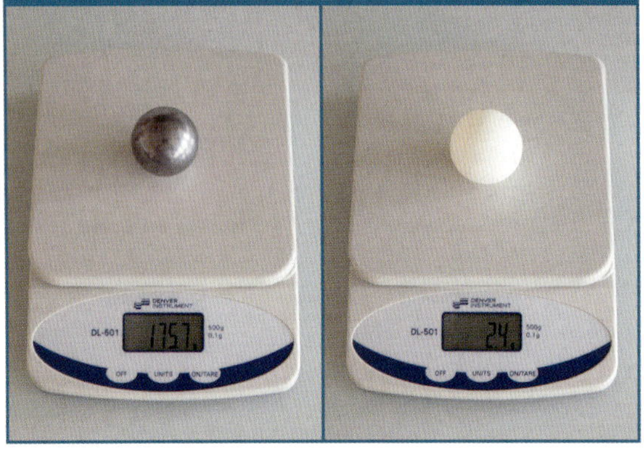

Die Stahlkugel auf der linken Seite ist viel schwerer als der Tischtennisball auf der rechten. Noch schwerer ist ein Fußball oder ein Medizinball aus dem Sportunterricht.

Alle diese Kugeln oder Bälle sind Körper. Sie unterscheiden sich nicht nur im Hinblick auf ihr Volumen, sondern sie sind auch unterschiedlich schwer. Auch alle anderen Körper sind mehr oder weniger schwer, die riesige Erde ebenso wie das kleinste Sandkorn.

Schwer zu sein ist eine Eigenschaft aller Körper.

Alle Körper sind schwer.

Zentraler Versuch

Werden die beiden Bälle angepustet, so rollt der Tischtennisball sofort weg, während sich die Stahlkugel unbeeindruckt zeigt. Es muss deutlich stärker gepustet werden, um die Stahlkugel in Bewegung zu setzen. Beim Anhalten ist es genauso – ist die Stahlkugel erst einmal am Rollen, so ist es sehr schwierig, sie durch Pusten zu verlangsamen oder umzulenken. Sie rollt von alleine immer geradeaus weiter. Körper ändern ihre Geschwindigkeit nicht von selbst.

Wenn ein Körper nicht angestoßen oder aufgehalten wird, behält er seine Geschwindigkeit und seine Bewegungsrichtung bei. Er ist **träge.**

Alle Körper sind träge. Ohne Beeinflussung von außen behalten sie ihren Bewegungszustand bei.

Schwere und Trägheit sind Grundeigenschaften aller Körper. Jeder Körper ist schwer und auch träge. Beides zusammen sind Eigenschaften, die mit dem Begriff der **Masse** beschrieben werden.

Die Masse eines Körpers gibt an, wie schwer bzw. wie träge er ist.

Massenbestimmung

„400 g Mehl, 100 g Zucker ..." sind typische Angaben aus Kochbüchern. Der Buchstabe „g" steht für eine mögliche Einheit der Masse, das Gramm. Die festgelegte Basiseinheit ist das Kilogramm (kg).

Zur Bestimmung von Massen, also beim „Wiegen", werden beispielsweise Balkenwaagen verwendet. Auf die eine Waagschale wird der Körper gelegt, dessen Masse bestimmt werden soll. Auf die andere Waagschale werden so lange bekannte Wägestücke gelegt, bis sich die Waage im Gleichgewicht befindet. Dabei werden in der Regel mehrere Wägestücke benötigt, die in einem Wägesatz zusammengestellt sind.

Im Gleichgewichtsfall befindet sich auf beiden Seiten die gleiche Masse. Die Addition der bekannten Massen auf der einen Waagschale ergibt dann die zu ermittelnde Masse des Körpers auf der anderen Waagschale.

Masse

Das Formelzeichen ist *m*.
Die Einheit ist 1 kg (Kilogramm).

Weitere Einheiten:

Tonne: 1 t = 1000 kg

Gramm: 1 g = $\frac{1}{1000}$ kg

Milligramm: 1 mg = $\frac{1}{1000}$ g = $\frac{1}{1000000}$ kg

Aufgaben

1 Zwei Kinder sitzen auf einer Wippe im gleichen Abstand zur Mitte. Erläutere die drei Möglichkeiten, in denen sich die Wippe einstellen kann. Ziehe Schlussfolgerungen jeweils bezüglich der Massen der Kinder und begründe deine Folgerungen.

2 Nenne Beispiele, wo bei verschiedenen Körpern unterschiedliche Trägheit aufgrund unterschiedlicher Massen zu beobachten ist.

3 Bestimme, welche Wägestücke des Wägesatzes unten zum Einstellen des Gleichgewichts benötigt werden, wenn Körper folgender Massen auf der Balkenwaage liegen: 138 g; 25 g; 69 g; 11 g; 8 g; 113 g.

4 Kommentiere, warum alle Wägestücke des Wägesatzes unten, die als erste Ziffer eine „2" aufgedruckt haben, doppelt vorhanden sind.

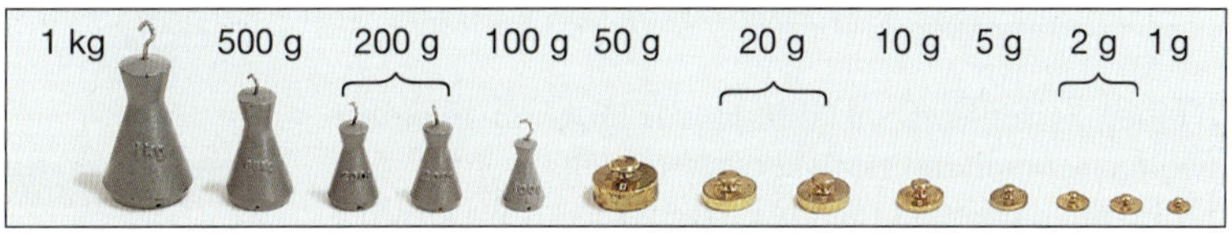

Masse — Versuche und Aufträge

V1 Benutze alle Waagen bei euch zu Hause und vergleiche ihre Genauigkeit. Als Körper zum Wiegen kannst du z. B. eine Getränkepackung, ein Glas Wasser, einen Bleistift o. Ä. nehmen. (Achtung! Beachte die Angaben auf der Waage und stelle keinen Körper mit einer für die Waage zu großen Masse darauf – sie könnte dadurch zerstört werden.)

V2 Wiege verschiedene Gegenstände mit den Waagen bei euch zu Hause ab (z. B. Schultasche, Koffer, aber auch dich selbst oder deinen Hund).

V3 Messbecher für die Küche haben meistens neben der Volumenskala für Flüssigkeiten noch Skalen für die Masse von Mehl, Zucker, Reis usw. Überprüfe diese Skalen durch Wiegen.

V4 Baue dir eine einfache Balkenwaage zum Aufhängen. Du benötigst einen Holzstab, der in der Mitte und im gleichen Abstand von der Mitte an den Enden eingekerbt wird, festen Zwirn und zwei gleiche Deckel aus Kunststoff als Waagschalen. Die Deckel werden am Rand an drei Punkten durchstochen und mit je drei Fäden an den äußeren Kerben befestigt.
Als Wägestücke nimmst du die Riegel einer Schokoladentafel, d. h. du misst in der Einheit „1 Schoko".
a) Wiege einige Gegenstände dir bekannter Masse in der Einheit „Schoko".
b) Deine Waage ist natürlich nur so genau wie die Masse deines Wägestücks. Berechne diese Masse mit der Angabe auf der Schokoladentafel.
c) Rechne die in a) bestimmten Massen von „Schoko" in Gramm um.

Körper haben Geschwindigkeit

Bei jeder Bewegung wird ein Weg zurückgelegt, wofür eine bestimmte Zeit benötigt wird. Wenn die Strecke in einer kurzen Zeit zurückgelegt wird, ist der Körper schnell; braucht er für dieselbe Strecke lange, dann ist er langsam. Physikalisch beschreibt dies die Größe **Geschwindigkeit.**

Die Geschwindigkeit eines PKW kann direkt am Tachometer abgelesen werden. Wenn er 60 $\frac{km}{h}$ anzeigt, bedeutet es, dass das Fahrzeug mit dieser Geschwindigkeit 60 km in einer Stunde zurücklegen würde – falls es solange mit dieser Geschwindigkeit fährt.

Zentraler Versuch

Die Geschwindigkeit kann auch über eine Messung von zurückgelegter Strecke und dazu benötigter Zeit ermittelt werden. Wenn die Lok im Foto oben in 5 s eine Strecke von 50 cm fährt, würde sie in einer Minute das 12-Fache, also $12 \cdot 0{,}5\ m = 6{,}0\ m$, fahren und in einer Stunde das 60-Fache davon, also $60 \cdot 6{,}0\ m = 360\ m = 0{,}36\ km$. Die Lok hat also eine Geschwindigkeit von 0,36 $\frac{km}{h}$.

Geschwindigkeit

Das Formelzeichen ist v.
Die Einheit ist $\frac{m}{s}$ oder $\frac{km}{h}$.

In einem ersten Versuch fährt die Lok langsam, in einem zweiten schnell; die zurückgelegten Wege werden wieder im Sekundentakt markiert. (Bei $t = 0$ s soll der Weg $s = 0$ cm sein). Die Tabelle zeigt die Messwerte. Bei beiden Bewegungen werden jeweils in der Zeitspanne von 1 s gleich lange Strecken zurückgelegt: Bei der ersten Bewegung jeweils 0,10 m, bei der zweiten jeweils 0,13 m. Wenn in gleichen Zeiten gleiche Strecken zurückgelegt werden, heißt die Bewegung **gleichförmig.**

Werden die Messwerte von Zeit und Weg für die Bewegung der Lok in ein Diagramm eintragen, so ergibt sich das **Zeit-Weg-Diagramm** dieser Bewegung. Bei beiden Bewegungen liegen die Messpunkte auf Ursprungsgeraden. Aus dem Diagramm lässt sich ablesen: In der doppelten Zeit wird der doppelte Weg zurückgelegt, in der dreifachen Zeit der dreifache Weg usw. Der rechte Teil der Tabelle bestätigt, dass der Quotient aus Weg und Zeit bei jeder Bewegung konstant ist. Dieser Quotient $\frac{\Delta s}{\Delta t}$ ist bei der schnelleren Bewegung größer. Er ist deshalb ein Maß für die Geschwindigkeit v. Im Zeit-Weg-Diagramm gehört zur schnelleren Bewegung, also zur größeren Geschwindigkeit, die steilere Gerade.

Zur Berechnung der Geschwindigkeit können aber auch zwei beliebige Zeitpunkte t_1 und t_2 und die zugehörigen Strecken s_1 und s_2 verwendet werden. v ergibt sich dann als Quotient aus dem Wegunterschied $s_2 - s_1 = \Delta s$ und der Zeitspanne $t_2 - t_1 = \Delta t$ zu $v = \frac{s_2 - s_1}{t_2 - t_1} = \frac{\Delta s}{\Delta t}$.

Bei gleichförmigen Bewegungen werden in gleichen Zeitabständen gleiche Strecken zurückgelegt.
Der Quotient aus zurückgelegtem Weg Δs und dafür benötigter Zeit Δt ist die Geschwindigkeit v: $v = \frac{\Delta s}{\Delta t}$.

Rechenbeispiel

1. Ein PKW darf innerorts höchstens mit einer Geschwindigkeit von 50 $\frac{km}{h}$ fahren. Gib diese Geschwindigkeit in $\frac{m}{s}$ an.
$v = 50\ \frac{km}{h} = 50 \cdot \frac{1000\ m}{3600\ s} = 14\ \frac{m}{s}$

2. Ein Radfahrer benötigt für 400 m genau 2,0 min. Berechne seine Geschwindigkeit in $\frac{km}{h}$.
$v = \frac{\Delta s}{\Delta t} = \frac{400\ m}{2{,}0\ min} = 200\ \frac{m}{min} = 200 \cdot \frac{0{,}001\ km}{1/60\ h} = 12\ \frac{km}{h}$

Lok	langsam	schnell	langsam	schnell
t	s	s	$\frac{\Delta s}{\Delta t}$	$\frac{\Delta s}{\Delta t}$
0 s	0 m	0 cm	–	–
1,0 s	0,1 m	0,13 m	0,1 $\frac{m}{s}$	0,13 $\frac{m}{s}$
2,0 s	0,2 m	0,26 m	0,10 $\frac{m}{s}$	0,13 $\frac{m}{s}$
3,0 s	0,3 m	0,39 m	0,10 $\frac{m}{s}$	0,13 $\frac{m}{s}$
4,0 s	0,4 m	0,52 m	0,10 $\frac{m}{s}$	0,13 $\frac{m}{s}$
5,0 s	0,5 m	0,65 m	0,10 $\frac{m}{s}$	0,13 $\frac{m}{s}$

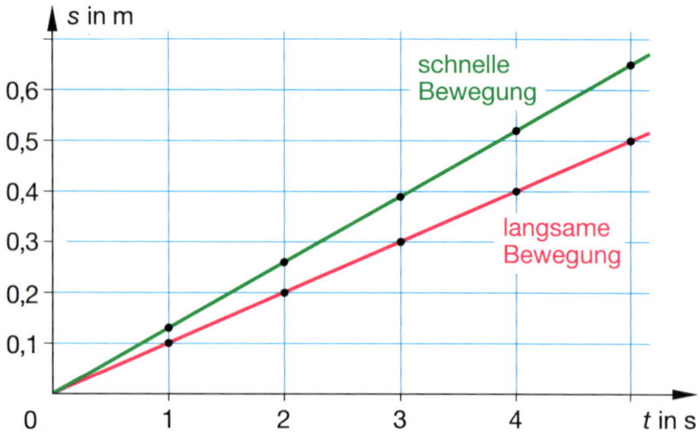

t-v-Diagramme

Bei gleichförmigen Bewegungen ist die Geschwindigkeit konstant. Dies ist eine Besonderheit, denn oft ändern Körper bei einer Bewegung ihre Geschwindigkeit. Tatsächlich stellt die gleichförmige Bewegung auf der linken Seite nur einen Ausschnitt dar, denn um die Lok auf die gemessene konstante Geschwindigkeit zu bringen, muss der Traforegler aufgedreht werden. Dadurch nimmt die Geschwindigkeit der Lok gleichmäßig zu. Nach dem gemessenen Teil mit der gleichförmigen Bewegung soll die Lok wieder anhalten; dazu wird der Traforegler zurück auf null gedreht. Dabei nimmt die Geschwindigkeit der Lok ab, bis sie schließlich steht und die Geschwindigkeit $v = 0\,\frac{\text{m}}{\text{s}}$ hat.

Bei solchen Bewegungen ist es nützlich, die Geschwindigkeit in Abhängigkeit von der Zeit in einem **Zeit-Geschwindigkeits-Diagramm** darzustellen. Für die beiden Loks von der linken Seite ergibt sich dann das rechts dargestellte Diagramm.

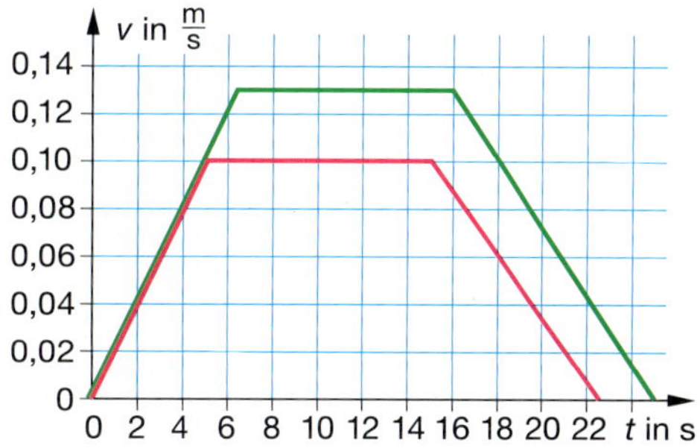

Bewegungen können mithilfe von Zeit-Weg-Diagrammen und Zeit-Geschwindigkeits-Diagrammen dargestellt und interpretiert werden.

Aufgaben

1 Ein Fahrzeug fährt mit einer Geschwindigkeit von $20\,\frac{\text{m}}{\text{s}}$.
a) Berechne, welche Strecke das Auto in 14 s zurücklegt.
b) Berechne die Zeit, die das Fahrzeug für eine Strecke von 1000 m braucht.
c) Zeichne das *t-s*-Diagramm.

2 **a)** Bestimme aus dem folgenden *t-s*-Diagramm die Geschwindigkeit der Fahrzeuge ① und ②.

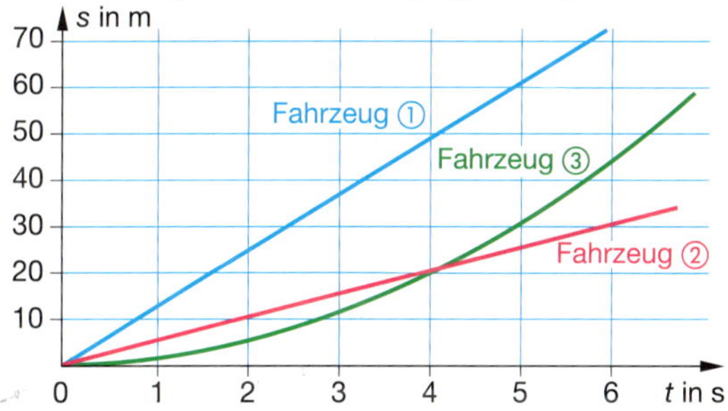

b) Beschreibe die Bewegung von Fahrzeug ③.
c) Bestimme näherungsweise den Zeitpunkt, an dem die Fahrzeuge ① und ③ bzw. ② und ③ die gleiche Geschwindigkeit haben.
d) Ermittle, wann Fahrzeug ③ das Fahrzeug ② einholt, wenn sie sich auf gleicher Strecke bewegen.

3 Bei einer Autofahrt zeigt der Tacho eine konstante Geschwindigkeit $v = 54\,\frac{\text{km}}{\text{h}}$ an. Außerhalb des Fahrzeugs wird gemessen, wie lange es für verschiedene Streckenabschnitte braucht. Die Streckenabschnitte liegen hintereinander, der Anfang des ersten Abschnittes kann als Wegmarke 0 gesetzt werden. Es ergeben sich die folgenden Messwerte:

s	150 m	300 m	750 m	450 m	1,2 km
t	10 s	20 s	50 s	30 s	80 s

a) Zeichne ein Zeit-Weg-Diagramm der Bewegung. Untersuche, ob das Fahrzeug tatsächlich mit konstanter Geschwindigkeit fährt.
b) Stimmt die Anzeige auf dem Tachometer des Fahrzeugs?

4 Ein Auto bewegt sich gleichförmig mit einer Geschwindigkeit von $72\,\frac{\text{km}}{\text{h}}$. Der Umfang der Reifen dieses Fahrzeugs beträgt 1,8 m. Während einer Umdrehung der Räder dreht sich die Motorwelle (im 3. Gang) viermal.
Berechne die Anzahl der Umdrehungen der Motorwelle in einer Minute.

5 Das folgende *t-v*-Diagramm zeigt die Bewegung eines Fahrzeugs.

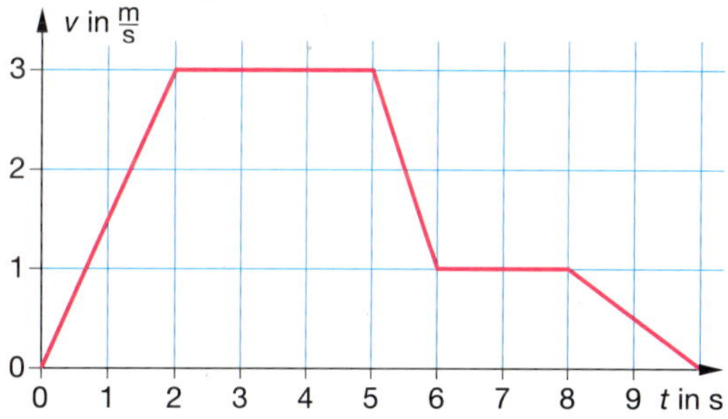

a) Beschreibe diese Bewegung in Worten.
b) Bestimme die Länge der Streckenabschnitte, die in den Phasen gleichförmiger Bewegung zurückgelegt werden.

6 Bei einem Überholvorgang auf der Autobahn beschleunigt ein Auto in 3 Sekunden von $95\,\frac{\text{km}}{\text{h}}$ auf $130\,\frac{\text{km}}{\text{h}}$, fährt 8 Sekunden mit dieser Geschwindigkeit und verlangsamt dann innerhalb von 5 Sekunden auf $110\,\frac{\text{km}}{\text{h}}$. Stelle dies in einem Zeit-Geschwindigkeits-Diagramm dar.

Werkzeug — Umgang mit Formeln

Sind zwei der drei Größen Geschwindigkeit v, Strecke s oder Zeit t für eine gleichförmige Bewegung bekannt, lässt sich die jeweils dritte Größe berechnen. Nebenstehendes Rechendreieck hilft: Die waagrechte Linie steht für eine Division, die senkrechte für eine Multiplikation.

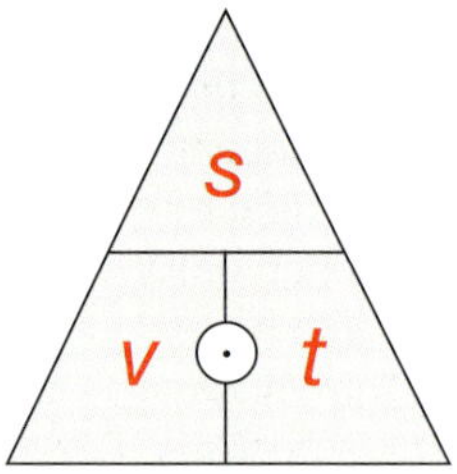

- Für v werden s und t benötigt, also ist die waagrechte Linie zu überschreiten: *s durch t dividieren.*
- Für t werden s und v benötigt, also ist wieder die waagrechte Linie zu überschreiten: *s durch v dividieren.*
- Für s werden v und t benötig, also senkrechte Linie überschreiten: *v mit t multiplizieren.*

Berechnung der Geschwindigkeit
Geg.: $s = 5{,}4\ \text{m}$; $t = 9\ \text{s}$
Ges.: Geschwindigkeit v
Lösung: s oben, t unten, also
$v = \frac{s}{t} = \frac{5{,}4\ \text{m}}{9\ \text{s}} = 0{,}6\ \frac{\text{m}}{\text{s}}$

Berechnung der Zeit
Geg: $v = 1{,}2\ \frac{\text{m}}{\text{s}}$; $s = 3\ \text{m}$
Ges: Zeit t
Lösung: s oben, v unten, also
$t = \frac{s}{v} = \frac{3\ \text{m}}{1{,}2\ \text{m/s}} = 2{,}5\ \text{s}$

Berechnung der Strecke
Geg.: $v = 3\ \frac{\text{m}}{\text{s}}$; $t = 3{,}5\ \text{s}$
Ges.: Strecke s
Lösung: v unten, t unten, also
$s = v \cdot t = 3\ \frac{\text{m}}{\text{s}} \cdot 3{,}5\ \text{s} = 10{,}5\ \text{m}$

Werkzeug — Erstellen von Ausgleichsgeraden mit Tabellenkalkulation

t in s	s in m
2	10,5
3	12,5
4	13,5
5	17,5
6	20,6
7	23,0
8	25,0
9	26,7
10	30,0

Bei der grafischen Darstellung von Messwerten werden aufgrund der Messungenauigkeiten meistens Ausgleichskurven gezeichnet. Diese durchgehende Kurve erfüllt den vermuteten mathematischen Zusammenhang der Größen und liegt möglichst nah an allen Messpunkten. Mit einem Tabellenkalkulationsprogramm können solche Ausgleichskurven am Computer automatisch berechnet und gezeichnet werden. Dort heißen sie meist „Trendlinie".
Der Gleichung der Trendlinie in dem Zeit-Weg-Diagramm lässt sich dann entnehmen, dass der Körper mit einer Geschwindigkeit von etwa $2{,}5\ \frac{\text{m}}{\text{s}}$ unterwegs war und zu Beginn der Messung bereits einen Weg von 5 m zurückgelegt hatte.

Wie wird ein Diagramm mit Trendlinie erstellt?

1. Trage die Messwerte in eine Tabelle ein. Gib dabei gleich Spaltenüberschriften mit Größe und Einheit ein.
2. Wähle alle Tabellenwerte aus und erstelle daraus ein Diagramm. Der Diagrammtyp ist dabei ein „xy-Punktdiagramm" ohne verbindende Linien.
3. Achte gleich auf ordentliche Achsenbeschriftungen und gegebenenfalls eine Diagrammüberschrift. Diese sind meistens mit einem Rechtsklick an den entsprechenden Stellen zu bearbeiten.
4. Mit einem Rechtsklick auf einen Datenpunkt lässt sich dann eine „Trendlinie hinzufügen". Von den zur Verfügung stehenden Typen wird dir wahrscheinlich nur „linear" bekannt vorkommen. Dieser Typ erzeugt eine Ausgleichsgerade. In diesem Menü lässt sich meist noch auswählen, ob es eine Ursprungsgerade sein soll (Schnittpunkt = 0|0) und ob die Gleichung im Diagramm dargestellt werden soll.

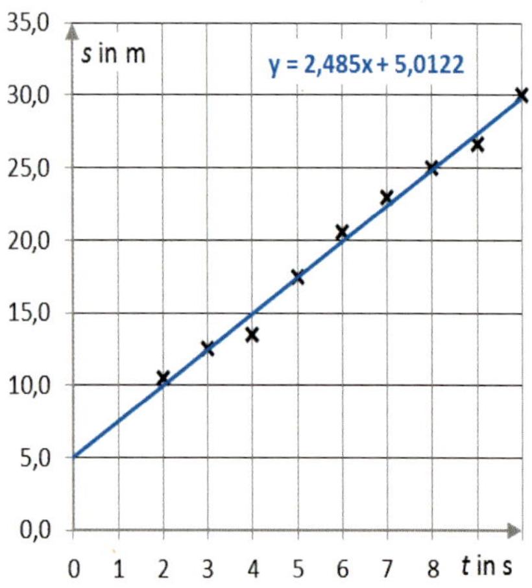

Erstellen und Interpretieren von Diagrammen — Werkzeug

Peter und Simone fahren mit ihren Fahrrädern ins Schwimmbad. Diese Bewegung kann in einem *t-s*-Diagramm dargestellt werden. Angenommen Peter fährt mit der Geschwindigkeit $v = 18\,\frac{km}{h} = 300\,\frac{m}{min}$, dann legt er in 1 Minute 300 m, in 2 Minuten 600 m und in 3 Minuten 900 m zurück. Im *t-s*-Diagramm können die Wertepaare (1 min | 300 m), (2 min | 600 m), (3 min | 900 m) eingetragen werden, die alle auf einer Ursprungsgeraden liegen.

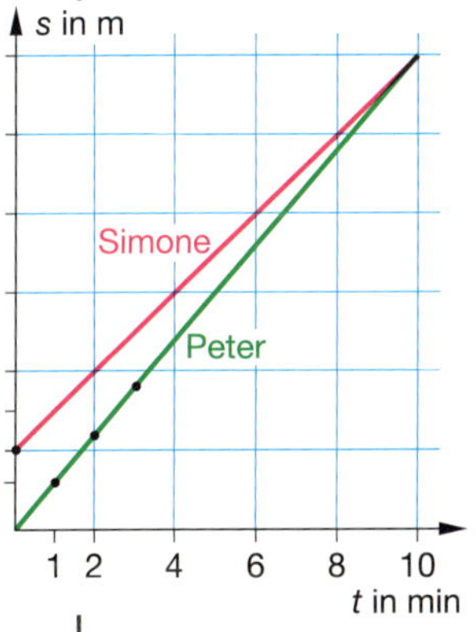

Aus diesem Diagramm können bestimmte Sachverhalte abgelesen werden:

- Peter braucht z. B. 10 min bis zum Schwimmbad, da es 3 km entfernt ist.
- Simone wohnt nur 2,5 km vom Schwimmbad entfernt. Sie fährt zur gleichen Zeit wie Peter mit der Geschwindigkeit $v = 250\,\frac{m}{min}$ los. Da sie 500 m Vorsprung hat, beginnt die Gerade, die ihre Bewegung beschreibt, im Punkt (0 min | 500 m). Weil sie langsamer als Peter ist, ist die Gerade zu ihrer Bewegung weniger steil. Es ist aber zu erkennen, dass sich die Geraden im Punkt (10 min | 3000 m) schneiden. Die beiden treffen sich also nach 10 Minuten am Schwimmbad.

Nach dem Verlassen des Schwimmbades schiebt Peter sein Fahrrad mit der Geschwindigkeit $v = 100\,\frac{m}{min}$ nach Hause, weil Simone noch nicht am Ausgang ist. Sie fährt 3 Minuten später mit $v = 400\,\frac{m}{min}$ hinter ihm her. Wann und wo trifft sie Peter?
Die Frage lässt sich mithilfe eines *t-s*-Diagramms beantworten:

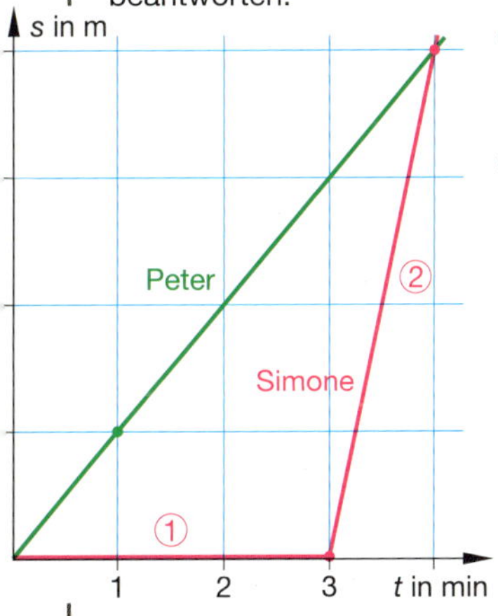

- Peters Bewegung ist eine Ursprungsgerade durch (1 min | 100 m).
- Simones Bewegung hat zwei Abschnitte: Im Bereich ① bewegt sie sich nicht, steht also bis zum Zeitpunkt $t = 3$ min. Dann bewegt sie sich im Bereich ② mit der Geschwindigkeit $v = 400\,\frac{m}{min}$. Sie ist erkennbar schneller als Peter.
- Aus dem Schnittpunkt der beiden Geraden kann abgelesen werden, wann und wo sich die beiden treffen: Nach 4 Minuten sind beide 400 m vom Schwimmbad entfernt.

Peters Bruder David fährt mit der Geschwindigkeit $v = 500\,\frac{m}{min}$ genau in dem Moment in Richtung Schwimmbad, als Peter vom Schwimmbad aus mit seinem Fahrrad nach Hause losläuft. Die beiden werden sich unterwegs treffen müssen. Die Frage ist auch hier: Wann und wo?
Zur Lösung soll wieder ein *t-s*-Diagramm benutzt werden, in dem beide Bewegungen dargestellt sind.

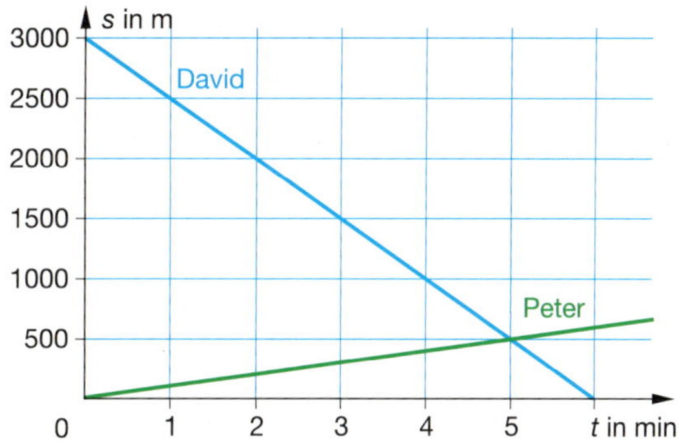

Peters Bewegung wird durch eine Ursprungsgerade repräsentiert. Davids Bewegung sieht anders aus. Er startet genauso wie Peter zur Zeit $t = 0$ min. Da er zu der Zeit noch zuhause ist, befindet er sich bei $s = 3000$ m. Also ist (0 min | 3000 m) ein Punkt auf der Geraden, die Davids Bewegung beschreibt. Weil er im Vergleich zu Peter in die entgegengesetzte Richtung fährt, beschreibt eine fallende Gerade seine Bewegung. Die beiden treffen sich nach 5 Minuten und sind 500 m vom Schwimmbad entfernt.

Gleichförmige Bewegungen können mithilfe eines *t-s*-Diagramms dargestellt werden:

- **Je steiler die Gerade verläuft, desto größer ist die Geschwindigkeit des Körpers.**
- **Schneiden sich die Geraden zweier Bewegungen, so befinden sich die Körper zu diesem Zeitpunkt am selben Ort.**
- **Bewegt sich ein Körper rückwärts, so wird dies durch eine fallende Gerade im *t-s*-Diagramm erkennbar.**
- **Laufen die Geraden nicht durch den Ursprung, beginnt die Bewegung nicht zur Zeit $t = 0$ s oder nicht am Ort $x = 0$ m.**

Streifzug — Geschwindigkeit im Straßenverkehr

Fast jeden Tag stehen in den Zeitungen Berichte über Verkehrsunfälle mit Personenschäden. Manchmal ist der Fahrer des PKW oder LKW schuld, weil er sich nicht verkehrsgerecht verhalten oder sich nicht auf das Verkehrsgeschehen konzentriert hat. Manchmal sind aber auch Fußgänger oder Radfahrer schuld, weil sie die Situation falsch eingeschätzt haben.
Welche Tatsachen sollte der Fahrer eines PKW oder eines LKW beim Fahren berücksichtigen und welche ein Fußgänger oder ein Fahrradfahrer? Warum gibt es in geschlossenen Ortschaften so unterschiedliche Geschwindigkeitsbeschränkungen für Fahrzeuge?

Kind gerettet – Auto kaputt!

Mainz: In der Kaiserstraße sprang ein Kind, das seinem Ball nachlief, vor ein Auto. Nur der Tatsache, dass der Fahrer die zulässige Höchstgeschwindigkeit eingehalten hatte und reaktionsschnell bremste, ist es zu verdanken, dass das Fahrzeug gerade noch rechtzeitig zum Stehen kam. Durch die Vollbremsung fuhr ein zweites Fahrzeug, das den Sicherheitsabstand nicht eingehalten hatte, auf das erste Fahrzeug auf. Es entstand erheblicher Sachschaden.

Aus der Sicht des Fahrzeugführers

Immer wieder kommt es vor, dass Fußgänger plötzlich zwischen zwei geparkten Autos auf die Straße laufen, um sie zu überqueren, oder spielende Kinder einem auf die Straße kullernden Ball hinterherlaufen, ohne auf den Verkehr zu achten.
All das muss der Fahrzeugführer während der Fahrt im Auge behalten und bedenken, dass er zwischen Erkennen der Gefahrensituation und Bremsen einen bestimmten Weg zurückgelegt hat.

Rechenbeispiel

Ein Autofahrer fährt mit einer Geschwindigkeit von $50\,\frac{km}{h}$ anstelle der erlaubten Geschwindigkeit von $30\,\frac{km}{h}$. Berechne die Verlängerung (in Meter) seiner Fahrstrecke während seiner Reaktionszeit von 1,5 s.

Geg.: erlaubt: $v_1 = 30\,\frac{km}{h} = 8{,}3\,\frac{m}{s}$
gefahren: $v_2 = 50\,\frac{km}{h} = 13{,}9\,\frac{m}{s}$
Reaktionszeit: $t = 1{,}5\,s$

Ges.: Streckenunterschied $s_2 - s_1$

Lösung: Das Fahrzeug legt in 1,5 s folgende Strecken zurück:

$s_2 = v_2 \cdot t = 13{,}9\,\frac{m}{s} \cdot 1{,}5\,s = 20{,}85\,m$

$s_1 = v_1 \cdot t = 8{,}3\,\frac{m}{s} \cdot 1{,}5\,s = 12{,}45\,m$

$s_2 - s_1 = 8{,}4\,m$

In der Reaktionszeit von 1,5 s legt das Auto 8,4 m mehr Wegstrecke zurück.

Aus der Sicht des Fußgängers / Fahrradfahrers

Nach der Schule ganz schnell nach Hause, schnell über die Straße, weil die Straßenbahn oder der Bus sonst losfahren. Doch dabei muss unbedingt auf den Verkehr geachtet werden!
Wenn ein Fußgänger eine befahrene Straße überqueren will oder ein Radfahrer über eine Kreuzung ohne Ampeln fahren will, müssen sie abschätzen, ob ein herannahendes Fahrzeug weit genug entfernt ist, damit sie die Straße noch gefahrlos überqueren können.

Rechenbeispiel

Ein Fußgänger, der mit $5\,\frac{km}{h}$ geht, möchte eine 8 m breite Straße überqueren. Berechne die Entfernung, die ein Fahrzeug, das sich mit $60\,\frac{km}{h}$ nähert, mindestens haben muss, damit der Fußgänger die andere Straßenseite erreicht hat, bevor das Auto seinen Weg kreuzt.

Geg.: Fußgänger $v_1 = 5\,\frac{km}{h} = 1{,}4\,\frac{m}{s}$; $s_1 = 8\,m$
Fahrzeug $v_2 = 60\,\frac{km}{h} = 16{,}7\,\frac{m}{s}$
Straßenbreite: $b = 8\,m$

Ges.: Entfernung s

Lösung: Der Fußgänger benötigt für das Überqueren der Straße

$t = \frac{b}{v} = \frac{8\,m}{1{,}4\,\frac{m}{s}} = 5{,}7\,s$

Das Fahrzeug fährt in dieser Zeit

$s = v_2 \cdot t = 16{,}7\,\frac{m}{s} \cdot 5{,}7\,s = 95{,}19\,m$

Das Fahrzeug muss fast 100 Meter entfernt sein!

Der Anhalteweg eines Fahrzeugs

Eine Gefahr in acht Metern Entfernung zu erkennen ist das Eine – das Fahrzeug auch rechtzeitig zum Stehen zu bringen das Andere. Wie lang ist der Weg, den das Fahrzeug vom Erkennen der Gefahr bis zum völligen Stillstand zurücklegt, und wovon ist er abhängig?

Der Reaktionsweg s_R

Selbst wenn ein aufmerksamer Fahrer ein Hindernis bemerkt, dauert es noch eine gewisse Zeit, bis er schließlich reagiert und die Bremse betätigt. Diese Zeitdauer ist die **Reaktionszeit t_R**. Sie liegt normalerweise im Bereich von einer Sekunde, kann aber auch länger sein, wenn der Fahrer unaufmerksam oder ermüdet ist. Alkohol verlängert die Reaktionszeit erheblich!

In der Reaktionszeit bewegt sich das Fahrzeug mit seiner ursprünglichen Geschwindigkeit weiter. Die Länge des dabei zurückgelegten **Reaktionsweges s_R** lässt sich also mit $s_R = v \cdot t_R$ berechnen:
Bei einer Geschwindigkeit von $50\,\frac{\text{km}}{\text{h}} = 13{,}9\,\frac{\text{m}}{\text{s}}$ und einer Reaktionszeit von 1 s beträgt s_R etwa
$13{,}4\,\frac{\text{m}}{\text{s}} \cdot 1\,\text{s} \approx 14\,\text{m}$.
Für eine schnelle Überschlagsrechnung gibt es eine
Faustformel für den Reaktionsweg:
s_R = Tachoanzeige · 3 : 10.
Für $50\,\frac{\text{km}}{\text{h}}$ wären das $\frac{50 \cdot 3}{10} = 15$ (m).

Der Bremsweg s_B

Durch das Betätigen des Bremspedals führt das Fahrzeug eine verzögerte Bewegung aus, die sich nicht mehr mit unseren Gleichungen für die gleichförmige Bewegung berechnen lässt, denn die Geschwindigkeit des Fahrzeuges nimmt ja ab. Wie schnell das Abbremsen geschieht und wie lang die Strecke bis zum Stillstand ist, hängt vom Fahrzeugtyp und von den Fahrbahnverhältnissen ab.
Für die meisten Bremsvorgänge gibt es aber eine
Faustformel für den Bremsweg:
s_B = (Tachoanzeige : 10)²
Für $50\,\frac{\text{km}}{\text{h}}$ wären das
$(50 : 10)^2 = (5)^2 = 25$ (m).

Der Anhalteweg s_A

Die Summe von Reaktionsweg und Bremsweg ergibt den Anhalteweg vom Erkennen der Notwendigkeit zum Bremsen bis zum Stillstand des Fahrzeugs:
$s_A = s_R + s_B$.
Er ist bei $50\,\frac{\text{km}}{\text{h}}$ 40 Meter lang.

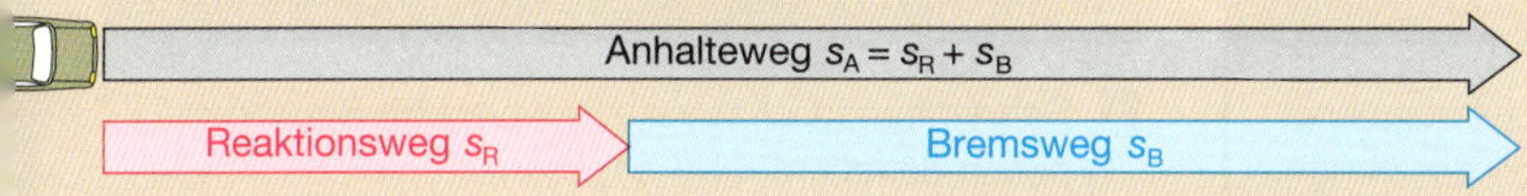

Auch Radfahrer und Fußgänger können viel zur Sicherheit im Straßenverkehr beitragen.

Verantwortungsbewusstes Überqueren der Straße:
Wenn keine Ampeln in der Nähe sind, dann muss auf ausreichende Entfernung zu den ankommenden Fahrzeugen geachtet werden. Der Fußgänger sollte einkalkulieren, dass er bei normalem Gehtempo für 1 m Fahrbahnbreite etwa 1 s benötigt. Wenn er dann die erlaubte Höchstgeschwindigkeit durch 3 teilt und mit der Zeit für die Straßenüberquerung multipliziert, kennt er die Strecke, die das Auto entfernt sein sollte – vorausgesetzt der Fahrer hält sich an die Geschwindigkeitsbegrenzung.

Vorsicht bei unübersichtlichen Situationen:
Besondere Aufmerksamkeit erfordert das Betreten der Fahrbahn, wenn Büsche die Sicht einschränken oder man zwischen parkenden Fahrzeugen auf die Fahrbahn tritt, weil dadurch die Fahrer die Gefahr zu spät bemerken und nicht mehr rechtzeitig bremsen könnten.

Vorsicht bei schlechten Fahrbahnverhältnissen:
Bei nasser, rutschiger Straße oder sogar Glatteis ist der Bremsweg erheblich länger.

Warum „Tempo 30"?

Im Regelfall werden diese Schilder in Wohngebieten angebracht. Hier parken oft viele Autos am Straßenrand. Bäume und Sträucher behindern die Sicht. Menschen sind unterwegs, betreten zwischen den Autos die Fahrbahn, nutzen die Straße als Gehweg. Kinder spielen selbstvergessen und ohne auf den Verkehr zu achten; oft genug laufen sie einem Ball hinterher, der auf die Fahrbahn kullert. All das sollte der Fahrzeugführer im Auge behalten!

Sobald er eine solche Situation erkennt, muss er rechtzeitig reagieren. Bei einer Geschwindigkeit von $v = 30\,\frac{\text{km}}{\text{h}} = 8{,}3\,\frac{\text{m}}{\text{s}}$ legt das Auto in jeder Sekunde einen Weg von über acht Metern zurück – das ist etwa die Strecke von zwei hintereinander geparkten Autos, hinter denen unaufmerksame Kinder auf die Fahrbahn treten könnten! Bei höheren Geschwindigkeiten vergrößert sich entsprechend die Strecke, die der Fahrer im Auge behalten muss – was aber oft nicht ausreichend zu gewährleisten ist. Deshalb „Tempo 30".

Körper haben Impuls

Vor einer Fliege, die mit ca. 10 $\frac{km}{h}$ durch die Luft fliegt, weicht niemand aus. Vor einem Auto, das mit der gleichen Geschwindigkeit daherkommt, springt jeder zur Seite. Beide haben, obwohl sie sich mit gleicher Geschwindigkeit bewegen, sehr unterschiedliche Wucht, die jedermann gut abschätzen kann. Die beiden Körper Fliege und Auto unterscheiden sich bezüglich ihrer Wucht durch die Massen, die sie besitzen.

Zentraler Versuch

Zwei Eigenschaften eines Körpers bestimmen den **Impuls** – so heißt Wucht in der Sprache der Physiker –, mit dem der Körper daherkommt: seine Masse und seine Geschwindigkeit:

- Ein Körper mit hoher Geschwindigkeit hat bei gleicher Masse einen größeren Impuls als ein solcher mit geringerer Geschwindigkeit.
- Ein schwerer Körper hat bei gleicher Geschwindigkeit einen größeren Impuls als ein leichter.

Ob ein Fahrrad ganz langsam gegen den Bordstein fährt oder mit hoher Geschwindigkeit, macht einen großen Unterschied. Seine Wucht ist offenkundig größer, wenn das Rad schneller ist. In diesen Situationen ist es die Geschwindigkeit, die den Unterschied in der Wucht des Rades hervorruft.

Die kleine Schwester beim Schaukeln am untersten Punkt der Bahn aufzuhalten, ist umso schwieriger, je schneller sie angerauscht kommt. Sie hat dann viel mehr Schwung und trifft ihren Bruder daher mit viel größerer Wucht als wenn sie ganz langsam daherkäme. – Den schweren Freund dagegen aufzuhalten, bereitet schon Schwierigkeiten, selbst wenn er ziemlich langsam ankommt. Ihn in vollem Schwung anzuhalten, ist nahezu aussichtslos!

Genauere Untersuchungen zeigen, dass der Impuls proportional zur Masse und proportional zur Geschwindigkeit des Körpers ist. Es gilt:

$p = m \cdot v$.

Mithilfe dieser Formel können unterschiedliche Impulse berechnet werden, sodass sie auch zahlenmäßig verglichen werden können.

Impuls

Das Formelzeichen ist p.

Die Einheit ist 1 $\frac{kg \cdot m}{s}$.

Je größer die Geschwindigkeit und/oder die Masse eines Körpers sind, desto größer ist sein Impuls. Der Impuls p wird berechnet als Produkt aus Masse m und Geschwindigkeit v: $p = m \cdot v$

Rechenbeispiel

Gegen eine Tür oder Wand zu laufen ist schmerzhaft. Aber es gibt einen Eindruck von der Größe eines Impulses. Zum Vergleich dazu kann der Impuls eines Fußballs beim Elfmeter-Schuss oder ein Auto mit 30 $\frac{km}{h}$ in der Spielstraße dienen:

Schüler–Glastür: Masse 48 kg mit 4 $\frac{km}{h}$ = 1,11 $\frac{m}{s}$
Impuls p = 53,3 $\frac{kg \cdot m}{s}$

Fußball beim Elfmeter: 0,375 kg mit 100 $\frac{km}{h}$ = 27,8 $\frac{m}{s}$
Impuls p = 10,4 $\frac{kg \cdot m}{s}$

Auto: 1330 kg mit 30 $\frac{km}{h}$ = 8,33 $\frac{m}{s}$
Impuls p = 11079 $\frac{kg \cdot m}{s}$

Aufgaben

1 Schreibe möglichst viele Beispiele für Situationen auf, in denen Impulse abgeschätzt werden müssen (Sport, Handwerk, Verkehr …)

2 Gib Beispiele, bei denen Impulse durch Änderung der Geschwindigkeit bzw. der Masse verändert werden.

3 Stelle eine Liste mit umgangssprachlichen Bezeichnungen für „Impuls" auf. Lege diese Liste einer erwachsenen Person vor und lass sie die Worte erklären. Schreibe ein Protokoll über ihre Äußerungen.

4 Ein Tennisball wiegt 58 g. Im Jahr 2012 wurde mit 263 $\frac{km}{h}$ ein neuer Geschwindigkeitsrekord im Tennis erreicht. Berechne den Impuls des Balles.

5 Schätze den Impuls des Zuges ab, der die Außenwand des Pariser Bahnhofs durchbrach (S. 105).

Darstellen von Geschwindigkeiten und Impulsen — Werkzeug

Ein bewegter Körper besitzt in jedem Moment seiner Bewegung eine genau festgelegte Richtung, in die er sich bewegt. Sein Impuls hat dieselbe Richtung, denn senkrecht zur Bewegungsrichtung ist nichts vom Impuls zu spüren. Dies lässt sich darstellen, indem neben den bewegten Körper ein Pfeil gezeichnet wird, dessen Länge der Größe des Impulses entspricht. Die Pfeilrichtung gibt die Richtung des Impulses an.

Die Tatsache, dass jeder Impuls eine Richtung hat, wird durch einen kleinen Pfeil deutlich gemacht, der über das Formelzeichen gesetzt wird: $\vec{p}$.
Gleiches gilt für die Geschwindigkeit: $\vec{v}$.

Die unterschiedlichen Impulse zweier rollender Kugeln K_1 und K_2 sind dann so wie unten darstellbar.

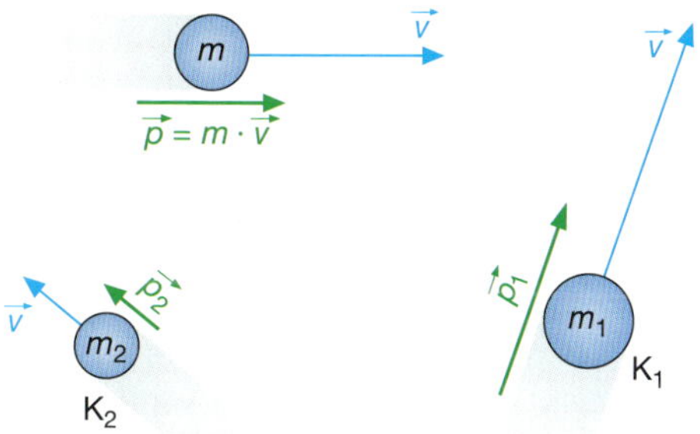

Impuls bei Inlinern — Versuche und Aufträge

V1 Einer von euch setzt sich auf den Inlinern in Bewegung und fährt rollend auf einen stehenden Skater auf. (Haltet euch am besten an der Hüfte fest, damit niemand zu Fall kommt.) Achtet auf die Geschwindigkeit nach dem „Ankoppeln".

a) Führt dieses Experiment mit gleichschweren und mit unterschiedlich schweren Schülern bei verschiedenen Geschwindigkeiten durch.

b) Protokolliert die Ergebnisse. Falls ihr die Möglichkeit habt, Videos von den Experimenten zu drehen, könnt ihr eine Videoanalyse-Software nutzen, um die Experimente auszuwerten.

c) Erklärt, was jeweils mit dem Impuls des linken Skaters passiert. Verwendet dabei die Begriffe Masse und Geschwindigkeit.

V2 Nun stehen sich zwei von euch auf Skates gegenüber und stoßen sich mit den Händen voneinander ab. Führt auch dieses Experiment wieder mit gleichschweren und mit unterschiedlich schweren Schülern durch. Erklärt die verschiedenen Geschwindigkeiten, die zu beobachten sind.

V3 Im dritten Experiment fahren zwei von euch aufeinander zu und stoßen zusammen. Probiert auch hier wieder, bei verschiedenen Geschwindigkeiten „anzukoppeln" und erklärt, was mit dem Impuls passiert.

Impulsübertragung

Wenn ein bewegter Körper einen anderen anstößt, überträgt er dabei Impuls auf ihn. Sie wirken dabei wechselseitig aufeinander ein. Dies lässt sich auch gut bei einem Billiardspiel erkennen, bei dem sich die Kugeln in alle möglichen Richtungen bewegen.

Leichter ist es, die Eigenschaften des Impulses mit Wagen auf einer Fahrbahn zu untersuchen. Dort finden die Bewegungen nur nach links oder nach rechts statt. Auf dieser Fahrbahn stoßen Wagen mit verschiedenen Massen auf unterschiedliche Art zusammen. Die Versuche, Beobachtungen und Schlussfolgerungen sind im Folgenden dargestellt; die grünen Pfeile über den Wagen stellen die jeweiligen Impulse dar.

Zentraler Versuch

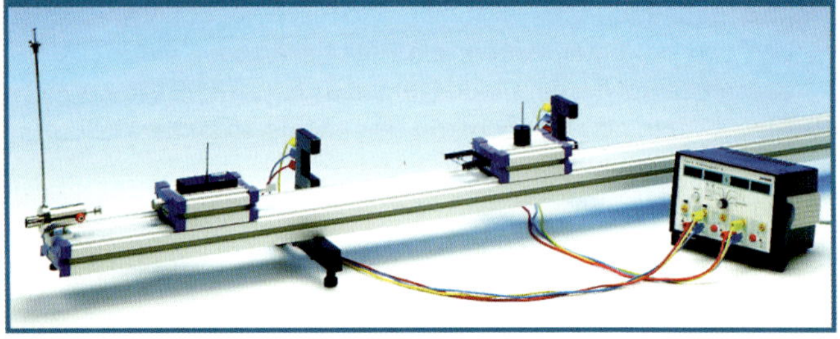

① Der linke Wagen prallt über eine Feder gegen einen gleichschweren ruhenden Wagen. Der linke Wagen bleibt nach dem Stoß stehen, der rechte bewegt sich jetzt.

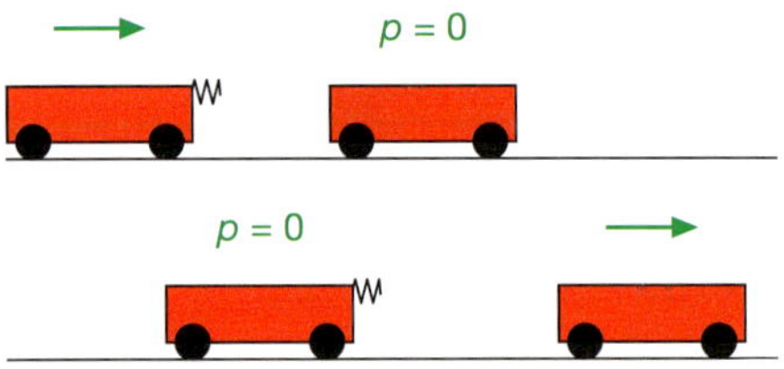

Hier wird der Impuls des linken Wagens vollständig an den rechten Wagen übertragen. Da dieser genauso schwer ist, bewegt er sich mit der gleichen Geschwindigkeit.

② Hier sind die beiden gleich schweren Wagen nach dem Zusammenstoß über eine Kupplung verbunden. Sie bewegen sich gemeinsam mit der halben Geschwindigkeit weiter.

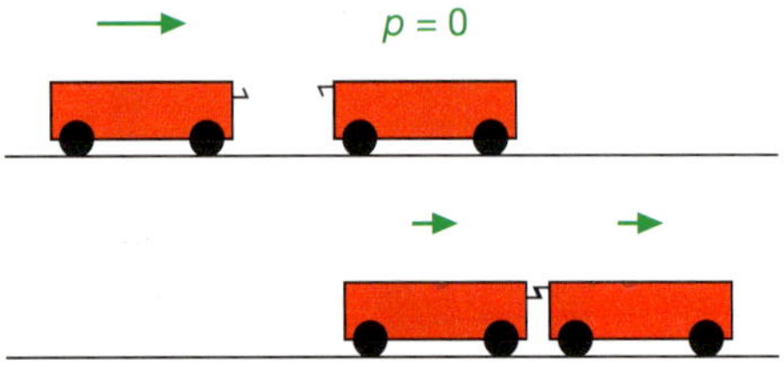

Der Impuls des linken Wagens hat sich in diesem Versuch gleichmäßig auf beide Wagen verteilt.

③ Hier sind die Wagen nach dem Stoß wieder zusammengekuppelt, aber der linke Wagen ist schwerer als der rechte. Nach dem Stoß ist die Geschwindigkeit höher als die halbe Geschwindigkeit.

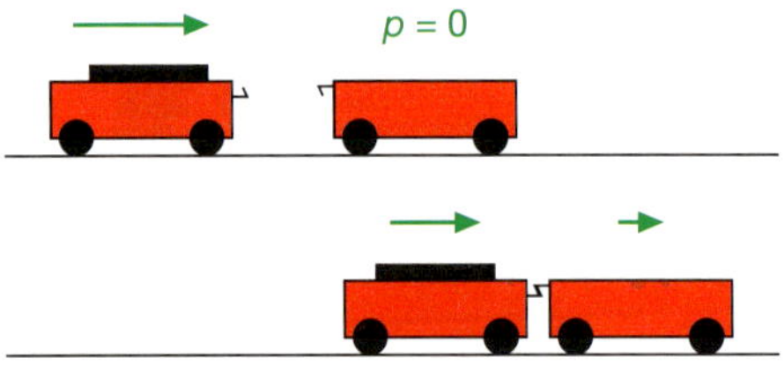

Wieder hat sich der Impuls des linken Wagens aufgeteilt, diesmal jedoch nicht gleichmäßig. Der leichte rechte Wagen benötigt weniger Impuls, um am Ende mit der gleichen Geschwindigkeit zu fahren.

④ Der linke Wagen prallt über eine Feder gegen einen leichteren ruhenden Wagen. Nach dem Stoß bewegen sich beide in der gleichen Richtung weiter, der schwere linke Wagen ist aber deutlich langsamer geworden.

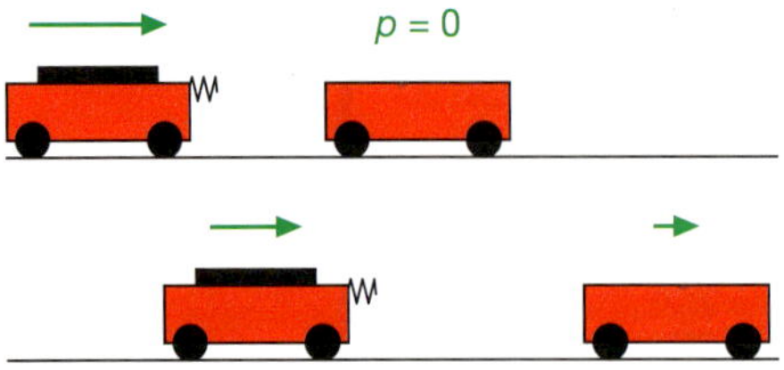

Hier hat der linke Wagen einen Teil seines Impulses abgegeben. Zusammen ist die Impulsmenge nach dem Stoß genauso groß wie vor dem Stoß.

Impuls kann von einem Körper auf einen anderen übertragen werden. Er kann sich auf mehrere Körper verteilen.

⑤ Hier fahren die gleichschweren Wagen mit gleicher Geschwindigkeit aufeinander zu. Nach dem Zusammenkuppeln stehen die beiden Wagen, sie bewegen sich nicht mehr.

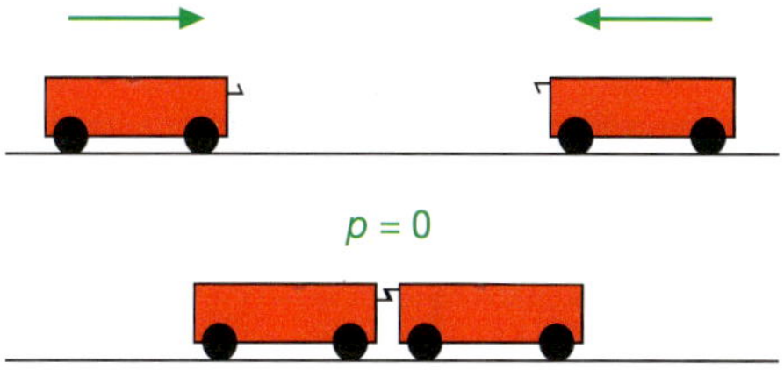

Die Impulse der Wagen vor dem Stoß sind gleich groß, aber entgegengesetzt gerichtet. Wird die Richtung des Impulses berücksichtigt, so ist die Impulsmenge nach dem Stoß wieder genauso groß wie vor dem Stoß.

In Versuch ⑤ sieht es vordergründig so aus, als ob der Impuls der Wagen verlorenginge und der Merksatz auf der linken Seite falsch wäre. Dies klärt sich aber, wenn die Richtung des Impulses beachtet wird. Bei Bewegungen auf einer Geraden müssen dazu nicht notwendig Pfeile gezeichnet werden. Stattdessen wird eine Richtung als *positive* Richtung ausgezeichnet. Bei Bewegungen in die entgegengesetzte Richtung hat der Wagen dann entsprechenden negativen Impuls. Der linke Wagen bewegt sich nach rechts und hat einen Impuls von $0{,}05\ \frac{\text{kg}\cdot\text{m}}{\text{s}}$. Der rechte Wagen bewegt sich nach links und hat einen Impuls von $-0{,}05\ \frac{\text{kg}\cdot\text{m}}{\text{s}}$. Zusammen ist der Impuls 0. Dies funktioniert auch in komplizierteren Situationen wie dem nächsten Versuch:

⑥ In diesem Versuch prallt der linke Wagen über eine Feder gegen einen schwereren ruhenden Wagen. Nach dem Stoß bewegt sich der rechte Wagen nach rechts, der linke Wagen bewegt sich allerdings nun rückwärts nach links.

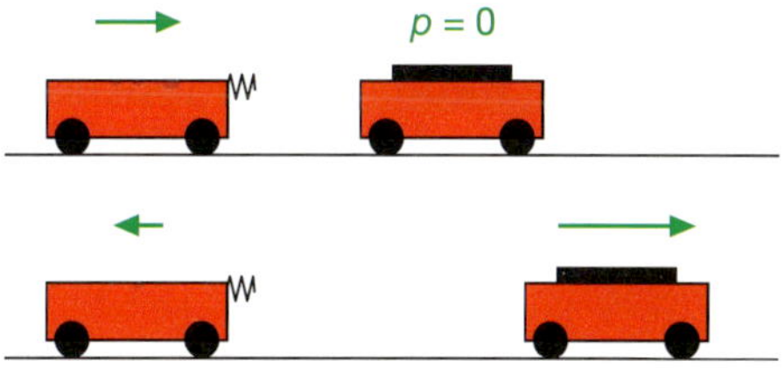

Wird die Richtung nach rechts als positiv ausgezeichnet, so gibt der linke Wagen so viel Impuls an den rechten ab, dass er selbst nach dem Stoß negativen Impuls hat. Insgesamt ist der Impuls wieder gleich geblieben.

Der Impuls ist eine Erhaltungsgröße – er kann weder erzeugt noch vernichtet werden.
Wird eine Bewegungsrichtung als positiv ausgezeichnet, kann der Impuls auch negative Werte annehmen.

Rechenbeispiel

In den Experimenten oben lassen sich die Geschwindigkeiten und Massen natürlich auch messen. Damit kann nachgeprüft werden, ob der Impuls tatsächlich erhalten bleibt. Zum Beispiel ergibt sich bei Versuch ⑥:

Masse des linken Wagens: $m_\ell = 0{,}1\ \text{kg}$
Masse des rechten Wagens: $m_r = 0{,}2\ \text{kg}$
Geschwindigkeit des linken Wagens vor dem Stoß: $v_\ell = 0{,}75\ \frac{\text{m}}{\text{s}}$
Geschwindigkeit des linken Wagens nach dem Stoß: $v_\ell = -0{,}25\ \frac{\text{m}}{\text{s}}$
Geschwindigkeit des rechten Wagens nach dem Stoß: $v_r = 0{,}75\ \frac{\text{m}}{\text{s}}$
Impulsmenge vor dem Stoß:
$p = m \cdot v_\ell + 0 = 0{,}1\ \text{kg} \cdot 0{,}75\ \frac{\text{m}}{\text{s}} = 0{,}075\ \frac{\text{kg}\cdot\text{m}}{\text{s}}$
Impulsmenge nach dem Stoß:
$p = m \cdot v_\ell + m \cdot v_r$
$= 0{,}1\ \text{kg} \cdot (-0{,}25\ \frac{\text{m}}{\text{s}}) + 0{,}2\ \text{kg} \cdot 0{,}5\ \frac{\text{m}}{\text{s}} = 0{,}075\ \frac{\text{kg}\cdot\text{m}}{\text{s}}$

Also ist der Impuls tatsächlich gleich geblieben.

Aufgaben

1 Zwei Inline-Skater stehen sich gegenüber und stoßen sich gegenseitig mit den Händen ab. Der rechte Skater wiegt 80 kg und fährt mit einer Geschwindigkeit von $0{,}6\ \frac{\text{m}}{\text{s}}$. Erkläre, wie sich der linke Skater bewegt, der nur 60 kg wiegt.

2 Ein voll beladener LKW fährt über eine Rampe auf eine Fähre und bremst ab. Leider wurde vergessen, die Fähre am Ufer zu vertäuen. Beschreibe, was passiert, und erläutere, welcher der obigen Fahrbahnversuche zu dieser Situation passt.

Impuls bei Fahrzeugen

Woher erhält ein Fahrzeug seinen Impuls? Was passiert mit dem Impuls eines Fahrzeugs beim Bremsen? Mit dem ferngesteuerten Auto auf dem rollengelagerten Brett lässt sich das leicht untersuchen:

Setzt sich das Auto nach rechts in Bewegung, rollt das Brett in entgegengesetzter Richtung nach links. Wird das Auto angehalten, bleibt auch das Brett wieder stehen; beide wechselwirken also miteinander.

Zentraler Versuch

Das Auto erhält seinen Impuls offenbar aus dem Brett. Dieses hat dann einen gleichgroßen negativen Impuls. Beim Anhalten wird der Impuls des Autos wieder auf das Brett übertragen und addiert sich dort zu 0. Das Auto braucht das Brett als Partner, um dort seinen Impuls herauszuholen und wieder abzugeben.

Bei Bewegungen auf der Erde ist der Partner bei solchen Impulsübertragungen die Erde selbst.

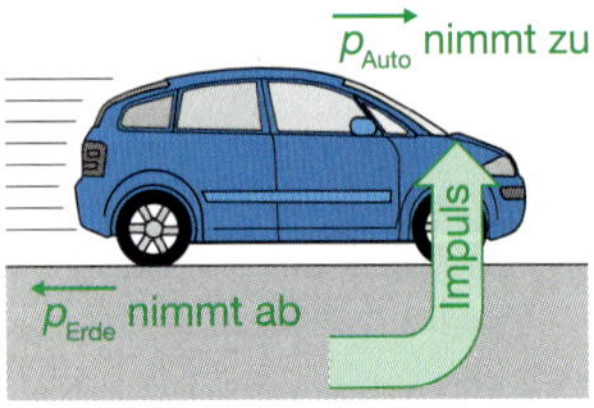

Wenn ein Auto anfährt, erhält es seinen Impuls aus der Erde, die Erde bewegt sich aber praktisch nicht nach hinten, weil ihre Masse so groß ist.

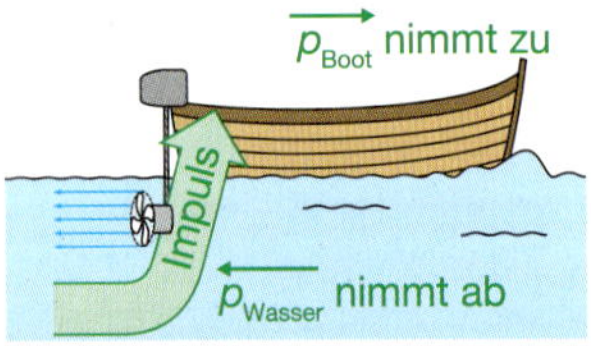

Ein Schiff drückt mit seiner Schiffsschraube das Wasser nach hinten, es erhält seinen Impuls aus dem Wasser und dieses hat einen entsprechenden entgegengesetzt gerichteten Impuls. Ein Flugzeug drückt mit seinem Strahltriebwerk die Luft nach hinten und holt daraus den Impuls für die Vorwärtsbewegung.

Jedes Fahrzeug – jeder Körper, der sich in Bewegung setzt, erhält seinen Impuls aus einem anderen Körper. Der andere Körper erhält dabei einen gleichgroßen, entgegengesetzt gerichteten Impuls.

Soll ein Auto anhalten, muss sein Impuls abfließen. Dies geschieht von alleine durch Reibung, wenn das Auto einfach ausrollt, oder durch Bremsen. Dabei strömt der Impuls zurück in die Erde.

Ein Flugzeug muss bei der Landung sehr viel Impuls loswerden. Hier werden nicht nur die Räder nach der Landung gebremst, sondern noch eine sogenannte *Schubumkehr* durchgeführt. Dabei wird die Luft nach der Landung durch das Triebwerk nach vorne weggedrückt. Das Flugzeug gibt dadurch seinen Impuls an die Luft ab.

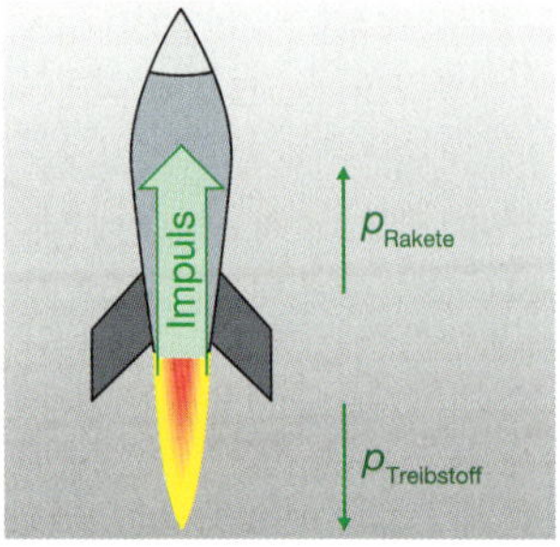

Im Gegensatz zu allen bisherigen Beispielen hat eine Rakete im Weltraum keinen Partner, aus dem sie den Impuls herausholen könnte. Sie erhält ihn aus dem Treibstoff, der bei der Verbrennung mit hoher Geschwindigkeit nach hinten ausgestoßen wird. Die Rakete hat ihren Wechselwirkungspartner für die Impulsübertragung also selbst dabei.

Aufgaben

1 Wenn ein Skateboarder absteigen will, springt er oft einfach nach hinten ab. Dabei „schießt" das Board jedoch regelrecht davon. Erkläre dies mithilfe des Impulses.

2 Wird eine Wasserrakete nur mit Luft befüllt und gestartet, so steigt sie nicht besonders hoch. Startet sie dagegen mit etwas Wasser gefüllt, so erreicht sie beeindruckende Höhen. Erkläre dies mithilfe des Impulses.

3 Erläutere, woher ein Segelschiff seinen Impuls erhält.

4 Recherchiere, wie die Schubumkehr bei einem Flugzeugtriebwerk arbeitet.

Raketentriebwerk und Billard

Streifzug

Eine Rakete erhält ihren Impuls von den ausströmenden Verbrennungsgasen des Treibstoffs. Je Sekunde strömen bis zu 100 kg Gase mit einer Geschwindigkeit von etwa 3000 $\frac{m}{s}$ aus dem Triebwerk, sie haben einen sehr großen Impuls. Die Brennkammer und damit die Rakete erhält dadurch den gleichgroßen, entgegengesetzt gerichteten Impuls. Dieser ist so groß, dass die Rakete trotz ihrer enormen Masse abheben und beschleunigen kann. Die Rakete wird durch das Ausstoßen des Treibstoffs außerdem auch immer leichter, sodass ihre Geschwindigkeit immer stärker wächst. Zusätzlich werden Triebwerksstufen, die ausgebrannt sind, abgeworfen – die Masse verringert sich weiter.

Die Rakete der ersten bemannten Mondlandung war die Saturn V. Sie hatte eine Höhe von 110 Metern und ein Startgewicht von fast 3000 Tonnen – davon waren mehr als 2500 t Treibstoff. Die Nutzlast bestand im Wesentlichen aus der Kommandokapsel und der Mondfähre und machte weniger als 50 t aus. Zweieinhalb Minuten nach dem Start waren bereits 2000 t Treibstoff verbrannt und die Rakete hatte eine Geschwindigkeit von 8600 $\frac{km}{h}$.

Trifft eine Billardkugel senkrecht gegen die Bande, kehrt sich ihre Bewegungsrichtung um. Hatte sie davor den Impuls p, so hat sie nach dem Stoß den Impuls $-p$. Sie hat also den Impulsbetrag $2p$ an den Tisch abgegeben. Da der Tisch eine sehr große Masse hat und fest mit der Erde verbunden ist, ändert sich die Geschwindigkeit des Tisches nicht. Trifft die Kugel schräg auf die Bande, dann rollt sie unter demselben Winkel weg, unter dem sie eingelaufen ist (wie bei der Reflexion von Licht an einem Spiegel).

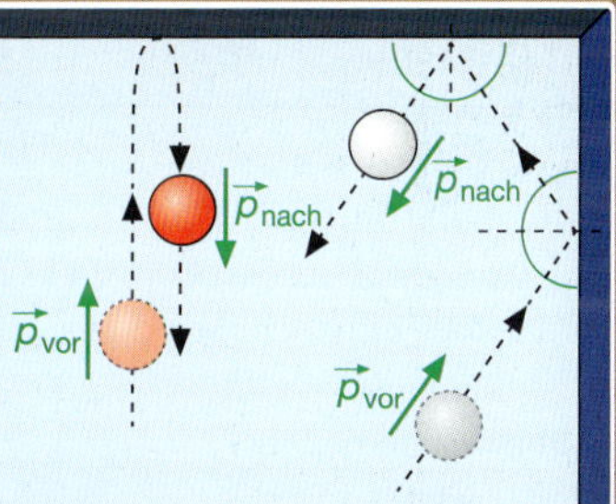

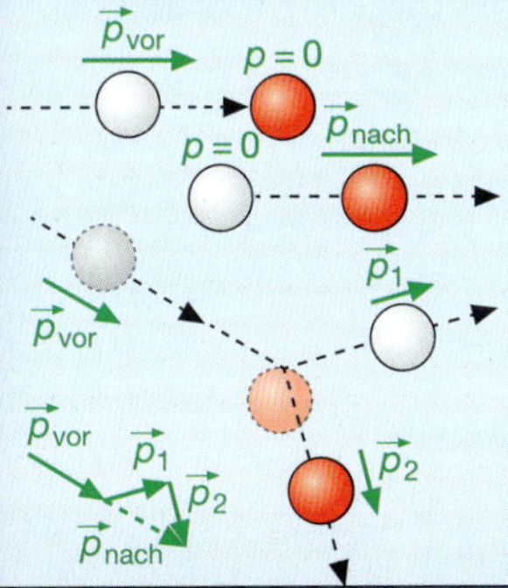

Trifft eine Billardkugel die Mitte einer ruhenden Kugel, dann überträgt sie ihren Impuls vollständig auf die andere Kugel. Diese rollt dann mit derselben Geschwindigkeit in der ursprünglichen Richtung weg. Die stoßende Kugel bleibt liegen.
Trifft sie die ruhende Kugel seitlich, dann teilt sich der ursprüngliche Impuls so auf, dass sich beide Kugeln in unterschiedlichen Richtungen bewegen. Werden die unterschiedlich gerichteten Impulse so zusammengesetzt wie im Bild links, dann ist zu sehen, dass auch hier der Impuls erhalten bleibt, denn der gestrichelte Pfeil p_{nach} – die Summe der beiden Impulse p_1 und p_2 – ist genau so lang und hat die gleiche Richtung wie p_{vor}.

Kräfte

Beim Tennis ist der Ball ständig in Bewegung: Er wird schneller oder langsamer oder in eine andere Richtung umgelenkt – aber nur, wenn ein Schläger ihn berührt.
Diese Beeinflussung des Balls durch die Spieler wird mithilfe der Begriffe „Kraft“ oder „Wechselwirkung“ beschrieben. Woran ist zu erkennen, dass Kräfte ausgeübt werden? Welche Wirkungen haben sie?

Bewegungsänderungen

Da ein Tennisball sehr schnell ist, wird das Verhalten anhand eines Wagens untersucht, der von zwei Gebläsen angetrieben wird.

In diesem Versuch wird an zwei Stellen die Geschwindigkeit des Wagens und die Zeit zwischen dem Durchfahren der Lichtschranken gemessen. Solange die Ventilatoren laufen, wird der Wagen kontinuierlich schneller. Das laufende Gebläse übt auf den Wagen eine Kraft aus und erhöht dadurch den Impuls des Wagens. Wird das zweite Gebläse angeschaltet, so ist die einwirkende Kraft doppelt so groß und der Wagen wird stärker beschleunigt. Die folgende Tabelle zeigt die Messwerte und einige berechneten Größen.

Zentraler Versuch

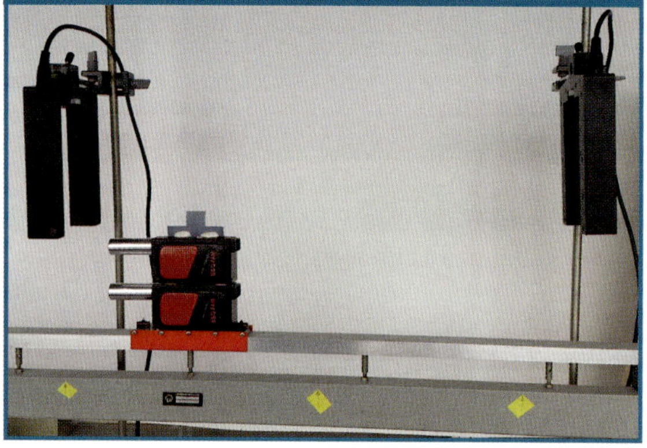

Gebläse	m	v_1	v_2	Δt	p_1	p_2	$\Delta p = p_2 - p_1$	$\frac{\Delta p}{\Delta t}$
eines	0,480 kg	$0{,}46\,\frac{\text{m}}{\text{s}}$	$1{,}51\,\frac{\text{m}}{\text{s}}$	1,02 s	$0{,}22\,\frac{\text{kg}\cdot\text{m}}{\text{s}}$	$0{,}73\,\frac{\text{kg}\cdot\text{m}}{\text{s}}$	$0{,}51\,\frac{\text{kg}\cdot\text{m}}{\text{s}}$	$0{,}50\,\frac{\text{kg}\cdot\text{m}}{\text{s}^2}$
zwei	0,480 kg	$0{,}65\,\frac{\text{m}}{\text{s}}$	$2{,}16\,\frac{\text{m}}{\text{s}}$	0,71 s	$0{,}31\,\frac{\text{kg}\cdot\text{m}}{\text{s}}$	$1{,}04\,\frac{\text{kg}\cdot\text{m}}{\text{s}}$	$0{,}72\,\frac{\text{kg}\cdot\text{m}}{\text{s}}$	$1{,}01\,\frac{\text{kg}\cdot\text{m}}{\text{s}^2}$

Die letzte Spalte in dieser Tabelle enthält die Impulsänderung pro Zeit. Diese ist bei zwei Gebläsen doppelt so groß wie bei einem. Über diese Tatsache kann die Größe „Kraft“ definiert werden:

$$\textbf{Kraft} = \frac{\textbf{Impulsänderung}}{\textbf{Zeit}} \quad \text{oder in Symbolen} \quad F = \frac{\Delta p}{\Delta t}.$$

Die Einheit der Kraft wird mit **Newton (1 N)** bezeichnet. Entsprechend der Kraftdefinition gilt für sie:

Kraft

Das Formelzeichen ist F.

Die Einheit ist 1 N (Newton) = $1\,\frac{\text{kg}\cdot\text{m}}{\text{s}^2}$.

Weitere Einheiten:

Millinewton: $1\text{ mN} = \frac{1}{1000}\text{ N}$

Kilonewton: 1 kN = 1000 N

Meganewton: 1 MN = 1000 kN
= 1 000 000 N

1 N (Newton) ist die Größe der benötigten Kraft, um einen ruhenden Körper der Masse 1 kg in einer Sekunde auf eine Geschwindigkeit von $1\,\frac{\text{m}}{\text{s}}$ zu beschleunigen:

$$\mathbf{1\ N = 1\ \frac{kg \cdot m}{s^2}}.$$

Rechenbeispiel

Ein 1200 kg schweres Auto beschleunigt in 4 Sekunden von 0 auf $20\,\frac{\text{m}}{\text{s}}$. Berechne die benötigte Kraft.

Geg.: $m = 1200\text{ kg}$; $\Delta t = 4\text{ s}$; $v = 20\,\frac{\text{m}}{\text{s}}$

Ges.: F

Lösung: Da das Auto vorher in Ruhe war, ist

$$\Delta p = p = m \cdot v = 1200\text{ kg} \cdot 20\,\frac{\text{m}}{\text{s}} = 24\,000\,\frac{\text{kg}\cdot\text{m}}{\text{s}}$$

Also gilt für die Kraft:

$$F = \frac{\Delta p}{\Delta t} = \frac{24\,000\,\frac{\text{kg}\cdot\text{m}}{\text{s}}}{4\text{ s}} = 6000\text{ N}$$

Zum Beschleunigen wird eine Kraft von 6000 N benötigt.

Formänderungen

Zentraler Versuch

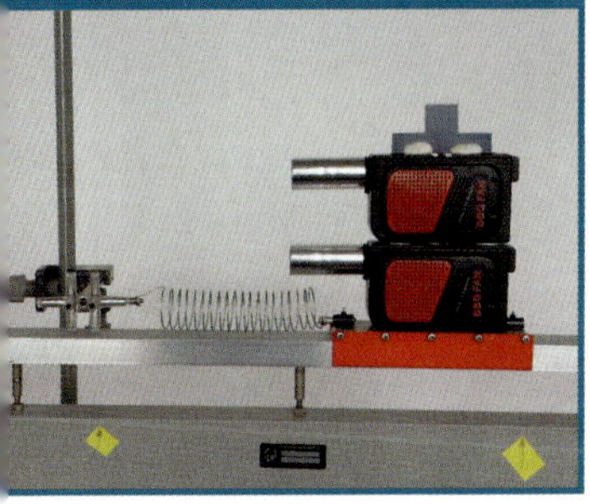

In der Situation links bewegt sich der Wagen nicht, obwohl das Gebläse eine Kraft auf ihn ausübt. Der Wagen übt aber seinerseits eine Kraft auf die Feder aus. Die Feder wird durch diese Kraft gespannt und in die Länge gezogen.

Diese Wirkung von Kräften ist auch schon im Einstiegsbeispiel zu erkennen. Beim Tennis wird der Ball nicht nur schneller oder langsamer, sondern er wird auch verformt. Wenn Feder oder Ball nach der Krafteinwirkung in ihre ursprüngliche Form zurückgehen, so ist dies eine **elastische Verformung.** Wird aber zum Beispiel auf eine Knetkugel eine Kraft ausgeübt, so behält diese die veränderte Form bei. Diese Verformung ist **plastisch.** Elastisch sind Körper aus Gummi und einigen Kunststoffen; aber auch Körper aus Stahl, Glas oder Holz können elastisch verformt werden. Überschreitet die einwirkende Kraft allerdings bestimmte Grenzen, dann verformt sich der Körper plastisch (z. B. beim Verformen von Stahlblechen) oder er wird zerstört.

Beispiele für Kräfte

Beim Volleyballspiel wird der Ball durch die Kraft der Spieler beschleunigt, verzögert, verformt und seine Richtung geändert.

Beim Radfahren bremst die Luft die Bewegung. Nur durch ständiges Treten bleibt die Geschwindigkeit erhalten.

Der Stabhochspringer verformt beim Absprung den Stab. Nach der Krafteinwirkung geht der Stab in seinen alten Zustand zurück.

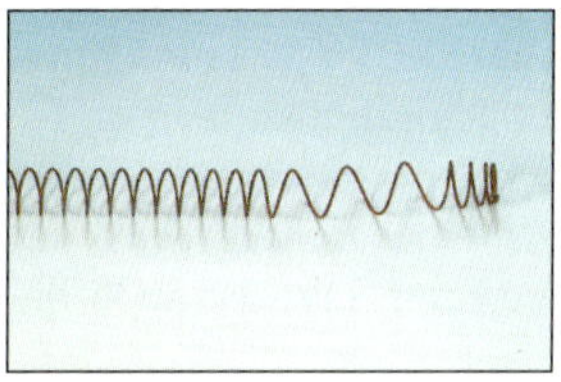

Ist die einwirkende Kraft zu groß, wird die Verformung plastisch. Die Feder geht nicht in den Ursprungszustand zurück, sondern wird zerstört.

Kräfte, die auf einen Körper wirken, können
- den Impuls des Körpers ändern, das heißt den Körper beschleunigen, abbremsen oder seine Richtung ändern;
- den Körper zeitweilig (elastisch) oder dauerhaft (plastisch) verformen.

An diesen Wirkungen lassen sich Kräfte erkennen.
Kräfte und Impulsübertragung können nur zwischen wechselwirkenden Körpern stattfinden. Das Wirken einer Kraft ist gleichbedeutend mit dem Zu- oder Abfließen von Impuls.

Aufgaben

1 Ein Zug aus einer Lokomotive und einem Waggon wiegt 95 t. Er beschleunigt in 25 Sekunden von 0 auf 80 $\frac{km}{h}$. Berechne die benötigte Kraft.

2 Ein Fahrradfahrer mit einer Masse von 60 kg (Rad plus Fahrer) beschleunigt aus dem Stand 8 Sekunden lang mit einer Kraft von 120 N. Berechne, wie viel Impuls er enthält und wie schnell er dann ist.

3 Ein LKW (m = 7,5 t) hat eine Bremskraft von 15 kN. Berechne die benötigte Bremszeit bei einer Geschwindigkeit von 70 $\frac{km}{h}$.

4 Nenne Situationen, in denen bei ① Weitsprung, ② Sprint, ③ Skifahren und ④ Segeln Bewegungsänderungen auftreten. Zeichne für jedes Beispiel die Pfeildarstellung der geänderten Impulse.

5 Erläutere die Beschleunigung bzw. Verzögerung eines Fahrrades mithilfe der Begriffe Kraft und Impuls.

6 Gib für fünf Beispiele die Impulsänderung durch eine Kraft an und skizziere die Situation.

7 Beschreibe, wer in den folgenden Beispielen Kräfte auf wen ausübt: ① Autofahren, ② Segeln, ③ Weitsprung, ④ Küchenmaschine, ⑤ Husky-Rennen.

8 Ein 100 m-Läufer ändert durch den Einsatz der Kraft seiner Beinmuskeln seinen Impuls beim Start.
a) Beschreibe die Kraft beim Start auf die Laufbahn.
b) Berechne den Impuls für dich selbst im Ziel.

9 Gib Beispiele für plastische und elastische Formänderungen und erläutere sie.

Kraftmessung

Clara und Johannes ziehen mit aller Kraft am Fitnessband. Johannes kann das Band deutlich weiter dehnen als Clara.
Kann das Dehnen des Fitnessbandes ein Maß für die Stärke einer Person sein? Offensichtlich ist Johannes stärker als Clara, doch lässt sich hiermit auch ermitteln, wie groß die Kraft ist, mit der beide am Fitnessband gezogen haben?

Um diese Frage beantworten zu können, ist ein Messverfahren für die physikalische Größe „Kraft" nötig.

Die Größe einer Kraft wurde dadurch festgelegt, wie sehr sie den Impuls eines Körpers in einer Sekunde ändert. Eine Kraft von 1 N beschleunigt einen Körper mit einer Masse von einem Kilogramm in einer Sekunde auf eine Geschwindigkeit von 1 $\frac{m}{s}$. Eine Kraft über diese Definition zu messen, erweist sich aber als schwierig. Viel einfacher ist es, für die Messung einer Kraft ihre verformende Wirkung auszunutzen.

Bei einem Fitnessband dehnt eine größere Kraft das Band stärker als eine kleinere Kraft. Dies ist auch bei Stahlfedern der Fall und lässt sich mit dem unten stehenden Versuchsaufbau genauer untersuchen. In dieser Anordnung wird die aufgewendete Kraft von einem Sensor erfasst und am Bildschirm angezeigt. Mithilfe der Schieberegler an dem Lineal darunter lässt sich ablesen, wie weit die Feder beziehungsweise das Gummiband durch die Kraft verlängert wurde.

Die Größe von Kräften kann sehr einfach durch ihre verformende Wirkung bestimmt werden.

Zentraler Versuch

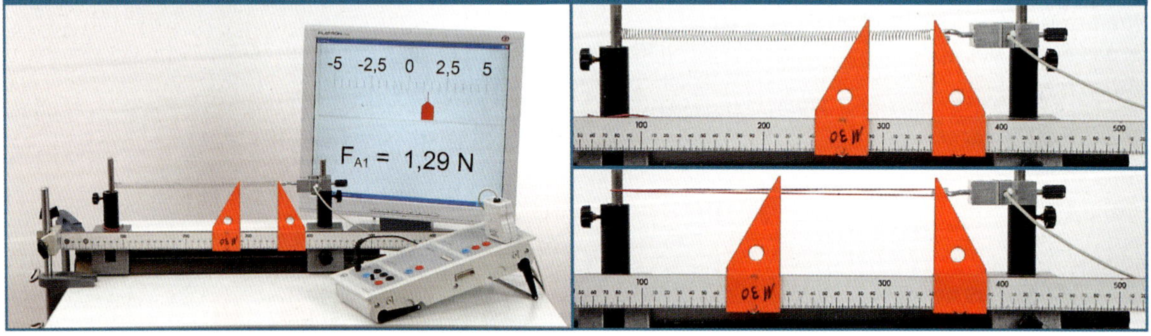

Gummiband		
F	s	$\frac{s}{F}$
2,0 N	1,0 cm	0,5 $\frac{cm}{N}$
3,0 N	2,5 cm	0,83 $\frac{cm}{N}$
3,9 N	5,0 cm	1,28 $\frac{cm}{N}$
5,5 N	10 cm	1,82 $\frac{cm}{N}$
7,5 N	15 cm	2,0 $\frac{cm}{N}$
10 N	20 cm	2,0 $\frac{cm}{N}$

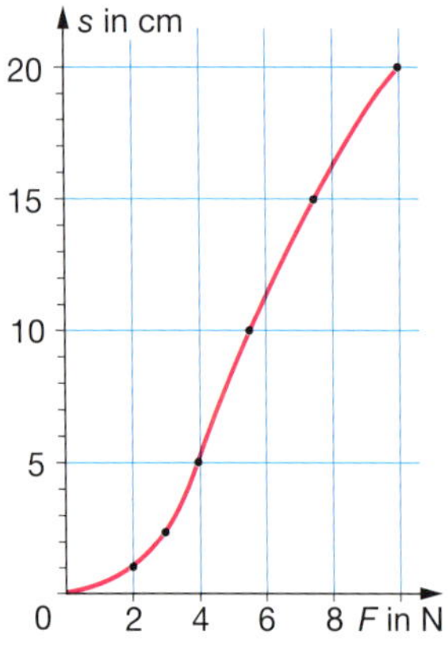

Stahlfedern		
F	s	$\frac{s}{F}$
3,0 N	1,0 cm	0,33 $\frac{cm}{N}$
6,0 N	2,0 cm	0,33 $\frac{cm}{N}$
9,0 N	3,0 cm	0,33 $\frac{cm}{N}$
5,0 N	1,0 cm	0,2 $\frac{cm}{N}$
10,0 N	2,0 cm	0,2 $\frac{cm}{N}$
15,0 N	3,0 cm	0,2 $\frac{cm}{N}$

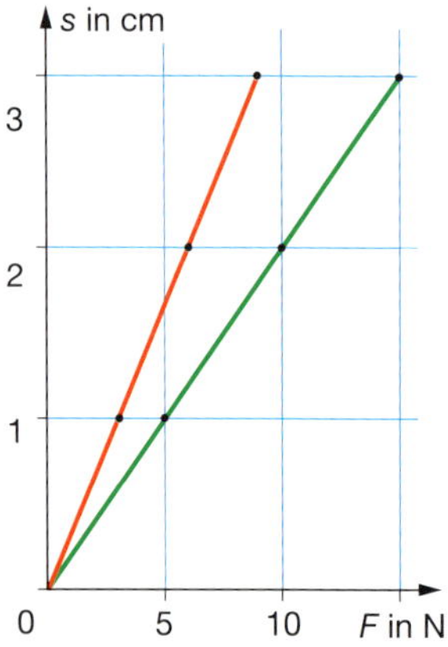

Die Quotienten *s/F* sind beim Gummiband nicht gleich, das *F-s*-Diagramm ergibt keine Ursprungsgerade: Um das Gummiband von 5 cm auf 10 cm zu dehnen, ist nicht die doppelte Kraft notwendig wie zum Dehnen von 0 auf 5 cm.
Die Schraubenfedern dagegen zeigen über einen weiten Bereich eine lineare Ausdehnung: Doppelte Kraft führt bei ihnen zu einer doppelten Dehnung. Ihre *F-s*-Graphen sind *Ursprungsgeraden*. Aus den Ursprungsgeraden bzw. der Quotientengleichheit von $\frac{F}{s}$ kann die direkte Proportionalität der Größen *F* und *s* gefolgert werden: $\boldsymbol{F \sim s}$.

Aus diesen Ergebnissen folgt, dass Gummibänder nicht zur Messung von Kräften geeignet sind. Gummi ist zwar ein elastischer Stoff, aber die entstehende Skala ist nicht linear und damit auch nicht leicht zu handhaben. Die Linearität ist aber eine wichtige Voraussetzung für Messgeräte, weil sich bei analogen linearen Skalen Zwischenwerte einfach und genau ablesen lassen. Die Stahlfedern dagegen nehmen nach der Dehnung wieder ihre ursprüngliche Länge an. Erst bei langem Gebrauch oder Überdehnung verlieren sie diese Eigenschaft. Deshalb können sie in einfachen Kraftmessern verwendet werden.

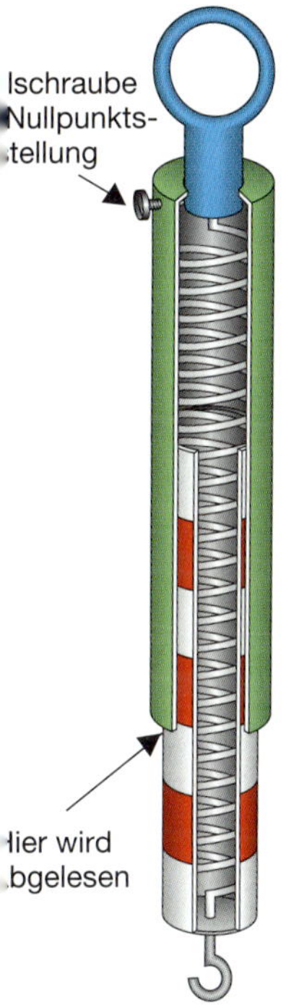

Der Federkraftmesser

Wichtig bei der Arbeit mit einem Federkraftmesser sind folgende Punkte:
- Einen geeigneten Kraftmesser auswählen.
- Vor der Messung den Nullpunkt exakt einstellen. Dazu muss sich der Kraftmesser in der gleichen Position befinden wie bei der Messung.
- Den aufgedruckten Messbereich nicht überschreiten.

Das Hooke'sche Gesetz

Um aus der direkten Proportionalität der Größen *F* und *s* eine Formel zu erhalten, wird als Proportionalitätsfaktor die **Federkonstante *D*** eingeführt. Dadurch entsteht die Formel

$\boldsymbol{F = D \cdot s}$.

Dieser Zusammenhang wurde bereits 1655 vom englischen Naturforscher ROBERT HOOKE (1635–1703) gefunden und nach ihm als *Hooke'sches Gesetz* benannt.

Für $D = \frac{F}{s}$ ergibt sich die Einheit $1\ \frac{\text{N}}{\text{m}}$. Die Federkonstante *D* gibt also an, welche Kraft nötig ist, um eine Feder um einen Meter zu dehnen. Analoges gilt auch für das Stauchen einer Feder. Im Versuch war eine Kraft von 3 N nötig, um die erste Feder um einen Zentimeter zu dehnen. Für die zweite Feder errechnet sich eine Federkonstante von $5{,}0\ \frac{\text{N}}{\text{cm}}$. Es waren 5,0 N nötig, um diese Feder um einen Zentimeter zu dehnen. Die Federkonstante ist ein Maß für die *Härte einer Feder*: Je größer *D* ist, desto härter ist die Feder.

Hooke'sches Gesetz: Für die Kraft *F*, die eine elastisch verformbare Feder (mit der Federkonstante *D*) um die Strecke *s* dehnt oder staucht, gilt $F = D \cdot s$.

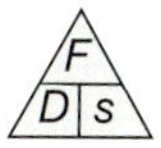

Rechenbeispiel

Eine 4,0 cm lange Kugelschreiberfeder ($D = 360\ \frac{\text{N}}{\text{m}}$) wird um 1,4 cm gedehnt. Berechne die Kraft, die auf die Feder wirkt.

Geg.: $s = 1{,}4$ cm; $D = 360\ \frac{\text{N}}{\text{m}}$
Ges.: F
Lösung: $F = D \cdot s = 360\ \frac{\text{N}}{\text{m}} \cdot 0{,}014\ \text{m} = 5{,}0\ \text{N}$

Zum Dehnen der Feder ist eine Kraft von 5,0 N nötig.

Aufgaben

1 Lies die Federkraftmesser im Bild unten ab.

2 **a)** Rechne in N um: 4 kN; 0,73 MN; 3076 kN; 765 mN.
b) Rechne in kN um: 0,64 N; 400 MN; 645 N; 0,53 MN.

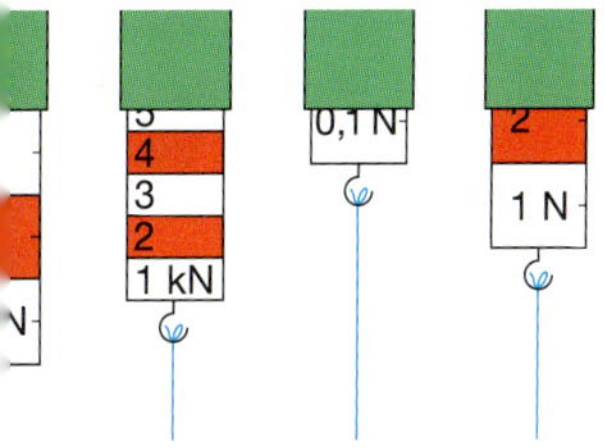

3 Berechne, wie viele Menschen (Schubkraft jeweils ca. 500 N) nötig sind, um dieselbe Schubkraft zu erreichen wie
a) ein PKW-Motor (5 kN),
b) eine Lok (0,2 MN).

4 Ein Schwingsessel hängt im leeren Zustand 40 cm über dem Boden. Ein Kind im Sessel dehnt die Feder mit einer Kraft von 450 N, der Abstand zwischen Boden und Sessel verringert sich auf 27 cm.
a) Berechne die Federkonstante der Sesselfeder.
b) Prüfe, ob sich der Vater mit in den Sessel setzen kann, ohne dass der Boden berührt wird, wenn durch ihn die Feder zusätzlich mit 900 N belastet wird.

Kennzeichen von Kräften

Wovon es abhängt, welche Folgen ein und dieselbe einwirkende Kraft auf einen Körper hat, zeigen die Abbildungen unten und die Beispiele:

- **Von der Größe:** Durch eine kleine Kraft wird der leere Saftkarton weniger zusammengedrückt als durch eine große.
- **Vom Angriffspunkt,** also der Stelle, an der die Kraft einwirkt: Bei derselben Kraft wird der Saftkarton einmal geschoben, wenn die Kraft unten angreift; greift sie dagegen oben an, dann kippt er um.
- **Von der Richtung:** Wirkt die Kraft von oben, wird der Karton verformt; wirkt sie dagegen seitlich ein, dann wird er beschleunigt.

Die Wirkung einer Kraft ist abhängig
- von ihrer Größe,
- von ihrer Richtung,
- von ihrem Angriffspunkt.

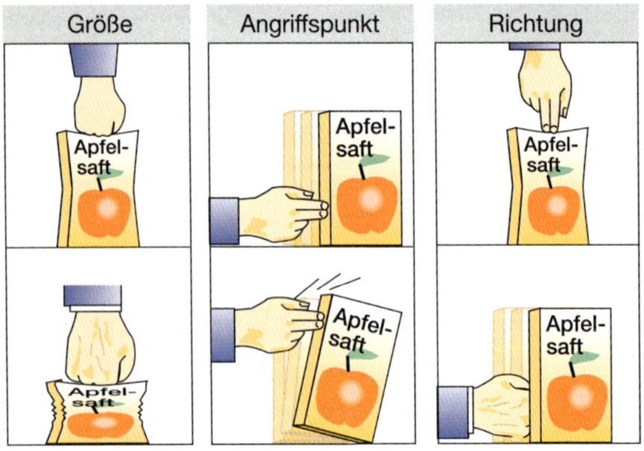

Kraftdarstellung durch Pfeile

Die Kraft ist wie Impuls und Geschwindigkeit eine gerichtete Größe. Deshalb werden auch zur Darstellung von Kräften Pfeile verwendet.

Der Anfang des Pfeils wird in den Angriffspunkt gelegt, die Richtung des Pfeils gibt die Richtung der Kraft an. Die Länge des Pfeils gibt die Größe der Kraft an. Sie lässt sich mit einem entsprechenden Maßstab (z. B. 10 mm ≙ 2 N) sogar zahlenmäßig erfassen. Im Beispiel rechts gehört zu einer Pfeillänge von 52,5 mm eine Kraft von 10,5 N.

Kraft und Impuls hängen zusammen, denn wenn eine Kraft auf einen Körper wirkt, strömt Impuls in den Körper. Die Richtungen von Kraft und Impuls sind aber meist unterschiedlich, denn die Richtung der Kraft ist die Richtung der Impulsänderung.

Kräfte werden durch Pfeile dargestellt.

Aufgaben

1 Beschreibe, was mit dem Schwamm passiert, wenn nacheinander die Kräfte F_1, F_2, F_3 und F_4 auf ihn wirken.

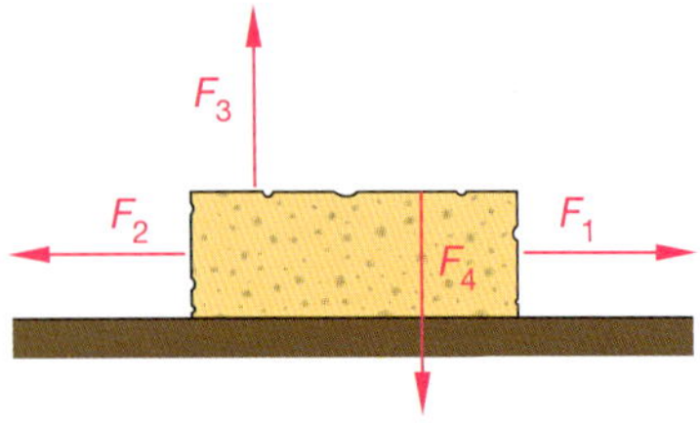

2 Zeichne folgende Kräfte in dein Heft: 0,8 mN; 1,5 N; 108 kN; 83 MN. Benutze dafür jeweils einen geeigneten Maßstab.

3 **a)** Gib an, in welche Richtung die Muskelkraft wirkt, wenn du einen Einkaufskorb anhebst bzw. dein Fahrrad schiebst, mit dem Fahrrad bergauf fährst oder einen waagerecht geworfenen Ball auffängst.
b) Fertige jeweils eine Skizze an und zeichne die Kraftpfeile ein.

4 **a)** Ein Kunstspringer steht zunächst in der Mitte des Brettes, dann am Ende. Skizziere die Verformungen und vergleiche.
b) Zeichne, wie sich das Ergebnis bei einer leichteren Springerin ändert. Erkläre die Veränderung.

5 Erläutere weitere Beispiele, bei denen die Wirkung einer Kraft von ihrer Größe, ihrer Richtung oder ihrem Angriffspunkt abhängt.

Kraftmessung

Versuche und Aufträge

V1 Einfache Modellflugzeuge werden oft von verdrillten Gummibändern angetrieben. Wie verhalten sich solche Bänder unter Belastung? Gilt bei verdrillten Gummibändern das Hooke'sche Gesetz?

Befestige ein Gummiband so wie im Bild links an einem Nagel oder einer Türklinke und verdrille es. Am unteren Ende des Gummibandes hängt das Unterteil einer Milchverpackung. Die Bücher sollen dabei verhindern, dass sich die Verdrillung auflöst. Als Last können z. B. verschiedene Steine oder Gegenstände aus dem Haushalt verwendet werden. Der Phantasie sind dabei keine Grenzen gesetzt. Auch Wasser eignet sich (100 mℓ Wasser haben eine Masse von 100 g und entsprechen einer Krafteinwirkung von 1 N). Lege dann folgende Tabelle an:

Masse m	Kraft F	Dehnung s
?	?	?
?	?	?

Miss die Dehnung des Gummibandes für verschiedene Kräfte. Trage die Messwerte in die Tabelle und in ein F-s-Diagramm ein. Beantworte dann die Anfangsfragen.

Hinweis: Die menschlichen Muskeln verhalten sich ganz ähnlich wie verdrillte Gummibänder.

V2 Untersuche das Dehnungsverhalten eines dünnen Kupferdrahtes. Besorge dir dafür einen etwa 2 m langen Kupferdraht (Modellbau, Baumarkt, Physiksammlung, …) und baue damit den rechts dargestellten Versuch auf. Belaste den Draht durch schrittweises Auflegen von Wägestücken und untersuche die Verlängerung des Drahtes. Mit dem Messzeiger lassen sich auch kleinste Verlängerungen des Drahtes bestimmen.
Formuliere eine Aussage über die Verlängerung des Drahtes.

V3 „Schaltungen" von Federn
Bei technischen Anwendungen kommen Federn meistens nicht alleine vor.

a) Besorge dir mehrere Federn; sie können, müssen aber nicht gleich sein. Bestimme ihre Federkonstante.

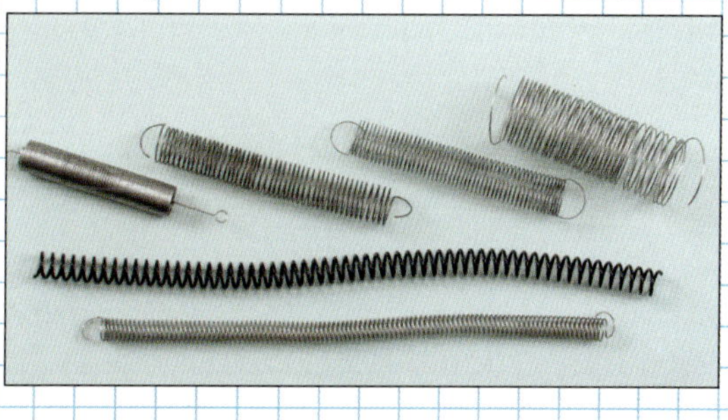

b) Kombiniere die verschiedenen Federn zu einer „Reihen-" bzw. „Parallelschaltung" und ermittle die Federkonstante der neu entstandenen Anordnung.

c) Formuliere einen Merksatz für das Verhalten von Federn bei der Reihen- bzw. Parallelschaltung.

d) Versuche, mit deinen bisherigen Erkenntnissen die Gesamtverlängerung der Federkombinationen zu bestimmen.

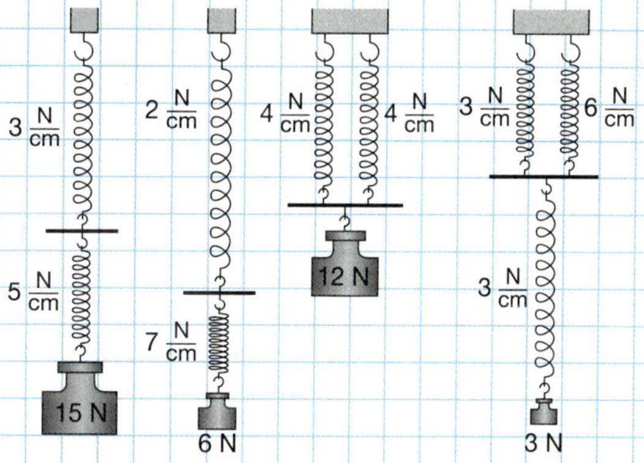

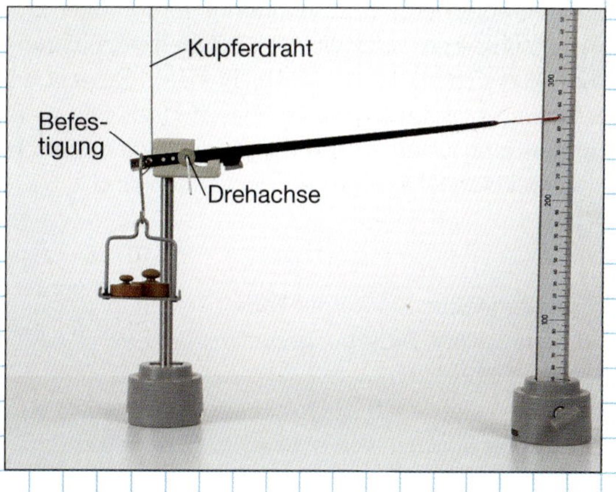

... und wenn keine Kräfte wirken?

In Bussen und Bahnen ist fester Halt wichtig, um beim Bremsen oder in einer Kurve nicht umzufallen. Plötzlich scheinen Kräfte auf den Körper zu wirken. Bei einer gleichmäßigen Fahrt geradeaus ist davon nichts zu spüren.

Zentraler Versuch

- Im Foto fällt die Kugel hinten vom Wagen, wenn er angeschoben wird. Um einen Körper in Bewegung zu versetzen, ist eine Kraft erforderlich. Diese Kraft wirkt aber nicht auf die Kugel, weil sie nur lose auf dem Wagen liegt. Sie ändert ihren Impuls nicht und bleibt an ihrem Platz in Ruhe, während der Wagen unter ihr wegfährt. Die zweite Kugel verhält sich anders: Da sie am Wagen befestigt ist, wirkt die beschleunigende Kraft auch auf sie.
- Auch zum Anhalten ist eine Kraft nötig. Wieder behält die lose Kugel ihren Impuls bei und rollt nach vorne. Sie bewegt sich weiter geradeaus, während der Wagen und die an ihm befestigte Kugel stehen bleiben.
- Bei Kurvenfahrten hat die Kraft, welche die Richtungsänderung des Wagens bewirkt, keinen Einfluss auf die lose Kugel. Da sie sich weiter geradeaus bewegt, rollt sie seitlich vom Wagen herunter.

Die Eigenschaft jedes Körpers, seinen Impuls beizubehalten, das heißt in Ruhe oder in geradliniger Bewegung zu bleiben, wird als seine **Trägheit** bezeichnet. Darum setzt sich ein Körper gar nicht erst in Bewegung oder bewegt sich mit konstanter Geschwindigkeit weiter, wenn keine Kräfte auf ihn wirken. Das gilt natürlich nur, wenn keine Reibungskräfte vorhanden sind.

Trägheitsgesetz: Ein Körper ändert seinen Impuls und damit seinen Bewegungszustand nur, wenn Kräfte auf ihn wirken.
Das Wirken einer Kraft ist gleichbedeutend damit, dass Impuls in einen Körper hineinfließt oder aus ihm herausfließt.

Ein Körper – zwei Kräfte

Sehr oft wirken mehrere Kräfte auf einen Körper ein. Dann können verschiedene Fälle unterschieden werden: Ziehen oder drücken mehrere Leute in die gleiche Richtung, z. B. um einen stecken gebliebenen PKW wieder flott zu bekommen, dann addieren sich die einzelnen Kräfte zu einer Gesamtkraft.

Ziehen zwei Mannschaften entgegengesetzt an einem Seil, dann wird wohl die gewinnen, die die größere Kraft aufbringen kann. Der kleine „Kraftüberschuss“, den das stärkere Team gegenüber dem anderen hat, beschleunigt das Seil und die andere Mannschaft. Hier wirken zwei Kräfte entgegengesetzt. Was übrig bleibt, also die Differenz der beiden Kräfte, hat die gleiche Richtung wie die größere Kraft.

Wenn beide Mannschaften gleich stark sind, also zwei gleich große Kräfte entgegengesetzt auf denselben Körper wirken, dann kommt es zum „Unentschieden“: Der Körper verhält sich so, als ob keine Kraft angreift – er bleibt in Ruhe. Dieser Zustand wird als **Kräftegleichgewicht** bezeichnet.

Kräftegleichgewicht: Der Impuls eines Körpers ändert sich nicht, wenn sich an ihm angreifende Kräfte in ihrer Wirkung aufheben.

Aufgaben

1 Ein PKW mit beladenem Dachgepäckträger muss eine Vollbremsung ausführen. Beschreibe und begründe mögliche Auswirkungen.

2 **a)** Suche Alltagsbeispiele, bei denen zwei Kräfte in dieselbe Richtung bzw. in entgegengesetzte Richtung auf denselben Körper wirken.
b) Skizziere die Situation und zeichne die Kräfte ein.

Wechselwirkungskräfte

Wenn ein Tennisspieler den Ball schlägt, wird nicht nur der Ball verformt und ändert seinen Bewegungszustand, sondern auch die Bespannung des Schlägers. Der Schläger und der Ball wirken wechselseitig aufeinander ein. Der Schläger übt auf den Ball eine Kraft aus und der Ball übt auf den Schläger eine gleich große, entgegengesetzte Kraft aus. Diese Kraft wird **Wechselwirkungskraft** genannt. Dahinter steckt ein grundlegendes Prinzip der Mechanik: Alle mechanischen Wirkungen an Körpern entstehen durch Wechselwirkung mit anderen Körpern.

Ein einfacher Versuch soll dieses Wechselwirkungsprinzip erläutern: Zwei etwa gleich schwere Mädchen stehen auf Rollerskates und sind mit einem Seil verbunden. Rosa steht auf der rechten Seite und soll Lisa zu sich heranziehen. Lisa auf der linken Seite soll das Seil nur festhalten. Tatsächlich setzen sich aber beide in Bewegung und treffen sich in der Mitte. Rosa hat die Kraft F_R auf Lisa ausgeübt und Lisa übt alleine durch das Festhalten die gleich große, aber entgegengesetzt gerichtete Kraft F_L auf Rosa aus. Dadurch werden beide beschleunigt und treffen sich in der Mitte. So ist es immer: Jede Kraft hat eine weitere Kraft als Partner – eine Kraft alleine gibt es nicht. ISAAC NEWTON (1643–1727) hat dieses Prinzip als erster in seinem Wechselwirkungsgesetz beschrieben: *„Die Wirkung ist stets der Gegenwirkung gleich, oder die Wirkungen zweier Körper aufeinander sind stets gleich und von entgegengesetzter Richtung."*

Das Wechselwirkungsprinzip trat schon beim Impuls in Erscheinung: Wenn sich der Impuls eines Körpers erhöht, so muss dieser Impuls aus einem anderen Körper stammen. In den einen Körper strömt genau so viel Impuls hinein wie aus dem anderen heraus.

Zentraler Versuch

Alle mechanischen Wirkungen an Körpern werden durch Wechselwirkung mit anderen Körpern hervorgerufen. Übt ein Körper eine Kraft auf einen anderen Körper aus, so übt dieser gleichzeitig eine gleich große, aber entgegengesetzt gerichtete Wechselwirkungskraft auf den ersten Körper aus.

Durchblick — **Verwechslungsgefahr!**

Wechselwirkungskräfte können leicht mit Gleichgewichtskräften verwechselt werden. Der folgende Merksatz hilft bei der Unterscheidung:
Gleichgewichtskräfte greifen am gleichen Körper an – Wechselwirkungskräfte an verschiedenen.
Werden die Angriffspunkte der beiden Kraftpfeile im zentralen Versuch in die Mitte des Seils gezeichnet, so stellen sie das Kräftegleichgewicht für die Seilmitte dar. Wieder sind die Kräfte gleich groß und entgegengesetzt gerichtet, wirken aber beide auf die Seilmitte, die sich folglich nicht bewegt.

Aufgaben

1 Erkläre die Funktion von Startblöcken beim Sprint in der Leichtathletik. Vergleiche dies mit dem Versuch, auf Glatteis schnell loszulaufen.

2 **a)** Du willst von einem Ruderboot, das nicht festgebunden ist, ans Ufer springen. Erkläre, was passiert.
b) Erläutere die Unterschiede, wenn das Boot festgemacht ist.
c) Nun das umgekehrte Problem: Du steigst vom Steg ins Boot. Erkläre, was geschehen kann.

3 Du siehst auf dem Bild eine Turnerin, die auf dem Schwebebalken balanciert.

a) Fertige eine Skizze der Turnerin an und zeichne alle Wechselwirkungskräfte ein. Denke daran, dass Kräfte auf die Turnerin, den Balken und die Erde wirken.
b) Begründe, dass es auch Kraftpaare gibt, die keine Wechselwirkungskräfte sind. Benenne sie.

4 Überlege dir Beispiele für Kraftpaare. Entscheide jeweils, ob es sich bei den Beispielen um Wechselwirkungs- oder um Gleichgewichtskräfte handelt.

Felder übertragen Kräfte

Zentraler Versuch

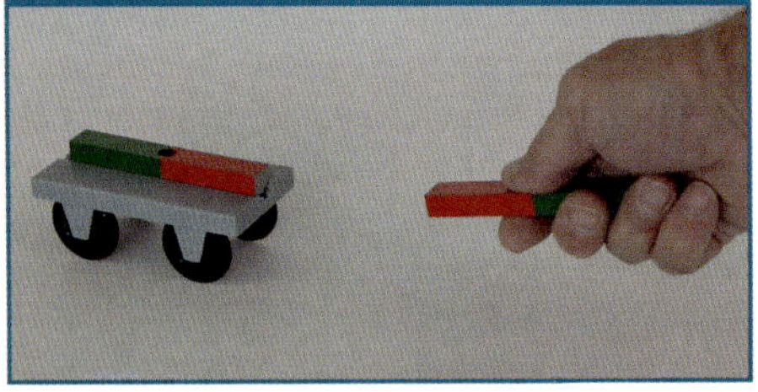

Wird der Magnet an den Wagen herangeführt, so setzt sich der Wagen in Bewegung. Der Magnet und der Wagen treten in Wechselwirkung miteinander, der Magnet übt eine Kraft auf den Wagen aus, das heißt, es strömt Impuls aus dem Magnet in den Wagen.

Hier stellt sich die Frage, wie das geschieht, denn Magnet und Wagen berühren sich nicht. Wenn aber versucht wird, die gleichen Pole zweier starker Magnete zusammenzudrücken, ist deutlich zu spüren, dass sich zwischen den Magneten doch etwas befindet, auch wenn es unsichtbar ist. Dieses „Etwas" wird **Magnetfeld** genannt. Die Kraft, die die Hand ausübt, wird durch das Magnetfeld auf den Wagen übertragen, das heißt, der Impuls strömt aus der Hand, die den Magnet hält, durch das Feld in den Wagen.

Es gibt noch weitere Felder, die Kräfte übertragen. Das bekannteste ist sicherlich das **Gravitationsfeld;** es überträgt die Kraft, die einen Gegenstand zu Boden fallen lässt oder den Mond auf seiner Bahn hält. Nach einer Legende hatte ISAAC NEWTON durch das Betrachten eines fallenden Apfels die Idee, dass die Kraft, die den Mond auf seiner Bahn um die Erde hält, die gleiche ist, die den Apfel zur Erde zieht. NEWTON formulierte seine Theorie aber so, als ob bei der Wechselwirkung zwischen Erde und Mond (beziehungsweise Erde und Apfel) der Raum dazwischen keine Rolle spielt. Diese Vorstellung wurde im 19. Jahrhundert abgelöst durch die **Theorie der Felder.**

Bei berührungslosen Kraftwirkungen beziehungsweise Impulsströmen wirkt auf einen Körper also nicht direkt der räumlich entfernte Wechselwirkungspartner ein, sondern das Feld, das sich zwischen beiden befindet. Die Kraft auf den Wagen kommt nicht vom Magnet, sondern vom Magnetfeld, das gegen ihn drückt. Am fallenden Apfel zieht nicht die Erde, sondern ihr Gravitationsfeld.

Felder können Kräfte berührungslos übertragen.
Durch Felder kann Impuls strömen.

Durchblick | **Zwei Sichtweisen auf die gleiche Sache**

Bei der Beschreibung vieler alltäglicher Vorgänge können zwei Denkweisen benutzt werden, um die physikalischen Zusammenhänge zu beschreiben: In der einen Art der Beschreibung werden die Wechselwirkungen als Kräfte bezeichnet, in der anderen Beschreibungsart werden Impulsströme und deren Stärke benutzt. Am Beispiel des Ruderns können beide Ansätze nochmals gut verglichen werden:

Kraftbeschreibung
Die Ruderer drücken das Wasser nach hinten. Dabei üben sie mit dem Ruder eine Kraft auf das Wasser aus. Nach dem Wechselwirkungsprinzip entsteht dabei eine Gegenkraft, die ebenso stark auf die Ruder nach vorne wirkt und somit das Boot mit gleicher Kraft nach vorne beschleunigt.

Impulsbeschreibung
Die Ruderer pumpen Impuls vom Wasser zum Boot. Beim Rudern fließt ein Impulsstrom, der den Impuls des Bootes erhöht. Dadurch nimmt die Geschwindigkeit des Bootes zu. Gleichzeitig nimmt der Impuls des Wassers (der Erde) um die gleiche Impulsmenge ab. Bei stehendem Gewässer ist klar erkennbar, dass sich Wassermengen nach hinten bewegen.

Jede Art der Betrachtung führt zu richtigen Ergebnissen. Welche Betrachtungsweise angewandt wird, hängt davon ab, was im vorliegenden Fall praktischer ist und eine einfachere Beschreibung erlaubt. Dieser Grundsatz, dass unterschiedliche Betrachtungsweisen zu gleichen Ergebnissen führen können, gilt ganz allgemein in der Physik und nicht nur in dem hier betrachteten Fall.

Verkehrssicherheit **Streifzug**

Gut festgemacht

„Gurtmuffel“ sind doppelt dumm dran: Zum einen riskieren sie eine Geldstrafe, zum anderen ihr Leben. Denn schon bei einer Geschwindigkeit von 50 $\frac{km}{h}$ entspricht ihr Aufprall auf das Lenkrad bei einem Frontalzusammenstoß einem Fall aus 10 m Höhe. Bei 100 $\frac{km}{h}$ wären das sogar rund 40 Meter! Die Kräfte, die bei einem Aufprall mit 100 $\frac{km}{h}$ auftreten, sind so groß, als wollte man gleichzeitig 20 Menschen in die Höhe stemmen!

Ohne **Sicherheitsgurt** würde unser Körper wegen seiner Trägheit mit dieser Geschwindigkeit auf das Lenkrad treffen und es verformen; das Lenkrad aber würde zurückwirken und seinerseits den Brustkorb des Fahrers verformen. Quetschungen und Brüche wären die Folge von Zusammenstößen, wenn nicht durch den etwas dehnbaren Gurt der Mensch ebenfalls abgebremst werden würde, weil er durch Gurt und Sitz fest mit dem Auto verbunden ist.

Voraussetzung ist allerdings ein richtig angelegter, straff sitzender Gurt, der über drei Punkte des Körpers führt: links und rechts am Becken, einmal an der Schulter. Ein zu lockerer Gurt kann auch schwere Verletzungen verursachen, wenn der Körper mit seiner hohen Geschwindigkeit plötzlich gegen den Gurt knallt.

Für Kinder gibt es spezielle Sitze, damit der für sie viel zu weite und zu hoch liegende Erwachsenengurt ihren Körper richtig festhalten kann.

Gut abgefedert

Eine weitere wirksame Sicherheitsmaßnahme ist der **Airbag:** Ein großer Ballon, der sich zusammengefaltet im Lenkrad, beim Beifahrersitz hinter dem Armaturenbrett oder in den seitlichen Türen befindet und bei einem Aufprall in einer Zehntelsekunde mit Luft gefüllt wird.

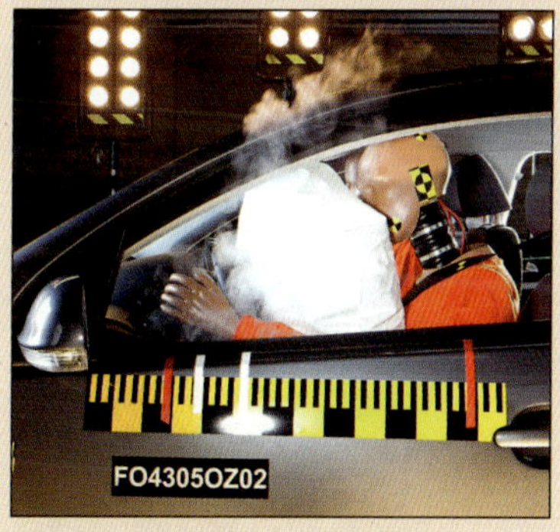

Durch mechanische und elektrische Signale wird eine kleine Sprengladung zur Zündung gebracht und der Airbag mit 35 bis 70 Litern Luft gefüllt. Die Insassen des PKW können so nicht mehr gegen Lenkrad oder Armaturenbrett geschleudert werden und sich verletzen, da sie durch das Luftkissen relativ sanft abgebremst werden.

Gut behütet

Bei Fahrradunfällen sterben in Deutschland täglich zwei Menschen. Viele von ihnen könnten noch am Leben sein, wenn sie einen Helm getragen hätten. Was bewirkt ein solcher Helm und wie ist er aufgebaut?

Eine harte Außenschale dient der größeren Haltbarkeit des Helms und schützt den Kopf und die weiche Innenschale des Helms vor spitzen Gegenständen. Die zwischen den beiden Schalen liegende Dämmschicht soll harte Aufpralle abfedern. Sie besteht aus Hartschaum.

Die Dämmschicht darf nicht zu weich sein, weil sonst der Kopf bis zur Hartschale durchschlägt. Aber auch eine zu harte Schicht kann den Kopf nicht schützen. Nur ein Material, das sanft abbremst, ist wirklich hilfreich.

Ein Riemen sorgt dafür, dass der Helm immer in der richtigen Position bleibt und nicht vom Kopf rutscht. Fahrradhelme sollen sorgfältig aufgesetzt und festgeschnallt werden. Sie müssen in der Größe passen, sonst schützen sie nicht.

Die Gewichtskraft

Bungeespringen – ein tolles Erlebnis: drei bis fünf Sekunden im freien Fall in die Tiefe, gesichert und abgebremst durch ein starkes Gummiseil!

Bekanntlich fallen alle Körper nach unten, wenn sie nicht festgehalten werden.
Was aber setzt diese Körper in Bewegung? Welche Kraft ist dafür verantwortlich? Wer übt sie auf die fallenden Körper aus?

Gewichtskraft ist nicht gleich Erdanziehungskraft!

Der menschliche Körper, die Wägestücke im Bild unten und die Bungeespringerin – sie alle sind schwer, weil sie von der Erde angezogen werden. Die stets wirkende Kraft, die die Erde auf alle Körper ausübt, heißt **Erdanziehungskraft** oder *Schwerkraft.* Sobald Körper angehoben oder hochgehoben werden sollen, muss diese Erdanziehungskraft überwunden werden. Die Kraft, mit der ein Körper dabei an der Hand zieht bzw. auf sie drückt, ist die **Gewichtskraft.** Sie ist eine *Folge* der Erdanziehungskraft. Gewichtskraft und Erdanziehungskraft sind also nicht identisch, sondern zwei ganz verschiedene Kräfte! Die Zeichnung unten zeigt, dass die Angriffspunkte von Erdanziehungskraft und Gewichtskraft verschieden sind: Die Erdanziehungskraft greift am Apfel an, die Gewichtskraft am Ast oder am Boden, also am Aufhänge- oder Auflagepunkt.

Die Wägestücke im Bild rechts drücken mit ihrer Gewichtskraft auf das Brett. Dies ist an der Wirkung, dem Durchbiegen des Brettes, zu erkennen. Die unterschiedlich großen Wägestücke wurden jeweils auf das gleiche Brett gestellt. Das Brett biegt sich durch die Einwirkung der Gewichtskraft umso stärker durch, je größer das Wägestück ist. Jeder weiß aus Erfahrung, dass das größere Wägestück auch das schwerere ist, also die größere Gewichtskraft hat.

Zentraler Versuch

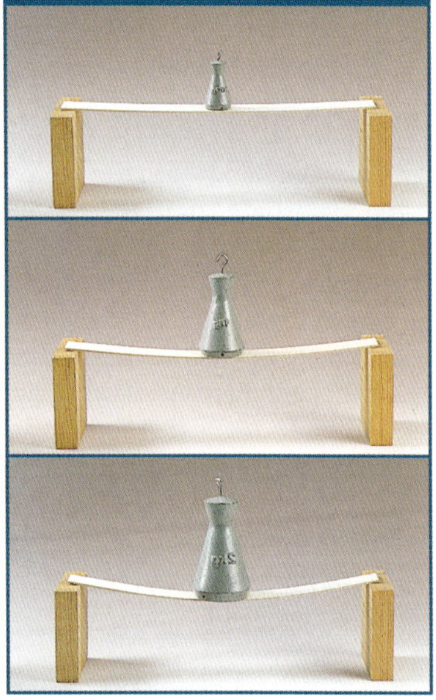

Jeder Körper drückt mit seiner Gewichtskraft auf seine Unterlage bzw. zieht mit ihr an seiner Aufhängung.

F_G: Hängt der Apfel am Ast, so übt er eine Kraft auf den Ast aus. Der Angriffspunkt der Gewichtskraft liegt im Berührungspunkt von Apfel und Ast.

F_E: Die Erde übt zu jedem Zeitpunkt, auch beim Fallen, eine anziehende Kraft auf den Apfel aus. Der Angriffspunkt der Erdanziehungskraft wird in die Mitte des Apfels gezeichnet.

F_E und F_G sind stets zum Erdmittelpunkt hin gerichtet. Wenn keine weiteren Kräfte wirken, sind sie gleich groß.

Schwerelos?

Ein Sprung vom Sprungturm im Schwimmbad ist immer ein herrliches Erlebnis für den, der es wagt abzuspringen. Was ist der Grund für das Empfinden des Losgelöstseins, der Befreiung von der Erdenschwere?

Zentraler Versuch

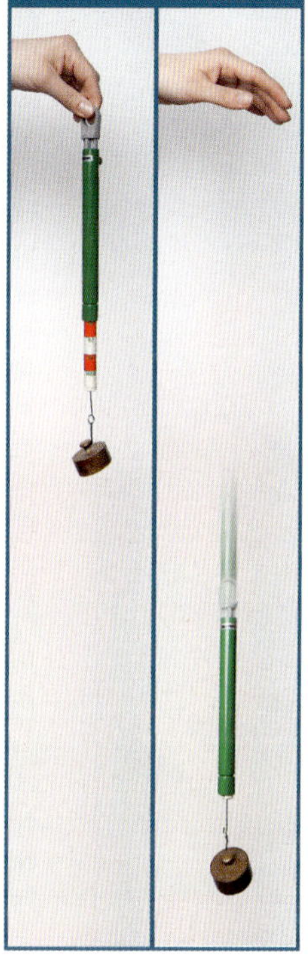

Der Federkraftmesser zeigt die Gewichtskraft des Wägestücks an, weil dieses mit seiner Gewichtskraft an ihm zieht. Wird der Kraftmesser losgelassen, so fällt er gemeinsam mit dem Wägestück zu Boden. Beim Fallen zeigt er nichts mehr an, denn jetzt gibt es keine Gewichtskraft mehr, die seine Feder dehnen könnte.

Die Erdanziehungskraft dagegen ist nach wie vor da und beschleunigt beide Körper gleichermaßen nach unten.

Das ist es, was das Turmspringen so unbeschwert macht: Aufgrund der Erdanziehungskraft wird der Springer beim Fallen immer schneller; er übt aber keine Gewichtskraft aus und fühlt sich deshalb „schwerelos“.

So ergeht es auch Weltraumfahrern. Auf sie und ihr Raumschiff wirkt gleichermaßen die Erdanziehungskraft und zieht sie zur Erde hin. Sie stürzen nur deshalb nicht auf die Erde, weil sie eine große Geschwindigkeit parallel zur Erdoberfläche haben, wodurch sie auf einer Kreisbahn fliegen.

NEWTON hat das mit dem waagrechten Abschuss einer Kanonenkugel verdeutlicht: Wenn sie mit der richtigen Geschwindigkeit abgeschossen wird, dann fällt sie zwar dauernd nach unten, trifft aber – weil sie sich vorwärts bewegt hat – die Erde nicht, sondern fliegt oder „fällt“ ganz um die Erde herum (roter Pfeil bzw. Kreis).

Aber kräftefrei sind alle diese Körper nicht, denn die Erdanziehungskraft wirkt gleichwohl auf sie.

Eine Kraft, die nur nach unten wirkt

Unser Körper ist an die Wirkung der Erdanziehungskraft gewöhnt. Die Richtung dieser Kraft empfinden wir als „unten“, auf die Erdoberfläche zu. Da die Gewichtskraft eine Folge der Erdanziehungskraft ist, stimmen die Richtungen beider Kräfte überein. Die Gewichtskraft ist also auch „nach unten“ gerichtet.

Wird die Richtung der Gewichtskraft von außerhalb der Erde betrachtet, so ist zu sehen: Die Gewichtskraft hat an den unterschiedlichen Punkten der Erde jeweils eine andere Richtung. Aber die Richtungen der verschiedenen Gewichtskräfte weisen eine Gemeinsamkeit auf: Sie zeigen alle – unabhängig vom Ort – auf den Erdmittelpunkt, also überall auf der Erde „nach unten“.

Für alle Orte auf der Erdoberfläche gilt: Die Gewichtskraft ist stets zum Erdmittelpunkt hin gerichtet.

Aufgaben

1 Nenne jeweils fünf Beispiele, in denen ein Körper durch seine Gewichtskraft an einer Aufhängung zieht bzw. auf seine Unterlage drückt.

2 Australien liegt auf der Erdkugel „unter uns“. Erkläre, warum die Australier nicht von der Erde abfallen.

3 An einem Faden hängt ein Wägestück. Erläutere, welchen Winkel der Faden mit einer Wasseroberfläche bildet.
Zähle Beispiele auf, in denen dies genutzt wird.

4 **a)** Begründe, warum Erdanziehungskraft und Gewichtskraft nicht das Gleiche sind.
b) Nenne Erscheinungen, die mit den physikalischen Größen ① „Erdanziehungskraft“ bzw. ② „Gewichtskraft“ beschrieben werden.

5 Finde einen physikalisch richtigen Ausdruck für „Schwerelosigkeit“ und begründe.

Masse, Erdanziehung und Gewichtskraft

Bei den Exkursionen auf dem Mond hatten die Astronauten einen großen Rucksack auf dem Rücken. In ihm befanden sich alle Geräte, die für sie zum Leben notwendig waren. Die Rucksäcke waren schwer. Ihre Masse betrug etwa 80 kg. Und trotzdem waren die Astronauten in der Lage, auf dem Mond mit dem Gepäck noch große Sprünge zu machen. Warum geht das auf dem Mond, nicht aber auf der Erde?

Wenn der Rucksack auf dem Mond auf eine Balkenwaage gestellt würde, ergäbe der Massenvergleich wieder 80 kg. Die Masse des Rucksacks ist die gleiche wie auf der Erde. Anders verhält es sich mit der Gewichtskraft als Folge der unterschiedlichen Anziehungskräfte von Erde und Mond.
Die Erdanziehungskraft zu bestimmen ist über den Umweg „Gewichtskraft" möglich, denn diese ist leicht zu messen.

Im zentralen Versuch werden die Massen und Gewichtskräfte unterschiedlicher Körper bestimmt. Da keine weiteren Kräfte wirken, zeigen die Kraftmesser jeweils die Erdanziehungskraft an. Es zeigt sich, dass Erdanziehungskraft F_E und Masse m proportional sind: $\boldsymbol{F_E \sim m}$.

Zentraler Versuch

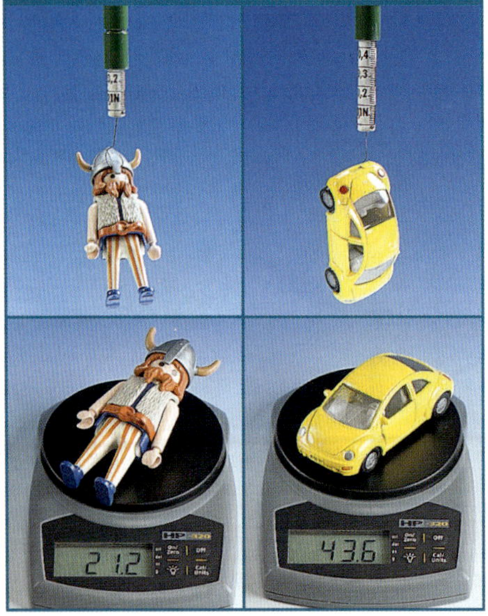

Der Quotient F_E/m ist für jeden Ort konstant. Er wird mit g bezeichnet und wegen seiner Ortsabhängigkeit **Ortsfaktor** genannt. Sein Wert nimmt von $9{,}78\,\frac{\text{N}}{\text{kg}}$ am Äquator auf $9{,}83\,\frac{\text{N}}{\text{kg}}$ an den Polen zu. In Deutschland wird der einheitliche Wert $9{,}81\,\frac{\text{N}}{\text{kg}}$ verwendet; für Überschlagsrechnungen genügen $10\,\frac{\text{N}}{\text{kg}}$.
Mithilfe des Ortsfaktors g wird aus der Proportionalität $F_E \sim m$ die Gleichung
$\boldsymbol{F_E = m \cdot g}$.

Für F_E gilt diese Gleichung immer. Wenn keine weiteren Kräfte wirken oder weitere Kräfte im Vergleich zu F_E sehr klein sind, dürfen sie vernachlässigt werden. Die Formel gilt dann auch für die Gewichtskraft:
$\boldsymbol{F_G = F_E = m \cdot g}$.

Mithilfe dieser Gleichung kann die Masse berechnet werden, wenn mit einem Federkraftmesser die Gewichtskraft bestimmt wurde und der Ortsfaktor bekannt ist. Die meisten Waagen nutzen diese Methode zur Massenbestimmung.

Auf dem Mond beträgt der Ortsfaktor nur etwa $\frac{1}{6}$ des Erdwertes. Daher konnten sich die Astronauten auf ihm so leicht bewegen, weil sie vom Mond viel weniger stark angezogen wurden als von der Erde.

Die Masse eines Körpers ist vom Ort unabhängig, die Gewichtskraft dagegen ist ortsabhängig. Die Erdanziehungskraft wird berechnet als Produkt aus der Masse m und dem Ortsfaktor g:
$F_E = m \cdot g$.

Rechenbeispiel

1. Berechne die Kraft, mit der du einen Spaten in die Erde drückst, wenn du dich darauf stellst.

Geg.: $m = 45\text{ kg};\ g = 9{,}81\,\frac{\text{N}}{\text{kg}}$
Ges.: F_G

Lösung: $F_G = m \cdot g$
$F_G = 45\text{ kg} \cdot 9{,}81\,\frac{\text{N}}{\text{kg}}$
$F_G = 441{,}45\text{ N}$

Deine Gewichtskraft beträgt rund 440 N. Mit ihr drückst du den Spaten in den Boden.

2. Bestimme die Masse einer Schultasche.

Geg.: $F_G = 65{,}5\text{ N};\ g = 9{,}81\,\frac{\text{N}}{\text{kg}}$
Ges.: m

Lösung:
Aus $F_G = m \cdot g$ folgt
$$m = \frac{F_G}{g} = \frac{65{,}5\text{ N}}{9{,}81\,\frac{\text{N}}{\text{kg}}}$$
$$m = 6{,}68\text{ kg}$$

Die Schultasche hat eine Masse von rund 6,7 kg.

Aufgaben

1 Berechne für folgende Massen die zugehörigen Gewichtskräfte: 1 Stück Butter (250 g); 1 Tafel Schokolade (100 g); LKW (7,5 t); Gewichtheber (120 kg); Schülerin (42 kg).

2 Berechne die Massen der Körper, die folgende Gewichtskräfte haben: PKW (12 kN); 1 Tüte Mehl (9,8 N); Blauwal (1,3 MN).

3 Begründe, warum zum Start einer Raumsonde vom Mond aus viel weniger Treibstoff notwendig wäre als zum Start von der Erde aus.

4 Erkläre, warum zwei Körper gleicher Masse auch auf dem Mond die gleiche Gewichtskraft haben.

5 Für den bemannten Flug zum Mars ist eine Raumstation im Orbit um die Erde als Montage- und Startbasis geplant. Erörtere die Vorteile, die diese Basis im Vergleich zum Start von der Erde aus bietet.

6 Berechne den Fehler (in Prozent), wenn du dich mit einer für Deutschland geeichten Personenwaage am Äquator bzw. am Pol wiegst. Bewerte dein Ergebnis.

Einfache Waagen

Sackwaage, Küchenwaage oder die Kofferwaage unten zum Test auf Übergepäck sind Beispiele für **Federwaagen**. Sie arbeiten nach dem gleichen Prinzip wie ein Federkraftmesser, nur dass ihre Skalen schon in g oder kg geeicht sind. Die modernen elektronischen Waagen haben keine Federn mehr, sondern Messstreifen, die verbogen werden. Die Verbiegung wird in elektrische Signale umgewandelt und für die Anzeige weiter verarbeitet.

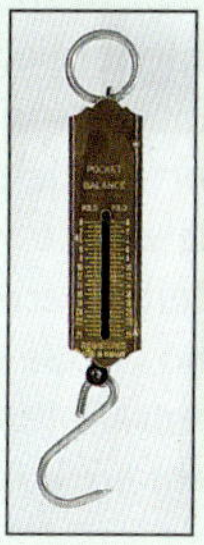

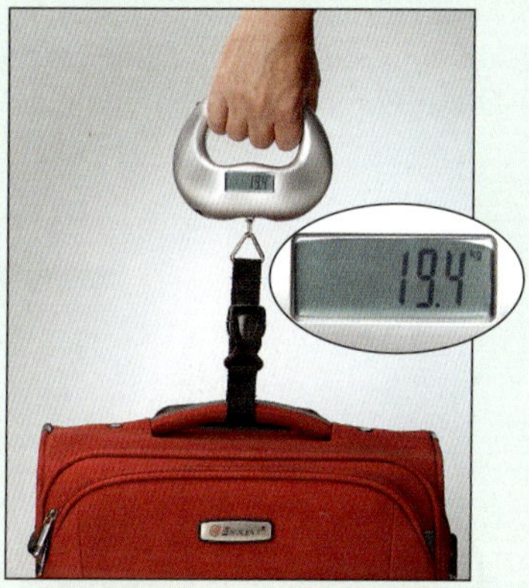

Der Stab der **Laufgewichtswaage** unten hat zwei ungleich lange Arme, von denen der längere (der mit dem Laufgewicht) mit einer Gramm- oder Kilogramm-Skala versehen ist.

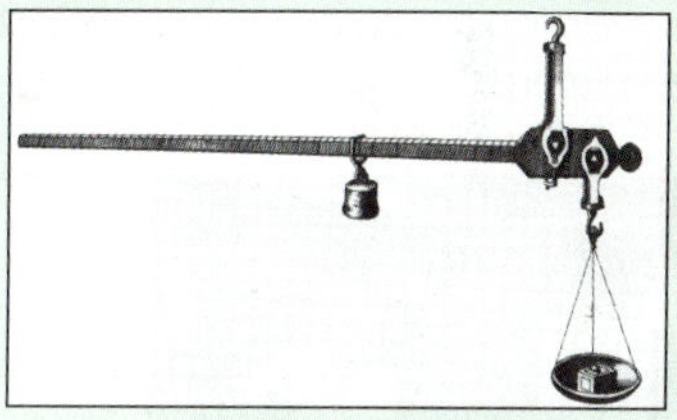

Solche einfachen, in der Hand zu haltenden Waagen gibt es seit Jahrhunderten. Heute finden sie sich noch auf Märkten.

Wie genau nehmen wir es mit Zahlen?

Streifzug

Beim Nachrechnen von Rechenbeispiel 2 zeigt sich, dass der Taschenrechner das Ergebnis 6,6768603 kg ausgibt.

Anders als in der Mathematik muss aber in der Physik stets beachtet werden, dass die Größen Messwerte sind und deswegen fehlerbehaftet. Das Ergebnis einer Rechnung genauer anzugeben als die Werte, aus denen es gewonnen wurde, ist nicht sinnvoll.

66,0 : 9,81 =

65,0 : 9,81 =

Am Beispiel dieser Aufgabe wird dies deutlich:

- Der Federkraftmesser hat als kleinste Skaleneinteilung 1 N. Der abgelesene Wert 65,5 N ist nicht der wirkliche Wert; die tatsächliche Gewichtskraft liegt im Intervall zwischen 65,0 N und 66,0 N.
- Die gegebenen Größen F_G bzw. g hatten drei Stellen. Das Ergebnis der Division 65,5 : 9,81 ist dann sinnvollerweise nur dreistellig: 6,68 kg.

Als allgemeine Regel gilt:
Ergebnisse dürfen nur mit so vielen Stellen angegeben werden, wie bei den gegebenen Größen höchstens vorhanden sind.

Energie und Energieerhaltung

Der Begriff „Energie" ist fester Bestandteil im täglichen Sprachgebrauch: Kernenergie, erneuerbare Energie, Energiekrise und Energiesparen sind einige der häufig verwendeten Worte. Auch im Sport ist Energie erforderlich, um die größte Höhe, die beste Weite oder die schnellste Zeit zu erreichen.
Die Energie als physikalische Größe spielt in allen Teilgebieten der Physik eine zentrale Rolle. Wie hängt sie mit anderen Größen zusammen? Kann Energie verbraucht werden?

Energie ist überall

Damit sich das Auto in Bewegung setzen kann, benötigt es Benzin. Der Propeller an dem kleinen Motor dreht sich nur, wenn Licht auf die Solarzelle fällt. Der Wasserkocher kann das Wasser nur erhitzen, wenn der Stecker eingesteckt ist und eine Taschenlampe leuchtet nur, wenn eine Batterie eingelegt ist. Diese Vorgänge haben gemeinsam, dass in allen Fällen Energie benötigt wird.

Damit Vorgänge ablaufen können, ist Energie nötig.

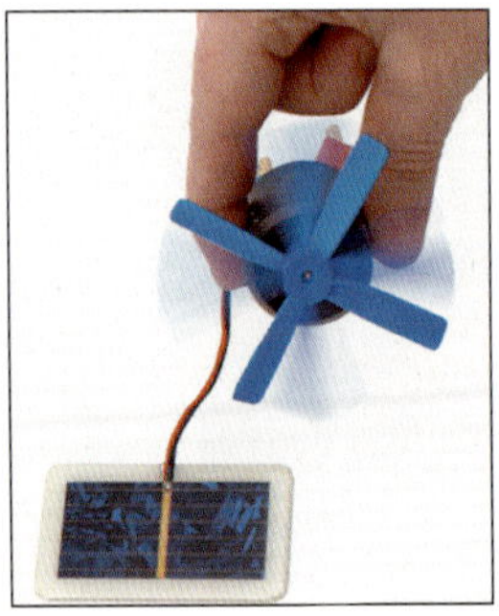

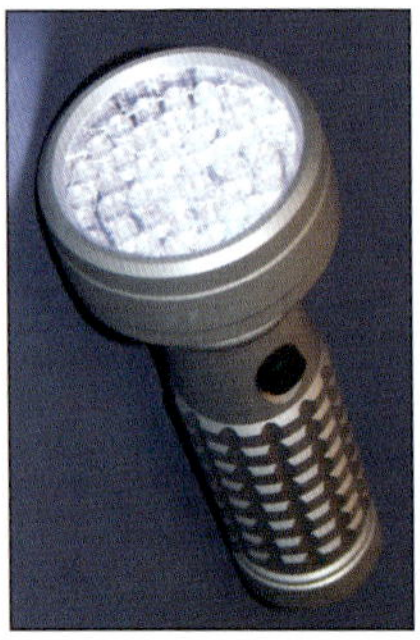

Energie tritt aber nie alleine in Erscheinung. Entweder sie steckt in einem Gegenstand oder sie fließt auf einem Träger, einem **Energieträger,** von einem Ort zu einem anderen:

- Beim Auto gelangt Energie mit dem Benzin in den Tank, fließt dann mit dem Benzin zum Motor und steckt am Ende in der Bewegung des Autos.
- Beim Propeller kommt Energie mit dem Licht zur Solarzelle, geht dann mit dem elektrischen Strom zum Motor und steckt am Ende in der bewegten Luft.
- Der Wasserkocher erhält die Energie mit dem elektrischen Strom und gibt sie an das warme Wasser ab.
- Bei der Taschenlampe steckt die Energie in den Batterien und wird mit dem Licht abgegeben.

Energie strömt nicht alleine, sie braucht immer einen Träger. Energieträger sind zum Beispiel Treibstoffe, Nahrungsmittel, Licht, elektrischer Strom, usw.

Aufgaben

1 Das kleine Boot im Bild rechts wird mit Dampf angetrieben. Erläutere, wie die Energie in das Boot kommt und welchen Weg sie nimmt, wenn das Boot betrieben wird.

2 In Kraftwerken sind immer eine Turbine und ein Generator zusammengekoppelt. Erläutere, welche Energieträger bei diesen Geräten eine Rolle spielen.

3 Nahrungsmittel sind die Energiequelle des Menschen. Erkläre, wie die Energie in die Nahrung kommt.

4 **a)** Nenne alle Energieträger, die bei dem Spielzeug rechts auftreten.
b) Nenne die Stellen, an denen Energie von einem Träger auf einen anderen wechselt.

Energiefluss-Diagramme

Vorrichtungen, bei denen Energie den Träger wechselt, bei denen sie also von einem auf einen anderen Träger umgeladen wird, werden **Energieumlader** genannt. Eine Lampe lädt Energie, die mit dem Träger elektrischer Strom kommt, auf den Träger Licht um. Eine Solarzelle macht das gerade umgekehrt. Beim Föhn wechselt die Energie den Träger von „elektrischer Strom" auf „warme bewegte Luft". Interessiert die technische Umsetzung nicht, sondern nur der Weg der Energie, so lässt sich dies übersichtlich in einem **Energiefluss-Diagramm** darstellen. Dabei erscheint das Gerät, das die Energie umlädt, lediglich als Kreis ohne technische Einzelheiten.

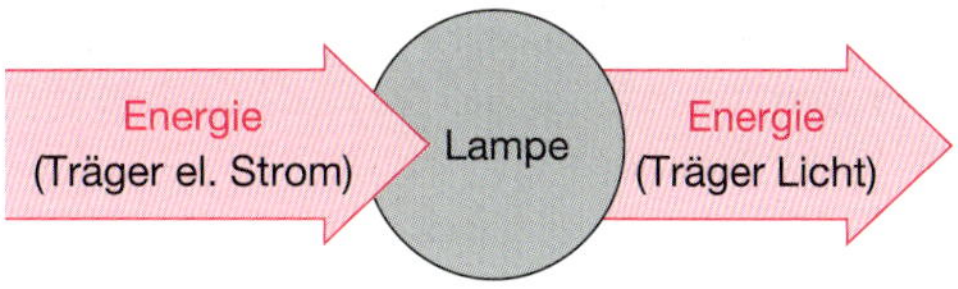

Sollen im Diagramm die Wege von Energie und Träger differenzierter dargestellt werden, werden separate Pfeile gezeichnet, um die Energie sorgfältig von dem Träger zu unterscheiden. Beim Automotor wird der Energieträger Benzin verbrannt und die Abgase verlassen den Motor. Die Energie aus dem Benzin steckt dann im bewegten Auto.

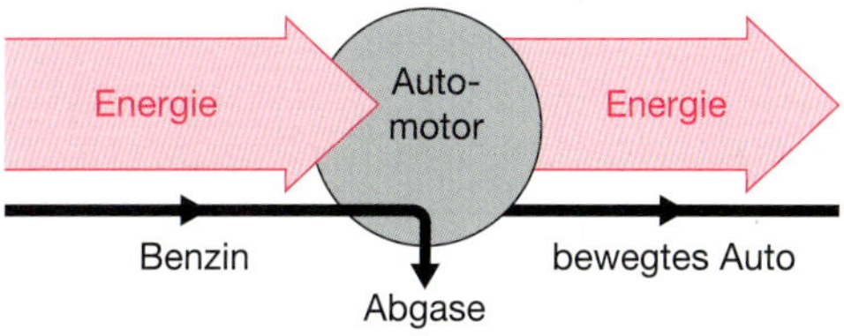

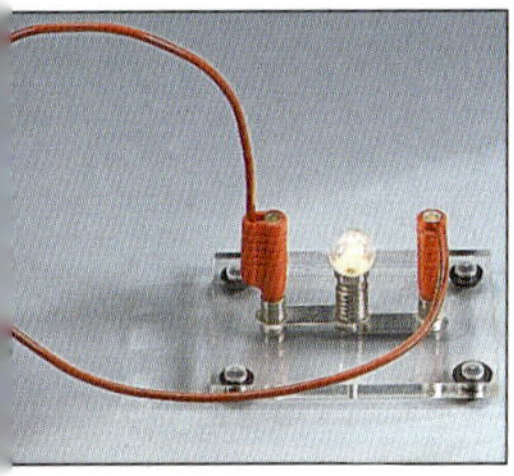

Bei einer Glühlampe lässt sich besonders gut beobachten, wie unterschiedlich die Wege von Energie und Energieträger sein können. Die Lampe leuchtet nur, wenn der Stromkreis geschlossen ist. Der Energieträger strömt von der Batterie zur Lampe und wieder zurück, die Energie strömt mit dem Träger zur Lampe und verlässt die Lampe mit einem anderen Träger. Auch dies lässt sich mit einer entsprechenden Pfeildarstellung des Trägerpfeils verdeutlichen.

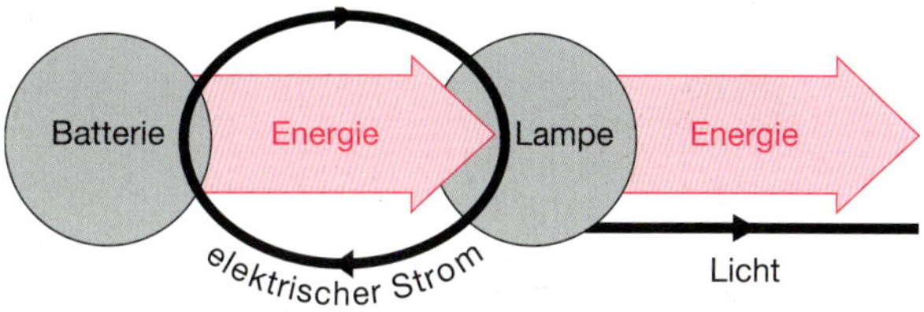

Bei manchen Geräten wird Energie nicht nur auf einen, sondern auf mehrere Träger umgeladen. Dann kann durch verschieden dicke Energiepfeile verdeutlicht werden, mit welchem Träger mehr beziehungsweise weniger Energie transportiert wird. Ein Beispiel dafür ist der Föhn. Der größte Teil der Energie steckt am Ausgang des Föhns in der Wärme, ein deutlich geringerer Teil steckt in der Bewegung der Luft. Dies lässt sich mit einer entsprechenden Aufteilung der Pfeile darstellen.

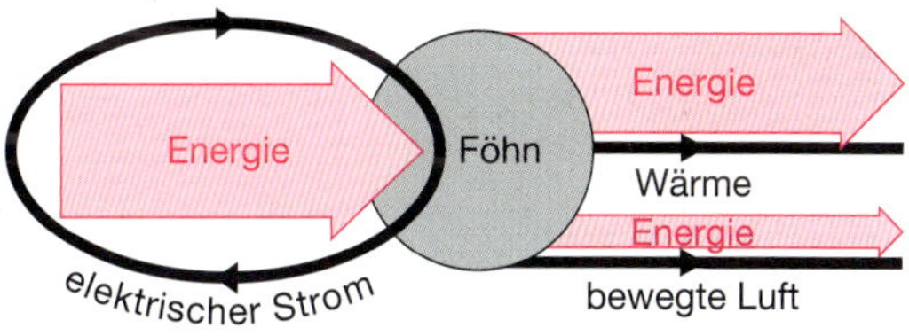

Energieumladungen lassen sich übersichtlich in Energiefluss-Diagrammen darstellen.
Hierbei kann die Menge der fließenden Energie durch die Dicke der Pfeile symbolisiert werden.

Aufgaben

1 Zeichne Energiefluss-Diagramme für ein Windrad, eine Solarzelle und einen Motor mit Propeller.

2 Informiere dich darüber, was eine Brennstoffzelle ist und stelle die Funktion in einem Energiefluss-Diagramm dar.

3 Nenne Geräte, die zu dem Energiefluss-Diagramm rechts passen, und ergänze das Diagramm.

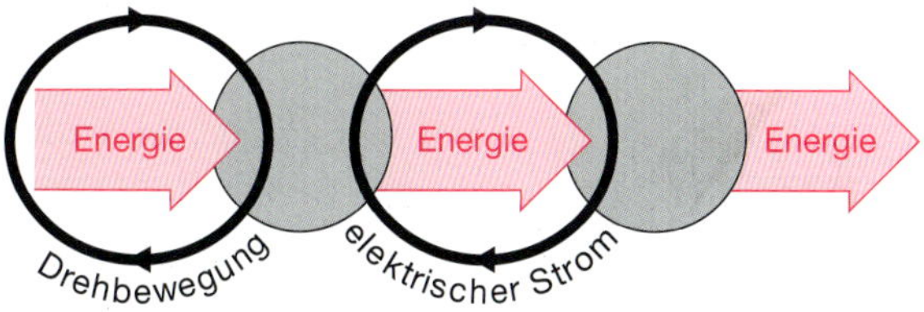

Eine Energie – viele Namen

Da Energie verschiedene Träger haben kann und in verschiedenen Speichern steckt, wird sie oft mit „Vornamen“ versehen, um dies zu verdeutlichen. So ist zu lesen von

- Sonnenenergie
- Windenergie
- Bewegungsenergie
- elektrischer Energie
- chemischer Energie
- Wärmeenergie
- .....

Trotz dieser unterschiedlichen Namen handelt es sich hierbei immer um Energie. Um sich diese Sprechweise zu verdeutlichen, hilft der Gedanke an einen Urlaubsreisenden auf dem Weg zu einem entfernten Ziel:

Der Reisende geht zu Fuß als „Fußreisender“ zum Taxi und fährt zum Bahnhof – jetzt ist er „Autoreisender“. Dann nimmt er den Zug zum Flughafen – „Zugreisender“. Während des Fluges ist er „Flugreisender“ und nach der Ankunft fährt er als „Busreisender“ zum Hotel. Obwohl der Urlauber dauernd ein anderer Reisender ist, handelt es sich doch während der ganzen Reise immer um denselben Menschen.

Entsprechend verhält es sich mit der Energie: Es gibt nur „die“ Energie. Die unterschiedlichen Bezeichnungen sind nur eine Hilfe, um in einem Wort den Träger oder Speicher der Energie gleich mit zu nennen. Die Aussage „Eine Solarzelle wandelt Sonnenenergie in elektrische Energie“ bedeutet also nicht, dass dort etwas verwandelt wird, sondern dass Energie vom Träger Sonnenlicht auf den Träger elektrischen Strom umgeladen wird. Genauso wechselt der Reisende beim Einsteigen in das Taxi nur das Beförderungsmittel. Er verwandelt sich von einem Fußreisenden in einen Autoreisenden, aber nicht in einen anderen Menschen.

Die Vornamen können auch in Energiefluss-Diagrammen verwendet werden. Wenn der Platz knapp ist und viele Energieumlader beteiligt sind, werden die Trägerpfeile oft weggelassen. Das Energiefluss-Diagramm für den Föhn sah auf Seite 137 so aus:

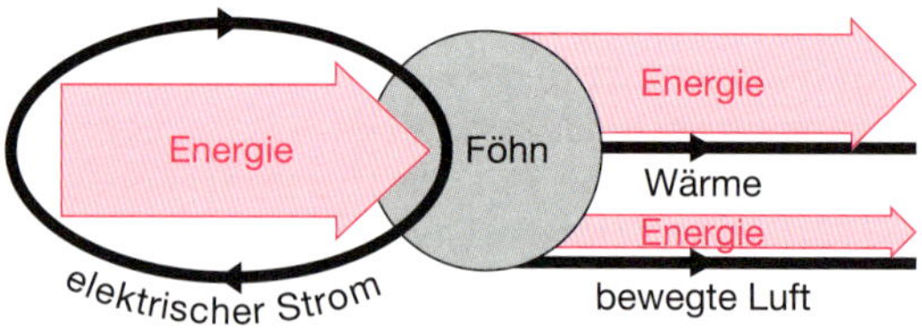

Dies lässt sich mit Vornamen auch so darstellen:

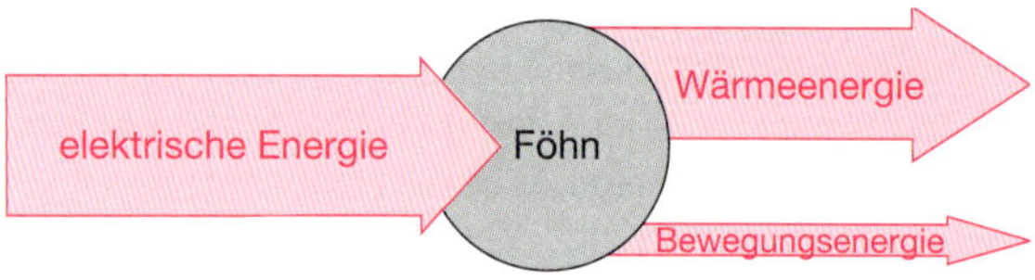

Energie kann von einem Träger auf einen anderen umgeladen werden. Sie kann unterschiedliche Namen haben, ist aber immer nur „die“ Energie.

Aufgaben

1 Manche Leute verwechseln Sonnenkollektoren und Solarzellen. Erkläre den Unterschied unter dem Gesichtspunkt der Energieumladung.

2 **a)** Beschreibe einen Vorgang, zu dem das folgende Energiefluss-Diagramm passt und ergänze die Umlader.

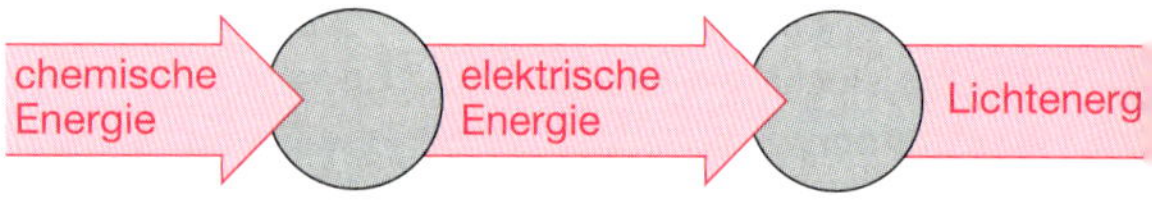

b) Zeichne das Energiefluss-Diagramm mit separaten Trägerpfeilen.

c) Gib einen Vorgang an, zu dem dieses Diagramm in umgekehrter Richtung gehört.

3 Beschreibe, wo bei folgenden Vorgängen die Energie steckt:

a) Abschießen eines Pfeils mit dem Sportbogen;

b) Springen vom 5 m-Turm im Schwimmbad;

c) Dribbeln beim Handball;

d) Aufschlag und Return beim Tennis.

Energie in der Mechanik

Im Versuch wird das Vorderrad eines Fahrrades durch kräftiges Anstoßen in schnelle Umdrehungen versetzt. Zum Abbremsen wird mit der flachen Hand oder einem Dynamo von oben auf den Reifen gedrückt. Dabei wird die Hand warm oder sogar unangenehm heiß. Das Vorderrad hat beim Abbremsen die Hand erwärmt oder die Lampe zum Leuchten gebracht, es hatte also Energie. Weil diese Energie in der Bewegung des Rades steckte, heißt sie **Bewegungsenergie** oder *kinetische Energie*. Diese Energie wurde dem Vorderrad beim Anstoßen zugeführt.

Zentraler Versuch

Löst sich ein Spanngurt von einem Gepäckträger, so schnellt der Gurt kräftig zurück. Ähnlich verhält sich ein Haushaltsgummi, wenn er beim Überspannen eines Gefäßes reißt. Mit einer gespannten Feder oder einem verdrillten Gummi lässt sich ein Spielzeugauto antreiben. Wird die Feder einer Springfigur wie im Bild rechts weit zusammengedrückt und losgelassen, dann springt die Figur umso höher, je größer die anfängliche Stauchung war. Eine größere Stauchung kann also eine größere Wirkung erzielen. Die Energie bei diesen Vorgängen steckt in der Stauchung oder Dehnung der Feder und heißt deshalb **Spannenergie.**

Zentraler Versuch

Fällt ein Hammer aus unterschiedlichen Höhen auf Nägel, die in einem Styroporklotz stecken, so werden die Nägel umso tiefer in den Klotz getrieben, je höher die Ausgangsposition war. Der Hammer hat Energie, die mit seiner Höhe oder Lage verknüpft ist. Diese Energie heißt **Lageenergie** oder *potenzielle Energie*.
Tatsächlich steckt die Lageenergie aber nicht in dem angehobenen Körper, sondern im *Schwerefeld* oder *Gravitationsfeld* zwischen Körper und Erde. Wird ein Körper hochgehoben, so ist dies vorstellbar, als ob eine Art „unsichtbare Feder" zwischen Erde und Körper gespannt wird. Diese unsichtbare Feder ist das Schwerefeld und in diesem ist die Lageenergie gespeichert. Der Einfachheit halber wird trotzdem von der Lageenergie des Körpers gesprochen.

Zentraler Versuch

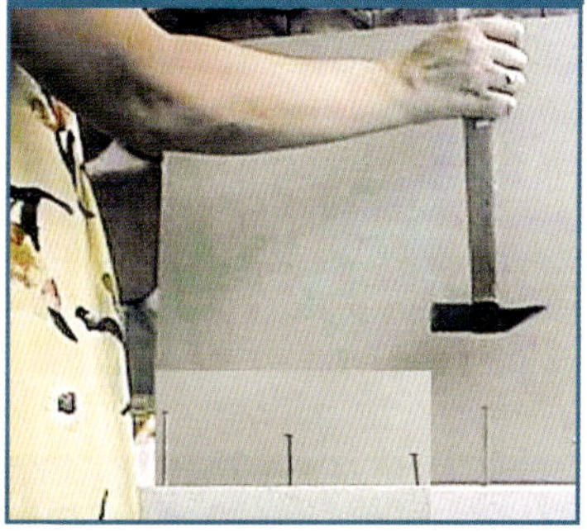

Spannenergie, Lageenergie und Bewegungsenergie sind gespeicherte Energie. Um sie von strömender Energie zu unterscheiden, die keine Vornamen hat, werden bei ihnen die Vornamen verwandt.

In der Mechanik kann die Energie auf drei Arten gespeichert werden:
- Ein bewegter Körper besitzt Bewegungsenergie.
- Ein elastisch verformter Körper enthält Spannenergie.
- Ein hochgehobener Körper besitzt Lageenergie.

Aufgaben

1 Erläutere, an welchen Stellen bei den einzelnen Phasen eines Stabhochsprungs Energie zu finden ist.

2 **a)** Beschreibe, was beim Heben einer Last durch einen Kran mit der Energie passiert.
b) Beschreibe, was mit der Energie passiert, wenn das Kranseil reißt.

3 Nenne drei Sportarten, bei denen Lageenergie eine Rolle spielt.

4 Alte Uhren lassen sich entweder mit einem Schlüssel „aufziehen" oder schwere Gewichte müssen hochgezogen werden. Beschreibe die Rolle der Energie in diesen Beispielen.

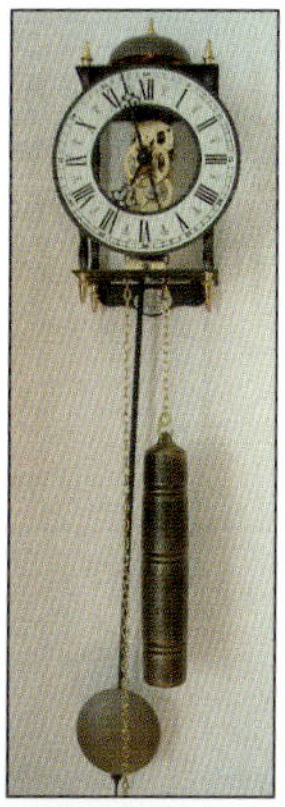

Energieerhaltung

Damit die Wagen der Achterbahn ohne zusätzlichen Antrieb durch den Looping kommen, werden sie von einem Motor auf eine bestimmte Höhe gezogen. Anschließend durchfahren sie den Looping ohne weiteren Antrieb. Der Startpunkt für die Tour durch diese Schleife liegt ein paar Meter über dem höchsten Punkt des Loopings – und niemand fällt an dieser Stelle aus dem Wagen!

Ein Versuch für mutige Experimentatoren ist im Zentralen Versuch dargestellt. Die Bahn des Wägestücks geht in Richtung Armbanduhr des Mädchens. Wird das Wägestück die Uhr berühren oder sogar zerstören?

Das Wägestück schwingt rechts genau so hoch, wie es links vor dem Start ausgelenkt war – also keine Gefahr, solange die Ausgangshöhe nicht höher war als die Uhr gehalten wurde. Die Erklärung liefert eine Energiebetrachtung:

Beim Start steckt die Energie in der Lage des Pendelkörpers. Wird er losgelassen, wird aus Lageenergie Bewegungsenergie. Dabei wird die Lageenergie immer kleiner (da die Höhe abnimmt) und die Bewegungsenergie größer (da der Körper immer schneller wird). Am tiefsten Punkt besitzt der Pendelkörper nur noch Bewegungsenergie. Zu jedem Zeitpunkt der Bewegung ist die Summe der beiden Energien gleich.

Zentraler Versuch

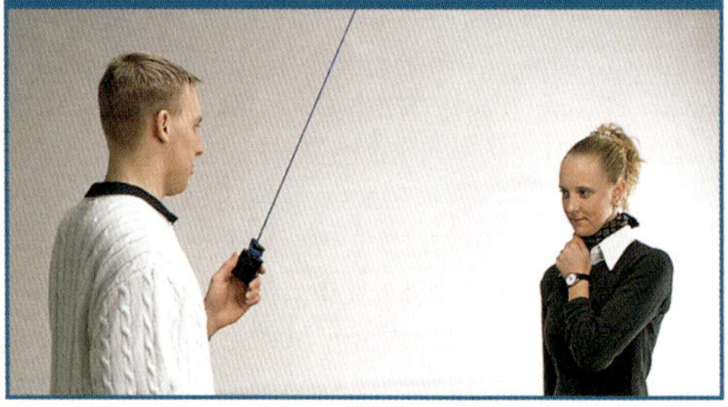

Dies gilt auch für das Hochschwingen. Jetzt wird die Bewegungsenergie zu Lageenergie. Der Pendelkörper hat im höchsten Punkt der Aufwärtsbewegung rechts nicht mehr Energie als im Startpunkt links. Deshalb kann er nur wieder diese Höhe erreichen.

Energie wird hier also ständig umgeladen, ohne dass Energie verschwindet oder dazukommt. Diese Gesetzmäßigkeit, die bei allen Energieumladungen gilt, wird als das **„Prinzip von der Erhaltung der Energie"** bezeichnet.

Der *Energieerhaltungssatz* soll durch ein einfaches Beispiel verdeutlicht werden: Wird Bargeld auf ein Sparkonto eingezahlt oder ein Gutschein davon gekauft, ändert sich zwar die Form, aber nicht die Menge des verfügbaren Geldes.

Energie ist eine Erhaltungsgröße, sie kann weder erzeugt noch vernichtet werden.

Versuche und Aufträge – Energieerhaltung

V1 Realisiere die unten dargestellten Pendelbewegungen. Beobachte, berichte und begründe.

V2 a) Untersuche, wie sich ein Pendel verhält, wenn du es einmal auslenkst und dann frei schwingen lässt.
b) Was geschieht, wenn du es immer wieder anstößt (wie bei einer Schaukel)?
c) Erkläre den Unterschied.

V3 Halte bei einem Fadenpendel ein Hindernis in den Weg des Fadens, sodass dieser dagegen schlägt, der Pendelkörper auf der anderen Seite aber weiterschwingt. Welche Höhe erreicht er rechts? Erkläre.

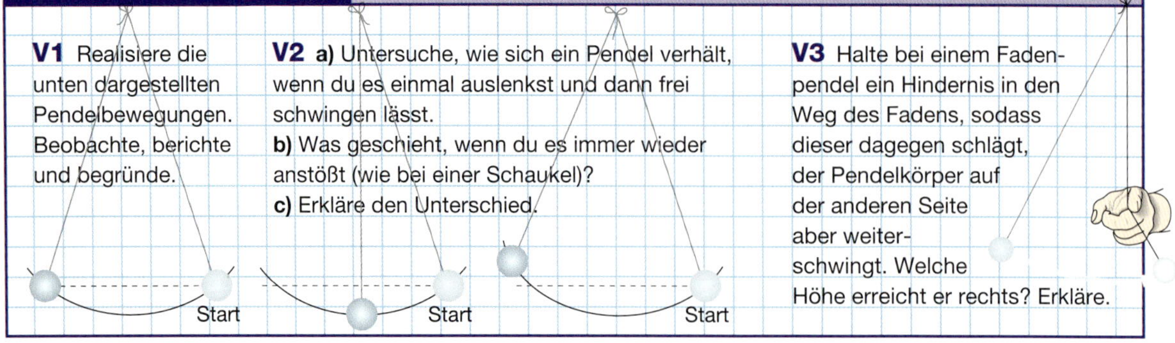

Energie und Impuls

Wird der Wagen gezogen, so erhält er nicht nur Impuls, sondern auch Energie. Die Energie fließt zusammen mit dem Impuls in den Wagen, der Impuls ist der Träger der Energie. Da die Energie zusammen mit dem Impuls strömt und danach zusammen mit dem Impuls im Wagen steckt, ist es oftmals schwer, diese Größen sorgfältig zu unterscheiden.
Um den Unterschied zu verdeutlichen, werden nun zwei Vorgänge untersucht, bei denen sich sowohl der Impuls als auch die Energie eines Körpers ändern.

Zentraler Versuch

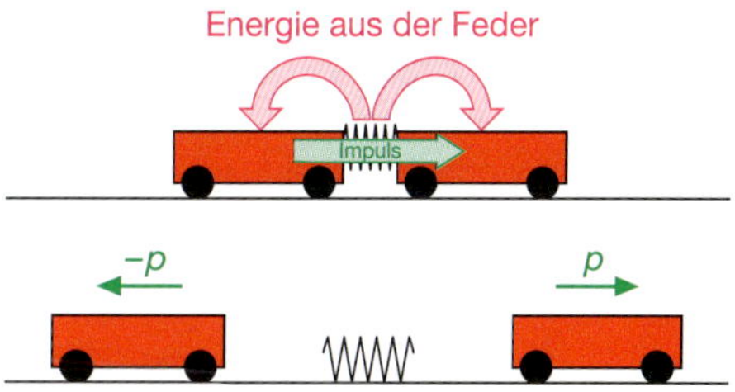

Beispiel 1: Zwei gleiche Wagen, zwischen denen sich eine gespannte Feder befindet, sind mit einer Schnur zusammengebunden.
Zu Beginn steckt die ganze Energie in der Feder, nichts bewegt sich, der Impuls ist null. Wird die Schnur durchtrennt, so setzen sich beide Wagen in Bewegung. Wird die Richtung nach rechts als positiv gewählt, so erhält der rechte Wagen positiven Impuls und der linke Wagen gleich großen negativen Impuls. Impuls fließt also vom linken Wagen in den rechten. Am Ende ist die Feder entspannt und enthält keine Energie mehr; jetzt strömt auch kein Impuls mehr. Die Energie steckt in der Bewegung der Wagen, die gleich schnell in entgegengesetzten Richtungen fahren und somit gleich viel Energie enthalten, aber entgegengesetzt gleiche Impulse haben. Beim Entspannen der Feder ist also Energie aus der Feder in beide Wagen geströmt und Impuls aus dem linken Wagen in den rechten.

In diesem Beispiel fließt Impuls aus dem linken Wagen heraus; mit dem herausfließenden Impuls strömt Energie in den Wagen hinein. Diese unterschiedlichen Strömungsrichtungen kommen daher, dass der Impuls eine gerichtete Größe ist, die Energie aber nicht. Wäre die positive Richtung nach links gewählt worden, wäre auch der Impulsstrom von rechts nach links gerichtet. Die Energie der Wagen nimmt aber in jedem Fall zu.

Der Impuls ist ein Energieträger.

Aufgaben

1 Ein Wagen fährt gegen einen Federpuffer, der an der Wand befestigt ist. Erläutere die Wege von Impuls und Energie bei diesem Vorgang.

Beispiel 2: Eine Kugel wird durch eine Feder enkrecht nach oben geschossen. Die Richtung nach oben sei die positive Impulsrichtung.
① Zu Beginn steckt die ganze Energie in der Feder.
②) Während sich die Feder ausdehnt, befördert sie Impuls aus der Erde in die Kugel und lädt dabei ihre Energie auf die Bewegung der Kugel um.
③ Beim Aufstieg der Kugel wirkt permanent die Erdanziehungskraft, das heißt, es strömt Impuls aus der Kugel in die Erde. Mit dem Impuls strömt die Energie in das Schwerefeld – die Bewegungsenergie wird zu Lageenergie.
④ Am höchsten Punkt ist der Impuls der Kugel null und die Energie steckt komplett in der Lage der Kugel.
⑤ Die Erdanziehung wirkt weiterhin. Dadurch wird der Impuls der Kugel negativ, sie wird nach unten beschleunigt. Dabei strömt die Energie aus dem Schwerefeld zurück in die Bewegung der Kugel.
Kurz vor dem Aufprall auf dem Boden ist die Energie vollständig auf die Bewegung umgeladen.

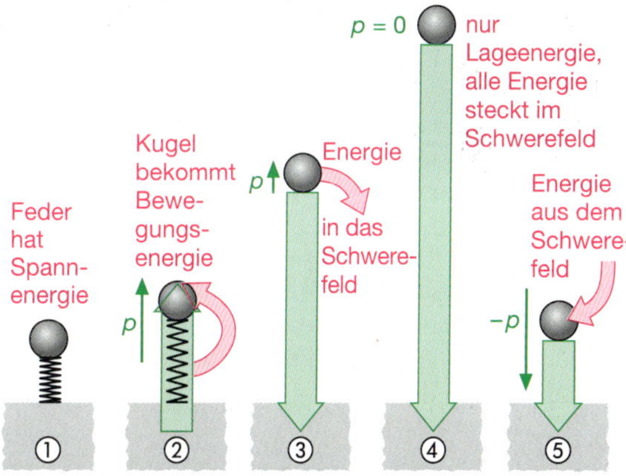

Energie und Reibung

Curling, das elegante Spiel mit den schweren Steinen auf glattem Eis ist das Spiel mit der unvermeidlichen Reibung. Sie zu beeinflussen ist der Zweck des Wischens mit den Besen vor dem gleitenden Stein. Seine genaue Platzierung ist die Kunst, die Reibung so genau wie möglich einzuschätzen und danach die Kraft zu bemessen, mit der der Stein angeschoben wird.

Durch die Kraft, die den Stein anstößt, wird ihm Impuls und damit Energie zugeführt. Sie gehen auf dem Weg zum Zielkreis offenbar verloren. – Nach dem Prinzip der Impuls- und Energieerhaltung müsste sich der Stein doch auf der waagerechten Eisfläche endlos mit gleicher Geschwindigkeit geradeaus weiterbewegen. Das macht er aber nicht. Er kommt, wie jeder bewegte Körper auf Erden, schließlich zur Ruhe.

Wenn es eine Kraft war, die dem Stein Bewegungsenergie verliehen hatte, dann muss es auch eine Kraft geben, die ihm diese Energie wieder nimmt. Es ist die Reibungskraft. Sie baut sich bei jeder Bewegung zwischen dem bewegten Körper und der ruhenden Umgebung auf. Die Richtung der Reibungskraft ist der Bewegungsrichtung entgegengesetzt. Deshalb kommt der Curlingstein zur Ruhe, das Fahrrad ohne Weitertreten zum Stehen .... – Der Impuls ist in die Erde abgeflossen, doch wo ist die Bewegungsenergie des Steines geblieben?

Zentraler Versuch

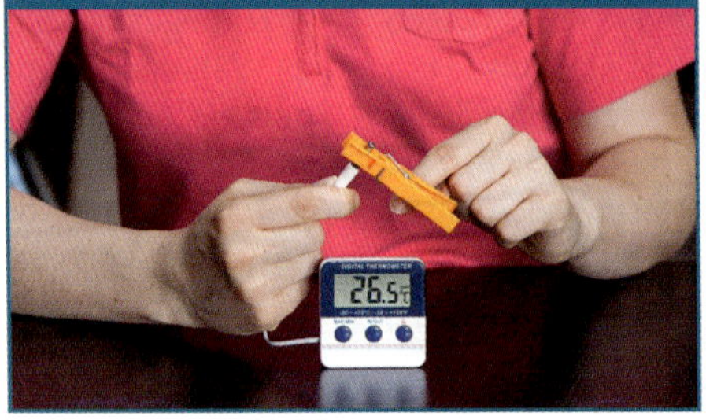

Reibung ist kein „Energievernichter“, sie lädt die Energie nur um! Aus der Bewegungsenergie wird Wärmeenergie, wie durch Temperaturmessungen mit empfindlichen Thermometern nachgewiesen werden kann. Diese Energie lässt sich nicht weiter nutzen, denn der allergrößte Teil strömt „nutzlos“ in die Umgebung. Beim Bremsen von Fahrzeugen beginnen die Bremsscheiben manchmal zu glühen. Dabei wird deutlich, wie viel Energie dabei umgeladen wird.

In Energiefluss-Diagrammen wird der Teil der Energie, der sich mit dem Träger Wärme ungenutzt in der Umgebung verteilt, mit einem abknickenden Pfeil nach unten gezeichnet. Für eine gewöhnliche Bremse sieht das Diagramm dann dramatisch aus (rechts oben).

Formel 1-Wagen und Hybridautos haben oft Bremsen, die nicht nur durch Reibung Wärme erzeugen, sondern die Energie wieder auf den Träger elektrischen Strom umladen. Solche Bremsen werden *Nutzbremse* genannt.

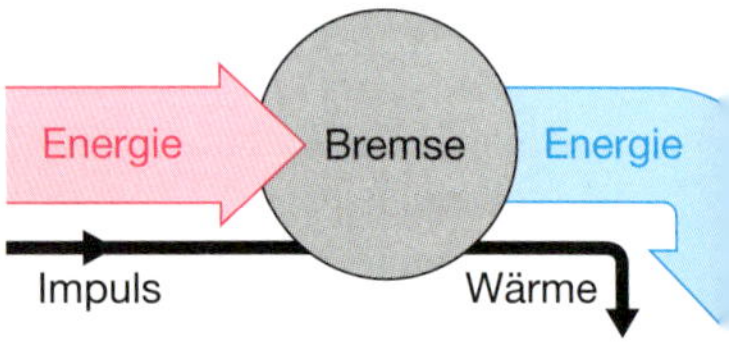

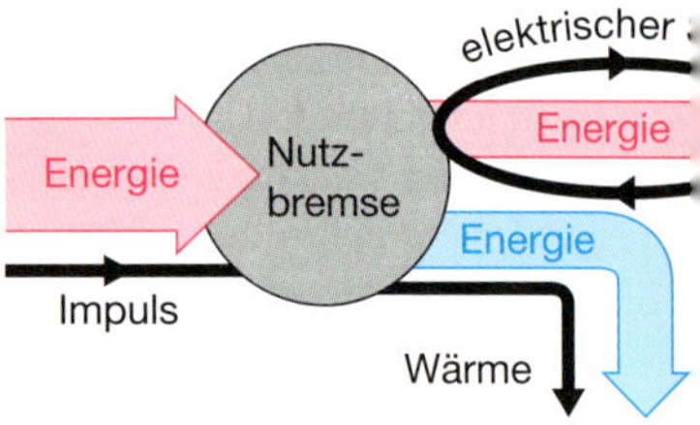

Bei Reibungsvorgängen wird Energie vom Impuls eines Körpers auf Wärme umgeladen. Die Wärme verteilt sich meist ungenutzt in die Umgebung.
Diese ungenutzte Energie wird in Diagrammen als abknickender Pfeil gezeichnet.

Aufgaben

1 Beschreibe den Weg der Energie beim Glattschleifen eines Brettes mit Sandpapier.

2 Gib Beispiele an, bei denen Reibung und Luftwiderstand einen Körper zum Stillstand bringen. Erläutere jeweils Möglichkeiten, die Reibung bzw. den Luftwiderstand zu verringern.

3 **a)** Finde mindestens je ein Beispiel erwünschter und unerwünschter Reibung.
b) Gib technische Maßnahmen an, wie Reibung möglichst klein gehalten bzw. wie sie verstärkt werden kann.

4 **a)** Zeichne auf, wie zwei Oberflächen unter dem Mikroskop aussehen, wenn sie aneinander reiben.
b) Wo sich Achsen drehen, wird häufig ein Schmiermittel wie Öl oder Fett eingesetzt. Erläutere im Mikrobild den Sinn dieser Maßnahme.

Zwei Väter der Mechanik

Streifzug

ARISTOTELES
(384–322 v. Chr.; griechischer Philosoph und Universalgelehrter)

Geboren im makedonischen Stagira, ging ARISTOTELES 367 v. Chr. nach Athen, um an der berühmten, um 387 v. Chr. gegründeten Akademie des griechischen Philosophen PLATON zu studieren. Später gründete er eine eigene Schule in Athen, das Lykeion.

ARISTOTELES widmete sich, den Gepflogenheiten seiner Zeit folgend, vor allem der Philosophie. Diese sollte seiner Auffassung nach an die Alltagssprache anknüpfen und Begriffe entwickeln, mit denen sich die Dinge und ihre Bewegungen angemessen beschreiben lassen. Bei seinen Naturbeobachtungen kam ARISTOTELES zu dem Schluss, dass überall eine „wunderbare Zweckmäßigkeit" zu erkennen ist.

ARISTOTELES analysierte mechanische Bewegungen durch Beobachtung von Alltagsvorgängen. So verallgemeinerte er aus der Beobachtung, dass ein Vogel herabstürzte, wenn er die Flügel unbeweglich an den Körper legte, und ein Bauernwagen stehen blieb, wenn die Pferde nicht mehr zogen: Eine Bewegung hört auf, wenn die Kraft nicht mehr wirkt.

Demnach war für ARISTOTELES eine gleichförmige Bewegung nur dann möglich, wenn eine Kraft dauernd einwirkte. Mit dieser in sich geschlossenen Theorie konnten trotz dieses grundlegenden Fehlers viele mechanische Bewegungen erklärt werden.

SIR ISAAC NEWTON
(1643–1727; englischer Mathematiker, Physiker und Astronom)

Nach dem Verlassen der Schule musste NEWTON als 14-Jähriger den elterlichen Bauernhof übernehmen. Weil er lieber Bücher las als Schafe hütete, ermöglichte ihm ein wohlwollender Onkel den Besuch der Universität Cambridge. Die Naturwissenschaften wurden durch die Veröffentlichung seiner „Mathematischen Prinzipien der Naturwissenschaften" schon zu seiner Zeit so nachhaltig beeinflusst, dass er zum Präsidenten der Königlichen Gesellschaft der Wissenschaften ernannt und geadelt wurde.

Dass die Gravitationskraft die Ursache ist für die Bewegung des Mondes um die Erde und der Planeten um die Sonne, ist die grundlegende Erkenntnis NEWTONs. Er fragte sich – vom freien Fall der Körper ausgehend – warum der Mond nicht auf die Erde stürzt und erkannte, dass der von ARISTOTELES erdachte und seitdem als gültig anerkannte Zusammenhang von Kraft und Bewegung falsch war. Er schrieb: „Jeder Körper beharrt im Zustand der Ruhe oder der geradlinig gleichförmigen Bewegung, wenn er nicht durch eine wirkende Kraft gezwungen wird, seinen Zustand zu ändern" – das bekannte Trägheitsgesetz. Der Mond müsste demnach stets auf einer geraden Bahn fliegen, wenn ihn die Anziehungskraft der Erde nicht auf eine kreisförmige Bahn zwingen würde. NEWTONs Skizze dazu kann als erster Ansatz für eine Satellitenbahn angesehen werden, auch wenn dies seiner Zeit weit vorausgreift.

Mit dem von ihm formulierten Zusammenhang von Kraft und Beschleunigung – dem Grundgesetz – sowie dem Trägheitsgesetz und dem Wechselwirkungsgesetz leitete NEWTON eine neue Epoche in der Mechanik ein – die Ursachen für Bewegungen konnten genannt werden.

Grundwissen — Bewegungen, Kräfte und Energie

ENERGIE

Energie ist nötig, damit Vorgänge ablaufen.

Energie strömt nicht alleine, sie braucht immer einen Träger. **Energieträger** sind zum Beispiel Treibstoffe, Nahrungsmittel, Licht, elektrischer Strom, usw.

- Energie kann von einem Körper zu einem anderen strömen z. B. mit Licht, elektrischem Strom oder Impuls.
- Energie kann aber auch in Körpern gespeichert sein z. B. in einer gespannten Feder oder in einem hochgehobenen/bewegten Körper. Dann bekommt sie Vornamen: Spannenergie, Lageenergie, Bewegungsenergie oder chemische Energie in Brennstoffen und Nahrungsmitteln.

Damit die Energie in Geräten bestimmte Wirkungen hervorruft, muss sie von einem auf einen anderen Träger umgeladen werden. Geräte sind **Energieumlader.**

Energieumladungen lassen sich übersichtlich in Energiefluss-Diagrammen darstellen.

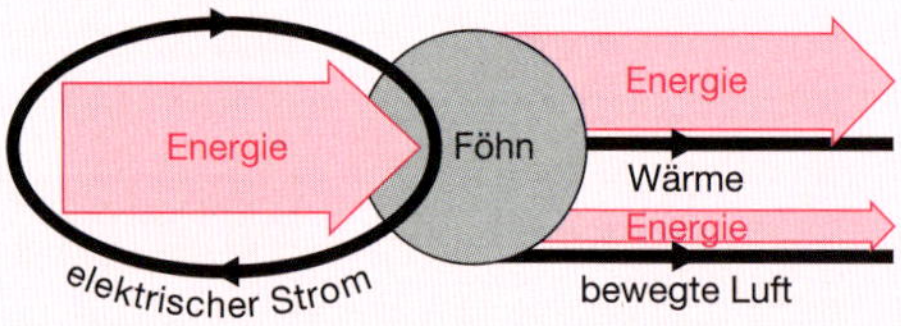

Bei **Reibungsvorgängen** wird Energie vom Impuls eines Körpers auf Wärme umgeladen. Die Wärme verteilt sich meist ungenutzt in die Umgebung.

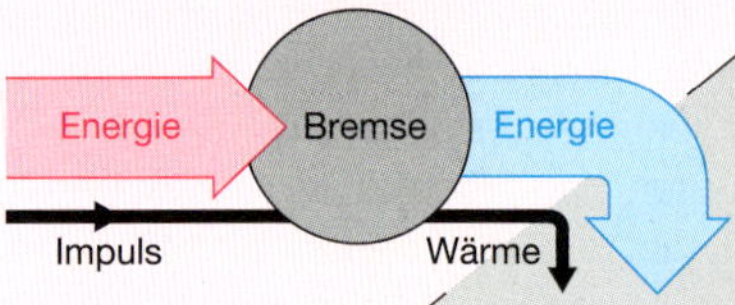

SYSTEM

Masse

Die Masse ist durch zwei Körpereigenschaften gekennzeichnet:

- Trägheit: Körper widersetzen sich Änderungen ihres Bewegungszustandes.
- Schwere: Körper werden von der Erde angezogen, sie sind schwer.

Die Masse eines Körpers gibt an, wie träge oder wie schwer er ist. Ihre Einheit ist 1 kg.

Massen werden in Tonnen (t), Kilogramm (kg), Gramm (g) oder Milligramm (mg) angegeben und mit Waagen bestimmt.

- Die meisten Waagen zeigen die Masse des Körpers (umgangssprachlich „sein Gewicht") sofort in kg oder g an.
- Auf die zweite Waagschale einer Balkenwaage (Apothekerwaage) werden so viele Wägestücke aus einem Wägesatz gelegt, dass die Waage im Gleichgewicht ist.

Impuls

Jeder bewegte Körper hat Impuls.

Je größer die Geschwindigkeit und/oder die Masse eines Körpers sind, desto größer ist sein Impuls.
Der Impuls p wird berechnet als Produkt aus Masse und Geschwindigkeit v:
$\boldsymbol{p = m \cdot v}$.

Impuls kann von einem Körper auf einen andere übertragen werden. Er kann sich auf mehrere Körper verteilen.

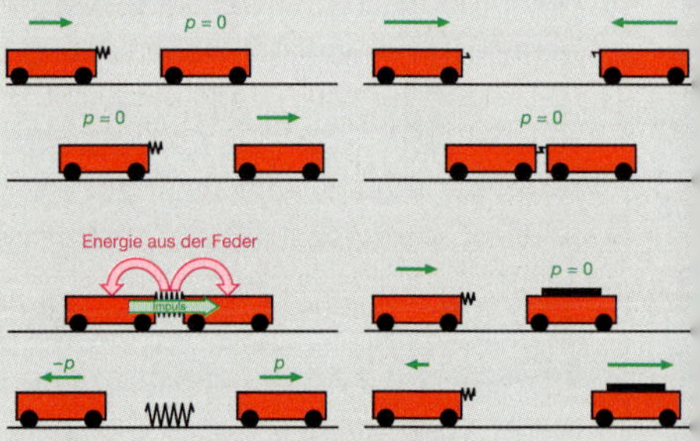

Der Impuls ist eine **Erhaltungsgröße** – er kann weder erzeugt noch vernichtet werden.

Bewegungen

Bewegungen werden beschrieben durch den Weg, den ein Körper in einer bestimmten Zeit zurücklegt, oder durch seine Geschwindigkeit. Bei gleichförmigen Bewegungen kann die Geschwindigkeit v als Quotient aus zurückgelegtem Weg Δs und dafür benötigter Zeit Δt berechnet werden:

$\boldsymbol{v = \frac{\Delta s}{\Delta t}}$. Einheiten sind $1\frac{\text{m}}{\text{s}}$ oder $1\frac{\text{km}}{\text{h}} = \frac{1}{3{,}6}\frac{\text{m}}{\text{s}}$.

Darstellen lassen sich Bewegungen in Zeit-Weg-Diagrammen oder in Zeit-Geschwindigkeits-Diagrammen.

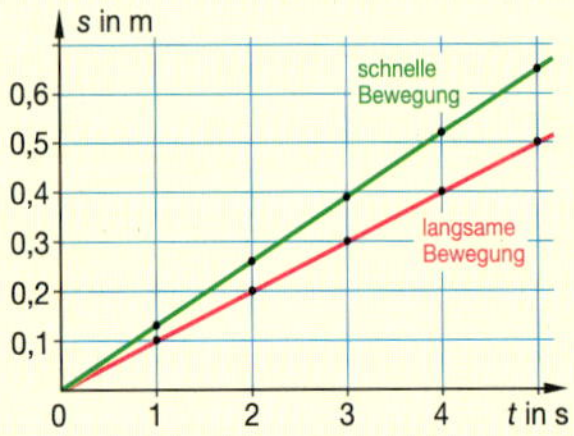

WECHSELWIRKUNG

Kräfte

Kräfte beschreiben die Wechselwirkung von zwei oder mehr Körpern aufeinander. Eine Kraft wird immer von einem Körper (oder mehreren) auf einen anderen ausgeübt. Sie ist charakterisiert durch Angriffspunkt, Größe und Richtung.

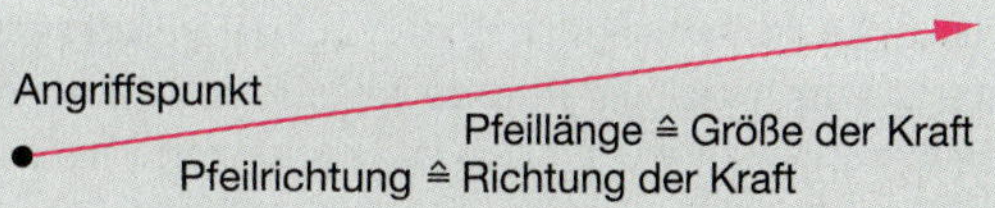

Messung mit Federkraftmessern
Die Einheit ist das Newton (1 N).

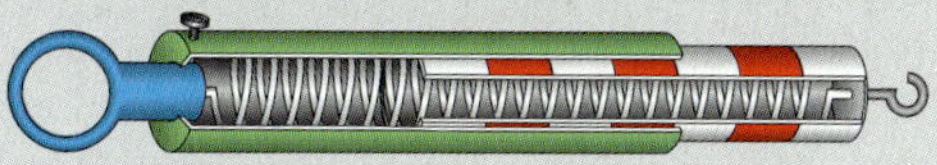

Wirkungen von Kräften

- Kräfte können den Impuls eines Körpers ändern, das heißt, den Körper beschleunigen, abbremsen oder seine Bewegungsrichtung ändern.
- Kräfte können einen Körper zeitweilig (elastisch) oder dauerhaft (plastisch) verformen.

Kräfte und Impulsübertragung können nur zwischen wechselwirkenden Körpern stattfinden.
Das Wirken einer Kraft ist gleichbedeutend mit dem Zu- oder Abfließen von Impuls.

Ein Körper befindet sich im **Kräftegleichgewicht,** wenn die Summe aller auf ihn einwirkenden Kräfte null ist. Dann ändert sich sein Impuls nicht.

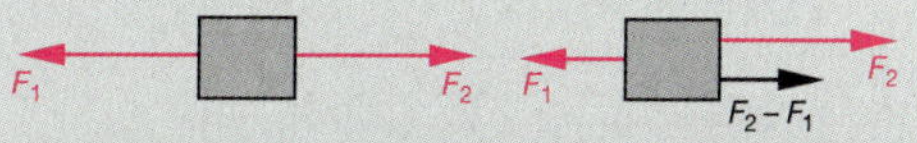

Sind die Kräfte verschieden, dann wird der Körper in Richtung der größeren Kraft beschleunigt.
Die Differenz der Kräfte bewirkt seine Impulsänderung.

Felder

Kräfte können nicht nur beim direkten Kontakt zwischen zwei Körpern wirken, sondern auch berührungslos über große Entfernungen durch Felder übertragen werden.
Beispiele sind

- *Magnetfeld*

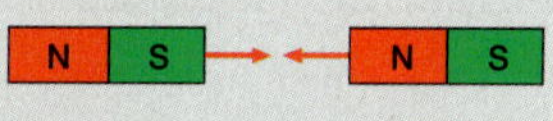

- *Gravitationsfeld*

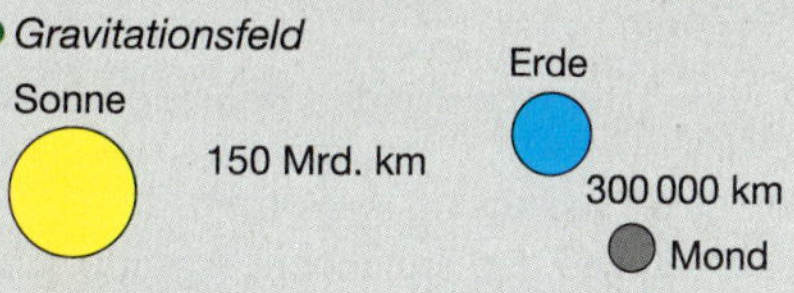

Besondere Kräfte

Die Erde übt auf jeden Körper die **Erdanziehungskraft** $F_E = m \cdot g$ aus, wobei *g* der *Ortsfaktor* $g = 9{,}81\,\frac{N}{kg}$ ist.

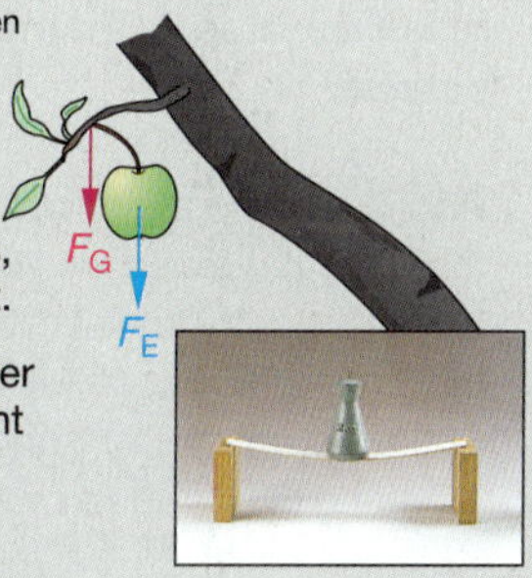

Wegen der Erdanziehung drückt jeder Körper auf seine Unterlage oder zieht an seiner Aufhängung mit seiner **Gewichtskraft** $F_G \approx F_E$.

Erdanziehungskraft und Gewichtskraft sind beide zum Erdmittelpunkt hin gerichtet.

Wechselwirkungskräfte: Auf jeden Körper, der eine Kraft auf einen anderen Körper ausübt, wirkt der andere Körper mit einer gleich großen Kraft in entgegengesetzter Richtung zurück.

Reibungskräfte sind bei Bewegungen unvermeidlich. Sie bremsen den sich bewegenden Körper ab.
Dabei wird Energie von dem Träger Impuls auf den Träger Wärme umgeladen.

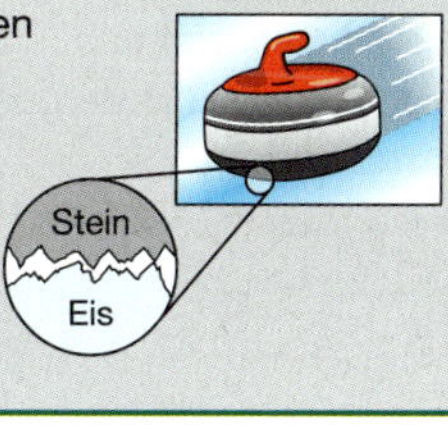

Grundbegriffe

Grundwissen — Bewegungen, Kräfte und Energie

A1 **a)** Fertige mit den Grundbegriffen der Seite 145 Karteikarten an. Notiere den Begriff auf der Vorderseite und erläutere ihn auf der Rückseite, eventuell mit sonstigen Besonderheiten. Anstelle der Karteikarten kannst du auch eine elektronische Datenbank anlegen.
b) Erstelle eine Mindmap für das ganze Kapitel. Die Grundbegriffe helfen dir dabei.

A2 Erfinde zu dem folgenden *t*-*s*-Diagramm eine Geschichte.

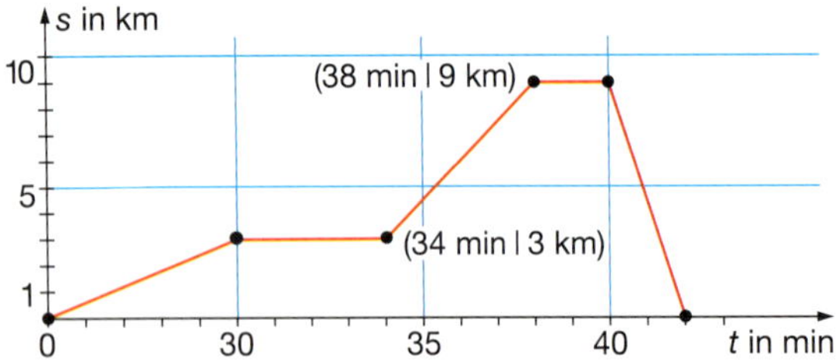

A3 Das folgende *t*-*v*-Diagramm zeigt die Bewegung eines Fahrzeugs.

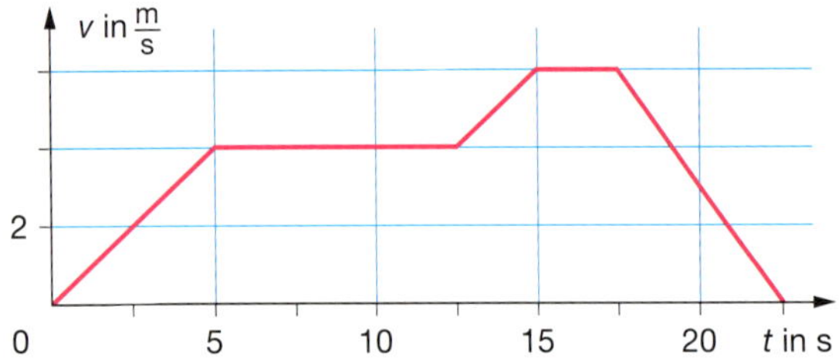

a) Beschreibe diese Bewegung in Worten.
b) Bestimme die Länge der Streckenabschnitte, die in Phasen gleichförmiger Bewegung zurückgelegt werden.
c) Skizziere ein mögliches *t*-*s*-Diagramm.

A4 Martin ist mit dem Fahrrad unterwegs.
a) Die ersten 5 Kilometer fährt er in 20 Minuten. Berechne seine (durchschnittliche) Geschwindigkeit.
b) Dann fährt Martin 15 min lang mit 20 $\frac{km}{h}$. Berechne die Strecke, die er dabei zurücklegt.
c) Die letzten 5 Kilometer fährt er mit einer Geschwindigkeit von 25 $\frac{km}{h}$. Berechne die dafür benötigte Zeit.
d) Zeichne für die gesamte Fahrt ein *t*-*s*-Diagramm und gibt Martins Durchschnittsgeschwindigkeit an.

A5 Ein Körper der Masse 2 kg bewegt sich geradlinig. Stelle den Zusammenhang zwischen Geschwindigkeit *v* und Impuls *p* grafisch dar. Erläutere, dass sich der Verlauf des Graphen schon aus der Formel für *p* vorhersagen lässt.

A6 Auf der Luftkissenfahrbahn fahren Wagen mit der Masse 100 g und 150 g mit der Geschwindigkeit 0,8 $\frac{m}{s}$ aufeinander zu. Nach dem Zusammenstoß hängen die Wagen aneinander.
a) Berechne den Impuls der Wagen vor dem Zusammenstoß.
b) Berechne die Endgeschwindigkeit der Wagen.

A7 Ein Pkw mit einem Gewicht von 1,2 t beschleunigt in 8 Sekunden von 0 auf 100 $\frac{km}{h}$.
a) Berechne, wie viel Impuls der Pkw am Ende enthält.
b) Berechne die benötigte Kraft, um den Pkw zu beschleunigen.
c) Berechne die benötigte Bremskraft, wenn dieser Pkw bei einer Vollbremsung nach 3 Sekunden stehen soll.

A8 Ein Eiskunstlaufpaar steht sich gegenüber und stößt sich voneinander ab. Danach bewegt sich der Partner mit 3 $\frac{m}{s}$ nach hinten.
a) Entwickele eine begründete Vermutung über die Geschwindigkeit der Partnerin.
b) Erkläre, was bei diesem Vorgang mit dem Impuls passiert.

A9 Durch Paddeln kann ein Boot im Wasser leicht fortbewegt werden.
a) Erkläre mithilfe einer Skizze das Vorankommen.
b) Begründe, warum der gleiche Effekt eintritt, wenn Steine aus dem Boot geworfen werden und in welche Richtung sie geworfen werden müssen.

A10 Erläutere, woher die folgenden Fahrzeuge den Impuls für ihre Bewegung erhalten:
① Flugzeug; ② Fahrrad; ③ Rakete; ④ Segelschiff.

A11 **a)** Erstelle eine Übersicht für die Wirkungen einer Kraft. Nenne Beispiele dafür, dass die Wirkung einer Kraft nicht nur von ihrer Größe, sondern auch von ihrer Richtung abhängt.
b) Gib die Winkel an, den Kraftrichtung und Bewegungsrichtung jeweils zueinander haben müssen, damit ein Ball beschleunigt oder verzögert oder aus seiner Bewegungsrichtung abgelenkt werden kann.
c) Beschreibe die dargestellten Formänderungen. Begründe.

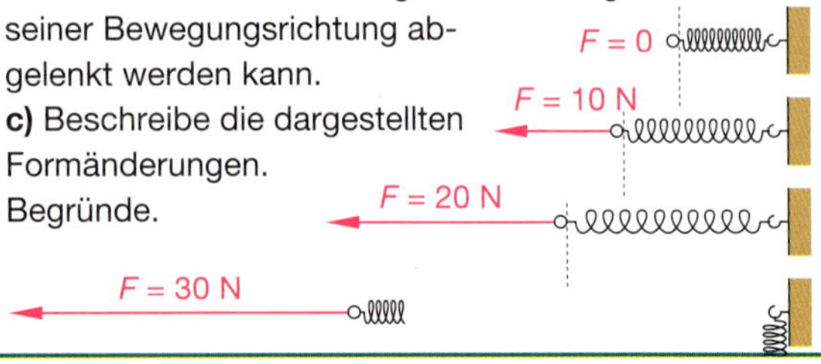

A12 Ein Ball wird mit Muskelkraft vielfältig bewegt.
a) Beschreibe alle möglichen Wirkungen.
b) Der Ball wird zum Tor gedribbelt und abgeschossen. Beschreibe die einwirkenden Kräfte und ihre Richtungen.

	s_1	s_2
0	0	0
N	5,0 mm	2,5 mm
N	9,8 mm	4,5 mm
N	15,2 mm	6,8 mm
N	25,0 mm	12,0 mm
N	49,5 mm	27,0 mm
N	75,0 mm	45,0 mm
N	151,0 mm	230,0 mm
N	248,5 mm	360,0 mm
N	500,0 mm	500,0 mm

A13 a) Übertrage die Werte der beiden Messreihen aus der Tabelle links in ein geeignetes Koordinatensystem und entscheide begründet, welche der beiden Messreihen die einer Metallfeder sein können.
b) Gib eine mögliche Federkonstante an.

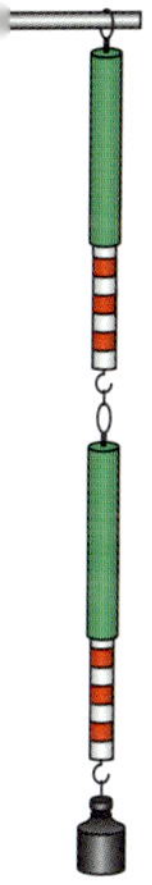

A14 Erläutere, was die beiden Federkraftmesser links anzeigen, wenn ein Körper der Masse *m* angehängt wird.

A15 Die an die Federkraftmesser in den beiden Bildern unten angehängten Massen haben jeweils eine Gewichtskraft von 10 N.
Beschreibe den Aufbau der Anordnungen und gib die Verhältnisse der angreifenden Kräfte an.

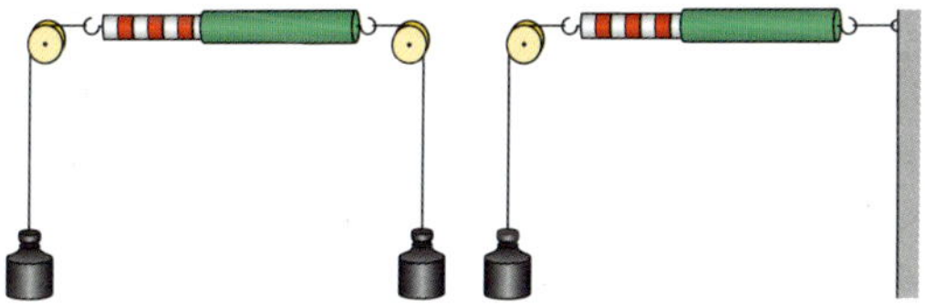

A16 Eine Feder wird zunächst mit 5 N und dann mit 10 N belastet. Dabei ergibt sich eine Länge von 160 mm bzw. 200 mm. Bestimme
a) die Ausgangslänge der Feder (also die Länge ohne Belastung),
b) die Länge der Feder bei einer Belastung von 8 N.

A17 a) Erläutere, wer beim Bremsen eines Pkw auf wen Kräfte ausübt.
b) Erläutere die Wege von Impuls und Energie beim Bremsen eines Autos.
c) Während der gleichförmigen Bewegung eines Pkw treten verschiedene Kräfte auf. Erläutere anhand einer Skizze die auftretenden Kräfte. Unterscheide dabei zwischen Wechselwirkungs- und Gleichgewichtskräften.

A18 Auf der Raumstation ISS beträgt der Ortsfaktor noch 8,7 $\frac{\text{N}}{\text{kg}}$. Erkläre, wieso die Astronauten dort schwerelos sind.

A19 a) Berechne deine Gewichtskraft zuhause, am Pol, am Äquator und auf dem Mond.
b) Erläutere die Veränderung der Anzeige einer Briefwaage während der verschiedenen Phasen einer Fahrstuhlfahrt.
c) Du führst den Versuch in b) mit einer Balkenwaage durch. Notiere deine Erwartungen und begründe sie .

A20 Zeichne Energiefluss-Diagramme für ein Wasserrad, einen Toaster und einen Generator. Untersuche, ob sich die Geräte in einer Kette anordnen lassen.

A21 Erläutere, wo sich die Energie befindet, wenn ein Ball herunterfällt und vom Boden wieder nach oben springt.

A22 a) Recherchiere, welche Geräte zu dem folgenden Energiefluss-Diagramm gehören.

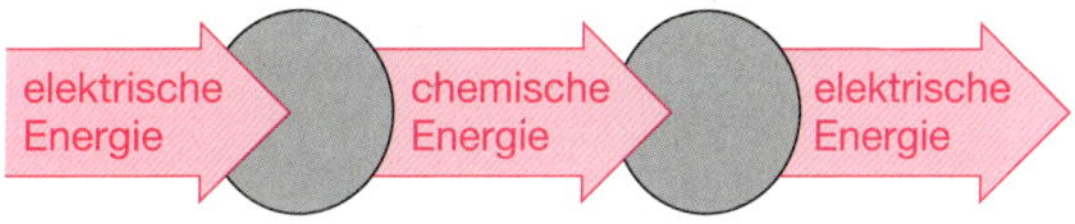

b) Ergänze das Diagramm durch die Trägerpfeile.
c) Erläutere den Sinn einer solchen Energieumladung.

A23 Recherchiere, wie die Pfeildicken am Ausgang eines Energiefluss-Diagramms einer veralteten Glühlampe korrekt zu zeichnen wären. Recherchiere auch die Werte für eine LED-Lampe.

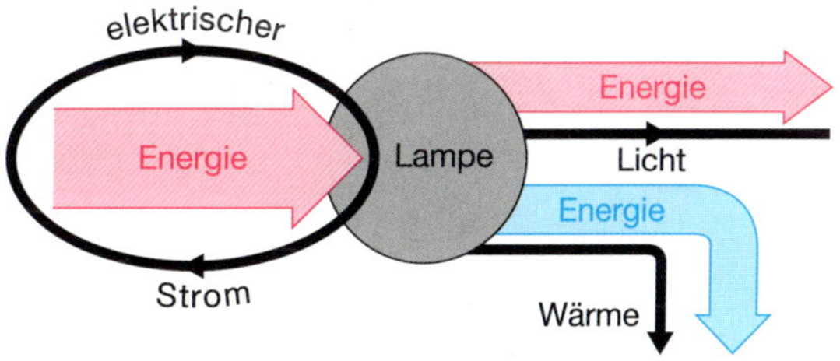

A24 Die Schallgeschwindigkeit in festen Körpern ist anders als die in Luft. Bei einer Versuchsreihe zur Ausbreitung des Schalls in Stahl wurden für vorgegebene Strecken *s* die rechts angegebenen Laufzeiten *t* gemessen.
Ermittle mithilfe dieser Messreihe einen Wert für die Schallgeschwindigkeit in Stahl.

s	*t*
3 m	0,6 ms
5 m	1,0 ms
10 m	1,9 ms
15 m	3,0 ms
25 m	5,0 ms

Atombau und ionisierende Strahlung

In diesem Kapitel wird der Aufbau der Atome sowie der Atomkerne beschrieben und erklärt, auf welche Arten ein Atomkern zerfallen kann. Solche Zerfälle beobachten die Schülerinnen auf dem Foto gerade in einer Nebelkammer.

Die Gesetze dieser Zerfälle lernst du ebenso kennen wie die Gefahren der dabei auftretenden Strahlung und wie du dich davor wirkungsvoll schützen kannst – aber auch, dass diese Strahlung in medizinischen Anwendungen sehr hilfreich sein kann.

Zum Abschluss dieses Kapitels lernst du die Prozesse kennen, die beim Betrieb eines Kernkraftwerkes ablaufen. Damit kannst du dann auch die Vor- und Nachteile dieser Kraftwerke beurteilen und die Ängste und Hoffnungen verstehen, die die Menschen mit dieser Technologie verbinden.

- **Kernenergie** wurde in Kraftwerken seit seit 1956 genutzt; 2012 waren weltweit 435 Reaktoren in 210 Kernkraftwerken trotz teilweise heftiger Bürgerproteste in Betrieb. Dass zu Recht auf die Gefahren hingewiesen wurde, zeigen Unfälle wie in Tschernobyl 1986 und in Fukushima 2011.
Allerdings emittieren Kernkraftwerke sehr wenig Kohlenstoffdioxid (CO_2) und leisten damit keinen Beitrag zur globalen Erwärmung. Andererseits ist das Problem der sicheren Endlagerung der abgebrannten hochradioaktiven Brennstäbe nirgendwo auf der Welt zufriedenstellend gelöst.

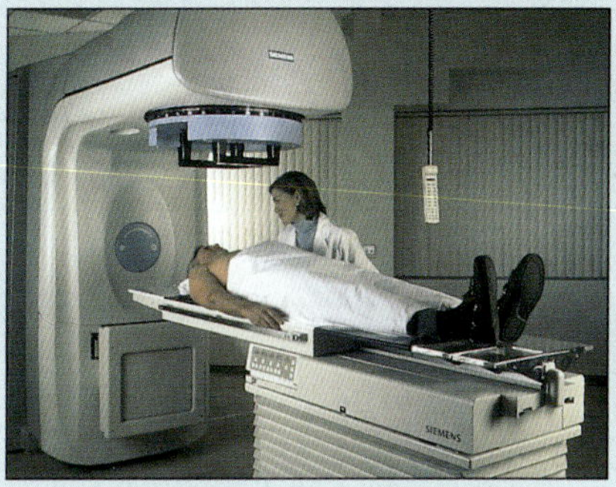

■ **Röntgenstrahlung** wird heute längst nicht mehr nur zu diagnostischen Zwecken, z. B. zur Erkennung von Knochenbrüchen, eingesetzt. Mithilfe von energiereicher Röntgenstrahlung oder ionisierender Strahlung können viele Krankheiten behandelt werden, zum Beispiel Krebs. Die Strahlung ist aber nicht nur hilfreich und heilsam, sondern auch gefährlich. Nutzen und Schaden müssen deshalb stets sehr sorgfältig gegeneinander abgewogen werden.

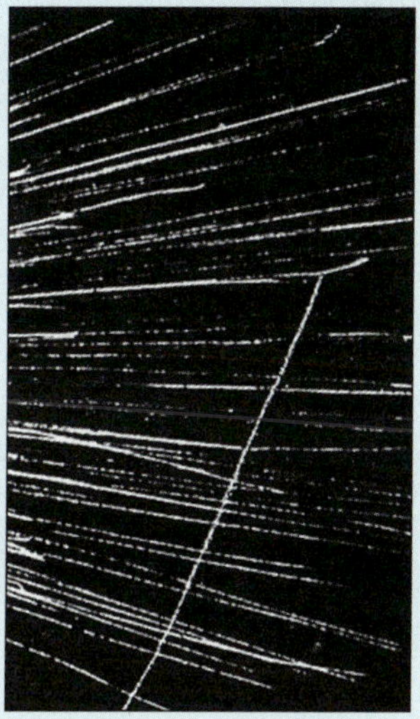

■ **Entdeckungen:** Etwa 1920 setzte ERNEST RUTHERFORD Stickstoff ionisierender Strahlung aus. Die Strahlung bestand aus sehr schnell fliegenden Helium-Kernen. Er beobachtete und fotografierte die erste Umwandlung eines Elements (Stickstoff) in ein anderes (Sauerstoff). Bei der Umwandlung entstand noch ein drittes Teilchen, dessen Spur in der Nebelkammeraufnahme schräg nach unten verläuft.

RUTHERFORDs Versuchen folgten viele weitere. Dabei wurden zahlreiche neue Elemente und die Kernspaltung entdeckt.

■ **Elektrizität:** Der Physiker WILLIAM GILBERT (1544–1603) hielt in seinem im Jahr 1600 erschienenen Buch „De magnete magneticisque corporibus“ die bereits aus der Antike bekannte Tatsache fest, dass sich Bernstein elektrisch aufladen lässt. Wird Bernstein mit einem Baumwolltuch gerieben, so zieht er danach kleine Stofffetzen oder Wollfusseln an, was als Nachweis der elektrischen Ladung galt. Aus dem griechischen Wort ἤλεκτρον (Elektron) für Bernstein leitete GILBERT den Begriff „Elektrizität“ ab.

■ **Schutzmaßnahmen:** Der Mensch besitzt kein Sinnesorgan, mit dem er ionisierende Strahlung oder Röntgenstrahlung wahrnehmen könnte. Jeder Raum, in dem Röntgengeräte benutzt oder radioaktive Substanzen gelagert werden, muss deshalb eine entsprechende Kennzeichnung haben. Personen, die mit ihnen umgehen, müssen entsprechend geschult und geschützt sein.

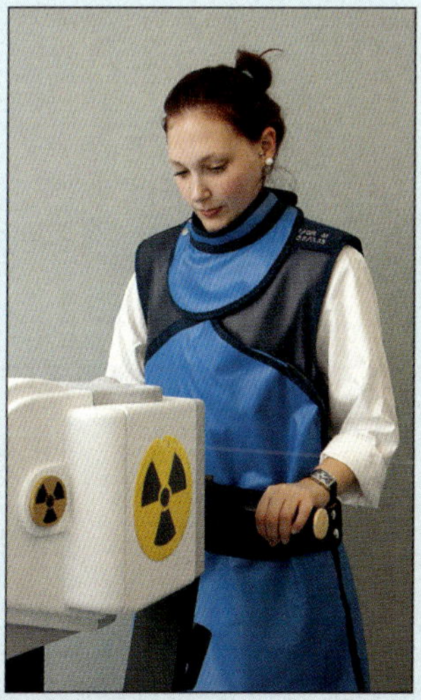

Vorbereitung

1 Lies die Texte dieser beiden Seiten durch und betrachte die zugehörigen Bilder. Schreibe zu den einzelnen Themen Fragen auf, die du dazu hast.

2 Blättere das folgende Kapitel durch, lies die Überschriften und betrachte die Bilder. Notiere neben den Fragen aus **1** die Seitenzahlen, die deiner Meinung nach Antworten zu deinen Fragen liefern könnten.

3 Überlege und schreibe auf, was du in Experimenten untersuchen möchtest. Vielleicht hast du ja schon Ideen, wie die Versuche aussehen könnten.

4 Studiere die im Vorwissen „Atome und Ladungen“ auf Seite 150 dargestellten Zusammenhänge. Schreibe dazu die wichtigsten Begriffe zusammen mit einer kurzen Erklärung auf.

Vorwissen – Atombau und ionisierende Strahlung

Teichenmodell des Atoms

- Materie besteht aus kleinsten Teilchen, den Atomen. Schließen sich mehrere Atome zusammen, bilden sich Moleküle. Erst sehr viele Moleküle zusammen werden zu einem sichtbaren Körper.
- Atome bestehen aus einem Kern aus Protonen und Neutronen und einer Hülle aus Elektronen.
- Ein Atom hat im „Normalfall" so viele Elektronen wie Protonen.
- Die Anzahl der Protonen bestimmt die Atomart und damit das chemische Element.

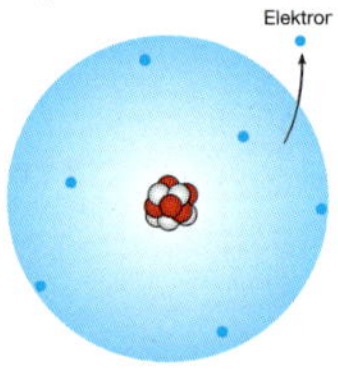

Grundbegriffe

- *Kern-Hülle-Modell*
- *Atom, Proton, Neutron, Elektron*
- *Energie, Einheit Joule*
- *Energieflussdiagramm*
- *Element, Periodensystem*

Energie

- Damit Vorgänge in der Natur ablaufen, ist Energie nötig. Der Träger, der die Energie transportiert, bestimmt ihre Wirkungen.
- Die Einheit der Energie ist 1 Joule = 1 J. Größere Einheiten sind 1 kJ = 1000 J und 1 MJ = 1 Mio J.
- Energetische Prozesse können in einem Energiefluss-Diagramm dargestellt werden.

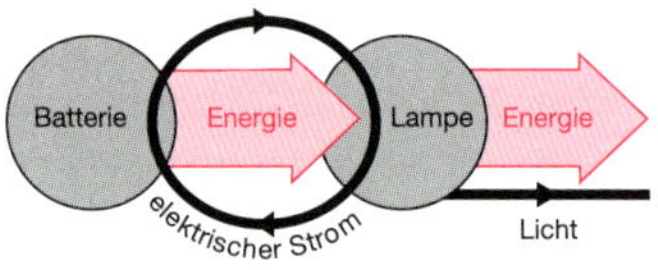

Zehnerpotenzen

Sehr große und sehr kleine Zahlen lassen sich einfach und übersichtlich mithilfe von Zehnerpotenzen darstellen. Dabei gibt die Zehnerpotenz an, in welche Richtung und wie weit das Komma verschoben werden muss.

Beispiele:

$3{,}2 \cdot 10^4$ m = 32 000 m

7,9 µs = $7{,}9 \cdot 10^{-6}$ s = 0,000 007 9 s

$58 \cdot 10^7$ J = 580 MJ = 580 000 000J

Bei besonders großen oder kleinen Zahlen wie z. B. der Masse eines Elektrons sind Zahlen ohne Zehnerpotenzen unübersichtlich:

m_e = 0,000 000 000 000 000 000 000 000 000 000 91 kg = $9{,}1 \cdot 10^{-31}$ kg

Zehnerpotenz	Zeichen	Vorsilbe	Typisches Beispiel
10^{12}	T	Terra	Speicherkapazität einer Festplatte
10^{9}	G	Giga	Lichtgeschwindigkeit
10^{6}	M	Mega	Kontostand bei Millionären
10^{3}	k	Kilo	Masse von 1 l Wasser
10^{-3}	m	Milli	Dicke einer Filzstiftspitze
10^{-6}	µ	Mikro	Dicke eines Haars
10^{-9}	n	Nano	Größe von Molekülen
10^{-12}	p	Pico	Schwingungsdauer in Atomuhren

Das Periodensystem der Elemente

Elemente sind alle die Stoffe, die mit chemischen Methoden nicht mehr weiter zerlegt werden können.
Die Ordnung dieser Elemente nach chemischen Gesichtspunkten führt zum Periodensystem der Elemente (PSE).

Im PSE sind die Elemente

- in den Spalten nach ihren chemischen Eigenschaften angeordnet;
- in den Perioden (Zeilen) nach aufsteigender Zahl ihrer Hüllenelektronen sortiert.

feste Elemente:	schwarz
flüssige Elemente:	blau
gasförmige Elemente:	rot
künstliche Elemente:	weiß
natürliche radioaktive Elemente:	grün

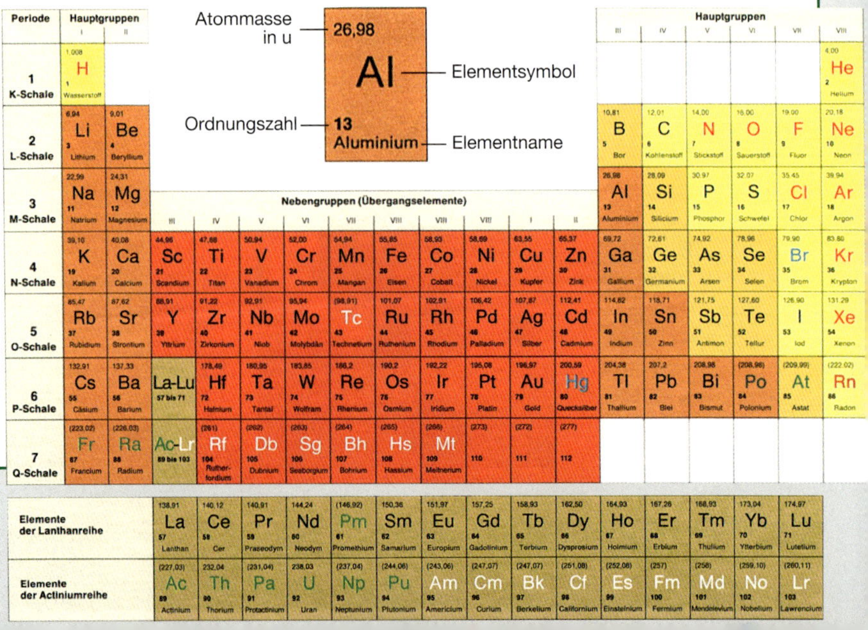

Elektrischer Strom und elektrische Ladung — Projekt

Elektrischer Strom wird im Alltag meist nur mit „dem was aus der Steckdose kommt" in Verbindung gebracht. Dabei sind elektrische Phänomene viel häufiger als allgemein bekannt. Und elektrische Phänomene sind keinesfalls eine Erfindung des Menschen, sondern kommen in der ganzen belebten und unbelebten Natur vor.

P1 Ein bekanntes Phänomen, vor allem im Winter, ist die elektrische Aufladung: Sobald eine Türklinke oder eine andere Person berührt wird, ist ein kurzes „Stechen" oder ein „Schlag" zu spüren.
a) Überlegt, unter welchen Umständen diese Aufladungen auftreten, und erstellt eine Liste.
b) Recherchiert den Begriff **„statische Aufladung"** und vergleicht das Ergebnis mit euren Notizen von a).
c) Häufig ist statische Aufladung unerwünscht. Forscht nach, wo sie unerwünscht ist und warum; erstellt daraus ein Merkblatt.

P2 **a)** Recherchiert im Internet, wie ein einfaches **Elektroskop** gebaut werden kann, und baut es selbst.
b) Reibt verschiedene Gegenstände mit einem Wolllappen und nähert sie dem Elektroskop. Notiert eure Beobachtungen und formuliert Eigenschaften der Gegenstände bzw. des Elektroskops.

P3 **a)** Recherchiert im Internet, wo in der Natur elektrische Phänomene auftreten und welchem Zweck sie dienen.
b) Veranschaulicht eure Ergebnisse auf einem Plakat.

Die Entdeckung der Kernspaltung — Projekt

Lise Meitner und Otto Hahn haben lange Jahre zusammen gearbeitet und zusammen die Radioaktivität erforscht. 1938 musste Lise Meitner vor der Verfolgung durch die Nationalsozialisten fliehen, sie arbeitete dann in Stockholm. Ein Jahr nach dieser Flucht führen Otto Hahn und Fritz Strassmann ein Experiment durch: Sie schießen mit langsamen Neutronen auf Uran-Atome. Was dabei passierte, haben sie allerdings nicht verstanden. Otto Hahn berichtet Lise Meitner in einem Brief über das Experiment und seinen Ausgang sowie über die fehlende Interpretation der Ergebnisse. Lise Meitner findet die Erklärung sehr schnell.

P1 **a)** Schreibt das „Drehbuch" für ein Telefongespräch zwischen Otto Hahn und Lise Meitner. Nach einer Unterhaltung über das Leben in Berlin und Stockholm berichtet Otto Hahn vom Experiment und Lise Meitner erklärt ihm, was dabei passiert ist. Otto Hahn glaubt ihr zunächst nicht und stellt ihr weitere Fragen, die sie richtig beantworten kann. Beide freuen sich über das Ergebnis, sie sind aber traurig darüber, dass sie nicht mehr zusammen arbeiten können.
b) Filmt dieses Telefongespräch. Im Vorspann treten Lise Meitner, Otto Hahn und Fritz Strassmann auf und berichten aus ihrem Leben. Otto Hahn schildert auch das Experiment.

P2 Die Entscheidung, wer den Nobelpreis in Chemie im Jahr 1944 bekommen soll, ist sehr schwierig. Die Kommission hat die Möglichkeit, die Auszeichnung an eine einzelne oder auch an zwei oder auch an drei Personen zu vergeben. In den Statuten ist jedoch ausdrücklich festgelegt, dass der Nobelpreis in einem Fachgebiet an nicht mehr als drei Personen verliehen werden darf. Einig ist sich die Kommission lediglich darüber, dass der Preis des Jahres 1944 für die Entdeckung der Kernspaltung vergeben werden soll. Aber welche Personen sollen ihn bekommen? Zum Kreis der möglichen Personen ge hören Otto Hahn, Lise Meitner, Fritz Strassmann und Robert Frisch.
Bereitet euch als Teilnehmer an diesem Streitgespräch in einer Gruppe von mindestens 4 Personen vor. Jeder der Gruppe informiert sich über das Werk eines Kandidaten und präsentiert dann seine Ergebnisse den anderen. Danach diskutiert die Gruppe über die Vergabe des Preises und formuliert zum Schluss auch eine Begründung für die Preisverleihung.

Die elektrische Ladung

Du hast sicher schon einmal an der Türklinke einen „Schlag" bekommen. Beim Ausziehen eines Pullovers hörst du oft ein Knistern. Im Dunkeln können dabei kleine Blitze beobachtet werden. Mithilfe einer geriebenen Folie lässt sich eine neue Frisur „zaubern".
Was steckt hinter diesen alltäglichen Erscheinungen? Welche Ursachen haben sie? Sind Elektronen mit im Spiel, obwohl keine Stromkreise zu sehen sind? Welche Eigenschaft der Körper zeigt sich hier?

Elektrische Kräfte

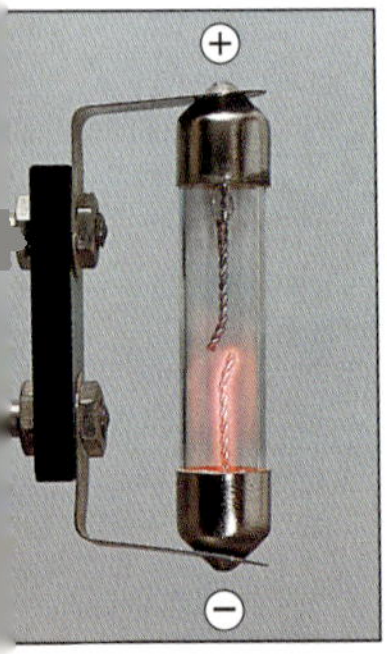

Um das Fließen von sehr wenigen Elektronen beobachten zu können, kann eine Glimmlampe verwendet werden. Wenn mit ihr die Pole einer elektrischen Quelle berührt werden, leuchtet immer der Teil der Glimmlampe auf, der den negativen Pol der Quelle berührt.

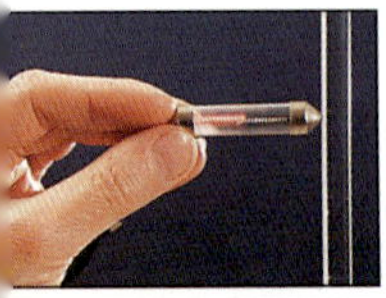

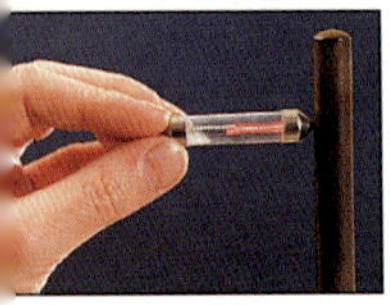

Wird ein mit einem Seidentuch geriebener Glasstab oder ein mit einem Stück Fell geriebener Kunststoffstab mit einer Glimmlampe berührt, so leuchtet die Glimmlampe an entgegengesetzten Enden auf. Beim geriebenen Glasstab leuchtet wie am Minuspol der Quelle das abgewandte Ende der Glimmlampe auf, beim Kunststoffstab das zugewandte. Der Glasstab gibt also Elektronen ab, der Kunststoffstab dagegen nimmt Elektronen auf.
Wird der Stab ein zweites Mal an der gleichen Stelle berührt, so ist kein Aufblitzen mehr zu sehen.

Diese Beobachtung lässt sich so erklären:
Durch das Reiben des Glasstabes mit dem Seidentuch werden Elektronen vom Glasstab an das Seidentuch abgegeben. Das Tuch hat danach mehr Elektronen als im Normalzustand, der Glasstab weniger – das Tuch hat *Elektronenüberschuss,* der Glasstab *Elektronenmangel*. Solche Körper werden **geladen** genannt. Der mit Elektronen beladene Körper wird als negativ ⊖ geladen bezeichnet, der mit Elektronenmangel als positiv ⊕ geladen.

Zentraler Versuch

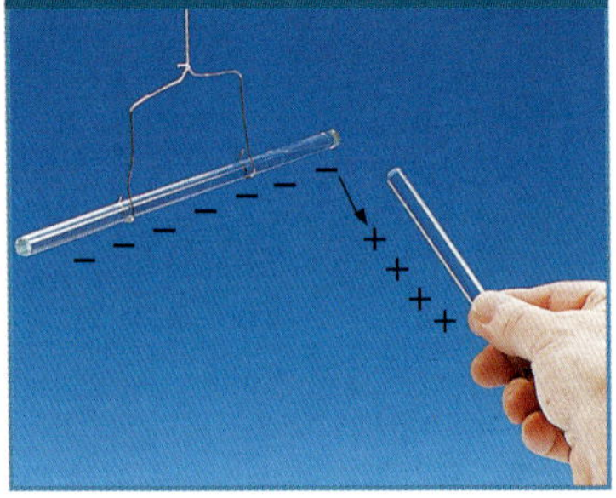

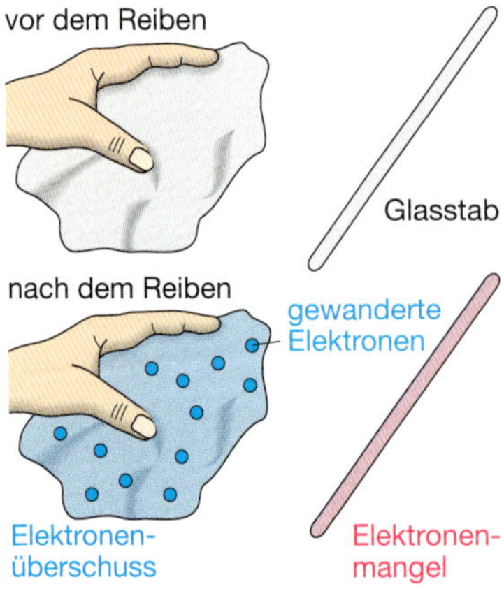

Die Eigenschaften eines geladenen Körpers zeigt ein mit Elektronen aufgeladener, frei beweglicher Kunststoffstab. Er wird
- von einem zweiten negativ geladenen Kunststoffstab abgestoßen;
- von einem positiv geladenen Glasstab angezogen.

Geladene Körper üben also Kräfte aufeinander aus, auch ohne sich zu berühren. Dies zeigt, dass die geladenen Körper unterschiedliche Eigenschaften haben, die durch eine neue physikalische Größe beschrieben werden müssen – die **Ladung.**
Werden unterschiedlich geladene Körper wieder zusammen gebracht, so beeinflussen sie sich danach nicht mehr. Die Körper sind elektrisch **neutral,** d. h. sie haben gleich viele positive wie negative Ladungen.

> Körper sind negativ geladen, wenn sie zusätzliche Elektronen aufgenommen haben (Elektronenüberschuss).
> Körper sind positiv geladen, wenn sie Elektronen abgegeben haben (Elektronenmangel).
> Nicht geladene Körper sind elektrisch neutral.
> Gleich geladene Körper stoßen sich ab, verschieden geladene Körper ziehen sich an.

Das elektrische Feld

In der Physik wird der Begriff „Kraft" häufig verwendet, wenn durch direkte Berührung eine Wirkung auf einen anderen Körper übertragen wird. Auch die Reibungskräfte zählen zu den sogenannten *Nah-Kräften*, da die bremsende Reibung einer rauen Oberfläche auf einen rollenden Ball durch den direkten Kontakt eine unmittelbare Wirkung vom Boden auf den Ball überträgt.

Zentraler Versuch

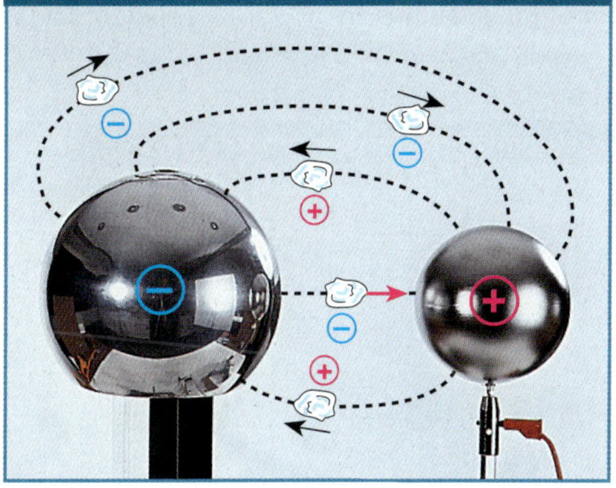

Es gibt aber auch Kräfte, die scheinbar ohne einen Übertragungsmechanismus über größere Entfernungen hinweg wirken. Ein Beispiel ist die Kraft eines Magnetfelds. Sie wird als *Fern-Kraft* bezeichnet, da zwischen den sich anziehenden Körpern Erde–Kompassnadel kein direkter Kontakt besteht und sie über z.T. sehr große Entfernungen aufeinander wirken. Ein weiteres Beispiel ist die Erdanziehungskraft bzw. das Gravitationsfeld, die nicht nur auf Körper unmittelbar auf der Erdoberfläche wirken, sondern auch weit darüber hinaus.

Auch im Fall der elektrischen Kräfte wird eine Wirkung übertragen, die ohne direkten Kontakt der beteiligten Körper auskommt, wie im zentralen Versuch zu sehen ist. Dies soll genauer untersucht werden:

Wird ein Bandgenerator in Betrieb genommen, bewegen sich Watteflocken auf den im Foto eingezeichneten Bahnen. Offensichtlich wirken die elektrischen Kräfte zum einen über eine gewisse Entfernung hinweg; zum anderen wirken sie nicht nur auf der geraden Verbindungslinie zwischen den geladenen Kugeln, sondern auch seitlich davon auf gebogenen Linien.

Zur Beschreibung dieses Phänomens wird der Begriff **„elelektrisches Feld"** benutzt. Unter einem elektrischen Feld versteht ein Physiker den Raumbereich um einen geladenen Körper herum, der von diesem durch seine Ladung beeinflusst wird. Mit bestimmten Experimenten kann ein elektrisches Feld veranschaulicht werden; immer ist es aber dadurch charakterisiert, dass geladene Körper, wie die Watteflocken im zentralen Versuch, eine Wirkung erfahren.
Je stärker das elektrische Feld ist, desto stärker ist auch die vermittelte Kraft. In einem elektrischen Feld gibt es also Kräfte, die auf andere geladene Körper wirken und z. B. Bewegungen verursachen können.

Weitere Eigenschaften elektrischer Felder sind:

- An jedem Ort des Feldes wirkt eine Kraft auf geladene Teilchen. Sie kann überall die gleiche Größe und Richtung haben oder von Ort zu Ort verschieden sein.
- Elektrische Felder durchdringen Nichtmetalle wie Glas, Beton, Holz etc. Durch metallische Körper werden sie abgeschirmt.
- Elektrische Felder sind auch im leeren Raum vorhanden.

Jeder geladene Körper ist von einem elektrischen Feld umgeben, das Kräfte auf andere geladene Körper ohne direkten Kontakt der Körper ausübt. Sie wirken auch über große Entfernungen hinweg. Elektrische Felder können unterschiedliche Stärke und Richtung der Kraftwirkung haben.

Neben der Erklärung über die Anziehung und Abstoßung von Ladung ist der Feldbegriff eine zweite Möglichkeit, elektrische Erscheinungen zu beschreiben: Im Feld üben nicht mehr zwei Ladungen Kräfte aufeinander aus, sondern die eine Ladung erzeugt das Feld, das am Ort der zweiten Ladung eine Kraft auf diese ausübt. Insbesondere wenn eine Ladung sehr viel größer ist als die andere, ist diese Beschreibung naheliegend. Beide Beschreibungsweisen sind gleichberechtigt, dürfen aber nicht vermengt werden.

Aufgaben

1 Im Text ist beschrieben, dass elektrische Felder im Experiment „sichtbar" gemacht werden können. Recherchiere hierzu und notiere zu einem solchen Experiment Aufbau (Skizze) – Durchführung – Beobachtung – Erklärung.

2 Elektrische Felder können durch metallische Körper abgeschirmt werden.
a) Notiere, wo bzw. wie dieses Phänomen angewandt wird.
b) Stelle einen Kurzvortrag zum Thema „Faraday'scher Käfig" zusammen.

Eine Einheit für die Ladung

Wird eine Metallkugel mithilfe eines geriebenen und dadurch geladenen Kunststoffstabes aufgeladen und berührt sie dann eine zweite, ungeladene Metallkugel, so stoßen sich beide Kugeln ab. Hier die Erklärung:

- Die eine Kugel wurde durch den Stab aufgeladen. Die Elektronen haben sich im Metall der Oberfläche gleichmäßig verteilt.
- Die zweite Kugel hat bei der Berührung Elektronen übernommen, die sich im Metall frei bewegen können.
- Beide Kugeln sind nun gleich geladen und stoßen sich ab.

Zentraler Versuch

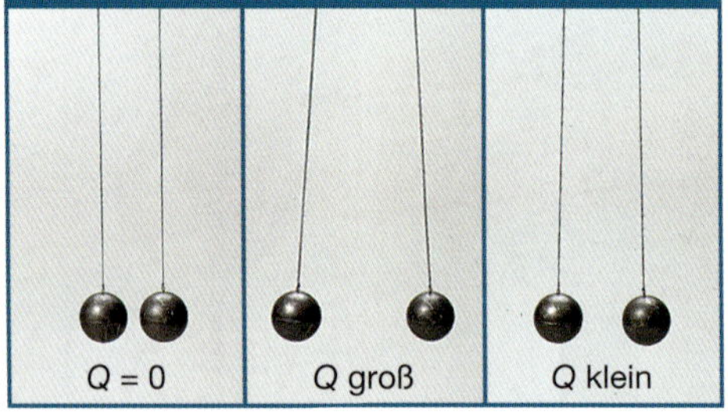

Wird die erste Kugel mehrmals nacheinander mit einer ungeladenen Kugel berührt, so wird die abstoßende Wirkung geringer. Die Ladung der Ausgangskugel wird immer kleiner, da die Anzahl der Elektronen bei jeder Berührung abnimmt. Schließlich ist sie so klein, dass keine Kraftwirkung mehr erkennbar ist. Die Kraftwirkung geladener Körper aufeinander wird offensichtlich von der Anzahl „überschüssiger" Elektronen bestimmt.
Die Kraftwirkung hängt auch vom Abstand der beiden Kugeln ab: Werden zwei gleich geladene Kugeln nah zueinander gebracht, so stoßen sie sich stark ab. Werden sie voneinander entfernt, wird die Abstoßung geringer.

Ladung

Das Formelzeichen ist Q.
Die Einheit ist 1 C (Coulomb).

Die Eigenschaft von Körpern, mehr oder weniger geladen zu sein, wird mit einer neuen Größe, der elektrischen **Ladung *Q*,** beschrieben. Ihre Einheit ist das **Coulomb (C)**, benannt nach dem französischen Physiker CHARLES AUGUSTE DE COULOMB (1736–1806), der viele Erkenntnisse über elektrische Ladungen und Kräfte gewonnen hat.

Die elektrische Ladung ist eine Eigenschaft der Körper.

Das Elektroskop

Die abstoßende Wirkung gleich geladener Körper wird bei einem Elektroskop zum Vergleich ihrer Ladung genutzt.

Wird am oberen Ende des Metallstabes ein geladener Kunststoffstab entlanggestreift, so dreht sich der bewegliche Metallstab aus der Ruhelage. Das kommt daher, dass sich die Elektronen gleichmäßig auf Stab und Halterung verteilt haben. Beide sind danach negativ geladen. Deshalb stoßen sie sich ab. Je größer die Ladung des entlangstreifenden Körpers ist, desto größer ist auch der Ausschlag.

Mit einem Elektroskop können nur die Ladungen von Körpern verglichen werden. Eine Messung ist nicht möglich, da es keinen Zahlenwert in Coulomb angeben kann. Unabhängig davon, ob der Körper positiv oder negativ geladen ist, zeigt das Elektroskop bei gleicher Größe der Ladung einen gleich großen Ausschlag. Es zeigt nicht an, ob es sich um eine positive oder eine negative Ladung handelt.

Aufgaben

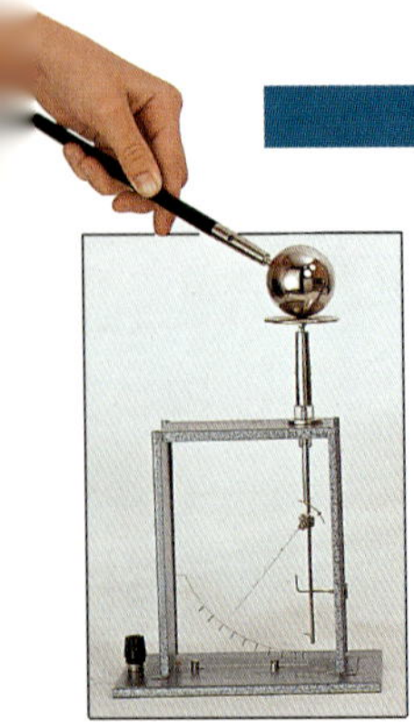

1 Erläutere, wie möglichst einfach festgestellt werden kann, ob ein Körper elektrisch geladen ist.

2 Links ist eine andere Form eines Elektroskops dargestellt. Erkläre seine Funktionsweise anhand einer geeigneten Skizze.

3 Erkläre, wie sich herausfinden lässt, ob ein Elektroskop positiv oder negativ geladen ist.

4 Wenn eine Metallplatte elektrisch geladen werden soll, muss sie mithilfe eines elektrisch nicht leitenden Stoffes gehalten werden, z. B. mit einem Holzgriff oder Kunststoffgriff. Begründe, warum das bei einer Glasplatte oder einer Kunststoffplatte nicht nötig ist.

5 Zwei Metallkugeln hängen an Seidenfäden und berühren sich. Die eine Kugel wird negativ geladen.
a) Beschreibe die Beobachtung.
b) Erkläre die Beobachtung.

Ladung wird nicht erzeugt oder vernichtet

Im zentralen Versuch pendelt eine Metallkugel zwischen zwei unterschiedlich geladenen Platten hin und her. Das Pendeln wird im Laufe der Zeit immer langsamer. Der Ausschlag der beiden Elektroskope nimmt ab; das zeigt, dass beide Platten immer weniger stark geladen sind.

Zentraler Versuch

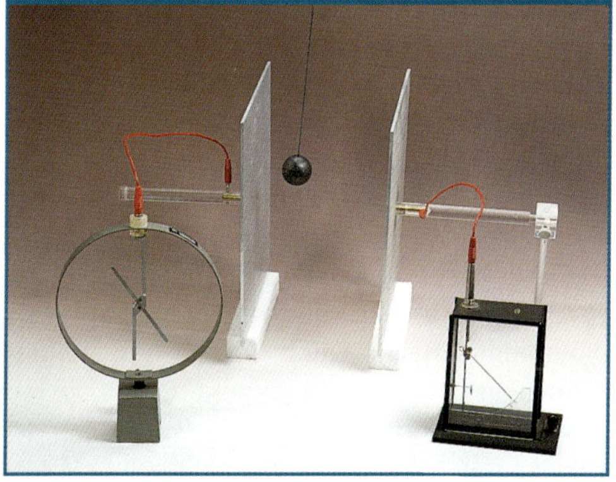

Die Kugel nimmt beim Berühren der negativ geladenen Platte Elektronen auf und gibt sie an die positiv geladene Platte ab. Sie gibt sogar mehr Elektronen ab als sie zuvor aufgenommen hatte. Deshalb ist sie positiv geladen und wird von der negativ geladenen Platte wieder angezogen. Die Kugel schwingt zurück und nimmt beim Berühren der negativ geladenen Platte wieder Elektronen auf. Das geht so lange weiter, bis fast alle überschüssigen Elektronen von der negativen Platte abgeführt sind. Der Ladungsausgleich wird durch die Kugel portionsweise vorgenommen.

Der Elektronenübergang von einem Körper zu einem anderen zeigt sich an der Abgabe bzw. Aufnahme von Ladung zwischen beiden Körpern. In dem Maß, in dem sich die Ladung eines Körpers erhöht, verringert sich die Ladung des anderen mitbeteiligten Körpers. Die Elektroskope zeigen an, dass genau die Ladung, die an der negativ geladenen Platte verschwunden ist, an der positiv geladenen ankommt. Die Summe der Ladung beider Körper bleibt gleich. Ladung verschwindet nicht, so wie sie nicht entsteht. Sie kann aber getrennt werden.

Verändert ein Körper seine Ladung, so werden Elektronen und damit Ladung abgegeben oder aufgenommen.
Die abgegebene Ladung eines Körpers ist gleich der aufgenommenen des anderen Körpers. Ladung kann nur getrennt, nicht erzeugt oder vernichtet werden. Sie bleibt stets erhalten.

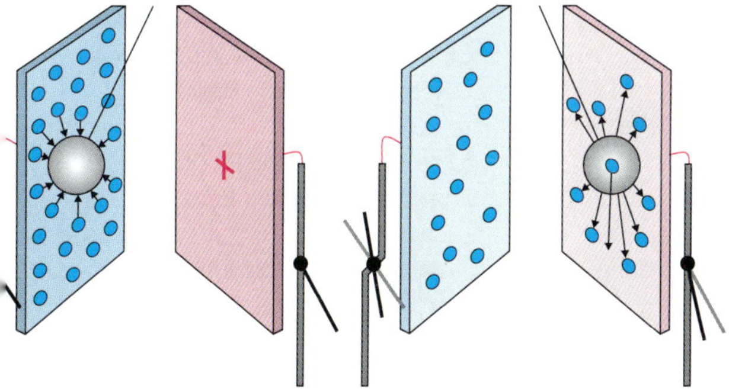

Luft und Erde als Leiter

Oft lässt sich das Überspringen von Funken zwischen zwei geladenen Körpern beobachten. Werden die Körper danach auf ihren Ladungszustand überprüft, so sind sie elektrisch neutral. Es hat über die Luft ein Ladungsausgleich stattgefunden. Die Luft wird hierbei für kurze Zeit zu einem Leiter.
Ein Ladungsausgleich findet auch dann statt, wenn sich eine Flamme oder Feuchtigkeit (also fein verteiltes Wasser oder Wasserdampf) zwischen den geladenen Körpern befindet oder der Abstand zwischen diesen sehr klein ist.

Eine Entladung erfolgt auch, wenn eine metallische Leitung zur Erde vorhanden ist oder der geladene Körper mit der Hand berührt wird und über die Füße eine Verbindung zur Erde geschaffen wird. Die Erde hat nämlich die erstaunliche Eigenschaft, beliebig viele Elektronen aufnehmen und abgeben zu können.

Aufgaben

1 Erkläre, warum es beim Berühren eines geladenen Metallkörpers mit einer Glimmlampe nur ein kurzes Aufblitzen und kein Dauerleuchten gibt.

2 **a)** Eine Kunststoff-Folie wird mit einem Wolltuch gerieben. Beschreibe die Veränderungen der beiden Körper.
b) Erkläre die Aufladung nicht leitender Körper durch Reiben mit einem anderen Körper.

3 Beschreibe, wann ein Körper elektrisch positiv und wann er elektrisch negativ geladen ist.

Atome und Ionen

Jeder Körper besteht aus winzig kleinen Teilchen – Atomen oder Molekülen – die in einer ganz bestimmten Weise angeordnet sind. Die Ladung eines Körpers kommt dadurch zustande, dass von den Teilchen Elektronen aufgenommen oder abgegeben werden. Weil das Elektron negativ geladen ist, fehlt dem Körper bei Abgabe von Elektronen negative Ladung – er bleibt positiv geladen zurück. Dies lässt vermuten, dass auch die **Atome** eines Körpers elektrische Eigenschaften haben.

Forschungen in der Physik haben gezeigt, dass die Atome aus einem *Kern* und einer *Hülle* bestehen.

- Die Elektronen bilden die Hülle des Atoms.
- Entsprechend der Anzahl der Elektronen ist die Hülle mehr oder weniger negativ geladen.
- Da das Atom aber nach außen neutral ist, muss der Atomkern eine gleich große positive Ladung haben.

Besteht die Hülle z. B. aus sieben Elektronen, so hat der Atomkern eine positive Ladung, die siebenmal entgegengesetzt so groß ist wie die Ladung eines Elektrons. Jede elektrische Ladung ist ein Vielfaches der Ladung eines Elektrons. Weil es keine kleinere Ladung als die des Elektrons gibt, wird die Ladung des Elektrons **Elementarladung** genannt.

Mit dieser Vorstellung vom Atombau können die Beobachtungen der Experimente erklärt werden:

- Durch Reiben eines Glasstabes mit einem Tuch werden einige Elektronen aus den Hüllen der sich an der Oberfläche befindenden Atome herausgelöst. Diese gehen auf das Tuch über und lagern sich dort in den Atomhüllen zusätzlich an. Damit hat der Glasstab insgesamt weniger Elektronen als vorher, das Tuch mehr. Was der Glasstab an (negativer) Ladung abgibt, bekommt das Tuch dazu. Beide haben eine gleich große, aber entgegengesetzte Ladung.
- In Metallen sind nicht alle Elektronen fest an ihr Atom gebunden, einige können sich frei zwischen den Atomen bewegen. Daher sind Metalle gute elektrische Leiter. Berührt eine Metallkugel den negativen Pol einer elektrischen Quelle, so fließen Elektronen auf das Metall. Dadurch wird die Anzahl der Elektronen erhöht. Die vorher elektrisch neutrale Kugel ist jetzt negativ geladen.

In beiden Fällen – Kugel und Glasstab – wird die Zahl der *Elektronen* des Körpers verändert, die Zahl der Atome (und damit auch der Atomkerne) bleibt gleich. Überwiegt die negative Ladung der Elektronen, ist der Stab negativ geladen; überwiegt die positive Ladung der Atomkerne, ist er positiv geladen.

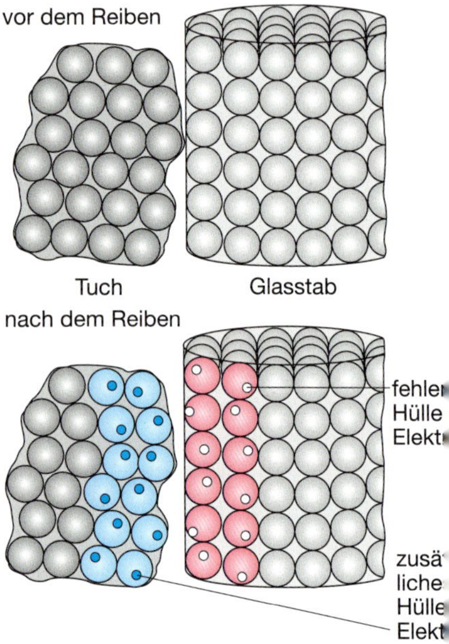

Jedes neutrale Atom kann ein, zwei oder mehr Elektronen in seine Hülle aufnehmen oder abgeben. Es wird dadurch zu einem einfach, zweifach oder mehrfach negativ oder positiv geladenen Atom. Solche positiv oder negativ geladenen Atome heißen **Ionen.**

Atome bestehen aus einem Kern mit positiver Ladung und aus einer Hülle, die von negativ geladenen Elektronen gebildet wird. Bei einem neutralen Atom sind die positive Ladung des Kerns und die negative Ladung der Hülle entgegengesetzt gleich groß.

Aufgaben

1 Ein neutrales Atom hat in seiner Hülle acht Elektronen. Gib die Ladung des Kerns an.

2 Erkläre das Laden eines Kunststoffstabs durch Reiben mit einem Tuch.

3 Eine Metallkugel ist positiv geladen worden. Erläutere, wie sich
a) die Anzahl der Elektronen der Kugel,
b) die Ladung der Atomkerne
geändert hat.

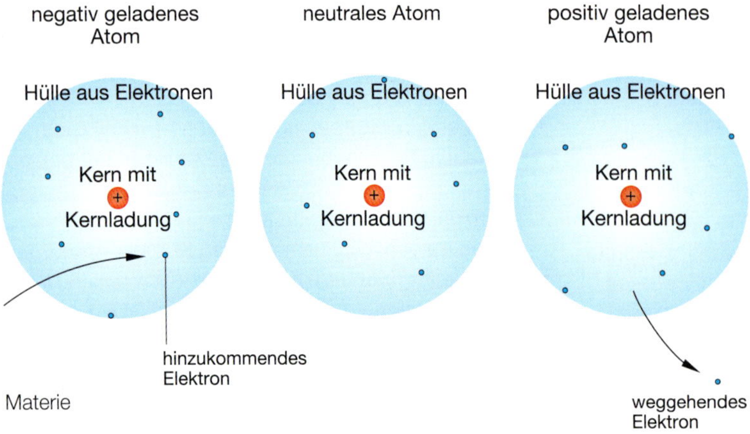

Der Bandgenerator

Streifzug

Mit einem Bandgenerator können Körper sehr gut und sehr hoch aufgeladen werden. So funktioniert er – stark vereinfacht:
Der Hauptbestandteil des Bandgenerators ist ein Endlosband aus Gummi, das im Gerät im Kreis läuft. Durch die Reibung des Gummibands an einer Kunststoffrolle werden Ladungen getrennt. Die entstandenen negativ geladenen Elektronen werden vom Gummiband nach oben transportiert. Ein Metallrechen streift sie dort vom Gummiband ab und lädt dadurch die Metallkugel. Die positiven Ladungen auf der Rolle werden durch von der Erde nachströmende Elektronen ausgeglichen,

Je nach dem Material der Kunststoffrolle lädt sich die Kugel im Betrieb positiv oder negativ auf.

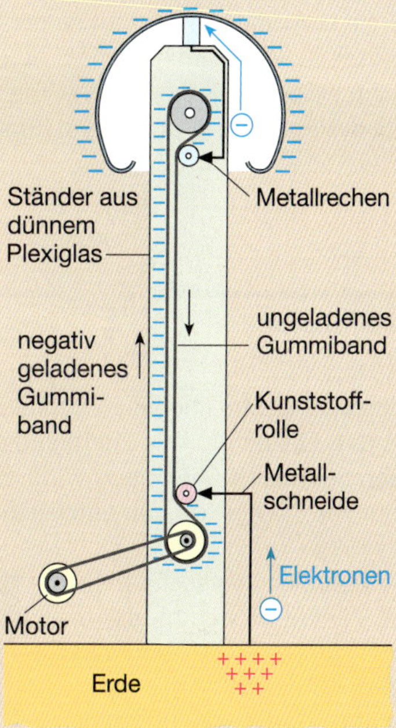

Elektrische Ladung

Versuche und Aufträge

V1 a) Reibe einen aufgeblasenen Luftballon an einem Wollpullover und bringe ihn danach an den Ärmel. Beschreibe und erkläre deine Beobachtung.
b) Reibe zwei Luftballons, die jeweils an Fäden befestigt sind, an einem Pullover. Hänge dann beide nebeneinander auf. Beobachte und erkläre.
c) Vergleiche die Ergebnisse von a) und b).

V2 a) Sicher hast du schon bemerkt, dass Papier an einer Folie auch ohne Klebstoff „klebt". Das kannst du auch erreichen, indem du eine auf Papier liegende Folie mit einem Wolltuch reibst. Ziehe dann die Folie vom Papier ab und hänge Papier und Folie nebeneinander auf. Beobachte.
b) Lege zwei Folienstreifen nebeneinander auf das Papier und reibe sie mit einem Wolltuch. Ziehe dann beide Streifen ab und hänge sie nebeneinander auf. Beobachte.
c) Vergleiche die Ergebnisse von a) und b) und erkläre sie.

V3 Schneide eine Zeitungsseite wie einen Kamm in schmale Streifen, sodass die Streifen etwa 15 cm lang sind. Lege die Zeitung dann auf eine trockene, kunststoffbeschichtete Tischplatte. Streiche mit einem Stück Fell fest über die Zeitung. Sie muss fest an der Tischplatte kleben. (Gegebenenfalls sind Fell und Zeitung auf der Heizung zu trocknen.) Ziehe die Zeitung von der Tischplatte ab. Erkläre das Verhalten der Zeitungsstreifen, wenn du die Zeitung hochhältst.

V4 Baue das Elektroskop entsprechend der Abbildung rechts nach. Überprüfe damit verschiedene Körper auf ihre elektrische Ladung, z. B. eine mit einer Kleiderbürste geriebene Postkarte, eine Zeitungsseite, einen am Pullover geriebenen Füllfederhalter, einen Kamm aus Kunststoff, eine mit einem Seidentuch geriebene Glasplatte.

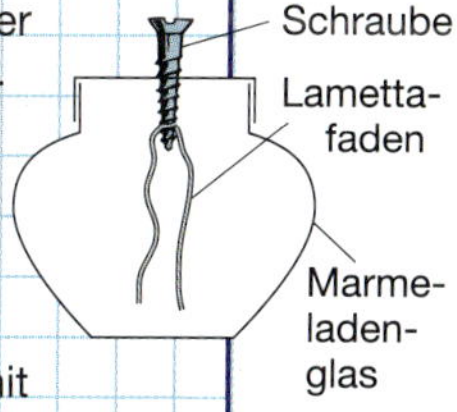

V5 Nimm eine Dose aus durchsichtigem Kunststoff, säubere und trockne sie. Lege Prüfteilchen wie Papierschnitzel, Holundermark, Watteteilchen oder Teeblätter in die Dose und verschließe sie. Reibe dann mit der trockenen Hand über den Deckel. Beobachte und erkläre.

Fließende Ladung als Träger von Energie

Es wurden bereits viele Prozesse betrachtet, bei denen Energie von einem Träger auf einen anderen Träger gewechselt ist. Z. B. lädt bei einem Auto der Motor die im Benzin gespeicherte chemische Energie auf die Bewegung des Autos, d. h. auf dessen Impuls um.

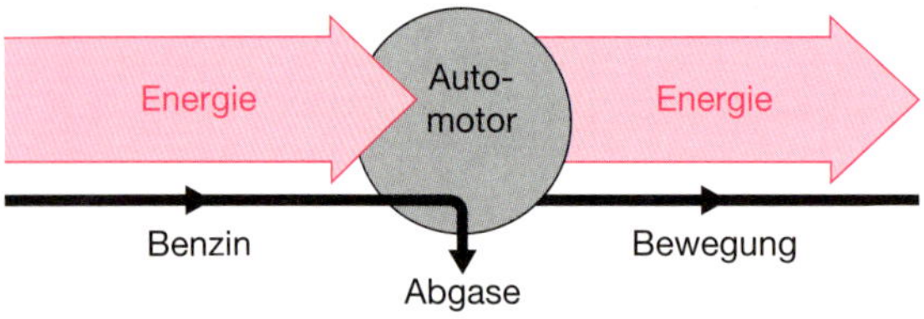

Zahlreiche Geräte mit einem Stromkabel lassen vermuten, dass es auch für die Energie, die in einem elektrischen Stromkreis übertragen wird, einen Energieträger geben muss. Dies soll nun untersucht werden.

Im Alltag tauchen sowohl Geräte auf, bei denen die Energie von fließender Ladung abgeladen wird als auch Geräte, in denen die Energie auf die fließende Ladung wechselt, was mittels Energieflussdiagrammen veranschaulicht wird. Hier sind einige Beispiele:

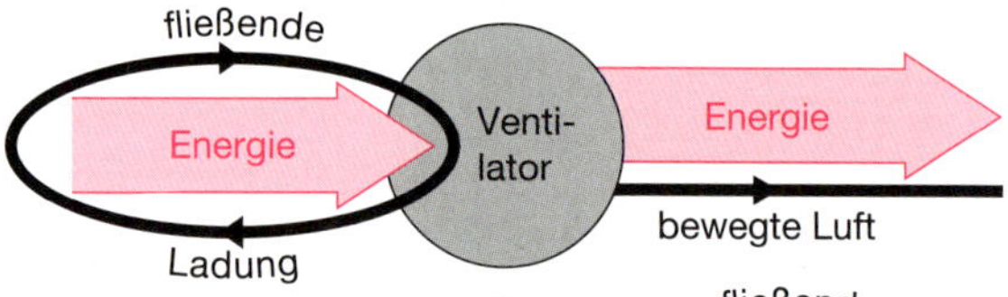

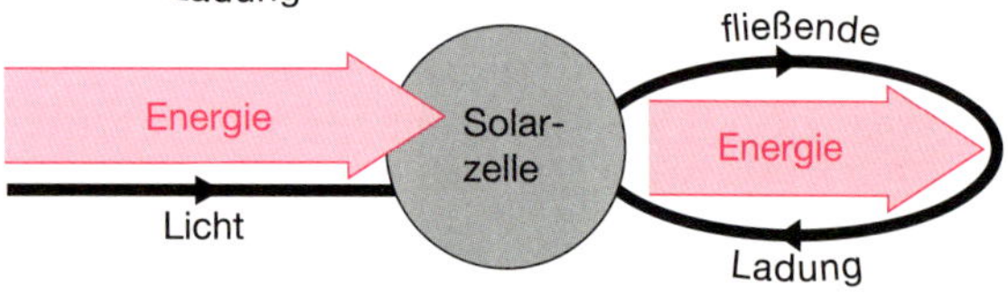

Im zentralen Versuch treibt eine Pumpe Wasser an, das in den Leitungen links im Kreis fließt und dabei Energie transportiert. Durch das fließende Wasser wird eine Turbine angetrieben, an die zwei Kabel angeschlossen sind. Diese führen zu einem Motor mit aufgesetztem Propeller. Die am Anfang zur Verfügung stehende Energie muss also irgendwie durch die Apparatur bis zum Motor gekommen sein.

Zentraler Versuch

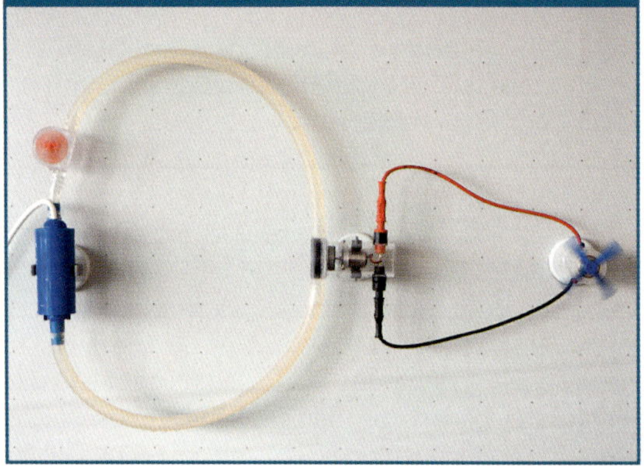

Fließende Ladung ist ein Energieträger. Während die Energie im Stromkreis nur in eine Richtung transportiert wird, fließt die Ladung im Kreis. Energie auf dem Träger fließende Ladung wird verkürzt häufig auch als elektrische Energie bezeichnet.

In Kabeln stehen viele freie Elektronen zur Verfügung, die alle eine Ladung tragen. Werden die Elektronen an einer Stelle einmal angestoßen, üben sie abstoßende Kräfte auf alle weiteren Elektronen aus. Dies legt die Vermutung nahe, dass die in den Kabeln fließende Ladung Energie von der Turbine zum Motor transportieren kann. Wird eines der beiden Kabel gelöst, bleibt der Propeller sofort stehen. Das ist verständlich, da die Elektronen im Stromkreis immer im Kreis fließen. Wird die Leitung aufgetrennt, ist der Fluss der Elektronen und damit der der Ladung unterbrochen, wodurch keine Energie mehr übertragen werden kann. Gleiches gilt für den Wasserstromkreis zwischen Pumpe und Turbine.

Aufgaben

1 Zeichne sechs verschiedene Energiefluss-Diagramme, bei denen fließende Ladung als Energieträger beteiligt ist.

2 Erläutere, warum der Trägerpfeil der fließenden Ladung zur Quelle zurückläuft.

3 Zeichne dieses Energiefluss-Diagramm ab und ergänze es.

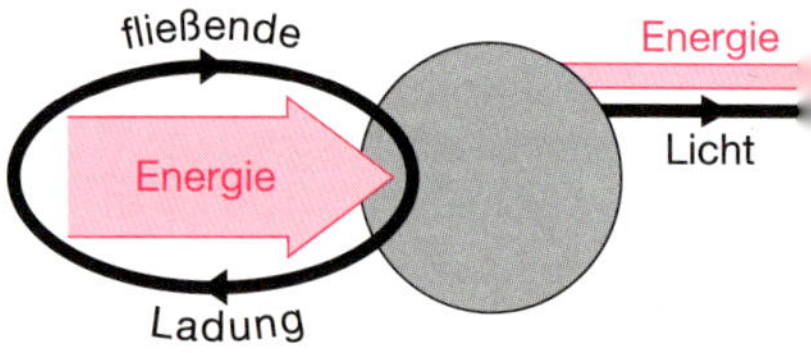

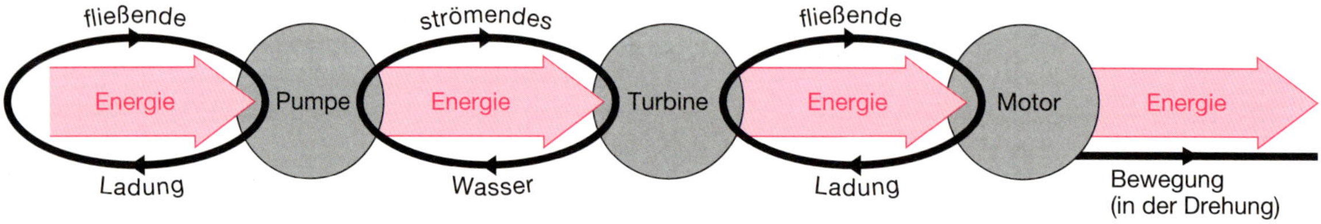

Blitz und Blitzschutz

Streifzug

Der Blitz war schon immer ein Naturschauspiel besonderer Art. Wie entstehen Blitze?

Durch die Bewegung von aufsteigenden Wassertröpfchen und herunterfallenden Hagelkörnern erfolgt eine Ladungstrennung in den Gewitterwolken. Eine sehr häufig anzutreffende Verteilung der Ladung ist im Bild unten dargestellt. Die große Ladung der Gewitterwolken erzeugt am Erdboden eine ebenso große, entgegengesetzte Ladung. Wie bei einem Funken kann nun der Ladungsausgleich durch die Luft erfolgen: Es entsteht ein Kanal in der Luft, in welchem sich Elektronen und andere geladene Teilchen von der Gewitterwolke zur Erde bewegen. Durch diesen Strom geladener Teilchen wird die Luft so heiß, dass sie Licht aussendet. Der Ladungsausgleich zwischen Erde und Wolke dauert nur 0,000 04 s, während ein Blitz etwa 0,1–0,2 s leuchtet.

Trifft ein Blitz einen Menschen, ein Tier oder eine Pflanze, so werden sie durch den starken Strom verbrannt, getötet bzw. zerstört. Dabei können Temperaturen bis zu 30 000 °C erreicht werden.

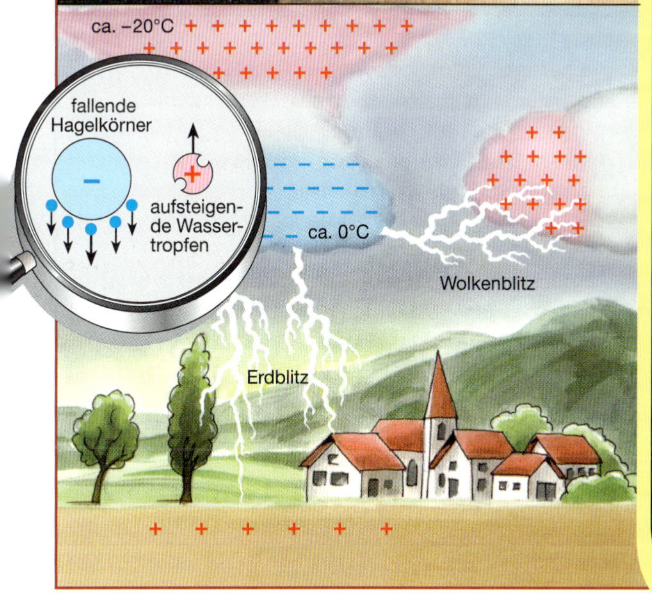

Blitzableiter

Wird dem Blitz ein besonders einfacher Weg zur Erde in Form eines dicken Drahtes angeboten, so kann der Ladungsausgleich gefahrlos erfolgen. Bei kleineren Häusern genügt ein Draht auf dem Dachfirst und eine Spitze am Schornstein; große Gebäude werden von einem „Drahtkäfig“ umspannt.

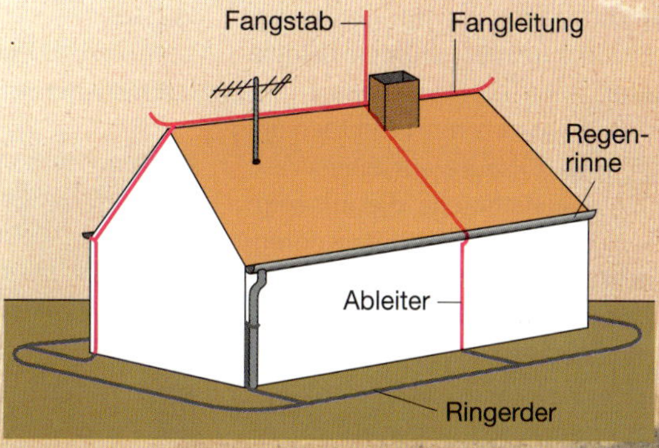

Schutzmaßnahmen

Befindest du dich bei Gewitter im Haus, solltest du dich von Wasserhähnen fern halten, da die zwangsläufig geerdeten Wasserleitungen vom Blitz auch als „Bahn“ genutzt werden können.

Beim Aufenthalt im Freien während eines Gewitters sind folgende Vorsichtsmaßnahmen zu befolgen:

- Weit entfernt halten von metallischen Türmen, Fahnenstangen usw.
- Nie unter einen Baum stellen (auch nicht unter Buchen!).
- Auf freiem Feld oder Wiesen nicht aufrecht gehen oder stehen. Stattdessen mit geschlossenen Füßen in eine Mulde hocken.
- Vom Fahrrad absteigen und das Rad zur Seite legen.
- Alle metallischen Gegenstände wie Schirme, Kameras etc. von sich entfernen.
- Nicht von außen an ein Auto anlehnen. Im Inneren des Autos ist man durch die metallische Karosserie geschützt.
- Nicht im See baden.
- Wenn möglich sehr nassen Untergrund meiden.

Aufbau der Atome

Die Atome sind so klein, dass sie auch mit einem sehr stark vergrößernden Lichtmikroskop nicht betrachtet werden können. Ein Beispiel soll dies verdeutlichen: Der Atomkern ist gegenüber dem Atom so klein wie ein Reiskorn gegenüber einem Fußballstadion.
Trotzdem konnte das Kern-Hülle-Modell zur Erklärung vieler Erscheinungen im Mikrokosmos entwickelt werden. Kann es bestätigt werden? Wie groß sind Atome eigentlich? Und woraus besteht der Atomkern?

Abschätzung des Atomdurchmessers

Eine Vorstellung von der Größe der Atome kann der **Ölfleckversuch** liefern.
Wird ein Tropfen mit Leichtbenzin verdünnter Ölsäure auf eine Wasserfläche aufgebracht, die mit sehr feinen und leichten Blütensporen bestreut wurde, dann verdunstet das leicht flüchtige Benzin und die geringe Menge Ölsäure breitet sich auf dem Wasser aus. Die Größe des entstandenen Kreises wird durch die vom Öl verdrängten Blütensporen sichtbar gemacht. Daraus kann der Durchmesser des Ölflecks bestimmt werden. Werden zwei oder drei Tropfen Ölgemisch auf das Wasser gegeben, so hat der Ölfleck genau die doppelte bzw. dreifache Größe.

Zentraler Versuch

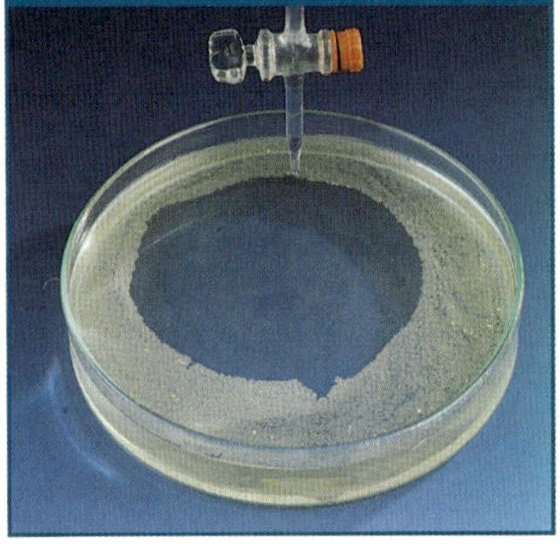

Daraus lässt sich schließen, dass die Ölschicht immer die gleiche Dicke hat, sich die Moleküle also alle nebeneinander anordnen, und somit der Moleküldurchmesser gleich der Höhe der Schicht ist.
Die Auswertung dieses relativ einfachen makroskopischen Versuchs – siehe Rechenbeispiel – ergibt eine erstaunlich gute Vorstellung von den Größenordnungen der Moleküle und sogar der Atome:

Atome können als Kugeln mit Radien in der Größenordnung 10^{-10} m aufgefasst werden.

Rechenbeispiel

Ein Tropfen Ölsäuremischung (Mischungsverhältnis mit Leichtbenzin 1:2000) verursacht einen Fleck mit der Fläche $A = 125\ \text{cm}^2$. 49 Tropfen der Mischung haben ein Volumen von $1{,}0\ \text{cm}^3$.

1. Berechnung des Ölvolumens $V_{\text{Öl}}$ in einem Tropfen:

$$V_{\text{Öl}} = \frac{1{,}0\ \text{cm}^3}{49 \cdot 2000} = 1{,}0 \cdot 10^{-5}\ \text{cm}^3.$$

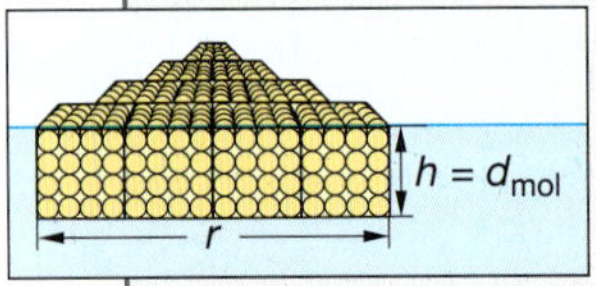

2. Abschätzung des Moleküldurchmessers d_{Mol}:
Die Dicke h des zylindrischen Ölflecks entspricht dem Moleküldurchmesser d_{Mol}:

$$d_{\text{Mol}} = h = \frac{V_{\text{Öl}}}{A} = \frac{1{,}0 \cdot 10^{-5}\ \text{cm}^3}{125\ \text{cm}^2} = 8{,}02 \cdot 10^{-8}\ \text{cm}$$

3. Abschätzung des Atomdurchmessers:
Ölsäure $C_{17}H_{33}COOH$ besteht aus 18 Kohlenstoffatomen, 34 Wasserstoffatomen und 2 Sauerstoffatomen, insgesamt also 54 Atomen. Zur Vereinfachung werden die Atome und Moleküle als Würfel gedacht. Ein Molekülwürfel, der die Kantenlänge von 3 Atomen hat, enthält $3^3 = 27$ Atome, ein Molekülwürfel mit der Kantenlänge 4 Atome enthält $4^3 = 64$ Atome. Das Ölsäuremolekül besitzt also eine Kantenlänge von ungefähr 4 Atomdurchmessern.
Damit ergibt sich für den Atomdurchmesser in etwa ein Viertel des Moleküldurchmessers:
$d_{\text{Atom}} \approx d_{\text{Mol}} : 4 = 2 \cdot 10^{-8}\ \text{cm} = 2 \cdot 10^{-10}\ \text{m}$.
Da das Ölsäuremolekül aus verschiedenen Atomen besteht und zudem einige vereinfachende Annahmen gemacht wurden, kann der erhaltene Atomdurchmesser nur die ungefähre Größe von Atomen angeben. Genauere Untersuchungen bestätigen jedoch, dass der Durchmesser von Atomen zwischen $1 \cdot 10^{-10}$ m und $5 \cdot 10^{-10}$ m liegt.

Das Rutherford'sche Atommodell

ERNEST RUTHERFORD (1871–1937) beschoss Anfang des 20. Jahrhunderts eine sehr dünne Goldfolie mit α-Teilchen – das sind positiv geladene Kerne von Heliumatomen, die von manchen Stoffen ausgesandt werden. Er untersuchte, unter welchen Winkeln die α-Teilchen aus der Einfallsrichtung abgelenkt werden. Die Folie war von einem Leuchtschirm umgeben. Die α-Teilchen erzeugten beim Auftreffen auf den Leuchtschirm kleine Lichtblitze, die mit einem Mikroskop beobachtet wurden. So bestimmte RUTHERFORD die Anzahl der unter einem bestimmten Winkel abgelenkten α-Teilchen pro Zeitintervall.

Da Atome nach außen neutral sind, stellte man sie sich damals als positiv geladene Kugeln vor, in die die negativ geladenen Elektronen gleichmäßig verteilt eingebettet waren wie Rosinen in einem Kuchenteig *(Thomson'sches Atommodell)*.
RUTHERFORD erwartete dementsprechend, dass die α-Teilchen durch die Atome der Folie nahezu unabgelenkt hindurchfliegen, da die leichten Elektronen im positiven Teig des Atoms kaum Einfluss auf die Flugbahn der schweren α-Teilchen haben sollten und die gleichmäßig verteilte positive Ladung ebenfalls keine Richtungsänderung hervorrufen könnte.

Lehrerversuch

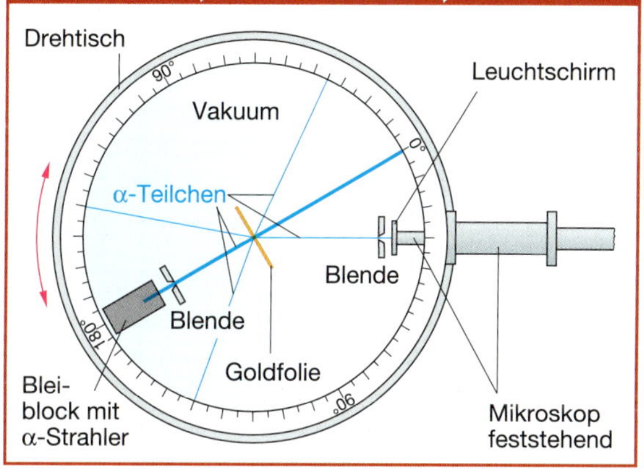

Das Experiment ergab aber ein ganz anderes Ergebnis. Die meisten α-Teilchen flogen zwar geradlinig durch die Folie, allerdings wurden unter allen Winkeln – auch unter sehr großen – abgelenkte, d. h. gestreute α-Teilchen beobachtet.

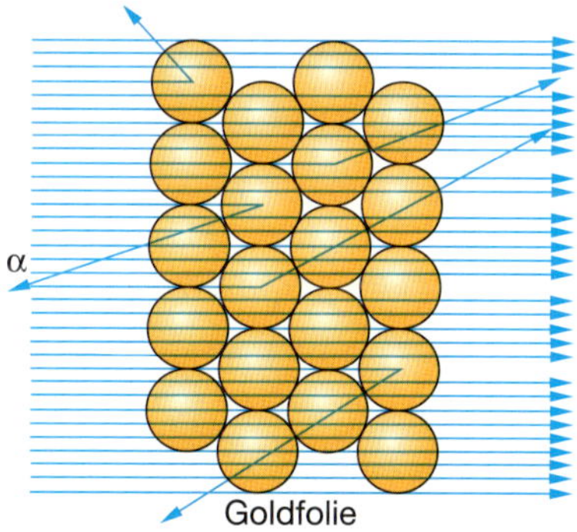

Aus RUTHERFORDs Versuchen ergaben sich folgende Schlussfolgerungen für den Aufbau der Atome:

- Die meisten α-Teilchen passieren die Atome ungehindert. Das massereiche und geladene Objekt im Atom ist daher sehr klein; sein Radius – der Kernradius – ist etwa 100 000-mal kleiner als der Atomradius. Das entspricht dem Verhältnis 1 cm : 1 km.
- Da die α-Teilchen in wenigen Fällen auch reflektiert werden, muss der Atomkern undurchdringbar sein und eine sehr große Masse besitzen.
- Die von RUTHERFORD entwickelte Gleichung zur Berechnung der Streuung der α-Teilchen erfordert einen positiv geladenen Kern.
- Rutherfords Erkenntnisse führten zum **Kern-Hülle-Modell:**

Positive Ladung und fast die gesamte Masse eines Atoms sind im Atomkern konzentriert.
Der Durchmesser des Kerns beträgt nur $\frac{1}{100\,000}$ des Atomdurchmessers.
Die negative Ladung des Atoms wird durch die Elektronen der Hülle gebildet.

Aufgaben

1 Erkläre, warum beim Beschuss einer dünnen Goldfolie mit α-Teilchen die meisten α-Teilchen nahezu unabgelenkt hindurchfliegen können.

2 Erläutere, warum RUTHERFORD für seine Streuversuche Goldfolie und nicht die wesentlich leichtere Aluminiumfolie genommen hat.

3 Die Elektronen in der Atomhülle haben praktisch keinen Einfluss auf die Flugbahn der α-Teilchen. Erkläre dieses Versuchsergebnis.

4 Beschreibe die beim Beschuss mit α-Teilchen zu erwartenden Versuchsergebnisse, wenn die Kernmaterie gleichmäßig verteilt wäre.

5 Eine Ölsäurelösung in Leichtbenzin enthält 2,0 g Ölsäure (Dichte $\varrho = 8{,}9 \cdot 10^2\ \frac{kg}{m^3}$) in 1,0 ℓ Lösung.
Der mit einer Pipette auf eine Wasseroberfläche gebrachte Tropfen (Volumen $\frac{1}{90}$ cm³) erzeugt dort einen Ölfleck der Fläche 140 cm². Ermittle aus diesen Versuchsdaten die Größenordnung der Moleküle.

Aufbau der Atomkerne

Nach RUTHERFORD besteht jedes Atom aus einem positiven Kern, der nahezu die gesamte Masse enthält, und einer Hülle aus Elektronen.

Die Kerne bestehen aus einzelnen Kernbausteinen, den **Nukleonen.** Alle Nukleonen haben etwa die gleiche Masse. Es gibt positiv geladene Nukleonen, die **Protonen,** und ungeladene Nukleonen, die **Neutronen.** Wasserstoffatome sind die kleinsten, am einfachsten gebauten Atome. Der Atomkern besteht bei den meisten Wasserstoffatomen nur aus einem Proton. Es gibt aber auch noch das seltener vorkommende Deuterium, ein Wasserstoffatom mit einem Kern aus einem Proton und einem Neutron, oder das Tritium, das aus einem Proton und zwei Neutronen besteht. Diese Wasserstoffvarianten, die sich nur in der Anzahl der Neutronen im Kern unterscheiden, sind die **Isotope** des Wasserstoffs.

Solche Isotope gibt es bei allen Elementen. Sie haben die gleiche Anzahl von Protonen und dadurch den gleichen Aufbau der Atomhülle. Sie besitzen daher alle die gleichen chemischen Eigenschaften.

Die verschiedenen Isotope kommen in natürlichen Elementen unterschiedlich häufig vor, wobei eine Isotopenart meist deutlich überwiegt. Bei Stickstoff z. B. hat eines von zwei Isotopen die Häufigkeit 99,6%. Die Atommasse ist der gewichtete Mittelwert der unterschiedlichen Isotopenmassen. So erklärt es sich, dass die Atommassen im Periodensystem keine ganzen Zahlen sind, bei Chlor z. B. 35,45 oder bei Wasserstoff 1,008. Nur Kohlenstoff ${}^{12}_{6}C$ hat exakt die Atommasse 12,000 000 ..., weil alle Atommassen als Vielfache der Atommasse des Kohlenstoff-Isotops ${}^{12}_{6}C$ angegeben werden.

Alle in der Natur vorkommenden Atome eines Elements haben die gleiche Anzahl von Protonen, unterscheiden sich aber in der Neutronenzahl. Das sind die Isotope eines Elements.

Schreibweisen

Mithilfe der Kernladungszahl Z und der Massenzahl A können Isotope eines Elements eindeutig beschrieben werden:

- Die **Kernladungszahl *Z*** gibt die Anzahl der Protonen im Kern an (in der Chemie heißt sie auch Ordnungszahl). Neutrale Atome besitzen genau so viele Elektronen in der Hülle wie Protonen im Kern.
- Die **Massenzahl *A*** ist die Summe aus der Protonen- und der Neutronenzahl.

Die Massenzahl A wird oben, die Kernladungszahl Z unten an das Elementsymbol geschrieben.

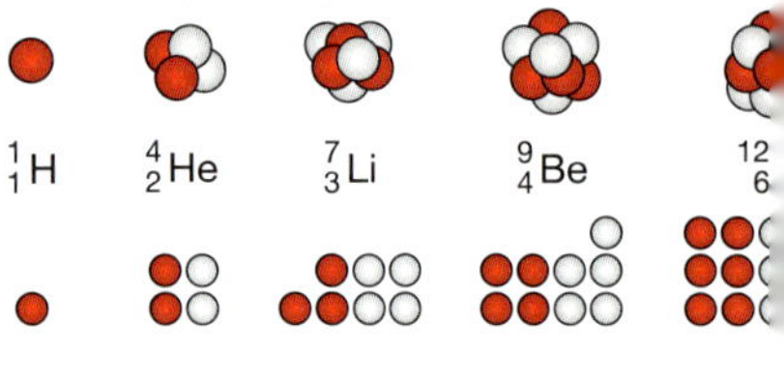

Da die Information über die Kernladungszahl schon in der Elementbezeichnung steckt, wird diese häufig weggelassen. Aus ${}^{12}_{6}C$ wird kurz ${}^{12}C$ oder C12.

Die Nuklidkarte

In der Chemie gibt es als Ordnungsschema das *Periodensystem* der Elemente. In der Kernphysik ist die Entsprechung die **Nuklidkarte.** Sie ist aufgebaut wie ein Koordinatensystem, bei dem entlang der Rechts-Achse die Neutronenzahl N und auf der Hoch-Achse die Kernladungszahl Z aufgetragen sind. ${}^{4}_{2}He$ hat also die Koordinaten: dritte Spalte ($N = 2$) und dritte Zeile ($Z = 2$), denn der He-Kern besteht aus 2 Protonen und 2 Neutronen. Alle Kerne in einer Zeile sind **Isotope** des gleichen Elements; sie haben die gleiche Anzahl von Protonen, sind aber wegen der unterschiedlichen Anzahl von Neutronen unterschiedlich schwer.

Werden alle Kerne in die Karte eingetragen, so fällt auf, dass sie sich nicht entlang der Linie $Z = N$ gruppieren, sondern mit schwerer werdenden Kernen deutlich darunter. Bei schwereren Kernen überwiegt also die Anzahl der Neutronen. Der vergrößerte Ausschnitt zeigt, dass die Nuklidkarte eine Fülle von Informationen enthält.

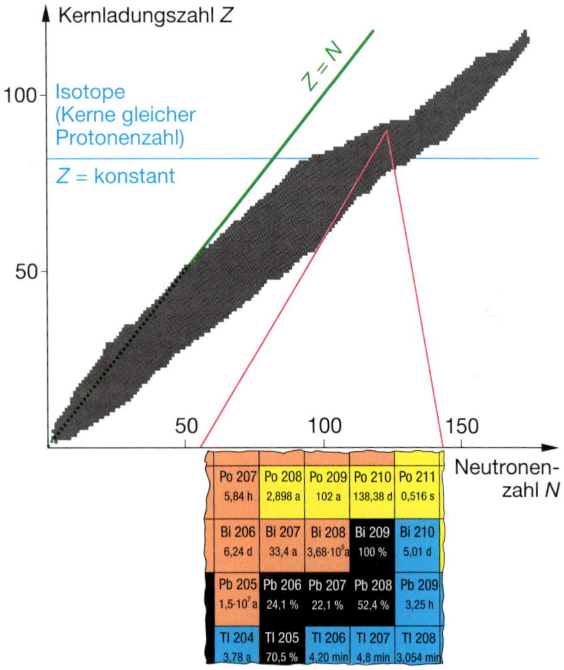

Kernkraft

Kerne bestehen aus positiv geladenen Protonen und ungeladenen Neutronen. Doch eigentlich dürften sie wegen der abstoßenden Kraft zwischen den Protonen nicht zusammenhalten. Es muss also eine Kraft existieren, die folgende Bedingungen erfüllt:

- sehr geringe Reichweite, gerade bis zum nächsten Nukleon;
- deutlich stärker als die abstoßende elektrische Kraft;
- wirkt auch zwischen Neutronen untereinander und zwischen Protonen und Neutronen.

Eine Vorstellung, wie diese **Kernkraft** die sonst dominierende elektrische Kraft übertrifft, liefert der folgende Versuch:

Zentraler Versuch

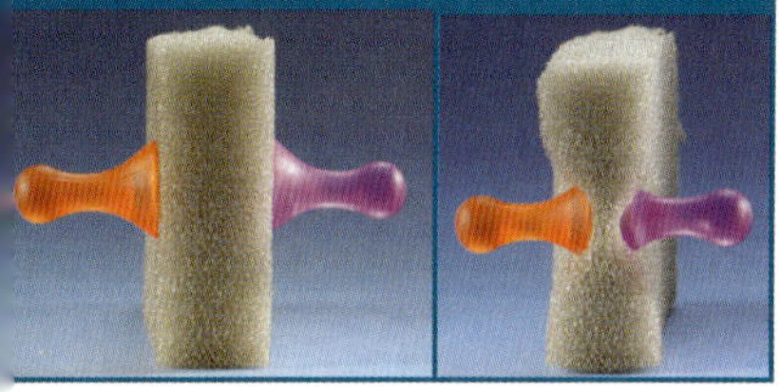

Zwei Magnete werden durch ein Stück Schaumstoff so auf Abstand gehalten, dass sie, wenn sie ein wenig in den Schaumstoff „eintauchen", von diesem entgegen der magnetischen Anziehung wieder auseinandergedrückt werden. Werden sie jedoch weiter in den Schaumstoff hineingedrückt, so ziehen sich die Magnete so stark an, dass der Schaumstoff dazwischen völlig plattgedrückt wird. Bei kurzem Abstand übertrifft also die anziehende magnetische Kraft die abstoßende Kraft des Schaumstoffs. Auf gleiche Weise hält die Kernkraft im Atomkern die Protonen zusammen, obwohl es eine abstoßende elektrische Kraft zwischen ihnen gibt.

Neutronen und Protonen werden durch eine Kraft von sehr kurzer Reichweite zusammengehalten – der Kernkraft.

Aufgaben

1 **a)** Erläutere die Schreibweise $^{9}_{4}$Be und $^{12}_{6}$C bzw. $^{14}_{6}$C.
b) Stelle in einer Tabelle die Namen der Elemente und die Anzahl der Neutronen und Protonen für folgende Kerne zusammen: H4, He4, O17, Co60, Ni60, Pb206, U235 und U238.

2 Die Kerne B10 und B12 sind Isotope des Elements Bor. Beschreibe ihren Aufbau.

3 Die Masse eines Nukleons (Proton oder Neutron) beträgt ungefähr $1{,}66 \cdot 10^{-24}$ kg. Berechne die Masse des He4-Kerns.

4 Begründe, warum der Aufbau eines Atomkerns aus Protonen und Neutronen nur möglich ist, wenn es die Kernkraft gibt.

5 Wird eine Tür zugezogen, ohne die Klinke herunterzudrücken, muss eine Kraft gegen die Feder des Türschnappers aufgebracht werden. Erst im letzten Moment rastet der Türschnapper ein. Erkläre an Hand dieses Beispiels die Reichweite der Kernkraft.

Quarks und der Aufbau der Materie — Streifzug

Zu Beginn des 20. Jahrhunderts glaubten die Physiker, dass es nur einige wenige Teilchen gibt, die nicht aus anderen Teilchen zusammengesetzt sind; sie wurden **Elementarteilchen** genannt. Im Laufe der Zeit hat sich aber gezeigt, dass auch sie aus immer kleineren Teilchen zusammengesetzt sind.

Zuerst wurde der Aufbau der Atome aus Kern und Hülle entdeckt, dann der des Kerns aus Protonen und Neutronen und schließlich der Aufbau der Protonen und Neutronen aus **Quarks.**
Demnach besteht ein Proton aus drei Quarks – zwei up-Quarks und einem down-Quark; das Neutron dagegen ist aus einem up-Quark und zwei down-Quarks zusammengesetzt:
Proton: **uud** Neutron: **udd**

Da Atome nur aus Protonen und Neutronen sowie den Elektronen in der Atomhülle aufgebaut sind, besteht die gesamte Materie auf der Erde nur aus den beiden Quarks u und d.

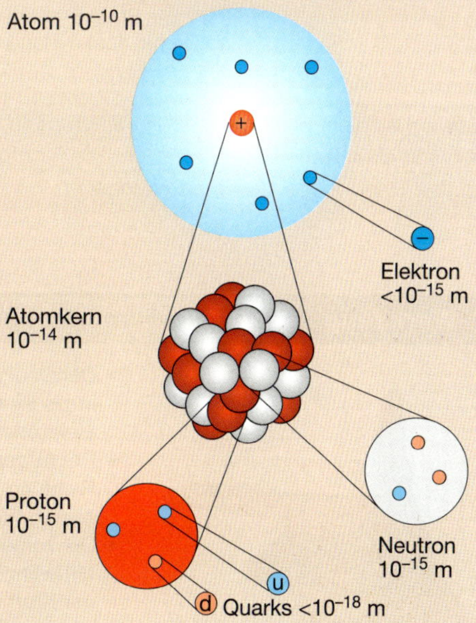

Ladung und Masse atomarer Teilchen

Die Elektronenstrahl-Ablenkröhre

Ruhende Elektronen werden durch Magnete nicht beeinflusst. Bewegte Elektronen können in Magnetfeldern allerdings abgelenkt werden. Aus der Bahn der geladenen Teilchen können dann Schlussfolgerungen über ihre Eigenschaften gezogen werden.

Der zentrale Versuch zeigt:
- Je stärker das Magnetfeld, desto größer die Ablenkung.
- Je schneller die Elektronen, desto kleiner die Ablenkung.

Zentraler Versuch

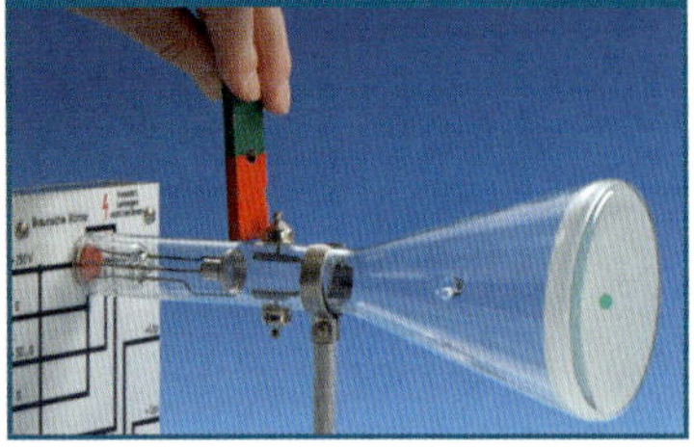

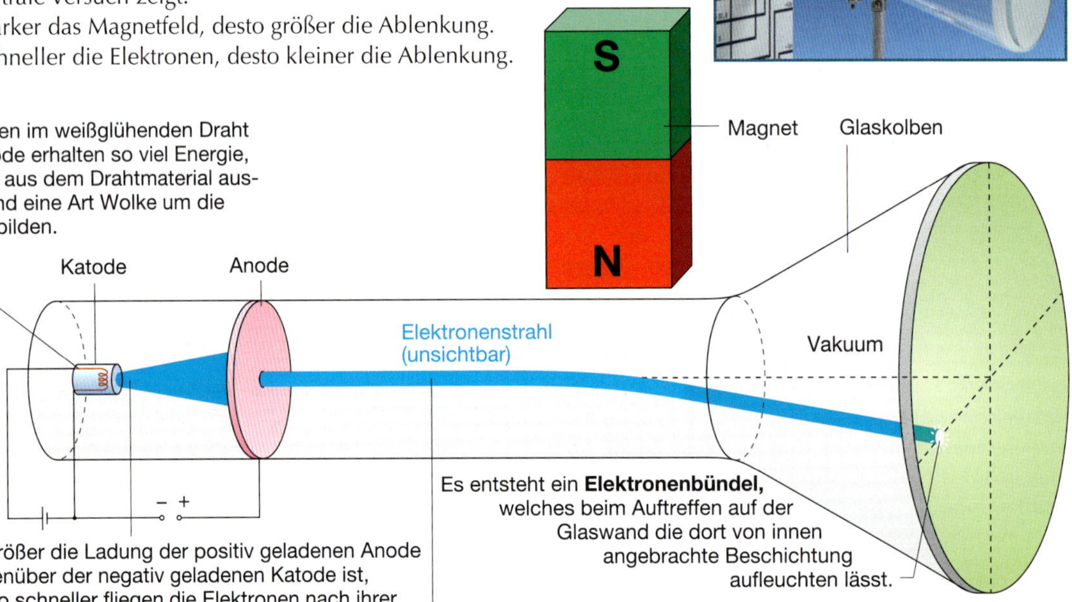

Bewegt sich ein Elektron in einem Magnetfeld senkrecht zur Feldrichtung, so wirkt eine Kraft auf das Teilchen. Die Richtung der Kraft kann mit der Linken-Hand-Regel bestimmt werden.

Werkzeug | **Linke-Hand-Regel (UVW-Regel)**

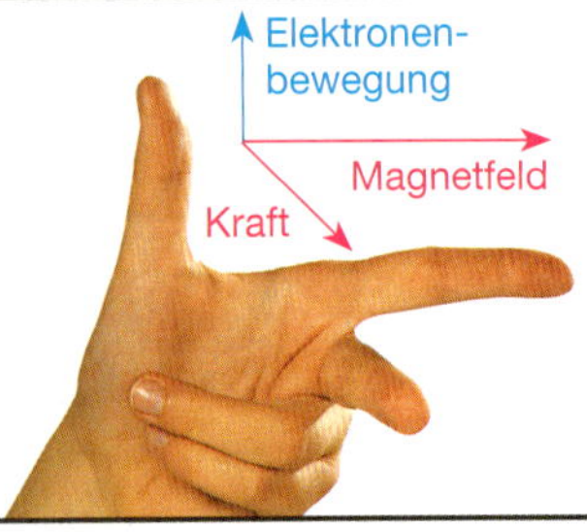

- Der Daumen der linken Hand zeigt in die Bewegungsrichtung der Elektronen von ⊖ nach ⊕ (**U**rsache).
- Der abgespreizte Zeigefinger zeigt in Richtung des Magnetfeldes von N nach S (**V**ermittlung).
- Der zu beiden senkrecht abgespreizte Mittelfinger zeigt dann die Richtung der Kraft an (**W**irkung).

Aufgaben

1 **a)** Skizziere den Verlauf des Elektronenbündels, wenn beim Stabmagneten Nord- und Südpol vertauscht werden.
b) Erkläre anhand einer Skizze, wo sich der Stabmagnet befinden müsste, damit das Elektronenbündel nach oben oder unten abgelenkt wird.
c) Erkläre welche Vorteile es gäbe, wenn der Stabmagnet durch einen geeigneten Hufeisenmagneten ersetzt würde.

2 Erläutere, wie sich die Ablenkung des Elektronenbündels ändern würde, wenn die Elektronen stärker beschleunigt werden. Erkläre die Rolle des Dauermagneten dabei.

3 Schildere die Folgen, wenn die Stärke des Magnetfeldes verändert werden könnte.

Ablenkung positiv geladener Teilchen

Im zentralen Versuch wurden Elektronen beschleunigt und durch das Magnetfeld abgelenkt. Statt der negativ geladenen Elektronen können auch positiv geladene Protonen oder Ionen beschleunigt werden. Das wird in großen Forschungseinrichtungen wie z. B. dem Kernforschungszentrum in Jülich oder dem DESY in Hamburg oder der GSI in Darmstadt gemacht.

Auch diese schnellen Ionen werden durch Magnetfelder abgelenkt. Es ergeben sich folgende Abhängigkeiten für den Bahnverlauf dieser Teilchen in einem Magnetfeld:

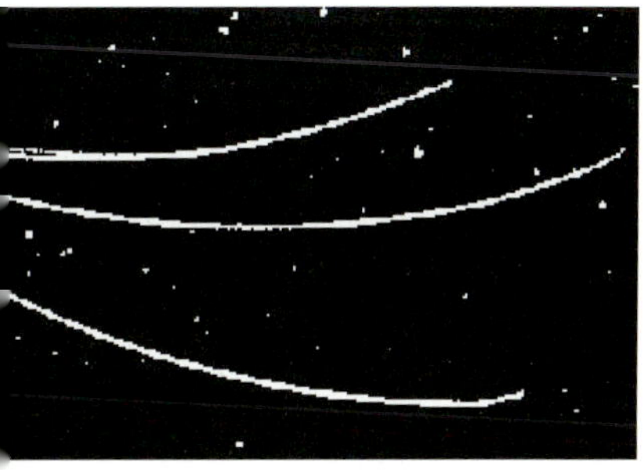

- Je größer die Masse der Teilchen ist, desto kleiner ist die Ablenkung.
- Je größer die Ladung der Teilchen ist, desto größer ist ihre Ablenkung.

Da die Ladung positiv ist, wird die Richtung der Ablenkung mithilfe der *Rechte-Hand-Regel* festgelegt.

Aufgaben

1 Erläutere, warum ein Nachweis von Neutronen mit dem hier besprochenen Verfahren nicht möglich ist.

2 Stelle anhand einer einfachen Skizze dar, in welche Richtung die Feldlinien des magnetischen Feldes bei der Nebelkammer zeigen müssten, damit die im Foto links dargestellte Ablenkung zustandekommt.

3 Im Bild rechts fliegt ein geladenes Teilchen in ein Magnetfeld. Beschreibe die Ablenkung, wenn das Teilchen negativ bzw. positiv geladen ist.

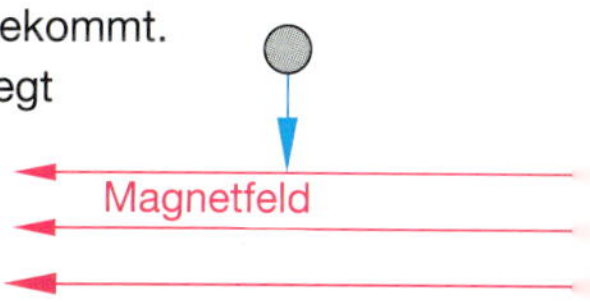

Die Ablenkung geladener Teilchen im Magnetfeld hängt von den Teilcheneigenschaften Geschwindigkeit, Masse, Ladung und von der Stärke des Magnetfeldes ab.

Massenspektroskop

Streifzug

Um festzustellen, aus welchen Isotopen eines Elements eine unbekannte Stoffprobe besteht, wird ein **Massenspektroskop** verwendet. Die Abbildung rechts zeigt das Prinzip: Durch einen Luftstrom wirkt auf alle Kugeln eine gleich große Kraft, welche die leichten Kugeln mehr und die schwereren weniger stark ablenkt.

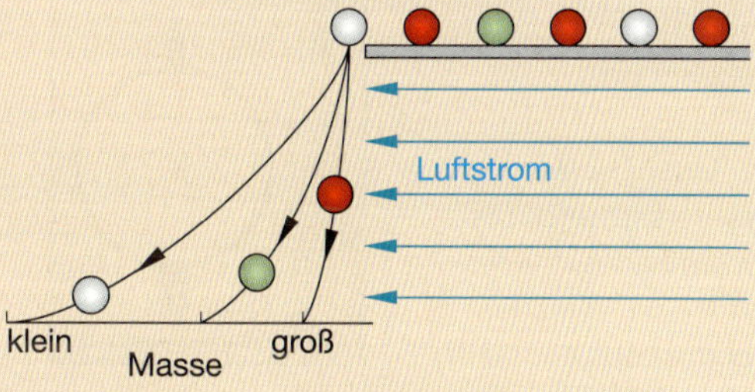

Bei einem Massenspektroskop werden die Atome zuerst ionisiert; die positiv geladenen Ionen werden dann von der negativ geladenen Katode angezogen und auf hohe Geschwindigkeit gebracht. Im magnetischen Feld werden die Ionen dann entsprechend der Rechten-Hand-Regel seitlich abgelenkt. Wenn alle Ionen die gleiche Ladung und Geschwindigkeit (Geschwindigkeitsfilter) besitzen, hängt die Ablenkung nur von ihrer Masse ab. Der Versuch zeigt bei Wasserstoff mehrere Schwärzungslinien auf der Fotoplatte, eine stark ausgeprägte Linie für die leichtesten Ionen (nur ein Proton) und zwei weitere, deutlich schwächere Linien für schwerere Wasserstoffkerne. Auch bei Helium gibt es zwei Schwärzungslinien, die auf die Existenz von Heliumkernen unterschiedlicher Masse hinweisen. Bei allen untersuchten Elementen unterscheiden sich die Massen immer um eine Nukleonenmasse oder ein Vielfaches davon.

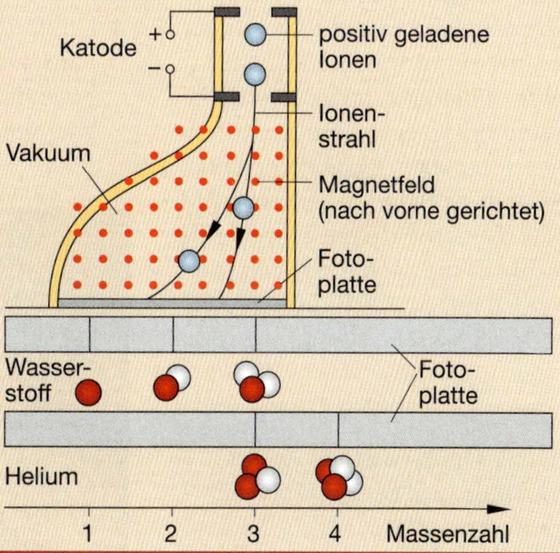

Radioaktivität

Am 24. Februar 1896 entdeckte HENRI BECQUEREL (1852–1908) die Radioaktivität, 1903 bekam er dafür – zusammen mit MARIE und PIERRE CURIE – den Nobelpreis. Auf einem lichtdicht verpackten Fotopapier hatte er zufällig einige Tage ein Stück Uranerz liegenlassen. Nach der Entwicklung des Films zeigte sich eine Schwärzung, die den Steinumrissen entsprach. Wie war dies ohne Lichteinwirkung möglich? Warum wurde das Papier nur an den Stellen „belichtet", an denen sich das Erz befand? Besteht ein Zusammenhang mit Röntgenstrahlung bzw. mit UV-Licht?

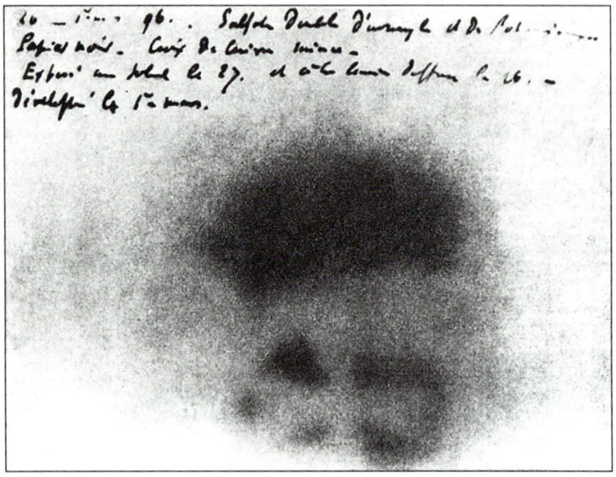

Nachweis von Radioaktivität

Experimente mit Uran führte um 1910 auch die in Polen geborene Physikerin MARIE CURIE durch. Sie konnte die Ergebnisse nur so erklären, dass von dem Uran eine unsichtbare Strahlung ausging, die Fotopapier schwärzte und noch weitere Wirkungen hatte. Die Stoffe, die diese Strahlung aussenden, nannte sie „radioaktiv" (Strahlung aussendend).

Im Versuch wird ein Strahlerstift in die Nähe eines negativ bzw. positiv geladenen Elektroskops gebracht. Der Zeigerausschlag geht in beiden Fällen zurück – das Elektroskop wird also entladen. Diese Entladung kann nur durch positiv oder negativ geladene Teilchen geschehen, die vorher nicht in der Luft vorhanden waren. Also muss die vom Präparat ausgehende Strahlung die Atome der Luft ionisiert haben, wodurch die Luft elektrisch leitend wurde.

Zentraler Versuch

Von bestimmten Stoffen geht eine unsichtbare Strahlung aus, die Fotopapier schwärzt und Luft ionisiert.

Die Nebelkammer

In einer solchen Kammer befindet sich Luft, die mit Wasser- und Alkoholdampf gesättigt ist. Mit der Kammer ist ein Gummiball verbunden, der zusammengedrückt werden kann. Wird dieser Gummiball plötzlich losgelassen, so dehnt sich die Luft in der Kammer schlagartig aus. Dadurch sinkt die Temperatur unter die Kondensationstemperatur des Alkohol-Luft-Gemisches ab.

Die Strahlung aus dem Strahlerstift, der in der Kammer angebracht ist, erzeugt Ionen, die als Kondensationskeime wirken. Durch sie bilden sich kleinste Wassertröpfchen, die von der Seite kommendes Licht streuen. Auf diese Weise kann der Weg der Strahlung sichtbar gemacht werden.

Im Foto sind Nebelstreifen von 2 bzw. 4 cm Länge zu erkennen, die Spuren der ionisierenden Strahlung. Ein Stückchen Papier als Hindernis beendet die Spuren sofort. Daraus folgt:

- Die durch die Nebelspuren registrierte Strahlung hat eine sehr begrenzte Reichweite in Luft und kann schon durch ein Blatt Papier völlig abgeschirmt werden.
- Die unterschiedlichen Bahnlängen weisen darauf hin, dass es Strahlung unterschiedlicher Energie geben muss.
- Das Bild der Nebelspuren entsteht sofort mit dem Loslassen des Gummiballs. Dies deutet darauf hin, dass vom Strahlerstift so viel Strahlung ausgesendet wird, dass immer welche vorhanden ist. Außerdem muss sie eine sehr hohe Geschwindigkeit haben.

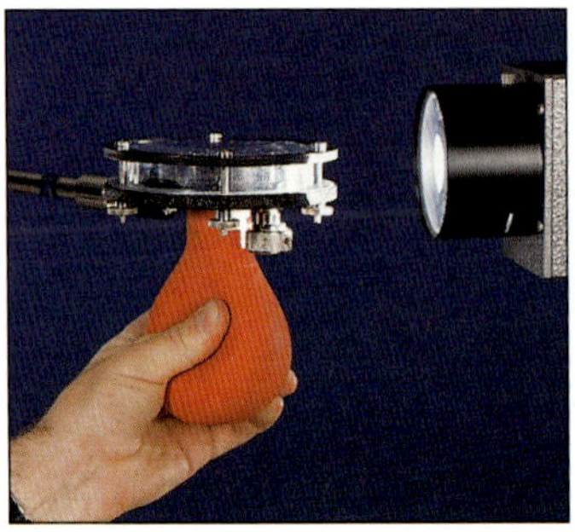

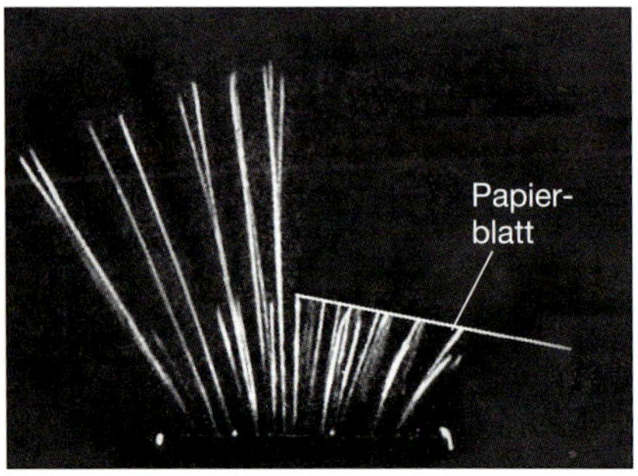

Das Zählrohr

Ein Zählrohr besteht aus einem Metallzylinder, in dessen Inneren ein Draht isoliert eingespannt ist. Auf der einen Seite ist das Metallrohr von einem dünnen Glimmerfenster und auf der anderen Seite durch eine Isolierschicht luftdicht verschlossen. Gefüllt ist das Rohr mit einem Edelgas unter geringem Druck. Der Draht ist stark positiv, der Metallmantel gleich stark negativ geladen.

Lehrerversuch

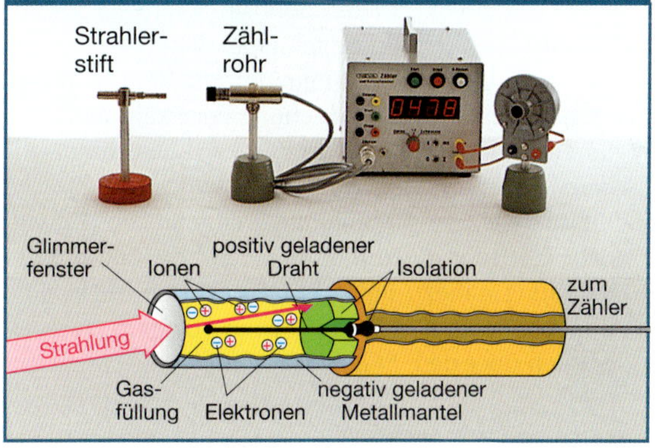

Gelangt Strahlung durch das Glimmerfenster in das Rohr, ionisiert sie Atome der Gasfüllung. Die frei werdenden Elektronen werden zum positiven Draht hin gezogen, die positiven Ionen zur negativen Metallwand. Dabei werden sie so schnell, dass sie durch Stöße weitere Gasatome ionisieren können und diese wiederum andere – es kommt zur **Stoßionisation.**

Die Zahl der Elektronen wächst dabei lawinenartig an; diese Elektronenlawine trifft schließlich auf den Draht, der dadurch schlagartig negativ geladen wird. Dieser Ladungsstrom kann von Messgeräten registriert und als ein Ereignis im Zählrohr interpretiert werden. In einem Lautsprecher ist z. B. ein Knacken zu hören oder eine Elektronik zählt einen Impuls. Nach dem Abfließen der Ladung dauert es einen Moment, bevor das Gas wieder zu einem Isolator geworden ist und erneut Ereignisse gemessen werden können. Diese Ruhezeit heißt *Totzeit*. Sie liegt bei den meisten Zählrohren unter einer Millisekunde. Nach der Totzeit kann das Zählrohr erneut auf ionisierende Strahlung reagieren.

Zählrate und Nulleffekt

Die Zahl der Ladungsimpulse, die in einer bestimmten Zeit mit einem Zählrohr gemessen wird, ist die **Zählrate.** Sie ist ein Maß für die Intensität der Strahlung.

Die Zählrate

Das Formelzeichen ist *Z*.

Die Einheit ist $1 \frac{\text{Impuls}}{\text{Sekunde}} = 1 \frac{\text{Imp}}{\text{s}}$.

Die Überprüfung verschiedener radioaktiver Stoffe mit dem Zählrohr führt zu sehr unterschiedlichen Ergebnissen. Beim Strahlerstift werden in vergleichbaren Zeiten die meisten Impulse gemessen; er verursacht also die höchste Zählrate. Wird eine Messung wiederholt, so kann das Ergebnis deutlich abweichen, wie die Werte für die Fliese in der folgenden Tabelle zeigen.

Strahler	Strahlerstift	Uranerz	Leuchtziffern	Fliese	Fliese
Zeit	30 s	45 s	100 s	60 s	60 s
Impulse	31 800	78	62	371	355
Z	$1060 \frac{\text{Imp}}{\text{s}}$	$1{,}7 \frac{\text{Imp}}{\text{s}}$	$0{,}6 \frac{\text{Imp}}{\text{s}}$	$6{,}2 \frac{\text{Imp}}{\text{s}}$	$5{,}9 \frac{\text{Imp}}{\text{s}}$

Radioaktivität ist ein Vorgang, der unregelmäßig und zufällig auftritt und dadurch zu unterschiedlichen Zählraten führen kann. Dieser Effekt wird bei sehr kurzen Messzeiten besonders deutlich.

Zeit	60 s	600 s	600 s	6000 s	6000 s
Impulse	18	212	195	2067	2014
Z	$0{,}3 \frac{\text{Imp}}{\text{s}}$	$0{,}35 \frac{\text{Imp}}{\text{s}}$	$0{,}33 \frac{\text{Imp}}{\text{s}}$	$0{,}34 \frac{\text{Imp}}{\text{s}}$	$0{,}34 \frac{\text{Imp}}{\text{s}}$

Auch wenn sich kein radioaktives Material in der Nähe des Zählrohres befindet, registriert das Zählrohr Impulse. In diesem Fall wird die natürliche Radioaktivität aus der Umwelt gemessen. Dieser **Nulleffekt** ist ständig vorhanden und tritt sehr unregelmäßig auf. Erst bei Messungen über einen längeren Zeitraum gleichen sich diese zufälligen Schwankungen aus. Die auf den Nulleffekt zurückzuführende Zählrate wird **Nullrate** genannt und ist bei allen Messungen zu berücksichtigen.

Die Zählrate *Z* ist die pro Zeiteinheit mit einem Zählrohr gemessene Impulszahl. Sie ist ein Maß für die am Ort des Zählrohres vorliegende Intensität ionisierender Strahlung.

Aufgaben

1 Früher gab es Uhren, von denen wurde behauptet, ihre Leuchtziffern wären radioaktiv. Beschreibe zwei Möglichkeiten, wie diese Behauptung überprüft werden kann.

2 Mit einem Zählrohr wird eine Minute lang die Aktivität im Raum gemessen.
a) Erläutere, wie dabei ein Zählimpuls zustande kommt.
b) Begründe, warum sich die Anzahl der Ereignisse in zwei Minuten nicht verdoppelt.

3 Erkläre die Schwärzung des Fotopapiers (oben), das lichtdicht verpackt auf der Fliese (unten) gelegen hat.

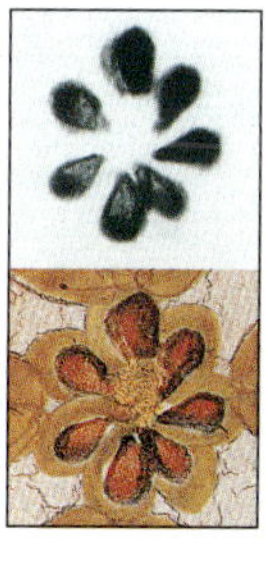

Durchdringungsvermögen ionisierender Strahlung

Versuche zum Durchdringungsvermögen ionisierender Strahlung zeigen, dass es verschiedene Strahlungsarten gibt. Dazu werden Platten aus dickem Papier, Aluminium und Blei zwischen den Ra226-Strahlerstift und das Zählrohr gehalten und jeweils die Zahl der Impulse 10 s lang gemessen. Der Abstand zwischen Zählrohr und Strahlerstift beträgt dabei höchstens 2–3 cm und darf sich bei allen Messungen nicht ändern.

Lehrerversuch

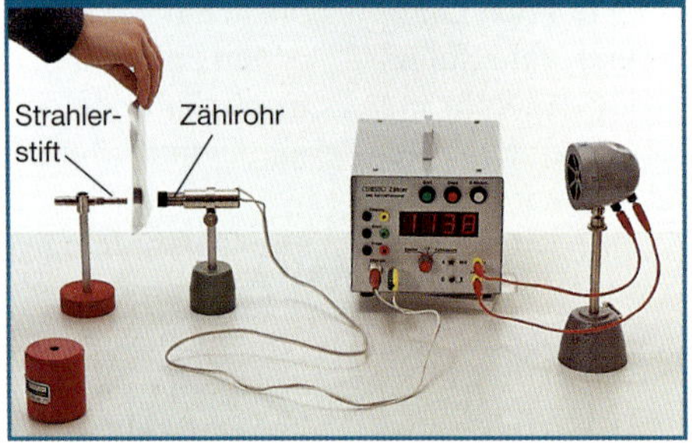

Die Ergebnisse sind in den Diagrammen dargestellt. Ohne jedes Plättchen registriert das Zählrohr ca. 19 000 Impulse in 10 s. Zu beachten ist die unterschiedliche Skalierung beider Diagramme.

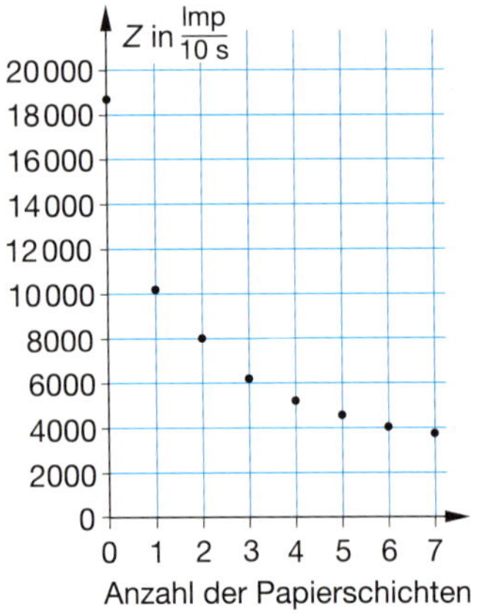

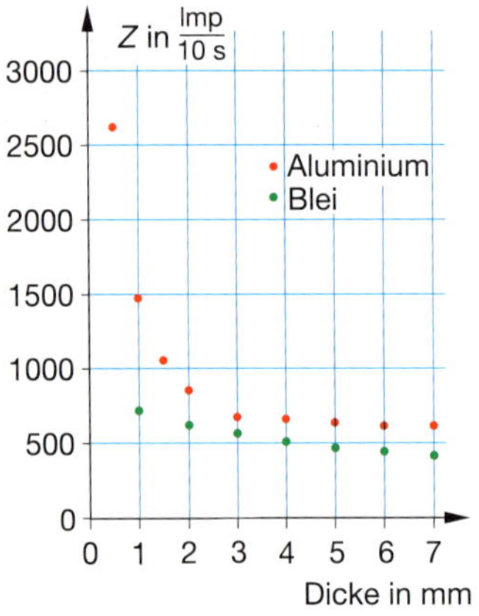

- Die Strahlung von Ra226 wird bereits durch eine einzige Lage Papier deutlich absorbiert. Die durch ein Blatt Papier hindurchgehende Strahlung wird aber durch weitere Papierlagen viel weniger abgeschwächt.
- Aluminiumplatten schwächen die Strahlung wesentlich stärker, aber ab 4 mm Dicke bedeutet eine Vergrößerung der Aluminiumschichtdicke praktisch keine weitere Schwächung der Strahlung.
- Bereits durch 1 mm dickes Blei wird eine vergleichbare Absorption der Strahlung bewirkt. Eine dickere Bleischicht lässt die Zählrate weiter sinken. Es werden aber sehr dicke Bleischichten benötigt, um die Strahlung nahezu völlig zu absorbieren, denn eine Zählrate von ca. 400 Impulsen in 10 s liegt noch erheblich über dem Nulleffekt.

Aus den Versuchsergebnissen lässt sich schließen, dass das Radiumpräparat drei verschiedene Strahlungsarten emittiert. Eine erste Strahlungsart – **α-Strahlung** – wird bereits durch ein Blatt Papier absorbiert. **β-Strahlung** wird durch eine wenige mm dicke Aluminiumschicht absorbiert. Darüber hinaus gibt es eine dritte Strahlungsart – **γ-Strahlung** – die erst durch dicke Bleischichten deutlich geschwächt wird.

Radioaktive Stoffe senden α-, β- oder γ-Strahlung aus. Das Durchdringungsvermögen von α-Strahlung ist im Gegensatz zu β- und γ-Strahlung sehr gering.

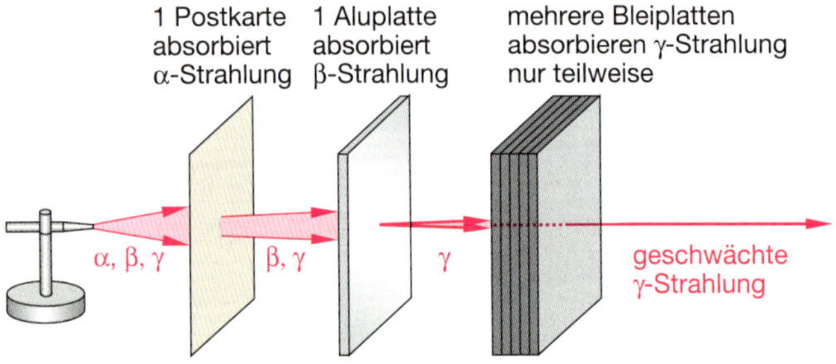

	α-Strahlung	β-Strahlung	γ-Strahlung
besteht aus	He-Kernen	schnellen Elektronen	Energiepaketen
Reichweite in Luft	einige cm	einige dm	„unendlich“
Abschirmung	Papier	Aluplatte	dicker Bleimantel

Aufgaben

1 Ein radioaktives Präparat wird mit einer 4 mm dicken Aluplatte abgeschirmt und die Zählrate gemessen. Anschließend werden Bleiplatten von 4 mm Dicke dazugenommen und die Zählraten jeweils erneut gemessen.

a) Erläutere den Versuchsablauf und begründe insbesondere die Verwendung der Aluplatte.

b) Zeichne das Diagramm. Erläutere: Die „Halbwertsdicke“ von Blei beträgt 12 mm.

D	0 mm	4 mm	8 mm	12 mm	16 mm
Z	$\frac{446\ \text{Imp}}{5\ \text{min}}$	$\frac{313\ \text{Imp}}{5\ \text{min}}$	$\frac{276\ \text{Imp}}{5\ \text{min}}$	$\frac{226\ \text{Imp}}{5\ \text{min}}$	$\frac{167\ \text{Imp}}{5\ \text{min}}$

2 Erläutere, warum im Versuch der Abstand zwischen Strahlerstift und Zählrohr gleich bleiben muss.

Reichweite ionisierender Strahlung

In der Nebelkammer sind Nebelstreifen von etwa 2 bzw. 4 cm Länge zu erkennen, die durch ein Blatt Papier sofort unterbrochen werden. Die die Nebelspuren erzeugende Strahlung muss nach den vorherigen Erkenntnissen α-Strahlung sein. α-Strahlung hat in Luft also nur eine Reichweite von wenigen Zentimetern.
Ein Krypton85-Strahlerstift sendet nur β-Strahlung aus, ein geeignet abgedeckter Radium-Strahlerstift nur γ-Strahlung. Die Strahlung verlässt den Strahlerstift in einem kegelförmigen Bereich. Ein Zählrohr misst deshalb mit größer werdendem Abstand eine immer kleinere Zählrate. Trotzdem gibt es Unterschiede: β-Strahlung besitzt nur eine Reichweite von wenigen Dezimetern, die γ-Strahlung nimmt weniger schnell ab und ist auch in 1 m Abstand noch gut nachweisbar.

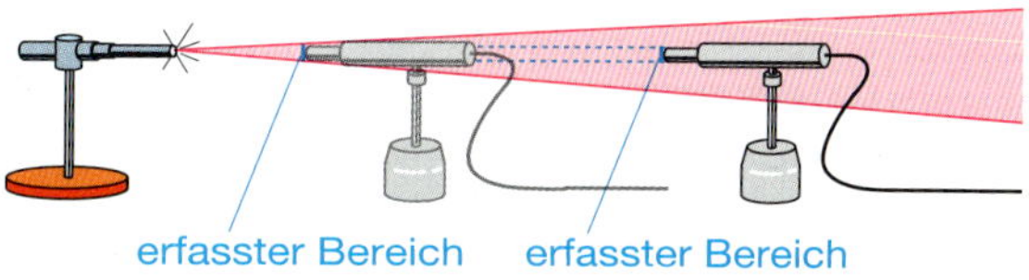

Abstand	Z_β [1]	Z_γ [1]
0 cm	9892 $\frac{\text{Imp}}{\text{min}}$	8538 $\frac{\text{Imp}}{\text{min}}$
5 cm	218 $\frac{\text{Imp}}{\text{min}}$	1322 $\frac{\text{Imp}}{\text{min}}$
10 cm	82 $\frac{\text{Imp}}{\text{min}}$	439 $\frac{\text{Imp}}{\text{min}}$
20 cm	11 $\frac{\text{Imp}}{\text{min}}$	137 $\frac{\text{Imp}}{\text{min}}$
50 cm	– [2]	22 $\frac{\text{Imp}}{\text{min}}$
100 cm	– [2]	5 $\frac{\text{Imp}}{\text{min}}$

[1] Nullrate schon abgezogen; [2] kein Unterschied zur Nullrate

Die Reichweite von α- und β-Strahlung beträgt in Luft nur wenige Zentimeter bzw. Dezimeter.
Die Reichweite von γ-Strahlung ist in Luft praktisch unbegrenzt.

Aufgaben

1 Vor einem radioaktiven Strahler-Stift befindet sich eine 4 mm dicke Aluminiumplatte. Der Abstand *d* des Zählrohres zum Strahler wird verändert.

d	3 cm	6 cm	9 cm	12 cm
Z	600 $\frac{\text{Imp}}{\text{s}}$	150 $\frac{\text{Imp}}{\text{s}}$	65 $\frac{\text{Imp}}{\text{s}}$	38 $\frac{\text{Imp}}{\text{s}}$

a) Trage in einem Diagramm die Zählrate *Z* gegen den Abstand *d* auf.
b) Begründe, um welche Strahlungsart es sich handelt.
c) Bestimme mithilfe des Diagramms die Zählrate, die in einem Abstand von 10 cm, 0,5 m und 1 m zu erwarten ist.

2 Plane ein Experiment, mit dem β-Strahlung untersucht werden kann.
a) Skizziere einen geeigneten Versuchsaufbau.
b) Prüfe, ob bei deinem Experiment sicher nur β- und nicht auch γ-Strahlung detektiert wird. Wandle deinen Versuchsaufbau gegebenenfalls geeignet ab und begründe deine vorgenommene Veränderung.

Radioaktivität – Versuche und Aufträge

V1 Die Nullrate: Messe mithilfe eines Zählrohrs achtmal hintereinander jeweils eine Minute lang die Nullrate, d. h. die natürliche ionisierende Strahlung (Nulleffekt). Trage die Messdaten in eine Tabelle ein und berechne daraus den Mittelwert.

V2 Abschirmung von γ-Strahlung: Baue ein Zählrohr, zwei Aluminiumplatten sowie ein Präparat hintereinander auf.
a) Erkläre zunächst den Sinn der Aluminiumplatten.
b) Stelle nun nach und nach immer mehr Bleiplatten vor das Zählrohr und miss die Impulse jeweils eine Minute lang. Trage deine Messwerte in eine geeignete Tabelle ein und korrigiere die Werte jeweils um den Nulleffekt.
c) Trage die Zählrate (*y*-Achse) gegen die Anzahl der verwendeten Bleiplatten auf und interpretiere das Diagramm.

V3 Rückstreuung von β-Strahlung: Trifft β-Strahlung auf Materie, wird sie dort teilweise aus ihrer Bahn abgelenkt, gestreut oder reflektiert. Hier soll untersucht werden, bei welchem Rückstreumaterial die Reflexion besonders stark ist.
a) Plane hierzu ein geeignetes Experiment und führe es durch. Die nebenstehende Skizze hilft dir dabei.
b) Finde mithilfe eines Periodensystems oder einer Nuklidkarte heraus, worin sich die verwendeten Rückstreumaterialien unterscheiden und formuliere auf dieser Basis eine Erklärung für die unterschiedlichen Zählraten.

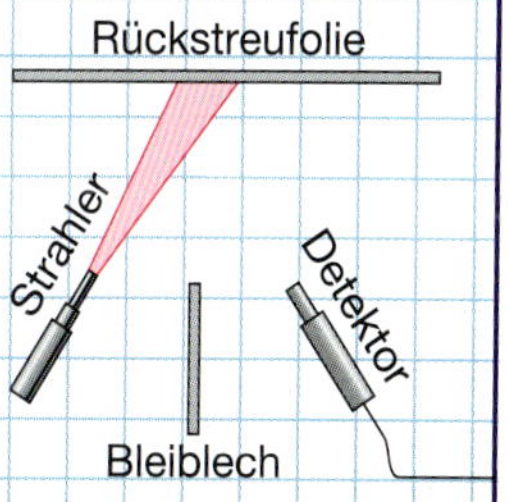

Ablenkbarkeit ionisierender Strahlung

Wird zwischen Strahlerstift und Zählrohr eine dicke Bleiplatte gehalten, so werden keine Impulse mehr registriert. Die von dem Strahlerstift ausgesandte Strahlung wird von Blei fast vollständig abgeschirmt. Hat die Platte ein Loch, so wirkt sie wie eine Blende in der Optik. Wird das Zählrohr hinter dem Loch hin und her geschoben, ist zu erkennen, dass die Strahlung das Loch als relativ schmales, eng begrenztes Bündel geradlinig verlässt.

Zentraler Versuch

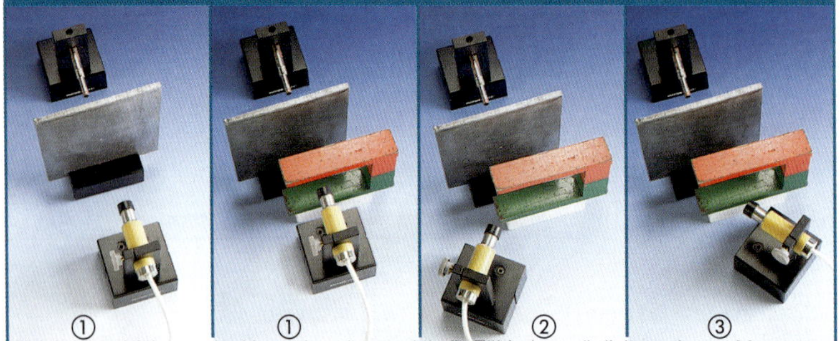

Bei der Durchführung des Versuchs müssen sich die Zählrohre möglichst nahe am Magneten befinden. Eine deutliche Zählrate bei Zählrohr ③ ist nur bei einem sehr starken Magneten und bei Durchführung des Versuchs im Vakuum möglich.

Läuft das Strahlungsbündel eines Ra226-Strahlerstifts durch das Feld eines möglichst starken Hufeisenmagneten in der fotografierten Weise, so zeigen sich die folgenden Ergebnisse:

- Die Zählraten des Zählrohres in Position ① sind mit Hufeisenmagnet deutlich kleiner als ohne.
- Das Zählrohr in ② registriert ebenfalls Strahlung, abseits der geradlinigen Ausbreitungsrichtung!
- Befindet sich die Anordnung im Vakuum und ist der Magnet extrem stark (als Elektromagnet), registriert auch das Zählrohr in ③ Strahlung.

Auch dies lässt den Schluss zu, dass aus dem Ra226-Strahlerstift drei Arten von Strahlung austreten.

- Die Strahlung, die bei Vorhandensein des Magneten in Stellung ① registriert wird, wird durch das Magnetfeld nicht beeinflusst. Es handelt sich entweder um ungeladene Teilchen oder um eine materielose Strahlung wie Licht. Genaue Untersuchungen haben Letzteres bestätigt. Diese Strahlung ist die **γ-Strahlung.**
- Die vom Zählrohr in Stellung ② registrierte Strahlung wird wie negativ geladene Teilchen abgelenkt. Die Bestimmung ihrer Masse und Ladung ergab, dass die Strahlung aus Elektronen besteht. Es handelt sich um **β-Strahlung.**
- Die vom Zählrohr in Stellung ③ registrierte Strahlung wird wie positiv geladene Teilchen abgelenkt. Ihre Masse und Ladung entspricht der von Heliumkernen. Da die Strahlung **α-Strahlung** heißt, werden die He-Kerne oft auch α-Teilchen genannt.

α-Strahlung besteht aus Helium-Kernen, β-Strahlung aus sehr schnellen Elektronen, γ-Strahlung ist sehr energiereiche, materielose Strahlung. α- und β-Teilchen lassen sich im Magnetfeld ablenken, γ-Strahlung ist nicht ablenkbar.

Regeln zum Strahlenschutz

Die Entdecker und Entdeckerinnen der Radioaktivität wussten nicht um die Gefährlichkeit der ionisierenden Strahlung, mit der sie tagtäglich experimentierten und manche haben das mit ihrem Leben bezahlt.
Das Arbeiten mit radioaktiven Stoffen erfordert sorgfältigen Strahlenschutz, zumal der Mensch für ionisierende Strahlung keine Sinnesorgane besitzt und er sie nur mit entsprechenden technischen Geräten nachweisen kann. Für das Arbeiten mit radioaktiven Stoffen gelten folgende Regeln:

A-Regeln zum Strahlenschutz

- genügend **A**bstand halten
- für hinreichende **A**bschirmung sorgen
- die **A**ufenthaltsdauer so gering wie möglich halten
- auf **A**bstinenz achten: nicht essen und trinken

Räume und Behälter, in denen radioaktive Stoffe lagern, müssen mit dem Strahlenwarnzeichen versehen sein.

Aufgaben

1 Erläutere, wie radioaktive Präparate aufbewahrt werden müssen, um weitestgehenden Schutz vor ihrer Strahlung zu erzielen. Unterscheide dabei zwischen α-, β- und γ-Strahlung.

2 Begründe jede einzelne **A**-Regel zum Strahlenschutz ausführlich.

3 Von einem radioaktiven Präparat ist nicht bekannt, welche Strahlungsarten es aussendet. Erläutere, welche Möglichkeiten es gibt, die Strahlungsarten zu identifizieren.

4 Erkläre die im Zentralen Versuch beschriebenen Ergebnisse mithilfe der Rechten- bzw. Linken-Hand-Regel.

TECHNISCHE ANWENDUNG VON STRAHLUNG

Materialprüfung

Bei der Dickenmessung und zerstörungsfreien Werkstoffprüfung wird die Abnahme der Intensität einer γ- oder Röntgenstrahlung mit der Dicke der durchdrungenen Materialschicht genutzt.

Der zu untersuchende Gegenstand befindet sich zwischen der Strahlungsquelle und einem Nachweisgerät, z. B. einem Film oder einem Zählrohr. Je nach Dicke der Schicht bzw. des eingebrachten Gegenstandes wird die Strahlung geschwächt. Unterschiede in der Zusammensetzung des Materials, Risse oder Hohlräume zeigen sich durch verschiedene Schwärzungsgrade auf dem Film oder unterschiedliche Zählraten. Auf diese Art erfolgt die Untersuchung von hochbelasteten und sicherheits-relevanten Bauteilen. Drahtseile für Seilbahnen oder Aufzüge und gegossene Felgen z. B. von PKW oder die Radreifen bei der Eisenbahn werden so mit Röntgenstrahlung zerstörungsfrei untersucht.

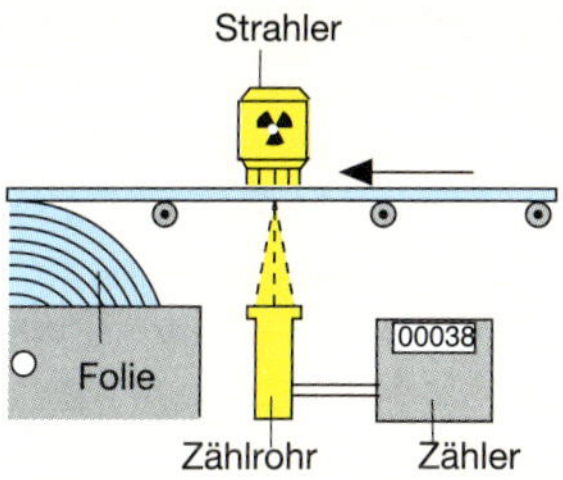

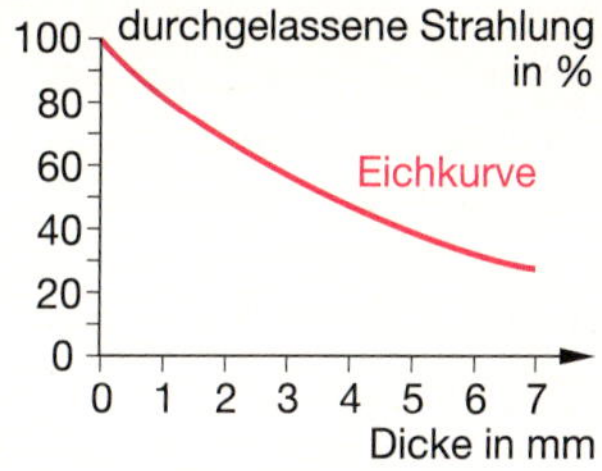

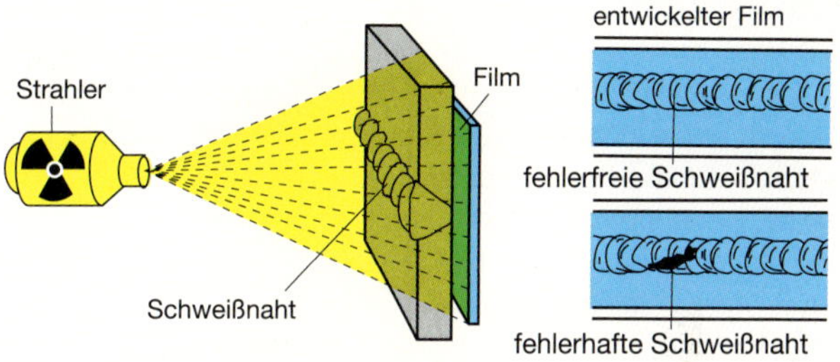

Brandmelder

Es gibt Brandmelder, in denen ein radioaktives Präparat eingebaut ist, welches die Luft, die von außen in die Messkammer eindringt, permanent ionisiert. Dadurch kann ein elektrischer Strom durch die Messkammer fließen. Wenn Rauchpartikel in die Kammer gelangen, lagern sich die ionisierten Luftmoleküle an den Rauchpartikeln an. Die so entstandenen großen und schweren „Rauch"-Ionen sind nahezu ungeladen, der Strom wird kleiner. Diese Verringerung kann elektronisch registriert werden und Alarm auslösen. Wird allerdings nach einem Brand ein solcher Ionisationsrauchmelder bei den Aufräumarbeiten nicht gefunden, muss der Brandschutt als Sondermüll entsorgt werden.

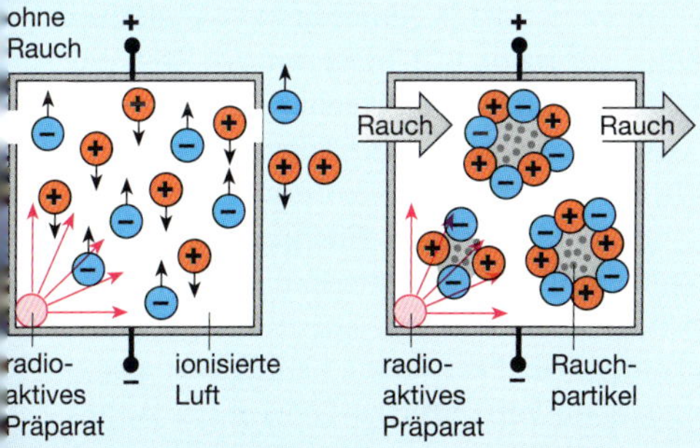

Materialbeeinflussung

In der Industrie werden Kunststoffe veredelt, indem sie für eine bestimmte Zeit β-Strahlung ausgesetzt werden. Dadurch vernetzen sich die Molekülketten im Kunststoff. Dieser wird dadurch z. B. beständiger gegen Hitze und Chemikalien.

Konservierung von Lebensmitteln

In einigen Ländern (auch in der EU) werden ganze Paletten mit Lebensmitteln ionisierender Strahlung ausgesetzt, um sie dadurch zu konservieren (haltbarer zu machen). Das Bestrahlen von Lebensmitteln ist nicht unumstritten und in Deutschland ist zurzeit nur die Bestrahlung getrockneter Gewürze und Kräuter erlaubt.

Sterilisation

Zur Sterilisation (Entkeimung) werden medizinische Instrumente, hitzeempfindliche Arzneimittel, Schläuche, Verbandsstoffe und Ähnliches ionisierender Strahlung ausgesetzt. Durch die Bestrahlung mit hohen Energiedosen werden Bakterien, Sporen oder Viren getötet. Auch der Klärschlamm aus Kläranlagen wird ionisierender Strahlung ausgesetzt, um ihn anschließend als keimfreien Dünger verwenden zu können.

Streifzug

Aus α wird Helium

Wie lässt sich nachprüfen, ob von einem α-Strahler tatsächlich Helium-Kerne ausgesandt werden? Dies ist insofern schwierig, als die Menge des entstehenden Heliums sehr gering ist. ERNEST RUTHERFORD (1871–1937) und seinen Mitarbeitern gelang 1908 der Nachweis:

In einem nahezu luftleer gepumpten Glaskolben befand sich ein Radiumpräparat, welches α-Strahlung aussandte. Wegen ihrer geringen Durchdringungsfähigkeit konnten die He-Kerne den Glaskolben nicht verlassen, sondern sammelten sich in ihm. Zusammen mit Elektronen aus der Restluft entstanden neutrale Heliumatome. Die Spuren des Edelgases konnten von RUTHERFORD und seinen Mitarbeitern nachgewiesen werden. Damit war experimentell gezeigt, dass α-Strahlung aus He-Kernen besteht.

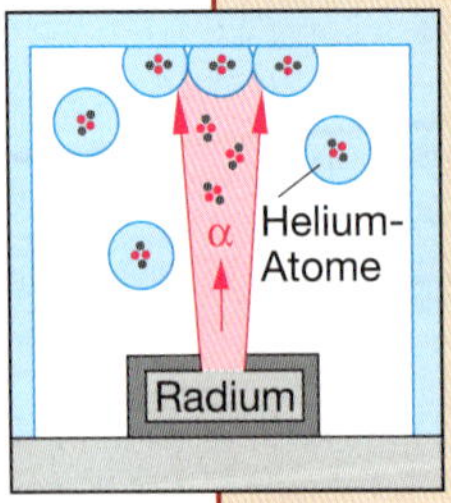

Wie viele Heliumatome entstehen in einem Zählrohr bei einem Ra-Strahlerstift?
Würde ein Zählrohr ein Jahr lang 40 Wochen täglich 5 Stunden genutzt, so wären das 1000 $\frac{h}{a}$. Bei einer Zählrate von 1000 $\frac{Imp}{s}$ entstehen bestenfalls 1000 He-Atome je Sekunde. In einem Jahr ergibt das:
$1000 \cdot 1000 \cdot 3600 = 3{,}6 \cdot 10^9$ Atome.

Zum Vergleich: 1 cm^3 reines Helium enthält ca. 10^{20} Atome.

Strahlungsarten

α-Strahlung

α-Teilchen sind Heliumkerne, die aus 2 Protonen und 2 Neutronen bestehen. Durch das Aussenden eines He-Kerns ist die Massenzahl A des Restkerns um 4 und die Kernladungszahl Z um 2 geringer als die des Ausgangskerns. Damit gehört der Restkern zu einem anderen chemischen Element. Der **Zerfall** lässt sich in Form einer Reaktionsgleichung darstellen.
Da keine Nukleonen verloren gehen können, muss bei einer solchen Gleichung die Bilanz immer stimmen: Die Summe aller Massen- bzw. Kernladungszahlen auf der linken Seite der Reaktionsgleichung muss gleich der Summe aller Massen- bzw. Kernladungszahlen auf der rechten Seite sein.

Beispiel: Durch das Aussenden von α-Strahlung wird aus dem Element Americium das Element Neptunium:

$^{241}_{95}Am \rightarrow {}^{237}_{93}Np + {}^{4}_{2}He$

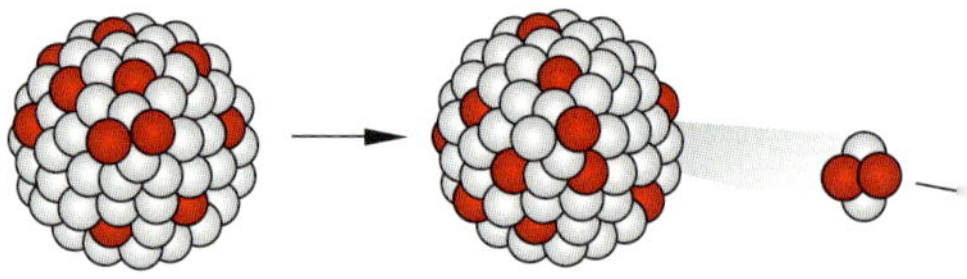

β-Strahlung

β-Teilchen sind Elektronen, die mit großer Geschwindigkeit aus dem Kern geschleudert werden. Das ist sonderbar, da der Atomkern ja nur aus Protonen und Neutronen besteht.
Ein Neutron kann sich aber unter bestimmten Umständen in ein Proton und ein Elektron umwandeln. Das Elektron kann nicht im Kern bleiben, sondern wird aus ihm herausgeschleudert. Zurück bleibt ein Kern mit gleicher Massenzahl, aber einer um 1 größeren Kernladungszahl, da sich die Anzahl der Protonen um 1 erhöht hat.

Beispiel Strontium: Es muss ein Element entstehen, das ein Proton mehr, aber ein Neutron weniger besitzt, also mit $Z = 39$; es ist Yttrium.

$^{90}_{38}Sr \rightarrow {}^{90}_{39}Y + {}^{0}_{-1}e$

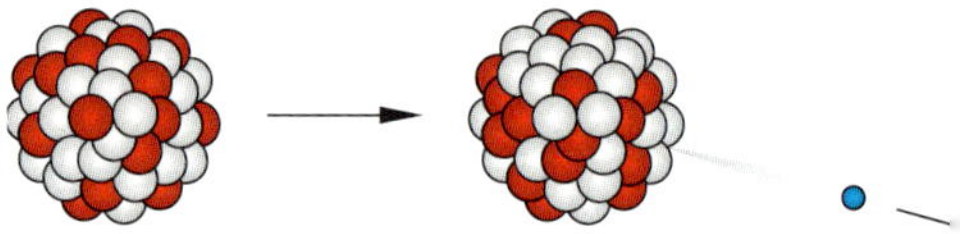

Damit die Reaktionsgleichung weiterhin gilt, wird dem Elektron die Massenzahl 0 und die Kernladungszahl –1 zugeordnet (negative Ladung).

γ-Strahlung

Einen „γ-Zerfall" gibt es nicht. Bei einem α- oder β-Zerfall kann es allerdings vorkommen, dass nach Aussendung des α- oder β-Teilchens der Restkern (auch Tochterkern genannt) zunächst in einem „angeregten Zustand" verbleibt. Das bedeutet, dass der Kern mehr Energie besitzt als im Normalzustand, dem sogenannten „Grundzustand". Diese überschüssige Energie gibt der Kern nach sehr kurzer Zeit in einem einzigen „Energiepaket" – der γ-Strahlung – ab. γ-Strahlung ist damit eine reine Energiestrahlung wie Licht und keine Materiestrahlung wie α- und β-Strahlung. Die Art des Kernes, d. h. die Anzahl der Protonen und die Anzahl Neutronen, bleibt exakt gleich und damit auch das chemische Element. Lediglich die Energie des Atomkerns nimmt ab.

Umgebungsstrahlung

Streifzug

An einen isoliert aufgespannten Draht wird eine Stunde lang eine Spannung von einigen kV gelegt. Danach wird der Staub mit einem sauberen Papiertuch vom Draht abgestreift. Die Messung der Zählrate des Tuchs zeigt einen gegenüber der Nullrate leicht erhöhten Wert. Der Staub in der Luft ist teilweise radioaktiv. Das liegt daran, dass Baumaterialien wie Ziegel, Beton oder Gestein radioaktive Stoffe enthalten, die das radioaktive Edelgas Radon freisetzen.

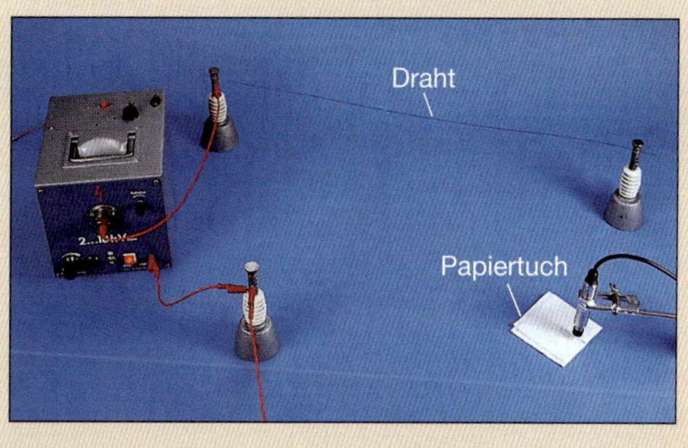

Systematische Untersuchungen haben gezeigt, dass es drei Quellen für die Strahlung in unserer Umgebung gibt:

- Viele in der Natur vorkommende Stoffe sind von Natur aus radioaktiv. Die daraus resultierende Strahlung wird unter dem Namen **terrestrische Strahlung** zusammengefasst.

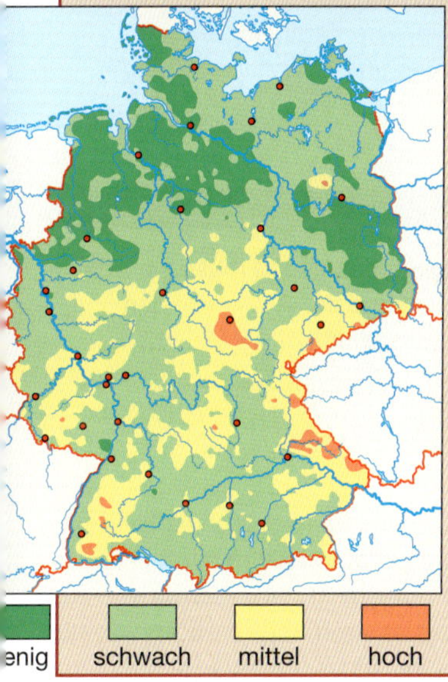

- Messungen in großer Höhe haben eine erhöhte Radioaktivität ergeben. Dies lässt den Schluss zu, dass Strahlung auch aus dem Weltraum kommt. Sie heißt **kosmische Strahlung.**
- Ein weiterer Anteil, die **künstliche Strahlung,** entstammt technischen Anlagen oder medizinischen Geräten.

Alle diese Anteile zusammen ergeben die **Umgebungsstrahlung.** Sie gab es – mit Ausnahme der künstlichen Strahlungsquellen – schon immer. Sie scheint keine schädlichen Auswirkungen auf Menschen, Tiere und Pflanzen zu haben. Gefährlich wird es, wenn die vom Menschen verursachte künstliche Radioaktivität zu hoch wird.

Die Belastung durch die kosmische Strahlung nimmt mit der Höhe zu. Langstreckenflüge finden heute in 10–12 km Höhe statt. Messungen haben ergeben, dass das Flugpersonal bei 500 Flugstunden einer doppelt so hohen Belastung ausgesetzt ist wie die mittlere natürliche Belastung in Meereshöhe. Im Laufe des Berufslebens eines Piloten summiert sich diese Belastung; sie führt zu einem erhöhten Risiko, an Krebs zu erkranken. Ein einzelner Langstreckenflug ist unerheblich.

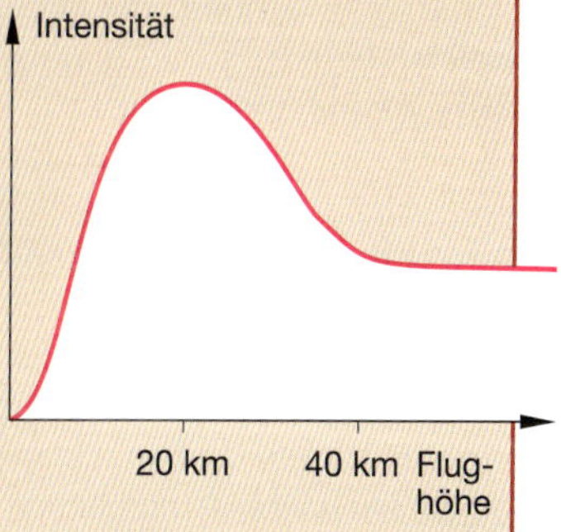

Aufgaben

1 Das Thoriumisotop $^{227}_{90}Th$ ist ein α-Strahler.
a) Gib die Reaktionsgleichung für die Abgabe eines α-Teilchens an.
b) Nenne die Kerne, die bei diesem Zerfall entstehen.

2 Stelle die Gleichung für den Zerfall von $^{14}_{6}C$ auf. Kohlenstoff wandelt sich durch β-Zerfall in Stickstoff um.

3 Ra226 zerfällt unter Aussendung von Strahlung in Rn222. Stelle die Zerfallsgleichung auf.

4 Beschreibe, wie die Ablenkbarkeit von β-Strahlung im Magnetfeld experimentell überprüft werden kann. Begründe, weshalb dabei ein Blatt Papier benutzt werden muss.

5 Für einen α-Strahler wird eine Zählrate von 89 $\frac{\text{Imp}}{\text{s}}$ gemessen.
a) Berechne die Maximalzahl der Heliumatome, die dadurch in einer Stunde entstehen können.
b) Gib die Zahl der Atome in 1 cm^3 Helium an und berechne die Zeit, die der α-Strahler braucht, um genügend Kerne für 1 cm^3 Helium zur Verfügung zu stellen.

Spezielle Strahlungsarten

Röntgenstrahlung

Röntgenstrahlung wurde 1895 von Wilhelm Conrad Röntgen (1845–1923) entdeckt, also etwa ein Jahrzehnt vor der Radioaktivität. Eine Röntgenröhre besteht aus einem luftleer gepumpten Glaskolben mit einer geheizten Katode und einer Anode. Die aus der Katode austretenden Elektronen werden stark beschleunigt und treffen daher mit sehr hoher Geschwindigkeit auf die Anode, welche aus massivem Metall (Kupfer, Molybdän oder Wolfram) besteht. Die mit der Bewegung der Elektronen transportierte Energie entweicht beim Aufprall auf die Anode zu ca. 1 % als Röntgenstrahlung. Der Rest führt zu einer starken Erwärmung der Anode, die daher gekühlt werden muss.

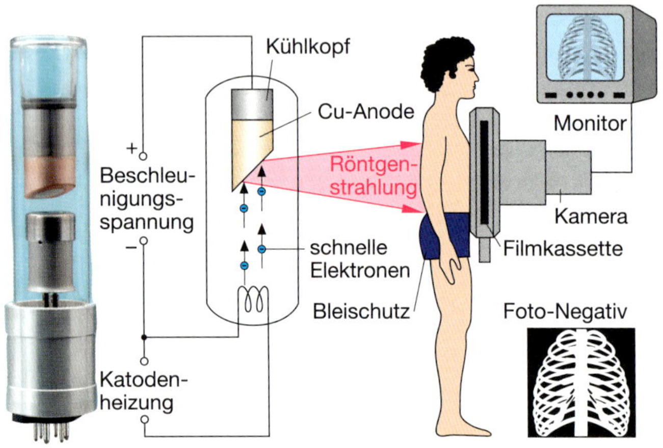

Röntgenstrahlung kann vom Menschen nicht wahrgenommen werden; erst wenn sie auf einen mit geeignetem Material beschichteten Schirm trifft, leuchtet dieser hellgrün auf. Werden Platten gleicher Dicke aus verschiedenem Material in das Röntgenbündel gestellt, so zeigt sich, dass Hartpapier die Röntgenstrahlung kaum schwächt, während Metalle nur schwer durchdrungen werden. Insbesondere lässt Blei fast keine Röntgenstrahlung mehr durch. Erstaunlich ist die starke Schwächung der Röntgenstrahlung durch Glas, welches beinahe so viel Strahlung absorbiert wie eine gleich dicke Aluminiumschicht.

Röntgenstrahlung entsteht, wenn schnelle Elektronen auf eine Metall-Anode auftreffen. Mit Abschalten der Beschleunigungsspannung ist auch die Röntgenstrahlung verschwunden. Röntgenstrahlung ist wie γ-Strahlung eine teilchenfreie Strahlung und besitzt ionisierende Wirkung.

Aufgaben

1 Bei einer Röntgenuntersuchung muss die Röntgenassistentin während der Aufnahme den Raum verlassen. Begründe diese Maßnahme.

Anwendungen der Röntgenstrahlung in Medizin und Technik

Röntgenstrahlung wird in der *Medizin* zur *Diagnose* und *Therapie* eingesetzt. Die Röntgenuntersuchung bietet den Vorteil, einen erkrankten oder verletzten Körperteil „betrachten" zu können ohne zu operieren. Die künstlich erzeugte Röntgenstrahlung wird von den verschiedenen Stoffen des Körpers (Knochen, Gewebe, Organe) unterschiedlich stark absorbiert. Ein Film oder eine Kamera mit Monitor liefert dadurch unterschiedliche Schwärzungen des Bildes. Die Fotos links zeigen einen Schienbeinbruch und seine Behebung durch einen Stahlnagel und Schrauben.

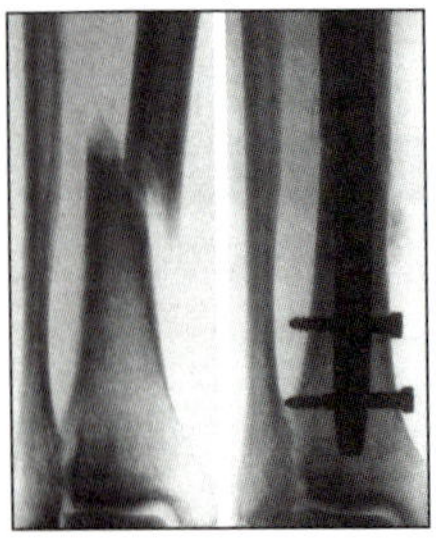

Auch in der *Technik* kann die Röntgenstrahlung eingesetzt werden etwa zur Überprüfung der Schweißnähte einer Pipeline. Diese dürfen keine versteckten Fehler enthalten z. B. Luftblasen oder feine Risse. Dieses Verfahren wird *zerstörungsfreie Werkstoffprüfung* genannt.

Ein weiteres Verfahren ist die *Röntgenfluoreszenzanalyse* (RFA). Bei diesem Verfahren werden unbekannte Proben mit Röntgenstrahlung bestrahlt; Nachweisgeräte rund um die Probe registrieren die zurückgesandte Röntgenstrahlung, die für jedes chemische Element charakteristisch ist. So können umweltrelevante Daten experimentell ermittelt werden: die Belastung von Böden, der Asbestgehalt von Baumaterial oder Rückstände von Müllverbrennungsanlagen.

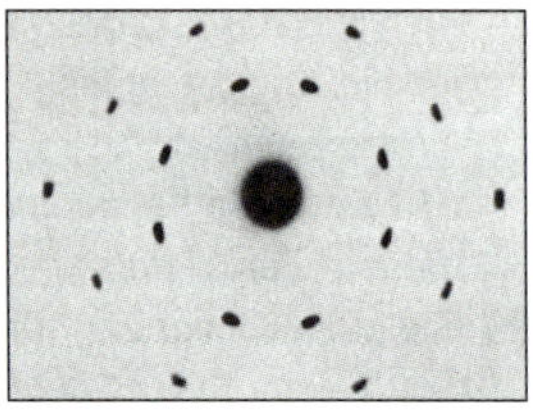

Auch zur Untersuchung des *atomaren Aufbaus von Materie* kann Röntgenstrahlung eingesetzt werden. Das nebenstehende Foto zeigt Reflexionen an Atomschichten von NaCl (Kochsalz), die Rückschlüsse auf die Kristallstruktur zulassen.

UV-Strahlung

UV-Strahlung ist die Abkürzung für „ultraviolette Strahlung". Sie kann vom menschlichen Auge nicht wahrgenommen werden. Die wichtigste natürliche UV-Strahlenquelle ist die Sonne. Der UV-Anteil des Sonnenlichts am Erdboden variiert in hohem Maße und ist vor allem vom Sonnenstand (geographische Breite, Tages- und Jahreszeit), vom Gesamtozongehalt der absorbierenden Luftschicht und der Bewölkung abhängig.

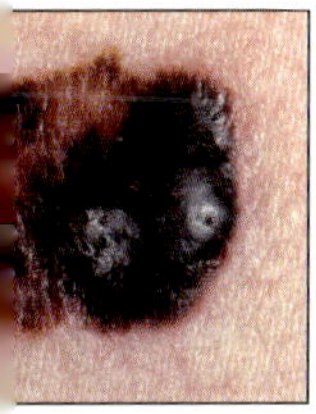

Jeder kennt die Bräunung der Haut infolge einer UV-Bestrahlung. Bei übermäßiger Bestrahlung können aber Sonnenbrände, Entzündungen am Auge sowie allergische Reaktionen in unterschiedlichem Schweregrad auftreten. Die langfristigen Schäden der UV-Bestrahlung können Hautkrebserkrankungen, insbesondere schwarzer Hautkrebs (malignes Melanom), sowie die Trübung der Augenlinse sein. Eine positive Wirkung geringer UV-Strahlung besteht darin, dass in der Haut die Bildung des für den Körper wichtigen Vitamin-D3 ausgelöst wird.

Aufgrund der überwiegend negativen Auswirkungen von UV-Strahlung ist ein vorsichtiger Umgang mit der natürlichen und der künstlichen UV-Strahlung (vor allem in Solarien) dringend erforderlich. Entsprechende Verhaltensregeln sollten bei jeder Tätigkeit im Freien und besonders auch im Urlaub berücksichtigt werden. Das Bundesamt für Strahlenschutz gibt deshalb täglich und regionalspezifisch den **UV-Index** bekannt.

UV-Index	Belastung	Sonnenschutz
0–1	niedrig	nicht erforderlich
2–4	mittel	empfehlenswert
5–7	hoch	erforderlich
über 8	sehr hoch	unbedingt erforderlich

In jeder Leuchtstoffröhre entsteht UV-Strahlung. Durch eine besondere innenliegende Beschichtung der Röhre wird jedoch die UV-Strahlung in sichtbares Licht gewandelt, das nach außen abgegeben wird.

Vier Strahlungsarten im Vergleich

Sichtbares Licht, UV-Strahlung, Röntgen- und γ-Strahlung haben sehr ähnliche Eigenschaften:

- Sie sind keine Teilchenstrahlung wie α- und β-Strahlung;
- Sie haben im Vergleich zu der kurzen Reichweite von α- und β-Strahlung in Luft „unendliche" Reichweite.

In der Grafik wird die Energie der verschiedenen Strahlungsarten (einschließlich des Infrarotbereichs) als Vielfaches der Energie von grünem Licht dargestellt, das vom menschlichen Auge besonders gut wahrgenommen wird.

Die Grafik zeigt, dass die Energie der UV-, Röntgen- und γ-Strahlung erheblich größer ist als die des sichtbaren Lichts. Bei allen Wechselwirkungen von Strahlung mit Materie, also auch mit dem menschlichen Körper, spielt die übertragene Energie die entscheidende Rolle. Deshalb sind diese Strahlungsarten für den menschlichen Körper besonders gefährlich.

Sichtbares Licht, UV-, Röntgen- und γ-Strahlung transportieren Energie.
Die Energie von UV-, Röntgen- und γ-Strahlung ist erheblich größer als die von sichtbarem Licht. Diese hohe Energie ist für die Schädigung von Zellen verantwortlich.

Aufgaben

1 Erkläre energetisch, weshalb Röntgen- und γ-Strahlung ionisierende Wirkung haben, sichtbares Licht dagegen nicht.

2 Informiere dich über Infrarot-Strahlung und ihre Wirkung auf den Menschen.

3 Erläutere, weshalb der UV-Schutz gerade bei Sonnenbrillen von großer Bedeutung ist.

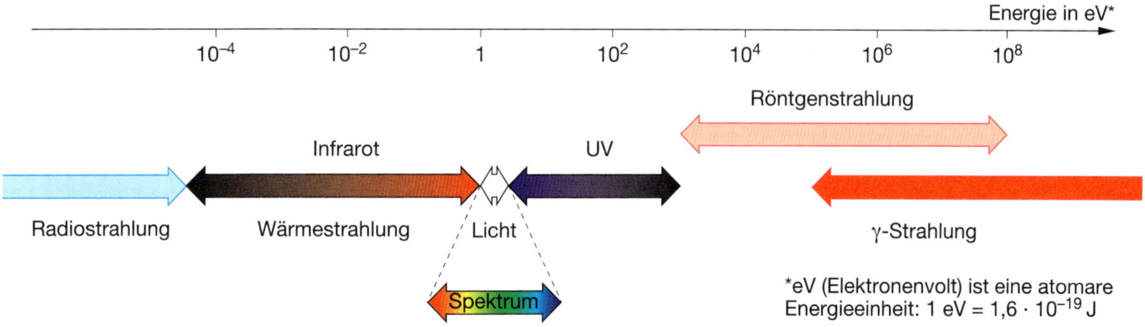

*eV (Elektronenvolt) ist eine atomare Energieeinheit: 1 eV = $1{,}6 \cdot 10^{-19}$ J

Zerfallskurve und Halbwertszeit

Manche Atomkerne zerfallen ohne äußere Einwirkung unter Aussendung von Kernstrahlung. Dabei ist der Zerfall eines einzelnen Atomkernes ein vollkommen zufälliges Ereignis. Es ist nicht möglich vorherzusagen, welcher Kern als nächstes zerfällt und wann er das tun wird. Trotzdem gibt es Gesetzmäßigkeiten beim radioaktiven Zerfall vieler Kerne, die Vorhersagen zulassen.

Lehrerversuch

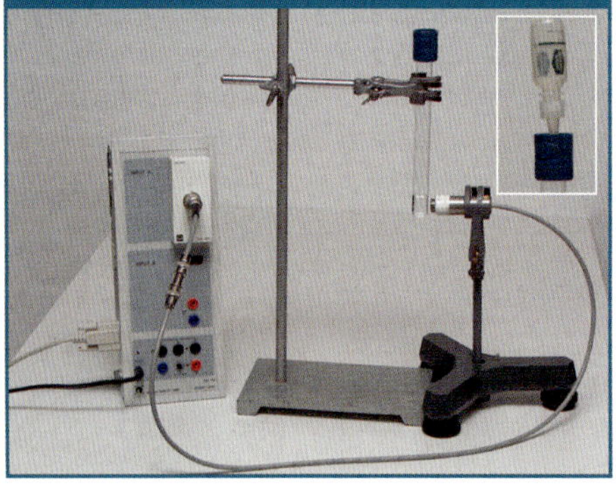

Im Versuch wird der radioaktive Zerfall der Kerne einer Flüssigkeit über einen längeren Zeitraum untersucht. Der dunkle Zylinder auf dem Reagenzglas enthält radioaktives Cäsium (Cs137), das durch Aussendung von β-Strahlung in Barium (Ba137) zerfällt. Die Bariumkerne sind nach dem Zerfall noch angeregt und geben ihre überschüssige Energie in Form von γ-Strahlung ab. Im Versuch werden diese Bariumkerne durch eine geeignete Flüssigkeit aus dem Gefäß herausgelöst (kleines Bild im Zentralen Versuch). Die im Reagenzglas aufgefangene radioaktive Flüssigkeit wird mithilfe eines Geiger-Müller-Zählrohres untersucht.

Zeit	Impuls
0 min	144 $\frac{Imp}{10\,s}$
0,5 min	127 $\frac{Imp}{10\,s}$
1 min	98 $\frac{Imp}{10\,s}$
1,5 min	112 $\frac{Imp}{10\,s}$
2 min	83 $\frac{Imp}{10\,s}$
2,5 min	73 $\frac{Imp}{10\,s}$
3 min	64 $\frac{Imp}{10\,s}$
3,5 min	51 $\frac{Imp}{10\,s}$
4 min	38 $\frac{Imp}{10\,s}$
4,5 min	47 $\frac{Imp}{10\,s}$
5 min	41 $\frac{Imp}{10\,s}$
5,5 min	35 $\frac{Imp}{10\,s}$
6 min	31 $\frac{Imp}{10\,s}$
6,5 min	28 $\frac{Imp}{10\,s}$
7 min	23 $\frac{Imp}{10\,s}$
7,5 min	25 $\frac{Imp}{10\,s}$
8 min	15 $\frac{Imp}{10\,s}$
8,5 min	13 $\frac{Imp}{10\,s}$
9 min	19 $\frac{Imp}{10\,s}$
9,5 min	12 $\frac{Imp}{10\,s}$
10 min	15 $\frac{Imp}{10\,s}$
10,5 min	10 $\frac{Imp}{10\,s}$

Die Messwerte in der Tabelle zeigen, dass die Zählrate Z mit der Zeit abnimmt. Das liegt daran, dass die Anzahl der radioaktiven Kerne im Reagenzglas mit der Zeit immer geringer wird. Aus dem zugehörigen t-Z-Diagramm lässt sich ablesen, dass die Zählrate – trotz der teilweise erheblichen Schwankungen – in bestimmten Zeitspannen immer auf etwa die Hälfte ihres vorherigen Wertes zurückgeht. Insofern liegt die Vermutung nahe, dass es sich beim radioaktiven Zerfall um eine sehr starke Abnahme der radioaktiven Kerne handelt. Die eingezeichnete Regressionskurve (rot) bestätigt dies. Die Abnahme von 120 $\frac{Imp}{10\,s}$ auf 60 $\frac{Imp}{10\,s}$ dauert genauso lange wie die von 60 $\frac{Imp}{10\,s}$ auf 30 $\frac{Imp}{10\,s}$. Im Versuch beträgt diese Zeit etwa 2,7 min.

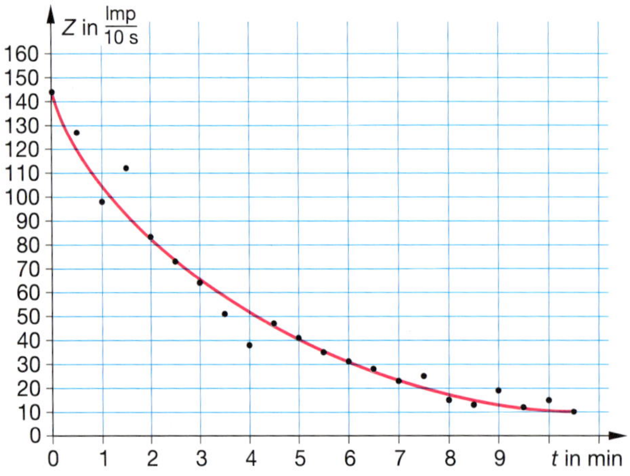

Die Zeit, in der sich die Zählrate und damit die Anzahl der radioaktiven Kerne halbiert, wird als **Halbwertszeit** bezeichnet. Sie hat das Formelzeichen $t_{1/2}$. Die Halbwertszeit für radioaktive Isotope ist verschieden. Sie reicht von Mikrosekunden bis zu Milliarden von Jahren.

Isotop	$t_{1/2}$	Isotop	$t_{1/2}$
Uran238	4,4 Mrd a	Polonium210	138 d
Radium226	1600 a	Iod128	25 min
Cäsium137	30 a	Radon220	55,6 s

Die Halbwertszeit eines radioaktiven Isotops gibt an, nach welcher Zeitspanne nur noch die Hälfte seiner Kerne vorhanden ist. Die Halbwertszeiten von radioaktiven Isotopen sind charakteristisch für das Isotop.

Aufgaben

1 **a)** Cäsium137 ist ein β-Strahler. Erläutere, wie das in einem Versuch gezeigt werden könnte.
b) Begründe, weshalb es wenig sinnvoll ist, zur Bestimmung der Halbwertszeit von Cs137 einen Tag lang zu Beginn jeder Stunde für fünf Minuten die Impulszahlen zu bestimmen.
c) Bestimme, wie viele von 1 Million Cs137-Kernen nach 150 Jahren noch (etwa) vorhanden sind.

Ein funktionaler Zusammenhang zwischen der Zeit t und der Anzahl N der radioaktiven Teilchen kann nur mit einem PC oder guten Mathematikkenntnissen gefunden werden. Der naheliegendste Zusammenhang, nämlich eine Antiproportionalität zwischen Teilchenzahl N und t oder höheren Potenzen von t scheidet aus, weil dieZerfallskurve wesentlich schneller abnimmt.

Aufgaben

1 Bestimme die Zeit, nach der die Strahlung von Strontium 90 ($t_{1/2}$ = 28,8 a) auf $\frac{1}{16}$ des ursprünglichen Wertes zurückgegangen ist.

2 Für Schulen gibt es einen radioaktiven Strahlerstift mit Po210. Bestimme, nach welcher Zeit die Strahlung dieses Stifts auf $\frac{1}{16}$ bzw. $\frac{1}{1000}$ des ursprünglichen Werts zurückgegangen ist. Deute deine Ergebnisse.

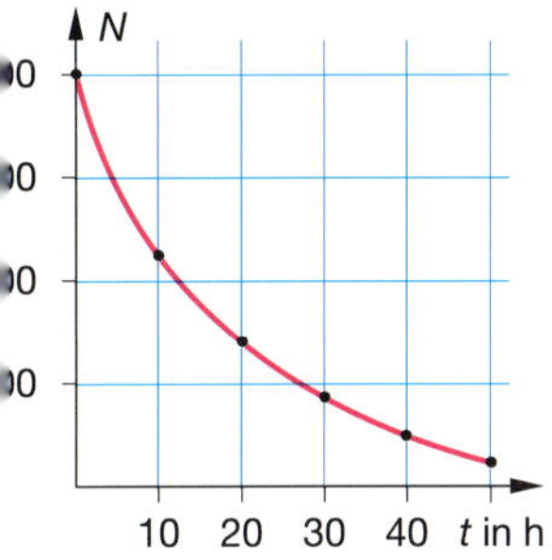

3 Zeichne für das Isotop Iod131 ($t_{1/2}$ = 8,02 Tage) ein Zerfallsdiagramm wie in der Abbildung links. Zum Zeitpunkt t = 0 soll die Probe 1 000 000 Kerne enthalten.

4 Bestimme aus dem Diagramm links die Halbwertszeit von Iod123.

Rechenbeispiel

In einer Probe befinden sich 500 000 Iod128-Kerne. Nach der Halbwertszeit $t_{1/2}$ = 25 min sind davon die Hälfte, also 250 000 Kerne, noch nicht zerfallen. Nach weiteren 25 min, also nach t = 50 min, sind noch ein Viertel, d. h. 125 000 nicht zerfallene Kerne vorhanden, nach weiteren 25 min (t = 75 min) sind noch ein Achtel der ursprünglichen Kernanzahl (62 500) nicht zerfallen, usw. ...

Werden diese Wertepaare in ein t-N-Diagramm eingetragen, dann ergibt sich folgende Zerfallskurve für Iod128:

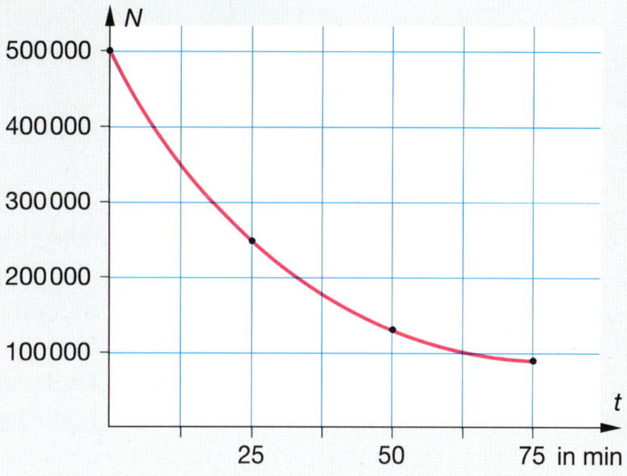

Simulation des radioaktiven Zerfalls — Werkzeug

Im Internet findet sich eine Vielzahl an Simulationsprogrammen. Beim Ablauf der Simulation kann einmal die dargestellte Teilchenmenge betrachtet werden. Hierbei ist deutlich zu sehen, dass zu Beginn des Zerfallsprozesses pro Zeitspanne sehr viele Atome zerfallen. Erst nach ein bis zwei Halbwertszeiten kann das Auge den Zerfällen folgen. Eingebaute Zähler für noch nicht und schon zerfallene Kerne zeigen, dass sich die Anzahl der radioaktiven Kerne jeweils nach Ablauf einer Halbwertszeit halbiert hat.

Parallel dazu wird oft noch die Zerfallskurve gezeigt, in der der aktuelle Zerfallszustand gekennzeichnet ist. In nebenstehendem Bildschirmprint einer Simulation wird die verstrichene Zeit t als Vielfaches der Halbwertszeit angegeben und die Hochachse des Diagramms zeigt den prozentualen Anteil der noch nicht zerfallenen Kerne an.

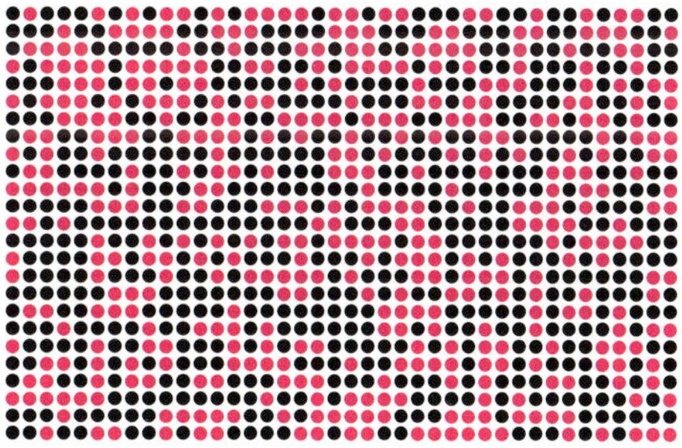

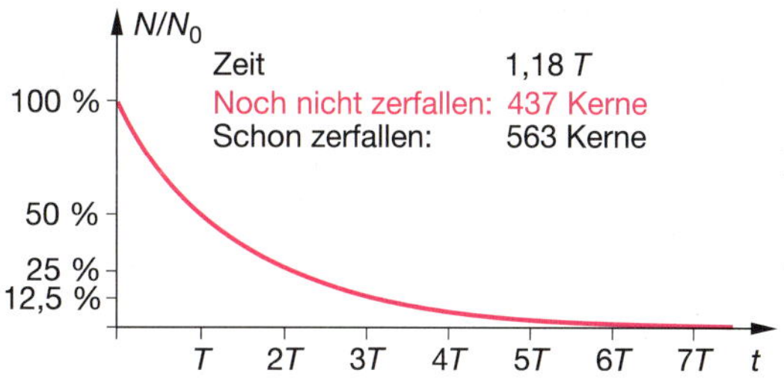

Zerfallsreihen

Beim Zerfall eines radioaktiven Nuklids unter Aussendung von Strahlung sind die neu entstehenden Nuklide häufig ebenfalls radioaktiv und zerfallen weiter. Dieser Vorgang kann sich mehrfach wiederholen; so entsteht eine ganze Zerfallsreihe, die sich sehr gut mithilfe einer Nuklidkarte verfolgen lässt.
Die einzelnen Felder einer solchen Nuklidkarte enthalten außer dem Symbol für das Element noch weitere Informationen: die Massenzahl, die Häufigkeit des Vorkommens im natürlichen Element, die Zerfallsart und die Halbwertszeit für diesen Zerfall.

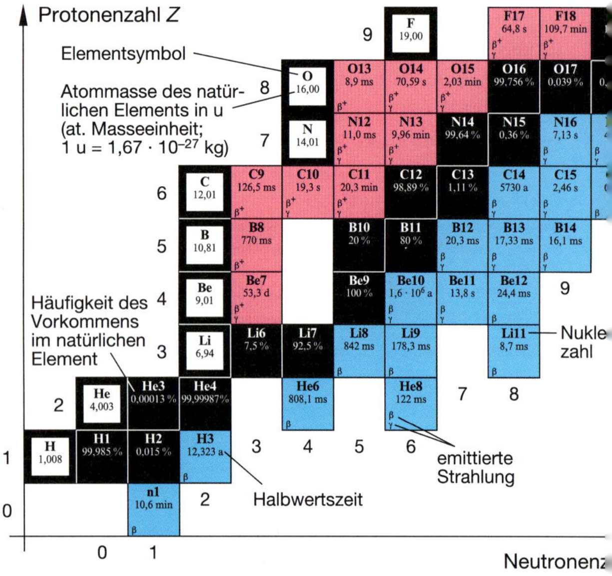

Die Farbe der Kästchen gibt an, welche Art von Strahlung das jeweilige Nuklid aussendet.

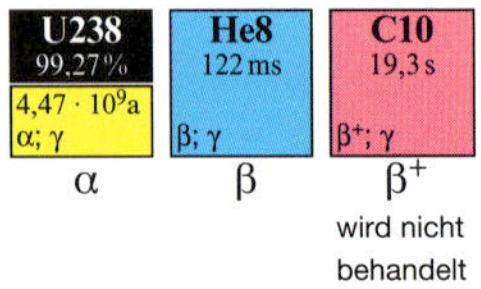

Beispiele für Zerfälle:

1. Zerfall von H3: Das blaue Kästchen weist auf β-Zerfall hin: Aus dem instabilen Tritium (H3) wird das stabile Nuklid He3 – in der Karte muss nur ein Feld nach links und ein Feld nach oben gegangen werden.

2. Zerfall von Th232: Weil das Feld gelb gefärbt ist, liegt α-Zerfall vor. Deswegen hat der Tochterkern 2 Protonen und 2 Neutronen weniger als Th232. In der Karte bedeutet das: zwei Felder nach links und zwei Felder nach unten. Das Zerfallsprodukt ist Ra228 das durch β-Zerfall in den Kern Ac228 übergeht. Diese Zerfallsreihe endet am stabilen Kern Pb208 (Blei).

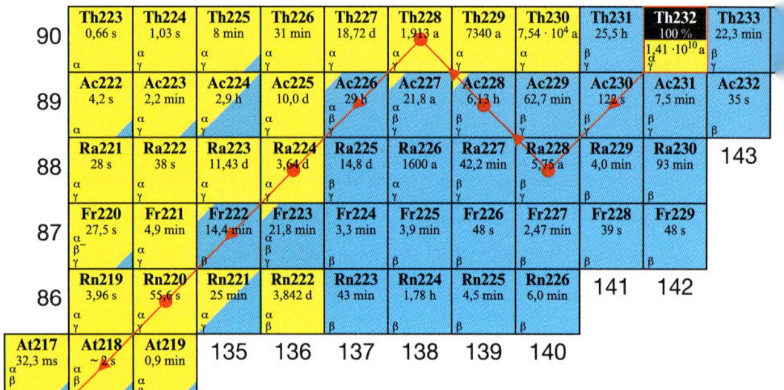

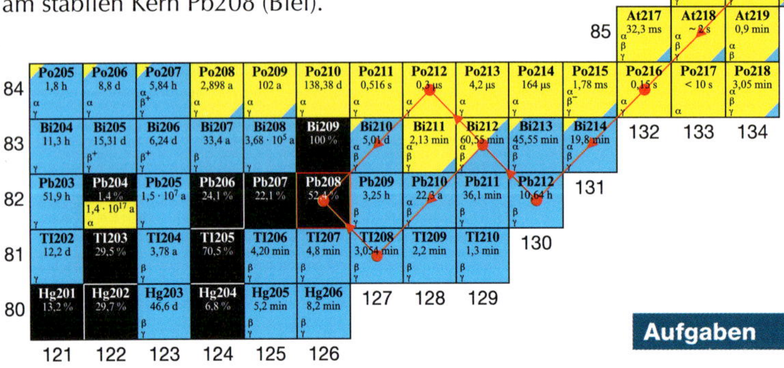

Zur Zeit sind bereits mehr als 110 verschiedene Elemente bekannt. Da es zu jedem Element zahlreiche Isotope gibt, besteht eine Nuklidkarte aus über 2000 Feldern.

Einige Isotope zeigen eine Besonderheit, z. B. Bi212: Bei diesem Nuklid kann sowohl α- als auch β-Zerfall auftreten. Deswegen ist das Kästchen blau und gelb gefärbt. Ein bestimmter Kern kann aber nur auf eine Art zerfallen.

α-Zerfall: zwei Felder nach unten
zwei Felder nach links
β-Zerfall: ein Feld nach oben
ein Feld nach links

Aufgaben

1 Die Tabelle zeigt die zeitliche Abnahme der Zählrate *Z* eines Radiumisotops:

t	0 min	1 min	2 min	3 min	4 min	5 min
Z	740 000	622 000	523 000	440 000	370 000	311 000

a) Stelle den Zusammenhang in einem Diagramm dar.
b) Ermittle die Halbwertszeit und entscheide, um welches Radiumisotop es sich handelt.

2 U238 und U235 sind jeweils Ausgangsisotope einer Zerfallsreihe. Schreibe diese Reihen jeweils mithilfe der Nuklidkarte (am Ende des Buches) auf z. B. so:
$^{238}_{92}U \xrightarrow[\alpha]{} {}^{234}_{90}Th \xrightarrow[\beta]{} \ldots$

Radioaktivität — Versuche und Aufträge

V1 a) Gieße alkoholfreies Bier so in ein hohes, schmales, zylinderförmiges Glas, dass eine möglichst große Schaumkrone entsteht. Markiere alle 10 s Ober- und Unterkante des Schaums. Trage die Werte in eine Tabelle ein.

b) Bestimme aus den Werten die jeweilige Schaumhöhe und zeichne ein Zeit- Schaumhöhe-Diagramm. Bestimme aus diesem Diagramm die Halbwertszeit des Bierschaumzerfalls.
c) Errechne die Halbwertzeit mit dem Taschenrechner und vergleiche mit der Tabelle und der Grafik.

V2 a) Lege 50 gleiche Münzen (z. B. 1 Ct-Stücke) in einen Würfelbecher. Schüttle den Becher und schütte die Münzen auf einem Tisch aus. Nimm alle Münzen, die Zahl zeigen, heraus und zähle sie. Wiederhole den Vorgang, bis auch die letzte Münze Zahl zeigt. Zeichne ein Diagramm (*x*-Achse: Wurfnummer, *y*-Achse: Anzahl der Münzen mit Zahl).
b) Wiederhole den Versuch aus a) nun mit 50 Reißzwecken. Zähle dabei die Zustände ⊥ (Kopf).
c) Wiederhole den Versuch mit 50 Würfeln. Zähle nun die Anzahl der Einsen bei jedem Wurf.
d) Erkläre, welcher Zusammenhang zwischen diesen Würfelversuchen und dem Zerfall radioaktiver Kerne besteht. Bei welchem Würfelversuch liegt die größte Halbwertszeit vor? Begründe.

V3 Die Anpassung der Temperatur eines Körpers an seine Umgebungstemperatur geschieht nach den gleichen Regeln wie der radioaktive Zerfall: In immer gleichen Zeitabständen halbiert sich die Differenz zwischen der Körpertemperatur und der Umgebungstemperatur.
a) Miss zunächst die Temperatur im Zimmer. Stelle dann eine Tasse mit heißem Wasser im Zimmer auf den Tisch. Miss die Temperatur des Wassers im Minutenabstand. Notiere in einer Tabelle die Zeit seit Versuchsbeginn und die Differenz Wasser-Zimmertemperatur. Notiere am Versuchsende auch, welche Wassermenge in der Tasse war.
b) Stelle den Zusammenhang in einem Diagramm dar und ermittle die Halbwertszeit.
c) Berechne mit diesen Werten, wie lange du warten musst, bis die Temperaturdifferenz nur noch 1 K beträgt.
d) Untersuche, wie die Halbwertszeit vom Material des Bechers abhängt. Wiederhole den bei a) durchgeführten Versuch mit anderen Tassen und Bechern. Du musst dabei darauf achten, dass in jeden Becher immer gleichviel Wasser eingefüllt wird.
e) Fasse deine Versuchsergebnisse in einer Empfehlung zusammen: Welches Trinkgefäß sollte gewählt werden, wenn ein Heißgetränk möglichst schnell abkühlen oder möglichst lange heiß bleiben soll?

A4 a) Stelle einen tabellarischen Lebenslauf von MARIE CURIE und HENRI BECQUEREL zusammen. Recherchiere dazu im Internet und in Büchereien.
b) Erläutere ihre Entdeckungen und die wesentlichen Unterschiede hinsichtlich ihrer Vorgehensweise.
c) Nenne die radioaktiven Stoffe bzw. Einheiten, die nach CURIE und BECQUEREL benannt wurden.

A5 Die Abbildung zeigt den Aufbau einer Ionisationskammer. In diese Kammer kann durch einen Schlauch das radioaktive Edelgas Radon220, das eine Halbwertszeit von etwa 55 s besitzt, geleitet werden.

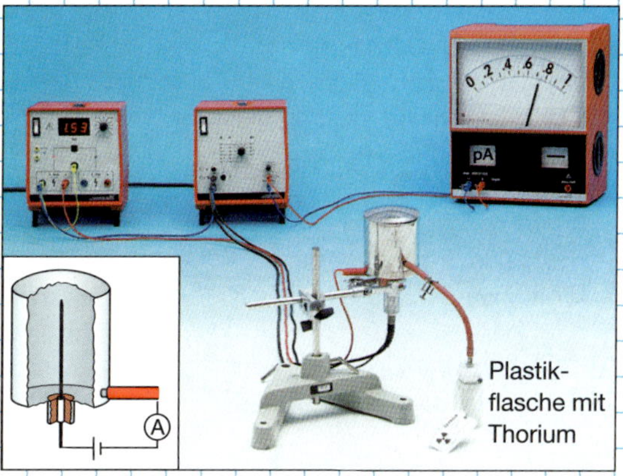

a) Erkläre, weshalb grundsätzlich ein elektrischer Strom zu messen ist. Erläutere den Unterschied zum Zählrohr.
b) Erkläre den zu erwartenden Stromstärkeverlauf, nachdem Radon in die Kammer eingeleitet wurde.

V6 Teile ein Blatt Fotopapier. Hebe eine Hälfte gut geschützt auf; packe die andere Hälfte lichtdicht ein und klebe sie auf eine alte farbige Küchenfliese. Nimm das Papier nach 2–3 Tagen ab. Entwickle beide Hälften. Beschreibe das Versuchsergebnis.

Hinweis zur Papierentwicklung:
- Belichtetes Bild etwa 2 Minuten in den Entwickler legen
- Bild im Wasserbad abspülen
- Zum Schluss 10 Minuten ins Fixierbad legen

Achtung: Arbeite sorgfältig und achte darauf, dass du nicht unnötig mit den Chemikalien in Berührung kommst.

Streifzug | **Wie alt ist Ötzi?**

C14 hilft bei der Altersbestimmung

Durch den Einfluss der Höhenstrahlung auf die Atmosphäre entsteht ständig das radioaktive Isotop C14, welches mit einer Halbwertszeit von 5730 Jahren wieder zerfällt. Dieser Vorgang ist seit vielen Jahrtausenden gleichbleibend; dadurch hat sich ein Gleichgewicht eingestellt: Bei Luft kommt ein radioaktives C14-Atom auf 10^{12} C12-Atome. Bei einer Probe, die 1 g Kohlenstoff enthält, werden durchschnittlich 14 $\frac{\text{Imp}}{\text{min}}$ gemessen.

Wie C12 verbindet sich auch C14 mit Sauerstoff zu CO_2, welches von den Pflanzen aufgenommen wird. Über die Nahrungskette gelangt C14 auch in den menschlichen Organismus. Für alle lebenden organischen Substanzen gilt: 1 g Kohlenstoff enthält auch hier so viel C14, dass 14 $\frac{\text{Imp}}{\text{min}}$ gemessen werden. Nach dem Absterben der organischen Substanz findet kein Luftaustausch mit der Umgebung mehr statt; deshalb nimmt der C14-Gehalt der toten Substanz nach den Gesetzen des radioaktiven Zerfalls ab (siehe Diagramm).

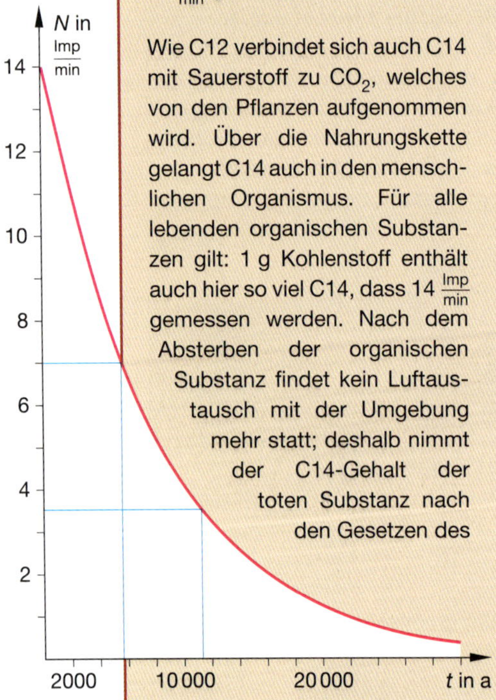

Das bedeutet: 5730 Jahre nach dem Absterben wird nur noch eine Zählrate von 7 $\frac{\text{Imp}}{\text{min}}$ gemessen. Wird bei einem Knochen z. B. die Zählrate 3,5 $\frac{\text{Imp}}{\text{min}}$ für 1 g Kohlenstoff festgestellt, so ergibt sich aus dem Diagramm: Das Lebewesen, zu dem der Knochen gehört hat, ist vor etwa 11 500 Jahren gestorben.

Mit dieser Methode kann also mit guter Genauigkeit das Alter von archäologischen Fundstücken bestimmt werden. Voraussetzung ist allerdings, dass das Fundstück organisches Material enthält. Für „Ötzi", eine im Ötztal gefundene Gletscherleiche, ist nach dieser Methode festgestellt worden, dass er vor 6500 Jahren gelebt haben muss.

Zeitliche Zwischenwerte wie bei Ötzi lassen sich dabei mithilfe der zugehörigen Funktionsgleichung ermitteln.
Die C14-Methode ist allerdings nur geeignet für Datierungen, die maximal 60 000 Jahre zurückreichen, weil die Zählrate nach einem noch längeren Zeitraum kaum noch messbar ist. Es muss auch vorausgesetzt werden, dass das Kohlenstoffgleichgewicht zu dieser Zeit so war wie heute.

Die Uran-Blei-Methode

Die natürlichen Isotope U238 und U235 zerfallen über viele Zwischenstationen in die stabilen Isotope Pb206, Pb207 und Pb208. In vielen Versteinerungen sind auch diese Isotope vorhanden. Durch aufwendige Messungen ist es möglich, das Verhältnis der Anteile der verschiedenen Bleiisotope im Vergleich zum Uranisotop zu bestimmen. Aus diesem Mischungsverhältnis kann über die Zerfallsreihen das Alter von Gesteinsproben berechnet werden.
Die ältesten mit dieser Methode bestimmten Gesteine hatten ein Alter von etwa vier Milliarden Jahren – das Alter der Erde.

Aufgaben

1 In einer Höhle wurden Bärenknochen gefunden, deren C14-Gehalt im Vergleich zu lebendem Gewebe noch 12,5 % betrug. Ermittle anhand der nebenstehenden Zerfallskurve, wann der Bär gelebt hat.

2 Für eine Materialprobe (1 g) eines Bibeltextes wurde eine Zählrate von 11,1 $\frac{\text{Imp}}{\text{min}}$ bestimmt. Ermittle das Alter des Textes.

3 Messungen an Uranerzen aus großer Tiefe haben ergeben, dass etwa 1/3 der U238-Kerne zerfallen sind. Berechne daraus das Mindestalter.

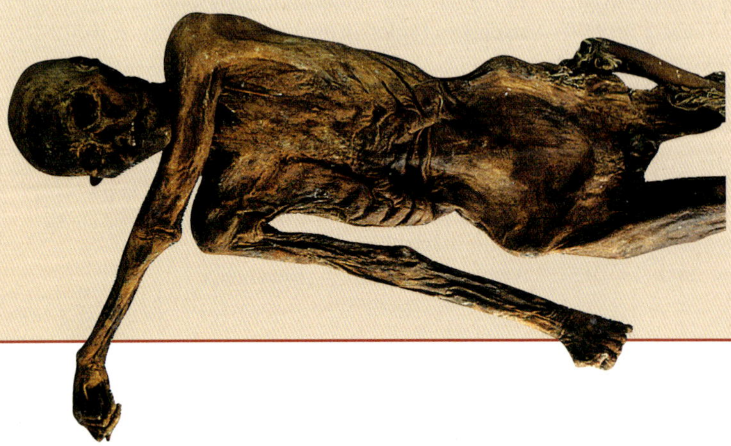

Wegbereiter der Kernphysik

Streifzug

Marie Curie

MARIE CURIE (geb. SKLODOWSKA) wurde am 7. November 1867 in Warschau geboren. Ihr Vater war Physiklehrer. Sie ging 1891 nach Paris und schrieb sich an der Sorbonne ein. Zwei Jahre später bestand sie die Abschlussprüfung für Physik. 1895 heiratete sie PIERRE CURIE.

MARIE CURIE interessierte sich für die jüngsten Entdeckungen von Strahlung durch HENRI BECQUEREL und begann, diese Strahlung des Urans zu untersuchen. Als sie feststellte, dass die Strahlung des Erzes Pechblende intensiver war als die des Urans, folgerte sie, dass im Erz noch unbekannte Elemente vorhanden sein müssen, deren Strahlung die des Urans übersteigt. MARIE CURIE war die erste, die den Begriff „radioaktiv“ zur Beschreibung von Elementen verwendete. Innerhalb von vier Jahren verarbeiteten die CURIES eine Tonne Pechblende, aus der sie in mühsamer Kleinarbeit den Bruchteil eines Gramms Radium isolierten. 1903 erhielten sie gemeinsam mit BECQUEREL den Nobelpreis für Physik für die Entdeckung der Radioaktivität. MARIE CURIE war damit die erste Frau, die einen Nobelpreis entgegennehmen konnte.
PIERRE CURIE wurde 1904 als Professor für Physik an die Sorbonne berufen und 1905 zum Mitglied der französischen Akademie der Wissenschaften ernannt. Obwohl MARIE CURIE 1908 ebenfalls eine Professur an der Sorbonne erhielt, wurde sie nie Mitglied der Akademie. Derartige Positionen durften damals noch nicht von Frauen eingenommen werden, sodass MARIE CURIE eine ähnliche Anerkennung versagt blieb.
1911 erhielt sie – ein noch nie da gewesener Fall – einen zweiten Nobelpreis, dieses Mal in Chemie für ihre Arbeiten zu Radium und Radiumverbindungen.
Die CURIES hatten zwei Töchter, von denen eine ebenfalls Nobelpreisträgerin wurde: IRÈNE JOLIOT-CURIE und ihr Ehemann FRÉDÉRIC erhielten 1935 den Nobelpreis für Chemie für die Synthese neuer radioaktiver Elemente.

Im Jahr 1934 erkrankte MARIE CURIE an Anämie, die durch ständiges Arbeiten ohne Schutz vor Strahlung ausgelöst worden war. Sie starb am 4. Juli 1934.

Otto Hahn und Lise Meitner

Am 8. März 1879 wurde OTTO HAHN in Frankfurt/Main geboren. Bereits in seiner Schulzeit hatte er, angeregt durch „chemische Spielereien“, sein Interesse für die Chemie entdeckt. Nach seinem Doktorexamen ging er 1904 nach England und begann, sich mit Problemen der Radioaktivität zu beschäftigen. Durch Fleiß und Forscherglück gelang ihm die Entdeckung des „Radiothors“, des Thoriumisotops Th228. Ermutigt durch diesen Erfolg ging er 1905 nach Montreal zu ERNEST RUTHERFORD, um seine Kenntnisse zur Radioaktivität weiter zu vervollkommnen. Die Versuchsbedingungen waren damals sehr primitiv. Die ionisierende Strahlung wies OTTO HAHN z.B. noch mithilfe eines Elektroskops nach, das er selbst aus einer Konservendose gebaut hatte.
Im September 1907 traf OTTO HAHN zum ersten Mal mit LISE MEITNER (geboren am 7. November 1878) zusammen. Weder Abitur noch Studium waren für Mädchen und Frauen damals eine Normalität. LISE MEITNER war erst die zweite Frau, die 1905 in Wien promovierte. Als sie 1907 nach Berlin kam, hatte sie sich bereits einige Zeit mit Problemen der Radioaktivität beschäftigt.

Die Zusammenarbeit zwischen der Physikerin MEITNER und dem Chemiker HAHN führte zu bedeutsamen Entdeckungen: 1934 begannen beide Forscher gemeinsam mit FRITZ STRASSMANN, Uran mit Neutronen zu bestrahlen. Als Ergebnis der Reaktion erwarteten sie verschiedene Radiumisotope. Stattdessen wiesen HAHN und STRASSMANN 1939 jedoch Barium und Krypton nach. MEITNER lieferte die erste wissenschaftliche Erklärung für diese Kernreaktion und gab ihr den Namen **Kernspaltung.** Sie wies außerdem nach, dass dabei große Mengen Energie frei werden.

LISE MEITNER war Jüdin und wurde durch das Hitlerregime politisch verfolgt. Deshalb musste sie bereits 1938 nach Schweden emigrieren.

Strahlenwirkungen und Strahlenschutz

Strahlenschutzsymbole sind an vielen Stellen zu finden, z. B. an Röntgengeräten, Aufbewahrungsbehältern von radioaktiven Substanzen und natürlich an Kernkraftwerken. Das Symbol weist darauf hin, dass im Umgang mit den gekennzeichneten Geräten oder Gegenständen höchste Vorsicht geboten ist, denn von ihnen geht ionisierende Strahlung aus.
Welche Wirkungen hat die Strahlung auf den menschlichen Körper? Sind die Wirkungen immer und für jede Strahlung gleich? Wie kann sich der Mensch schützen? Gibt es auch Anwendungsmöglichkeiten in Medizin oder Technik?

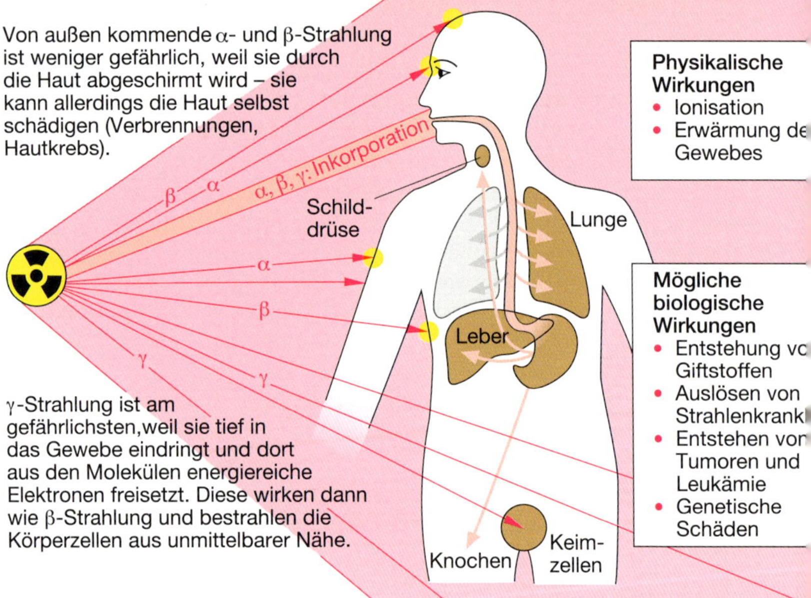

Wirkungen von Strahlung

Wenn α-, β- oder γ-Strahlung sowie Röntgenstrahlung auf den menschlichen Körper trifft, kommt es zu Wechselwirkungen der Strahlung mit Materie. Die physikalischen Effekte sind Ionisation und Anregung von Atomen und Molekülen. Diese Effekte können in einzelnen Organen Veränderungen auslösen, was den gesamten Organismus erheblich stören kann:

- Intensive Strahlung kann zu Hautveränderungen wie bei einem starken Sonnenbrand führen;
- Moleküle bzw. Atome können als Folge der aufgenommenen Energie zerbrechen;
- Moleküle bzw. Atome zeigen Reaktionen, die sich vom Verhalten nichtionisierter Moleküle oder Atome drastisch unterscheiden. Entstehende Giftstoffe können die natürlichen Abläufe in den Zellen stören oder sogar ihre Funktion dauerhaft lahm legen.

Dies gilt sowohl für Strahlung, die von außen, als auch für Strahlung, die durch **Inkorporation** (Aufnahme radioaktiver Substanzen in den Körper) von innen auf den Organismus wirkt. Einige radioaktive Stoffe verteilen sich gleichmäßig im Körper (z. B. Caesium), andere werden bevorzugt in bestimmten Organen abgelagert, z. B. Iod in der Schilddrüse oder Strontium im Knochenmark.

Die durch die Absorption zugeführte Energie führt zwar auch zu einer minimalen Temperaturerhöhung, aber die Schädigung der Zellen ist auf die ionisierende Wirkung der Strahlung zurückzuführen.
Dabei spielt es keine Rolle, ob die Strahlungsquelle sich außerhalb oder innerhalb des Körpers befindet.
Folgende Faktoren sind allerdings von Bedeutung:

- α-, β- oder γ-Strahlung sowie Röntgenstrahlung haben unterschiedliche biologische Wirkungen.
- Die Bestrahlungsstärke, die zeitliche Dauer der Bestrahlung und die Größe des bestrahlten Körpervolumens beeinflussen die mögliche Wirkung ebenfalls.
- Die einzelnen Organe sind unterschiedlich empfindlich.
- Auch Milieufaktoren (z. B. die Art der Ernährung) oder der Gesundheitszustand spielen eine Rolle.

Wenn Strahlung auf Körperzellen trifft, führt die absorbierte Energie zu Ionisationen von Atomen und Molekülen. Diese lösen Prozesse aus, die zu Gesundheitsschäden führen können.

Schäden durch ionisierende Strahlung

Die biologischen Wirkungen ionisierender Strahlung lassen sich in drei Kategorien einteilen:

- **Somatische** (körperliche) **Frühschäden** sind an den bestrahlten Personen selbst erkennbar. Die Menschen leiden nach starker Bestrahlung an **vorübergehender** oder **schwerer Strahlenkrankheit**.
- Wenn durch die Bestrahlung Krebs, z. B. Leukämie, ausgelöst wird, sind dies **somatische Spätschäden.**
- Die ionisierende Strahlung kann auch eine Schädigung von Zellen bewirken, die Erbinformationen enthalten. Die gespeicherten Erbinformationen werden verändert, was dann in der Folge zu **genetischen Schäden (Mutationen)** führt.

Während somatische Schäden an den bestrahlten Menschen selbst auftreten, wirken sich genetische Schäden an den Keimzellen erst bei den direkten Nachkommen oder in den Folgegenerationen aus.

Wird der Körper von Strahlung getroffen, stehen zwei sehr wirksame **Abwehrmechanismen** bereit: das *Reparatursystem* und das *Immunsystem*. Sie schaffen es, dass eine vorübergehende Strahlenkrankheit im Normalfall rasch überwunden wird, wenn der Körper des Menschen gesund und widerstandsfähig ist.
Schädigungen durch Strahlung können dagegen nur teilweise oder gar nicht abgewendet werden, wenn die körpereigenen Abwehrsysteme überlastet sind, weil das Immunsystem z. B. gleichzeitig gegen eine Virusinfektion ankämpfen muss. Sehr starke Strahlung kann die Abwehrmechanismen selbst so schwächen, dass sie ganz versagen.

Aber nicht jede Bestrahlung verursacht zwangsläufig Schäden. Das Risiko, an Krebs zu erkranken, wird auch von Erbanlagen, der Lebensweise, dem Alter und Umweltfaktoren stark beeinflusst. Dieser Einfluss ist bei den verschiedenen Krebsarten sehr unterschiedlich.

Die Absorption von ionisierender Strahlung kann bei Körperzellen zu somatischen und bei Keimzellen zu genetischen Schäden führen.
Immun- und Reparatursystem können nicht zu schwere Schäden beheben.

Abwehrmechanismen

- **Das Reparatursystem** behebt Molekül- und Zellschäden. Dadurch werden somatische Schäden verhindert oder begrenzt. Mutationen können allerdings bestehen bleiben oder sogar durch fehlerhafte Reparaturen an DNS-Molekülen neu entstehen.
- Das Immunsystem entfernt veränderte, also mutierte Zellen aus dem Gewebe und sorgt für neue Zellen durch Beschleunigung der Zellteilung. Deshalb ist eine Mutation nicht immer gleichbedeutend mit einem somatischen oder genetischen Schaden.

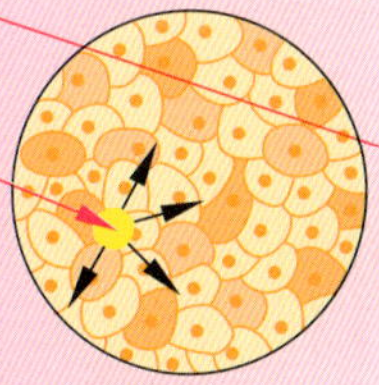

Keine Absorption: Biologisch unwirksam

Körperzelle

Absorption von Strahlung
- Erwärmen der Zelle
- Ionisation

Biochemische Effekte
- Zerbrechen von Molekülen
- Bildung von Giften
- Mutationen durch Veränderung der DNS

Wenn die Abwehrmechanismen versagen

Keimzelle

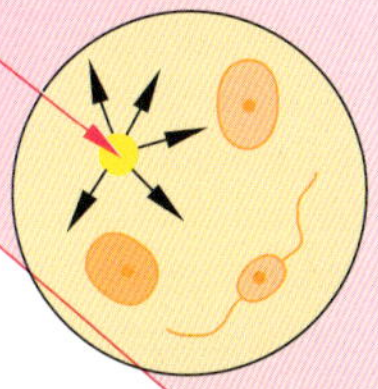

Keine Absorption: Biologisch unwirksam

Somatische Schäden

Vorübergehende Strahlenkrankheit
- Die Schutz- und Abwehrfunktionen des Körpers sind geschwächt.
- Die Anzahl der Zellverluste ist höher als die Zellneubildungen. Die Zahl der weißen Blutkörperchen nimmt rapide ab.
- Zwei bis drei Wochen nach der Bestrahlung kommt es zu Appetitlosigkeit, Entzündungen im Bereich der Luft- und Speisewege, Haarausfall, kleinen Hautflecken und allgemeinem Unwohlsein. Die Abwehrkräfte erlahmen und Verletzungen heilen nur noch schwer.

Schwere Strahlenkrankheit
- Immer mehr Zellen verlieren die Fähigkeit, sich zu teilen, oder sterben sogar ab.
- Dramatische Blutveränderungen als Folge der Zellbeeinträchtigungen führen nach 10 bis 14 Tagen zu schweren Entzündungen und inneren Blutungen.
- Bei Männern kann vorübergehende oder lebenslange Unfruchtbarkeit eintreten.

Genetische Schäden

Spätschäden
- Körperzellen können z. B. zu unkontrolliertem Wachstum und damit zu Krebsbildungen angeregt werden.
- Wenn Samen oder Eizellen von Mutationen betroffen sind, wirkt sich das auf die Entwicklung des ungeborenen Kindes aus. Zum Beispiel können Missbildungen oder Down-Syndrom bei Neugeborenen auftreten.
- Gestörte Erbinformationen können an die Nachkommen weitergegeben werden, was dann zu Erbkrankheiten führt.

Messung der Strahlenbelastung

Ionisierende Strahlung lässt sich mit den Sinnesorganen nicht erfassen. Sie kann nur mithilfe spezieller Messeinrichtungen nachgewiesen werden. Die Aktivität der Probe eines radioaktiven Stoffes allein erlaubt aber noch keine Aussage darüber, welche Wirkungen die Absorption der Strahlung auf den Menschen hat.

- Zur Angabe der Strahlenwirkung dient die **Energiedosis *D*.** Sie gibt an, wie viel Energie pro Kilogramm eines bestrahlten Stoffes absorbiert wird:

  $$D = \frac{\text{absorbierte Energie}}{\text{Masse des bestrahlten Körpers}} = \frac{E}{m}$$

  Die Energiedosis ist von der Masse des bestrahlten Gewebes abhängig. Daher macht es einen Unterschied, ob die absorbierte Energie vom ganzen Körper oder z. B. nur von einer Hand aufgenommen wird.
- Die Wirkung der ionisierenden Strahlung auf lebende Organismen ist von der Art der hauptsächlich absorbierten Strahlung abhängig. Jede Strahlungsart wirkt unterschiedlich auf das Körpergewebe und führt zu verschieden starken biologischen Folgen. Die biologische Wirkung der gleichen Energiedosis ist bei α-Strahlung viel größer als bei β- oder γ-Strahlung. Daher reicht die Angabe der Energiedosis für eine Abschätzung der Wirkung nicht aus. Die Energiedosis muss mit einem **Qualitätsfaktor *Q*** (auch *Bewertungsfaktor* genannt) multipliziert werden; das ergibt die **Äquivalentdosis *H*:**
  $H = Q \cdot D$
  Die Qualitätsfaktoren sind Erfahrungswerte aus Experimenten:
  $Q = 1$ für β-, γ-, Röntgenstrahlung,
  $Q = 10$ für Neutronenstrahlung,
  $Q = 20$ für α-Strahlung.
  Um Äquivalentdosen von Energiedosen unterscheiden zu können, wird als spezielle Einheit das Sievert (Sv) verwendet:
  $1\ \text{Sv} = 1\ \frac{\text{J}}{\text{kg}}$.

Bestrahlung von Körperzellen mit
α-Strahlung, 0,1 Gy β-Strahlung, 0,1 Gy

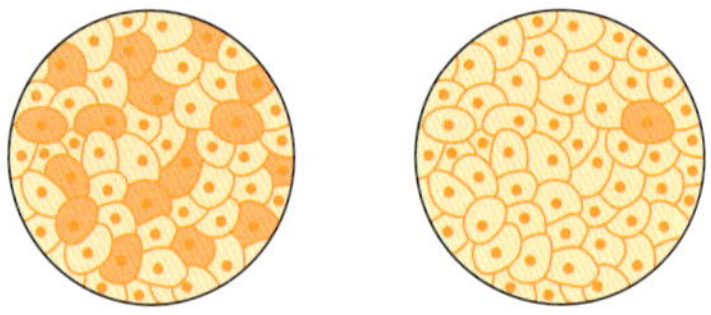

- Mit der Angabe der Äquivalentdosis kann die biologische Wirkung der Strahlung auf das lebende Gewebe aber immer noch nicht vollständig erfasst werden. Zusätzliche Bedeutung hat die Zeit: Es ist ein erheblicher Unterschied, ob die gleiche Strahlendosis in einem längeren oder kürzeren Zeitraum einwirkt.

Energiedosis
Das Formelzeichen ist *D*.
Die Einheit ist 1 Gy (Gray) = $1\ \frac{\text{J}}{\text{kg}}$.

Äquivalentdosis
Das Formelzeichen ist *H*.
Die Einheit ist 1 Sv = $1\ \frac{\text{J}}{\text{kg}}$.

- Mit einem einfachen Geiger-Müller-Zählrohr lässt sich zwar eine schwache Strahlung von einer starken unterscheiden, die Energie- bzw. Äquivalentdosis lässt sich mit ihm jedoch nicht messen. Hierzu wurden verschiedene Dosimeter-Typen entwickelt.
  Filmdosimeter enthalten in einem flachen Gehäuse ein Stück Film, das an manchen Stellen durch verschiedene Metallfilter abgeschirmt ist. Durch ionisierende Strahlung und Röntgenstrahlung wird der Film geschwärzt. Nach der Entwicklung kann durch Schwärzungsvergleich mit definiert bestrahlten Filmen die aufgenommene Dosis bestimmt werden.

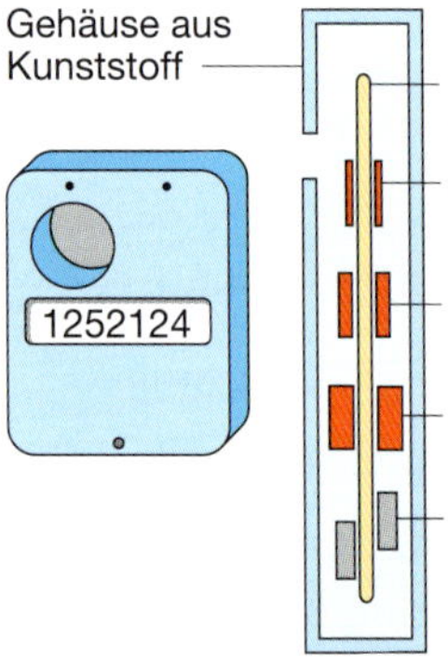

Dosis	**Symptome der Strahlenkrankheit** (in der Mehrzahl der Fälle)
0–0,3 Sv	Äußerlich keine Symptome erkennbar
ab 0,3 Sv	Gelegentlich Übelkeit und Erbrechen; erste Veränderungen im Blutbild
ab 1 Sv	**Vorübergehende Strahlenkrankheit:** nach 2 Stunden Erbrechen; Kopfschmerzen; nach 2 Wochen Haarausfall; nach Jahren Trübungen der Augenlinse
ab 3 Sv	**Schwere Strahlenkrankheit:** nach 30 Minuten Erbrechen; ständige Kopfschmerzen; später Fieber, Entzündungen im Mund/Rachen; blutiger Durchfall; die Hälfte der Erkrankten stirbt
ab 8 Sv	**Tödliche Strahlenkrankheit:** nach Minuten Erbrechen und Fieber; innere und äußere Blutungen; Bewusstseinstrübung; schneller Kräfteverfall; ohne Therapie ist das Überleben nicht möglich

Die Äquivalentdosis berücksichtigt die biologische Wirksamkeit der Strahlungsarten auf organisches Gewebe. α-Strahlung wirkt 20-mal stärker, Neutronenstrahlung 10-mal stärker als β-, γ- und Röntgenstrahlung.

Strahlenschutz

Das Leben auf der Erde hat sich von Beginn an unter der Einwirkung von ionisierender Strahlung entwickelt. Sie kommt aus dem All (kosmische Strahlung), dem Erdboden (terrestrische Strahlung) und der Atmosphäre. Ionisierende Strahlung ist also Bestandteil der Umwelt und zunächst kein Grund zur Beunruhigung, da der menschliche Körper gelernt hat, geringe Strahlenschäden zu erkennen und selbst zu reparieren.

Neben der natürlichen **Strahlenbelastung** sind die Menschen zusätzlich zivilisationsbedingten Strahlungsquellen ausgesetzt. An erster Stelle steht dabei die Röntgendiagnostik in der Medizin. Aber auch durch kerntechnische Anlagen (Kernkraftwerke) oder durch Kernwaffenversuche werden die Menschen zusätzlich belastet.

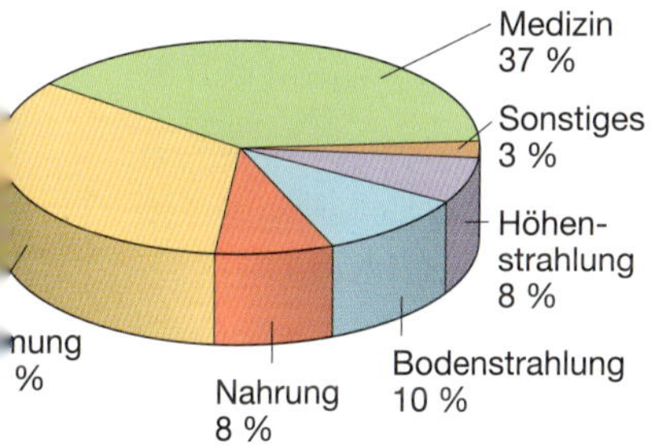

Die Jahresdosis aufgrund der natürlichen Strahlenbelastung beträgt in Deutschland je Einwohner durchschnittlich 2,4 mSv. Der Wert schwankt jedoch regional und liegt in Deutschland zwischen 1 mSv und 5 mSv pro Jahr. Die medizinisch bedingte Strahlenbelastung beträgt durchschnittlich 1,8 mSv, sodass jeder Bewohner durchschnittlich einer Belastung von 4,2 mSv im Jahr ausgesetzt ist.
Die Grenzwerte für die Bevölkerung und beruflich strahlenexponierte Personen sind in der **Strahlenschutzverordnung (StrlSchV)** festgelegt.

Die Grenzwerte für die Normalbevölkerung orientieren sich dabei an der normalen Schwankungsbreite der natürlichen Strahlenbelastung.
Die StrlSchV schreibt u. a. vor, dass
- die Strahlendosis so gering wie möglich zu halten ist;
- Grenzwerte zu kontrollieren und einzuhalten sind.

Beruflich strahlenexponierte Personen müssen deshalb stets ein Dosimeter tragen. Überschreitet eine Person z. B. in einem Kernkraftwerk den für sie geltenden Grenzwert für die Jahresdosis, darf sie nicht länger an einem Arbeitsplatz tätig sein, an dem sie Strahlung ausgesetzt ist.

Strahlenschutz
ist für jeden Menschen wichtig. Die Grundregeln sind einfach:

- **Abstand halten:** Je größer die Entfernung von der Strahlungsquelle, desto schwächer ist die Strahlung. Bei doppelter Entfernung sinkt die Strahlungsintensität auf weniger als ein Viertel ab.
- **Nur kurzer Aufenthalt** in der Nähe einer Strahlungsquelle: Die vom Körpergewebe absorbierte Energiedosis ist proportional zur Bestrahlungszeit. Eine Halbierung der Bestrahlungszeit bedeutet daher auch eine Halbierung der Strahlendosis.
- **Abschirmung**
- **Keine Nahrung zu sich nehmen** während des Umgangs mit radioaktiven Stoffen: Durch Nahrungsaufnahme können radioaktive Stoffe in den Körper gelangen und sich dort in einzelnen Organen ablagern. Dadurch sind die Körperbereiche in der Nähe der betroffenen Organe einer verstärkten Bestrahlung ausgesetzt.

Grenzwerte für die zusätzliche Bestrahlung			
	beruflich strahlenexponierte Personen		Normalbevölkerung
Körperbereich	**Erwachsene maximal**	**Jugendliche maximal**	**im Schnitt**
ganzer Körper	20 mSv	1 mSv	1 mSv
Keimdrüsen; Gebärmutter; Knochenmark	50 mSv	5 mSv	0,3 mSv
Knochenoberfläche; Haut	300 mSv	30 mSv	1,8 mSv
Hände/Arme; Füße/Beine samt zugehöriger Haut	500 mSv	50 mSv	0,9 mSv
Alle Organe, die oben nicht genannt wurden	150 mSv	15 mSv	0,9 mSv

Aufgaben

1 Erkläre die Funktionsweise des Filmdosimeters. Begründe, dass damit auch die Strahlungsarten unterschieden werden können.

2 **a)** Erläutere, wovon die schädigende Wirkung ionisierender Strahlung abhängt und welche verschiedenen Schäden sie hervorrufen kann.
b) Erläutere, inwiefern die notwendige Einführung des Bewertungsfaktors die Grenzen physikalischer Sichtweisen zeigt.

3 Begründe die Grundregeln des Strahlenschutzes mithilfe der Eigenschaften und Wirkungen ionisierender Strahlung.

4 Beschreibe die Bedeutung, die das radioaktive Edelgas Radon 220 für die natürlichen Strahlenbelastung hat.

5 Erläutere den Unterschied zwischen Strahlung, die auf den Körper trifft, und inkorporierten Strahlungsquellen.

6 α-Strahlung wird schon durch eine dünne Pappe absorbiert. Trotzdem ist der Bewertungsfaktor für α-Strahlung $Q = 20$. Erkläre diesen scheinbaren Widerspruch. Beachte dabei z. B. die unterschiedliche Größe von α- und β-Teilchen.

Streifzug — Nahrungsketten und Belastungspfade

Die Strahlung, die aus der Luft von außen auf den Körper einwirkt, ist kaum ein Anlass zur Beunruhigung, denn die Reichweite der ionisierenden Strahlung ist gering. α- und β-Strahlung wird bereits durch die oberen Hautschichten zurückgehalten. Bedeutender ist die Tatsache, dass radioaktive Stoffe aus der Luft, dem Wasser und dem Boden direkt mit der Atemluft oder dem Trinkwasser oder indirekt über eine Nahrungskette in den menschlichen Körper gelangen.
Werden radioaktive Stoffe in den Körper aufgenommen, zerfallen sie und ihre Strahlung trifft das Zellgewebe ohne „schützende" Luft- bzw. Hautschicht direkt. Dies unterscheidet die künstlich verursachte Radioaktivität auch von der natürlichen. Ein großer Teil der natürlichen Strahlung wird weder direkt noch indirekt in den Körper eingebracht und ist daher weniger gefährlich.

Werden radioaktive Stoffe in die Luft freigesetzt, so lagern sie sich an Staubteilchen oder Wassertröpfchen an. Durch das Wettergeschehen werden diese Stoffe dann weltweit verteilt. Im weiteren Verlauf geschieht Folgendes:

- Mit Niederschlägen oder infolge ihrer Masse fallen die radioaktiven Stoffe auf die Erdoberfläche. Dadurch verringern sich zwar bei Störfällen mit Freisetzung von radioaktiven Substanzen die gemessenen Aktivitätswerte in der unmittelbaren Umgebungsluft, aber es kommt zu einer Anreicherung am Boden – eventuell in ganz anderen Regionen.
- Die radioaktiven Stoffe bleiben nicht an der Oberfläche von Pflanzen oder Böden. Durch Niederschläge werden sie abgewaschen und dringen in das Erdreich ein. Von dort gelangen sie in Grund- und Trinkwasser.
- Durch Wurzeln oder Blattoberflächen werden die radioaktiven Stoffe in das Innere der Pflanzen transportiert.
- Als Nahrung (eventuell über die Zwischenstation „Tier") oder als Trinkwasser werden die radioaktiven Stoffe schließlich vom Menschen aufgenommen.

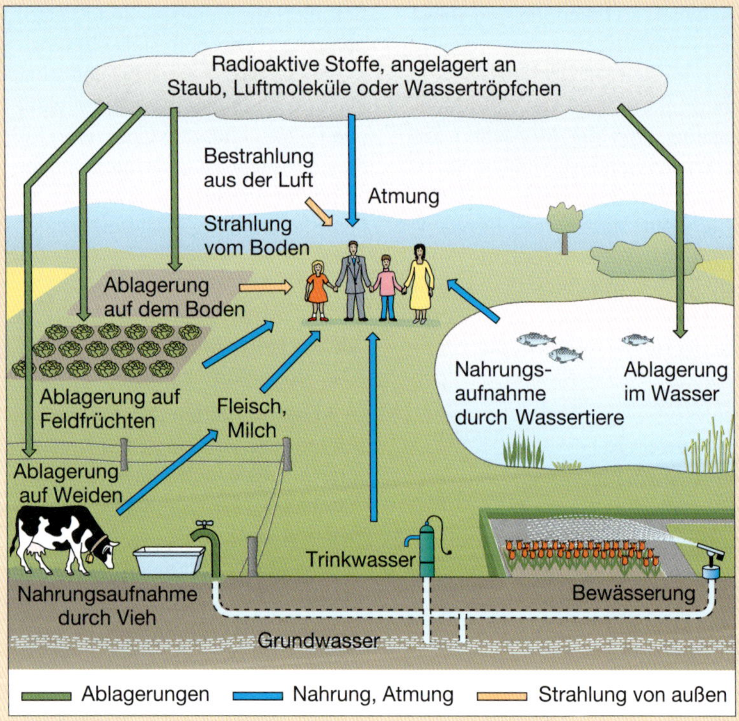

Gefährlich ist, dass manche radioaktiven Stoffe von Pflanzen genau so „verarbeitet" werden wie ungefährliche chemische Elemente oder Verbindungen, die durch diese „Doppelgänger" ersetzt werden. Dadurch reichern sich die radioaktiven Stoffe in Pflanzen, Tieren oder Menschen stark an. Einige zerfallen schnell entsprechend ihrer Halbwertszeit in ungefährliche Folgeprodukte (z. B. Iod), andere dagegen bleiben lange Zeit im Körper gespeichert. Strontium zum Beispiel mit einer Halbwertszeit von rund 30 Jahren bleibt praktisch ein Leben lang in den Knochen eingelagert. Es bestrahlt das Knochenmark, in dem die roten Blutkörperchen gebildet werden, dauernd aus nächster Nähe.

Die Herkunft der Nahrungs- und Genussmittel, des Wassers und der Luft sowie die Lebens- und Ernährungsgewohnheiten bestimmen die Menge der vom Körper aufgenommenen radioaktiven Stoffe.

Typische Strahlenbelastungen

Art der Belastung	Äquivalentdosis
Zahnröntgenaufnahme	10 µSv
Brustkorbröntgen	100 µSv
Mammographie	500 µSv
Schilddrüsenszintigraphie	800 µSv
Computertomographie Brustkorb	10 mSv
Flug Frankfurt-New York	30 µSv

Um das Risiko der Strahlenbelastung abzuschätzen, muss diese mit der natürlichen Äquivalentdosis verglichen werden, die bei etwa 2 mSv pro Jahr liegt und unvermeidbar ist.

Radioaktive Baustoffe

Alle Gesteine und Böden enthalten Spuren radioaktiver Nuklide. Da diese auch zum Bau von Häusern verwendet werden, ergibt sich eine natürliche Strahlenbelastung in Wohnhäusern. Die Aktivität der einzelnen Materialien variiert je nach Fundort über einen großen Bereich. So sind z. B. die Wohnungen im Erzgebirge wesentlich höher belastet als die an der Nordsee. Für Vergleichszwecke ist jeweils die Aktivität eines Kilogramms des entsprechenden Materials angegeben.

Baustoffspezifische Aktivität in $\frac{Bq}{kg}$

	^{40}K	^{226}Ra	^{232}Th
Naturstein			
Granit	1300	100	80
Schiefer	900	50	60
Marmor	40	20	20
Sandstein	20	30	30
Mauersteine			
Ziegel	700	60	70
Schamotte	400	60	90
Betonsteine	500	130	100
Kalksandstein	200	20	20
Zuschläge			
Sand, Kies	250	15	20
Hochofenschlacke	500	120	130
Flugasche	700	200	130
Bindemittel			
Portlandzement	220	30	20
Hüttenzement	150	60	90
Kalk	180	30	20
Naturgips	70	20	10
Chemiegips	110	560	20
Bitumen	110	20	20

Raucherrisiko

In der Stadt Schneeberg (Sachsen) wurden über mehrere Jahrhunderte bis 1990 Erze unter Tage abgebaut. Seit ca. 500 Jahren fiel auf, dass viele Bergleute an einer Lungenkrankheit, der „Schneeberger Krankheit" starben, die Anfang des letzten Jahrhunderts als Lungen- und Bronchialkrebs identifiziert werden konnte. Die Ursache für das erhöhte Lungenkrebsrisiko der Bergleute liegt in der erhöhten Strahlenbelastung. Diese kommt einerseites durch das Einatmen radioaktiver Uranstäube und andererseits durch die Inhalation des radioaktiven Edelgases Radon zustande, das beim Zerfall des Urans entsteht. Deutlich zu erkennen ist, dass der Milieufaktor „Rauchen" das Risiko für Lungenkrebs um ein Vielfaches erhöht. Die ionisierende Strahlung und die Aufnahme vieler krebserzeugender Stoffe mit dem Zigarettenrauch verstärken sich und vergrößern so die Zellschäden.

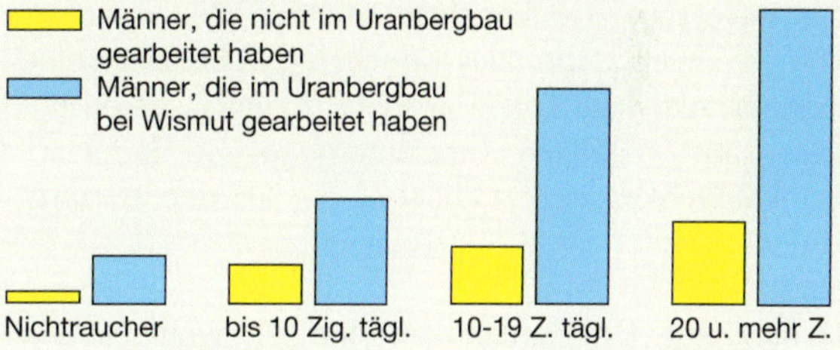

Relatives Lungenkrebsrisiko für Männer, aufgeschlüsselt nach Rauchgewohnheiten und Uranbergbau-Exposition (Wismut-Tätigkeit): Die Balkenhöhen geben an, um welchen Faktor das Risiko, an Lungenkrebs zu erkranken, erhöht ist, bezogen auf das Lungenkrebsrisiko von Männern aus der gleichen Region, die Nichtraucher sind und nicht im Uranbergbau gearbeitet haben (linker gelber Balken).

Radonbelastung

Das radioaktive Edelgas Radon, das aus Zerfallsprodukten im Boden entsteht, kann über Risse in der Erdrinde und der Bodenplatte in Häuser gelangen. Es führt dort zu einer zusätzlichen Belastung. Diese kann durch Lüften wesentlich verringert werden.

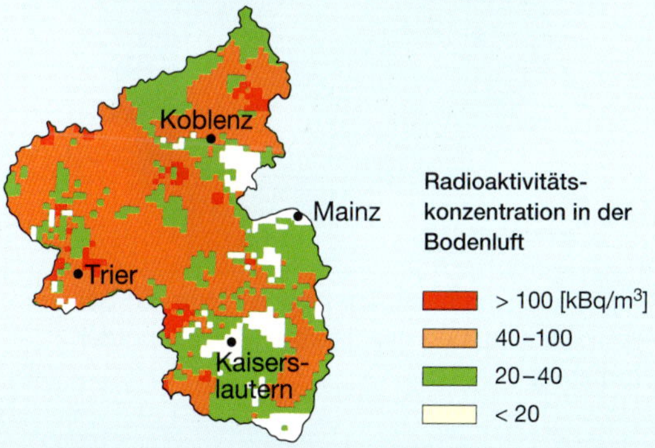

Strahlentherapie und Strahlendiagnostik

Nach der Entdeckung der Radioaktivität im Jahr 1896 durch BEQUEREL bzw. der Röntgenstrahlung 1895 durch RÖNTGEN dauerte es nicht lange, bis die ionisierende Strahlung im medizinischen Bereich eingesetzt wurde, zuerst in der Diagnostik, später dann auch in der Therapie. Am bekanntesten ist die Röntgendiagnostik, bei der die gute Durchdringungsfähigkeit der Röntgenstrahlung genutzt wird.

Strahlendiagnostik

Es gibt eine große Anzahl von Anwendungsgebieten, bei denen die nuklearmedizinische Diagnostik den anderen Untersuchungsmethoden überlegen ist. Bestimmte Erkrankungen können damit frühzeitig erkannt und dadurch auch noch rechtzeitig behandelt werden. Bei dieser Diagnose-Methode wird ein radioaktives Medikament in den Körper eingebracht, dessen γ-Strahlung außerhalb des Körpers von einem Detektor registriert und von einem Computer zu einem Strahlungsbild *(Szintigramm)* verarbeitet wird. Zum Beispiel verwendet man in der Skelettszintigrafie ein Präparat, das bevorzugt von knochenbildenden Zellen aufgenommen wird. Normales Knochengewebe zeigt eine niedrige Aktivität, Zonen erhöhter Aktivität lassen dagegen auf verstärkten Knochenumbau und damit auf krankhafte Vorgänge schließen, die an den entsprechenden Stellen im Skelett ablaufen.

Dynamische Untersuchungen sind ein weiteres Beispiel, etwa bei der Nierenfunktionsuntersuchung. Eine Reihe von Bildern wird über einen Zeitraum von 20 bis 40 Minuten aufgezeichnet. So lässt sich die Anreicherung und Ausscheidung des Präparates in verschiedenen Organen aufzeichnen. Dies ermöglicht die Beurteilung der Ausscheidungsleistung.

Aufgaben

1 Das folgende Bild zeigt ein Schilddrüsen-Szintigramm. Erläutere, wie es gemacht wird.

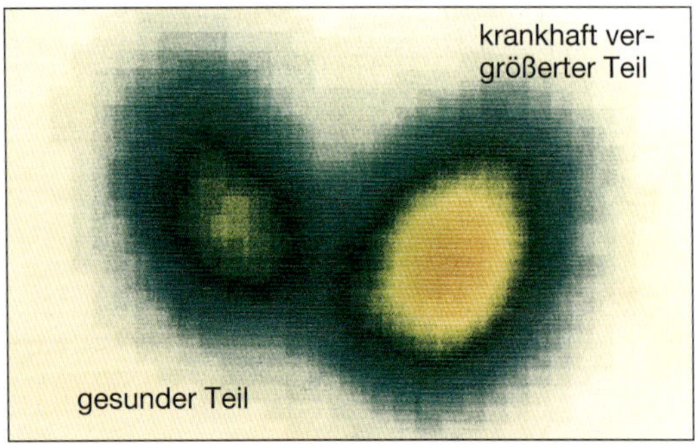

2 Begründe, warum ein Tumor von mehreren Seiten bestrahlt wird, und beschreibe die Wirkung der Strahlung.

Strahlentherapie

Strahlentherapie ist die medizinischen Anwendung von ionisierender Strahlung auf den Menschen, um Krankheiten zu heilen oder deren Fortschreiten zu verzögern. Als ionisierende, hochenergetische Strahlung werden vorwiegend γ-Strahlung, Röntgenstrahlung und Elektronen verwandt. In den letzten Jahren wurden auch Anlagen zur Behandlung mit Neutronen, Protonen und schweren Ionen errichtet.

Strahlentherapie umfasst die Behandlung sowohl von gut- als auch von bösartigen Erkrankungen. Die Wirkung beruht auf der Energieübertragung auf das durchstrahlte Gewebe. Dabei sind direkte Treffer weniger bedeutsam als die Ionisierung von Wassermolekülen; die dabei entstehenden Reaktionsprodukte sind hochgiftig. Für die Antitumorwirkung sind Treffer und Schäden an der Erbsubstanz der Zellen verantwortlich. Schäden, die die Reparaturfähigkeit der Tumorzelle überschreiten, hindern sie an der Vermehrung oder bringen sie sogar unmittelbar zum Absterben. Die optimale Strahlendosis erreicht im Durchschnitt mehr als 90 % Tumorvernichtung, manchmal aber auch schwere Nebenwirkungen.
Die Strahlungsquelle wird auf einer kreisförmigen Bahn um den Tumor herum geführt. So wird erreicht, dass das gesunde Gewebe nur mit einer geringen Dosis belastete wird, aber gleichzeitig eine gleichbleibend hohe Dosis auf den Tumor wirkt.

Die Tumortherapie mit schweren Ionen (meistens Kohlenstoffionen) wurde bei der GSI in Darmstadt entwickelt. Sie ermöglicht eine größere biologische Wirksamkeit bei besonders strahlenresistenten Tumoren, weil eine höhere Dosis im Tumor möglich ist bei geringerer Belastung des gesunden Gewebes. Dadurch ist es auch möglich, Tumore in der Nähe von empfindlichen Organen zu behandeln.

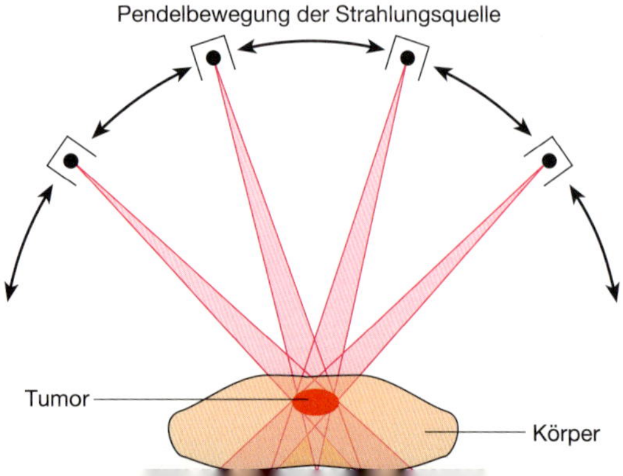

Kernspintomographie/MRT

Der große Vorteil der Kernspintomographie ist, dass für die erzeugten sehr kontrastreichen Bilder des Körperinnern keine radioaktiv schädigende Strahlung verwendet werden muss. Dies gelingt dadurch, dass sich im Körper reichlich verfügbare Wassermoleküle leicht durch äußere Magnetfelder beeinflussen lassen.

Ein ringförmig um den Patienten befindlicher Elektromagnet ändert dabei (ohne Schaden anzurichten) die magnetische Ausrichtung der Wassermoleküle im Körper. Sensoren messen dann, z. B. wie lange es dauert, bis die Moleküle nach dem Abschalten des äußeren Magnetfelds benötigen, um wieder in ihren Gleichgewichtszustand zurückzukehren. Da diese Zeit von dem Wassergehalt des jeweiligen Gewebes abhängt, können verschiedene Gewebearten in unterschiedlichen Farben visualisiert und von einem Computer zu einem zwei- bzw. dreidimensionalen Bild der untersuchten Körperregion zusammengesetzt werden.

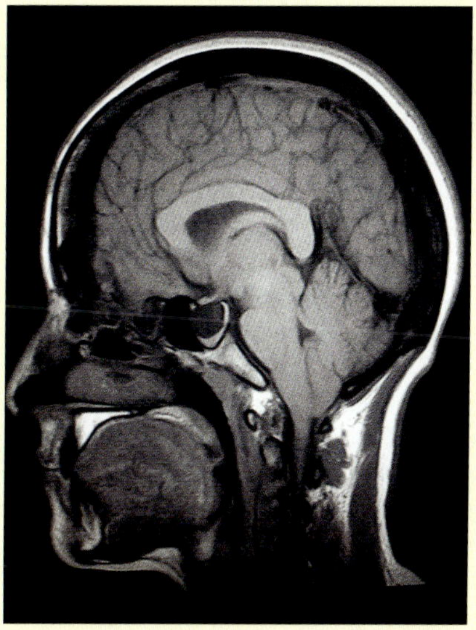

Positronen-Emissions-Tomographie (PET)

Dieses Verfahren, welches hauptsächlich zur Krebs- und Alzheimerdiagnostik eingesetzt wird, nutzt die Eigenschaft von Tumoren, verstärkt Zucker aufzunehmen. Dem Patienten werden daher speziell präparierte Zuckermoleküle verabreicht, die ionisierende Strahlung (Positronenstrahlung) aussenden. Die Strahlung wechselwirkt im Körper mit dem umliegenden Gewebe, was rings um den Patienten befindliche Nachweisgeräte registrieren können. Hieraus kann ein Computer die dreidimensionale Lage der Strahlungsquelle, d.h. des Tumors, errechnen und als Bild ausgeben.

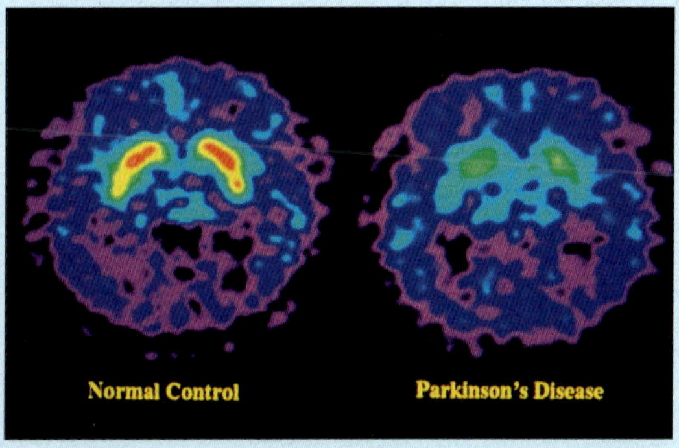

Röntgendiagnostik

Das älteste und bekannteste Verfahren nutzt die Durchdringungsfähigkeit von Röntgenstrahlung. Besonders gut können hiermit Bilder von Knochen (-brüchen) aufgenommen werden.

Ultraschall

Bei einer Ultraschalluntersuchung werden im Körper liegende Organe sowie wachsende Embryos im Mutterleib mit einem Ultraschallsensor untersucht. Das Verfahren wird seit ca. 1940 in der Medizin verwendet und liefert insbesondere Ansichten von innerem Gewebe. Der große Vorteil einer Ultraschall-Untersuchung ist, dass hierbei keine körperschädigende Strahlung verwendet wird.

Eine spezielle Form der Ultraschalluntersuchung ist die *Doppler-Sonografie,* bei der mittels Ultraschall die Fließgeschwindigkeit des Blutes in Arterien und Venen gemessen werden kann. Hierdurch können gefährliche Gefäßverengungen (rechtes Bild) entdeckt werden.

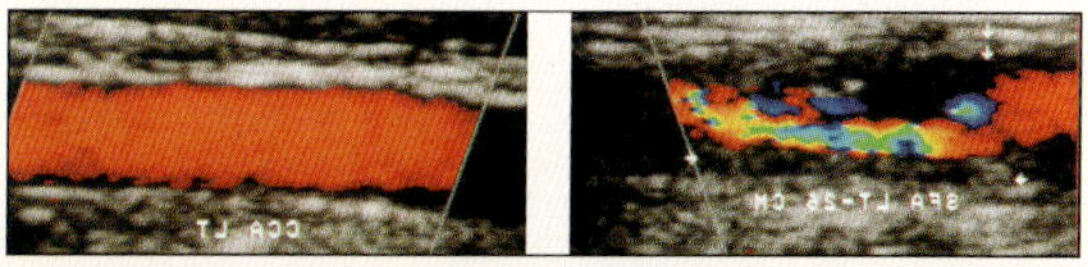

Kernenergie

Kernkraftwerke sind Wärmekraftwerke, die sich nur in der Art der Wärmeerzeugung von Kohle-, Öl- und Gaskraftwerken unterscheiden. Während in Kohle-, Öl- und Gaskraftwerken fossile Brennstoffe verbrannt werden, wird in Kernkraftwerken die Energie genutzt, die in Atomkernen steckt. Welche Vorteile bietet das? Welche Prozesse laufen in einem Kernkraftwerk ab? Welche Sicherheitsvorkehrungen schützen vor den Gefahren ionisierender Strahlung und wie werden die Reaktionsprodukte entsorgt?

Kernspaltung

In Kernkraftwerken wird die Energie genutzt, die bei der Spaltung von schweren Atomkernen frei wird. Ausgangsstoff ist das stabile Uranisotop $^{235}_{92}U$. Dringt ein langsames Neutron, ein *thermisches Neutron*, in diesen Urankern ein, so ist der entstandene $^{236}_{92}U$-Kern instabil und zerfällt in zwei Kerne, die **Spaltprodukte.** Neben der freiwerdenden Energie entstehen bei dieser Kernspaltung zwei oder drei schnelle Neutronen. Das Isotop U236 kann beispielsweise unter Aussendung von drei schnellen Neutronen in einen Barium- und einen Kryptonkern zerfallen:

$$^{236}_{92}U \rightarrow ^{139}_{56}Ba + ^{94}_{36}Kr + 3\,^{1}_{0}n$$

Die Spaltprozesse können aber nur ausgelöst werden, wenn das Neutron beim Zusammenstoß mit dem U235-Kern die passende Geschwindigkeit hat. Schnelle Neutronen prallen einfach ab; mittelschnelle Neutronen werden zwar eingefangen, lösen aber keine Spaltung aus. Im Gegensatz dazu können beim Isotop U238 nur schnelle Neutronen eingebaut werden. Auch andere schwere Kerne wie Plutonium können durch Neutronen gespalten werden.

Kettenreaktion

Wenn bei der Spaltung mehrere Neutronen freigesetzt werden, die eine für weitere Spaltungen geeignete Geschwindigkeit haben oder auf diese Geschwindigkeit abgebremst werden, dann können diese von anderen spaltbaren Kernen absorbiert werden, erneut Spaltungen auslösen und weitere Neutronen freisetzen. So entsteht eine **Kettenreaktion.**

Für die technische Nutzung der Kernenergie in Kernkraftwerken wird eine **kontrollierte Kettenreaktion** benötigt. Hierbei muss die Gesamtzahl der Spaltungen, die in einer bestimmten Zeitspanne ablaufen, konstant bleiben. Dies geschieht entweder dadurch, dass nicht alle Neutronen auf die für die Spaltung nötige Geschwindigkeit abgebremst werden, oder durch das Einfangen von Neutronen durch andere Materialien; diese Neutronen stehen dann nicht mehr für weitere Spaltungen zur Verfügung.
In Kernwaffen dagegen löst jede Spaltung durch die freiwerdenden Neutronen entsprechend viele Spaltungen aus. Die Anzahl der Spaltungen wächst sehr stark an, es kommt zu einer **unkontrollierten Kettenreaktion.**

Die Kerne von Uran und Plutonium können Neutronen einfangen und sich dann unter Energiefreisetzung in Spaltprodukte und freie Neutronen spalten.

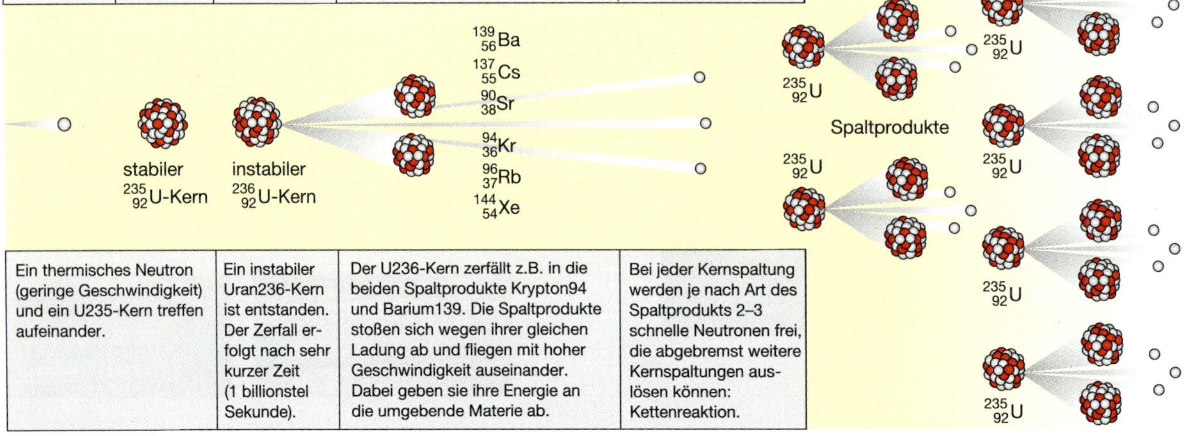

Thermisches Neutron	Spaltbares Uran235	Zwischenprodukt	Spaltprodukte (es gibt weitere)	Neutronen für weitere Spaltungen
Ein thermisches Neutron (geringe Geschwindigkeit) und ein U235-Kern treffen aufeinander.		Ein instabiler Uran236-Kern ist entstanden. Der Zerfall erfolgt nach sehr kurzer Zeit (1 billionstel Sekunde).	Der U236-Kern zerfällt z.B. in die beiden Spaltprodukte Krypton94 und Barium139. Die Spaltprodukte stoßen sich wegen ihrer gleichen Ladung ab und fliegen mit hoher Geschwindigkeit auseinander. Dabei geben sie ihre Energie an die umgebende Materie ab.	Bei jeder Kernspaltung werden je nach Art des Spaltprodukts 2–3 schnelle Neutronen frei, die abgebremst weitere Kernspaltungen auslösen können: Kettenreaktion.

Kernfusion

Nicht nur bei der Spaltung schwerer Kerne wird Energie freigesetzt. Auch wenn zwei leichte Kerne zu einem größeren Kern verschmelzen, wird bei der Reaktion Energie abgegeben. Dieser Prozess der **Kernfusion** findet in unserer Sonne und jedem anderen Stern statt.

Die Sonne strahlt seit ca. 4,5 Milliarden Jahre eine gewaltige Energiemenge ab und wird das vermutlich auch noch die nächsten 4,5 Milliarden Jahre lang tun. Von dieser große Energiemenge trifft allerdings nur weniger als der zwei milliardste Teil auf die Erde. Die Annahme, dass die Sonne diese Energie mittels chemischer Reaktionen freisetzen würde, wie z. B. mit der Verbrennung von Kohlenstoff, führt auf eine Lebensdauer von ca. 150 Jahren. Also müsste sie längst schon ihren Brennstoffvorrat aufgebraucht haben und erloschen sein. Auch die Kernspaltung liefert keine Erklärung, da die Sonne vor allem aus Wasserstoff und Helium besteht, also aus Elementen mit sehr kleinen Massezahlen. Elemente mit hohen Massenzahlen wie Uran oder Plutonium sind in der Sonne nicht zu finden.

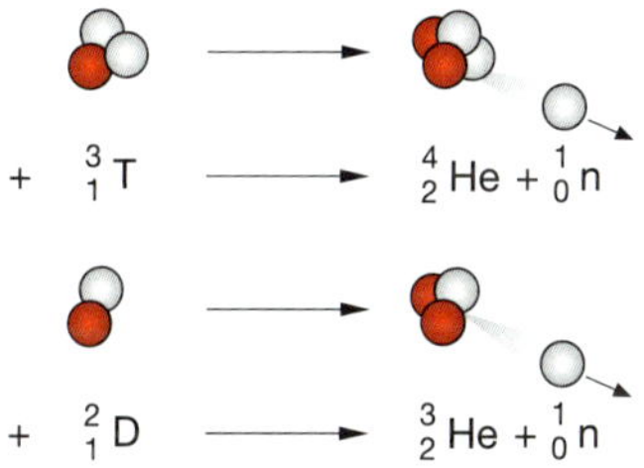

Werden Atomkerne *leichter* Elemente nahe zusammengebracht, so können sie miteinander verschmelzen. In der Sonne verschmelzen beispielsweise Wasserstoffisotope (Deuterium und Tritium) zu Helium. Dabei wird viel Energie frei: Bei der Bildung von 1 kg Helium wird etwa die Energie frei, die bei der Verbrennung von 15 Mio kg Steinkohle entsteht.

Wenn sich zwei leichte Atomkerne sehr nahe kommen, können sie unter Energiefreisetzung fusionieren. Neben dem Fusionsprodukt entsteht mindestens ein Neutron.

Aufgaben

1 Erläutere die Begriffe „Kernspaltung" und „kontrollierte Kettenreaktion".

2 Recherchiere, wie auf der Erde Deuterium oder Tritium hergestellt werden kann.

3 Nenne das Wirkungsprinzip der Wasserstoff- bzw. der Atombombe.

4 Erkläre, warum es schwierig ist, zwei Kerne zu verschmelzen.

Kernbindungsenergie — Streifzug

Die Frage, weshalb Kerne bei Fusion bzw. bei Spaltung Energie freisetzen, ist zunächst nicht leicht zu beantworten.

Einen Hinweis liefert die Kernkraft, die Protonen und Neutronen im Kern zusammenhält, obwohl sich die Protonen aufgrund der elektrischen Kraft gegenseitig abstoßen. Die Kernkraft ist „stärker" als die elektrische Kraft, besitzt aber im Gegensatz zu dieser nur eine begrenzte Reichweite von ca. 10^{-15} m. Daher wirkt sie nur zwischen benachbarten Nukleonen, während die elektrische Kraft zwischen allen Protonen wirkt. Das Wechselspiel beider Kräfte führt dazu, dass der Zusammenhalt eines Kerns sowohl von seiner Größe als auch von seiner Zusammensetzung abhängt. Zur Charakterisierung der Stärke dieses Zusammenhaltes dient die **Kernbindungsenergie.** Sie gibt an, welche Energie frei wird, wenn ein Kern durch Zusammenfügen seiner einzelnen Nukleonen entsteht. Häufig wird die Kernbindungsenergie durch die Anzahl der Nukleonen dividiert, was die Kernbindungsenergie pro Nukleon ergibt.

Mittlerweile ist es gelungen, die Kernbindungsenergie pro Nukleon für viele Kerne im Experiment präzise zu bestimmen. Bis zum Element Eisen wird Energie freigesetzt, wenn zwei leichte Kerne verschmelzen (Kernfusion); bei schwereren Kernen wird die Energie durch Spaltung freigesetzt (Kernspaltung). Das Diagramm unten zeigt die Kernbindungsenergie pro Nukleon als Funktion der Nukleonenzahl. Es hat ein Maximum für Kerne mittlerer Größe (Eisen und benachbarte Elemente). Auch radioaktive Zerfälle laufen immer so ab, dass die Endprodukte näher am Maximum liegen.

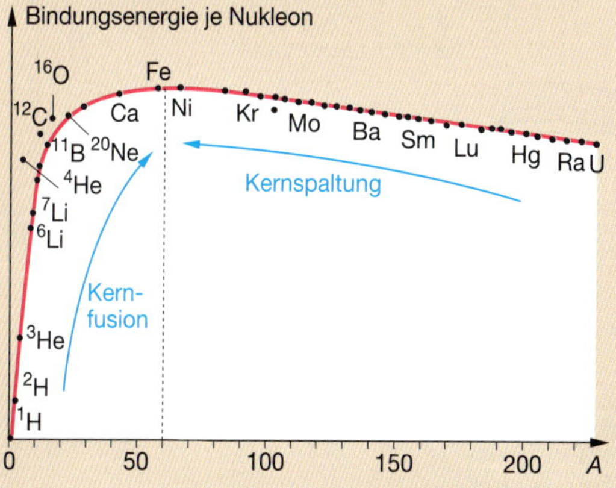

Energiegewinnung im Kernreaktor

Kernkraftwerke gehören wie Kohle- und Gaskraftwerke zur Gruppe der Wärmekraftwerke, die in weiten Teilen ähnlich aufgebaut sind. Immer wird durch den für das Kraftwerk typischen Prozess Wasser erhitzt, welches verdampft und eine Turbine mit angeschlossenem Generator antreibt. Hierdurch steht die gewonnene Energie auf dem Träger fließende elektrische Ladung zur Verfügung und kann gut weitergeleitet werden.

Im Kernkraftwerk wird die Energie folgendermaßen gewonnen:

- Im Reaktorkern läuft eine kontrollierte Kettenreaktion ab: Durch Neutronenbeschuss werden in den Brennstäben Atomkerne gespalten, wobei neben Energie weitere Neutronen freigesetzt werden. Dieser Prozess wird durch Regelstäbe im Reaktor so gesteuert, dass es zu einer stabilen Kettenreaktion und Energiefreisetzung kommt.
- Das rund um die Brennstäbe befindliche Wasser im Reaktor nimmt die mit der Bewegung der Neutronen und Spaltprodukte gelieferte Energie auf und erhitzt sich dadurch.
- In einem ersten Wärmetauscher gibt das erhitzte Wasser die Energie an den Sekundärkreislauf ab, wodurch kein radioaktiv belastetes Wasser den Kernreaktor verlässt.
- Das Wasser im Sekundärkreislauf verdampft im Wärmetauscher und wird zur Turbine geleitet, wo es die Energie über die Turbine bzw. den Generator abgibt. Über einen zweiten Wärmetauscher (Kondensator) wird der Wasserdampf abgekühlt (Kühlwasserkreislauf zum Kühlturm oder Fluss), wonach er als Wasser zum Wärmetauscher im Reaktorgebäude zurückfließen kann.
- Bei den Prozessen in den Wärmetauschern geht sehr viel Energie ungenutzt in die Umgebung.

Im Reaktor eines Kernkraftwerks läuft eine kontrollierte Kettenreaktion ab. Die Energieabgabe des Reaktors kann gesteuert werden.
Ein Kernkraftwerk ist ein Wärmekraftwerk. Der Reaktordruckbehälter hat die Funktion des Heizkessels eines Wärmekraftwerks.
Die von den Atomkernen gelieferte Energie kann nicht vollständig in das Versorgungsnetz eingespeist werden. Insgesamt geht so viel Energie verloren, dass nur ca. 40 % der Anfangsenergie zur Verfügung stehen.

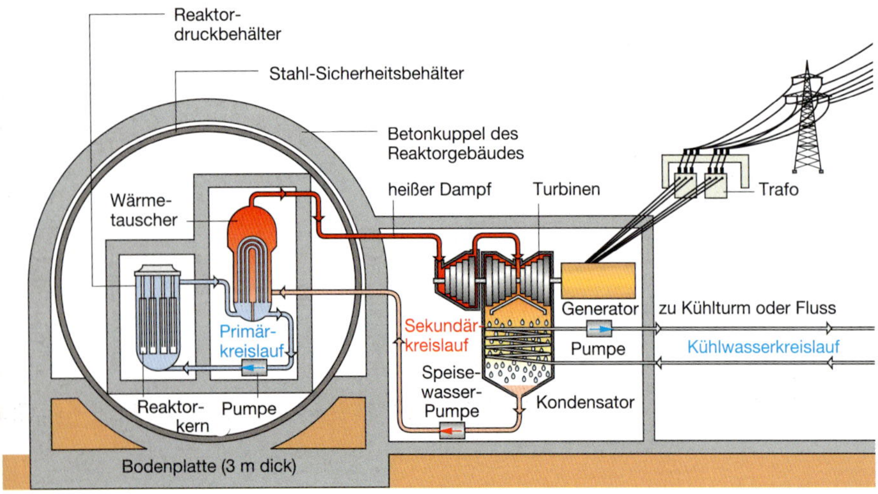

Risiken und Umweltbelastungen

Wenn verschiedene Kraftwerksarten auf ihre Umweltbelastungen hin verglichen werden sollen, darf nicht nur der Prozess der Energiegewinnung selbst betrachtet werden. Zusätzlich ist von Bedeutung:

- Abbau der Brennstoffe und deren Verfügbarkeit
- Gefährdung der Mitarbeiter im Kraftwerk
- Entsorgung der Abfallstoffe
- Gefährdung der Bevölkerung

Damit ist klar: Jede Art der Energiegewinnung im Kraftwerk beeinträchtigt die Umwelt auf die eine oder andere Weise. Gesellschaftlich muss z. B. der CO_2-Ausstoß mit möglichen Gefährdungen durch den Betrieb des Kraftwerks abgewogen werden.

Eine absolut sichere Energiegewinnung gibt es derzeit in Deutschland noch nicht; die Technik der Kernfusion ist zur Zeit noch in einem sehr frühen Entwicklungsstadium – und ob sie jemals realisiert werden kann, ist ungewiss. Die Gefährdung der Bevölkerung durch Naturkatastrophen ist allerdings deutlich höher als die durch Kraftwerke. Erst das Zeitalter der erneuerbaren Energien, an dessen Beginn wir gerade stehen, verspricht eine noch risikoärmere und umweltfreundlichere Art der Energiegewinnung.

Aufgaben

1. Erläutere, warum das Wasser des Primärkreislaufs nicht direkt – ohne Umweg über einen Wärmetauscher – durch eine Turbine laufen darf.
2. Recherchiere zu den im Text „Risiken und Umweltbelastungen" genannten Punkten und stelle Kohle- und Kernkraftwerk vergleichend dar.
3. Nenne Arten der Energiegewinnung, die auf den „erneuerbaren Energien" basieren.

Reaktorsicherheit

Alle Sicherheitsvorkehrungen dienen dem obersten Ziel, die Bevölkerung und das Kraftwerkspersonal vor α-, β-, γ- und Neutronen-Strahlung zu schützen. Dazu wurde ein Konzept erarbeitet, um jederzeit einen ordnungsgemäßen Betrieb des Reaktors sicherzustellen. Zum Konzept gehören die Möglichkeiten:

- den Reaktor jederzeit abschalten und ihn im abgeschalteten Zustand halten zu können;
- durch die Kernspaltungen freigesetzte Energie während des Betriebs und im abgeschalten Zustand („Nachwärme") jederzeit abführen zu können;
- die radioaktiven Stoffe im Kern in jedem Betriebszustand des Reaktors sicher eingeschlossen zu halten. Der Einschluss soll durch mehrere hintereinander angeordnete Barrieren, die sich zwischen den radioaktiven Stoffen und der Umgebung befinden, sichergestellt werden.

Ein Kernreaktor kann nicht wie eine Atombombe explodieren. Dies ist aufgrund der geringen Menge spaltbaren Materials nicht möglich. Im Notfall fallen die Regelstäbe durch ihr Eigengewicht automatisch zwischen die Brennstäbe und stoppen die Kettenreaktion.

Ein Bruch der Hauptkühlmittelleitung mit massivem Kühlmittelverlust ist für einen Druckwasserreaktor der **G**rößte **A**nzunehmende **U**nfall (**„GAU"**), der aber bei der Konstruktion des Kraftwerks berücksichtigt und im Betrieb beherrscht werden muss. Wird nämlich die erzeugte Energie nicht mehr vom Kühlsystem abgeführt, kann es zur Überhitzung des Kernbrennstoffes kommen. Er und die Inneneinrichtungen des Reaktors würden schließlich schmelzen. Es muss verhindert werden, dass der Reaktorbehälter zerstört wird und radioaktives Material in die Umwelt gelangen kann.

In den Kernkraftwerken sind daher Kontroll- und Steuereinrichtungen in mehrfacher Ausführung und technisch verschieden vorhanden. Sie sind räumlich voneinander getrennt untergebracht und verfügen über eigene Notstromversorgungen. Damit existiert bei Ausfall eines Systems mindestens ein funktionsfähiges zweites System. Insbesondere gibt es 3 bis 4 Notkühlsysteme, durch die Kühlmittel in den Reaktordruckbehälter gepumpt werden kann.

Die Sicherheitsbarrieren müssen auch dann funktionieren, wenn Einwirkungen von außen eintreten wie Brände, Erdbeben oder Flugzeugabstürze. Mögliche Vorkommnisse dieser Art werden bei Konstruktion und Bau von Kernkraftwerken berücksichtigt.

Aufgaben

1 **a)** Erläutere, wie ein Reaktor schnell abgeschaltet werden kann.
b) Begründe, weshalb nach dem Abschalten auf keinen Fall die Pumpe des Primärkreislaufs abgeschaltet werden darf.

2 Ein Notkühlsystem pumpt im Notfall borhaltiges Wasser in den Reaktordruckbehälter. Erläutere den Zweck des Bor-Zusatzes.

3 **a)** Begründe, weshalb der Kernbrennstoff in den metallenen Hüllrohren gasdicht eingeschweißt sein muss.
b) Erkläre die runde Form des Reaktorgebäudes.
c) Erläutere, wodurch sichergestellt wird, dass keine radioaktiven Stoffe aus einem Reaktor in die Umwelt gelangen.

Das 5 Barrieren-Sicherheitssystem

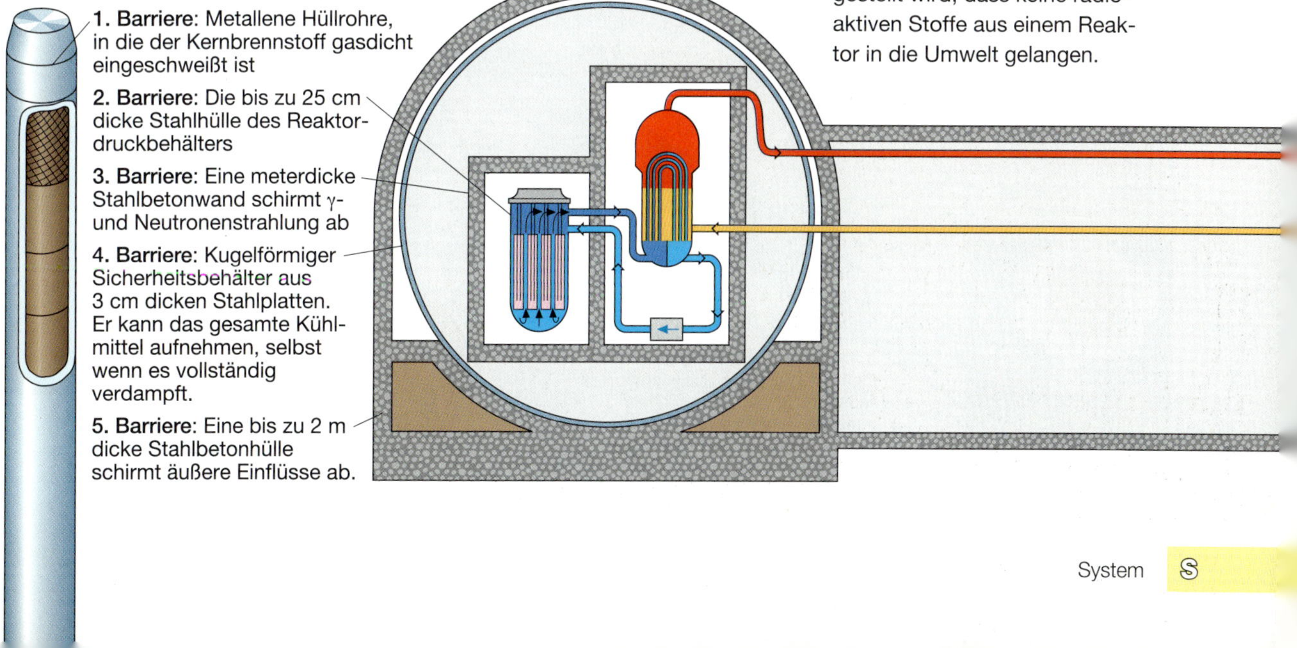

Historische Entwicklung der Atom- und Kernphysik

Schon in der Antike kamen die griechischen Naturphilosophen LEUKIPP und DEMOKRIT zu der Überzeugung, dass es kleinste, unteilbare Teilchen geben müsse, aus denen sich alle Stoffe zusammensetzen, die Atome. Aus dem griechischen Wort „atomos" für unteilbar wurde der heute übliche Begriff „Atom" abgeleitet.

Es dauerte mehr als 2000 Jahre, bis Forscher in der Lage waren, diese Thesen auch im Experiment zu untersuchen. Im 19. Jahrhundert stellte JOHN DALTON fest, dass sich chemische Elemente immer in ganz bestimmten einfachen Zahlenverhältnissen verbinden. Dies begründete er damit, dass es Stoffe gibt, die aus nur einer Atomsorte bestehen, die chemischen Elemente. Die Entdeckung des Periodensystems durch DMITRIJ IVANOVIČ MENDELEEW und JULIUS LOTHAR MEYER deutete daraufhin, dass Atome aus gleichartigen Bauteilen zusammengesetzt sein mussten.

Noch bevor JOSEPH JOHN THOMSON die elektrischen Eigenschaften des Atoms herausfand, das Elektron entdeckte und sein Atommodell aufstellte, entdeckte HENRI BECQUERELL 1896 die Radioaktivität. Bereits wenige Jahre später (1902) gelang MARIE CURIE die Isolierung des Elementes Radium.

Weitere zehn Jahre später machte ERNEST RUTHERFORD seine berühmten Versuche zur Entdeckung des Atomkerns. Auf ihn geht das auch heute noch gültige Kern-Hülle-Modell für die Atome zurück. Von da an nahm die weitere Erforschung der Atome und ihrer Kerne einen rasanten Verlauf.

RUTHERFORDS Streuversuche:
RUTHERFORD schießt α-Teilchen auf eine Goldfolie. Die Teilchen durchdringen die Folie nahezu ungestört; die Folie selbst wird nicht zerstört.

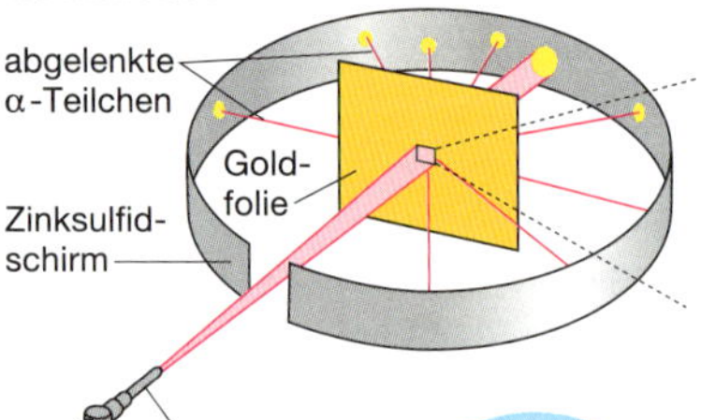

OTTO HAHNS Arbeitstisch

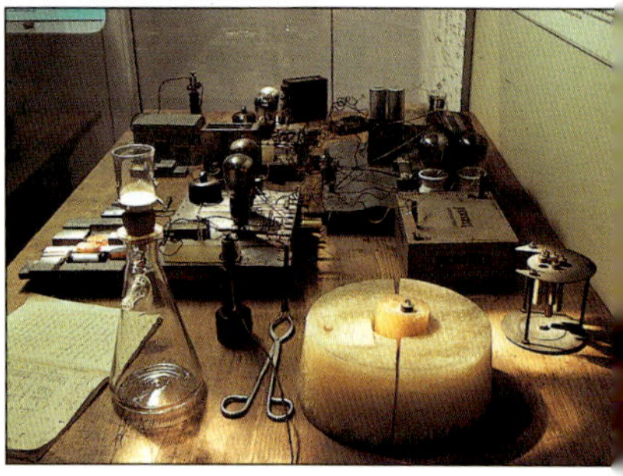

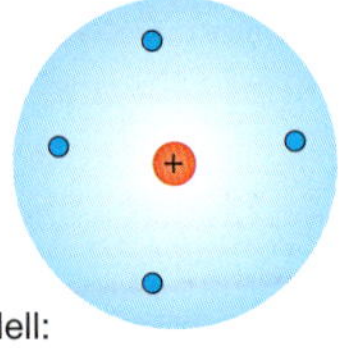

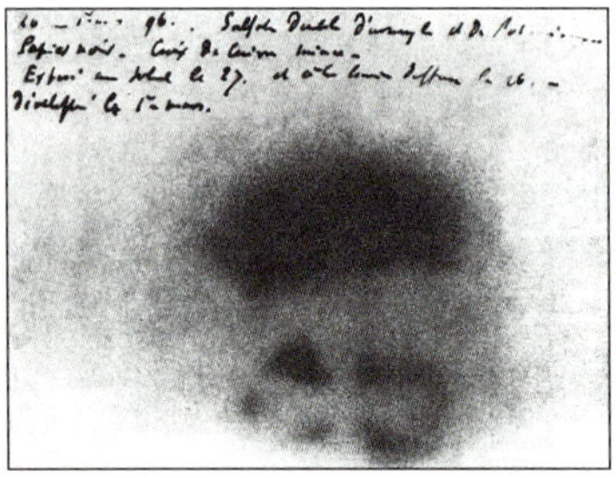

Um 450 vor Chr.

LEUKIPP (um 450 v. Chr.)
DEMOKRIT (460–370 v. Chr.)
Erstes Atommodell:
Alle Körper bestehen aus winzigen, nicht weiter teilbaren Bausteinen

1803 – J. DALTON (1766-1844)
Elemente bestehen aus leichten Atomen und verbinden sich mit anderen Elementen immer in einfachen Zahlenverhältnissen
($2\,H + 1\,O \rightarrow H_2O$)

Dalton Atommodell:
Atome sind kugelförmig und vollständig mit Materie gefüllt

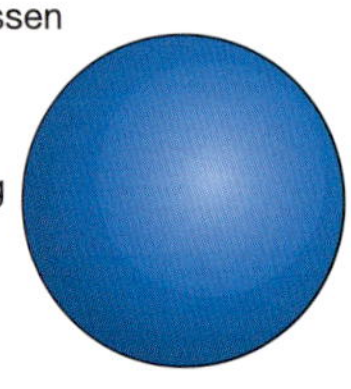

1869 – Periodensystem
D. MENDELEJEW (1834–1907)
J. L. MEYER (1830–1895)

1896 – H. BECQUEREL (1852–1908)
Entdeckung der Radioaktivität

1902 – M. CURIE (1867–1934)
Isolierung des Radiums

1903 – Sir J. THOMSON (1856–1940)
Entdeckung des Elektrons

Thomson Atommodell:
Positiver „Kuchen" mit negativen „Rosinen" als Elektronen

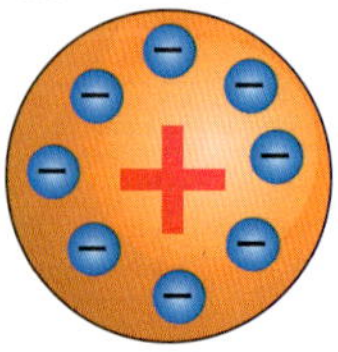

1911 – E. RUTHERFORD (1871–1937)
Entdeckung des Atomkerns
Kern-Hülle-Modell

Kern-Hülle-Modell:
Atome bestehen aus negativ geladener Hülle und positiv geladenem Kern; fast die gesamte Masse des Atoms ist im Kern konzentriert.

1923 – NIELS BOHR (1885–1962)
Bohr'sches Atommodell:
Schalenstruktur der Atomhülle

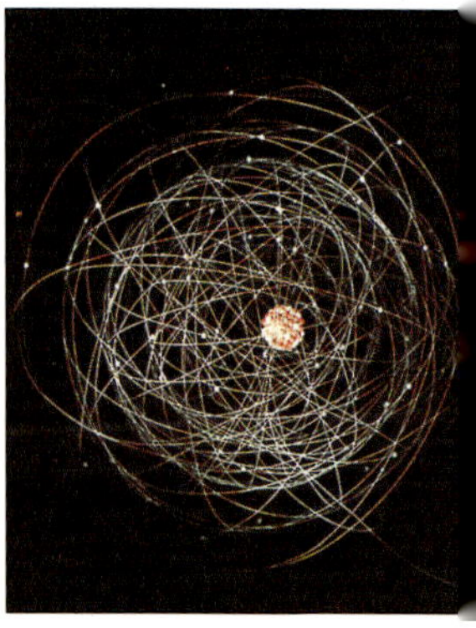

1932 – J. CHADWICK
1891–1974)
Nachweis des Neutrons

1938 – L. MEITNER (1878–1968)
F. STRASSMANN (1902–19
O. HAHN (1879–1968)
Erste Kernspaltung

Die friedliche Nutzung der Kernenergie

Mit der Entwicklung von Kernkraftwerken schien das Energieproblem für alle Zeiten gelöst.

- Das Restrisiko von Kernkraftwerken ist technisch minimiert worden und statistisch sehr gering. Die Beinahe-Katastrophe 1979 in Harrisburg (USA) und die schrecklichen Super-GAU 1986 in Tschernobyl sowie 2011 in Fukushima haben aber gezeigt, dass auch diese unwahrscheinliche Situation eintreten kann und dann eine Katastrophe auslöst, die alle anderen durch Menschen verursachten Unfälle um ein Vielfaches übersteigt.
- Für die endgültige Lagerung der strahlenden Abfälle ist noch keine allgemein akzeptierte Lösung gefunden. Die Belastung der Umwelt auf Jahrtausende mit den Abfällen heutiger Energiegewinnung wird von vielen als unverantwortbar angesehen. Daher scheint die Energiegewinnung aus Kernspaltung, die physikalisch so sinnvoll und elegant wirkt, eine Sackgasse zu sein.

Zu neuen Ufern!

Mithilfe riesiger Elementarteilchenbeschleuniger (z.B. CERN und LHC in der Schweiz oder DESY in Hamburg) wird heute nicht nur der Blick in das Innere des Atomkerns ermöglicht, sondern auch der Aufbau der Kernbausteine untersucht. Seit 1974 sind sich die Physiker sicher, dass Proton, Neutron und Elektron nicht die kleinsten Bausteine der Materie sind, sondern selbst aus noch kleineren Teilchen, den Quarks, zusammengesetzt sind.

Diese tiefen Einblicke in das Innere der Materie haben viele wichtige Erkenntnisse in der Chemie, Geologie, Biologie und Medizin gebracht.

Die Elementarteilchenforschung ermöglicht aber auch den Blick zurück:

- Wie ist unser Universum entstanden?
- Wie sieht der Bauplan des Weltalls aus?

1942 – ERMI (1901–1954) …e kontrollierte …enreaktion

1952 – Erster Kernreaktor liefert Strom in den USA

1974 – Entdeckung der Quarks

1991 – Kernfusionsversuchsreaktor (Jet in England)

1956 – 1. KKW in Europa (Calder Hal, England)

1968 – 1. KKW in Deutschland: Obrigheim (Druckwasserreaktor)

1979 – Harrisburg – fast ein „Supergau“

1986 – Der Supergau von Tschernobyl am 26.04.

2009 – rund 440 KKW am Netz

2011 – GAU in Fukushima

194… – …hattan-…ekt: 1. Atom…be gezündet in …nogordo (USA)

1945 – …mbombenabwurf auf …shima und Nagasaki

1952 – 1. H-Bombe (Kernfusion) gezündet

1955 – Mainauer Erklärung führender Naturwissenschaftler zur Gefahr durch Kernwaffen

1968 – Atomwaffen-Sperrvertrag

1990 – Ende des „Kalten Krieges“ und des atomaren Wettrüstens

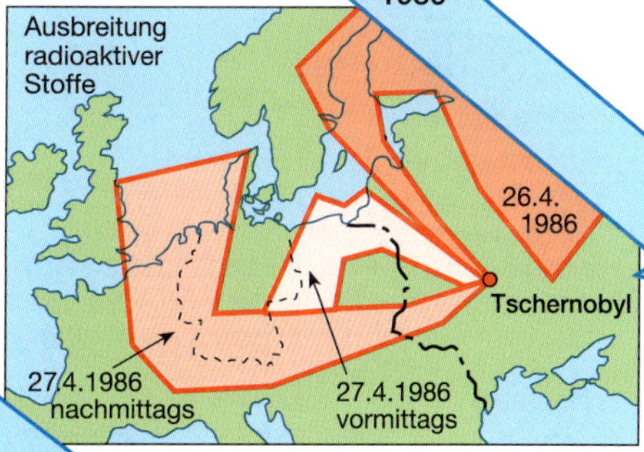

Der „Wettlauf“ zur Atombombe

In Deutschland forschten WEIZSÄCKER, HEISENBERG u.a., in den USA FERMI, TELLER, OPPENHEIMER u.a. (Manhattan Projekt). Das entsetzliche Ergebnis: Am 6. 8. 1945 fiel die erste Atombombe auf Hiroshima; wenige Tage später wurde auch Nagasaki durch eine Atombombe vernichtet. Dabei fanden hunderttausend Menschen sofort den Tod; viel mehr noch starben bis heute an den Spätfolgen. Zehntausende von Zivilisten und Soldaten kostete der Umgang bei Tests von Kernwaffen in den 50er Jahren des 20. Jahrhunderts die Gesundheit oder das Leben.

Anfang der Fünfziger Jahre wurde dann die Wasserstoffbombe mit einer noch viel größeren zerstörerischen Wirkung entwickelt. Das Zeitalter der atomaren Bedrohung in der zweiten Hälfte des 20. Jahrhunderts brachte das Wettrüsten, den „kalten Krieg“ und unvorstellbare Waffenarsenale. Die „offiziellen“ Atommächte (USA, Russland, Frankreich, Großbritannien und China) bauen diese Waffen heute mit immensem Aufwand wieder ab. Dagegen rüsten Staaten wie Indien, Pakistan und andere atomar auf. Sie haben den Atomwaffensperrvertrag nicht unterschrieben, der die friedliche Nutzung der Kernenergie in Kraftwerken erlaubt, aber die Herstellung und den Besitz atomare Waffen verbietet.

Grundwissen — Atombau und ionisierende Strahlung

ENERGIE

Energieströme

Energie braucht einen Träger, um von einer Stelle oder von einem Körper zu einem anderen zu kommen. Bei elektrischen Stromkreisen sind die strömenden Elektronen der Träger oder ganz allgemein die fließende Ladung.

Die Energie fließt im Stromkreis von der Quelle zum Gerät, also in einer Richtung, während die Elektronen bzw. die Ladung im Kreis fließt.

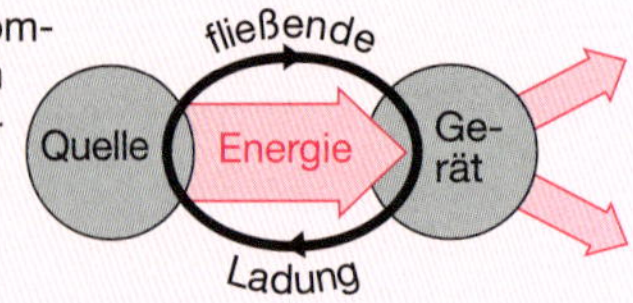

Kernenergie

In Atomkernen ist viel Energie gespeichert. Sie wird frei, wen schwere Kerne gespalten werden oder leichte verschmelzen.

Fusion: Wenn leichte Kerne – bis Eisen – miteinander unter hohem Druck und extremer Temperatur verschmelzen, wird Energie frei.

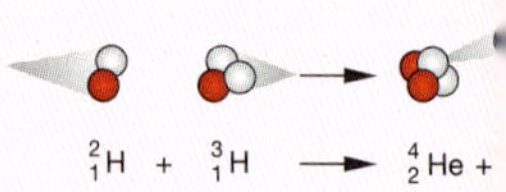

Spaltung: Schwere Kerne setzen Energie frei, wenn sie in kleinere Bruchstücke gespalten werden.

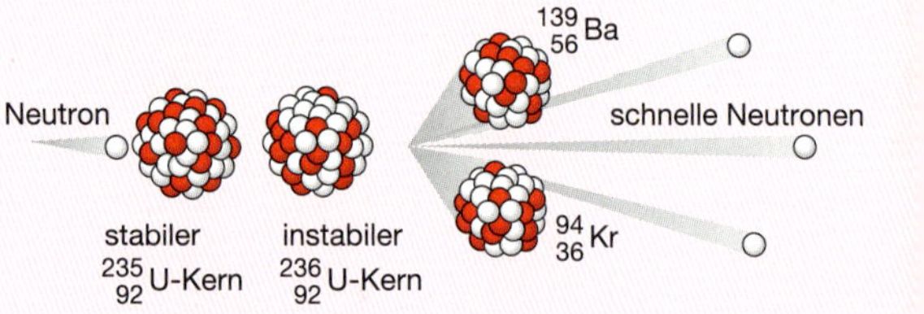

SYSTEM

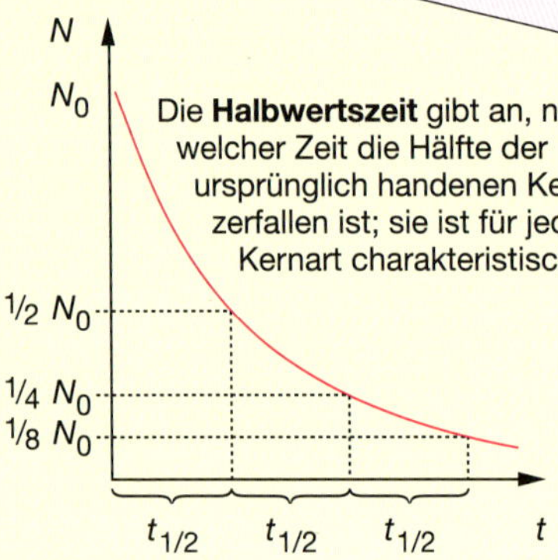

Die **Halbwertszeit** gibt an, nach welcher Zeit die Hälfte der ursprünglich handenen Kerne zerfallen ist; sie ist für jede Kernart charakteristisch.

Die Kernenegie wird im KKW auf den Träger fließende Ladung umgesetzt und so transportierbar und flächendeckend nutzbar. Die bei der Kernspaltung entstehenden Spaltprodukte sind hochradioaktiv; sie müssen wiederaufgearbeitet oder endgelagert werden.

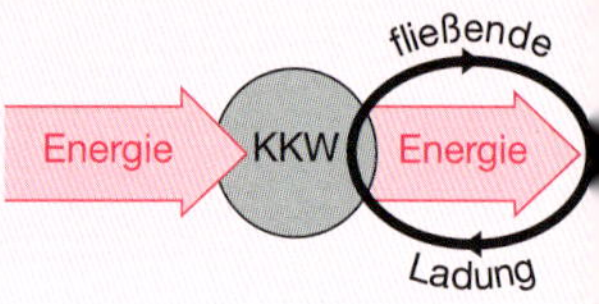

Atombau

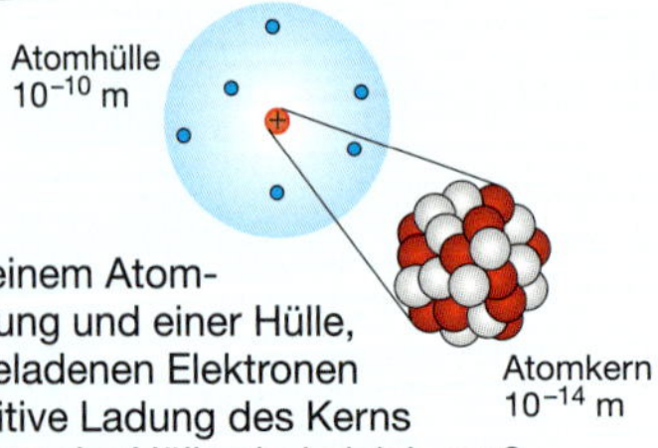

Atome bestehen aus einem Atomkern mit positiver Ladung und einer Hülle, die von den negativ geladenen Elektronen gebildet wird. Die positive Ladung des Kerns und die negative Ladung der Hülle sind gleich groß, das Atom ist nach außen elektrisch neutral.

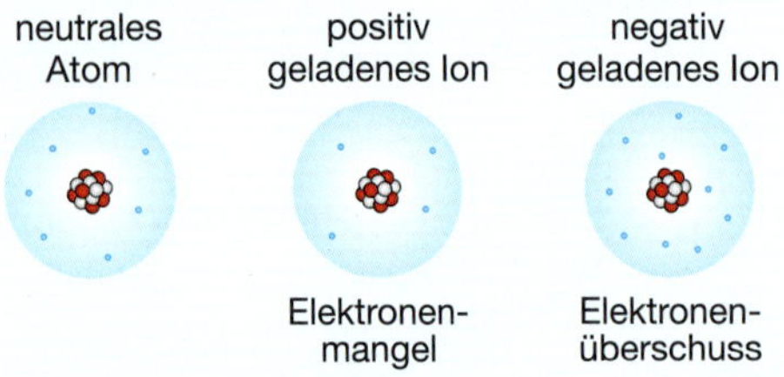

Kerne werden charakterisiert durch

- **Kernladungszahl Z:** Anzahl der Protonen
- **Massenzahl A:** Anzahl aller Protonen und Neutronen
- **Schreibweisen:** ^A_Z**N**, z. B. $^{12}_{6}$C oder ^{12}C oder C12

Radioaktivität

Bei Kernumwandlungen wird α-, β- und γ-Strahlung emittiert.

- **α-Strahlung** besteht aus energiereichen He-Kernen, die beim Zerfall von Kernen emittiert werden; sie kann ein Blatt Papier nicht durchdringen und kommt in Luft nur einige Zentimeter weit.

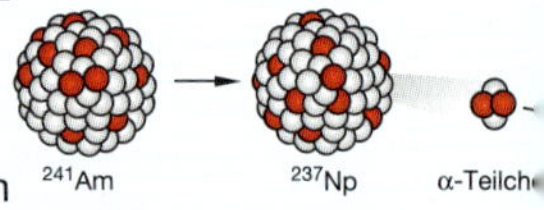

- **β-Strahlung** besteht aus energiereichen Elektronen, die im Kern bei der Umwandlung eines Neutrons in ein Proton entstehen; sie kann 4 mm dicke Alu-Platten nicht mehr durchdringen und kommt in Luft einige Dezimeter weit.

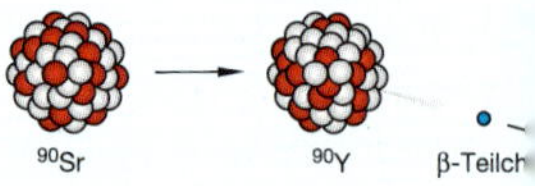

- **γ-Strahlung** ist keine Teilchen-, sondern reine Energiestrahlung wie Licht, aber mit viel größerer Energie; sie entsteht, wenn ein Kern nach einem α- oder β-Zerfall aus einem angeregten Zustand in den Grundzustand übergeht. γ-Strahlung kann auch dicke Bleischichten durchdringen und kommt in Luft im Prinzip unendlich weit.

Röntgenstrahlung ist wie γ-Strahlung keine Teilchenstrahlung sie hat ionisierende Wirkung und kann in Medizin und Techni zu Untersuchungen verwendet werden.

MATERIE

WECHSELWIRKUNG

Strahlenwirkungen und Strahlenschutz

Wenn Strahlung von Körpergewebe absorbiert wird, werden Atome oder Moleküle ionisiert. Dies löst chemische oder biologische Prozesse aus, die bei Körperzellen zu **somatischen** und bei Keimzellen zu **genetischen Schäden** führen können. *Immun-* und *Reparatur-System* können leichtere Schäden beheben.

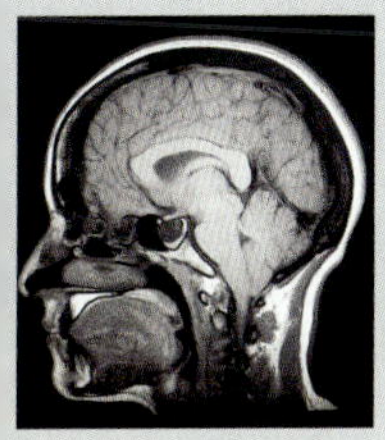

Radioaktive Strahlung wird in der Medizin zur Therapie, zur Diagnose oder auf technischem Gebiet (Materialsuchung etc.) nutzbringend eingesetzt.

Die **Strahlenbelastung** wird durch die *Energiedosis D* (= absorbierte Energie/Masse des bestrahlten Körpers oder Organs) in der Einheit 1 Gy (Gray) = 1 $\frac{J}{kg}$ bestimmt und mit Dosimetern gemessen.

Die Wirksamkeit der verschiedenen Strahlungsarten auf organisches Gewebe wird durch einen *Qualitätsfaktor Q* berücksichtigt und als *Äquivalentdosis* $H = Q \cdot D$ in der Einheit 1 Sv (Sievert) = 1 $\frac{J}{kg}$ angegeben.

Strahlenschutz – die 4 A
- **Abstand halten**
- **Aufenthaltsdauer** so kurz wie möglich
- **Abschirmung**
- **Abstinenz** nichts essen und trinken

Nachweis von Strahlung

α-, β- und γ-Strahlung ionisiert Atome und Moleküle. Sie
- erzeugt Stromstöße in einem *Zählrohr*, die elektronisch gezählt werden;

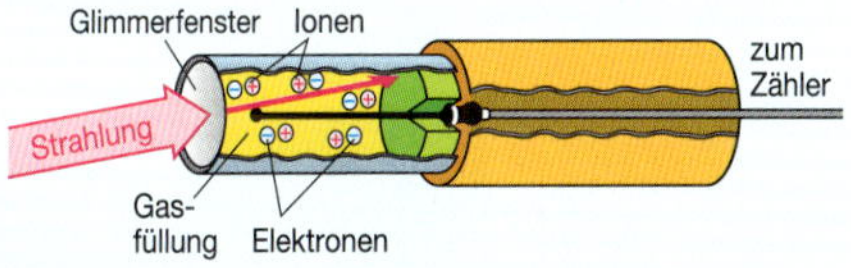

- erzeugt Spuren in einer *Nebelkammer*;

- schwärzt *Fotopapier*.

Zerfallsreihen

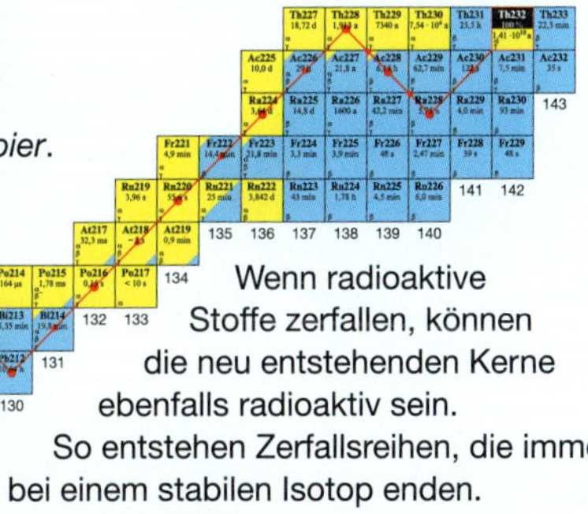

Wenn radioaktive Stoffe zerfallen, können die neu entstehenden Kerne ebenfalls radioaktiv sein. So entstehen Zerfallsreihen, die immer bei einem stabilen Isotop enden.

Isotope sind Kerne mit gleicher Protonenzahl, aber unterschiedlicher Neutronenzahl.

Kräfte

Elektrische Kräfte

Gleich geladene Körper ziehen sich an, ungleich geladene stoßen sich ab.
Diese Kraftwirkung entsteht durch ein elektrisches Feld, das jeden geladenen Körper umgibt.
Elektrische Kräfte wirken ohne direkten Kontakt – berührungslos – auch über große Entfernungen hinweg auf andere geladenen Körper.

Elektronen in Magnetfeldern

Bewegte Elektronen erfahren in einem Magnetfeld eine Kraft senkrecht zu ihrer Bewegungsrichtung und senkrecht zur Richtung des Magnetfeldes. Für die Kraftrichtung gilt die **Linke-Hand-Regel.**

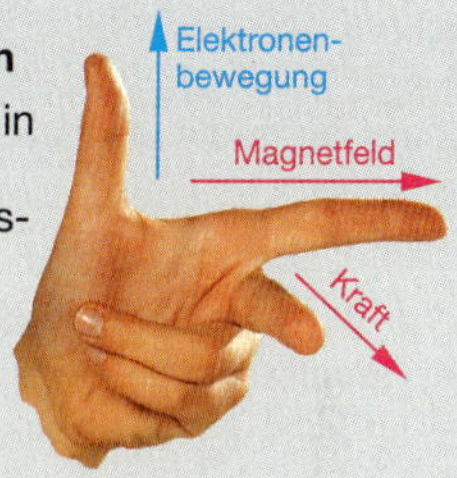

Kernkraft

Protonen und Neutronen werden von der Kernkraft zusammengehalten.
Die Kernkraft
- hat nur eine Reichweite bis zum nächsten Nukleon;
- ist sehr viel stärker als die abstoßende elektrische Kraft;
- wirkt zwischen allen Nukleonen.

Grundbegriffe

Grundwissen – Atombau und ionisierende Strahlung

A1 **a)** Fertige mit den Grundbegriffen der Seite 197 Karteikarten an. Notiere den Begriff auf der Vorderseite und erläutere ihn auf der Rückseite, eventuell mit sonstigen Besonderheiten. Anstelle der Karteikarten kannst du auch eine elektronische Datenbank anlegen.
b) Erstelle eine Mindmap für das ganze Kapitel. Die Grundbegriffe unten helfen dir dabei.

A2 Dir stehen drei verschiedene Gegenstände zur Verfügung, von denen du annimmst, dass sie geladen sein könnten. Entwickele ein Messkonzept, mit dem du die Ladung der jeweiligen Körper überprüfen kannst.

A3 Zwei aufgeblasene Luftballons wurden an einem Wollpullover gerieben. Werden die beiden Ballons nebeneinander aufgehängt, so stoßen sie sich ab. Werden die geriebenen Luftballons an den Pullover gebracht, so bleiben sie an ihm „kleben".
a) Gib eine Erklärung für diese Beobachtungen.
b) Begründe, dass „Kleben" das falsche Wort für diesen Sachverhalt ist.
c) Erläutere mithilfe der Elektronenvorstellung: Beim Reiben eines Glasstabs mit einem Wolltuch wird der Glasstab positiv geladen.

A4 Ein elektrisch neutrales Atom hat in seiner Hülle 6 Elektronen.
a) Gib die Ladung des Atomkerns an.
b) Es werden 2 Elektronen aus der Hülle entfernt. Gib an, welche Ladung das Atom jetzt hat, und begründe deine Antwort.

A5 Ein Kunststoffstab wird mit einem Stück Fell gerieben. Danach wird der Stab an einer Metallkugel abgestreift. Ein an die Kugel angeschlossenes Elektroskop schlägt aus.
a) Erkläre, wie es zu diesem Ausschlag kommt und was passiert, wenn der geriebene Stab die Kugel erneut berührt.
b) Erkläre, was geschieht, wenn der Stab erneut am Fell gerieben und an der Elektroskop-Kugel abgestrichen wird.
c) Wird die Kugel mit der Hand berührt, geht der Ausschlag auf null zurück. Erkläre diesen Rückgang.

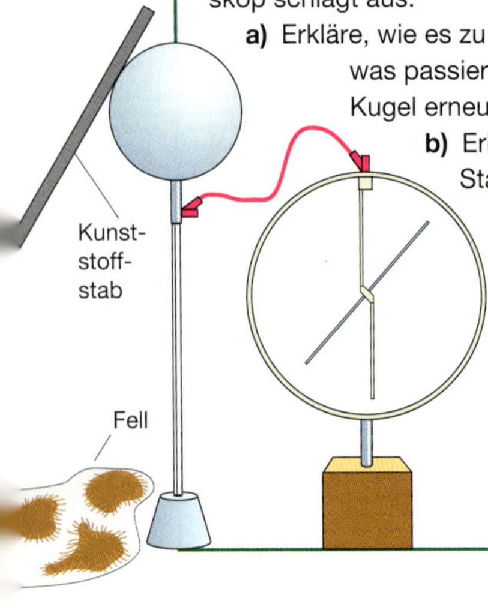

A6 Eine elektrisch positiv geladene, leicht bewegliche Metallkugel wird zwischen eine große positv geladene Metallplatte und eine kleine, negativ geladene, fest stehende Metallkugel gebracht. Beschreibe deine Beobachtung. Begründe sie mithilfe des elektrischen Feldes.

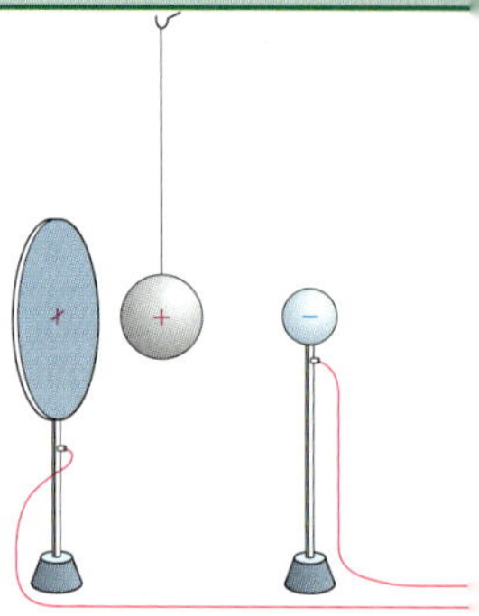

A7 Drei verschiedene Arten von Feldern wurden bisher eingeführt: Magnetfelder, Gravitationsfelder und elektrische Felder. Trage in einer Tabelle Gemeinsamkeiten und Unterschiede der drei Feldarten zusammen.

A8 Übertrage die folgenden Energiefluss-Diagramme in dein Heft und vervollständige sie.

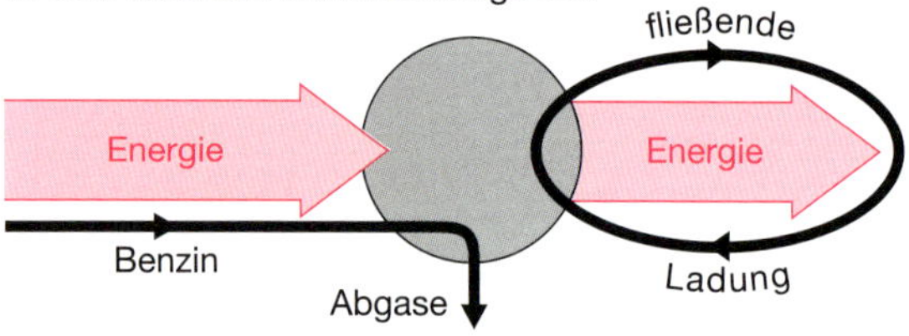

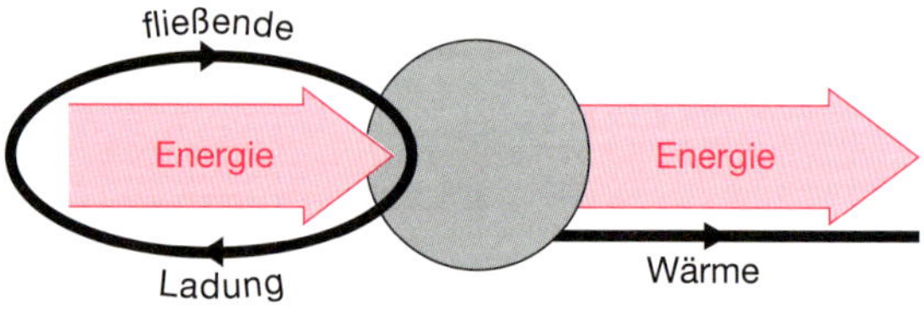

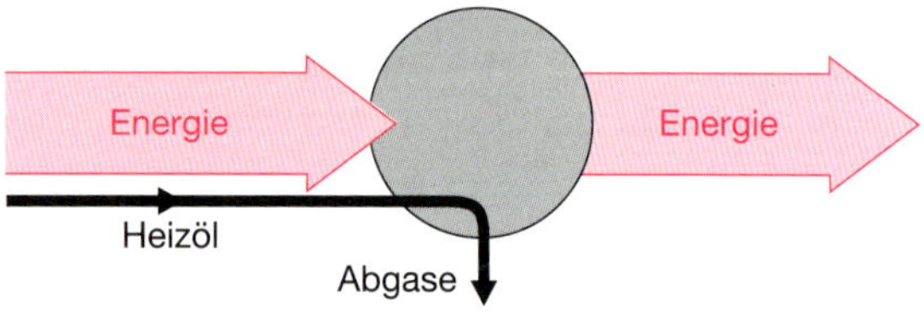

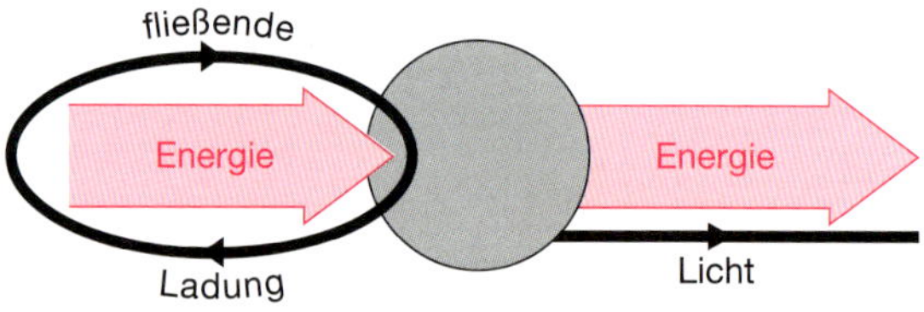

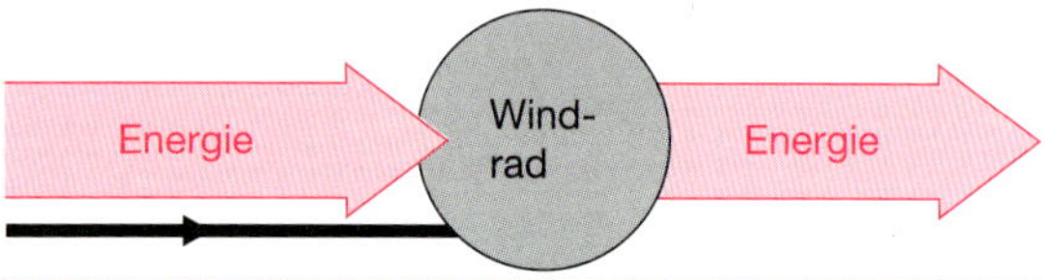

A9 Fasse die Entdeckung der Radioaktivität 1896 durch BEQUEREL zusammen und erläutere, weshalb es sich bei dieser Strahlung um eine neue Art handeln musste.

A10 Bei einer Zählrohr-Messung werden für ein radioaktives Präparat in 20 Sekunden 560 Impulse registriert, ohne Präparat 120 Impulse in 5 Minuten.

a) Berechne die Zählraten und deute das Ergebnis.

b) Erläutere, welche Ergebnisse zu erwarten sein könnten, wenn die Messungen wiederholt werden. Begründe.

A11 **a)** Übertrage die Grafik des Zählrohrs in dein Heft und beschrifte sie geeignet.

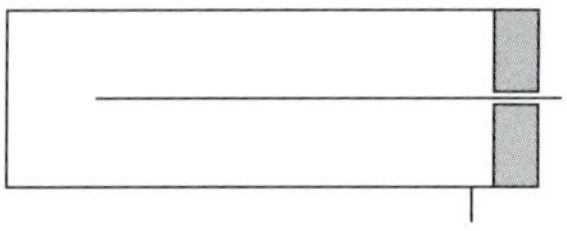

b) Beschreibe den Vorgang, den ein eintreffendes α-Teilchen in einem Zählrohr in Gang setzt.

c) Mit einem Zählrohr wurde folgende Messreihe aufgenommen (*Z:* Zählrate):

t	0 s	20 s	40 s	60 s	80 s	100 s	120 s
Z	$620\,\frac{\text{Imp}}{10\text{ s}}$	$470\,\frac{\text{Imp}}{10\text{ s}}$	$354\,\frac{\text{Imp}}{10\text{ s}}$	$259\,\frac{\text{Imp}}{10\text{ s}}$	$191\,\frac{\text{Imp}}{10\text{ s}}$	$151\,\frac{\text{Imp}}{10\text{ s}}$	$124\,\frac{\text{Imp}}{10\text{ s}}$

Fertige ein Diagramm an und ermittle die Halbwertszeit.

d) Gib eine begründete Abschätzung für die zu erwartende Zählrate nach 5 Minuten.

A12 **a)** Bestimme das Nuklid, das aus Thorium232 nach vier α- und zwei β- Zerfällen entsteht.

b) Notiere die weitere Entwicklung des Isotops.

A13 **a)** Beschreibe am Beispiel des Kohlenstoffisotops C14 die zur β-Strahlung gehörige Kernumwandlung. Bestimme auch die Kernart, in die sich C14 umwandelt.

b) Erläutere zwei wesentliche Unterschiede bzgl. der Eigenschaften von α- und γ-Strahlung.

c) Ergänze die folgende Zerfallsreihe:

$$\text{X} \xrightarrow{\alpha} \text{Y} \xrightarrow{\alpha} \text{Ra225} \xrightarrow{?} \text{Z} \xrightarrow{\alpha} \text{Fr221}$$

d) Erläutere wesentliche Gemeinsamkeiten und Unterschiede von γ- und von Röntgenstrahlung – auch hinsichtlich ihrer Entstehung.

A14 **a)** Erläutere, wie eine Kernspaltung ausgelöst und wie ein Kernkraftwerk „abgeschaltet" werden kann.

b) Beschreibe die notwendigen Maßnahmen, um eine kontrollierte Kettenreaktion aufrecht zu erhalten.

A15 **a)** Übertrage die folgende Skizze in dein Heft und ergänze sie durch die wesentlichen Bestandteile des Primärkreislaufs eines Kernkraftwerkes.

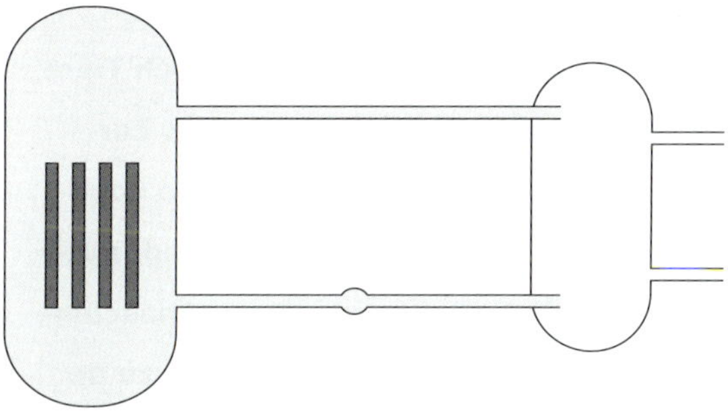

b) Skizziere die beiden Hauptaufgaben des Wassers, das die Brennstäbe umgibt.

A16 Bei der Kernspaltung in einem Kernkraftwerk entstehen radioaktive Spaltprodukte und Strahlung. Erläutere, durch welche Sicherheitseinrichtungen verhindert werden soll, dass sie nach außen dringen.

A17 **a)** Erläutere, welche möglichen Wirkungen ionisierende Strahlung auf den Organismus hat. Beschreibe die dabei auftretenden Symptome.

b) Beurteile, ob jede Bestrahlung zu Schäden führt.

A18 **a)** Die Strahlenbelastung eines Menschen ist unterschiedlich und kann unter oder über den Durchschnittswerten für die Gesamtbevölkerung liegen. Erkläre solche Unterschiede.

b) Beschreibe an einem Beispiel, was mit dem Begriff „Strahlendosis" gemeint ist. Gehe in diesem Zusammenhang auch auf den Begriff „Bewertungsfaktor" ein.

A19 Informiere dich über den Einsatz der Kernenergie in unseren Nachbarländern.

a) Erstelle eine Tabelle der Länder, die Kernkraftwerke betreiben. Sie sollte unter anderem Angaben über das Baujahr und die elektrische Abgabeleistung enthalten.

b) Erstelle eine Übersicht über die Länder, die keine Kernkraftwerke (mehr) betreiben. Sie sollte unter anderem Angaben über das Jahr und den Grund des Atomausstiegs enthalten.

c) Markiere die entsprechenden Länder farbig auf einer Europakarte.

d) Stelle die Argumente für und gegen einen Atomausstieg gegenüber und bewerte den Beschluss des Bundestages zum Atomausstieg.

Spannung und Induktion

Dem Menschen stand lange Zeit in seiner Entwicklung für notwendige Arbeiten als einzige Energiequelle seine Muskelkraft zur Verfügung. Später nutzte er zusätzlich noch Tiere oder die Energie in Wasser oder Feuer. Zur Übertragung der Energie werden heute noch Seile, Ketten, Stangen oder Getrieberäder verwendet. Mit der Erfindung der Dampfmaschine wurde die Energie mithilfe von Riemen zu den einzelnen Maschinen transportiert. Heute ist Strom als Energielieferant für uns alle selbstverständlich. Elektrische Energie ist praktisch überall verfügbar und lässt sich über weite Strecken transportieren.

In diesem Kapitel erfährst du, was die elektrische Spannung mit der Energie und deren Transport zu tun hat, wie Spannungen gemessen werden und wie sie sich in Reihen- und Parallelschaltungen verhält. Weiterhin wird erklärt, wie ein Generator funktioniert, wie Wechselspannung erzeugt wird und was Magnetismus mit einem Induktionskochfeld zu tun hat.

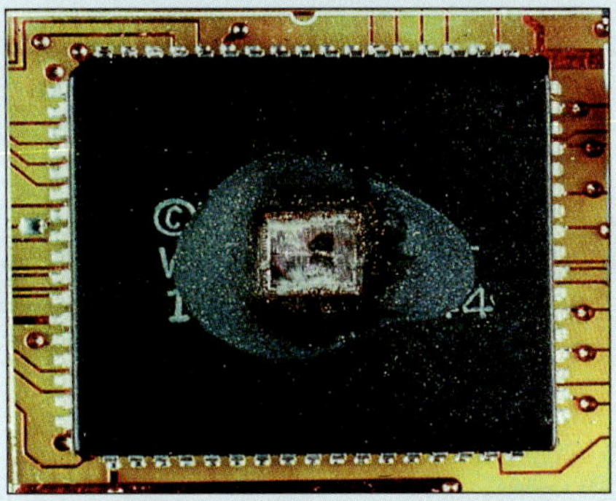

■ **Blitzeinschlag und die Folgen:** Im Durchschnitt werden über Deutschland in einem Jahr mehr als 1 Million Blitze registriert. Ein Blitz erreicht Spitzentemperaturen von 30 000 °C. Auch wenn der Blitz ein Haus nicht direkt trifft, kann über die angeschlossenen Leitungen eine Überspannung entstehen, die elektrische Geräte wie Computer, Telefonanlagen, Fernseher usw. zerstört. Das Bild oben zeigt einen durch Überspannung zerstörten Computerchip.

■ **Wie schnell fließen Elektronen?** Wenn der Schalter in einem Stromkreis geschlossen wird, leuchtet die Glühlampe sofort auf. Aber die Elektronen selbst bewegen sich sehr langsam: Sie legen in einer Stunde nur einen Weg von 12 m zurück. Wenn es nach der Elektronengeschwindigkeit ginge, müsste Jan bei einem Telefongespräch von Hamburg nach München (771 km) über 7 Jahre auf eine Antwort warten, denn so lange bräuchte ein Elektron für diese Strecke! Doch der Strom der Elektronen verhält sich wie das Wasser in einer geschlossenen Anlage mit Pumpe und Turbine. Wenn die Pumpe in Betrieb gesetzt wird, bewegt sie das gesamte Wasser. Die Turbine beginnt sich zeitgleich zu drehen. Deshalb ist beim Telefonieren der Anrufer fast zeitgleich zu hören.

■ **Elektroautos:** Alle Elektroautos treiben ihre Räder mit Elektromotoren an. Die Energie, die dazu nötig ist, kommt aus wieder aufladbaren Akkus, häufig kombiniert mit Kondensatoren. Diese können Ladung und Energie speichern. Die meisten Modelle nutzen sogar Energie aus dem Bremsvorgang, um damit die Akkulaufzeit zu verbessern. Doch alle Elektroautos müssen aufgeladen werden. Statt des Aufladens mit Kabel wie im Bild, setzen andere Ideen auf induktive Ladung. Diese berührungslose Art des Ladevorgangs lässt sich auf speziellen Parkplätzen ralisieren.

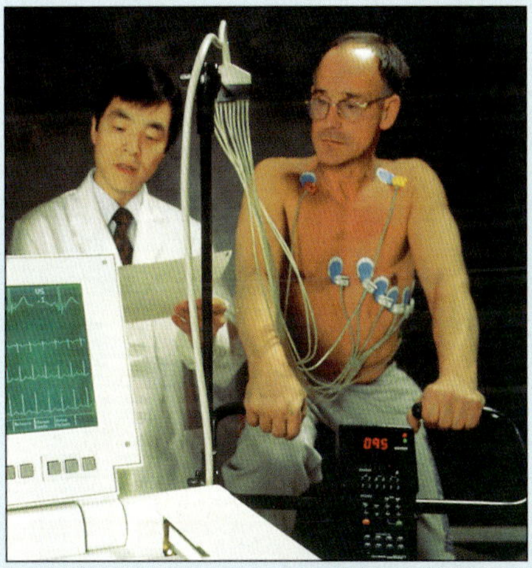

■ **Elektrische Spannungen in der Medizin**
Die Messung der elektrischen Signale, die Herz oder Gehirn steuern, liefern dem Arzt wichtige Hinweise auf den Gesundheitszustand des Patienten. Zwischen jeweils zwei Elektroden werden hierbei in verschiedenen Kombinationen die Unterschiede der elektrischen Spannung gemessen, mit einem speziellen Gerät verstärkt und schließlich als Hirnstrom (EEG)- oder Herzwellen (EKG) aufgezeichnet.

Vorbereitung

1 Lies die Texte dieser beiden Seiten durch und betrachte die zugehörigen Bilder. Schreibe zu den einzelnen Themen Fragen auf, die du dazu hast.

2 Blättere das folgende Kapitel durch, lies die Überschriften und betrachte die Bilder. Notiere neben den Fragen aus **1** die Seitenzahlen, die deiner Meinung nach Antworten zu deinen Fragen liefern könnten.

3 Überlege und schreibe auf, was du in Experimenten untersuchen möchtest. Vielleicht hast du ja schon Ideen, wie die Versuche aussehen könnten.

4 Studiere die im Vorwissen „Spannung und Induktion“ auf Seite 202 dargestellten Zusammenhänge. Schreibe dazu die wichtigsten Begriffe zusammen mit einer kurzen Erklärung auf.

Vorwissen — Spannung und Induktion

Spannung ist gefährlich!

Elektrischer Strom kann im Menschen
- Verbrennungen
- Vergiftungen
- Muskelverkrampfung (Herzstillstand)

hervorrufen.
Gegenstände können durch elektrischen Strom entzündet werden.

Die Energieeinheit „Joule"

Energien werden in der Einheit **1 Joule = 1 J** angegeben.

Größere Einheiten sind
1 kJ = 1000 J
1 MJ = 1 Mio J.

Damit ein kontinuierlicher Strom entstehen kann, muss ein geschlossener **Stromkreis** vorhanden sein, der aus einer elektrischen Quelle (Batterie, Netzgerät oder Steckdose), einem Elektrogerät und Leitungen besteht. Die Voltzahlen (V) von Quelle und Elektrogerät müssen gleich groß sein, damit das Gerät richtig funktioniert bzw. nicht beschädigt wird.

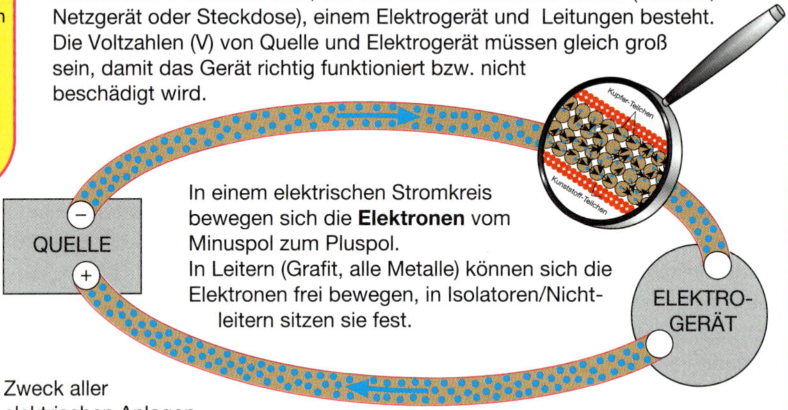

In einem elektrischen Stromkreis bewegen sich die **Elektronen** vom Minuspol zum Pluspol. In Leitern (Grafit, alle Metalle) können sich die Elektronen frei bewegen, in Isolatoren/Nichtleitern sitzen sie fest.

Zweck aller elektrischen Anlagen ist es, Energie zu übertragen und dem Nutzer auf einem geeigneten Träger zur Verfügung zu stellen.

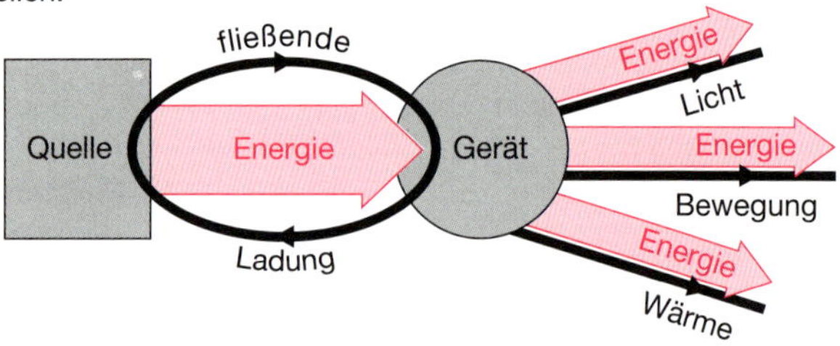

Schaltungen

Reihenschaltung

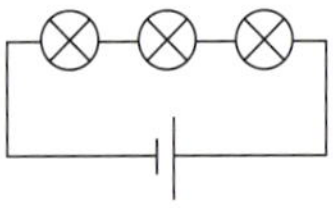

Alle Geräte liegen in einem gemeinsamen Stromkreis.

Parallelschaltung

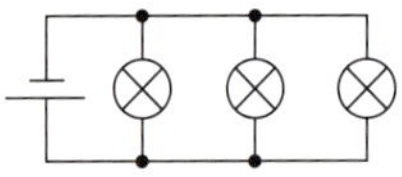

Jedes Gerät ist direkt mit der Quelle verbunden, hat also einen eigenen Stromkreis.

Schaltskizze

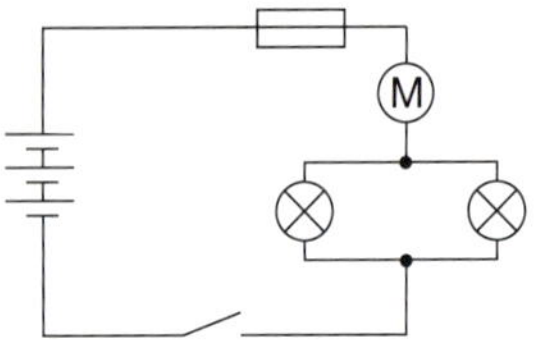

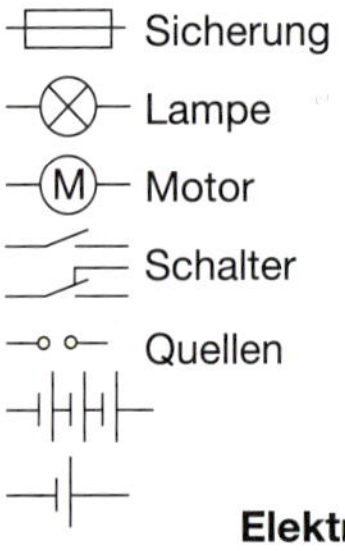

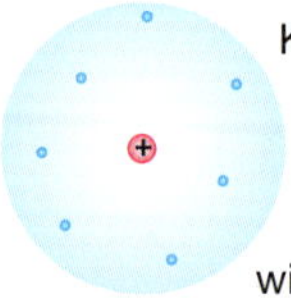

Körper bestehen aus Atomen oder aus Molekülen.
Atome bestehen aus einem Atomkern mit positiver **Ladung** und einer Hülle, die von den negativ geladenen Elektronen gebildet wird. Die positive Ladung des Kerns und die negative Ladung der Hülle sind gleich groß, das Atom ist nach außen elektrisch neutral.

Es gilt der **Erhaltungssatz:** Ladungen entstehen nicht und verschwinden nicht; sie können aber verschoben werden.

Magnetische Kräfte

Gleiche Pole stoßen sich ab.

Ungleiche Pole ziehen sich an.

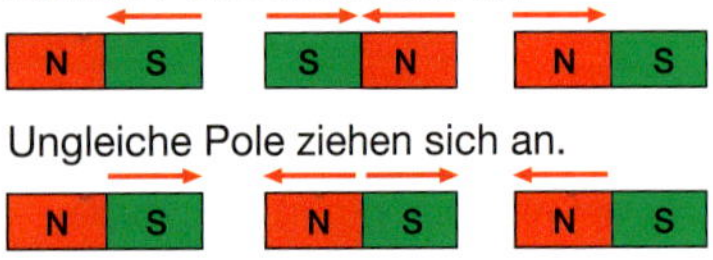

Elektrische Kräfte

Gleich geladene Körper stoßen sich ab, ungleich geladene Körper ziehen sich an.

Elektronen in Magnetfeldern

Bewegte Elektronen erfahren in einem Magnetfeld eine Kraft senkrecht zu ihrer Bewegungsrichtung und senkrecht zur Richtung des Magnetfeldes.

Für die Kraftrichtung gilt die **Linke-Hand-Regel.**

Grundbegriffe

- *Stromkreis*
- *Quelle (elektrische)*
- *Elektrogeräte*
- *Schaltskizze*
- *Reihen- und Parallelschaltung*
- *Leiter, Nichtleiter/Isolator*
- *Energie, Einheit Joule*
- *Energiefluss-Diagramm*
- *Ladung*
- *Elektronen*

Kraftwerke

Projekt

Der Strom kommt aus der Steckdose, das weiß jedes Kind. Aber wie kommt er da hin? Am Ende einer jeden Leitung steht ein Kraftwerk. Bei einem Fahrrad ist das Kraftwerk direkt mit eingebaut. Mit den beiden Projekten sollen große und kleine Kraftwerke untersucht werden.

P1 Nach dem Reaktorunglück in Fukushima im Jahr 2011 hat die Bundesregierung in Deutschland den Ausstieg aus der Stromversorgung aus Kernenergie beschlossen. Außer in Kernkraftwerken wird noch in weiteren Kraftwerken Energie bereitgestellt – oder anders gesagt: Energie auf den Träger Ladung umgeladen, um sie einfach in die Haushalte transportieren zu können.

a) Recherchiert in Gruppen verschiedene **Kraftwerkstypen** in Deutschland und weltweit. Bereitet je Gruppe eine Kurzpräsentation eines Kraftwerktyps vor.

b) Viele der verschiedenen Kraftwerkstypen haben zwar verschiedene Energieträger, auf denen ihnen die Energie „geliefert" wird, aber dennoch eine Gemeinsamkeit. Findet heraus, welche Bauteile die meisten Kraftwerkstypen gemeinsam haben und welche Rolle sie spielen. Fertigt ein Plakat, auf dem die wesentlichen Teile dieses Elements benannt werden.

P2 Ein Kraftwerk am Fahrrad:

a) Untersucht einen alten Fahrrad-Dynamo bezüglich seiner Bauteile. Baut ihn dazu gegebenenfalls auseinander.
Erstellt ein Plakat, auf dem Bestandteile und Funktion erklärt werden.

b) Falls ihr ein Fahrrad mit Nabendynamo besitzt, untersucht, was mit einem frei drehenden Rad beim Einschalten des Lichts geschieht. Was geschieht mit der Energie? Bereitet einen Kurzvortrag vor.

Spielereien mit Magneten

Projekt

Wie von Geisterhand lassen sich Magnete mit anderen Magneten anziehen oder abstoßen. Lässt sich dieser Magnetismus mit Kabeln übertragen oder ist es etwas anderes, was hier geschieht? Auch in Elektromotoren finden sich Magnete, aber warum?

P1 Im Bild rechts ist ein einfacher Versuchsaufbau mit zwei Hufeisenmagneten und zwei Spulen gezeigt. Die Spulen liegen dabei auf dem Tisch. Die Magnete sind so aufgehängt, dass sie in die Spule hineinschwingen können.

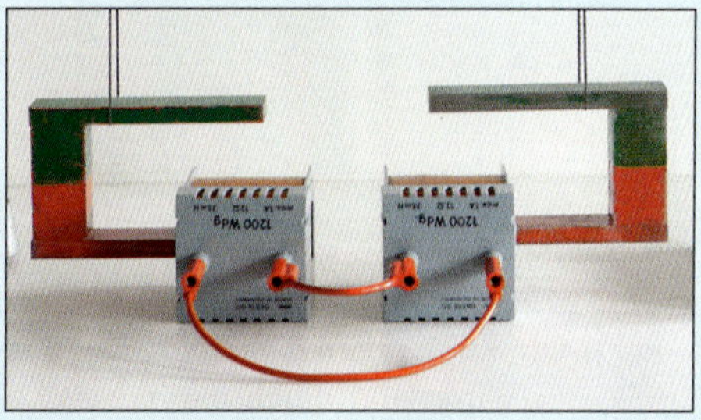

a) Überlegt, was mit diesem Versuchsaufbau alles untersucht werden kann. Notiert im Vorfeld eure Vermutungen und überprüft sie experimentell.

b) Welche Parameter lassen sich am Aufbau variieren? Plant Variationen und Alternativen und bestätigt eure Vermutungen erneut.

c) Entwerft ein Memory-Spiel mit Paaren „Ich mache links das" und „Rechts passiert das".

P2 Das Bild unten zeigt den vermutlich einfachsten Elektromotor der Welt. Als Bauteile werden nur eine Batterie, eine Schraube, ein kleiner, aber starker Magnet und ein Stück Kabel benötigt.

a) Untersucht diesen „Motor" genauer, was sich hier dreht und warum. Kann er wirklich als Motor dienen und zum Beispiel Lasten heben oder etwas antreiben? Notiert euer Vorgehen und eure Ergebnisse.

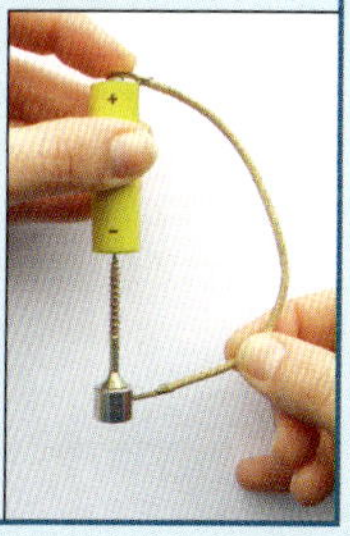

b) Informiert euch über die Funktionsweise von **Elektromotoren** und präsentiert eure Ergebnisse.

Stromkreise übertragen Energie

Ob in der Mikrowelle, im Toaster, in der Küchenmaschine oder einem beliebigen anderen Elektrogerät – überall wird Energie aus der Steckdose oder einer Batterie bezogen und auf einen anderen Energieträger umgeladen.
Fließende Ladung ist der Träger der Energie im elektrischen Stromkreis. Doch was treibt den elektrischen Strom überhaupt an? Gibt es andere Kreisläufe, die analog zum Stromkreis betrachtet werden können, um Antrieb und Energietransport zu verstehen?

Der Wasserstromkreis als Modell für den elektrischen Stromkreis

Im linken Aufbau des zentralen Versuchs wird durch die Pumpe Wasser im Kreis bewegt. (Die Pumpe selbst wird durch die Drehung der Bohrmaschine angetrieben.) Das fließende Wasser treibt ein Schaufelrad an, welches durch seine Drehung den kleinen Sack hochhebt. Unterhalb des Schaufelrades wird das Wasser wieder zur Pumpe zurückgeleitet. Das Wasser vollführt also einen Kreislauf von der Pumpe über das Schaufelrad zurück zur Pumpe. Zweck dieses Wasserkreislaufs ist das Hochheben des Säckchens.

Zentraler Versuch

Der Weg der Energie lässt sich wie folgt beschreiben:

- Energie aus der Steckdose wird in der Bohrmaschine auf die Drehbewegung des Motors umgeladen. Die Energie wird dann durch die Achse vom Motor zur Pumpe übertragen.
- Die Energie der Drehbewegung des rotierenden Schaufelrads der Pumpe wird auf das bewegte Wasser und vom strömenden Wasser auf die Drehbewegung des Schaufelrades umgeladen.
- Die Energie auf dem Schaufelrad im Eimer wird über den sich aufwickelnden Faden auf das Säckchen übertragen, das angehoben wird und somit die zugeführte Energie als Lageenergie speichert.

Die Energie der Bohrmaschine wurde also von dem strömenden Wasser auf den kleinen Sack übertragen.

Im rechten Foto zieht ein Elektromotor das Säckchen hoch. Damit dies möglich ist, muss ein Stromkreis vorhanden sein. Nur wenn dieser geschlossen ist, hebt der Motor die Last. Es ist also der elektrische Strom, genauer gesagt die fließende Ladung, die die Energie der Batterie über den Motor zum Säckchen überträgt.

Die Batterie lädt ihre Energie auf die fließende Ladung um. Dabei verliert sie Energie. Der Motor lädt die Energie auf die Drehung und schließlich über das Seil auf das Säckchen. Die Energie der Batterie ist also durch den Kreisstrom der fließenden Ladung auf das Säckchen übertragen worden.

Führt nur eine Leitung von der Quelle zum Motor, dann ist eine Energieübertragung nicht möglich, weil jetzt ja Quelle und Motor nicht in einem geschlossenen Stromkreis liegen, die Ladung also nicht im Kreis strömen kann.

Im elektrischen Stromkreis überträgt der Kreislauf der fließenden Ladung die Energie von der Quelle zum Gerät.
Ein Wasserkreislauf ist ein Modell für den elektrischen Stromkreis.

Elektrogeräte sind Energieumlader

Mithilfe eines Heizlüfters werden kalte Räume schnell warm. Die Zimmerluft wird durch eine Heizspirale erwärmt. Der elektrische Strom hat dabei den Draht erhitzt. Der Ventilator, der die erwärmte Luft in den Raum bläst, wird ebenfalls vom elektrischen Strom angetrieben. Die Energie aus der Steckdose wird im Heizdraht auf die Träger Wärme und bewegte Luft umgeladen, also vom Träger fließende Ladung auf die Träger Wärme und Impuls. Dieser Vorgang wird im folgenden *Energiefluss-Diagramm* dargestellt.

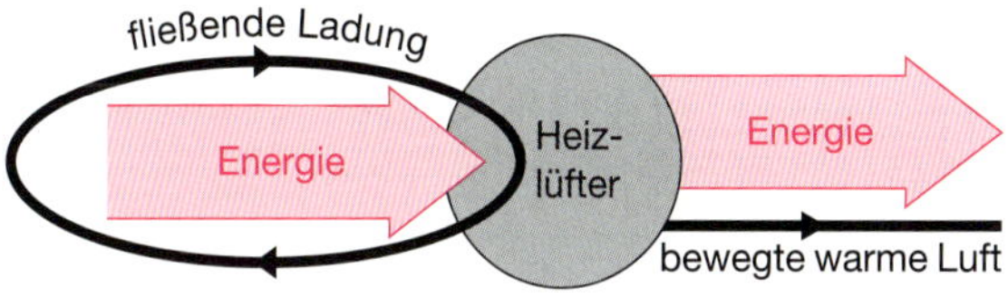

In einem Toaster oder einer Glühlampe wird Energie vom Träger fließende Ladung auf die Träger Wärme und Licht umgeladen. Während bei einem Toaster die Erwärmung gewollt und das Licht (Glühen der Heizdrähte) ein ungewollter Nebeneffekt ist, ist es bei der Lampe genau umgekehrt.

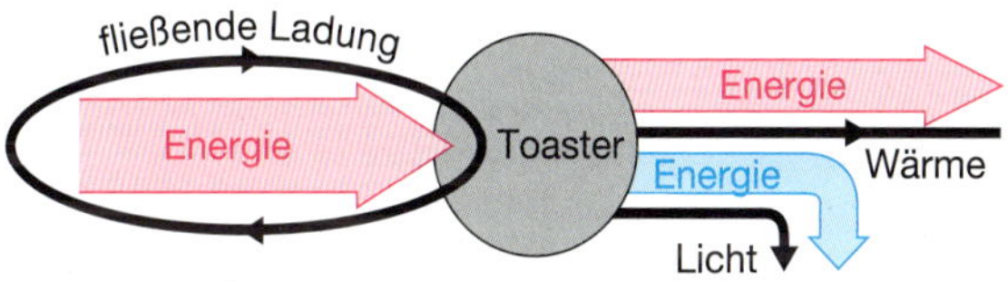

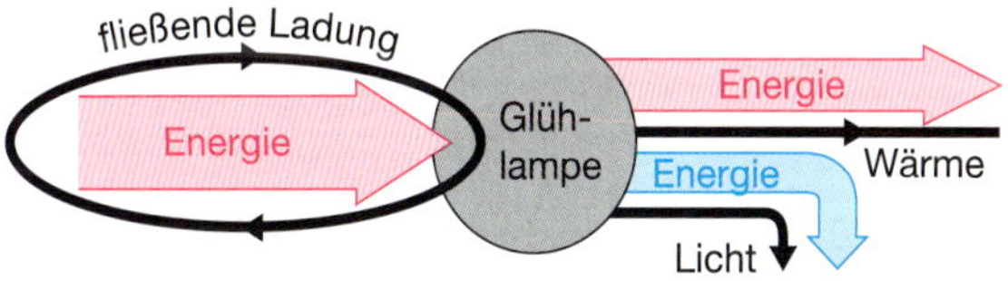

Es gibt auch Maschinen, die Energie von anderen Trägern auf den Träger fließende Ladung umladen. Eine Solarzelle etwa lädt Energie vom Träger Licht auf den Träger fließende Ladung um. In einem Kraftwerk produziert ein Generator einen stetigen (Energie-) Strom, indem er wie ein Fahrraddynamo Energie vom Träger Impuls auf den Träger fließende Ladung umlädt.

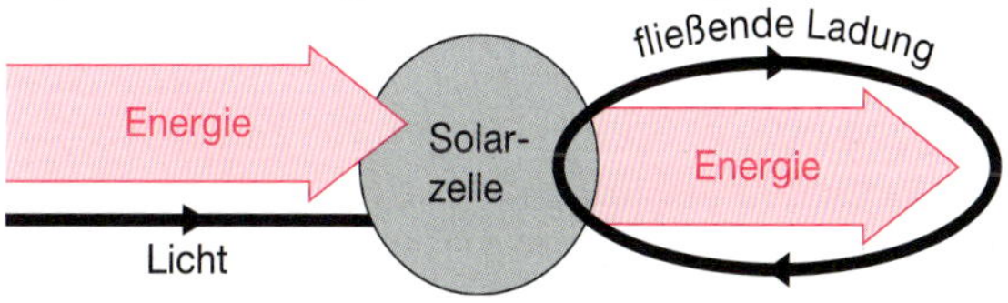

Alle Elektrogeräte sind also Energieumlader. Die gängige Bezeichnung „Verbraucher" ist daher falsch, denn es werden weder Energie noch Ladung verbraucht.

In allen Elektrogeräten wird Energie vom Träger fließende Ladung auf andere Träger umgeladen.

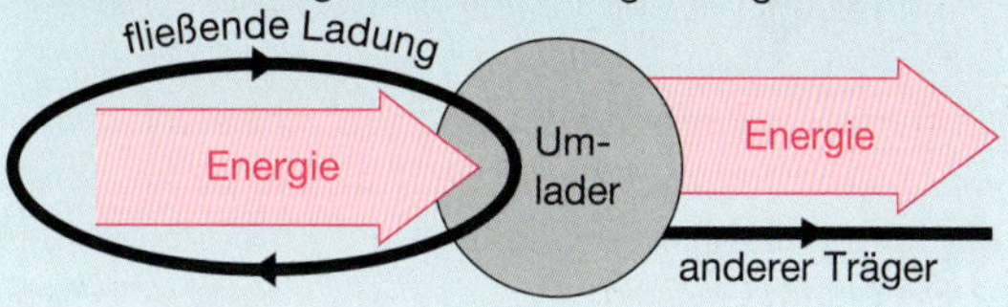

Aufgaben

1 Zeichne für den Wasserkreislauf aus Bohrmaschine/Pumpe und Schaufelrad auf der linken Seite das Energieumladediagramm.

2 Lampe und Solarzelle stellen gewissermaßen ihre gegenseitige Umkehrung dar. Was wäre in diesem Sinne die Umkehrung eines Generators? Zeichne ein Energieumladediagramm. Nenne ein weiteres Beispiel für ein solches Paar

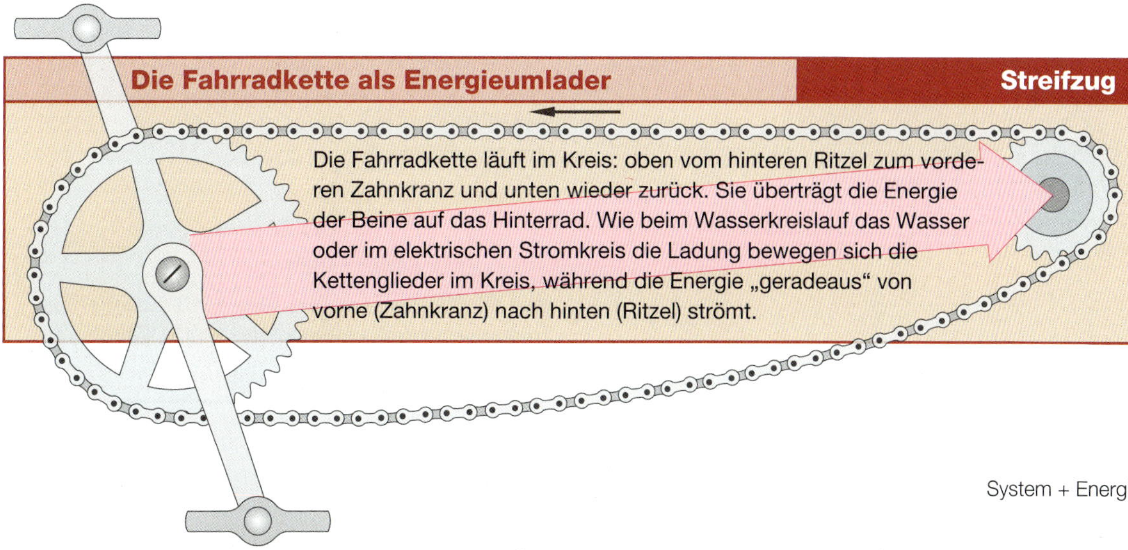

Die Fahrradkette als Energieumlader — Streifzug

Die Fahrradkette läuft im Kreis: oben vom hinteren Ritzel zum vorderen Zahnkranz und unten wieder zurück. Sie überträgt die Energie der Beine auf das Hinterrad. Wie beim Wasserkreislauf das Wasser oder im elektrischen Stromkreis die Ladung bewegen sich die Kettenglieder im Kreis, während die Energie „geradeaus" von vorne (Zahnkranz) nach hinten (Ritzel) strömt.

Energieströme

Energie strömt ständig von einem Ort zum anderen und wechselt dabei mitunter vielfach ihren Träger, zum Beispiel:

- Das Wasser in einem Fluss verliert kontinuierlich an Höhe und setzt sich in Bewegung. An einem Wasserfall geschieht dies schneller als im normalen Flussverlauf.
- Weht der Wind stärker, so drehen sich die Rotoren eines Windkraftwerks schneller. Sie können in einer bestimmten Zeit mehr Energie vom Impuls der bewegten Luft auf fließende Ladung umladen als bei schwachem Wind.
- Verschiedene Glühlampen leuchten unterschiedlich hell. In ihnen wird in der gleichen Zeit unterschiedlich viel Energie von fließender Ladung auf Licht umgeladen. Dies ist an der unterschiedlichen Helligkeit erkennbar.
- Ein Kohlekraftwerk, in dem an einem Tag mehr Kohle verbrannt wird als an einem anderen, speist an diesem Tag auch mehr Energie ins Netz ein.

Wenn Energie strömt, kann also viel oder wenig Energie transportiert werden und der Transport kann schnell oder langsam ablaufen. Gleiches gilt für die Umladung der Energie in Geräten.

Etwas Strömendes pro Zeit wird in der Physik mit der Größe **„Stromstärke"** beschrieben. Im Beispiel des Flusses ist es die Volumenstromstärke des Wassers, die angibt, wie viel Wasser(-volumen) pro Zeit an einer Stelle des Flusses vorbeiströmt. Beim Wind kann ebenfalls von einer Volumenstromstärke gesprochen werden. Diese gibt an, wie viel Wind(-volumen) pro Zeit an den Rotoren vorbeiweht.

Wird betrachtet, wie viel Energie in einer bestimmten Zeit fließt, ist es sinnvoll, diese Größe **Energiestromstärke** zu nennen. Sie wird berechnet als Quotient aus geflossener oder umgeladener Energie E und der dafür benötigten Zeit t.

Die Energiestromstärke P hat eine eigene Einheit bekommen, das **Watt** – benannt nach dem Engländer JAMES WATT (1736–1819).

Energiestromstärke

Das Formelzeichen ist P.
Die Einheit ist 1 W (Watt) = $1\,\frac{J}{s}$.

Weitere Einheiten:
Kilowatt: 1 kW = 1000 W
Megawatt: 1 MW = 1000 kW = 1 Mio W
Milliwatt: 1 mW = $\frac{1}{1000}$ W = 0,001 W

1 Watt bedeutet, dass in einer Sekunde ein Joule an Energie fließt oder umgeladen wird: $1\,W = 1\,\frac{J}{s}$.

Als Kennzeichen für die Energiestromstärke in Geräten wird der Begriff **elektrische Leistung** verwendet. Daher kommt auch das Formelzeichen P, welches für das englische Wort „power" steht.

Die Energiestromstärke P ist um so größer, je mehr Energie E übertragen oder umgeladen wird und je kürzer die dafür benötigte Zeit t ist:

Energiestromstärke = $\frac{\text{geflossene Energie}}{\text{dafür benötigte Zeit}}$ $\quad P = \frac{E}{t}$

Rechenbeispiele

1. In einer Glühlampe wechseln in einer Sekunde 60 Joule den Träger, in einer LED-Lampe dagegen 32,4 kJ pro Stunde. Berechne jeweils die Energiestromstärke.

Geg.: $E_1 = 60\,J$; $t_1 = 1\,s$; $E_2 = 32\,400\,J$
$t_2 = 1\,h = 3600\,s$
Ges.: P
Lösung: $P_1 = \frac{E_1}{t_1} = \frac{60\,J}{1\,s} = 60\,W$
$P_2 = \frac{E_2}{t_2} = \frac{32\,400\,J}{3600\,s} = 9\,W$

Die Energiestromstärken betragen 60 W bzw. 9 W.

2. Im Mikrowellengerät (Leistung 700 W) wird ein Tellergericht in 1,5 Minuten erhitzt. Berechne die übertragene Energie in Joule.

Geg.: $t = 1{,}5\,min = 90\,s$; $P = 700\,W$
Ges.: Energie E
Lösung: Aus $P = \frac{E}{t}$ folgt
$E = P \cdot t = 700\,W \cdot 90\,s = 63\,000\,Ws$
$= 63\,000\,J = 63\,kJ$

Das Mikrowellengerät hat also 63 kJ Energie vom Träger fließende Ladung auf den Träger Wärme umgeladen.

Eine weitere Einheit für die Energie – die Kilowattstunde

Der „Strom", den ein Haushalt von den Energieversorgungsunternehmen bezieht, muss bezahlt werden. Doch Ladung und Ladungsträger strömen ja im geschlossenen Stromkreis auch wieder zurück. Bezahlt wird also die Energie, die mit dem Ladungsstrom ins Haus transportiert wird. Eine 60 W-Glühlampe, die täglich 30 Minuten leuchtet, lädt somit im Jahr
$365 \cdot 30 \cdot 60\,\text{s} \cdot 60\frac{\text{J}}{\text{s}} = 39\,420\,000\,\text{J}$ um.
In einem ganzen Haushalt kommen dann schnell viele Millionen Joule zusammen. Für solch große Energiemengen wird eine andere Einheit als das Joule oder das Megajoule verwendet, die sich aus den Leistungsangaben der Geräte ergibt: die **Kilowattstunde**.

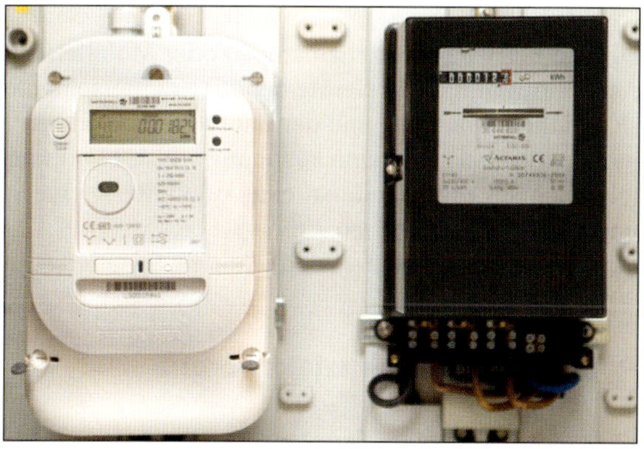

1 Watt ist 1 Joule in einer Sekunde. Folglich ist
$1\,\text{Ws} = 1\,\text{W} \cdot 1\,\text{s} = 1\frac{\text{J}}{\text{s}} \cdot 1\,\text{s} = 1\,\text{J}$.
Damit ergibt sich für 1 Kilowattstunde:
$1\,\text{kWh} = 1000\,\text{W} \cdot 1\,\text{h} = 1000\,\text{W} \cdot 3600\,\text{s} = 3\,600\,000\,\text{J}$

Für große Energiemengen wird die Einheit Kilowattstunde (kWh) verwendet.
Es gilt: $1\,\text{kWh} = 3\,600\,000\,\text{J} = 3{,}6$ Mio J

Aufgaben

1 In ein Waffeleisen fließen pro Minute 55 800 J Energie mit dem Träger fließende Ladung. Berechne die Energiestromstärke. Gib an, auf welchen Träger die Energie umgeladen wird.

2 Eine Glühbirne benötigt pro Stunde 360 kJ Energie. Berechne die Leistung der Glühbirne.

3 Ein Notebook hält im Akkubetrieb 3,5 Stunden durch und benötigt dabei rund 25 Watt.
a) Berechne die im Akku gespeicherte Energie, wenn er voll geladen ist.
b) Bestimme die Zeit, die ein Notebook mit diesem Akku betrieben werden kann, das nur 21 W benötigt.

4 Die Pumpe eines 150 Watt-Kühlschranks läuft durchschnittlich 20 % der Zeit eines Tages. Berechne, wie viel Energie der Kühlschrank in einem Monat benötigt. Gib das Ergebnis in kWh und in kJ an.

5 Zeichne das Energiefluss-Diagramm eines Kraftwerks.

Was ist eine Pferdestärke? — Streifzug

Wenn sich Autofahrer über ihre Wagen unterhalten, so hast du sicher schon einmal die Aussage gehört: „Mein Auto hat aber über 150 PS." Was meint der Besitzer damit?
„PS" ist eine alte Einheit, die auf den Engländer JAMES WATT (1736–1819) zurückgeht. WATT hatte um 1785 die erste wirklich brauchbare Dampfmaschine erfunden. Damit seine Maschine auch gekauft wurde, musste er nachweisen, dass sie mehr leistete als Zugpferde. Dazu legte er die Einheit 1 PS fest als die Dauerleistung eines Pferdes beim Ziehen von Wagen, Kutschen oder Pflügen. (Ein Pferd kann auf Dauer in 1 s einen Körper von etwa 75 kg um 1 m hoch heben, wozu je Sekunde 750 J nötig sind.) So konnte WATT seinen Kunden nachweisen, dass seine Dampfmaschine 40 Pferde ersetzen konnte.

Ein Pferd kann kurzfristig bis zu 24 PS leisten, etwa beim Pferderennen oder Springreiten. Trainierte Gewichtheber schaffen kurzfristig 3 PS (≈ 2,2 kW), Hochspringer etwa die Hälfte.

Die elektrische Spannung

Für den Betrieb von Taschenlampen oder Mobiltelefonen sind Batterien oder Akkus notwendig. Die Geräte benötigen unterschiedliche Batterietypen, die sich in ihrer Spannung und der Bauform unterscheiden: Während Akkus für mobile Medienspieler eine Spannung von 1,2 Volt und die Akkus von Mobiltelefonen 3,8 Volt haben, hat eine Autobatterie eine Spannung von 12 Volt und die Steckdosen haben 230 Volt.
Was bedeutet eine unterschiedlich hohe Spannung?

Potenzial und Potenzialdifferenz

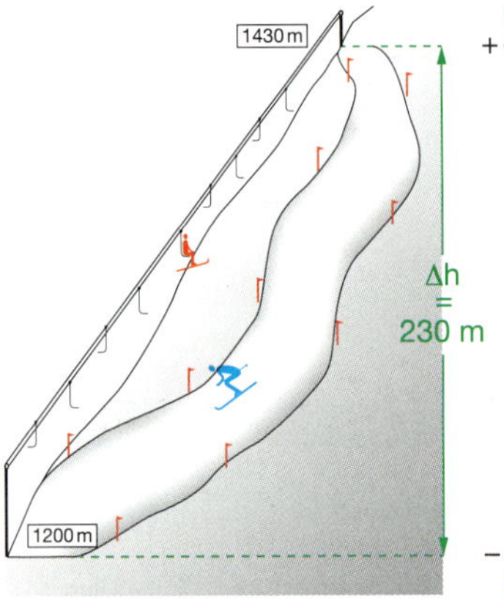

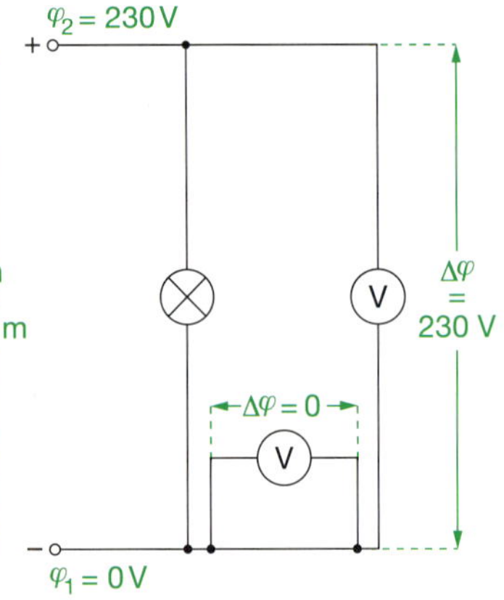

Im linken Bild ist eine Skipiste zu sehen. Der Skifahrer kann durch den Lift von der Talstation nach oben zur Bergstation befördert werden und von dort wieder abfahren.
Bezogen auf die Talstation hat er beim Liftfahren an Höhe gewonnen, bei der Abfahrt verloren, doch es ist in beiden Fällen der gleiche Höhenunterschied. Dieser ändert sich auch dann nicht, wenn der Lift statt auf 1200 m üNN auf 1800 m üNN beginnt.

Der Skifahrer erhält durch den Lift Energie und hat an der Bergstation eine höhere Lageenergie als an der Talstation. Auf der Abfahrt verliert er an Höhe und lädt seine gewonnene Energie wieder ab.

Der Skifahrer kann von alleine stets nur in Richtung der niedrigeren Höhe fahren. Die Höhendifferenz $\Delta h = h_2 - h_1$, die er durch den Lift bekommt, ist dabei sein Antrieb. Sie ist somit ein Maß dafür, wie viel Energie umgeladen wird.

Die Höhe des Skifahrers an einem beliebigen Punkt kann als Beladungsmaß des Skifahrers mit Energie betrachtet werden. Das Nullniveau (die Talstation) kann beliebig gewählt werden, da nur die Energie bezüglich dieses Punktes relevant ist.

Im rechten Bild ist ein Stromkreis mit Stromquelle und Lampe dargestellt.
Die Quelle sorgt dafür, dass die Ladung über die Lampe wieder zurück zur Quelle fließen kann.
Die Höhe gegenüber der Talstation beim Skifahrer entspricht hier dem **elektrischen Potenzial** φ (Phi) gegenüber einem gewählten Punkt im Stromkreis. Bei Potenzialmessungen wird dieser Punkt willkürlich festgelegt. Meist ist es wie hier im Bild der Minuspol bzw. eine geerdete Verbindung.

Die Ladung erhält ihre Energie von der Stromquelle. Dadurch ist das Potenzial am Pluspol der Quelle höher als am Minuspol. Mit der Ladung strömt Energie zur Lampe und wird dort umgeladen.

Dadurch ist das Potenzial „nach" der Lampe niedriger als „vor" der Lampe. Ladung und Energie strömen von alleine nur in Richtung des niedrigeren Potenzials. Die *Potenzialdifferenz* $\Delta\varphi = \varphi_2 - \varphi_1$ der Quelle ist also ihr Antrieb und zudem ein Maß dafür, wie viel Energie umgeladen wird.

Analog zur Höhe ist das elektrische Potenzial ein Beladungsmaß der Ladung mit Energie. Die Potenzialdifferenz zwischen zwei Punkten im Stromkreis gibt an, wie viel Energie dort umgeladen wird.

In einem Stromkreis hat jeder Punkt ein ganz bestimmtes Potenzial gegenüber einem (frei wählbaren) Potenzial-Nullpunkt. Die Potenzialdifferenz $\Delta\varphi = \varphi_2 - \varphi_1$ ist ein Maß für die zwischen diesen Punkten umgeladene Energie. Die Potenzialdifferenz der Quelle ist der Antrieb für den Ladungsstrom.

Spannung

Die Potenzialdifferenz $\Delta\varphi$ zwischen den Anschlüssen einer elektrischen Quelle ist das Maß für die umgeladene Energie und für den Antrieb des Ladungsstroms – bekannt als **elektrische Spannung *U*.**

In Lampe, Kabeln und Drahtstück wird Energie auf die Träger Licht und Wärme umgeladen und schließlich an die Umgebung abgegeben. Die Quellenspannung ist die Ursache für den Ladungs- und Energiestrom. Sie bestimmt die maximal übertragbare Energie. Im Gegensatz dazu gibt die **Nennspannung** an, bei welcher Spannung das Gerät optimal funktioniert.

In einem Stromkreis aus einer Quelle und einem 6 V-Lämpchen wird zunächst die **Quellenspannung** und dann nacheinander die Spannungen zwischen den Punkten A und B, B und C sowie C und D möglichst genau gemessen:

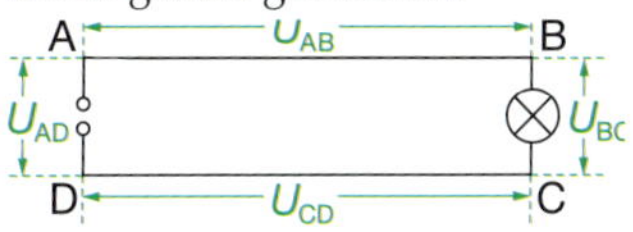

Zentraler Versuch

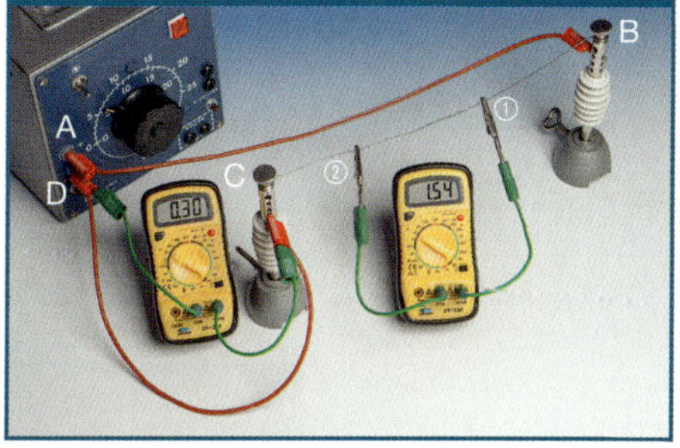

Die Messung ergibt $U_{AD} = 6{,}08\,V$, $U_{AB} = 0{,}04\,V$, $U_{BC} = 6{,}00\,V$, $U_{CD} = 0{,}04\,V$.

> Die Potenzialdifferenz zwischen zwei Stellen im Stromkreis ist die elektrische Spannung *U*.
> Die Quellenspannung bestimmt die insgesamt übertragbare Energie.

Am Punkt A beträgt das Potenzial +6 V und nimmt dann auf 0 V an D ab. Physiker sprechen daher vom *Spannungsabfall* über einem Draht oder Gerät.

Spannung

Das Formelzeichen ist *U*.
Die Einheit ist 1 V (Volt).

Weitere Einheiten:
Millivolt: $1\,mV = \frac{1}{1000}\,V$
Kilovolt: $1\,kV = 1000\,V$
Megavolt: $1\,MV = 1000\,kV = 1\,000\,000\,V$

Aufgaben

1 **a)** Gib an, welche Spannung die Quelle hat.
b) Bestimme die an den Lampen anliegende Spannung.

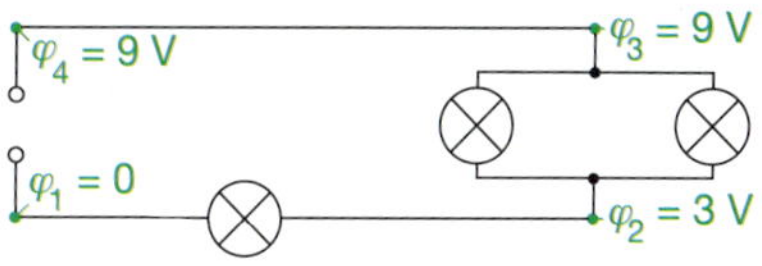

2 Zwei Pumpspeicherkraftwerke arbeiten mit gleichen Generatoren G. Das eine Kraftwerk liegt auf Meereshöhe, sein Speichersee auf 100 m. Das andere Kraftwerk liegt auf 1100 m Höhe, sein Speichersee auf 1200 m.
a) Vergleiche die mögliche Energieabgabe beider Kraftwerke. Begründe deine Aussage
b) Vergleiche die Situation mit den Potenzialen im elektrischen Stromkreis. Gib an, was gleich und was grundsätzlich anders ist.

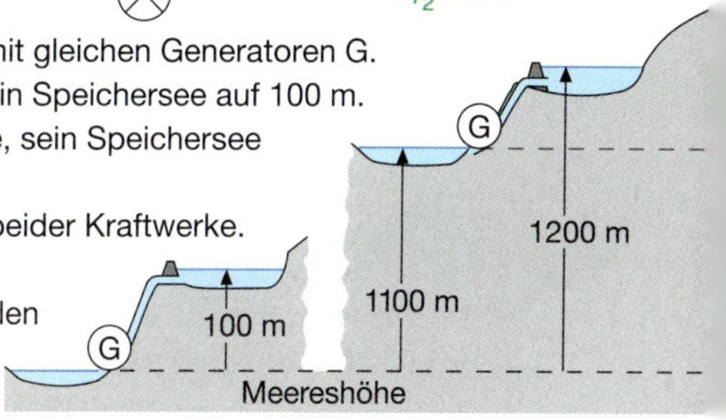

Ladungsstrom und Ladungsträgerstrom — Durchblick

Wird an die Enden eines Metalldrahtes ein Netzgerät angeschlossen, so fließt Strom. Dabei strömen freie Elektronen in eine Richtung zum Beispiel nach rechts. Da die Elektronen negativ geladen sind, führt es nun aber nicht dazu, dass rechts „mehr Ladung" anwächst, sondern im Gegenteil, die Ladung wird immer geringer. Die Elektronen sind die Ladungsträger, nicht die Ladung selbst.
Dies kann an einem Beispiel verdeutlicht werden: Zehn Personen stehen in einer Reihe. Jede besitzt einen Schuldschein über 1,– €. Auf Kommando geben alle gleichzeitig ihren Schuldschein an ihren rechten Nachbarn weiter. Die Person, die schon ganz rechts steht, hat keinen rechten Nachbarn und muss die Schuldscheine behalten. Das führt dazu, dass diese Person nun 2,– € Schulden hat. Ihr „Kontostand" ist geringer geworden, obwohl etwas (die Schuldscheine) zu ihr hin geflossen ist. Die Person ganz links dagegen hat ihren Kontostand erhöht.
Die Schuldscheine sind hier die Ladungsträger, sie fließen nach rechts. Das Guthaben (die Ladung) allerdings wird nach links hin größer.

Streifzug — Elektrische Potenziale im Körper

Das Auslösen von Muskelkontraktionen, die Steuerung des Herzschlags, die Regulierung der Augenbewegung oder die Übertragung von Informationen beim Hören, Sehen oder Riechen zum Gehirn erfolgen durch elektrische Impulse in Nerven.

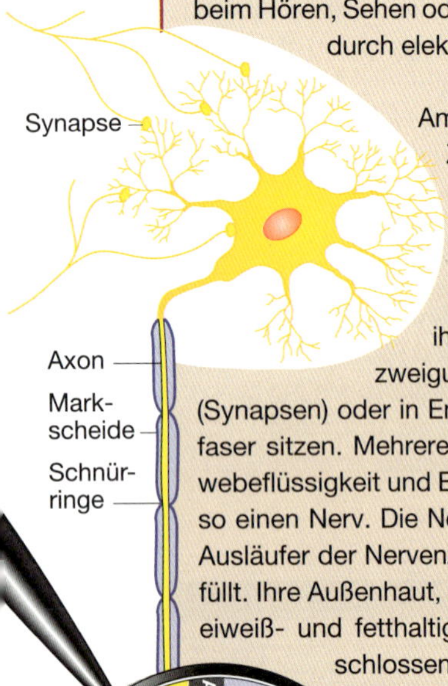

Am Zellkern entspringen viele nur Zehntelmillimeter lange Dendriten, die die Verbindung zu anderen Nervenzellen herstellen, und eine bis zu 1,5 m lange Nervenfaser (Axon), die sich an ihrem Ende verzweigt. Alle Abzweigungen enden in Endknöpfchen (Synapsen) oder in Endplatten, die auf einer Muskelfaser sitzen. Mehrere Nervenfasern werden von Gewebeflüssigkeit und Bindegewebe umhüllt und bilden so einen Nerv. Die Nervenfasern sind schlauchartige Ausläufer der Nervenzelle, also mit Zellflüssigkeit gefüllt. Ihre Außenhaut, die Zellmembran, wird von einer eiweiß- und fetthaltigen Schicht (Markscheide) umschlossen, die alle 1–2 mm durch Schnürringe unterbrochen ist.

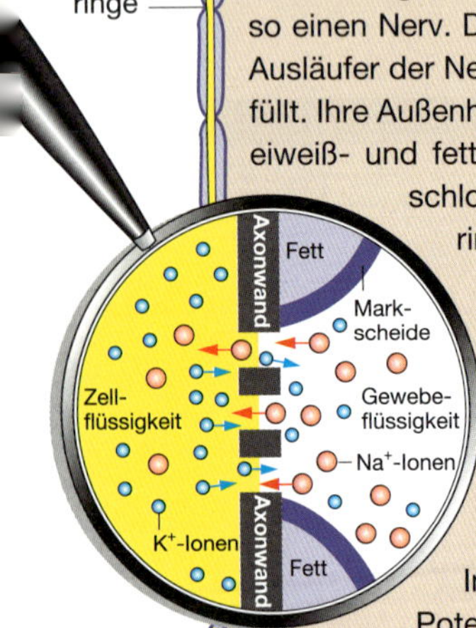

Im Ruhezustand enthält die Zellflüssigkeit etwa 30-mal so viele Kalium-Ionen wie die Gewebeflüssigkeit außen, dafür gibt es außen 10-mal mehr Natrium-Ionen als innen. Insgesamt ergibt sich im Inneren der Zelle ein negatives Potenzial von etwa −60 mV bis −80 mV gegenüber dem Potenzialnullpunkt außen.

Wird die Zelle durch mechanische, chemische oder elektrische Reize erregt, so wird die Zellmembran etwa 0,5 ms lang für Natrium-Ionen durchlässig. Diese „überfluten" das Zellinnere und heben das Potenzial dort auf etwa +40 mV (Aktionspotenzial). Dies kann aber nur an den Schnürringen ablaufen, weil überall sonst die Zellmembran durch die Markscheide von der Gewebeflüssigkeit isoliert wird. So löst jeder Reiz am nächsten Schnürring ein neues Aktionspotenzial aus – die Erregung springt von Schnürring zu Schnürring, der Impuls läuft mit bis zu 130 $\frac{m}{s}$ durch die Nervenfaser. Etwa 1 ms nach dem „Aktivieren" eines Schnürringes werden die Natrium-Ionen wieder nach außen gepumpt, so dass sich das Ruhepotential wieder einstellt.

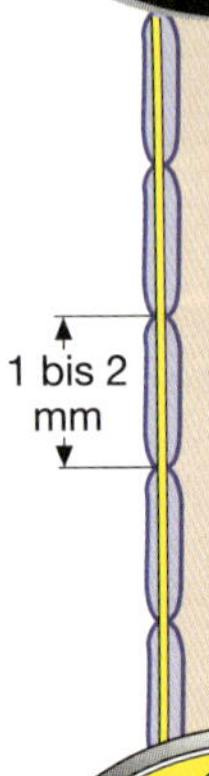

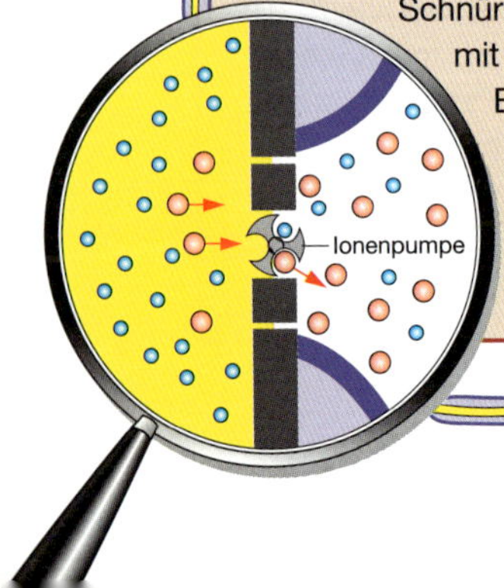

EKG und EEG

Bei der Elektro-Kardio-Grafie (EKG) werden über Elektroden an bestimmten Stellen des menschlichen Körpers die Potenziale aufgezeichnet, die für den Herzschlag verantwortlich sind. Die gemessenen Spannungen betragen 0,1 mV bis 3,0 mV. Sie sind die Potenzialdifferenzen zwischen jeweils zwei Elektroden. Werden die Potentialdifferenzen über der Zeit aufgetragen, ergeben sich charakteristische Kurven, aus deren Verlauf der Arzt Rückschlüsse auf den Zustand des Herzens ziehen kann.

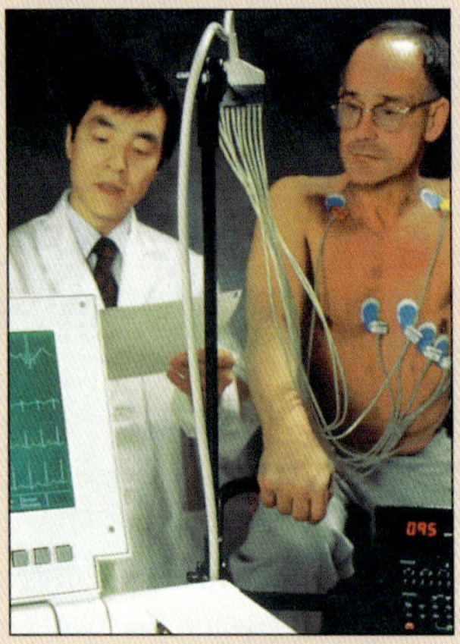

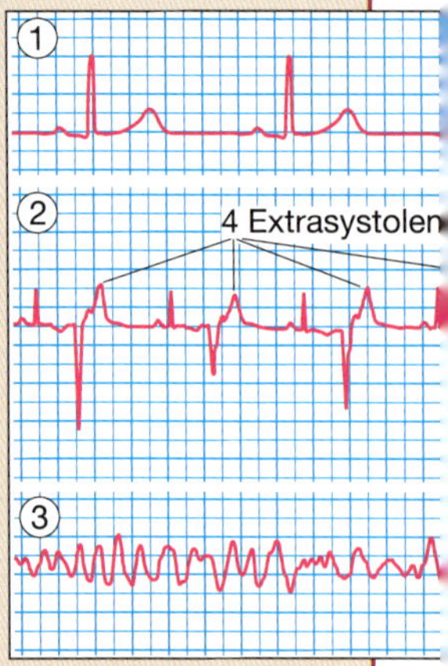

In Kurve ② zeigen sich gelegentlich Extrazacken (Extrasystolen). Diese entstehen durch zusätzliche Erregungen zum normalen Erregungsablauf. Das Herz pumpt nicht völlig gleichmäßig und rhythmisch. Die Kurve ③ zeigt ein Kammerflimmern an, d. h. der Herzmuskel zieht sich nicht mehr kraftvoll und rhythmisch zusammen, sondern zuckt nur noch; das Blut wird ungenügend in die Adern gepumpt. In leichten Fällen hilft ein Elektroschock, um das Herz wieder gleichmäßig schlagen zu lassen. In schweren Fällen muss der Herzmuskel dauernd durch einen Herzschrittmacher zum Schlagen angeregt werden.

Auch die Funktionen des Gehirns lassen sich mithilfe von Potenzialmessungen (Elektro-Enzephalo-Grafie) überprüfen. Die im Gehirn ablaufenden Vorgänge erzeugen Aktionspotenziale, die an der äußeren Kopfhaut gemessen werden können. (Die Spannungen liegen zwischen 5 µV und 300 µV.) Das EEG ist für Neurochirurgen und Nervenärzte eine wichtige Untersuchungsmethode.

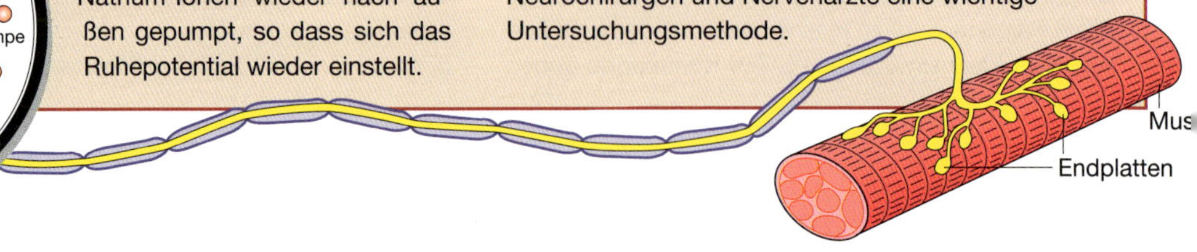

Messung der elektrischen Spannung

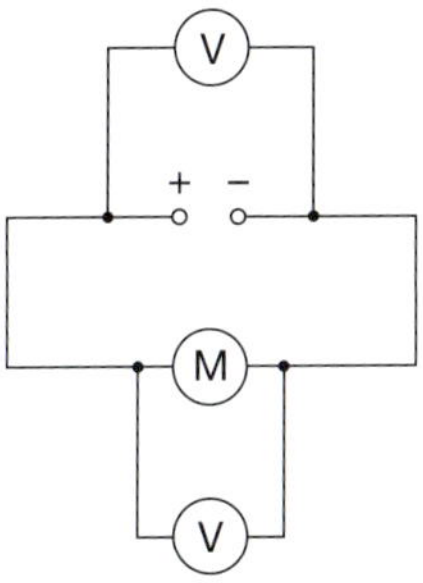

Die Spannung einer elektrischen Quelle kann mit einem Spannungsmessgerät gemessen werden. Dazu wird es parallel zur elektrischen Quelle geschaltet. Um zu prüfen, mit welcher Spannung ein Gerät betrieben wird, muss das Spannungsmessgerät parallel zum Gerät angeschlossen werden.
Die Spannung wird also immer „über“ der Quelle oder dem Gerät gemessen.

Es gibt verschiedene Messgeräte. Nach der Anzeige werden analog (über eine Skala) und digital (in Ziffern) anzeigende Geräte unterschieden. Bei Analoggeräten mit mehreren Messbereichen muss der abgelesene Wert noch mit einem Faktor multipliziert werden, der vom eingestellten Messbereich abhängt.

Spannungsmessgeräte werden immer parallel zum Gerät bzw. zur elektrischen Quelle geschaltet.

Aufgaben

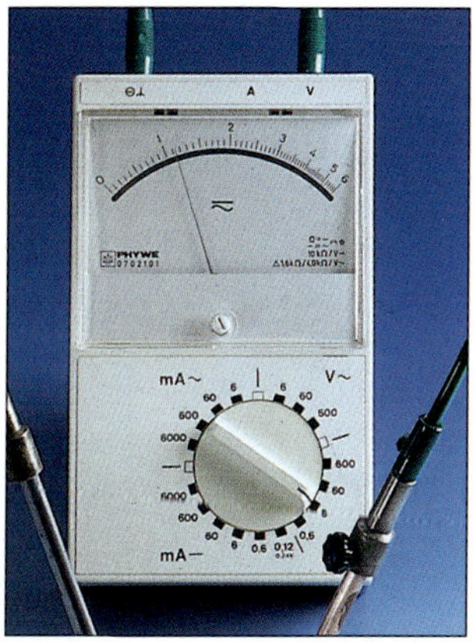

1 **a)** Notiere die angezeigten Spannungen.
b) Begründe, warum es wichtig ist, immer zuerst den größten Messbereich einzustellen.
c) Mit beiden Geräten soll eine Spannung angezeigt werden, die nur ein Zehntel der jetzt angezeigten Spannung ist. Schreibe auf, wie du vorgehst.
d) Zeichne, wie die im digital anzeigenden Gerät gemessene Spannung von dem analogen Gerät angezeigt würde und umgekehrt. (Drehknopf und Anzeige beachten)

Werkzeug – Umgang mit dem Spannungsmessgerät

Da die Spannung immer parallel zum Gerät bzw. zur Quelle gemessen wird, muss der Stromkreis für eine Spannungsmessung nicht unterbrochen werden.

- Schaltzeichen für ein Spannungsmessgerät: –(V)–
- Erkunde, ob Gleich- oder Wechselspannung anliegt, und stelle den entsprechenden Bereich ein. (V= bzw. V~).
- Wähle bei einer unbekannten Spannung den höchsten Messbereich.
- Verbinde bei einer Gleichspannung die ⊕-Pole (rote Buchse am Messgerät) von Quelle und Gerät miteinander und dann die ⊖-Pole (schwarze Buchse bzw. COM-Anschluss).
- Verringere den Messbereich so lange, bis ein gut ablesbarer Messwert zu beobachten ist.
- Bei analogen Messgeräten immer senkrecht auf den Zeiger und die Skala schauen.
- Führe eine Umrechnung vom angezeigten Skalenwert in den tatsächlichen Messwert durch.

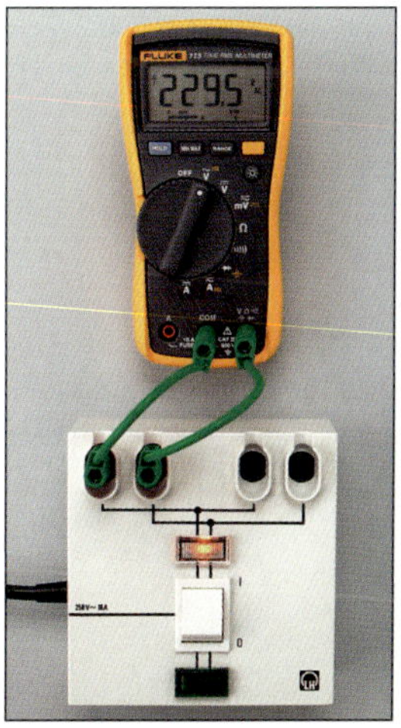

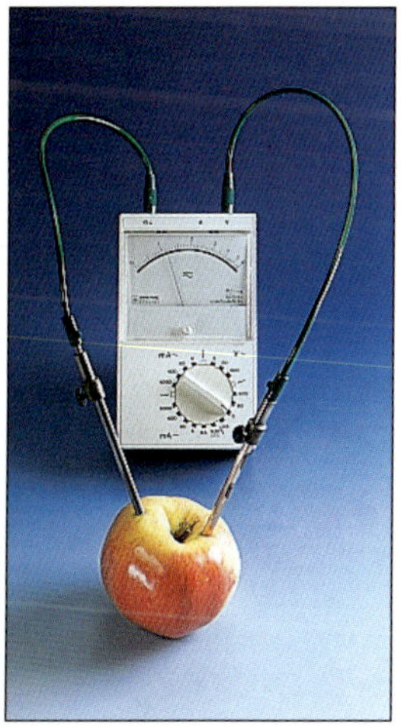

Spannungen in Stromkreisen

Verzweigter Stromkreis (Parallelschaltung)

Die Helligkeit einer Lampe ist ein gutes Indiz für ihre Energiestromstärke. Leuchten zwei Lampen gleicher Bauart gleich hell, wird in beiden gleich viel Energie umgeladen.

Im Foto links sind an eine elektrische Quelle von 4,5 V
① eine Lampe mit der Nennspannung 4,5 V
② zwei gleiche 4,5 V-Lampen parallel angeschlossen.

Im Fall ② leuchten die beiden Lampen genauso hell wie die Vergleichslampe ①. Das bedeutet, dass beide Lampen gleich viel Energie umladen.

Wird die Parallelschaltung wie in der Schaltskizze unten dargestellt, lässt sich erkennen, dass über beiden Lampen die gleiche Potenzialdifferenz besteht. Damit ist für jede Lampe die Spannung, die die Quelle für sie bereitstellt, genau so groß wie ihre Nennspannung. Beide Lampen leuchten gleich hell.

Unverzweigter Stromkreis (Reihenschaltung)

Der Stromkreis rechts im Foto besteht aus einem Netzgerät als regelbarer Quelle und zwei in Reihe geschalteten Lampen mit den Nennspannungen 12 V und 4 V. Die Spannung der Quelle wird so eingestellt, dass die Helligkeit der Lampen derer entspricht, die sie haben, wenn sie einzeln an 12 V bzw. 4 V angeschlossen sind.

Ein Messgerät zeigt, dass die Spannung der Quelle, die Quellenspannung, 16 V beträgt, die kleine Lampe hat aber nur eine Nennspannung von 4 V. Bei 16 V müsste sie durchbrennen! Sie leuchtet aber so, als ob sie an einer 4 V-Quelle angeschlossen wäre.

Zentraler Versuch

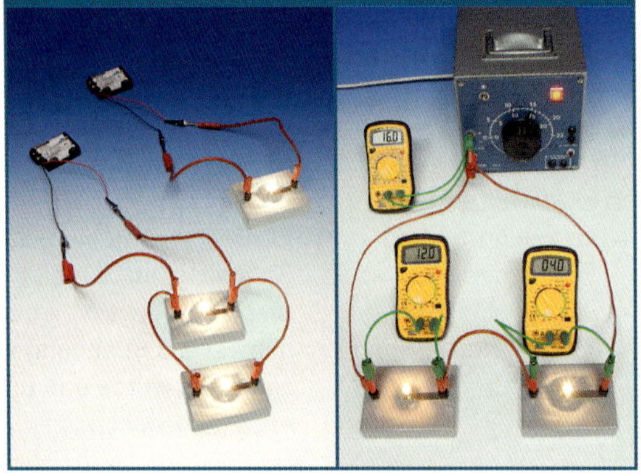

Wird die Spannung nacheinander über jeder der beiden Lampen gemessen, zeigt das Messgerät einmal 12 V und einmal 4 V an. Mit der Potenzialdifferenz (Spannung) als Maß der umgeladenen Energie lässt sich das leicht verstehen: In der Quelle erhält die Ladung Energie, die sie nacheinander zu den beiden Lampen transportiert. Dort wird die Energie auf die Träger Licht und Wärme umgeladen.

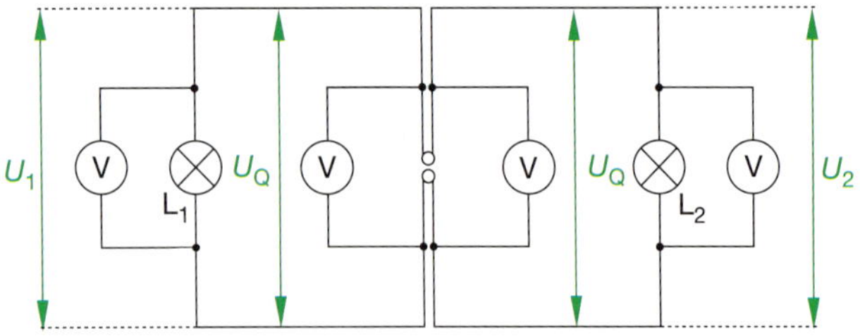

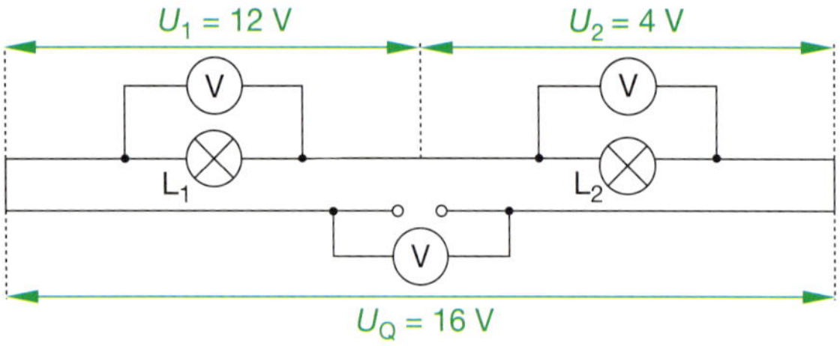

Die Überprüfung mit dem Spannungsmessgerät zeigt die Richtigkeit dieser Überlegung. An beiden Geräten wird eine Spannung von 4,5 V gemessen.

Im verzweigten Stromkreis ist die Spannung an der Quelle und an den parallel geschalteten Geräten immer gleich, unabhängig wie viele Geräte angeschaltet sind:
$U_Q = U_1 = U_2 = U_3 = \ldots$

Im verzweigten Stromkreis (Parallelschaltung) ist die Spannung an allen Geräten genau so groß wie die Spannung an der elektrischen Quelle.

Die Spannung der Quelle ist immer so groß wie die Summe der Teilspannungen, die über den Geräten gemessen werden können:
$U_Q = U_1 + U_2 + U_3 + \ldots$

Die gefundene Gesetzmäßigkeit heißt aus historischen Gründen „Maschenregel".

Maschenregel: Im unverzweigten Stromkreis (Reihenschaltung) teilt sich die Spannung der elektrischen Quelle auf die einzelnen Geräte auf.
Die Summe der Spannungen über den Geräten ist genau so groß wie die Spannung der Quelle.

Im zentralen Versuch für die Reihenschaltung werden andere Lampen eingebaut und unterschiedliche Spannungen der Quelle eingestellt:
Zwei Lampen (6 V) und (4 V) werden an eine Quellenspannung von 6 V angeschlossen. Die Messgeräte zeigen $U_1 = 3{,}6$ V und $U_2 = 2{,}4$ V an. Wird die Quellenspannung dann auf 10 V vergrößert, erhöht sich U_1 auf 6 V und U_2 auf 4 V. Bei zwei gleichen Lampen, die an 6 V angeschlossen werden, ergeben sich gleiche Teilspannungen von 3 V.
Die Summe der Teilspannungen entspricht in allen Fällen der Spannung der Quelle.

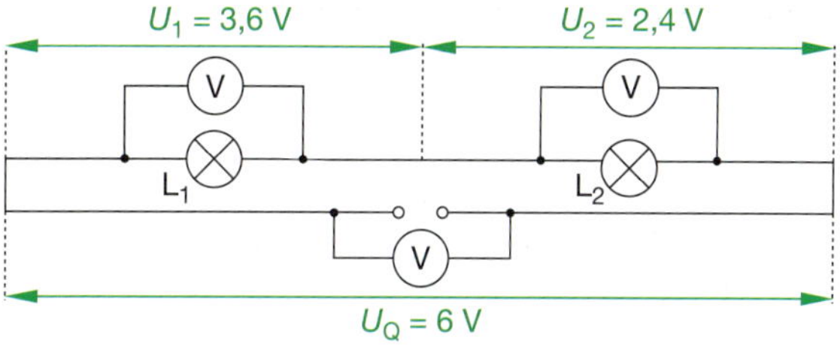

Die Größe der Teilspannungen in einer Reihenschaltung hängt von den verwendeten Geräten ab; ihre Summe entspricht stets der Quellenspannung.

Aufgaben

1 Hier ist ein Spannungsmessgerät falsch eingezeichnet! Welches? Begründe deine Antwort.

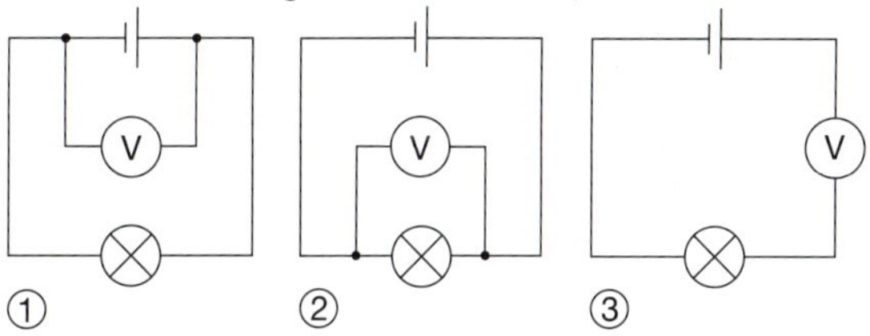

2 Eine Weihnachtsbaum-Lichterkette für den Anschluss an 230 V besteht aus zwölf gleichen elektrischen Kerzen. Berechne die Spannung über jeder Kerze, wenn sie in Reihe geschaltet sind.

3 Die Spannung einer elektrischen Quelle beträgt 36 V. Es sollen drei gleiche Lampen mit einer Nennspannung von 12 V angeschlossen werden.
a) Skizziere die Schaltung.
b) Begründe deine Schaltung.
c) Mache eine begründete Aussage zur Helligkeit, mit der die Lampen leuchten.

4 Zeichne in den folgenden Schaltungen Messgeräte ein, um die Spannungen sinnvoll zu messen.

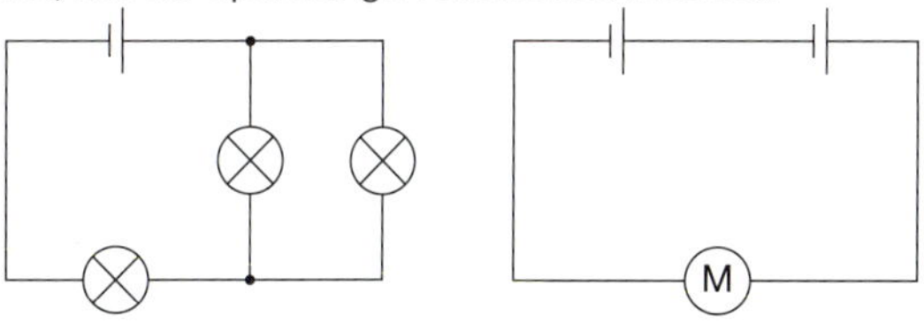

5 **a)** Entwickle Schaltungen mit zwei Lampen, die mit „normaler“ Helligkeit leuchten. Du hast:
- zwei Monozellen mit je 1,5 V;
- mehrere gleiche 1,5 V-Lampen;
- mehrere gleiche 3 V-Lampen.

b) Beschreibe auch die Vorteile und Nachteile der Schaltungen im Vergleich.
c) Zwei gleiche Lampen sind in Reihe geschaltet. Beurteile, ob es sinnvoll ist, eine gleiche dritte Lampe parallel zu beiden zu schalten.

6 Drei gleiche Lampen sind wie in der Abbildung geschaltet. Die Quellenspannung entspricht der Nennspannung jeder Lampe.

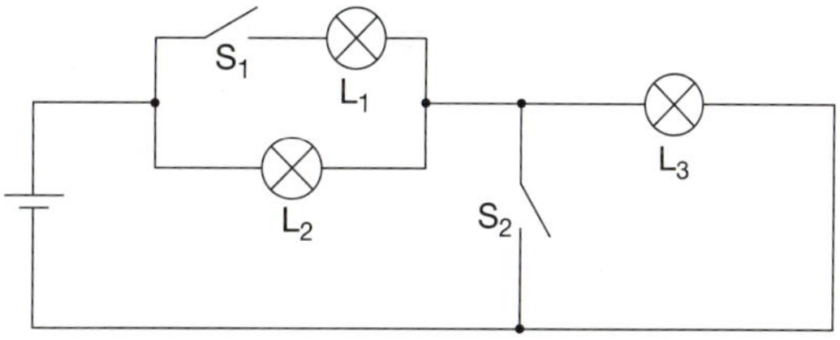

a) Lege für die 4 Kombinationsmöglichkeiten der Schalterstellungen von S_1 und S_2 eine Tabelle an und gib jeweils begründet an, wie hell die Lampen leuchten werden.
b) Zeichne einen dritten Schalter so ein, dass bei einer bestimmten Schalterstellung ein Kurzschluss auftritt. Begründe dein Ergebnis.
c) Es gibt eine weitere Schaltung der drei Lampen, sodass eine Mischung aus Parallel- und Reihenschaltung vorliegt. Fertige eine Schaltskizze an (ohne Schalter). Beschreibe und begründe, mit welcher Helligkeit die Lampen leuchten werden.

7 **a)** Bestimme die fehlenden Spannungen.
b) Begründe deine Aussagen.

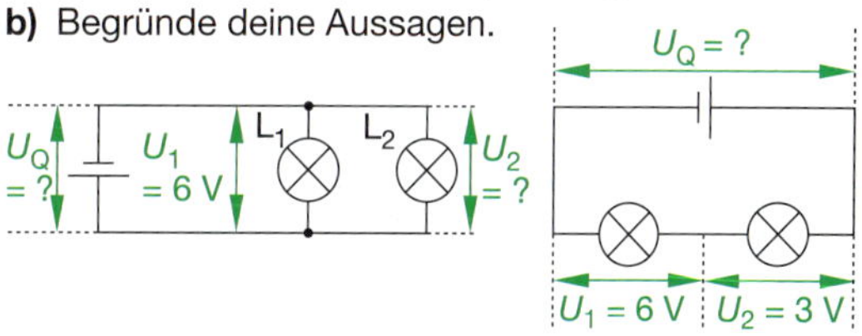

8 Zwei gleiche Lampen L_1 und L_2 (Nennspannung 6 V) und eine weitere Lampe L_3 (Nennspannung 12 V) werden in Reihe an eine Quelle mit 20 V angeschlossen. Begründe, ob die folgenden Aussagen richtig sind.
① Die Summe aller Teilspannungen beträgt 24 V.
② Alle Teilspannungen sind unterschiedlich groß.
③ Die Spannung an L_3 ist kleiner als 12 V.

Durchblick — Quellenspannung und Teilspannungen

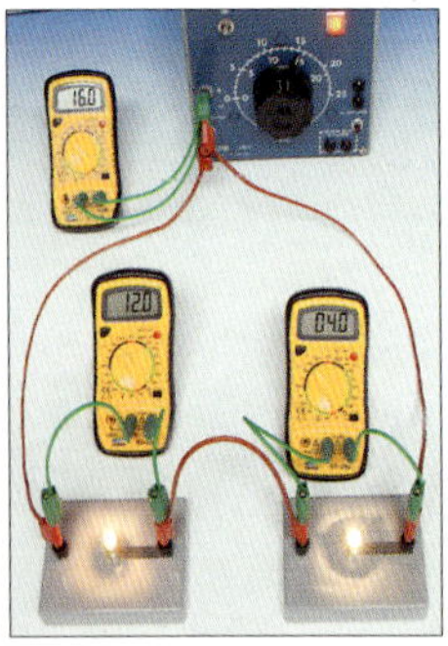

Damit in einem Stromkreis Ladung fließen kann, ist ein Antrieb notwendig, eine Spannung. Sie wird von der elektrischen Quelle geliefert *(Quellenspannung)*.
Werden mehrere Geräte in Reihe an eine Quelle angeschlossen, so führt der Strom durch die Geräte zu messbaren *Teilspannungen* an ihnen.

Eine Spannung über einem Gerät, das selbst keine elektrische Quelle ist, wird nur dann angezeigt, wenn tatsächlich Ladung fließt, während die Spannung zwischen den Anschlüssen der Quelle unabhängig von einem tatsächlich vorhandenen Strom ist.
Die Teilspannungen, die über den Geräten gemessen werden können, sind keine absoluten Werte, sondern abhängig von den Geräten selbst und der angelegten Quellenspannung. Diese Abhängigkeiten werden später noch genauer untersucht.

Versuche und Aufträge — Spannungsmessung

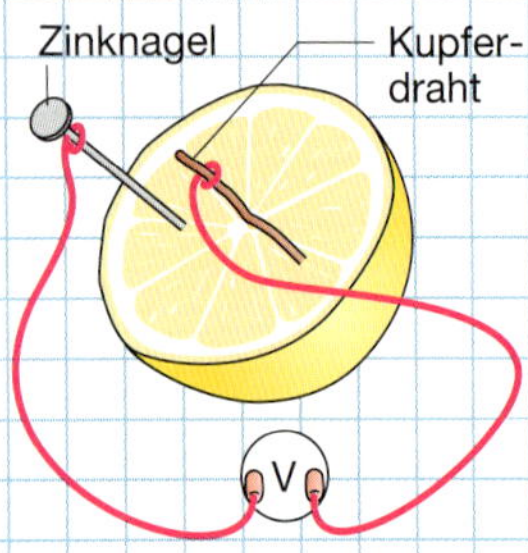

V1 Zitronenbatterie: In eine Zitrone werden ein Zinknagel und ein Kupferdraht so gesteckt, dass sie sich nicht berühren.
a) Miss die Spannung zwischen den beiden Metallteilen.
b) Schalte mehrere solcher Batterien in Reihe, miss die Spannung und versuche, ein Gerät (Leuchtdiode, alter Taschenrechner o.Ä.) mit dieser elektrischen Quelle zu betreiben.
c) Führe die Versuche mit einer Kartoffel anstelle einer Zitrone durch. Gibt es Unterschiede? Stelle Vermutungen auf, woran das liegen könnte.

V2 Eine Glühlampe wird an drei gleiche, parallel geschaltete elektrische Quellen angeschlossen.
a) Zeichne die Schaltskizze.
b) Baue die Schaltung auf.
c) Miss jeweils die Spannung der elektrischen Quellen und die Spannung an der Lampe. Zeichne die Messgeräte in die Schaltskizze ein.
d) Statt dreier paralleler Spannungsquellen sollen nacheinander ein, zwei bzw. drei in Reihe geschaltet werden. Wiederhole dann jeweils die Aufgaben a) – c).
e) Wiederhole die Versuche mit parallel und in Reihe geschalteten Quellen. Baue statt nur einer Lampe nun zwei (drei) Lampen gleicher (unterschiedlicher) Nennspannung ein und miss über jeder Lampe die Spannung. Bestätige so den Merksatz von S. 213.

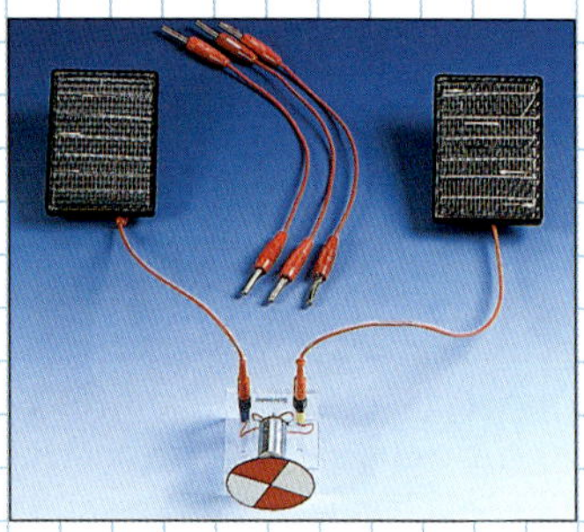

V3 Ein Motor wird an einer elektrischen Quelle betrieben, die aus zwei Solarzellen besteht.
a) Skizziere die möglichen Schaltungen.
b) Beschreibe deine Beobachtungen bei den unterschiedlich geschalteten Solarzellen.
c) Beschreibe deine Beobachtungen bei unterschiedlicher Beleuchtung.
d) Erkläre deine Beobachtungen.
e) Überprüfe deine Erklärungen durch Messung der Spannungen.

V4 In Batterien wird Energie gespeichert. Akkus können nach Gebrauch sogar wieder mit Energie beladen werden.
a) Verschaffe dir eine Übersicht über die häufigsten Batterie- und Akku-Typen. Kläre insbesondere, welche Besonderheiten und Spannungen es bei jedem Typ gibt und wo die jeweiligen Vor- und Nachteile liegen.
b) Prüfe mit einem Spannungsmessgerät über einen längeren Zeitraum jeweils vor und nach dem Gebrauch eines Akkus oder einer Batterie deren Spannung. Benutze, wenn möglich, ältere und neue Akkus und vergleiche die Ergebnisse. Was stellst du fest? Fertige ein Protokoll dazu an.

Der Mund als Batterie

Wenn sich zwei verschiedene Metalle berühren, so gehen einige Elektronen aus dem einen Metall in das andere über. Dadurch erhält ein Metall Elektronenüberschuss und wird zu einem Minuspol, das andere Metall hat Elektronenmangel und wird zu einem Pluspol. Zwischen beiden Polen entsteht eine Spannung, die Kontaktspannung.
Eine schmerzliche Begegnung mit der Kontaktspannung erleben Menschen mit plombierten Zähnen oder Goldzähnen, wenn diese mit anderen Metallen, z. B. einem Silberlöffel oder dem Aluminium der Verpackung von Schokolade in Berührung kommen. Die Nerven in den Zähnen reagieren auf diese Kontaktspannung und melden einen stechenden Schmerz an das Gehirn.

Das Thermoelement

Werden zwei verschiedene Metalldrähte z. B. aus Kupfer und Konstanten zusammengelötet oder fest miteinander verdrillt, so entsteht zwischen ihren freien Enden eine Kontaktspannung. Ein angeschlossener Spannungsmesser zeigt, dass diese Spannung umso größer wird, je höher die Temperatur der Kontaktstelle gemacht wird: Je Grad Temperaturerhöhung etwa 0,06 mV. (Bei anderen Metallkombinationen ergeben sich andere Zahlenwerte.) Ein solches **Thermoelement** lässt sich technisch nutzen:

- **Temperaturmessung**: Dazu wird ein Thermoelement auf die zu messende Temperatur gebracht, während ein zweites, in Reihe geschaltetes Thermoelement auf einer bekannten Temperatur (z. B. der eines Eis-Wasser-Gemisches) gehalten wird. Aus dem bekannten Zusammenhang zwischen Spannung und Temperatur kann der Temperaturunterschied zwischen den beiden Kontaktstellen ermittelt werden oder ein angeschlossenes Messgerät wird gleich mit einer Temperaturskala versehen.
- Durch Reihen- bzw. Parallelschalten vieler Thermoelemente entsteht ein **Thermogenerator**, der Wärmeeergie in elektrische Energie wandelt. Mit ihm kann z. B. ein Kleinmotor betrieben werden.

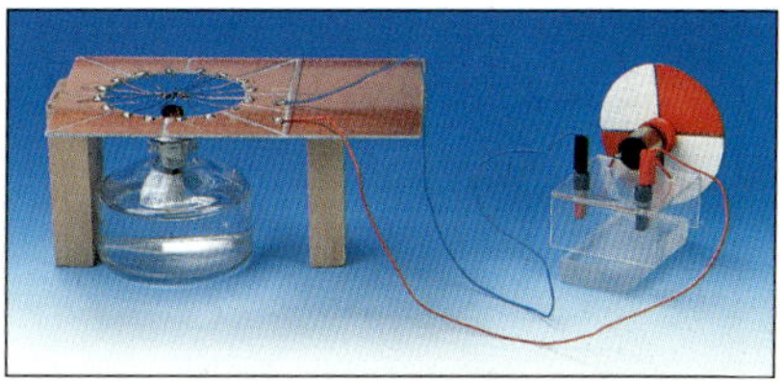

Solarzellen

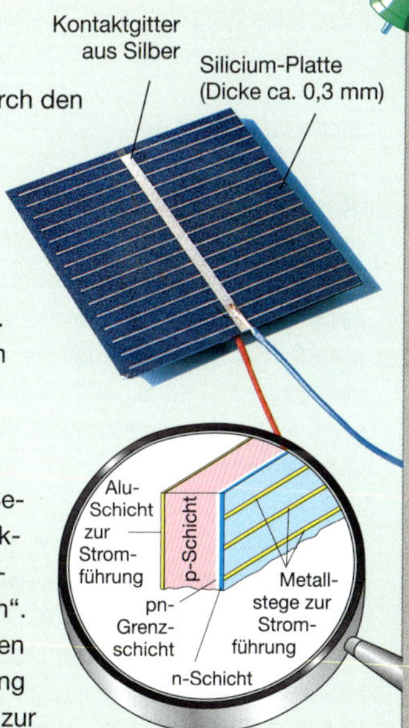

Eine Solarzelle kann durch einfallendes Licht eine Spannung erzeugen. Dies gelingt durch den sogenannten fotoelektrischen Effekt, für dessen Deutung ALBERT EINSTEIN 1921 den Nobelpreis bekam. Dazu wird ein Silicium-Kristall (Chip) derart verändert (dotiert), dass es zwei Bereiche gibt, welche unterschiedliche Eigenschaften bezüglich der Elektronenabgabe bzw. -aufnahme besitzen. In die n-Schicht werden einige wenige Phosphor-Atome, in die p-Schicht Bor-Atome eingebaut. Die n-Schicht ist sehr dünn (ca. 0,001 mm), sodass das Sonnenlicht gut in den Übergangsbereich eindringen kann. Die p-Schicht muss dicker sein, um die Sonnenstrahlen absorbieren zu können und um der Solarzelle Stabilität zu geben. Durch die gewählte Dotierung gibt es relativ viele frei bewegliche Elektronen.

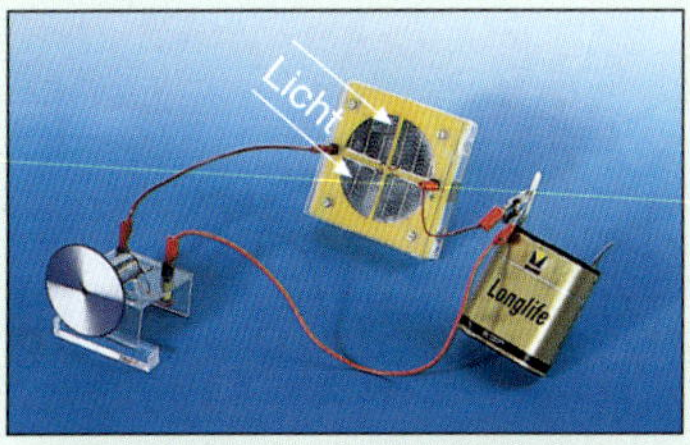

Trifft Licht in die Grenzschicht dieser beiden Bereiche, die Raumladungszone, kann es ein Elektron aus einem Silicium-Atom lösen. Das Restatom ist dann positiv geladen, es hat ein „Loch“. Durch die besonderen Eigenschaften der beiden Bereiche kann es zu einer dauerhaften Ablösung des Elektrons kommen. Das Elektron wandert zur positiven Raumladung in einen Bereich, das positive Loch zur negativen Raumladung im anderen Bereich. Es kommt zu einer Ladungstrennung und somit zu einer Spannung, die bei einer Solarzelle etwa 0,5 V beträgt. Diese Spannung ist an Metallkontakten abgreifbar. Wird ein elektrisches Gerät angeschlossen, können die Elektronen über den geschlossenen Kreis wieder in die p-Schicht zurückströmen und der Kreislauf beginnt von Neuem.

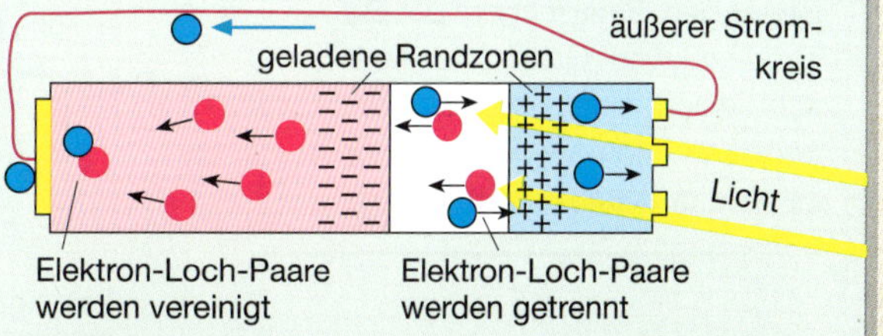

Streifzug — Elektrische Quellen in Natur und Medizin

Elektrische Fische

Im Mittelmeer und im Atlantischen Ozean lebt ein „elektrischer Fisch", der schwarze Zitterrochen. Schwarze Zitterrochen können elektrische Spannungen von 70–220 V erzeugen. Das reicht aus, um andere Fische zu töten oder Menschen zu gefährden. Insgesamt gibt es etwa 200 verschiedene elektrische Fische. Wie erzeugen die Fische die Spannung?

Die elektrischen Organe sind aus scheibenförmigen, umgewandelten Muskelzellen aufgebaut. Dabei handelt es sich nur um eine Erweiterung der normalen Muskelfunktion. Jedesmal, wenn ein Reiz eine Nervenbahn durchläuft und einen Muskel in Bewegung setzt, ist dies ein elektrischer Vorgang, bei dem ein ganz schwacher Strom mitwirkt. Bei elektrischen Fischen haben manche Muskeln die Fähigkeit des Zusammenziehens verloren.

Die elektrische „Entladung" geschieht unter Kontrolle des Gehirns und hat wegen der guten Isolierung der Nerven keine Wirkung auf den Fisch selbst.

Obwohl der schwarze Zitterrochen einer der größten Rochen ist (1,8 m Länge), hat er nur ein kleines Maul und sehr kleine Zähne. Er wäre ohne seine elektrischen Fähigkeiten kaum ein erfolgreicher Raubfisch.

Wie beim Zitterrochen wird auch beim Zitteraal, der nur in Südamerika heimisch ist, durch die zu elektrischen Organen umgebildeten Muskeln Spannung erzeugt. Im Gegensatz zu anderen Vertretern elektrischer Fische kann der Zitteraal eine Spannung bis zu 500 V erzeugen. Er kann aber auch elektrische Reize mit geringen Spannungen produzieren, die ihm helfen, sich in den trüben Gewässern des Amazonas ohne Sicht zu orientieren.

Elektrotherapie

Bevor die Menschen überhaupt verstanden haben, dass es elektrische Ströme gibt, wussten sie bereits, dass die Berührung gewisser Fische ein Kribbeln auf der Haut und sogar ein Zusammenziehen der Gliedmaßen hervorrufen kann.

Da elektrische Fische für den Verkauf gefangen wurden, erlitten die Fischer häufig „elektrische Schläge". Die Römer glaubten, dass Zitterrochen eine giftige Substanz absondern, die das Blut gerinnen lässt. Sie verwendeten den Zitterrochen zur Behandlung von Gicht und Kopfschmerzen, indem sie den Fisch gegen die entsprechenden Körperteile drückten.

Die Wirkung elektrischer Ströme auf die Muskulatur wird heutzutage in der Medizin genutzt. Der Herzschlag wird normalerweise von einem Gewebestück in der rechten Herzkammer gesteuert. Das stromleitende Gewebe, das das Zusammenziehen des Herzmuskels veranlasst, kann defekt sein, was zu Herzrhythmusstörungen oder Herzversagen führt. In solchen Fällen hilft ein **Herzschrittmacher.** Er wird in die Brust eingesetzt und gibt über eine Elektrode elektrische Impulse, deren Takt eingestellt werden kann, an das Herz ab. Das Herz schlägt dann in diesem Rhythmus.

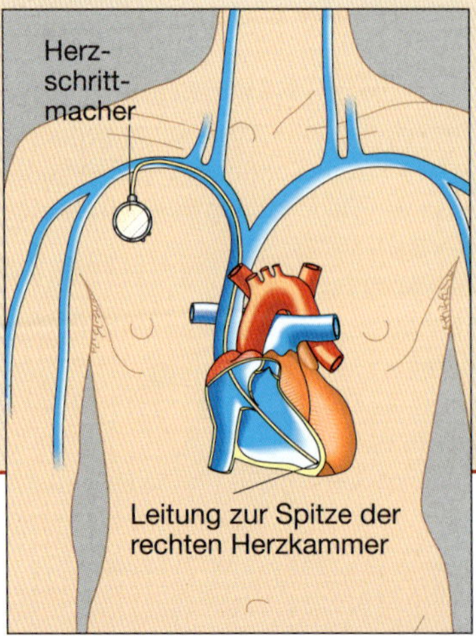

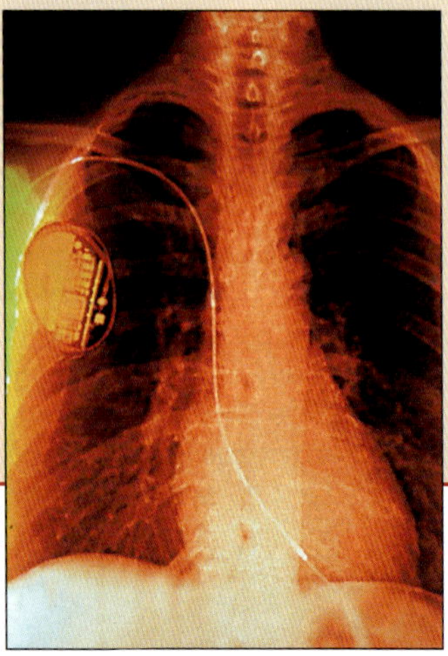

Von der Volta-Säule zur Brennstoffzelle

Streifzug

Die erste Batterie wurde von ALESSANDRO VOLTA (1745–1827) gebaut. Er griff dabei auf eine Entdeckung von LUIGI GALVANI (1737–1798) zurück. Auf verschiedene Weisen brachte dieser zwei unterschiedliche Metalle mit tierischem Gewebe zusammen. Ihm fiel auf, dass die Glieder der toten Tiere zu zucken begannen. Chemische Stoffe in den Nerven und Muskeln lösen bei Berührung mit zwei unterschiedlichen Metallen elektrochemische Reaktionen aus. Aus diesen Erkenntnissen entstand die erste elektrische Zelle, das **galvanische Element.** VOLTA benutzte bei seiner Entwicklung der ersten Batterie drei Scheiben aus Zink, Pappe bzw. Leder und Kupfer. Die Pappe war mit einer Salzlösung getränkt. Kupfer ist edler als Zink. Kupferatome nehmen daher Elektronen auf und werden zu negativ geladenen Ionen. Die negativ geladenen Kupferionen aus der Lösung scheiden sich ab.

Alle heute gängigen Zellen oder Batterien haben im Prinzip den gleichen Aufbau wie die Voltasäule. Je nach Verwendungszweck werden allerdings unterschiedliche Elektrodenmaterialien und Elektrolyte verwendet.

Brennstoffzellen

Während heutzutage fast die gesamte elektrische Energie über die Drehbewegung von Turbinen gewonnen wird, müssen in Satelliten andere Energiequellen eingesetzt werden. Neben Batterien werden Brennstoffzellen verwendet.

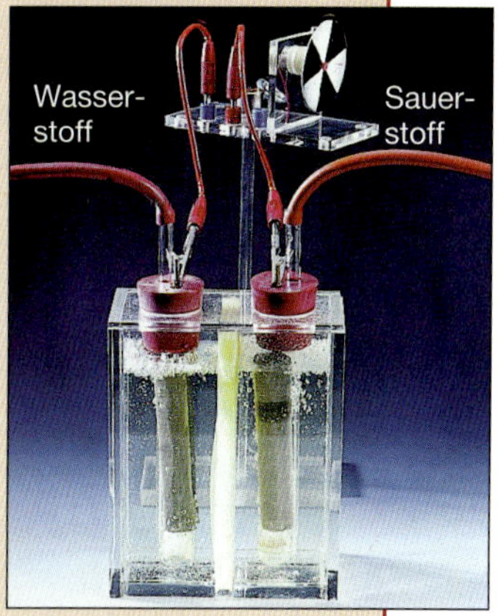

In ihnen kann durch eine chemische Reaktion Energie direkt auf fließende Ladung umgeladen werden. Dabei läuft die Reaktion zwischen Wasserstoff und Sauerstoff, die eigentlich explosionsartig erfolgt (Knallgasreaktion), kontrolliert ab. Mit Einsetzen der Reaktion steht die Energie dann ohne zeitliche Verzögerung zur Verfügung.

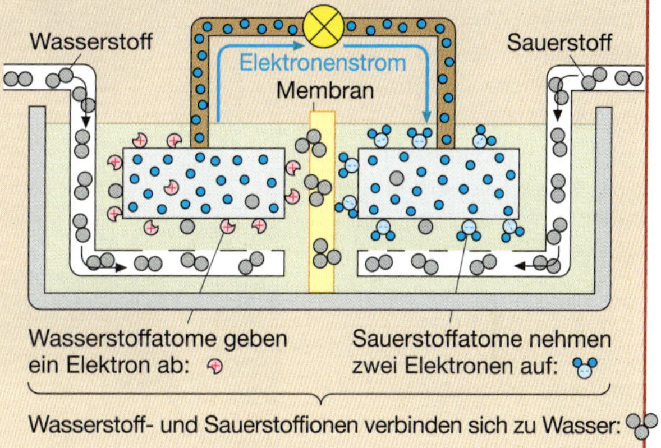

	Zink–Kohle	Alkali–Mangan	Zink–Silberoxid	Lithium	Nickel–Metallhydrid-Akku
Spannung	1,5 V	1,5 V	1,55 V	3 V	1,2 V
Minuspol	Zink	Zink	Zink	Lithium	Cadmium
Pluspol	Kohle	Mangandioxid	Silberoxid	Mangandioxid	Nickelhydroxid
Elektrolyt	Ammoniumchlorid	Kalilauge	Kalilauge	Lithiumverbindung in organisch. Lösungsmittel	Kalilauge
Eigenschaften	Spannung sinkt bei Belastung allmählich ab; preiswert	auslaufsicher; hohe Leistung; langlebig; teuer	Spannung bleibt sehr lange konstant; sehr langlebig; teuer	sehr lange lagerfähig; Spannung bleibt sehr lange konstant; teuer	wieder aufladbar; erspart hunderte von Monozellen; umweltgefährdend wegen Schwermetallen
Verwendung	Radios, Taschenlampen, Spielzeug	Blitzgeräte, Kameras, Cassettenrecorder	Hörgeräte, Rechner, Kameras, Uhren	Rechner, Herzschrittmacher	Videokameras, Werkzeug, Blitzgeräte

Elektromagnetische Induktion

Die Nutzung der Energie auf dem Träger fließende Ladung – kurz von elektrischer Energie – ist aus vielen Beispielen geläufig. Doch wie gelangt die Energie für die vielfältigen elektrischen Geräte auf den Träger fließende Ladung?

Die wesentlichen Elemente in jedem Generator (umgangssprachlich „Lichtmaschine" oder „Dynamo") sind ein Magnet und eine Spule. Wie arbeiten sie zusammen, dass an den Anschlüssen des Generators eine Spannung entsteht? Arbeiten Generatoren in einem Kraftwerk oder in einer Windenergieanlage wie ein Fahrraddynamo? Was ist unter der in unserem Stromnetz gebräuchlichen Wechselspannung zu verstehen und wie wird sie erzeugt?

Magnetfelder

Zwei Magnete ziehen sich an oder stoßen sich ab, je nachdem wie sie angeordnet sind. Auch metallische Gegenstände erfahren in der Nähe von Magneten eine Kraft und werden angezogen. Diese berührungslose Kraftübertragung wird durch das **Magnetfeld** bewirkt. Das Feld erfüllt den Raum um einen Magneten; es beschreibt die Kraftwirkung auf Gegenstände, die sich im Feld befinden.

Um eine genauere Vorstellung über das Feld zu bekommen, können Stahlspäne auf den Pol eines Stabmagneten gestreut werden. Dadurch wird erkennbar, dass das Magnetfeld eine räumliche Struktur hat. Werden die Späne nicht direkt auf den Magnet gestreut, sondern auf eine Glasplatte, unter der der Magnet liegt, oder werden viele kleine Magnetnadeln anstelle der Späne benutzt, wird die Struktur des Magnetfeldes als zweidimensionaler Schnitt in der Ebene sichtbar.

Zentraler Versuch

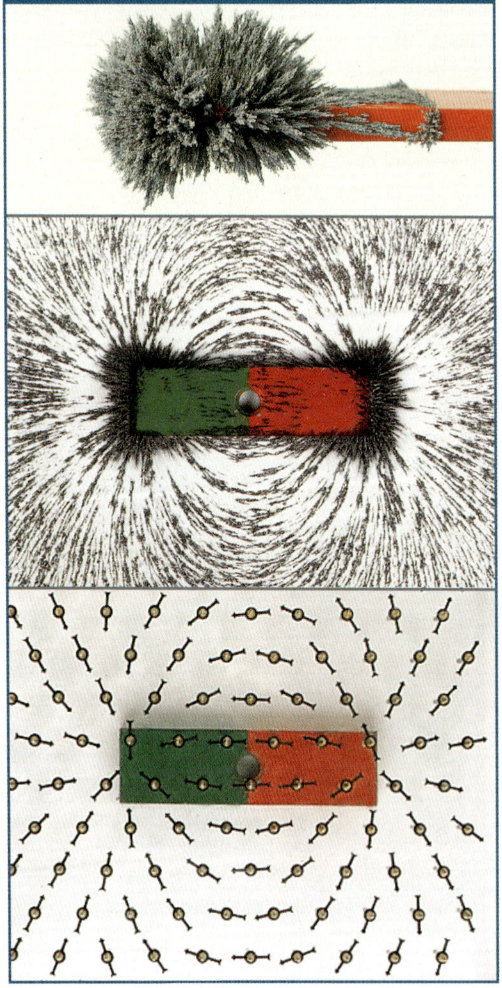

Sowohl die Stahlspäne als auch die Magnetnadeln ordnen sich so an, dass deutlich Linien erkennbar werden. Sie werden **Feldlinien** genannt und verlaufen von einem Pol zum anderen. Sie zeigen die Richtung an, in die sich eine kleine Magnetnadel an der Stelle, durch die die Linie verläuft, ausrichtet.

Feldlinien sind ein Modell, um sich das Magnetfeld in seiner Struktur vorzustellen. Das Feld besteht aber nicht aus diesen Linien – sie sind nur eine gedankliche Hilfe, um die Struktur darzustellen. Wie das Gravitationsfeld hilft auch das Magnetfeld bei der Vorstellung einer berührungslosen Übertragung von Kraft oder Impuls.

Ein Magnetfeld gibt den Wirkungsbereich magnetischer Kräfte an.
Die Struktur von Magnetfeldern wird durch Feldlinien dargestellt. Sie sind nicht real, sondern ein erdachtes Modell.

Besondere Magnetfelder

Feldlinien sind ein sehr anschauliches Mittel, um sich die Struktur von Magnetfeldern vorzustellen oder sie darzustellen. Weil international vereinbart wurde, dass die magnetischen Feldlinien vom Nord- zum Südpol verlaufen, werden in Zeichnungen die Feldlinien mit entsprechenden Pfeilspitzen versehen.

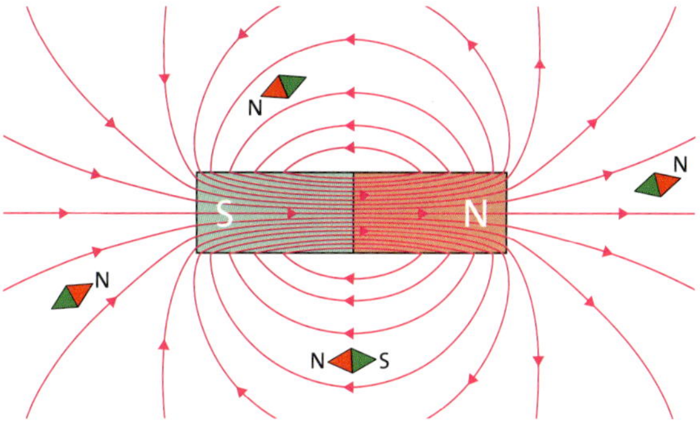

Werden die Feldlinienbilder eines Stabmagneten und einer stromdurchflossenen Spule verglichen, zeigt sich eine ähnliche Struktur. Daraus lässt sich schließen:

- An den Enden jeder stromdurchflossenen Spule bilden sich ein Nord- und ein Südpol aus.
- Die Spule hat wie ein Stabmagnet Wirkungen auf magnetisierbare Gegenstände und andere Magnete.

Auch im Innern der Spule gibt es ein Feld. Die Stahlfeilspäne ordnen sich – außer ganz an den Spulenenden – parallel an. Auch die Feldlinien bei einem Hufeisenmagneten sind zwischen seinen Schenkeln parallel.

- Parallele Feldlinien zeigen an, dass die magnetischen Kräfte in diesen Bereichen die gleiche Richtung haben. Hier ist das Feld **homogen.**
- Magnetfeldlinien sind geschlossen. Aus der Analogie heraus ergibt sich, dass auch im Innern des Stabmagneten ein magnetisches Feld existiert.

Eine genaue Betrachtung aller Feldlinienbilder zeigt, dass die Linien an den Polen besonders dicht liegen. Das sind gerade die Stellen, an denen die magnetische Kraft am stärksten auf andere Magnete oder metallische Gegenstände wirkt. Weiterhin ist zu sehen, dass sich die Feldlinien nie schneiden.

- Je mehr Linien auf engem Raum verlaufen, desto größer ist die magnetische Wirkung an dieser Stelle.
- Feldlinien schneiden sich nie. Denn würden sich zwei Feldlinien an einer Stelle schneiden, so könnte sich eine an dieser Stelle angebrachte kleine Magnetnadel in zwei Richtungen ausrichten. Dies ist unmöglich!

Das obige Foto zeigt noch eine Besonderheit: Rund um die Anschlussbuchsen, also dort, wo der stromführende Draht senkrecht zur Glasplatte verläuft, ordnen sich die Stahlspäne kreisförmig an.

- Um einen stromdurchflossenen geraden Leiter bildet sich stets ein kreisförmiges Magnetfeld aus.

Spule und Stabmagnet haben das gleiche äußere Magnetfeld. Auch eine stromdurchflossene Spule hat einen Nord- und einen Südpol. Die Feldlinien zeigen immer vom Nord- zum Südpol.
Das Magnetfeld setzt sich im Inneren eines Magneten und einer Spule fort, denn die Feldlinien sind immer geschlossen.
Ein gerader, stromdurchflossener Draht ist von einem kreisförmigen Magnetfeld umgeben.

Aufgaben

1 Zeichne das Feldlinienbild eines Hufeinsenmagneten. Zeichne an drei Stellen außerhalb und innerhalb der Schenkel eine Kompassnadel ein.

2 Verdeutliche das Feldlinienbild zweier Stabmagnete, die sich mit jeweils gleichen Polen gegenüber liegen, durch Stahlspähne und zeichne das Feldlinienbild.

Wechselwirkung W

Erzeugung elektrischer Spannung

Zentraler Versuch

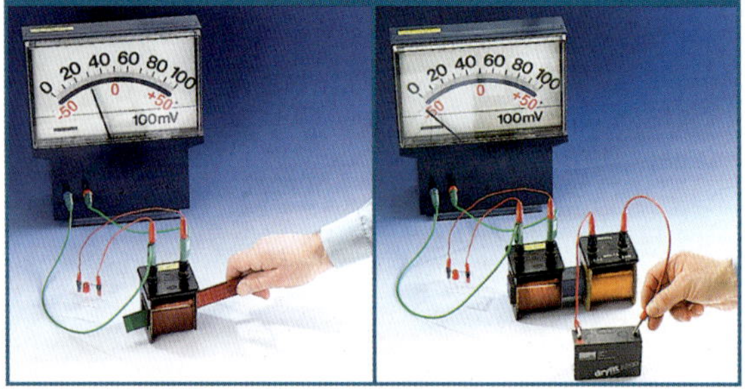

Wird der Stabmagnet in die Spule hineinbewegt, leuchtet die LED kurz auf. Der Zeiger des angeschlossenen Spannungsmessers schlägt nach einer Seite aus.
Wird der Stabmagnet wieder herausgezogen, schlägt der Zeiger in entgegengesetzter Richtung aus.
Steht der Stabmagnet fest und wird die Spule entsprechend bewegt, so ist die gleiche Bewegung des Zeigers zu beobachten.

Durch die Relativbewegung von Spule und Magnet entsteht also eine elektrische Spannung. Sie wird **Induktionsspannung** U_{ind} genannt. Die Spule, in der die Spannung entsteht, heißt *Induktionsspule*.

Wird in einem zweiten Versuch der Stromkreis mit dem Elektromagneten geschlossen, so schlägt der Zeiger des Spannungsmessers kurz nach einer Seite aus.
Beim Ausschalten ist ein gleich großer Ausschlag in entgegengesetzter Richtung zu beobachten.

Auch bei dieser Anordnung entsteht eine Induktionsspannung. Befindet sich die Induktionsspule in einem geschlossenen Stromkreis, so ist sie eine elektrische Quelle, die einen Induktionsstrom bewirkt.

Die Erzeugung von elektrischer Spannung durch Magnet und Spule wird Induktion genannt.

Aufgaben

1 Für den Fahrradtachometer wird an einer Speiche des Vorderrades ein kleiner Magnet angebracht, an der Gabel eine Spule, die mit dem Tacho verbunden ist. Erkläre, wie dadurch die Geschwindigkeit gemessen werden kann.

2 **a)** Beschreibe Experimente, die Induktion hervorrufen und die mit dem rechts dargestellten Aufbau durchgeführt werden können.
b) Erläutere, wie die Induktionsspannung jeweils entsteht.

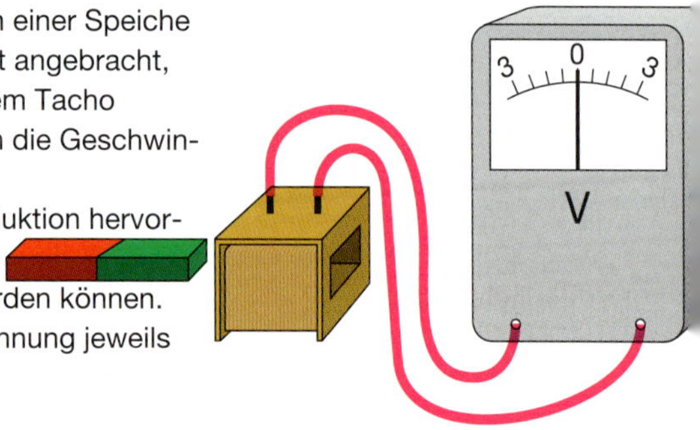

Werkzeug — Auffinden von Magnetpolen

Sollen die Pole eines Magneten bestimmt werden, lässt sich das einfach mit einer kleinen Kompassnadel machen. An dem Ende, zu dem sich der Nordpol des Kompass ausrichtet, befindet sich der Südpol – umgekehrt für den Nordpol des Magneten. Hierhin richtet sich der Südpol des Kompass aus.
Dies funktioniert auch bei Elektromagneten, also stromdurchflossenen Spulen. Sind aber Wicklungssinn und Polung einer Spule bekannt, lassen sich die Pole auch ohne Magnetnadel vorhersagen:

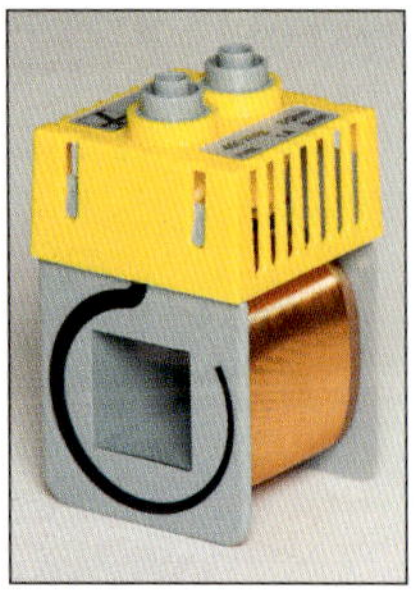

Alle in der Schule gebräuchlichen Spulen haben auf ihrer Frontseite eine Markierung, die den Umlaufsinn der Wicklungen zeigt. Werden die Windungen einer Spule mit der linken Hand so umfasst, dass die Finger entlang der Strömungsrichtung der Elektronen zeigen, dann liegt der magnetische Nordpol der Spule in Richtung des ausgestreckten Daumens **(Linke-Faust-Regel).**
Umpolen ändert alle Richtungen, also auch die des Magnetfelds.

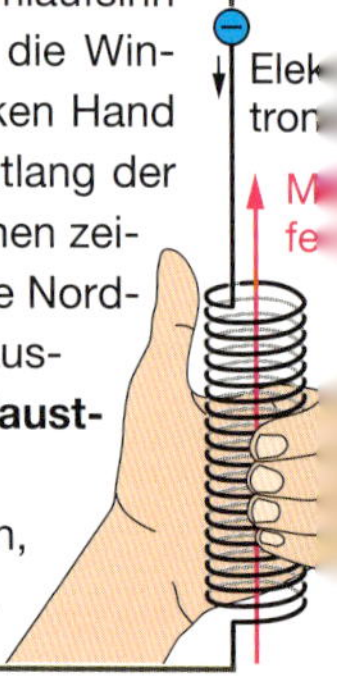

Unter welchen Bedingungen entsteht eine Induktionsspannung?

Bei unterschiedlichen Bewegungen einer Spule in einem weitgehend homogenen Magnetfeld, das von zwei großen Feldspulen erzeugt wird, tritt machmal eine Induktionsspannung auf, manchmal nicht.

Zentraler Versuch

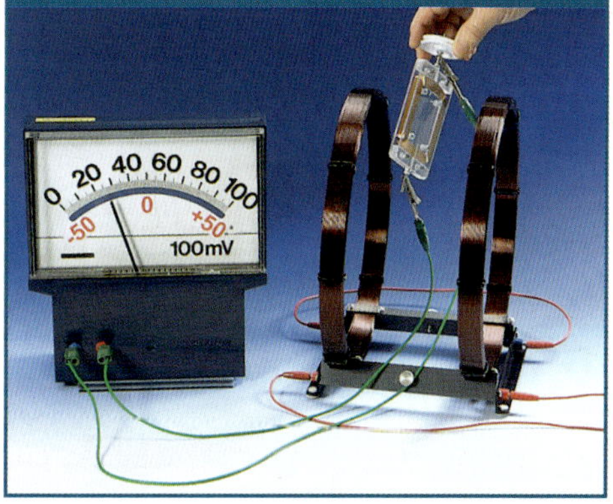

Schon 1831 entdeckte MICHAEL FARADAY die Induktion. Er beschrieb sie anschaulich mithilfe der magnetischen Feldlinien, die er als reale Fäden ansah, die man im Prinzip zählen könne.

Ein Vergleich des Anfangs- und des Endzustands der grafischen Darstellung einer Spule im Feldlinienbild, zeigt: Ist die Anzahl der Feldlinien, die die Spulenquerschnittsfläche umfasst, im Anfangs- und im Endzustand verschieden, so tritt eine Induktionsspannung auf. Wird die Spule dagegen zu jedem Zeitpunkt von der gleichen Feldlinienzahl durchsetzt, so gibt es keine Induktionsspannung.

Deshalb gibt es zwei grundsätzlich verschiedene Möglichkeiten, eine Induktionsspannung zu erzeugen:

- Die Anzahl der von der Spulenquerschnittsfläche umfassten Feldlinien ändert sich, weil sich Spule und Magnetfeld relativ zueinander bewegen.
- Die Anzahl der von der Spulenquerschnittsfläche umfassten Feldlinien ändert sich, weil sich die Stärke des Magnetfeldes ändert. Dabei ändert sich bekanntlich auch die Feldliniendichte.

Damit werden auch die Ergebnisse der Experimente auf der linken Seite verständlich:

- Im linken Foto ändert sich die Anzahl der Feldlinien durch die Bewegung des Magneten oder der Spule.
- Im rechten Foto wird die Spule ab dem Einschalten ganz von einem Magnetfeld durchsetzt, das von null auf seine maximale Stärke wächst. Das Umgekehrte geschieht beim Ausschalten. Dabei ändert sich immer auch die Feldliniendichte.

Wird die Spannung der Feldspulen kontinuierlich vergrößert, so entsteht auch bei fest stehender Induktionsspule eine Induktionsspannung. Im Feldlinienbild wird die Dichte der Feldlinien laufend größer. Diese Änderung findet auch im Inneren der Spule statt. Während der ganzen Zeit der Spannungsänderung wird daher in der Spule eine Spannung induziert.

Induktion tritt auf, wenn sich die Anzahl der magnetischen Feldlinien ändert, die von der Querschnittsfläche der Spule umfasst werden.

Aufgaben

1 Gib mögliche Bewegungen einer Spule im homogenen Magnetfeld an, bei denen
a) eine Spannung induziert wird;
b) keine Spannung auftritt.
Begründe deine Aussagen.

2 Eine kleine Spule liegt so in einer großen Spule, dass die Längsachsen der beiden Spulen parallel sind. Die große Spule wird von Strom durchflossen. Unter welchen Bedingungen wird in der kleinen Spule eine Spannung induziert?
Begründe deine Aussage.

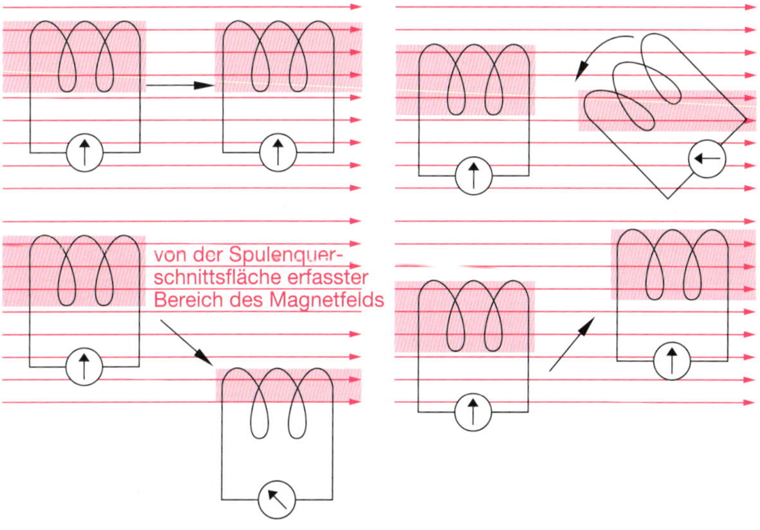

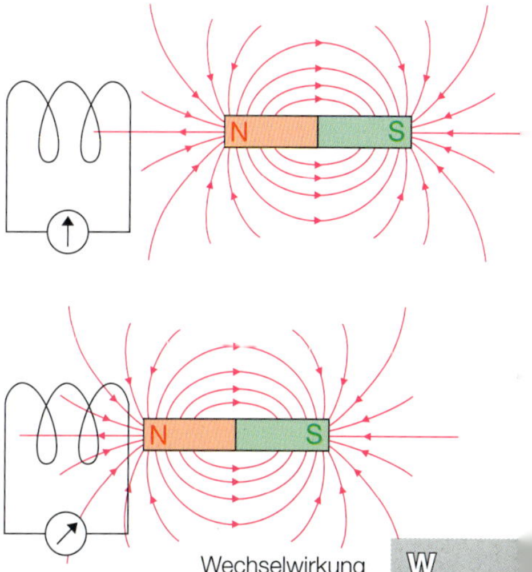

Wechselspannung

Zentraler Versuch

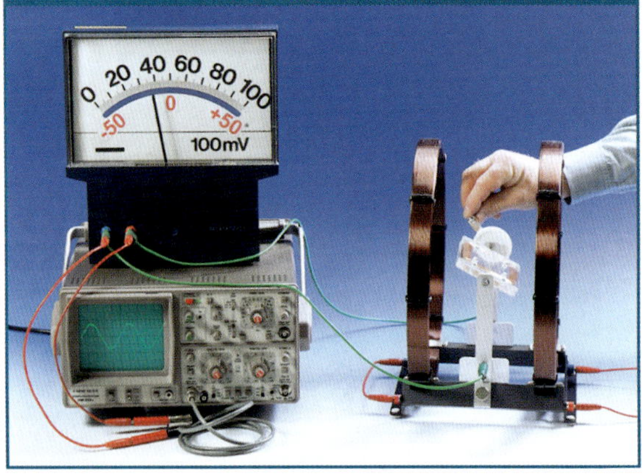

Dreht sich eine Induktionsspule in einem homogenen Magnetfeld, so pendelt der Zeiger des Spannungsmessers regelmäßig hin und her. Solange sich die Spule im Magnetfeld dreht, entsteht eine Spannung mit wechselnder Größe und Polung. Nach jeder Drehung werden wieder gleiche Zustände erreicht. Bei gleichbleibender Drehzahl zeigt das Oszilloskop einen charakteristischen Verlauf der Spannung, eine wellenförmige Kurve. Eine solche Spannung wird **Wechselspannung** genannt, da die Polarität laufend wechselt.

Auch das Versorgungsnetz der Haushalte hat Wechselspannung mit einer Frequenz von 50 Hz. Dies entspricht 100 Wechseln der Polarität in jeder Sekunde.

Wie es zu diesem zeitlichen Verlauf der Spannung kommt, lässt sich mithilfe des Feldlinienbildes verstehen: Dazu werden die Feldlinien gezählt, die von der Spule bei zwei verschiedenen Stellungen umfasst werden. Die Differenz der Feldlinienzahl ist ein Maß für die Änderung und entscheidend für die induzierte Spannung. So kommt es zur maximalen Änderung, wenn die magnetischen Feldlinien parallel zur Spulenquerschnittsfläche verlaufen – obwohl das von der Spule umfasste Magnetfeld am kleinsten ist.

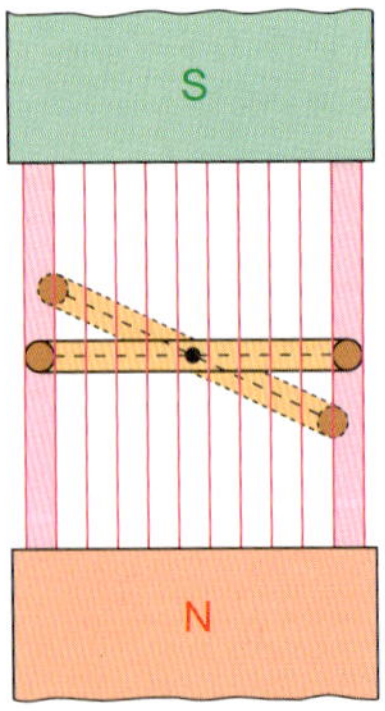

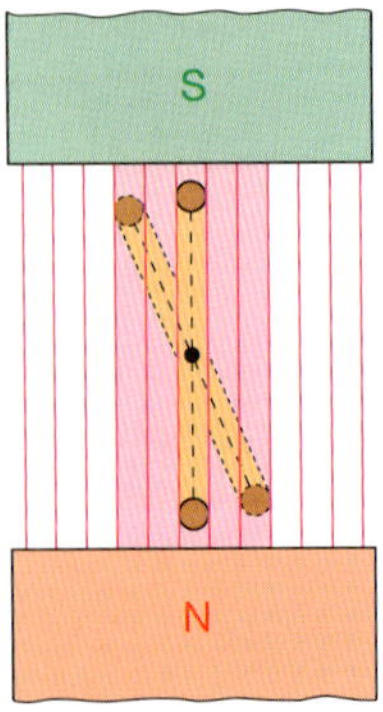

Für die Erzeugung der Wechselspannung ist nur die Änderung des von der Spule umfassten Magnetfeldes wichtig. Dabei kann auch die Induktionsspule fest stehen und der Magnet sich drehen.

Die Grafik unten zeigt, dass sich die Größe der Induktionsspannung auf diese Weise laufend von null auf +maximal über null zu –maximal und wieder auf null usw. ändert. Die Spannung schwankt periodisch bei gleichmäßiger Drehung der Induktionsspule in einem homogenen Magnetfeld. Das ergibt den beobachteten wellenförmigen Verlauf der Spannung. Wird eine solche Wechselspannung an einen Stromkreis angelegt, so wechselt der Strom in diesem Kreis laufend seine Richtung.

Wie verhalten sich die Elektronen bei **Wechselstrom?** Alle beweglichen Elektronen im Stromkreis – auch in der Quelle und in einem angeschlossenen Gerät – schwingen gemeinsam sofort im ganzen Kreis um eine Mittellage hin- und her. Dabei wird Energie fast ohne zeitliche Verzögerung von der elektrischen Quelle zum Elektrogerät transportiert. Auch bei Gleichstrom wird Energie sehr schnell übertragen – viel schneller, als es der Strömungsgeschwindigkeit einzelner Elektronen entsprechen würde, da sich alle Elektronen beim Schließen des Stromkreises gleichzeitig in Bewegung setzen.
Das unterschiedliche Verhalten der Elektronen bei Gleich- und Wechselstrom ist vergleichbar mit den Arbeitsweisen einer Stichsäge und einer Kettensäge. Mit beiden kann Holz gesägt werden, aber auf unterschiedliche Arten.

An den Enden einer Spule entsteht eine Wechselspannung, wenn die Spule in einem Magnetfeld rotiert.

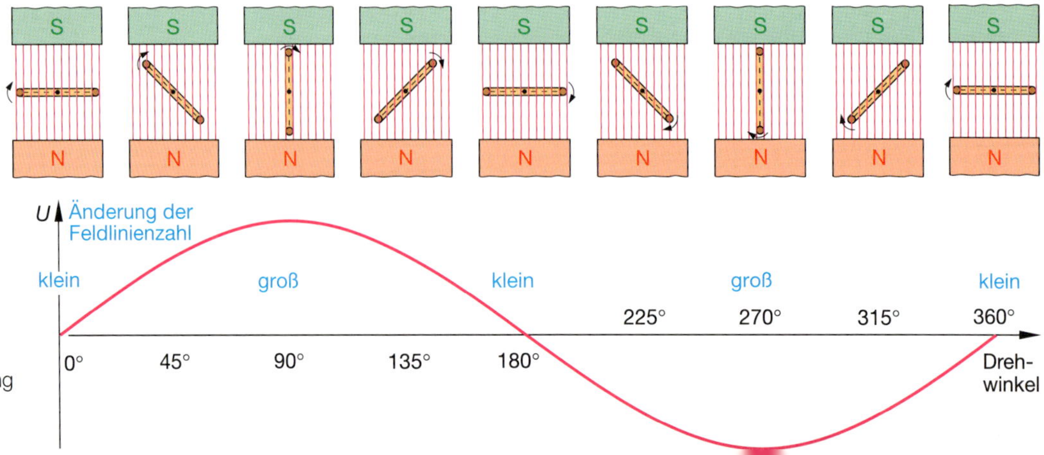

Wechselspannungsgenerator

Durch das Drehen des Rotors (Dauermagnet) werden die feststehenden äußeren Statorspulen (Induktionsspulen) laufend unterschiedlich vom Magnetfeld durchsetzt. Durch die Form von Rotor und Stator wird das Magnetfeld optimal zur Erzeugung der Wechselspannung genutzt.

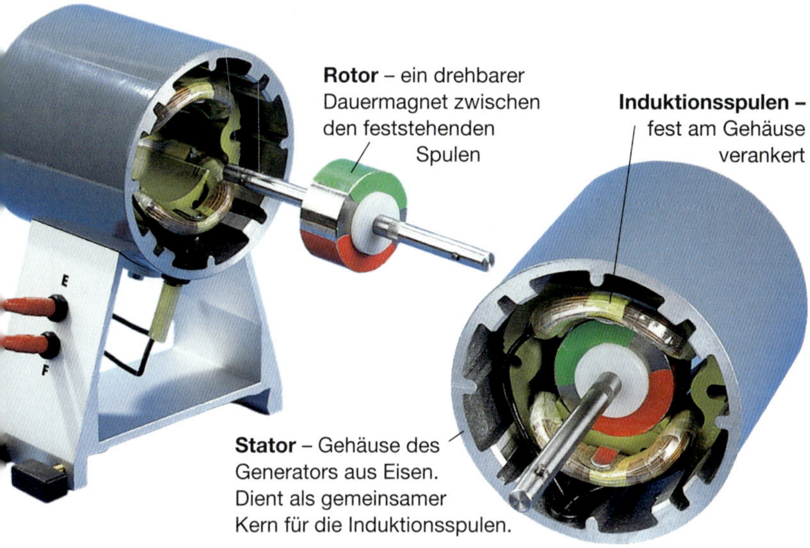

Vorteile der Generatoren mit feststehenden Induktionsspulen:
Die fest angebrachten Kontakte ermöglichen die Abnahme sehr großer Ströme. Sind dagegen der Dauermagnet außen und die Induktionsspulen auf der Achse montiert, dann treten bei hohen Spannungen Funken und folglich ein starker Abrieb an den Schleifringen auf. Dies hat größere Verluste und eine hohe Störanfälligkeit zur Folge.
Es gibt auch die Möglichkeit, den rotierenden Dauermagneten durch einen Elektromagneten bei fest stehenden Induktionsspulen zu ersetzen. Denn für diesen Feldmagneten reichen relativ geringe Ströme aus, die problemlos über Schleifringe zugeführt werden können.

Generator und Motor – Energieumladung in zwei Richtungen

Generator und Motor arbeiten nach dem gleichen Prinzip:: Immer wird Energie von bzw. auf die Träger Drehbewegung und Ladung umgeladen. Je nachdem, in welcher Richtung das Umladen erfolgt, arbeitet die Maschine

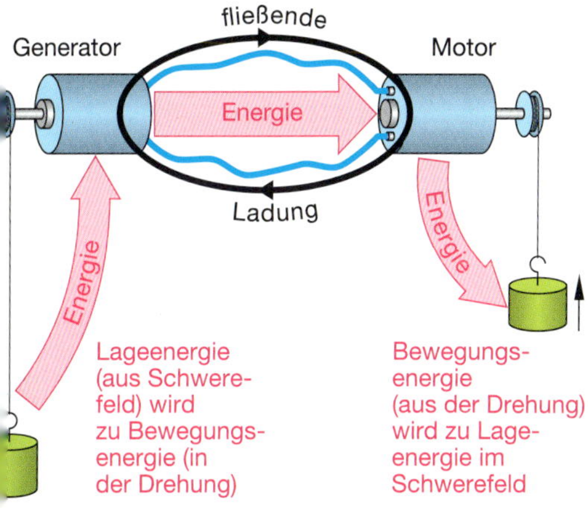

als Generator:
Drehbewegung ⇒ Ladung
als Motor:
Ladung ⇒ Drehbewegung

Jeder Motor kann als Generator und jeder Generator als Motor betrieben werden.
In der Technik werden allerdings unterschiedliche Bauformen eingesetzt, um die Effizienz zu steigern.

Aufgaben

1 Eine Induktionsspule befindet sich im Magnetfeld eines Elektromagneten. Vergleiche die Induktionsspannungen
a) beim Einschalten des Stromkreises;
b) beim Unterbrechen;
c) beim Umpolen der Stromrichtungen.

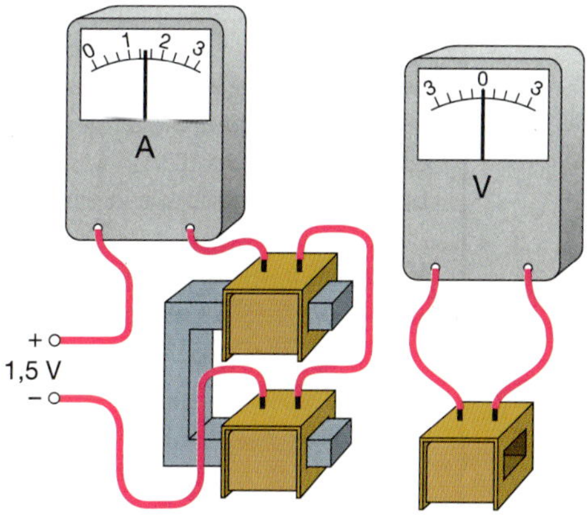

2 Die Spule im zentralen Versuch vollführe zehn Drehungen pro Sekunde. Gib an, wie oft die Spannung dabei ihr VZ wechselt.

3 Ein Stabmagnet wird mit der Geschwindigkeit v_0 durch eine Spule hindurch bewegt. Dabei wird eine Maximalspannung von U_0 induziert.
a) Erläutere, was sich über die induzierte Maximalspannung aussagen lässt, wenn die Geschwindigkeit
① größer als v_0,
② kleiner als v_0,
③ gleich null ist.
b) Begründe die Bewegung des Zeigers des Spannungsmessers. deine Aussage.

4 Das Foto unten zeigt, dass ein Motor auch als Generator betrieben werden kann. Erkläre.

Versuche und Aufträge — Induktion

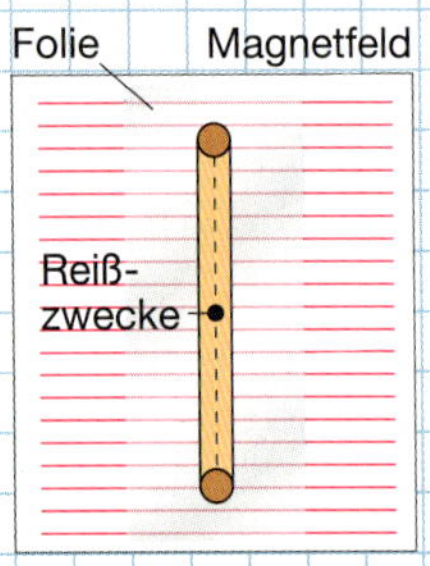

V1 Zeichne das Feldlinienbild eines homogenen Magnetfeldes auf ein Blatt Papier und eine Gerade auf eine Folie. Die Gerade soll eine Spule symbolisieren. Bringe mit einer Reißzwecke die Folie so über der Felddarstellung an, dass die „Spule" im „Feld" drehbar ist.
a) Ermittle die Änderung der Anzahl der Feldlinien, die die Spule durchsetzen, bei verschiedenen Stellungen der Spule bei jeweils einer Drehung um 10°.
b) Trage die Ergebnisse in eine Grafik ein.

V2 Anzeigegerät für Induktionsströme und -spannungen: Um einen Kompass werden 20 Wicklungen Kupferdraht gewickelt.

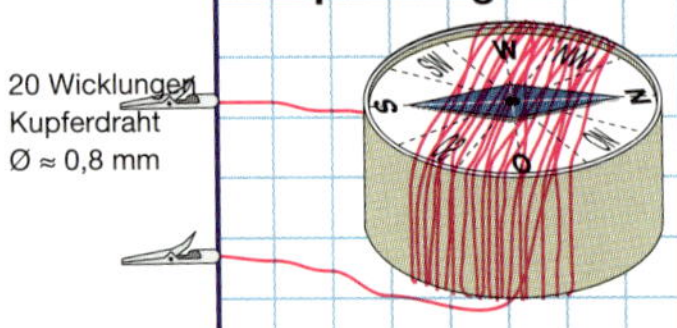

a) Lege an die Enden unterschiedliche Spannungen.
b) Beschreibe und erkläre deine Beobachtung.

V3 Verbinde eine Spule mit einer LED oder einem Spannungsmesser. Nimm mehrere Magnete und füge sie zu unterschiedlich starken Magneten zusammen. Führe diese in die Spule hinein bzw. heraus und an der Spule vorbei. Halte deine Beobachtung in einer Tabelle fest. Erkläre die Ergebnisse.

V4 Schalte drei Spulen mit unterschiedlicher Anzahl von Windungen in Reihe mit einem Spannungsmesser. Stelle die Spulen auf ein Schaumstoffkissen.

a) Lasse einen Stabmagneten aus immer gleicher Höhe nacheinander in die drei Spulen fallen. Notiere jeweils den Ausschlag am Messgerät.
b) Trage die Ergebnisse in eine Tabelle ein. Erkläre die Messergebnisse.

V5 Nimm ein Fahrrad mit einem Dynamo. Stelle das Fahrrad auf den Kopf und kopple den Dynamo an. Versetze das Rad und damit den Dynamo in Drehung. Stelle fest, wie lange sich das Rad dreht, wenn
a) beide Lampen (Scheinwerfer und Rücklicht),
b) wenn nur das Rücklicht,
c) wenn keine Lampe leuchtet.
d) Begründe deine Beobachtungen.

V6 Schalte drei Spulen mit unterschiedlichen Querschnitten in Reihe mit einem Messgerät. Tauche einen Stabmagneten oder einige übereinander gesetzte Magnete nacheinander in die Spulen.

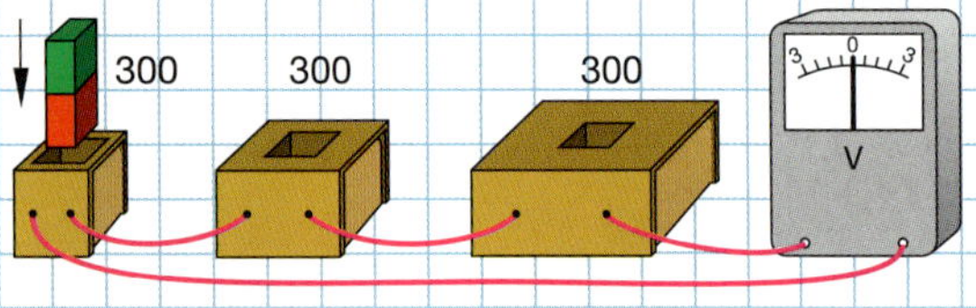

a) Gib die Größe des Ausschlags auf dem Spannungsmesser an.
b) Erkläre die Ergebnisse.
c) Begründe, ob die Aussage „Die induzierte Spannung ist umso größer, je größer der Querschnitt der Spule ist." richtig oder falsch ist.

V7 Hänge einen Magnet an eine Feder und lasse ihn in einer Spule schwingen. Vergleiche die Bewegung des Magneten, wenn
a) die Spule mit einer Lampe verbunden ist;
b) bei offenem Stromkreis;
c) bei kurzgeschlossener Spule.
d) Erkläre die Beobachtungen. Denke an die Energie.

V8 Untersuche, wie sich ein Eisenkern in einer Spule auf die Größe der Induktionspannung auswirkt. Verwende für alle Versuche die gleiche Spule in unveränderter Lage.

V9 **a)** Beschreibe, welche Untersuchungen zur Induktion sich mit der folgenden Experimentieranordnung durchführen lassen
b) Plane die entsprechenden Experimente. Sage die Ergebnisse voraus.
c) Zeichne die Feldlinienbilder.

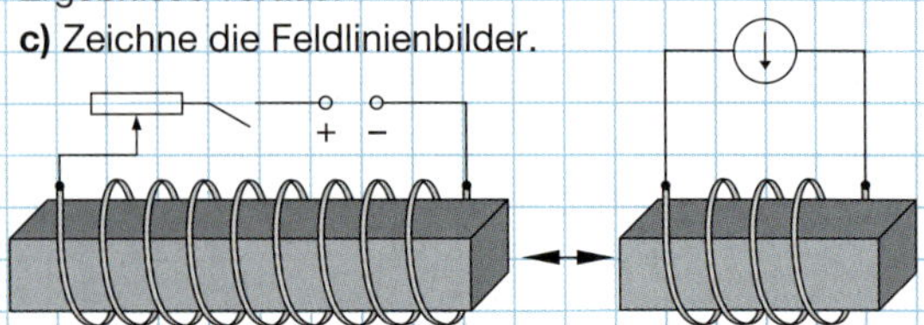

OERSTED und FARADAY – die Väter des Elektromagnetismus

Streifzug

Die Erforschung des Magnetismus reicht in Europa bis in das 12. Jahrhundert zurück. Die Erkenntnisse, die im Laufe der Zeit gewonnen wurden, beruhten alle auf Beobachtungen, die bei Dauermagneten gemacht wurden.

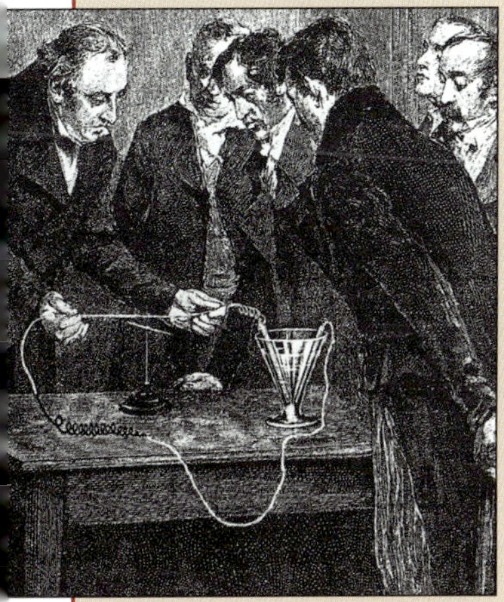

Im 19. Jahrhundert wurden von dem dänischen Physiker HANS CHRISTIAN OERSTED (1777–1851) völlig andersartige Beobachtungen in Verbindung mit dem Magnetismus gemacht: Nach vielen vergeblichen Versuchen, einen bis dahin zwar vermuteten, aber nie beobachteten Zusammenhang zwischen Elektrizität und Magnetismus nachzuweisen, entdeckte OERSTED 1820 während einer Vorlesung, dass ein stromdurchflossener Leiter eine Magnetnadel beeinflusst. Dies war die Geburtsstunde des **Elektromagnetismus.**

Diese Entdeckung OERSTEDs, die in kurzer Zeit weiter erforscht und ausgebaut wurde, ist von großer Bedeutung für die Entwicklung unserer industriellen Gesellschaft gewesen. Ohne den Elektromagnetismus gäbe es viele Dinge in unserer Umgebung nicht – keine Elektromotoren, keine Gewinnung von elektrischer Energie in Kraftwerken, aber auch kein Handy, WLAN oder Fernsehen.

Bereits 1829, also nur neun Jahre nach OERSTEDs Entdeckung, baute der amerikanische Physiker HENRY einen Elektromagneten, der so stark war, dass er 1000 kg (entspricht einem heutigen Mittelklasse-Pkw) heben konnte. HENRY wickelte dazu ungefähr 250 m isolierten Draht auf einen 30 kg schweren Eisenkern. Der Draht bestand aus mehreren Teilstücken, die jeweils eine Wicklungslage des Elektromagneten bildeten. Damit die blanken Drähte der einzelnen Wicklungen untereinander keinen Kontakt hatten, wurden sie mit Seidenfäden umwickelt. Die Wicklungen konnten einzeln an Batterien angeschlossen werden, sodass jede von ihnen von einem großen Strom durchflossen wurde.

In England wiederholte MICHAEL FARADAY (1791–1867) zusammen mit DAVY das Experiment von OERSTED. Sie waren fasziniert davon, dass Magnetismus durch elektrischen Strom erzeugt werden kann. 1821 gelang es FARADAY, einen Magnet durch Fließen von elektrischem Strom in fortlaufende Rotation zu versetzen. In den folgenden Jahren beschäftigte ihn die Frage, ob nicht auch eine Umkehrung möglich sei. So steht 1822 in seinem Merkbuch unter der Rubrik „Gegenstände, die weiter zu verfolgen sind": „Convert magnetism into electricity".

Nach etlichen Fehlversuchen war FARADAY dann am 29.08.1831 erfolgreich. Er schrieb in sein Laborbuch: „Ich hatte einen Ring aus weichem Rundeisen von $\frac{7}{8}$ Zoll Dicke und 6 Zoll im äußeren Durchmesser, um dessen eine Hälfte ich viele Windungen Kupferdraht wickelte, die durch Zwirn und Kaliko voneinander isoliert waren. Es waren drei Drahtenden von je etwa 24 Fuß Länge, die zu einem Draht verbunden oder als getrennte Stücke benutzt werden konnten. ... Ich werde diese Seite A nennen. Auf der anderen Seite, durch einen Zwischenraum getrennt, wurden zwei Enden Draht, ... Länge etwa 60 Fuß ..., im gleichen Sinn wie zuvor gewickelt; diese Seite sei B. ... Die Windungen auf der B-Seite wurden zu einer Spule zusammengeschlossen und ihre Enden durch einen Kupferdraht verbunden, der über eine 3 Fuß vom Eisenring entfernte Magnetnadel führte. Dann verband ich die Enden eines der Teile der A-Seite mit der Batterie; sofort zeigte sich eine merkliche Wirkung auf die Nadel. Sie oszillierte und kehrte schließlich in ihre ursprüngliche Lage zurück. Beim Trennen der Verbindung der A-Seite von der Batterie wieder eine Beunruhigung der Nadel."

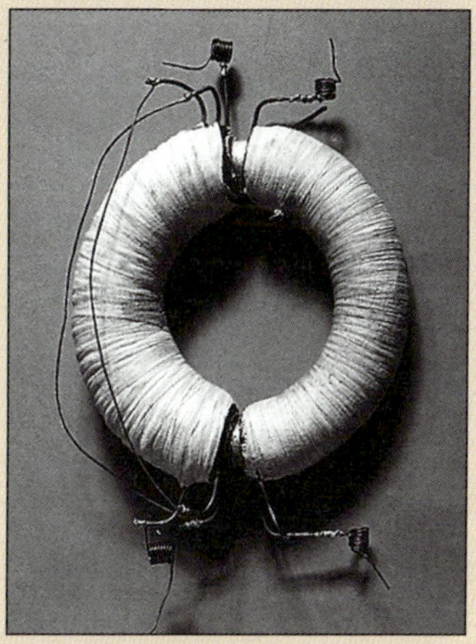

So entdeckte FARADAY, dass Stromimpulse, aber nicht ein Dauerstrom „im Elektromagnet" einen elektrischen Strom hervorrufen. „Conversion of magnetism into electricity" vermerkte er in seinem Tagebuch.

Die Leiterschaukel

Im linken Foto bewegt sich der frei aufgehängte Leiter beim Einschalten. Ohne Magnet ist keine Auslenkung zu beobachten.

Wichtig ist offensichtlich, dass sich der stromdurchflossene Leiter in einem Magnetfeld befindet. Nur dann tritt eine Kraft senkrecht zur Stromrichtung auf. Es zeigt sich:

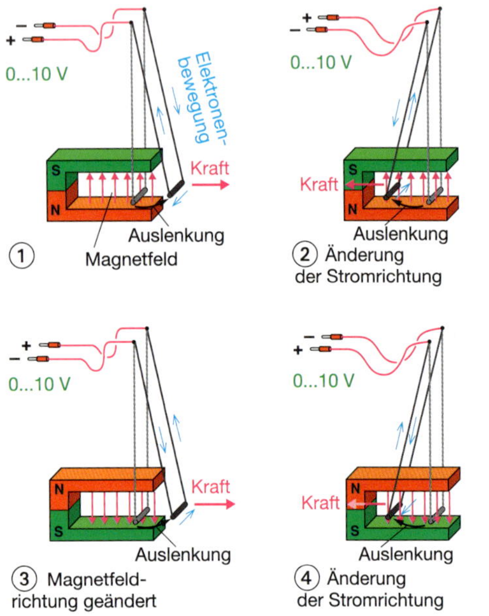

Mit der **Linken-Hand-Regel** kann die Richtung der Kraft vorausgesagt werden. Diese Kraft heißt nach dem holländischen Physiker HENDRIK ANTOON LORENTZ (1853–1928, Professor für Theoretische Physik in Leiden, Holland) **Lorentzkraft.**

Zentraler Versuch

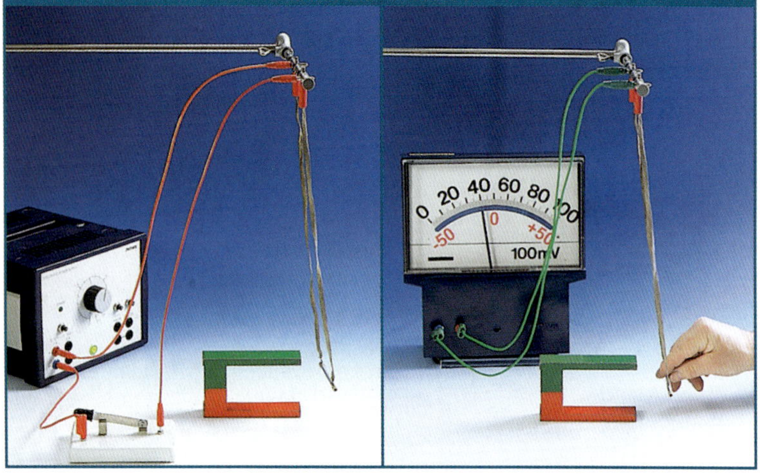

Die Lorentzkraft wirkt auf die fließenden Elektronen, für die der Leiter ein „Behälter" ist. So wird der Leiter mit den in ihm enthaltenen Elektronen senkrecht zur Magnetfeldrichtung abgelenkt (linkes Foto).

Mit der Lorentzkraft kann auch der zweite Versuch (rechtes Foto) erklärt werden: Wird der Leiter in Bewegung gesetzt, dann entsteht an seinen Enden eine Spannung. Ursache ist die Bewegung des Leiters im vom Nordpol zum Südpol gerichteten Magnetfeld. Die Linke-Hand-Regel gibt die Richtung der Kraft an, die auf die Elektronen im Leiter in dessen Längsrichtung wirkt, die also eine Verschiebung von Elektronen zu einem Ende des Leiters verursacht. Diese Ansammlung von Elektronen an der einen Seite des Leiters und der dadurch auftretende Elektronenmangel an der anderen Seite bewirkt eine Spannung zwischen den Enden des Leiters. Das erklärt auch, wie die Induktionsspannung an den Spulenklemmen entsteht. Entscheidend ist dabei die Relativbewegung von Elektronen und Magnetfeld.

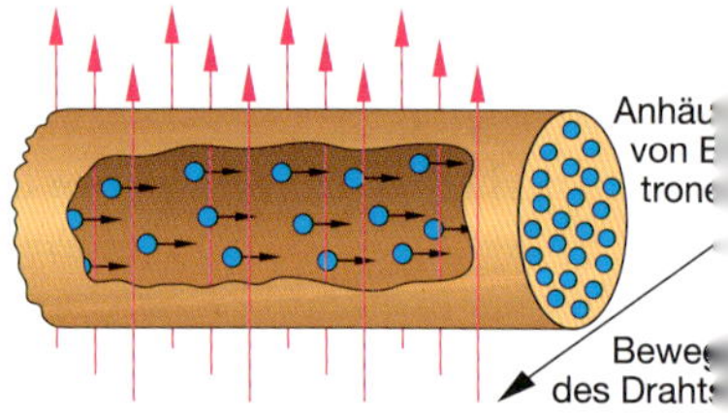

Bewegte Elektronen im Magnetfeld erfahren senkrecht zur Bewegungsrichtung und senkrecht zur Richtung des Magnetfeldes die Lorentzkraft.

Aufgaben

1 Im rechten zentralen Versuch werde die Leiterschaukel in den Hufeisenmagnet hineinbewegt. Gib an, an welchem Ende des Leiters ein Elektronenüberschuss entsteht.

2 Ein negativ bzw. ein positiv geladenes Teilchen bewegt sich nach links durch ein nach oben gerichtetes Magnetfeld. Erläutere, in welche Richtung die Teilchen jeweils abgelenkt werden.

3 Rechts ist das Prinzip eines Drehspulinstruments zu sehen. Beschreibe dessen Aufbau und Funktionsweise.

4 Erläutere, was mit negativ bzw. positiv geladenen Teilchen geschieht, die aus dem Weltall auf das Erdmagnetfeld treffen.

Beobachten – Beschreiben – Erklären

Durchblick

Ein wesentliches Verfahren des naturwissenschaftlichen Erkenntnisprozesses ist das induktive Verfahren, also das Ableiten allgemeiner Gesetzmäßigkeiten aus Einzelbeobachtungen.

1. Beobachtung

Am Zeigerausschlag des Messgeräts ist zu sehen, dass eine Induktionsspannung entsteht, wenn Magnet und Spule gegeneinander bewegt werden.
Die Untersuchung des Spezialfalls einer Spule, die sich in einem homogenen (gleichmäßigen) Magnetfeld bewegt, zeigt, welche Bewegungen zu Induktion führen und welche nicht.

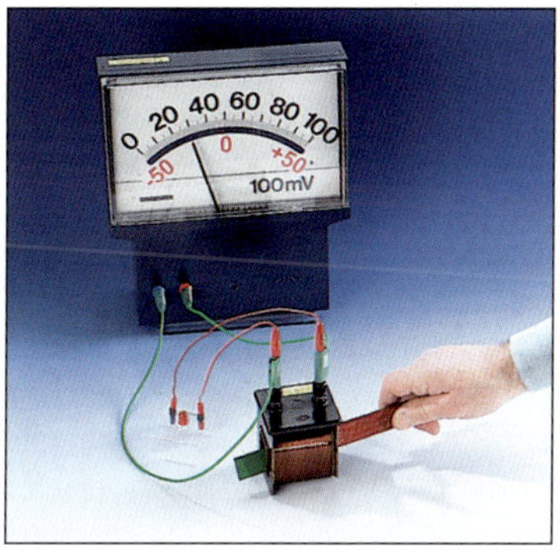

Die Beobachtung erfolgt mit unseren Sinnen. Physikalische Größen, die der direkten Beobachtung nicht zugänglich sind, werden indirekt beobachtet, d. h. über ihre Wirkungen. Hierzu werden Mess- oder Nachweisinstrumente verwendet. Zum Beispiel lässt sich elektrischer Strom mit einem Drehspulinstrument nachweisen, die Stromstärke kann gemessen werden.

2. Beschreibung

Induktion tritt auf,

- wenn die Spule in einen Bereich geführt wird, in dem das Magnetfeld stärker oder schwächer wird;
- wenn die Spule im Magnetfeld gedreht wird;
- wenn sich die Stärke des Magnetfelds ändert;

allgemein: wenn sich das Magnetfeld ändert, das die Induktionsspule durchsetzt.

Die Beschreibung hält fest, was die verschiedenen Induktionsvorgänge gemeinsam haben. Eine Reihe ähnlicher Phänomene wird beschrieben, die alle zum selben Ergebnis führen.
Zum Vergleich: In der Mechanik beschreibt der Energieerhaltungssatz als übergeordnetes Prinzip, was alle mechanischen Vorgänge gemeinsam haben.

3. Erklärung

Die Linke-Hand-Regel und der Leiterschaukelversuch zeigen, dass die Elektronen im roten Drahtstück durch die Lorentzkraft längs des Drahts zum rechten Anschluss der Leiterschleife bewegt werden, während die Kraft auf die Elektronen in den blauen Drahtstücken senkrecht zum Draht wirkt und daher die Elektronen nicht bewegt. Dadurch entsteht in der Spule eine Induktionsspannung mit der angegebenen Polung.
Somit erklärt sich die Induktion bei einer Spule durch die Induktion bei der Leiterschaukel, die wiederum auf die Lorentzkraft zurückgeht, die bewegte Ladungsträger in einem Magnetfeld erfahren.

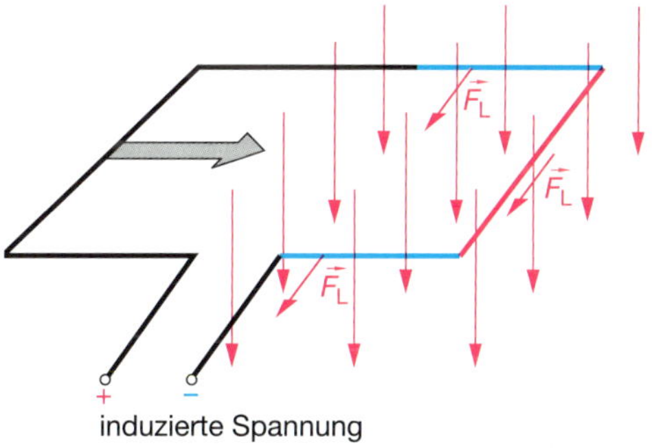

Erklären bedeutet in der Physik, dass komplexe Phänomene durch Nachdenken auf einfachere Grundphänomene zurückgeführt werden. Das entspricht dem Beweisverfahren in der Mathematik, bei dem das Problem durch logisches Schließen auf Axiome zurückgeführt wird.

Diese Grundphänomene versucht die Wissenschaft ebenfalls zu erklären. Bei der Erklärung der Induktion blieb allerdings die Frage offen, woher die Lorentzkraft kommt. Bisher lässt sich diese Frage nicht beantworten. Die Physik fragt aber stets weiter. So ist die naturwissenschaftliche Suche nach Erkenntnis prinzipiell nie abgeschlossen.

Ohne Induktion kein Hören von Musik

Streifzug

Der Lautsprecher

In einem **dynamischen Lautsprecher** bewegt sich die in den Magneten eintauchende Spule im Rhythmus der Sprache oder der Musik.
Da sich die Windungen der Spule in einem Magnetfeld befinden, wirkt auf die bewegten Elektronen im Spulendraht die Lorentzkraft. Dies führt zu einer Bewegung der Spule. Die Spule ist mit einer steifen Membran verbunden, die die Luft davor zum Schwingen bringt – wir hören Sprache, Geräusche oder Musik.

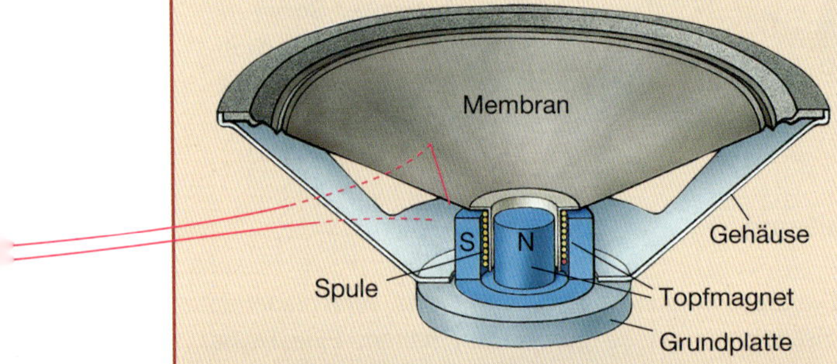

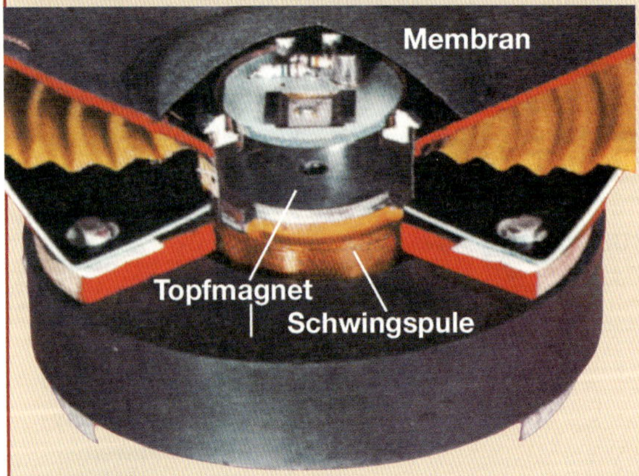

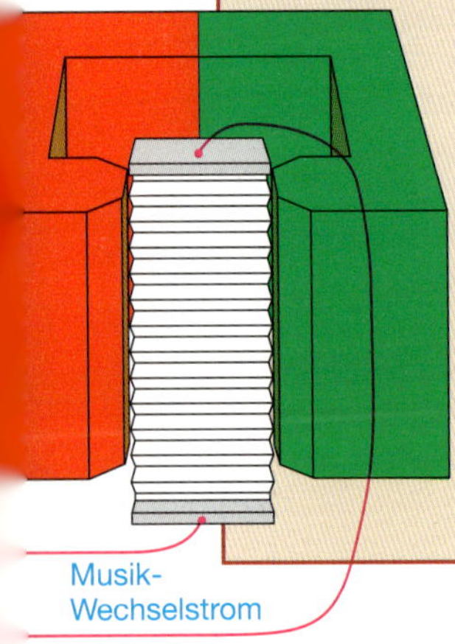

Im **Bändchen-Lautsprecher** ist das sehr dünne und etwa 0,5 cm breite Bändchen Leiter („Spule") und Membran zugleich. Es befindet sich im homogenen Magnetfeld des Lautsprechermagneten. Infolge der Lorentzkraft schwingt es auch im Rhythmus des durch die Musik bestimmten Wechselstromes und regt dabei die Luftsäule zu Schwingungen an. Dabei können Töne im Bereich von 350 Hz bis zu 20 kHz entstehen.

Magnetstreifen und Festplatten

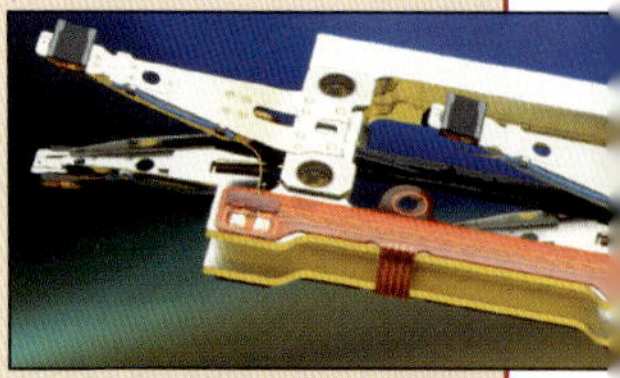

Eine **Festplatte** besteht aus rotierenden Aluminium-Scheiben und bewegbaren kombinierten Schreib-Lese-Köpfen. Die Anzahl der Scheiben und die Anzahl der Schreib-Lese-Köpfe sind von der Bauart der jeweiligen Festplatte abhängig.

- Beim *Schreiben* werden auf der magnetisierbaren Schicht einer Scheibe kleinste Flächen mithilfe des Magnetfeldes einer Spule magnetisiert. Dabei polarisiert die Spule die magnetisierbare Fläche in zwei unterschiedlichen Richtungen. Dies entspricht den elektronisch interpretierbaren Werten 0 und 1.
- Das *Lesen* einer beschriebenen Festplatte ist praktisch die Umkehrung des Schreibens: Eine Spule wird über die magnetisch unterschiedlich polarisierten Flächen geführt. Das magnetische Wechselfeld induziert in der Spule unterschiedlich gepolte Spannungen bzw. Ströme, die elektronisch als 0 und 1 interpretiert werden können.

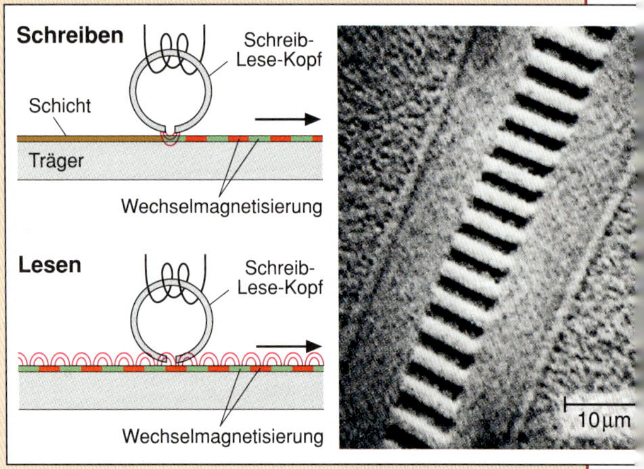

Der *Streifen* einer **Magnetkarte** besteht aus magnetischem Metalloxid. Auf ihm sind Daten gespeichert, die von einem Lesegerät zur Durchführung eines Vorganges ausgelesen werden. Ein Magnetstreifen verfügt über eine Speicherkapazität von 1024 bit, die auf drei Spuren verteilt sind. Die ersten beiden Spuren können nur gelesen werden, während die dritte Spur auch beschreibbar ist. Auf ihr werden bei Kreditkarten z. B. die letzten Transaktionen notiert.

Induktives Aufladen von Handys und Elektroautos

Zur induktiven Energieübertragung wird im Sender ein sich ständig änderndes Magnetfeld erzeugt. Dies erfolgt mithilfe einer Spule, die von einem Wechselstrom durchflossen ist. Der Empfänger enthält ebenfalls eine Spule. Diese wird von einem Teil des magnetischen Feldes durchdrungen. Durch den Wechselstrom ändert sich auch das Magnetfeld ständig. Dadurch wird in der Empfängerspule eine Spannung induziert. Aufgrund dieser induzierten Spannung kommt es zum Stromfluss durch den angeschlossenen Akku im Handy oder dem Fahrzeug. Es wird Energie übertragen.

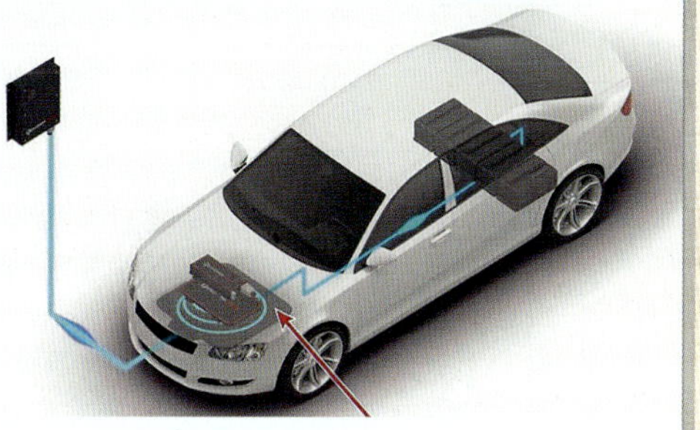

Heute sind bereits in einigen Möbelstücken Induktionsspulen zum Laden von Handys enthalten.

Induktionskochplatten

Beim Kochen mit Induktion entsteht die Wärme direkt im Boden des Kochtopfs oder der Pfanne. Unter dem Glaskeramik-Kochfeld ist anstelle einer Heizspirale eine Induktionsspule angebracht, die durch Induktion im Boden der Pfanne oder eines Kochtopfes ständig und sehr rasch die Magnetisierung verändert. Das erhitzt den Boden sehr schnell. Die leichte Erwärmung des Glaskeramik-Kochfeldes kommt durch Wärmeleitung des heißen Kochtopfs zustande.

Induktionsschleifen

In der Verkehrstechnik dient eine Induktionsschleife zur Fahrzeugerkennung auf dem Fahrweg. Es kommen große, in die Fahrbahndecke eingelassene oder unter ihr verlegte Kabelschleifen zur Anwendung, vorzugsweise vor den Haltlinien bedarfsgesteuerter Verkehrsampeln, zum Einschalten von Rotlichtüberwachungskameras oder zum Öffnen und Wiederabsenken von Schranken bei Parkhäusern etc. Die Induktionsschleife wirkt als Spule.

Die Schleife/Spule wird von einem konstanten Gleichstrom durchflossen, wodurch ein Magnetfeld entsteht. Tritt ein metallischer Körper in das Magnetfeld, ändert sich dieses, wodurch sich die Spulenspannung ändert.
Eine elektronische Schaltung (ein Schleifendetektor) erkennt diese Veränderung und löst die entsprechende Aktion (Schranke öffnen, Ampel schalten,...) aus.

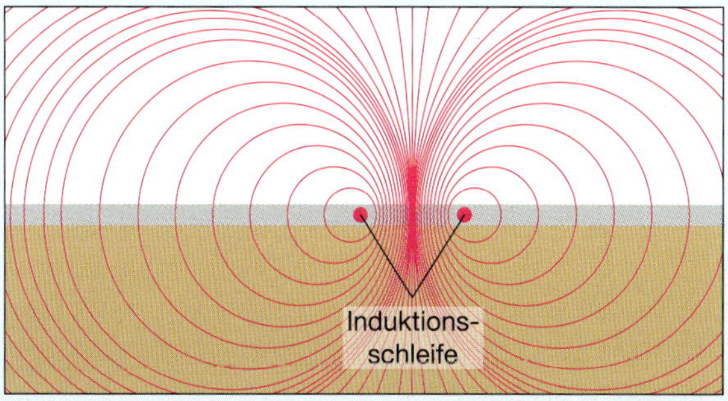

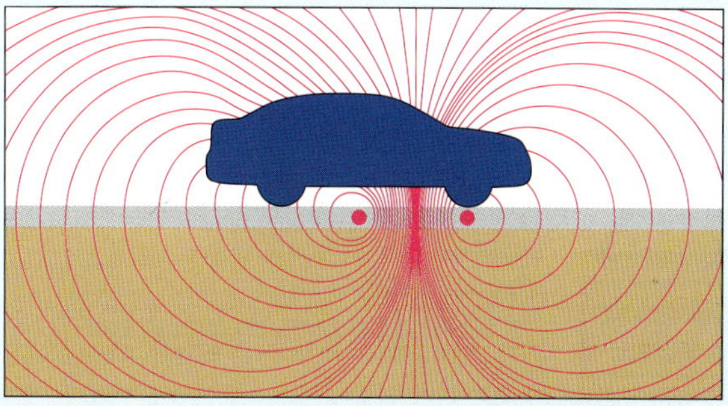

Der Transformator als Spannungswandler

Ein Experimentiertransformator besteht aus einem U-förmigen Eisenkern, zwei Spulen und einem Joch. Eine der Spulen (die Primärspule) wird an eine Wechselspannung angeschlossen. Ein an die Sekundärspule angeschlossenes Spannungsmessgerät registriert dann ebenfalls eine Wechselspannung, im gezeigten Fall eine fast 4-mal so große Spannung.
Wird hingegen eine konstante Gleichspannung benutzt, so zeigt das Spannungsmessgerät an der Sekundärspule keine Spannung. Erst wenn der Primärstromkreis periodisch mit einem Schalter unterbrochen wird, kann auf der Sekundärseite eine Spannung registriert werden und zwar wiederum eine Wechselspannung.

Der Einfluss der Windungszahlen n_1 und n_2 sowie der Primärspannung U_1 des Transformators auf die zu messende Sekundärspannung U_2 wird aus den Messwerten ersichtlich:

- Wird die Primärspannung U_1 verdoppelt, verdreifacht, ..., so verdoppelt, verdreifacht, ... sich auch die Sekundärspannung U_2. Es gilt: $U_1 \sim U_2$.
- Die Sekundärspannung U_2 ist proportional zur Zahl der Windungen die Sekundärspule und umgekehrt proportional zur Windungszahl der Primärspule. Es gilt: $U_2 \sim \frac{n_2}{n_1}$.

Zusammengefasst: Ein Transformator kann Spannungen transformieren, d.h. vergrößern oder verkleinern. Die Größe der Sekundärspannung hängt vom Verhältnis der Windungszahlen $\frac{n_2}{n_1}$ ab.

$$\frac{U_2}{U_1} = \frac{n_2}{n_1}$$

Für die Sekundärspannung ergibt sich damit:

$$U_2 = U_1 \cdot \frac{n_2}{n_1}$$

Diese Formel gilt für den Transformator im „Leerlauf“, d.h. es sind keine Bauteile oder Geräte an die Sekundärspule angeschlossen. Der Transformator ist nicht „belastet“.

Zentraler Versuch

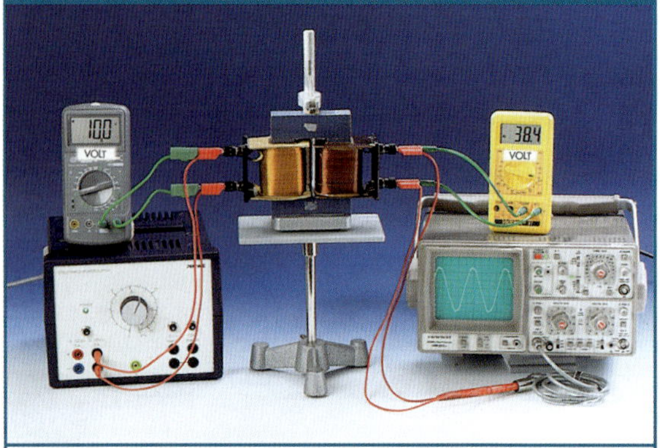

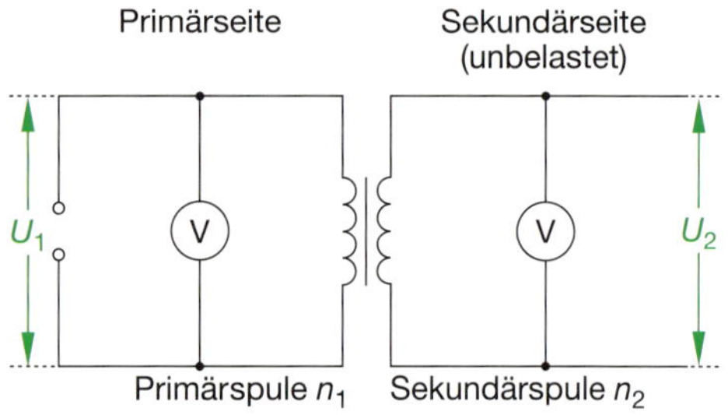

U_1	U_2	n_1	n_2	$\frac{n_2}{n_1}$	$\frac{U_2}{U_1}$
10 V	19 V	300	600	2,0	1,9
20 V	38 V	300	600	2,0	1,9
30 V	56 V	300	600	2,0	1,9
10 V	27 V	300	900	3,0	2,7
20 V	53 V	300	900	3,0	2,7
30 V	80 V	300	900	3,0	2,7
10 V	38 V	300	1200	4,0	3,8
20 V	74 V	300	1200	4,0	3,7
30 V	110 V	300	1200	4,0	3,7
10 V	3 V	900	300	0,33	0,3
20 V	6 V	900	300	0,33	0,3
30 V	9 V	900	300	0,33	0,3

Größte Vorsicht bei allen Versuchen mit Transformatoren!

Versuche mit Transformatoren können gefährlich sein! Zum Beispiel bewirkt eine Primärspule mit 50 und eine Sekundärspule mit 600 Windungen bei einer Primärspannung von 6 V eine lebensgefährliche Sekundärspannung von etwa 72 V.

Mit einem Transformator lassen sich Wechselspannungen vergrößern oder verkleinern. Konstante Gleichspannungen lassen sich mit ihm nicht verändern. Beim unbelasteten Transformator ist die Sekundärspannung U_2 (Ausgang) proportional zur Primärspannung U_1. Das Verhältnis der Windungszahlen von Sekundär- und Primärspule ist der Proportionalitätsfaktor.

$$U_2 = U_1 \cdot \frac{n_2}{n_1}; \quad \frac{U_2}{U_1} = \frac{n_2}{n_1}$$

Rechenbeispiel

Ein Transformator hat zwei Spulen mit 400 und 1600 Windungen. Wie groß ist die Sekundärspannung, wenn an die 1600er-Spule eine Wechselspannung von 230 V angelegt wird?

Geg.: $U_1 = 230\ \text{V}$
$n_1 = 1600$
$n_2 = 400$

Ges.: U_2

Lösung: $U_2 = U_1 \cdot \frac{n_2}{n_1}$
$= 230\ \text{V} \cdot \frac{400}{1600}$
$= 230\ \text{V} \cdot \frac{1}{4} = 57{,}5\ \text{V}$

Die durch den Trafo bereitgestellte Spannung beträgt 57,5 V.

Aufgaben

1 Bei einem Experimentier-Transformator stehen Spulen mit 300, 600 und 1500 Windungen zur Verfügung.
Erläutere, in welche Spannungen sich die 230 V des Haushaltsnetzes damit transformieren lassen. Betrachte alle möglichen Spulenkombinationen.

2 Ein Transformator hat 750 Windungen auf der Primärseite und 150 Windungen auf der Sekundärseite. Berechne, welche Ausgangsspannung vorliegt, wenn der Transformator an die Steckdose zuhause angeschlossen wird.

3 An die Primärspule (1000 Windungen) eines Trafos wird eine Taschenlampenbatterie mit 4,5 V angeschlossen. Wie groß ist die Spannung auf der Sekundärseite mit 500 Windungen? Begründe deine Antwort.

4 Begründe anhand eines selbstgewählten Beispiels, weshalb das Experimentieren mit Transformatoren auch bei ungefährlicher Eingangspannung lebensgefährlich sein kann.

5 Nenne mehrere Geräte in eurem Haushalt, die mit einem Schaltnetzteil betrieben werden.

6 Ein Stufentrafo für 230 V mit einer Primärwindungszahl von 460 soll Sekundärspannungen von 5 V und 20 V liefern. Beschreibe und begründe die erforderlichen Eigenschaften der Sekundärspule.

BESONDERE TRAFOS

Die elektrische Zahnbürste

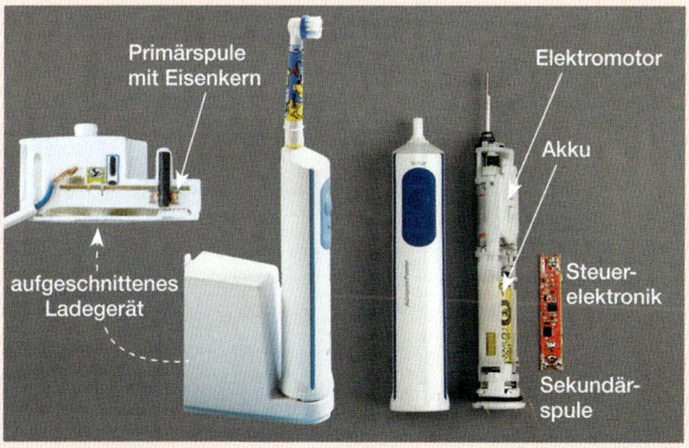

Zur elektrisch betriebenen Zahnbürste gehören ein Handteil mit Bürstenkopf und ein Ladeteil. Beide sind in Kunststoff gekapselt. Es besteht somit keine leitende Verbindung zwischen Handteil und Ladestation. Die geöffneten Bauteile lassen jeweils eine Spule erkennen. Ineinandergestellt bilden die Spulen einen Transformator. Die Netzspannung von 230 V wird in eine niedrigere Spannung transformiert. Ein Gleichrichter, welcher in die Zahnbürste eingebaut ist, lädt mittels einer Schaltung einen Akku. Dieser treibt dann den Motor der Zahnbüste an.

Elektronische Trafos

Viele moderne Trafos sind genau genommen Schaltnetzteile, bei denen die zu transformierende Spannung durch eine Elektronik periodisch sehr schnell unterbrochen und erst dann an einen Transformator angelegt wird.
Der eigentliche Transformator kann bei diesen Geräten sehr klein sein, wodurch das gesamte Gerät erheblich leichter wird – ein Vorteil, den jeder Handy-Besitzer zu schätzen weiß. Mithilfe von Schaltnetzteilen können auch Gleichspannungen angepasst werden – ein weiterer Vorteil dieser Geräte.

Das Bild rechts zeigt ein geöffnetes Netzteil mit einem herkömmlichem Trafo mit einem relativ schweren Eisenkern.

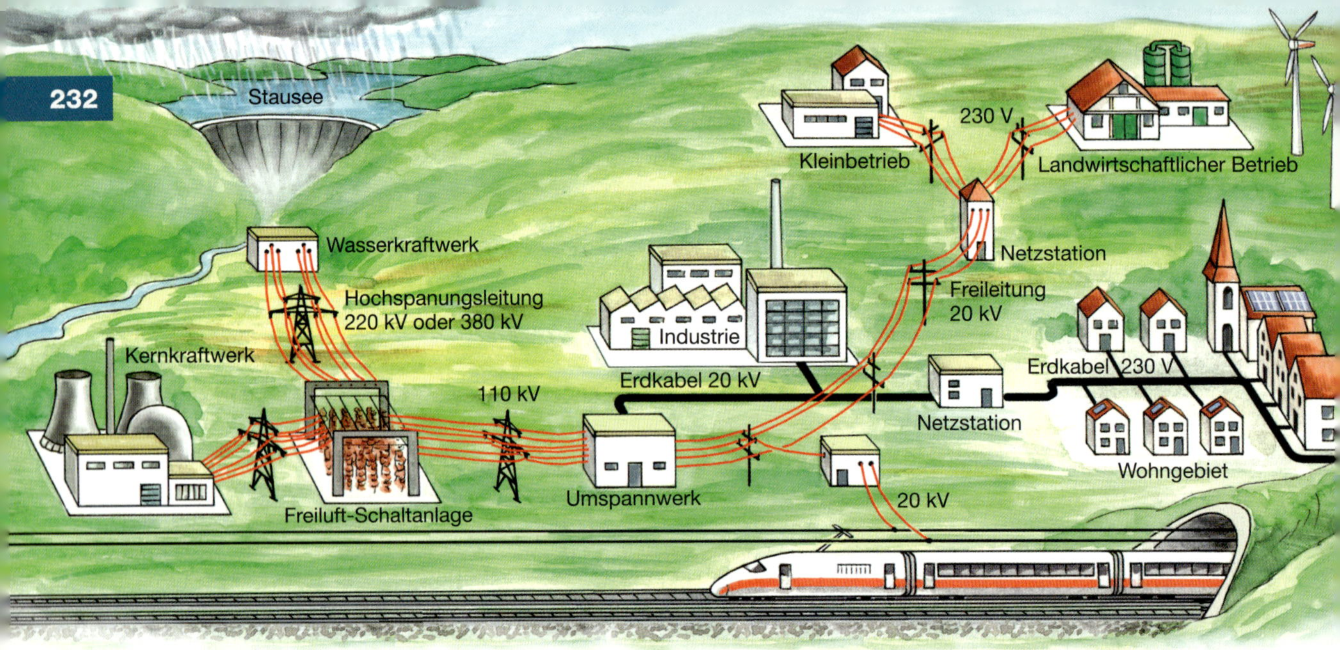

Energieübertragung mit Hochspannung

Elektrische Energie wird in Kraftwerken gewonnen, deren Standort von ihrem Typ abhängt: Kohlekraftwerke werden in der Umgebung der Kohle-Abbaugebiete und wegen ihres großen Bedarfs an Kühlwasser in der Nähe von Flüssen gebaut, Speicherkraftwerke im Hoch- oder Mittelgebirge. Die Energie muss meist über große Entfernungen zu den Endnutzern transportiert werden.

Zwangsläufig treten beim Energietransport in den Leitungen Verluste durch Erwärmung auf. Deshalb kommt nicht alle Energie, die das Kraftwerk mit der fließenden Ladung verlässt, auch bei den Nutzern an.

Zentraler Versuch

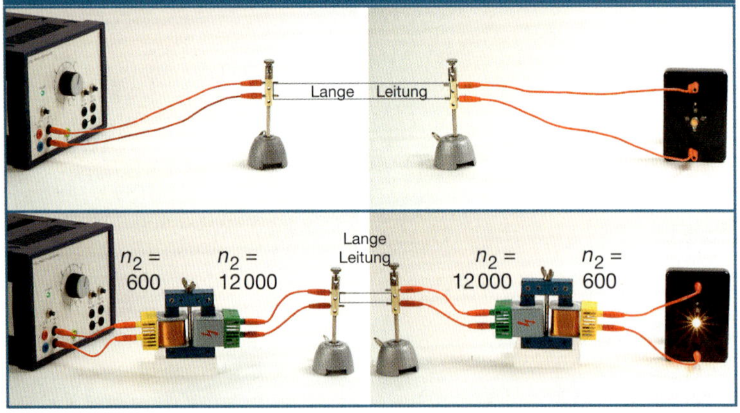

Um die Verluste zu minimieren, müsste eine Überlandleitung mehr als 1 m dick und folglich sehr schwer und teuer sein. Dazu kommt noch, dass der Endnutzer in Reihe mit den Überlandleitungen liegt. Die Leitungen können als eigene Geräte angesehen werden; somit teilt sich die Spannung auf die Leitung und die Nutzer auf. Am meisten Spannung fällt dabei über den Leitungen ab!

Das Foto im oberen Versuchsteil zeigt das sehr deutlich: Das Lämpchen leuchtet nur noch sehr schwach. Um dennoch viel Energie übertragen zu können, wird die Generatorspannung durch Transformatoren heraufgesetzt. Der Verlust wird dadurch stark verringert, wie am unteren Versuchsaufbau gut zu erkennen ist. Diese Lampe leuchtet deutlich heller. Reale Überlandleitungen haben deshalb nur einige Zentimeter dicke Kabel.

Doch auch ein Transformator selbst sorgt für Verluste. Wenn er belastet wird, erwärmt sich sein Kern. Um das zu vermeiden, werden die Spulen und Kerne der Großtransformatoren von Kraftwerken in einem Ölbad gekült.

Moderne Generatoren von Kraftwerken erzeugen eine Spannung von etwa 20 000 V. Je nach der zu überbrückenden Entfernung und der zu übertragenden Energie wird diese Spannung auf 110 kV, 220 kV oder 380 kV hochtransformiert. Als Faustregel gilt: 1 kV Spannung für 1 km Übertragungsstrecke.

Nur mithilfe von Hochspannung lässt sich Energie mit elektrischem Strom wirtschaftlich über große Entfernungen übertragen.

Energie sparen...

Teure Batterien

Die Menge der Energie, die im Haushalt auf andere Träger umgeladen wird, wird in kWh (Kilowattstunden) gemessen. Dabei beträgt der Preis für eine kWh aus dem Stromnetz etwa 30 Cent. Um den Preis der elektrischen Energie aus Batterien grob abzuschätzen, ist zu überlegen, wie viel Energie in einer Batterie steckt.

Eine 4 V-Lampe leuchtet mit einer typischen AA-Batterie etwa eine Stunde lang, bevor die Energie der Batterie vollständig umgeladen wurde. Um – rein hypothetisch – ein Gerät mit 1000 W eine Stunde betreiben zu können, ist die 250-fache Energiemenge, also 250 AA-Batterien nötig. Bei einem Stückpreis von 50 Cent beliefen sich die Kosten auf 111,50 €. Das entspricht dem rund 400-fachen Preis der Energie aus der Steckdose.

Bei Akkus sieht es etwas besser aus, denn beim Aufladen wird wieder nur der „Strom" aus der Steckdose bezahlt, lediglich die Anschaffungskosten müssen dazugerechnet werden.

Teurer Stand-by

Für Fernseher und Hifi-Anlagen mit Fernbedienung beträgt die Leerlaufleistung im Stand-by-Betrieb zwischen 1 W und bis zu 10 W bei älteren Geräten. Auch bei einem scheinbar ausgeschalteten PC, einer Niedervolt-Halogenlampe oder dem Handy-Ladegerät wird ständig Energie umgeladen. Dies ist verständlich, denn der Stromkreis ist ja geschlossen. Es fließt Ladung durch die Bauteile, wodurch sie sich erwärmen und Energie mit der Wärme an die umgebende Luft abgeben. Dieser Teil der Energie ist somit nicht mehr nutzbar. Er ist „verloren". Die Nutzung schaltbarer Steckdosen ist in solchen Fällen eine einfach zu realisierende Energiesparmaßnahme.

...oder „selber machen"

Solarstrom

Als alternative Energiequelle nutzen heute schon viele Privathaushalte Solarzellen auf ihren Dächern. Das spart Geld und schont zugleich die Umwelt. Die **Fotovoltaikanlagen** erzeugen dabei die nötige Spannung und laden die Energie der Sonne auf fließende Ladung für das Haus um. Wird dabei sogar mehr Energie umgeladen, als zuhause benötigt wird, kann der Überschuss an die Netzbetreiber weiterverkauft werden. An immer besser werdenden Methoden, den Überschuss zuhause zu speichern, um ihn später abrufen zu können, wird in der aktuellen Forschung mit Nachdruck gearbeitet. So sollen Privathaushalte mit etwa kühlschrankgroßen Akkus ausgestattet werden können, mit denen die am Tage gewonnene Energie jederzeit abrufbar gemacht werden soll.
In Rheinland-Pfalz wurden 2013 etwa 1400 Mio kWh Energie über Fotovoltaik ins Netz eingespeist.

Windräder

Auch Windräder sind eine gute Alternative zur Bereitstellung der Energie. Nicht nur im großen Stil durch Windparks auf hoher See, sondern auch privat gibt es heutzutage platzsparende Lösungen, welche statt klassischer Rotorblätter sogenannte Darrieus- oder Savonius-Rotoren verwenden.
Auch an Orten, an denen der Strom nicht so einfach zu bekommen ist wie zuhause, ist alternative Energiebereitstellung gefragt wie zum Beispiel auf Segelbooten. Bei einer Atlantiküberquerung kann schließlich nicht davon ausgegangen werden, unterwegs Anlegestellen mit Steckdosen zu finden.

Elektrische Energie wird auf sehr unterschiedliche Weise bereitgestellt und genutzt. Dabei ist darauf zu achten, welche Form sinnvoll, sparsam und kostengünstig ist.

Aufgaben

1 Nenne verschiedene Geräte, die mit der von der Sonne kommenden Energie betrieben werden.

2 Erläutere, warum es auf Berghütten oder Segelbooten sinnvoll ist, Windkraftanlagen mit Solarzellen zu koppeln.

Grundwissen — Spannung und Induktion

ENERGIE

Elektrische Stromkreise haben den Zweck, Energie von einer Quelle zu einem Gerät zu übertragen. Für diesen Energiestrom ist ein **Träger** nötig. Das ist der Kreislauf der strömenden Elektronen bzw. der fließenden Ladung.

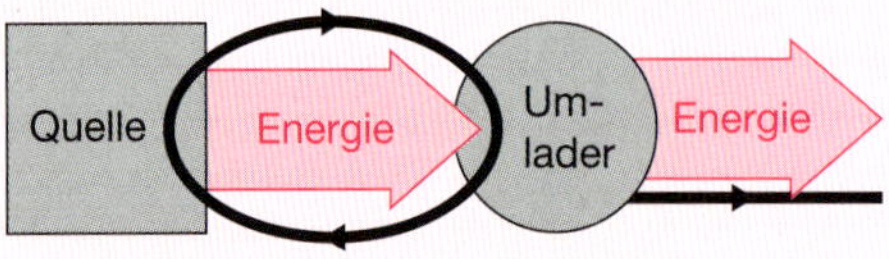

Wie viel Energie strömt, wird durch die **Energiestromstärke *P*** ausgedrückt:

Energiestromstärke = $\frac{\text{Energie}}{\text{Zeit}}$ oder $P = \frac{E}{t}$.

Die Einheit ist 1 Watt = 1 W = 1 $\frac{\text{J}}{\text{s}}$.

Bei Elektrogeräten, die Energie auf andere Träger umladen, wird die Energiestromstärke als **Leistung** bezeichnet.

Einheit der Energie
1 J (Joule)   1 kJ = 1000 J   1 kWh = 3,6 Mio J

Magnetfeld
Im Raum um einen Magnet gibt es ein Feld, in dem magnetische Kräfte wirken. Magnetfelder lassen sich durch Feldlinien darstellen. Dort, wo das Feld stark ist, werden die Feldlinien dichter gezeichnet.

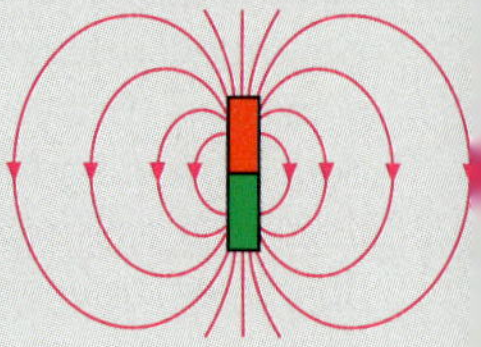

Induktion
Wenn sich das Magnetfeld in einer Spule ändert bzw. wenn sich die Anzahl der magnetischen Feldlinien, die von der Spulenfläche erfasst werden, ändert, entsteht zwischen den Enden der Spule eine **Induktionsspannung.**
Im Wechselstromgenerator rotiert ein Dauermagnet in einem Magnetfeld. Dadurch wird in feststehenden Spulen eine Spannung induziert.

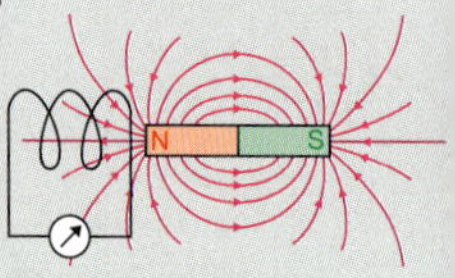

Lorentzkraft
Elektonen in einem sich bewegenden Draht erfahren in einem Magnetfeld nach der Linke-Hand-Regel eine Kraft senkrecht zu ihrer Bewegungsrichtung und senkrecht zur Richtung des Magnetfeldes, was zu einer Spannung zwischen den Drahtenden führt.

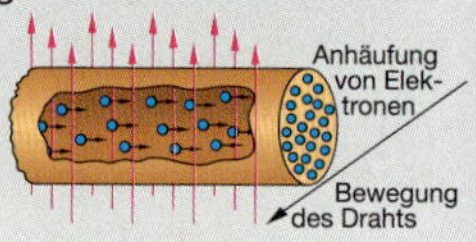

Transformator
Mit Transformatoren können Wechselspannungen verände[rt] werden. Für „unbelastete" Transformatoren (d. h. ohne angeschlossene Geräte auf der Sekundärseite) gilt:

$U_2 = U_1 \cdot \frac{n_2}{n_1}$ oder $\frac{U_2}{U_1} = \frac{n_2}{n_1}$.

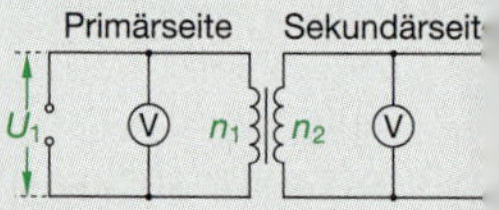

(*n* ist die Windungszahl der Primär- bzw Sekundärsp[ule])

Eine effiziente Energieübertragung über große Entfernungen ist nur mit Hochspannung möglich.

SYSTEM

Potenzial und Spannung

In jedem Stromkreis hat jeder Punkt ein ganz bestimmtes **Potenzial** φ gegenüber einem frei wählbaren Nullpunkt. Die Potenzialdifferenz $\Delta\varphi = \varphi_2 - \varphi_1$ zwischen zwei Punkten ist ein Maß für die Energie, welche zwischen diesen Punkten umgeladen werden kann.

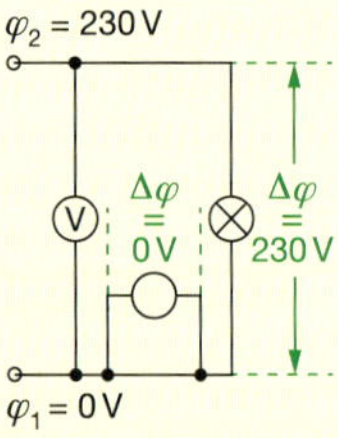

Die Potenzialdifferenz zwischen den beiden Anschlüssen einer elektrischen Quelle ist der Antrieb für den Elektronen- bzw. den Ladungsstrom. Die Potezialdifferenz $\Delta\varphi$ wird als elektrische **Spannung *U*** bezeichnet: $U = \Delta\varphi$. Einheit: 1 Volt = 1 V

Spannungen werden parallel zum Gerät/zur Quelle gemessen.

Spannungen und Schaltungen

Reihenschaltung

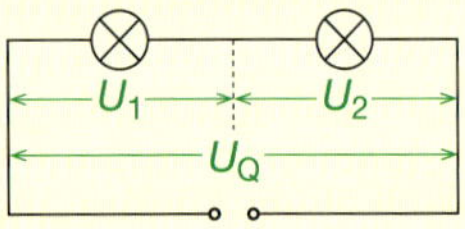

$U_Q = U_1 + U_2$

Parallelschaltung

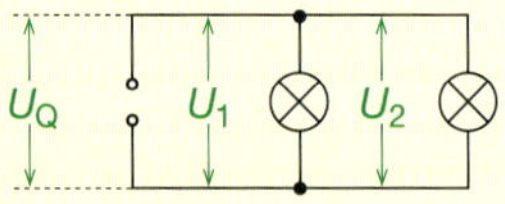

$U_Q = U_1 = U_2$

Maschenregel: Im unverzweigten Stromkreis ist die Summe der Teilspannungen über den Geräten so groß wie die Quellenspannung.

Die Spannung der Quelle und die Geräte selbst bestimmen in einer Reihenschaltung die Größe der Teilspannungen in den Geräten.

Grundbegriffe

A1 a) Fertige mit den Grundbegriffen links unten Karteikarten an. Notiere den Begriff auf der Vorderseite und erläutere ihn auf der Rückseite, eventuell mit sonstigen Besonderheiten. Anstelle der Karteikarten kannst du auch eine elektronische Datenbank anlegen.
b) Erstelle eine Mindmap für das ganze Kapitel. Die Grundbegriffe unten helfen dir dabei.

A2 Das Foto zeigt zwei Glühlampen (4 V|0,4 W) bzw. (230 V|25 W), die in Reihe an 230 V angeschlossen sind. Beide Lampen leuchten normal hell, obgleich die kleine Glühlampe doch gar nicht an 230 V angeschlossen werden dürfte.

Werden die Spannungen an den beiden Lampen gemessen, ergeben sich für die kleine 4 V, für die große 226 V. Erkläre diese Werte.

A3 Lampen gleicher Art sind in verschiedenen Stromkreisen verbaut worden. Die elektrischen Quellen sind jeweils 9 V-Batterien.

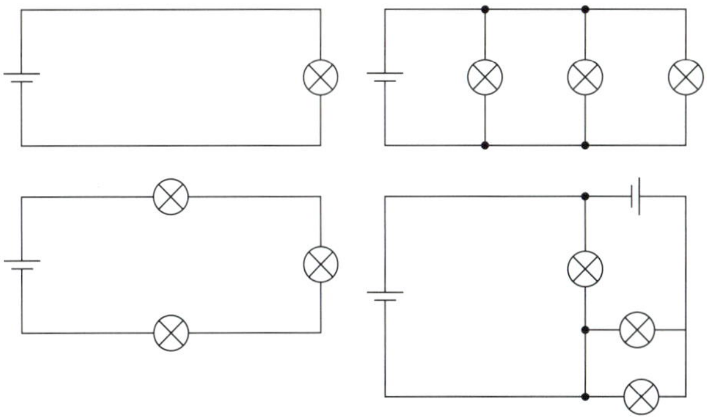

a) Färbe alle Leitungsteile gleichen Potenzials in der gleichen Farbe ein.
b) Bestimme mithilfe der eingezeichneten Potenziale die Spannungen über den Lampen.

A4 a) Auf einem „Stromzähler" steht $600 \frac{\text{Umdrehungen}}{\text{kWh}}$. Erläutere diese Angabe.
b) Berechne die elektrische Leistung eines angeschlossenen Elektrogeräts, wenn die Scheibe des "Stromzählers" in drei Minuten 10 Umdrehungen macht.
c) Beurteile, ob du sicher sagen kannst, dass die in b) berechnete Leistung die Leistung des Elektrogeräts ist.

A5 Das Herz eines Menschen hat eine durchschnittliche Leistung von 1,5 W.
a) Berechne die Energiemenge, die dem Herz mindestens zugeführt werden muss, damit es 80 Jahre schlagen kann.
b) Vergleiche diese Energiemenge mit der, die ein Wäschetrockner bei einem Durchlauf benötigt.

A6 Im Prospekt für eine moderne, energieeffiziente Geschirrspülmaschine wird ein jährlicher Energiebedarf von 237 kWh angegeben. Dabei werden wöchentlich fünf Spülgänge im Eco-Modus (Zeitdauer 150 min) zugrunde gelegt.
a) Berechne den Energiebedarf pro Spülgang und die durchschnittliche Energiestromstärke.
b) Die Geräteleistung wird mit 2400 W angegeben. Erkläre den Unterschied zu dem in a) berechneten Wert.

A7 Erläutere, weshalb ein Transformator nicht mit Gleichspannung funktioniert.

A8 a) Ein Transformator besitzt eine Primärspule mit 300 Windungen und eine Sekundärspule mit 1300 Windungen. Berechne die Spannung an der Sekundärspule, wenn an der Primärspule 50 V anliegen.
b) Benjamin Schlaumeier will mit der Schaltung rechts eine Spannungsuntersetzung von 230 V auf 115 V erreichen.

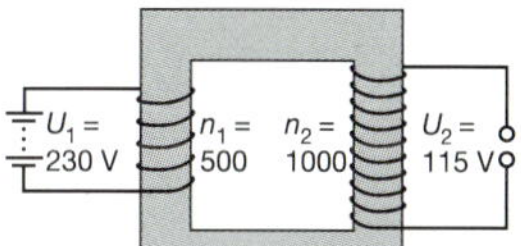

In seiner Schaltung stecken allerdings zwei Fehler. Benenne diese Fehler und gib an, wie sie zu beheben sind.

A9 Mit einem Transformator soll die Wechselspannung des Haushaltsnetzes von 230 V auf etwa 38 V heruntertransformiert werden. Für den Bau des Transformators stehen ein geschlossener Eisenkern und Spulen mit folgenden Windungszahlen zur Verfügung: 250; 300; 500; 170; 1200; 1500; 3000. Erläutere, welche Spulenkombination für den Transformator verwendet werden könnte.

Kosmos und Forschung

Vor 140 Jahren riet ein Physikprofessor dem späteren Nobelpreisträger MAX PLANCK davon ab, Physik zu studieren. Es sei schon alles erforscht, nur noch ein paar unbedeutende Lücken müssten geschlossen werden.
Welch ein Irrtum! Das Wissen hat seitdem explosionsartig zugenommen, die Forschungsmethoden haben sich grundlegend gewandelt und viele neue und spannende Forschungsgebiete sind hinzugekommen. An unserem Wissen über den Kosmos wird das besonders deutlich: Das Forschen mit neuesten Geräten bringt immer wieder erstaunliche Ergebnisse – und fast täglich kommen neue hinzu.

Physikalische Forschung war von Anfang an ein spannendes Abenteuer und das wird auch noch sehr lange so bleiben. Wer sich darauf einlässt kann viel erleben, entdecken und verstehen.

■ **Hubble – Ein Teleskop schaut ins Weltall:** Nach mehr als 40 Jahren der Überlegung und Planung, des Experimentierens und Probierens wird im April 1990 ein nach dem Astronomen EDWIN HUBBLE benanntes Teleskop durch eine Rakete in eine Erdumlaufbahn gebracht. Seit dieser Zeit hat es durch viele detailreiche Aufnahmen unser Wissen über ferne Galaxien erheblich verändert und erweitert.
Mit seiner Hilfe gelang der Nachweis von Schwarzen Löchern, die Ausdehnung des Weltalls wurde präzise bestimmt und die Entfernungen im Weltall können jetzt genauer angegeben werden. Viele Bilder zeigen das Entstehen und Vergehen von Sternen. Mit diesem Teleskop konnten viele Fragen zu Vergangenheit und Zukunft des Alls beantwortet werden.
Das war nur durch die langjährige, gute Zusammenarbeit vieler Wissenschaftler und Techniker möglich geworden. Welche Auswirkungen es hat, wenn das nicht reibungslos klappt, wurde an diesem Teleskop deutlich: Schon bei den ersten Bildern war zu erkennen, dass der große Spiegel im Teleskop ungenau geschliffen war. Ein Kontrollgerät war fehlerhaft, zwei seiner Linsen hatten 1,3 mm zuviel Abstand. Durch eine bessere Kommunikation und unabhängige Kontrollen hätte dieser (sehr teure) Fehler leicht vermieden werden können.

■ **Rosetta und Philae besuchen Tschuri:** Nach vielen Jahren der Forschung und Entwicklung sowie einer jahrelangen Reise durch die Tiefen des Weltalls war es im Frühjahr 2015 endlich soweit: Die Raumsonde Rosetta traf am Kometen 67P/Tschurjumow-Gerassimenko (kurz: „Tschuri") ein, 500 Millionen Kilometer von der Erde entfernt.
Mit einem Abstand von nur 6 km kam sie ihm so nahe, dass sie detailreiche Fotos aufnehmen konnte, Staub und Gase wurden analysiert. Schon im November 2014 wurde – zum ersten Mal auf einem Kometen überhaupt – die kleine Sonde Philae auf „Tschuri" abgesetzt.

■ **Das Radioteleskop in Effelsberg (Eifel):** Seit seiner Inbetriebnahme 1972 findet das Radioteleskop Effelsberg ein breites Interesse. Astronomen aus aller Welt nutzen das Radioteleskop für ihre Beobachtungen. Sie erforschen mithilfe des 100-Meter-Radioteleskops in Bad Münstereifel-Effelsberg Vorgänge im Weltraum, die die Phantasie beflügeln. Es ist eines der leistungsfähigsten Observatorien in Europa.
Die Oberfläche der Antenne (etwa 7850 Quadratmeter) ist wichtig für den sicheren Empfang sehr schwacher Radiosignale aus weiten Entfernungen; der große Durchmesser (100 m) ist nötig für das hohe Winkelauflösungsvermögen. Das Gesamtgewicht beträgt 3200 Tonnen. Trotzdem ist es rasch und präzise zu bewegen, daher kann der gesamte Himmel über dem Horizont mit ihm beobachtet werden.
Radioastronomen dringen durch die Beobachtung von Radioquellen in bis dahin nicht bekannte Tiefen des Weltraums vor. Das ergänzt die mit den größten Fernrohren gemachten Beobachtungen.
Ein Vorteil des Radioteleskops ist: Radioastronomische Beobachtungen werden nicht durch „Staubwolken" im Kosmos behindert. Deswegen können die frühen Phasen der Entwicklung des Weltalls besser untersucht, Fragen zur Entstehung von Sternen beantwortet und die Erforschung von Magnetfeldern in ausgedehnten Galaxien vorangetrieben werden. Auch die Untersuchung von Kometen und Asteroiden gehört dazu. So konnten die genaue Struktur unserer Milchstraße bestimmt und vorher unbekannte Himmelskörper wie z. B. Quasare und Pulsare entdeckt werden.

Vorbereitung

1 Lies die Texte dieser beiden Seiten durch und betrachte die zugehörigen Bilder. Schreibe zu den einzelnen Themen Fragen auf, die du dazu hast.

2 Blättere das folgende Kapitel durch, lies die Überschriften und betrachte die Bilder. Notiere neben den Fragen aus **1** die Seitenzahlen, die deiner Meinung nach Antworten zu deinen Fragen liefern könnten.

3 Überlege und schreibe auf, was du in Experimenten untersuchen möchtest. Vielleicht hast du ja schon Ideen, wie die Versuche aussehen könnten.

Projekt — Physik in der Studierstube – GALILEO GALILEI (1564–1642)

Als GALILEI 1589 Professor für Mathematik in Pisa wurde, war seine Lehre Fortsetzung und Neubeginn einer Wissenschaft von den realen Dingen, die den Menschen auf Erden und am Himmel über ihm umgeben. Am Ende eines langen Lebens für die Wissenschaft hatte er Regeln und Verfahren entwickelt, die bis heute Gültigkeit haben und ohne die die Erfolge der Naturwissenschaften nicht möglich gewesen wären.

Am Anfang seines wissenschaftlichen Wirkens stand das Nachdenken über das Fallen von Körpern, so wie es vor ihm schon ARISTOTELES (384–322 v. Chr.) und LUKREZ (99–55 v. Chr.) in der Antike getan hatten. GALILEI fügte dem antiken Denken jedoch zwei neue Aspekte hinzu:

- Das Nachdenken muss den **Regeln der Logik** folgen und seine Ergebnisse müssen in mathematischer Form darstellbar sein. („*Das Buch der Natur ist in der Sprache der Mathematik geschrieben …*“)
- Jedes Ergebnis des Nachdenkens über die Natur muss durch **Messungen** auf seine Richtigkeit geprüft werden. („*… erhärten ihre Prinzipien durch Experimente, und diese bilden das Fundament …*“)

Die Frage, wie schnell Körper fallen, beantwortete GALILEI durch ein Gedankenexperiment: Würde ein schwerer Stein schneller fallen als ein leichter, so würde dies zu einem Widerspruch führen. Denn wären beide fest verbunden und fielen gemeinsam, so müssten sie schneller sein als der schwere Stein allein. Das kann aber nicht sein. Denn wäre der schwere Stein schneller als der leichte, würde dieser den schweren bremsen – die Geschwindigkeit der verbundenen Steine wäre kleiner als die des schweren allein. Das widerspricht der Ausgangsannahme. Der Widerspruch löst sich nur auf, wenn beide Körper die gleiche Fallgeschwindigkeit haben.
Dieses Ergebnis eines Gedankenexperimentes aus der Studierstube, das allein auf logischem Schlussfolgern beruht, muss im Experiment bestätigt werden. Weil GALILEI die kurzen Zeiten beim Fallen nicht messen konnte, hat er das Fallen der Steine durch herabrollende Kugeln in einer Rinne simuliert. So konnte er „Fall“zeiten und „Fall“höhen **messen** und dadurch das Ergebnis seines Denkens bestätigen; gleichzeitig hat er den mathematischen Zusammenhang zwischen Zeit und Weg gefunden: „*… verhalten sich die in gewissen Zeiten zurückgelegten Strecken wie die Quadrate der Zeiten.*“

GALILEI hat ein fundamentales Naturgesetz dadurch gefunden, dass er im Denken den Regeln der Logik gefolgt ist, das Ergebnis des Denkens im Experiment messend überprüfte und es mathematisch darstellte.

P1 GALILEI hat Messungen mit einer Fallrinne durchgeführt. Erkundigt euch, mit welchen Hilfsmitteln er diese Versuche durchgeführt und wie er die Zeiten gestoppt hat. Baut dieses Experiment nach und führt damit Messungen durch. Dokumentiert die Versuchsdurchführung und die Versuchsergebnisse in einem Video.

P2 a) BERT BRECHT hat in seinem Werk „Leben des Galilei“ einige Ereignisse verarbeitet. Wählt einige Bilder aus den beiden ersten Teilen aus, recherchiert ihren Wahrheitsgehalt und spielt sie nach.
b) Im achten Bild diskutiert GALILEI mit dem kleinen Mönch. Listet die Probleme und Konflikte des kleinen Mönches in einer Wandzeitung auf.
c) Im letzten Bild macht GALILEIs Schüler Sarti einige Aussagen über die Forschung in einem Gespräch mit einem Jungen. Übertragt dieses Gespräch mit euren eigenen Ansichten in die heutige Zeit und spielt es vor.

P3 Das Galilei-Fernrohr wurde vom Holländer H. LIPPERHEY etwa 1608 erfunden und von GALILEI weiterentwickelt. Recherchiert den Aufbau dieses Fernrohres und baut es mit den Linsen der Physiksammlung nach. Dokumentiert eure Überlegungen und den Aufbau des fertigen Gerätes in einem Beitrag für eine wissenschaftliche Zeitschrift, die etwa 1610 erscheinen soll. Ergänzt euren Bericht durch die Schilderung von Beobachtungen, die ihr mit eurem Fernrohr gemacht habt.

Physik im Labor – Michael Faraday (1791–1867) — Projekt

Als Faraday 1813 eine Anstellung als Laborassistent an der Royal Institution in London bekam, hatte sich der aus ärmlichsten Verhältnissen stammende junge Mann bereits ein reiches naturwissenschaftliches Wissen angelesen. 1825 wurde er Laboratoriumsdirektor mit einem eigenen Labor. Als Faraday von den Versuchen Oersteds und Ampères hörte, bei denen elektrischer Strom Magnetismus erzeugt hatte, ließ ihn der Gedanke nicht mehr los, dass auch das Umgekehrte möglich sein müsse: Elektrizität aus Magnetismus zu erzeugen.

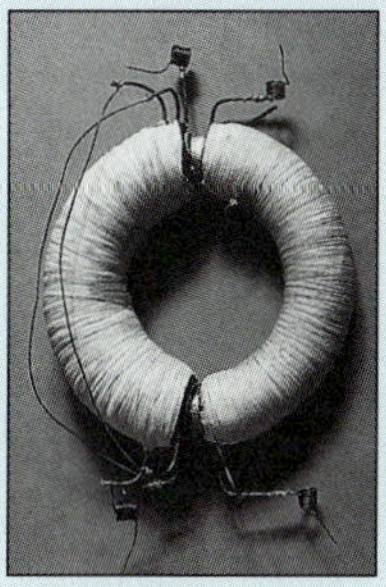

Schon 1822 schrieb er in sein lebenslang sehr sorgfältig geführtes Labortagebuch: *„convert magnetism into electricity"*. Damit war der Leitgedanke – eine **Hypothese** – für eine jahrzehntelange Beschäftigung mit diesem Thema gefunden. 1831 gelang ihm der entscheidende Versuch: Um einen Weicheisenkern hatte er zwei voneinander isolierte Drähte gewickelt. An den einen schloss er eine starke Batterie an, den anderen hielt er über eine Magnetnadel. Jedes Mal, wenn er den Stromkreis der Batterie schloss oder öffnete, bewegte sich die Magnetnadel: Der Strom der Batterie hatte im Weicheisenkern Magnetismus erzeugt, der seinerseits wieder in dem Draht über der Magnetnadel einen elektrischen Strom ausgelöst hatte, der die Kompassnadel ausschlagen ließ. Das Ein- und Ausschalten hatte im Draht einen Strom erzeugt, „induziert". Die elektromagnetische Induktion war entdeckt.

Faradays mathematische Kenntnisse waren begrenzt, sodass er die Ergebnisse seiner Versuche nicht mathematisch formulieren konnte. Dafür entwickelte er ein Gedankengebäude, die **Theorie** der magnetischen und elektrischen Feldlinien. Sie ermöglichte ihm, neue Experimente zu planen und durchzuführen. Er fand heraus, dass nur die Änderung der magnetischen Feldliniendichte einen Strom induziert, nicht ein gleichbleibendes Bündel von Feldlinien. Die **Einfachheit** des Feldliniengedankens führte zu einer überzeugenden Begründung der Induktion. Auf dieser Grundlage konnte James Clerk Maxwell 1873 das Ergebnis der Faraday'schen Versuche in nur vier Gleichungen zusammenfassen.
Damit war es geglückt, zwei bisher getrennte Gebiete der Physik zu einer Einheit zusammenzuführen. Dieser Gedanke der **Vereinheitlichung** physikalischer Sachgebiete durchzieht seitdem die gesamte Physik.

Faraday hat sich für seine Versuche von einer Hypothese leiten lassen und die Ergebnisse mit der Theorie der Feldlinien erklärt, die ihn zu weiteren Versuchen führte. Das Ergebnis seines Forschens war ein bedeutender Schritt auf dem Weg der Vereinheitlichung der Physik.

P1 Erstellt eine Zeitleiste als Wandzeitung mit drei Spalten: In der ersten Spalte notiert ihr die historisch wichtigen Ereignisse der jeweiligen Zeit, in der zweiten den Lebenslauf Faradays und in der dritten Spalte seine zu dieser Zeit betriebenen Forschungsgebiete. Notiert dort auch die Ergebnisse seiner Forschungen. Gestaltet die dritte Spalte auch mit Skizzen und Bildern zu seinen Experimenten.

P2 Faraday hat eine sehr große Forschungsreise unternommen. Recherchiert den Reiseverlauf und stellt ihn auf einer Landkarte dar. Notiert an den Stationen auch, wen er dort getroffen hat und um welche Experimente es bei den Treffen ging.

P3 Faraday hat mit vielen Forschern zusammengearbeitet. Notiert in einer Mindmap, mit welchem Forscher er an welchen Fragen gearbeitet hat.

P4 Im September 1821 gelang Faraday zum ersten Mal ein Versuch, bei dem sich ein stromdurchflossener Leiter unter dem Einfluss eines Dauermagneten dreht. Recherchiert die Details dieses Experiments. Baut den Versuch mit Geräten der Physiksammlung nach. Dreht zu diesem Experiment eine kleine Videosequenz, in der das Experiment gezeigt und erklärt wird. Entwerft dazu auch einen Fragebogen, den die Zuschauer ausfüllen und aus dem ihr erkennen könnt, ob die Zuschauer eure Erklärungen verstanden haben.

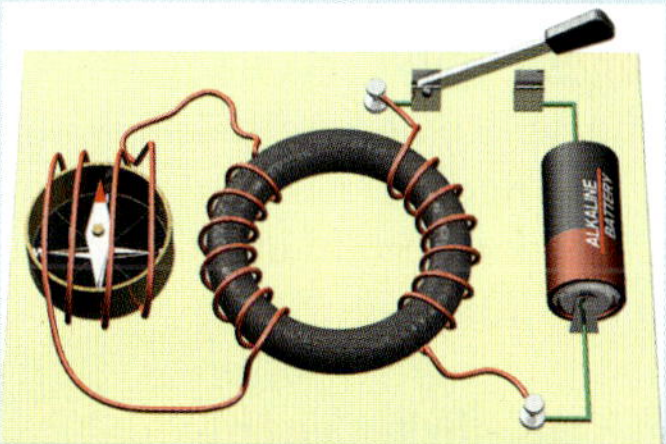

Unser Kosmos

Um direkte Informationen über die Objekte des Weltalls zu bekommen, gibt es auf der Erde nur die Möglichkeit, die von ihnen kommende Strahlung zu analysieren. Schon mit einem einfachen Fernglas ist am Nachthimmel viel zu erkennen, aber die Informationen über weit entfernte Objekte sind nur mit ausgeklügelter Technik zu erhalten.
Wie ist es Astronomen im Laufe der Jahrhunderte gelungen, Informationen über die Zusammensetzung von weit entfernten Galaxien zu bekommen? Welche Vorstellung vom Zustand und der Entwicklung unseres Kosmos hat sich daraus ergeben?

Die Beobachtung

In der Astronomie sind – anders als in den anderen Naturwissenschaften – kaum direkte Untersuchungen möglich. Nur was den leeren Raum überwindet, kann uns Informationen liefern. Astronomen beobachten – experimentieren können sie nur wenig. Als Hauptinformationsquelle steht die Strahlung der Himmelskörper zur Verfügung. Unter guten Bedingungen sind mit dem bloßen Auge etwa 3000 Sterne zu sehen, die unregelmäßig über das Firmament verteilt sind, unterschiedliche Helligkeit haben und verschiedene Farbnuancen des „weißen" Sternlichts aufweisen.

Als GALILEI zu Beginn des 17. Jahrhunderts sein Fernrohr auf den Himmel richtete, vervielfachte sich die Zahl der zu beobachtenden Sterne. Mit Fernrohren lassen sich wesentlich mehr Sterne erkennen und auf nahen Himmelskörpern wie dem Mond auch viel mehr Einzelheiten.

Seit der Erfindung der Fotografie 1860 kann der Himmel im Bild festgehalten werden. Spätere Messungen und Vergleiche sind möglich. Durch stundenlanges Belichten können auch lichtschwächere Objekte erkannt und beobachtet werden.

Neben dem Licht werden von den Himmelskörpern auch andere Arten Strahlung ausgesandt. Die Radiostrahlung der Sterne wird seit 1950 mit Radioteleskopen erfasst. Andere Strahlungsbereiche (Röntgen- und Gammastrahlung) lassen sich nur außerhalb der Erdatmosphäre untersuchen.

Freie Sicht für Astronomen

Astronomische Beobachtungen sind nicht an jedem Ort und zu jedem Zeitpunkt möglich.

- Der einflussreichste Störfaktor ist das Wetter. Wolken, Dunst oder Nebel machen eine Beobachtung unmöglich. Aber auch ein klarer Himmel bereitet Probleme: In einer warmen Sommernacht funkeln die Sterne. Durch die aufsteigende Warmluft wird das Licht unterschiedlich stark gebrochen, das führt zu unruhigen Bildern im Fernrohr – die Sterne „zappeln" (Szintillation) – und Einzelheiten der Beobachtungsobjekte verschwimmen.
- Durch die Streuung des Sonnenlichts in der Atmosphäre sind tagsüber außer Sonne und Mond keine Himmelsobjekte zu sehen. Besonders das blaue Licht wird an den Luftteilchen gestreut, deshalb erscheint der Himmel blau und überstrahlt das Sternlicht (Tageshimmelshelligkeit).
- Ein ähnlicher, aber schwächerer Effekt tritt nachts auf: Das Licht unserer Städte erhellt den Himmel; die zunehmende Luftverschmutzung verstärkt diese Probleme noch (Nachthimmelshelligkeit).
- Die Erdatmosphäre wirkt für die Strahlung der Sterne wie ein Filter. Sie lässt Licht, Radiostrahlung, einen Teil der Wärme- und UV-Strahlung durch, andere Strahlungsarten werden absorbiert. Wichtige Informationen sind damit für die Forschung von der Erdoberfläche aus nicht zugänglich.

Die wichtigste Informationsquelle der Astronomen ist die Strahlung der Himmelskörper.

Newton'sches Spiegelfernrohr

Das erste Spiegelfernrohr *(Reflektor)* wurde 1671 von NEWTON gebaut. Es war lichtstärker als die bis dahin gebräuchlichen Linsenfernrohre. Auch wenn die Abbildungsqualitäten seines Teleskops noch zu wünschen übrig ließen, schuf er damit die Grundlage für eine zweite Art leistungsfähiger Teleskope.

NEWTON ersetzte die Sammellinse als Objektiv durch einen Hohlspiegel. Das Foto rechts zeigt, dass Hohlspiegel reelle Bilder erzeugen, die allerdings auf der Seite entstehen, auf der sich auch der Gegenstand befindet.

Zentraler Versuch

Das verkleinerte reelle Bild wird durch ein Okular wie bei einer Lupe vergrößert. Damit aber bei der Betrachtung des Bildes der Lichtweg nicht verdeckt wird, wird das Licht mithilfe eines Hilfsspiegels umgelenkt. NEWTON verwendete dazu einen um 45° geneigten ebenen Spiegel und lenkte das Bild seitlich aus dem Teleskop heraus. Der Schatten des kleinen Spiegels ist dabei nicht zu bemerken.

Wie bei den Linsenfernrohren kann anstelle des Okulars auch ein Film oder ein CCD-Chip angebracht und dadurch das Bild festgehalten werden.

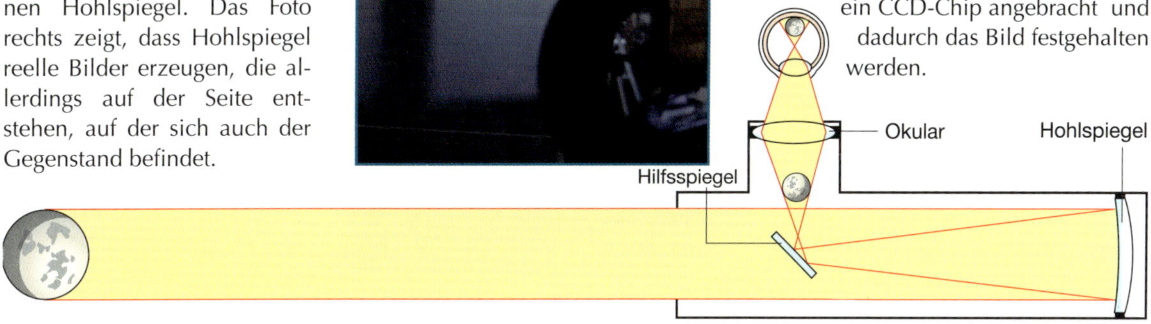

Linsenfernrohre mit einem Objektivdurchmesser von mehr als 1 m sind selten, weil es schwierig und teuer ist, Linsen dieser Größe zu schleifen. Sie sind auch sehr schwer. Da sie nur an den Rändern gehalten werden, können sie sich aufgrund ihrer großen Masse verbiegen. Verzerrte Bilder sind die Folge. Spiegel dagegen sind nur einseitig beschichtet und können so auf ihrer Rückseite abgestützt werden. Deshalb lassen sich sehr große Spiegel herstellen.

Durch die Synchronisation von Einzelteleskopen können sehr große Spiegeldurchmesser erreicht werden. So wirken die zwei 10 m-Spiegel auf dem Mauna Kea zusammen wie ein Einzelspiegel von 85 m Größe. Die europäische Südsternwarte (ESO) in La Silla (Chile) verfügt derzeit über vier 8,2 m große Spiegelteleskope und mehrere 1,8 m-Spiegel, die sich ebenfalls gemeinsam betreiben lassen. Die Bilder der Einzelteleskope, die von CCD-Chips aufgenommen werden, verarbeitet ein Computer zu einem einzigen Bild mit hoher Auflösung.

Ein Ende der Entwicklung bei Teleskopen ist nicht in Sicht: Für 2022 wird das „European Extremely Large Telescope" mit einen Spiegel von 39 m Durchmesser geplant.

Aufgaben

1 Nenne die Vorteile und Nachteile großer Spiegel in Reflektoren.

2 Recherchiere Möglichkeiten, die Vergrößerung eines Spiegelteleskops zu verändern.

3 Wenn in kalten Nächten ein Fernrohr aufgebaut wird, das im warmen Haus gelagert wurde, muss einige Zeit gewartet werden, bis ein scharfes Bild beobachtet werden kann. Erkläre diese Tatsache.

Der Sternhimmel im Verlauf der Jahreszeiten

Tagsüber wird der Himmel von der Sonne dominiert, da ihr Licht in der Erdatmosphäre gestreut wird und heller ist als das Licht aller anderen Sterne. Lediglich der Mond und in der Morgen- oder Abenddämmerung die Venus oder der Merkur leuchten hell genug, um sich vom hellen Himmel abzusetzen. Mit Fortschreiten der Abenddämmerung erscheint nach und nach der vertraute Nachthimmel.

Das menschliche Gehirn neigt dazu, Verbindungen zwischen wahrgenommenen Objekten herzustellen, so auch zwischen Sternen. **Sternbilder** wurden schon sehr früh benannt und mit Erzählungen belegt. Die leicht zu merkenden Muster waren wichtige Orientierungshilfen. Die meisten Namen der Sternbilder im westlichen Kulturraum stammen aus der griechischen Mythologie oder aus Babylon.
1928 hat die Internationale Astronomische Union (IAU) die Bereiche der Sternbilder so festgelegt, dass der gesamte Himmel mit 88 Sternbildern lückenlos überdeckt ist. Helle Sterne werden mit einem griechischen Buchstaben und dem Genitiv des lateinischen Sternbildnamens bezeichnet; Zum Beispiel ist β Lyrae der zweithellste Stern im Sternbild Leier.

Für eine erste Orientierung am Sternenhimmel genügen einfache Sternkarten, die den typischen Nachthimmel zu jeder Jahreszeit zeigen. Im Verlauf des Jahres gehen die Sternbilder allmählich ineinander über. Die dargestellte Ansicht erscheint später im Jahr jeweils früher, bis sie schließlich in die Zeit vor Sonnenuntergang fällt. Eine *drehbare Sternkarte* berücksichtigt durch Einstellung des Datums die jahreszeitliche Veränderung des Sternenhimmels und durch die Einstellung der Tageszeit seine Bewegung im Laufe der Nacht.

Obwohl sie sich mit großen Geschwindigkeiten bewegen, ist eine Veränderung der Position der Sterne zueinander mit dem Auge wegen der großen Entfernungen auch in Jahrhunderten nicht zu beobachten. Deswegen heißen sie *Fixsterne* und die Sternbilder der Antike haben sich bis heute erhalten. Andere Himmelskörper wie der Mond, Planeten oder Kometen ändern ihre Position dagegen sehr schnell.

Die Sternbilder sind willkürlich zusammengestellte Figuren von Fixsternen, deren Positionen unveränderlich erscheinen.

Sternhimmel im Frühjahr, Ende März, gegen Mitternacht

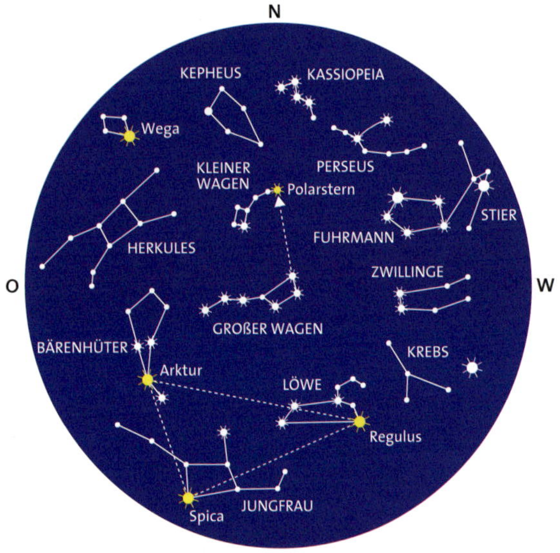

In südlicher Richtung zeigt sich das Frühlingsdreieck, das sich aus den hellen Sternen Arctur im Sternbild Bärenhüter, Spica in der Jungfrau und Regulus im Löwen ergibt. Das leicht erkennbare „Himmels-W“ (Kassiopeia) und Kepheus liegen am Nordhorizont. Der Große Wagen kann das Auffinden des Polarsterns erleichtern.

Sternhimmel im Sommer, Anfang Juli, gegen Mitternacht

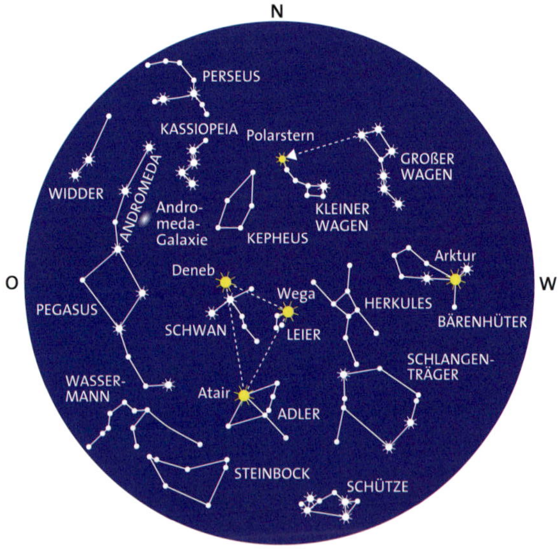

Deutlich tritt das Sommerdreieck aus Wega in der Leier, Deneb im Schwan und Atair im Adler hervor. Nahe am südlichen Horizont tauchen die Sternbilder Wassermann, Steinbock und Schütze auf. Der Große Wagen befindet sich jetzt am Nord-West Horizont.

Viele Sterne wie z. B. Sirius, Atair oder Spica sind nur zu bestimmten Jahreszeiten zu sehen. Sterne in der Nähe des Polarsterns sind in jeder Nacht sichtbar, wie z. B. der Große Wagen.

Das Sternbild des Großen Wagens dient einer einfachen Bestimmung der Nordrichtung. Die Verlängerung der hinteren Wagensterne um etwa das Fünffache trifft auf den Polarstern. Da eine (gedachte) Verlängerung der Rotationsachse der Erde über den Nordpol hinaus in den Sternenhimmel ziemlich genau auf den Polarstern trifft, ist er der Fixpunkt am Nachthimmel. Auf Fotografien mit einer langen Belichtungszeit erscheint er als einziger Stern fast punktförmig, während alle anderen Sterne aufgrund der Rotation der Erde konzentrische Kreisbögen um ihn ziehen. Die komplett sichtbaren Kreislinien werden dabei von den polarstern-nahen Sternen verursacht. Da die Erdachse ihre Lage auch sehr langsam verändert, beschreibt der Himmelspol innerhalb von 25 800 Jahren einen kleinen Kreis am Himmel.

Aufgrund der täglichen Rotation der Erde um ihre Achse scheinen sich die Sterne auf Kreisbahnen zu bewegen. Der Polarstern ist der Mittelpunkt dieser Kreise.

Aufgaben

1 Streue auf eine ebene, helle Fläche, z. B. ein Blatt Papier oder den Overheadprojektor, etwas Granulat mit unterschiedlicher Körnung (mit einem Hammer zerstampfte Pfefferkörner, ungesiebter Ufersand o. Ä.). Finde in den Streubildern „Sternbilder" und beschreiben Sie deinen Mitschülern.

2 Bestimme mithilfe einer drehbaren Sternkarte für den 15. Juli die Zeitpunkte des Aufgangs und des Untergangs des Sterns Atair im Sternbild Adler.

Sternhimmel im Herbst, Ende September, gegen Mitternacht

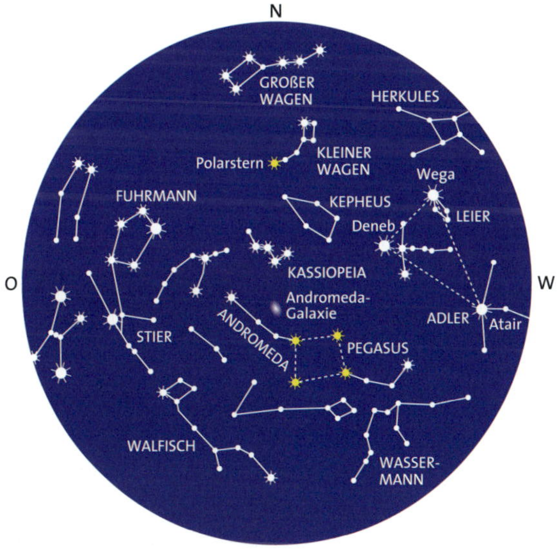

Der Große Wagen hat seine tiefste Position am Nordhorizont erreicht. Zwischen Kassiopeia und dem Herbstviereck zeichnet sich ein Fleck ab, der im Fernglas als ausgedehntes Objekt zu erkennen ist. Es ist die Andromeda-Galaxie.

Sternhimmel im Winter, Anfang Dezember, gegen Mitternacht

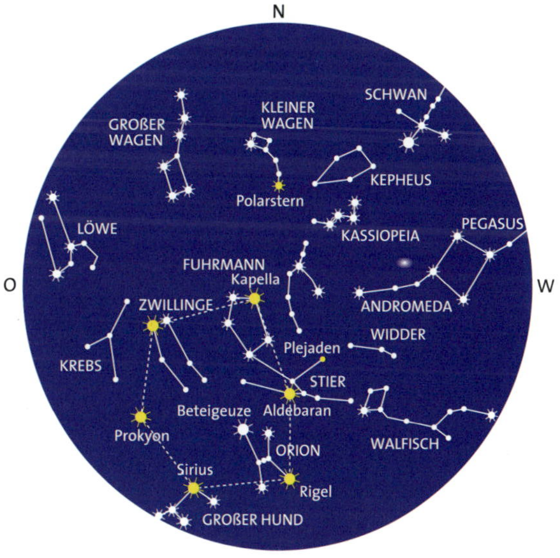

Das Wintersechseck wird gebildet von den Sternen Rigel (Orion), Aldebaran (Stier), Kapella (Fuhrmann), Pollux (Zwillinge), Prokyon (kleiner Hund) und Sirius (großer Hund), dem hellsten Stern am Nachthimmel. Der große Wagen strebt wieder dem Zenit zu.

Himmelsobjekte

Die Sonne und der von ihr beleuchtete Mond sind Himmelskörper, deren scheinbare Durchmesser ungefähr gleich sind. Dabei ist die Entfernung der Sonne von der Erde rund 400-mal so groß wie die des Mondes.
Alle Sterne außer unserer Sonne erscheinen einem Beobachter als *punktförmige* Lichtquellen. Nichts deutet darauf hin, ob Sterne, die sich für einen Betrachter zu einem Sternbild zusammensetzen, tatsächlich nahe beieinander liegen oder ob dieser Eindruck täuscht. Als Beispiel zeigt die Grafik unten das Sternbild Orion und die maßstabsgetreuen Entfernungen seiner Sterne zur Erde.

Verschiedene Sterne haben beim Betrachten mit bloßem Auge leicht unterschiedliche Farben. Noch deutlicher werden diese Unterschiede in einem Fernglas oder mit einem Fernrohr, da das Farbensehen beim Menschen eine größere Helligkeit des Objektes erfordert als das Schwarz-Weiß-Sehen. Dann kann beispielsweise Aldebaran, das Auge des Stiers, als rötlich erkannt werden. Orion bietet einen direkten Vergleich zwischen dem blau-weißen Licht von Rigel und dem rötlichen Schein von Beteigeuze.

Galaxien und Sternhaufen

Doch nicht alle Objekte am Nachthimmel sind Sterne. Die Andromeda-Galaxie erscheint als Lichtfleck, also als ausgedehntes Objekt. Erst gegen 1915 bestätigte der Astronom EDWIN HUBBLE (1889–1953), dass es sich um eine **Galaxie,** also eine Ansammlung von Milliarden von Sternen handelt (Abbildung rechts oben). Auch die Milchstraße ist eine solche Ansammlung. Sie erscheint am Himmel als Band aus vielen Sternen, da unser Sonnensystem selbst zu ihr gehört und sie daher von innen heraus gesehen wird.

Auch andere, kleinere Gruppen von Sternen können beobachtet werden, z.B. die Plejaden, das Siebengestirn, eine kleine Ansammlung von sehr eng beieinanderliegenden, aber noch als Einzelsterne erkennbaren Sternen. Mit einem Fernglas und erst recht mit einem großen Teleskop sind im selben Bereich weitere Sterne zu erkennen. Die Plejaden sind ein sogenannter *offener Sternhaufen*, eine Ansammlung von relativ jungen, ungefähr gleichzeitig entstandenen Sternen. Eine größere und ältere Form von Sternhaufen, die *Kugelsternhaufen,* sind mit bloßem Auge nicht als solche zu erkennen.

Planeten

Besonders hell erscheinen die von der Sonne beleuchteten **Planeten,** die im Fernglas als *ausgedehnte* Lichtscheibchen zu erkennen sind. Sie wurden in allen antiken Kulturen auch ohne Fernglas als besondere Himmelskörper erkannt, denn sie ändern ihre Position relativ zu den Sternbildern. Merkur und Venus zeigen beide die Phasen, die auch beim Mond als Vollmond, Halbmond und Neumond zu sehen sind. Außerdem kann sich die Helligkeit eines Planeten im Verlauf von Jahren stark verändern, je nachdem, wie nahe oder fern er auf seiner Bahn gerade der Erde ist.

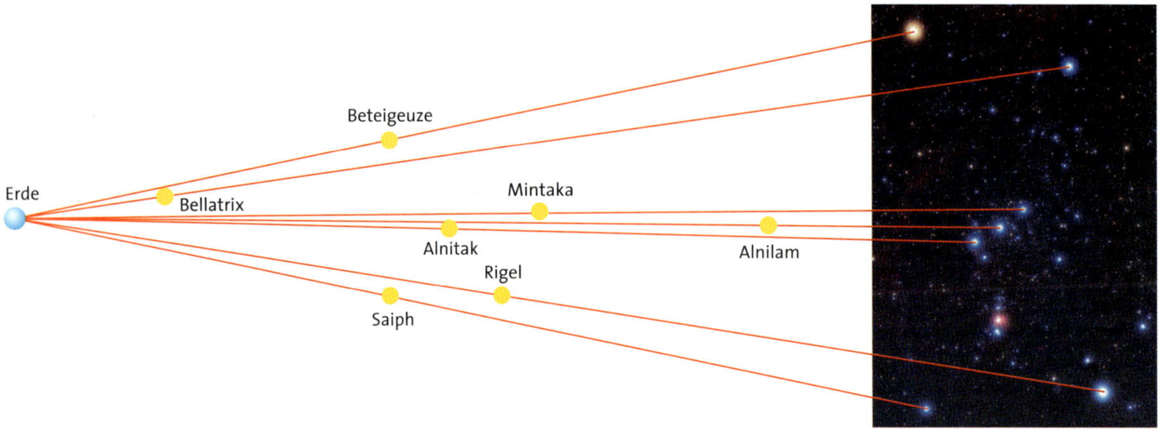

Gasnebel

Mit guten Fernrohren können weitere Objekte entdeckt werden. Viele Gaswolken werden von Sternen beleuchtet und strahlen daher. Gasnebel, allen voran die *planetarischen Nebel*, gehören zu den schönsten Erscheinungen, die mit einem Fernrohr betrachtet werden können. Weil die zuerst entdeckten „Nebel" ähnlich wie die Planeten in den einfachen Fernrohren als Scheibchen zu sehen waren, wurde der Begriff „planetarischer Nebel" geprägt.

Sternschnuppen

Auf ihrem Weg durch das All trifft die Erde auf Gesteinspartikel, die *Meteoriten*, die meistens Reste von Kometen sind. Die hohen Geschwindigkeiten dieser Teilchen und die Geschwindigkeit der Erde führen dazu, dass die Partikel beim Eintritt in die Erdatmosphäre wegen der Luftreibung verglühen und sich dem Beobachter als hell leuchtende Streifen, als *Sternschnuppen*, zeigen. Nur wenige sind so groß, dass Teile davon als Meteoriten am Erdboden ankommen. Sternschnuppen treten Mitte August und Mitte November sowie in der zweiten Dezemberwoche vermehrt auf, wenn die Erde Kometenbahnen streift. Ähnlich wie bei einem Auto, das schnell durch langsam fallenden Schnee fährt, entsteht der Eindruck, dass die Sternschnuppen alle aus einer bestimmten Richtung kommen. Mitte November sind Sternschnuppen zu sehen, die alle aus dem Sternbild Löwe zu kommen scheinen, sie heißen daher auch Leoniden.

Sterne funkeln

Wird eine fast punktförmige Lichtquelle, z. B. eine LED, durch ein Gefäß mit kaltem Wasser betrachtet, das während der Beobachtung mit einer Heizplatte oder einem Gasbrenner stark erhitzt wird, so bilden sich Schlieren, die Lichtquelle erscheint verzerrt oder scheint sich zu bewegen.

Da warmes Wasser eine geringere Dichte und damit ein anderes Brechungsverhalten als kaltes Wasser hat, werden durch die unregelmäßige Erwärmung des Wassers Bereiche unterschiedlicher Dichte erzeugt, was zu einer Wasserströmung führt. Dadurch wird der Weg des Lichts durch das Wasser ständig verändert.

Auch Luft hat bei höheren Temperaturen eine geringere Dichte und bricht das Licht dann anders als kalte Luft. Auf dem Weg in das Auge des Beobachters wird das Sternenlicht in der Atmosphäre vielfach gebrochen, was zu dem typischen Funkeln der Sterne führt. Für Beobachtungen mit Großteleskopen ist dieser Effekt der Szintillation sehr störend, denn die Beobachtungsobjekte hüpfen ständig hin und her, sodass bei langen Belichtungszeiten das Bild sehr verwackelt ist. Deshalb werden Beobachtungsstandorte für moderne Großteleskope in abgelegenen Gebieten, in großen Höhen gewählt. Weil es dort weniger Wärmequellen gibt und die Länge der durchstrahlten Luftschicht gering ist, ist auch die Szintillation gering.

Sonne, Mond und die Planeten sind als ausgedehnte Lichtscheiben zu sehen. Wegen ihrer großen Entfernung zur Erde sind alle anderen Sterne punktförmige Lichtquellen.

Aufgaben

1. Betrachte den Nachthimmel und untersuche Sterne auf ihre Farbe. Dokumentiere deine Ergebnisse.
2. Informiere dich über die Sichtbarkeit der Planeten und versuche, mit diesen Angaben einen Planeten am Nachthimmel zu identifizieren.
3. Recherchiere, welches Objekt am Nachthimmel mit M31 bezeichnet wird.

Die Milchstraße – unsere Galaxie

- Das **Zentrum** hat einen Radius von ca. $1{,}5 \cdot 10^{19}$ m. Hier befinden sich vor allem alte Sterne, die dicht beieinander liegen, sowie Gas- und Staubwolken. Das Zentrum ist sehr massereich, vermutlich befindet sich dort ein Schwarzes Loch von mehr als 50 Mio Sonnenmassen. Das Zentrum ist von der Erde aus nicht zu sehen, denn dazwischen befindet sich Staub.

- Das **Halo** umgibt als leicht abgeplattete Kugel von $1{,}2 \cdot 10^{21}$ m Durchmesser die Scheibe. Es enthält alte Sterne in großen Abständen. Am auffälligsten sind die *Kugelsternhaufen* ①, die hier in großer Zahl auftreten. Sie bestehen aus Tausenden bis Millionen Sternen, die kugelförmig konzentriert sind. Sie sind 10–15 Mrd. Jahre alt.

- Die **Korona** hat einen Durchmesser von ca. $6{,}2 \cdot 10^{20}$ m und enthält alte, ausgebrannte Sterne und sehr alte Kugelsternhaufen.

- Die **Scheibe** ist ca. $3 \cdot 10^{19}$ m dick und hat einen Radius von $9 \cdot 10^{20}$ m. Sterne und Materie sind in der Scheibe in spiraligen Strukturen angeordnet.
  In ihr gibt es viele junge Sterne ② sowie Gas- und Staubwolken, in denen auch heute noch Sterne entstehen.

  Gaswolken ③ bestehen überwiegend aus Wasserstoff. Er kann durch das Licht benachbarter Sterne zum Leuchten angeregt werden.

  Die *Staubwolken* ④ haben eine sehr geringe Dichte. Wenn sie von Sternen angestrahlt werden oder wenn sie das Licht dahinterliegender Sterne verdecken, können sie beobachtet werden.

- Die **Sonne** ist ein Stern in einem Spiralarm und ca. $2{,}5 \cdot 10^{20}$ m vom Zentrum entfernt. Wie alle anderen Körper der Milchstraße umläuft sie das Zentrum. Für einen Umlauf benötigt sie rund 250 Millionen Jahre.

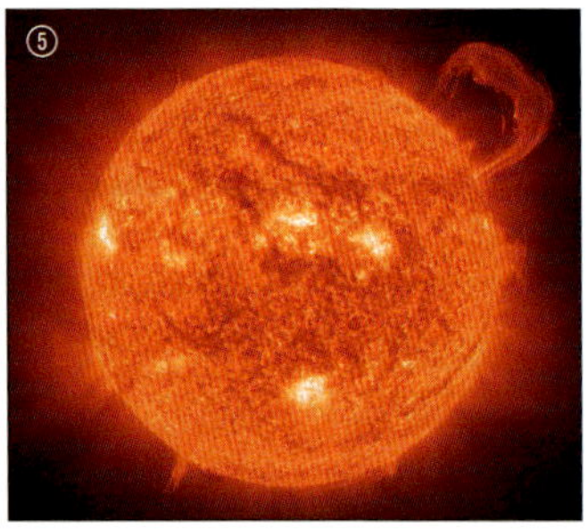

Die Milchstraße besteht aus Zentrum, Scheibe mit Spiralarmen, Halo und Korona. Die Sonne befindet sich am Rand der Scheibe.

Blick nach draußen

Neben unserer Milchstraße gibt es unzählige weitere Sternsysteme. Sie werden **extragalaktische Sternsysteme** oder kurz **Galaxien** genannt. Die einzigen Galaxien, die mit dem bloßen Auge zu erkennen sind, sind der Andromedanebel und die Magellan'schen Wolken. Der Blick durch ein Fernrohr zeigt nicht nur eine Vielzahl von Galaxien, sondern auch ihre unterschiedlichen Formen.

Spiralgalaxien sind unterteilt in Zentrum und Scheibe mit Spiralarmen. Die Sterne der Scheibe rotieren um den Kern. Große Mengen an Gas und Staub und viele junge Sterne deuten auf das geringe Alter der Spiralgalaxien hin.

Elliptische Galaxien zeigen keine Struktur. Ihre Sterne sind relativ alt, neue entstehen kaum noch. Gas und Staub sind kaum vorhanden. Die Sternanzahl liegt zwischen Millionen und Billionen. Diese Form ist die zweithäufigste.

Irreguläre Galaxien sind selten. Sie haben sehr unterschiedliche Formen, die vermutlich durch Zusammenstöße mit anderen Galaxien entstanden sind. Große Mengen an Gas und Staub sowie junge Sterne sind in ihnen zu finden.

Eine Betrachtung der großräumigen Verteilung der Galaxien im Weltall zeigt, dass sie nicht gleichmäßig verteilt sind. Die meisten von ihnen bilden lockere Gruppen unterschiedlicher Größe. Solche **Galaxienhaufen** können einige wenige Mitglieder haben, aber auch mehrere Hundert.
Unsere Milchstraße befindet sich ebenfalls in einem Galaxienhaufen, der *lokalen Gruppe,* mit einem Durchmesser von $5 \cdot 10^{22}$ m. Zu ihr gehören neben den Magellan'schen Wolken und dem Andromedanebel etwa 15 weitere Galxien.
Das Licht, das aus den Weiten des Weltalls zu uns kommt, braucht für diese Reise viele Jahre. Deswegen werden sehr große Entfernungen oft in *Lichtjahren* angegeben: 1 Lj = $9{,}5 \cdot 10^{15}$ m.
Der Galaxienhaufen im Sternbild Jungfrau (Virgo-Haufen, Bild unten) besteht aus Tausenden von Galaxien, er ist 70 Mio Lichtjahre von uns entfernt, das sind ca. $70 \cdot 10^{6} \cdot 9{,}5 \cdot 10^{15}$ m = $6{,}6 \cdot 10^{23}$ m.

Galaxien sind Ansammlungen von Sternen, Planetensystemen oder Nebeln, die durch Anziehungskräfte aneinander gebunden sind. Sie können sehr unterschiedliche Formen haben.

Aufgaben

1 „Informationen über die Struktur der Milchstraße zu sammeln ist so, als wenn jemand in einer ihm unbekannten Stadt nachts aus einem Hotelzimmer blickt und einen Stadtplan dieser Stadt erstellen soll." Erkläre diese Analogie.

2 Bestimme die Geschwindigkeit, mit der die Sonne das Zentrum die Milchstraße umkreist.

3 Angenommen, in einem Kugelsternhaufen gäbe es bewohnte Planeten einer Sonne. Begründe, warum die Lebewesen dort eine andere Vorstellung von Tageszeiten haben müssen als wir auf der Erde.

4 Beim Anblick der Milchstraße am Nachthimmel sind Regionen zu erkennen, in denen keine Sterne zu sehen sind, die „Kohlensäcke". Gib eine begründete Erklärung für das Auftreten solcher Zonen.

Angenommen, seit dem Urknall wäre ein Jahr vergangen, ...

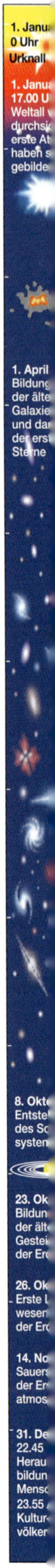

Kosmische Weltmodelle

Das als Universum oder Kosmos bezeichnete übergeordnete Ganze hat Menschen seit der Antike in seinen Bann gezogen. Immer wieder haben Denker Modelle entwickelt, um „das Ganze" besser zu verstehen. Astronomische Objekte und Zusammenhänge können heute gut beschrieben werden. Wie komplex die Zusammenhänge im Einzelnen auch sein mögen, sie sind erkennbar und lassen sich nachvollziehen. Sie sind aber nur ein kleiner Teil eines Gesamtsystems.

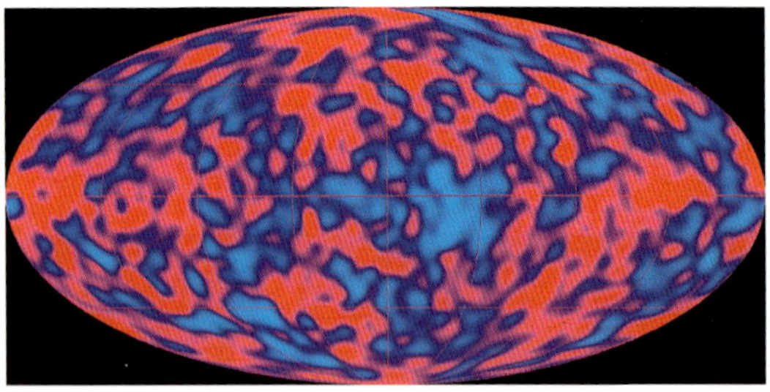

Das Universum

Heute wird unter dem Begriff **Universum** das größtmögliche existierende Objekt verstanden, aus der die zugängliche Welt der Wahrnehmung hervorgegangen ist. Die Kosmologie versucht, dieses Universum zu beschreiben. „Wenn das Universum das Land ist, dann ist der Kosmos die Landkarte dazu".

Das **kosmologische Prinzip** ist die Aussage, dass das Universum an allen Orten und zu allen Zeiten gleich aussieht (von kleinen lokalen Schwankungen einmal abgesehen). Das hatte NIKOLAUS VON KUES schon im 16. Jahrhundert ausgesprochen. Seine Begründung: Die Welt hat überall ein Zentrum und nirgends einen Rand, weil Mittelpunkt und Umfassung Gott selbst ist, der sich überall und nirgends befindet. Historisch gesehen ist das kosmologische Prinzip das bisher aktuellste einer Reihe von Weltmodellen: Ab etwa 200 v. Chr. sahen griechische Astronomen die Erde im Mittelpunkt des Weltalls, KOPERNIKUS im 16. Jahrhundert die Sonne.

Das Standardmodell

Für den Anfangszustand, in dem das gesamte Universum unendlich komprimiert war, gibt es noch keine zufriedenstellende physikalische Beschreibung. In dieser Phase verlieren alle Naturgesetze Gültigkeit und Sinn. Um diese Schwierigkeit zu vermeiden, beginnen alle Weltmodelle erst nach einem extrem kurzen Zeitintervall nach dem Urknall, nach 10^{-43} s. Dieser Zeitpunkt gibt die Zeitgrenze an, bis zu der man sich dem Urknall nähern kann.

Bis heute dehnt sich das Universum immer weiter aus. Ob das immer so weitergeht, ob das Universum also offen oder geschlossen ist, leitet sich aus der Teilchendichte im Kosmos ab. Es kann berechnet werden, dass unser Universum ewig expandieren wird, also offen ist. Dies ist aber nur richtig, wenn im Universum der überwiegende Teil der Masse „dunkle Materie" ist, die sich einer direkten Beobachtung entzieht.

Für die Entwicklung des Universums nach dem Urknall lassen sich heute drei aufeinander aufbauende Zeitalter unterscheiden:
① Die Zeit der Elementarteilchen, die bis 10^{-10} Sekunden nach dem Urknall dauerte.
② Die Zeit der Nukleonenbildung und des Wasserstoff-Helium-Plasmas, die sich bis 300 000 Jahre nach dem Urknall erstreckte.
③ Die anschließende und bis heute andauernde Materie-Zeit, also das Zeitalter der Galaxien, Galaxienhaufen und Sterne.

Nach dem **Standardmodell** gab es in der Frühgeschichte des Kosmos folgende Situation: Das ganze Universum ist erfüllt von elementaren Teilchen und Licht und den entsprechenden Antiteilchen. Der Kosmos ist voller Strahlung und dehnt sich rasend schnell aus, seine Temperatur sinkt dabei drastisch.
Ein wichtiger, im Detail noch ungeklärter Vorgang ist die Bildung der Protonen und Neutronen aus Quarks oder zu der entsprechenden Antimaterie. Zu diesem sehr frühen Zeitpunkt der Entwicklung gab es mehr Materie als Antimaterie. Welcher Mechanismus diese Asymmetrie hervorgerufen hat, ist noch weitgehend unklar.

Die Situation ändert sich nach etwa 300 000 Jahren. Dann ist die kosmische Temperatur unter 3600 Kelvin gefallen. Zu diesem Zeitpunkt verbinden sich Elektronen und Atomkerne zu Atomen.

Von nun an spielt Licht nur noch die Rolle eines Weltall füllenden Strahlungshintergrunds, dessen Energiedichte und Temperatur immer weiter abnehmen. Die Intensität dieser Hintergrundstrahlung entspricht einer Temperatur von 2,726 Kelvin. Sie wird häufig auch als Mikrowellen-Hintergrundstrahlung bezeichnet. Das Bild links zeigt die Verteilung dieser Strahlung im Kosmos.

Völlig anders verläuft die weitere Entwicklung der Materie, sie gerät unter den Einfluss der Gravitation (gegenseitige Anziehung von Massen). Damit tritt der Kosmos in das Materiezeitalter ein, die Zeit der langlebigen Sterne, Galaxien und Galaxienhaufen beginnt. Gebiete höherer Gravitation bewirken, dass zusätzliche Materie hineingezogen wird. Dies erhöht die Dichte und dadurch auch das Gravitationsfeld. So beginnt ein Prozess der sich selbst verstärkenden Ansammlung von Materie. Aus anfänglich geringen lokalen Materieansammlungen können große Strukturen entstehen.

Verschiedenen Überlegungen und Abschätzungen zufolge macht die in Galaxien und Galaxienhaufen sichtbare Materie nur ein Zehntel der für die beobachtete Gravitationswirkung notwendigen Masse aus. Der überwiegende Materieanteil von 90% wurde bisher nicht entdeckt: **Dunkle Materie.** Sie konnte experimentell noch nicht nachgewiesen werden; ihre wahre Natur ist bis heute weitgehend unklar.

Das inflationäre Universum

Das Standardmodell der Kosmologie entwirft ein stimmiges Bild der kosmischen Entwicklung von der Zeit unmittelbar nach dem Urknall bis heute. Zwar ist es bei bestimmten Details etwas unbefriedigend, trotzdem erlaubt es eine quantitative Beschreibung des Kosmos.

Doch es gibt auch Schwierigkeiten. Eine davon ist das *Horizontproblem*. Weil die Lichtgeschwindigkeit endlich ist, kann ein beliebiges Objekt im Kosmos nur von Objekten Informationen empfangen, wenn die Lichtlaufzeit zwischen ihnen höchstens der des Weltalters entspricht. Dadurch wird automatisch eine maximale Entfernung für beobachtbare Objekte festgelegt. Diese Grenze wird *Teilchenhorizont* genannt. Für alle Menschen ist er so etwas wie ein schwarzer Vorhang um den bekannten Teil des Universums. Hinter diesen Vorhang kann niemals jemand blicken, weil kein Licht oder sonst ein Signal von dort empfangen werden kann. Daraus folgt, dass zwei Objekte nur dann Signale oder Informationen ausgetauscht haben können, wenn sich ihre beiden Teilchenhorizonte überlappt haben.
Um gemessene Daten mit dem Standardmodell erklären zu können, ist ein Informationsaustausch zwischen Raumgebieten jenseits des Teilchenhorizontes aber unabdingbar. Nach diesem Modell haben sich die Horizonte weit voneinander entfernter Gebiete aber zu keiner Zeit überlappt, es kann zwischen ihnen niemals zu einer Signalübertragung gekommen sein.

Einen Lösungsvorschlag für diese und andere Schwierigkeiten liefert das 1980 von ALAN H. GUTH vorgeschlagene »Inflationsmodell«. Es beschreibt, wie sich der Kosmos in den ersten Sekundenbruchteilen nach dem Urknall schlagartig um den unvorstellbaren Faktor 10^{29} aufgebläht hat – 10^{29} ist eine 1 mit 29 Nullen! Das Inflationsmodell stützt sich auf mehr oder weniger plausible Annahmen, aber nicht auf experimentell gesicherte Fakten. Trotz dieser Unsicherheit liefert es eine Lösung für die Schwierigkeiten des Standardmodells.

Für das Horizontproblem gibt es folgende Überlegung: Angenommen, das gegenwärtig beobachtbare Universum habe einen Durchmesser von 10^{26} Metern. Durch Zurückrechnen ergibt sich, dass dieses Gebiet am Ende der Inflationsphase einen Durchmesser von etwa 10 cm hatte. Zu Beginn der Inflationsphase lag er bei 10^{-24} cm. Der damalige Teilchenhorizont betrug auch 10^{-24} cm. Das bedeutet, dass sich unser heute beobachtetes Universum aus dem damals homogenen Bereich entwickelt hat. Das erklärt die extreme Homogenität der globalen kosmischen Hintergrundstrahlung.

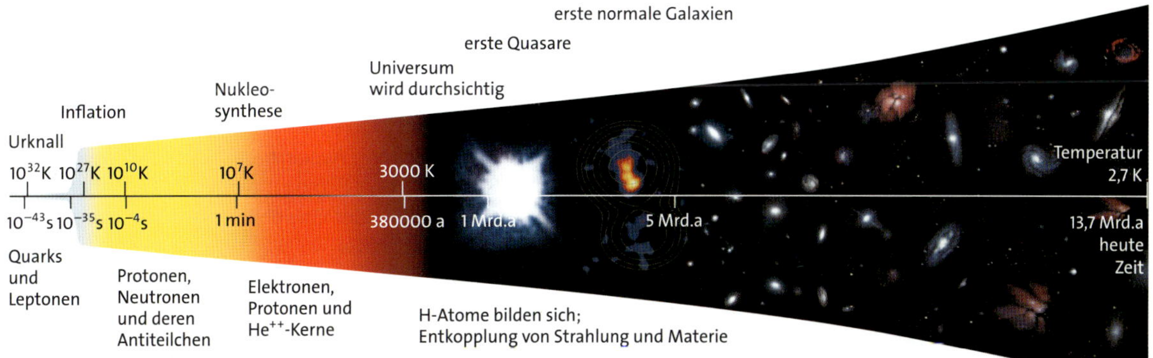

Die seltsame Physik im Film

2013 kam der 3D-Weltraum-Thriller „Gravity" in die Kinos. Sandra Bullock und George Clooney spielen Astronauten, die nach der Zerstörung ihres Space Shuttles versuchen, eine andere Raumstation zu erreichen.

Nie zuvor wurden die Effekte der Schwerelosigkeit so korrekt filmisch umgesetzt. Gleiches gilt für Details der Raumfahrzeuge, Apparaturen und Ausrüstung. Grobe Fehler wurden vermieden, Windgeräusche zum Beispiel, wenn Weltraumschrott vorbeifliegt.

Zwei große Themenfelder stehen in Science-fiction Filmen immer wieder (besonders aus physikalischer Sicht) im Mittelpunkt des Interesses: Bewegungen und Kommunikation. Zu diesen beiden Aspekten werden in den SF-Filmen oft Szenen gezeigt, bei denen gegen viele physikalische Gesetze verstoßen wird.

- *Bewegungen* werden von der Impulserhaltung bestimmt: Was sich bewegt, kann nur dadurch anhalten, dass es seinen Impuls an einen anderen Körper abgibt oder an diesen „andockt". Dann bewegen sich beide mit einer gemeinsamen Geschwindigkeit weiter. Das „Wegwerfen" eines Gegenstandes führt dazu, dass sich beide – Werfer und Gegenstand – nach dem Wurf voneinander entfernen. Nur wenn die Masse eines Objektes sehr groß ist – wie es etwa bei einer Raumstation der Fall ist – entsteht der Eindruck, sie bewege sich nicht anders als vorher.

- *Kommunikation* im All ist mit Zurufen nicht möglich. Es fehlt die Luft als Übertragungsmedium des Schalls. Die Lösung ist Funksprechverkehr. Hierfür muss nur Luft zwischen Mund, Ohr und Funkgerät vorhanden sein. Zwischen den Funkgeräten kann sich die Information dann ohne materiellen Träger, d. h. auch im „leeren" Weltraum, ausbreiten.
Der Funkkontakt zwischen Erde und Raumstation wird über Satelliten geführt. Sie sind von der Erde weiter entfernt als die Raumstation. Dadurch gibt es keine „Funklöcher".

Aufgaben

1 Im Film soll die Bedrohung durch „Weltraumschrott" drastisch dargestellt werden, er soll in regelmäßigen Abständen immer wieder an der Station vorbeifliegen. Für eine Erdumrundung benötigt die Station ca. 90 Minuten. Berechne, in welchen zeitlichen Abständen der immer gleiche Weltraumschrott die Station bedrohen wird.

2 Die Astronauten sollen im Film auch spannende Kämpfe im Weltraum ausführen, wenn sie von anderen Astronauten angegriffen werden. Begründe, dass sich die Darstellung dieser Auseinandersetzungen deutlich von denen auf der Erde unterscheiden müsste.

3 Nach sechs Stunden im normalen Außeneinsatz zur Reparatur der Station kommen die Astronauten in die Station zurück. Gib dem Regisseur einen physikalisch begründeten Hinweis, ob die Astronauten dann völlig durchgeschwitzt aus den Raumanzügen steigen oder ob sie nach dem „Weltraumspaziergang" frisch und entspannt wirken sollten.

4 Auch die Astronauten leiden unter Bewegungsmangel und sollen deshalb Turnübungen in der Raumstation ausführen. Stelle verschiedene Sportarten zusammen, die in einer Raumstation überhaupt möglich sind. Beschreibe, ob und wie sie sich von der Ausführung auf der Erde unterscheiden.

5 Um die Dramatik im Film zu steigern, fällt in kritischen Momenten meistens der Funkkontakt zur Erde aus. Begründe, warum das in Filmen, die in der Nähe der Erde spielen, eigentlich nicht passieren kann, sehr wohl aber, wenn der Handlungsort mindestens in der Entfernung Erde–Mond oder noch weiter weg liegt.

6 Bei kriegerischen Auseinandersetzungen werden in Sience-Fiction-Filmen meistens Laserwaffen und keine Pistolen oder Gewehre verwendet. Nenne Vor- und Nachteile.

7 Im Film soll auch Kontakt mit Außerirdischen geknüpft werden. Begründe, wie das aus physikalischer Sicht möglich sein könnte.

Zeitreisen – möglich oder unmöglich?

Die große Party ist vorbereitet, alles besorgt und hergerichtet – aber niemand kommt. Eigentlich normal, wenn keine Einladungen verschickt wurden. Wenn Zeitreisen in die Vergangenheit möglich wären, dann könnten die Einladungen erst nach der Party verteilt werden, aber die Gäste könnten dann zu der Party kommen, die vor einer Woche stattfand.
2009 hatte der berühmte Physiker STEPHEN HAWKING (*1942) eine solche Party mit nachträglicher Einladung als „Willkommensempfang für Zeitreisende" sehr alleine veranstaltet. Er wollte damit seine Theorie verbreiten, dass er Zeitreisen für unmöglich hielt.

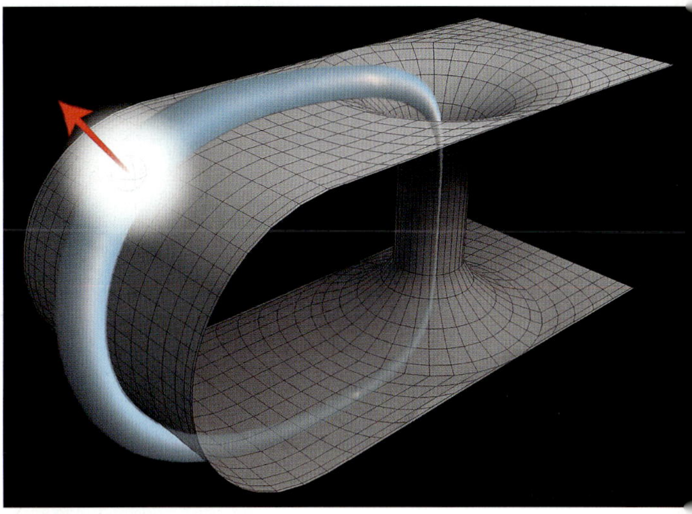

In der klassischen Physik hat die gerade Zeitachse nur eine Richtung. Mit der Relativitätstheorie von ALBERT EINSTEIN kann erklärt werden, dass für einen Menschen, der sich schnell bewegt, die Zeit langsamer vergeht als für jemanden, der sich langsam oder gar nicht bewegt.
Raum und Zeit sind nach dieser Theorie Größen, die auch gekrümmt sein können. Wenn die Zeitachse so stark gekrümmt werden kann, dass diese irgendwann wieder in sich selbst läuft, also eine geschlossene Kurve bildet, dann wäre eine Zeitreise möglich. Ein sehr starkes Gravitationsfeld, wie das eines Schwarzen Lochs, könnte Raum und Zeit derartig extrem verbiegen. Dadurch würde – wie im Bild rechts – eine „geschlossene zeitartige Kurve" (**C**losed **T**imelike **C**urve oder kurz **CTC**) entstehen: Durchläuft ein Mensch eine solche Schleife, könnte er in die Vergangenheit reisen!

Probleme mit Zeitreisen hat zum Beispiel HAWKING angesprochen: Wer sich in einer solchen geschlossenen Zeitschleife befände, träfe sich wieder. Dann wäre er zweimal da! Durch Wiederholungen würde die Masse unendlich groß werden und diese würde dann die Raum-Zeit-Krümmung empfindlich stören oder sogar zerstören. Deswegen meint HAWKING, dass Zeitreisen aus physikalischer Sicht möglicherweise verboten seien.

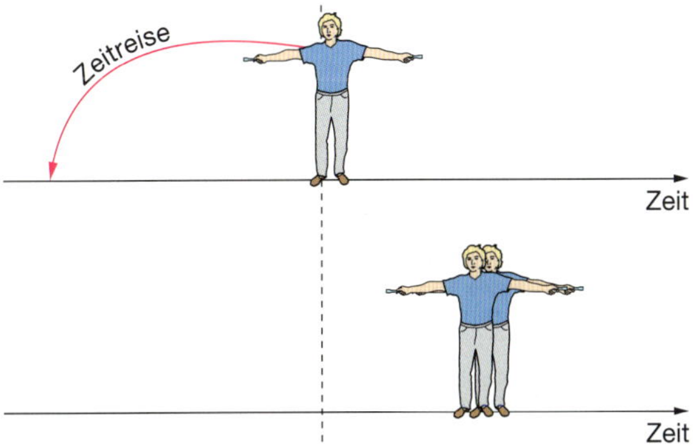

Bei Zeitreisen könnten auch logische Widersprüche auftreten: Reist jemand in die Vergangenheit – ermordet dort seinen Großvater – deswegen wird sein Vater oder seine Mutter nicht geboren – daher wird er selbst nicht geboren – folglich kann er gar nicht in die Vergangenheit zurückreisen und seinen Großvater ermorden.

Es gibt Ideen, wie dieser Widerspruch gelöst werden kann. Etwa so, dass der Zeitreisende gar nicht die Möglichkeit hat, die Vergangenheit so zu ändern, dass er seine eigene Zeitreise verhindert.Oder dass sich zwei Realitäten in parallelen Universen abspielen. Der Zeitreisende würde seinen Großvater in einem Parallel-Universum ermorden, aber in dem Universum, in dem er aufgebrochen ist, wird der Großvater nicht ermordet.

Inzwischen haben Forscher verschiedene Modelle entwickelt und einige Widersprüche klären können. Eine Zeitreise konnte bisher aber noch nicht unternommen werden, auch nicht von den kleinsten Teilchen, die Physiker kennen. Und deswegen auch nicht von Menschen.

CTC bleiben – vorerst – reine Spekulation. HAWKING könnte Recht haben, dass es CTC nicht gibt und auch nicht geben kann. Wer also eine Party für Zeitreisende plant, sollte die Getränke besser für sich selbst kaufen – denn die erhofften Gäste aus der Zukunft lassen sich so schnell nicht blicken.

Science-fiction-Filme setzen sich oft über physikalische Gesetze hinweg: Zeitreisen sind unmöglich und schwarze Löcher keine Tore in andere Welten.

Ein starker Magnet – Ganymed

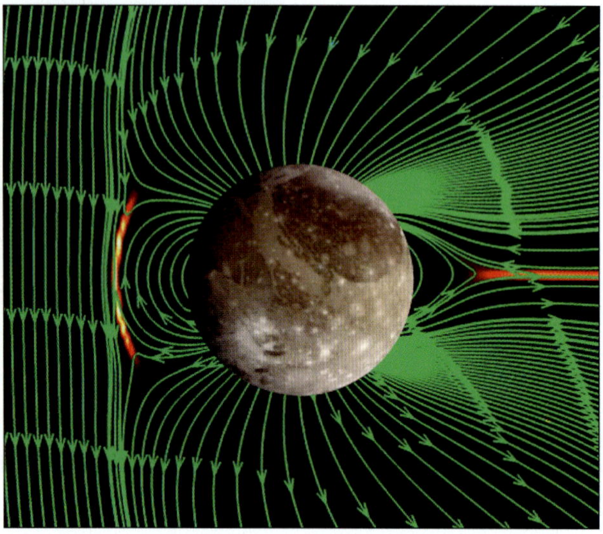

1995 und 2003 erforschte die Raumsonde Glileo die nähere Umgebung des Jupiters. Dabei besuchte sie auch Ganymed, einen der Jupitermonde. Er ist der einzige Mond eines Planeten in unserem Sonnensystem, der ein umfassendes Magnetfeld hat. Es ist sogar wesentlich stärker als das Magnetfeld des Merkur; Venus und Mars haben gar keines. Besonders starke und ausgedehnte Magnetfelder haben hingegen Jupiter und Saturn.

Das Erdmagnetfeld hat seine Ursache in einem festen Kern aus Eisen und Nickel im Erdinneren, der von einer geschmolzenen Zone umflossen wird. Bei Ganymed ist es genau anders herum: Ein flüssiger, rotierender Kern wird von einer festen Hülle umgeben. Mit den Messergebnissen der Sonde und den bekannten Forschungsergebnissen vom Erdmagnetfeld haben Forscher Modelle entwickelt, anhand derer sie mit Computern durchgerechnet haben, welche Form und Stärke das Magnetfeld des Jupitermondes haben müsste. Die dabei erhaltenen Ergebnisse stimmen sehr gut mit den Messergebissen der Sonde überein. Jetzt erwarten die Forscher gespannt die Ergebnisse einer Sonde, die 2020 starten soll. Sie wird das gesamte Jupitersystem erforschen. Sie soll den Jupiter im Januar 2030 erreichen, in eine Jupiterumlaufbahn einschwenken, bei Vorbeiflügen an seinen Monden Europa und Kallisto Aufnahmen machen und Messungen vornehmen. Ab 2032 ist eine Umlaufbahn um Ganymed geplant um die heute durch Rechnungen gemachten Voraussagen zu bestätigen – oder zu widerlegen.

Ein kleiner Magnet – das Proton

Wissenschaftler der Universität in Mainz haben 2014 erstmals das Magnetfeld eines einzelnen Protons vermessen – in Zusammenarbeit mit weiteren Wissenschaftlern aus Mainz, Heidelberg, Darmstadt, Ulm und Japan. Rekordverdächtige 13 Monate lang hielten sie dafür ein Proton in einer Falle gefangen. Sie suchten nach der Energiemenge, mit der sich das Umpolen des Magnetfeldes auslösen lässt. Dazu führten sie dem Proton kleinste Portionen Energie zu und schauten, ob sich sein Magnetfeld umgepolt hatte. Das haben sie in den 13 Monaten viele tausend Mal gemacht und so diesen Wert wesentlich genauer bestimmt als bei der letzten Messung 1972.

Dieser genauere Wert wird die Grundlage einer Erklärung dafür sein, warum im Weltall nach dem Urknall Materie entstand und warum sich Sterne und Planeten überhaupt bilden konnten.

Physik im Team mit Großgeräten

Wie sind Atomkerne mit sehr vielen Neutronen aufgebaut? Um diese Frage zu beantworten, plant und baut ein umfangreiches Techniker- und Forscherteam der Universitäten Darmstadt, Köln, Frankfurt und Petersburg ein sehr großes Gerät. Es wird 3 m lang und 2,5 m hoch sein und sich aus 3000 Messinstrumenten zusammensetzen. Es enthält viele Kunststoffstäbe. Wenn ein Neutron sie durchläuft, erzeugt es Licht. So erfahren die Forscher mehr über neutronenreiche Kerne die bei der Entstehung von Gold oder Blei bei großen Sternenexplosionen eine wichtige Rolle spielen. Diese Kerne sollen in einigen Jahren in einer großen Beschleunigeranlage produziert werden, sie wird gerade in der Nähe von Darmstadt gebaut.

Physiker im Team suchen mit Großgeräten nach dunkler Materie

Obwohl es im Weltall unglaublich viel davon gibt, kennt sie niemand genau, die dunkle Materie und dunkle Energie. Das, was wir kennen, ist etwa 4 % der gesamten Materie, die restlichen 96 % sind uns unbekannt, „dunkel“. Ohne diese Materie können weder die Ausdehnung des Universums noch seine Strukturen wie Galaxien und Sterne erklärt werden. Aber dunkle Materie wurde bis heute noch nicht nachgewiesen, sie wurde nur aus theoretischen Überlegungen und aus Rechnungen zur Erklärung von Messungen angenommen, einen experimentellen Nachweis gibt es bisher nicht. In einem Großexperiment fahnden Wissenschaftler und Techniker aus 17 europäischen Instituten nach ihm – bisher ohne Erfolg. Aber auch diese Misserfolge sind wichtig: Jetzt wissen die Forscher, dass sie in anderen Bereichen suchen müssen, einen Verdacht haben sie schon, ihm gehen sie mit viel Geduld nach. Vielleicht verschieben sich bald schon die Grenzen der Physik.

Der Galaxienhaufen Abell 520 ist durch den Zusammenstoß mehrerer kleinerer Galaxienhaufen entstanden. Beim Zusammenstoß von Galaxienhaufen sollte sich die Dunkle Materie, so die Theorie, mit den Galaxien mitbewegen. Tatsächlich konnte dieses Verhalten auch bereits in einem anderen Fall, dem ebenfalls aus einer Kollision hervorgegangenen Haufen 1E0657-56, nachgewiesen werden.

Der Galaxienhaufen enthält in seinem Zentralbereich nur Dunkle Materie, aber keine Galaxien – eigentlich sollten Dunkle Materie und Galaxien jedoch etwa gleich verteilt sein.

Physik als Naturwissenschaft

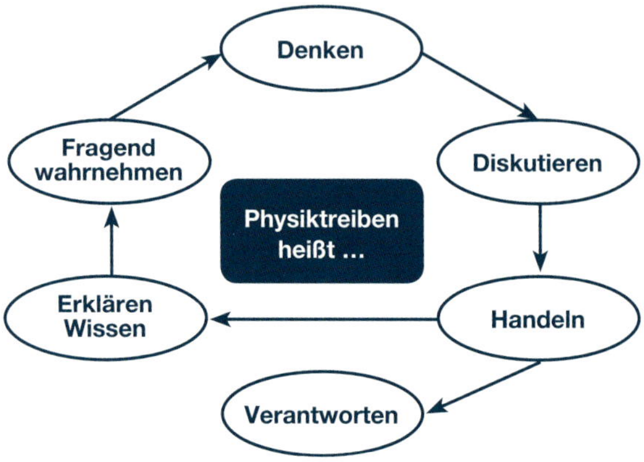

Physik betreiben heißt, das Wechselspiel von Wahrnehmen, Denken, Reden, Handeln, Erklären und Wissen so zu gestalten, dass daraus ein sicheres Wissen über die der Physik zugängliche Welt entsteht. Dieses „Physiktreiben" vollzieht sich nach Regeln, die sich vielfach bewährt haben und die gewährleisten, dass das Gebäude der Physik sicher gegründet ist und sich verlässlich weiter entwickelt. Es muss eingebettet sein in einen Rahmen der Verantwortung gegenüber Natur und Mitmenschen.

Physikalische Weltsicht – fragen, erklären, wissen

Ein Stein am Wegesrand kann zum Gegenstand der Physik werden, wenn nach seiner Masse, seiner Bewegung, seiner elektrischen Leitfähigkeit, seiner Fähigkeit, das Licht zu reflektieren usw. gefragt wird. Fragen nach seiner Schönheit, den Emotionen, die sein Anblick auslöst, seiner chemischen Zusammensetzung oder den Möglichkeiten, wie Pflanzen auf ihm wachsen können, sind keine Fragen, die mit physikalischen Methoden geklärt werden können.

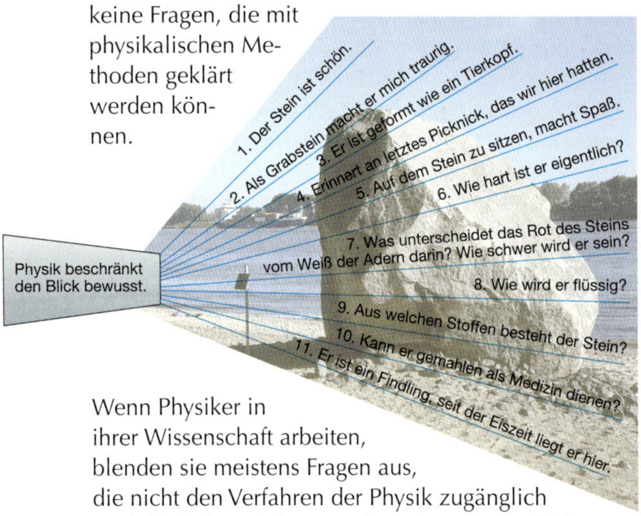

Wenn Physiker in ihrer Wissenschaft arbeiten, blenden sie meistens Fragen aus, die nicht den Verfahren der Physik zugänglich sind. Sie haben daher nur eine eingegrenzte Sicht auf die Welt, so wie jede Fachwissenschaft nur den Teil der Welt betrachtet, der ihren Verfahren zugänglich ist. Physik kann deswegen nicht die Ganzheit der Welt erfassen. Was wie eine Schwäche aussieht, ist gleichzeitig jedoch der Grund ihres Erfolges!

Physiker wollen wissen, warum etwas so ist, wie es ist, wie ein Zustand entstanden ist – und das auch erklären können. Im Internet steht: *Erklärung ist die argumentative Rückführung auf bekannte bzw. anerkannte Sachverhalte.*

Je nach Umfang und Tiefe der für die Erklärung bekannten und anerkannten Sachverhalte kann dann eine Erklärung sehr schlicht ausfallen oder aber sehr tief und umfassend begründet sein. Deshalb gibt es in verschiedenen Wissensstufen auch unterschiedliche Erklärungsstufen. Weil der Vorrat an Bekanntem immer weiter ausgedehnt wird, sind heute „richtige" Erklärungen morgen möglicherweise nur noch in engen Grenzen gültig.

Ein erklärter Sachverhalt geht in das Wissen ein und steht damit späteren Erklärungen zur Verfügung.

① **Kindergarten:** Wird der Schalter geknipst, geht das Licht an.

② **Grundschule:** Von der Batterie muss ein Kabel über den Schalter zur Lampe gehen und ein anderes zurück zur Batterie.

③ **Mittelstufe:** In einem Stro strömt Ladung im Kreis von Quelle zum Gerät und wiede rück. Dabei gelangt Energie Quelle zum Gerät, das sie ge andere Träger umlädt.

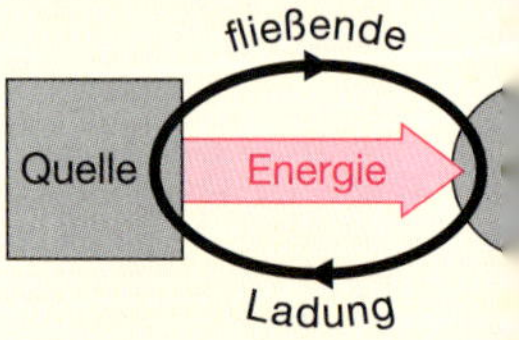

④ **Oberstufe:** Elektromagne Felder; Elektronen als Quant objekte

Physik betreiben heißt, sich zunächst auf die Fragestellungen zu beschränken, die physikalischen Verfahren zugänglich sind – und alles andere bewusst auszublenden.

Erklären ist die argumentative Rückführung von Neuem auf bereits Bekanntes. Der Vorgang des Erklärens ist ein offener, nie abgeschlossener Prozess.

Physikalisch handeln – deduktiv oder induktiv vorgehen, verantwortlich sein

Deduktives (schlussfolgerndes) Vorgehen: Aus Bekanntem wird ein neuer Sachverhalt in logisch aufeinander folgenden Denkschritten hergeleitet. Anschließend muss experimentell gezeigt werden, dass das Abgeleitete auch mit der Realität übereinstimmt.
GALILEIs Vorgehen beim Auffinden des Gesetzes des freien Falles war solch ein deduktives Schlussfolgern.

Induktives Vorgehen: An einem oder mehreren Beispielen wird gezeigt, dass ein behaupteter Sachverhalt richtig ist. Daraus wird geschlossen, dass auch alle vergleichbaren Sachverhalte richtig sind. Die Richtigkeit gilt so lange, bis ein Gegenbeispiel gefunden ist.
FARADAYs Entdeckung des Elektromagnetismus ist ein Beispiel für induktives Vorgehen.

Ablauf physikalischen Handelns bei induktivem Vorgehen und bei der Überprüfung von deduktiv gefundenen Gesetzen: GALILEI schrieb: *Alle Naturwissenschaften „… **erhärten ihre Prinzipien durch Experimente, und diese bilden das Fundament des ganzen späteren Aufbaus.**"* – Mit einer vorangestellten Hypothese, der eine Vorstellung, wie es sein könnte, zugrunde liegt – einer Theorie – ist das Experiment damit von GALILEI als Frage an die Natur in das Zentrum naturwissenschaftlicher Erkenntnis gestellt worden. In der Physik gilt deshalb nur das als gesichert, was sich im Experiment als richtig erwiesen hat. Und es ist nur so lange gültig, bis spätere Experimente es vielleicht in Frage stellen.

Am Anfang steht etwas Unbekanntes, Fragwürdiges durch eine
Wahrnehmung
an der Natur oder der Technik.
Um Erklärung bemüht, aktivieren Forscher ihr Wissen in einer
Theorie,
wie es sein könnte. Ihre Vermutung formulieren sie in einer Hypothese oder in einem deduktiv gefundenen Gesetz (möglichst in der Sprache der Mathematik)

Um zu prüfen, ob die Hypothese oder das Gesetz richtig ist oder verworfen werden muss, ist die
Planung eines Experimentes
einzuleiten. Dabei werden experimentelle Folgerungen aus der Hypothese abgeleitet und alle nicht zur Sache gehörenden Dinge ausgeblendet. Die anschließende
Durchführung des Experimentes
(samt **Beobachtungen und Messungen)**
hat das Ziel, das in der Hypothese oder dem Gesetz Behauptete möglichst genau zu erfassen.
Die Beobachtungen und Messungen erfahren in der
Auswertung
eine angemessene Darstellung. Das ist in der Regel ein mathematischer Zusammenhang zwischen den beobachteten Größen in Form einer Grafik oder einer Formel. Die Auswertung schließt mit einer
Fehlerbetrachtung.
Sie ermöglicht eine Aussage über den Gültigkeitsbereich des gefundenen Zusammenhangs.

Danach wird das
Ergebnis
möglichst in mathematischer Form formuliert. Es gibt an, ob die Hypothese oder das Gesetz richtig sind oder ob sie zu verwerfen sind.
Können sie weiterhin gelten, wird das Ergebnis zu einem
physikalischen Gesetz oder Modell.
Müssen Hypothese oder Gesetz verworfen werden, erfolgt
Erneutes Forschen.

Verantwortung übernehmen: Eine Bombenexplosion – Ergebnis naturwissenschaftlichen Denkens – hat großen Einfluss auf die körperlichen, emotionalen und sozialen Bedürfnisse der davon betroffenen Menschen.
Dieses Beispiel für mögliche Folgen naturwissenschaftlichen Handelns zeigt, dass Naturwissenschaftler immer in der Verantwortung stehen für die Konsequenzen ihres wissenschaftlichen Tuns. Die erarbeiteten Kenntnisse ermöglichen sachbezogene Urteile und werden damit handlungsleitend überall dort, wo naturwissenschaftliches Wissen relevant wird. Dies gilt für das Einschätzen politischer Aktivitäten ebenso wie für eigenes, persönliches Handeln.
Es gilt auch für den naturwissenschaftlichen Unterricht in der Schule: Durch Kenntnisse urteilsfähig zu werden, um verantwortlich zu handeln in allen Lebenssituationen, die diese Sachkenntnisse erfordern.

Allein die experimentelle Überprüfung von Hypothesen entscheidet über die Richtigkeit von Naturgesetzen – sonst nichts! Naturwissenschaftliches Handeln vollzieht sich in Verantwortung gegenüber Mensch und Natur.

Physikalisch kommunizieren – Mathematik als Sprache

Eines der grundlegenden Werke der modernen Physik ist *„Philosophiae Naturalis Principia Mathematica“* (Mathematische Prinzipien der Naturphilosophie) von ISAAC NEWTON (1643–1727), dem Vater der Mechanik. Er entwickelte die für die Mechanik erforderliche Differentialrechnung, die der Hannoveraner Naturphilosoph GOTTFRIED WILHELM LEIBNITZ (1646–1716) fast gleichzeitig geschaffen hatte – unabhängig von NEWTON. Mit der Differentialrechnung ist die Mathematik – wie in anderen Bereichen auch – von der Physik fortentwickelt worden.

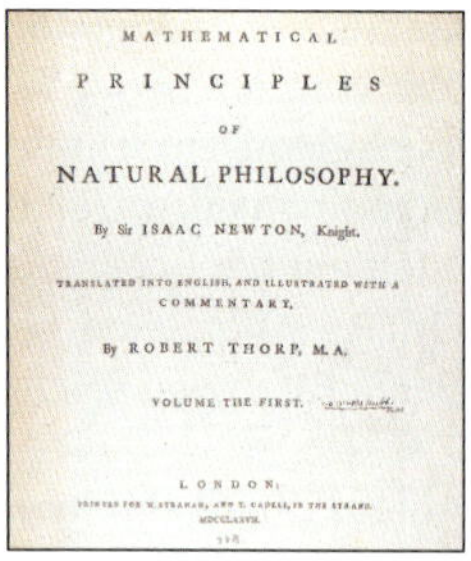

MATHEMATICAL
PRINCIPLES
OF
NATURAL PHILOSOPHY.
By Sir ISAAC NEWTON, Knight.
TRANSLATED INTO ENGLISH, AND ILLUSTRATED WITH A COMMENTARY,
By ROBERT THORP, M.A.
VOLUME THE FIRST.
LONDON:
PRINTED FOR W. STRAHAN, AND T. CADELL, IN THE STRAND.
MDCCLXXVII.

Im Internet ist zu finden: *„Denk- und Arbeitsweisen der Physik sind .... das Beobachten, Beschreiben, Vergleichen, Messen, Experimentieren, Interpretieren, Erklären und Voraussagen“. (Schülerlexikon.de)*
Für die Fragen (Hypothesenbildung), die Vorgehensweisen (physikalisches Handeln) und die Ergebnisse (Gesetze) sind in der Physik seit GALILEI folgende Prinzipien entwickelt worden:

① Quantitativ messendes Experimentieren
Die Ergebnisse von Messungen sind Zahlenwerte physikalischer Größen, für deren Verarbeitung mathematische Regeln und Verfahren zur Verfügung stehen. Im Gegensatz zur reinen Mathematik haben die verwendeten Größen aber eine physikalische Bedeutung. Für die Physik ist die Mathematik eine sehr wichtige Hilfe. Mathematiker helfen Physikern bei der Auswertung von Messungen; manchmal entwickeln sie dafür sogar neue Verfahren.

② Streng logisches Schlussfolgern
Die gewonnenen Messdaten müssen ausgewertet und Zusammenhänge zwischen ihnen gefunden werden. Diese sollten möglichst einfach sein wie etwa die proportionale Beziehung zwischen dem gefahrenen Weg und der dafür benötigten Zeit und der daraus resultierenden Geschwindigkeit. Mathematik ist für die erforderliche Darstellung als Funktion oder Graph ein optimales Hilfsmittel. Dadurch wird ein Höchstmaß an logischen Schlussfolgerungen möglich, die als physikalische Aussagen interpretiert werden können.

③ Einfache, vereinheitlichende Darstellungsformen
Die gefundenen Zusammenhänge müssen dann in eine einfache, widerspruchsfreie Form gebracht werden, die leicht verständliche und allgemeingültige Regeln, Folgerungen und Hypothesen ermöglicht. Mathematik und Physik haben dafür eine eigene Formelsprache. So ist z. B. der Zusammenhang zwischen Weg, Zeit und Geschwindigkeit eines Körpers in der Formelschreibweise $v = \frac{s}{t}$ klarer und einfacher ausgedrückt als es mit Worten möglich wäre.

④ Modelldenken, auch in abstrahierenden Formen
In der Physik werden für viele beobachtete Sachverhalte Modelle als Vorstellungshilfen und zur Theoriebildung eingesetzt. Z. B. gelingt es in der Elementarteilchenphysik nicht mehr, Beschreibungen zu entwickeln, die mit den Begriffen der makroskopischen Welt in Einklang zu bringen sind. Nur abstrakte Formulierungen ermöglichen eine exakte Darstellung.

Um diesen Prinzipien gerecht zu werden, benötigen die Physiker eine angemessene Sprache. Diese finden sie in der Mathematik, die in ihrer Klarheit und Eindeutigkeit als Kommunikationsmedium – auch über Sprachgrenzen hinweg – unübertroffen ist.

Die Methoden der Mathematik sind für Physiker ein unverzichtbares Hilfsmittel. Entscheidend für ihre Anwendung in der Physik ist, dass die mathematisch gewonnenen Erkenntnisse physikalisch interpretiert werden können und diese Resultate dann einer messenden, experimentellen Überprüfung standhalten:

- Sind die mathematisch formulierten physikalischen Gesetze auch unter geänderten Bedingungen gültig?
- Unter welchen Bedingungen sind sie veränderbar?
- Können neue, noch allgemeinere Beziehungen formuliert werden?

Das macht das Wesen der Physik aus und unterscheidet sie von der Mathematik, die sich mit Widerspruchsfreiheit der logischen Schlussfolgerungen begnügen muss, weil experimentelle Überprüfungen meist nicht möglich sind.
Mathematik ist für die Physik eine wichtige Hilfe für alle quantifizierenden und schlussfolgernden Aspekte und zugleich wichtigstes Kommunikationsmittel bei der Verständigung der Physiker untereinander.

Mathematik und Physik sind eng miteinander verwoben. Mathematik ist die universelle und bestens geeignete Sprache der Physik. Sie ist das wichtigste Kommunikationsmittel in der Physik.

Einheiten zur besseren Verständigung – das SI-Einheitensystem

Mathematik als Sprache und das Denken in Modellen sind Voraussetzungen für eine Kommunikation über die Gegenstände der Physik. Nötig sind auch Absprachen über die Bedeutung der Zahlenwerte von Messungen. Das Vereinfacht die Kommunikation über die Ergebnisse unter Naturwissenschaftlern.

In der weiteren Entwicklung des Einheitensystems kam es 1960 zu einem wichtigen Schritt. Im „Système Internationale d'Unités" (SI) wurden für die Basisgrößen genau definierte Einheiten festgelegt. Für jede Einheit gibt es eine klare Definition, die immer auch eine Messvorschrift beinhaltet.

Dieser Bereich ist der einzige in der Physik, der auf dem Ergebnis von Übereinkünften beruht. Eigentlich ist es gleichgültig, ob eine Länge in Ellen, in Yard oder in Metern gemessen wird, eine Länge bleibt es allemal. Schwierig wird es, wenn unterschiedliche Längenmaße verwendet werden. Dann sind Umrechnungen erforderlich.

Größe		Einheit	
Länge	l	Meter	m
Masse	m	Kilogramm	kg
Zeit	t	Sekunde	s
Temperatur	T	Kelvin	K
Stromstärke	I	Ampere	A
Lichtstärke	I	Candela	cd
Stoffmenge	n	Mol	mol

Die Grundideen für die Einführung von Basisgrößen sind:

- So wenig Basisgrößen wie möglich.
- Alle anderen Größen der Physik sollen aus den Basisgrößen ableitbar sein.
- Alle Basisgrößen sollen immer und überall so genau wie gefordert reproduzierbar sein.

Die Nationalversammlung im revolutionären Frankreich nahm dies zum Anlass, das Meter als Maßeinheit festzulegen. Zunächst wurde 1791 das metrische System eingeführt (Teilungen eines Maßes in 10 gleiche Unterteile); danach wurde nach Vermessung des Meridians, der durch Paris geht, festgelegt, dass **1 Meter der 10-millionste Teil der Entfernung Pol–Äquator auf diesem Meridian** sei. 1799 wurde dieses Urmaß in Paris in Form eines Platin-Iridiumstabes hinterlegt.

Später wurde für die Masse das Kilogramm definiert und als Platinzylinder ebenfalls in Paris hinterlegt. Viele Staaten haben sich dieser Definition angeschlossen.

Gerade die letzte Forderung hat mehrfach zu neuen Definitionen geführt. So wird z. B. zur Zeit daran gearbeitet, das „Urkilogramm" zu ersetzen. Dafür wird die Anzahl der Atome in einer extrem genau geschliffenen, 1 kg schweren, einkristallinen Siliciumkugel bestimmt. Dann soll das Kilogramm über die Anzahl der Atome einer solchen Kugel mit einer Genauigkeit von $2 \cdot 10^{-8}$ definiert werden.

Für die SI-Einheiten sind die Basisgrößen und deren Einheiten definiert. Aus ihnen sind alle anderen Größen der Physik und Chemie ableitbar.

Naturkonstanten, die Zukunft der Basiseinheiten — Durchblick

Die Welt der Metrologen (Wissenschaft vom Messen) steht vor einem Umbruch. Naturkonstanten werden in Zukunft für alle sieben Basiseinheiten die Grundlage der Definition sein, Objekte wie das Ur-Kilogramm oder die Vorschrift für die elektrische Stromstärke haben dann ausgedient. Der Zustand bei einigen Basiseinheiten quält die Metrologen schon seit Jahren, so leidet etwa das Ur-Kilogramm und seine Kopien unter Masseschwankungen.

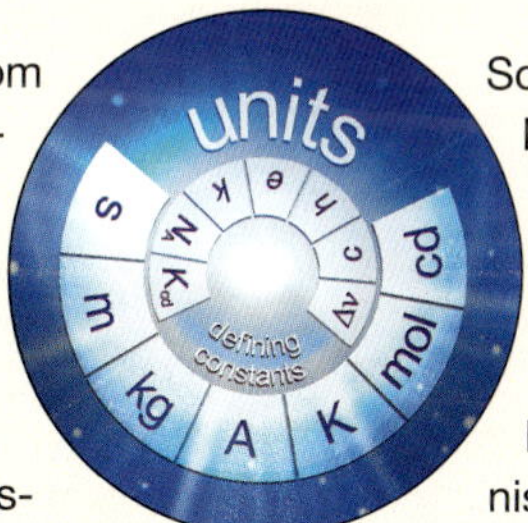

Bei der Längenmessung ist der Urmeterstab nicht mehr das Maß aller Längen. Heute ist der Meter eine Strecke, die das Licht in einer sehr kurzen Zeit zurücklegt. Mit der Lichtgeschwindigkeit als unveränderlicher Naturkonstante ist diese Definition perfekt.

Sobald eine Beziehung zwischen einer Basiseinheit und einer Naturkonstante gefunden ist, hat die alte Definition ausgedient – wenn diese Konstante mit sehr guter Genauigkeit gemessen werden kann. Weltweit gibt es Experimente zur Messung dieser Konstanten; die Ergebnisse sind so gut, dass 2018 ein neues Einheitensystem beschlossen wird. Den großen Nutzen werden Wissenschaft und Technologie haben, andere werden die Veränderungen kaum spüren.

In der PTB in Braunschweig werden Messungen für das neue Kilogramm, Mol und Kelvin vorgenommen, das Ampere soll über die Anzahl von Elementarladungen pro Sekunde definiert werden.

Physikalisch kommunizieren – Modelle zur Vorstellung und Verständigung

Die fantastische Leistung der Forscher, die sich mit dem Aufbau der Körper beschäftigten, bestand darin, sich ein Bild vom Inneren der Materie zu machen, ohne dass sie je ein Atom gesehen hätten.

JOHN DALTON (1766–1844) genügte für seine Untersuchungen der Systematik chemischer Verbindungen die Vorstellung, dass Atome feste, unteilbare Kugeln seien, einheitlich vom Material des Elements ausgefüllt und mit einer Masse versehen.

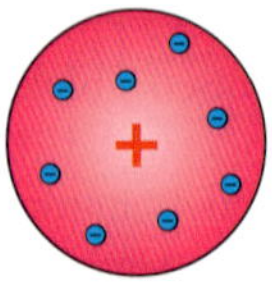

JOSEPH JOHN THOMSON (1856–1940) entdeckte bei Untersuchungen mit Röntgenstrahlen die Elektronen und ihre Eigenschaft, sich vom Atom entfernen zu können. Ihre Existenz als Teil des Atoms widersprach DALTONs Einheitlichkeit und Unteilbarkeit des Atoms.
Die Wirklichkeit ist also offenbar anders als das Modell, das die Forscher vom Atom im Kopf hatten. Das neue Atommodell war eine Kugel, in der die negativ geladenen Elektronen wie Rosinen im Kuchenteig eingelagert sind.

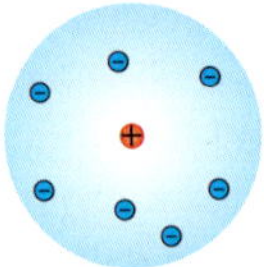

ERNEST RUTHERFORD (1871–1937) entdeckte, dass das Innere des Atoms fast leer ist und die Masse und die positive Ladung allein im Kern konzentriert sind.
Die Wirklichkeit des Atoms war offenbar noch anders als das Bild, das THOMSON sich davon gemacht hatte. Eine der gedachten Folgen des Thomson'schen Modells war, dass Leere im Atom nicht sein kann. Die gedachte Folge stimmte nicht mit der naturnotwendigen Folge „Leere" überein: Das Atommodell musste erneut revidiert werden. Spätere Entwicklungen haben dann zu weitern Verfeinerungen bzw. Veränderungen des Modells geführt.

Physiker ordnen ihr Wissen gedanklich in Vorstellungen und Bildern oder auch in abstrakten, mathematischen Formeln, die sie sich von der Wirklichkeit machen. Solche **Modelle** bilden immer nur bestimmte Teile der Wirklichkeit ab. Sie sind Grundlage für ein zielgerichtetes Erforschen des wirklichen Gegenstandes und ermöglichen begründete Vorhersagen für das spätere Experimentieren. Stimmen die Ergebnisse nicht mit dem Modell überein, muss es angepasst werden – die Wirklichkeit ist das Maß jeder Theorie!
Ein physikalisches Modell erfüllt seine Aufgabe, wenn alle Folgerungen auch mit der Wirklichkeit übereinstimmen – im Experiment wird diese Übereinstimmung überprüft. Dieses Denken und Argumentieren in Modellen wird auch in vielen anderen Natur- und Geisteswissenschaften verwandt.

HEINRICH HERTZ (1857–1894), der Entdecker der Radiowellen, hat am Ende des 19. Jahrhunderts die Beziehung der Bilder zu den wirklichen Gegenständen so beschrieben: *„Wir machen uns innere … Bilder … der äußeren Gegenstände, und zwar machen wir sie von solcher Art, dass die denknotwendigen Folgen der Bilder stets wieder Bilder seien von den naturnotwendigen Folgen der abgebildeten Gegenstände."*

Das Erfassen und Beschreiben von Aspekten der Wirklichkeit, die damit unseren Gedanken zugänglich wird, ist nicht der einzige Nutzen der Verwendung von Modellvorstellungen. Ihre Einführung macht es auch möglich, dass Menschen über ihre Vorstellungen von Aspekten der Wirklichkeit leichter kommunizieren können.

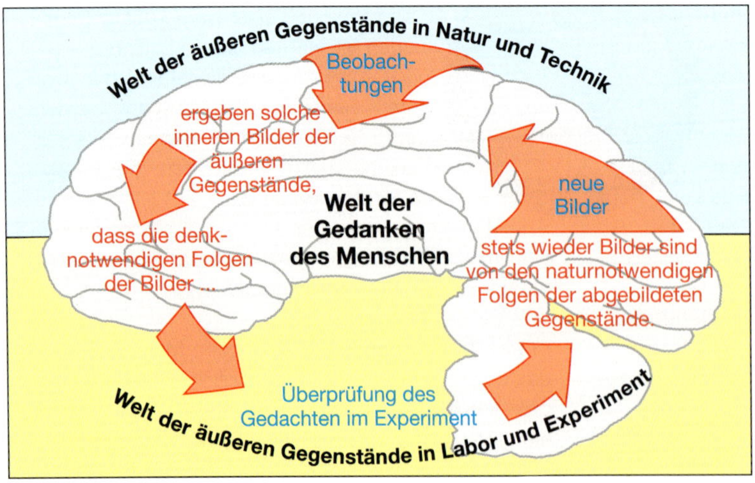

Ein Modell ist ein gedankliches Abbild eines Aspektes der Wirklichkeit. Folgerungen aus dem Modell müssen in der Wirklichkeit durch Experimente überprüft werden. Stimmen Modell und Wirklichkeit nicht überein, muss das Modell geändert werden. Modelle erleichtern die Kommunikation über die Aspekte der Wirklichkeit.

Wissen im Wandel – das Beispiel Weltbilder

Die Erde als Scheibe

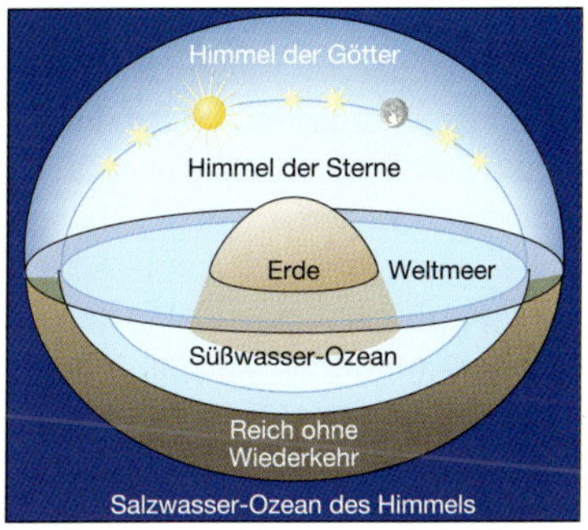

Das älteste bekannte Weltbild ist das der Mesopotamier. Es ist von religiösen Vorstellungen geprägt, die als Erklärung von Naturerscheinungen entwickelt wurden.

- Die Erde ist ein Hügel, der vom Weltmeer, dem großen Ozean, umgeben ist. Beide zusammen bilden die Erdscheibe.
- Unter dem Salzwasser-Ozean liegt ein Süßwasser-Ozean, aus dem das Wasser der Flüsse, Seen und Brunnen kommt.
- Darunter war die Unterwelt, das „Reich ohne Wiederkehr", der Ort für die Seelen der Toten.
- Der Himmel ist ein mehrschichtiges Gewölbe: Die erdnahe Schicht ist der Ort der Himmelskörper, die von den Göttern bewegt werden. Deren Aufenthaltsort sind die oberen beiden Schichten.
- Alle Naturerscheinungen werden von den Göttern hervorgerufen: Blitz und Donner (Zeichen des Zorns) und alle anderen Ereignisse werden von den Göttern bestimmt.

Durch diese Vorstellung hatten die Menschen eine für sie in der damaligen Zeit akzeptable Erklärung für sonst unerklärliche Vorgänge – das Wirken der Götter bestimmte ihr Leben.

Das geozentrische Weltbild

Das geozentrische Weltbild des Claudius Ptolemäus (um 100–178) galt über 1000 Jahre lang:

- Die Erde ist Mittelpunkt der gesamten Universums.
- Sonne, Mond und Planeten bewegen sich auf verschiedenen, konzentrischen, durchsichtigen Hohlkugeln (Sphären ≙ Himmelsschalen) mit der Erde im Mittelpunkt.
- Die inneren Sphären der Planeten werden von einer letzten Sphäre umschlossen, an der die Sterne unbeweglich fest sitzen.
- Alle Sphären bewegen sich durch göttliche Kräfte.

Diese Vorstellung spiegelt genau das wider, was die Menschen sehen. Weil sie keiner Beobachtung widersprach, musste sie richtig sein. Die Kirche als Hüterin der göttlichen Ordnung übernahm dieses Weltbild und hat es länger als eineinhalb Jahrtausende vertreten.

Erst Nikolaus Kopernikus (1473–1543) hatte aus der Beobachtung bestimmter Unregelmäßigkeiten bei der Bewegung der Planeten die Idee, die Sonne im Zentrum zu sehen. Die genauen Beobachtungen Johannes Kepplers (1571–1630) stützten diesen damals revolutionären Gedanken.

Das heliozentrische Weltbild

- Die Sonne ist Mittelpunkt des Sonnensystems und die Planeten bewegen sich um sie.
- Der Mond bewegt sich um die Erde.
- Die Fixsterne sind sehr weit entfernt.
- Tag und Nacht entstehen durch die Rotation der Erde um die Achse Nordpol–Südpol.

Die Erfindung des Fernrohres und die Beobachtungen Galileis lieferten zu Beginn des 17. Jahrhunderts die Belege für die Richtigkeit des heliozentrischen Weltbildes: Galilei entdeckte vier Monde des Jupiter, die sich keineswegs auf der Jupiter-Sphäre, sondern sie durchstoßend bewegten – was im Ptolemäi'schen System unmöglich wäre. Ferner sah Galilei Krater und Täler auf dem Mond und erkannte die Planeten als ausgedehnte Himmelskörper. Das verwaschene Band der Milchstraße erwies sich als eine Ansammlung unzählbar vieler Sterne. Auch das widersprach dem alten Denken.

Die katholische Kirche hat Galileis Ansichten lange nicht akzeptiert, sondern ihn mit lebenslangem Hausarrest bestraft. Erst 1992 hat sie ihn vom Vorwurf der Ketzerei freigesprochen.

Das Bild der Menschen über die Welt, in der sie leben, hat sich nach den Kenntnissen der Wissenschaft über den Kosmos im Laufe der Jahrhunderte gewandelt. Der Wandel des Weltbildes wird nie abgeschlossen sein.

Versuche und Aufträge — Kosmos und Forschung

A1 **a)** Nimm Kontakt zu einer Abiturientin/einem Abiturienten deiner Schule auf, die/der jetzt Physik studiert. Führe mit ihr/ihm ein Interview.
Frage sie/ihn nach den Inhalten der Vorlesungen und danach, welche Bedeutung der Physikunterricht für die Studienwahl hatte.
Erkundige dich auch nach der Bedeutung der Mathematik und anderer Naturwissenschaften sowie von Fremdsprachen im Physikstudium.
Informiere dich über die Bedeutung von Experimenten im Studium der Physik.
Frage, in welchen Situationen Teamarbeit und in welchen Einzelarbeit eher zum Ziel führt.
b) Dokumentiere das Interview in einer Form, in der es die Schülerzeitung abdrucken könnte.

A2 Auf der Internetseite von „Jugend forscht" (http://www.jugend-forscht.de) sind viele Forschungsprojekte abrufbar, die im Wettbewerb Preise gewonnen haben.
Suche dir eine Arbeit heraus, die du besonders interessant findest. Versetze dich in die Rolle eines Mitarbeiters der Arbeitsgruppe, die für das Beschaffen der nötigen finanziellen Mittel zuständig ist. Schreibe einen Brief an einen potentiellen Förderer eurer Forschung, in dem du ihm das Vorhaben erklärst und begründest, warum er es finanziell unterstützen sollte.

V3 Erstellt in einer kleinen Arbeitsgruppe ein Drehbuch für einen Science-Fiction-Film, dessen Handlung im Weltraum spielt: Innerhalb und außerhalb einer Raumstation müssen lebensbedrohliche Situationen gemeistert werden. Notiert außer dem Redetext der Schauspieler auch die Regieanweisungen, die Hinweise zum Soundtrack und die präzisen Vorgaben für die computeranimierten Szenen. Illustriert das Drehbuch immer wieder mit kleinen Bleistiftskizzen, die den Text ergänzen.

A4 Stelle einen Kontakt zu einer Forscherin/einem Forscher in einer universitären oder betrieblichen Forschungseinrichtung her. Schreibe einen Bericht für eine Tageszeitung über den Tagesablauf dieser Person, über den Forschungsgegenstand und den zeitlichen Ablauf der Forschung (Beginn und geplantes Ende der Untersuchung). Gehe in dem Bericht auch darauf ein, wie die Forschungsergebnisse mit anderen Gruppen, die an ähnlichen Fragestellungen forschen, diskutiert werden.

A5 **a)** Besorge dir den Wissenschaftsteil einer Tages- oder Wochenzeitung. Suche dir einen Beitrag heraus, der dich besonders interessiert. Stelle die wichtigen Aussagen und Zusammenhänge heraus. Besorge dir weiteres Material oder andere Artikel über die gleiche Thematik.
b) Stelle dann alle wichtigen Ergebnisse zusammen und präsentiere sie in einem mediengestützten Vortrag der Klasse. Gehe dabei auch darauf ein, warum dich diese Thematik besonders angesprochen hat.

V6 Erstelle aus Karton oder dunklem Papier eine Halbkugel. Steche in den Karton mit einer Stecknadel Löcher, die du so anordnest, dass sie den Sternbildern entsprechen (siehe Seite 242). Beleuchte diese Halbkugel mit einer stärkeren Glühlampe von innen, wodurch in einem abgedunkelten Raum die Sternbilder als Lichtpunkte auf den Wänden und der Zimmerdecke erscheinen. Drehe die Halbkugel jetzt so, dass die scheinbare Bewegung der Sterne am Nachthimmel simuliert wird.

V7 Jedes Jahr von Mitte August bis zum ersten Nachtfrost haben Wespen Hochsaison und verderben den Spaß an einem Picknick im Freien. Anfangs fallen sie noch über Wurst und Schinken her, später im Jahr interessieren sie sich besonders für alles Süße, von der Marmelade bis zum Eis. Da Wespenstiche auch lebensbedrohlich werden können, gibt es viele Ideen, sie mit verschiedenen Düften zu vertreiben: Münzen auf dem Tisch, Nelken in einer aufgeschnittenen Zitrone, Basilikum, eine Duftkerze und viele Ideen mehr.

a) Informiere dich über die verschiedenen Methoden der Wespenabwehr. Suche dir eine Methode aus, deren Wirksamkeit du näher untersuchen möchtest.
b) Plane eine Versuchsanordnung, mit der du den Test durchführen möchtest. Hole dir dafür auch die Zustimmung deiner Eltern ein.
c) Lege vor der Versuchsdurchführung fest, wie der Versuch ausgewertet werden soll und welches Ergebnis mindestens eintreten muss, damit die Wirksamkeit der Methode nachgewiesen ist.
d) Führe den Versuch durch, dokumentiere deine Beobachtungen und werte sie aus.
e) Wiederhole das Experiment mehrfach und vergleiche die Ergebnisse.

Kosmos und Forschung — Grundwissen

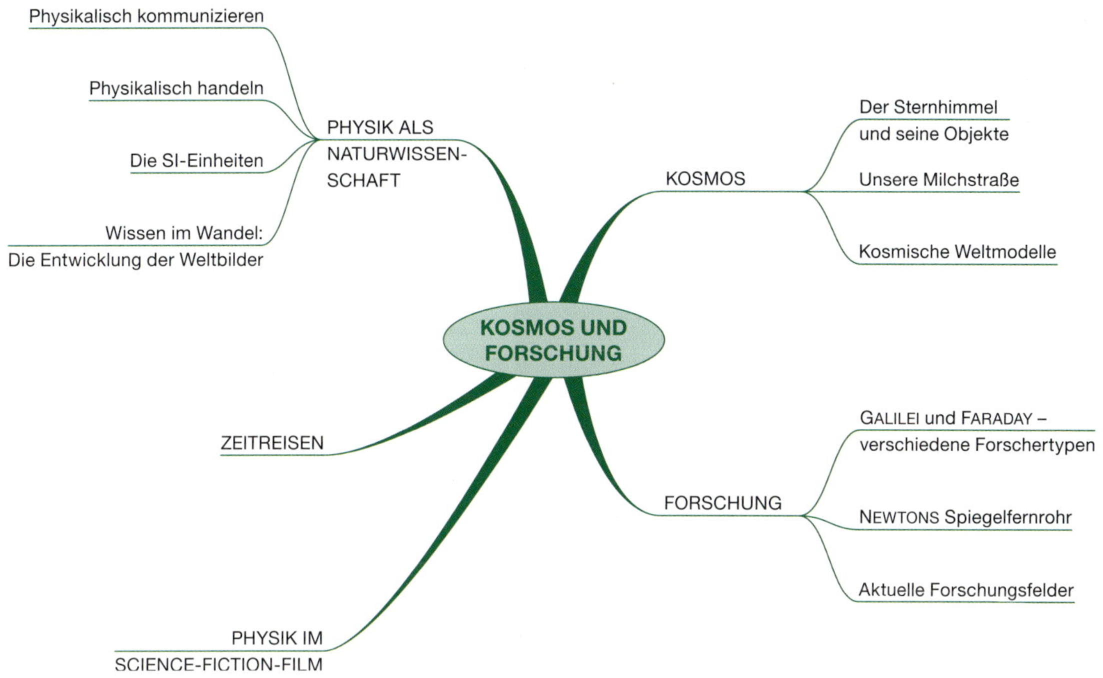

A1 **a)** Nenne je ein Sternbild, das nur zu den einzelnen Jahreszeiten zu beobachten ist. Nenne ein Sternbild, das zu jeder Jahreszeit gesehen werden kann.
b) Erkläre, warum Venus und Merkur nur als „Morgen- oder Abendstern" zu beobachten sind und warum die Begriffe Morgenstern und Abendstern eigentlich falsch sind.

A2 **a)** Erkläre, warum leistungsstarke Fernrohre immer Spiegelteleskope sind.
b) Erläutere, warum die Röntgenstrahlung von Himmelskörpern mithilfe von Satelliten untersucht wird.

A3 **a)** Begründe, warum sich das geozentrische Weltbild vom Altertum bis zum Mittelalter als anerkannte Lehrmeinung halten konnte.
b) Erkläre, warum der Wechsel von Tag und Nacht und das Auf- und Untergehen der Sterne nicht als Erklärung der Erdrotation ausreichen.

A4 **a)** Schätze die mittlere Bahngeschwindigkeit der Erde beim Umlauf um die Sonne ab.
b) Berechne die Geschwindigkeit, mit der die Sonne das Zentrum der Milchstraße umkreist. Ermittle, wie viele Umläufe sie schon absolviert hat (Alter der Sonne: ca. 5 Milliarden Jahre).

A5 **a)** Nenne und beschreibe verschiedene Arten von Galaxien.
b) Erkläre, warum das Zentrum unserer Galaxis nicht zu sehen ist.
c) Begründe, dass die Galaxienflucht nicht dem kosmologischen Prinzip widerspricht.
d) Beschreibe den Einfluss der Genauigkeit der Messung der Fluchtgeschwindigkeit der Galaxien auf die Bestimmung des Zeitpunktes des Urknalls.

A6 **a)** In Science-Fiction-Filmen wird manchmal die Kommunikation mit außerirdischen Lebewesen gezeigt. Benenne die physikalischen Probleme einer solchen Kontaktaufnahme.

A7 **a)** Stelle die Vor- und Nachteile des Forschens im Team denen eines Einzelforschers in einer Tabelle gegenüber.
b) Dokumentiere am Beispiel „Licht", wie sich dein Wissen zu diesem Thema von der Kindheit bis heute entwickelt hat und welche Fragen noch ungeklärt sind.
c) Schreibe einen Text, wie du mit deinem Wissen über „Kerne" (Kap. 5) verantwortungsvoll umgehen möchtest und in welchen Bereichen du selbst Verantwortung übernehmen kannst.

Wärmetransporte und Entropie

Eiszapfen sind schön anzuschauen; sie stehen sinnbildlich für das Schmelzen bzw. Gefrieren von Wasser an tropfenden Kanten oder Überhängen. Im Großen sind schmelzende Gletscher, der Rückzug der polaren Eismassen und der Anstieg des Meeresspiegels durch die Klimaerwärmung Themen politischer und gesellschaftlicher Diskussionen. Den Klimawandel aufzuhalten und neue Wege der umweltfreundlichen Energiegewinnung ohne CO_2-Ausstoß zu finden, wird Aufgabe der aktuellen und zukünftiger Generationen sein.

In diesem Kapitel erfährst du viel über Energietransporte und Zustandsänderungen wie z. B. das Schmelzen von Eis. Mithilfe des Begriffs „Entropie" als zentralem Energieträger wirst du viele anwendungsorientierte Fragen wie Wärmedämmung oder Energiegewinnung verstehen können, die wichtig für eine effiziente Nutzung der bestehenden Ressourcen sind.

■ **Automotor:** Zylinder, Kolben, Ventile oder Einspritzung, Zündkerze oder Selbstzündung, Pleuelstange, Kurbelwelle, Kühlung … das sind wichtige Begriffe, mit denen die Funktion eines Automotors beschrieben wird. Wie diese Teile zusammenspielen und auf welche Weise die chemische Energie des Benzins oder Diesels über eine sehr schnelle Verbrennung (Explosion) auf den Träger Impuls (Bewegung) umgeladen wird, beschreibt die Prozessabfolge der Ereignisse im Motor. An deren Ende muss immer wieder die Ausgangsposition für einen neuen Ablauf stehen. Es muss also ein Kreisprozess stattfinden.

■ **Föhn:** Im Winter werden häufig nach dem Duschen die Haare geföhnt. Die Badluft streicht im Föhn an glühenden Drähten vorbei, von denen sie erhitzt wird. Die Wärme wird dann durch die Bewegung der Luft „huckepack" bis zu den Haaren übertragen. Ein weiteres Beispiel für die Übertragung von Wärme ist der Golfstrom, der Wärme aus der Karibik nach Mitteleuropa transportiert.

■ **Wärmepumpe:** Immer mehr Häuser verfügen heutzutage über Außengeräte, die optisch an Klimaanlagen erinnern. Da sie schwerpunktmäßig im Winter laufen, muss es sich aber um eine andere Anlagenart handeln. In der Beschreibung eines solchen Gerätes steht: „Primärenergie Strom". Es handelt sich um eine Luftwärmepumpe, welche die in der Umgebungsluft vorhandene Wärme nutzt, um das Haus zu heizen.

■ **Energieübertragung:** Eine Übertragung von Energie kann erwünscht oder unerwünscht sein. In Computerprozessoren entsteht im Betrieb Wärme, die an die Umgebung abgeführt werden muss. Um eine Zerstörung des Prozessors durch Überhitzen zu vermeiden, werden Kühlkörper und zusätzliche Lüfter eingebaut.

Vorbereitung

1 Lies die Texte dieser beiden Seiten durch und betrachte die zugehörigen Bilder. Schreibe zu den einzelnen Themen Fragen auf, die du dazu hast.

2 Blättere das folgende Kapitel durch, lies die Überschriften und betrachte die Bilder. Notiere neben den Fragen aus **1** die Seitenzahlen, die deiner Meinung nach Antworten zu deinen Fragen liefern könnten.

3 Überlege und schreibe auf, was du in Experimenten untersuchen möchtest. Vielleicht hast du ja schon Ideen, wie die Versuche aussehen könnten.

4 Studiere die im Vorwissen „Wärmetransporte und Entropie" auf Seite 264 dargestellten Zusammenhänge. Schreibe dazu die wichtigsten Begriffe zusammen mit einer kurzen Erklärung auf.

Vorwissen – Wärmetransporte und Entropie

Energie ist erforderlich, damit Vorgänge in Natur und Technik ablaufen können. Energien werden in der Einheit 1 Joule = 1 J angegeben. Größere Einheiten sind
1 kJ = 1000 J
1 MJ = 1 Mio J.

Energie strömt nie allein von einem Körper zu einem anderen; sie braucht immer einen **Träger**, der sie transportiert. Geräte laden die Energie von einem Träger auf einen anderen Träger um.

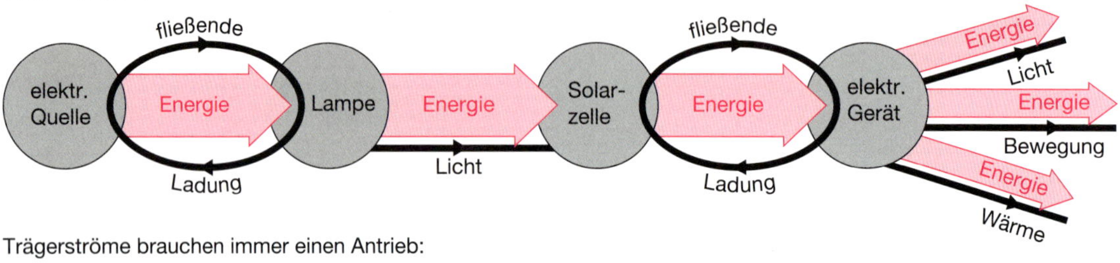

Trägerströme brauchen immer einen Antrieb:

- Bei Bewegungen ist der Impuls der Energieträger. Sein Antrieb ist eine Geschwindigkeitsdifferenz.
- Im elektrischen Stromkreis ist die fließende Ladung der Energieträger. Ihr Antrieb ist die Potenzialdifferenz (Spannung) der elektrischen Quelle.

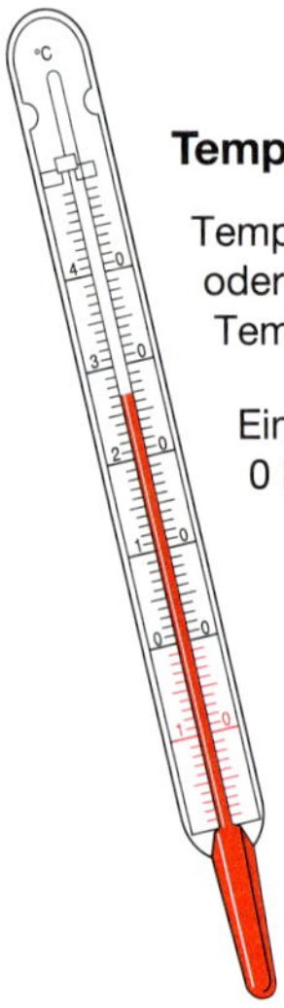

Temperatur

Temperaturen werden in Grad Celsius (°C) oder in Kelvin (K) angegeben, Temperaturdifferenzen ΔT immer in Kelvin.

Eine tiefere Temperatur als 0 K gibt es nicht. 0 K ist der absolute Temperaturnullpunkt.

Umrechnung
ϑ (in Grad Celsius) $\rightarrow T$ (in Kelvin):
$\vartheta + 273\ \text{K} \rightarrow T$
T (in Kelvin) $\rightarrow \vartheta$ (Grad Celsius):
$T - 273\ °\text{C} \rightarrow \vartheta$

Zustandsänderungen

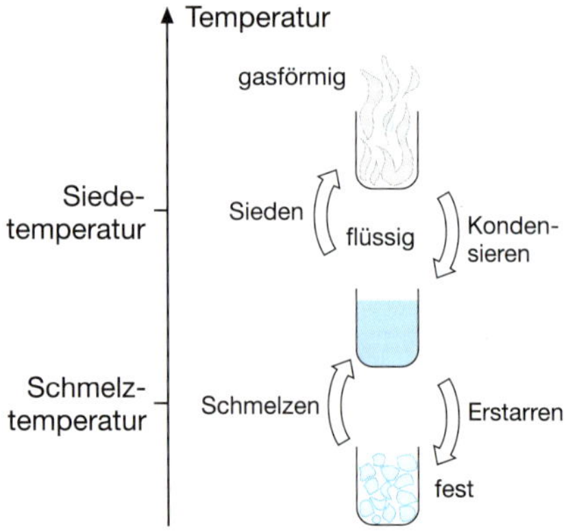

Zustandsformen und Teilchenbild

Festkörper
Die Teilchen liegen dicht an dicht und halten sich gegenseitig auf ihren Plätzen fest; sie können nur ein wenig hin und her zittern.

Flüssigkeit
Die Teilchen hängen nur locker aneinander und können ihre Plätze tauschen; sie liegen so dicht beieinander wie im Festkörper.

Luft/Gase
Die Teilchen sind nicht miteinander verbunden, sondern völlig frei beweglich.

Grundbegriffe

- *Temperatur*
- *Celsius-Skala*
- *Kelvin-Skala*
- *Thermische Ausdehnung*
- *Zustandsänderungen*
- *Teilchenbild von Körpern*
- *Energie, Einheit Joule*
- *Energieträger, Energieumlader*
- *Energieströme, Energiefluss-Diagramm*
- *elektrische Ladung*
- *elektrische Spannung*

Kühlschrank

Projekt

Mit der Erfindung des Kühlschranks im 19. Jahrhundert haben sich die Möglichkeiten zur Ernährung für Privathaushalte stark gewandelt, da Lebensmittel nun länger und hygienischer gelagert werden konnten. Seit 1930 verfügten auch immer mehr Privathaushalte in Deutschland und den USA über eigene Kühlschränke, die heute flächendeckend vorhanden sind.

P1 **a)** Schon im 18. Jahrhundert wurde der Rum in der Karibik gerne mit Eis serviert, wofür Großgrundbesitzer und reiche Inselbewohner spezielle Keller angelegt hatten. Recherchiere, wie es schon damals möglich war, gekühlte Getränke mit Eis zu servieren.
b) Wein wurde früher in Tonkrügen gelagert, die zur Kühlung mit Wasser übergossen wurden. Informiere dich über dieses Kühlverfahren.
c) Stelle deine Ergebnisse zu beiden Verfahren in einem Kurzvortrag zusammen.

P2 Kühlschränke galten lange Zeit als Klimakiller, da sie Schäden an der Ozonschicht der Erde verursachen konnten.
a) Informiere dich über die Bedeutung der Ozonschicht für die Erde sowie die Folgen einer Zerstörung dieser Schicht. Zeichne ein geeignetes Bild, in dem die wesentlichen Punkte zum Thema vorkommen.
b) Recherchiere, warum Kühlschränke bis ungefähr zum Jahr 2000 als „Ozonkiller“ bezeichnet wurden und beschreibe, wie das Problem gelöst werden konnte.

P3 Baue modellhaft einen eigenen Kühlschrank, der auf einem der möglichen Prinzipien zur Kühlung basiert, und stelle die Funktionsweise auf einem Plakat zusammen.

Wärmedämmung im Alltag

Projekt

Während die Nutzung von fossilen Energieträgern wie Kohle, Öl und Erdgas mit Kosten und Umweltverschmutzung verbunden ist, steht Solarenergie zur Warmwasser- und Stromgewinnung kostenlos zur Verfügung.

P1 **a)** Führt Messreihen an einem einfachen Modellhaus aus Pappe oder Holz durch. Messt dabei mehrere Minuten lang die Innentemperatur und variiert diese z. B. durch Anschalten einiger Glühlämpchen im Innern.
Plant unterschiedliche Situationen ein, z. B. geöffnete oder geschlossene Fenster. Ferner solltet ihr unterschiedliche Methoden benutzen und kombinieren, mit denen das Haus isoliert wird. Kommentiert eure Messergebnisse.

Innenansicht mit Dämmung

b) Recherchiert unter **Wärmeisolierung** oder **Wärmedämmung**, welche Methoden hierzu beim Hausbau benutzt werden können.
Ermittelt auch, welche Form des Wärmetransports jeweils verhindert wird. Stellt die Ergebnisse übersichtlich auf einem Faltblatt zusammen und vergleicht eure Maßnahmen mit realen Methoden zur Wärmedämmung von Häusern.
Benennt Möglichkeiten, mit denen ihr eure Isolierungen noch verbessern könnt.

P2 Im Freizeitbereich sind viele Sportarten von den Wetterbedingungen abhängig.
a) Erstellt eine Liste von Sportarten, die an bestimmte Wetterbedingungen gebunden sind, und sortiert sie geeignet in die erste Spalte einer dreispaltigen Tabelle ein.
b) Ergänzt in der zweiten Spalte charakteristische Kleidung, die bei diesen Sportarten getragen wird.
c) Erläutert in der dritten Spalte in Stichworten die Aufgabe der jeweiligen Kleidung.

Energietransporte

Alle Energie auf der Erde – mit Ausnahme der Kernenergie und der Erdwärme – stammt letztlich von der Sonne und kommt auch heute noch von ihr.
Wie gelangt die Energie der Sonne über diese riesengroße Entfernung zu uns, sodass Menschen an einem heißen Sommertag in den Schatten flüchten, weil die Sonne zu stark „brennt“? Welche Möglichkeiten gibt es überhaupt, um Energie zu transportieren?

Leitung

Bei Töpfen auf der heißen Herdplatte kann es vorkommen, dass nicht nur der Topfinhalt, sondern auch die Griffe sehr heiß werden. Energie wird vom Topfboden über das Metall bis in den Griff transportiert.

Zentraler Versuch

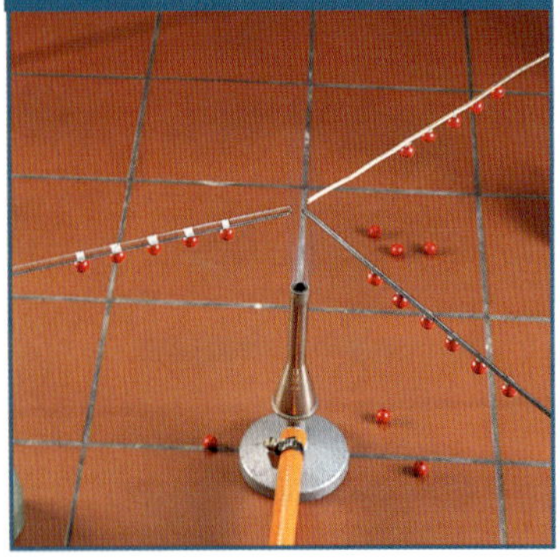

Die Wachskugeln, die näher an der heißen Flamme sind, fallen zuerst ab, denn es dauert einige Zeit, bis die Energie von einem Stabende zum anderen transportiert wird. Die Energie strömt dabei vom Gasbrenner zu den kühleren Stabenden.

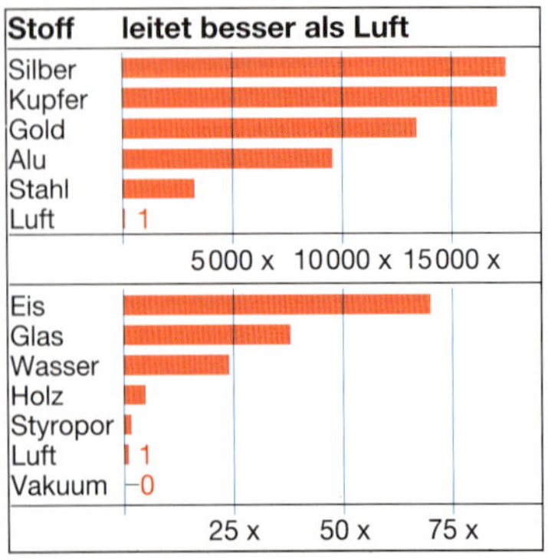

Stäbe aus unterschiedlichem Material leiten die Energie unterschiedlich gut, was daran zu erkennen ist, dass die Wachskugeln am Kupferstab viel schneller abfallen als die am Stahlstab.

Durch Leitung wird Energie in einem Körper transportiert, ohne dass sich dabei Material bewegt. Die Energie strömt dabei von Stellen höherer Temperatur zu Stellen niedrigerer Temperatur.

Konvektion

Wird die Hand über einen warmen Heizkörper gehalten, so ist ein schwacher Luftzug zu spüren. Die warme Luft strömt nach oben, dadurch wird frische Luft von unten an den Heizkörper geführt, die sich erwärmt und aufsteigt. Es entsteht eine Luftströmung, durch die Energie vom Heizkörper in den ganzen Raum transportiert wird. Im Schattenbild der Kerze ist zu sehen, wie die Luft nach oben strömt.

Zentraler Versuch

Solche Strömungen können auch in Flüssigkeiten beobachtet werden. Wird an der Ecke das Wasser erhitzt, bewegt es sich dort nach oben, was an den blauen Schlieren sichtbar wird. Dabei nimmt das zunächst kalte Wasser Energie auf, seine Temperatur steigt, es bewegt sich nach oben zu den kälteren Bereichen, wobei es das kalte Wasser vor sich her schiebt. Unten wird dann das ankommende kalte Wasser erwärmt. Der Vorgang der *Mitführung* von Energie „huckepack“ mit dem strömendem Wasser heißt **Konvektion.**

Bei Konvektion wird Energie von strömenden Flüssigkeiten oder Gasen mitgenommen.

Aufgaben

1 Dicht neben einer Flamme wird eine Hand nicht allzu heiß, aber darüber schon. Erkläre.

2 Bei stürmischem oder kaltem Wetter ist es wichtig, Verletzte so schnell wie möglich zuzudecken. Begründe diese im Foto links gezeigte Maßnahme.

Strahlung

Ein Raum kann im Winter ohne Heizung allein durch die Sonneneinstrahlung erwärmt werden. Die Energie kann aber weder durch Leitung noch durch Konvektion zur Erde gelangen, da es im Weltall keine Materie gibt, die die Energie transportieren könnte.
Vor einer Rotlichtlampe z. B. ist die ankommende Energie zu spüren, ein Thermometer zeigt die Temperaturerhöhung an. Wird ein Gegenstand zwischen Lampe und Körper gebracht, so ist deutlich zu merken, dass die Energiezufuhr unterbrochen wird.

Zentraler Versuch

Energie kann also auch ohne Beteiligung von Materie von einem Körper mit höherer Temperatur zu einem Körper mit niedrigerer Temperatur gelangen. Alle Körper, die wärmer sind als ihre Umgebung, strahlen Energie ab – je heißer sie sind, desto mehr (z. B. ein Wärmestrahler über einem Wickeltisch).

Durch Strahlung wird Energie transportiert, ohne dass dabei ein übertragender Körper beteiligt ist.

Energieübergänge — Versuche und Aufträge

V1 a) Stelle einen Becher mit heißem Wasser (Temperatur vorher messen) in einen geschlossenen Karton. Bestimme nach 5, 10, 15 Minuten die Temperatur im Karton und trage sie grafisch auf.
b) Klebe in den Karton rundherum Styropor oder anderes Isoliermaterial und wiederhole die Messung.
c) Wie ändert sich die Temperatur, wenn du „Fenster" in deinen Karton schneidest?

V2 a) Öffne die Tür die Tür zwischen einem geheizten und einem ungeheizten Raum einen Spalt weit. Untersuche nun mithilfe einer brennenden Kerze die Luftströmungen oben und unten am Türspalt.
b) Erkläre, wie die Strömungen zustande kommen.

V3 Eine Glühlampe unter Glas – kann das gut gehen? Kontrolliere in einem Modellversuch, wie hoch die Temperatur im Glaskolben werden kann. Stülpe dazu ein Glasgefäß (Vase oder Krug) über ein batteriebetriebenes Glühlämpchen und miss die Temperatur im Innern.

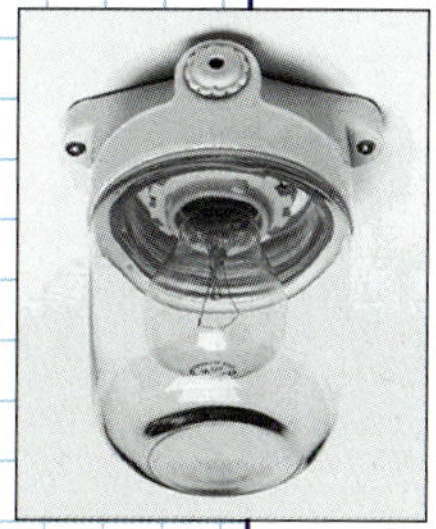

V4 Halte die Unterkante eines wassergefüllten Teeglases über eine brennende Kerze und lasse einen Tropfen Tinte über der Flamme ins Wasser fallen. Erkläre das Verhalten der Tinte.

V5 Setze dich an einen Tisch, der eine Platte aus Holz und Beine aus Metall hat. Lege die eine Hand auf die Tischplatte, mit der anderen umfasst du ein Tischbein.
Konzentriere dich auf die Wahrnehmung deiner Hände. Notiere und erkläre deine Beobachtungen.

V6 Material: zwei Behälter, zwei Thermometer, trockene Erde, Wasser, ein schwarzes Tuch
a) Fülle einen Behälter mit Wasser und einen mit Erde. Stelle sie in die Sonne, miss alle 2 Minuten die Temperatur und notiere die Werte.
b) Decke die Behälter mit einem schwarzen Tuch ab, miss wieder die Temperaturen und notiere die Werte (max. 2 Stunden)
c) Stelle beide Behälter in den Schatten (ohne Tuch), miss die Temperatur ein drittes Mal und notiere,
① welcher Behälter sich schneller aufheizt;
② welcher Behälter die höchste Temperatur erreicht;
③ welcher Behälter sich schneller abkühlt.
Vergleiche jeweils die Temperaturen und ihre Änderungen.

Aufgaben

1 Zähle die Formen des Energietransports auf, die beim Backen im Umluftofen, auf dem Gasherd und im Holzkohlegrill stattfinden.

2 Nenne die Bedingungen, unter denen es auch im Winter bei Sonnenschein im PKW heiß werden kann, selbst wenn die Heizung nicht angeschaltet ist.

3 Im Sommer bevorzugen wir helle Kleidung; Kühlwagen sind weiß gestrichen und nicht dunkel. Überlege dir mögliche Gründe für diese Farbwahl.

Streifzug Warmwasserheizung

Eine **Solaranlage** auf dem Dach nutzt Sonnenenergie für die Warmwasserversorgung oder zum Heizen.

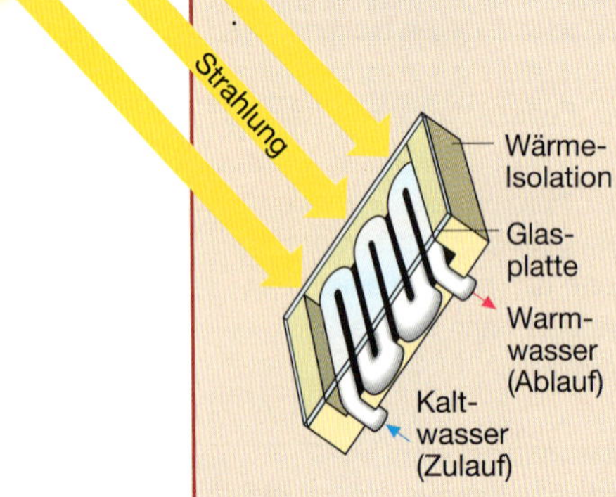

Fußbodenheizungen sorgen für angenehm gleichmäßige Raumtemperaturen. Der Boden nimmt die Energie vom Wasser auf und gibt sie durch Leitung an die Zimmerluft ab. Von dort breitet sie sich durch Konvektion im Raum aus.

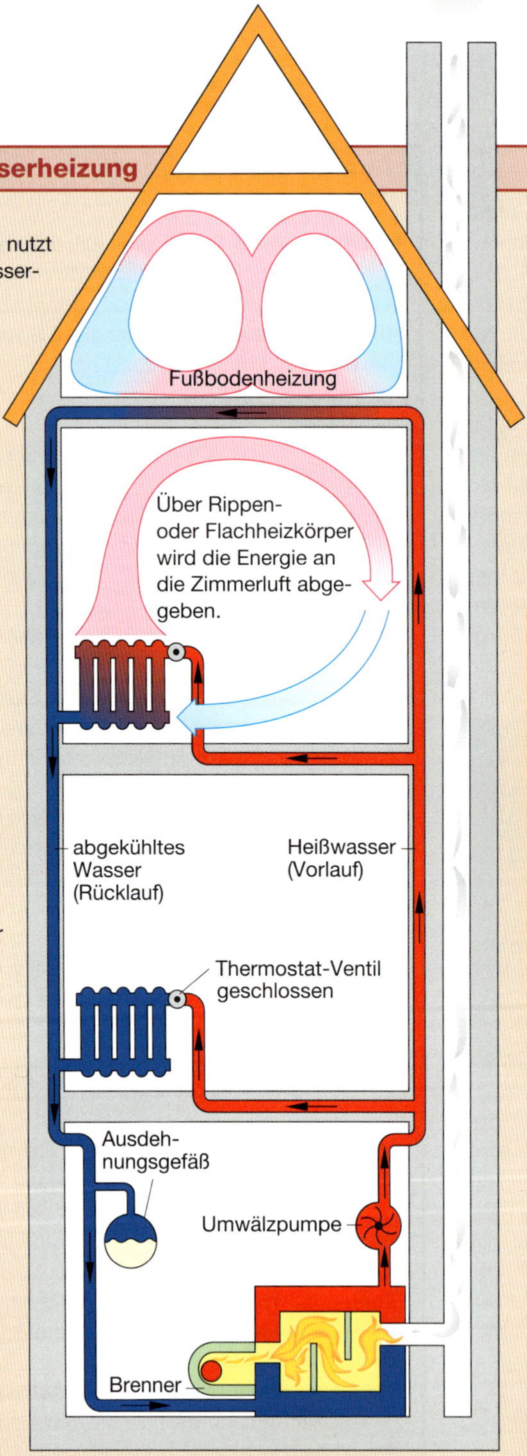

Möglichkeiten zur Energieeinsparung

- Niedertemperaturheizungen (Vorlauftemperaturen von 55 °C bzw. 45 °C)
- Anpassung der Wassertemperatur an die Außentemperatur durch Messung mit einem Außenfühler (gleitende Kesselwasser-Temperaturregelung)
- Nutzung der bis zu 180 °C heißen Abgase am Kessel zum Erwärmen von Brauchwasser

Thermostat-Ventile regeln die Raumtemperatur. Dazu messen sie mit einem Temperatursensor die Lufttemperatur. Dieser Istwert wird vom Regler mit einem vorher eingestellten Sollwert verglichen. Unterschreitet der Istwert den Sollwert, wird das Ventil geöffnet. Warmes Wasser strömt so lange durch den Heizkörper, bis Sollwert und Istwert wieder übereinstimmen. Dann wird das Ventil geschlossen, die Warmwasserzufuhr wird gestoppt. Es wird keine Energie mehr an die Zimmerluft abgegeben. Durch Wärmetransport nach draußen sinkt die Raumtemperatur, der Istwert fällt unter den Sollwert, das Ventil wird wieder geöffnet.

Eine **Umwälzpumpe** befördert das Wasser vom Kessel zu den einzelnen Heizkörpern und von dort zum Kessel zurück.

In dem mit Holzpellets, Holz, Kohle, Heizöl oder Erdgas betriebenen **Heizkessel** wird das Wasser auf die Vorlauftemperaturen von 55 °C (Heizung) bzw. 30 °C (Fußbodenheizung) gebracht. Durch Zumischen von kaltem Wasser kann Brauchwasser zum Waschen, Duschen oder Baden bereitgestellt werden.

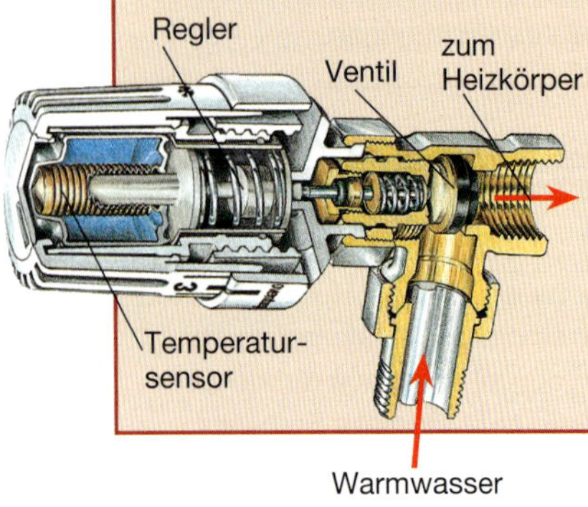

Die Warmwasserheizung nutzt sowohl Energietransporte durch Leitung als auch durch Konvektion. Konvektive Energietransporte finden z. B. mit dem warmen Heizungswasser bzw. der Zimmerluft statt. Durch Leitung wird Energie immer übertragen, wenn eine Temperaturdifferenz bei direktem Kontakt besteht, z. B. beim Übergang vom Heizkörper zur Zimmerluft.

Die Meere beeinflussen das Klima

Über dem Golf von Mexiko steht die Sonne das ganze Jahr über sehr hoch; die Energiezufuhr durch die Sonnenstrahlung ist dort besonders stark, sodass das Meerwasser bis in große Tiefen erwärmt wird. Es bildet sich eine Strömung von warmem Meerwasser aus, die bis nach Europa reicht: der Golfstrom. Sein Wasser führt eine gewaltige Menge an Energie mit, die in den kälteren Regionen Nordeuropas an die Luft abgegeben wird. Die Folge davon ist, dass die Häfen in Skandinavien auch im Winter weitgehend eisfrei bleiben. Insgesamt ist das Klima in Europa wegen des Golfstroms wesentlich wärmer als in Gegenden Nordamerikas, die auf dem gleichen Breitengrad liegen.

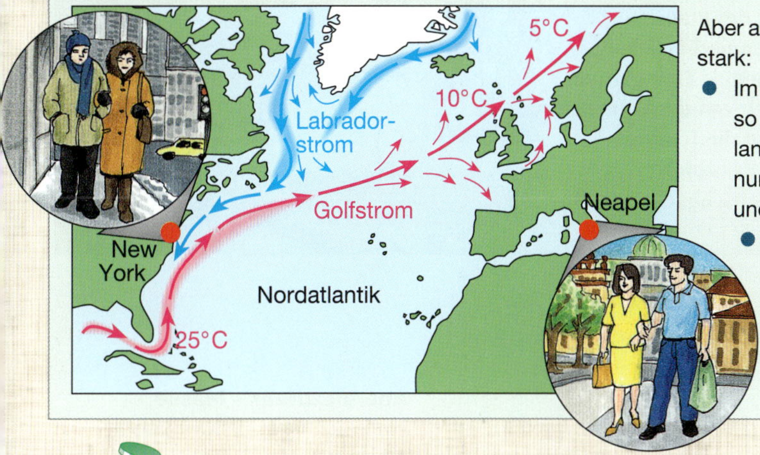

Aber auch sonst beeinflusst das Meer das Klima stark:

- Im Sommer ist es in den Küstenregionen nie so heiß wie in trockenen Gebieten des Inlandes. Denn das Meerwasser erwärmt sich nur sehr langsam. Es ist kälter als die Luft und entzieht daher der Luft laufend Energie.
- Anders im Winter: Das Meerwasser gibt die im Sommer aufgenommene und gespeicherte Energie langsam ab. Deshalb ist es jetzt in den Küstenregionen wärmer als in anderen Landesteilen.

Auf einem Halbleiterchip, wie er in allen Computern zu finden ist, werden immer mehr elektronische Bauteile untergebracht, die im Betrieb warm oder heiß werden. Weil diese Bauteile aber bei Erwärmung nicht mehr so gut arbeiten wie im kalten Zustand, müssen sie unbedingt gekühlt werden. Dazu dienen großflächige Kühlkörper aus Metall und zusätzlich Lüfter.

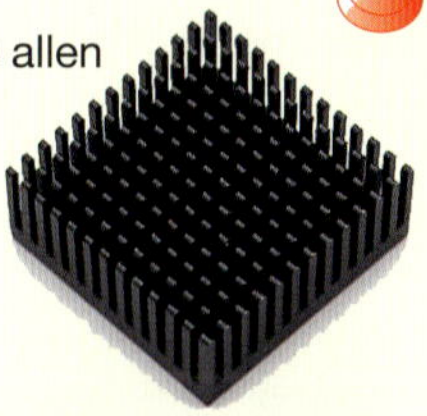

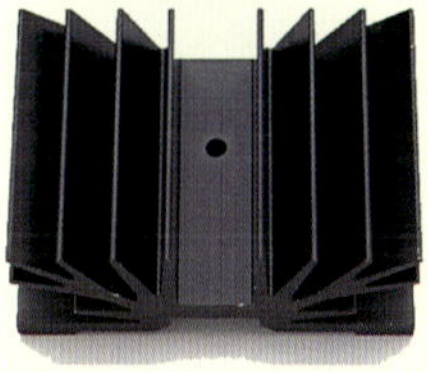

Merke

- Töpfe mit gut schließenden Deckeln zudecken, um das Entweichen von heißem Wasserdampf und damit von Energie zu verringern.
- Die Größe von Topfboden und Herdplatte müssen zueinander passen, damit möglichst keine Energie daneben geht.

Sonnenbaden beim Skifahren ist nichts Ungewöhnliches. Obwohl der Schnee deutlich kälter als 0 °C ist, liegen die Jungs und Mädels im T-Shirt in den Liegestühlen. Die intensive Strahlung in den Bergen genügt, um sie nicht frieren zu lassen. Allerdings wird es auf der sonnenabgewandten Seite schnell kalt – und Wind darf es auch nicht geben!

Solarherd

Vielerorts ist das Brennmaterial knapp. Holz gibt es in Wüstengegenden kaum und andere Brennstoffe wie Erdöl oder Erdgas sind für die meisten Menschen dort unerschwinglich. Abhilfe kann ein Hohlspiegel schaffen, mit dem Speisen gekocht werden können.

Energieströme und ihre Wirkungen

An heißen Tagen erwärmt die Sonne das Wasser im Freibad um einige Grad. Warum ist die Temperatur des Planschbeckens aber stets höher als die des Schwimmerbeckens? Warum sind eiserne Gullydeckel stets heißer als Steinplatten auf dem Boden? Alle beide bekommen doch von der Sonne die gleiche Menge an Energie! Wovon hängt die Temperaturerhöhung ab, wenn ein Körper Energie absorbiert? Was geschieht, wenn in das sehr warme Planschbecken große Eisstangen geworfen werden?

Temperaturänderungen

Energiezufuhr – Temperatur

Wird einem Körper z. B. durch Sonneneinstrahlung Energie zugeführt, erwärmt sich der Körper und seine Temperatur steigt an. Um den genauen Zusammenhang zwischen der zugeführten Energie und der Temperaturänderung zu erhalten, müssen beide Größen gleichzeitig bestimmt werden.

Zentraler Versuch

Als Energielieferant wird ein Wasserkocher verwendet. Auf seinem Typenschild steht, wie viel Energie er abgibt: „3000 W" z. B. heißt, dass er 3000 J pro Sekunde liefert.
In der Tabelle unten sind die Messwerte für einen Wasserkocher mit 1 Liter Wasser festgehalten. Beim Vergleich der Quotienten aus der zugeführten Energie und der Temperaturänderung lässt sich feststellen, dass diese annähernd gleich sind. Die zugeführte Energie und die Temperaturänderung sind also proportional zueinander: $\Delta E \sim \Delta T$.

Diese Proportionalität $\Delta E \sim \Delta T$ gilt allerdings nur, wenn während der Energiezufuhr keine Zustandsänderung eintritt, wenn die zugeführte Energie also vollständig zur Temperaturerhöhung des Körpers führt. Sie gilt nicht nur für Wasser, sondern für alle Stoffe.

t	ΔE	ΔT	$\frac{\Delta E}{\Delta T}$
10 s	30 kJ	7 K	4,3 $\frac{kJ}{K}$
20 s	60 kJ	14 K	4,3 $\frac{kJ}{K}$
30 s	90 kJ	22 K	4,1 $\frac{kJ}{K}$
40 s	120 kJ	29 K	4,1 $\frac{kJ}{K}$
50 s	150 kJ	36 K	4,2 $\frac{kJ}{K}$

Zugeführte Energie und Temperaturerhöhung sind proportional, wenn keine Zustandsänderungen stattfinden.

Energiezufuhr – Masse

Natürlich ist im Schwimmerbecken mehr Wasser enthalten als im Planschbecken. Vermutlich hat also auch die Menge des Wassers, das erwärmt wird, einen Einfluss auf die Temperatursteigerung. Um das zu überprüfen, wird unterschiedlichen Mengen Wasser wieder mit dem Wasserkocher Energie zugeführt und gemessen, wie viel Energie für eine Temperatursteigerung um jeweils 10 K nötig ist, weil eine Temperatursteigerung um 1 K zu Messungenauigkeiten führen würde.

Die Messwerte in der Tabelle unten zeigen, dass der Quotient aus zugeführter Energie und erwärmter Masse stets annähernd der gleiche ist. Die für eine bestimmte Temperaturänderung zuzuführende Energie ist also proportional zur Masse des Wassers: $\Delta E \sim m$.

m	t	ΔE	$\frac{\Delta E}{m}$
0,4 kg	5,5 s	16,5 kJ	41,3 $\frac{kJ}{kg}$
0,8 kg	11,5 s	34,5 kJ	43,1 $\frac{kJ}{kg}$
1,2 kg	17,0 s	51,0 kJ	42,5 $\frac{kJ}{kg}$
1,6 kg	22,5 s	67,5 kJ	42,1 $\frac{kJ}{kg}$
2,0 kg	28,0 s	84,0 kJ	42,0 $\frac{kJ}{kg}$

Auch diese Proportionalität gilt für alle Stoffe, solange während der Energiezufuhr keine Zustandsänderung eintritt.

Jetzt wird die höhere Temperatur des Planschbeckens verständlich: Aufgrund der geringeren Tiefe ist die Wassermenge, die von der einfallenden Sonnenstrahlung erwärmt wird, viel geringer und folglich die Temperatursteigerung viel größer – obwohl die Fläche des Schwimmerbeckens größer ist und es daher mehr Strahlung absorbiert.

Im Versuch wurde dem Wasser so lange Energie zugeführt, bis seine Temperatur um 10 K gestiegen ist. Es waren immer etwa 42 kJ – hochgerechnet auf 1 kg Wasser. Für eine Temperaturerhöhung von 1 kg Wasser um 1 K ist also $\frac{1}{10}$ dieser Energie nötig: 4,2 kJ.

Die für eine bestimmte Temperaturänderung zuzuführende Energie ist zur Masse des Körpers proportional.
Für Wasser gilt: Um die Temperatur von 1 kg Wasser um 1 K zu erhöhen, sind 4,2 kJ Energie nötig.

Rechenbeispiele

1. Berechne die Kosten für ein Wannenbad, wenn die Wanne mit rund 150 Liter Wasser gefüllt wird und die Wassertemperatur 38 °C betragen soll. Das zufließende Leitungswasser hat eine Temperatur von 14 °C.

Geg.: $m = 150\ \text{kg}$; $\Delta T = 38\ °\text{C} - 14\ °\text{C} = 24\ \text{K}$

Ges.: ΔE

Lösung: Um die Temperatur von 1 kg Wasser um 1 K zu erhöhen, sind 4,2 kJ nötig. Daraus ergibt sich für eine beliebige Wassermenge m und eine beliebige Temperatursteigerung $\Delta\vartheta$ eine einfache Formel für die zuzuführende Energie:

$$\Delta E = 4{,}2\ \frac{\text{kJ}}{\text{kg} \cdot \text{K}} \cdot m \cdot \Delta T$$

$$= 4{,}2\ \frac{\text{kJ}}{\text{kg} \cdot \text{K}} \cdot 150\ \text{kg} \cdot 24\ \text{K} = 15120\ \text{kJ} \approx 15\ \text{MJ}$$

Wenn die Energie von einer Öl- oder Gasheizung bereitgestellt wird, so kosten 1000 kJ etwa 4 Cent. Die Energie für das Bad kostet also 60 Cent – ohne Wasserkosten, die etwa 1,20 € betragen. Insgesamt kostet das Wannenbad etwa 1,80 €.

2. Berechne, wie viel gespart werden kann, wenn anstatt des Bades eine Dusche genommen wird. Die Wassertemperatur soll die gleiche sein, die benötigte Wassermenge beträgt beim Duschen jedoch nur etwa 30 Liter.

Ges.: Kostenersparnis

Lösung: Da die für das Duschen benötigte Wassermenge nur $\frac{1}{5}$ der für das Baden benötigten Wassermenge beträgt, reduzieren sich die entsprechenden Kosten (wegen der sonst gleichen Bedingungen) um denselben Faktor.

Insgesamt betragen die Kosten für das Duschen nur $\frac{1}{5}$ der Kosten für ein Wannenbad, also 36 Cent.

Aufgaben

1 Begründe, warum du eines der beiden Verfahren zum Kartoffelkochen bevorzugen würdest.

2 **a)** Stelle die in den Tabellen angegebenen Werte für
- die zugeführte Energie und die Temperaturänderung
- die zugeführte Energie und die Masse des Wassers

in jeweils einem Diagramm dar.
b) Gib jeweils den mathematischen Zusammenhang an.
c) Lies im ersten Diagramm die zuzuführende Energie für eine Temperaturänderung von 10 K, 20 K, 30 K ab.
d) Lies im zweiten Diagramm die zuzuführende Energie für eine Masse von 120 g, 240 g ab.

3 **a)** Berechne die gesamte Energie, die notwendig ist, um 5 kg Wasser mit der Temperatur 14 °C zum Sieden zu bringen.
b) Diese Energie wird nun der doppelten Wassermenge (14 °C) zugeführt. Berechne die Temperatur, auf die diese Wassermenge erhitzt wird.

4 Wenn an wolkenlosen Sommertagen die Sonne zehn Stunden lang scheint, dann ist insgesamt eine Energie von 18 MJ pro m^2 eingestrahlt worden. Berechne die Temperaturerhöhung im Schwimmbecken (Wassertiefe 2,5 m) und im Planschbecken (Wassertiefe 0,8 m).
Hinweis: Berechne die Temperaturdifferenz für 1 m^2 Wasseroberfläche.

Energiezufuhr – Stoff

Wenn im Sommer die Sonne längere Zeit scheint, dann werden die Steinplatten im Schwimmbad angenehm warm, ein eiserner Gullydeckel aber unangenehm heiß. Sie bekommen beide gleich viel Energie von der Sonne zugestrahlt und haben auch etwa die gleiche Masse. Die unterschiedlichen Temperaturen könnten darauf beruhen, dass beide aus unterschiedlichen Stoffen hergestellt sind.

Zentraler Versuch

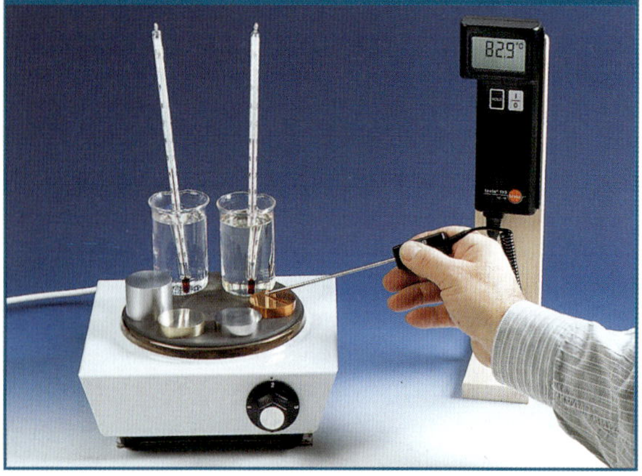

Die vier Metallstücke und zwei Bechergläser im Versuch haben die gleiche Masse und erhalten wegen ihrer jeweils gleich großen Grundfläche die gleiche Energie von der Kochplatte. Trotzdem steigt die Temperatur der Körper in der gleichen Zeit unterschiedlich stark an.
Es hängt also vom Stoff ab, welche Temperaturerhöhung durch die gleiche Energiezufuhr bewirkt wird. Die für eine bestimmte Temperaturerhöhung bei einer bestimmten Masse zuzuführende Energie ist abhängig von einer Stoffkonstanten. Wird als Bezug wieder eine Temperaturänderung von 1 K und eine Masse von 1 kg gewählt, dann ist diese Stoffkonstante die **spezifische Wärmekapazität** c. Es gilt: $\Delta E \sim c$.

Stoff	c
Aluminium	$0{,}90\ \frac{\text{kJ}}{\text{kg} \cdot \text{K}}$
Beton	$0{,}92\ \frac{\text{kJ}}{\text{kg} \cdot \text{K}}$
Eis	$2{,}09\ \frac{\text{kJ}}{\text{kg} \cdot \text{K}}$
Eisen	$0{,}47\ \frac{\text{kJ}}{\text{kg} \cdot \text{K}}$
Glas	$0{,}86\ \frac{\text{kJ}}{\text{kg} \cdot \text{K}}$
Holz	$2{,}39\ \frac{\text{kJ}}{\text{kg} \cdot \text{K}}$
Kupfer	$0{,}39\ \frac{\text{kJ}}{\text{kg} \cdot \text{K}}$
Porzellan	$0{,}73\ \frac{\text{kJ}}{\text{kg} \cdot \text{K}}$
Sand, Stein	$0{,}84\ \frac{\text{kJ}}{\text{kg} \cdot \text{K}}$
Styropor	$1{,}50\ \frac{\text{kJ}}{\text{kg} \cdot \text{K}}$
Zinn	$0{,}23\ \frac{\text{kJ}}{\text{kg} \cdot \text{K}}$
Milch	$3{,}90\ \frac{\text{kJ}}{\text{kg} \cdot \text{K}}$
Petroleum	$2{,}00\ \frac{\text{kJ}}{\text{kg} \cdot \text{K}}$
Quecksilber	$0{,}14\ \frac{\text{kJ}}{\text{kg} \cdot \text{K}}$
Spiritus	$2{,}43\ \frac{\text{kJ}}{\text{kg} \cdot \text{K}}$
Wasser	$4{,}19\ \frac{\text{kJ}}{\text{kg} \cdot \text{K}}$
Luft	$1{,}01\ \frac{\text{kJ}}{\text{kg} \cdot \text{K}}$
Sauerstoff	$0{,}92\ \frac{\text{kJ}}{\text{kg} \cdot \text{K}}$
Wasserdampf	$1{,}95\ \frac{\text{kJ}}{\text{kg} \cdot \text{K}}$
Wasserstoff	$14{,}28\ \frac{\text{kJ}}{\text{kg} \cdot \text{K}}$

Die Tabelle zeigt, dass die Werte für die spezifische Wärmekapazität von Stoff zu Stoff sehr unterschiedlich sind. Diese Werte sagen aus, wie viel Energie einem Körper der Masse 1 kg zugeführt werden muss, um seine Temperatur um 1 K zu erhöhen. Bei Wasser sind das 4,2 kJ, bei Sand bzw. Stein 0,84 kJ und bei Eisen nur 0,47 kJ. Wird Körpern gleicher Masse die gleiche Energiemenge zugeführt, dann ist der Temperaturanstieg des Körpers am größten, dessen spezifische Wärmekapazität am kleinsten ist, denn er benötigt pro Kelvin Temperaturerhöhung die kleinste Energiemenge.

Die spezifische Wärmekapazität von Wasser ist mit $c_W = 4{,}19\ \frac{\text{kJ}}{\text{kg} \cdot \text{K}}$ besonders hoch. Diese Tatsache wird in der Natur und Technik oft genutzt, z. B. bei der Temperaturregelung im menschlichen Körper, zum Schutz vor Frostschäden bei Pflanzen oder bei Wärmetauschern. Ändert das Wasser allerdings seinen Zustand, so verändert sich auch seine spezifische Wärmekapazität:
bei Eis sinkt sie auf $c_{\text{Eis}} = 2{,}09\ \frac{\text{kJ}}{\text{kg} \cdot \text{K}}$,
bei Wasserdampf sogar auf $c_{\text{Wasserdampf}} = 1{,}95\ \frac{\text{kJ}}{\text{kg} \cdot \text{K}}$.

Die für eine bestimmte Temperaturerhöhung zuzuführende Energie hängt vom Stoff des Körpers ab. Die spezifische Wärmekapazität c gibt an, wie viel Energie einem Körper aus einem bestimmten Stoff mit der Masse 1 kg zugeführt werden muss, damit sich seine Temperatur um 1 K erhöht.

Aufgaben

1 Skizziere in einem Zeit-Temperatur-Diagramm die Kurven für die Erwärmung von 5 kg Eisen und 5 kg Zinn bei gleicher Energiezufuhr. Begründe ihren Verlauf.

2 Viele Teile einer Heizungsanlage sind aus Eisen, können also rosten. Nenne Gründe, warum trotzdem kein Öl (z. B. Petroleum) für den Kreislauf genommen wird, sondern Wasser.

3 Beim Löten kann es passieren, dass du eine Lötperle (Zinn) mit $\vartheta \approx 250$ °C auf die Hand bekommst. Das Ergebnis ist eine kleine Brandwunde. Erkläre, warum es viel schmerzhafter ist, die gleiche Menge „kochendes" Wasser ($\vartheta \approx$ 100 °C) auf die Hand zu bekommen.

4 Überlege, ob die spezifischen Wärmekapazitäten für Isolierkannen und Kühlflüssigkeiten hoch oder niedrig sein müssen. Begründe deine Antwort.

Die Energie-Temperatur-Gleichung

Für alle Körper gelten drei Proportionalitäten – sofern keine Zustandsänderungen erfolgen, also die gesamte zugeführte Energie nur zu einer Temperaturerhöhung des Körpers führt:

- Energiezufuhr und Temperatursteigerung sind proportional: $E \sim \Delta T$.
- Um eine bestimmte Temperatursteigerung zu bewirken, muss die zugeführte Energie proportional zur Masse sein: $\Delta E \sim m$.
- Um eine bestimmte Temperaturerhöhung zu bewirken, muss die zugeführte Energie proportional zur spezifischen Wärmekapazität sein: $\Delta E \sim c$.

Alle drei Proportionalitäten können zu einer Proportionalität zusammengefasst werden: $\boldsymbol{\Delta E \sim c \cdot m \cdot \Delta T}$.

Da sich die Einheiten der Größen auf der rechten Seite gegenseitig „wegkürzen" bis auf die Einheit Joule, kann diese Proportionalität als Gleichung ohne zusätzlichen Proportionalitätsfaktor geschrieben werden. Sie sagt, wie viel Energie einem Körper zugeführt werden muss, um seine Temperatur um ΔT zu erhöhen:

$\boldsymbol{\Delta E = c \cdot m \cdot \Delta T}$.

Umgekehrt gilt: Wird von einem Körper Energie aufgenommen, ohne dass sich sein Zustand ändert, dann erfolgt eine Temperaturerhöhung des Körpers um ΔT:

$\boldsymbol{\Delta T = \frac{\Delta E}{c \cdot m}}$.

Eine weitere Umformung liefert eine Gleichung, mit deren Hilfe die Werte der spezifischen Wärmekapazität für verschiedene Stoffe ermittelt werden können:

$\boldsymbol{c = \frac{\Delta E}{m \cdot \Delta T}}$.

Solange keine Zustandsänderungen auftreten, hängen die Änderung der Energie eines Körpers und seine Temperaturänderung folgendermaßen zusammen:
$\boldsymbol{\Delta E = c \cdot m \cdot \Delta T}$.

Rechenbeispiele

1. Die Betonplatten im Schwimmbad sind durch Sonneneinstrahlung von 15 °C auf 25 °C erwärmt worden ($c_{\text{Beton}} = 0{,}92\,\frac{\text{kJ}}{\text{kg} \cdot \text{K}}$). Sie haben eine Masse von ca. 4000 kg. Berechne, wie viel Energie die Platten durch die Absorption der Sonnenstrahlung gespeichert haben.

Geg.: $m = 4000\,\text{kg}$; $c_{\text{Beton}} = 0{,}92\,\frac{\text{kJ}}{\text{kg} \cdot \text{K}}$
$\vartheta_1 = 15\,°\text{C}$; $\vartheta_2 = 25\,°\text{C}$

Ges.: Anstieg der Energie ΔE

Lösung: Bestimmung des Temperaturanstiegs:
$\Delta T = \vartheta_2 - \vartheta_1$
$= 25\,°\text{C} - 15\,°\text{C}$
$= 10\,\text{K}$

Bestimmung der Energieänderung:
$\Delta E = c \cdot m \cdot \Delta T$
$= 0{,}92\,\frac{\text{kJ}}{\text{kg} \cdot \text{K}} \cdot 4000\,\text{kg} \cdot 10\,\text{K}$
$= 36800\,\text{kJ} = 36{,}8\,\text{MJ}$

Die Betonplatten haben eine Energie von 36,8 MJ gespeichert.

2. Ein Wasserkocher mit der Leistung 1500 W wird mit zwei Liter kaltem Wasser gefüllt und eine Minute lang eingeschaltet. Berechne die Temperaturerhöhung.

Geg.: $m = 2\,\text{kg}$; $c = 4{,}2\,\frac{\text{kJ}}{\text{kg} \cdot \text{K}}$; $P = 1500\,\text{W}$
$t = 60\,\text{s}$

Ges.: ΔT

Lösung: Aus $P = \frac{\Delta E}{\Delta t}$ folgt $\Delta E = P \cdot \Delta t$.
Gleichsetzen mit $\Delta E = c \cdot m \cdot \Delta T$
ergibt $P \cdot \Delta t = c \cdot m \cdot \Delta T$. Daraus folgt
$\Delta T = \frac{P \cdot \Delta t}{c \cdot m} = \frac{1500\,\text{W} \cdot 60\,\text{s}}{4{,}2\,\frac{\text{kJ}}{\text{kg} \cdot \text{K}} \cdot 2\,\text{kg}} = 10{,}7\,\text{K}$

Die Temperatur des Wassers erhöht sich um 10,7 K.

Aufgaben

1 Eine Bremsscheibe aus Eisen (Masse 8 kg) eines Pkw wurde beim Bremsen im Gebirge auf 700 °C erhitzt.
Berechne den Energiebetrag, den sie aufgenommen hat.

2 Ein Quader der Masse 150 g wird durch Zufuhr von 2,5 kJ um 43 K erhitzt.
Bestimme das Material.

3 Heißer Tee wird in einen Becher aus Porzellan und in einen aus Stahlblech gegossen. Beide Becher haben die gleiche Masse und vorher die gleiche Temperatur.
Begründe, in welchem Becher der Tee danach kühler sein wird.

4 Bestimme die Temperaturänderung, die die beiden rechten Quader (aus gleichem Material) erfahren.

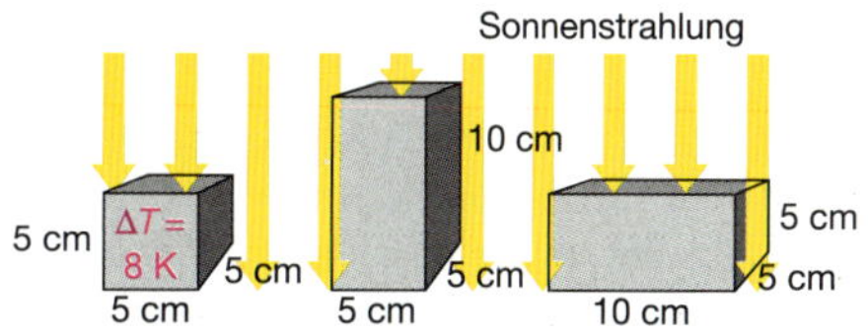

Zustandsänderungen

Wasser ist eine der wichtigsten Lebensgrundlagen. Normalerweise ist es flüssig. Aber es tritt auch in fester Form als Eis oder gasförmig als Wasserdampf auf.
Für die Änderung des Zustands von Wasser muss bekanntlich Energie zugeführt oder entzogen werden. Unklar ist noch, *wie viel* Energie dafür benötigt wird.

Schmelzen und Verdampfen

Jeder Stoff hat seine eigene Schmelz- und Siedetemperatur. Da die Schmelz- und Siedetemperatur von Wasser in Bereichen liegen, die leicht zugänglich sind, ist es einfach, alle drei Zustände zu beobachten. Bei anderen Stoffen ist dies schwieriger. Eisen hat z. B. eine so hohe Siedetemperatur, dass es mit den Verfahren, die in der Schule zur Verfügung stehen, niemals gasförmig gemacht werden kann.

Im Versuch wird Eis geschmolzen. Das aus dem Eis entstehende Wasser wird weiter erhitzt, bis am Ende alles Wasser verdampft ist. Dazu wird eine Kochplatte verwendet, die über den gesamten Zeitraum gleichmäßig Energie an das Eis bzw. das Wasser im Becherglas abgibt.

Zentraler Versuch

Im Diagramm rechts ist der Temperaturverlauf in Abhängigkeit von der Zeit dargestellt. Da die Kochplatte in jeder Sekunde die gleiche Energiemenge abgibt, kann die Zeitachse in eine Energieachse umgewandelt und so die Energiezufuhr für das gesamte Experiment dargestellt werden.

Der jeweils waagerechte Anteil des Graphen zeigt an, dass die Temperatur des Wassers in diesem Zeitraum unverändert bleibt, obwohl konstant Energie zugeführt wird. Die von der Heizplatte gelieferte Energie wird also für die Zustandsänderung des Wassers benötigt. Bei dem Becherglas mit dem Eis dauert es geraume Zeit, bis alles Eis geschmolzen ist und die Temperatur wieder ansteigt. Die gleiche Menge (d. h. Masse) Blei wäre bei gleicher Energiezufuhr viel schneller geschmolzen. Das heißt, dass jeder Stoff einen ganz bestimmten Energiebetrag zum Schmelzen benötigt, die **spezifische Schmelzenergie e_S.** In Tabellen von Formelsammlungen u. ä. stehen die entsprechenden Werte bezogen auf 1 kg des jeweiligen Stoffes. (Manchmal findet sich auch der historisch bedingte Begriff „Schmelzwärme“.)

Mit den Tabellenwerten lässt sich der Energiebetrag berechnen, der einem Körper aus einem bestimmten Stoff zugeführt werden muss, um ihn zu schmelzen: Die spezifische Schmelzenergie muss nur mit der Masse des Körpers multipliziert werden, um diesen Energiebetrag zu erhalten:
$E_S = m \cdot e_S$.

Zum Verdampfen benötigt 1 kg eines Stoffes ebenfalls eine ganz bestimmte Energiemenge, die **spezifische Verdampfungsenergie e_V.**

Für die einem Körper zum Verdampfen zuzuführende Energie gilt analog zum Schmelzen:
$E_V = m \cdot e_V$.

Das Diagramm zeigt, dass die nötigen Energiebeträge für das Schmelzen von Eis bzw. das Verdampfen von Wasser sehr stark voneinander abweichen. Es ist etwa siebenmal so viel Energie zum Verdampfen nötig wie zum Schmelzen.

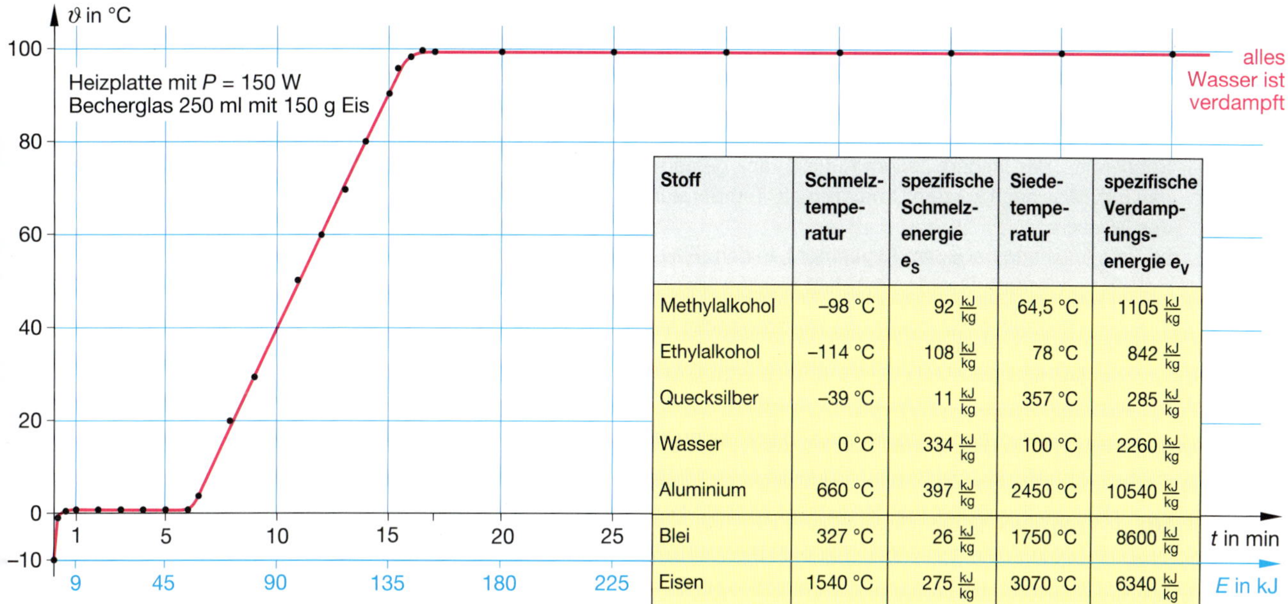

Stoff	Schmelz-temperatur	spezifische Schmelz-energie e_S	Siede-temperatur	spezifische Verdampfungs-energie e_V
Methylalkohol	–98 °C	92 $\frac{kJ}{kg}$	64,5 °C	1105 $\frac{kJ}{kg}$
Ethylalkohol	–114 °C	108 $\frac{kJ}{kg}$	78 °C	842 $\frac{kJ}{kg}$
Quecksilber	–39 °C	11 $\frac{kJ}{kg}$	357 °C	285 $\frac{kJ}{kg}$
Wasser	0 °C	334 $\frac{kJ}{kg}$	100 °C	2260 $\frac{kJ}{kg}$
Aluminium	660 °C	397 $\frac{kJ}{kg}$	2450 °C	10540 $\frac{kJ}{kg}$
Blei	327 °C	26 $\frac{kJ}{kg}$	1750 °C	8600 $\frac{kJ}{kg}$
Eisen	1540 °C	275 $\frac{kJ}{kg}$	3070 °C	6340 $\frac{kJ}{kg}$
Gold	1063 °C	65 $\frac{kJ}{kg}$	2700 °C	1580 $\frac{kJ}{kg}$
Kupfer	1083 °C	205 $\frac{kJ}{kg}$	2590 °C	4790 $\frac{kJ}{kg}$
Silber	960 °C	104 $\frac{kJ}{kg}$	2200 °C	2360 $\frac{kJ}{kg}$
Zinn	232 °C	59 $\frac{kJ}{kg}$	2650 °C	2390 $\frac{kJ}{kg}$
Sauerstoff	–219 °C	14 $\frac{kJ}{kg}$	–183 °C	214 $\frac{kJ}{kg}$
Stickstoff	–210 °C	26 $\frac{kJ}{kg}$	–196 °C	198 $\frac{kJ}{kg}$

Kondensieren und Erstarren

Im Versuch wurde dem Eis bzw. dem Wasser so viel Energie zugeführt, dass es schließlich verdampft. Kommt der Wasserdampf an die kalte Glasplatte, so gibt er Energie an diese ab. Dadurch sinkt seine Temperatur und er kondensiert zu Wasser, das als Wassertröpfchen an der Glasplatte sichtbar wird. Dieser Vorgang findet bei der **Kondensationstemperatur** statt. Für Wasser beträgt sie 100 °C. Die Kondensationstemperatur stimmt bei allen Stoffen mit der Siedetemperatur überein. Deshalb gibt es in Tabellen nur Angaben zur Siedetemperatur.
Kühlt das Wasser auf 0 °C ab und wird ihm weiter Energie entzogen, so erstarrt es zu Eis. Auch Schmelz- und Erstarrungstemperatur sind gleich.

Da Energie nicht vernichtet oder erschaffen werden kann, muss ein Körper beim Erstarren bzw. Kondensieren genau die gleiche Energiemenge E_E bzw. E_K abgeben, die er beim Schmelzen bzw. Verdampfen aufgenommen hat. Deshalb gilt:
$\boldsymbol{E_S = E_E}$ bzw. $\boldsymbol{E_K = E_V}$

Die spezifische Schmelzenergie e_S bzw. die Verdampfungsenergie e_V eines Stoffes gibt an, wie viel Energie einem Körper der Masse 1 kg aus diesem Stoff zugeführt werden muss, damit er vollständig schmilzt bzw. verdampft.
Beim Kondensieren bzw. Erstarren gibt der Körper die gleiche Energiemenge wieder ab, die er zum Verdampfen bzw. zum Schmelzen aufnehmen musste.

Aufgaben

1 Berechne die Energiemenge, die zum Schmelzen bzw. zum Verdampfen von 250 g Eis bzw. Wasser notwendig ist. Vergleiche sie miteinander.

2 **a)** Erkläre, warum es im Frühjahr zum Teil sehr lange dauert, bis das Eis auf einem großen See vollständig geschmolzen ist.
b) Erläutere, warum es am Wasser dabei wesentlich kühler ist als weiter entfernt am trockenen Ufer.

3 Erstelle eine Übersicht über die Wirkungen, die das Zuführen bzw. das Abführen von Energie für einen Stoff haben kann.

4 Erläutere, warum eine Brille beschlägt, wenn
a) sie über einen Topf mit heißem Wasser gehalten wird;
b) sie aus der Kälte in ein warmes Zimmer kommt.

5 Auf einer Herdplatte steht ein Topf mit 850 ml Wasser der Temperatur 20 °C. Die Herdplatte gibt an das Wasser in jeder Sekunde 1000 J ab.
Berechne, wie lange es dauert, bis das Wasser vollständig verdampft ist.
Hinweis: Die Energieabgabe an die Umgebung und an den Topf wird nicht berücksichtigt.

Versuche und Aufträge — Temperaturänderungen

V1 a) Gieße Wasser der Temperatur 40 °C in ein Becherglas, das längere Zeit im Kühlschrank gestanden hat. Miss nach kurzem Umrühren die Temperatur des Wassers.
b) Eine Anleitung bei einem Experiment, in dem Flüssigkeiten in andere Gefäße umgefüllt werden sollen, sagt aus, dass die Temperaturunterschiede zwischen Gefäßen und Flüssigkeiten vernachlässigt werden können. Beurteile mit deinem Ergebnis aus Aufgabenteil a) diese Aussage.
c) Führe Versuch a) nochmals durch und bestimme die Energie, die das Becherglas aufnimmt.

V2 a) Fülle eine kleine Dose (z. B. Filmdose) mit Wasser und eine mit Sand. Stelle beide Dosen in ein heißes Wasserbad und warte einige Zeit. Gieße in dieser Zeit in zwei Bechergläser jeweils die gleiche Menge kaltes Wasser und miss die Temperatur. (Sie sollte bei beiden Bechergläsern gleich sein.) Danach stelle beide Dosen in die Bechergläser und miss erneut die Temperatur.
b) Erkläre dein Ergebnis.
c) Bestimme die Energiemenge, die dem Wasser im Becherglas jeweils zugeführt worden ist.

V3 Damit eine Kerze brennt, muss ihr zunächst Energie zugeführt werden, um die Reaktion zwischen dem Sauerstoff und dem gasförmigen Wachs in Gang zu setzen. Dies geschieht in Form einer Flamme von einem Streichholz oder Feuerzeug. Bei unvorsichtigem Auspusten der Kerzenflamme entstehen aber oft unerwünschte Wachsflecken. Dagegen gibt es einen Trick:
Wickle ein unisoliertes Kupferdrahtstück (Durchmesser 1,5 mm; Länge ca. 10–20 cm) um einen Stab mit dem Durchmesser 4–6 mm (z. B. einen Stift), sodass eine ca. 3 cm lange Spule entsteht. Ihre Windungen müssen relativ eng beieinander liegen.
Stülpe nun diese Spule über die Kerzenflame, ohne den Docht zu berühren.

a) Beschreibe deine Beobachtungen, wenn du die Spule unterschiedlich weit über die Flamme stülpst.
b) Erkläre deine Beobachtungen.

V4 Dir stehen warmes Wasser, ein Thermometer, mehrere 10 Cent-Münzen und eine Waage zur Verfügung.
a) Überlege dir einen Versuch, mit dem du die spezifische Wärmekapazität und damit das Material der Münzen bestimmen kannst.
b) Führe deinen Versuch durch.

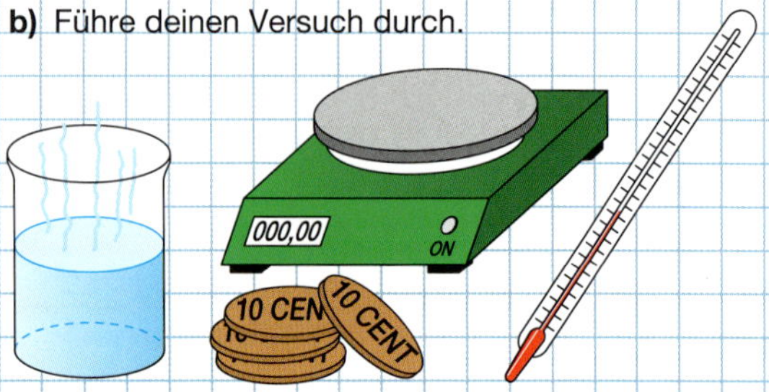

V5 Bei diesem Versuch musst du relativ schnell und genau arbeiten. Rühre beim Erwärmen und Mischen des Wassers kontinuierlich um.
a) 400 g 60 °C warmes Wasser und 200 g 18 °C warmes Wasser sollen gemischt werden. Vermute vor der Versuchsdurchführung eine Mischtemperatur ϑ_M. Überprüfe dann deinen vermuteten Wert anhand einer Rechnung.
b) Führe nun den Versuch durch, indem du die 60 °C warme Wassermenge in die 18 °C warme Menge gießt und die Mischtemperatur misst.
c) Baue nun den Versuch erneut auf. Gieße diesmal das kältere Wasser in das wärmere und miss ϑ_M. Vergleiche das Versuchsergebnis mit dem aus Aufgabenteil b) und erkläre deine Beobachtung.

V6 Verschließe eine 1 m lange Papprröhre mit einem Korken und fülle dann etwas Bleischrot hinein, dessen Masse du vorher bestimmt hast. Durchbohre nun einen weiteren Korken so, dass ein Thermometer gerade hindurch passt und verschließe mit diesem Korken das andere Ende des Rohres. Halte das Rohr anfangs so, dass der Bleischrot auf der Seite des Thermometers liegt und bestimme die Temperatur.
a) Drehe die Röhre 50-mal um und bestimme erneut die Temperatur.
b) Verändere die Menge des Bleischrotes und führe den Versuch erneut durch.
c) Bestimme für die Aufgabenteile a) und b) die Menge der zugeführten Energie und die Änderung der dann gespeicherten Energie.

Zustandsänderungen

V7 Fülle in eine Wanne so viel kaltes Wasser, dass das Wasserbad mindestens 3 cm tief ist. Danach füllst du eine leere Getränkedose ebenfalls mit Wasser, so dass ihr Boden gerade bedeckt ist. Diese Dose hältst du dann mit einer Zange vorsichtig über einen Bunsenbrenner, bis das Wasser siedet. Danach muss es schnell gehen: Tauche die Dose mit siedendem Wasser kopfüber in das Wasserbad. Achte darauf, dass niemand mit dem heißen Wasser aus der Dose in Berührung kommt! Erkläre deine Beobachtung.

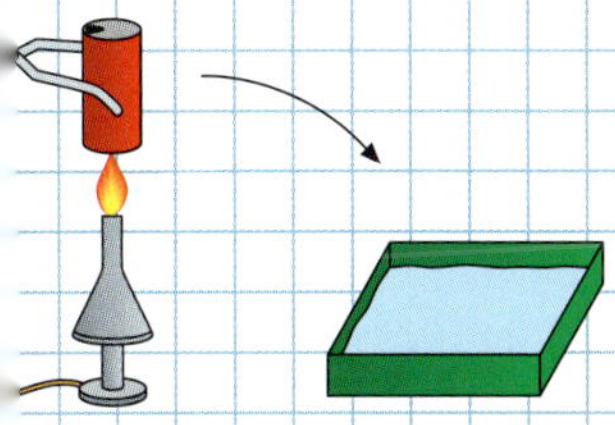

V8 a) Drücke einen nassen Lappen kräftig aus und lege ihn in einer Plastiktüte in ein Gefrierfach. Untersuche den Lappen nach einer halben und nach einer Stunde.

b) Führe das Experiment noch einmal mit einem tropfnassen Lappen durch.

c) Vergleiche und erkläre die Ergebnisse.

d) Finde heraus, wo dieses Phänomen in der Natur oder Technik eine Rolle spielt, bzw. wo es genutzt wird.

V9 Auf einen Objektträger gibst du einen großen Tropfen Wasser und deckst diesen dann mit einem zweiten Objektträger zu. Dann träufelst du ein wenig Ether auf den oberen Objektträger. Damit der Ether besser verdunstet, kannst du ein bisschen pusten. Erkläre deine Beobachtung.

V10 Fieber kann auch ohne Medikamente gesenkt werden z. B. mit einem feuchten Tuch als Wadenwickel.

a) Teste die Wirkungsweise, indem du einen solchen Wickel um die Wade (oder den Unterarm) legst und dabei zur Temperaturkontrolle direkt über der Haut ein Thermometer mit einwickelst.

b) Erkläre die Funktionsweise des Wadenwickels.

V11 Mit diesem Versuch kannst du die Schmelzenergie E_S eines Eiswürfels bzw. die spezifische Schmelzenergie e_S von gefrorenem Wasser bestimmen. Dazu benötigst du einen Eiswürfel, der an der Oberfläche bereits etwas angeschmolzen ist. So stellst du sicher, dass es sich um Eis der Temperatur 0 °C handelt. Des Weiteren brauchst du ein Becherglas mit Wasser, dessen Masse m_W und Temperatur ϑ_W du bestimmt hast. Miss die Masse m_{ges} des Eiswürfels und einem saugfähigen Material (Filter-, Lösch- oder Küchenpapier) als Unterlage. Trockne danach den Eiswürfel mit dem Papier ab und gib ihn in das Becherglas mit Wasser. Die Masse des feuchten Papiers m_P musst du ebenfalls messen, damit du die Masse des Eiswürfel über $m_E = m_{ges} - m_P$ bestimmen kannst.

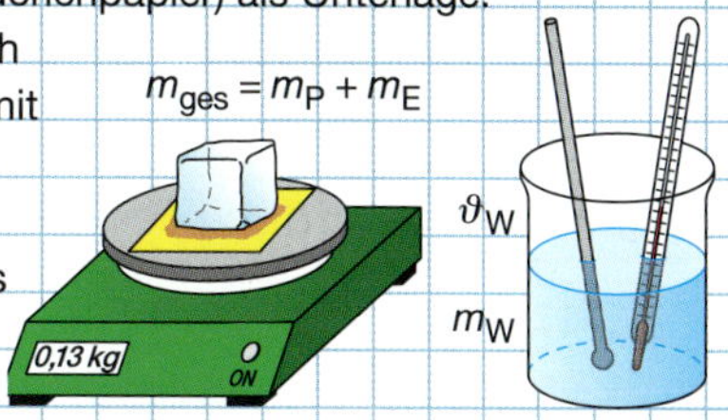

Das Wasser im Becherglas wird so lange umgerührt, bis das Eis vollständig geschmolzen ist. Miss dann die Mischtemperatur ϑ_M.

a) Bestimme aus deinen Messdaten die Schmelzenergie E_s deines Eiswürfels.

b) Berechne die spezifische Schmelzenergie e_s von Eis und vergleiche deinen Wert mit dem aus der Literatur. Erkläre mögliche Abweichungen.

c) Erkläre, warum dein Ergebnis ungenau wird, wenn der Eiswürfel vorher nicht antaut bzw. nicht abgetrocknet wird.

A12 Für einen guten Cappuccino oder Café Latte wird heißer Milchschaum benötigt.

a) Erkundige dich, wie dieser Milchschaum hergestellt wird. Es gibt unterschiedliche Methoden. Erkläre den Vorgang energetisch.

b) Den richtigen Milchschaum herzustellen ist schwierig. Für den idealen Schaum liegt die Temperatur der Milch zwischen 67 °C bis 77 °C. Versuche mit Schulmaterialien einen Versuch aufzubauen, mit dem du Milchschaum herstellen kannst, ohne dass die Milch vorher erwärmt werden muss. (Vorsicht beim Experimentieren mit heißen Flüssigkeiten und Wasserdampf.)

A13 Wer in der kalten Jahreszeit draußen Sport treiben will, benötigt spezielle Kleidung, damit die vom Körper abgegebene Energie sich nicht unter der Kleidung staut. Die Kleidung muss „atmungsaktiv" sein. Erkundige dich und stelle dar, was „atmungsaktiv" physikalisch bedeutet.

Entropie

Sollen Würstchen erhitzt werden, werden sie in einen Topf mit Wasser gelegt, das auf der Herdplatte erwärmt wurde. Dann strömt die Energie vom warmen Wasser in die kalten Würstchen. Ist das Wasser dagegen kalt, strömt keine Energie. Ist also die Temperatur der Antrieb für einen Energiestrom? Energie hat immer einen Träger. Was ist in diesem Fall der Träger der Energie?

Energieabgabe und die Richtung des Energiestroms

Um ein heiß gewordenes Werkstück weiter bearbeiten zu können, muss es abgekühlt werden. Dazu wird es z. B. in ein Gefäß mit kaltem Wasser gegeben. Nach einiger Zeit hat sich nicht nur das Werkstück abgekühlt, sondern auch die Wassertemperatur ist gestiegen. Diese Temperaturänderungen zeigen, dass sich die Energien der beiden Körper geändert haben.

- Die Wassertemperatur ist gestiegen. Das Wasser hat also Energie aufgenommen und dadurch mehr Energie als zuvor.
- Diese zugeführte Energie kann nur aus dem Werkstück stammen. Offensichtlich hat es Energie abgegeben, wodurch seine Temperatur gesunken ist.

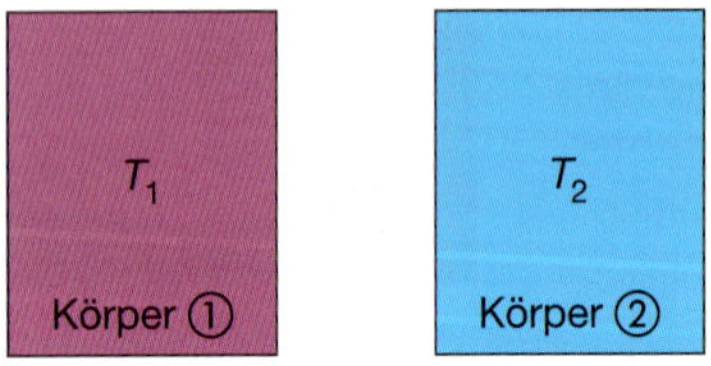

$T_1 > T_2$

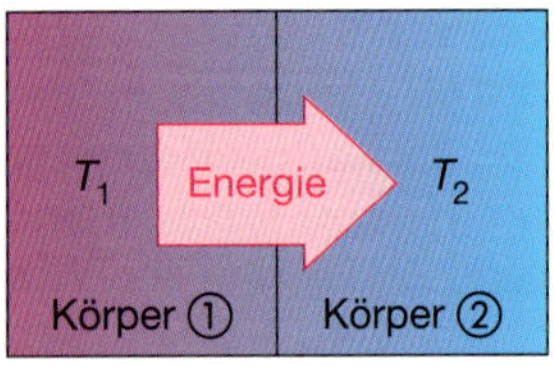

T_1 sinkt, T_2 steigt

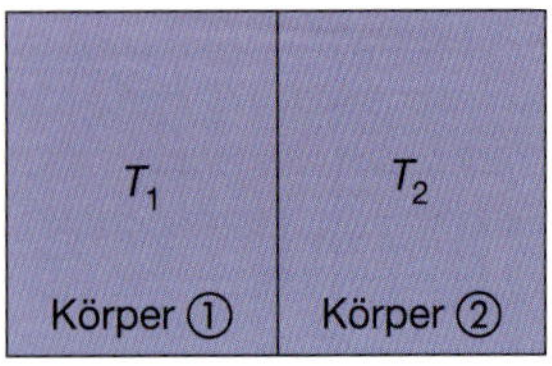

$T_1 = T_2$

Zentraler Versuch

Dieser **Energieübergang vom wärmeren zum kälteren Körper** erfolgt von selbst – ohne unser Zutun. Selbstständige Energieströme von warm nach kalt finden in unserer Umgebung dauernd statt:

- Heizkörper geben Energie an die Raumluft ab und würden dabei selbst abkühlen, wenn nicht laufend heißes Wasser nachströmen würde; die Temperatur der Raumluft steigt durch die Energiezufuhr.
- Eine heiße Suppe wird von selbst kälter, weil sie Energie an die Zimmerluft abgibt, deren Temperatur dadurch (zumindest in der Umgebung des Tellers) geringfügig steigt. Ein kaltes Glas Saft nimmt dagegen Energie aus der Raumluft auf und wird wärmer.
- Ein kaltes Getränk mit Eiswürfeln bleibt so lange kalt, bis aus der Raumluft so viel Energie aufgenommen wurde, dass alles Eis geschmolzen ist; dann nimmt seine Temperatur durch Energieaufnahme zu.
- Das Wasser eines Weihers gibt an kalten Wintertagen Energie an die Luft ab, wodurch die Wassertemperatur sinkt bzw. das Wasser gefriert, wenn das Oberflächenwasser auf 0 °C abgekühlt ist.

Bei allen Vorgängen, bei denen ein Körper Energie abgibt (Abkühlung) und der andere Körper Energie aufnimmt (Erwärmung), endet der Energiefluss, wenn beide Körper die gleiche Temperatur erreicht haben. Dann sind sie im **thermischen Gleichgewicht.**

Der umgekehrte Vorgang, dass Energie von selbst vom kälteren zum wärmeren Körper strömt, kommt in der Natur nicht vor. Ein Energietransport gegen die natürliche Strömungsrichtung der Energie muss künstlich erzeugt werden, z. B. in einem Kühlschrank: Die Temperatur der Luft im Kühlschrank sinkt, die Temperatur der Raumluft (zunächst an der Rückseite des Kühlschranks) steigt. Damit das funktioniert, muss zusätzlich Energie (für Motor und Kompressor) aufgewendet werden.

Energie strömt von selbst nur von Stellen höherer zu Stellen niedrigerer Temperatur.
Die Temperaturdifferenz ΔT ist dabei der Antrieb für die strömende Energie; je größer die Temperaturdifferenz, desto größer die Energiestromstärke.

Energie strömt nie allein

Ein Energiestrom kommt nur zustande, wenn es auch einen Träger gibt: Bei der Bewegung von Körpern ist der Impulsstrom der Träger der Energie, beim elektrischen Stromkreis ist der Ladungsstrom der Träger. Mit welchem Träger aber strömt die Energie von einem heißeren zu einem kälteren Körper? In der Physik ist dieser Energieträger die **Entropie.** Analogien zum Impuls und zur fließenden Ladung ermöglichen Aussagen über die Größe Entropie.

Bekannt: Bei Bewegungen ist der Impuls der Träger der Energie.
Beim Stoß geht Energie von Kugel ① auf Kugel ② über. Die physikalische Größe, mit der die Energie strömt, ist der *Impuls p*.
Für die *Impulsstromstärke* gilt:

$$I_p = \frac{\Delta p}{\Delta t}.$$

Der Antrieb für den Impulsstrom ist die *Geschwindigkeitsdifferenz* Δv zwischen der rollenden Kugel ① und der ruhenden Kugel ②.
Es kommt kein Impulsstrom und in der Folge auch kein Energiestrom von ① nach ② zustande, wenn die Geschwindigkeitsdifferenz null ist, wenn also beide Kugeln gleiche Geschwindigkeiten haben.

Werden zwei baugleiche Wagen, die nebeneinander mit gleicher Geschwindigkeit fahren, aneinandergekoppelt, so verdoppelt sich aufgrund der Verdopplung der Masse auch der Gesamtimpuls. Werden sie wieder voneinander gelöst, behält jeder Wagen die Hälfte des Gesamtimpulses.

Versuche zeigten, dass der Impuls p eines Wagens zunimmt, wenn seine Geschwindigkeit v steigt.

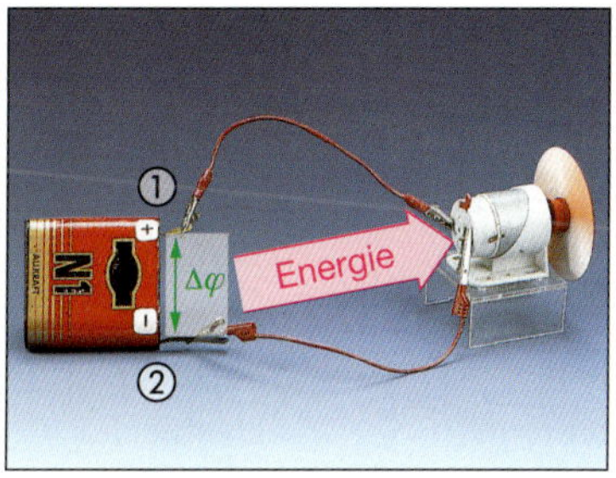

Bekannt: Im Stromkreis ist die Ladung der Träger der Energie.
Im Stromkreis geht Energie von der Quelle auf den Motor über. Die physikalische Größe, mit der die Energie strömt, ist die *Ladung Q*.
Für die *Ladungsstromstärke* gilt:

$$I_Q = \frac{\Delta Q}{\Delta t}.$$

Der Antrieb für den Ladungsstrom ist die *Potenzialdifferenz* $\Delta\varphi$ zwischen dem Pluspol ① und dem Minuspol ②.
Es kommt kein Ladungsstrom und in der Folge auch kein Energiestrom von ① nach ② zustande, wenn die Potenzialdifferenz null ist, wenn also beide Pole gleiches Potenzial haben.

Werden zwei verbundene, gleichartige Metallkugeln an einer Quelle aufgeladen, so haben beide zusammen eine bestimmte Gesamtladung. Werden die Kugeln getrennt, so behält jede Kugel die Hälfte der Gesamtladung; jede hat das gleiche Potenzial wie vorher.

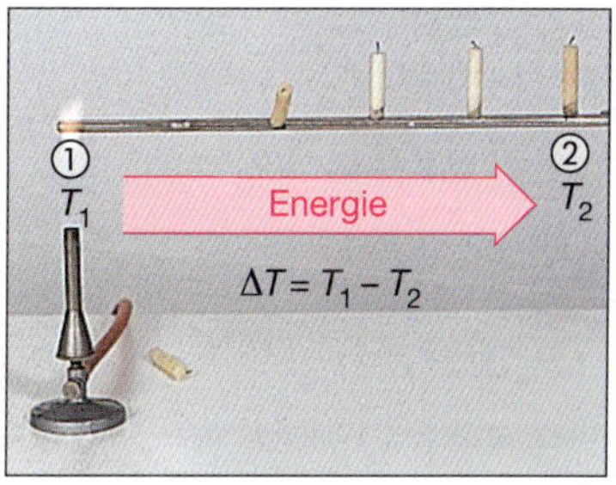

Analogie: Bei Wärmeströmen ist die Entropie der Träger der Energie.
In der Stange geht Energie vom linken auf das rechte Ende über. Die physikalische Größe, mit der die Energie strömt, ist die *Entropie S*.
Für die *Entropiestromstärke* gilt:

$$I_S = \frac{\Delta S}{\Delta t}.$$

Der Antrieb für den Entropiestrom ist die *Temperaturdifferenz* ΔT zwischen dem linken ① und dem rechten Stangenende ②.
Es kommt kein Entropiestrom und in der Folge auch kein Energiestrom von ① nach ② zustande, wenn die Temperaturdifferenz null ist, wenn also beide Enden gleiche Temperatur haben.

Werden zwei Tassen Kaffee, die die gleiche Temperatur haben, in eine größere Kanne geschüttet, so verdoppelt sich aufgrund der Verdopplung der Masse die im Kaffee enthaltene Entropie. Wird der Kaffee wieder in zwei Tassen zurückgegossen, enthält jede Tasse die Hälfte der zuvor vorhandenen Entropie.

Steigt die Temperatur T eines Körpers, so nimmt auch die in ihm enthaltene Entropie S zu.

Jede strömende Größe wird durch ihren Antrieb und ihre Stromstärke charakterisiert: Stromstärke = $\frac{\text{strömende Größe}}{\text{Zeit}}$.
Energieströme brauchen immer einen Träger. Bei Wärmeströmungen ist die Entropie der Träger.

Eigenschaften der Entropie

Nach dem per Analogieschluss entwickelten Konzept von Entropie ist sie auch ein Träger von Energie. Vorstellungsmäßig kommt sie dem am nächsten, was umgangssprachlich als **Wärme** bezeichnet wird.

In der Natur können viele Prozesse beobachtet werden, bei denen Entropie erzeug wird: In der Nähe von Feuer wird es heiß, die Sonne erwärmt Straßen und Felder und aneinander geriebene Hände werden warm.

Anders als Energie, die nicht erzeugt werden kann, kann Entropie bei unterschiedlichen Prozessen entstehen:

- durch Verbrennen brennbarer Stoffe;
- durch einen stromdurchflossenen Draht, der sich erwärmt;
- durch Reibung zweier Körper aneinander;
- durch Licht, das auf einen Körper fällt.

Zentraler Versuch

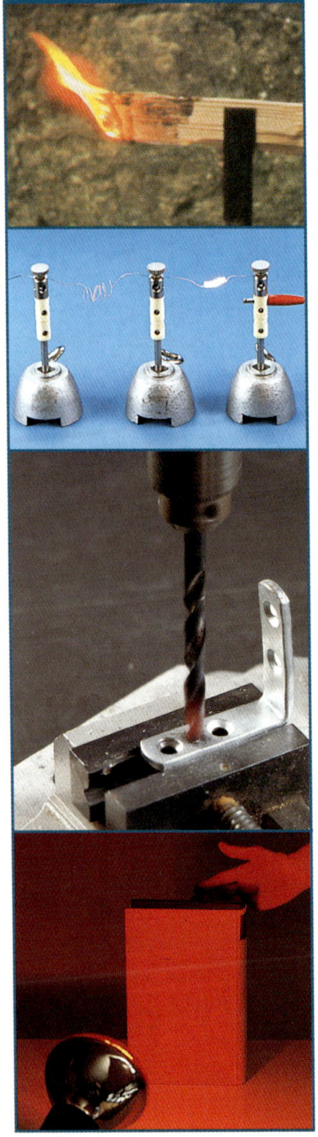

In allen Fällen wird Energie von einem anderen Träger auf den Träger Entropie umgeladen:

- *Verbrennung:* von chemischen Trägern auf die Entropie;
- *Glühender Draht:* vom Träger fließende Ladung auf die Entropie;
- *Reibung:* vom Träger Impuls auf die Entropie;
- *Absorption:* vom Träger Licht auf die Entropie.

Die bei den Vorgängen erzeugte Entropie lässt sich nicht mehr zurückholen oder vernichten. Entropie kehrt beispielsweise niemals zurück in ein verbranntes Holzscheit, aus dem dann wieder normales Holz wird. Einmal erzeugt bleibt Entropie in der Welt, ohne dass sie wieder eingefangen werden könnte.

Dies lässt sich gut am Beispiel eines hüpfenden Balles verstehen: Der Ball fällt aus der Höhe h_1 herab und erreicht nach dem Bodenkontakt nur die niedrigere Höhe h_2. Von der Energie, die der Ball zuvor aufgrund seiner Höhe als Lageenergie gespeichert hatte, scheint etwas verschwunden zu sein.

Genauer betrachtet hat der Ball durch Luftreibung und Verformung am Boden einen Teil seiner Energie auf den Träger Entropie umgeladen, was sich in einer Erwärmung von Ball und Boden zeigt, die allerdings nur schwer messbar ist.

Zentraler Versuc

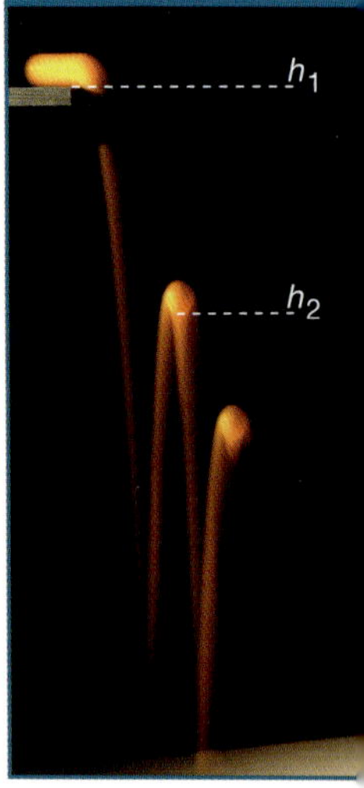

Der Vorgang ist nicht umkehrbar, weil die Entropie, die beim Aufprall erzeugt wurde, mit einem Teil der Energie in die Umgebung geströmt ist. Beide können von dort nicht zurück geholt werden.

Entropie
- ist ein Träger von Energie;
- strömt aufgrund eines Temperaturunterschieds;
- kann erzeugt werden;
- kann nicht vernichtet werden;
- ist abhängig von der Masse und Temperatur eines Körpers.

Aufgaben

1 Gib wenigstens drei verschiedene Energieumlader an, bei denen Energie auf den Träger Entropie geladen wird.

2 Im Winter entsteht in einem geheizten Raum beim Öffnen eines Fensters der Eindruck, es fließe Kälte ins Zimmer herein. Bewerte diesen Eindruck unter Verwendung der Fachsprache.

3 Gib verschiedene Methoden an, mit denen sich Tiere schützen vor
a) zu großer Entropiezufuhr;
b) zu großer Entropieabgabe.

4 Ordne die folgenden Wassermengen nach der enthaltenen Entropie und begründe kurz:
a) 1 ℓ Wasser, 20 °C
b) 0,5 ℓ Wasser, 20 °C
c) 1 ℓ Wasser, 30 °C

Das Peltierelement

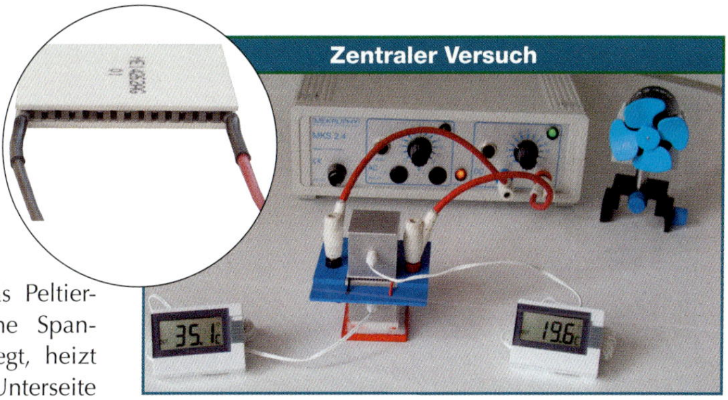

Das Lupenbild zeigt ein **Peltierelement,** das aus vielen einzelnen Thermoelementen besteht.

- Wird an das Peltierelement eine Spannung angelegt, heizt sich die Unterseite und damit der untere Würfel auf, während sich der obere abkühlt **(Peltiereffekt).**
- Bei vertauschter Polung wird der obere Würfel heiß und der untere kalt.

Peltierelemente können also Entropie von „kalt“ nach „warm“ pumpen und laden dabei Energie von fließender Ladung auf Entropie um. Sie können so als Kühlelemente in Computern oder Kühltaschen dienen.

Wird das Peltierelement zwischen einen Körper höherer und einen Körper niedrigerer Temperatur gebracht, fließt ein Entropiestrom durch das Element. Dies führt zum Entstehen einer Spannung, die z. B. einen Elektromotor antreiben kann. Wird das Peltierelement umgedreht, ändert der Motor seine Drehrichtung.

Peltierelemente können somit auch Energie vom Träger Entropie auf den Träger fließende Ladung umladen. Die Spannung am Peltierelement ist dabei ein Maß für die Stärke des Entropiestroms.

Ein Peltierelement ist ein Umlader von Energie zwischen den Trägern fließende Ladung und Entropie.

Unser Sinn für warm und kalt — Streifzug

- Du kommst von der winterkalten Straße in den Hausflur – und freust dich, wie warm es ist. Kommst du aber aus dem warmen Wohnzimmer in den gleichen Hausflur, empfindest du ihn als kalt.
- Ein Stück Styropor fühlt sich viel wärmer an als ein Stück Aluminium, das im gleichen Raum liegt.

Mit unserer Haut messen wir offenbar keine Temperaturen, denn dann müssten wir die (gleiche) Temperatur im Hausflur als gleich empfinden – unabhängig, von wo wir kommen. Und die gleiche Temperatur der beiden Würfel müssten wir als gleich registrieren. Was aber fühlen wir dann, wenn nicht die Temperatur?

Ein Peltierelement hilft weiter. Mit ihm wird die Entropiestromstärke von der Hand in den Styropor- bzw. in den Aluklotz hinein gemessen: Der Entropiestrom in den Aluklotz hinein ist größer als der in den Styroporklotz, da Styropor Entropie schlecht ableitet und an der Kontaktfläche sofort warm wird.
Unsere Haut spürt somit, ob viel („kälter“) oder wenig Entropie („wärmer“) vom Körper abfließt oder umgekehrt in sehr heißen Räumen sogar vom Körper aufgenommen wird.

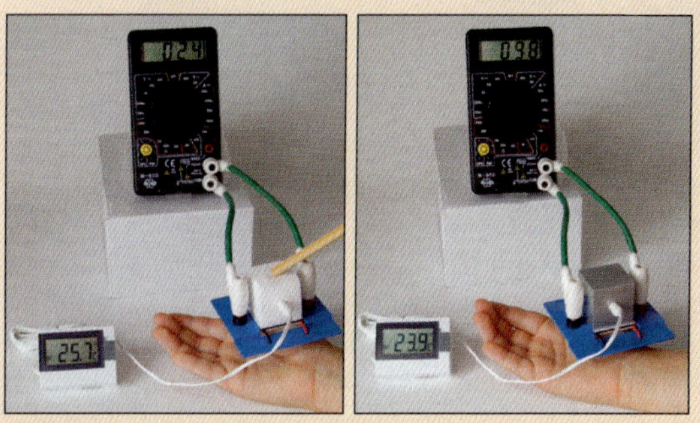

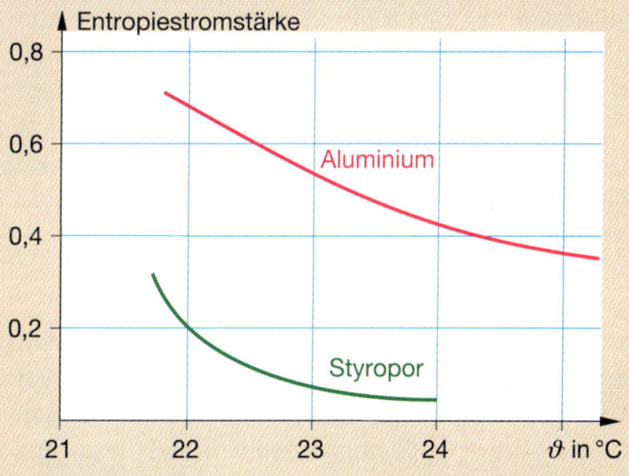

Energie- und Entropieströme

Die Entropie ist bei thermischen Prozessen ein Träger von Energie. Genau wie in anderen Teilbereichen der Physik kann der Träger aber unterschiedlich stark mit Energie beladen sein.
Wie kann man sich das vorstellen? Wie können ungewünschte Entropieströme verringert werden? Gibt es verschiedene Arten der Wärmedämmung?

Entropie
Das Formelzeichen ist *S*.
Die Einheit ist $1\,\frac{J}{K}$.

Entropiestrom
Das Formelzeichen ist I_S.
Die Einheit ist $1\,\frac{J}{K \cdot s}$.

Eine Einheit für die Entropie und den Entropiestrom

Fast immer, wenn sich umgangssprachlich „Wärme" bewegt, ist ein Entropiestrom vorhanden. Klar ist, dass in jedem Fall der Energiestrom von einem Entropiestrom begleitet sein muss, da die Entropie der Träger der Energie ist.
Wird die Spannung und damit die Energiestromstärke im zentralen Versuch (oben) hochgeregelt, erhöht sich auch der Entropiestrom, der vom Heizdraht ausgeht: Wird der Energiestrom verdoppelt, verdoppelt sich auch der Entropiestrom usw. Somit gilt

$\boldsymbol{P \sim I_S}$.

Zentraler Versuch

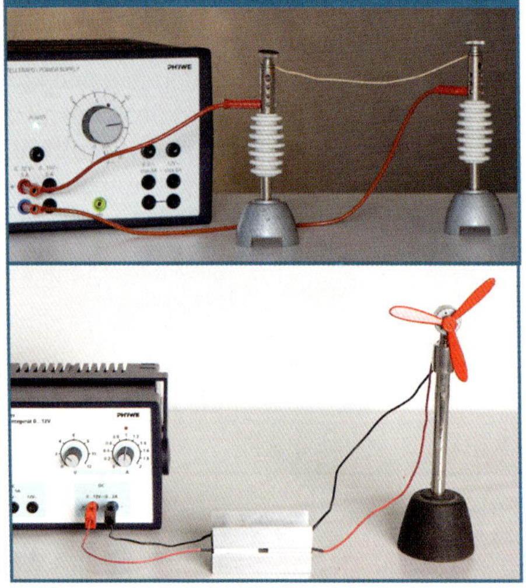

Um den für eine vollständige Formel notwendigen Proportionalitätsfaktor zu finden, muss der zweite Versuchsteil betrachtet werden. In ihm sind zwei Peltierelemente zwischen zwei wärmeleitende Metallplatten montiert. Das Netzgerät liefert einen Ladungsstrom. Dessen Energie wird im ersten Peltierelement auf die Entropie umgeladen. Dadurch ist die Temperatur nach dem linken Peltierelement (oben) höher als vor dem Element (unten). Die Entropie fließt mit der Energie zum rechten Peltierelement und lädt sie dort wieder ab, wodurch sich das Windrad dreht. Dadurch ist die Temperatur nach dem Peltierelement (unten) niedriger als vor dem Element (oben). Die Temperatur ist also ein Beladungsmaß der Entropie mit Energie. Damit ist der Proportionalitätsfaktor gefunden und es gilt:

$\boldsymbol{P = T \cdot I_S}$.

Mithilfe dieser Formel ist es möglich, quantitative Aussagen über die Entropie zu machen. Um in der Praxis mit ihr rechnen zu können, müssen die Temperaturen immer als *absolute Temperaturen T* in Kelvin angegeben werden.

Die Einheit der Energiestromstärke ist 1 Watt, d.h. $1\,\frac{J}{s}$. Aus der Formel $P = T \cdot I_S$ folgt, dass $1\,\frac{J}{K \cdot s}$ die Einheit des Entropiestroms I_S sein muss. Da $I_S = \frac{S}{t}$ ist, gilt außerdem, dass $1\,\frac{J}{K}$ die Einheit der Entropie *S* ist. Eigene Einheitennamen sind weder für die Entropie noch für den Entropiestrom gebräuchlich.

Für den Zusammenhang zwischen Energie- und Entropiestrom gilt: $P = T \cdot I_S$, wobei die Temperatur *T* das Beladungsmaß des Entropiestroms mit Energie ist.

Aufgaben

1 Gib wenigstens drei Beispiele an, bei denen Entropieströme mit verschiedenen Energiemengen beladen sind.

2 Ein Haus wird von einer Gasheizung auf konstant 21 °C erwärmt. Durch die Wände verliert das Haus einen Entropiestrom von $40\,\frac{J}{K \cdot s}$. Berechne den Energiestrom, den die Heizung zur Verfügung stellen muss.

3 Die Temperatur an der Unterseite eines 1200 W-Bügeleisens beträgt etwa 300 °C. Berechne den aus dem Bügeleisen kommenden Entropiestrom.

4 Im Computer arbeiten die Kühler der Prozessoren mit etwa *P* = 20 W. Berechne, wie viel Entropie pro Sekunde bei der maximalen Temperatur von etwa 50 °C aus dem Lüfter kommt.

5 Eine Herdplatte (1500 W) gibt über einen Zeitraum von 5 Minuten gleichmäßig Entropie an einen Kochtopf ab. Sie hat dabei eine Temperatur von ca. 200 °C. Berechne die in diesem Zeitraum geflossene Entropie.

Entropiewiderstand

Charakteristisch für physikalische Ströme ist, dass sie immer einen Antrieb haben müssen. Beim Entropiestrom ist dies der Temperaturunterschied. Außerdem hängt die Stärke jedes Stroms immer von einem Leitungswiderstand ab. Der Skifahrerstrom auf der Piste (Skifahrer pro Zeit) „fließt" besser, wenn die Piste breit ist, als wenn es zu Stockungen an einer engen Durchfahrt kommt.
Diese Gedanken können analog auf den Entropiestrom übertragen werden. Auch er wird von dem Widerstand geeigneter Entropieleiter, oft auch Wärmeleiter genannt, beeinflusst.

Im zentralen Versuch können verschiedene Abhängigkeiten untersucht werden, indem Wasser in einem Becherglas erhitzt wird, von wo die Entropie über einen Metallbügel in ein Becherglas mit kaltem Wasser strömt. Die Temperaturerhöhung im zweiten Becherglas ist ein Maß dafür, wie viel Energie mit der Entropie vom großen in das kleine Becherglas geflossen ist.

- **Abhängigkeit vom Material**
  Aufgrund der Alltagserfahrung, dass Kleidung „warm hält", kann geschlossen werden, dass der Entropiewiderstand von dem Material des Wärmeleiters abhängt. Im Versuch wird daher der Metallbügel aus Kupfer durch einen aus Aluminium bzw. einen aus Plastik ersetzt. Dadurch steigt die Temperatur im kleinen Becherglas langsamer an, was die Abhängigkeit des Entropiewiderstands vom Material bestätigt.
- **Abhängigkeit von der Länge**
  Kinder stellen oft fest, dass sie durch Strohhalme ganz gut trinken (oder pusten) können; werden jedoch mehrere Strohhalme hintereinander gesteckt, ist dies kaum noch möglich. Wird im zentralen Versuch die Länge des Leiters verlängert, fällt die Temperaturerhöhung im kleinen Becherglas umso schwächer aus. Dies bestätigt die Abhängigkeit des Entropiewiderstands von der Leiterlänge.
- **Abhängigkeit von der Dicke/der Querschnittsfläche**
  Klar ist, dass durch ein dickes Rohr Wasser leichter fließen kann als durch ein dünnes Rohr. Daher wird im zentralen Versuch der Kupferleiter von etwa 5 mm Durchmesser durch einen mit etwa 2 mm Durchmesser ersetzt. Sofort fällt der Temperaturanstieg im Messbecher wieder geringer aus als zuvor, woraus die Abhängigkeit von der Querschnittsfläche folgt.

Der Entropiewiderstand eines Wärmeleiters ist abhängig von seinem Material, seiner Länge und seiner Dicke.

Zentraler Versuch

Entropie | **Versuche und Aufträge**

V1 a) Führe den zentralen Versuch wie im Text beschrieben durch; verwende siedendes Wasser im großen Becherglas und Leitungswasser im Messbecher. Miss den Temperaturanstieg über einen Zeitraum von 10 Minuten.
b) Stelle für zwei verschiedene Bügel den Zusammenhang zwischen der Temperatur T und der Zeit t grafisch dar.
c) Formuliere eine Je-Desto-Beziehung für den gefundenen Zusammenhang.

V2 Schließe einen geeigneten Kupferdraht mit $A = 0{,}2\ \text{mm}^2$ an ein Netzgerät an und wickle den Draht um den Temperaturfühler eines Thermometers. Erhöhe langsam die Spannung und messe die Temperatur. Formuliere danach Aussagen über den Entropiestrom aus dem Kabel hinaus.

A3 Recherchiere, welche Materialien sich gut für die Entropieleitung eignen und welche sehr schlechte Leitwerte haben. Stelle die Ergebnisse in einer Tabelle zusammen und gib Empfehlungen für verschiedene Situationen, in denen besonders gute oder besonders schlechte Wärmeleitung gewünscht ist.

Wärmepumpen

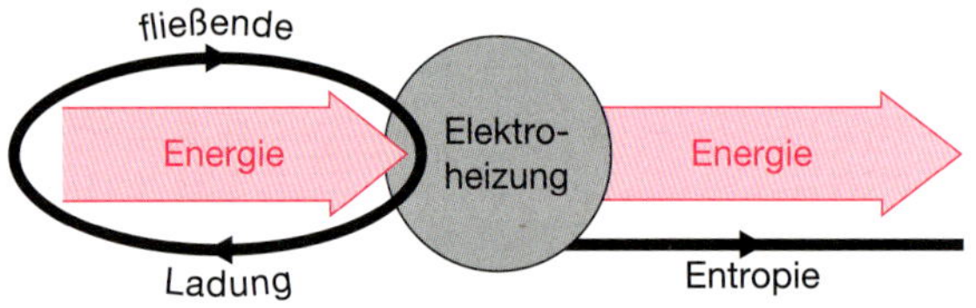

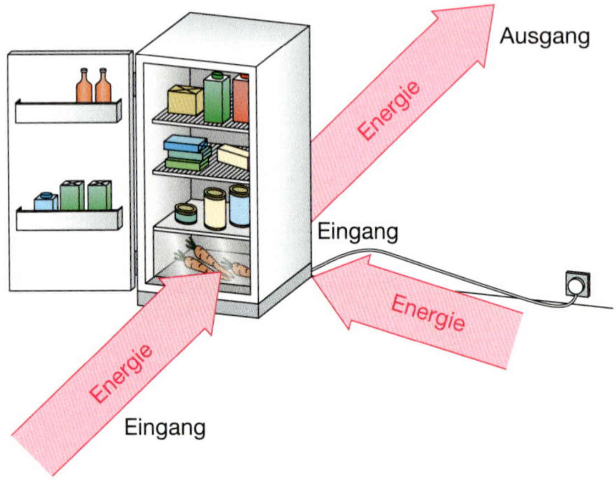

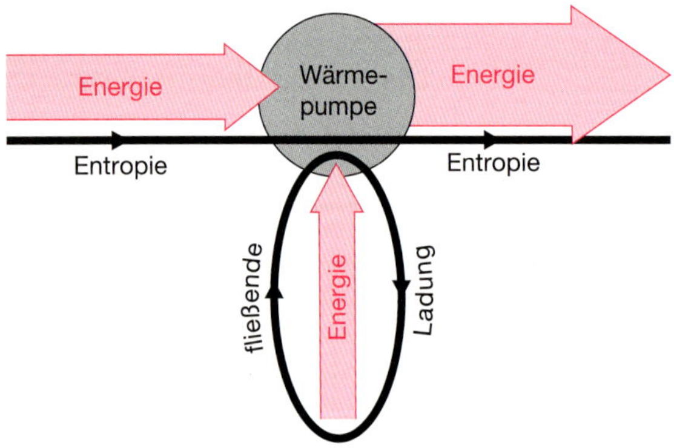

Die mit der Entropie fließende Energie strömt von selbst immer von Stellen höherer Temperatur zu Stellen niedrigerer Temperatur. In bestimmten Situationen ist es allerdings umgekehrt. Aus dem kühlen Innern eines Kühlschranks wird z.B. immer Energie nach außen, d.h. ins warme Zimmer, geleitet. Das Naturgesetz, dass Energie nur von warm nach kalt strömt, ist hier aber nur scheinbar verletzt. Bei genauerer Betrachtung läuft dieser Prozess nicht von selbst ab, sondern funktioniert erst unter Nutzung zusätzlich aufgewendeter Energie aus der Steckdose. Die so in Kühlschränken oder Gefriertruhen betriebenen Geräte heißen **Wärmepumpen.** Sie unterscheiden sich prinzipiell von den bisher betrachteten Energieumladern, die in der Regel nur einen (Energie-) Eingang hatten wie z. B. eine Elektroheizung (Bild oben). Neben dem Energieeingang über die fließende Ladung gibt es noch die Energie, die (bei geöffneter Tür ungewollt) mit der Entropie ins Innere des Kühlschranks strömt. Bei Betrachtung der Energiebilanz wird klar: Da keine Energie vernichtet werden kann, summieren sich die Energien der beiden Eingänge der Wärmepumpe zur Gesamtenergie. Soll der energetische Bedarf einer Wärmepumpe berechnet werden, wird von der mit der Entropie entweichenden Energie (hohe Temperatur T_2) die mit der Entropie kommende Energie bei der Temperatur T_1 abgezogen.

$$P = T_2 \cdot I_S - T_1 \cdot I_S = \Delta T \cdot I_S$$

Da sich im Innern des Kühlschranks keine Entropie anhäuft, ist der Energiestrom I_S hinein genauso groß wie der hinaus.

Wärmepumpen transportieren Energie auf dem Träger Entropie von Stellen niedrigerer zu Stellen höherer Temperatur. Zum Betrieb einer Wärmepumpe wird der Energiestrom P benötigt: $P = \Delta T \cdot I_S$.

Rechenbeispiel

Die Wärmepumpe eines Kühlschranks befördert aus dem Innenraum ($\vartheta_1 = 7$ °C) einen Entropiestrom $I_S = 2{,}1\ \frac{\text{J}}{\text{K}\cdot\text{s}}$ nach draußen an die Geräterückseite ($\vartheta_2 = 55$ °C). Berechne die von der Steckdose kommende Energiestromstärke P.

Geg.: $\Delta T = \vartheta_2 - \vartheta_1 = 48$ K; $I_S = 2{,}1\ \frac{\text{J}}{\text{K}\cdot\text{s}}$

Ges.: P

Lösung: $P = \Delta T \cdot I_S = 48\ \text{K} \cdot 2{,}1\ \frac{\text{J}}{\text{K}\cdot\text{s}} = 100{,}8\ \text{W}$

Die Energiestromstärke, die der Kühlschrank zum Betrieb aus der Steckdose aufnimmt, beträgt etwa 100 W. Dies entspricht einem mittelgroßen modernen Kühlschrank.

Aufgaben

1 Berechne die Leistung einer Wärmepumpe, die einen Entropiestrom $I_S = 36\ \frac{\text{J}}{\text{K}\cdot\text{s}}$ von $\vartheta_1 = 10$ °C nach $\vartheta_2 = 28$ °C pumpt.

2 Berechne den Entropiestrom, der bei einer Gefriertruhe ($P = 160$ W, $\vartheta_1 = -20$ °C) an der Geräterückseite ($\vartheta_2 = 60$ °C) abgegeben wird.

3 Eine Wärmepumpe arbeitet mit $P = 6000$ W. Pro Sekunde befördert sie die Entropie $I_S = 240\ \frac{\text{J}}{\text{K}\cdot\text{s}}$ aus dem Erdreich (10 °C) ins Haus.
Berechne das Temperaturniveau, auf dem die Entropie im Haus ankommt.

Funktionsweise eines Kühlschranks

Wasser siedet unterhalb seiner Siedetemperatur von 100 °C, wenn der immer vorhandene Dampf über der Wasseroberfläche abgepumpt und dadurch der Druck dort verringert wird. Die für das Sieden erforderliche Energie kommt zunächst aus der im flüssigen Wasser gespeicherten Energie. Aber nach einiger Zeit siedet das Wasser bei gleichbleibend niedriger Temperatur weiter. Jetzt entzieht es die zum Sieden nötige Verdampfungsenergie der Umgebungsluft.

Zentraler Versuch

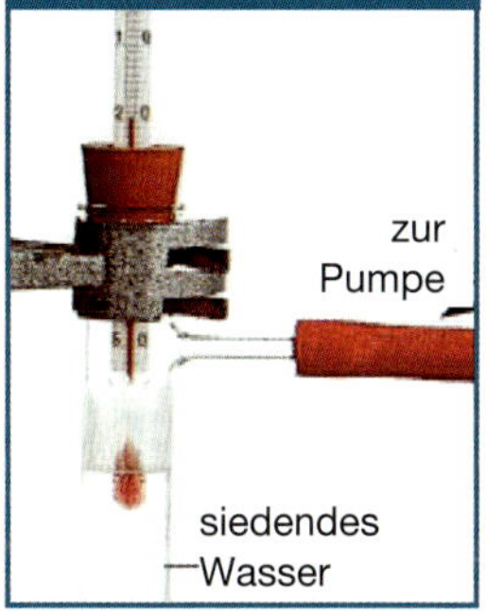

Durch Verflüssigung unter Druck erfolgte also ein Energietransport vom Butan in die Umgebung.

Werden die Vorgänge „Sieden durch verringerten Druck“ und „Kondensieren unter höherem Druck“ mit derselben Flüssigkeit nacheinander ausgeführt, so entsteht ein Kreislauf. Durch ihn wird die Umgebungstemperatur an der Stelle der Druckerniedrigung („Sieden“) geringer und an der Stelle der Druckerhöhung („Komprimieren“) höher.

Der Versuch ist umkehrbar: Wird Butan, das Gas im Feuerzeug, zusammengepresst, dann steigt zunächst seine Temperatur, weil sich die Teilchen des Butangases jetzt auf engerem Raum heftiger bewegen als vorher. An den kalten Gefäßwänden des Spritzkolbens kann das Butangas Energie durch dauernde Stöße der Gasteilchen gegen die Wände an diese abgeben und kondensieren.

Die vormals zum Verdampfen erforderliche Verdampfungsenergie wird beim Kondensieren wieder frei und an die kältere Umgebung abgegeben.

Lehrerversuch

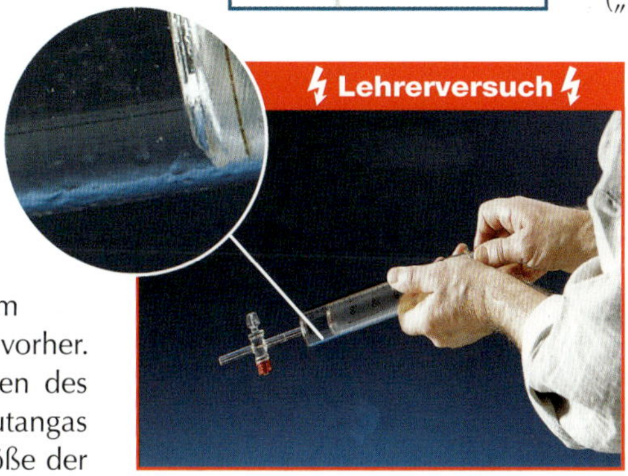

Beim Betrieb eines Kühlschranks findet fortlaufend ein Energietransport vom kalten Inneren zur warmen Umgebung statt. Der Träger der aufgenommenen und abgegebenen Energie ist wieder die Entropie. Damit dieser Prozess funktioniert, muss zusätzlich Energie für den Betrieb der Pumpe der Kühlflüssigkeit und des Kompressors aufgewendet werden.

Die Zustandsänderung des Kühlmittels und zusätzliche Energie lässt Energie mit Entropie von kalt nach warm fließen.

Kompressorkühlschrank

Durch den Kreislauf des Kühlmittels, das im Verdampfer unter niedrigem Druck siedet und dessen Dampf im Kondensator unter hohem Druck wieder verflüssigt wird, wird laufend Energie vom kalten Innenraum in die warme Zimmerluft transportiert. Der E-Motor hält diesen Energiestrom aufrecht.

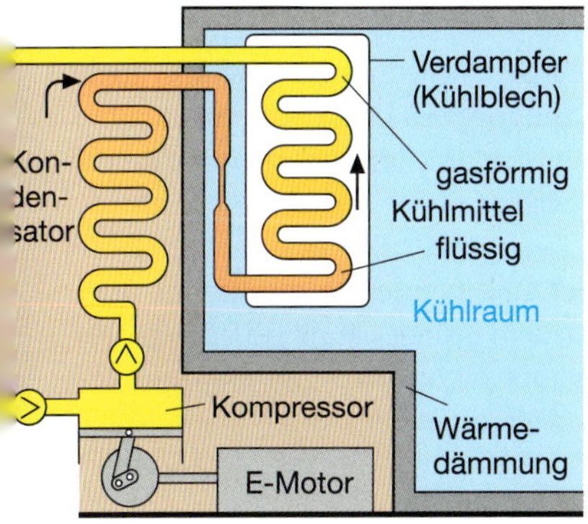

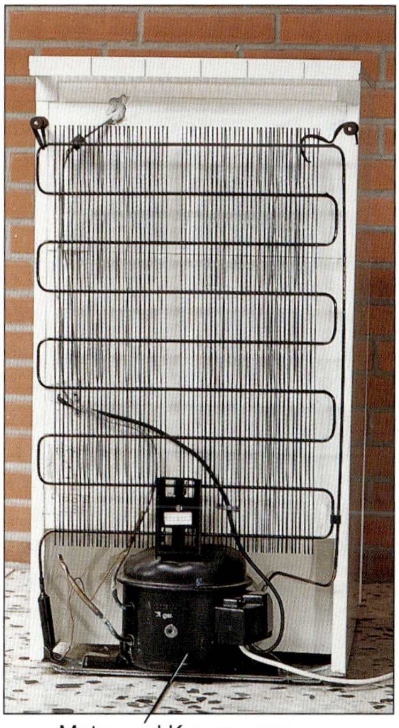
Motor und Kompressor

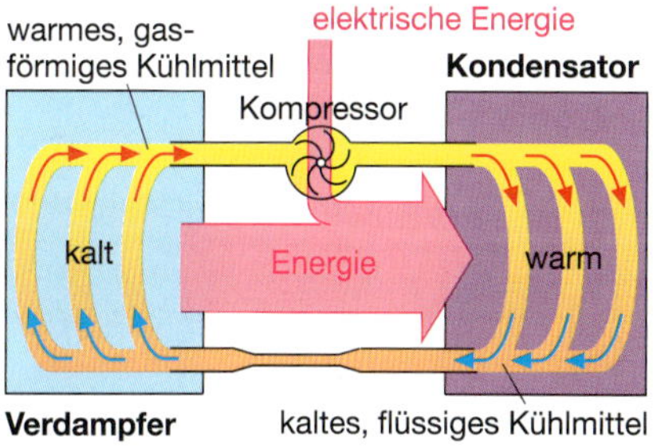

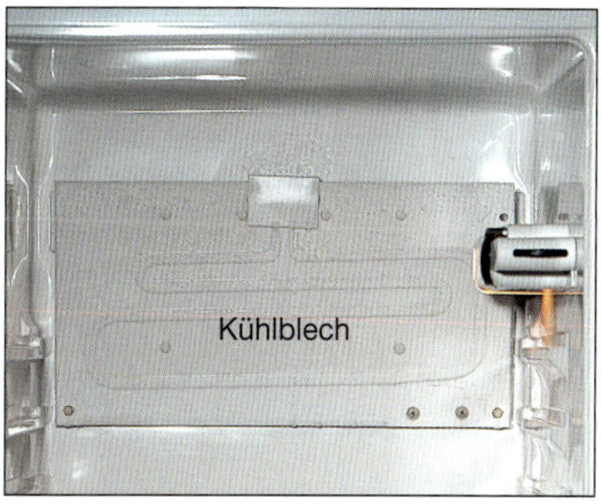

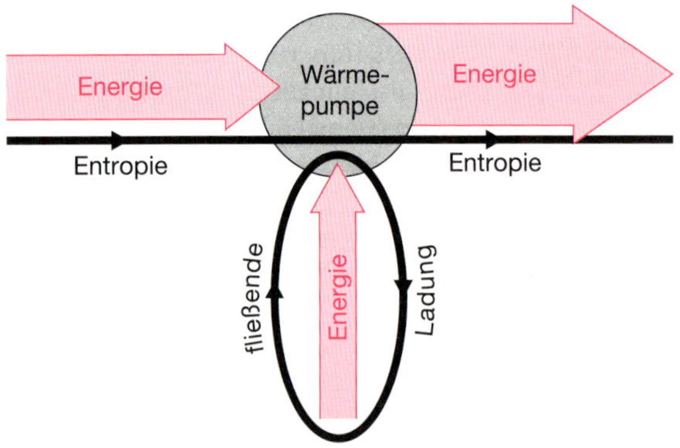

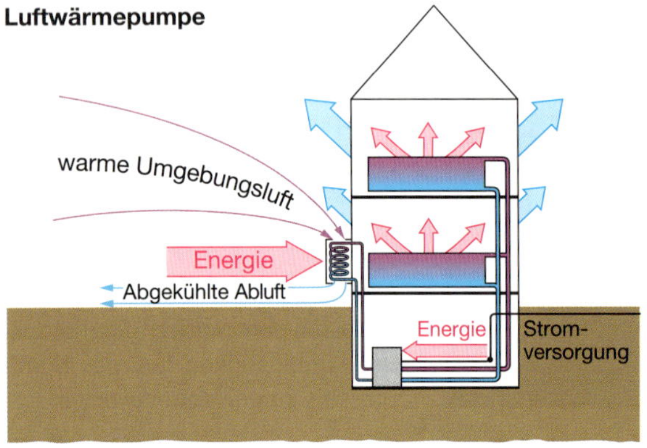

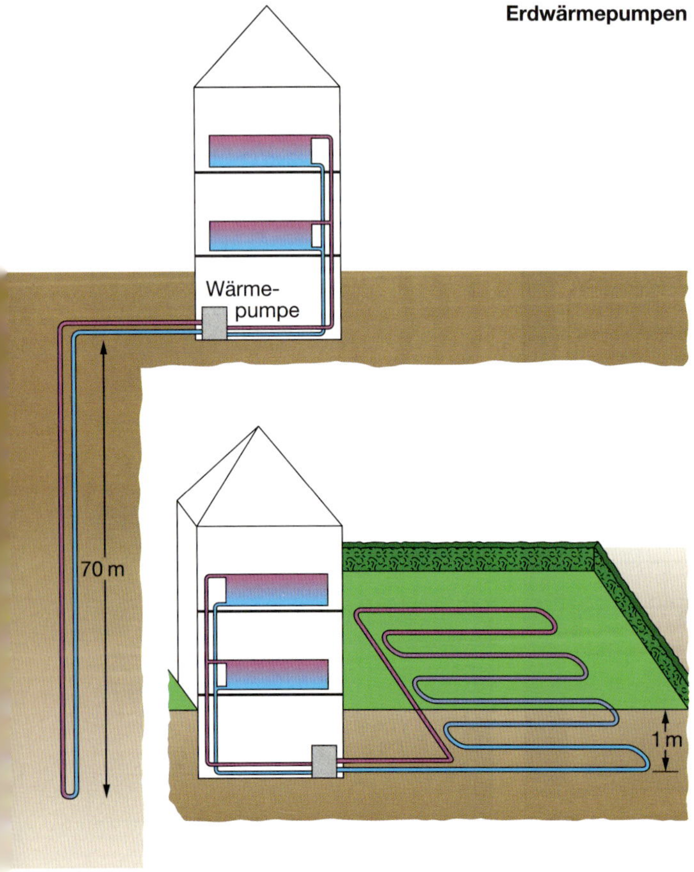

Wärmepumpen als Heizung

In Kühlgeräten sind Wärmepumpen schon lange Zeit in Gebrauch. Aber erst seit dem 21. Jahrhundert werden Wärmepumpen auch verstärkt als Heizungsanlagen eingesetzt. Am Energieflussbild wird deutlich, dass es sich dabei um eine raffinierte Idee zum Energiesparen handelt, sofern die hohen Anschaffungskosten aufgebracht werden können:
Während eine Öl- oder Gasheizung die Entropie durch Verbrennung vollständig im Haus erzeugen muss, nutzen Wärmepumpen einen Eingang, durch den Energie auf dem Träger Entropie „kostenlos" aus der Umgebung ins Haus kommt. Der Energieausgang (auf höherer Temperatur) ist die Heizung. Nur die für den Betrieb der Anlage nötige Energie, die auf dem Träger fließende Ladung über einen zweiten Eingang in die Wärmepumpe gelangt, verursacht relativ geringe Kosten.

Luftwärmepumpen nutzen zum Heizen von Wohnhäusern die in der Umgebungsluft vorhandene Entropie. Der Außenluft wird ein Teil der Energie durch ein Außengerät entnommen und von der Luftwärmepumpe ins Innere des Wohnhauses geleitet. Von Vorteil ist, dass für Luftwärmepumpen die Anschaffungs- und Umbaukosten am geringsten ausfallen. Nachteilig wirkt sich aus, dass in der Hauptheizperiode im Winter auch weniger Entropie in der Außenluft enthalten ist. Daher werden Wärmepumpen in der Regel in Verbindung mit Fußbodenheizungen eingebaut, die keine allzu hohen Temperaturen zur Beheizung des Innenraums benötigen.

Unter dem Begriff **„Erdwärme"** werden verschiedene Verfahren zusammengefasst. Ihnen ist gemeinsam, dass die im Erdboden gespeicherte Entropie entnommen und zur Erwärmung von Häusern genutzt werden soll. Klar ist, je tiefer gegraben wird, desto mehr Energie und Entropie kann aus dem Erdreich entnommen werden, desto teurer ist allerdings auch die Bohrung.
Daher werden zwei Verfahren unterschieden:

- Bei der *Tiefenbohrung* wird nur ein Loch benötigt, welches allerdings ca. 70 m tief gebohrt werden muss. In dieser Tiefe steht ausreichend Entropie zu Verfügung, um beispielsweise ein Wohnhaus auch im Winter heizen zu können. Die Möglichkeiten für eine Tiefenbohrung können allerdings regional durch die geologische Struktur der Erdschichten eingeschränkt sein.
- Bei der *Flächennutzung* werden Kühlrohre ca. 1 m unter der Oberfläche in großer Länge verlegt. In dieser Tiefe ist im Winter nicht allzu viel Entropie gespeichert. Durch die Länge der Rohre kann allerdings einem großen Volumen Entropie entnommen und von dort ins Haus geleitet werden.

Funktionsweise einer Wärmepumpe

- Im Kühlschrank und bei Heizungsanlagen mit Wärmepumpen übernimmt ein elektrisch betriebener Kompressor das Abpumpen und das Zusammenpressen des Dampfes der Kühlflüssigkeit.
- Beim Kühlschrank nimmt die Kühlflüssigkeit Energie über den Verdampfer auf, der sich im Inneren des Kühlschrankes befindet. Eine Erd- oder Luftwärmepumpe entzieht der umgebenden Luft oder dem Erdreich vorhandene Energie auf dem Träger Entropie bei niedriger Temperatur.
- Die Verflüssigung des Dampfes durch Energieabgabe geschieht im Kondensator. Beim Kühlschrank sind das die Kühlschlangen an der Rückwand, bei Heizungsanlagen ist das ein zweiter Wärmetauscher.
- Ein dünnes Rohr und ein Ventil schließen den Kreislauf. Sie trennen den Bereich, in dem das zirkulierende Kühlmittel flüssig ist, von dem Bereich, in dem es sich in gasförmigem Zustand befindet.

Kompressorkühlschrank, Luft- und Erdwärmepumpe sind physikalisch gleiche Geräte. Mit ihnen lässt sich Energie und Entropie von einem Ort niedrigerer Temperatur zu einem Ort höherer Temperatur transportieren.
Dieser Prozess wird durch Druckänderungen in einem Kühlmittelkreislauf von Sieden – Kondensieren – Sieden – ... zu einem dauernden Kreislauf.

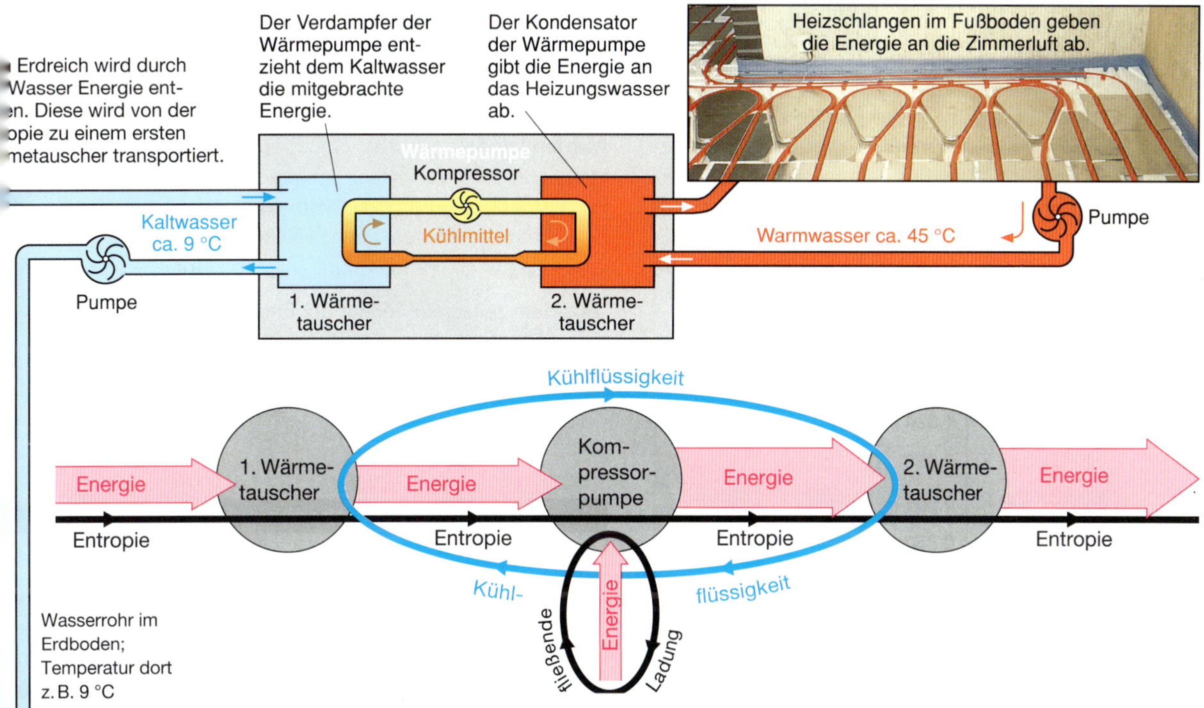

Aufgaben

1 Ein Haus wird mit einer Wärmepumpe geheizt. Die Außentemperatur beträgt 4 °C, die Temperatur im Haus 25 °C. Die Wärmepumpe fördert 30 $\frac{\text{J}}{\text{K}\cdot\text{s}}$.
a) Berechne den von ihr bewirkten Energiestrom.
b) Dasselbe Haus werde mit einer gewöhnlichen Elektroheizung geheizt, d. h. die 30 $\frac{\text{J}}{\text{K}\cdot\text{s}}$ werden nicht von draußen hineingepumpt, sondern im Haus erzeugt. Vergleiche mit dem Ergebnis aus a).

2 Begründe, weshalb es nicht sinnvoll ist, eine Kühltruhe in einem Kellerraum aufzustellen, in dem auch Obst und Getränke kühl gelagert werden sollen.

3 Erläutere, weshalb ohne die Druckänderungen im Kühlmittelkreislauf kein Kühlschrank bzw. keine andere Wärmepumpe funktionieren würde.

4 Ein Raum, der im Winter mit einer Wärmepumpe beheizt wird, soll im Sommer mit ihr gekühlt werden.
a) Begründe, warum das zumindest theoretisch möglich ist.
b) Zeichne eine Einrichtung, mit der die theoretische Möglichkeit praktisch realisierbar wäre.
c) Zeichne das Energieflussdiagramm vom Erdreich zum Zimmer.

Messung von Entropie

Die Stärke eines Entropiestroms errechnet sich leicht aus der Energiestromstärke und der Temperatur. Wie aber lässt sich die Entropie bestimmen, die z. B. einem Glas Wasser beim Erhitzen zugeführt wird?

Unter der Annahme, dass die gesamte vom Wasserkocher gelieferte Energie im Wasser ankommt, konnte die Geräteleistung der thermischen Energiestromstärke gleichgesetzt werden.

Zentraler Versuch

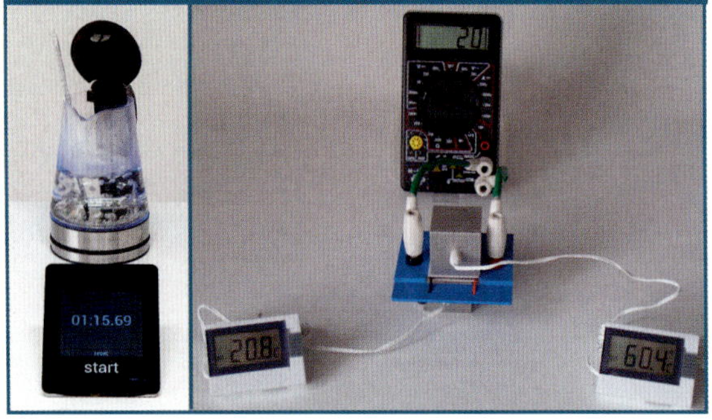

Eine Wassermenge wird innerhalb von vier Minuten mit einem Wasserkocher von 20 °C auf 100 °C erhitzt. Dabei beträgt die Stromstärke der übertragenen Energie konstant $\frac{\Delta E}{\Delta t} = 3000$ W. Bei der Bestimmung der zugeführten Entropie nach der Formel $\Delta S = I_S \cdot \Delta t$ ist zu berücksichtigen, dass sich I_S wegen $I_S = \frac{\Delta E/\Delta t}{T}$ mit der Temperatur ändert. In der Tabelle steht daher in der vorletzten Spalte der mittlere Wert der Entropiestromstärke, der für das jeweils vorangehende Zeitintervall der Berechnung von ΔS zugrunde liegt. Durch Addition der Einzelbeiträge ΔS ergibt sich die dem Wasser während des gesamten Vorgangs zugeführte Entropie $S_{ges} = 217{,}4\,\frac{\text{J}}{\text{K}}$.

t	T		I_S	$I_{S\,mitt}$	ΔS
0 s	20°C	293 K	1,024 $\frac{\text{J}}{\text{K}\cdot\text{s}}$	–	–
60 s	40°C	313 K	0,958 $\frac{\text{J}}{\text{K}\cdot\text{s}}$	0,991 $\frac{\text{J}}{\text{K}\cdot\text{s}}$	59,471 $\frac{\text{J}}{\text{K}}$
120 s	60°C	333 K	0,901 $\frac{\text{J}}{\text{K}\cdot\text{s}}$	0,930 $\frac{\text{J}}{\text{K}\cdot\text{s}}$	55,781 $\frac{\text{J}}{\text{K}}$
180 s	80°C	353 K	0,850 $\frac{\text{J}}{\text{K}\cdot\text{s}}$	0,875 $\frac{\text{J}}{\text{K}\cdot\text{s}}$	52,523 $\frac{\text{J}}{\text{K}}$
240 s	100°C	373 K	0,804 $\frac{\text{J}}{\text{K}\cdot\text{s}}$	0,827 $\frac{\text{J}}{\text{K}\cdot\text{s}}$	49,624 $\frac{\text{J}}{\text{K}}$

Durchfließt Energie auf dem Träger Entropie das Peltierelement, entsteht eine Spannung, die proportional zur Energiestromstärke ist:

$U = k \cdot \frac{\Delta E}{\Delta t}$.

Durch Kalibrierung lässt sich die Proportionalitätskonstante k bestimmen, so dass das Spannungsmessgerät zu einem Messgerät für die Energie von Entropieströmen umskaliert werden kann.

Es lässt sich zeigen, dass beim Strömen von Entropie neue Entropie entsteht (siehe Rechenbeispiel).

Aus dem zeitlichen Verlauf der Entropiestromstärke $I_S = \frac{\Delta E/\Delta t}{T}$ lässt sich die bei einem Vorgang zugeführte Entropie berechnen.
Das Strömen von Energie erzeugt Entropie.

Aufgaben

1 **a)** Bestimme die Wassermenge, die beim Wasserkocher-Versuch verwendet wurde.
b) Berechne einen Näherungswert für die zugeführte Entropie, indem du für I_S den Mittelwert aus der ersten und der letzten Tabellenzeile zugrunde legst.
c) Erstelle mit dem Grafikrechner ein Schaubild, das die Entropiestromstärke in Abhängigkeit von der Temperatur im Bereich von 293 K bis 373 K zeigt.
d) Beschreibe den Verlauf von I_S und erkläre, warum das Ergebnis der Teilaufgabe b) etwas über S_{ges} liegt.

2 Bei einigen physikalischen Größen entsteht Entropie, wenn sie strömen. Zähle auf, bei welchen.

Rechenbeispiel

Für das oben gezeigte Peltiermodul gelte $k = 0{,}13\,\frac{\text{mV}}{\text{W}}$. Bestimme die Energiestromstärke vom heißen (60 °C) in de kalten (20 °C) Würfel, wenn die angezeigte Spannung 20 m beträgt. Berechne auch die Stärke des Entropiestroms I_S aus dem oberen Würfel heraus und I_{S2} in den unteren Wür fel hinein. Interpretiere die Ergebnisse.

Geg.: $U = 20$ mV; $k = 0{,}13\,\frac{\text{mV}}{\text{W}}$
$T_1 = 333$ K; $T_2 = 293$ K

Ges.: P; I_{S1}; I_{S2}

Lösung: Aus $U = k \cdot \frac{\Delta E}{\Delta t}$ folgt

$$P = \frac{\Delta E}{\Delta t} = \frac{U}{k} = \frac{20\text{ mV}}{0{,}13\text{ mV/W}} = 154\text{ W}.$$

$$I_{S1} = \frac{\Delta E/\Delta t}{T_1} = \frac{154\text{ W}}{333\text{ K}} = 0{,}46\,\frac{\text{J}}{\text{K}\cdot\text{s}};\quad I_{S2} = 0{,}53\,\frac{\text{J}}{\text{K}\cdot\text{s}}$$

Der Entropiestrom, der im kalten Würfel ankommt, ist größe als der, der den heißen Würfel verlassen hat! Beim Ströme der Entropie ist zusätzlich neue Entropie entstanden.

Entropie ist nicht nur „Wärme" **Streifzug**

Entropie – Unordnung – Wahrscheinlichkeit

Im Bild wird dem Eiswürfel Entropie zugeführt, bis er schmilzt und das Wasser schließlich verdampft. Zunächst haben die Teilchen feste Plätze im Eiskristall, dann verteilen sie sich auf dem Boden der Schüssel in einer Wasserpfütze. Schließlich verlassen die Teilchen den Topf und nehmen im Wasserdampf den gesamten verfügbaren Raum ein, wobei sie in unvorhersehbarer Weise durcheinander schwirren. Waren sie im kristallinen Eis wohlgeordnet, so befinden sie sich im Gas in vollständiger Unordnung. Die Entropiezufuhr hat also die Unordnung erhöht. *Entropie lässt sich also auch als Maß für Unordnung interpretieren.*

Wird die Trennwand entfernt, verteilt sich die Tinte im gesamten Wasser und färbt es schließlich gleichmäßig ein. Weil sich die Unordnung der Teilchen im obigen Sinne vermehrt, entsteht bei diesem Vorgang Entropie, obwohl sich die Temperatur nicht ändert.

Es ist vorstellbar, dass sich die einzelnen Tintenteilchen durch Zufall wieder zu einem Tropfen zusammenfügen könnten. Derartiges wurde aber noch nie beobachtet, da die Wahrscheinlichkeit für ein solches Ereignis viel zu winzig ist. Auch schon eine noch so kleine Abweichung von der Gleichverteilung ist extrem unwahrscheinlich. Genauso wäre es unwahrscheinlich, dass die zufällige Bewegung der Luftteilchen eines Tages einen platten Fahrradreifen wieder auffüllt. Dies ist praktisch unmöglich – anders ausgedrückt: Auch das Ausströmen der Luft aus einem Fahrradreifen ist ein Vorgang, bei dem Entropie entsteht und die Unordnung der Teilchen vermehrt wird.

Entropie und Datenmenge

Eine Spielfigur steht auf Feld ②. Bei acht möglichen Feldern hat diese Information den Wert 3 bit, was drei JA-NEIN-Entscheidungen entspricht. Die drei Fragen können lauten:

① Steht die Figur im Bereich ① bis ④? (JA)
② Steht die Figur im Bereich ① bis ②? (JA)
② Steht die Figur auf Feld ①? (NEIN)

①
X
③
④
⑤
⑥
⑦
⑧

Mit der Datenmenge 4 bit ließe sich ein Feld von 16 Möglichkeiten beschreiben. Die Verdoppelung der Felderanzahl erhöht den Informationsgehalt über ein spezielles Feld um jeweils ein Bit.

Statt der Spielfigur werden nun ein Gasatom und statt der Felder Volumenelemente betrachtet. In Analogie erfordert eine Verdoppelung des möglichen Aufenthaltsraums ein zusätzliches Bit zur Beschreibung des Aufenthaltsorts für ein Gasatom. Für die Beschreibung von N Teilchen wächst der Informationsgehalt entsprechend um N bit. Eine Gasportion füllt stets den gesamten ihr zur Verfügung stehenden Raum aus. Dieses Verhalten von Gas lässt sich auf verschiedene Weise beschreiben:

- Unordnung und Entropie nehmen zu.
- Das Gas nimmt den wahrscheinlichsten Zustand ein.
- Die Datenmenge, die zur Beschreibung des Zustands des Gases nötig ist, nimmt zu.

Entropie und die Richtung der Zeit

Ob ein Film (ohne Ton!) vorwärts oder rückwärts gezeigt wird, ist am deutlichsten an den Vorgängen ersichtlich, bei denen viel Entropie entsteht. Zeigt der Film ein schaukelndes Kind oder einen Trampolinspringer, kann die Unterscheidung „vorwärts/rückwärts" schwierig sein. Springen im Film aber Scherben vom Boden auf den Tisch und setzen sich zu einer Tasse zusammen oder wächst eine brennende Kerze, ist klar, dass der Film rückwärts abläuft. Die Entropieerzeugung bei fast allen Vorgängen gibt den Prozessen eine zeitliche Richtung.
Eine Welt, in der Entropieerhaltung gelten würde, hätte zwei gleichberechtigte zeitliche Richtungen. Eine führte vom Heute ausgehend ins Gestern, die andere ins Morgen – eine Vorstellung, die unser kausales Weltbild in Frage stellen würde, das auf dem Prinzip von Ursache und Wirkung beruht.

Dämmung

Aus der geheizten Wohnung oder von einem Spaziergänger im Winter soll möglichst wenig Energie auf dem Träger Entropie entweichen. Deshalb wird versucht, den Energietransport von einem wärmeren Körper an die kältere Umgebung zu verhindern oder zumindest einzuschränken.

Zentraler Versuch

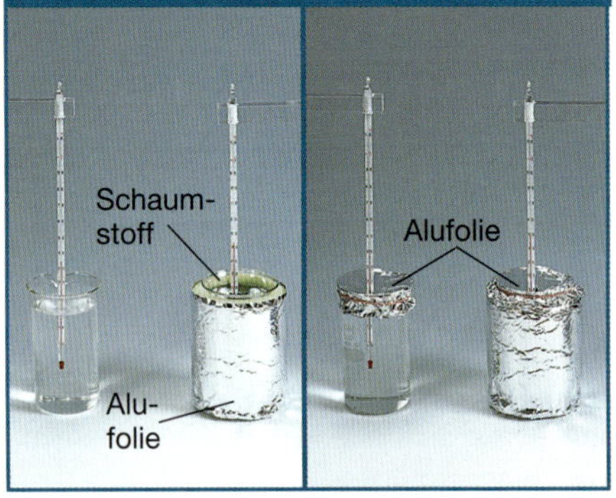

- **Verringerung der Leitung:** Im Bild rechts ist die Temperatur in den ummantelten Gläsern nach 10 Minuten weniger weit abgesunken als in den linken beiden. Die Schaumstoffschicht ist ein schlechter Entropieleiter, denn sie enthält Lufteinschlüsse, welche die Leitung verhindern. Da Gase schlechte Entropieleiter sind, wirken Stoffe, die solche Lufteinschlüsse enthalten, als Dämmmaterialien. Aber auch durch feste Stoffe wie Holz, Kork oder Kunststoff geht Entropie vergleichsweise schlecht hindurch. Sie können deshalb zur Dämmung eingesetzt werden.

- **Verringerung der Konvektion:** Die Deckel auf den rechten Gläsern verhindern, dass die warme Luft über dem Wasser nach oben steigt und Entropie vom Wasser wegtransportiert. Die Konvektion lässt sich verringern, indem die Bewegung von Flüssigkeiten oder Gasen behindert wird. Bei einem Fenster wirkt eine dünne Luft- oder Edelgasschicht zwischen den beiden Glasscheiben als Dämmung. Noch größer ist der Effekt, wenn das Gas vollständig entfernt wird. Dann kann überhaupt keine Konvektion stattfinden. Die Erzeugung eines solchen Vakuums ist aber technisch aufwändig und wird deshalb bei Fenstern nur selten angewandt.

- **Verringerung der Strahlung:** Um die rechten Gläser ist Aluminiumfolie gewickelt. Sie hat die Aufgabe, die durch Strahlung nach außen gehende Energie ins Innere zu reflektieren. Energieverluste durch Strahlung können unterbunden werden, indem die Körper in helle oder glänzende Oberflächen eingepackt werden, die die Strahlung reflektieren und so einen Energietransport aus dem Körper heraus deutlich vermindern.

Der unerwünschte Energietransport zwischen Körpern kann nicht vollends verhindert, aber durch Dämmung stark eingeschränkt werden.

Streifzug — **Thermoskanne**

Die Thermoskanne ist ein besonders gutes Beispiel für Wärmedämmung. Sie hält die eingefüllten Flüssigkeiten lange heiß oder kalt.

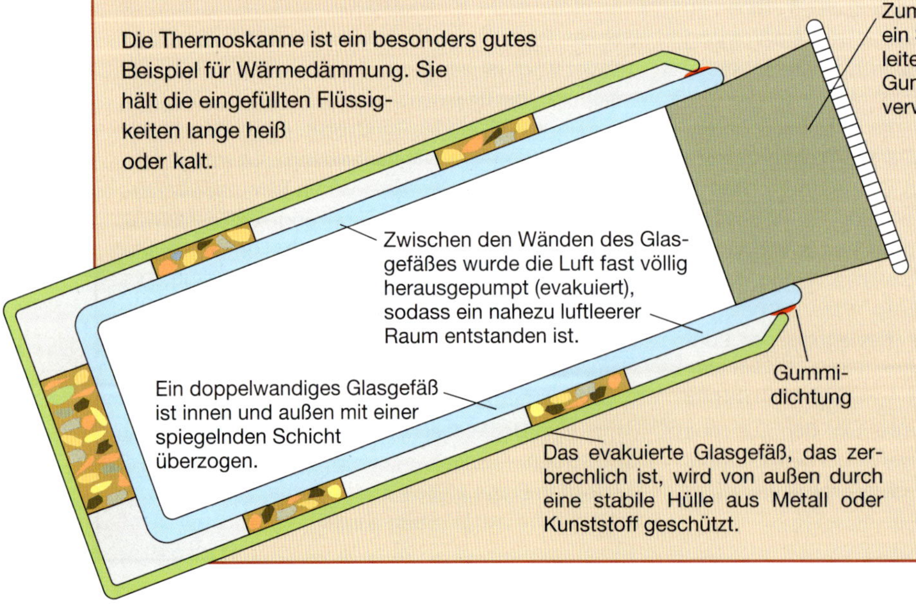

Statt des Glasgefäßes werden heute auch doppelwandige Stahlgefäße verwendet. Der Raum zwischen den zwei Wandungen ist mit Isoliermaterial ausgeschäumt, das kleine Lufteinschlüsse enthält. Zusätzlich ist das Stahlgefäß noch mit Isoliermanschetten umgeben.

Aufgaben

1 Wenn ein Gefrierschrank abgetaut werden muss, sollen die eingefrorenen Lebensmittel in Zeitungspapier eingepackt und eine Decke darüber gelegt werden. Begründe dieses Vorgehen physikalisch.

2 Manche Tiefkühltruhen in Supermärkten sind oben offen.
a) Erläutere, wieso die Ware trotzdem kalt bleibt.
b) Derartige Kühltruhen haben eine Markierung für die maximale Höhe, bis zu der Waren gestapelt werden dürfen. Erkläre die Notwendigkeit dieser Markierung.
c) Nenne Gründe, warum neuere Tiefkühltruhen in der Regel doch eine Abdeckung besitzen.

3 Ordne die wärmedämmenden Maßnahmen bei der Thermoskanne den verschiedenen Energietransport-Mechanismen zu, die sie verhindern sollen.

4 Im Winter ist es günstiger, statt eines dicken Pullovers mehrere dünne Kleidungsstücke übereinander zu tragen. Erkläre diesen Trick.

5 **a)** Hinter Heizkörpern sind manchmal glänzende Folien an der Wand zu sehen. Erkläre den Grund dafür.
b) Erkundige dich, wie die Wärmedämmung bei einem Kühlschrank bzw. bei einer Backröhre beschaffen ist.

6 Begründe, warum dünne Menschen schneller frieren als dicke.

7 Ein Architekt plant ein Haus, das auf der Südseite deutlich größere Fenster hat als auf der Nordseite. Erläutere die Absicht, die er damit verfolgt.

8 In einem Kühlschrank soll zusätzlich ein Gefrierfach eingebaut werden. Überlege, an welcher Stelle du es einbauen würdest, und begründe deine Wahl.

9 Beschreibe, welche Art von Energietransport bei Kochtöpfen auftritt, wenn sie
a) mit einem Deckel bedeckt
b) offen sind.

10 Für private Haushalte werden für Gefriergut zwei Gerätetypen angeboten: Gefriertruhen oder Gefrierschränke. Beschreibe jeweils die praktischen und physikalischen Vor- und Nachteile der beiden Varianten.

11 In Wüsten ist es tagsüber glühend heiß und nachts bitterkalt. Erläutere, wodurch dieser große Temperaturunterschied entsteht.

Wärmedämmung — Versuche und Aufträge

V1 Fenster sind sehr unterschiedlich konstruiert: Einfachverglasung, Doppel- oder Dreifachverglasung. Die Trennschicht zwischen den Gläsern ist eine Folie oder ein mit Gas gefüllter Zwischenraum.

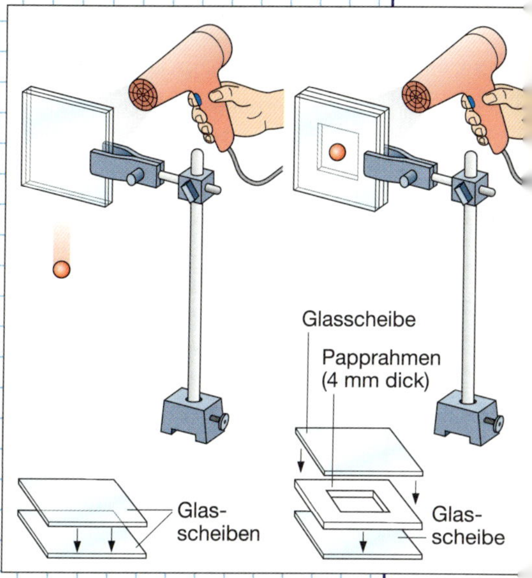

a) Führe Versuche entsprechend der Abbildung rechts durch. Klebe dazu aus Kerzenwachs geformte Kugeln an die Glasscheiben. Bei welcher „Verglasung“ fällt die Wachskugel zuerst ab?
b) Ziehe Schlüsse daraus.
c) Warum sind die Scheiben von großen Bürogebäuden oft zusätzlich farblich getönt oder außen verspiegelt?

V2 **a)** Untersuche bei dir zuhause Wände, Böden und Decken sowie Fenster auf Maßnahmen zur Wärmedämmung. Erkundige dich auch bei Erwachsenen.
b) Erläutere, welche dieser Maßnahmen auch Schallschutz-Funktion haben.
c) Gibt es in deinem Wohnbezirk ein Gebäude, welches unter Berücksichtigung optimaler wärmedämmender Maßnahmen gebaut wurde? Beschreibe.

A3 **a)** Informiere dich über unterschiedliche Baumaterialien, welche beim Hausbau für Außenwände genutzt werden.
b) Die Güte von Wärmedämm-Materialien wird durch den sogenannten *U*-Wert angegeben. Er hat die Einheit $\frac{W}{m^2 \cdot K}$. Erläutere anhand dieser Einheit, was der *U*-Wert aussagt.
c) Welche Maßnahmen zur Wärmedämmung sind beim Dachausbau angebracht?
d) Vergleiche die Wärmebilder rechts. Erläutere die Temperaturunterschiede.

Streifzug **Dämm-Maßnahmen beim Haus**

Dämm-Maßnahmen an der Fassade

Die Aufgabe eines Hauses besteht vorrangig darin seine Bewohner vor Regen, Wind und Kälte zu schützen. So gehört eine Heizung unbedingt dazu, um auch bei niedrigen Außentemperaturen eine angenehme Temperatur im Innern zu schaffen. Die höhere Innentemperatur führt aber dazu, dass laufend Entropie nach außen abfließt – es muss ständig geheizt werden, um die Innentemperatur zu halten.
Durch verschiedene Dämm-Maßnahmen beim Hausbau wird versucht, die Entropieabgabe durch Wände, Fenster, Dach und Türen so gering wie möglich zu halten.

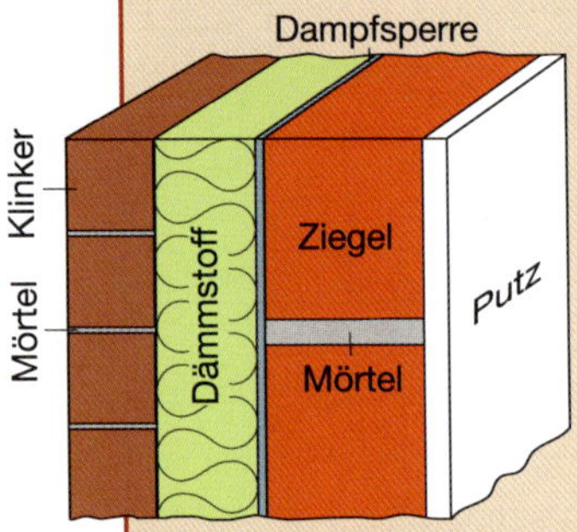

Je dicker die Wände sind, desto schlechter leiten sie die Energie weiter. Nun können die Wände aber auch nicht zu dick gemacht werden, weil sie dann zu schwer werden. Deshalb werden die Mauern mit Dämmstoffen versehen und verklinkert. Eine 24 cm dicke Ziegelwand mit einer derartigen Dämmung leitet Entropie schlechter als eine 50 cm dicke Ziegelwand allein.

Durch Fenster und Türen strömt die meiste Entropie aus einem Wohnhaus nach draußen. Über ein Drittel der Entropieverluste eines Hauses geht auf das Konto schlecht isolierter Fenster. Das liegt zum einen daran, dass sie immer wieder geöffnet werden, und zum anderen an den Materialien, die hier eingesetzt werden. Die dämmende Wirkung der Fenster kann durch Rollläden oder Klappläden verbessert werden. In erster Linie kommt es aber darauf an, den Entropietransport durch das Glas zu verringern. Denn Glas ist ein besserer Leiter als Ziegelsteine oder Beton. Deshalb bestehen Fenster aus zwei Glasscheiben mit Luft oder Gas dazwischen. Die 6–16 mm dicke trockene Luftschicht zwischen den Scheiben verringert die Leitung und auch die Konvektion ganz wesentlich. Eine solche Doppelverglasung heißt **Isolierglas.**

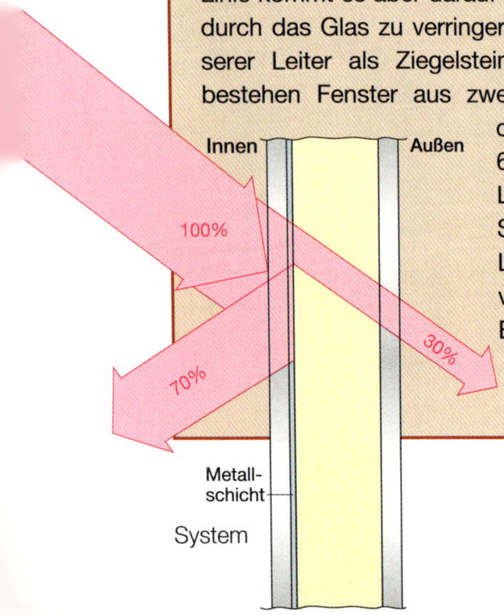

Dachbegrünung

Eine optimale Dämmung für ein Haus kann durch Dachbegrünung erreicht werden. Sie wirkt als natürliche Schutzschicht und verlängert die Lebensdauer des Daches erheblich. Aber es gibt noch weitere Vorteile: Der durch die Bebauung zerstörte Lebensraum für Tiere und Pflanzen kann auf dem Dach wiederhergestellt werden. Dachbegrünungen halten viel Regenwasser zurück und führen es dem natürlichen Kreislauf direkt wieder zu. Es fällt weniger Abwasser an und die Kanalisationen werden entlastet.

Dämmung von Heizungsrohren

Eine Schwachstelle bei der Heizung eines Hauses sind die Zuleitungen, die das heiße Heizungswasser zu den Heizkörpern bringen. Diese Rohre erwärmen sich natürlich auch und geben dadurch einen Teil der Entropie an Stellen ab, wo gar keine Heizung gebraucht wird, z. B. im Keller oder im Hausflur.

Damit das Warmwasser in den Heizungsrohren nicht so schnell abkühlt, erhalten diese Rohre eine Ummantelung, die aus einer Art weichem Schaumstoff besteht und einer Schutzhülle aus Plastik oder Aluminium. Dadurch sind der Entropiewiderstand deutlich erhöht und die Wärmeverluste minimiert.

Winterschuhe

Kalte Füße müssen nicht sein. Das hatten sich wohl auch die Hersteller von Skistiefeln gesagt und durch die Auswahl spezieller Kunststoffe und entsprechender Fertigung Spezialschuhe hergestellt. Sie verhindern, dass Entropie von unseren warmen Füßen in die eiskalte Umgebung geleitet wird.

Auch Wanderstiefel oder normale Schuhe können vor Wärmeverlust schützen, wenn die Sohle entsprechend dick und aus schlechten Wärmeleitern gefertigt ist. Nasses Material dagegen leitet die Entropie gut ab, was schnell zu kalten Füßen führen kann.

Robben in der Wüste?

Robben haben eine dicke Fettschicht, die sie bei ihren langen Aufenthalten im Wasser vor Auskühlung bewahrt. Denn Fett ist ein schlechter Wärmeleiter.

Wenn sich die Robben aber an der Küste Namibias aufhalten, wird es leicht zu heiß, da sich direkt an die Küste eine der trockensten Wüsten der Welt, die Wüste Namib, anschließt. Da Robben nicht schwitzen können, müssen sie überschüssige Entropie anders als über das Verdunsten von Schweiß abgeben. Sie machen es durch Wärmeleitung über die felllosen Flossen.

Tiere im Winter

Vögel haben es im Winter schwer bei der Futtersuche und schaffen es kaum, ihren Körper mit der nötigen Energie zu versorgen. Deshalb müssen sie wenigstens die Wärmeverluste gering halten.

Das schaffen sie dadurch, dass sie sich beim Sitzen mächtig aufplustern. Die zusätzliche ruhende Luft in ihrem Gefieder behindert den Entropietransport, so dass die Vögel unter ihrer „Daunendecke" ruhig schlafen können.

Das gleiche Prinzip wie bei den Federn der Vögel liegt dem Fell der Eisbären zugrunde. Luftpolster darin behindern den Entropietransport vom Körper weg. Dazu kommt noch, dass die Haare des Fells innen hohl sind und wie ein Glasfaserkabel auftreffendes Sonnenlicht zur schwarzen (!) Haut leiten, wo es absorbiert wird und die Haut erwärmt

Polizei rettet Säugling aus überhitztem Auto

DARMSTADT: Ein 27 Jahre alter Vater hat seinen Sohn in Solingen bei sommerlicher Hitze im Auto zurückgelassen und ist Einkaufen gegangen. Passanten seien auf das 13 Monate alte Kind aufmerksam geworden, als es in dem heißen Auto schrie und offensichtlich unter der Hitze litt, teilte die Polizei mit. Die alarmierten Beamten machten den Vater im Supermarkt ausfindig. Der 27-Jährige hat ausgesagt, er habe seinen Sohn im Auto gelassen, weil dieser im Kindersitz eingeschlafen war. Gegen den Vater wird nun wegen gefährlicher Körperverletzung ermittelt.

Wärme-Kraft-Maschinen

Benzin- bzw. Dieselmotoren oder Dampfmaschinen sind und waren für die Menschen unentbehrliche Helfer zur Bewältigung des von Technik geprägten Alltags und haben ihn überhaupt erst ermöglicht. Sie beruhen auf dem Prinzip, dass sich Gase bei Erwärmung ausdehnen und bei Abkühlung zusammenziehen. Wie werden die dabei ablaufenden Energieumladungen in den verschiedenen Maschinen technisch realisiert? Wie wirkungsvoll sind die verschiedenen Maschinen und wie werden sie ihrem Zweck entsprechend eingesetzt?

Verbrennungsmotoren

Ein Gas erhöht während seiner Verbrennung seine Temperatur und dehnt sich dabei stark aus. Verläuft der Vorgang sehr schnell, wird dies als *Explosion* bezeichnet.

Zentraler Versuch

Im Versuch wird ein in einem Rohr eingeschlossenes Gemisch aus Benzingas und Luft zur Explosion gebracht. Der lose aufgesetzte Deckel wird durch das sich schnell und extrem stark ausdehnende Gas hochgeschleudert. Die in dem Benzin-Luft-Gemisch gespeicherte Energie wird zunächst auf Entropie (Wärme) und dann auf Impuls (Bewegung) umgeladen, weshalb der Deckel hochfliegt.
Die frei werdende Energie wäre in einem Motor nutzbar, wenn der Explosionsvorgang fortlaufend wiederholt werden könnte. Folgende technische Veränderungen sind erforderlich, um einen Kreisprozess im Motor zu ermöglichen:

- Zunächst wird aus dem Papprohr ein Metallzylinder, in dem Explosionen unter großem Druck und hohen Temperaturen ablaufen können.
- Damit der Deckel an seinen Platz im Zylinder zurückgelangt, wird er zum Kolben mit Pleuelstange und Schwungrad umgebaut.
- Das verbrannte Gas muss aus dem Zylinder hinaus. Dazu wird ein Auslassventil in den Zylinder eingebaut.
- Nun muss neues Benzin-Luft-Gemisch in den Zylinder gelangen. Deshalb bekommt der Zylinder ein Einlassventil.
- Damit sich das Benzin-Luft-Gemisch entzündet, ist ein Zündfunke erforderlich. Er wird von einer elektrischen Zündkerze erzeugt.

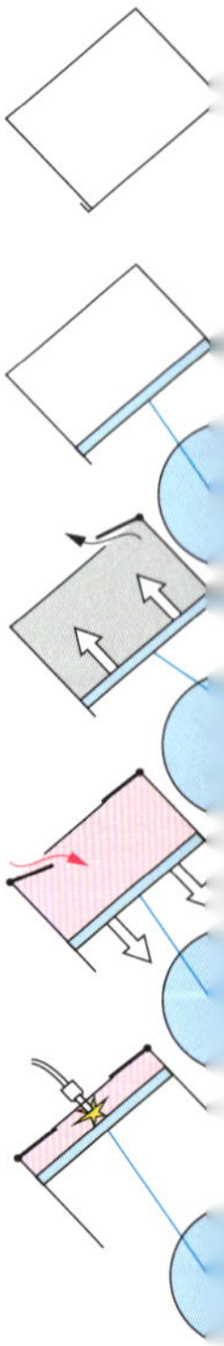

Energiebilanz Viertakt-Motor

Im Arbeitstakt wird ein Teil der zugeführten Energie zum Antrieb der Motorachse (Kurbelwelle) genutzt. Ein zweiter Teil wird zum Betrieb des Motors benötigt: Ansaugen und Verdichten des Benzin-Luft-Gemischs; Ausstoßen der Verbrennungsgase; Bewegung von Kurbelwelle, Kolben und Ventilen. Diese Energieanteile werden als **Nutzenergie E_{nutz}** bezeichnet.
Der Großteil der zugeführten Energie geht jedoch mit den heißen Verbrenungsgasen oder über den Kühler ungenutzt als **Abwärme** in die Umgebung: E_{abgef}.

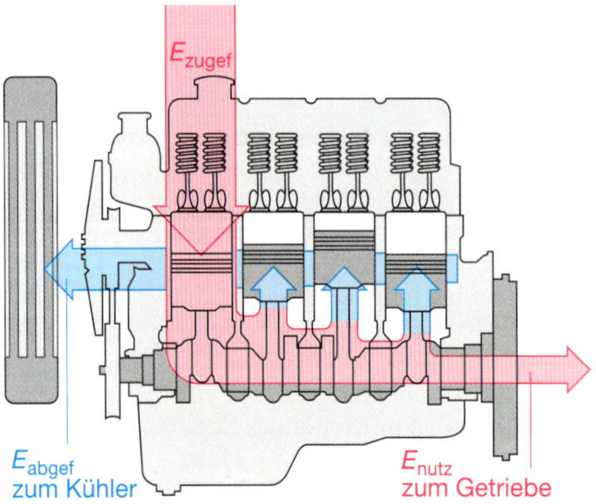

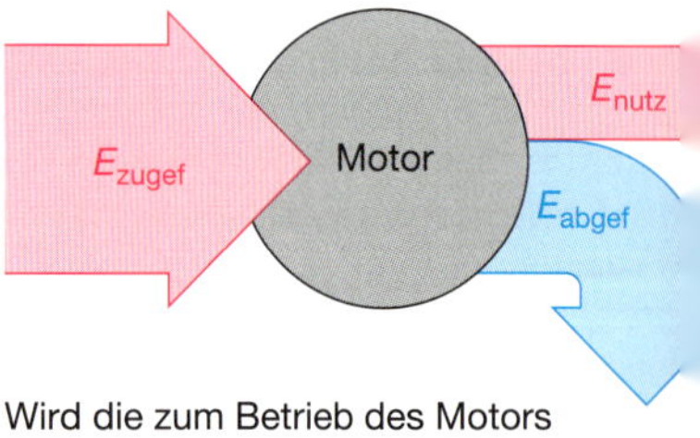

Wird die zum Betrieb des Motors erforderliche Energie nicht über die Kühlung abgeführt, überhitzt er sich und bleibt stehen. Kühlung ist deshalb unabdingbare Voraussetzung für den Betrieb eines jeden Motors.

Blockheizkraftwerk (BHKW)

In Kraftwerken wird heißer Dampf erzeugt, der eine Turbine und einen angekoppelten Generator antreibt. Nachteilig ist bei diesem Kraftwerksprozess, dass nur etwa 40 % der eingesetzten chemischen Energie schließlich auf dem Träger fließende Ladung herauskommen; die restlichen 60 % gehen als Abwärme verloren. Andererseits werden 50 % der in den Haushalten eingesetzten Energie für die Raumheizung verwendet. Eine Idee ist, die bei der Gewinnung von elektrischer Energie zwangsläufig entstehende Entropie für die Raumheizung nutzbar zu machen.

Eine Möglichkeit sind Fernwärmenetze, die aber nur in der Nähe von Kraftwerken errichtet werden können, weil der Transport von Energie auf dem Träger Entropie über große Strecken schwierig ist. Aber es gibt ein System, bei dem diese sogenannte *Kraft-Wärme-Kopplung* gut funktioniert, nämlich **Blockheizkraftwerke.** Sie sind inzwischen so ausgereift, dass es Überlegungen gibt, sie nicht nur für einzelne Haushalte oder große Gebäude einzusetzen, sondern mit ihnen ganze Stadtteile mit elektrischem Strom und Heizungswärme zu versorgen.

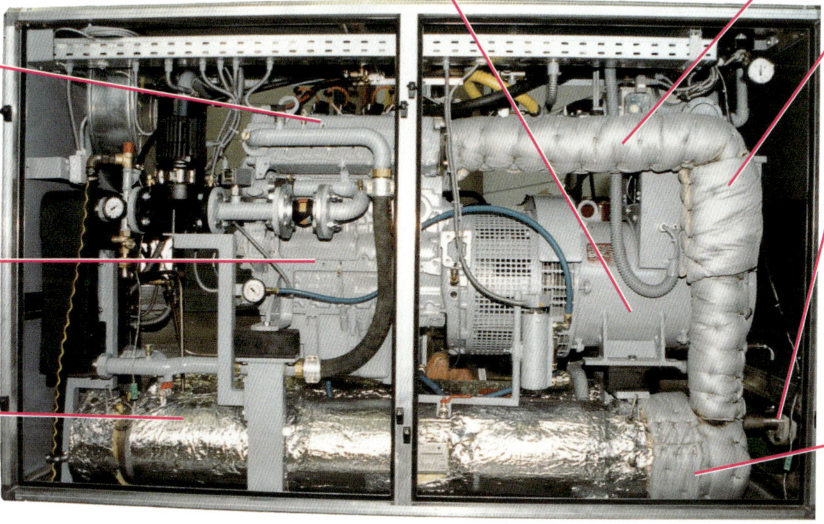

Weil beim Betrieb eines BHKWs nicht nur Energie auf den Träger fließende Ladung, sondern auch auf den Träger Entropie umgeladen wird, kann dieser Teil zur Raumheizung genutzt werden. Damit ist die Ausnutzung der eingesetzten chemischen Energie fast doppelt so hoch wie bei einem normalen Kraftwerk, das die Abwärme nicht mehr nutzt.

BHKWs sind kleine, nicht einmal zimmergroße Aggregate. Sie können überall dort eingesetzt werden, wo Strom und Wärme gleichzeitig und möglichst in gleichbleibenden Mengen während des ganzen Jahres benötigt werden. Als Antrieb eignet sich der Stirlingmotor, weil bei ihm der Energieträger in einer externen Brennkammer verbrannt wird. Dadurch ist er brennstoffvariabel und der Motorinnenraum bleibt frei von Rückständen und Verschleiß.

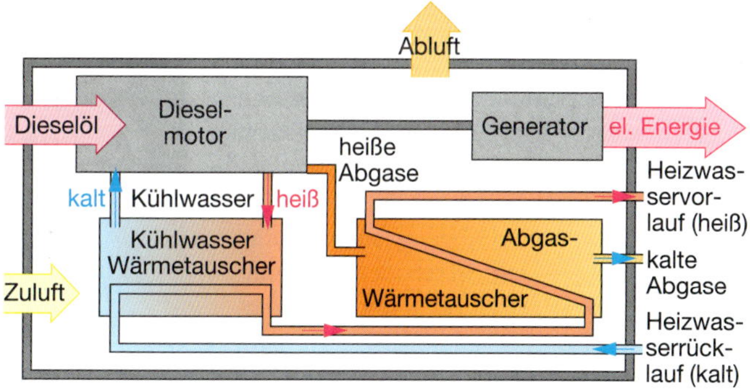

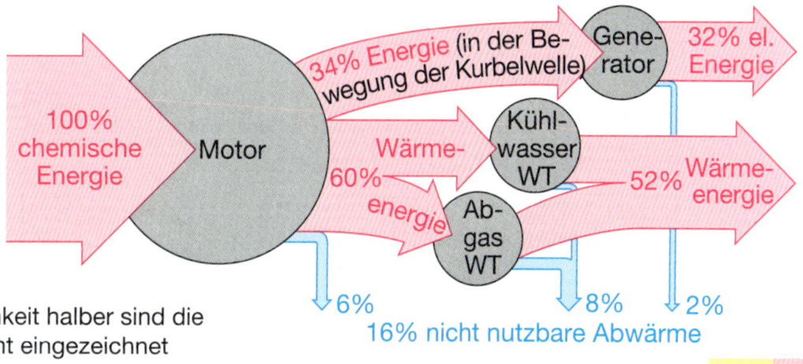

Der Übersichtlichkeit halber sind die Träger-Pfeile nicht eingezeichnet

Das Wärmekraftwerk

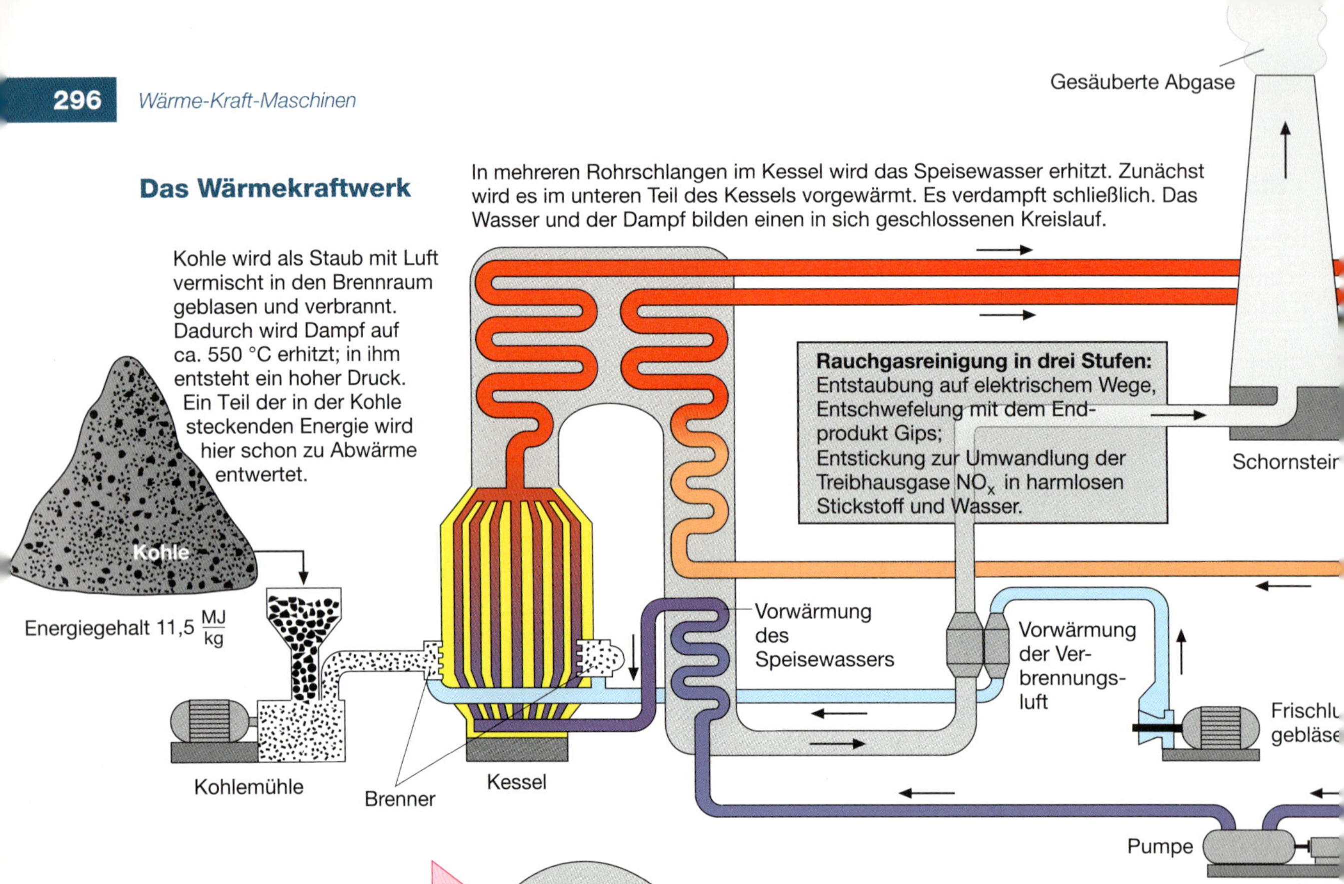

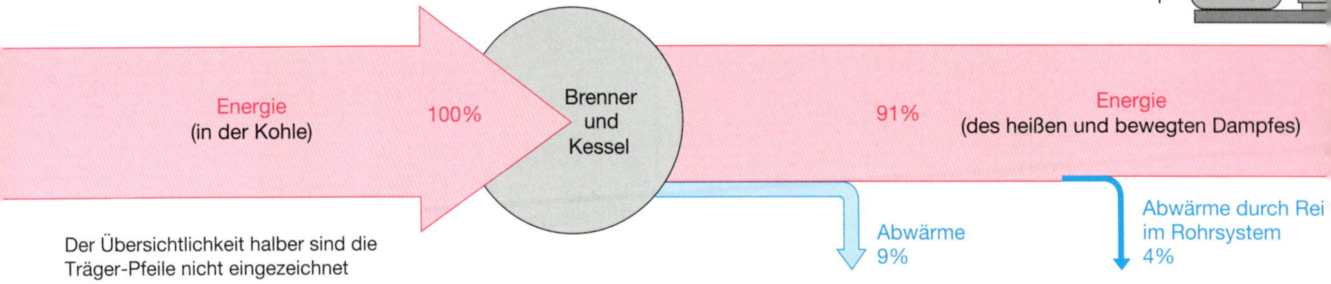

Der Übersichtlichkeit halber sind die Träger-Pfeile nicht eingezeichnet

Ein Wärmekraftwerk ist ein riesiger Energieumlader: Ausgangspunkt ist die chemische Energie von Kohle, Erdöl oder Erdgas, die bei der Verbrennung frei wird, oder die Kernenergie im KKW. Sie wechselt mehrfach die Träger, bis sie schließlich auf dem Träger fließende Ladung zur Verfügung steht. Dabei gehen auch in modernen Kraftwerken bis zu 60 % der eingesetzten Energie verloren. Die auf dem Träger Entropie verlorene Energie heißt **Abwärme** und ist *entwertete Energie*.

Bei Kraftwerken in Städten kann die Abwärme zum Heizen von Wohnungen verwendet werden. Die Gesamtenergiebilanz lässt sich dadurch wesentlich verbessern.

Zentraler Versuch

In Wärmekraftwerken können nur etwa 40 % der eingesetzten Energie auf den Träger fließende Ladung umgeladen werden. 60 % gehen als entwertete Energie/Abwärme in die Umgebung.

Aufgaben

1 Nenne die Ursachen für die 9 % Abwärme in Brenner und Kessel eines Wärmekraftwerks.

2 Erläutere im Teilchenbild, was mit einem Wasserteilchen im Kreislauf Kessel – Kondensator – Kessel alles passiert.

3 Begründe, warum Energie auf dem Träger Ladung vielseitiger verwendbar ist als auf dem Träger Entropie. Denke auch an den Transport beider.

4 **a)** Zeichne das Energiefluss-Diagramm der „Dampfturbine“ im Foto links.
b) Begründe die große Verlustenergie bei einer Dampfturbine.
c) Zeichne das Energiefluss-Diagramm der gesamten Anlage.

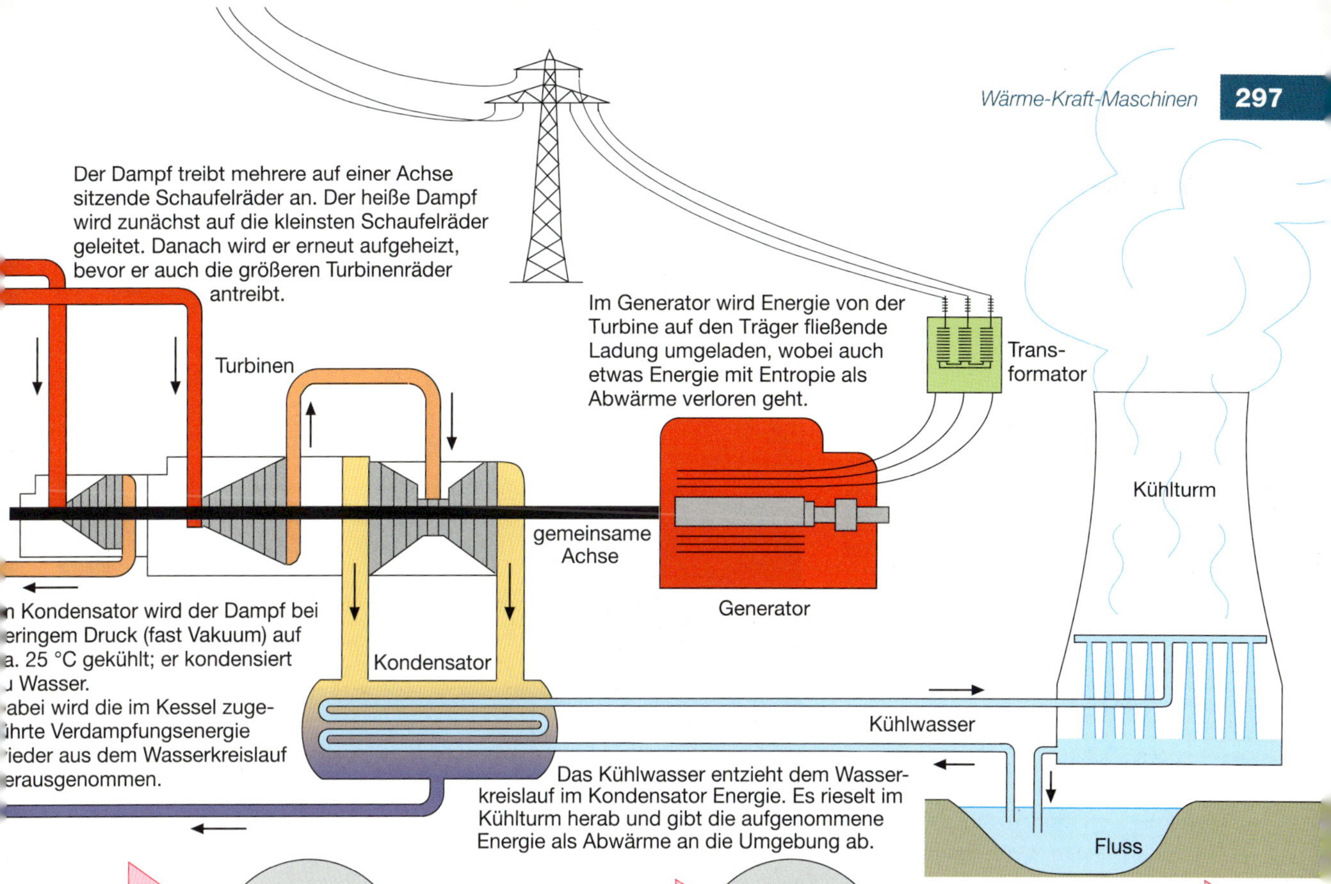

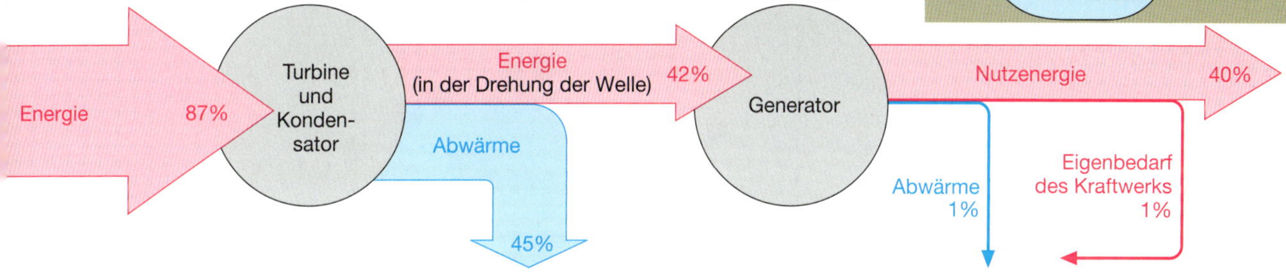

Die Dampfturbine

Streifzug

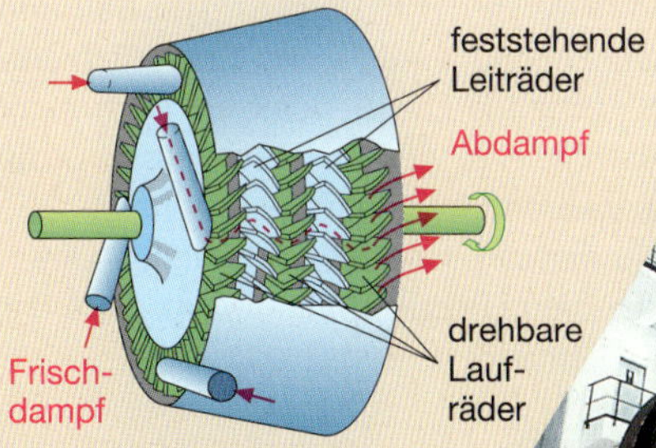

Herzstück jedes Wärmekraftwerkes ist die Dampfturbine, die den Generator treibt. In der Turbine bewirkt die Energie des ca. 550 °C heißen Dampfes eine Drehbewegung der Turbine. Der heiße Dampf trifft auf die kleinen Laufräder, wird dabei abgelenkt und von feststehenden Leitblechen auf ein zweites Laufrad gelenkt, das auf derselben Achse sitzt usw. Dann wird er zum Kessel zurückgeführt, nochmals erhitzt und auf eine zweite Turbine geleitet. Wenn der Dampf fast alle Energie abgegeben hat, wird er im Kondensator bei ca. 25 °C und geringem Druck wieder flüssig und zum Kessel zurückgepumpt. Der Kreislauf hat sich geschlossen.

Der Nachteil von Dampfturbinen sind die komplizierte Herstellung und die hohen Qualitätsanforderungen an das Material.

Energieentwertung – Entropievermehrung

Neben dem begehrten Energietransport mit fließender Ladung produziert ein Kraftwerk sehr viel Energie, die auf der Entropie über die Kühltürme ungenutzt entweicht. Dies ist eine gewaltige Vergeudung von Kohle, Öl, Gas oder Uran, die teuer eingekauft wurden. Gibt es physikalische Gründe dafür, dass diese „Verschwendung“ kostbarer Ressourcen hingenommen werden muss? Warum Energie nicht beliebig von einem Träger auf einen anderen geladen werden kann, sondern dass dies nur unter „Verlust“ möglich ist, muss geklärt werden.

Zentraler Versuch

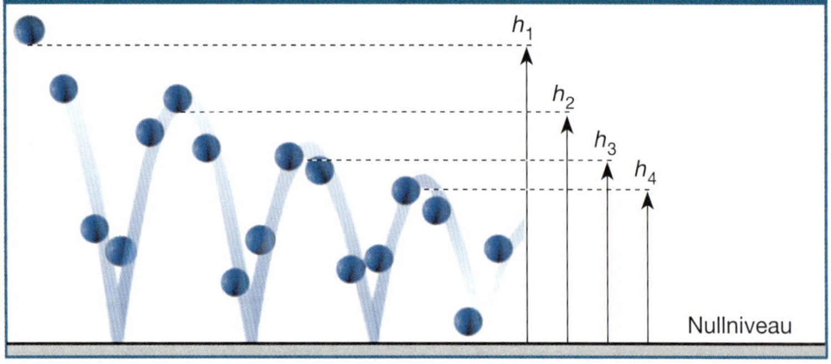

Der springende Ball, die Erde am Aufprallpunkt und die alles umgebende Luft bilden ein *System,* in dem die anfangs zur Verfügung stehende Energie umgeladen wird. In ihm gilt der Energieerhaltungssatz: Wenn diesem System keine Energie zugeführt wird oder aus ihm abfließt, bleibt die Gesamtenergie erhalten und die Energie kann innerhalb des Systems beliebig den Träger wechseln.

Die anfänglich gespeicherte Lageenergie des Balls im zentralen Versuch scheint aber nach und nach verloren zu gehen, bis keine Energie mehr im System sichtbar ist. Das stimmt so nicht! Vielmehr wurde durch den Aufprall des Balls Entropie erzeugt und dadurch die Temperatur von Ball und Aufprallstelle erhöht. Die vorhandene Energie wurde so kontinuierlich entwertet. Die mit der Entropie verlorengehende Energie kann nämlich nicht mehr zurück in die Bewegung des Balls geleitet werden. Sonst müsste ja die Kugel wieder anfangen zu springen, während sie, die Aufprallstelle und die Luft ringsum kühler würden, sie also die von der Kugel empfangene Energie wieder an sie zurückgäben. Nach dem Energieerhaltungssatz wäre das möglich, aber gesehen hat das noch niemand!

Auch bei den Energieumladungen in Kraftwerken wäre es wünschenswert, die Entwertung der kostbaren Eingangsenergie in dem System Kraftwerk–Umgebungsluft wieder rückgängig zu machen. Dazu müsste nur die erwärmte Luft über den Kühltürmen, also die Abwärme des Kraftwerks, zurückgewonnen werden, was aber nur sehr eingeschränkt möglich ist.

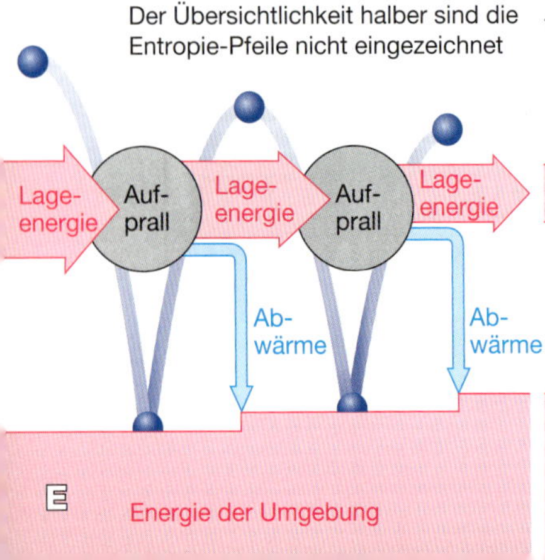

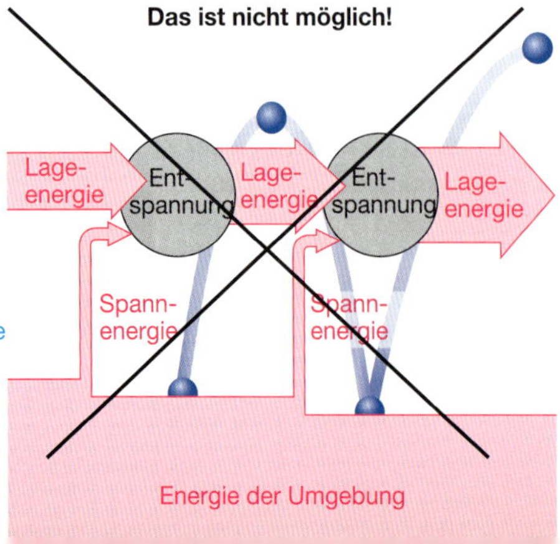

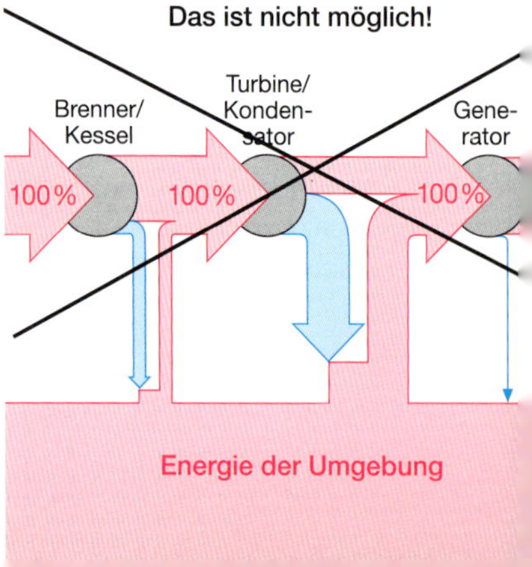

E

Einbahnstraße Energieentwertung

Dem Energieerhaltungssatz würden solche Umkehrungen der Entwertung nicht widersprechen. Die Erfahrung zeigt aber, dass der Vorgang nur in der Richtung abläuft, in der Entwertung auftritt, nicht in der umgekehrten. Um Energieumladungen vollständig zu beschreiben, muss es also noch eine weitere Eigenschaft dieser Prozesse geben, die die Einseitigkeit von Entwertungsvorgängen beschreibt.

Bei den Energieumladungen im Fall des springenden Balls wird deutlich: Im Laufe der Zeit wird der Vorrat an Energie immer geringer. Gäbe es die Entwertung durch Reibung nicht, würde der Idealfall eintreten, dass die Kugel nach jedem Aufprall wieder genau die Höhe erreichen würde, die sie vorher hatte. Es läge ein umkehrbarer, ein **reversibler Vorgang** vor. Der rückwärtslaufende Vorgang wäre vom vorwärts ablaufenden nicht zu unterscheiden.

Die ursprüngliche Lageenergie einer Turmspringerin „verschwindet" im Wasser. Dort ist sie zum Großteil auf den Träger Entropie umgeladen und dadurch entwertet worden. Es ist noch nie beobachtet worden, dass solch ein Vorgang in der Natur umgekehrt abläuft. Er wäre umgekehrt, wenn durch Abkühlung des Wassers die Springerin zurück auf den Turm gelangen würde.
Ein nicht umkehrbarer Vorgang heißt **irreversibel.** Er ist eine Einbahnstraße, weil die Prozesse nur in einer Richtung ablaufen, so wie bei dem springenden Ball oder wie bei den Energieumladungsprozessen im Kraftwerk.

Bei allen Energieumladungen entsteht Entropie, die nicht dem Zweck des Prozesses dient und mit der Energie verloren geht. Am Ende aller Energieketten steht immer Energie, die auf dem Träger Entropie abfließt und die nicht mehr rückholbar und damit nutzlos ist. Daher der Begriff „Energieentwertung". Im Gegensatz dazu ist Energie auf den Trägern Ladung, Impuls, Licht oder auf chemischen Trägern besser nutzbar. Deshalb ist sie wertvoll.

Energieentwertung ist also eine Einbahnstraße und Sackgasse zugleich, da jeweils Entropie erzeugt wird, die nicht mehr vernichtet werden kann und Energie aus dem System davonträgt.

Fast alle Energieumladungsprozesse sind irreversibel. Sie laufen nur in Richtung Entwertung, d.h. Entropieerzeugung, ab.

Aufgaben

1 Finde aus deinem Alltag drei weitere Beispiele für irreversibel ablaufende Energieumladungen.

2 Nenne für das Beispiel Fahrrad Maßnahmen, die zur Verringerung der Energieentwertung ergriffen werden oder von dir beim Radfahren ergriffen werden können.

3 **a)** Bestimme den Prozentwert, auf den sich die Lageenergie zwischen je zwei benachbarten Maxima des zentralen Versuchs verringert.
b) Berechne den Prozentwert der ursprünglichen Lageenergie, der im 4. Maximum noch vorhanden ist.

4 Axel hat eine geniale Idee für sein Fahrrad: Ein Elektromotor treibt das Hinterrad an und wird selbst vom Dynamo am Vorderrad wieder mit Energie versorgt. Franziska hat Zweifel. Kommentiere.

5 Das Wasserbecken, in das eine Springerin vom 5 m Brett springt, sei 10 m lang, 20 m breit und 4 m tief. Die Springerin ist 65 kg schwer.
a) Berechne, um wie viel Kelvin sich das Wasser allein durch die Reibung des Körpers der Springerin im Wasser erwärmt.
b) Berechne, wie oft sie springen müsste, um das Wasser um 1 K zu erwärmen. (Luftreibung vernachlässigen!)

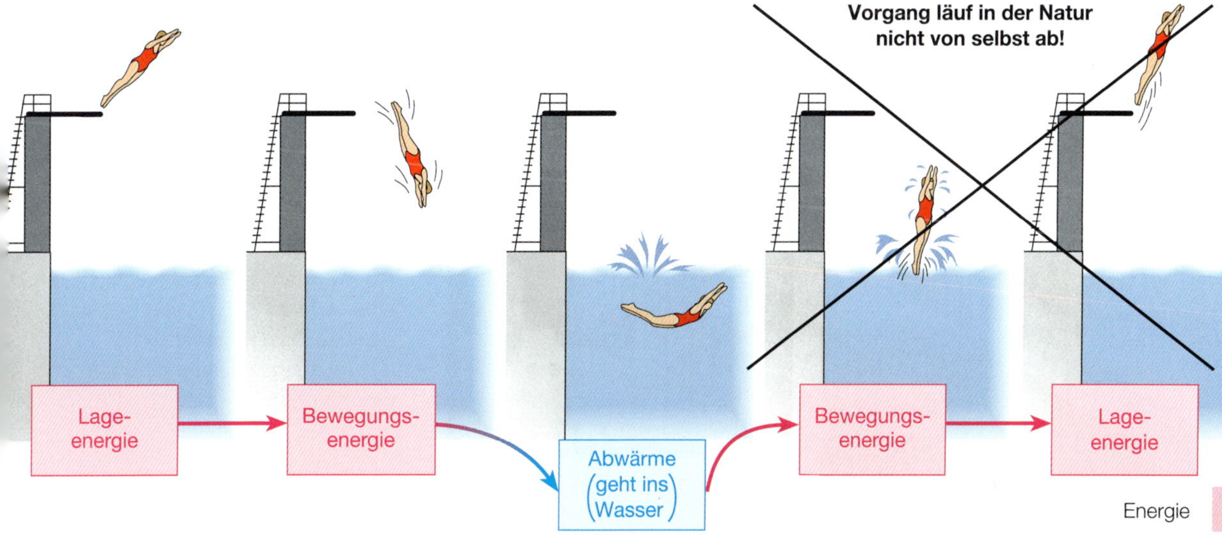

Energie und gesellschaftlicher Wandel

„ ... die Erfindung der Dampfmaschine und der Maschinen zur Verarbeitung der Baumwolle [gaben] den Anstoß zu einer industriellen Revolution, die zugleich die ganze bürgerliche Gesellschaft umwandelte. ...". So zu lesen 1845 bei FRIEDRICH ENGELS, Philosoph und Sozialrevolutionär. Wie kann eine Erfindung das Leben der Menschen so sehr verändern, dass dies als revolutionär bezeichnet wird? Wie hat sich die Nutzung der mit der Entropie fließenden Energie auf die Veränderung des Lebens der Menschen ausgewirkt?

Wärme-Kraft-Maschinen – Entwicklung und Folgen

In England hatte sich die Bevölkerungszahl im 18. Jahrhundert fast verdoppelt. Entsprechend groß war die Nachfrage nach allen Lebensgütern, so auch nach Textilien aller Art. Deshalb erlebte die Textilindustrie einen großen Aufschwung. Aber er stieß an Grenzen: Zwar war es gelungen, die Handspinnerei und die Handweberei durch Maschinen abzulösen, aber als Antrieb für diese Maschinen standen lediglich die altbewährten, von Tieren betriebenen Drehräder (Göpel) oder Wind- und Wasserräder zur Verfügung. Die von ihnen bereitgestellte Energie reichte nicht aus, die großen Antriebswellen zu drehen, an die mehrere Maschinen gleichzeitig hätten angekoppelt werden können.

In dieser Situation war die Konstruktion der Dampfmaschine durch JAMES WATT (1736–1819) der entscheidende Schritt. Sie machte es erstmals möglich, sich von den hergebrachten Energieträgern zu lösen, weil sie die Nutzung von Energie auf dem Träger Entropie für mechanische Zwecke ermöglichte. Mit den Verbrennungsmotoren und der Dampfturbine kamen später weitere Energieumlader auf mechanische Träger hinzu.

Als es Ende des 19. Jahrhunderts gelang, Energie auf den Träger fließende Ladung umzuladen, war ein wirtschaftlicher und leicht nutzbarer Energietransportweg gefunden.

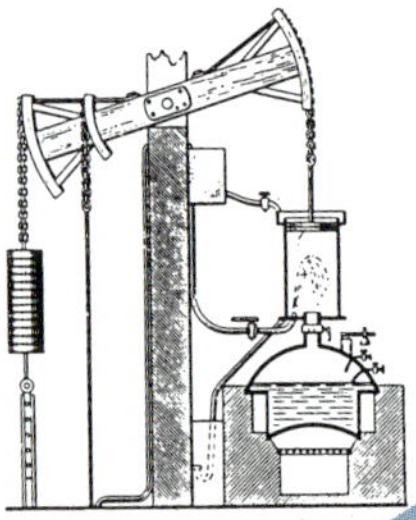

1760

1800

1850

1873

18

Die Verfügbarkeit von Energie zu jeder Zeit an jedem Ort hat zu einer revolutionären Veränderung des Lebens der Menschen in den letzten zwei Jahrhunderten geführt.

S

In der Arbeitswelt haben die Änderungen zuerst und sehr einschneidend begonnen. Waren früher ganze Familien damit beschäftigt, Güter oder Produkte herzustellen, so trennten sich ab 1850 Wohnung und Arbeitsplatz: Als Fabrikarbeiter musste der Mann/Vater dafür sorgen, dass die Maschine nie still stand und immer mit dem notwendigen Material „gefüttert" wurde.

1920

1900

Damit bestimmte nicht mehr er selbst den Arbeitsrhythmus nach seinen Bedürfnissen, sondern der Maschinentakt gab die Arbeitsgeschwindigkeit vor. Die Frau/Mutter blieb häufig zuhause, weil sie sich um den Haushalt und die Kinder kümmern musste, was dem damaligen Rollenbild entsprach.

1970

Auf dem Land gab es ab 1850 nicht mehr genügend Arbeit. Die Fabriken aber benötigten sehr viele Arbeitskräfte, sodass in den Städten sehr schnell große und dicht besiedelte Wohnviertel entstanden.

Die harten Bedingungen der damit verbundenen Trennung von Erwerbs- und Familienarbeit hatten insbesondere die Frauen zu tragen: Um den Lebensunterhalt der Familie zu sichern, mussten sie – sehr oft auch die Kinder – in der Fabrik mitarbeiten; gleichzeitig erledigten sie alle – damals ebenfalls sehr schweren – Arbeiten im Haushalt: Die gesamte Wäsche der Familie war von Hand zu waschen, alles Wasser und Brennmaterial musste mitunter mehrere Stockwerke hoch getragen werden. Die Abwasser- und Müllentsorgung waren völlig unzulänglich. Sie erforderten ebenfalls großen körperlichen Einsatz der Frauen.

heute

Erst staatliche Maßnahmen um 1900 haben die soziale Not gelindert, die durch das Produzieren in Fabriken entstanden war, wobei die Fabriken überhaupt erst durch die Nutzbarkeit der auf dem Träger Entropie gelieferten Energie möglich geworden waren (Dampfmaschine).

Die Lebensbedingungen der Menschen haben sich durch den Einsatz frei verfügbarer Energie seitdem weiterhin gewandelt:
Zuhause nutzen wir Energie zum Heizen, Kochen, Waschen, Bügeln oder für Licht, Fernsehen und Computer. Wenn wir uns fortbewegen wollen, stehen uns Auto, Bus, Bahn oder Flugzeug zur Verfügung. Die Produktion aller Güter, die wir nutzen, ist ohne den Einsatz von großen Energiemengen nicht denkbar. Die Nutzung der mit der Entropie transportierten Energie ist Ausgang und Mittelpunkt dieses Aspektes der ständigen Wandlung unseres Lebens.

Aufgaben

1 Ordne den beiden Seiten der Zeitleiste je eine Überschrift zu.

2 Ordne jedem Bild oberhalb der Zeitleiste ein Bild unterhalb der Leiste zu und begründe deine Zuordnung.

3 Interpretiere die inhaltliche Beziehung zwischen den beiden Bildern, die die unterschiedliche Art der Textilherstellung zeigen.

4 Nenne Wandlungen der „ganzen bürgerlichen Gesellschaft", wie ENGELS sie nach der Erfindung der Dampfmaschine und anderer Maschinen beobachtet bzw. vorausgesehen hatte.

5 Beschreibe, welche Bedingungen das Leben insbesondere der Frauen in den neuen Wohnvierteln des ausgehenden 19. Jahrhunderts erschwerten.

Grundwissen – Wärmetransporte und Entropie

ENERGIE

Energie und Energieströme

- Energie strömt von selbst nur von Körpern höherer zu Körpern niedrigerer Temperatur und das nur so lange, bis die beiden Körper gleiche Temperatur haben, also im *thermischen Gleichgewicht* sind. Die Temperaturdifferenz ΔT ist der Antrieb für den Energiestrom: Je größer ΔT, desto größer ΔE.
  Sollen Prozesse in der umgekehrten Richtung ablaufen, also Energie von Kalt nach Warm strömen (Kühlschrank), muss Energie zugeführt werden. Das erledigen Wärmepumpen.
- Jeder Energiestrom braucht einen **Träger.** Bei Bewegungen ist der Impuls der Träger der Energie, bei elektrischen Stromkreisen die im Kreis fließende Ladung, bei thermischen Prozessen die Entropie.
- Bei vielen Maschinen bzw. Prozessen geht Energie als **Abwärme** verloren. Die Effizienz von Wärme-Kraft-Maschinen (Kraftwerken, Motoren, Heizungen) kann verbessert werden, wenn die beim Umladen entstehende Abwärme weiterhin genutzt wird wie z. B. in einem BHKW.

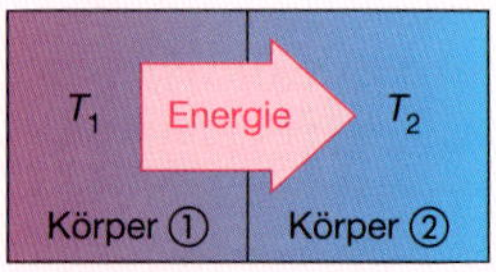

T_1 sinkt, T_2 steigt

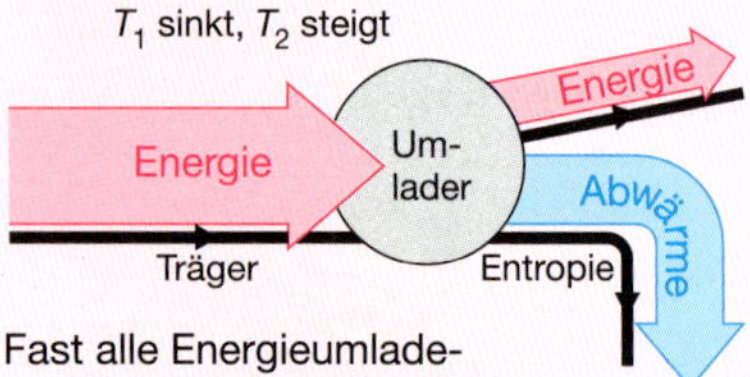

- Fast alle Energieumladeprozesse sind nicht umkehrbar. Sie laufen nur in Richtung Entwertung, d. h. Entropieerzeugung, ab.

Zufuhr oder Abgabe von Energie

- **Temperaturänderung**
  Wird einem Körper Energie zugeführt oder von ihm abgegeben, ohne dass sich sein Zustand ändert, so ändert sich seine Temperatur.
- **Zustandsänderung**
  Um den Zustand eines Körpers zu ändern, müssen ihm von seiner Masse und seinem Stoff abhängige Energiemengen zugeführt oder von ihm abgegeben werden.

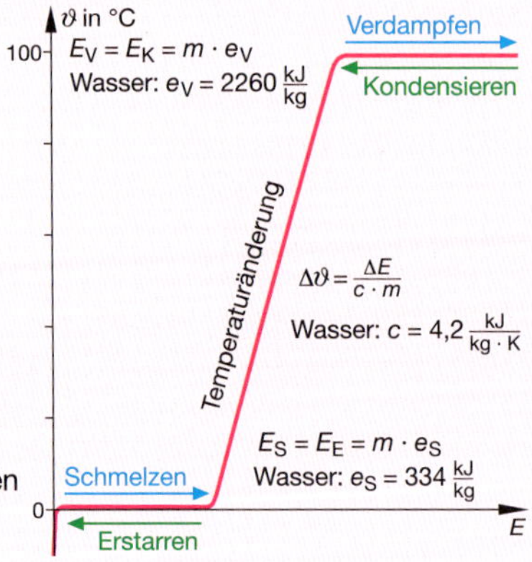

Solange keine Zustandsänderungen auftreten, gilt für die Änderung der Energie eines Körpers und seine Temperaturänderung:
$\Delta E = c \cdot m \cdot \Delta T$.

Energietransport

Leitung

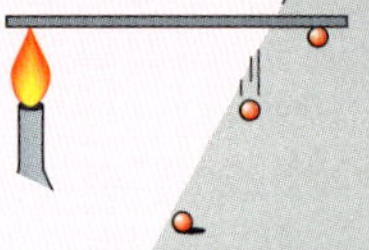

Energie strömt bei direktem Kontakt vom Körper höherer Temperatur zum Körper niedrigerer Temperatur.

Konvektion
Energie wird von strömenden Flüssigkeiten oder Gasen mitgenommen.

Strahlung
Energie strömt ohne einen materiellen Träger, z. B. mit Licht.

SYSTEM

Entropieströme

Ströme benötigen immer einen Antrieb und werden durch einen Widerstand gehemmt.
Der Antrieb des Entropiestroms I_S ist der Temperaturunterschied $\Delta T = T_2 - T_1$.

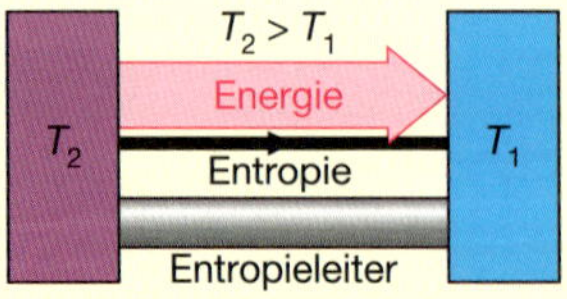

Der Entropiewiderstand eines Leiters hängt ab von
- der Länge
- der Dicke
- dem Material

Dämmung: Je größer der Entropiewiderstand des Leiters zwischen zwei Körpern ist, desto geringer ist der Entropiestrom, desto besser die Dämmung.

Grundbegriffe

A1 **a)** Fertige mit den Grundbegriffen Karteikarten an. Notiere den Begriff auf der Vorderseite und erläutere ihn auf der Rückseite. Anstelle der Dateikarten kannst du auch eine Datenbank anlegen.
b) Erstelle eine Mindmap für das ganze Kapitel. Die Grundbegriffe auf der Seite links helfen dir dabei.

A2 **a)** Beim Bau von Häusern kannst du beobachten, dass der Beton für die Zwischendecken in ein Stahlnetz gegossen wird. Erkläre, warum für dieses Netz nicht Aluminium oder Kupfer verwendet werden kann.
b) Für die Fenster werden meistens Aluminiumrahmen verwendet, in die Glasscheiben so eingepasst werden könnten, dass sie ganz dicht sitzen. In der Realität werden aber auch in Alu-Rahmen die Glasscheiben mit Gummidichtungen eingesetzt. Erläutere, warum das erforderlich ist.
c) Erläutere den Sinn der Mehrfachverglasung bei Fensterscheiben.

A3 100 g Wasserdampf mit der Temperatur 120 °C werden bis auf −20 °C abgekühlt.
a) Skizziere ein Zeit-Temperatur-Diagramm für den Vorgang.
b) Beschreibe den Vorgang mithilfe der Teilchenvorstellung.
c) Berechne die abgegebenen Energiebeträge für die einzelnen Abschnitte sowie die gesamte Änderung der im Dampf enthaltenen Energie.
d) Zeichne ein Schema für den Vorgang, in das die Zustandsformen, die Änderungen der Zustandsformen und die Energien eingetragen werden können.

A4 **a)** Eine Wärmepumpe soll zur Kühlung eines Raumes an heißen Sommertagen dienen. Zeichne ein vollständiges Energieflussschema einschließlich der vorkommenden Energieträger.
b) Erkläre, weshalb der Einsatz von Klimageräten kritisch gesehen werden kann, und zeige Alternativen auf.

A5 Die kleine Mauer am Rand des Schulhofs lädt zum Sitzen ein. Obwohl die Oberfläche glatt und meistens sauber ist, möchte die Schülervertretung auf der ganzen Mauer Holzbohlen anbringen lassen. Das Geld dafür wurde bei einem Schulfest eingenommen.

Schreibe einen Antrag an die Klassensprecher-Versammlung und begründe darin diese Maßnahme.

A6 Elke und Heinz werden Zeugen eines Verkehrsunfalls. Sie leisten sofort „Erste Hilfe" und werden von den Rettungssanitätern für ihren Einsatz sehr gelobt. Kritikpunkt des Einsatzleiters: „Ihr habt etwas vergessen, was euch im Winter sicher nicht passiert wäre."

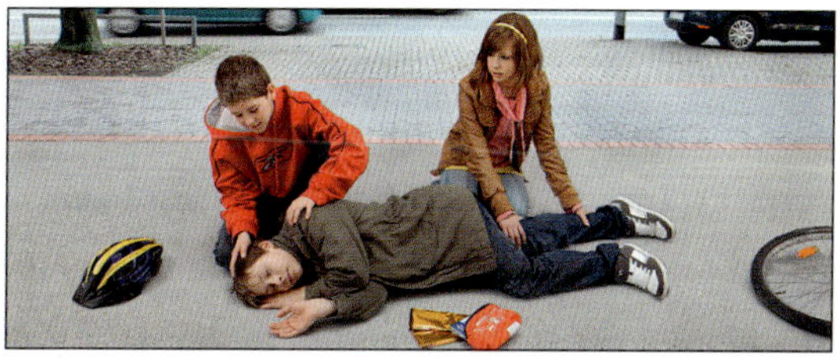

a) Nenne und begründe, was der Einsatzleiter gemeint haben könnte und warum er die Jahreszeit erwähnt hat.
b) Ein Mensch wurde gerade noch vor dem Ertrinken gerettet. Begründe physikalisch, welche Maßnahme für den Geretteten und die Retter jetzt besonders wichtig ist.

A7 Im Automotor entsteht zwangsläufig sehr viel unerwünschte Entropie. Damit der Motor nicht zu heiß und dadurch zerstört wird, muss sie abtransportiert werden. Die Abbildung zeigt, wie dieses Problem gelöst wird.

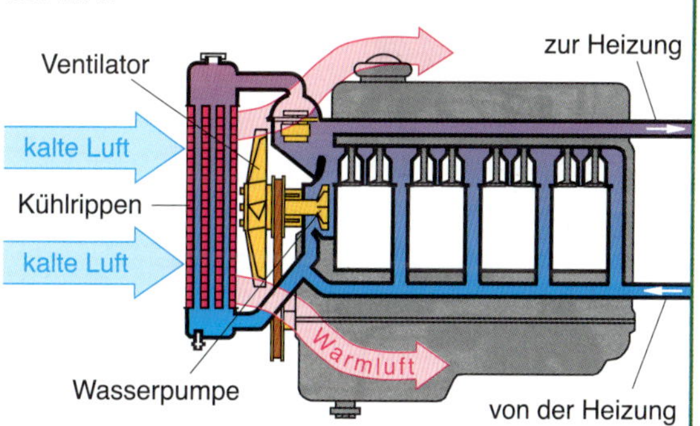

a) Beschreibe, wie die Kühlung funktioniert.
b) Zähle die Arten von Wärmetransport auf, die hier eine Rolle spielen.

A8 Vergleiche ein Groß-Wärmekraftwerk mit einem Blockheizkraftwerk.
a) Liste die Vor- und Nachteile beider Kraftwerkstypen auf. Denke dabei auch an die Brennstoffe, die zugeführt werden müssen, und an die Transportwege der Energie vom Kraftwerk zum Verbraucher.
b) Entspricht jeder Nachteil des einen Kraftwerkstyps einem Vorteil des anderen? Begründe.

Der elektrische Stromkreis

Ein Leben ohne elektrischen Strom ist nicht mehr denkbar. LED-Beleuchtung, Geschirrspüler, Smartphone, Computer – all diese Dinge gestalten unseren Alltag angenehm. Damit alle diese elektronischen Helfer funktionieren, benötigen sie Strom. Mit ihm kann geregelt werden, wie hell Lampen leuchten, wie laut Musik aus einem Lautsprecher schallt und wie heiß die Heizschlangen in Wasch- und Spülmaschinen werden. Doch die Nutzung des elektrischen Stroms birgt auch Gefahren, vor denen Sicherungen schützen.

Du erfährst in diesem Kapitel, wie elektrische Ströme von der Spannung der Quelle abhängen, in welcher Einheit sie gemessen werden, wie das zugehörige Messgerät zu handhaben ist, aber auch, wie der Elektronenstrom und der Energiestrom in einem Stromkreis zusammenhängen.

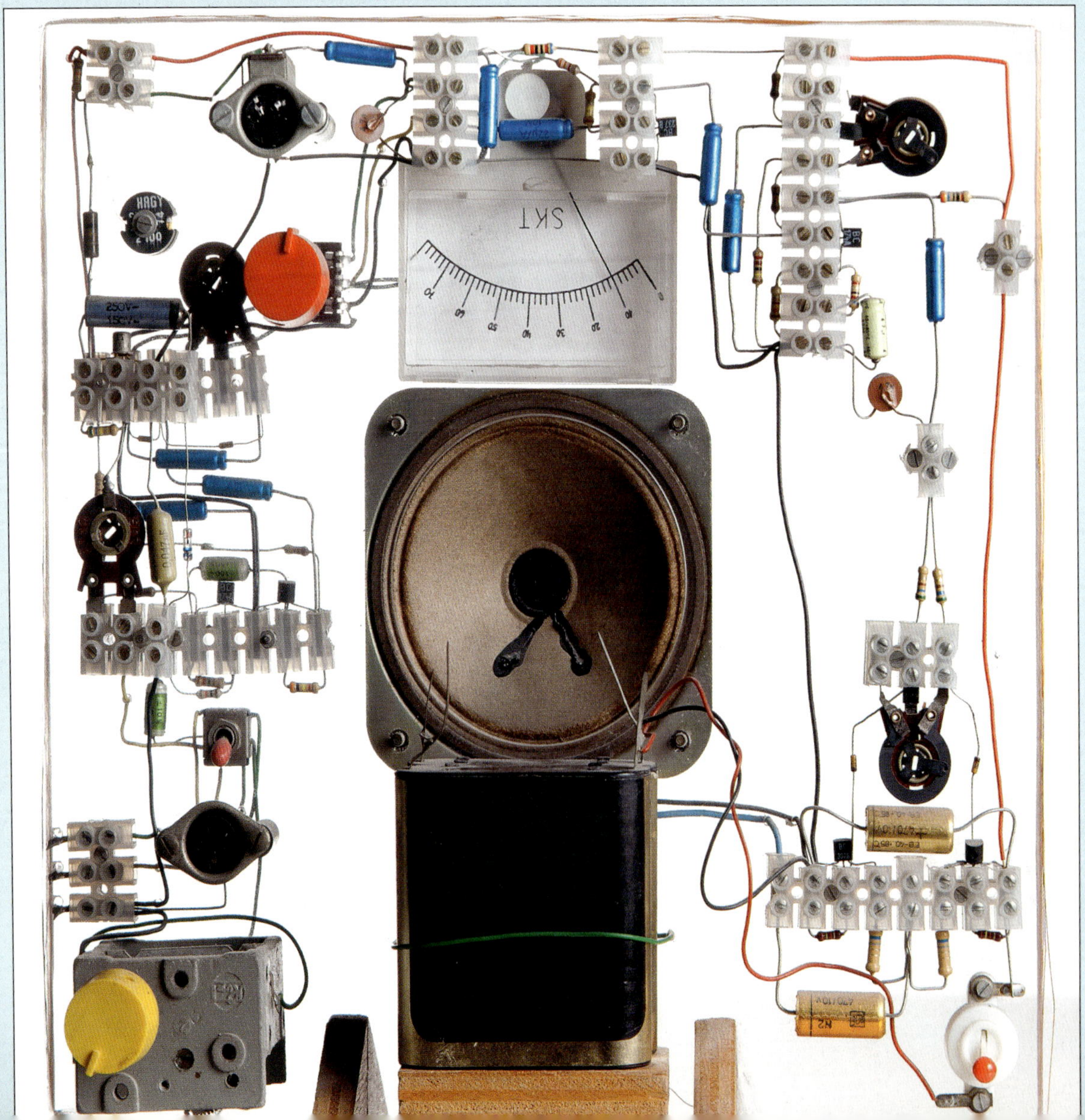

■ **Tragisches Unglück durch Leichtsinn:**

Todesopfer waren auf Eisenbahn-Waggon geklettert

Mainz. Für zwei junge Männer aus Mainz, die am frühen Samstagmorgen im Bahnhof Bischofsheim auf einen Güterwaggon geklettert waren, kam jede Hilfe zu spät: Die Stromschläge, die sie kurz nach 4 Uhr aus der 15 000 Volt führenden Oberleitung trafen, waren sofort tödlich. Warum die 18 und 19 Jahre alten Männer den geschlossenen roten Waggon der Deutschen Bahn erklommen hatten, ist nach Angaben der Bundespolizei auch am Sonntag noch unklar. „Die Ermittlungen dauern an", sagte Sprecher Heinz Becker. Nach seinen Angaben führte die Oberleitung etwa einen Meter über den Waggon hinweg. Um einen Stromschlag auszulösen, müsse man die Leitung nicht berühren. Der Aufenthalt in der Nähe reiche schon aus, um schwere oder tödliche Verletzungen davonzutragen. Becker warnte davor, auf Waggons zu klettern. „Das ist lebensgefährlich."

■ **Leitungen:** Zuleitungen von Haushaltsgeräten, Unterputzkabel im Haus und Erdkabel bestehen aus Kupfer, Überlandleitungen meist aus Aluminium. Heizleiter, die z. B. in Toastern und Boilern verwendet werden, dagegen aus bestimmten Metalllegierungen, die einen besonders hohen Widerstand haben. Das verwendete Material ist also abhängig von der jeweiligen Einsatzart. Sicherheitsaspekte erfordern häufig Isolierungen und ggf. zusätzliche Schutzvorrichtungen.

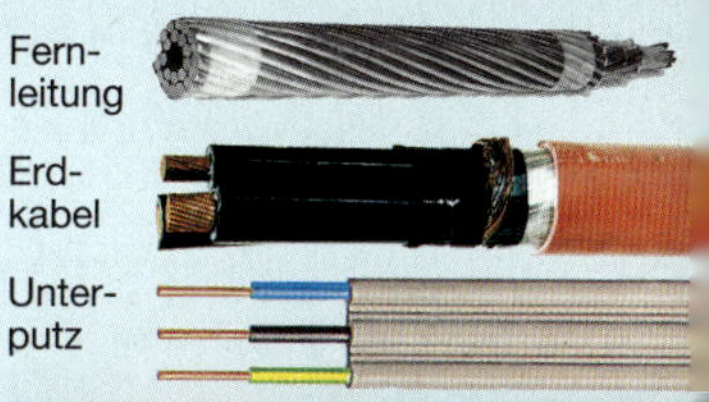

■ **Waschmaschinen** sind aus unserem Leben nicht mehr wegzudenken, erleichtern sie doch die Hausarbeit erheblich. Ein Elektromotor sorgt für die Drehung der Trommel, eine Laugenpumpe für die Abführung des Wasch- und Schleuderwassers. Ein dicker Heizstab bewirkt die Erwärmung des Wassers. Die Geräte unterscheiden sich durch ihre Energieeffizienzklasse. Moderne Waschmaschinen sparen bis zu 50% Energie im Vergleich zu älteren Geräten.

Vorbereitung

1 Lies die Texte dieser beiden Seiten durch und betrachte die zugehörigen Bilder. Schreibe zu den einzelnen Themen Fragen auf, die du dazu hast.

2 Blättere das folgende Kapitel durch, lies die Überschriften und betrachte die Bilder. Notiere neben den Fragen aus **1** die Seitenzahlen, die deiner Meinung nach Antworten zu deinen Fragen liefern könnten.

3 Überlege und schreibe auf, was du in Experimenten untersuchen möchtest. Vielleicht hast du ja schon Ideen, wie die Versuche aussehen könnten.

4 Studiere die im Vorwissen „Der elektrische Stromkreis" auf Seite 306 dargestellten Zusammenhänge. Schreibe dazu die wichtigsten Begriffe zusammen mit einer kurzen Erklärung auf.

Vorwissen — Der elektrische Stromkreis

Spannung ist gefährlich!

Elektrischer Strom kann im Menschen
- Verbrennungen
- Vergiftungen
- Muskelverkrampfung (Herzstillstand)

hervorrufen.
Gegenstände können durch elektrischen Strom entzündet werden.

Energie und Energieströme

Energie ist erforderlich, damit Vorgänge ablaufen können.
Energie kommt nie alleine, sondern braucht immer einen **Träger**: Bei Bewegungen ist das der Impuls, bei elektrischen Stromkreisen die Ladung, bei thermischen Prozessen die Entropie.

Einheit der Energie
1 J (Joule)
1 kJ = 1000 J
1 kWh = 3,6 Mio J

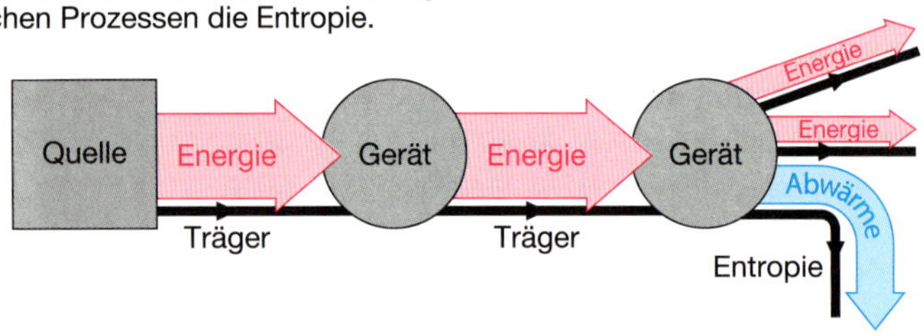

Wie viel Energie E strömt, wird durch die **Energiestromstärke P** ausgedrückt:

Energiestromstärke = $\frac{\text{Energie}}{\text{Zeit}}$ oder $P = \frac{E}{t}$.

Die Einheit ist 1 Watt = 1 W = $1\frac{\text{J}}{\text{s}}$.

Bei allen Energieumladungsprozessen entsteht immer auch Energie auf dem Träger Entropie („Wärmeenergie"). Meist gehen Entropie und ein Teil der Energie als Abwärme ungenutzt in die Umgebung.
Aber Energie geht nie verloren, sie wechselt nur den Träger: **Prinzip von der Erhaltung der Energie.**

Elektrischer Stromkreis

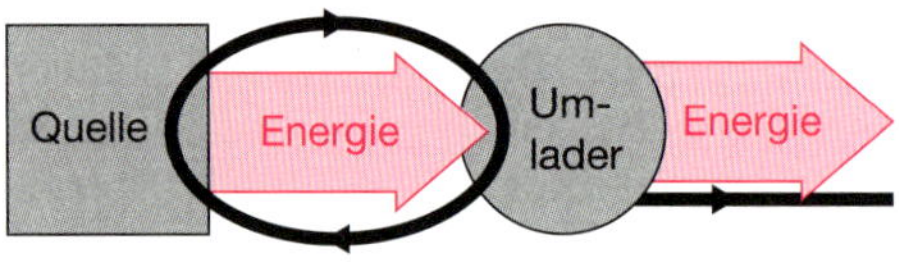

In einem elektrischen Stromkreis bewegen sich die Elektronen vom Minuspol zum Pluspol. Dabei strömt Energie von der Quelle zu einem Gerät, das die Energie auf einen anderen Träger umlädt und dann die gewünschten Wirkungen erzielt.

Spannung in Schaltungen

Reihenschaltung

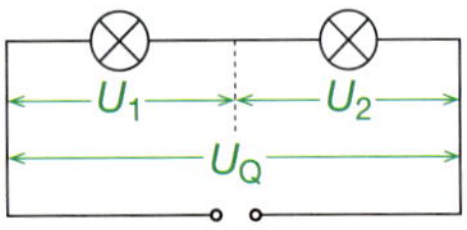

$U_Q = U_1 + U_2$

Parallelschaltung

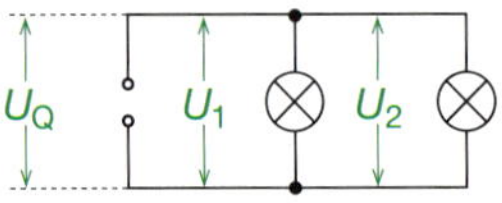

$U_Q = U_1 = U_2$

Maschenregel: Im unverzweigten Stromkreis ist die Summe der Teilspannungen über den Geräten so groß wie die Quellenspannung.

Die Spannung der Quelle und die Geräte selbst bestimmen in einer Reihenschaltung die Größe der Teilspannungen in den Geräten.

Wasserstromkreis
In einem Wasserstromkreis strömt Wasser von einer Pumpe zu einem Schaufelrad/Turbine, das durch die Wasserströmung in Drehung versetzt wird. Durch die Drehung können dann bestimmte Wirkungen hervorgerufen werden.

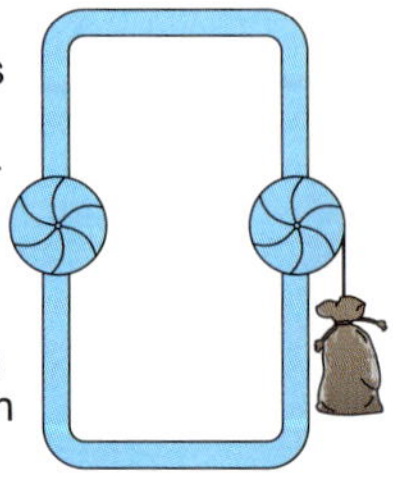

Entropiewiderstand

Energie geht von selbst nur von einem heißeren Körper zu einem kälteren Körper über. Sie wird von dem Träger Entropie transportiert.

Wie groß der Entropiestrom und der damit verbundene Energiestrom sind, hängt vom Entropiewiderstand des Leiters ab, der die beiden Körper verbindet.

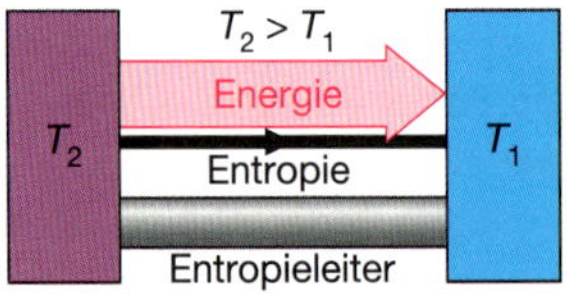

Der Entropiewiderstand hängt ab von
- der Länge der Leitung: Je länger die Leitung, desto größer der Widerstand.
- der Dicke der Leitung: Je dicker die Leitung, desto geringer der Widerstand.
- dem Material der Leitung: Gute Entropieleiter sind z.B. alle Metalle.

Grundbegriffe
- Stromkreis
  - Wasserstromkreis als Modell
- Quelle (elektrische)
- Elektrogeräte
- Spannung
  Quellenspannung, Teilspannungen
- Reihen- und Parallelschaltung
- Maschenregel
- Leiter, Nichtleiter/Isolator
- Energie, Energieeinheiten
- Energietransport
- Energieträger
- Entropiewiderstand

Messgeräte für elektrische Ströme — Projekt

Eine Glühlampe zeigt an, dass in einem Stromkreis Strom fließt. Leuchtet sie heller, fließt ein stärkerer Strom. Aber nicht immer ist eine Glühlampe empfindlich genug, um schwache Ströme anzuzeigen. Eventuell ist der Strom zu stark, sie brennt durch. Ein weiterer Nachteil: An der Lampe lässt sich keine Skala anbringen.

P1 a) Besorgt euch ein kleines Türscharnier aus Stahl für den Möbelbau, eine kleine Spule (mit ca. 400 Windungen) aus der Physiksammlung und ein Netzgerät, das eine regelbare Gleichspannung (bis 12 V) liefert.

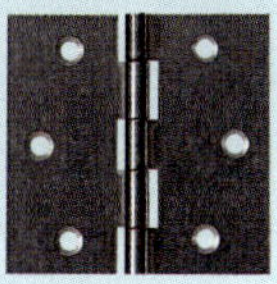

b) Recherchiert im Internet, wie ein **Dreheiseninstrument** funktioniert. Baut ein solches Gerät mit eueren Materialien nach. (*Achtung:* Netzgerät nur kurzzeitig einschalten.)

P2 a) Recherchiert im Internet, aus welchen zwei wesentlichen Bauteilen ein **Drehspulinstrument** besteht. Plant einen Versuch, bei dem ihr mit Hilfe eines (lackierten) Kupferdrahtes und eines Hufeisenmagneten ein Modell für ein Drehspulinstrument herstellt.
b) Untersucht die Funktionsweise mithilfe eines Modells aus der Physiksammlung.

P3 Die Abbildung zeigt das Modell eines **Hitzdrahtinstruments**. Baut es nach und prüft, wie sich die Lage des Wägestücks ändert, wenn nur eine, zwei oder alle drei Lampen angeschlossen sind.

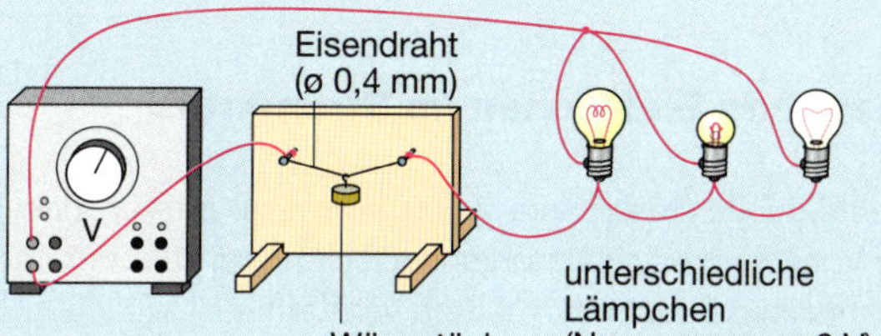

P4 Erstellt ein Plakat auf dem ihr Aufbau und Wirkungsweise der verschiedenen Messgeräte gegenüberstellt. Welche sind für starke, welche für geringe Ströme geeignet? Wie kann eine Skala angebracht werden? Welche reagieren auch auf Umpolung?

Sicherheit im Haushalt — Projekt

Viele elektrische Geräte im Haushalt machen das tägliche Leben komfortabel. Der elektrische Strom ist nahezu immer und fast überall verfügbar und nimmt uns eine Vielzahl von Tätigkeiten ab. Trotz all dieser positiven Aspekte ist die Nutzung des elektrischen Stroms auch mit Risiken und Gefahren verbunden, die aber durch spezielle Maßnahmen minimiert werden.

P1 Untersucht zusammen mit einem Erwachsenen euren Sicherungskasten zuhause, listet die einzelnen Bestandteile auf und informiert euch über deren Zweck und Funktionsweise. Bereitet einen kleinen Vortrag zu diesem Gebiet vor.

P2 Elektrischer Strom kann, wenn er durch den menschlichen Körper fließt, sehr gefährlich sein.
a) Fertigt eine Übersicht an, welche die Wirkung des Stromes auf den menschlichen Körper (physiologische Wirkung) in Abhängigkeit von der Stromstärke, dem Stromweg und sonstigen wichtigen Faktoren zeigt.
b) Ergründet, wie im Haushalt versucht wird, die Gefahr eines „Stromschlages" technisch zu vermeiden.
c) Stellt Regeln für den Gebrauch elektrischer Geräte auf.

P3 a) Erkundigt euch, wie Häuser mit elektrischem Strom versorgt werden.
b) Baut ein Modellhaus aus Pappe, Klingeldraht und Fahrradlämpchen. Veranschaulicht an diesem Haus mithilfe eines „Pappmenschen" die Gefahrenquellen. Wenn ein elektrischer Strom durch die Leitung fließt, zeigt eine eingebaute Lampe den Stromfluss und damit die Gefahr an.
c) Erläutert auch andere Gefahren und Sicherheitsmaßnahmen am Modell.

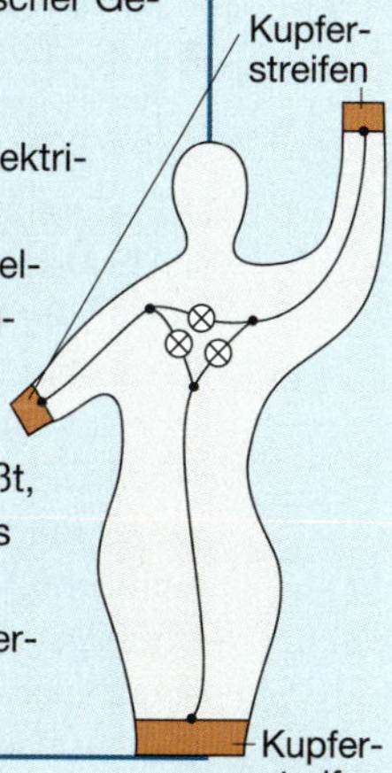

Die elektrische Stromstärke

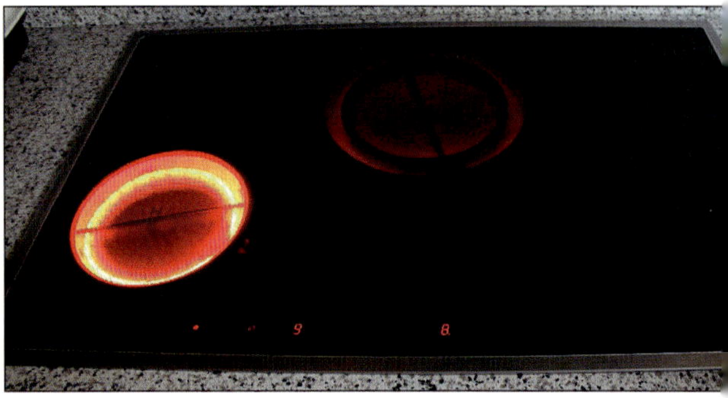

Je nach der gewählten Kochstufe glühen die Heizspiralen im Ceranfeld hellgelb oder dunkelrot. Über die Kochstufe wird die Stromstärke für die Kochplatten eingestellt. Unterschiedlich starke elektrische Ströme haben unterschiedlich große Wirkungen. Welche Möglichkeiten gibt es, die Stromstärke zu messen? Wie kann die Stärke des elektrischen Stroms im Elektronenbild veranschaulicht werden?

Fließende Elektronen im Stromkreis

Das folgende Experiment liefert Hinweise darauf, dass die Vorstellung sich bewegender Elektronen bei einem elektrischen Strom sinnvoll und vernünftig ist.

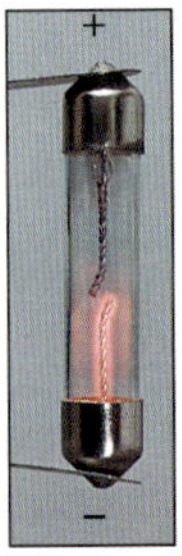

In einem Experiment werden zwei Glimmlampen in Reihe geschaltet. Der Stromkreis wird zwischen den beiden Glimmlampen unterbrochen.

1. Wird die Glimmlampe ① mit einer isolierten Metallkugel berührt, so leuchtet sie an der der Kugel abgewandten Seite auf.

2. Wird nun mit dieser Kugel die Glimmlampe ② berührt, so leuchtet diese an der der Kugel zugewandten Seite kurz auf. Dieser Vorgang kann laufend wiederholt werden; dabei zeigt sich:

- je schneller dies geschieht, desto häufiger leuchten die Glimmlampen auf;
- je größer die Kugel, umso heller leuchten die Glimmlampen.

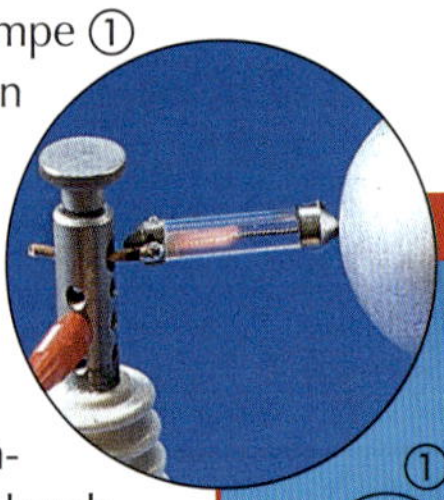

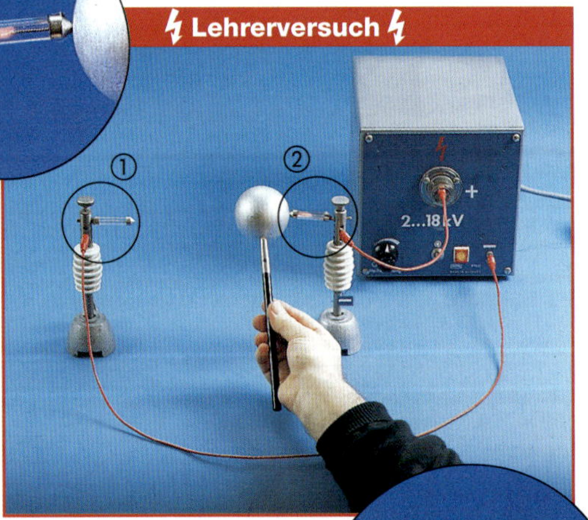

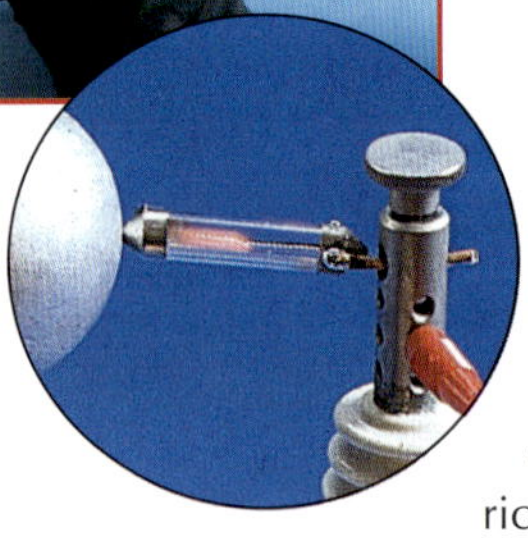

Das Aufblitzen der Glimmlampe zeigt das Fließen von Elektronen an. Da Glimmlampe ① am Minuspol des Netzgerätes angeschlossen ist, leuchtet die von der Kugel abgewandte Seite. Wird die Kugel an das andere Ende des offenen Stromkreises, also an Glimmlampe ② gehalten, blitzt die der Kugel zugewandte Seite. Ein erneutes Berühren mit derselben Kugel ruft kein weiteres Aufblitzen hervor. Es stehen offensichtlich keine „überschüssigen" Elektronen mehr zur Verfügung. Die Kugel ist entladen. Das bedeutet, dass die Kugel zuvor negativ geladen worden sein muss. Die benötigten Elektronen sind offensichtlich bei der Berührung der ersten Glimmlampe auf die Kugel übergegangen und werden mit ihr zum Pluspol der Quelle transportiert.

Der unterbrochene Stromkreis wurde durch „manuellen" Transport der Elektronen „geschlossen". Werden die beiden Glimmlampen durch einen Draht verbunden, leuchten beide ohne Unterbrechung. Das bedeutet, dass im geschlossenen Stromkreis laufend Elektronen vom Minus- zum Pluspol verschoben werden. Es fließt ein gleichmäßiger, ununterbrochener Strom von Elektronen von – nach +.

Da Elektronen negativ geladen sind, fließt die Ladung allerdings in umgekehrter Richtung. Bereits bei der Fahrradkette trat die Situation auf, dass die Kettenglieder in die umgekehrte Richtung flossen als die Energie. Auch das Beispiel der Schuldscheine von S. 209 zeigt den entgegengesetzten Fluss. AMPÈRE legte, ohne zu wissen, was im Stromkreis wirklich fließt, Anfang des 19. Jahrhunderts willkürlich die Stromrichtung von ⊕ nach ⊖ fest – genau entgegengesetzt zur Fließrichtung der Elektronen in Leitern.

In einem Stromkreis bewegen sich Elektronen.
Die Stromrichtung ist wie die Richtung der fließenden Ladung von ⊕ nach ⊖ festgelegt.

Eine Einheit für die elektrische Stromstärke

Da sich das Strömen der Elektronen nicht beobachten lässt, hilft es häufig, sich dieses mithilfe von fließendem Wasser vorzustellen:
Die Pumpe treibt das Wasser durch die Röhren wie eine elektrische Quelle die Elektronen durch die leitenden Verbindungsdrähte. Die Wirkung des Wassers kann an der sich drehenden Turbine beobachtet werden. Im elektrischen Fall führt der Stromfluss durch ein Gerät zu einer beobachtbaren Wirkung. Die Wassermenge im Kreislauf ändert sich nicht. Es gibt keine Anhäufungen, keine Verdünnungen, aber auch keine Staus.

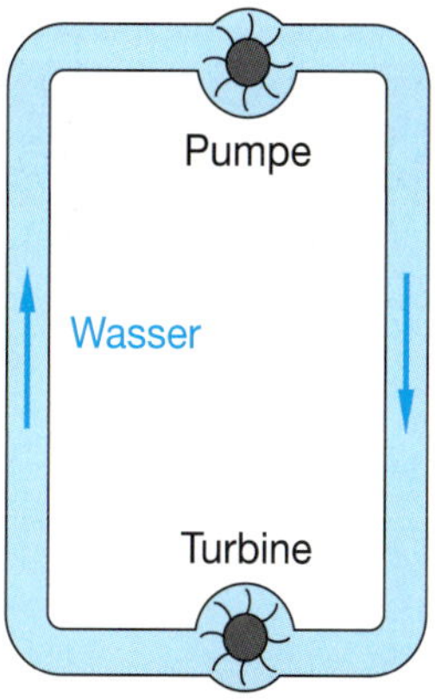

Elektrische Stromstärke

Das Formelzeichen ist $I = \frac{Q}{t}$.
Die Einheit ist 1 A (Ampere) = 1 $\frac{C}{s}$.

Weitere Einheiten:
Milliampere: 1 mA = $\frac{1}{1000}$ A
Mikroampere: 1 µA = $\frac{1}{1\,000\,000}$ A

Wie viel Wasser strömt, kann beim Füllen eines Gefäßes verdeutlicht werden: Je geringer der Wasserhahn aufgedreht ist, desto länger dauert das Füllen. Aus der Füllmenge und der dafür benötigten Zeit kann die Wasserstromstärke ermittelt werden z. B. als Liter pro Sekunde. Weil in 1 ℓ Wasser 15 Quadrillionen Wasserteilchen enthalten sind, bedeutet 1 $\frac{ℓ}{s}$ auch 15 Quadrillionen Teilchen je Sekunde.

Zentraler Versuch

Ein Elektron ruft bei seiner Bewegung im elektrischen Stromkreis keine wahrnehmbare Wirkung hervor. Erst die Bewegung von sehr vielen Elektronen führt zu beobachtbaren Wirkungen. Wenn 6 240 000 000 000 000 000 Elektronen – das entspricht der Ladung von einem Coulomb (1 C) – in jeder Sekunde an einer Stelle des Stromkreises vorbeifließen, ist das eine Stromstärke von **1 Ampere (1 A).** Die Einheit Ampere ist nach dem französischen Physiker ANDRÉ MARIE AMPÈRE (1775 – 1836) benannt.

Die elektrische Stromstärke gibt an, wie viel Ladung in einer bestimmten Zeit an einer Stelle des Stromkreises vorbeiströmt.

Im elektrischen Stromkreis fließen Elektronen, die von der Quelle in Bewegung gesetzt werden. Eine entsprechende Wirkung, z. B. das Aufleuchten einer Lampe, kann sofort nach Schließen des Stromkreises wahrgenommen werden.

Eine Möglichkeit zur Bestimmung der **elektrischen Stromstärke** wäre das Zählen der Elektronen, die in einer bestimmten Zeit an einer Stelle des Stromkreises vorbeiströmen. Werden viele Elektronen in einer Sekunde durch einen Querschnitt des Leiters geschoben, ist die Stromstärke groß; sind es nur wenige, ist sie klein. Da Elektronen eine konstante Ladung tragen, kann die Messung der Stromstärke auf eine Ladungs- und Zeitmessung zurückgeführt werden. Die elektrische Stromstärke wird berechnet als Quotient der durch die fließenden Elektronen transportierten Ladung Q und der Dauer t des Ladungsflusses:
$I = \frac{Q}{t}$.

Aufgaben

1 Berechne, wie viele Elektronen bei einer Stromstärke von 0,15 A in jeder Sekunde vorbeiströmen.

2 12,48 Trillionen Elektronen fließen pro Sekunde. Bestimme die gemessene Stromstärke.

3 Vergleiche, wie sich die Stromstärken unterscheiden, wenn
a) 12 Trillionen Elektronen in zwei Sekunden
b) 18 Trillionen Elektronen in drei Sekunden
durch einen Draht fließen.

4 An einem Strommessgerät werden 36 mA abgelesen. Rechne um in A.

5 Erläutere die Aufschrift (6 V | 0,5 A) auf einem Fahrradlämpchen.

6 Ein Durchlauferhitzer für ein Waschbecken liefert 1,8 ℓ Warmwasser pro Minute. Gib die Wasserstromstärke in der Einheit $\frac{ℓ}{s}$ an.

Messung der elektrischen Stromstärke

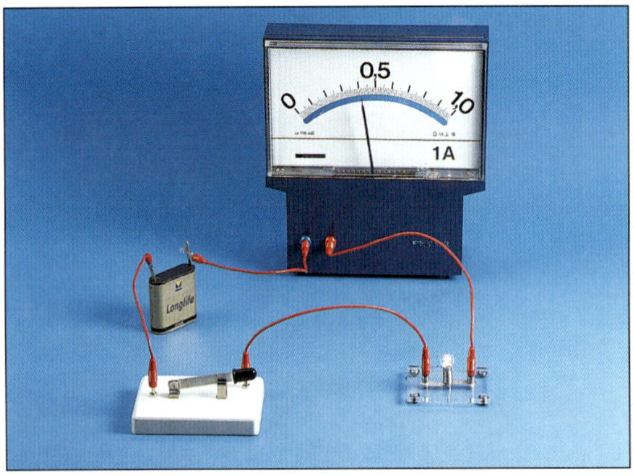

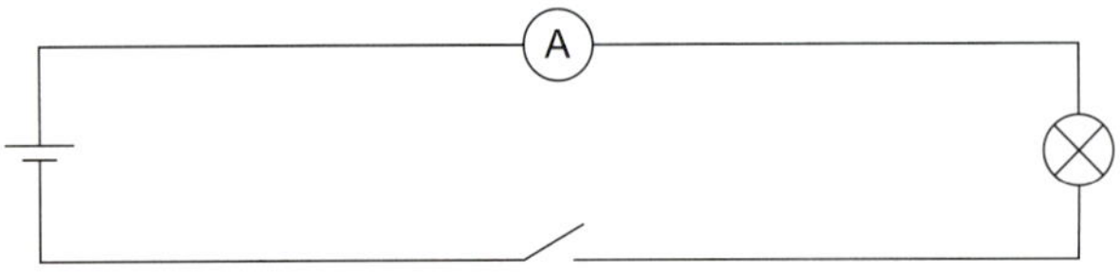

Zur Messung der Stromstärke wird der Stromkreis an einer Stelle „aufgetrennt“ und die entstehende Lücke mit dem Messgerät geschlossen. So fließen alle Elektronen auch durch das Messgerät und können dort registriert werden. Die Stromstärke im Stromkreis kann dann am Messgerät abgelesen werden.

Elektrische Strommessgeräte werden immer mit den Geräten im Stromkreis in Reihe geschaltet.

In der Praxis haben sich Messgeräte mit verschiedenen Messbereichen und Anzeigen bewährt:

- *Analog anzeigende Geräte* haben einen Zeiger und oft mehrere Skalen. Je nach dem eingestellten Messbereich muss eine Umrechnung des angezeigten Skalenwertes in den tatsächlichen Messwert erfolgen.
- Bei *digital anzeigenden Geräten* wird der gemessene Wert als Zahl in einem Display ausgegeben.

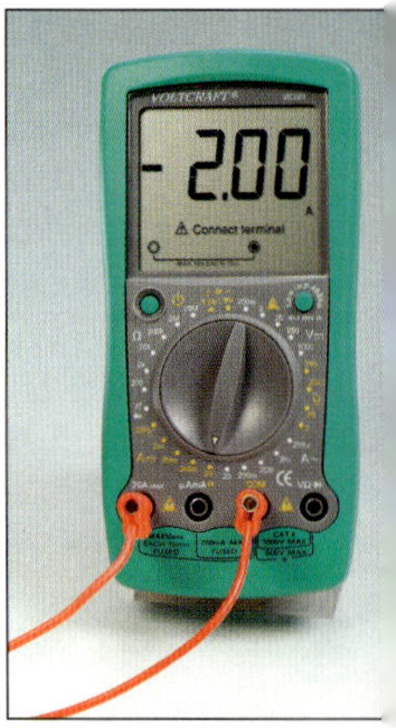

Aufgaben

1 **a)** Bestimme die angezigte Stromstärke bei dem analogen Messgerät unten. Achte auf den eingestellten Messbereich.
b) Gib die Stromstärke (bei gleicher Zeigerstellung) an, wenn der Messbereich auf 100 mA bzw. 3 A eingestellt wäre.
c) Gib an, in welchem Messbereich ein Strom der Stärke 0,12 A gemssen werden sollte.
d) Erläutere die Verwendung der roten Skalen.
e) Begründe, weshalb immer zunächst der höchste Messbereich eingestellt werden sollte.

Werkzeug – Umgang mit dem Strommessgerät

- Schaltzeichen: –(A)–
- Schalte den Strom aus, bevor du ein Messgerät anschließt.
- Schalte das Messgerät nie allein in einen Stromkreis, sondern nur in Reihe mit einem Gerät.
- Die ⊕ Buchse (rot) muss an den Pluspol angeschlossen werden.
- Wähle bei einem Vielfachmessgerät die richtige Einstellung: A – für Gleichstrom, A ~ für Wechselstrom.
- Stelle zuerst immer den höchsten Messbereich ein, wenn du keine Abschätzung hast, wie groß der Messwert etwa sein könnte.
  Verringere den Messbereich dann so lange, bis ein gut ablesbarer Messwert zu beobachten ist.
- Entferne das Messgerät aus dem Stromkreis erst dann, wenn der Strom wieder ausgeschaltet ist.

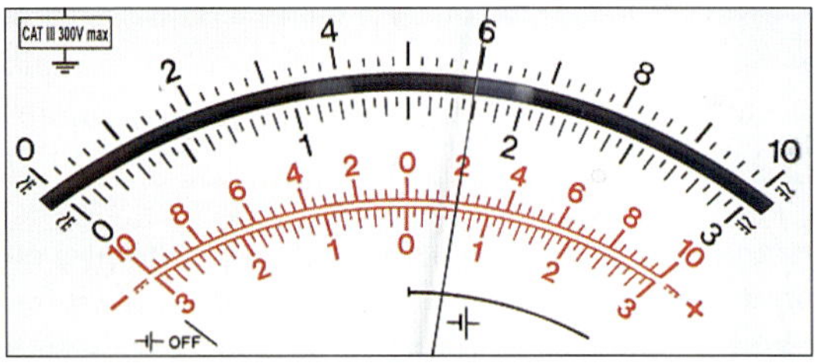

- Bei analogen Messgeräten immer senkrecht auf den Zeiger schauen und den abgelesenen Skalenwert unter Beachtung des Messbereichs richtig umrechnen.

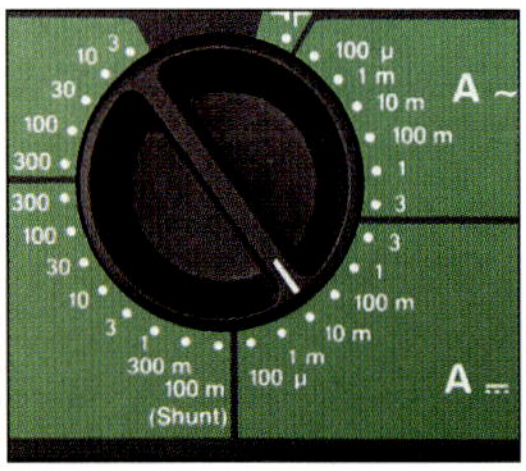

Beispiele für Stromstärken

Stromstärken können sehr unterschiedlich sein. In den Nervenbahnen des Menschen fließen nur Bruchteile von Milliampere, während bei Gewitterblitzen elektrische Ströme von 20000 A und mehr entstehen können. Die Gefährdung des Menschen hängt sehr von der Zeit ab, die ein elektrischer Strom durch den Körper fließt und davon, welche Organe direkt in der leitenden Verbindung liegen.
Nebenstehende Tabelle gibt Auskunft, welche Geräte welche Stromstärke benötigen.
Stromstärken über ca. 10 mA sind schmerzhaft. Überschreiten sie 50 mA sind sie gesundheitsschädlich oder sogar tödlich.

Gerät	Stromstärke
LED, Glimmlampe	0,003 A
MP3-Player	0,02 bis 0,05 A
Fahrradlampe	0,1 bis 0,5 A
Sparlampe	0,03 bis 0,1 A
Glühlampe	0,1 bis 5 A
Kühlschrank	0,07 bis 0,2 A
Föhn, Staubsauger	1 bis 6 A
Geschirrspüler Waschmaschine	10 bis 16 A
Straßenbahn	100 bis 400 A
Anlasserstrom beim Pkw	350 A
Aluminiumherstellung	10000 A
Gewitterblitz	20000 A
Elektro-Schmelzofen (Edelstahlherstellung)	bis 100000 A

Stromstärken in Computern

Die Prozessoren moderner Computer steuern ihren Strombedarf je nach angeforderter Rechenleistung. Das spart Stromkosten und vermindert die abzuführende Entropie.
Die Stromänderungen erfolgen dabei im Millisekunden-Takt. Aus diesem Grund sind rund um den Prozessor Hochleistungskondensatoren angebracht, die die benötigte elektrische Ladung in diesen kurzen Zeiträumen zur Verfügung stellen können. Dabei werden Stromstärken um 100 A im Prozessor erreicht!

Elektrodenschweißen
Heiß muss es werden!

Beim Schweißen muss es heiß werden, schnell und auf den Punkt genau. Das zu schweißende Werkstück soll schließlich an der Schweißstelle so stark erhitzt werden, dass das Eisen dort schmilzt und sich die beiden Teile dauerhaft und fest miteinander verbinden.
Beim Elektrodenschweißen wird dieses Ziel dadurch erreicht, dass die Wärmewirkung eines Stromes hoher elektrischer Stromstärke auf eine kleine Stelle konzentriert wird. Schon einfache Heimwerkergeräte liefern Stromstärken von 160 A bis 250 A. Solch starke Ströme fließen durch Elektrode und Werkstück, denn dieses ist über ein Kabel mit einer Zwinge Teil des Stromkreises. An der Berührungsstelle entstehen Temperaturen von mehr als 4000 °C, die sowohl die Elektrodenspitze als auch das Eisen des Werkstückes zum Schmelzen bringen und die Naht damit dauerhaft verbinden.

Stromstärken in Stromkreisen

Die Messung der Stromstärke in einem Stromkreis mit nur einer einzigen Glühlampe (6 V | 0,1 A) zeigt, dass der Elektronenstrom immer gleich groß ist – egal wo gemessen wird: Vor und hinter der Lampe zeigen die Strommesser die Stromstärke $I_1 = I_2 = 0{,}1$ A an.

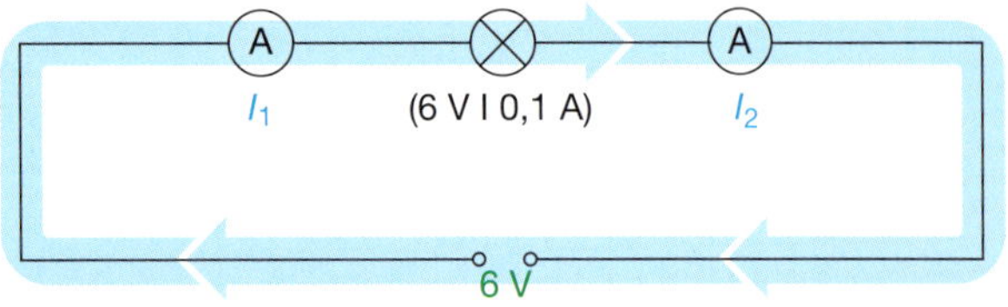

Reihenschaltung

Zentraler Versuch

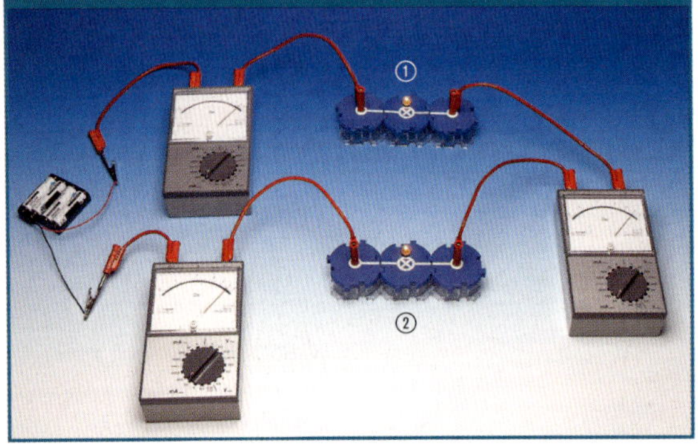

Ein Vergleich der Helligkeit der Lampen in einer Reihenschaltung von zwei gleichen Glühlampen (6 V | 0,1 A) mit der Helligkeit einer einzelnen Lampe bei gleicher Spannung zeigt: Die Lampen leuchten jetzt schwächer. Die elektrische Stromstärke muss geringer sein als bei der einzelnen Lampe, aber trotzdem an allen Stellen – vor der Lampe ①, zwischen der Lampe ① und der Lampe ②, nach der Lampe ② – gleich groß. An allen drei Messgeräten wird 0,05 A abgelesen.

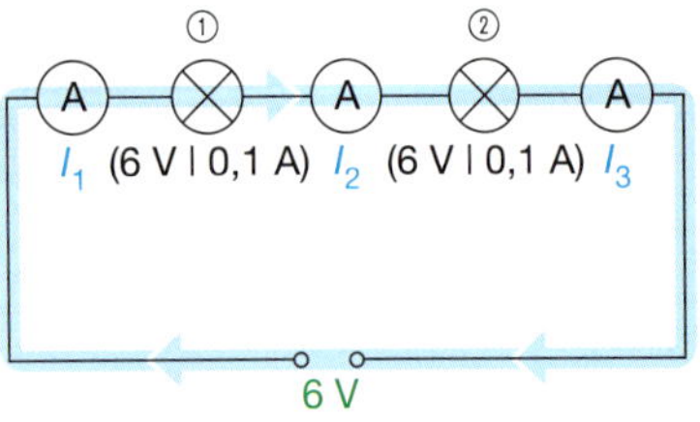

Daraus kann geschlossen werden, dass an allen Stellen des Stromkreises gleich viel Elektronen pro Sekunde vorbeifließen. Es gehen keine Elektronen verloren. Werden mehrere Lampen hintereinander geschaltet, so zeigen die Messinstrumente – bei gleicher Nennspannung der Quelle – eine geringere Stromstärke an als bei nur einer Lampe, der Elektronenstrom wird also schwächer.

In einer Reihenschaltung ist die elektrische Stromstärke an allen Stellen gleich groß: $I_1 = I_2 = I_3 = \ldots$

Parallelschaltung

Zentraler Versuch

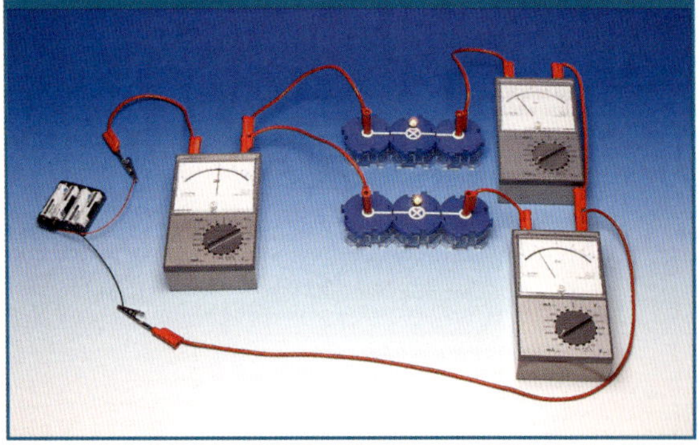

Werden die beiden Lampen parallel an die Batterie angeschlossen, so leuchten beide genau so hell wie die einzelne Lampe. Die Stromstärke müsste jeweils 0,1 A betragen. Dies zeigen auch die beiden Messgeräte an.

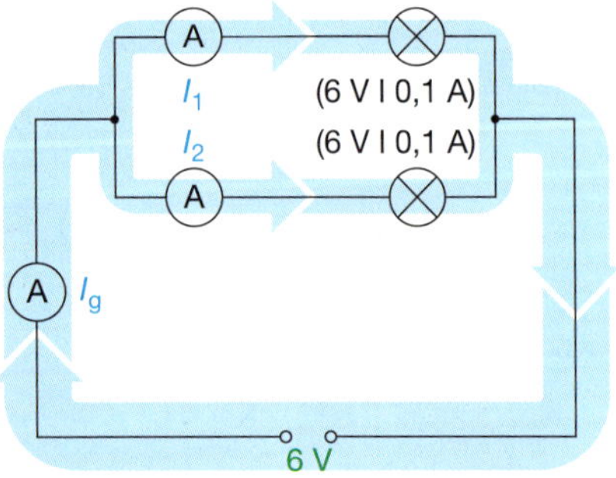

Die Stromstärke vor der Verzweigung muss so groß sein wie die Stromstärken in den beiden Zweigen zusammen, da sich der Elektronenstrom am Verzweigungspunkt (*Knoten*) teilt und keine Elektronen verloren gehen. Die Stromstärke nach der Vereinigung müsste die Summe aus den beiden Teilströmen sein, da die Elektronenströme an diesem Knotenpunkt wieder zusammenkommen und gemeinsam weiterfließen. Tatsächlich werden davor und dahinter 0,2 A gemessen.

Knotenregel: In einer Parallelschaltung ist die Stromstärke vor und nach den Knoten (Verzweigungen), die Gesamtstromstärke I_g gleich der Summe der Teilstromstärken I_1 und I_2: $I_g = I_1 + I_2 + \ldots$

Werden statt gleicher Lampen unterschiedliche Lampen oder Geräte parallel angeschlossen, gilt ebenfalls $I_g = I_1 + I_2 + \ldots$

Eine Parallelschaltung mit zwei unterschiedlichen Lampen und einem kleinen Ventilator bestätigt diese Aussage.

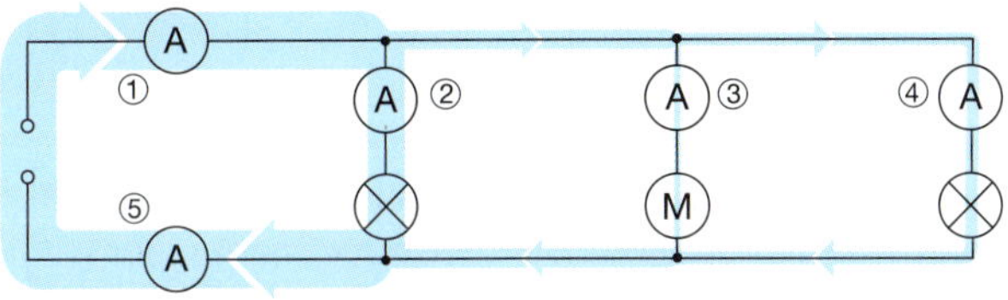

Bei Teilstromstärken von 0,3 A, 0,05 A und 0,1 A (Messgeräte ② bis ④) wird eine Gesamtstromstärke von 0,45 A gemessen und zwar wiederum vor und hinter den Verzweigungspunkten (Knoten). Die Gesamtstromstärke ist gleich der Summe der Teilstromstärken.

Die Stromstärke in den einzelnen Zweigen ist dabei geräteabhängig und unabhängig davon, ob zwei, drei oder mehr Geräte parallel geschaltet sind. Werden z. B. nur der Ventilator und die rechte Lampe parallel geschaltet, so betragen die Teilströme wie zuvor 0,05 A und 0,1 A; die Gesamtstromstärke ist die Summe dieser Werte, also 0,15 A.

Durch Parallelschalten von Elektrogeräten wird die Gesamtstromstärke in der Zuleitung zur Parallelschaltung also vergrößert. Das muss beim Betrieb von mehreren Geräten an einer Steckdose beachtet werden.

Die Knotenregel gilt für beliebige Teilstromstärken.

Rechenbeispiel

An den Strommessgeräten werden die angegebenen Stromstärken gemessen. Bestimme die Stromstärke, die vom Messgerät ③ (I_3) angezeigt wird.

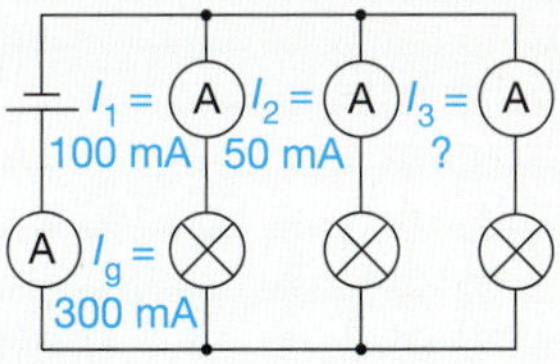

Lösung:

Bei Parallelschaltung gilt $I_g = I_1 + I_2 + I_3$.

Da I_g, I_1 und I_2 bekannt sind, ist die Formel nach I_3 umzustellen: $I_g - I_1 - I_2 = I_3$

$I_3 = 300\,\text{mA} - 100\,\text{mA} - 50\,\text{mA} = 150\,\text{mA}$

Das Messgerät zeigt eine Stromstärke von 150 mA an.

Aufgaben

1 Die Bilder zeigen Knotenpunkte von Strömungen. Erläutere an allen drei Beispielen die Knotenregel $I_g = I_1 + I_2 + I_3 + \ldots$

2 Eine Küchenmaschine (0,4 A) und eine Kaffeemaschine (2,5 A) sind parallel geschaltet.
a) Berechne die Gesamtstromstärke, wenn beide an einer Mehrfach-Steckdose betrieben werden.
b) Fertige eine Schaltskizze an.

3 Messgerät ① zeigt $I_1 = 2\,\text{A}$ an, Messgerät ② $I_2 = 1{,}5\,\text{A}$. Ermittle die Anzeige von Messgerät ③.

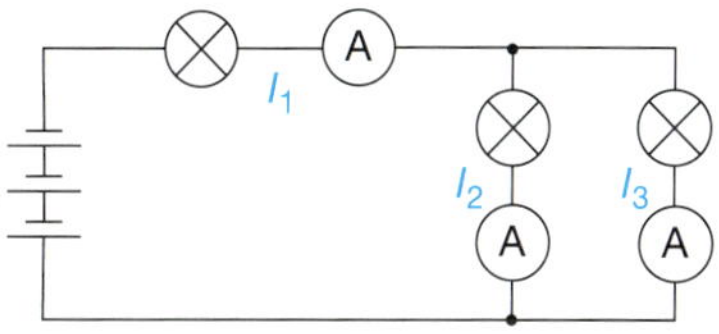

4 **a)** Autoscheinwerfer sind parallel geschaltet. Ein Autofahrer bemerkt es selten sofort, wenn einer der Autoscheinwerfer ausgefallen ist. Erkläre dies.
b) Beurteile auch aus Sicht der Verkehrssicherheit den Vorschlag, die Autoscheinwerfer in Reihe zu schalten.

5 Eine elektrische Weihnachtsbaumbeleuchtung besteht aus zwölf in Reihe geschalteten Kerzen. Durch die erste Kerze fließt ein Strom von 0,1 A. Begründe, ob durch die elfte Kerze mehr, weniger oder gleich viele Elektronen pro Sekunde fließen im Vergleich zur ersten Kerze.

6 Bei einer Wohnzimmerbeleuchtung sind vier Halogenlampen mittels eines Schienensystems parallel geschaltet. Die Gesamtstromstärke beträgt 10 A. Bestimme die Stromstärke durch eine einzelne Lampe.

Versuche und Aufträge — Elektrische Stromstärke

V1 Schließe auf unterschiedliche Weise an eine elektrische Quelle nacheinander bis zu drei gleiche Glühlampen an.

a) Beobachte.
b) Erkläre deine Beobachtung.
c) Miss an sinnvollen Stellen die Stromstärken und begründe das Ergebnis mit der Knotenregel.

V2 a) Untersuche zuhause eine Mehrfachsteckdose. Suche von allen angeschlossenen Verbrauchern die Typenschilder und lies die Spannungen und Stromstärken ab. Bestimme die Gesamtstromstärke.
b) Die Schaltung der Steckdosen und Lampen in den Haushalten sind Parallelschaltungen. Wenn also viele elektrische Geräte angeschlossen sind, können in den gemeinsamen Zuleitungen sehr hohe Stromstärken auftreten. Vor Überlastung schützen Sicherungen. Versuche, die Schaltung eurer Wohnung herauszufinden und zeichne sie auf.

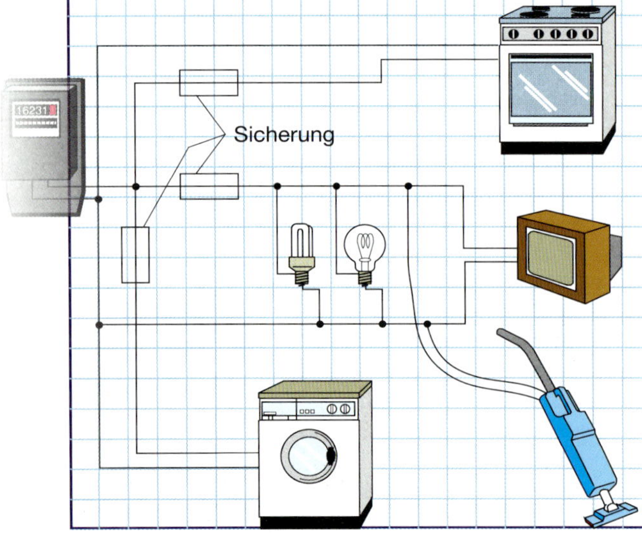

V3 Drei gleiche Fahrradglühlampen (6 V | 2,4 W) werden ① alle in Reihe bzw. ② alle parallel an ein regelbares Netzgerät angeschlossen und zwar so, dass jeweils alle drei Lämpchen mit normaler Helligkeit leuchten.
a) Fertige jeweils eine Schaltskizze an.
b) Gib an und begründe, auf welche Spannung das Netzgerät jeweils eingestellt werden muss.
c) Berechne für beide Stromkreise, welche (Gesamt-) Stromstärke sich einstellt und wie viel Energie (in J) jeweils pro Sekunde von den Lampen umgeladen wird.
d) Die Spannungen der Quellen und die Gesamtstromstärken sollen gemessen werden. Zeichne die Messgeräte mit in die Schaltskizzen aus a) und erläutere wesentliche Unterschiede bei der Strom- und Spannungsmessung.

V4 Untersuche die Glühlampen, die in einer Fahrradbeleuchtung Verwendung finden.

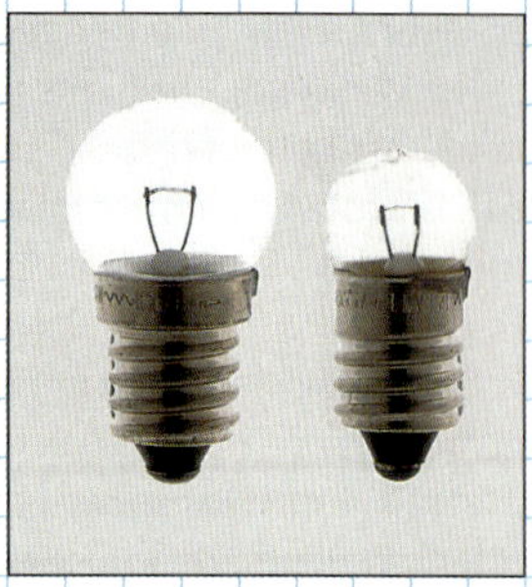

a) Schließe die Lampen einzeln und in Reihe an eine Batterie an. Beobachte die Helligkeit.
b) Für die Scheinwerferlampe wird eine Stromstärke von 0,3 A und für die Rücklichtlampe von 0,1 A angegeben. Welche Gesamtstromstärke muss von dem Dynamo geliefert werden, wenn beide Lampen mit voller Helligkeit leuchten sollen?
c) Baue die Schaltung b) nach und beobachte wieder die Helligkeit.

V5 Baue die Schaltung rechts auf.

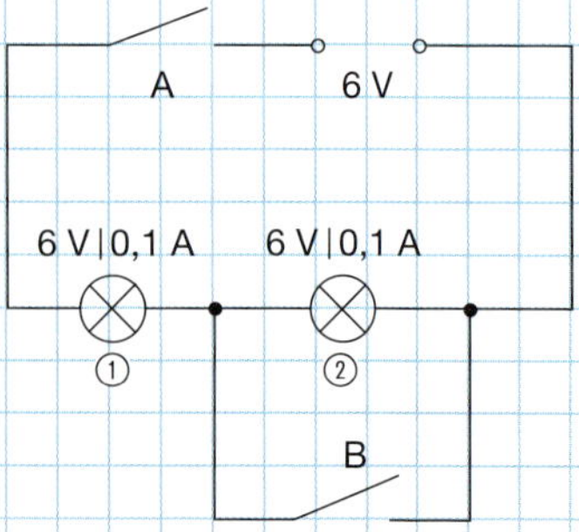

a) Überlege, wie die Helligkeit der Lampen ① und ② beim Schließen des Schalters A sein wird. Begründe.
b) Überprüfe durch Messen mit einem Strommessgerät.
c) Begründe, wie sich die Helligkeit ändert, wenn Schalter B geschlossen wird. Überprüfe experimentell.

Stromkreise im Haushalt

Streifzug

Die Energie kommt mit dem elektrischen Strom meist über ein in der Erde liegendes Kabel ins Haus. Die erste Station im Haus ist der **Hausanschluss** mit den Hauptsicherungen für das gesamte Haus. Von hier aus führen die Stammleitungen zu den Sicherungskästen der einzelnen Wohnungen, die die Stromkreise für die einzelnen Räume aufteilen und die Wohnungszähler enthalten. Diese Zähler zeigen an, wie viel elektrische Energie in der jeweiligen Wohnung genutzt wird; sie sind somit Grundlage für die Stromrechnung. Die Wohnungszähler sind oft auch alle im Hausanschluss gemeinsam untergebracht.

Da der Energiebedarf in den verschiedenen Räumen unterschiedlich ist, sind verschiedene Stromkreise geschaltet. In den meisten Häusern werden Herd und Waschmaschine in jeweils eigene Kreise gelegt, da sie einen sehr hohen Energiebedarf haben. Manche Herde haben sogar getrennte Stromkreise für Herdplatten und Backofen.

Die Leitungen für die weitere Verteilung gehen vom Sicherungskasten zu Abzweigdosen und von dort zur letzten Station, den Steckdosen oder den Anschlüssen für Lampen oder fest installierten Geräten. Die Schaltungen einer Abzweigdose sind Parallelschaltungen. Wenn also viele Geräte angeschlossen sind, können in den gemeinsamen Zuleitungen sehr hohe Stromstärken auftreten. Durch die großen Stromstärken kann es in den Leitungen zu großer Wärmeentwicklung kommen. Um Brände zu vermeiden, werden Sicherungen benötigt. Sie unterbrechen bei Überschreiten der zulässigen Stromstärke den Stromkreis. Vor einigen Jahrzehnten genügte eine Absicherung mit 6 A. So waren auch die Leitungen ausgelegt, d. h. relativ dünne Leitungen reichten aus. Heute gibt es in den Haushalten einerseits eine viel größere Anzahl elektrischer Geräte, andererseits benötigen Herd und Waschmaschine alleine schon sehr viel Energie. Heutige Sicherungen sind daher auf eine maximale Stromstärke von 16 A ausgelegt. Das bedeutet, dass in der Regel jeder Raum im Haus mit jeweils einer Sicherung abgesichert ist. Werden allerdings zu viele Mehrfachsteckdosen verwendet – also die Parallelschaltung erweitert – kann es auch hier zum Ansprechen der Sicherung kommen.

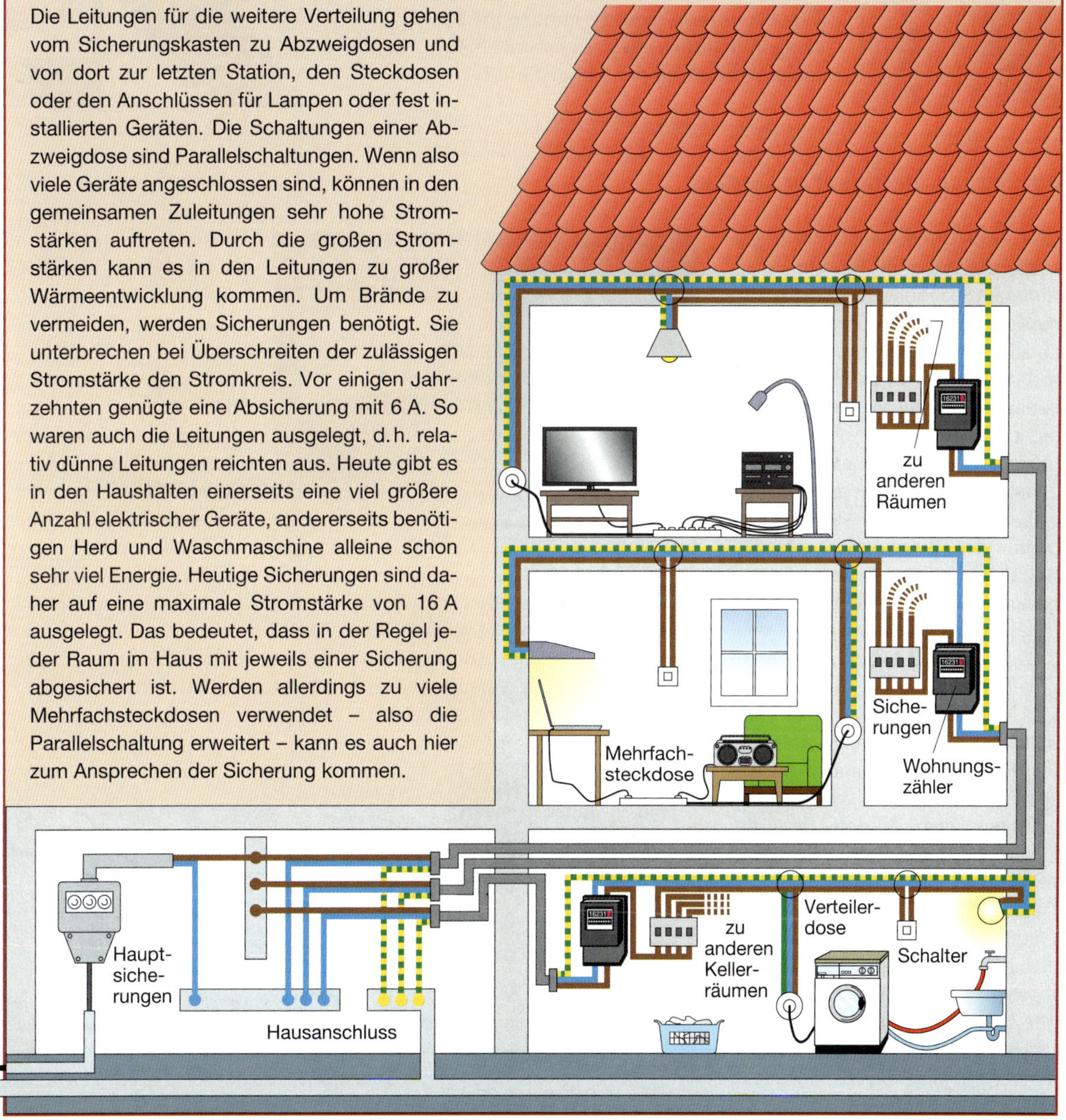

Der elektrische Widerstand

Das Mädchen friert, es trägt ja auch nur ein T-Shirt. Die Entropie kann ohne große Hemmung aus ihr herausströmen. Um den Wärmeverlust zu vermindern, zieht sie eine dicke Jacke an. Die Jacke hemmt den Entropiestrom und wirkt so als Entropiewiderstand. Die Modelleisenbahn fährt schneller oder langsamer, wenn am Fahrtregler gedreht wird. Bisher war die Bewegungsänderung eines Motors bzw. die Änderung der Helligkeit einer Lampe nur zu beobachten, wenn sich die Stromstärke durch das Gerät geändert hat. Steckt im Fahrtregler ein Mechanismus, der wie im Fall der Entropie den Stromfluss hemmt? Wie beeinflusst diese Hemmung die Spannung und gibt es einen Zusammenhang zwischen ihr und der Stromstärke?

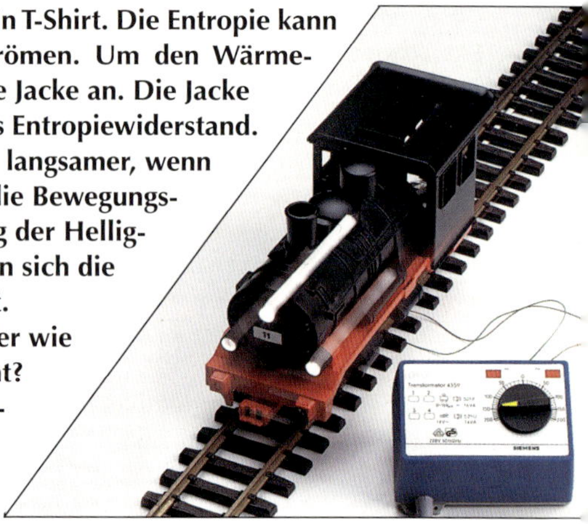

Kennlinien elektrischer Geräte

Elektrische Geräte sind in der Regel so gebaut, dass sie bei einer bestimmten Spannung, der Nennspannung, ihrem Zweck entsprechend funktionieren. Da die Spannung nicht in allen Ländern 230 V beträgt, können Reisende z. B. ihren Föhn nicht immer ohne weiteres benutzen. Es gibt auch Geräte, die für geringere Spannungen gebaut sind, z. B. der Türgong, die Modelleisenbahn, der Autostaubsauger, das Blitzlicht des Fotoapparates. Durch Netzgeräte oder Batterien werden die notwendigen Spannungen von z. B. 6 V, 12 V, 18 V zur Verfügung gestellt.
Das jeweilige Gerät arbeitet nur dann einwandfrei, wenn die richtige Stromstärke vorhanden ist. Sie stellt sich ein im Wechselspiel zwischen dem Antrieb, den die Elektronen durch die Quelle erhalten, und der Hemmung durch das Gerät. Zwischen der Spannung der Quelle und der Stromstärke besteht also bei einem vorgegebenen elektrischen Bauteil oder Elektrogerät ein Zusammenhang. (Bauteile sind Elemente, aus denen die Elektrogeräte zusammengesetzt sind, also z. B. Spulen, Lämpchen, Schalter.)

Zentraler Versuch

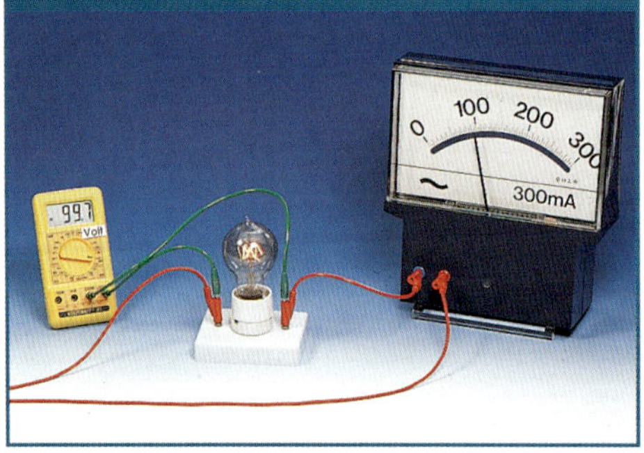

Zur Untersuchung dieses Zusammenhangs bei zwei Lampen muss die Stromstärke in Abhängigkeit von der Spannung gemessen werden. Die Spannung lässt sich durch Reihenschaltung mehrerer Batterien oder durch Verwendung eines regelbaren Netzgerätes verändern.

Die Messwerte (Spannung|Stromstärke) ergeben ein Diagramm, die **Kennlinie** des betreffenden Bauteils. Sie gibt Auskunft über dessen elektrisches Verhalten in verschiedenen Betriebszuständen. Weil jede Messung mit Ablese- und anderen Fehlern behaftet ist, liegen die Messpunkte nicht exakt auf der gezeichneten Ideallinie.

Lampe mit	Kohlefaden	Metallfaden
U	*I*	*I*
0 V	0,00 A	0,00 A
30 V	0,08 A	0,16 A
60 V	0,16 A	0,23 A
90 V	0,28 A	0,27 A
120 V	0,38 A	0,31 A
150 V	0,49 A	0,36 A
180 V	0,62 A	0,39 A

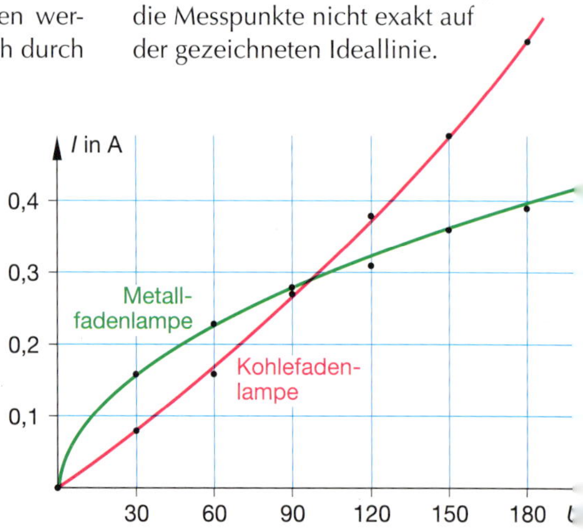

Die Kennlinien der beiden Lampen verlaufen sehr unterschiedlich:

- *Metallfadenlampe* (meist noch im Haushalt verwendet): Wird die Spannung von 0 V auf 30 V vergrößert, so ändert sich die Stromstärke um ΔI = 0,16 A. Bei Änderung der Spannung von 30 V auf 60 V ändert sich die Stromstärke um ΔI = 0,07 A, bei Änderung von 150 V auf 180 V ist ΔI = 0,03 A.
  Bei gleichen Spannungsänderungen ΔU ist die Stromstärkeänderung ΔI bei geringen Spannungen also größer als bei höheren Spannungen. Die Kennlinie wird mit größer werdender Spannung immer flacher.
- *Kohlefadenlampe:* Eine Änderung der Spannung von 0 V auf 30 V bewirkt ein ΔI = 0,08 A, eine Änderung von 30 V auf 60 V ein ΔI = 0,08 A, eine Änderung von 150 V auf 180 V ein ΔI = 0,13 A.
  Bei niedrigen Spannungen wächst I also weniger stark als bei höheren Spannungen. Die Kennlinie wird mit größer werdender Spannung immer steiler.

Die Kennlinie ermöglicht Aussagen darüber, welche Spannung z. B. für den Motor in der Grafik rechts benötigt wird, wenn die Stromstärke einen vorgegebenen Wert annehmen soll. Mit ihrer Hilfe können auch Wertepaare ermittelt werden, die vorher nicht gemessen wurden.

Für CD-Player oder Computer-Festplatten ist die richtige Drehzahl sehr wichtig. Dazu muss der Motor mit einer ganz bestimmten Stromstärke betrieben werden, die von der am Motor anliegenden Spannung abhängt. Dies gilt auch für die Modelleisenbahn links oben.

Die magnetische Kraft eines Elektromagneten hängt von der Stromstärke ab, mit der er betrieben wird. Aus der Kennlinie lässt sich ermitteln, welche Spannungen für bestimmte Kräfte nötig sind.

Rechenbeispiel

Bestimme die Stromstärke bei der Kohlefadenlampe, wenn eine Spannung von 130 V anliegt.

- In der Kennlinie wird auf der waagrechten U-Achse der Wert U = 130 V aufgesucht.
- Von dort wird eine Parallele zur senkrechten I-Achse bis zur Kennlinie gezogen.
- Von diesem Schnittpunkt wird eine Parallele zur U-Achse gezeichnet. Ihr Schnittpunkt mit der I-Achse ergibt den gesuchten Wert I = 0,41 A.

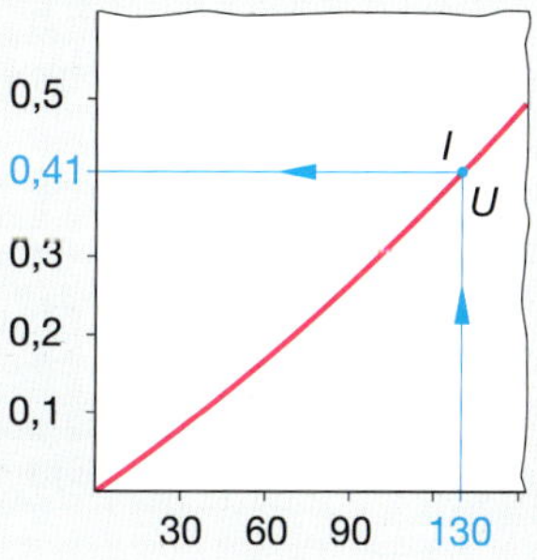

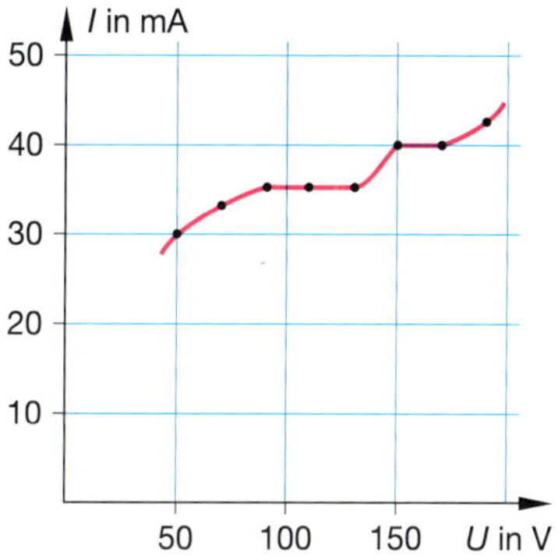

Die Kennlinie erlaubt Aussagen über das Verhalten von Bauteilen oder Elektrogeräten in unterschiedlichen Betriebszuständen, weil es für jedes Bauteil oder Gerät einen ganz bestimmten Zusammenhang zwischen Spannung und Stromstärke gibt.

Aufgaben

1 Übertrage die Tabelle in dein Heft. Lies die fehlenden Werte aus der Grafik ab

U	I
100 V	0,1 A
110 V	?
120 V	0,25 A
130 V	?
?	0,40 A
150 V	0,47 A
?	0,55 A

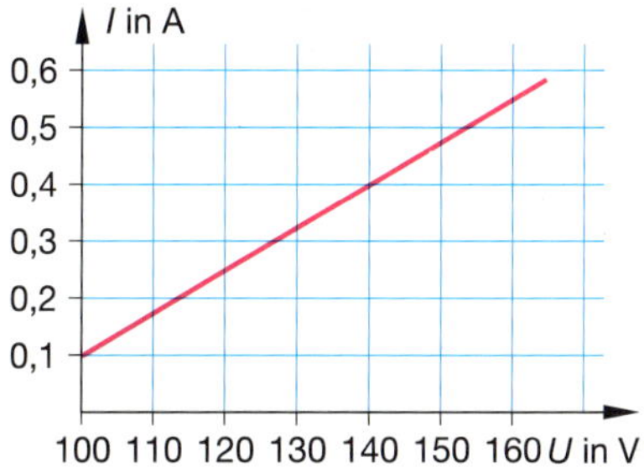

2 Bei einem Wasserkocher wurden folgende Spannungen und Stromstärken gemessen. Zeichne die Kennlinie und erläutere sie.

U	20 V	40 V	60 V	80 V	100 V	120 V	160 V	215 V
I	0,14 A	0,26 A	0,40 A	0,54 A	0,68 A	0,8 A	1,08 A	1,4 A

3 Für eine Leuchtdiode wurden die in der Tabelle angegebenen U-I-Werte gemessen.
a) Zeichne die Kennlinie der Diode.
b) Interpretiere die Kennlinie.

U	1,7 V	1,8 V	1,9 V	2,0 V	2,1 V	2,2 V	2,3 V
I	0 mA	0,5 mA	5 mA	10 mA	20 mA	30 mA	50 mA

Das Ohm'sche Gesetz

Eine genaue Betrachtung der Kennlinien von Metallfaden- und Kohlefadenlampe zeigt, dass beide keinen linearen Verlauf haben. Bestenfalls der obere Teil der Kennlinie der Metallfadenlampe ließe sich als linear bezeichnen. Es gibt aber Stoffe, die einen mathematisch einfach zu erfassenden Zusammenhang zwischen Spannung und Stromstärke haben.

Zentraler Versuch

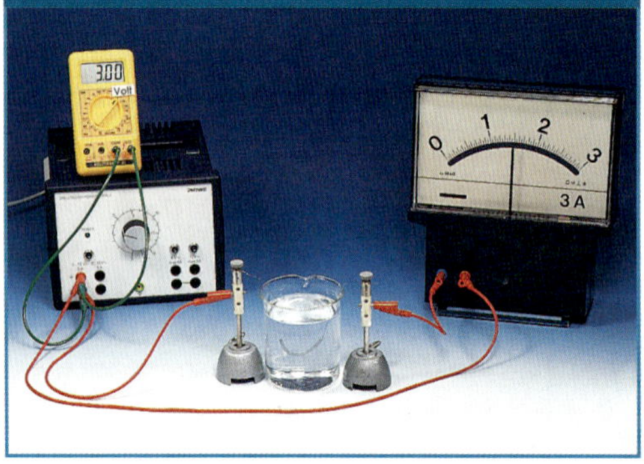

wissenschaftlichen Abhandlungen dargestellt. Ihm zu Ehren wird dieser Zusammenhang **Ohm'sches Gesetz** genannt. Es kann in drei Formen angegeben werden:

- *U n*-fach ⇒ *I n*-fach
- $\frac{U}{I}$ = konstant
- In einem *U-I*-Diagramm liegen alle Messpunkte auf einer Ursprungsgeraden.

Die Tabelle zeigt Messwerte für verschiedene Drähte. Sie kann auf dreierlei Weise ausgewertet werden:

- Die Stromstärke beim Konstantandraht und beim Eisendraht in Wasser steigt im gleichen Maße wie die Spannung. Wird die Spannung verdoppelt, verdoppelt sich auch die Stromstärke; wird die Spannung verdreifacht, verdreifacht sich auch die Stromstärke. *Allgemein:* Wird die Spannung auf das *n*-Fache vergrößert, erhöht sich auch die Stromstärke auf das *n*-Fache – ein Kennzeichen für die Proportionalität ***I* ~ *U***.
- Die Quotienten aus zusammengehörigen Werten für Spannung und Stromstärke haben für Konstantan immer etwa den gleichen Wert 7,1 $\frac{V}{A}$. Diese *Quotientengleichheit* $\frac{U}{I}$ = konstant ist ein weiteres Kennzeichen dafür, dass *I* und *U* proportional sind.
- Die grafische Darstellung der Messwerte ist für Konstantan und Eisen in Wasser eine *Ursprungsgerade* – ebenfalls ein Zeichen für die Proportionalität zwischen *I* und *U*.

Die Proportionalität zwischen Spannung und Stromstärke hat GEORG SIMON OHM (1789–1854) 1826 durch viele Experimente an verschiedenen Drähten erkannt und in

	U	*I*	$\frac{U}{I}$
Konstantan 1 m lang 0,3 mm Ø	0,5 V	0,071 A	7,0 $\frac{V}{A}$
	1,0 V	0,14 A	7,1 $\frac{V}{A}$
	2,0 V	0,28 A	7,1 $\frac{V}{A}$
	3,0 V	0,42 A	7,1 $\frac{V}{A}$
	4,0 V	0,56 A	7,1 $\frac{V}{A}$
Eisen in Luft 1 m lang 0,3 mm Ø	0,5 V	0,23 A	2,2 $\frac{V}{A}$
	1,0 V	0,42 A	2,4 $\frac{V}{A}$
	2,0 V	0,70 A	2,9 $\frac{V}{A}$
	3,0 V	0,90 A	3,3 $\frac{V}{A}$
	4,0 V	1,10 A	3,6 $\frac{V}{A}$
Eisen in Wasser 1 m lang 0,3 mm Ø	0,5 V	0,23 A	2,2 $\frac{V}{A}$
	1,0 V	0,49 A	2,0 $\frac{V}{A}$
	2,0 V	0,98 A	2,0 $\frac{V}{A}$
	3,0 V	1,50 A	2,0 $\frac{V}{A}$
	4,0 V	2,00 A	2,0 $\frac{V}{A}$

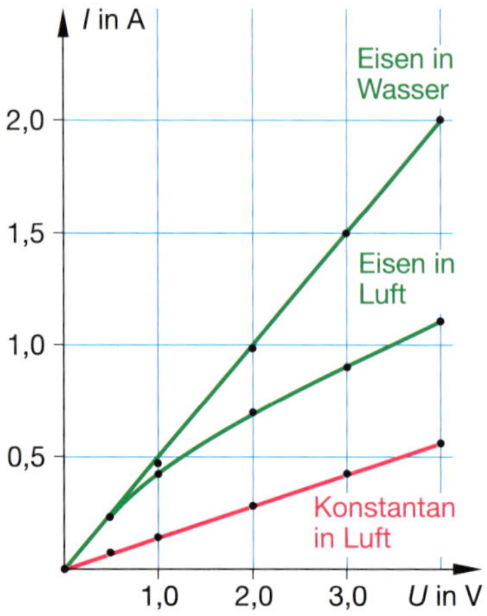

Die Kennlinien der Kohle- und der Metallfadenlampe verlaufen im Bereich oberhalb von etwa 90 V nahezu linear, aber es sind keine Ursprungsgeraden; also sind Spannung und Stromstärke nicht proportional, das Ohm'sche Gesetz gilt nicht für die Lampen.

Worauf das Abflachen der Metallfaden-Kennlinie zurückzuführen ist, zeigt ein Vergleich der Kennlinien für Eisen in destilliertem Wasser und in Luft: Im Eisendraht entsteht durch den Elektronenfluss Entropie, die in das Wasser abgeleitet wird; die Draht-Temperatur bleibt so nahezu konstant, es besteht Proportionalität zwischen *I* und *U*. In Luft geschieht diese Entropieabgabe nicht so stark; die Draht-Temperatur steigt, das Ohm'sche Gesetz gilt nicht.

Für Metalle gilt die Proportionalität zwischen Spannung und Stromstärke also nur, wenn ihre Temperatur konstant bleibt. Konstantan und einige andere Stoffe machen eine Ausnahme. Für sie gilt das Ohm'sche Gesetz immer.

Für Metalldrähte gilt:
Bei konstanter Temperatur ist die elektrische Stromstärke *I* der angelegten Spannung *U* proportional: ***I* ~ *U***.

Der elektrische Widerstand

Werden verschiedene Bauteile immer an die gleiche elektrische Quelle angeschlossen, so ergeben sich in der Regel unterschiedliche Stromstärken. Der Fluss der Elektronen wird in den verschiedenen Bauteilen also unterschiedlich stark gehemmt.
Diese Eigenschaft von Bauteilen oder Geräten, den Elektronenstrom zu hemmen, wird mit einer neuen physikalischen Größe beschrieben, dem **elektrischen Widerstand** mit dem Formelzeichen ***R***. Der Widerstand eines Bauteils oder Gerätes lässt sich messen und sogar berechnen:

Zentraler Versuch

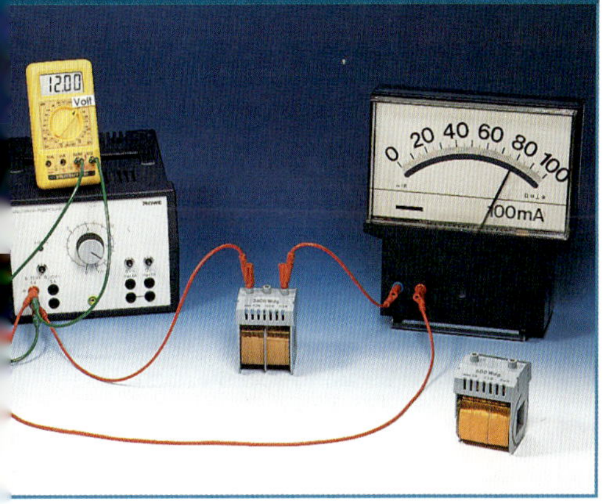

Werden zwei verschiedene Spulen nacheinander an die gleiche Quelle angeschlossen, so ergibt sich z. B. für Spule ① $I = 1{,}5$ A, für Spule ② $I = 80$ mA. Der Strom wird also in Spule ② deutlich stärker gehemmt als in Spule ①, der Widerstand von Spule ② ist somit größer als der von Spule ①. *Je kleiner die Stromstärke I bei gleicher Spannung U ist, desto größer ist der Widerstand des Bauteils.*

Möglicherweise könnte durch Erhöhen der Spannung *U* auch in Spule ② eine Stromstärke wie in der Spule ① aufrechterhalten werden. Das heißt: *Je größer die Spannung U ist, die gebraucht wird, um einen Elektronenstrom vorgegebener Stärke aufrecht zu erhalten, desto größer ist der Widerstand*
Es ist daher sinnvoll, den Widerstand *R* eines Gerätes durch den Quotienten aus angelegter Spannung *U* und gemessener Stromstärke *I* festzulegen:

$$R = \frac{U}{I} \quad \text{mit der Einheit} \quad \frac{1\,\text{V}}{1\,\text{A}} = 1\,\frac{\text{V}}{\text{A}} = 1\,\Omega$$

Die Einheit des elektrischen Widerstandes wird OHM zu Ehren **Ohm** genannt und mit dem griechischen Buchstaben Ω (Omega) abgekürzt.

Mit dieser neuen Größe *R* vereinfacht sich das Ohm'sche Gesetz zu einer der bekanntesten Gleichungen der Physik:

$$\frac{U}{I} = R \quad \text{oder} \quad U = R \cdot I \quad \text{mit} \quad R = \text{konstant.}$$

Diese Gleichungen reichen aus, um das Verhalten von Bauteilen, für die das Ohm'sche Gesetz gilt, zu beschreiben; Kennlinien sind nicht nötig.
Anders bei der Metallfadenlampe bzw. der Kohlefadenlampe: Beim Metallfaden nimmt die Stromstärke in geringerem Maße zu wie die Spannung; die Kennlinie wird flacher, der Widerstand somit größer. Beim Kohlefaden ist es umgekehrt: Hier nimmt die Stromstärke in größerem Maße zu wie die Spannung, die Kennlinie wird steiler. D.h. der Kohlefaden leitet bei höherer Spannung den Strom besser, sein Widerstand wird also geringer.

Die physikalische Größe elektrischer Widerstand gibt an, wie stark der Elektronenstrom durch ein Bauteil gehemmt wird.

Elektrischer Widerstand

Das Formelzeichen ist *R*.
Die Einheit ist 1 Ω (Ohm): $1\,\Omega = 1\,\frac{\text{V}}{\text{A}}$.

Weitere Einheiten:
Milliohm: $1\,\text{m}\Omega = \frac{1}{1000}\,\Omega$
Kiloohm: $1\,\text{k}\Omega = 1\,000\,\Omega$

Schaltzeichen: 

Aufgaben

1 Ein Bauteil genügt dem Ohm'schen Gesetz. Bei einer Spannung von 20 V wird eine Stromstärke von 100 mA gemessen. Berechne die Stromstärke, die beim Anlegen einer Spannung von 60 V gemessen wird.

2 Begründe, welche Bauteile mit den folgenden Kennlinien das Ohm'sche Gesetz erfüllen.

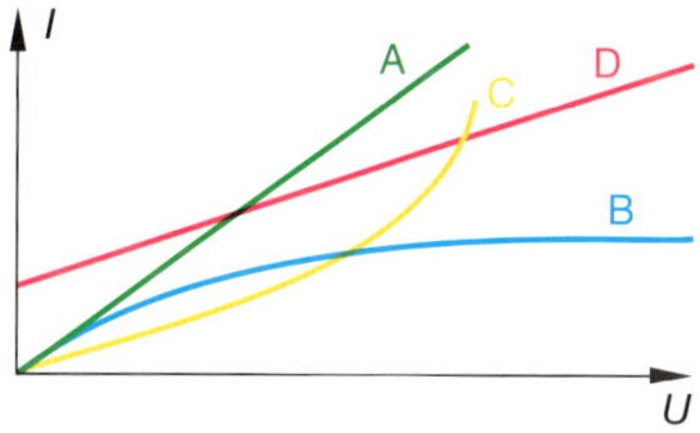

3 Bei einem Tischventilator (Betriebsspannung 230 V) wird eine Stromstärke von 80 mA gemessen. Berechne seinen Widerstand.

4 Für drei Bauteile wurden folgende Werte gemessen.

U	2 V	5 V	10 V	12 V	17 V
I	0,15 mA	0,25 mA	0,32 mA	0,34 mA	0,41 mA

U	1 V	2 V	3 V	4 V	5 V
I	0,25 mA	0,55 mA	0,8 mA	1,1 mA	1,3 mA

U	2 V	4 V	6 V	8 V	15 V
I	0,04 mA	0,15 mA	0,38 mA	0,65 mA	2,15 mA

a) Zeichne die *U*-*I*-Kennlinien.
b) Begründe, für welches Bauteil das Ohm'sche Gesetz gilt.
c) Beschreibe, wie sich der Widerstand der Bauteile bei steigender Spannung ändert.

Der Zusammenhang zwischen Stromstärke, Spannung und Widerstand

In jedem elektrischen Stromkreis ist die elektrische Quelle der Antrieb für die Bewegung der Elektronen, ein Elektrogerät dagegen hemmt die Elektronen. Aus dieser Elektronenbewegung erwachsen dann die Wirkungen des elektrischen Stroms. Die Spannung der Quelle und der elektrische Widerstand des Geräts beeinflussen die Stromstärke.

- Der Einfluss der Spannung auf die Stromstärke (bei ein und demselben Gerät) kann entsprechend dem oberen Bild bestimmt werden.
  Die obere Messreihe zeigt: Je größer die Spannung *U* der elektrischen Quelle in diesem Stromkreis ist, desto größer ist die entstehende elektrische Stromstärke *I*.
- Der Einfluss des Widerstands kann wie im unteren Bild ermittelt werden. Die Spannung der Quelle wird zu Beginn eingestellt und bleibt dann unverändert.

Zentraler Versuch

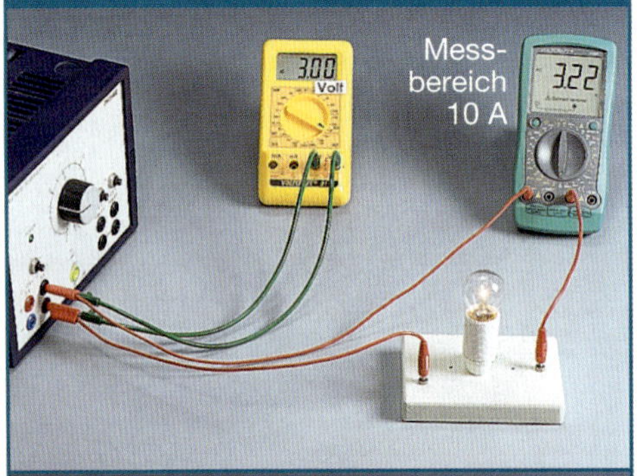

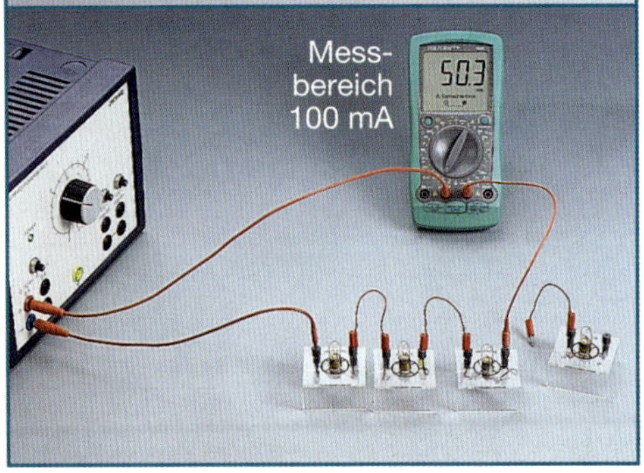

Als Elektrogerät wird zunächst eine Glühlampe verwendet und die zugehörige Stromstärke gemessen. Um Elektrogeräte mit größeren Widerständen zu simulieren, werden nacheinander weitere baugleiche Lampen in Reihe geschaltet. Die untere Messreihe zeigt: Je mehr Lampen in Reihe geschaltet werden, je größer also der Widerstand *R* im Stromkreis ist, desto kleiner ist die sich einstellende Stromstärke *I* (bei gleicher Spannung *U*).

Werden die Größen Spannung und Widerstand in einem Stromkreis verändert, dann stellt sich die Stromstärke immer von selbst auf einen ganz bestimmten Wert ein. Stromkreise sind also gekennzeichnet durch die Spannung der Quelle und den Widerstand des eingeschalteten Geräts. Liegen mehrere Geräte in Reihe im Stromkreis, dann bewirkt der Strom durch die Geräte Teilspannungen in ihnen, deren Summe so groß ist wie die Nennspannung der Quelle.

Stromstärke und Spannung (die Lampe ist der Widerstand im Kreis)

U	0	1,0 V	2,0 V	3,0 V	4,0 V	5,0 V
I	0	1,71 A	2,74 A	3,22 A	3,63 A	3,85 A

Stromstärke und Widerstand (Spannung konstant = 4 V)

Glühlampen	1	2	3	4
I	88 mA	62 mA	50 mA	43 mA

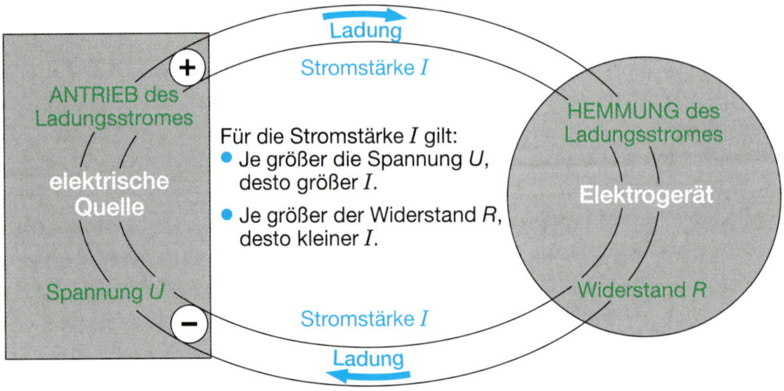

Im Zusammenspiel von Antrieb durch die Quelle (Spannung *U*) und Hemmung durch Geräte (mit dem Widerstand *R*) stellt sich in jedem Stromkreis eine ganz bestimmte Stromstärke *I* ein.

Aufgaben

1 Bei einer Taschenlampe beträgt die Stromstärke im Lämpchen 150 mA. Fließt ein Strom von 20 mA durch einen Menschen, besteht Lebensgefahr.
Die Pole einer Taschenlampenbatterie aber können trotzdem gefahrlos in die Hand genommen werden. Begründe.

Aufgaben

1 Für einen Heizstrahler wurden 4,3 A, für einen Staubsauger 2,2 A und für einen Wäschetrockner 14 A bei einer Spannung von 230 V gemessen. Ermittle, welches Gerät den kleinsten bzw. den größten Widerstand hat. Begründe deine Antwort.

2 Durch die Spule eines Elektromagneten mit einem konstanten Widerstand von 3,0 Ω soll ein Strom von 2,0 A fließen, damit mit dem Magnet ein Ventil geschlossen werden kann. Erläutere, welche Spannung angelegt werden muss, um die gewünschte Stromstärke zu erreichen.

3 Bei Glühlampen ist der Widerstand im kalten und im heißen Zustand unterschiedlich.

	kalt	heiß
25 W	157 Ω	1940 Ω
100 W	37 Ω	490 Ω

Begründe mithilfe der Daten, weshalb Glühlampen meist beim Einschalten „durchbrennen".

Rechenbeispiel

1. Eine Warmhalteplatte hat bei Betriebstemperatur den Widerstand 530 Ω. Berechne die Stromstärke durch das Gerät.

Geg.: $U = 230\ \text{V}$; $R = 530\ \Omega$ Ges.: I

Lösung: Aus $R = \frac{U}{I}$ folgt durch Umstellung

$$I = \frac{U}{R} = \frac{230\ \text{V}}{530\ \Omega} = 0{,}45\ \text{A}.$$

Durch die Warmhalteplatte fließt ein Strom von 2,6 A.

2. Ein Relais (elektromagnetischer Schalter) spricht bei einer Stromstärke von 40 mA an. Berechne die zum Schalten nötige Spannung, wenn das Relais einen konstanten Widerstand von 70 Ω hat.

Geg.: $R = 70\ \Omega$; $I = 40\ \text{mA} = 0{,}04\ \text{A}$ Ges.: U

Lösung: Aus $R = \frac{U}{I}$ folgt durch Umstellung

$$U = I \cdot R = 0{,}04\ \text{A} \cdot 70\ \Omega = 2{,}8\ \text{V}.$$

Für den Betrieb des Relais werden 2,8 V benötigt. Es genügen z. B. zwei Monozellen.

Geoelektrik

Experten wollen wissen, wie der Erdboden unter uns beschaffen ist, z. B. wenn Energie aus tieferen Schichten gewonnen werden soll. Dazu stecken sie lange Metallstäbe in den Boden und schicken einen elektrischen Strom einer bekannten Stärke I hindurch. Zwischen zwei weiteren Metallstäben, die zwischen den stromführenden Stäben stehen, wird eine Spannung U gemessen. Aus beiden Messungen und einem Faktor k, der die Geometrie der Anordnung berücksichtigt, kann dann der Widerstand der Bodenschicht aus $R = k \cdot U/I$ berechnet werden.

Weil bekannt ist, wie gut oder schlecht unterschiedliche Erdschichten den Strom leiten, kann aus dem errechneten Widerstand auf die geologische Struktur unter der Messstelle geschlossen werden.

Vögel können problemlos auf den nicht isolierten Kabeln von Hochspannungsleitungen sitzen, da ihr Widerstand wesentlich höher ist als der des Kabelstücks zwischen ihren Krallen. Der Strom, der durch die Körper fließt, ist so gering, dass es nicht gefährlich ist.

ELEKTRISCHER WIDERSTAND

In elektrischen Schaltungen z. B. für Radios, für Fernseher, aber auch beim Experimentieren werden Leiter benötigt, deren elektrischer Widerstand einen fest vorgegebenen Wert hat. Solche Leiter oder spezielle Bauteile heißen Widerstände. Damit ist das Bauteil und nicht die physikalische Größe gemeint. Es gibt verschiedene technische Ausführungen:

SMD-Widerstand (surface-mounted device): Miniaturwiderstände, die direkt auf Leiterplatten verlötet werden.

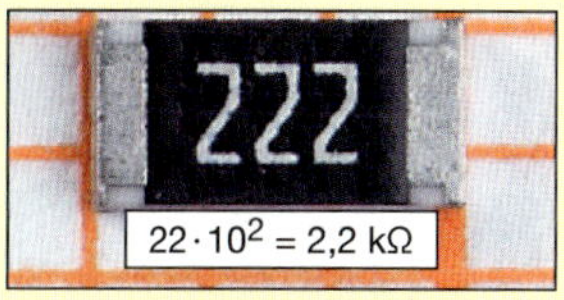

Schichtwiderstände: Leitfähige Schichten aus Kohle, Chrom-Nickel-Legierungen, Gold, Platin oder Zinnoxyd sind auf ein Keramikröhrchen aufgebracht.

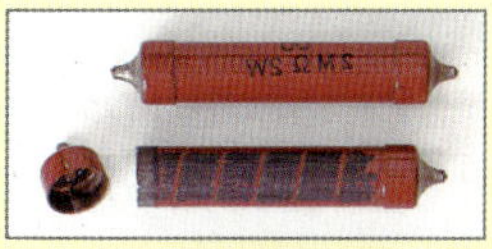

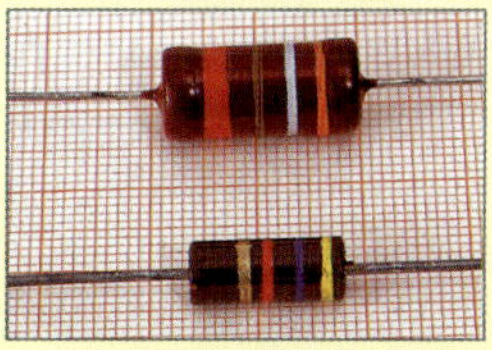

Nuten zwingen die Elektronen, spiralförmig um das Röhrchen herumzulaufen, weshalb sie einen viel längeren Weg zurücklegen müssen. Nach außen werden Widerstände durch eine Lackschicht oder Glasur geschützt.

Durchblick – Analogien und Modelle

Wasserstromkreis	Skifahrer
Was strömt? 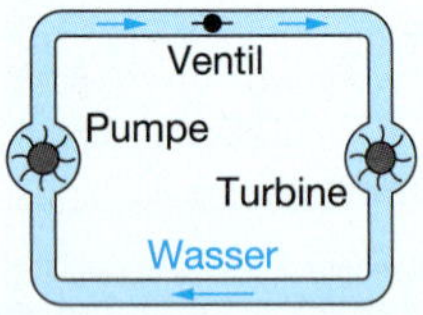 Wird das Ventil geöffnet, fließt das Wasser durch die Rohrleitungen im Kreis und bringt dadurch die Turbine zum Laufen.	**Was strömt?** 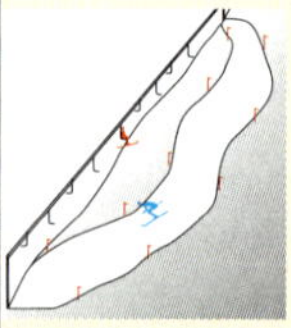 Wird die Piste am Morgen eröffnet, begin die Skifahrer mit dem Lift nach oben und die Piste wieder nach unten zu fahren.
Antrieb Der Wasserkreislauf wird durch die Pumpe angetrieben. Je höher der Druckunterschied vor und hinter der Pumpe desto größer die Wasserstromstärke.	**Antrieb** Der Lift befördert die Skifahrer immer wieder aufs Neue de Berg hinauf. Je schneller der Lift läuft, desto größer die Skifahrerstromstärke.
Flussrichtung Das Wasser fließt von selbst von Stellen größeren Drucks zu Stellen niedrigeren Drucks.	**Flussrichtung** Die Skifahrer fahren „von selbst" den Berg hinab, also von Stellen großer Höhe zu Stellen geringerer Höhe.
Zwei Pumpen hintereinander 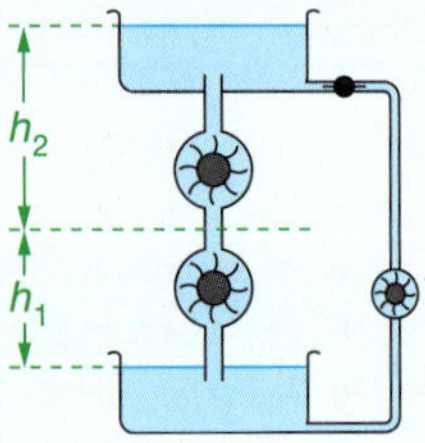 Werden zwei gleiche Pumpen hintereinander eingebaut, so können sie zusammen eine höhere Druckdifferenz aufbauen.	**Zwei Lifte hintereinander**  Zwei Lifte, die der Skifahrer direk nacheinander benutzt, befördern über einen größeren Höhenunter schied hinauf.
Zwei Pumpen nebeneinander 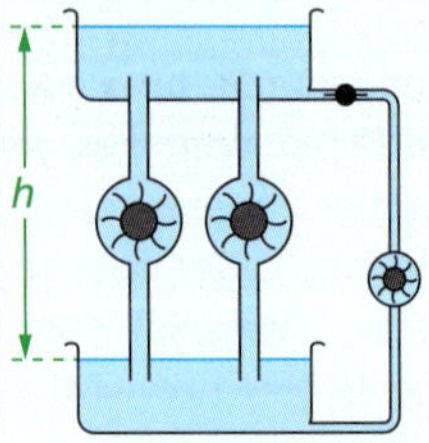 Ein Wasserteilchen wird durch die linke oder die rechte Pumpe in die Höhe gehoben. Es bekommt die gleiche Höhe wie bei nur einer Pumpe. Die Druckdifferenz bleibt im Vergleich zu einer Pumpe gleich, es wird aber doppelt so viel Wasser in der gleichen Zeit gepumpt.	**Zwei Lifte nebeneinander** 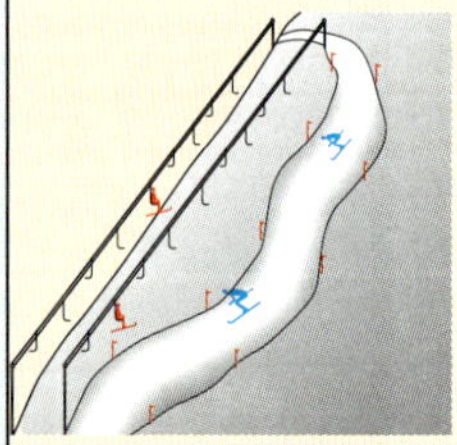 Ein Skifahrer benutzt entweder d linken oder den rechten Lift. Für überwundenen Höhenunterschie spielt das keine Rolle. Es werder aber doppelt so viele Skifahrer p Zeit befördert.
Wasserstromstärke: Die Stromstärke gibt die Anzahl der Wassermoleküle an, die sich pro Zeiteinheit an einer Stelle des Rohrsystems vorbeibewegen. Das Volumen des strömenden Wassers kann als Maß für diese Anzahl verwendet werden: Volumenstromstärke = $\frac{\text{Volumen}}{\text{Zeit}}$ bzw. $I_V = \frac{\Delta V}{\Delta t}$	**Personenstromstärke** Die Zahl der Skifahrer, welche pro Zeiteinheit die Piste an einer Stelle passieren, kann als Stromstärke bezeichnet werden. Personenstromstärke = $\frac{\text{Zahl der Skifahrer}}{\text{Zeit}}$ bzw. $I_{Ski} = \frac{\Delta Z}{\Delta t}$
Strömungswiderstand Die Länge des Rohres, sein Querschnitt und das Material beeinflussen die Wasserstromstärke.	**Reibungswiderstand** Die Eigenschaften des Schnees (z. B. Pulverschnee oder nasser Schnee) oder die Breite der Piste beeinflussen die Menge der Skifahrer, also die Personenstromstärke, die f können.

Modelle haben Grenzen

Durch die Gegenüberstellung dieser vier Modelle werden viele Gemeinsamkeiten deutlich. Aber es gibt auch Eigenschaften, die sich nicht übertragen lassen:

- Wird eine Wasserleitung zertrennt, fließt das Wasser heraus; Ladung aber strömt nicht aus dem offenen Ende einer Leitung.

Wärmestrom	Elektrischer Stromkreis
as strömt? 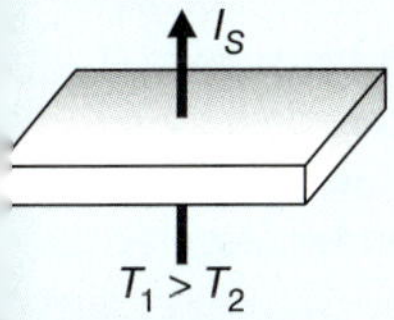 Wärme (Entropie) strömt immer, sobald es eine Temperaturdifferenz zwischen Körpern (Stellen in einem Gebiet) gibt.	**Was strömt?**  Wird der Schalter geschlossen, fließen Elektronen vom Minuspol der Quelle zum Pluspol und bringen dabei die Lampe zum Leuchten.
trieb ne Temperaturdifferenz zwischen zwei Körpern führt mer zu einem Entropiestrom. Je höher dabei die mperaturdifferenz, desto größer ist die Entropiestrom-ärke.	**Antrieb** Die Potenzialdifferenz (Spannung) zwischen den Polen der Batterie treibt die Ladung durch den Stromkreis. Je höher die Spannung ist, desto mehr Energie wird pro Ladung transportiert.
ussrichtung tropie strömt immer automatisch von Stellen höherer mperatur zu Stellen niedrigerer Temperatur.	**Flussrichtung** Die Ladung fließt von Stellen höheren Potenzials zu Stellen niedrigeren Potenzials.
eihenschaltung von Wärmepumpen 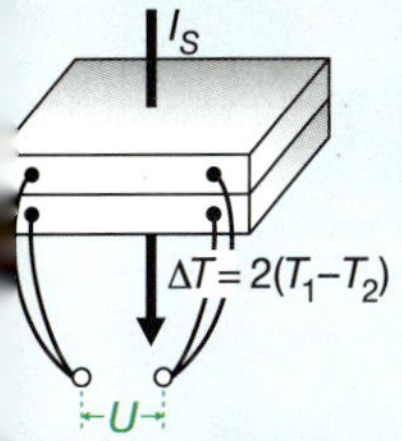 Zwei Wärmepumpen (Peltier-Elemente) übereinander verdoppeln die Temperaturdifferenz zwischen unterer und oberer Platte. Es wird Entropie entgegen der „natürlichen" Flussrichtung gepumpt.	**Reihenschaltung von Quellen** 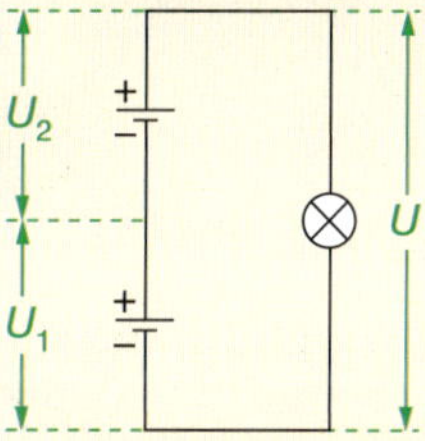 Zwei gleiche Batterien in Reihe geschaltet verdoppeln die Potenzialdifferenz. Das führt zu einer doppelten Spannung: $U = U_1 + U_2$.
rallelschaltung von Wärmepumpen 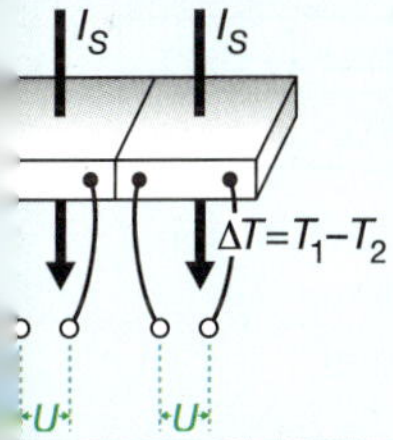 Zwei Peltier-Elemente nebeneinander pumpen doppelt so viel Entropie entgegen der „normalen" Flussrichtung. Sie liefern aber dabei die gleiche Temperaturdifferenz wie ein einzelnes Element.	**Parallelschaltung von Quellen** 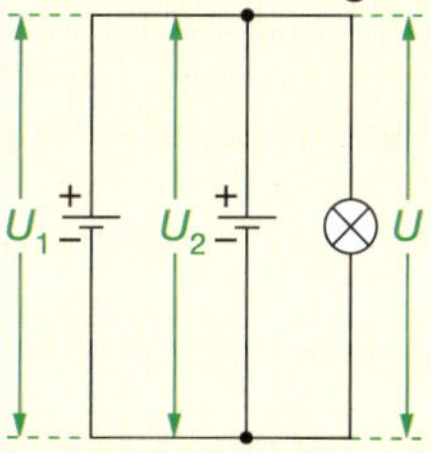 Die Ladung wird nur von einer Quelle mit neuer Energie beladen. Sie erhält dabei den gleichen Energiebetrag, als wenn es nur eine Quelle gäbe. Allerdings wird mehr Ladung in der gleichen Zeit beladen.
tropie-Stromstärke gibt an, wie viel Entropie pro Zeiteinheit strömt. ermische Stromstärke = $\frac{\text{Entropie}}{\text{Zeit}}$ bzw. $I_S = \frac{\Delta S}{\Delta t}$	**Elektrische Stromstärke** Sie gibt an, wie viel Ladung sich pro Zeiteinheit an einer Stelle des Stromkreises vorbeibewegt. Das Maß für die Ladung Q ist das Coulomb (1 C = $6{,}24 \cdot 10^{18}$ Elektronen): Elektrische Stromstärke = $\frac{\text{Ladung}}{\text{Zeit}}$ bzw. $I = \frac{\Delta Q}{\Delta t}$
irmewiderstand Länge des thermischen Leiters, sein Querschnitt und aterial beeinflussen den Entropiestrom.	**Elektrischer Widerstand** **?** Gibt es auch im elektrischen Stromkreis solche Abhängigkeiten?

kifahrer können auch durch eigene Anstrengung den erg hinaufgelangen, um wieder abzufahren; Ladung enötigt einen Antrieb (Batterie, Netzgerät).

- Entropie strömt immer, sobald es eine Temperaturdifferenz gibt, es muss nicht erst ein Schalter betätigt werden.

Der spezifische Widerstand

Die Größe des Entropiewiderstands hängt von verschiedenen Faktoren ab z. B. vom Material. Daunenjacken hemmen den Entropiestrom deutlich mehr als gleich dicke Baumwolljacken. Auch die Größe der Fläche, durch die die Entropie strömt, oder die Dicke der Isolierschicht, d. h. der Weg „von warm nach kalt", haben Einfluss auf die Größe des Entropiewiderstands.
Vermutlich hat auch der Widerstand eines Drahtes etwas damit zu tun, wie lang der Draht ist, welche Querschnittsfläche er hat und aus welchem Material er besteht, da durch diese Eigenschaften die Elektronen unterschiedlich stark in ihrer Bewegung gehemmt werden können. Deshalb soll untersucht werden, wie der elektrische Widerstand von den drei Größen *Länge, Querschnittsfläche* und *Material* abhängt. Zur Messung wird ein Widerstandsmessgerät genutzt. Für die Untersuchung sind jeweils zwei dieser Größen konstant zu halten.

① **Abhängigkeit von der Länge *l*** bei konstantem Querschnitt ($A = 0{,}1\ \text{mm}^2$) und gleichem Material (Konstantan)

② **Abhängigkeit vom Querschnitt *A*** bei konstanter Länge ($l = 3$ m) und gleichem Material (Konstantan)

③ **Abhängigkeit vom Material** bei konstanter Länge ($l = 3$ m) und konstantem Querschnitt ($A = 0{,}1\ \text{mm}^2$)

Zentraler Versuch

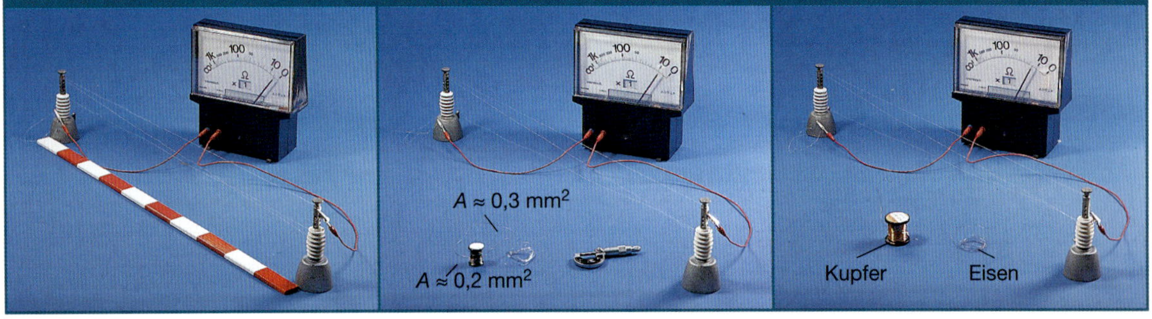

l	1 m	2 m	3 m
R	5 Ω	10 Ω	15 Ω

Je länger der Draht ist, desto größer wird der elektrische Widerstand: $R \sim l$

A	$0{,}1\ \text{mm}^2$	$0{,}2\ \text{mm}^2$	$0{,}3\ \text{mm}^2$
R	15 Ω	8 Ω	5 Ω

Je größer der Drahtquerschnitt ist, desto kleiner wird der elektrische Widerstand: $R \sim \frac{1}{A}$

Material	Kupfer	Konstantan	Eisen
R	0,5 Ω	15 Ω	12 Ω

Der Widerstand ist je nach Material des Drahtes verschieden groß: $R \sim \varrho$ (Materialkonstante)

Die drei Abhängigkeiten des elektrischen Widerstandes lassen sich in einer Formel zusammenfassen: $\boldsymbol{R = \varrho \cdot \frac{l}{A}}$.
Die Materialabhängigkeit wird durch die Größe **spezifischer Widerstand ϱ** (Rho) ausgedrückt. Sie gibt an, wie groß der Widerstand eines 1 m langen Drahtes mit einem Querschnitt von $1\ \text{mm}^2$ des jeweiligen Materials ist. Die Einheit ist $\frac{\Omega \cdot \text{mm}^2}{\text{m}}$.

Spezifischer Widerstand	
Material	ϱ
Gold	0,023 $\frac{\Omega \cdot \text{mm}^2}{\text{m}}$
Kupfer	0,017 $\frac{\Omega \cdot \text{mm}^2}{\text{m}}$
Aluminium	0,028 $\frac{\Omega \cdot \text{mm}^2}{\text{m}}$
Konstantan	0,49 $\frac{\Omega \cdot \text{mm}^2}{\text{m}}$
Wolfram	0,053 $\frac{\Omega \cdot \text{mm}^2}{\text{m}}$
Eisen	0,1–0,5 $\frac{\Omega \cdot \text{mm}^2}{\text{m}}$
Grafit	50–100 $\frac{\Omega \cdot \text{mm}^2}{\text{m}}$

Damit wird klar, warum Zuleitungen meist aus Kupfer sind und einen möglichst großen Querschnitt haben: Dadurch ist ihr Widerstand sehr gering; der Strom wird kaum gehemmt. Bei Heizgeräten ist die Situation umgekehrt: In ihnen soll der Strom stärker als in den Zuleitungen gehemmt werden, damit die Heizwendel glüht und die Energie an die Umgebung abgeben kann. Daher werden dünne Drähte aus Materialien mit großem spezifischen Widerstand (z. B. Eisen oder Konstantan) verwendet. Andererseits müssen diese Drähte die hohen Temperaturen aber auch aushalten. Sie dürfen nicht schmelzen oder zu brennen beginnen.

Der Widerstand von Metalldrähten ist abhängig von ihrer Länge l, ihrem Querschnitt A und ihrem Material: $R = \varrho \cdot \frac{l}{A}$.

Aufgaben

1 Ein Draht der Länge l und der Querschnittsfläche A habe einen Widerstand von $R = 75\ \Omega$.
Berechne die Größe des Widerstands R, wenn
a) die Länge des Drahts verdoppelt wird,
b) sich die Querschnittsfläche verdreifacht,
c) sich die Länge halbiert und der Querschnitt verfünffacht.

2 Berechne die Länge eines Konstantandrahts (Querschnittsfläche ca. 0,06 mm²), damit sein Widerstand 2 Ω beträgt.

3 Eine 20 km lange Hochspannungsleitung mit 200 000 V ist mit Stahl- bzw. Alukabeln einer Querschnittsfläche von ca. 20 mm² bespannt. Berechne die maximal mögliche Stromstärke in der Leitung.

4 Ein 2 km langer Eisendraht soll einen Widerstand von maximal 4 Ω besitzen. Berechne die nötige Querschnittsfläche.

5 An einen Draht von 25 m Länge wird eine Spannung von 3,2 V angelegt und ein Strom der Stärke 4 A gemessen. Die Querschnittsfläche des Drahtes beträgt 0,5 mm². Bestimme das Material des Drahts.

Rechenbeispiel

1. Berechne den Widerstand eines 25 cm langen Silberdrahtes der Querschnittsfläche 0,08 mm².

Geg.: $\varrho = 0{,}016\ \frac{\Omega \cdot mm^2}{m}$; $l = 0{,}25\ m$; $A = 0{,}08\ mm^2$

Ges.: R

Lösung: $R = \varrho \cdot \frac{l}{A} = 0{,}016\ \frac{\Omega \cdot mm^2}{m} \cdot \frac{0{,}25\ m}{0{,}08\ mm^2} = 0{,}05\ \Omega$

Der Widerstand des Silberdrahts beträgt 0,05 Ω.

2. Ein 350 m langer Draht mit einer Querschnittsfläche von $A = 1{,}7\ mm^2$ besitzt einen Widerstand von 100 Ω. Bestimme das Drahtmaterial.

Geg.: $l = 350\ m$; $A = 1{,}7\ mm^2$; $R = 100\ \Omega$

Ges.: ϱ

Lösung: Aus $R = \varrho \cdot \frac{l}{A}$ folgt

$\varrho = R \cdot \frac{A}{l} = 100\ \Omega \cdot \frac{1{,}7\ mm^2}{350\ m} \approx 0{,}5\ \frac{\Omega \cdot mm^2}{m}$

Der Draht besteht vermutlich aus Konstantan.

Spezifischer Widerstand

Versuche und Aufträge

V1 In einem Stromkreis ist ein Eisendraht eingebaut. Wird der Stromkreis geschlossen, so schlägt der Zeiger des Strommessgerätes zunächst weit aus und geht dann erst langsam auf den Endwert zurück.
a) Führe den Versuch durch und erkläre.
b) Wie verhält sich der Zeiger bei einem Konstantandraht? Stelle zunächst eine Vermutung auf, prüfe dann im Experiment.
c) Erkläre mithilfe von a), warum Glühlampen fast immer beim Einschalten, aber nicht im laufenden Betrieb durchbrennen.

V2 Der menschliche Körper ist ein vergleichsweise guter elektrischer Leiter.
a) Der Widerstand des Körperinneren beträgt ca. 100 Ω, der Hautwiderstand ca. 500 Ω. Erkläre die Unterschiede. Begründe, dass der Hautwiderstand keine fixe Größe sein kann.
b) Aus einem Lexikon: „Körperwiderstand für den Stromweg Hand–Hand ca. 1000 Ω." Gib eine begründete Vermutung für diesen Wert.
c) Entwickle eine Schaltung, mit der mithilfe einer 9 V-Block-Batterie der Widerstand in b) experimentell überprüft werden kann. Führe die Messung durch und beurteile dein Messergebnis.

V3 **a)** Die Einteilung eines Bauteils als Leiter, Halbleiter oder Isolator wird meist aufgrund seines spezifischen Widerstands getroffen. Recherchiere die Zusammenhänge.
b) Bei Leitern mit großem Querschnitt wird neben der bekannten Einheit $\frac{\Omega \cdot mm^2}{m}$ häufig auch die Einheit $\Omega \cdot m$ verwendet. Recherchiere und beschreibe den Zusammenhang.

V4 Besorge dir zwei Schlauchstücke von ca. 4 m Länge, welche unterschiedlichen Durchmesser haben, z. B. Aquarienschlauch in dünn und dick. Schneide von beiden je 1 m ab. Befestige mit Klebeband jeweils einen Müllbeutel an einem Ende der Schläuche, sodass du vier Schlauchstücke mit aufblasbaren Tüten erhältst.
a) Untersuche, mit welchem Schlauch die Tüten am schnellsten gefüllt werden können, und dokumentiere deine Ergebnisse.
b) Erstelle ein Plakat, auf dem du die Analogie zwischen diesem Experiment zur „Luftstromstärke" und der elektrischen Stromstärke in Verbindung mit dem spezifischen Widerstand bringst.
c) Überlege dir eine Möglichkeit, auch die Materialabhängigkeit im Analogieexperiment nachzuweisen.

Elektrischer Widerstand und Temperatur

Der Widerstand und der Einfluss des Drahtmaterials auf ihn lassen sich auch im Teilchenmodell erklären.

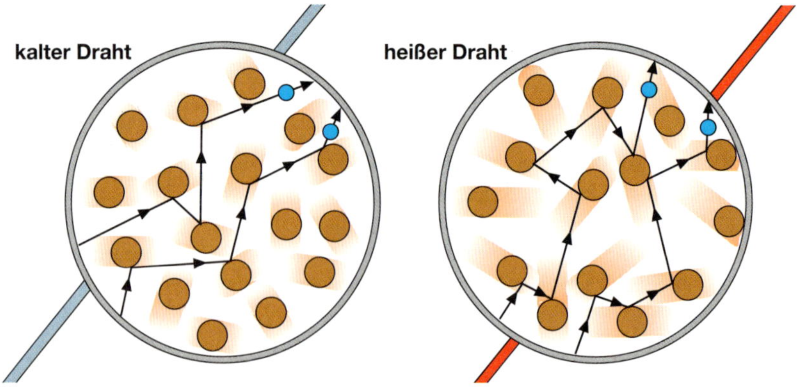

In der Zeichnung ist die Bewegung zweier Elektronen dargestellt. Die Elektronen werden durch Zusammenstöße mit den Atomen in ihrer Bewegung mehrfach behindert. Diese Hemmung ist umso stärker und damit die Elektronenbewegung umso langsamer, je mehr Zusammenstöße stattfinden. Von der Anordnung der Atome und ihren Wechselwirkungen mit den Elektronen hängt es ab, wie groß der Widerstand des Leiters ist. Damit wird zunächst einmal verständlich, warum verschiedene Metalle den elektrischen Strom unterschiedlich gut leiten.

Wird der Widerstand von Drähten mit gleichen Längen und gleichen Querschnittsflächen ermittelt, so ergibt sich für jeden Draht ein charakteristischer Wert. Die Tabelle zeigt einige Beispiele.

Material	Widerstand
Silber	0,016 Ω
Kupfer	0,017 Ω
Aluminium	0,027 Ω
Platin	0,1 Ω
Konstantan	0,49 Ω
Drahtlänge 1 m, Querschnitt 1 mm^2	

Der Einfluss der Temperatur des Leiters auf seinen Widerstand lässt sich folgendermaßen im Teilchenmodell erklären:
Die Atome schwingen um ihren Platz im Metallgitter, und zwar umso heftiger, je höher die Temperatur ist. Dadurch stoßen die sich durch das Gitter bewegenden Elektronen bei höheren Leitertemperaturen öfter mit den Atomen zusammen als bei niedrigen Temperaturen. Sie werden bei höheren Temperaturen also stärker gehemmt. Deshalb ist der elektrische Widerstand von metallischen Leitern bei höheren Temperaturen größer als bei niedrigeren.

Zentraler Versuch

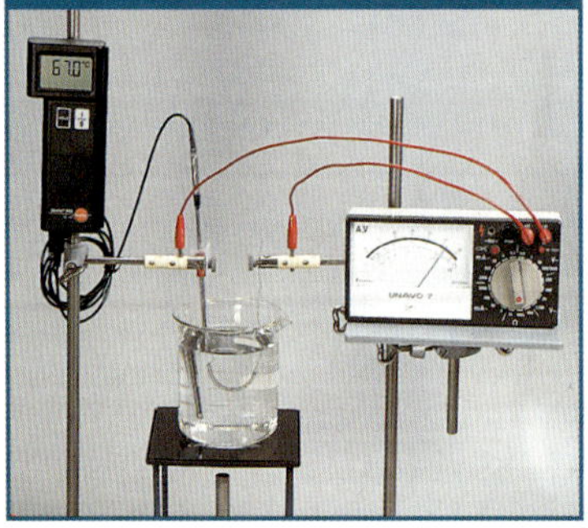

Diese „Theorie" lässt sich in einem Versuch überprüfen: Ein Eisendraht befindet sich in einem Wasserbad (destilliertes Wasser). Dieses wird langsam erwärmt und der Drahtwiderstand direkt gemessen.

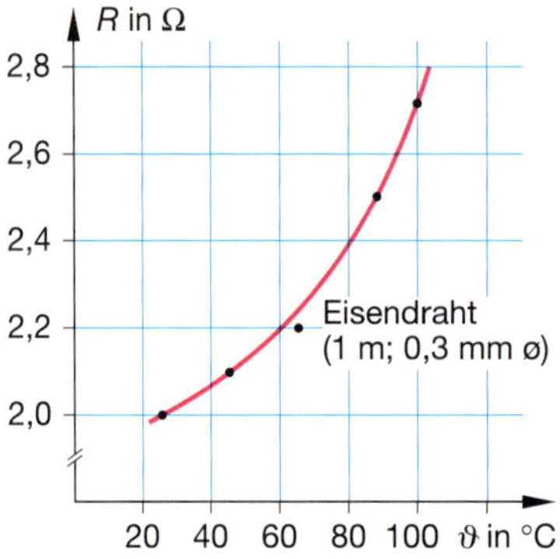

Material	*R* bei 20 °C	*R* bei 30 °C
Silber	1000 Ω	1038 Ω
Kupfer	1000 Ω	1039 Ω
Aluminium	1000 Ω	1047 Ω
Eisen	1000 Ω	1060 Ω

Die Temperaturabhängigkeit des Widerstands ist von Metall zu Metall verschieden. Die Tabelle zeigt die Widerstände verschiedener Leiter bei zwei unterschiedlichen Temperaturen. Ausnahmen machen einige Materialien wie Konstantan oder Nickelin. Ihr Widerstand ändert sich auch bei großen Temperaturschwankungen fast nicht.

Die ϑ-R-Kennlinie eines **Heißleiters** zeigt, dass es Materialien gibt, bei denen der Widerstand mit steigender Temperatur abnimmt! Dies ist mit unserer bisherigen Vorstellung nicht mehr erklärbar – Heißleiter erfordern ein anderes Modell als die bisher behandelten **Kaltleiter.**

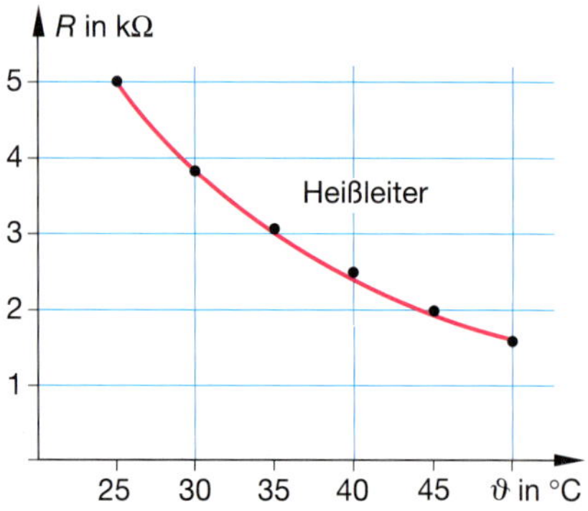

Widerstände — Versuche und Aufträge

V1 Es soll die Abhängigkeit des elektrischen Widerstands von der Konzentration einer Salzlösung untersucht werden. Dazu stehen Strom- und Spannungsmessgeräte zur Verfügung.

a) Beginne mit destilliertem Wasser und erhöhe dann die Salzkonzentration durch portionsweises Zugeben von Kochsalz. (Umrühren nicht vergessen.) Bestimme für jede Konzentrationsstufe den Widerstand.

b) Stelle die Messergebnisse in einem geeigneten Diagramm dar und deute das Versuchsergebnis.

c) Neben dem Begriff „Widerstand" gibt es die „Leitfähigkeit". Überlege dir eine sinnvolle Definition; wie könnte sie mit dem „Widerstand" zusammenhängen?

V2 Informiere dich über Heckscheiben-Heizungen von Personenkraftwagen.

a) Erläutere das Funktionsprinzip.

b) Skizziere und beschreibe mit möglichst einfachen Mitteln ein vergleichbares physikalisches Experiment. Worauf kommt es dabei an?

V3 Ein Glühlämpchen ist in Reihe mit einer Drahtwendel aus Eisen an eine Batterie angeschlossen.

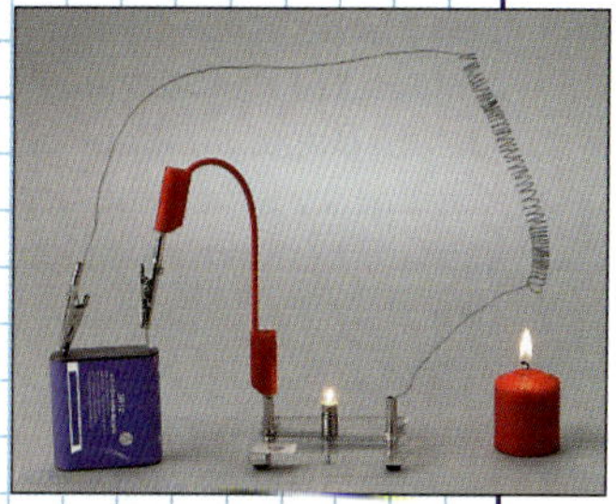

a) Untersuche und beschreibe was geschieht, wenn du die Wendel mit einer brennenden Kerze erhitzt.

b) Miss die Stromstärke vor, während und nach dem Erhitzen. Erkläre die Beobachtung aus a).

c) Anstelle der Drahtwendel aus Eisen soll eine Bleistiftmine verwendet werden. Welche Beobachtung erwartest du, wenn sie vorsichtig mit der Kerzenflamme erwärmt wird? Begründe.

d) Erläutere, worauf bei der Durchführung des Experimentes in c) zu achten ist.

e) Nenne mögliche technische Anwendungen der beiden Versuchsvarianten.

Supraleitung — Streifzug

Aus der Zunahme des elektrischen Widerstands bei Temperaturerhöhung des Leiters lässt sich umgekehrt schließen, dass der Widerstand bei Abkühlung immer geringer werden sollte. 1908 gelang HEIKE KAMMERLINGH-ONNES in Leiden (Holland) die Verflüssigung von Helium bei 2,45 K (Normaldruck). Damit konnte untersucht werden, wie groß der elektrische Widerstand bei sehr tiefen Temperaturen ist. Die erwartete Abnahme des Widerstands mit sinkender Temperatur wurde beobachtet. Aber 1911 fand ONNES etwas Besonderes: Bei Quecksilber sank der Widerstand bei 4,2 K sprunghaft auf null. Onnes taufte diese Erscheinung **Supraleitung,** die Temperatur **Sprungtemperatur.** Bei anderen Stoffen tritt Supraleitung bei anderen Sprungtemperaturen auf. 1986 gelang es dem Deutschen BEDNORZ und dem Schweizer MÜLLER, die Supraleitung an keramischen Stoffen bei Temperaturen über 77 K nachzuweisen. Beide erhielten 1987 dafür den Nobelpreis. Rekord 1999: 133 K (= –140 °C).

Supraleitende Stoffe mit einer Sprungtemperatur oberhalb 77 K sind deshalb interessant, weil 77 K (= –196 °C) etwa die Siedetemperatur von flüssigem Stickstoff ist. Derartige Stoffe könnten mit flüssigem Stickstoff unter ihre Sprungtemperatur gekühlt, also supraleitend gemacht werden. Allerdings lassen sich diese supraleitenden keramischen Stoffe nicht zu Drähten üblicher Form und Elastizität verarbeiten.

Durch die Entwicklung leistungsfähiger Heliumverflüssiger mit geringem Raumbedarf finden supraleitende Magnete zur Erzeugung starker Magnetfelder immer weitere Verbreitung. Denn die Leistungsfähigkeit von supraleitenden Elektromagneten ist immens, weil ja die Bewegung der Elektronen nicht mehr behindert wird. Supraleitende Magnete finden in der medizinischen Diagnostik, z. B. bei Kernspintomografen zur Untersuchung des Gehirns, Verwendung. Aber auch die großen Beschleuniger zur Untersuchung atomarer Prozesse, z. B. beim DESY in Hamburg, wären ohne supraleitende Magnete nicht denkbar.

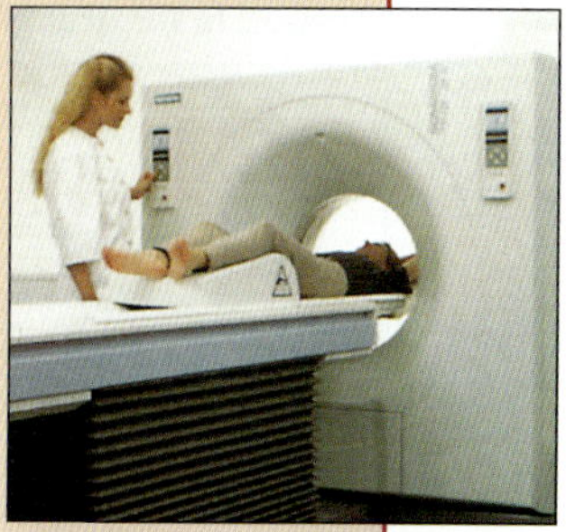

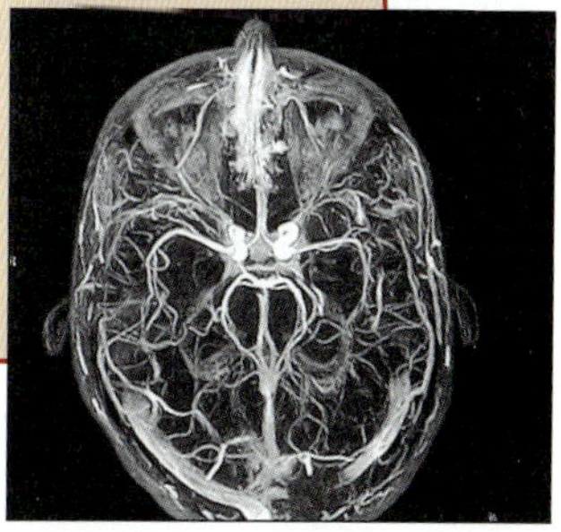

Reihen- und Parallelschaltung von Widerständen

Elektrische Widerstände bestimmen in einer Schaltung, wie groß die Stromstärke I ist, wenn eine Spannung U anliegt. Für den Aufbau einer Schaltung ist es wichtig zu wissen, welche Stromstärke sich einstellen wird, da jedes elektrische Bauteil nur bis zu einer bestimmten Stromstärke belastet werden darf. Dazu muss der Gesamtwiderstand einer Schaltung berechnet werden können, um daraus die Gesamtstromstärke und auch einzelne Teilstromstärken bestimmen zu können. Mithilfe des Gesetzes $U = R \cdot I$ können alle interessierenden Größen ermittelt werden.

Reihenschaltung

Zentraler Versuch

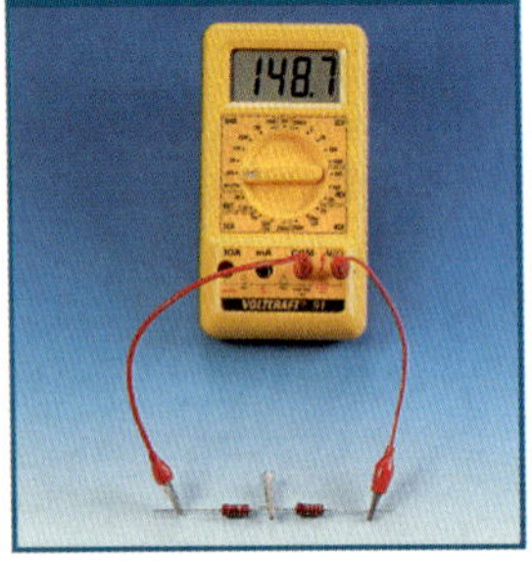

Der einfachste Fall ist eine Reihenschaltung aus zwei Widerständen. Zunächst erfolgt eine Messung, anschließend die Suche nach einer allgemeinen Regel. Statt mit Lampen wird der Versuch mit technischen Widerständen durchgeführt, bei denen die Größe R ihrer Widerstände bekannt ist.

Messwerte für zwei Widerstände

R_1	R_2	R_{ges}
50 Ω	100 Ω	150 Ω
200 Ω	400 Ω	600 Ω
150 Ω	200 Ω	350 Ω

Die Vermutung liegt nahe, dass bei der Reihenschaltung von zwei Widerständen eine einfache Gesetzmäßigkeit gilt: Die Summe beider Einzelwiderstände ergibt den Gesamtwiderstand. Eine Überprüfung dieser Regel erfolgt für den Fall, dass drei Widerstände in Reihe geschaltet sind.

Messwerte für drei Widerstände

R_1	R_2	R_3	R_{ges}
50 Ω	150 Ω	250 Ω	450 Ω
150 Ω	200 Ω	400 Ω	750 Ω

Offensichtlich gilt auch hier: Die Summe der Einzelwiderstände ergibt den Gesamtwiderstand. Weitere Messungen bestätigen, dass auch bei mehr als drei Widerständen sich der Gesamtwiderstand stets als Summe der Einzelwiderstände berechnen lässt.

In einer Reihenschaltung von n Widerständen R_1 bis R_n gilt: Der Gesamtwiderstand ist die Summe der Einzelwiderstände:
$R_{ges} = R_1 + R_2 + \ldots + R_n$

Parallelschaltung

Für die Parallelschaltung gilt eine andere Gesetzmäßigkeit: Messungen (vgl. unten) zeigen, dass sich eine einfache Vermutung wie bei der Reihenschaltung nicht treffen lässt. Deshalb werden zur Berechnung des Gesamtwiderstands bereits bekannte Gesetzmäßigkeiten zur Parallelschaltung von Widerständen genutzt:
① Die Spannung in jedem Teilstromkreis ist gleich;
② die Summe der Teilstromstärken ergibt die Gesamtstromstärke.

Allgemeine Berechnung von R_{ges}:
Bekannt ist:
① $U = U_1 = U_2 = \ldots = U_n$
② $I_{ges} = I_1 + I_2 + \ldots + I_n$

$$R_{ges} = \frac{U}{I_{ges}}$$

$$R_{ges} = \frac{U}{(I_1 + I_2 + \ldots + I_n)} \quad | \text{ Kehrbruch bilden}$$

$$\frac{1}{R_{ges}} = \frac{(I_1 + I_2 + \ldots + I_n)}{U} \quad | \text{ Klammer auflösen}$$

$$\frac{1}{R_{ges}} = \frac{I_1}{U} + \frac{I_2}{U} + \ldots + \frac{I_n}{U}$$

$$\frac{1}{R_{ges}} = \frac{1}{R_1} + \frac{1}{R_2} + \ldots + \frac{1}{R_n}$$

Beispiel ($n = 2$): Für $R_1 = 60\ \Omega$ und $R_2 = 30\ \Omega$ gilt
$\frac{1}{R_{ges}} = \frac{1}{60\ \Omega} + \frac{1}{30\ \Omega} = \frac{1}{20\ \Omega}$.
Daraus ergibt sich für R_{ges} ein Wert von 20 Ω.

In einem Versuch wird geklärt, ob sich das gefundene Gesetz auch experimentell bestätigen lässt.

R_1	$\frac{1}{R_1}$	R_2	$\frac{1}{R_2}$	R_{ges}	$\frac{1}{R_{ges}}$
60 Ω	0,0167	30 Ω	0,0333	20 Ω	0,05
200 Ω	0,005	400 Ω	0,0025	133,33 Ω	0,0075
150 Ω	0,0067	300 Ω	0,0033	100 Ω	0,01

In einer Parallelschaltung von n Widerständen R_1 bis R_n gilt für den Gesamtwiderstand:
Der Kehrwert des Gesamtwiderstandes ist die Summe der Kehrwerte der Einzelwiderstände:
$\frac{1}{R_{ges}} = \frac{1}{R_1} + \frac{1}{R_2} + \ldots + \frac{1}{R_n}$

Induktiv – Deduktiv

Durchblick

Es gibt unterschiedliche Methoden, physikalische Sachverhalte zu untersuchen und zu Erkenntnissen zu gelangen.

Bei der **induktiven Methode** (lat.: *inducere:* hereinführen) der Erkenntnisgewinnung wird **von einzelnen Erkenntnissen/Ereignissen auf eine allgemeingültige physikalische Gesetzmäßigkeit geschlossen.**

Einzelereignis (z. B. Ergebnis eines Experimentes)

Beispiel: Reihenschaltung von zwei Widerständen
Der Gesamtwiderstand wird gemessen.

↓ Auswertung

Der Gesamtwiderstand ergibt sich als Summe der Einzelwiderstände.

Einzelerkenntnis

Der Gesamtwiderstand für zwei in Reihe geschalteten Widerständen ergibt sich als Summe der Einzelwiderstände:
$\boldsymbol{R_{ges} = R_1 + R_2}$

↓ Bildung

Formulierung eines Aussagesatzes

Hypothese

Die Erkenntnis, die für zwei Widerstände gefunden wurde, gilt auch für mehr als zwei Widerstände.

↓ Überprüfung durch Experiment

Planung eines geeigneten Experiments

weitere Einzelexperimente

Der experimentellen Überprüfung dieser Hypothese wird nicht *nur* ein Einzelexperiment zugrunde gelegt: Versuche werden mit vielen verschiedenen Widerständen durchgeführt.

↓ Verallgemeinerung

Haben eine ausreichende Menge von Einzelerfahrungen die Hypothese gestärkt, wird sie als Erkenntnis auch auf nicht beobachtete Fälle ausgeweitet. Sie wird verallgemeinert:

Gesetzmäßigkeit

Physikalische Gesetzmäßigkeit: **Für den Gesamtwiderstand einer Reihenschaltung von Widerständen $\boldsymbol{R_1}$ bis $\boldsymbol{R_n}$ gilt:**
$\boldsymbol{R_{ges} = R_1 + R_2 + \ldots R_n}$.

Bei der **deduktiven Methode** (lat.: *deducere:* ableiten, herleiten) der Erkenntnisgewinnung wird **von einer allgemeinen physikalischen Gesetzmäßigkeit auf eine Einzelerkenntnis geschlossen.**

Gesetzmäßigkeit

Beispiel: Parallelschaltung von *n* Widerständen
Es gilt: $R = \frac{U}{I}$,
$U_1 = U_n = \ldots = U_n$, $I_{ges} = I_1 + I_2 + \ldots I_n$.

↓ Bildung

Formulierung eines Aussagesatzes

Hypothese

Aus den Gesetzmäßigkeiten lässt sich der Gesamtwiderstand von parallel geschalteten Widerständen bestimmen.

↓ mathematische Herleitung (Deduktion)

$$R_{ges} = \frac{U}{I} = \frac{U}{I_1 + I_2 + \ldots I_n}$$
$$\frac{1}{R_{ges}} = \frac{U}{I} = \frac{I_1}{U} + \frac{I_2}{U} + \ldots \frac{I_n}{U}$$
$$\frac{1}{R_{ges}} = \frac{1}{R_1} + \frac{1}{R_2} + \ldots \frac{1}{R_n}$$

theoretische Einzelerkenntnis

Es ergibt sich: $\frac{1}{R_{ges}} = \frac{1}{R_1} + \frac{1}{R_2} + \ldots \frac{1}{R_n}$
für den Gesamtwiderstand von *n* parallel geschalteten Widerständen.

↓ Planung

Planung eines geeigneten Experiments

Viele Einzelexperiment

Zur Überprüfung dieser Erkenntnis schließen sich viele Einzelexperimente mit *n* Widerständen an, die parallel geschaltet sind.

↓ Bewertung

Bestätigung oder Nicht-Bestätigung der theoretischen Erkenntnis

experimentell gesicherte Erkenntnis

Für *n* parallel geschaltete Widerstände gilt:
$$\frac{1}{R_{ges}} = \frac{1}{R_1} + \frac{1}{R_2} + \ldots + \frac{1}{R_n}$$

Bei der Erkenntnisgewinnung aus Beobachtungen findet der induktive Ansatz Verwendung. Von den konkreten Situationen wird auf das Allgemeine geschlossen. Viele Ideen (Bilder) der Wissenschaftler entstehen jedoch zuerst in den Köpfen bzw. auf dem Papier. Dann muss in Experimenten belegt werden, dass die im Kopf entwickelten Bilder mit ihren gedanklichen Ableitungen auch in der Realität Bestand haben (deduktiver Ansatz). In der Regel sind beide Methoden eng miteinander verknüpft und erweisen sich in Kombination als besonders sinnvoll. Unabhängig davon, ob die **induktive oder die deduktive Methode einzeln oder in Kombination verwendet werden, wird das gleiche Ziel erreicht: eine experimentell gesicherte Erkenntnis.**

Werkzeug — Analyse von Schaltkreisen

Komplexe Schaltungen lassen sich mithilfe der Gesetze zu Parallel- und Reihenschaltungen analysieren. Gesucht sind Größe des Widerstands und die Spannung bzw. Stromstärke, hervorgerufen durch die einzelnen Widerstände, und die Gesamtschaltung.

Analyse

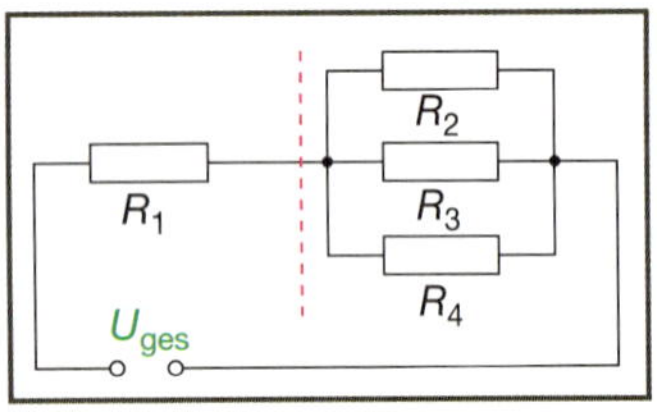

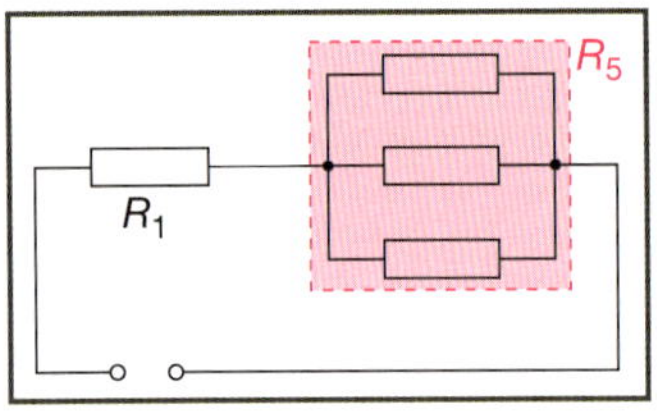

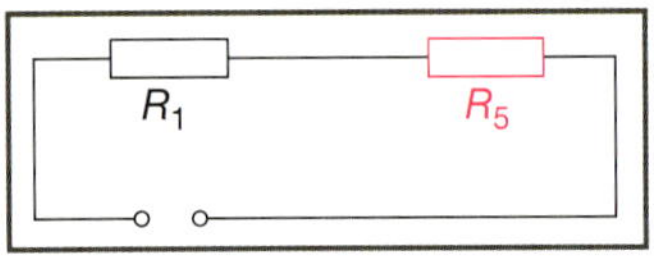

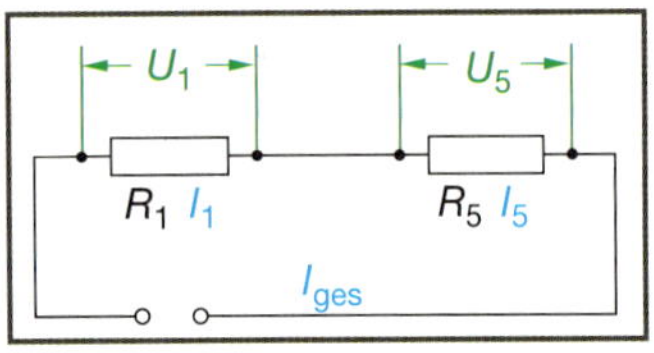

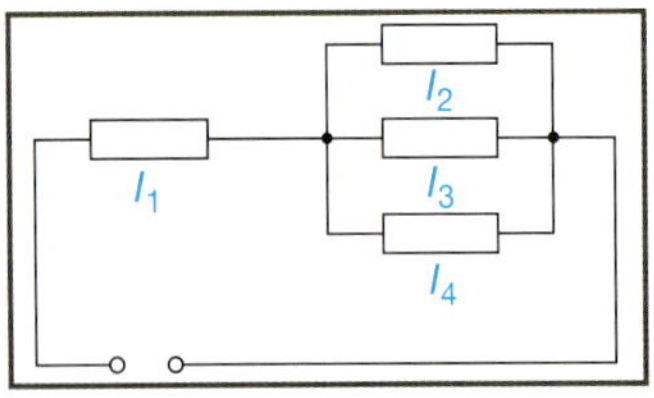

Plan

Gegeben sind R_1 bis R_4. Der Gesamtwiderstand lässt sich nicht direkt berechnen. R_2 bis R_4 sind aber parallel geschaltet. Die Schaltung teilt sich auf in zwei Teile, die einzeln einfach berechenbar sind.

Vereinfachung der Struktur: Zunächst wird der Ersatzwiderstand R_5 berechnet. Mit dieser Hilfe vereinfacht sich die Struktur der Schaltung : R_1 und R_5 sind in Reihe geschalt.

Der Gesamtwiderstand R_{ges} ergibt sich jetzt als Summe (Reihenschaltung) von R_1 und R_5.

Die Gesamtspannung U_{ges} und der Widerstand R_{ges} sind bekannt. Mit diesen Informationen lässt sich I_{ges} bestimmen.

R_1 und R_5 in Reihe: $I_{ges} = I_1 = I_5$

Es liegt eine Reihenschaltung vor, U_1 und U_5 können bestimmt werden : An R_2, R_3 und R_4 liegt jeweils die Spannung U_5 an (Parallelschaltung). I_2 bis I_4 werden berechnet.

Ausführung

Gegeben:

$R_1 = 100\ \Omega$

$R_2 = 300\ \Omega$

$R_3 = 200\ \Omega$

$R_4 = 120\ \Omega$

$U_{ges} = 10\ \text{V}$

Gesucht:

R_{ges}, I_{ges}, I_1 bis I_4, R_1 bis R_4

$$\Rightarrow \frac{1}{R_5} = \frac{1}{R_2} + \frac{1}{R_3} + \frac{1}{R_4}$$

$$\Rightarrow \frac{1}{R_5} = \frac{1}{300\ \Omega} + \frac{1}{200\ \Omega} + \frac{1}{120\ \Omega}$$

$$\Rightarrow R_5 = 60\ \Omega$$

$$\Rightarrow R_{ges} = R_1 + R_5 = 100\ \Omega + 60\ \Omega = 160\ \Omega$$

$$I_{ges} = \frac{U_{ges}}{R_{ges}} = \frac{10\ \text{V}}{160\ \Omega} = 62{,}5\ \text{mA}$$

$$I_{ges} = I_1 = I_5 = 62{,}5\ \text{mA}$$

$$\Rightarrow U_1 = R_1 \cdot I_{ges} = 6{,}25\ \text{V}$$

$$U_5 = R_5 \cdot I_{ges} = 3{,}75\ \text{V}$$

$$U_2 = U_3 = U_4 = U_5$$

$$\Rightarrow I_2 = \frac{U_2}{R_2} = 12{,}50\ \text{mA}$$

$$I_3 = \frac{U_3}{R_3} = 18{,}75\ \text{mA}$$

$$I_4 = \frac{U_4}{R_4} = 31{,}25\ \text{mA}$$

Vorgehensweise

Berechnen ohne Ersatzwiderstände möglich? nein ⇨ **Unterteilung in Ersatzwiderstände**

ja ⇨ **Berechnung von Widerständen, Teilspannungen oder Teilstromstärken** ⇦ (von: Unterteilung in Ersatzwiderstände)

⇨ **Alle gesuchten Größen der Schaltung sind berechnet** ⇦

Aufgaben

1 Berechne den Gesamtwiderstand R_{ges} in den folgenden Schaltungen, wenn $R_1 = 100\ \Omega$, $R_2 = 200\ \Omega$, $R_3 = 300\ \Omega$, $R_4 = 400\ \Omega$, $R_5 = 500\ \Omega$ und $R_6 = 600\ \Omega$ mithilfe von Ersatzwiderständen und beschreibe deinen Lösungsweg.

a)

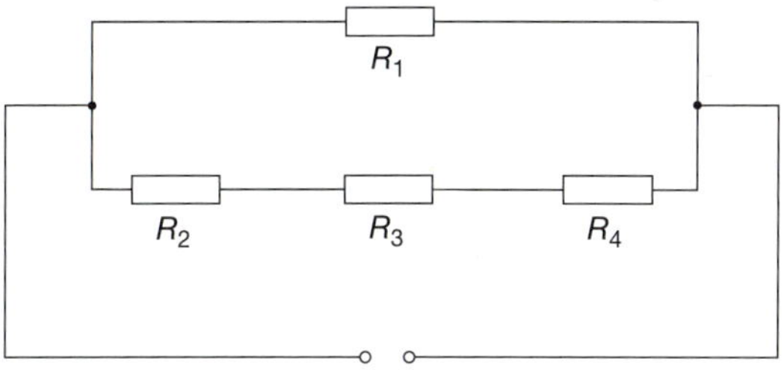

b)

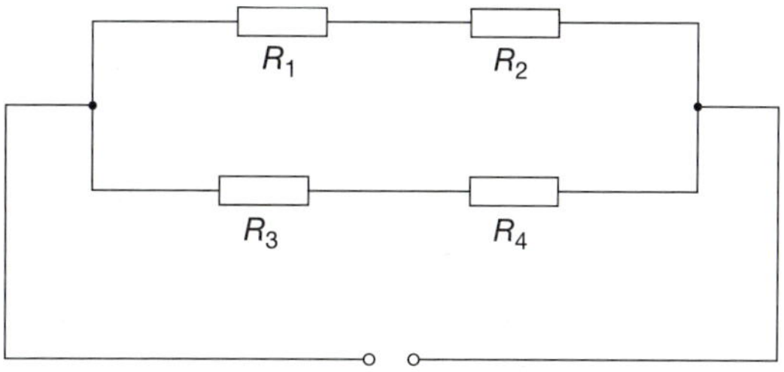

c)

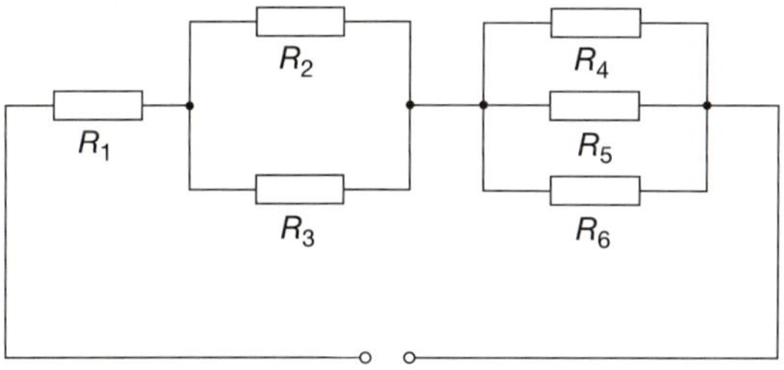

d)

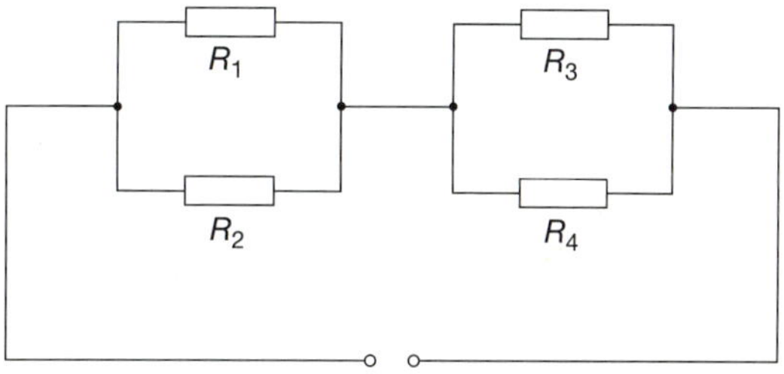

2 Gegeben sind drei Widerstände R_1, R_2 und R_3.
a) Berechne alle Spannungen und Stromstärken für folgende Schaltung, wenn $U_{ges} = 10$ V ist:

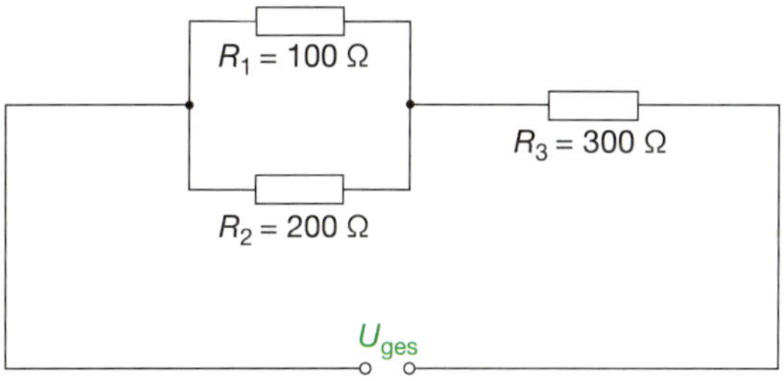

b) Skizziere die verschiedene Arten, auf die die Widerstände geschaltet werden können. Berechne jeweils den Gesamtwiderstand R_{ges} und die Gesamtstromstärke I_{ges}. Begründe, für welche Schaltung R_{ges} am größten bzw. am kleinsten ist.
c) Entwickle eine Schaltung aus vier verschiedenen Widerständen, welche einen Gesamtwiderstand von $R_{ges} = 200\ \Omega$ hat. Dabei soll es sich nicht um eine reine Reihenschaltung oder um eine reine Parallelschaltung handeln.

3 Die Widerstände $R_1 = 50\ \Omega$, R_2 – $100\ \Omega$ und $R_3 = 150\ \Omega$ sind an 100 V angeschlossen.
a) Berechne die Gesamtstromstärke für den Fall, dass alle Widerstände parallel geschaltet sind.
b) Berechne die Gesamtstromstärke für den Fall, dass alle Widerstände in Reihe geschaltet sind.

4 Ermittle deduktiv das Gesetz $R = R_1 + R_2$ für die Reihenschaltung.

5 Zwei Widerstände $R_1 = 100\ \Omega$ und R_2 sollen so zusammengeschaltet werden, dass sie 200 Ω Gesamtwiderstand ergeben.
a) Berechne R_2, wenn beide in Reihe geschaltet sind.
b) Berechne R_2, wenn beide parallel geschaltet sind.
c) Interpretiere dein Ergebnis.

6 Erstelle für deinen Partner eine Aufgabe angelehnt an die Aufgabe **1** dieser Seite. Berechne die Lösung und gib deinem Partner anschließend deine Aufgabe. Bewerte seine Lösung.

7 Berechne R_{ges}, wenn alle Bauteile einen Widerstand von $R = 100\ \Omega$ haben.

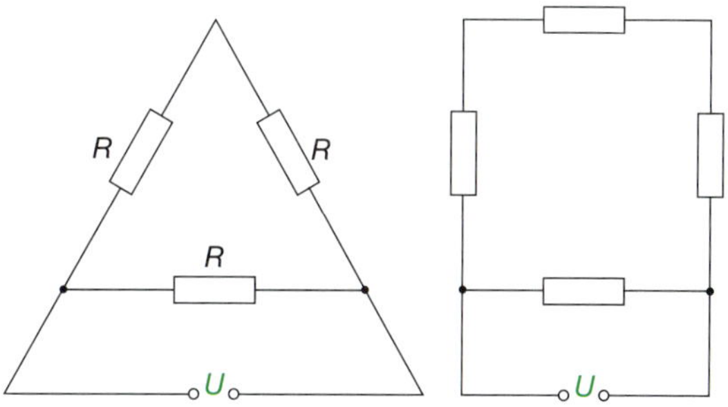

8 Eine Parallelschaltung von drei Widerständen hat einen Gesamtwiderstand von 8 Ω.
a) Berechne R_3, wenn $R_1 = R_2 = 50\ \Omega$ haben.
b) Berechne R_1 und R_2, wenn $R_3 = 80\ \Omega$ hat und $R_1 = R_2$ ist.
c) Berechne R_1, R_2 und R_3, wenn $R_2 = 2\ R_3$ und $R_1 = R_2$ ist.

Versuche und Aufträge — Elektrische Bauteile

V1 a) Miss den Widerstand von Leitungswasser, destilliertem Wasser, trockener und nasser Haut, Papier, Kupferkabel, Radiergummi, Bleistiftmine und Kohle. Notiere die Messwerte in einer Tabelle.
b) Gib Kochsalz in Leitungswasser und beobachte, wie sich der Widerstand des Wassers dabei verändert. Formuliere ein Ergebnis deiner Beobachtungen.
c) Miss den Widerstand einer halben und einer viertel Bleistiftmine. Wovon hängt der Widerstand also ab?
d) Neben dem Begriff „Widerstand" gibt es die „Leitfähigkeit". Überlege dir eine sinnvolle Definition; wie könnte sie mit dem „Widerstand" zusammenhängen?

V2 a) Miss den Widerstand einer Glühlampe.
b) Baue zwei gleiche Glühlampen hintereinander (in Reihe) auf und miss ihren gesamten Widerstand.
c) Schalte dieselben zwei Glühlampen parallel und bestimme wieder den Gesamtwiderstand.
d) Finde eine Erklärung für die Messergebnisse in b) und c). Vergleiche mit Situationen im Straßenverkehr.

V3 Untersuche, welche von mehreren typgleichen Batterien die „stärkste" ist:
a) Miss die Spannung zunächst direkt an jeder der Batterien. Notiere die Messwerte und vergleiche sie.
b) Vergleiche die Größe des Antriebs, indem du die Stromstärke misst. Baue dazu einen Stromkreis mit einer Glühlampe und der jeweils zu untersuchenden Batterie auf und miss die entstehende Stromstärke. Notiere die Messergebnisse und vergleiche mit a).
c) Warum muss bei b) immer die gleiche Glühlampe verwendet werden?

V4 Zur Messung von unbekannten Widerständen wird die Wheatstone-Brücke verwendet, deren Schaltplan rechts dargestellt ist.

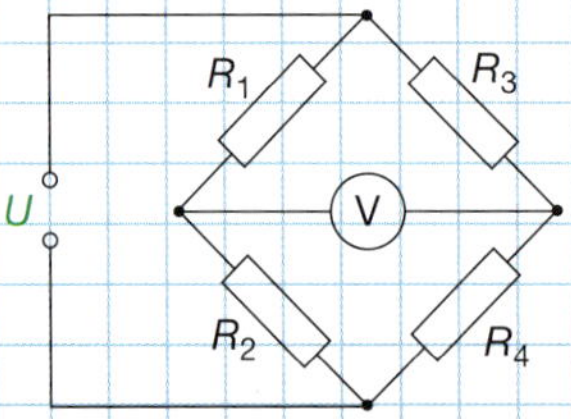

a) Zeichne die Schaltung so auf, dass deutlich wird, dass je zwei Widerstände einen Spannungsteiler bilden und begründe, warum zwei in Reihe geschaltete Widerstände als „Spannungsteiler" bezeichnet werden.
b) Um die Größe eines unbekannten Widerstands zu ermitteln, werden drei bekannte Widerstände so verändert, dass die „Brückenspannung" 0 V beträgt. Begründe dieses Vorgehen und gib eine Formel für die Berechnung des unbekannten Widerstandes R_4 an.

V5 a) Entscheide, ob der elektrische Widerstand eines Eisendrahtes genauso groß ist wie der eines Kupferdrahtes bei gleicher Länge und gleichem Querschnitt.
b) Beschreibe einen Versuch, mit dem du deine Entscheidung überprüfen könntest, und führe ihn durch.

Material	Länge	Querschnitt	Widerstand
Eisen			
Kupfer			

V6 Bestimme den elektrischen Widerstand von Glühlampen in Abhängigkeit von der Stromstärke. Nutze drei verschiedene Lampen mit gleicher Nennspannung, aber unterschiedlicher Helligkeit.
a) Entwickle eine Versuchsanordnung und einen Versuchsplan.
b) Miss *U* und *I* (Tabelle!) und berechne *R*.
c) Zeichne das *I*-*R*-Diagramm.
d) Gib eine Erklärung für die erhaltenen Messwerte und für die Graphen.

V7 Es soll die *U*-*I*-Kennlinie eines Eisendrahtes und eines Konstantandrahtes in Luft und in destilliertem Wasser aufgenommen werden.
a) Entwickle einen Versuchsplan und eine Versuchsanordnung.
b) Trage die Messwerte in eine Tabelle ein.
c) Zeichne die *U*-*I*-Kennlinie.
d) Gib eine Erklärung für die erhaltenen Messwerte.

V8 Untersuche das Widerstandsverhalten eines Heißleiters (NTC: Negative Temperature Coefficient) und eines Kaltleiters (PTC-Widerstand; Positive Temperature Coefficient).

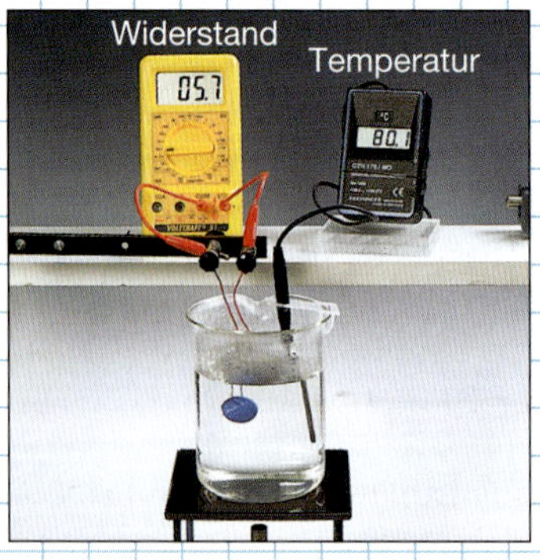

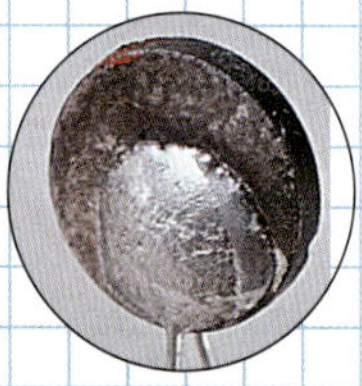
NTC

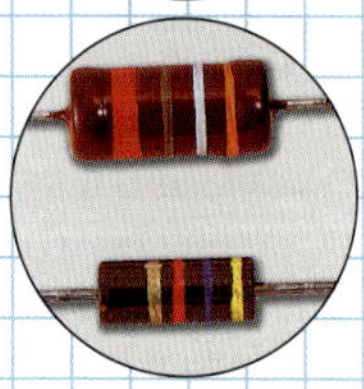
PTC

a) Prüfe das Wasser auf elektrische Leitfähigkeit.
b) Tauche nun die beiden Widerstände in ein Wasserbad. Erhitze das Wasserbad stufenweise.

c) Fertige eine Tabelle für die zu messenden Größen an.
d) Zeichne die ϑ-R-Kennlinie.
e) Interpretiere das Diagramm.

V9 Mit einer brennenden Kerze soll eine Glühlampe zum Verlöschen gebracht werden können.
a) Fertige eine Drahtwendel aus 1 m Eisendraht mit einem Durchmesser von 0,2 mm, indem du den Draht eng auf eine Stricknadel oder einen Holzspieß aufwickelst und dann abziehst.
b) Untersuche was passiert, wenn du die Wendel in Reihe mit der Glühlampe schaltest und dann die Wendel mit einer brennenden Kerze erhitzt. Beschreibe und erkläre deine Beobachtung.
c) Miss die Stromstärke vor, während und nach dem Erhitzen.

V10 **a)** Erläutere, was nach dem Schließen des Schalters in der unten fotografierten Schaltung zu beobachten sein wird.

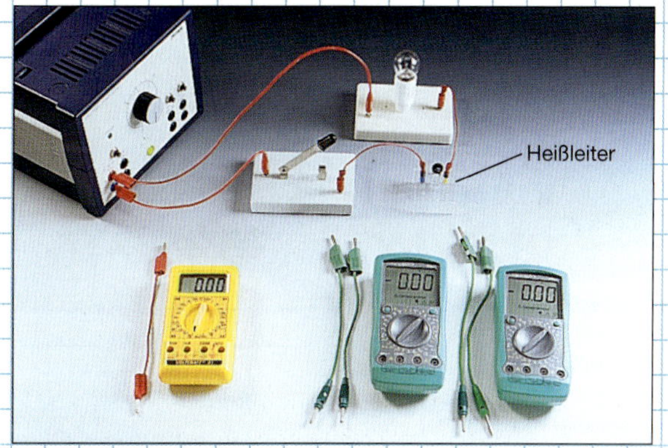

b) Miss die Spannung an der Glühlampe und am Heißleiter in Abhängigkeit von der Zeit und trage die Werte in eine Tabelle ein.

Zeit t	U_{Lampe}	$U_{\text{Heißleiter}}$

c) Zeichne die t-U-Kennlinie für beide Bauelemente.
d) Miss die Stromstärke zu verschiedenen Zeiten. Was stellst du fest? Vergleiche mit der Spannung.

V11 **a)** Baue eine Reihenschaltung aus drei gleichen Glühlämpchen auf und überlege dir eine geeignete Spannung für die Quelle.
b) Miss die Stromstärke an verschiedenen Stellen der Reihenschaltung.
c) Baue mit denselben Glühlämpchen eine Parallelschaltung auf und überlege dir wieder eine geeignete Spannung der Quelle.
d) Miss die Stromstärke an verschiedenen Stellen der Parallelschaltung.
e) Berechne aus den bisherigen Ergebnissen den Betriebswiderstand jedes Lämpchens.

V12 Mithilfe der abgebildeten veränderbaren Widerstände kann ① eine Länge, ② ein Winkel in eine elektrische Größe gewandelt werden. Dadurch können die Messwerte über größere Entfernungen übertragen werden.

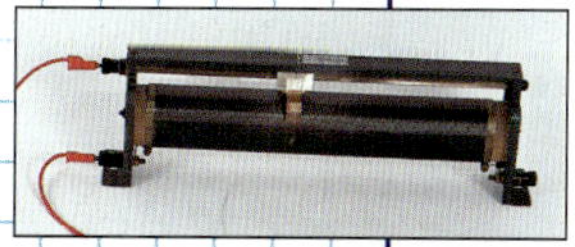

a) Erstelle einen Bauplan für eine solche Einrichtung.
b) Baue die von dir entworfene Einrichtung als Experiment auf und probiere sie aus.
c) Nenne die Größenwandlung, die dabei erfolgt.

V13 Entwirf eine Messeinrichtung für den Füllstand einer Flüssigkeit in einem Behälter. Der Füllstand soll über eine elektrische Größe angezeigt werden.

V14 Entwickle Messanordnungen zur Messung nichtelektrischer Größen. Nutze die Kenntnis über die Gesetzmäßigkeiten des elektrischen Widerstandes.

V15 Untersuche die Abhängigkeit der elektrischen Leitfähigkeit von der Konzentration einer Salzlösung. Beschreibe dein Vorgehen. Fertige eine Messwerttabelle an.
a) Miss den Widerstand von Trinkwasser in einem Behälter mit konstantem Elektrodenabstand.
b) Erhöhe die Konzentration durch portionsweises Zugeben von Kochsalz. (Umrühren nicht vergessen!)
c) Trage die Werte in die Tabelle ein.
d) Erkläre Beobachtung und Versuchsergebnis.

V16 **a)** Baue den Stromkreis vom Werkzeug „Analyse von Schaltkreisen" auf Seite 330 mit den entsprechenden Festwiderständen auf. Verwende eine Spannungsquelle mit $U = 10$ V.
b) Überprüfe mit einem Strommesser die im Werkzeug vorhergesagte Gesamtstromstärke.
c) Überlege vorher, wie groß die am Widerstand R_1 anliegende Spannung sein wird. Überprüfe deine Überlegung anschließend mit einem Spannungsmesser.

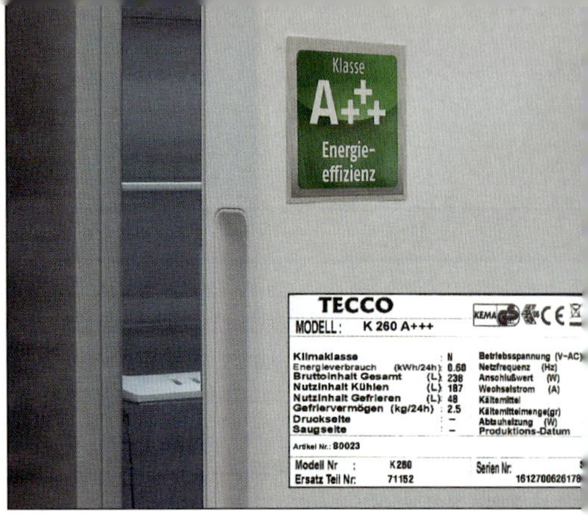

Elektrischer Strom und Energiestrom

Ob Handy, Laptop, Lampe oder Kühlschrank – alle diese Geräte benötigen zu ihrem Betrieb Energie. Von welchen Größen ist der Energiestrom abhängig, der von einem Akku oder von der Steckdose ins Gerät fließt? Was bedeuten Angaben wie „40 W" bzw. „100 kWh pro Jahr"? Was wird eigentlich mit der „Stromrechnung" bezahlt?

Energiestromstärke

Die Energiestromstärke *P* beschreibt, wie viel Energie pro Sekunde übertragen bzw. umgeladen wird. Sie wird in der Einheit 1 W (Watt) gemessen: $1\ \text{W} = 1\ \frac{\text{J}}{\text{s}}$.
Der Zusammenhang zwischen der Energiestromstärke *P* und den elektrischen Größen *I* und *U* kann mithilfe von Versuchen mit Glühlampen herausgefunden werden. Denn Glühlampen sind geeignet, Energieströme zu vergleichen. Die Helligkeit einer Lampe wird dabei als Maß für die Stärke des Energiestroms aufgefasst, den die Lampe vom Träger fließende Ladung auf die Träger Licht und Entropie umlädt. Durch Helligkeitsvergleiche lassen sich dann Rückschlüsse auf die Energiestromstärken ziehen.

Parallelschaltung *U* = konstant

① und ② Zwei verschiedene Lampen mit der gleichen Nennspannung 6 V leuchten unterschiedlich hell: Zur größeren Energiestromstärke (größere Helligkeit der rechten Lampe ②) gehört die größere elektrische Stromstärke *I*.
③ Zwei gleiche, parallel geschaltete Lampen leuchten an derselben Quelle genauso hell wie eine allein. Der Energiestrom von der Quelle zu den beiden Lampen ist damit doppelt so groß wie bei einer Lampe. Doppelt so groß ist auch die elektrische Stromstärke *I* in der Zuleitung, nämlich 0,8 A (bei gleicher Spannung von 6 V). Eine dritte Lampe verdreifachte die Energiestromstärke *P* und die Stromstärke *I*. Es gilt also:
P* ~ *I wenn *U* = konstant.

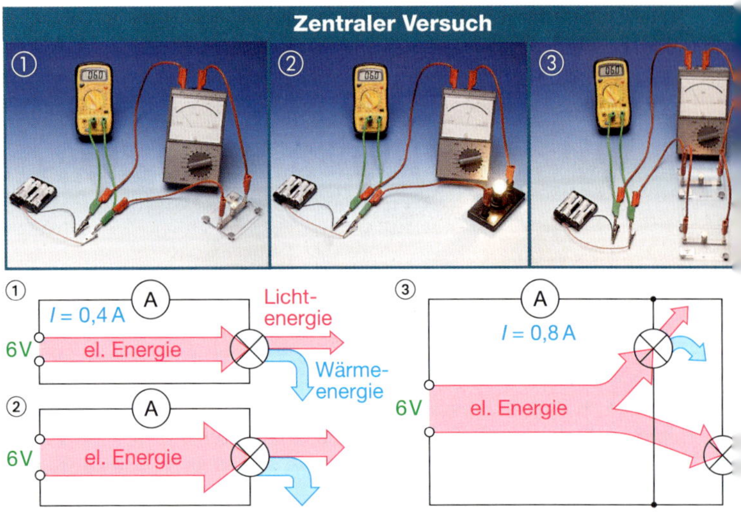

Reihenschaltung *I* = konstant

Die beiden gleichen Glühlampen werden in Reihe geschaltet. Sollen dabei beide so hell leuchten wie eine Lampe allein, muss die Spannung auf den doppelten Wert 12 V erhöht werden. Dann fließt durch jede Lampe ein Strom von 0,4 A. Die Quelle liefert insgesamt die doppelte Energiestromstärke. Soll noch eine dritte Lampe – in Reihe geschaltet – gleich hell leuchten, müssen 18 V anliegen. Es gilt also:
P* ~ *U wenn *I* = konstant.

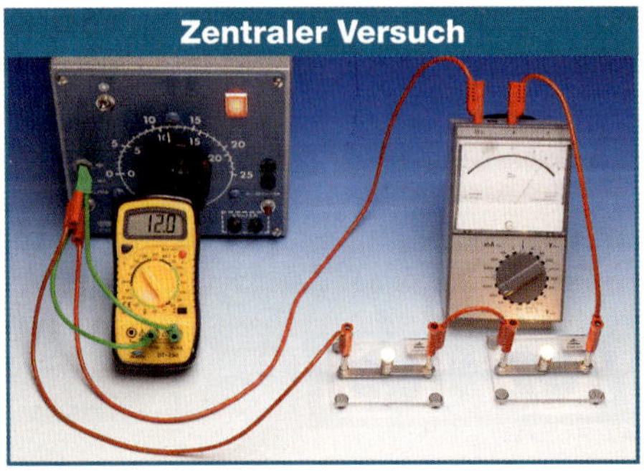

Der Übersichtlichkeit halber sind die Träger-Pfeile nicht eingezeichnet, dafür wurden die Energie-Vornamen verwendet

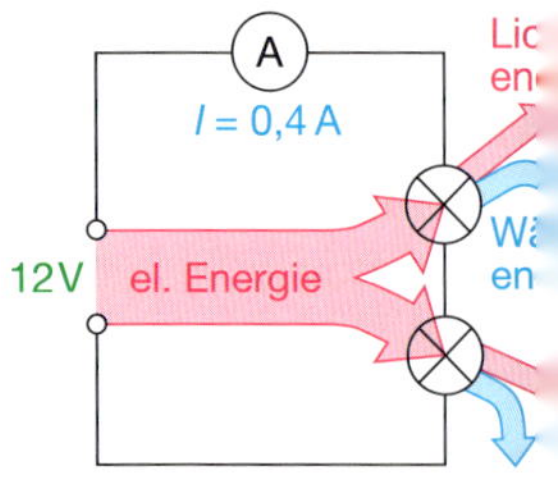

Die beiden gefundenen Proportionalitäten lassen sich zu einer zusammenfassen:
$P \sim U \cdot I$.
Also gibt es eine Proportionalitätskonstante k, sodass gilt $P = k \cdot U \cdot I$. Die Einheiten Watt, Volt und Ampere sind so festgelegt, dass 1 W = 1 V · 1 A gilt und die dimensionslose Konstante k den Wert 1 hat. Damit ergibt sich P zu
$\boldsymbol{P = U \cdot I}$.

Wird eine 40 W-Glühlampe an 230 V angeschlossen, so zeigt ein Stromstärkemessgerät nur knapp 0,2 A, also eine deutlich geringere Stromstärke als im zentralen Versuch. Trotzdem ist die Energiestromstärke erheblich höher. Der Unterschied liegt in der Spannung U der benutzten Quellen.

Jede elektrische Quelle ist der Antrieb für einen Ladungsstrom. Eine Quelle mit höherer Spannung treibt die Ladung im Stromkreis stärker an. Bei doppelter Spannung transportiert ein Ladungsstrom gleicher Größe auch doppelt so viel Energie. Dadurch können im zentralen Versuch zwei in Reihe geschaltete Lampen hell zum Leuchten gebracht werden, obgleich sich die elektrische Stromstärke nicht geändert hat.

Die Energiestromstärke P der in einem Stromkreis transportierten Energie ist durch das Produkt aus der Spannung U der Quelle und der im Stromkreis vorhandenen Stromstärke I bestimmt: $P = U \cdot I$.

Energiestromstärke

Das Formelzeichen ist P.
Die Einheit ist 1 Watt (Watt):
$1\,\text{W} = 1\,\text{VA} = 1\,\frac{\text{J}}{\text{s}}$

Weitere Einheiten:

Kilowatt:	1 kW = 1000 W
Megawatt:	1 MW = 1000 kW
	= 1 Mio W

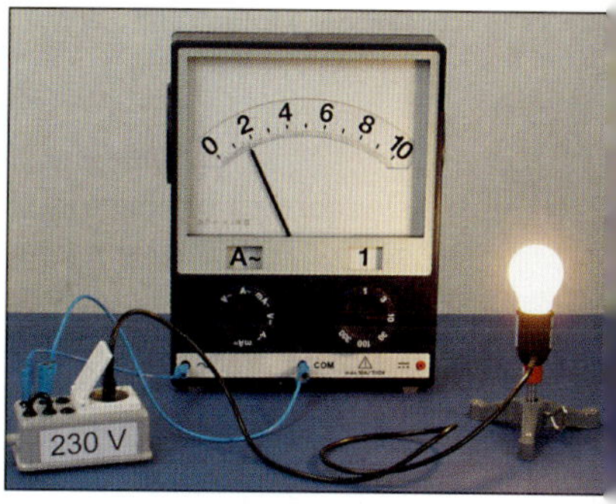

Rechenbeispiel

Eine Steckdose ist mit 16 A abgesichert. An die Steckdose soll eine Dreifach-Steckerleiste und an diese ein Heizlüfter (2000 W), ein Bügeleisen (1700 W) und eine Stehlampe (300 W) angeschlossen werden. Beurteile, ob dies sinnvoll ist.

Lösung:
Da alle Geräte parallel geschaltet sind, addieren sich die Teilstromstärken zur Gesamtstromstärke. Diese darf 16 A aber nicht übersteigen. Aus $P = U \cdot I$ folgt die Stromstärke durch jedes einzelne Gerät:

Heizlüfter: $I_1 = \frac{P_1}{U} = \frac{2000\,\text{W}}{230\,\text{V}} = 8{,}7\,\text{A}$

Bügeleisen: $I_2 = \frac{P_2}{U} = \frac{1700\,\text{W}}{230\,\text{V}} = 7{,}4\,\text{A}$

Stehlampe: $I_3 = \frac{P_3}{U} = \frac{300\,\text{W}}{230\,\text{V}} = 1{,}3\,\text{A}$

Alle zusammen: $I_g = I_1 + I_2 + I_3 = 17{,}4\,\text{A}$

Alternativ kann folgendermaßen gerechnet werden:
Die Energiestromstärke aller drei Geräte beträgt zusammen $P = P_1 + P_2 + P_3 = 4000\,\text{W}$.
Mit $I = \frac{P}{U}$ folgt $I = \frac{4000\,\text{W}}{230\,\text{V}} = 17{,}4\,\text{A}$.

Die drei Geräte können nicht gleichzeitig betrieben werden. Es können höchstens Heizlüfter und Stehlampe oder Bügeleisen und Stehlampe gleichzeitig betrieben werden.

Aufgaben

1 Berechne jeweils die elektrische Stromstärke, die sich bei Betrieb einer 11 W-Energiesparlampe bzw. eines 1000 W-Toasters einstellt.

2 Normale 230 V -Steckdosen im Haushalt sind häufig durch 16 A-Sicherungen abgesichert.
a) Beurteile, ob ein 5,7 kW-Durchlauferhitzer an eine solche Steckdose angeschlossen werden darf.
b) Berechne, welche Energiestromstärke eine solche Steckdose im Höchstfall liefern kann.

3 Vier gleiche Glühlampen (12 V | 0,5 A) sind in Reihe geschaltet und leuchten normal hell. Berechne die Stromstärke der dabei transportierten Energie. Begründe.

4 Ein Wasserkocher trägt die Aufschrift 230 V | 3000 W, ein zweiter Wasserkocher, der sich über den Zigarettenanzünder an die Batterie eines Autos anschließen lässt, die Angabe 12 V | 150 W. Erkläre anhand dieser Geräte, dass Angaben wie 230 V | x A bzw. 12 V | y A für elektrische Geräte nicht immer hilfreich sind.

5 In einer Küche sollen ein Warmwasserspeicher (2 kW), eine Geschirrspülmaschine (2700 W) und eine Mikrowelle mit Grill (1950 W) zusätzlich zu weiteren Elektrokleingeräten angeschlossen werden. Beschreibe die erforderliche Elektroinstallation. Die Stromkreise können über 16 A- oder 25 A-Sicherungen abgesichert sein.

Energie im Stromkreis

Energie und Stromstärke

Die Energiestromstärke P gibt die in der Zeit t geflossene oder umgeladene Energie an: $P = \frac{E}{t}$.
Wird diese Formel nach E umgestellt und $P = U \cdot I$ eingesetzt, ergibt sich
$\boldsymbol{E = P \cdot t = U \cdot I \cdot t}$.

Für die Einheit gilt:
$1\,\text{J} = 1\,\text{Ws} = 1\,\text{V} \cdot 1\,\text{A} \cdot 1\,\text{s}$
$= 1\,\text{VAs}$.

Zentraler Versuch

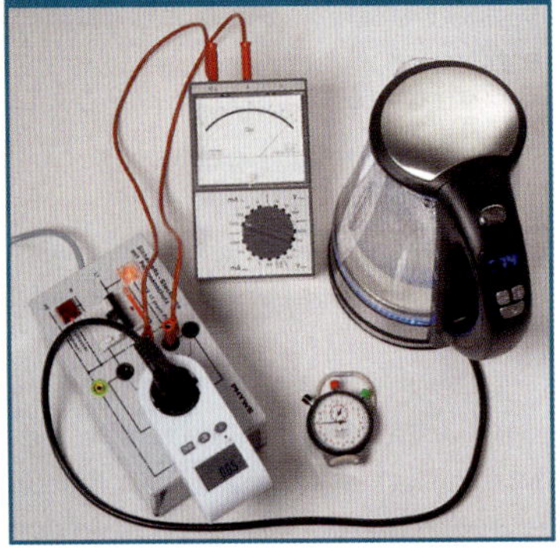

Der Versuch bestätigt die Formel für die Energie: Ein 3000 W-Wasserkocher wird über ein Energiemessgerät an die Steckdose angeschlossen. Nach drei Minuten zeigt das Energiemessgerät 0,15 kWh an.
Zur Kontrolle wird die Stromstärke durch den Wasserkocher mit einem Strommessgerät gemessen und bei $I = 13$ A abgelesen. Einsetzen in die Formel ergibt für die umgesetzte Energie:
$E = 230\,\text{V} \cdot 13\,\text{A} \cdot 180\,\text{s}$
$= 538\,200\,\text{VAs} = 0{,}1495\,\text{kWh}$

Elektrische Energie

Das Formelzeichen ist E.
Die Einheiten sind 1 J (Joule)
1 kWh (Kilowattstunde).
Es gilt: $1\,\text{J} = 1\,\text{Ws} = 1\,\text{VAs}$
$1\,\text{kWh} = 1\,\text{kW} \cdot 1\,\text{h} = 1000\,\text{W} \cdot 3600\,\text{s}$
$= 3{,}6\,\text{Mio J}$

Für die elektrische Energie, die in einem Gerät in der Zeit t umgeladen wird, gilt:
$E = P \cdot t = U \cdot I \cdot t$.

Energie und Widerstand

Soll möglichst viel Energie transportiert werden, ist es sinnvoll, eine hohe Spannung bei einem geringen Widerstand zu wählen. Soll wie beim Wasserkocher die Energie allerdings möglichst effizient umgeladen werden, gelingt dies durch einen hohen Widerstand und einer folglich kleinen Stromstärke.

Der Zusammenhang zwischen der Energiestromstärke (Leistung) und dem Widerstand ist:
$P = \frac{1}{R} \cdot U^2$ bzw. $P = R \cdot I^2$

Energie und Spannung

Aus $E = U \cdot I \cdot t$ folgt durch Umformen
$U = \frac{E}{I \cdot t} = \boldsymbol{\frac{E}{Q}}$.

Die Formel $U = \frac{E}{Q}$ ermöglicht eine neue Interpretation der Spannung:

Die Spannung U gibt an, wie viel Energie E pro Ladung Q eine Quelle zur Verfügung stellt:
$U = \frac{E}{Q}$.

Rechenbeispiele

1. Vergleiche den monatlichen Energieumsatz einer 40 W-Glühlampe und einer stattdessen eingesetzten 8 W-LED-Lampe, wenn beide jeden Abend 1,5 Stunden als Leselampe in Betrieb sind.

Geg.: $P_1 = 40\,\text{W}$; $P_2 = 8\,\text{W}$; $t = 1{,}5\,\text{h} \cdot 30 = 45\,\text{h}$ Ges.: E_1, E_2

Lösung: $E_1 = P_1 \cdot t = 40\,\text{W} \cdot 45\,\text{h} = 1800\,\text{Wh} = 1{,}8\,\text{kWh}$; $E_2 = 0{,}36\,\text{kWh}$

Mit der LED-Lampe werden 1,44 kWh Energie im Monat eingespart.

2. Eine Hochspannungs-Überlandleitung (380 kV) aus Eisen hat einen Leiterquerschnitt von 154 cm². Berechne die Energiestromstärke, die durch eine 10 km lange Leitung übertragen werden kann.

Geg: $U = 380\,000\,\text{V}$; $A = 15\,400\,\text{mm}^2$; $l = 10\,000\,\text{m}$; $\varrho = 0{,}2\,\frac{\Omega \cdot \text{mm}^2}{\text{m}}$

Ges: R, P

Lösung: $R = \varrho \cdot \frac{l}{A} = 0{,}2\,\frac{\Omega \cdot \text{mm}^2}{\text{m}} \cdot \frac{10\,000\,\text{m}}{15\,400\,\text{mm}^2} \approx 0{,}13\,\Omega$

$P = \frac{1}{R} \cdot U^2 = \frac{1}{0{,}13\,\Omega} \cdot (380\,000\,\text{V})^2 \approx 110\,\text{GW}$

Es wird eine Energie von 110 Gigajoule pro Sekunde übertragen.

Aufgaben

1 **a)** Berechne (in J und kWh), wie viel Energie in einer halbstündigen Fahrradfahrt in Vorder- und Rücklicht ((6 V | 0,5 A) bzw. (6 V | 0,1 A)) umgeladen wird.
b) Berechne, wie lange jeweils eine Fahrradlampe (6 V | 0,5 A) und eine Energiesparlampe (230 V | 11 W) leuchten müssten, bis in ihnen eine Energie von 1 kWh umgeladen wurde.

2 Eine Autobatterie (12 V) kann 56 Stunden lang Energie bei einer Stromstärke von 0,5 A abgeben.
a) Berechne, wie lange mit dieser zur Verfügung stehenden Energie zwei Autoscheinwerfer mit je 45 W betrieben werden können.
b) Berechne den Widerstand der Scheinwerfer.

Durchblick — Spannung – neu verstanden

Im Merksatz links steht: Die Spannung gibt an, wie viel Energie pro Ladung eine Quelle zur Verfügung stellt:

$U = \frac{E}{Q}$; als Einheit ergibt sich daraus $\mathbf{1\,V = \frac{1\,J}{1\,C}}$.

Die elektrische Spannung gibt an, welcher Energiebetrag pro Ladungsmenge auf Abruf verfügbar ist. Diese Energie muss irgendwann einmal in die Quelle hineingesteckt worden sein. Diese gespeicherte Energie kann von Elektrogeräten auf andere Energieträger umgeladen werden.
In einem Stromkreis wird ständig Energie von der Quelle zum Nutzer/Gerät transportiert. Dieser Transport von Energie ist an das Fließen von Elektronen, also an das Verschieben von Ladung gebunden. Für die in der Zeit t transportierte Ladung Q, also für die Stromstärke, gilt $I = Q/t$. Die Stromstärke I ist also eine zeitabhängige Größe, während die Spannung $U = E/Q$ eine zeitunabhängige Größe ist.

Durch Einsetzen von $Q = I \cdot t$ und Umformen ergibt sich jedoch eine andere Sichtweise:

$$U = \frac{E}{Q} = \frac{E}{I \cdot t} = \frac{1}{I} \cdot \frac{E}{t}.$$

Das kann so interpretiert werden: Die elektrische Spannung gibt an, welcher Energiestrom in einem Stromkreis von einem Ladungsstrom bewirkt wird. Damit ist die Spannung keine zeitunabhängige Eigenschaft der Quelle mehr, sondern ein Maß für einen Energiestrom, also eine Eigenschaft des Stromkreises.

Damit gibt es also zwei Deutungsmöglichkeiten für den Begriff „Spannung“ – einen *statischen* (zeitlich unveränderlichen), der die Spannung als Eigenschaft der Quelle beschreibt, und einen *dynamischen* (zeitlich veränderlichen), der die Spannung als Eigenschaft des Stromkreises beschreibt:

- ***Statisch*** $U = \frac{E}{Q}$: **Die Spannung gibt an, welchen Energiebetrag eine Quelle pro Ladung zur Verfügung stellt.**
- ***Dynamisch*** $U = \frac{E}{t} \cdot \frac{1}{I}$. **Die Spannung gibt an, welcher Energiestrom in einem Stromkreis von einem Ladungsstrom hervorgerufen wird.**

Elektrische Energie — Versuche und Aufträge

A1 Gerade zur Weihnachtszeit schmücken viele Städte ihre Brunnen, Türme oder Ähnliches. Das Bild zeigt die „Ingelummer Kerz“, den Ingelheimer Bismarckturm als Kerze in der Adventszeit.
a) Erkundige dich in deinem Ort, wie viele Weihnachtslichter öffentlich aufgehängt werden, wie lange sie pro Tag und pro Saison in Betrieb sind.
b) Recherchiere die Kosten pro kWh bei den örtlichen Netzbetreibern und berechne die Kosten der Weihnachtsbeleuchtung in deinem Ort.

A2 Besorge dir ein Energiemessgerät in der Schule oder bei deinem örtlichen Netzbetreiber. Vielleicht besitzt du auch schon ein solches Gerät zu Hause. Untersuche damit verschiedene Haushaltsgeräte über den Zeitraum von beispielsweise 10 Minuten. Das kann etwa der Fernseher, das Handyladegerät, ein Föhn oder dein Computer sein. Was ist bei dir zu Hause ein „Energiefresser“?

A3 Informiere dich über die verschiedenen Durchmesser von Leitungen wie z. B. Klingeldraht, Haushaltsleitung, Starkstromleitung, Überlandleitung, … Bereite einen Kurzvortrag für die Klasse vor, in dem du über die verschieden dicken Kabel und deren Zusammenhang zu Widerstand und Energiestrom berichtest.

A4 Recherchiere in Prospekten die wichtigsten Daten einer modernen, energieeffizienten Geschirrspülmaschine. Suche nach dem jährlichen Energiebedarf und der angegebenen Geräteleistung.
a) Berechne den Energiebedarf pro Spülgang sowie die durchschnittliche Energiestromstärke und die durchschnittliche elektrische Stromstärke.
b) Erkläre einen möglichen Unterschied der angegebenen Leistung zu dem in a) berechneten Wert.

„Stromrechnung“ — Streifzug

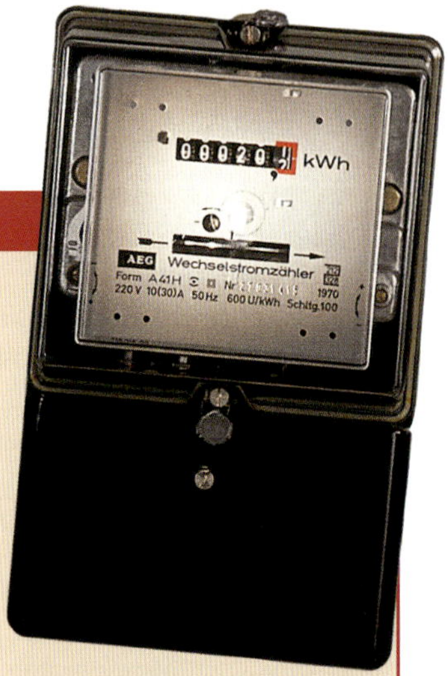

Der umgangssprachliche Begriff „Stromrechnung“ ist nicht ganz exakt, da der Kunde keinen Strom kauft. Auch die elektrische Ladung behält der Kunde nicht; sie fließt in einem geschlossenen Stromkreis dahin zurück, wo sie herkam. Was bezahlt der Kunde also, wenn er seine „Stromrechnung“ begleicht?
Der Kunde bezahlt bei seinem Energieversorgungsunternehmen (EVU) die gelieferte Energie. Ein „Stromzähler“ (besser „Energiezähler“) misst die dem Haushalt gelieferte elektrische Energie (in kWh) und zeigt den „Verbrauch“ auf dem Zählwerk an. (Natürlich wird die Energie nicht verbraucht und verschwindet spurlos, sondern wird auf andere Energieträger umgeladen.)

Die Rechnung des EVU hat im Prinzip folgenden Aufbau:

Jahresrechnung 2015

Rechnungsdatum: 15.01.2016

Marlis Muster
Energiepfad 4
55122 Stromdorf

Kundennummer: 013.256.252307.2
Bankverbindung: IBAN DE07 0123 4567 8901 2345 67
BIC IVSMG 125015

Verbrauchsermittlung: Zählernummer 951357

Zählerstände		Verbrauch	
Ablesung	Stand	kWh	Tage
02.01.15	16365		
31.01.15	16897	532	29
02.01.16	21436	4539	336

Der „Verbrauch“ wird über die Differenz der Zählerstände berechnet.
Daneben erfolgt die Berechnung des Abrechnungszeitraums in Tagen.
Dies ist wichtig, falls sich im Abrechnungszeitraum Änderungen in den Tarifen ergeben oder Sonderabgaben dazukommen.

Abrechnung

Abrechnungszeitraum		Verbrauch	Tarif	Arbeitspreis	Arbeitsbetrag	Bereitstellung
von	bis	kWh		Cent/kWh	€	€/Jahr
02.01.15	02.01.16	5071	Haushalt 1	20,48	1038,54	58,51

Summe	1097,05 €
Umsatzsteuer 19%	208,44 €
zu zahlender Betrag:	**1305,49 €**

Ihre Abschlagszahlung für 2015 betrug monatlich	**94,00 €**
Jahresvorauszahlung	**1128,00 €**
Unsere Restforderung	**177,49 €**
Dieser Betrag wird am 31.01.2016 abgebucht	
Monatliche Abschlagszahlung ab Januar 2016	**109,00 €**

Der errechnete „Verbrauch“ wird mit dem tarifabhängigen Arbeitspreis multipliziert; das ergibt den Arbeitsbetrag. Der Bereitstellungspreis ist der Mietpreis für den zur Verfügung gestellten Stromzähler.
Der Arbeitspreis enthält eine Stromsteuer von 2,05 Cent (pro kWh) sowie Netzentgelte für die Nutzung der Stromleitungen und Umlagen gemäß dem Erneuerbare-Energie-Gesetz (EEG).
Arbeitspreis und Bereitstellungspreis werden addiert und ergeben mit der Umsatzsteuer den zu zahlenden Betrag.

Die monatliche Abschlagszahlung ist $\frac{1}{12}$ des zu zahlenden Betrages des Vorjahres.
Der Kunde bezahlt monatlich einen festgelegten Betrag, der ihm am Ende gutgeschrieben wird.
Im Normalfall entsteht eine Restforderung, die vom Konto des Kunden abgebucht wird.
Aus dem zu zahlenden Betrag wird dann wieder die monatliche Vorauszahlung für das kommende Jahr ermittelt. Diese Vorauszahlung wird dann monatlich vom Konto abgebucht.

Energiesparen zuhause

Streifzug

Auch wenn Energie „aus der Steckdose“ für den Einzelnen nicht teurer ist als Energie auf anderen Trägern, ist es trotzdem absolut sinnvoll, mit ihr sparsam umzugehen. Die Energie lässt sich in Kraftwerken nämlich nur unter großen Verlusten von den chemischen Trägern (Kohle, Erdöl oder Erdgas) umladen. Dabei gehen etwa 60 % der eingesetzten Energie mit dem Träger Entropie ungenutzt in die Umwelt, die Energie wird „entwertet“.
Jede vom „Verbraucher“ nicht benötigte Kilowattstunde an Energie spart etwa 10 MJ Energie (0,3–0,5 t Kohle) bei den Kraftwerken.

In unseren Haushalten gibt es viele versteckte „Energieverschwender“, die leicht übersehen werden, die aber merkliche Mengen an Energie „fressen“. Um sie ausfindig zu machen, können in Elektrofachgeschäften, Geschäftsstellen der EVU oder Verbraucherzentralen Messgeräte für die Energiestromstärke von Elektrogeräten, sogenannte **Leistungsmesser** oder „Wattmeter“ gegen geringe Gebühr ausgeliehen oder gekauft werden. Damit lassen sich die „heimlichen Stromfresser“ im Haushalt schnell ausfindig machen. In erster Linie sind das Elektrogeräte mit Stand-by-Schaltungen, die Energie „verbrauchen“, obwohl sie nicht in Betrieb sind. Dazu gehören Stereoanlagen, Fernseher, Videorecorder und Computer.

Wie kann jeder von uns Energie sparen?

- **Bei der Beleuchtung sparen ohne auf Helligkeit zu verzichten:** LED-Lampen benötigen bei gleicher Lichtabgabe weniger als ein Fünftel an Energie im Vergleich zu Glühlampen. Letztere dürfen deshalb – von Ausnahmen abgesehen – nicht mehr verkauft werden.
- **Effiziente Geräte sinnvoll einsetzen:** Wasch- und Spülmaschinen erwärmen bei jedem Waschgang etwa 20 ℓ Wasser auf bis zu 95 °C. Dazu sind rund 7 MJ Energie nötig – sinnvollerweise werden derartige Geräte also möglichst voll beladen. Weitere Energieeinsparungen ergeben sich durch niedrigere Wasch- bzw. Spültemperatur. Bei Kühl- und Gefriergeräten wirken sich eine gute Wärmedämmung und möglichst seltenes und dann nur kurzzeitiges Öffnen energiesparend aus.
Alle modernen Elektro-Großgeräte sind in **Effizienzklassen** eingeteilt, die Auskunft über ihre Energieeinspar-Möglichkeiten geben.

- **Stand-by-Betrieb von Geräten vermeiden:** Während es für neue Elektrogeräte mittlerweile strenge Vorschriften für die Leistung im Stand-by-Betrieb gibt (seit 2010 höchstens 2 W), gibt es in Haushalten und Büros noch viele alte Geräte mit einem hohen Stand-by-Bedarf. Wenn ein solches Gerät nicht vollständig ausgeschaltet werden kann, sollte bei Nichtgebrauch der Stecker gezogen oder eine schaltbare Steckdosenleiste benutzt werden.

Energiedienstleistungen

Energie wird nicht um ihrer selbst willen genutzt, sondern sie wird stets für bestimmte Zwecke eingesetzt. Die Energie soll gute Dienste leisten. Daher wird von **Energiedienstleistungen** gesprochen.

Eine Kanne Kaffee kann zum Beispiel auf einer beheizten Warmhalteplatte abgestellt werden. Dieselbe Energiedienstleistung (nämlich Kaffee mit angenehmer Trinktemperatur) wird aber auch erhalten, wenn eine Isolierkanne verwendet oder ein Teelicht untergestellt wird. Beim Einsatz von Energie aus der Steckdose sollte stets überlegt werden, ob die gewünschte Energiedienstleistung nicht auch auf andere Weise erbracht werden kann. Energie auf dem Träger fließende Ladung ist wertvoll, denn sie kann nur mit relativ großen Verlusten von anderen Energieträgern umgeladen werden.

Gefahren und Schutzmaßnahmen

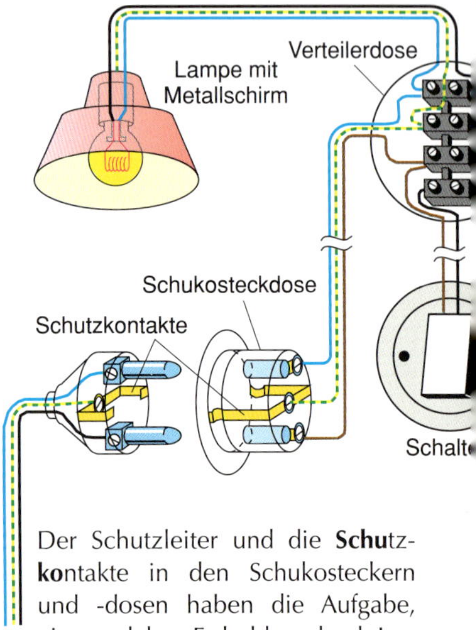

Der bedenkenlose Umgang mit elektrischem Strom birgt Gefahren. Für die Elektroinstallation in einem Haus gibt es zahlreiche Vorschriften, die ein Elektriker zu beachten hat. Alle ausgedehnten metallischen Leiter (Heizungsrohre, Wasserleitungsrohre, Gasrohre, Dachrinne, Badewanne, Duschwanne etc.) müssen mit der Hauserdung verbunden sein. Ebenso unterliegen elektrische Geräte gesetzlichen Schutzvorschriften. Wie funktioniert das Haushaltsstromnetz und wie verlaufen die Stromkreise?

Erdschluss und Schutzerdung

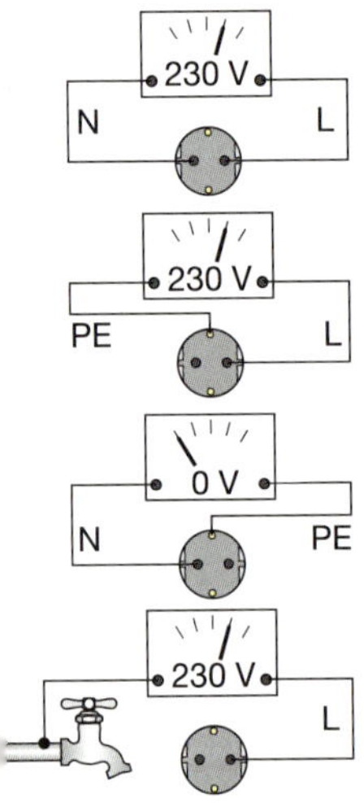

Die genaue Überprüfung der Anschlüsse einer Steckdose mithilfe eines Spannungsmessgerätes (nur durch einen Fachmann) zeigt, dass immer nur bei Verbindung mit einer Leitung bzw. einem Pol der Steckdose eine Spannung von 230 V gemessen wird. Diese Leitung heißt L-Leiter (engl. leader, braune oder schwarze Ummantelung). Zwischen den anderen Leitern, dem N-Leiter (Null-Leiter, blaue Ummantelung) und dem Schutzleiter (PE, engl. protection earth, gelbgrüne Ummantelung), liegt keine Spannung – ebenso nicht zwischen einer Wasserleitung und N-Leiter oder PE. Denn die Wasserleitung ist in der Erde verlegt, der PE-Leiter ist am Hausanschluss mit einem in der Erde verlegten nichtisolierten „Ring-Erder" verbunden, der N-Leiter ist in der Trafostation „geerdet" und damit mit den Wasserrohren leitend verbunden. Deshalb kann zwischen ihnen keine Spannung liegen, wohl aber zwischen den drei geerdeten Leitern und dem L-Leiter.

Elektrische Großgeräte (Waschmaschine, Herd, PC) haben metallische Gehäuse, sind also nicht schutzisoliert. Berührt ein Mensch ein solches Elektrogerät, dessen L-Kabel Kontakt mit dem metallischen Gehäuse hat, dann wird ein Stromkreis über den Körper und die Erde geschlossen. Ein solcher **Erdschluss** ist – ohne Vorhandensein eines Schutzleiters – lebensgefährlich, denn die Stromstärke ist für den Menschen zu hoch, aber für die Sicherung zu klein: sie spricht nicht an.

Der Schutzleiter und die **Schutzkontakte** in den Schukosteckern und -dosen haben die Aufgabe, einen solchen Erdschluss durch Isolationsschäden in den Geräten unschädlich zu machen. Die Zuleitungskabel der Geräte sind deshalb genauso wie das Haushaltsnetz dreiadrig: Metallische Gehäuseteile sind über Schutzleiter und Schutzkontakte direkt mit der Erde verbunden. Im Falle einer Berührung des L-Leiters mit dem Gehäuse kommt es zu einem Kurzschluss und die Sicherung unterbricht sofort den Stromkreis. Deshalb darf jedes Elektrogerät, das nicht schutzisoliert werden kann, nur über einen Schuko-Stecker an eine Schuko-Steckdose angeschlossen werden.

Die Schuko-Steckdose und der Schuko-Stecker mit den dreiadrigen Kabelverbindungen verhindern in den meisten Fällen einen Erdschluss über den Menschen.

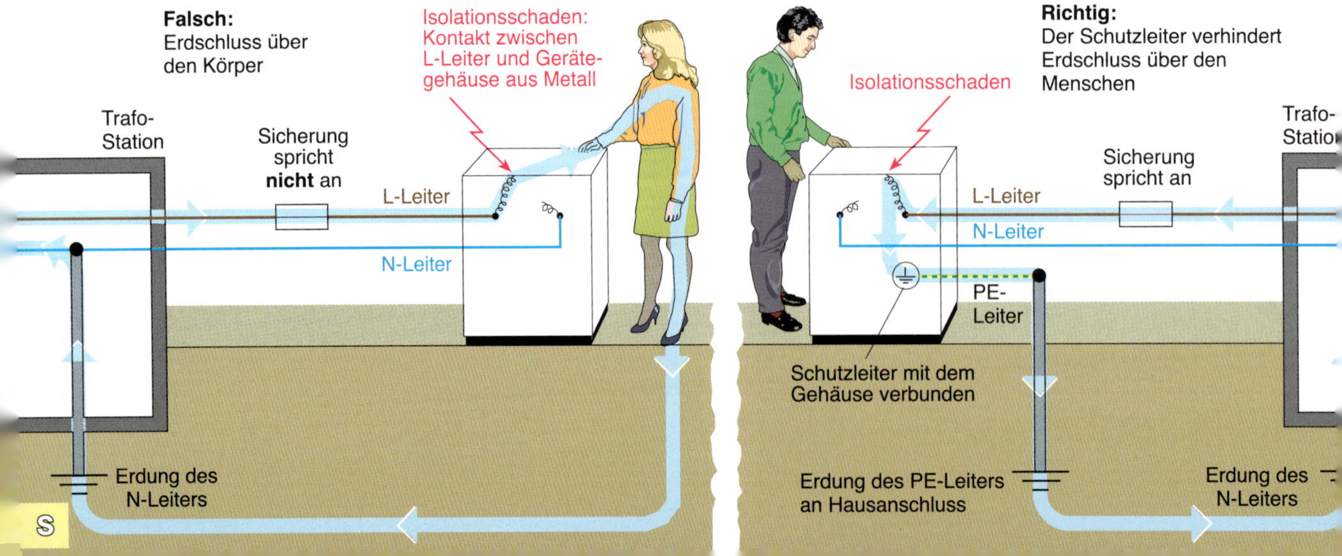

Sicherheit im Haushalt — Streifzug

Der FI-Schalter – technische Lösung für optimalen Schutz

Trotz einwandfreiem Drei-Leiter-System mit Schukosteckdosen kam es früher besonders in den Feuchträumen zu tödlichen Unfällen.
Beispielhafte Situation: Beim Aufdrehen eines Wasserhahns und gleichzeitigem Abstützen auf einer Waschmaschine bekam der bedienende Mensch einen Stromschlag, obwohl die Maschine über einen Schuko-Stecker ans Netz angeschlossen war.
Warum war der Stromkreis nicht über den Schutzkontakt durch die Sicherung unterbrochen worden?

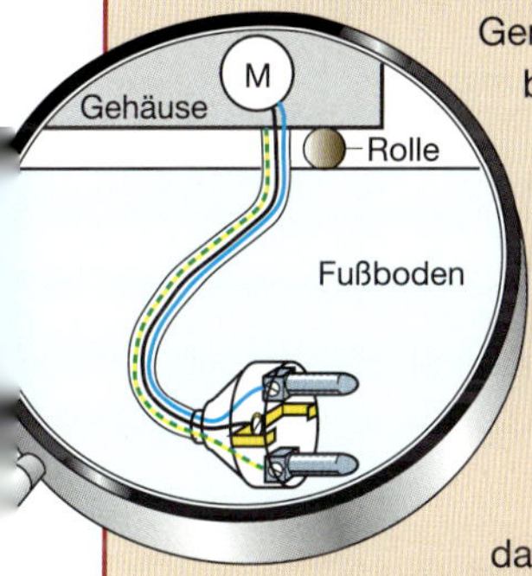

Genaue Untersuchungen ergaben, dass die Waschmaschine fehlerhaft verkabelt war: Der Schutzleiter der Waschmaschine war an einen Polstecker angeschlossen, dafür ein Kabel des Motors an den Schutzkontakt. Beim Anschluss der Maschine über den Schuko-Stecker wurde das Gehäuse über den Schutzleiter mit dem spannungsführenden Leiter (L) verbunden – zwischen Metallgehäuse und Erde lag eine Spannung von 230 V. Da die Maschine auf Kunststoffrollen stand, ergab sich zwischen dem Gehäuse und dem gefliesten Boden ein Widerstand von 730 Ω. So floss zwar ein Strom zur Erde, die Stromstärke betrug aber nur $\frac{230\,\text{V}}{730\,\Omega} = 0{,}315\,\text{A}$. Von so einer geringen Stromstärke wird eine 16 A-Sicherung natürlich nicht ausgelöst.
Im Körper des Menschen floss über den Stromweg Gehäuse – Hand – Herz – Hand – Wasserleitung (Widerstand ≈ 3,0 kΩ) bei 230 V ein Strom von $\frac{230\,\text{V}}{3000\,\Omega} = 76{,}7\,\text{mA}$ – lebensgefährlich viel!

Um derartige Unfälle zu vermeiden, muss bei einem Erdschluss in sehr kurzer Zeit (< 0,2 s) der Stromkreis unterbrochen werden, damit der Herzschlag nicht aus dem Takt kommt. Der **FI-Schalter** (F steht für Fehler, I für Strom(stärke)) leistet das:

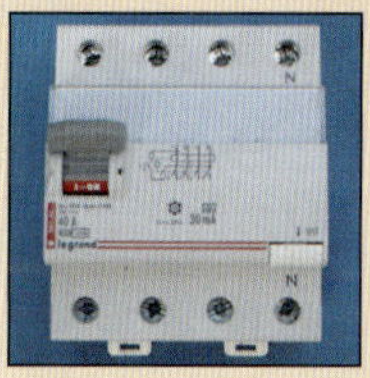

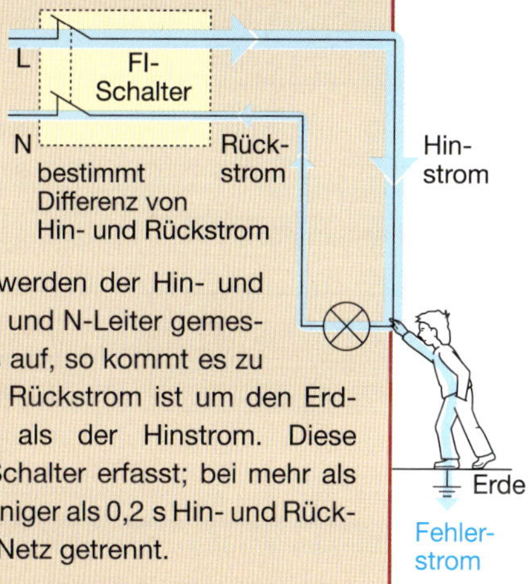

Durch den FI-Schalter werden der Hin- und der Rückstrom durch L- und N-Leiter gemessen. Tritt ein Erdschluss auf, so kommt es zu einer Verzweigung. Der Rückstrom ist um den Erdschlussstrom geringer als der Hinstrom. Diese Differenz wird vom FI-Schalter erfasst; bei mehr als 20 – 30 mA werden in weniger als 0,2 s Hin- und Rückleitung des Geräts vom Netz getrennt.

Eurostecker

Elektrokleingeräte wie Radio, Rasierapparat oder das Ladegerät für ein Handy, deren Gehäuse aus nichtleitenden Stoffen bestehen und somit gegenüber elektrischem Strom isoliert sind, müssen nicht mit einem Schuko-Stecker ausgestattet sein. Der bei diesen Geräten verwendete Eurostecker kann wegen der Isolierung des Gehäuses auf einen Schutzkontakt verzichten. In den meisten europäischen Ländern passen die Stecker in die Steckdosen, da innerhalb der EU gemeinsame Standards gelten. Der Kauf von Adaptern, wie er noch vor Jahrzehnten nötig war, um eigene Elektrogeräte im Ausland betreiben zu können, entfällt. Vor einer Reise in Nicht-EU-Länder ist es allerdings ratsam, sich zu erkundigen, ob der Anschluss von Elektrokleingeräten an die im Reiseland vorhandenen Steckdosen möglich ist.

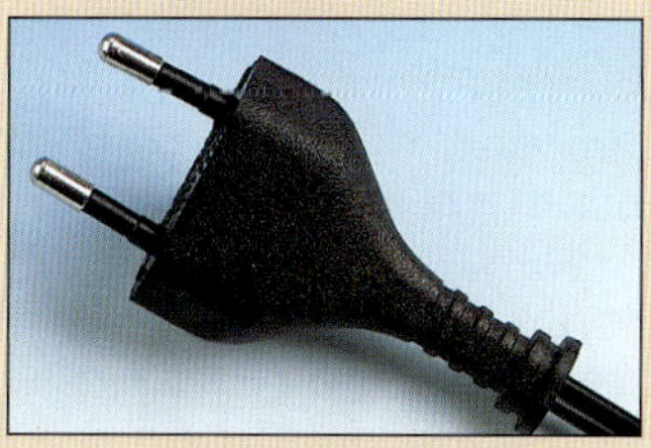

Wirkungen des elektrischen Stroms auf den Menschen

Wenn der menschliche Körper Teil eines Stromkreises ist, kann dies schreckliche Folgen haben: Verbrennungen oder Schock bis hin zum Tod. Was dabei im Körper geschieht, soll nun etwas genauer betrachtet werden.

Körperflüssigkeiten sind gute elektrische Leiter. Besonders gut leitet die Haut den elektrischen Strom, wenn sie feucht ist. Ist der menschliche Körper Teil eines Stromkreises, so kann das zu Verbrennungen der Haut, zu einem krampfartigen Zusammenziehen der Muskeln und zur Störung des Nervensystems führen. Bei hohen Stromstärken kommt es zu

- Herzkammerflimmern;
- Verkrampfungen der Brustmuskulatur, was zum Erstickungstod führen kann;
- Verbrennungen der inneren Organe, was zu Nierenversagen führen kann;
- schweren Verletzungen durch ruckartige Bewegungen beim Erschrecken.

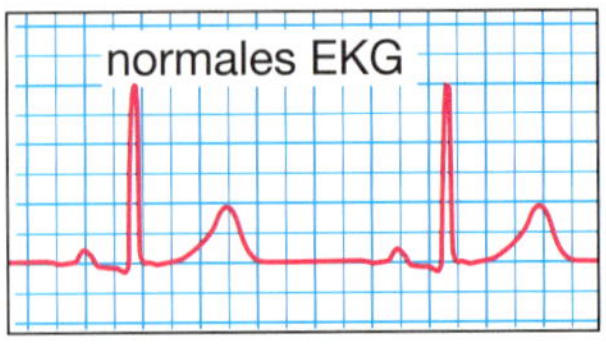

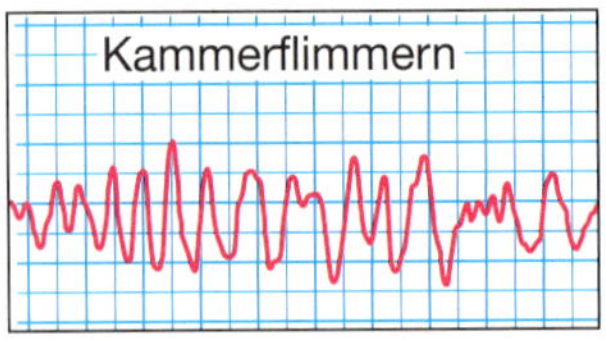

Die häufigste Todesursache ist *Herzkammerflimmern*. Bei dieser Störung des Herzleitungssystems kommt der geordnete Rhythmus der Herztätigkeit, die kräftige Kontraktion der Herzkammern, aus dem Takt. Der Blutdruck sinkt, die Blutzirkulation kommt zum Erliegen. Schon nach wenigen Minuten sterben empfindliche Körperteile durch Sauerstoffmangel ab.

Die Wirkungen des elektrischen Stroms sind abhängig von der Größe der Stromstärke durch den Menschen und der Zeit seines Einwirkens.

- Stromstärken bis etwa **20 mA** haben auch bei längerer Einwirkung keine negativen Folgen, allerdings besteht Verletzungsgefahr durch Stürze – ausgelöst durch Muskelverkrampfungen.
- Stromstärken von **20–80 mA** führen zu Herzunregelmäßigkeiten, erhöhtem Blutdruck, kurzzeitigem Herzstillstand. Bei längerer Einwirkungszeit von Stromstärken über **50 mA** kann Bewusstlosigkeit auftreten.
- Stromstärken über **80 mA** lösen Herzkammerflimmern aus (meist mit Todesfolge), falls die Einwirkungszeit länger als eine Herzperiode dauert.

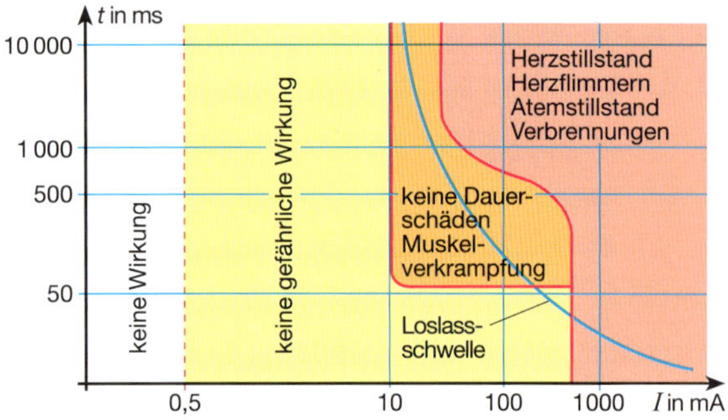

Der Umgang mit elektrischem Strom ist gefährlich. Bereits Stromstärken über 20 mA führen zu Gesundheitsschäden.

Was muss bei einem Stromunfall beachtet werden?

In der Schule:

1. Den dafür vorgesehenen roten Notausschalter (Pilzdruckschalter) betätigen, um den Stromkreis zu unterbrechen.
2. Den Verunglückten nicht berühren, solange der Stromkreis nicht sicher unterbrochen ist
3. Sofort Hilfe holen
4. Erste-Hilfe-Maßnahmen einleiten

Im Haushalt:

1. Den Stromkreis, in dem sich der Geschädigte befindet, mithilfe der Sicherung ausschalten
2. Sofort Hilfe rufen: Notruf 112
3. Erste-Hilfe-Maßnahmen einleiten, z. B. Herzdruckmassage und Atemspende

Erkundige dich, wo in eurem Haushalt der Sicherungskasten ist und welche der Sicherungen zu welchem Stromkreis gehört.

Aufgaben

1 Ein Euro-Stecker hat keinen Schutzleiter, sondern führt nur den L- und N-Leiter.
a) Nenne drei Geräte ohne und drei Geräte mit Schuko-Steckern aus deinem Haushalt.
b) Beschreibe den Unterschied der Geräte bezüglich ihrer Gehäuse.
c) Erkläre, warum manche Geräte Schuko-Stecker benötigen, andere dagegen nicht.

2 Fließt der Strom bei einem Unfall von einer Hand durch den Körper zur anderen Hand, setzt der Körper dem Strom einen Widerstand von 650 Ω entgegen. Berechne die Spannung, ab der es in diesem Fall zu Bewusstlosigkeit kommen kann.

3 Nenne Maßnahmen, um Unfälle im Umgang mit elektrischem Strom zu vermeiden.

Die Väter der Elektrik

Streifzug

Georg Simon Ohm
(1789–1854)
deutscher Physiker

Alessandro Volta
(1745–1827)
italienischer Naturwissenschaftler

André Ampère
(1775–1836)
französischer Physiker und Mathematiker

Ohm nahm mit 22 Jahren sein Studium in seiner Geburtsstadt Erlangen auf. Mit seiner Arbeit über „Licht und Farben" erwarb er 1811 den Doktortitel und arbeitete als Lehrer in Bamberg und in Köln. Seine Neugier galt dem Zusammenhang von elektrischen Größen. Im Jahr 1821 gelang es Ohm, der neben seinem Lehramt wissenschaftlich experimentierte, einen Zusammenhang von Spannung, Stromstärke und Widerstand zu formulieren. Trotz vieler Veröffentlichungen der Ergebnisse seiner Arbeit fand Ohm keine wissenschaftliche Anerkennung.
Erst im Jahr 1833, Ohm war zu diesem Zeitpunkt schon 43 Jahre alt, bekam er eine Professur für Physik in Nürnberg. König Ludwig I. von Bayern berief ihn zum Ministerialreferenten für das Telegrafenwesen. 1848 wurde Ohm Professor für Physik an der Universtät München. Diese Anerkennung beflügelte seine wissenschaftliche Arbeit. An der Universität waren seine Vorlesungen überfüllt. Er schrieb für seine Studenten das Lehrbuch „Grundzüge der Physik als Copendium für meine Vorlesung".
Ohm starb am 6. Juli 1854. Seine wohl größte Auszeichnung wurde ihm posthum verliehen: Der Kongress der Elektrotechniker benannte nach ihm die Einheit des elektrischen Widerstandes „Ohm" (Ω).

Volta besuchte die städtische Jesuitenschule in Como. Er studierte zunächst Philosophie und dann Naturwissenschaften. Schon als Schüler trat er mit Physikern in Briefwechsel und veröffentlichte 1769 und 1771 seine ersten wissenschaftlichen Arbeiten. Volta forschte hauptsächlich in der Elektrizitätslehre. 1774 wurde er Physiklehrer am Gymnasium in Como. Im darauf folgenden Jahr erfand er den Elektrophor, eine Metallplatte mit isoliertem Griff, die in der Lage ist, die von einem negativ geladenen Gegenstand an der Plattenunterseite erzeugte positive Ladung zu speichern.
1779 wurde er zum Professor für Physik an die Universität Pavia berufen, wo für ihn ein neuer Vorlesungssaal, die Aula Voltiana, gebaut wurde. 1791 wurde Volta in die Londoner Royal Scociety aufgenommen. 1792 hörte er von den Froschschenkelexperimenten des Luigi Galvani (1737–1798) und fand hier sein künftiges Arbeitsgebiet. Schon in seinen ersten Publikationen 1792 beseitigte Volta unrichtige Vorstellungen Galvanis und gab klare Bedingungen für das Zustandekommen einer galvanischen Aktion. Um 1794 entwickelte Volta den ersten Vorgänger einer Batterie.
Er starb am 5. März 1827. Ihm zu Ehren wird die Spannung in der Einheit „Volt" (V) angegeben.

Ampères Kindheit wurde von der Französischen Revolution stark überschattet. Sein Vater starb unter der Guillotine. Als Achtzehnjähriger befasste er sich mit den Lehrbüchern des Mathematikers Leonhard Euler und der Mechanik von Joseph-Louis Lagrange. Er wandte sich zunächst der Botanik, der Metaphysik und der Psychologie zu, ehe er Mathematik und Physik studierte. Im Jahre 1802 verfasste Ampère ein mathematisches Werk zur Spieltheorie.
Ampère hatte eine Professur an der Pariser École Polytechnique und im Collège de France. Er konnte 1820 in Versuchen nachweisen, dass zwei stromdurchflossene Leiter eine Anziehungskraft aufeinander ausüben, wenn in beiden Leitern die Stromrichtung gleich ist, und dass sie eine Abstoßungskraft aufeinander ausüben, wenn die Stromrichtung entgegengesetzt ist. Ampère konstruierte ein Gerät zur Messung des Stroms, das er Galvanometer nannte. Er erkannte, dass die fließende „Elektrizität" die eigentliche Ursache des Magnetismus ist. Ampère erklärte den Begriff der elektrischen Spannung und des elektrischen Stromes und setzte die Stromrichtung fest.
1836 starb Ampère. Zu seinen Ehren ist die Einheit der elektrischen Stromstärke „Ampere" (A) genannt worden.

$$R = U : I$$
$$1\,\Omega = 1\,\text{V} : 1\,\text{A}$$

Grundwissen — Der elektrische Stromkreis

ENERGIE

Messgerät: parallel zu Quelle oder Gerät

Die **Spannung *U*** (in V) ist ein Maß für die Größe des Antriebs, den die Quelle den Elektronen gibt. Die Spannung gibt an, wie viel Energie pro Ladung eine Quelle zur Verfügung stellt: $\boldsymbol{U = \frac{E}{Q}}$.

Die **Stromstärke *I*** (in A) ist ein Maß für die pro Zeitdauer *t* geflossenen Elektronen bzw. die Ladung *Q*: $\boldsymbol{I = \frac{Q}{t}}$.

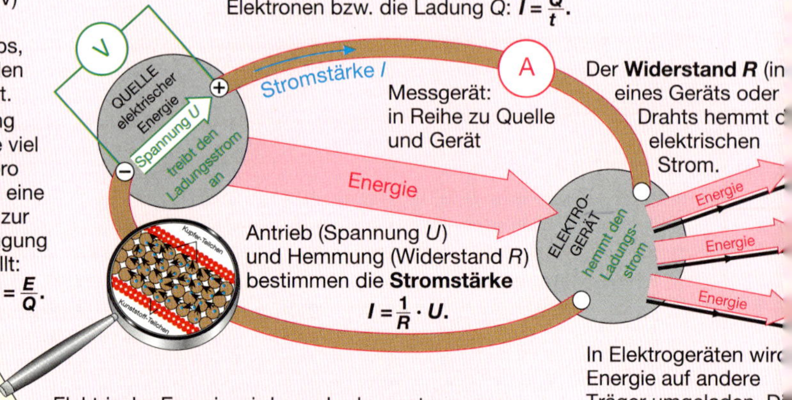

Der **Widerstand *R*** (in ...) eines Geräts oder Drahts hemmt d... elektrischen Strom.

Elektrische Energie wird vom Ladungsstrom von der Quelle zum Gerät transportiert. Je höher die Spannung *U* der Quelle, je größer die Stromstärke *I* im Kreis und je länger die Zeit *t* ist, desto größer ist die insgesamt übertragene Energie *E*: $\boldsymbol{E = U \cdot I \cdot t}$.

In Elektrogeräten wir... Energie auf andere Träger umgeladen. Di... **Energiestromstärke** (in W) gibt an, wie vie... Energie in jeder Sekun... umgeladen wird: $\boldsymbol{P = U \cdot I}$.

Einheit: $1\,\text{W} = 1\,\text{VA} = 1\,\frac{\text{J}}{\text{s}}$

Teilspannung und Spannung

Die Quellenspannung bestimmt die insgesamt übertragbare Energie. Die Teilspannung zwischen zwei Punkten ist ein Maß für die zwischen diesen Punkten übertragene Energie.

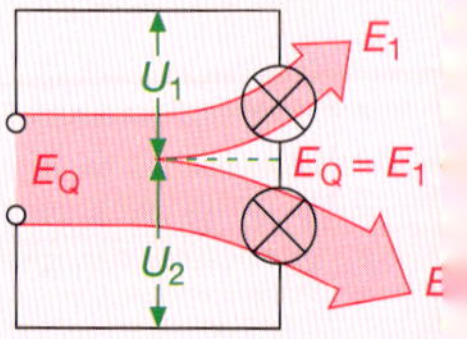

SYSTEM

Schaltungen

Reihe

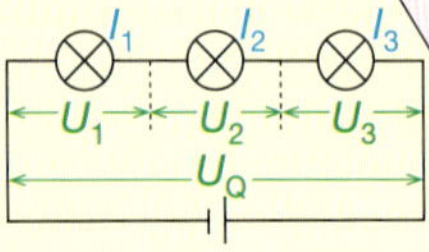

Maschenregel:

$I_Q = I_1 = I_2 = I_3$

$U_Q = U_1 + U_2 + U_3$

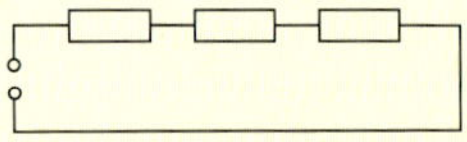

$R_{ges} = R_1 + R_2 + R_3$

Jede *Teilspannung* U_R ist proportional zum Widerstand *R*: Am *k*-fachen Widerstand wird auch die *k*-fache Spannung gemessen.

parallel

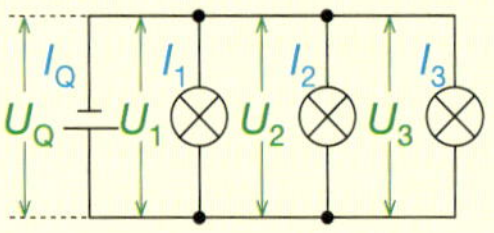

Knotenregel:

$I_Q = I_1 + I_2 + I_3$

$U_Q = U_1 = U_2 = U_3$

Jede *Teilstromstärke* I_R ist um so größer, je kleiner der Widerstand ist: *R* und *I* sind antiproportional.

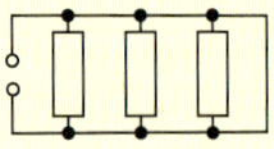

$$\frac{1}{R_{ges}} = \frac{1}{R_1} + \frac{1}{R_2} + \frac{1}{R_3}$$

Widerstand

Der Widerstand eines Elektrogeräts oder eines Leiters hängt von der Temperatur des Leiters ab: Er wird bei Metallen mit zunehmender Temperatur größer, bei Kohle kleiner.

Der Widerstand wird als Quotient aus der Spannung *U* und der Stromstärkte *I* berechnet:

Die Einheit ist $1\,\Omega = 1\,\frac{\text{V}}{\text{A}}$.

Wenn die Temperatur von Metalldrähten konstant bleibt, gilt das **Ohm'sche Gesetz** $\boldsymbol{I \sim U}$, das auch als Gleichung geschrieben werden kann:

$\boldsymbol{U = R \cdot I}$ (mit *R* = konstant).

Für jedes Bauteil bzw. Gerät gibt es eine spezifische Kennlinie, die den Zusammenhang zwischen *U* und *I* zeigt. Sie charakterisiert das Bauteil oder Gerät.

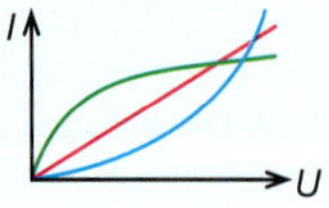

Der Widerstand eines Leiter hängt ab von
- seiner Länge ℓ;
- seinem Querschnitt *A*;
- seinem Material ϱ.

$$R = \varrho \cdot \frac{\ell}{A}$$

MATERIE

Grundbegriffe

A1 **a)** Fertige mit den Grundbegriffen links Karteikarten an. Notiere den Begriff auf der Vorderseite und erläutere ihn auf der Rückseite, eventuell mit sonstigen Besonderheiten. Anstelle der Karteikarten kannst du auch eine elektronische Datenbank anlegen.

b) Erstelle eine Mindmap für das ganze Kapitel. Die Grundbegriffe helfen dir dabei.

A2 Bei einem Tischventilator wurden folgende Stromstärken in Abhängigkeit von der anliegenden Spannung gemessen:

U	50 V	90 V	130 V	170 V	215 V	230 V
I	0,30 A	0,60 A	0,84 A	1,11 A	1,40 A	1,75 A

a) Beschreibe die Energieumladungen und nenne den eigentlichen Energieumlader.

b) Zeichne und deute die *U*-*I*-Kennlinie.

c) Bestimme Widerstand und Energiestromstärke bei 110 V.

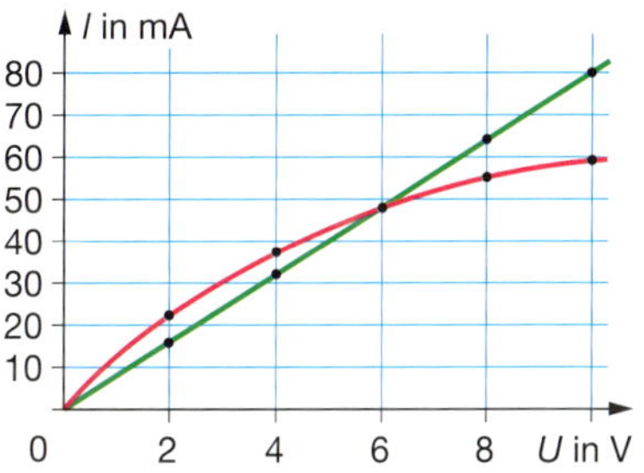

A3 **a)** Vergleiche die Widerstände der beiden Bauteile anhand ihrer *U*-*I*-Kennlinien.

b) Formuliere eine begründete Aussage zur Stromstärke bei $U = 16$ V.

A4 Zwei Widerstände $R_1 = 20\,\Omega$ und $R_2 = 40\,\Omega$ werden nacheinander erst einzeln, dann parallel und schließlich in Reihe an eine Quelle mit der Spannung 6 V angeschlossen.

a) Fertige Schaltskizzen an und berechne jeweils die Stromstärke.

b) Entscheide ohne Rechnung, aber mit Begründung, in welcher der vier Schaltungen die Energiestromstärke am kleinsten bzw. am größten ist.

c) Berechne die Energiestromstärke für die Parallelschaltung.

A5 Akkus speichern Energie auf einem chemischen Träger. Vom Akku aus kann die Energie auf den Träger fließende Ladung in einem angeschlossenen Stromkreis umgeladen werden. Wie viel Energie ein Akku abgeben kann, wird durch seine „Kapazität" in der Einheit 1 Ah angegeben. Eine Kapazität von 1 Ah bedeutet, dass der Akku 1 Stunde lang einen Strom der Stärke 1 A bewirken kann, alternativ 2 Stunden lang 0,5 A usw.

a) Berechne die Energie (in J und kWh), die ein Akku (1,2 V | 2100 mAh) gespeichert hat, wenn er voll aufgeladen ist.

b) Eine Taschenlampe wird mit zwei Akkus aus a) betrieben. Berechne, wie lange eine Glühlampe (2,4 V | 0,2 A) damit leuchten kann.

c) Berechne, wie lange es dauert, einen Handy-Akku (5 V | 1200 mAh) mithilfe einer kleinen Solarzelle zu laden, wenn diese bei einer Spannung von 5 V eine Energiestromstärke von 0,4 W liefert. Beurteile dein Ergebnis.

A6 Ein Elektriker misst an einer Verteilerdose die Stromstärken der zu- und abgehenden Kabel. Am zugehenden Kabel misst er 9,7 A, am abgehenden Kabel zur Steckdose, an die ein Heizgerät angeschlossen ist, 8,7 A und in dem Kabel zur Deckenleuchte 0,9 A.

a) Er misst auch die elektrische Stromstärke am Abgangskabel für die zweite Steckdose, an der das Radio angeschlossen ist. Berechne die Stromstärke.

b) Fertige eine Schaltskizze für diese Verteilerdose und die angeschlossenen Geräte an. Kennzeichne in deiner Skizze die unterschiedlichen Stromstärken durch unterschiedlich dicke farbliche Unterlegungen unter die Kabel.

c) Erläutere anhand dieses Beispiels die Knotenregel.

A7 Wandle zuerst in die in Klammern angegebene Einheit um. Runde dann auf zwei geltende Ziffern.

a) 32,5 mA (A);	4670 V (kV)	35 W (kW)
b) 0,0685 kV (V);	9,5 A (mA)	1,5 kWh (J)
c) 0,255 mA (A);	230 V (kV)	45 000 J (kWh)

A8 Bei einer Taschenlampe beträgt die Stromstärke durch das Lämpchen 200 mA. Fließt ein Strom von 30 mA durch einen Menschen, besteht Lebensgefahr. Erkläre, warum es trotzdem gefahrlos möglich ist, die Pole einer Taschenlampenbatterie anzufassen.

Taschenlampe	ca. 60 Ω
Mensch bei trockener Haut	ca. 1000 Ω
Mensch bei nasser Haut	ca. 750 Ω

A9 **a)** Nenne Geräte im Haushalt bzw. in der Schule, die eine Schutzleitung mit Schuko-Stecker bzw. keinen solchen haben.

b) Erläutere Unterschiede im Bau bzw. in der Konstruktion der Geräte, die die unterschiedlichen Zuleitungen begründen.

Energiebilanzen und Wirkungsgrade

Unser gesamtes Leben wird durch Energie bestimmt. Das Wort ist vom Griechischen „energeia“ abgeleitet und bedeutet „Wirksamkeit“. Ohne Energie funktioniert die Wohnungsheizung nicht; eine Fahrt mit dem Auto oder der Bahn ist ohne Energie nicht möglich; CD-Player und Computer benötigen ebenfalls Energie – und für alle in der Natur ablaufenden Vorgänge ist sie ganz unerlässlich.

In diesem Kapitel lernst du, wie Energie eingesetzt und wie sie größenmäßig bestimmt werden kann. Du erfährst, welche physikalischen Größen sich auf die Energie zurückführen lassen, wie sie von einem Körper auf einen anderen übergeht und wie effektiv solche Übergänge sind.

■ **Auto fällt vom Kran:** Autoverbände oder die Polizei veranstalten immer wieder einen spektakulären Versuch: Mithilfe eines Krans wird ein PKW 10 m über den Boden gehoben und dann fallen gelassen. Die Wucht des Aufpralls entspricht einem Frontalzusammenstoß mit einer Geschwindigkeit von etwa 50 $\frac{km}{h}$.
Gibt es Formeln für die hierbei beteiligte Lageenergie und Bewegungsenergie, mit denen sich ein Zusammenhang zwischen Höhe und Geschwindigkeit herstellen lässt? Was hat das Prinzip von der Erhaltung der Energie damit zu tun?

■ **Fitness-Geräte:** An ihnen sollen die unterschiedlichsten Muskeln trainiert werden. In vielen Fällen sind waagerechte Bewegungsabläufe günstig für die Muskulatur – aber richtig anstrengen muss man sich ja nur beim Hochheben von Körpern, also bei senkrechten Bewegungen. Beides miteinander zu verbinden ermöglichen Seile und Rollen: Gewichte werden hochgehoben, obwohl waagerecht gezogen wird.

■ **Mühlräder:** Bei ihnen wird die im fließenden Wasser steckende Bewegungsenergie genutzt, um den Mahlstein anzutreiben, mit dem das Korn zu Mehl verarbeitet wird, oder in einem Sägewerk die großen Sägeblätter.
Immer wieder versucht der Mensch, die in der Natur zur Verfügung stehende Energie zu nutzen, sei es wie hier fließendes Wasser oder Wind.

■ **Eine geniale Erfindung?**

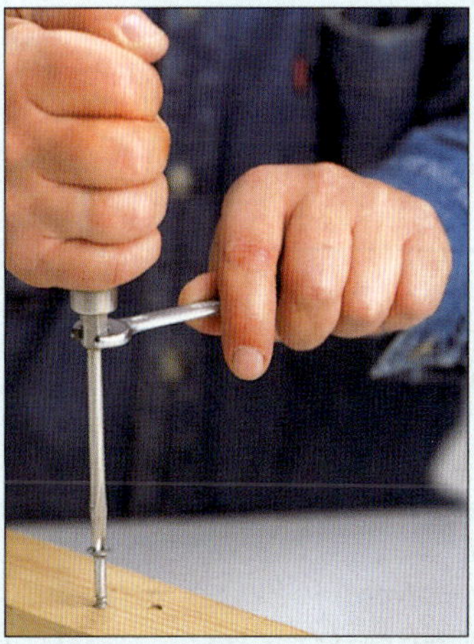

■ **Einfache Werkzeuge:** Die Kraftverstärkung wird durch die Hebelwirkung erzielt. So lassen sich z. B. Schrauben fest anziehen oder fest sitzende Schrauben leichter lösen.

Vorbereitung

1. Lies die Texte dieser beiden Seiten durch und betrachte die zugehörigen Bilder. Schreibe zu den einzelnen Themen Fragen auf, die du dazu hast.
2. Blättere das folgende Kapitel durch, lies die Überschriften und betrachte die Bilder. Notiere neben den Fragen aus 1 die Seitenzahlen, die deiner Meinung nach Antworten zu deinen Fragen liefern könnten.
3. Überlege und schreibe auf, was du in Experimenten untersuchen möchtest. Vielleicht hast du ja schon Ideen, wie die Versuche aussehen könnten.
4. Studiere die im Vorwissen „Energiebilanzen und Wirkungsgrade“ auf Seite 348 dargestellten Zusammenhänge. Schreibe dazu die wichtigsten Begriffe zusammen mit einer kurzen Erklärung auf.

Vorwissen — Energiebilanzen und Wirkungsgrade

Energie ist erforderlich, damit Vorgänge ablaufen können. Bei allen diesen Vorgängen wird die Energie von einem **Träger** oder **Speicher** auf einen anderen Träger/Speicher umgeladen.

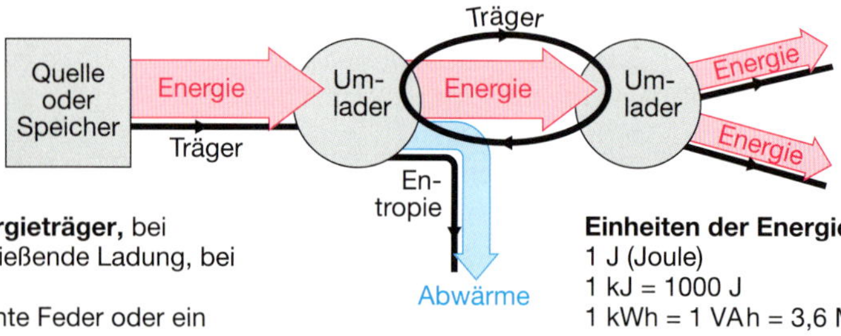

Bei Bewegungen ist der Impuls der **Energieträger,** bei elektrischen Stromkreisen die im Kreis fließende Ladung, bei thermischen Prozessen die Entropie.
Energiespeicher sind z. B. eine gespannte Feder oder ein hochgehobener/bewegter Körper.
Bei den Speichern bekommt die Energie Vornamen: *Spannenergie, Lageenergie, Bewegungsenergie* oder *chemische Energie* (in Brennstoffen und Nahrungsmitteln).

Einheiten der Energie:
1 J (Joule)
1 kJ = 1000 J
1 kWh = 1 VAh = 3,6 Mio. J

Wie viel Energie von einem Gerät/Quelle zu einem anderen Gerät/Körper strömt, wird durch die **Energiestromstärke** beschrieben. Für sie gilt immer:

Energiestromstärke = $\frac{\text{Energie}}{\text{Zeit}}$ oder $\boldsymbol{P} = \frac{\boldsymbol{E}}{\boldsymbol{t}}$.

Bei allen Umladeprozessen entsteht immer auch Energie, die auf demTräger Entropie in die Umgebung geht und nicht zurückgeholt werden kann, also entwertet ist **(Abwärme).**
Aber Energie geht nie verloren, sie wird nur umgeladen **(Prinzip von der Erhaltung der Energie).**

Elektrischer Stromkreis
In elektrischen Stromkreisen wird die Energiestromstärke zwischen Quelle und Gerät berechnet als Produkt aus Spannung *U* und Stromstärke *I*: $\boldsymbol{P = U \cdot I}$.
Einheit ist 1 Watt = 1 W = 1 $\frac{\text{J}}{\text{s}}$.

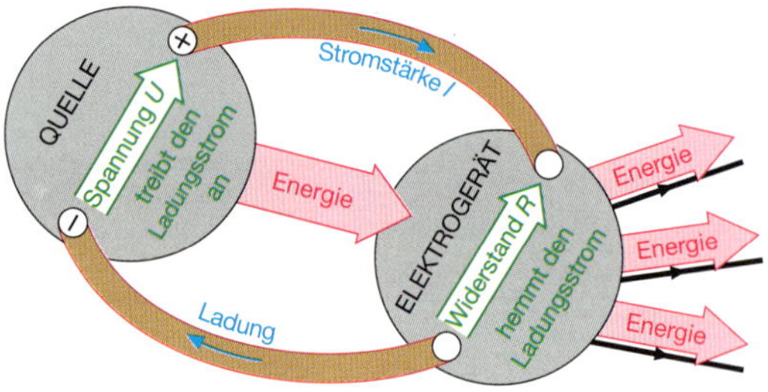

Bei Elektrogeräten wird die Energiestromstärke als *Leistung* bezeichnet.

Kräfte
Kräfte beschreiben die Wechselwirkung von zwei oder mehr Körpern aufeinander. Eine Kraft wird immer von einem Körper (oder mehreren) auf einen anderen ausgeübt. Sie ist charakterisiert durch Angriffspunkt, Größe und Richtung.

Kräfte werden mit Federkraftmessern bestimmt. Die Einheit ist das Newton (1 N).

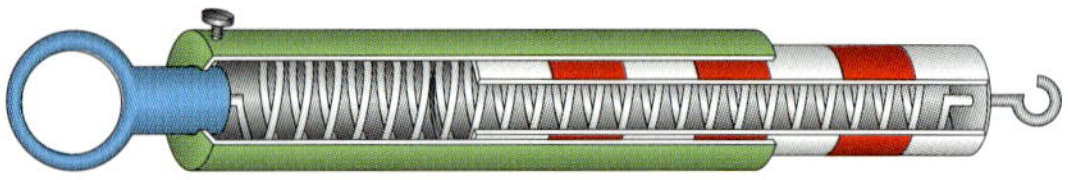

Geschwindigkeit
Der Quotient aus zurückgelegtem Weg Δs und dafür benötigter Zeit Δt ist die Geschwindigkeit *v* des Körpers:

$\boldsymbol{v = \frac{\Delta s}{\Delta t}}$. Einheiten sind 1 $\frac{\text{m}}{\text{s}}$ oder 1 $\frac{\text{km}}{\text{h}}$.

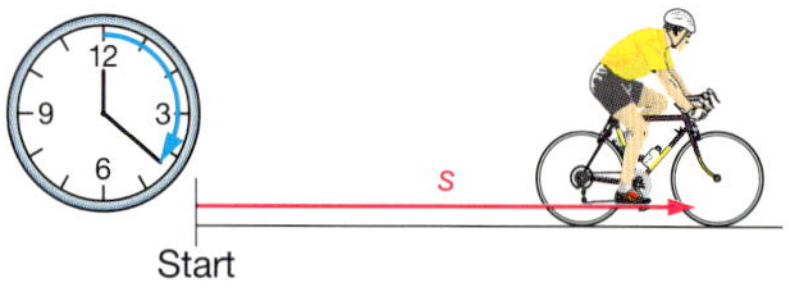

Impuls
Jeder bewegte Körper hat einen Impuls. Je größer die Geschwindigkeit und/oder die Masse eines Körpers sind, desto größer ist sein Impuls.
Der Impuls wird berechnet als Produkt aus Masse und Geschwindigkeit: $\boldsymbol{p = m \cdot v}$.

Grundbegriffe

- *Geschwindigkeit*
- *Kraft*
- *Impuls*
- *Stromstärke, Spannung*
- *Entropie*
- *Energie, Einheiten*
- *Energieträger*
- *Energiestromstärke*
- *Energiefluss-Diagramme*

Energie in der Mechanik — Projekt

Mechanische Maschinen und Geräte bestimmten früher viele Prozesse des täglichen Lebens und tun es auch heute noch. Hierbei kann der Spaß, wie bei Spielzeug oder in Vergnügungsparks, aber auch die Bewältigung von Tätigkeiten im Alltag im Vordergrund stehen. Aber in allen Fällen wird Energie umgeladen.

P1 **a)** Erstellt eine Übersicht von mechanischem Kinderspielzeug, bei dem irgendwie Energie umgeladen wird. Ergänzt die Vorschläge „Auto mit Aufziehmotor", „Flugzeug mit Gummimotor" um eigene Beispiele.
b) Erklärt, wo jeweils Energie zu finden ist und auf welchen Träger sie umgeladen wird.

P2 Auf Volksfesten und in den zahlreichen Vergnügungsparks gibt es Attraktionen, die auf dem physikalischen Prozess der Energieumladung beruhen.
a) Ergänzt die bekanntesten Attraktionen „Achterbahn" und „Wildwasserbahn" um eigene Beispiele. Beschreibt, was mit der Energie passiert.
b) Fotografiert eine Achterbahn aus großer Distanz und die Wagen in einzelnen Abschnitten der Bahn. Nutzt die Fotos, um die Situationen hinsichtlich der Bewegungen und der Energiespeicher zu beschreiben.

P3 **a)** Vor der Erfindung des Elektromotors wurden viele Maschinen mechanisch angetrieben. Erkundigt euch zum Beispiel im Internet oder in einem Museum, wie diese Antriebe aufgebaut waren. Was geschah dabei aus energetischer Sicht?

b) Auf vielen Baustellen wird die Energieumladung bei Maschinen genutzt. Beschreibt in Form eines Plakats, wo auf einer Baustelle mechanische Energie eine Rolle spielt ist.

Energiebedarf einer Familie — Projekt

Den gesamten Tag über ist Energie erforderlich, um unser Leben wie gewohnt zu gestalten. Die Wohnräume sollen warm sein, die Wäsche gewaschen, die Lebensmittel gekühlt, das Auto soll fahren und die elektrischen Geräte sollen arbeiten. Unser heutiger Lebensstandard benötigt ständig Energie und zwar meist auf den Trägern elektrische Ladung oder Entropie.

P1 Wählt als Beispiel eine eurer Wohnungen aus. Erstellt zu jedem Zimmer eine Übersicht der Geräte, die Energie umladen. Sortiert sie nach den benötigten Energieträgern und nach der Größe des Energiebedarfs. Hierbei sollte auch die Betriebsdauer pro Tag berücksichtigt werden.

P2 Ermittelt die Kosten für den jährlichen Energiebedarf eines Haushalts.
a) Lasst euch dazu die Rechnungen für die elektrische Energie und für die Heiz- und Warmwasserkosten erläutern. Schätzt zudem die jährlichen Kosten für das Fahrzeug der Familie ab. Berechnet so die Gesamtkosten für den Energiebedarf eines Jahres und stellt die Aufteilung der Kosten in einem Diagramm dar.
b) Vergleicht anschließend den von euch ermittelten Energiebedarf mit dem **durchschnittlichen Energiebedarf einer Familie in Deutschland.**

P3 Notiert eine Woche lang in Abständen von 24 Stunden die benötigte Energiemenge am Stromzähler im Haus. Erstellt einen Plan, wie in diesem Haushalt Energiebedarf gesenkt werden kann. Findet heraus, um wie viel Prozent er dadurch gesenkt werden kann, und stellt die Ergebnisse grafisch dar.

P4 Viele elektrische Geräte im Haushalt verfügen über einen **Elektromotor,** der Energie vom Träger fließende Ladung auf eine Drehbewegung umlädt.
a) Erstellt eine Übersicht entsprechender Geräte in eurem Haushalt. Beschreibt, inwiefern sich mithilfe dieser Geräte alltägliche Abläufe vereinfacht haben.

b) Erarbeitet einen Kurzvortrag zum Thema „Funktionsprinzip eines Elektromotors".

Mechanische Energie

Große Wassermengen, die in der Höhe gestaut oder in die Höhe gepumpt wurden, speichern Energie – Lageenergie. Diese Energie wird im Kraftwerk zuerst auf den Impuls der rotierenden Turbine und dann im Generator auf fließende Ladung umgeladen. Gibt es Formeln, mit denen Energiemengen berechnet und somit verglichen werden können?

Energie wird berechnet

Im Teil ① des zentralen Versuchs wird eine Holzkiste an einem Kraftmesser mit konstanter Geschwindigkeit über die Unterlage gezogen. Wenn die Geschwindigkeit der Kiste konstant ist, ändert sich ihr Impuls nicht, das heißt, die Reibungskraft am Boden ist dann genauso groß wie die aufgewandte Zugkraft.
Für diesen Vorgang wird Energie benötigt. Diese strömt mit dem Impuls durch den Kraftmesser, wird am Boden der Kiste durch die Reibung auf neu erzeugte Entropie umgeladen und verteilt sich in der Umgebung.

Zentraler Versuch

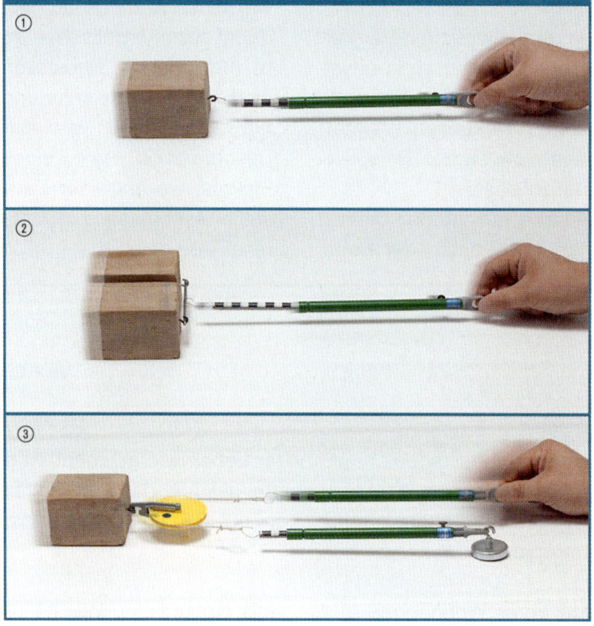

Werden zwei Kisten ② mit der gleichen Geschwindigkeit gezogen, so ist der Energiestrom P doppelt so groß. An jeder Kiste wirkt die gleiche Reibungskraft, also muss mit der doppelten Kraft F am Kraftmesser gezogen werden. Das entsprechende Experiment kann mit drei, vier, usw. Kisten durchgeführt werden und liefert bei konstanter Geschwindigkeit den proportionalen Zusammenhang $P \sim F$.

Eine weitere Proportionalität ergibt sich aus dem Experiment ③ mit der Umlenkrolle. Damit sich die Kiste wieder mit der Geschwindigkeit v bewegt, muss sich der obere Kraftmesser mit der doppelten Geschwindigkeit $2v$ nach rechts bewegen. Die benötigte Kraft ist aber nur halb so groß wie vorher. Ist die Energiestromstärke P konstant, so gilt $F \sim 1/v$, also $F \cdot v$ konstant.

Gemeinsam werden beide Zusammenhänge erfasst durch die Proportionalität $P \sim v \cdot F$. Um daraus eine Gleichung zu machen, müsste ein Proportionalitätsfaktor eingeführt werden. Dieser ist aber gerade 1 und auch die Einheiten von P, v und F sind so beschaffen, dass der Proportionalitätsfaktor keine Einheit braucht. Damit ergibt sich die Gleichung

$\boldsymbol{P = v \cdot F}$.

Aus dieser Gleichung lässt sich ein weiterer Zusammenhang herleiten, der bei vielen Berechnungen nützlich ist. Die Energiestromstärke P auf der linken Seite ist die geflossene Energie ΔE dividiert durch die benötigte Zeit Δt. Auf der rechten Seite ist die Geschwindigkeit v die zurückgelegte Strecke Δs dividiert durch die dafür benötigte Zeit Δt. Somit ergibt sich

$$\frac{\Delta E}{\Delta t} = P = v \cdot F = \frac{\Delta s}{\Delta t} \cdot F.$$

Werden beide Seiten mit Δt multipliziert, so folgt eine Formel für die Energie auf dem Träger Impuls:

$\boldsymbol{\Delta E = F \cdot \Delta s}$.

Die Stärke eines Energiestroms P, der mit dem Träger Impuls strömt, berechnet sich durch
$P = v \cdot F$.
Wird ein Körper mit der konstanten Kraft F längs der Strecke Δs bewegt, so wird dazu die Energie
$\Delta E = F \cdot \Delta s$ benötigt.

Lageenergie

Beim Anheben einer Last wird Energie im Schwerefeld gespeichert – **Lageenergie.** Die neu gewonnene Formel $\Delta E = F \cdot \Delta s$ ermöglicht es, diese Energie zu berechnen: Um den Körper anzuheben, muss die Erdanziehungskraft $F_E = m \cdot g$ überwunden werden. Die Strecke Δs ist die Höhe h, um die der Körper vom Boden aus angehoben wird. Damit ergibt sich für die Lageenergie

$\boldsymbol{\Delta E_{Lage} = m \cdot g \cdot h}$.

Diese Energie ist also ein „Delta E", das heißt eine Energiedifferenz. Sie hängt davon ab, wo die Nulllage, also der „Boden" mit der Höhe $h_0 = 0$ definiert wird. Wird ein Körper der Masse m von einem Tisch aus um die Strecke h senkrecht nach oben gehoben, so hat er die Energie $E_{Lage} = m \cdot g \cdot h$ in Bezug auf den Tisch. Ist aber der Fußboden die Nulllage, so hat der Körper die Energie $E_{Lage} = m \cdot g \cdot (h_1 + h)$. Meist wird aber der tiefste Punkt im Experiment als Nulllage verwendet; die Deltas werden dann einfach weggelassen.

Rechenbeispiel

Der Rammklotz einer Pfahlramme mit der Masse 450 kg fällt aus einer Höhe von 3,90 m herab. Berechne seine Lageenergie vor dem Herabfallen.

Geg.: $m = 450\ \text{kg}$; $h = 3{,}90\ \text{m}$; $g = 9{,}81\ \frac{\text{N}}{\text{kg}}$

Ges.: E_{Lage}

Lösung:

$$E_{Lage} = m \cdot g \cdot h = 450\ \text{kg} \cdot 9{,}81\ \frac{\text{N}}{\text{kg}} \cdot 3{,}90\ \text{m}$$
$$= 17\,216{,}55\ \text{Nm} = 17\,217\ \text{J} = 17{,}2\ \text{kJ}$$

Die Lageenergie des Rammklotzes beträgt 17,2 kJ.

Spannenergie

Ein weiterer wichtiger Energiespeicher in der Mechanik sind elastisch verformbare Körper. Eine gespannte Feder, ein gedehntes Gummiband, ein zusammengedrückter Ball speichern Energie, die **Spannenergie.**

Im Versuch hat die zusammengedrückte Feder Spannenergie. Wenn sie sich ausdehnt, stößt sie die Kugel weg, überträgt also ihre Energie als Bewegungsenergie auf die Kugel. Wenn die Feder stärker zusammengedrückt wird, rollt die Kugel schneller und weiter, ihre Bewegungsenergie ist größer. Eine stärker verformte Feder besitzt also mehr Spannenergie.

Zentraler Versuch

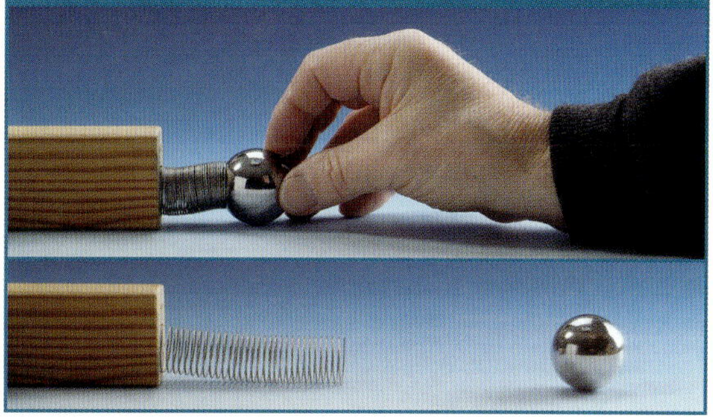

Eine Feder ist durch die Federkonstante D (in $\frac{\text{N}}{\text{m}}$) charakterisiert. Überlegungen mithilfe der grundlegenden Formel $\Delta E = F_E \cdot \Delta s$ ergeben für die Spannenergie

$\boldsymbol{E_{Spann} = \frac{1}{2} D \cdot s^2}$.

Angehobene Körper und gespannte oder gestauchte Federn speichern Energie:
$E_{Lage} = m \cdot g \cdot h$ bzw. $E_{Spann} = \frac{1}{2} D \cdot s^2$.

Aufgaben

1 Berechne, wie hoch ein gefüllter 10 Liter-Wassereimer (Eimermasse 360 g) gehoben werden müsste, damit er genauso viel Energie wie der Rammklotz im Rechenbeispiel hat.

2 Im Pumpspeicherwerk Geesthacht an der Elbe beträgt der Höhenunterschied zwischen dem Oberbekken und den Turbinen 90 m. Bestimme die Größe der Lageenergie der $3{,}8 \cdot 10^6\ \text{m}^3$ Wasser im oberen Speicherbecken, die unten auf die fließende Ladung umgeladen wird.

3 Gib den Unterschied der Lageenergie eines Körpers an, wenn sich seine Höhe verdreifacht und seine Masse verdoppelt.

4 Gib an, wie die Spannenergie E_{Spann} einer Feder von der Dehnung s abhängt. Stelle den Zusammenhang in einem s-E_{Spann}-Diagramm dar.

5 Bestimme die Strecke, um die ein 5,0 kg schwerer Körper eine Feder ($D = 300\ \frac{\text{N}}{\text{m}}$) zusammendrückt, und die Energie, die dann in der Feder gespeichert ist.

6 Eine Feder ($D = 4{,}5\ \frac{\text{N}}{\text{cm}}$) wurde bereits um 3,0 cm gedehnt. Berechne die Energieaufnahme der Feder, wenn sie um weitere 3,0 cm gedehnt wird.

7 Eine Stahlkugel ($m = 50$ g; $r = 0{,}5$ cm) wird um 10 cm angehoben. Drei Schüler berechnen die Lageenergie: $E_1 = 0{,}051\,502\,5$ J; $E_2 = 0{,}053\,955$ J; $E_3 = 0{,}049\,05$ J. Erkläre die unterschiedlichen Ergebnisse.

Bewegungsenergie

Zentraler Versuch

Um den Zusammenhang zwischen Bewegungsenergie und Geschwindigkeit herauszufinden, fährt ein Wagen gegen ein bewegliches Hindernis. Der Weg, auf dem der Wagen abgebremst wird, entspricht der Verschiebungsstrecke Δs des Hindernisses. Die zum Verschieben nötige Energie kommt aus der Bewegungsenergie des Wagens. Sie berechnet sich aus $E_{Reib} = F_{Reib} \cdot \Delta s$. Die Reibungskraft kann mit einem Federkraftmesser bestimmt werden. Die Geschwindigkeit des Wagens wird variiert und gemessen.

- Wird die Aufprallgeschwindigkeit verdoppelt bzw. verdreifacht, so vervierfacht bzw. verneunfacht sich der Bremsweg in etwa. Offensichtlich ist die Bewegungsenergie des Wagens proportional zum Quadrat seiner Geschwindigkeit:
$E_{Bew} \sim v^2$.
- Natürlich spielt auch die Masse des Wagens eine Rolle: Je größer seine Masse, desto länger der Bremsweg, desto größer also seine Bewegungsenergie. Genaue Messungen wie in der Tabelle unten zeigen, dass gilt:
$E_{Bew} \sim m$.

Beide Proportionalitäten lassen sich zu einer zusammenfassen:
$E_{Bew} \sim m \cdot v^2$.

m	v	s	$m \cdot v^2$	$F_{Reib} \cdot s$
50 g	0,30 $\frac{m}{s}$	0,023 m	0,005 kg $\frac{m^2}{s^2}$	0,003 J
50 g	0,63 $\frac{m}{s}$	0,079 m	0,020 kg $\frac{m^2}{s^2}$	0,010 J
50 g	0,91 $\frac{m}{s}$	0,180 m	0,041 kg $\frac{m^2}{s^2}$	0,023 J
100 g	0,30 $\frac{m}{s}$	0,038 m	0,009 kg $\frac{m^2}{s^2}$	0,005 J
100 g	0,63 $\frac{m}{s}$	0,154 m	0,040 kg $\frac{m^2}{s^2}$	0,020 J
100 g	0,91 $\frac{m}{s}$	0,343 m	0,083 kg $\frac{m^2}{s^2}$	0,045 J
150 g	0,30 $\frac{m}{s}$	0,058 m	0,014 kg $\frac{m^2}{s^2}$	0,008 J
150 g	0,63 $\frac{m}{s}$	0,236 m	0,060 kg $\frac{m^2}{s^2}$	0,031 J
150 g	0,91 $\frac{m}{s}$	0,521 m	0,124 kg $\frac{m^2}{s^2}$	0,068 J
$F_{Reib} = 0{,}13$ N				

Für eine Gleichung fehlt noch der Proportionalitätsfaktor. Er ergibt sich bei einer proportionalen Zuordnung aus der Quotientengleichheit

$$\frac{\text{2. Wert}}{\text{1. Wert}} = \frac{F_{Reib} \cdot \Delta s}{m \cdot v^2} = \text{konstant.}$$

Es ergibt sich aus allen Messwerten etwa der Wert $\frac{1}{2}$. Die Einheiten von F, v und m sind so festgelegt worden, dass sie sich ineinander umrechnen lassen und der Proportionalitätsfaktor somit keine Einheit braucht. Es gilt also:

$$\mathbf{E_{Bew} = \frac{1}{2} m \cdot v^2.}$$

Auch diese Formel lässt sich deduktiv, das heißt ohne Experiment nur durch Überlegungen und Umformungen aus der Grundgleichung $\Delta E = F \cdot \Delta s$ herleiten. Die Herleitung ist aber nicht so leicht wie bei der Lageenergie.

Ein Körper der Masse m, der sich mit der Geschwindigkeit v bewegt, hat die Bewegungsenergie $E_{Bew} = \frac{1}{2} m \cdot v^2$.

Rechenbeispiel

Um die Auswirkungen von Autounfällen besser einschätzen zu können, werden Crashtests durchgeführt. Dabei fährt ein Fahrzeug mit 50 $\frac{km}{h}$ vor einen Betonklotz. Berechne die Höhe, aus der das Fahrzeug fallen müsste, um beim Aufprall die gleiche Energie zu haben.

Geg.: $v = 50 \frac{km}{h}$

Ges.: Fallhöhe h

Lösung: Es gilt $E_{Bew} = E_{Lage}$, also

$\frac{1}{2} m \cdot v^2 = m \cdot g \cdot h$

Die Masse m kürzt sich heraus:

$\frac{1}{2} v^2 = g \cdot h$

Nach h umformen und Werte einsetzen:

$$h = \frac{(50 \frac{km}{h})^2}{2 \cdot 9{,}81 \frac{m}{s^2}} = \frac{(50 \cdot \frac{1000\ m}{3600\ s})^2}{2 \cdot 9{,}81 \frac{m}{s^2}}$$
$$= 9{,}83\ m$$

Der Aufprall mit 50 $\frac{km}{h}$ entspricht dem Fall aus fast 10 m Höhe.

Aufgaben

1 Ein Pkw fährt mit der Geschwindigkeit $v_1 = 80 \frac{km}{h}$.
a) Berechne die Geschwindigkeit, auf die der Fahrer beschleunigen muss, damit die Bewegungsenergie des Pkws verdoppelt wird.
b) Erläutere, wie sich die Bewegungsenergie eines Körpers bei doppelter bzw. dreifacher Geschwindigkeit ändert.

2 Berechne die Energie, die beim Abbremsen
① eines Pkw (Masse 1000 kg) von 70 $\frac{km}{h}$ auf 50 $\frac{km}{h}$,
② eines Formel-1-Fahrzeugs (Mindestmasse 620 kg) von 300 $\frac{km}{h}$ auf 80 $\frac{km}{h}$,
③ eines ICE (Masse 400 t) von 300 $\frac{km}{h}$ bis zum Stillstand
als Abwärme in Bremsbeläge und Bremsscheiben geht.

Mechanische Energie — Versuche und Aufträge

V1 Baue mit einem Brett eine schiefe Ebene auf dem Fußboden auf.
a) Formuliere Vermutungen zum Zusammenhang zwischen dem Neigungswinkel der schiefen Ebene und dem Rollweg der Kugel.
b) Überprüfe deine Aussagen im Versuch und erkläre. Bestimme auch die Energie, die die Kugel am Startpunkt besitzt.
c) Berechne die Geschwindigkeit der Kugel am Ende des Brettes, wenn die Reibung der Kugel auf der schiefen Ebene vernachlässigt wird. Überlege dir einen geeigneten Versuchsaufbau zur experimentellen Überprüfung und führe den Versuch durch.

V2 Fertige aus einem Ball (z. B. Tennisball) und einer Schnur ein Fadenpendel. Befestige es an einer Aufhängung, die sich beim Schwingen nicht mitbewegt.
a) Lenke das Pendel so aus, dass es sich direkt vor deiner Nase befindet und lasse es los. (Deine Position darfst du nicht verändern.) Erläutere, ob du gefahrlos stehen bleiben kannst.
b) Lenke das Pendel auf verschiedene Höhen aus und berechne die Geschwindigkeit des Pendels beim Durchgang durch die Ruhelage. Bestätige die Werte durch eine geeignete Versuchanordnung.

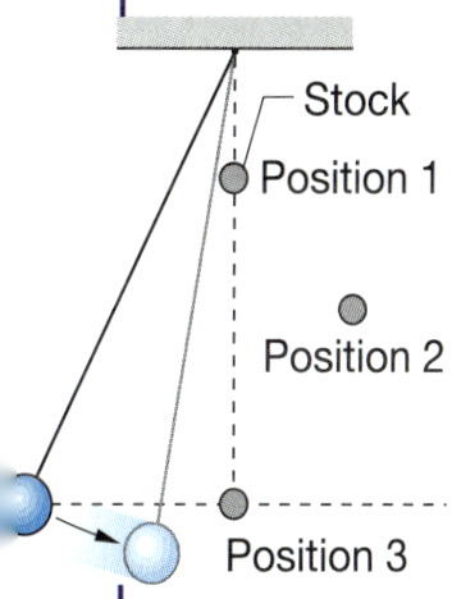

c) Lasse das Pendel nun einmal schwingen und markiere in geeigneter Form die maximal erreichte Höhe. Formuliere eine Aussage zur Veränderung der maximalen Pendelhöhe des Balls, wenn ein Stock an unterschiedlichen Positionen in die Pendelbahn gehalten wird. Überprüfe deine Aussage im Experiment und erkläre das Ergebnis.

V3 Schneide aus etwas dickerem Papier oder dünnem Karton zwei Kreise mit gleichem Radius (ca. 10 cm) aus. Schneide die Kreise bis zum Mittelpunkt ein und fertige durch Zusammendrehen zwei unterschiedlich spitze Kegel. Die überlappenden Teile NICHT abschneiden, sondern außen mit Klebefilm festkleben.

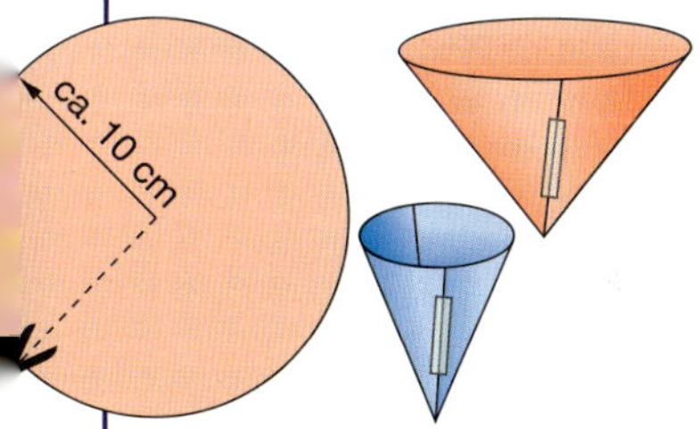

a) Mache eine Aussage über die Lageenergie, wenn du beide Kegel gleichzeitig aus derselben Höhe fallen lässt.
b) Lasse nun beide Kegel gleichzeitig aus derselben Höhe fallen. Begründe, ob deine Beobachtung der Formel für die Lageenergie widerspricht.

V4 Lasse einen Ball (z. B. Tischtennisball, Gummiball, Tennisball, Flummi o. Ä.) aus einer Höhe von 1,5 m entlang eines Maßstabes nach unten fallen. Ermittle die Höhen, die der Ball beim Hochspringen wieder erreicht. Genauere Werte sind mit der Serienbildfunktion einer Digitalkamera zu erhalten.
a) Berechne die Geschwindigkeit, die der Ball kurz vor Auftreffen auf dem Boden besitzt, und bestimme, wie viel Energie durch Reibung verloren geht.
b) Erläutere, wie sich daraus auf die Federkonstante des Balles schließen lässt. Berechne sie auch.
c) Wiederhole den Versuch mit anderen Bällen.
d) Vergleiche die Ergebnisse und ordne die Bälle nach der Größe ihrer mechanischen Energie.

V5 Die Feder aus einem Kugelschreiber hat eine Federkostante von ca. 2,3 $\frac{N}{cm}$.
a) Berechne die in der Feder gespeicherte Energie, wenn sie um 0,5 cm zusammengedrückt wird.
b) Überlege, wie sich die gespeicherte Energiemenge ändern würde, wenn zwei gleiche Federn „in Reihe geschaltet" gemeinsam um 0,5 cm zusammengedrückt würden.
c) Entwickle einen geeigneten Versuch zur Überprüfung und führe ihn durch.
d) Beschreibe, was sich im Vergleich zum Versuch in Aufgabenteil b) ändert, wenn du beide Federn „parallel schaltest".

A6 **a)** Erkundige dich über die Energiemengen, die verschiedene Wasserkraftwerke als elektrische Energie zur Verfügung stellen können. Vergleiche die gespeicherten Wassermassen und die Höhenunterschiede der einzelnen Kraftwerke.
b) Erstelle eine Übersicht, in welchen europäischen Ländern große Mengen elektrischer Energie durch Wasserkraftwerke gewonnen werden.

A7 Finde heraus, wo im Alltag Federn zur Speicherung von Energie genutzt werden.

A8 Beim Bremsen eines PKW kann ein Teil der Bewegungsenergie wieder auf den Träger fließende Ladung umgeladen werden. PKW mit Hybridmotoren besitzen eine solche Nutzbremse. Erkundige dich über die Funktionsweise.

Bleibt die Energie wirklich erhalten?

Mit den entwickelten Formeln für die einzelnen Energieformen lässt sich prüfen, ob der Energieerhaltungssatz gilt.

Freier Fall

- Jeder Körper, der zunächst ruht und dann fällt, hat zu Beginn des Fallens im Punkt A nur Lageenergie $E_A = m \cdot g \cdot h$.
- Während des Fallens verringert sich die Lageenergie, der Körper gewinnt Bewegungsenergie. (Von Reibung und Anfangsgeschwindigkeit wird abgesehen – deshalb „freier" Fall!) Der Körper besitzt jetzt Lage- und Bewegungsenergie, die von der aktuellen Höhe h' und der Momentangeschwindigkeit v' abhängen: $E = m \cdot g \cdot h' + \frac{1}{2} m \cdot v'^2$.
- Unmittelbar bevor der Körper im Punkt B am Boden auftrifft, hat er keine Lageenergie mehr. Er besitzt maximale Bewegungsenergie $E_B = \frac{1}{2} m \cdot v_B{}^2$.

Zentraler Versuch

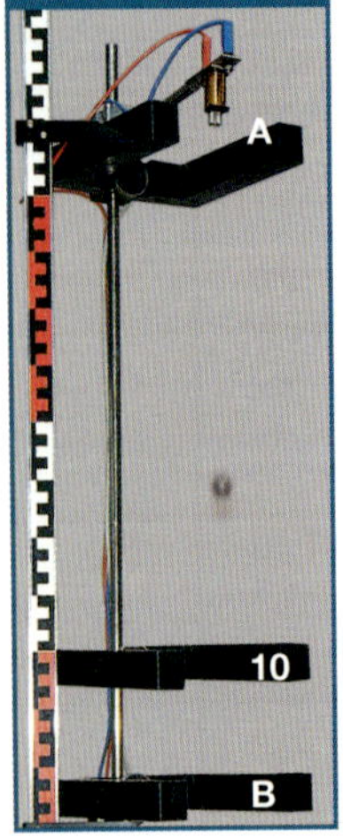

Eine Kugel der Masse 50 g fällt aus unterschiedlichen Höhen. Mithilfe von Lichtschranken wird die Geschwindigkeit der Kugel 10 cm über dem Boden (v_{10}) und kurz vor dem Auftreffen am Boden (v_B) gemessen. Daraus lassen sich die Energien zu den einzelnen Zeitpunkten berechnen (Tabelle unten). Ein Vergleich der Energiewerte E_A und E_{10} und E_B zeigt:
Die Kugel hat – wie vom Energieerhaltungssatz gefordert – zu Beginn, während und am Ende des Falls stets gleich viel Energie, auch wenn sich die einzelnen Energiebeträge während des Falls verändern.

Pendel

Jeder Körper, der schwingt, hat in seinem tiefsten Punkt nur Bewegungsenergie und in seinen Umkehrpunkten nur Lageenergie. Auf dem Weg nach unten wird die Lageenergie zu Bewegungsenergie, auf dem Weg nach oben umgekehrt. Gäbe es keine Reibung, würde der Körper immer zwischen den beiden Umkehrpunkten hin- und herschwingen und die Energie zwischen den beiden Formen kontinuierlich wechseln.

Wird ein Pendel aus verschiedenen Höhen h losgelassen, kann seine Durchgangsgeschwindigkeit v im tiefsten Punkt mithilfe einer Lichtschranke gemessen und mit den aus der Energieerhaltung berechneten Werten verglichen werden.

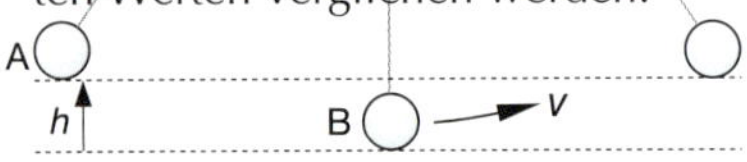

$$E_A = E_B$$
$$m \cdot g \cdot h = \frac{1}{2} m \cdot v^2$$
$$2g \cdot h = v^2$$

h	5,0 cm	7,5 cm	10 cm
$v_{gemessen}$	0,99 $\frac{m}{s}$	1,2 $\frac{m}{s}$	1,3 $\frac{m}{s}$
$v_{berechnet}$	0,99 $\frac{m}{s}$	1,2 $\frac{m}{s}$	1,4 $\frac{m}{s}$

Für kleine Auslenkungen werden obige Überlegungen gut bestätigt. Bei größeren Auslenkungen muss die Luftreibung und die Reibung der Pendelschnur am Aufhängepunkt berücksichtigt werden.

FREIER FALL			
h	0,30 m	0,40 m	0,50 m
E_A	0,15 J	0,20 J	0,25 J
v_{10}	1,98 $\frac{m}{s}$	2,43 $\frac{m}{s}$	2,80 $\frac{m}{s}$
E_{10}	0,15 J	0,20 J	0,25 J
v_B	2,43 $\frac{m}{s}$	2,80 $\frac{m}{s}$	3,13 $\frac{m}{s}$
E_B	0,15 J	0,20 J	0,25 J

Schiefe Ebene

An vielen steil abfallenden Autobahnen oder Bergstraßen sind *Bremsstrecken* eingerichtet. Dies sind steil nach oben führende, mit Kies aufgeschüttete Stichstraßen. Eine solche Steigung soll dem Fahrer die Möglichkeit geben, das Pannenfahrzeug auch beim Versagen der Bremsanlage zum Stehen zu bringen.
Fährt das Fahrzeug mit hoher Geschwindigkeit in die Bremsstrecke ein, so besitzt es zu diesem Zeitpunkt viel Bewegungsenergie. Mit zunehmendem Anstieg der schiefen Ebene gewinnt das Fahrzeug Lageenergie und verliert aufgrund der Energieerhaltung Bewegungsenergie. Zudem vermindert sich diese um die durch Reibung abfließende Energie. Das Fahrzeug kommt dadurch relativ schnell zum Stehen. Aus der anfänglichen Bewegungsenergie wird also auf der schiefen Ebene Lageenergie und Wärme.

Der Energieerhaltungssatz kann experimentell bestätigt werden (Reibung vernachlässigt!!):
Die Summe aller auftretenden Energien ist stets konstant.
Mithilfe des Energieerhaltungssatzes lassen sich Energiebilanzen aufstellen.

Energiebilanzen

Werkzeug

Energie geht nie verloren, sondern wird nur auf andere Speicher oder Träger umgeladen. Für einen Körper muss somit zu jedem Zeitpunkt die Summe all seiner Energien konstant sein, solange keine Energie zu- oder abgeführt wird. Dabei können sich die einzelnen Energieanteile durchaus verändern. **Energiebilanzen** sind geeignet, Größen zu ermitteln, deren experimentelle Ermittlung schwierig oder möglicherweise fehlerbehaftet ist. Das gelingt folgendermaßen:

① Analyse: Wo steckt die Energie zu bestimmten Zeitpunkten? Dabei sind besonders Zeitpunkte interessant, bei denen einzelne Summanden Null sind:

Zeitpunkt A: $E_{Gesamt,\,A} = E_{Bew,\,A} + E_{Lage,\,A} + E_{Spann,\,A}$

Zeitpunkt B: $E_{Gesamt,\,B} = E_{Bew,\,B} + E_{Lage,\,B} + E_{Spann,\,B}$

② Bilanz: Wie groß ist die Gesamtenergie zu verschiedenen Zeitpunkten? Wenn dem System keine Energie z. B durch Reibung „verloren" geht, dann kann eine Energiebilanz aufgestellt werden:

$$E_A = E_B$$

$$E_{Bew,\,A} + E_{Lage,\,A} + E_{Spann,\,A} = E_{Bew,\,B} + E_{Lage,\,B} + E_{Spann,\,B}$$

Das Beispiel Fadenpendel zeigt, wie durch eine Energiebilanz aus der Starthöhe *h* in fünf Schritten die Maximalgeschwindigkeit ermittelt werden kann, die sonst nur mit beträchtlichem Aufwand bestimmt werden könnte. Die Zahl der durchzuführenden Schritte kann im Einzelfall unterschiedlich sein.

1. Schritt:
Festlegung eines geeigneten Nullniveaus für die Lageenergie: Nullniveau im tiefsten Punkt:
$h = 0 \Rightarrow E_{Lage,\,B} = 0$

2. Schritt:
Berücksichtigung der Besonderheit im Umkehrpunkt Momentangeschwindigkeit betrachten
$v = 0 \Rightarrow E_{Bew,\,A} = 0$

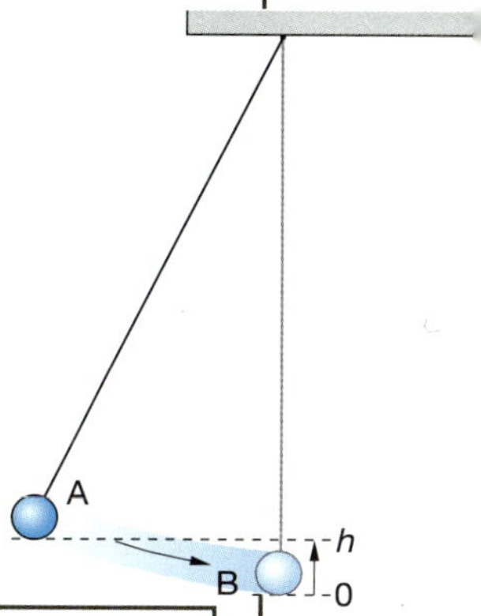

3. Schritt:
Weitere Reduktion der Energiebilanz:
$E_{Lage,\,A} = E_{Bew,\,B}$

4. Schritt:
Einsetzen der bekannten Formeln
$m \cdot g \cdot h = \frac{1}{2} m \cdot v^2$

5. Schritt:
Algebraische Umformung der Gleichung

$m \cdot g \cdot h = \frac{1}{2} m \cdot v^2 \quad |:m \quad |\cdot 2$

$v^2 = 2 \cdot g \cdot h \quad |\sqrt{}$

$v = \sqrt{2 \cdot g \cdot h}$

Aufgaben

1 Peter (m = 45 kg) klettert im Schwimmbad auf die unterschiedlichen Sprungbretter und springt aus 1 m, 3 m und 5 m ins Wasser.
a) Berechne seine Energie auf den Sprungbrettern.
b) Berechne die maximale Auftreffgeschwindigkeit auf der Wasseroberfläche nach dem Sprung.
c) Berechne seine Geschwindigkeit beim Fallen auf halber Höhe.
d) Ändert sich aus physikalischer Sicht etwas, wenn er vor dem Absprung auf dem Brett „federt"?

2 Auf dem Oktoberfest ist ein 15 m hoher Fünferlooping aufgebaut. Die Wagen werden zu Beginn der Fahrt auf eine Höhe von 20 m gezogen und fahren anschließend in den Looping ein.
a) Gib die Veränderungen von Bewegungs-, Lage- und Gesamtenergie der Wagen während der Fahrt an.
b) Bestimme die Geschwindigkeiten der Wagen im tiefsten und im höchsten Loopingpunkt (ohne Reibung).
c) Die letzte Loopingschleife ist wesentlich kleiner als die erste. Erläutere, welcher physikalische Grund sich dahinter verbirgt.

3 Eine Garageneinfahrt hat die Form einer schiefen Ebene. Sie ist 15 m lang und hat einen Höhenunterschied von 3 m. Bei einem dort geparkten Pkw (m = 1,2 t) löst sich die Bremse.
a) Berechne die Geschwindigkeit, mit der der Wagen auf die Straße rollt.
b) Berechne die Kraft, die zum Stoppen des Wagens nötig wäre.

4 Beim Spannen einer Federpistole wird die Feder (D = 50) $\frac{N}{m}$ um 40 cm zusammengedrückt. Berechne
a) die Spannenergie, die nach dem Spannvorgang in der Feder steckt;
b) die maximale Abschussgeschwindigkeit, mit der die 8,5 g schwere Kugel den Lauf verlässt.

Mechanische Maschinen

Beim Verladen von Gütern müssen häufig Lasten über größere Strecken gehoben werden. Dabei kommen im einfachsten Fall ein Seil und eine Rolle zum Einsatz. Damit kann z. B. ein voller Eimer nach oben gezogen werden. Beim Heben sehr schwerer Lasten, wie z. B. von Schiffsmotoren, werden Schwerlastkräne mit mehreren tragenden Seilen benötigt. Dabei laufen die tragenden Seile über Rollensysteme, um den Hebevorgang zu erleichtern.
Die Nutzung von Seilen und Rollen bei Flaschenzügen, Hebeln und schiefen Ebenen geschieht dabei aus gutem Grund.

Rollen und Flaschenzüge

Bei der **festen Rolle** im linken Bild wird das über sie geführte Seil nur in eine andere Richtung umgelenkt. Wird auf der einen Seite am Seil gezogen, so bewegt sich die gleiche Länge Seil auf der anderen Seite hinauf. Wegen

$F_{\text{links}} \cdot \Delta s = \Delta E = F_{\text{rechts}} \cdot \Delta s$

müssen die Kräfte auf der linken und rechten Seite gleich sein. Auf die Aufhängung der Rolle wirkt dabei die doppelte Kraft, deshalb muss diese Aufhängung bei großen Lasten entsprechend stabil sein.

Zentraler Versuch

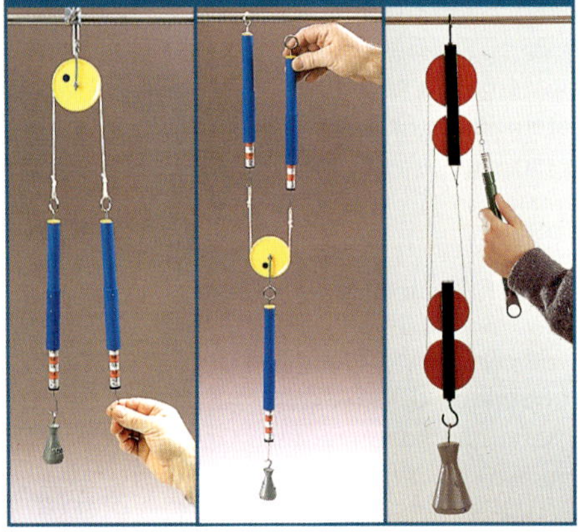

Bei allen diesen Überlegungen wurde außer Acht gelassen, dass die Rollen und Seile auch eine Masse haben und nach oben befördert werden müssen. Zudem nimmt mit jeder Rolle auch die Reibung zu. Daher kann durch einen Flaschenzug eine Last nicht „beliebig leicht" gemacht werden. Der Name „Flaschenzug" geht auf ihr ursprüngliches Aussehen zurück, in denen die festen bzw. die losen Rollen eingebaut waren. Diese hatten die Form einer Flasche.

Wird der Kraftmesser im mittleren Bild um die Strecke Δs nach oben gezogen, so legt die **lose Rolle** mit der Last nur die Hälfte dieser Stecke zurück. Hier gilt deshalb

$F_{\text{oben}} \cdot \Delta s \approx \Delta E \approx F_{\text{unten}} \cdot \frac{1}{2} \cdot \Delta s.$

Bei der losen Rolle muss oben also nur mit der halben Kraft gezogen werden. Auf die Aufhängung oben links wirkt ebenfalls nur die halbe Kraft. Soll eine Last nach oben befördert werden, so verdoppelt diese Konstruktion den Zugweg und halbiert dafür die benötigte Kraft.

Eine Kombination aus festen und losen Rollen wie im rechten Bild heißt **Flaschenzug.** Bei dieser Konstruktion laufen vier tragende Seilstücke zwischen den Rollen. Wird über den Kraftmesser am Seil gezogen, so bewegt sich die Last nur $\frac{1}{4}$ der gezogenen Strecke nach oben. Entsprechend der Überlegung bei der losen Rolle beträgt dann auch die benötigte Kraft nur $\frac{1}{4}$ der Gewichtskraft der Last. Bei einer Kombination aus drei festen und drei losen Rollen wäre es entsprechend $\frac{1}{6}$ der Kraft und der sechsfache Zugweg.

Für einen einfachen Flaschenzug mit *n* tragenden Seilen gilt: $F_{\text{Zug}} = \frac{1}{n} \cdot F_{\text{Hub}}$ und $s_{\text{Zug}} = n \cdot s_{\text{Hub}}$

Aufgaben

1 Mit einem Flaschenzug (sechs tragende Seile) soll ein Kübel (m = 25 kg) um 6,0 m angehoben werden.
a) Berechne die mindestens erforderliche Zugkraft.
b) Wie lang muss das Seil mindestens sein?

2 Ein Flaschenzug mit drei losen Rollen wurde mit einem Seil gebaut, das eine Reißfestigkeit von 110 N hat. Kann mit diesem Flaschenzug ein Körper der Masse 25 kg hochgezogen werden?

3 **a)** Ergänze die Seilführung in dem Flaschenzug rechts. (Es gibt zwei verschiedene Lösungen.)
b) Bestimme die notwendige Zugkraft, wenn die Gewichtskraft der Last 5 kg und die der Rollen 0,5 kg beträgt.
c) Bestimme die Länge des einzuholenden Seiles, wenn die Last um 5 m gehoben werden soll.

Hebel und schiefe Ebene

Als Hebel wird jeder starre Körper bezeichnet, der um eine Achse drehbar ist *(Drehachse)*. In der einfachsten Form sind Hebel gerade Stangen, aber es gibt sie in vielerlei anderen Formen. Allen gemeinsam ist, dass immer eine Kraft an einem Punkt des Hebels angreift und eine zweite Kraft an einem zweiten, vom ersten verschiedenen Punkt eingesetzt wird, um die erste Kraft zu überwinden.

Zentraler Versuch

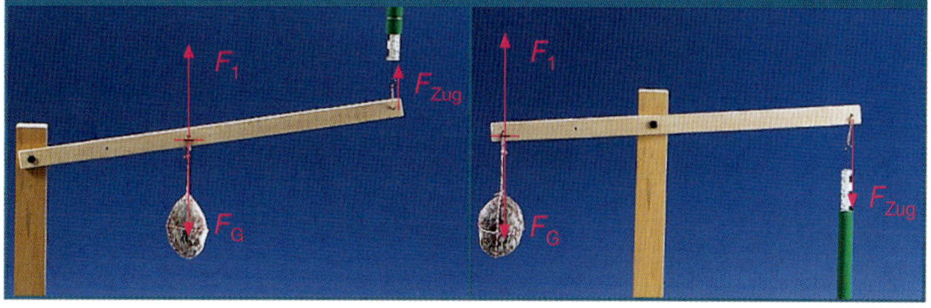

Im Foto rechts wird ein Stein gehoben.

- Wenn die Gewichtskraft F_G des Steines und die Zugkraft F_{Zug} (am Federkraftmesser abzulesen) auf derselben Seite der Drehachse wirken, dann heißt der so genutzte Hebel **einseitiger Hebel.**
- Liegt die Drehachse zwischen den Angriffspunkten der Kräfte F_G und F_{Zug}, dann handelt es sich um einen **zweiseitigen Hebel.**

Die Strecken zwischen der Drehachse und den Angriffspunkten der Kräfte werden **Hebelarme** genannt.

Wie beim Flaschenzug ist auch hier die Formel für die mechanische Energie die Grundlage aller Überlegungen. Die Kraft F_{Last}, die den Stein anhebt, muss genau so groß sein wie die Gewichtskraft F_G. Wird der lange Hebelarm mit der Kraft F_{Zug} um die Strecke s_{Zug} nach unten gezogen, muss gelten:

$F_G \cdot s_{Last} = F_{Last} \cdot s_{Last} = \Delta E = F_{Zug} \cdot s_{Zug}$

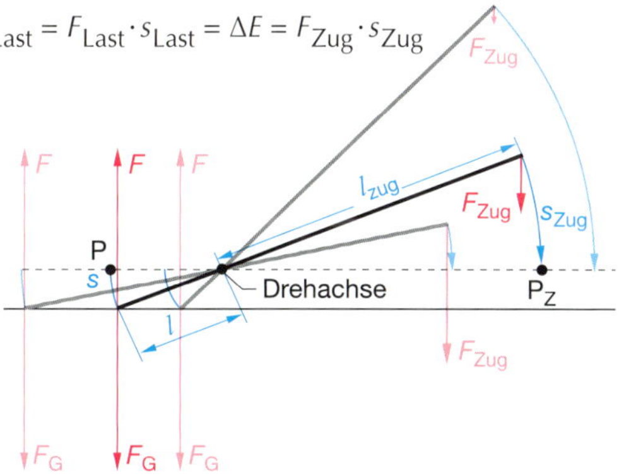

Die Strecken verhalten sich also wieder umgekehrt zueinander wie die Kräfte. Aus der Zeichnung ist ersichtlich, dass sich die Strecken zueinander aber genau so verhalten wie die Hebelarme (Strahlensatz).

Insgesamt gilt also:

$$\frac{F_{Zug}}{F_G} = \frac{s_{Last}}{s_{Zug}} = \frac{l_{Last}}{l_{Zug}}.$$

Auf die Drehachse wirken wie bei der festen Rolle die größten Kräfte. Deshalb müssen die Befestigung und die Hebelarme entsprechend stabil sein.

Bei einer schiefen Ebene hat der Wagen am Ende die gleiche Lageenergie, egal ob der Wagen über die lange flache oder über die kurze steile Rampe gezogen oder direkt hochgehoben wird. Ist l die Länge der Rampe und h die Höhe, auf der sich der Wagen am Ende befindet, gilt:

$$F_G \cdot h = F_{Zug} \cdot l$$

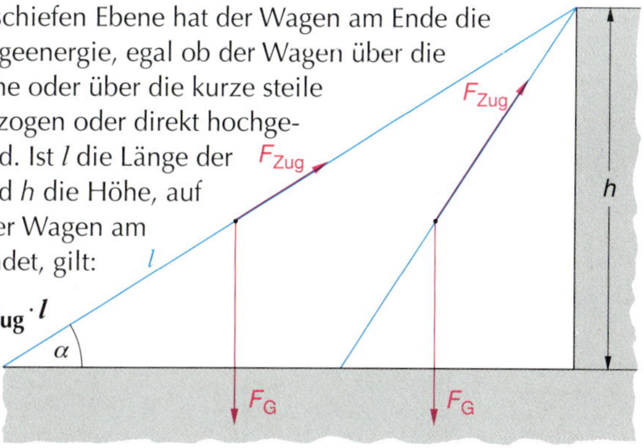

Bei einem Hebel hängt die aufzuwendende Kraft vom Verhältnis der Hebelarme ab. Es gilt: $F_{Zug} = F_G \cdot \frac{l_{Last}}{l_{Zug}}$
Durch eine schiefe Ebene wird der Zugweg verlängert, die notwendige Zugkraft jedoch verringert. Es gilt: $F_{Zug} = F_G \cdot \frac{h}{l}$

Anmerkung: Der Zweck aller Maschinen ist, Kräfte oder Wege so zu verändern, dass damit das Arbeiten leichter wird. Die Energieerhaltung ist ein geeignetes Mittel, um herauszufinden, wie sich Kräfte und Wege zueinander verhalten.

Aufgaben

1 Benenne die Hebelart einer Pinzette. Begründe, wo sie angefasst werden muss, wenn an der Spitze eine große bzw. eine kleine Kraft wirken soll.

2 Erläutere, warum man sich in dem Spalt zwischen Anschlagseite der Tür und Zarge die Finger gefährlicher quetschen kann als zwischen der Schlossseite und der Zarge.

3 Beim Verladen wird ein Fass über angelegte Balken auf einen Anhänger gerollt. Berechne die benötigten Kräfte, wenn das Fass eine Masse von 125 kg hat und die Balken bei einer Länge von 4,0 m einen Höhenunterschied von 50 cm überwinden.

Perpetuum mobile – bewegt es sich ewig?

Streifzug

„La construction d'un mouvement perpetuel est absolument impossible." (Der Bau einer sich ständig bewegenden Maschine ist absolut unmöglich.) Mit diesen Worten beschloss die Pariser Akademie der Wissenschaften 1775, keine Patentvorschläge für Maschinen mehr zu prüfen, die ein „Perpetuum mobile" sein sollten, also ein Apparat, der sich „ewig bewegt". Damit waren Maschinen gemeint, die aufgrund ausgeklügelter Konstruktionen immerfort laufen sollten, wenn sie einmal in Gang gesetzt waren.

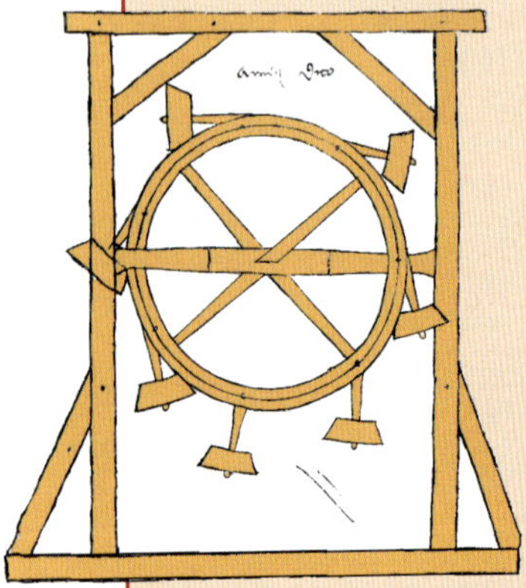

Der älteste bekannte Entwurf einer solchen Maschine stammt aus dem Jahre 1235. Da auf der einen Seite des Rades vier Hämmer waren und auf der anderen nur drei, sollte die schwerere Seite das Rad nach unten ziehen. Am höchsten Punkt klappte jeweils ein Hammer um und machte diese Seite wieder schwerer.

Auch LEONARDO DA VINCI (1425–1519), der geniale Erfinder und Konstrukteur, befasste sich mit Perpetua mobilia. Aber bald erkannte er die Unmöglichkeit, eine solche Maschine zu bauen. Anhand der Zeichnung links konnte Leonardo das auch beweisen. Er schrieb dazu: „Oh ihr Spekulanten der ununterbrochenen Bewegung, wie viel geistige Anstrengung habt ihr vergeblich aufgewandt!"

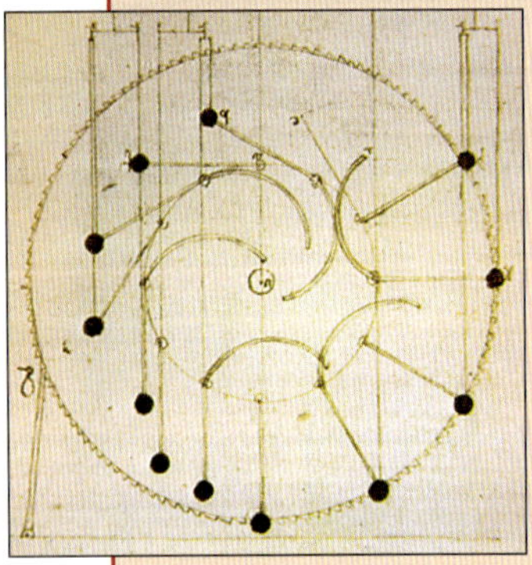

Woran scheiterten alle Konstrukteure? An der Maschine auf dem Bild rechts oben aus dem 17. Jahrhundert soll dies verdeutlicht werden: Sie ist eine Kombination aus Wasserrad und Archimedes'scher Schraube. Auf der rechten Seite treibt das aus dem oberen Becken herabstürzende Wasser ein Rad an. Dieses setzt auf der anderen Seite die Archimedes'sche Schraube in Bewegung, die das Wasser wieder hinaufbefördert, damit es wieder herabfließen und so die ganze Maschine in Bewegung halten kann.

Die Konstruktion scheiterte aber nicht an technischen Unzulänglichkeiten, sondern an den Gesetzen der Physik. Genauso viel Energie, wie das herabfließende Wasser an das Rad abgibt, wird benötigt, um das Wasser wieder hochzuheben – die Energie bleibt gleich. Und dabei ist noch gar nicht berücksichtigt, dass ja auch noch mechanische Energie durch die Reibung der Achsen von Schraube und Wasserrad in den Lagern entwertet wird!
Außerdem sollte dieses Perpetuum mobile aber auch noch Energie abgeben können als Antrieb für die Schleifscheibe. Das heißt aber, dass die Maschine mehr Energie abgibt, als in sie hineingesteckt wird – eine deutliche Verletzung des Prinzips der Energieerhaltung. Das folgende Energiefluss-Schema macht das noch einmal deutlich.

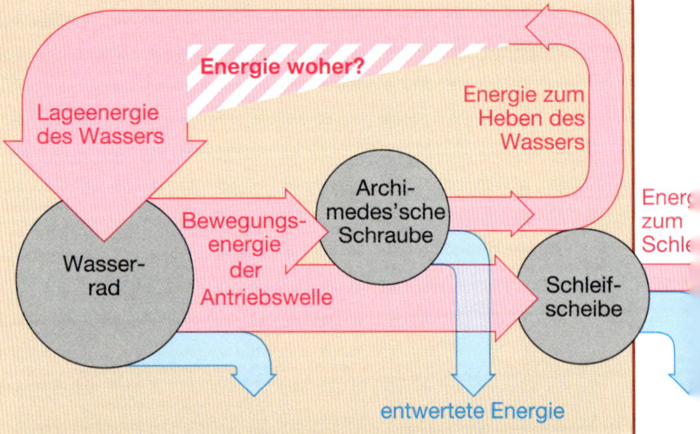

Erst im 19. Jahrhundert setzte sich die Erkenntnis durch, dass die Konstruktion eines Perpetuum mobile unmöglich ist. Trotzdem gibt es bis heute Erfinder, die immer wieder bei den Patentämtern entsprechende Erfindungen einreichen oder in Fernsehshows vorstellen – aber wenn nicht irgendwo versteckte Batterien, Solarzellen oder Ähnliches eingebaut sind, bleiben alle derartigen Maschinen irgendwann stehen!

Kräne

Bei einem Kran werden zur Verringerung der aufzubringenden Zugkräfte und zur Stabilisierung mehrere Kraftwandler eingesetzt:
Der Haken ist an den losen Rollen eines Flaschenzuges befestigt. Die festen Rollen dieses Flaschenzuges befinden sich am Kranarm. Das Stahlseil wird über mehrere feste Rollen umgelenkt zu der Rolle, auf der es aufgewickelt wird. Durch Verwendung des Flaschenzuges muss das Seil sehr lang sein, da immer ein Vielfaches der Hubhöhe aufgewickelt werden muss.
Damit der Kran stabil stehen bleibt, auch wenn am Ende des Auslegers eine große Gewichtskraft wirkt, werden auf einem zweiten Arm nach hinten Betonteile in die richtige Entfernung vom Drehpunkt des Kranarmes gebracht. Die beiden Arme des Kranes wirken als Hebel. Die unterschiedliche Länge der Arme bringt die Gewichtskraft der Betonteile und die Gewichtskraft des zu hebenden Bauteils ins Gleichgewicht, sodass der Kran nicht kippt.

Die Kralle von Katzen

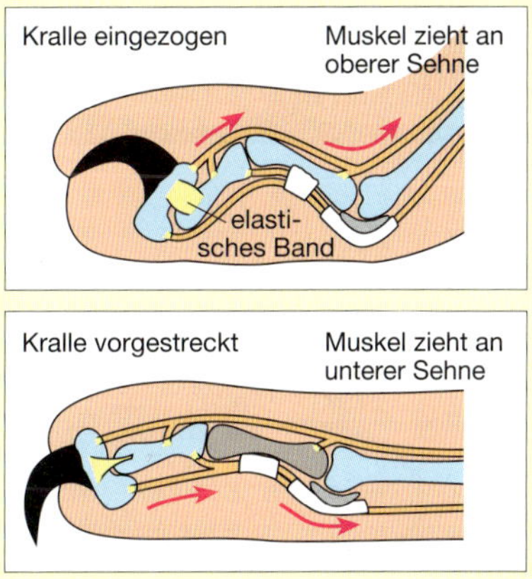

Im Haushalt

Um einen fest sitzenden Nagel aus der Wand zu ziehen, wird eine Zange benutzt. Sie ist ein zweiseitiger Hebel. Auf der Griffseite wird sie zusammengedrückt, wodurch auf der kurzen Seite der Nagel mit großer Kraft gefasst wird. Dann wird die Zange um eine der beiden gebogenen Schneiden nach unten oder oben gedrückt, wodurch der Nagel meist recht einfach aus der Wand „gehebelt" wird.

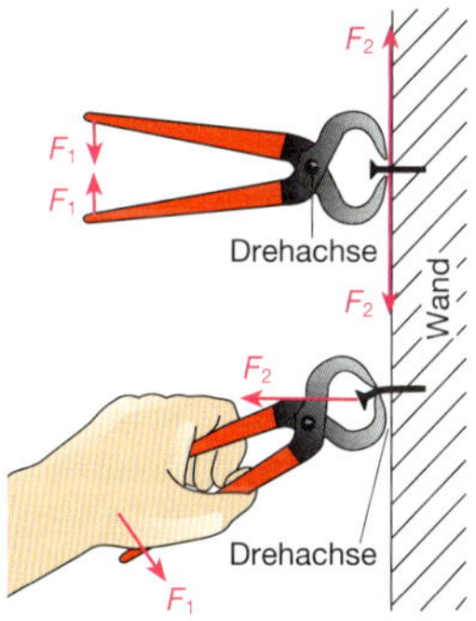

Sind Flaschen mit einem Kronenkorken verschlossen, lassen sie sich mit bloßen Fingern nicht öffnen. Flaschenöffner sind einseitige oder zweiseitige Hebel und verstärken die Kraft der Finger.

Schiefe Ebenen beim Pyramidenbau

Lange Zeit wurde gerätselt, auf welche Weise im alten Ägypten beim Pyramidenbau tonnenschwere Steine in solch große Höhen transportiert werden konnten. (Die Cheops-Pyramide z. B. ist 148 m hoch.) Heute wird allgemein anerkannt, dass dies auf folgende Weise mit schiefen Ebenen geschah:
Zuerst wurden Steine über eine aufgeschüttetete Rampe auf die unterste Steinschicht hochgezogen. War diese Etage mit Steinen belegt, wurde eine zweite Rampe auf dieser ersten Etage aufgeschüttet, über die die Steine auf die nächste Etage transportiert werden konnten usw. Rund um die Pyramide führten also kleine schiefe Ebenen bis zur Spitze. Dies war möglich, weil sich die Pyramide nach oben stufenförmig verjüngte.

Die schrägen Abschlussplatten wurden dann später von oben beginnend unter Rückbau der Rampen in die Stufen eingesetzt, wodurch die glatte, schräge Oberfläche entstand.

Energiestromstärke und Wirkungsgrad

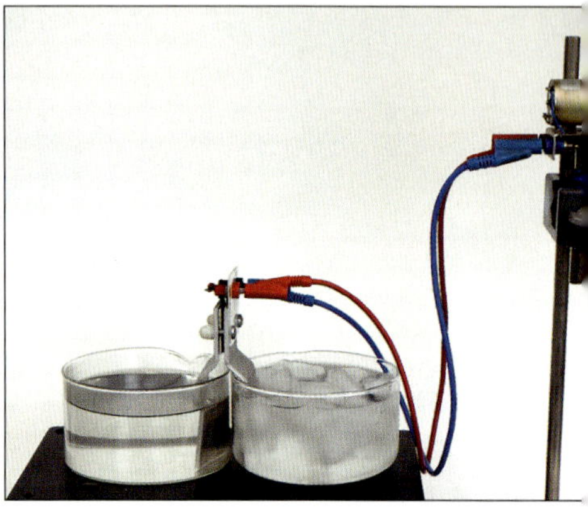

In den vorhergehenden Kapiteln trat an vielen Stellen die Energiestromstärke auf. Um diese zu berechnen wurde sie in den verschiedenen Teilgebieten jeweils mit anderen Größen verknüpft. In diesem Kapitel wird nun dargestellt, welche Gemeinsamkeiten die verschiedenen Formeln für die Energiestromstärke haben und wie Verluste beim Umladen von Energie dargestellt und quantitativ erfasst werden können.

Energiestromstärken überall

- Aus Kapitel 8 ist bekannt, wie sich Energieströme in der Wärmelehre berechnen lassen. Dort ergab sich für die Energiestromstärke P die Formel $P = T \cdot I_S$. Hierbei ist T die absolute Temperatur und I_S die Entropiestromstärke. Die Entropie wurde als Träger der Energie interpretiert und T als Maß dafür, wie stark der Entropiestrom mit Energie beladen ist.

- In der Elektrizitätslehre wurde in Kapitel 9 die Formel $P = U \cdot I$ ermittelt. Hierbei ist U die elektrische Spannung und I die elektrische Stromstärke. Die Spannung ist ein Maß dafür, wie viel Energie eine Quelle pro Ladung zur Verfügung stellt. Da die fließende Ladung hier der Energieträger ist, ist also U ein Maß dafür, wie stark der Ladungsstrom mit Energie beladen ist.

- In diesem Kapitel wurde schließlich für die Energiestromstärke bei mechanischen Vorgängen die Formel $P = v \cdot F$ hergeleitet. Bei mechanischen Energieübertragungen ist der Impuls der Energieträger. Die Kraft gibt an, wie viel Impuls in einen Körper hinein- oder aus ihm herausströmt, sie kann somit auch als Impulsstromstärke gedeutet werden. Die Geschwindigkeit ist dann das Maß dafür, wie stark der Impulsstrom mit Energie beladen ist.

In allen drei Fällen liegt also die gleiche Grundstruktur vor: Die Energiestromstärke ergibt sich als Produkt von Beladungsmaß und Trägerstromstärke.

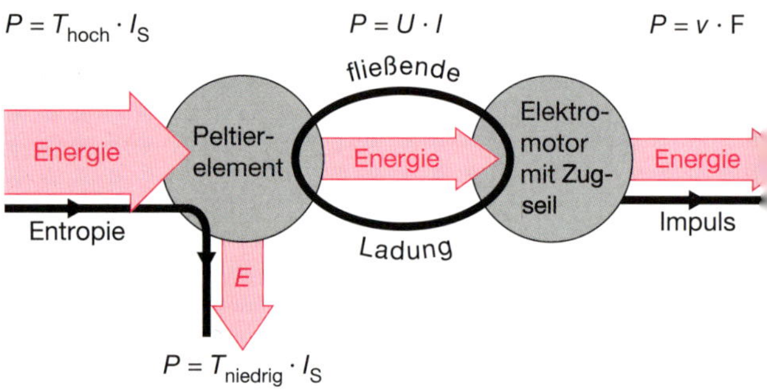

In der Wärmelehre, in der Elektrizitätslehre und in der Mechanik haben die Formeln für die Energiestromstärke die gleiche Struktur:

Energiestromstärke = Beladungsmaß x Trägerstromstärke

Wärmelehre	Elektrizitätslehre	Mechanik
$P = T \cdot I_S$	$P = U \cdot I$	$P = v \cdot F$

Rechenbeispiel

In dem oben dargestellten Experiment hat das Wasser in den Schalen eine Temperatur von 80 °C bzw. 0 °C. Im elektrischen Stromkreis hinter dem Peltierelement wird die Spannung $U = 5$ V und die elektrische Stromstärke $I = 0{,}1$ A gemessen. Das Wägestück am Seil hat die Masse 200 g. Berechne
a) die Entropiestromstärke durch das Peltierelement
b) die Geschwindigkeit, mit der das Gewicht nach oben gezogen wird.

Lösung: **a)** Für die Energiestromstärke zwischen Peltiermodul und Elektromotor gilt:

$P = U \cdot I = 5\text{ V} \cdot 0{,}1\text{ A} = 0{,}5\text{ W}$

Dies entspricht gerade der Differenz der Energieströme, die mit der Entropie durch das Peltierelement fließen:

$0{,}5\text{ W} = P = T_{\text{hoch}} \cdot I_S - T_{\text{niedrig}} \cdot I_S$
$= \Delta T \cdot I_S = 806\text{ K} \cdot I_S$

Somit ist $I_S = \frac{0{,}5\text{ W}}{80\text{ K}} = 0{,}00625\ \frac{\text{J}}{\text{K} \cdot \text{s}}$

b) Der Elektromotor muss die Erdanziehungskraft überwinden:

$F_E = m \cdot g = 0{,}2\text{ kg} \cdot 9{,}81\ \frac{\text{N}}{\text{kg}} = 1{,}962\text{ N}$.

Aus $P = v \cdot F$ folgt

$v = \frac{P}{F} = \frac{0{,}5\text{ W}}{1{,}962\text{ N}} = 0{,}25\ \frac{\text{m}}{\text{s}}$.

Der Wirkungsgrad

Die Sonneneinstrahlung beträgt in Deutschland jährlich etwa 1000 Kilowattstunden (kWh) pro Quadratmeter. Die durchschnittliche Energiestromstärke pro Quadratmeter ist also

$P = \frac{1000\ \text{kW}}{365 \cdot 24\ \text{h}} \approx 114\ \text{W}.$

Dies ist eine durchschnittliche Energiestromstärke, sie ist an einem sonnigen Sommertag deutlich höher und im Winter meist niedriger.

Zentraler Versuch

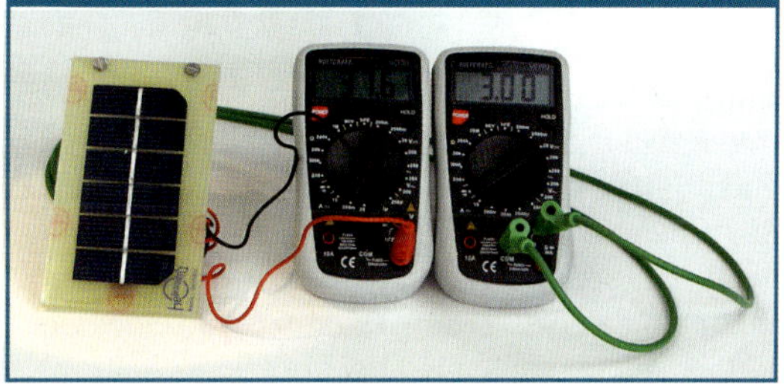

Die Solarzelle im zentralen Versuch hat eine Fläche von $60\ \text{cm}^2 = 0{,}006\ \text{m}^2$. Also hat das Sonnenlicht, das auf sie trifft, eine Energiestromstärke von etwa $P = 0{,}7\ \text{W}$. Werden nun die Spannung und die Stromstärke im Stromkreis hinter der Solarzelle gemessen, so ergeben sich die Werte $U = 2\ \text{V}$ und $I = 0{,}05\ \text{A}$. Also ist die Energiestromstärke im Stromkreis

$P = U \cdot I = 2\ \text{V} \cdot 0{,}05\ \text{A} = 0{,}1\ \text{W}.$

In der Solarzelle wird also nur ein Bruchteil der Energie vom Träger Sonnenlicht auf den Träger fließende Ladung umgeladen. Dies ist nicht verwunderlich, denn durch die Absorption des Sonnenlichts wird sehr viel Entropie erzeugt. Der Großteil der Energie wird mit der Entropie dann ungenutzt an die Umgebung abgegeben.

Rechenbeispiel

Im Rechenbeispiel auf der linken Seite wird davon ausgegangen, dass die Energie immer komplett umgeladen wird, dass also keine Verluste auftreten. Tatsächlich hat der Entropiestrom durch das Peltierelement die Stärke $I_S = 0{,}08\ \frac{\text{J}}{\text{K} \cdot \text{s}}$. Berechne damit den Wirkungsgrad des Peltierelements.

Lösung: Die nutzbare Energie steckt im Träger fließende Ladung, denn auch die Abwärme ist verloren. Damit gilt:

$P_{\text{nutz}} = U \cdot I = 5\ \text{V} \cdot 0{,}1\ \text{A} = 0{,}5\ \text{W}$

$P_{\text{zugef}} = T_{\text{hoch}} \cdot I_S = 353\ \text{K} \cdot 0{,}08\ \frac{\text{J}}{\text{K} \cdot \text{s}} = 28{,}24\ \text{W}$

Damit ergibt sich für den Wirkungsgrad

$\eta = \frac{P_{\text{nutz}}}{P_{\text{zugeführt}}} = \frac{0{,}5\ \text{W}}{28{,}24\ \text{W}} \approx 0{,}02 = 2\ \%$

Der Wirkungsgrad beträgt also nur 2 %.

Im Energieflussbild stellt sich dies wie in der Grafik unten dar.

Der Quotient $\frac{P_{\text{nutz}}}{P_{\text{zugeführt}}}$ beschreibt, welcher Anteil der zugeführten Energie am Ausgang auf den gewünschten Träger umgeladen wurde und zur Nutzung zur Verfügung steht. Er wird **Wirkungsgrad** η genannt; für ihn gilt:

$$\eta = \frac{P_{\text{nutz}}}{P_{\text{zugeführt}}} = \frac{P_{\text{zugeführt}} - P_{\text{Verlust}}}{P_{\text{zugeführt}}} = 1 - \frac{P_{\text{Verlust}}}{P_{\text{zugeführt}}}.$$

Die Energiestromstärke ist die pro Zeit geflossenen Energie, also kann der Wirkungsgrad auch mithilfe der Energie formuliert werden:

$$\eta = \frac{E_{\text{nutz}}}{E_{\text{zugeführt}}} = 1 - \frac{E_{\text{Verlust}}}{E_{\text{zugeführt}}}.$$

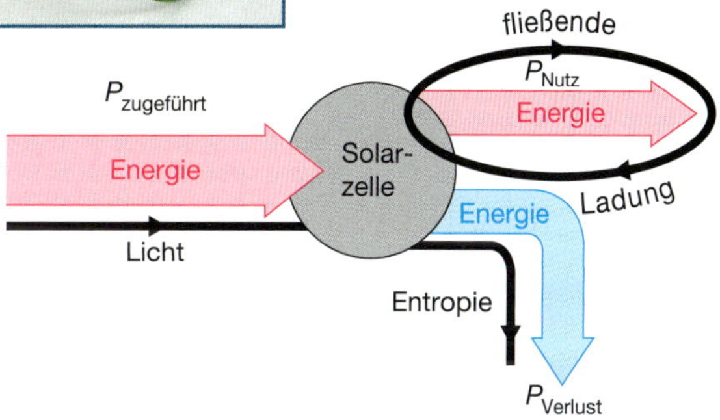

Der Wirkungsgrad eines Geräts gibt an, welcher Anteil der zugeführten Energie am Ausgang als Nutzenergie auf dem gewünschten Träger zur Verfügung steht.

$\eta = \frac{P_{\text{nutz}}}{P_{\text{zugeführt}}} = \frac{E_{\text{nutz}}}{E_{\text{zugeführt}}}$

Wirkungsgrade werden oft in Prozent angegeben.

Aufgaben

1 Eine in eine einfache Fassung eingeschraubte 60 W-Glühlampe wird an das Stromnetz angeschlossen. Dann wird sie kopfüber so in ein wassergefülltes Einmachglas gestülpt, dass der Glaskörper vollständig unter Wasser ist. Dabei erwärmt sich das Wasser (1 ℓ) in 7 min um 5 °C.

a) Berechne den Wirkungsgrad der Lampe.

b) Erläutere, warum so nur der Wirkungsgrad berechnet wird, den die Lampe höchstens hat.

Wirkungsgrad von Motor und Generator

Im Versuch wird die Lageenergie von Körper ① im Generator auf fließende elektrische Ladung umgeladen. Vom Motor wird die Energie dann in die Lageenergie von Körper ② gesteckt. Wie effektiv diese Umladung ist, d. h. wie groß das Verhältnis von Nutzenergie zu zugeführter Energie ist, gibt der Wirkungsgrad an.

Zur Abschätzung des Wirkungsgrades wird die Masse von Körper ② schrittweise erhöht, sodass er gerade noch vollständig hochgezogen wird, wenn Körper ① mit der Masse $m = 20\,g$ oben losgelassen wird.
Ergebnis: Die Masse von Körper ② darf im Beispiel nicht größer als 10 g sein. Die gehobene Masse ist ein Maß für die zugeführte Energie. Da dies 50 % der Masse von Körper ① sind, beträgt der Wirkungsgrad des Systems aus Generator und Motor ebenfalls 50 %, denn für die Lageenergie gilt $E = m \cdot g \cdot h$. Bei einem Wirkungsgrad von 100 % müsste ein zu Körper ① identischer Körper auf die ursprüngliche Höhe gehoben werden.
Motor und Generator sind gleiche Geräte; sie sollten deshalb einen gleich großen Wirkungsgrad besitzen. Der Wirkungsgrad jedes einzelnen hier verwendeten Gerätes beträgt etwa 70 %, weil der Gesamtwirkungsgrad das Produkt der Einzelwirkungsgrade ist.

Zentraler Versuch

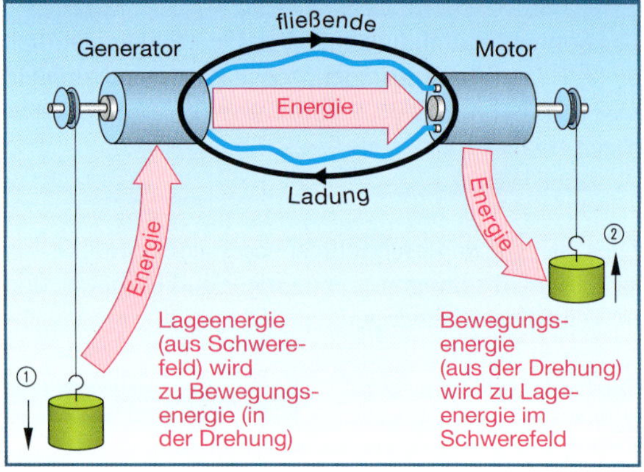

Das Energiefluss-Diagramm zum Versuch hat damit die untenstehende Gestalt. Der Energieverlust beruht unter anderem auf der nicht vollständig zu verhindernden Reibung in den Lagern von Motor und Generator. Der Wirkungsgrad eines Generators in einem Kraftwerk liegt bei über 95 %.

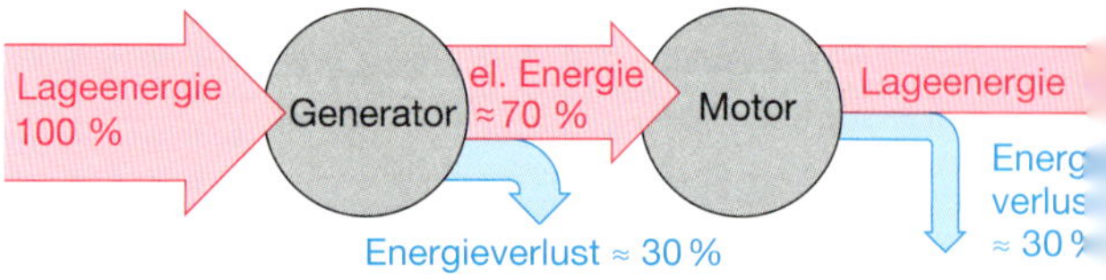

Aufgaben

1 **a)** Energie aus der Steckdose gibt es nur, wenn genügend Kraftwerke in Betrieb sind. Notiere die verschiedenen Kraftwerkstypen, die du schon kennst.
Informiere dich über Laufwasserkraftwerke.
b) Zeichne das zu einem Laufwasserkraftwerk gehörende Energiefluss-Diagramm.

2 Rechts ist die „Lichtmaschine" eines PKW abgebildet. Das ist ein Generator, der durch einen Keilriemen angetrieben wird, welcher direkt mit der Kurbelwelle des Motors verbunden ist. Während der Fahrt lädt die Lichtmaschine die Autobatterie.

Nimm zu folgenden Aussagen begründet Stellung:
① Der Benzinverbrauch eines PKW ist unabhängig davon, ob mit oder ohne Licht gefahren wird.
② Eine elektrische Klimaanlage erhöht den Benzinverbrauch.

3 Krankenhäuser müssen mit Notstromaggregaten ausgerüstet sein, um auch bei einem massiven Stromausfall die notwendigen medizinischen Geräte betreiben zu können. Die folgenden Abbildungen zeigen ein einfaches Notstromaggregat und den zugehörigen schematischen Aufbau.
a) Erkläre die Funktions weise des Notstromaggregats in Worten.
b) Zeichne das zugehörige Energiefluss-Diagramm.

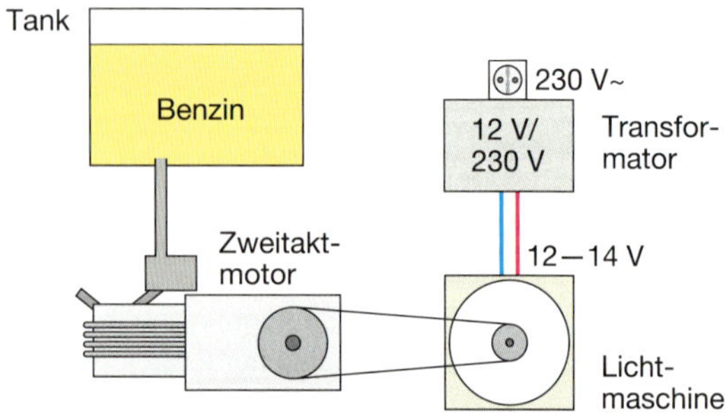

Motor und Generator — Versuche und Aufträge

V1 Spanne in eine Bohrmaschine einen dicken Holzbohrer und befestige sie senkrecht in einem Bohrständer über einem dicken Stück Holz. (Notfalls hältst du die Maschine in der Hand.) Schließe die Maschine über ein übliches Energiemessgerät ans Netz an und stelle die Drehzahl (nicht zu hoch) fest ein.

a) Miss die Energiestromstärke, wenn der Bohrer sich einfach nur in der Luft dreht.

b) Drücke nun den Hebel nach unten, sodass sich der Bohrer ins Holz bohrt, und beobachte dabei die Anzeige des Messgeräts.

c) Deute deine Beobachtungen im Hinblick auf die stattfindenden Energieumladungen und die Größe der zugehörigen Energiestromstärken.

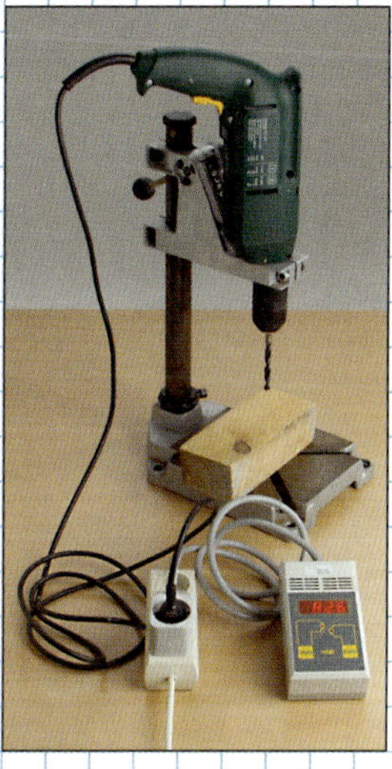

V2 Fülle etwa 250 g Mehl in eine Rührschüssel und halte etwas Wasser in einem Messbecher und ein Rührgerät mit Knethaken bereit.

a) Miss die Energiestromstärke des Rührgerätes auf Stufe 1, wenn sich die Knethaken einfach nur in der Luft drehen. (Nutze dazu ein Messgerät wie in V1.)

b) Bereite nun einen zähen Teig, indem du immer mehr Wasser zum Mehl gibst. Beobachte dabei das Messgerät. (**Achtung:** Wieder mit Stufe 1 arbeiten, mit wenig Wasser beginnen und darauf achten, dass keine Klumpen entstehen.)

c) Deute deine Beobachtungen im Hinblick auf die stattfindenden Energieumladungen und die Größe der zugehörigen Energiestromstärken.

V3 Nimm ein Fahrrad mit einem Dynamo. Stelle das Fahrrad auf den Kopf und kopple den Dynamo an. Versetze das Rad und damit den Dynamo in Drehung. Untersuche, wie lange sich jeweils das Rad dreht, wenn

a) beide Lampen (Scheinwerfer und Rücklicht),

b) nur das Rücklicht,

c) keine Lampe angeschlossen ist.

d) Deute deine Beobachtungen im Hinblick auf die stattfindenden Energieumladungen und die Größe der zugehörigen Energiestromstärken.

V4 Schließe einen Fahrraddynamo mit Reibrad, den du gut an einem Stativ befestigt hast, an eine regelbare Wechselspannungsquelle bis 6 V an. Erhöhe die Spannung langsam von 0 V bis 6 V; versuche dabei, den Dynamo durch kräftiges (!) Drehen des Reibrades mit den Fingern in Schwung zu bringen.

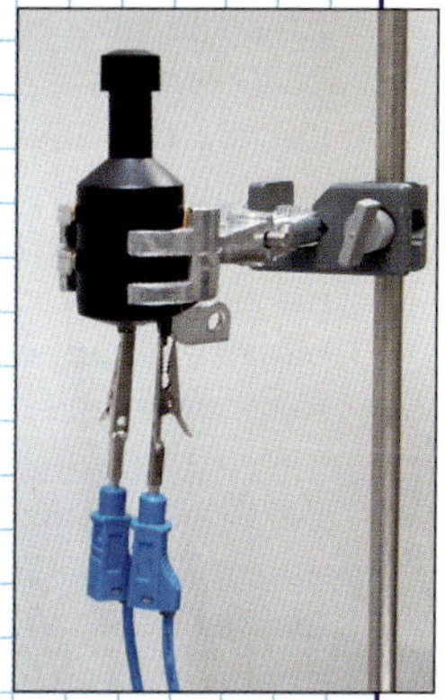

a) Beschreibe deine Beobachtungen, mache auch Aussagen zur Drehzahl.

b) Deute deine Beobachtungen.

V5 Diesen Versuch müsst ihr auf jeden Fall zu zweit machen.

Befestigt den Handgenerator (aus der Physiksammlung) mithilfe von Stativmaterial fest an einer Tischplatte, sodass ihr die Kurbel gut drehen könnt, und schließt über einen Schalter eine 6 V | 5 A Glühlampe an.

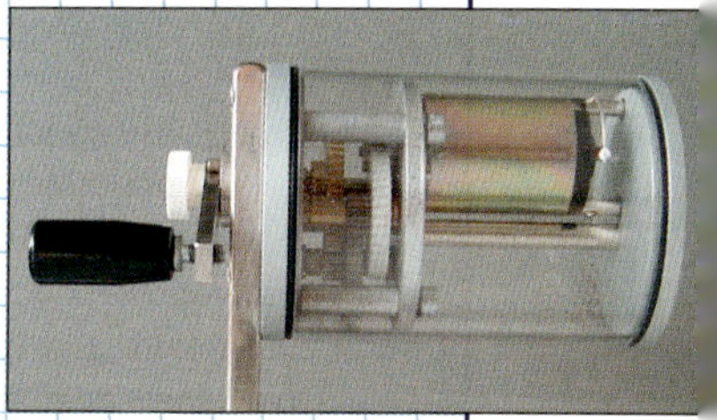

a) Der Schalter soll zunächst geöffnet sein. Einer von euch dreht die Kurbel kräftig. Der andere schließt plötzlich und für den Drehenden unbemerkt den Schalter. Vertauscht eure Rollen. Wiederholt den Versuch mit anderen Glühlampen.

b) Notiert eure Beobachtungen und erklärt sie energetisch.

c) Schließt nun an den Handgenerator eine regelbare Gleichspannungsquelle (maximal 6 V) an. Beschreibt und deutet eure Beobachtungen.

V6 Befestige einen Fahrraddynamo mit Reibrad so an einem Stativ, dass die Drehachse des Reibrades waagerecht verläuft. Rolle einen 10 cm langen und 5 cm breiten Pappstreifen sehr fest um das Reibrad und sichere ihn mit Klebeband. Wickle auf diese Rolle eine Schnur, an deren Ende eine Tafel Schokolade befestigt ist. Schließe am Dynamo eine Lampe (3,7 V | 0,2 A) mit an.

a) Was geschieht, wenn du die Tafel loslässt? Beschreibe und erkläre im Hinblick auf die stattfindenden Energieumladungen.

b) Hänge mehrere Tafeln gleichzeitig an und wiederhole. Erkläre.

Streifzug Energieströme beim Menschen

Energie und Ernährung

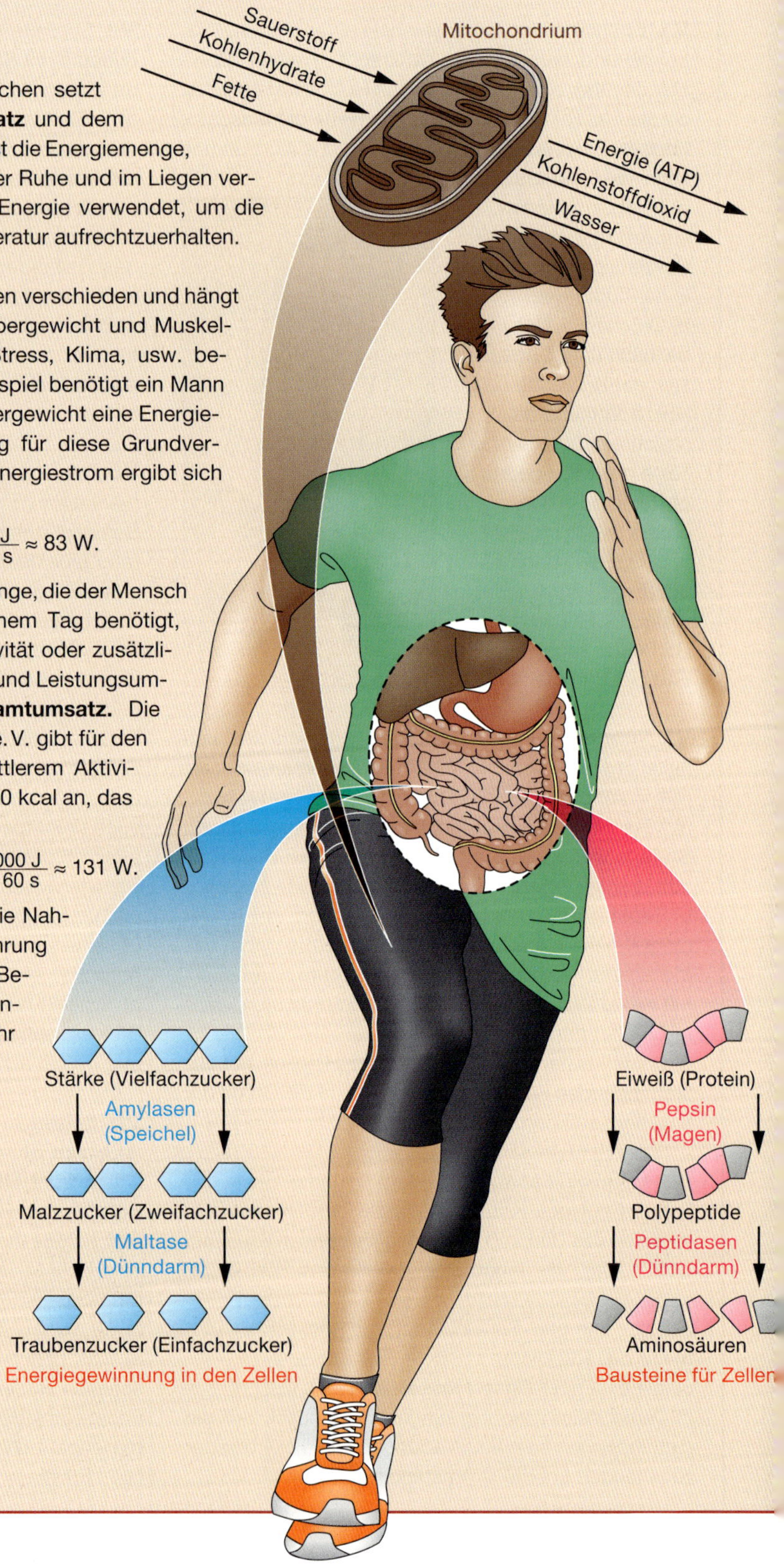

Der tägliche Energiebedarf des Menschen setzt sich zusammen aus dem **Grundumsatz** und dem **Leistungsumsatz.** Der Grundumsatz ist die Energiemenge, die ein Mensch in 24 Stunden in völliger Ruhe und im Liegen verbraucht. Dabei wird die umgeladene Energie verwendet, um die Körperfunktionen und die Körpertemperatur aufrechtzuerhalten.

Der Grundumsatz ist für jeden Menschen verschieden und hängt ab von Größe, Geschlecht, Alter, Körpergewicht und Muskelmasse. Auch äußere Faktoren wie Stress, Klima, usw. beeinflussen den Grundumsatz. Zum Beispiel benötigt ein Mann im Alter von 30 Jahren mit 75 kg Körpergewicht eine Energiemenge von etwa 7 200 000 J pro Tag für diese Grundversorgung. Für den durchschnittlichen Energiestrom ergibt sich also

$$P_{\text{Grund}} = \frac{\Delta E}{\Delta t} = \frac{7\,200\,000 \text{ J}}{1 \text{ d}} = \frac{7\,200\,000 \text{ J}}{24 \cdot 60 \cdot 60 \text{ s}} \approx 83 \text{ W}.$$

Der Leistungsumsatz ist die Energiemenge, die der Mensch über den Grundumsatz hinaus an einem Tag benötigt, etwa für körperliche und geistige Aktivität oder zusätzliche Wärmeregulierung. Grundumsatz und Leistungsumsatz zusammen ergeben den **Gesamtumsatz.** Die Deutsche Gesellschaft für Ernährung e. V. gibt für den Durchschnittsmann von oben bei mittlerem Aktivitätslevel einen Gesamtumsatz von 2700 kcal an, das sind etwa 11 300 000 J. Damit ist

$$P_{\text{Gesamt}} = \frac{\Delta E}{\Delta t} = \frac{11\,300\,000 \text{ J}}{1 \text{ d}} = \frac{11\,300\,000 \text{ J}}{24 \cdot 60 \cdot 60 \text{ s}} \approx 131 \text{ W}.$$

Der Mensch erhält die Energie über die Nahrung. Im Verdauungstrakt wird die Nahrung zerkleinert und chemisch in kleinere Bestandteile aufgespalten. Der Energieinhalt verschiedener Nährstoffe ist sehr unterschiedlich:

- Kohlenhydrate enthalten etwa 17,16 kJ pro Gramm.
- Proteine enthalten etwa 17,16 kJ pro Gramm.
- Fette enthalten etwa 38,9 kJ pro Gramm.

Bei der Zellatmung wird durch die Oxidation der Nährstoffe Energie gewonnen. Dies wird in den „Kraftwerken" der Zellen, den Mitochondrien erledigt. Sie gewinnen ATP (Adenosintriphosphat), womit z. B. eine Muskelzelle kontrahieren kann.

Energy-Harvesting

Bei der „Tour de France" fährt das Hauptfeld mit einer Leistung von etwa 150–200 W, die Ausreißer bringen einen Energiestrom von etwa 300 W in die Pedale. Bei einer Dauerbelastung wird nochmal der gleiche Energiestrom für Atmung, Stoffwechsel usw. benötigt. Von dieser Energie geht viel ungenutzt in die Umgebung und es gibt Versuche, diese verlorene Energie zu „ernten". Der Begriff „Energy-Harvesting" steht dabei für alle Verfahren, Energie kostenlos aus der Umgebung zu gewinnen. Einige dieser Verfahren nutzen die Energieströme, die von Menschen abgegeben werden.

Abwärme

Der Bahnhof in Stockholm wird täglich von etwa 400 000 Menschen frequentiert, die jede Menge Abwärme produzieren. Deshalb muss der Bahnhof sogar im Winter gekühlt werden. Die Klimaanlage des Bahnhofs nutzt die Abwärme der Besucher, um damit ein benachbartes Bürogebäude zu heizen. Die Energiekosten des Bürogebäudes werden dadurch um ein Viertel gesenkt.
Während in Stockholm versucht wird, die Abwärme von Menschen in großem Stil zu nutzen, wird am Holst-Centre im niederländischen Eindhoven geforscht, wie medizinische Sensoren direkt am Menschen mit Körperwärme betrieben werden können. Obwohl auf diese Weise Energieströme von nur wenigen Milliwatt geerntet werden können, reicht dies aus, um kleine Sensoren zu betreiben. Dadurch werden Langzeituntersuchungen deutlich angenehmer, da der Patient keine Batterien mit sich herumschleppen muss.

Biomüll

Zum Beispiel wird im Klärwerk Bottrop im Ruhrgebiet aus menschlichen Fäkalien Faulgas gewonnen und damit ein Blockheizkraftwerk betrieben. Damit wird zu großen Teilen der eigene Energiebedarf des Klärwerks gedeckt. In einem Pilotprojekt wird aus dem Faulgas Bio-Erdgas und in einem weiteren Schritt Wasserstoff gewonnen.

Bewegungsenergie

2008 eröffneten in Rotterdam und London zwei Clubs, in denen ein Teil der benötigten elektrischen Energie auf der Tanzfläche gewonnen wurde. Die Tanzfläche besteht aus einzelnen Platten, die sich beim Darauftreten leicht absenken und einen Energiestrom von etwa 6 W abgeben. Je nachdem wie viele Tanzende sich verausgaben, wird die Beleuchtung heller oder dunkler.
Um die Trittenergie von Menschen zu ernten, wurden und werden aber noch größere Projekte gestartet. Das Projekt „Trott-Èlec" der Technischen Universität in Toulouse testet einen kompletten Bürgersteig, dessen Platten die Trittenergie der Fußgänger auf elektrischen Strom umladen.
Ein solcher Bodenbelag wurde 2012 während der Olympischen Spiele in der U-Bahn-Station West Ham getestet und beim Paris-Marathon im Jahr 2013 lieferten 176 solcher Platten die Energie für die Zeitmessung.

Flaschenzug und mechanische Maschinen

Die Kraft-Weg-Formeln für mechanische Maschinen auf den Seiten 356 und 357 wurden mithilfe der Energieerhaltung hergeleitet, aber natürlich gibt es auch hier Energieverluste. Zum einen durch Reibung und zum anderen einen prinzipiellen Verlust, weil Flaschenzug oder Hebel selbst eine Masse haben und bewegt werden müssen.

Wird z. B. an der heimischen Baustelle mit einem Flaschenzug ein Eimer Beton nach oben gezogen, so wiegt der verwendete Flaschenzug etwa 2 kg und der Eimer Beton etwa 18 kg. Der Flaschenzug selbst muss auch nach oben gezogen werden und damit ergibt sich:

$$\eta = \frac{E_{\text{nutz}}}{E_{\text{investiert}}} = \frac{m_{\text{Eimer}} \cdot g \cdot h}{m_{\text{gesamt}} \cdot g \cdot h} = \frac{m_{\text{Eimer}}}{m_{\text{gesamt}}} = 0{,}9 = 90\,\%.$$

Allein die Masse des Flaschenzugs bewirkt einen Energieverlust von 10 %. Wird die Reibung berücksichtigt, so ergibt sich ein noch höherer Verlust.

In der Praxis werden oft auch Kettenzüge verwendet. Bei diesen wird eine Kette abgerollt und die Kraftersparnis bzw. Wegzunahme durch ein Getriebe im oberen Teil des Kettenzugs bewirkt. Hier müssen keine zusätzlichen Rollen nach oben befördert werden und der prinzipielle Verlust fällt etwas geringer aus.

Solarzellen und Fotovoltaik-Anlagen

Der Wirkungsgrad von Solarzellen liegt meist unter 20 %, im Labor wurden mit sogenannten Konzentratorzellen aber schon Wirkungsgrade von 40 % erreicht. Oft werden viele Solarzellen zu einer Fotovoltaik-Anlage zusammengeschaltet und die gewonnene Energie mit einem Wechselrichter in das öffentliche Stromnetz eingespeist. Hier hat die Effizienz des Wechselrichters und die Verschaltung der einzelnen Module einen Einfluss auf den Gesamtwirkungsgrad. Um die benötigte Spannung zu erreichen, müssen mehrere Module in Reihe geschaltet werden; liegt nun eines der Module im Schatten, so sinkt die Leistung der ganzen Modulreihe. Weiterhin ist der Wirkungsgrad von Solarzellen temperaturabhängig. Er kann um bis zu 10 % sinken, wenn die Temperatur um 25 K steigt.

Beleuchtung

Seit einer EU-Verordnung von 2009 sind Glühlampen auf dem Rückzug. Traditionelle Glühlampen und auch Halogenlampen haben einen Wirkungsgrad von bestenfalls 5 %, d. h. 95 % der eingesetzten elektrischen Energie werden auf den Träger Entropie umgeladen und verteilen sich ungenutzt in der Umgebung.

Der Handel empfiehlt, 60 W-Glühbirnen durch 11 W- oder 12 Watt Energiesparlampen zu ersetzen. Damit lässt sich der Wirkungsgrad einer solchen Leuchtstofflampe abschätzen:

Bei einem Wirkungsgrad von 5 % transportiert das Licht einer 60 W-Glühbirne einen Energiestrom von 3 W. Wird davon ausgegangen, dass die 12 W-Energiesparlampe genau so viel Energie mit dem Licht transportiert, so ergibt sich ein Wirkungsgrad von 25 %. Diese Abschätzung beruht auf der Annahme, dass eine Glühlampe tatsächlich einen Wirkungsgrad von 5 % hat und die Energiesparlampe genau so viel Energie mit dem Licht abgibt wie die Glühlampe. Tatsächlich fallen die Wirkungsgrade noch niedriger aus.

LED-Lampen (Light-Emitting-Diode) haben einen Wirkungsgrad von bis zu 30 %. Durch eine besondere Außenbeschichtung, die der äußeren Hülle von Glühwürmchen ähnelt, wurde im Labor der Wirkungsgrad bereits auf 55 % gesteigert. LED-Lampen benötigen aber noch Vorschaltgeräte, so dass zum jetzigen Zeitpunkt der Gesamtwirkungsgrad ähnlich dem einer Energiesparlampe ist.

Die Energieeffizienz ist aber nicht das alleinige Kriterium bei der Auswahl einer Lichtquelle. Die ineffiziente Glühlampe erzeugt ein sehr angenehmes weißes Licht, bei Energiesparlampen und LED-Lampen wird ein hoher technischer Aufwand betrieben, um ein Lichtspektrum zu erhalten, das für den Wohnbereich geeignet ist. In Bezug auf die Effizienz sind alle Leuchtmittel der Natur weit unterlegen. Die Lichterzeugung eines Glühwürmchens hat einen Wirkungsgrad von etwa 95 %.

Wärmemotoren

Wärmemotoren oder „Wärme-Kraft-Maschinen" laden Energie vom Träger Entropie auf den Träger (Dreh-)Impuls um. Das Energiefluss-Diagramm zeigt das prinzipielle energetische Problem dieser Energieumladung:

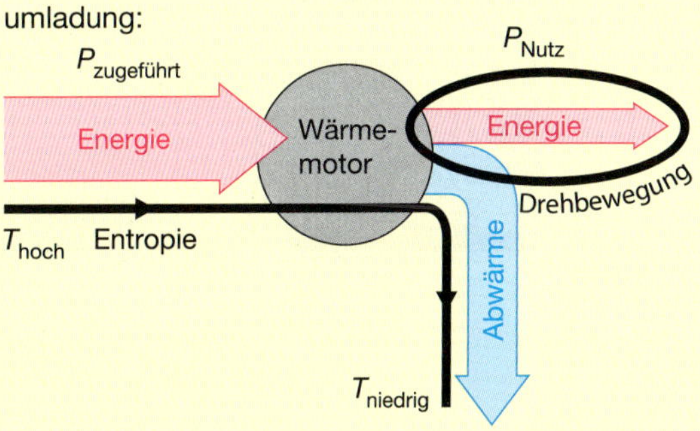

Der nutzbare Energiestrom am Ausgang ergibt sich als Differenz der beiden thermischen Energieströme. Also gilt mit der Formel für thermische Energieströme:

$$P_{nutz} = P_{investiert} - P_{Abwärme}$$
$$= T_{hoch} \cdot I_S - T_{niedrig} \cdot I_S = (T_{hoch} - T_{niedrig}) \cdot I_S.$$

Damit ergibt sich für den Wirkungsgrad:

$$\eta = \frac{P_{nutz}}{P_{investiert}} = \frac{(T_{hoch} - T_{niedrig}) \cdot I_S}{T_{hoch} \cdot I_S} = 1 - \frac{T_{niedrig}}{T_{hoch}}$$

Hierbei wurde angenommen, dass bei der Energieumladung keine weitere Entropie erzeugt wurde. Dies ist aber praktisch kaum realisierbar. Dieser Wirkungsgrad stellt also nur eine Obergrenze für den tatsächlichen Wirkungsgrad dar. Bei einem Ottomotor liegt die Verbrennungstemperatur bei etwa 2000 °C und die Abgastemperatur bei etwa 800 °C, also gilt hier: $T_{hoch} = 2273\text{ K}$ und $T_{niedrig} = 1073\text{ K}$ und somit

$$\eta = 1 - \frac{T_{niedrig}}{T_{hoch}} = 1 - \frac{1073\text{ K}}{2273\text{ K}} \approx 0{,}53.$$

Der maximal mögliche Wirkungsgrad eines Ottomotors liegt also knapp über 50 %. Der tatsächliche Wirkungsgrad liegt bei weniger als 40 %.

Akkus

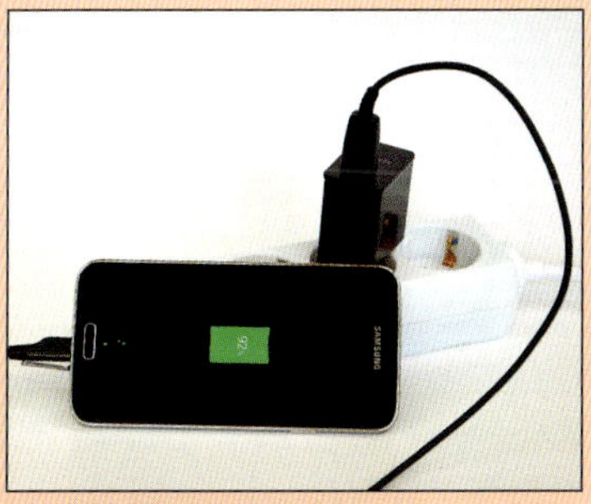

Beim Laden eines Mobiltelefons werden sowohl das Netzteil als auch das Handy warm. Hier wird also ein Teil der eingesetzten Energie auf neu erzeugte Entropie umgeladen. Moderne Lithium-Ionen-Akkus haben dabei einen Wirkungsgrad von etwa 90 %. Die Batterie eines Autos ist ein Bleiakkumulator und hat einen Wirkungsgrad von etwa 65 %.

Peltierelement

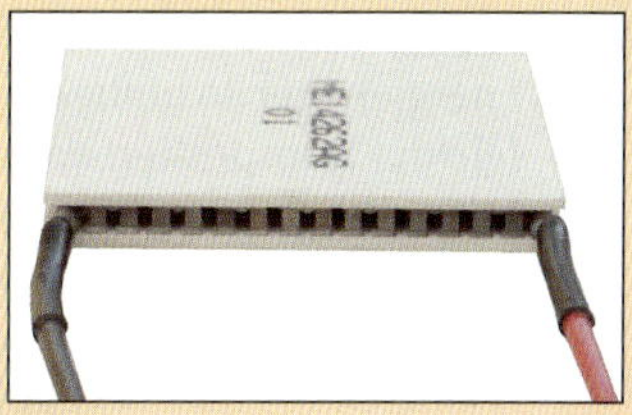

Peltierelemente können in beide Richtungen betrieben werden, d. h. sie können die Energie vom Entropiestrom auf den Träger elektrischen Strom umladen oder umgekehrt. Peltierelemente sind klein, leicht und haben keine beweglichen Bauteile, aber leider einen sehr schlechten Wirkungsgrad. Wie beim Wärmemotor ist der maximal mögliche Wirkungsgrad durch die Temperaturdifferenz beschränkt; ein Peltierelement erreicht knapp 10 % dieses maximalen Wirkungsgrades.

Wärmepumpenheizung

Das Energiefluss-Diagramm einer elektrisch betriebenen Wärmepumpe hat das folgende Aussehen:

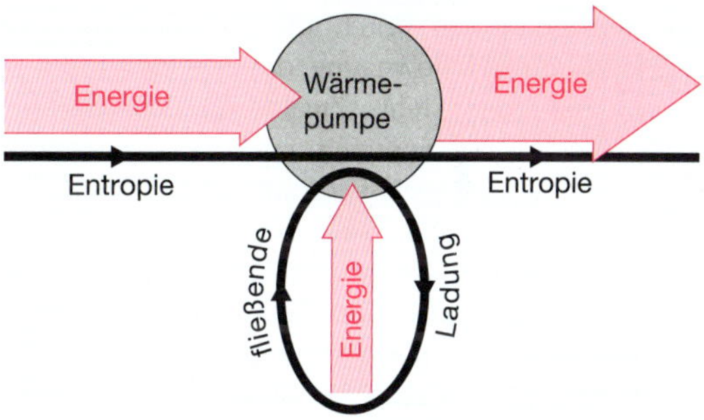

Die eingesetzte Energie kommt bei dieser Umladung von zwei Trägern, nämlich dem elektrischen Strom und der Entropie auf niedriger Temperatur. Da die thermische Energie am Eingang aber umsonst ist und die elektrische Energie bezahlt werden muss, ist der Wirkungsgrad bei einer Wärmepumpenheizung meist nicht so interessant. Viel wichtiger für den Verbraucher ist die sogenannte **Leistungszahl** ε. Sie ist der Quotient aus nutzbarer thermischer Energie und investierter elektrischer Energie. Wie beim Wärmemotor lässt sich mithilfe der Temperaturen eine Obergrenze für die Leistungszahl angeben:

$$\varepsilon = \frac{T_{hoch}}{T_{hoch} - T_{niedrig}}.$$

Wärmepumpenheizungen mit Fußbodenheizung erreichen Leistungszahlen zwischen 4 und 5. Bei herkömmlichen Heizkörpern ist die Vorlauftemperatur der Heizung deutlich höher und die Leistungszahl liegt nur bei etwa 3.

Energienutzung

Die Energie, die heute hauptsächlich genutzt wird, stammt aus dem Inneren der Erde (Kohle, Erdöl, Erdgas oder Uran) oder von der Sonne. In Kraftwerken oder Raffinerien werden diese Energieträger so aufbereitet, dass ihre Energie genutzt oder leichter transportiert werden kann.
Mit welchen Energieumladeprozessen werden nutzbare Energien zur Verfügung gestellt? Kann Energie, die im Moment nicht benötigt wird, gespeichert werden? Wie sieht die Gesamt-Energiebilanz eines Haushalts oder Deutschlands aus?

Primärenergie – Sekundärenergie – Endenergie – Abwärme

Die von den natürlichen Energieträgern gelieferte Energie wird **Primärenergie** genannt. Zu ihren Energieträgern zählen Kohle, Holz, Erdöl, Erdgas, Uran, Sonnenlicht, Wind und hoch liegendes Wasser.
Die Primärenergien lassen sich in zwei Gruppen einteilen:

- Energie, die in der Erde gespeichert ist und nach ihrer Umladung nicht mehr zu gebrauchen ist. Dazu gehören die Energieträger, die durch Fotosynthese aus der Sonnenenergie entstanden sind (Holz, Kohle, Torf, Erdgas, Erdöl), die Kernenergie, die in Uran gespeichert ist, und Erdwärme.
- Energie, die durch die Sonneneinstrahlung oder durch die Bewegung des Mondes fortlaufend zur Verfügung steht. Zu diesen erneuerbaren (regenerativen) Energien gehören Sonnenstrahlung, Wind„kraft", Wasser„kraft" und Gezeiten„kraft".

In Raffinerien, Kokereien und Kraftwerken wird aus Primärenergie dann Sekundärenergie. Diese steckt in den Energieträgern Koks, Brikett, Benzin, Diesel, Heizöl, Pellets und elektrischer Strom. Die Sekundärenergie wird auf den verschiedensten Trägern zum Endnutzer transportiert. Je nach Verwendungszweck wird beim Nutzer dann aus der Sekundärenergie die **Endenergie.** Im Auto z. B. wird aus der chemischen Energie des Benzins Bewegungsenergie. Beim Elektroherd wird aus der Sekundärenergie auf dem Träger fließende Ladung die Endenergie auf dem Träger Entropie.

Bei allen Umladeprozessen treten unvermeidliche **„Energieverluste"** auf. Zum einen wird durch unerwünschte Reibung Entropie erzeugt und mit dieser ein Teil der Energie als **Abwärme** ungenutzt in die Umgebung verteilt. Zum anderen wird die Energie auch oft nicht komplett umgeladen, etwa durch unvollständige Verbrennung eines Energieträgers. Der Anteil der Energie, die am Ende dem Nutzer tatsächlich zur Verfügung steht, ist die *Nutzenergie*.

Unsere moderne Gesellschaft hat einen enormen Bedarf an Energie, aber leider bisher nur wenig Bereitschaft zum Einsparen. Die auf der Erde zur Verfügung stehenden Energiereserven sind jedoch begrenzt. Die Entwicklung neuer Technologien zur Energieversorgung wird immer wichtiger. Dabei ist in besonderem Maße auf die Umweltbelastung zu achten. Die Gefahren durch Radioaktivität bei Kernkraftwerken und die Schadstoffemissionen bei Fahrzeugen oder Heizungen sind Beispiele dafür.

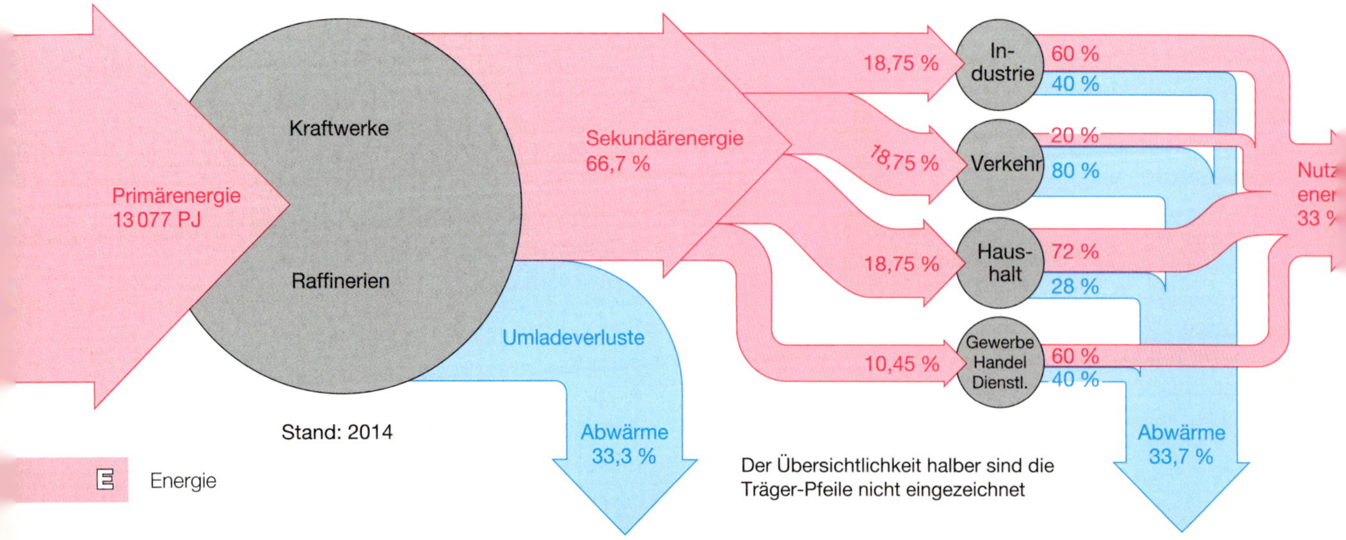

Sekundärenergie

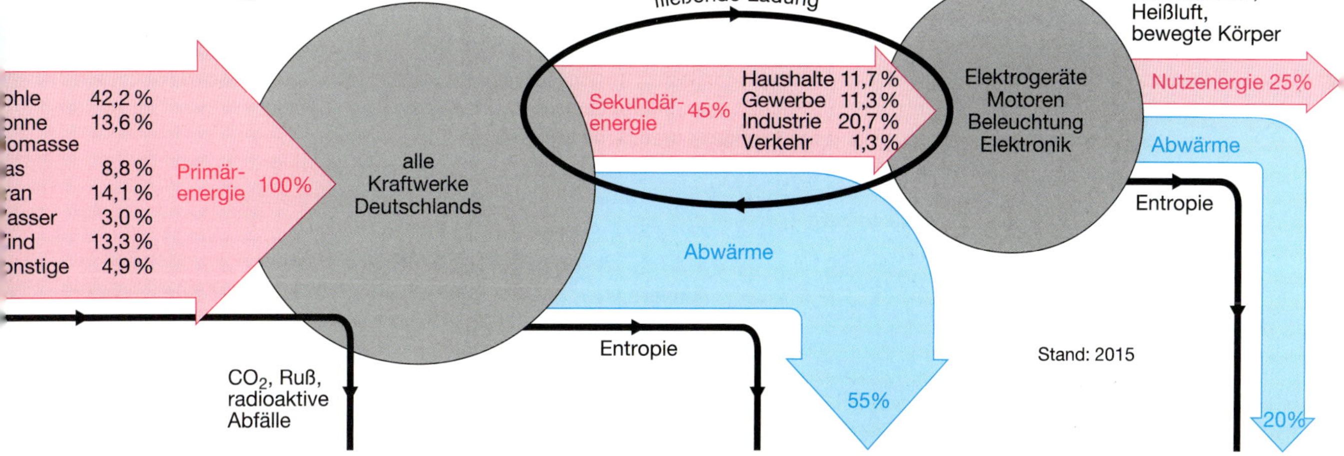

Etwa 45 % der gewonnenen Sekundärenergie wird als elektrische Energie weiterverwendet; ihr Träger ist die elektrische Ladung. Elektrische Energie ist so attraktiv, weil im Normalfall das Versorgungsnetz eine landesweite sofortige Verfügbarkeit der Energie sicherstellt und ihre großtechnische Gewinnung recht einfach ist. Außerdem ist für den Endnutzer elektrische Energie eine saubere und bequeme Sache.

In Generatoren wird aus Primärenergie Sekundärenergie. Dabei kann der Generator direkt mit Primärenergie betrieben werden, z. B. mit Wind oder strömendem Wasser, oder in Kraftwerken mit Energie, die vorher mehrfach von anderen Trägern umgeladen wurde.
Elektrische Energie kann aber auch ohne Verwendung von Generatoren gewonnen werden. Beispiele sind *Solarzelle* und *Brennstoffzelle*. Deren Entwicklung ist in den letzten Jahren deutlich vorangeschritten. Der Vorteil von Solarzellen und Brennstoffzellen liegt darin, dass bei ihrem Betrieb keine Schadstoffe in die Umwelt gelangen. Ihr Nachteil ist, dass die Bereitstellung der Energie relativ teuer und nicht in den gewaltigen Mengen möglich ist, die benötigt werden. Sie können die Energiegewinnung in herkömmlichen Kraftwerken noch nicht ersetzen, aber sehr wohl ergänzen.

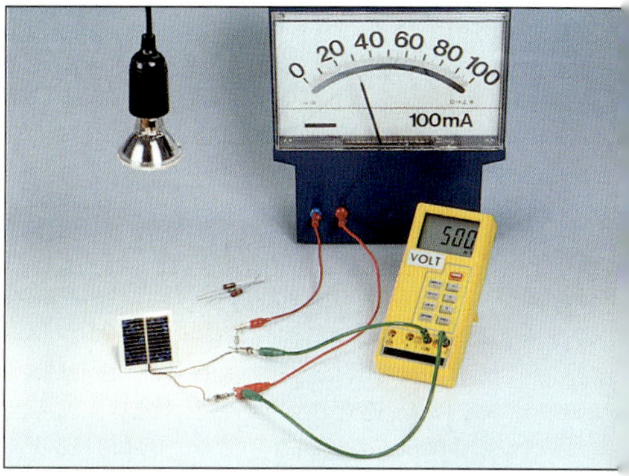

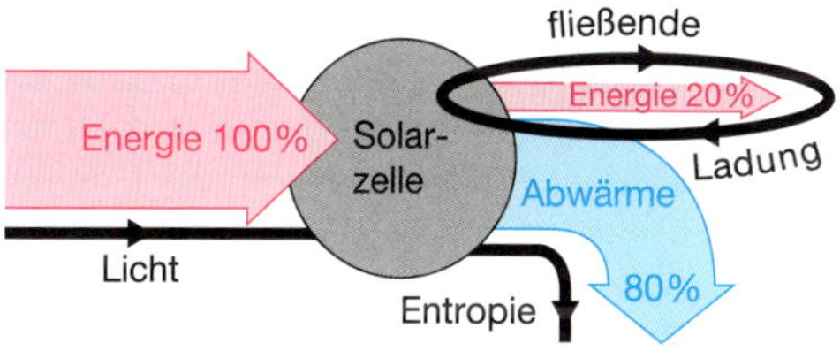

Die Umladeprozesse von Primärenergie zur Sekundärenergie unterscheiden sich sehr stark hinsichtlich ihres **Wirkungsgrades.** Bei Kraftwerken beträgt er ca. 40 %, bei Solarzellen 15 % bis 20 %, bei Brennstoffzellen 40 % bis 70 %.

Die bei Wärmekraftwerken entstehende *Abwärme* stellt ein beträchtliches Energiepotential dar, das – einmal an die Umgebung abgegeben – entwertet ist, weil es nicht mehr weiter genutzt werden kann. In Blockheizkraftwerken oder in Kraftwerken, die mit *Kraft-Wärme-Kopplung* arbeiten, wird ein Teil der Abwärme als *Fernwärme* zur Raumheizung oder zur Warmwasserbereitung in Haushalten genutzt.

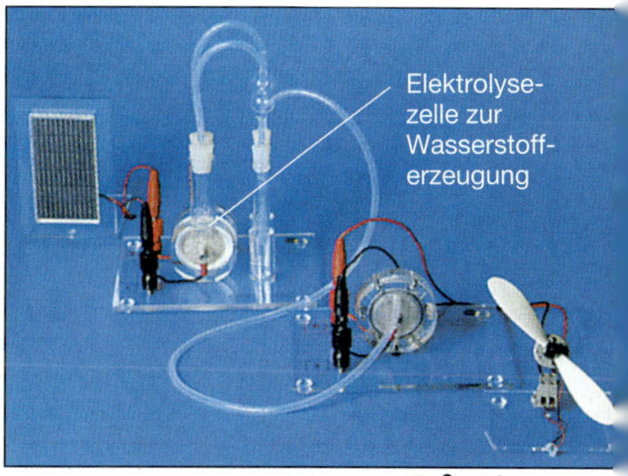

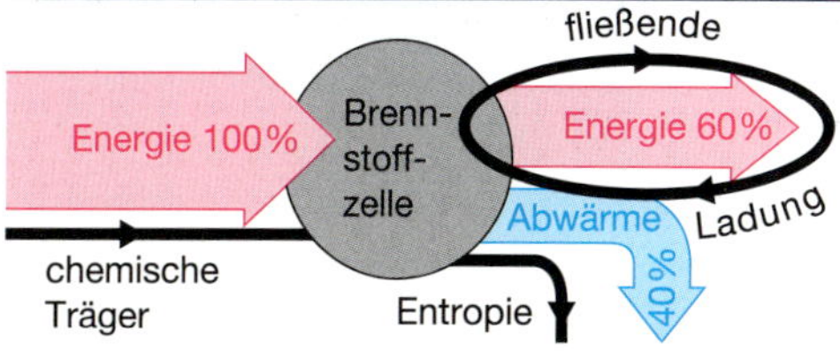

Sekundärenergie wird zu einem großen Teil auf dem Träger fließende Ladung benötigt. Diese elektrische Energie wird in Kraftwerken, Solar- und Brennstoffzellen aus Primärenergie gewonnen.
Von der eingesetzten Primärenergie erreicht nur ein Teil den Endnutzer, an vielen Stellen entstehen Energieverluste.

Energiebedarf und seine Deckung

Elektrische Energie kann nur in sehr begrenztem Maße gespeichert werden. Sie muss immer dann erzeugt werden, wenn sie benötigt wird. Der Bedarf an Energie, die auf dem träger fließende Ladung bereitgestellt wird, wird daher vom Lebensrhythmus aller Nutzer bestimmt. Er schwankt im Laufe eines Tages und im Laufe eines Jahres. Der Bedarf aller Nutzer wird in einer entsprechenden **Lastkurve** zusammengefasst.

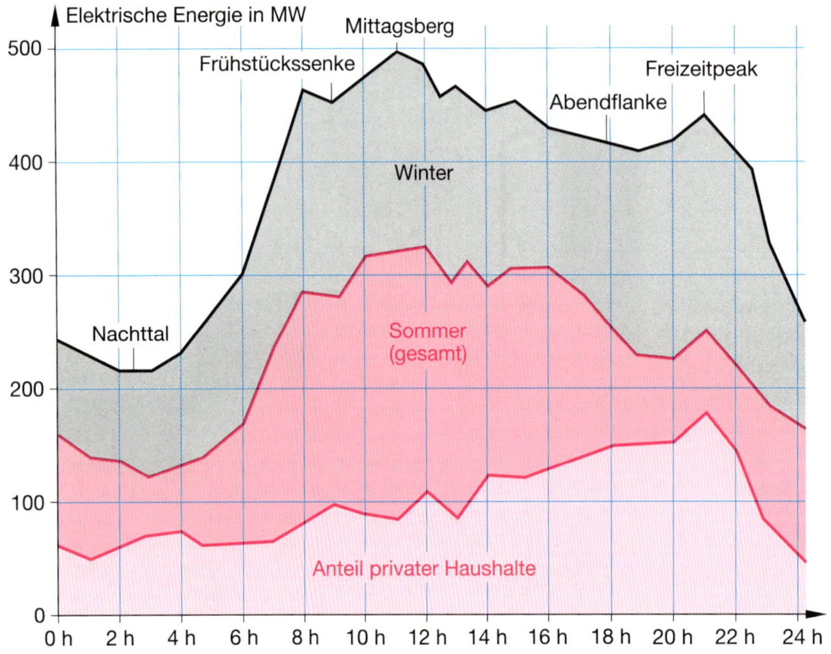

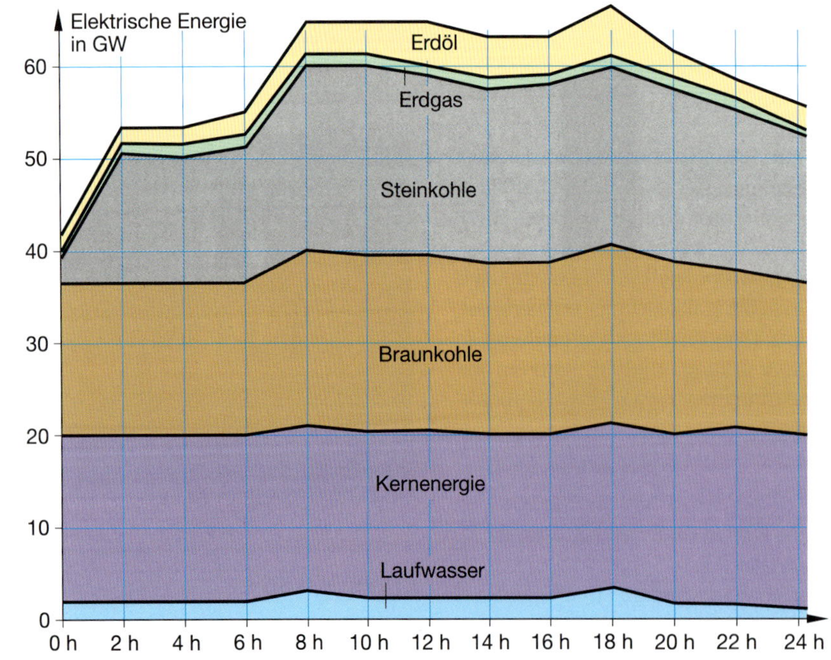

Deckung der Last

- Die **Grundlast** ist der rund um die Uhr benötigte Anteil an elektrischer Energie. Sie wird durch Kraftwerke gedeckt, die mit möglichst niedrigen Brennstoffkosten arbeiten und gleichmäßig Tag und Nacht laufen. Das sind Laufwasser- und Kernkraftwerke. Denn die Energieabgabe eines KKW kann nur langsam hoch- oder heruntergeregelt werden. Ist ein KKW einmal abgeschaltet, kann es erst nach einigen Tagen wieder in Betrieb genommen werden.
- **Spitzenlast** ist der Teil des Energiebedarfs, der kurzfristig schwankt. Typische Spitzenlastzeiten sind die Morgenstunden bei Arbeitsbeginn und die Mittagszeit, wenn überall gekocht wird. Zur Deckung der Spitzenlast werden Gasturbinen- und Pumpspeicherkraftwerke eingesetzt, die in sehr kurzer Zeit ihre maximale Leistung erreichen.
- Die **Mittellast** ist der Bereich zwischen Grundlast und Spitzenlast. Zu ihrer Deckung werden Kohlekraftwerke genutzt, weil ihre Energieabgabe nachts problemlos herunter- und tagsüber innerhalb von Stunden wieder hochgefahren werden kann.

Pumpspeicherkraftwerke speichern nicht benötigte elektrische Energie, indem nachts Wasser in ein höher gelegenes Speicherbecken gepumpt wird. Mit der im hochgehobenen Wasser gespeicherten Energie kann dann tagsüber die Spitzenlast gedeckt werden. Die Anzahl der Spitzenlastkraftwerke kann dadurch reduziert werden.

Verbundnetze

Die bei Spitzenlast benötigte elektrische Energie kann den Nutzern nur dann jederzeit zur Verfügung gestellt werden, wenn die verschiedenen Kraftwerke zu einem großen Netz zusammengeschlossen sind. Dadurch können z. B. Ausfälle von Kraftwerken aufgefangen und die Zahl der in Betrieb befindlichen Kraftwerke minimiert werden, ohne dass die Versorgung beeinträchtigt wird. Deshalb sind in Deutschland alle Kraftwerke in einem **Verbundnetz** miteinander verknüpft. Daher lässt sich nie sagen, von welchem Kraftwerk die zu einem bestimmten Zeitpunkt genutzte elektrische Energie tatsächlich stammt.

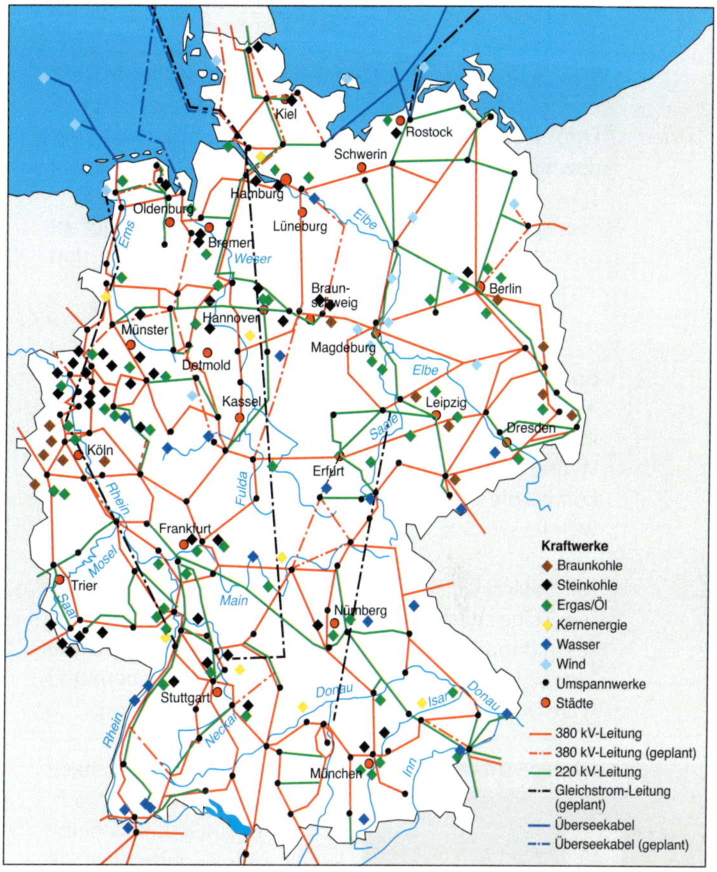

Bei der Anordnung der einzelnen Kraftwerkstypen fällt auf, dass in der Nähe von Industrieballungsorten solche Kraftwerke installiert sind, die in ihrer Energieerzeugung unabhängig vom Standort sind. Dazu gehören Kraftwerke, die mit den Brennstoffen Öl, Gas und Kernenergie arbeiten. Die Standorte von Kohlekraftwerken werden so ausgewählt, dass der aufwändige Transport von Kohle über weite Entfernungen vermieden wird.

Die untere Grafik zeigt die verschiedenen europäischen Verbundnetze. Die einzelnen Netze sind auch untereinander verbunden, um vom Ural bis zum Atlantik, vom Nordkap bis Sizilien elektrische Energie austauschen und so regionale Spitzen ausgleichen zu können.

Der größte Verbund ist die UCPTE (**U**nion pour la **C**oordination de la **P**roduction et du **T**ransport de l´**E**lectricité), zu dem auch Deutschland gehört. Die anderen Verbundnetze sind NORDEL (Organ for **nord**isk **el**kraftsamarbeid), VES/IPS (**V**ereinigte **E**nergie**s**ysteme / **I**nterconnected **P**ower **S**ystem) und der Inselverbund CEGB. Über die Netze der UCPTE werden ca. 350 Millionen Menschen mit elektrischer Energie versorgt. Der jährlicher Energiebedarf beträgt ca. 2500 TWh = $9 \cdot 10^{18}$ J.

Netz: UCPTE CEGB NORDEL UPS CENTREL IPS Sonstige

Nicht eingezeichnet sind wegen der Übersichtlichkeit die 220 kV-Leitungen zur Versorgung der verschiedenen Regionen

Nach der Liberalisierung des „Strom"marktes kann jeder Nutzer den Energielieferanten seiner Wahl beauftragen, seinen Haushalt mit elektrischer Energie zu versorgen. Wenn dies nicht das ortsansässige **E**nergie-**V**ersorgungs-**U**nternehmen **(EVU)** ist, muss die gelieferte elektrische Energie „durchgeleitet" werden.

Die europäischen Verbundnetze gewährleisten eine sichere Energieversorgung und ermöglichen die freie Wahl des Energielieferanten.

Speicherung von Energie

Von den natürlichen Energieträgern lassen sich Holz und Kohle relativ einfach transportieren und lagern. Erdöl kann in Tanks transportiert und gespeichert werden. Für Erdgas werden spezielle Druckbehälter für den Transport und die Speicherung benötigt.
Die Speicherung anderer natürlicher Energieträger ist nicht immer so einfach und bedarf neuer Ideen und Technologien.

Speicherung von Sonnenenergie

An einem heißen Sommertag liefert die Sonne Energie im Überfluss. Ein halbes Jahr später herrscht bitterkalter Winter und die Wohnung muss geheizt werden. Jetzt könnte die im Sommer überschüssige Energie gut verwendet werden.

Mit Solarzellen kann die Energie des Sonnenlichts auf den Träger fließende Ladung umgeladen werden. Dieses Verfahren heißt **Fotovoltaik.** Die elektrische Energie lässt sich in Akkus als chemische Energie speichern und wäre bei Bedarf abrufbar.

Zentraler Versuch

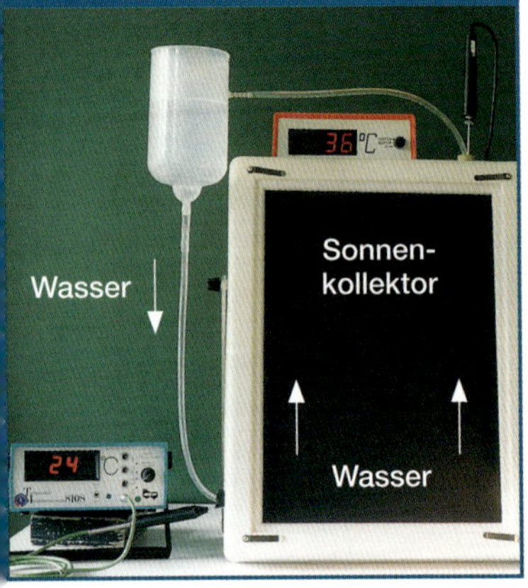

Eine andere Möglichkeit zeigt der zentrale Versuch: Hinter einer Glasscheibe ist eine Rohrleitung in Schlangenlinien ausgelegt. Durch die Sonneneinstrahlung wird es hinter der Glasscheibe sehr warm. Dieser Effekt wird noch dadurch verstärkt, dass sich der Aufbau in einem Kasten mit schwarzem Boden befindet. Läuft das Wasser langsam durch das Rohrsystem, so strömt unten kaltes Wasser hinein, welches oben als warmes Wasser herauskommt.

Das Sonnenlicht wird also direkt zur Erwärmung von Wasser genutzt. Diese Energieumladung geschieht in **Sonnenkollektoren.** Gespeichert wird das warme Wasser in einem Wassertank, der im Keller steht und gut isoliert ist. Das warme Wasser wird dann zum Baden oder Duschen genutzt. Der Nachteil ist, dass die Energie nur für einige Tage gespeichert werden kann.

Die Energie der Sonne kann in warmem Wasser gespeichert werden.

Speicherung von elektrischer Energie

Obwohl die Lampen bei vielen Fahrrädern von einem Dynamo mit elektrischer Energie versorgt werden, leuchten moderne Lichtanlagen bei stehendem Fahrrad weiter. Frontleuchten mit Standlichtfunktion sind deshalb zusätzlich mit einer weißen Standlicht-LED ausgestattet. Ein in der Leuchte integrierter **Kondensator** wird während der Fahrt durch den Dynamo aufgeladen. Muss die Fahrt beispielsweise an einer Ampel unterbrochen werden, gibt der Kondensator zeitlich begrenzt die gespeicherte Energie ab. Gleiches gilt für moderne LED-Rückleuchten. Auch sie bekommen in Standphasen von einem während der Fahrt aufgeladenen Kondensator die erforderliche Energie so lange, bis der Ladungsstrom beim Entladungsvorgang versiegt.

Kondensatoren haben einen Wirkungsgrad von 90 % bis 95 %, können aber nur kleine Mengen an elektrischer Energie direkt speichern. Sie eignen sich nur als Kurzzeitspeicher, etwa um kurzfristige Spannungsschwankungen bei der Energieversorgung auszugleichen. Eine andere typische Anwendung sind Elektronenblitzgeräte. Beim Auslösen des Gerätes wird ein kurz vorher mithilfe von Batterien oder Akkus auf einige 100 V aufgeladener Kondensator entladen. Die Leuchtdauer des Blitzes wird über die Entladungszeit gesteuert und liegt im Hundertstel- oder Tausendstel-Sekunden Bereich.

Jeder geladene Kondensator ist ein Speicher für elektrische Energie.

Je nach Verwendungszwe gibt es Kondensatoren den unterschiedlichst Bauformen.

Energie-Rückgewinnung

Es gibt keine größeren Anlagen zur längeren und direkten Speicherung von elektrischer Energie. Deshalb wird die Energie vom Träger fließende Ladung in der Regel auf andere, besser speicherbare Energieträger umgeladen.

- Mit dem Wasser eines hoch gelegenen Stausees werden bei Bedarf in der Talstation Turbinen und Generatoren angetrieben und so Energie auf fließender Ladung bereitgestellt. Umgekehrt kann das im Tal gefasste Wasser zu Zeiten überschüssiger elektrischer Energie im Verbundnetz wieder in den Stausee zurück gepumpt werden. Die Energie wird so als Lageenergie von Wasser speicherbar. Der Wirkungsgrad solcher Pumpspeicher-Kraftwerke liegt bei etwa 80 %. U. a. im Schwarzwald, im Thüringer Wald und in den Alpen gibt es solche Energiespeicher.

- Bei der Elektrolyse wird Wasser in seine chemischen Bestandteile Wasserstoff und Sauerstoff zerlegt. Dabei wird die elektrische Energie auf den Träger Wasserstoff umgeladen. In Wasserstoff-Hybrid-Kraftwerken wird die Rückgewinnung von elektrischer Energie aus Wasserstoff mithilfe von Brennstoffzellen getestet. Der nicht für Industrie und Verkehr benötigte Wasserstoff lässt sich in geeigneten Tanks zwischenlagern. Bei Bedarf können Brennstoffzellen den Prozess der Elektrolyse rückwärts ablaufen lassen und die Energie vom Träger Wasserstoff wieder auf fließende Ladung umladen. So ließe sich überschüssige Energie aus Windkraftanlagen oder Solarparks saisonal zwischenspeichern; die Rückgewinnung in den Brennstoffzellen erfolgt beispielsweise während der Wintermonate. Der Wirkungsgrad solcher Anlagen ist nur halb so groß wie bei Pumpspeicher-Kraftwerken. Die Umladungskette

  fließende Ladung → Wasserstoff → fließende Ladung + Entropie

  ergibt jedoch unter Berücksichtigung einer Kraft-Wärme-Kopplung insgesamt nur einen Wirkungsgrad von bis zu 60 %.

- Druckluftspeicherkraftwerke sind Speicherkraftwerke, in denen Druckluft als Energiespeicher verwendet wird. Sie dienen zur Netzregulierung. Wird mehr elektrische Energie produziert als benötigt, wird mit der überschüssigen Energie Luft in einen Speicher gepumpt. Im Bedarfsfall wird mit der Druckluft durch einen an eine Gasturbine gekoppelten Generator elektrische Energie an das Verbundnetz zurück gegeben.

Elektrische Energie ist nur indirekt über Energie-Rückgewinnungsverfahren speicherbar.

Aufgaben

1 Erläutere, wozu Energiespeicher genutzt und warum sie gebraucht werden.

2 **a)** Gefüllte Thermoskannen oder Wärmflaschen sind Energiespeicher. Begründe.
b) Opa erzählt: „Im Winter habe ich immer einen großen Stein in den heißen Backofen und dann in mein Bett gelegt." Erläutere Opas Verfahren der Energiespeicherung.

3 Ein Akku ist ein Energiespeicher, aber kein Speicher für elektrische Energie. Begründe.

4 In einem fahrenden Auto ist Energie gespeichert. Beschreibe, um welche Energie es sich handelt. Erläutere mögliche Wirkungen.

5 Ein Elektrolytkondensator kostet etwa 2 €. Er kann 40 Ws = $1{,}1 \cdot 10^{-5}$ kWh Energie speichern. Berechne die Kosten, um die Energie 1 kWh mit solchen Kondensatoren zu speichern.

6 Bei jeder Energieumladung treten Energieverluste auf. Erläutere die Energieverluste für die Umladungskette.
elektrische Energie → Lageenergie → elektrische Energie
bei Pumpspeicher-Kraftwerken.

7 Schwungräder speichern Bewegungsenergie.
a) Das Verfahren wird auch bei Kinderspielzeugen benutzt. Gib Beispiele und Erläutere daran das Schwungrad-Prinzip.
b) Schwungräder finden auch bei Elektro- oder Hybrid-Fahrzeugen Verwendung.

Kraftwerkstypen im Vergleich

	Kohlekraftwerk	Kernkraftwerk	Wasserkraftwerk

Wirkungsgrad	ca. 45 %	ca. 35 %	ca. 95 %
elektrische Leistung	pro Kraftwerksblock 500–800 MW Meist werden zwei oder mehr Blöcke zusammengeschaltet	Neuere Kernkraftwerke haben mehr als 1300 MW Auch hier stehen oft zwei Reaktoren an einem Standort	Laufwasserkraftwerke liegen knapp über 50 MW
Brennstoff	Braunkohle oder Steinkohle Es werden ca. 4,1 Mio. t jährlich pro Kraftwerk benötigt	Uran Es werden ca. 30 t Uran jährlich pro Kraftwerk benötigt	keiner
Abwärme	ca. 60 % der Primärenergie geht auf dem Träger Entropie in die Umwelt; Abwärme kann als Fernwärme genutzt werden	ca. 65 % der im Uran gespeichertenen Energie geht in die Umwelt; Abwärme kann als Fernwärme genutzt werden	fast keine
Umweltbelastung	Abgase enthalten Schwefeldioxid und Stickoxide, die zu Smog und saurem Regen führen. Durch den Ausstoß von Kohlenstoffdioxid wird der Treibhauseffekt verstärkt	Abgabe von geringen Mengen radioaktiver Stoffe mit der Abluft in die Umwelt Die radioaktiven Abfälle müssen entsorgt werden Es gibt bislang kein Endlager	Erhebliche Eingriffe in die Natur bei der Anlage von Stauseen; Begradigung von Flussläufen; Überflutung von Uferzonen

Die Daten in der Tabelle sind natürlich einem ständigen Wandel unterworfen. Neue Technologien reduzieren die Umweltbelastung einzelner Kraftwerke immer weiter, Forschungen treiben die Nutzung regenerativer Energien weiter voran, sodass sie wirtschaftlicher werden. Die Bereitschaft der Menschen, ihren Energiebedarf zu reduzieren, wird durch die anhaltende Diskussion um begrenzte Energieressourcen und Umweltbelastungen stetig erhöht. Jeder kann durch bewussten Umgang mit Energie viel zum Schutz der Umwelt beitragen. Jeder ist verpflichtet, nachfolgenden Generationen eine intakte Umwelt und ausreichend Energierohstoffe zu hinterlassen.

Erzeugung elektrischer Energie in Deutschland
Insgesamt ca. 647 TWh

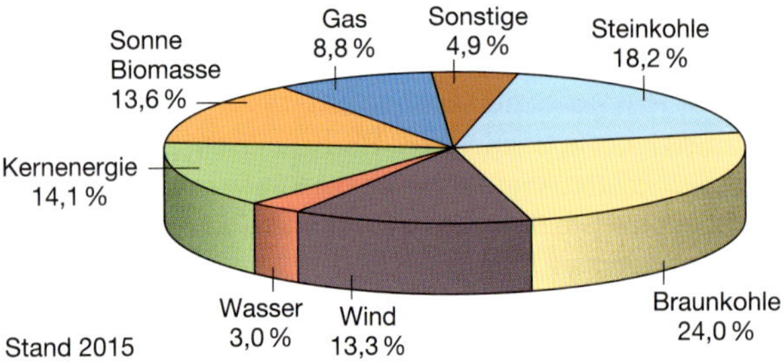

Der „Club of Rome", eine Gruppe führender Wissenschaftler aller Gebiete, schrieb schon 1989 in seinem „Bericht zur Lage der Menschheit":
„Wenn die gegenwärtige Zunahme der Weltbevölkerung, der Industrialisierung, der Umweltverschmutzung, der Nahrungsmittelproduktion und der Ausbeutung von natürlichen Rohstoffen unverändert anhält, werden die absoluten Wachstumsgrenzen auf der Erde im Laufe des nächsten Jahrhunderts erreicht sein."

Windkraftwerk	Biomasse	Solarkraftwerk	Brennstoffzelle
			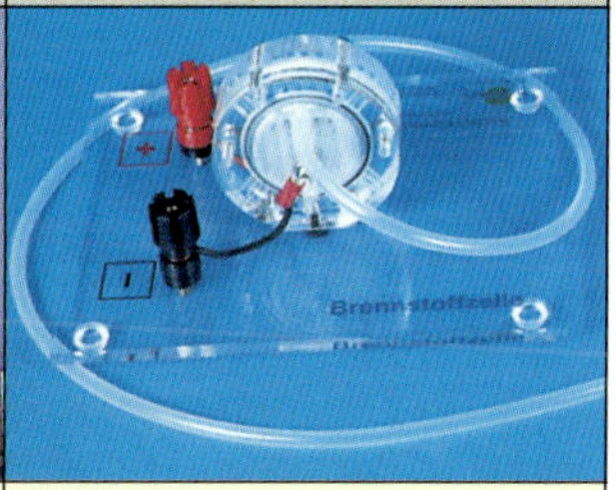
a. 40 %	ca. 30 %	max. 20 %	ca. 60 %
bhängig von Windgeschwin- digkeit b 12 $\frac{m}{s}$ beträgt die Leistung 50 kW bis 2 MW	ca. 20 MW (max) meist geringer	Anlagen mit Parabolspiegeln erreichen pro Spiegel eine elektrische Leistung von 50 kW	von einigen Milliwatt bis zu mehr als 200 kW in Blockheizkraftwerken
einer	organische Abfälle 1 kg Biomasse enthält etwa 14–16 MJ Energie	keiner	Wasserstoff, Erdgas oder Methanol
eine	Ein Teil der Energie kann für Raumheizung und Warmwasserbereitung verwendet werden	keine	etwa so viel wie elektrische Energie Abwärme kann als Fernwärme genutzt werden
ärmbelästigung durch die otoren eeinträchtigung des Vogel- ugs eeinträchtigungen durch chattenwurf	wie Kohlekraftwerk Treibhauseffekt wird nicht verstärkt, weil beim Wachsen der Pflanzen CO_2 aus der Atmosphäre aufgenommen wurde	Solarkraftwerke benötigen große Kollektorflächen. Die Vegetation unter diesen Stellflächen verändert sich	keine Werden Erdgas oder Methanol „verbrannt", entsteht neben Wasser auch CO_2, das den Treibhauseffekt verstärkt

Aufgaben

1 Erläutere, welche der besprochenen Energiequellen nicht zu jeder Zeit verfügbar sind. Gib dazu jeweils Gründe an.

2 **a)** Beschreibe die Umladungsprozesse der unterschiedlichen Kraftwerkstypen.
b) Zeichne für jeden Kraftwerkstyp ein Energiefluss-Diagramm.
c) Nenne die umweltschädigenden Nebenwirkungen der verschiedenen Kraftwerkstypen.

3 Erkläre, warum Menschen und Tiere ebenfalls als Energieumlader bezeichnet werden können.

4 Erläutere anhand einiger Beispiele den Begriff „Wirkungsgrad".

5 Begründe, warum Kohlekraftwerke immer möglichst in der unmittelbaren Nähe von Kohlebergwerken oder von Häfen gebaut werden.

6 Windgeneratoren dürfen nicht unmittelbar hintereinander aufgestellt werden. Erläutere.

7 Bei vielen Berghütten sind Windkraftanlagen mit Solarzellen gekoppelt. Begründe, warum das in dieser Lage sinnvoll ist.

8 Nenne verschiedene Elektrogeräte, die mit Sonnenenergie betrieben werden.

Regenerative Energien

Der größte Teil der weltweit benötigten elektrischen Energie wird immer noch aus fossilen Brennstoffen gewonnen. Der Vorrat an diesen Brennstoffen ist jedoch begrenzt, da allein in Deutschland etwa 500000-mal so viel genutzt wird wie sich im Jahr neu bilden kann. Schätzungen zufolge wird der Vorrat in 100 bis 150 Jahren aufgebraucht sein. Die Entwicklung neuer Technologien ist daher unumgänglich. Ein Weg ist die Nutzung regenerativer Energien.

Träger	Vorräte	Verbrauch	Reichweite
Erdöl	6805 EJ	163 EJ	42 Jahre
Erdgas	6890 EJ	109 EJ	63 Jahre
Kohle	21290 EJ	141 EJ	151 Jahre
Uran	800 EJ	27 EJ	30 Jahre

Energie aus Wasser„kraft"

Wasserkraftwerke haben den größten Wirkungsgrad von allen Kraftwerken – je nach Typ bis zu 90 %. Die geografischen Gegebenheiten in Deutschland erlauben allerdings nur, höchstens 4 % der elektrischen Energie mit Wasserkraft zu gewinnen. Bei allen Wasserkraftwerken wird die Lageenergie hochgehobenen Wassers in einer Turbine auf die Drehbewegung umgeladen und danach in einem Generator auf die elektrische Ladung.

In Deutschland gibt es drei Arten von Wasserkraftwerken:

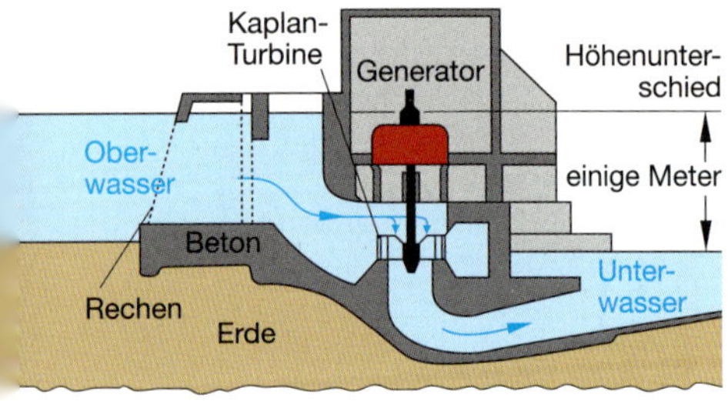

- Bei **Laufwasserkraftwerken** ist ein Fluss aufgestaut. Der Höhenunterschied zwischen Ober- und Unterwasser beträgt etwa 3–5 m. Die Turbine wird durch das hindurchfließende Wasser ständig angetrieben und liefert so laufend elektrische Energie. Ist sie nicht in Betrieb, läuft das Wasser ungenutzt über das Wehr.

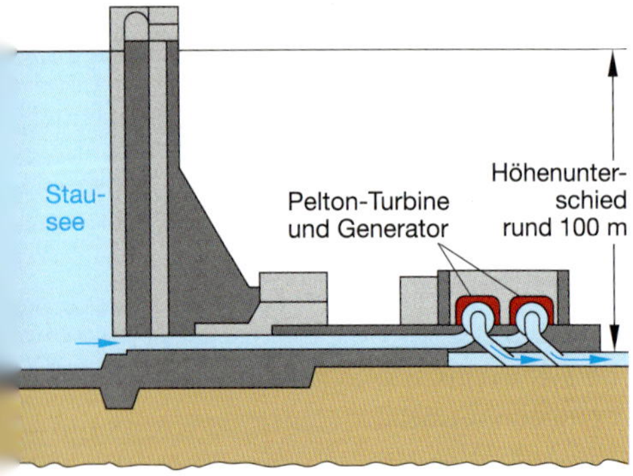

- **Speicherkraftwerke** unterhalb von Stauseen im Gebirge nutzen ebenfalls die Lageenergie von hoch liegendem Wasser. Der Höhenunterschied beträgt mehr als hundert Meter. Bei Bedarf kann aus der Lageenergie des Wassers im Staubecken kurzfristig elektrische Energie gewonnen und ins Netz eingespeist werden. Laufen die Turbinen nicht, bleibt das Wasser oben im Staubecken und mit ihm seine Lageenergie gespeichert.

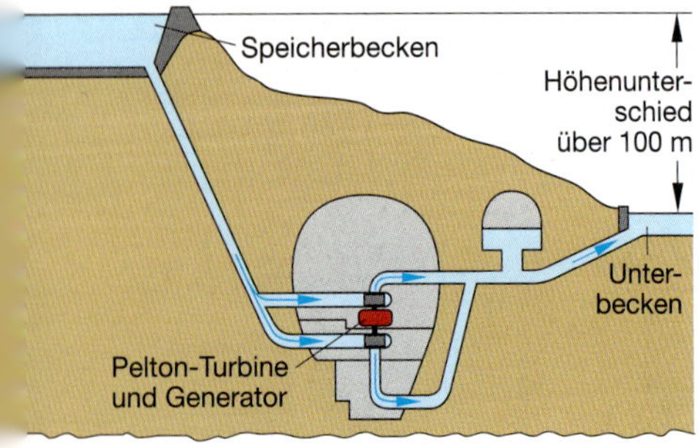

- **Pumpspeicherkraftwerke** sind oft mit Speicherkraftwerken kombiniert. Sie können dem Netz überschüssige Energie entziehen, indem Wasser in ein hochgelegenes Speicherbecken gepumpt wird. Das Wasser steht dann auf Abruf bereit und kann in Spitzenlastzeiten in Minuten Energie liefern.

Energie aus Wind„kraft"

Eine Windkraftanlage liefert elektrische Energie, indem sie die Energie der bewegten Luft mithilfe des Rotors und anschließenden Generators auf den elektrischen Strom umlädt.

Windenergie stammt letztlich von der Sonne, da Wind durch unterschiedliche Temperaturen in verschiedenen Gebieten der Erde entsteht. Wind besitzt Bewegungsenergie, die proportional zur Masse der bewegten Luft ist, die wiederum vom Luftdruck (Luftdichte) abhängt. Ein weiterer Faktor ist die Windgeschwindigkeit. Die Energie des Windes steigt kubisch mit der Windgeschwindigkeit. Eine Verdoppelung der Windgeschwindigkeit bedeutet eine Verachtfachung der Windenergie.

Der Wirkungsgrad einer Windkraftanlage wird durch die Rotoren bestimmt. (Mit Wirkungsgrad ist hier gemeint, welchen Anteil der im Wind steckenden Energie der Rotor in Bewegungsenergie umsetzt.) Sehr gute Rotoren haben einen Wirkungsgrad von etwa 45 %. Moderne Windkraftanlagen haben bis zu 2 MW Leistung; sie liefern also so viel elektrische Energie wie 50 Durchschnittshaushalte benötigen, nämlich 2 MJ je Sekunde.

Der Nachteil der Gewinnung elektrischer Energie aus Windenergie ist die Verfügbarkeit. Wenn elektrische Energie benötigt wird und kein Wind weht, nützt die beste Windkraftanlage nichts.

Solarenergie

Mithilfe von Solarzellen lässt sich aus der Sonnenstrahlung direkt elektrische Energie gewinnen. Der Wirkungsgrad heute üblicher Anlagen beträgt allerdings nur etwa 20 %. Bei klarem, blauem Himmel können beispielsweise mit einer Solarzellenfläche von 15 000 m^2 (etwa zwei Fußballplätze) je Sekunde etwa 1,5 MJ elektrische Energie gewonnen werden.
Das Hauptproblem neben dem geringen Wirkungsgrad aber ist die Tatsache, dass nur dann elektrische Energie geliefert werden kann, wenn die Sonne scheint. Für sonnenlose Zeiten sind aufwändige und teure Energiespeicher (Akkus) notwendig.

Der Wirkungsgrad von Solarzellen ist zwar relativ gering, aber mit dem Träger Sonnenlicht kommt die Energie kostenlos zur Erde. Angesichts steigender Energiepreise und der Möglichkeit, die gewonnene elektrische Energie sowohl selbst zu nutzen als auch ins öffentliche Versorgungsnetz einzuspeisen, kann eine Fotovoltaikanlage auf dem heimischen Dach durchaus rentabel sein. 2015 waren in Deutschland Fotovoltaikanlagen mit einer Gesamtnennleistung von etwa 40 GW installiert.

Eine weitere Einsatzmöglichkeit sind Insellösungen, bei denen eine Anbindung an das Versorgungsnetz unrentabel oder unerwünscht ist. Beispiele sind mobile Ampeln oder Parkscheinautomaten. Sie nutzen meist Akkus, um die gewonnene Energie zwischenzuspeichern.

Brennstoffzellen

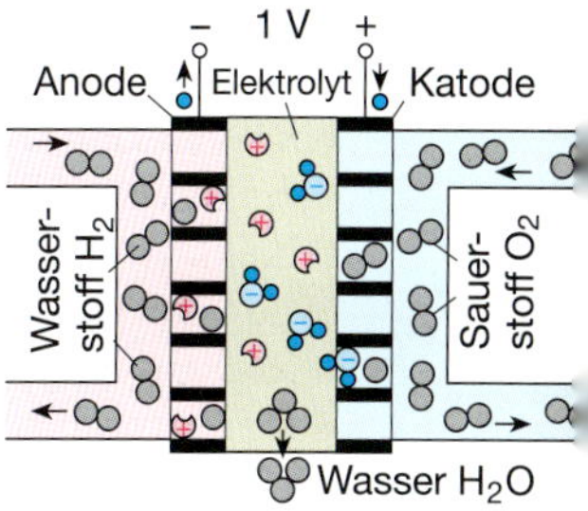

Brennstoffzellen arbeiten umgekehrt wie das bekannte Elektrolyseverfahren: Wasserstoff und Sauerstoff werden getrennt voneinander in die Brennstoffzelle eingeleitet. An der Anode gibt jedes Wasserstoffatom ein Elektron ab und wird dadurch zu einem positiv geladenen Wasserstoffion. An der Katode nimmt jedes Sauerstoffatom zwei Elektronen auf und wird dadurch zu einem negativ geladenen Sauerstoffion. Dabei fließen die vom Wasserstoff abgegebenen Elektronen von der Anode zur Katode und geben über einen äußeren Stromkreis Energie ab. Die Sauerstoffionen verbinden sich mit den Wasserstoffionen zu Wasser, wobei Energie frei wird, die noch weiter genutzt werden kann.

Brennstoffzellen wurden in den 60er Jahren des vergangenen Jahrhunderts zur Stromversorgung der amerikanischen Weltraumkapseln benutzt. Testfahrzeuge mit Brennstoffzellen-Antrieb werden von der Automobilindustrie entwickelt und zur Zeit getestet. Inzwischen laufen Versuche, den für die Brennstoffzelle benötigten gasförmigen Wasserstoff nicht separat zu erzeugen und in aufwändigen Gasspeichern mitzuführen, sondern ihn durch Elektrolyse von Wasser zu gewinnen, das in normalen Tanks untergebracht werden kann. Die zur Elektrolyse nötige elektrische Energie könnte mithilfe von Solarzellen gewonnen werden.

Energieversorgung	**Versuche und Aufträge**

A1 a) Recherchiere, welche Art von Kraftwerken es in der Umgebung deines Wohnortes gibt.
b) Bestimme die pro Sekunde abgegebene Energie, also die Leistung der Kraftwerke.

A2 Erstelle eine Übersicht, wie groß bei dem örtlichen Energieversorgungsunternehmen (EVU) der prozentuale Anteil der durch regenerative Energien bereitgestellten elektrischen Energie ist.

A3 Recherchiere, wo Brennstoffzellen verwendet werden.

A4 Erkundige dich, was mit dem gesammelten Biomüll in deinem Wohnort geschieht.

Energie im Haushalt und im Verkehr

Von den ca. 170 GJ Energie, die eine vierköpfige Familie jährlich benötigt, werden durchschnittlich 64 % auf vielfältige Weise im Haushalt genutzt; die restlichen 36 % entfallen auf den Freizeit- und Berufsverkehr. Pro Einwohner ist der Energiebedarf in den letzten Jahrzehnten auch aufgrund geänderter Lebensumstände ständig gestiegen. Unter den Haushalten in Deutschland gibt es immer mehr Single-Haushalte und in den Familien leben heute meist weniger Kinder als noch vor einigen Jahrzehnten.

Ein sparsamer Einsatz der nur begrenzt verfügbaren Welt-Energie-Ressourcen ist von großer Bedeutung, um eine langfristige Energieversorgung zu gewährleisten. Wie kann jeder Einzelne zur Reduzierung des Energiebedarfs beitragen?

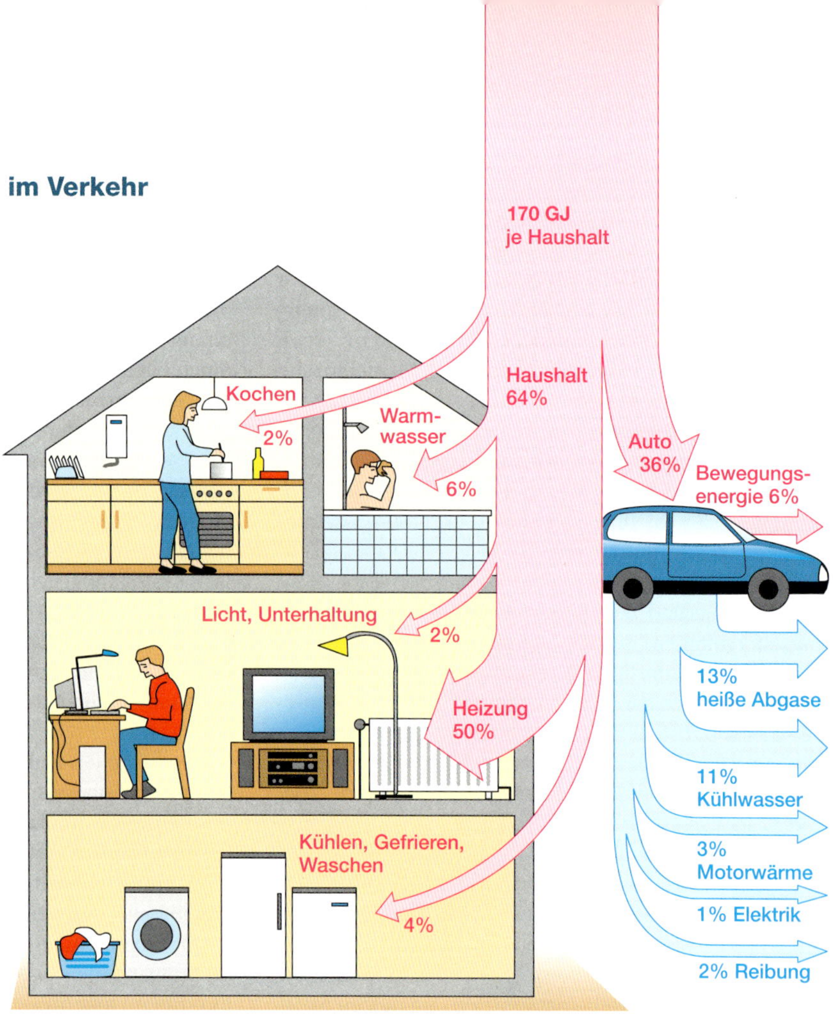

Möglichkeiten zur Reduzierung des Energiebedarfs

Heizen und Warmwasser

Warmwasserbereitung und Heizen stellen mit über 80 % den größten Posten des Energiebedarfs eines Haushalts dar.

Der Energiebedarf für das Heizen kann gesenkt werden durch eine geeignete Dämmung des Hauses und durch die Verwendung von regenerativen Energien wie z. B. Solarkollektoren. Im Vergleich zum Energiebedarf für das Heizen ist der Energiebedarf für das Erwärmen von Wasser relativ gering.

Die Warmwasserversorgung ist in vielen Fällen in eine Heizungsanlage integriert, sie kann aber auch über einen elektrischen Durchlauferhitzer geschehen. Das Wasser wird in ihm nur dann erwärmt, wenn es auch gebraucht wird.

Möglichkeiten zur Energieeinsparung

- verbesserte Dämmung der Gebäude
- effizientere Heizungsanlagen
- Solarkollektoren
- Duschen statt Baden
- Wassersparende Armaturen

Elektrogeräte

Die Anzahl elektrischer Geräte pro Haushalt hat in den letzten Jahrzehnten zugenommen. Allein ihr Stand-By-Betrieb macht zwischen 4 % und 5 % des Energiebedarfs im Bereich Elektrizität aus. Bei Elektrogeräten wie z. B. Kühlschränken ist die Angabe einer Energieeffizienzklasse verbindlich, um Geräte miteinander vergleichen zu können.

Traditionelle Glühlampen gibt es inzwischen nicht mehr zu kaufen, da sie lediglich 5 % der eingesetzten Energie als Licht aussenden, moderne Energiesparlampen dagegen ca. 25 %. Energiesparlampen haben aber auch Nachteile: Ihre Herstellung bzw. Entsorgung ist umweltschädlicher als bei Glühlampen und viele Menschen empfinden ihr Licht als nicht so angenehm.

Möglichkeiten zur Energieeinsparung

- Stand-By-Betrieb vermeiden
- Licht nicht unnötig eingeschaltet lassen
- energieeffiziente Geräte kaufen
- Energiesparlampen benutzen
- auf die Energieklasse von Geräten achten

Verkehr

Vom Energiebedarf eines Haushalts entfallen ca. 36% auf die Fortbewegung. In den meisten Fällen dient dazu ein Auto. Während der Fahrt wird nur ein geringer Prozentsatz für die Bewegung des Autos genutzt; die restliche Energie verpufft in den unterschiedlichsten Bereichen und bleibt bis auf geringe Mengen ungenutzt. Wie viel Energie „verlorengeht" ist daran zu ersehen, wie heiß Motor und Auspuffanlage selbst nach kürzeren Autofahrten sind. Genutzt wird ein Teil der entstehenden Energie für den Betrieb der Heizung. Technische Anlagen wie z. B. eine Klimaanlage, die Lichtanlage oder ein Navigations-CD-Audio-Gerät benötigen ebenfalls Energie. Noch ungünstiger ist das Verhältnis zwischen eingesetzter und genutzter Energie bei Reisen mit dem Flugzeug. Trotz dieser Tatsache würde heute niemand mehr Fernreisen mit einem Schiff unternehmen, sondern immer mit einem Flugzeug reisen. Die Zeitersparnis ist hier bedeutsamer.

Möglichkeiten zur Energieeinsparung

- Energiesparend fahren
- Bahn statt Flugzeug benutzen
- Öffentliche Verkehrsmittel benutzen
- Fahrgemeinschaften bilden

Rechenbeispiele

Durch Maßnahmen wurden im Haushalt 5 % des Energiebedarfs eingespart, bei Freizeit und Berufsverkehr 10 %.

a) Berechne, wie viel Prozent des Energiebedarfs insgesamt eingespart worden sind, wenn von einer Verteilung 64 % Haushalt und 36 % Verkehr ausgegangen wird.

b) Berechne die Ersparnis, wenn bei gleicher Verteilung des Energiebedarfs wie oben 10 % beim Haushalt und 5 % beim Verkehr gespart werden.

a) Haushalt :
5 % von 64 %: $0{,}64 \cdot 0{,}05 = 0{,}032$
Freizeit und Berufsverkehr:
10 % von 36 %: $0{,}36 \cdot 0{,}10 = 0{,}036$
Gesamt: $0{,}032 + 0{,}036 = 0{,}068$
Es können insgesamt 6,8 % eingespart werden.

b) Haushalt: $0{,}64 \cdot 0{,}10 = 0{,}064$
Freizeit und Verkehr: $0{,}36 \cdot 0{,}05 = 0{,}018$
Gesamt: $0{,}064 + 0{,}018 = 0{,}082$
Es können insgesamt 8,2 % eingespart werden.

Energie im Haushalt wird zu Nutzenergie und Abwärme. Durch technische Maßnahmen und Ändern der persönlichen Verhaltensweisen besteht die Möglichkeit, den Energiebedarf spürbar zu senken.

Ja, aber ... Die beschriebenen Möglichkeiten und Maßnahmen zur Reduzierung des Energiebedarfs sind isoliert betrachtet in ihrer Gesamtheit sehr sinnvoll. In vielen Situationen, in denen Energie eingesetzt wird, kommt es aber nicht ausschließlich auf die berechenbaren Energieumladungen an. So soll eine Lampe nicht nur Licht, sondern auch Gemütlichkeit ausstrahlen. Oder eine Reise soll nicht nur energiesparend, sondern auch schnell sein. Viele solcher Beispiele zeigen, dass im privaten Bereich Grenzen der eigenen wirtschaftlichen Möglichkeiten oder auch die allgemeine Lebensqualität energiesparenden Maßnahmen entgegenstehen.

Aufgaben

1 **a)** Informiere dich, welche der angegebenen Energiesparmaßnahmen in eurem Haushalt bereits umgesetzt sind.
b) Erstelle einen Plan mit weiteren Möglichkeiten, wie in eurem Haushalt weitere Energie gespart werden kann.
c) Finde Gründe, die eine Maßnahme zum Energiesparen verhindern.

2 Erstelle ein Plakat zur Vorbereitung einer Pro-Contra-Diskussion über den Einsatz von Energiesparlampen.

3 Vergleiche den Energiebedarf zwischen Duschen und Baden.

4 „Statt des Autos sollten öffentliche Verkehrsmittel benutzt werden!" Bereite eine Pro-Contra-Diskussion zu diesem Thema vor.

5 Informiere dich, welche Kosten für einen Mittelklassewagen pro Jahr bei einer Kilometerleistung von 20 000 km entstehen. Schätze zunächst und überlege, aus welchen Faktoren sich die Kosten zusammensetzen.

6 **a)** Informiere dich über Dauer und Preis für die Reise „Braunschweig – Ingelheim" mit Bahn, Auto und Flugzeug.
b) Finde Aspekte, welche für die Wahl des Verkehrsmittels noch wichtig sein können.

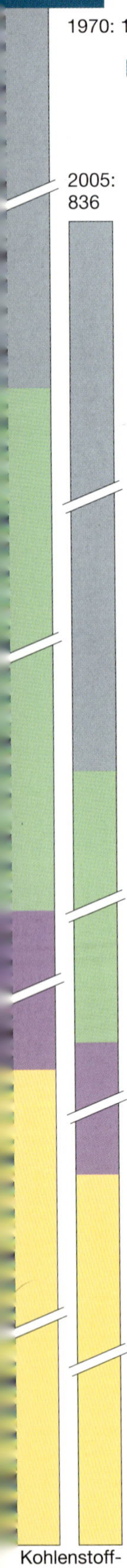

Energiebereitstellung und die Folgen

Heizen, elektrische Energie zur Verfügung stellen, Autofahren – nichts geht ohne Energie. Die angenehmen Folgen lassen sich schnell aufzählen: Geheizte und beleuchtete Räume, schnelles und komfortables Fortbewegen, Erleichterungen bei vielen körperlichen Arbeiten und industrielles Produzieren auf höchstem Niveau. Gibt es das alles ohne Nachteile?

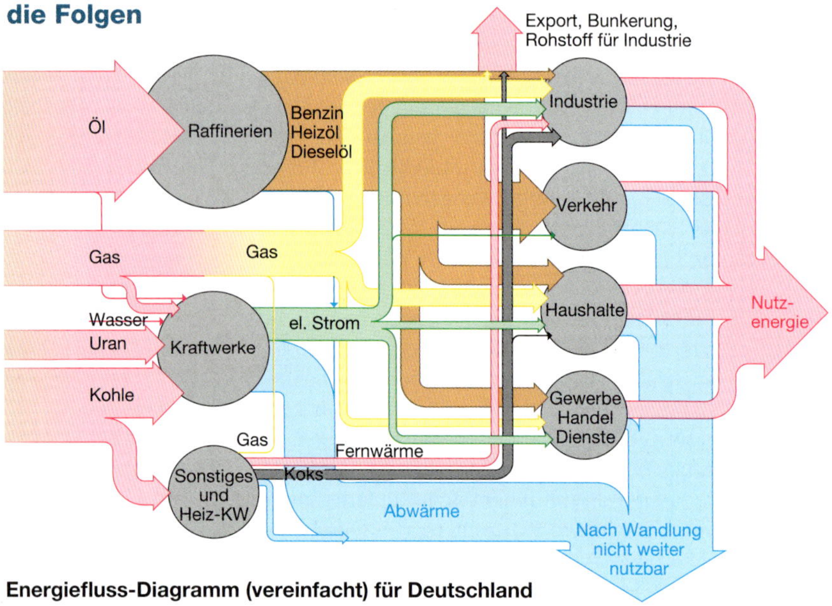

Energiefluss-Diagramm (vereinfacht) für Deutschland

Fast 60 % aller in Deutschland genutzten Energie stammen aus Kohle, Erdöl und Erdgas, also dem Vorrat an Energie, den die Sonne vor Jahrmillionen angelegt hat. Er wird in wenigen Generationen ausgeschöpft sein. Dabei wird das Gleichgewicht der Natur erheblich in Unordnung gebracht. In den großen Vorräten an Kohle, Erdöl und Erdgas ist Sonnenenergie in Form der chemischen Zusammensetzung dieser Stoffe und ihrer Bindungen untereinander gespeichert. Beim Verbrennen wird diese gespeicherte Energie auf nicht sehr wirksame Weise genutzt: Nur bestenfalls 40 % des Energiegehaltes der Brennstoffe werden ausgeschöpft.

Und dabei kommen dann alle Ursprungsstoffe – zum größten Teil in gasförmiger Form – wieder zum Vorschein. Sie entweichen in die Atmosphäre und ändern deren natürliche Zusammensetzung. Die Folgen sind bereits spürbar:
Das *Waldsterben* ist mancherorts deutlich sichtbar. Atemwegserkrankungen nehmen besonders bei Kindern zu. Schließlich ist die Vermutung schon weitgehend belegt, dass die Freisetzung großer Mengen CO_2 die Erwärmung der Erde verstärkt („Treibhauseffekt").

Die **Abhilfen** sind bekannt, aber nur schwer zu verwirklichen:

- *Sparsamer Umgang mit Energie,* auf allen Gebieten durch möglichst alle Beteiligten.
- *Der Wechsel von der Verbrennung der fossilen Energieträger Kohle, Erdöl und Erdgas zu erneuerbaren Energien* wie Wasserstoffantrieb, Windenergie, Biogas oder Solartechnik.
- *Eine Nachbehandlung der Abgase,* sodass sie weniger schädlich sind (Katalysator, Abgasreinigung).

Jährlicher Schadstoffausstoß in Deutschland in Mio t

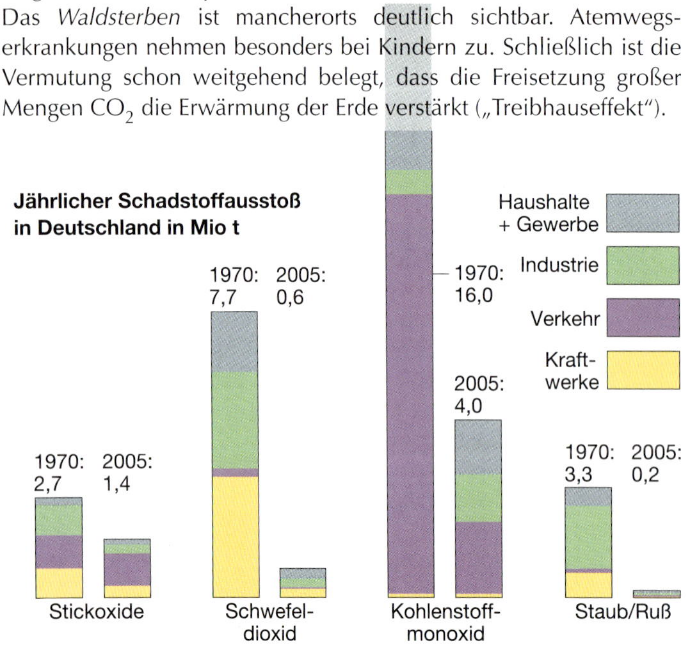

Aufgaben

1 Nenne die Träger, auf welche die einzelnen zufließenden Energien in den Verbrauchssektoren „Verkehr" und „Haushalte" im Energiefluss-Diagramm umgeladen werden.

2 **a)** Berechne das Vielfache, um das 1970 der Ausstoß bei den einzelnen Schadstoffen höher lag als 2005.
b) Entscheide, für welchen Schadstoff die Reduzierung am erfolgreichsten war und für welchen am schlechtesten.

Energienutzung und Klima – weltweit

Die Erzeugung von Treibhausgasen und die daraus folgenden Veränderungen der Atmosphäre mit der entsprechenden Klimaerwärmung betreffen nicht nur einzelne Regionen oder Länder, sondern wirken sich weltweit aus. Der Treibhauseffekt wird durch die rasante Zunahme der Erdbevölkerung in den letzten Jahrhunderten sowie die zunehmende Industrialisierung verstärkt. Immer mehr Menschen fahren immer mehr Autos und nutzen immer mehr Technik für einen gehobenen Lebensstandard.

Dabei gibt es auf der Welt aber noch deutliche Unterschiede beim Energiebedarf und bei den Emissionen. In den Industrieländern kommt auf jeden Einwohner ein Vielfaches an CO_2-Emission gegenüber einem Einwohner der Entwicklungsländer. Der niedrigere Lebensstandard dort erfordert viel weniger Energie und dem unfreiwilligen Verzicht auf Luxus eines großen Teils der Weltbevölkerung steht eine noch immer hohe Nutzung fossiler Energieträger in den Industrieländern gegenüber.
Die beängstigenden Klimawandlungen, verursacht durch die Industrienationen und Schwellenländer, bedrohen aber hauptsächlich die ärmeren Länder und deren Bevölkerung. Sie leben in klimatisch schwierigeren Regionen und können sich technische und bauliche Gegenmaßnahmen nicht leisten.

Bei einem Fortschreiten des Klimawandels wird mit folgenden Szenarien gerechnet:

- In Afrika und nach Europa hinein breiten sich schlimme Krankheiten aus. Millionen Menschen würden z. B. an Malaria erkranken.
- Durch Ernteausfälle steigt die Zahl der hungernden Menschen auf etwa ein halbe Milliarde. Millionen Menschen werden Opfer von Sturmfluten und Überschwemmungen. Viele Südseeinseln werden völlig überflutet. Stürme und Hurrikans verwüsten überall auf der Erde Landstriche und Städte. Dürren machen Landwirtschaft in Australien weitgehend unmöglich. In Sibirien sacken Strassen und Gebäude in den auftauenden Permafrostboden ein.
- Die Tiere der Welt werden ebenfalls leiden. Viele Landtierarten können sich nicht anpassen und sterben aus. Die Veränderung der Meere schädigt das Plankton. Fischarten und andere Meeresbewohner verschwinden.

Es ist wichtig und dringend, der Erderwärmung frühzeitig und konsequent entgegenzusteuern.

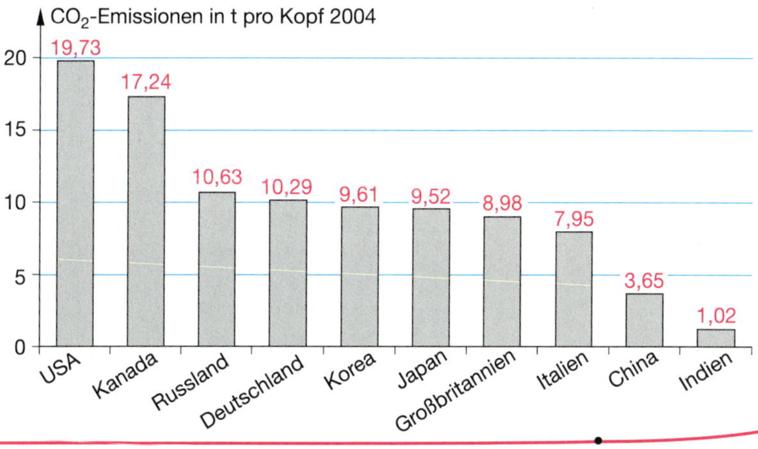

Aufgaben

1 **a)** Informiere dich über CO_2-Emissionen pro km einzelner Autotypen. Vergleiche.
b) Ein moderner Mittelklasse-PKW verursacht etwa 150 g CO_2-Emissionen pro km. Das sind im Vergleich zu Bahn 375 % oder zu Bus 750 % mehr. Erläutere die Unterschiede.
c) Berechne die CO_2-Emissionen bei einer Autofahrt zur Schule.

2 Beim Reisen mit PKW, Bahn, Bus oder Flugzeug erzeugt jeder Mensch etwa 30 % des persönlichen CO_2-Ausstoßes. Beim Reisen mit dem Flugzeug wird jedem Passagier pro km ein Anteil von 380 g CO_2 zugerechnet. Bei einer Flugreise werden im Vergleich zum PKW 153 % mehr CO_2-Emissionen erzeugt.
a) Berechne den Anteil, der einem Passagier beim Flug von Frankfurt nach New York angerechnet wird.
b) Passagieren der Business Class eines Flugzeugs werden im Vergleich zur Touristenklasse 40 % mehr CO_2-Emissionen angerechnet. Begründe.
c) Berechne für deine letzte größere Reise die CO_2-Emission.

3 **a)** Berechne die CO_2-Emission,
① wenn alle Menschen
② wenn alle Chinesen und Inder
so leben würden wie Amerikaner.
b) Schätze die Folgen ab und diskutiere diese Szenarien.

4 In Deutschland müssen die Verursacher von Treibhausgasen Emissionsrechte kaufen. Mit diesen Strafgebühren können dann Projekte gefördert werden, die zur Reduzierung der Emissionen beitragen können. Sammle Daten dazu und diskutiere den Nutzen.

2025 8 Mrd
2015 7,4 Mrd
2012 7 Mrd
1999 6 Mrd
1987 5 Mrd
1974 4 Mrd
1960 3 Mrd
1927 2 Mrd
1804 1 Mrd
1500 500 Mio
1000 310 Mio
00 Mio

Grundwissen | **Energiebilanzen und Wirkungsgrade**

ENERGIE

Energie ist erforderlich, damit Vorgänge ablaufen können. Bei allen diesen Vorgängen wird die Energie von einem **Träger o** **Speicher** auf einen anderen Träger/Speicher umgeladen.
Bei allen Umladeprozessen entsteht immer auch Energie, die auf dem Träger Entropie in die Umgebung geht und nicht zurü geholt werden kann, also entwertet ist **(Abwärme).** Aber Energie geht nie verloren, sie wird nur umgeladen **(Prinzip von der Erhaltung der Energie).**

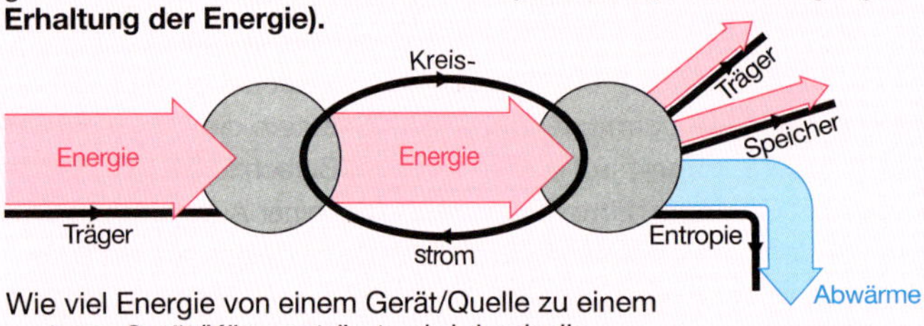

Wie viel Energie von einem Gerät/Quelle zu einem anderen Gerät/Körper strömt, wird durch die **Energiestromstärke** beschrieben. Für sie gilt immer: $\boldsymbol{P = \frac{\Delta E}{\Delta t}}$.

- **mechanisch:** $P_{mech} = \frac{\Delta E_{mech}}{\Delta t}$ mit E_{mech} als E_{Lage}, E_{Bew} oder E_{Spann}
- **elektrisch:** $P_{el} = \frac{\Delta E_{el}}{\Delta t} = U \cdot I$ mit $E_{el} = U \cdot I \cdot t$

Bei mechanischen Umladungen wird ein Körper durch eine Kraft F längs einer Strecke Δs bewegt. Dabei bekommt er die Energie
$\Delta E = F \cdot \Delta s$.
Je nach Speicher gibt es für die mechanische Energie Formeln:

- Bewegungsenergie
  $E_{Bew} = \frac{1}{2} m \cdot v^2$
- Lageenergie
  $E_{Lage} = F_E \cdot h = m \cdot g \cdot h$
- Spannenergie
  $E_{Spann} = F \cdot s = \frac{1}{2} D \cdot s^2$

Energienutzung

Etwa 60% aller in Deutschland genutzten Energie stammt aus Kohle, Erdöl, Erdgas und Uran, also aus **fossilen Energieträgern**. Sie sind nach dem Umladen auf sekundäre Energieträger (wie z.B. Koks, Brikett, Benzin, Diesel, Heizöl, elektrischer Strom) „verbraucht", also dem Energievorrat der Erde unersetzbar entnommen. **Regenerative Energien** stehen dagegen fortwährend zur Verfügung. Nur weniger als 40% der eingesetzten Primärenergie wird schließlich zu Nutzenergie.

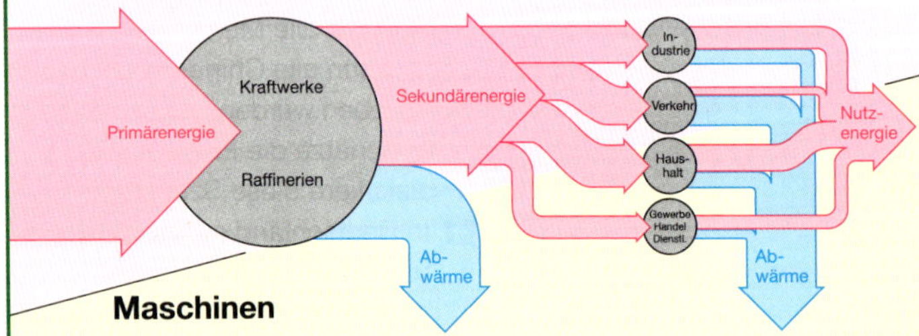

Bei allen Energieumladungsprozessen in Maschinen, Motoren und Elektrogeräten treten Energieverluste au bei mechanischen Maschinen durch Reibung. Die auf d Träger Entropie weggehende **Abwärme** kann nicht zurückgeholt werden; dieser Energieanteil ist entwert

Einheiten der Energie:
1 J (Joule)
1 kJ = 1000 J
1 kWh = 1 VAh = 3,6 Mio. J

Wirkungsgrad

Der Wirkungsgrad $\eta = \frac{E_{nutz}}{E_{zugef}}$ gibt an, wie gut die eingesetzte Energie genutzt wird. Es gilt

$$\boldsymbol{\eta = \frac{E_{nutz}}{E_{zugef}}} = \frac{E_{zugef} - E_{abgef}}{E_{zugef}} \boldsymbol{= 1 - \frac{E_{abgef}}{E_{zugef}}}.$$

Optimal wäre, wenn alle zugeführte Energie genutzt werden könnte, also $E_{zugef} = E_{nutz}$ wäre. Dann wäre $\eta = 1$.

Reale Energieumladungen in Wärmekraftmaschinen sind nicht umkehrbar (irreversibel). Bei ihnen ist immer $E_{zugef} > E_{nutz}$. Deshalb ist ihr Wirkungsgrad η_{rea} immer kleiner als 1.

SYSTEM

Maschinen

Feste Rolle: $F_{Zug} = F_{Hub}$; $s_{Zug} = s_{Hub}$

1 Lose Rolle: $F_{Zug} = \frac{1}{2} F_{Hub}$; $s_{Zug} = 2\, s_{Hub}$

Flaschenzug: $F_{Zug} = \frac{1}{n} \cdot F_{Hub}$; $s_{Zug} = n \cdot s_{Hub}$
(n ist die Anzahl der tragenden Seilstücke)

Hebel: $F_{Zug} = F_G \cdot \frac{\ell}{\ell_{Zug}}$

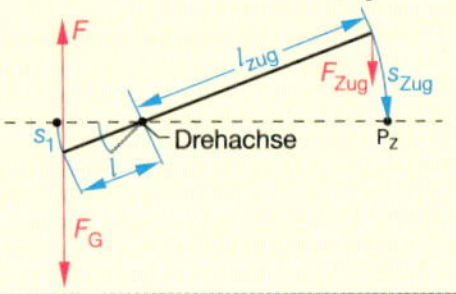

Schiefe Ebene: $F_{Zug} = F_G \cdot \frac{h}{\ell}$

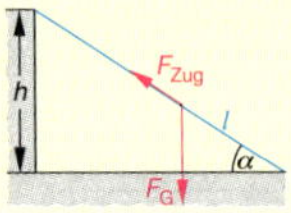

Grundbegriffe

A1 **a)** Fertige mit den Grundbegriffen auf der linken Seite Karteikarten an. Notiere den Begriff auf der Vorderseite und erläutere ihn auf der Rückseite, eventuell mit sonstigen Besonderheiten. Anstelle der Karteikarten kannst du auch eine elektronische Datenbank anlegen.
b) Erstelle eine Mindmap für das ganze Kapitel. Die Grundbegriffe links helfen dir dabei.

A2 Ein Ball mit der Masse 900 g wird senkrecht nach oben geworfen und erreicht eine maximale Höhe von 6 m. Die Reibung ist vernachlässigbar.
a) Berechne die Bewegungsenergie des Balls in 1 m, 2 m und 4 m Höhe während der Aufwärtsbewegung.
b) Mache Aussagen über seine Bewegungsenergie beim Herunterfallen und begründe deine Aussagen.
c) Berechne die Geschwindigkeit des Balls 4 m über dem Abwurfort für die Aufwärts- und für die Abwärtsbewegung.

A3 Paul (50 kg) steigt in 10 Sekunden vom Beckenrand auf die Plattform des 10 m-Sprungturms. Seine Schwester Paula (35 kg) schaut von unten zu.
a) Berechne die von Paul erbrachte Leistung *P*.
b) Berechne die Zeit, in der Paula die Plattform des Sprungturms erklimmen müsste, um die gleiche Leistung wie ihr Bruder zu erbringen.
c) Begründe, warum beide beim Herunterspringen mit der gleichen Geschwindigkeit am Wasser ankommen.
d) Berechne die Aufprallgeschwindigkeit in $\frac{m}{s}$ und in $\frac{km}{h}$.

A4 Der Motor eines Notstromaggregats hat einen Wirkungsgrad von 35 % bei einer Leistung von 90 kW. Ein Liter Benzin hat einen Energiegehalt von 43 000 $\frac{kJ}{kg}$ und die Masse 0,7 kg. Berechne, wie viele Liter Benzin der Motor in einer Stunde verbraucht.

A5 Die Grafik unten zeigt ein vereinfachtes Energiefluss-Diagramm für ein Wärmekraftwerk.
a) Berechne die fehlenden Werte und bestimme die Wirkungsgrade von Brenner, Turbine und Generator sowie den Gesamtwirkungsgrad des Kraftwerks.
b) Zeichne das Energiefluss-Diagramm mit separaten Trägerpfeilen und maßstabsgerechten Energiepfeilen.

A6 Elektroautos werden auch als mobile Speicher für elektrische Energie angesehen. Erkläre.

A7 Im deutschen Verbundnetz sind etwa 75 Großkraftwerke und viele Kleinkraftwerke zusammengeschaltet.
a) Unterscheide die Kraftwerkstypen nach ihrem Primärenergieträger bzw. nach der Art der Energiegewinnung.
b) Der tägliche Bedarf an elektrischer Energie ist nicht konstant. Beschreibe grob die Lastkurve. Erläutere, wodurch Spitzenlasten in der Versorgung mit elektrischer Energie zustande kommen.
c) Erstelle für zwei Tageszeiten je ein Kreisdiagramm, welches zeigt, durch welche Kraftwerke der bundesweite Energiebedarf gedeckt wird.
d) Begründe den Einsatz unterschiedlicher Kraftwerke.
e) Bewerte den Umladesprozess von Primär- zu Sekundärenergie für verschiedene Kraftwerkstypen unter dem Umweltaspekt und dem erzielten Wirkungsgrad.

A8 Die von der Industrie und der Bevölkerung für Produktion, das Leben und die Mobilität benötigte Energie kann nicht auf Dauer in der heutigen Form gewonnen und genutzt werden.
a) Nenne Gründe für die notwendigen Änderungen der Energiegewinnungsprozesse und der Nutzung.
b) Die Nutzung regenerativer Energien hat bestimmte Standortvoraussetzungen. Liste Vor- und Nachteile der Nutzung regenerativer Energien auf.
c) Beschreibe Möglichkeiten zur Reduzierung und zur alternativen Bereitstellung des Energiebedarfs in privaten Haushalten. Unterscheide technische und persönliche Maßnahmen.
d) Erstelle eine Übersicht mit den heutigen Nutzungsmöglichkeiten von Solarzellen.

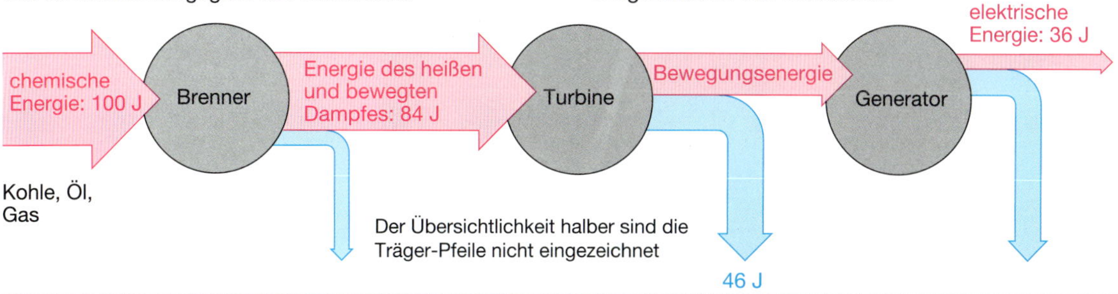

Sensoren im Alltag

Jeder Mensch besitzt ein Netzwerk von Sensoren. Durch Fühlen, Schmecken, Tasten, Hören und Sehen erfassen wir Reize aus der uns umgebenden Welt. Die Verarbeitung der persönlichen „Umweltdaten" lässt uns die Welt begreifbar und verstehbar werden.

Mittlerweile unterstützen uns technische Sensoren in Mobiltelefonen, Autos, medizinischen Geräten, und vielen anderen Dingen im Alltag. Physiker benutzen Sensoren, um Phänomene messbar zu machen, die jenseits der Erfassbarkeit durch menschliche Sensoren liegen. So suchen sie zum Beispiel in einem der größten Sensoren der Welt nahe der japanischen Stadt Kamioka nach winzigen Elementarteilchen, den Neutrinos. Wie Zwerge wirken die Forscher in ihrem Schlauchboot auf dem See aus hochreinem Wasser im Inneren des Sensors, der aus über 10 000 einzelnen Messfühlern besteht!

In diesem Kapitel lernst du die physikalischen Grundlagen ausgewählter Sensoren kennen und die Größen, die mit ihnen erfasst werden.

■ **Der am weitesten entfernte Sensor:** Am 5. September 1977 wurde von der NASA die Weltraumsonde Voyager 1 gestartet, um mit ihren 11 Messgeräten das Sonnensystem und die entfernten Planeten zu untersuchen. Unter anderem sind Sensoren zur Messung von Magnetfeldern und zur Untersuchung des Lichts von Planeten und Sternen vorhanden.

■ **UDO – Das tiefste Labor Deutschlands:** In 440 Metern Tiefe liegt das Labor UDO II (Untergrundlabor für Dosimetrie II); es gehört zur Physikalisch-Technischen Bundesanstalt (PTB) in Braunschweig. Weil in dieser Tiefe die kosmische Strahlung abgeschirmt und das Gestein um das Labor von sich aus sehr strahlungsarm ist, können Messgeräte für ionisierende Strahlung kalibriert werden.

■ **Das Multitalent:** Was die Anzahl an Sensoren angeht, sind moderne Mobiltelefone technische Meisterwerke. Viele sind in der Lage, Temperatur, Luftdruck und Feuchtigkeit zu detektieren. Doch auch die Kamera, das Mikrofon, die Antennen für den Empfang der Funkwellen oder die Beschleunigungssensoren sind Detektoren für physikalische Größen. Ein Smartphone ist also ein Physiklabor in der Hosentasche!

Vorbereitung

1. Lies die Texte dieser beiden Seiten durch und betrachte die zugehörigen Bilder. Schreibe zu den einzelnen Themen Fragen auf, die du dazu hast.
2. Blättere das folgende Kapitel durch, lies die Überschriften und betrachte die Bilder. Notiere neben den Fragen aus 1 die Seitenzahlen, die deiner Meinung nach Antworten zu deinen Fragen liefern könnten.
3. Überlege und schreibe auf, was du in Experimenten untersuchen möchtest. Vielleicht hast du ja schon Ideen, wie die Versuche aussehen könnten.
4. Studiere die im Vorwissen „Sensoren im Alltag" auf Seite 386 dargestellten Zusammenhänge. Schreibe dazu die wichtigsten Begriffe zusammen mit einer kurzen Erklärung auf.

Vorwissen — Sensoren im Alltag

Temperatur und Thermometer

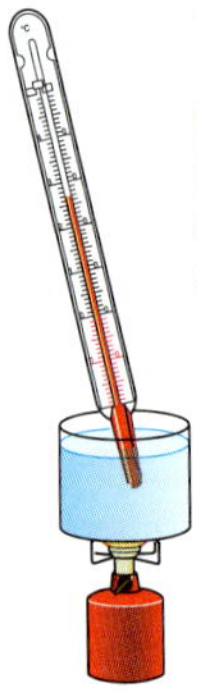

Die Temperatur gibt an, wie heiß oder kalt ein Körper ist. Sie wird in Grad Celsius (°C) oder in Kelvin (K) angegeben.

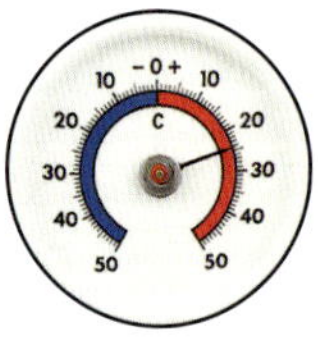

Flüssigkeits- und Bimetallthermometer beruhen auf der thermischen Ausdehnung von Körpern.

Kräfte

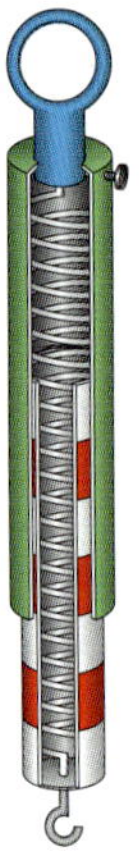

Kräfte beschreiben die Wechselwirkung von zwei oder mehreren Körpern aufeinander. Eine Kraft wird immer von einem Körper (oder mehreren) auf einen anderen ausgeübt. Sie ist charakterisiert durch Angriffspunkt, Größe oder Richtung.

Wirkungen von Kräften sind
- Änderung des Bewegungszustands eines Körpers, also seiner Geschwindigkeit und/ oder seiner Richtung;
- Änderungen der Form eines Körpers.

Magnetfeld

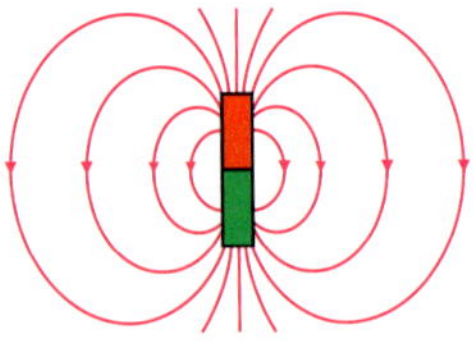

Im Raum um einen Magnet gibt es ein Feld, in dem magnetische Kräfte wirken. Magnetfelder lassen sich durch Feldlinien darstellen. Dort, wo das Feld stark ist, werden die Feldlinien dichter gezeichnet.

Erzeugung von Spannung

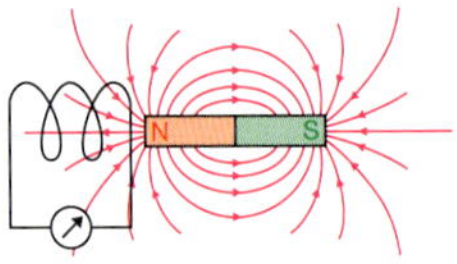

Induktion
Wenn sich das Magnetfeld in einer Spule ändert bzw. wenn sich die Anzahl der magnetischen Feldlinien, die von der Spulenfläche erfasst werden, ändert, entsteht zwischen den Enden der Spule eine **Induktionsspannung.**

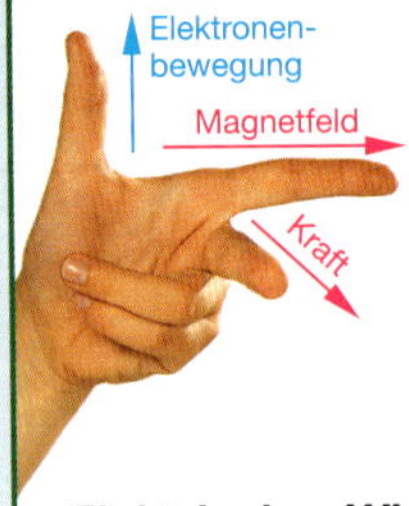

Lorentzkraft
Elektonen in einem sich bewegenden Draht erfahren in einem Magnetfeld nach der **Linke-Hand-Regel** eine Kraft senkrecht zu ihrer Bewegungsrichtung und senkrecht zur Richtung des Magnetfeldes, was zu einer Spannung zwischen den Drahtenden führt.

Druck

Druck ist der Zustand des Gepresstseins einer Flüssigkeit oder eines Gases. Er ist überall in der Flüssigkeit bzw. im Gas gleich groß.

Flüssigkeiten und Gase unter Druck üben auf die Begrenzungsflächen senkrecht wirkende Kräfte aus.

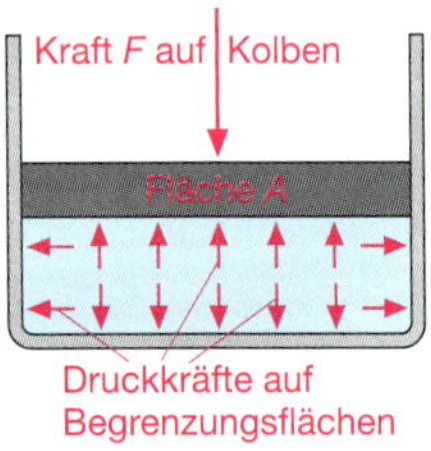

Elektrischer Widerstand

Der Quotient aus Spannung *U* und Stromstärke *I* heißt **Widerstand *R*.**
Es gilt $R = \frac{U}{I}$. Die Einheit ist $1\ \Omega = 1\ \frac{V}{A}$.

Der Widerstand gibt an, wie stark der Elektronenstrom von dem betreffenden Gerät oder Bauteil gehemmt wird. Er wird bei höherer Temperatur größer, nur bei Heißleitern wird er niedriger.

Wenn die Temperatur von Metalldrähten konstant bleibt, gilt das **Ohm'sche Gesetz $I \sim U$.**
Als Gleichung:
$U = R \cdot I$
(mit *R* = konstant).

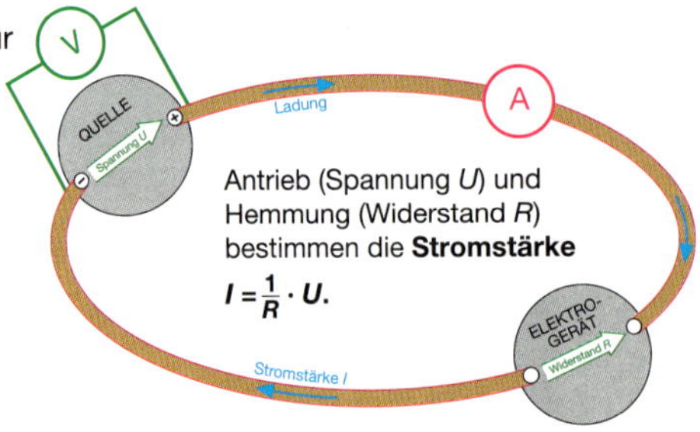

Antrieb (Spannung *U*) und Hemmung (Widerstand *R*) bestimmen die **Stromstärke**
$I = \frac{1}{R} \cdot U$.

Grundbegriffe

- *Thermometer*
- *Temperatur*
- *Stromstärke, Spannung, Widerstand*
- *Induktion, Induktionsspannung*
- *Magnetfeld, Feldlinien*
- *Kraft, Kraftmesser*
- *Druck*

Sensoren im Alltag

Projekt

Die Waschmaschine erkennt z. B. die Füllmenge und den Verschmutzungsgrad der Wäsche und stimmt darauf den Wasserbedarf ab. Der Infrarotsensor erfasst die Daten der Fernbedienung und steuert dann den Fernseher. Drucksonden ermitteln den Blutdruck von Patienten und die angeschlossene Elektronik ruft im Ernstfall automatisch medizinisches Personal. Flugzeuge können mithilfe von Beschleunigungssensoren und GPS-Signalen die Flugroute exakt einhalten und mit Instrumenten-Landesystemen auch bei Nebel sicher die Landebahn erreichen. Die Aufzählung könnte jetzt den Rest des Buches füllen und wäre immer noch nicht abgeschlossen. Deutlich wird aber an diesen Beispielen schon eines: Der moderne Alltag bzw. tägliche Arbeiten werden durch eine Vielzahl von Sensoren unterstützt oder sogar erst ermöglicht.

P1 Manche Sensoren sind gut versteckt, andere offensichtlich.

a) Seht euch in euren Wohnungen um. Notiert alle Geräte, die Sensoren enthalten. Erstellt ein Plakat, welches die Geräte, die darin enthaltenen Sensoren und deren Bedeutung für die Funktionsweise des Geräts erläutert.

b) Moderne Autos sind mit vielen Sensoren ausgestattet. Besorgt euch ein oder mehrere Autoprospekte und schlagt darin nach, welche Sensoren das Auto besitzt. Erstellt einen Kurzvortrag, der die Abkürzungen für die Sensoren erklärt, welche Messgrößen jeweils erfasst werden und welche Steuerungsaufgaben im Auto von den Sensordaten abhängen.

P2 Die drei wichtigsten Messinstrumente der Wetterbeobachtung sind das **Thermometer,** das **Hygrometer** und das **Barometer.**

a) Im Internet gibt es zu allen drei Messgeräten Bauanleitungen, die sich mit Haushaltsmitteln umsetzen lassen. Baut auf diese Weise eine selbstentworfene **Wetterstation.**

b) Überlegt, wie die Geräte kalibriert werden können, und erstellt geeignete Mess-Skalen.

c) Beobachtet mit einer Wetterstation zwei Wochen lang das Wetter und notiert die Messergebnisse. Vergleicht nach den zwei Wochen die Beobachtungen innerhalb eurer Klasse.

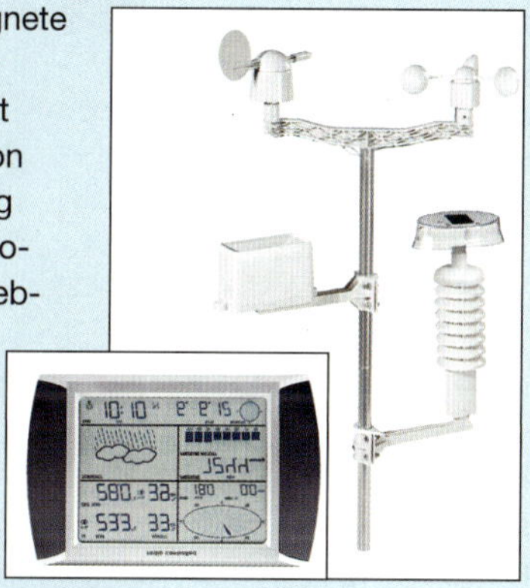

Hosentaschenlabor

Projekt

Moderne Mobiltelefone haben eine Vielzahl von eingebauten Sensoren, auf deren Daten man mit Apps direkten Zugriff erhält.

P1 Installiert eine für euer Smartphone geeignete App, mit der ihr möglichst viele der eingebauten Sensoren abfragen könnt.

a) Erstellt eine Liste aller gefundenen Sensoren. Ergänzt diese durch die zugehörigen Namen der Messgrößen. Recherchiert deren Bedeutung, wenn sie euch unbekannt sind.

b) Überprüft die Wirkungsweise der Sensoren des Smartphones. Entwerft dafür geeignete Versuche und Versuchsbedingungen und überlegt, wie die Messwerte sich verhalten sollten. Notiert euer Vorgehen angemessen.

c) Überlegt euch sinnvolle Anwendungen für die Sensoren in Bezug auf den Physikunterricht. Erstellt Versuchsanleitungen für eure Mitschüler.

Sensoren wandeln Größen

Informationen über den Wert physikalischer Größen sind wichtig und alltäglich. Ist das Badewasser zu heiß, kochen die Kartoffeln schon 20 Minuten oder fahre ich zu schnell?
Da wir Menschen diese Größen nicht direkt quantitativ erfassen können, benutzen wir dazu Messgeräte. Der Tachometer rechts gibt zum Beispiel Auskunft über die Fahrzeit und die aktuelle Geschwindigkeit.

Grundlage jedes Messgerätes ist ein für die Messgröße geeigneter Sensor. Ein Sensor wandelt eine physikalische Größe in eine andere, deren Wert einfacher zu verarbeiten ist.

Als Beispiel wird im Zentralen Versuch mithilfe von unterschiedlichen Sensoren – Thermometern – dieselbe physikalische Größe erfasst, nämlich die Temperatur des Wassers im Becherglas, .

Zentraler Versuch

Im Bild links ist der Sensor die Flüssigkeit in einem dünnen Glasröhrchen. Je höher der Flüssigkeitspegel steht, desto höher ist die Temperatur. Diese Art der Erfassung von Messwerten wird als **analoge Messung** bezeichnet: Die Messwerte werden ohne zusätzliche elektronische Bauteile auf einer Skala kontinuierlich dargestellt. Veränderungen der Temperatur werden sofort durch eine Längenänderung der Flüssigkeitssäule sichtbar.
Analoge Thermometer wandeln die physikalische Größe Temperatur in die geometrische Größe Länge.

Bei den beiden rechten Bildern wird die Temperatur des Wassers als Zahlenwert auf einer Anzeige dargestellt. Für eine solche Darstellung muss die eigentliche Messgröße „Temperatur" in einen Zahlenwert umgewandelt werden. Eine solche Messung wird als **digitale Messung** bezeichnet. Während der Sensor im mittleren Bild dabei noch einen direkten Kontakt zum Wasser benötigt, ist das Infrarot-Thermometer ganz rechts sogar in der Lage, die Temperatur berührungslos zu ermitteln.
Digitale Thermometer wandeln die physikalische Größe Temperatur – mithilfe einer Elektronik – in einen ablesbaren Wert.

Digitale Messungen haben einen großen Vorteil: Die Daten der Sensoren liegen als elektrische Größen vor und können elektronisch weiterverarbeitet werden. Die Messwerte können z. B. über eine eingebaute Schnittstelle an einen Computer zur weiteren Verarbeitung übertragen werden. Somit können komplexe Zusammenhänge grafisch veranschaulicht und die Daten mit Programmen weiterverarbeitet werden.

Auch die Weitergabe und Speicherung der Daten ist – im Gegensatz zu analogen Messungen – leicht möglich. So nutzen Meteorologen das Internet, um Daten von Wettersensoren auf der ganzen Welt zu sammeln und an einem Ort von leistungsfähigen Rechnern daraus Wettervorhersagen zu berechnen. In vielen Haushalten gibt es Funkwetterstationen, bei denen die Außentemperatur von dem Messfühler im Garten per Funk an die Anzeige im Haus übertragen wird.

Um überhaupt eine Messgröße digital erfassen zu können ist es notwendig, ein elektrisches Signal einer Messung zu produzieren. Manche Größen, wie die Temperatur, können mit einem Thermoelement als Sensor direkt elektrisch erfassbare Signale erzeugen. Andere Sensoren sind in der Lage, Kraft, Druck, Helligkeit, Längen etc. in elektrische Signale umzuwandeln.

Sensoren wandeln physikalische Größen.
Eine Messung kann analog oder digital erfolgen.
Digital erfasste Größen lassen sich gut weiterverarbeiten. Dazu sind Sensoren notwendig, die die Messgröße in ein elektrisches Signal umwandeln.

Messdaten wandeln – gar nicht so einfach!

Auch wenn durch moderne Messsysteme und Sensoren der Eindruck erweckt wird, dass das Erfassen von Werten physikalischer Größen sehr einfach ist, so zeigt ein Blick auf die Grundzüge der Messwerterfassung, dass doch einige Probleme beachtet werden müssen.

Zentraler Versuch

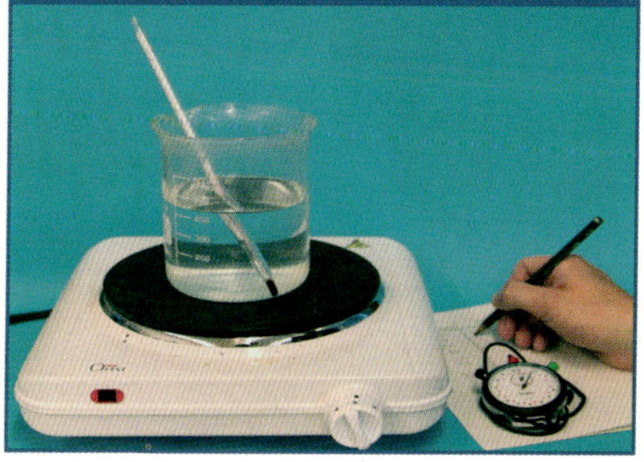

Zur Verdeutlichung der Probleme soll im Zentralen Versuch das Temperaturverhalten einer Flüssigkeit bei Erwärmung untersucht werden. Dafür wird ein Becherglas mit Wasser von einer Herdplatte erwärmt. Zudem stehen ein Flüssigkeitsthermometer, eine Stoppuhr, Stift und Zettel zur Verfügung.

Für die Untersuchung ist es erforderlich, Messdaten aufzunehmen – die Temperatur der Flüssigkeit. Um den Verlauf der Temperaturentwicklung nachvollziehen zu können, ist eine Bestimmung der Temperatur in (gleichen) Zeitabständen notwendig.
Beim Ablesen der Temperatur ergibt sich ein erstes Problem. Steht die Flüssigkeitssäule zwischen zwei Teilstrichen, so muss der Messwert einem der markierten Werte zugeordnet werden, was je nach Skalierung nicht immer ganz einfach ist.

Der Vorgang der Zuordnung des realen Wertes zu einem Wert auf der Skala heißt **Quantisierung.** Liegt der reale Messwert nicht genau auf einem Skalenwert, so ergeben sich zwangsläufig Quantisierungsfehler.
Die Genauigkeit der Messung kann durch eine Vergrößerung der Anzahl der Quantisierungsstufen verbessert werden, z. B. durch die Verwendung eines Thermometers mit feinerer Skaleneinteilung.

Elektrische Sensoren, die digitale Daten zur Verfügung stellen, müssen quantisieren. Dabei hängt die Güte davon ab, wie viele Quantsierungsstufen vorhanden sind. Sensoren mit einer Auflösung von 8 Bit haben 256 mögliche Stufungen zur Verfügung; bei einer 16 Bit-Auflösung sind es bereits 65 537.
Die Benutzung eines digitalen Thermometers täuscht eine größere Genauigkeit vor, da es keine Ablesefehler geben kann. Dabei wird übersehen, dass in dem Gerät bereits eine Quantisierung der Messdaten stattgefunden hat. Wird als Messwert, z. B. eine Temperatur, von 20,3 °C angezeigt, dann kann der reale Wert zwischen 20,25 °C und 20,34 °C liegen, also in einem Bereich von fast 0,1 °C!

Ein zweites Problem ergibt sich bei einer sehr schnellen Temperaturänderung. Dies hat zur Folge, dass sich die Lage der Flüssigkeitssäule des Thermometers schnell ändert. So kommt es bei realen Messungen stets zu einer (kleinen) Zeitdifferenz zwischen dem Erfassen des Zeitpunktes und dem Ablesen der Temperatur. Besonders offensichtlich wird dieser Effekt, wenn nur eine Person das Experiment durchführt. Es ist unmöglich, die Stoppuhr und das Thermometer gleichzeitig im Auge zu behalten.

Bei elektronischen Schaltungen ergibt sich ein ähnliches Problem. Die Erfassung und Umwandlung der Messwerte benötigt eine gewisse Zeit, die von den verwendeten Schaltungen abhängt. Während dieser Zeit muss dafür gesorgt werden, dass das Eingangssignal bis zur Verarbeitung konstant bleibt. Dazu wird eine Abtast-Halte-Schaltung (Sample-and-Hold-Schaltung) verwendet, die das analoge Signal so lange zwischenspeichert, bis die Quantisierung stattgefunden hat. Daraus ergibt sich, dass erst nach dieser Zeit der nächste Messwert erfasst werden kann.

Als Ergebnis liegt schließlich eine Liste aus einzelnen Messwertepaaren vor. Aus der kontinuierlich ablaufenden Zeit sind einzelne Zeitpunkte geworden; die Höhe der Flüssigkeitssäule ist Temperaturwerten zugeordnet worden.

Diese gewonnen Daten können jetzt ausgewertet werden, z. B. grafisch oder durch Bestimmen einer Funktion, die den Temperaturanstieg beschreibt.

t	T
0 s	20 °C
10 s	20 °C
20 s	21 °C
30 s	22 °C
40 s	24 °C
50 s	24 °C
60 s	26 °C
70 s	27 °C

Das Erfassen von Messwerten ist stets fehlerbehaftet. Ein tatsächlich kontinuierliche Erfassung von Messwerten ist nicht möglich.

Fehler bei der A/D-Wandlung

①
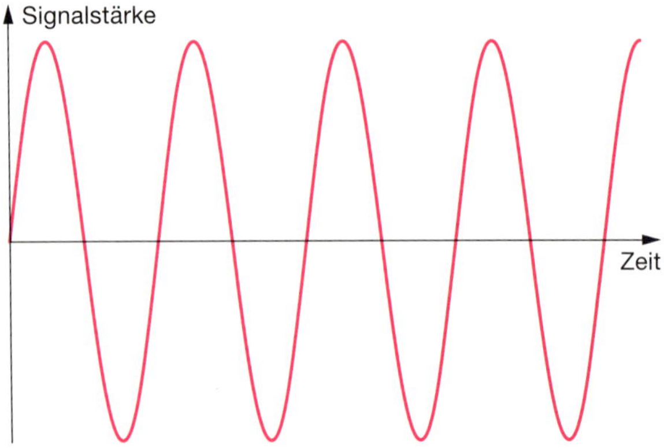

②
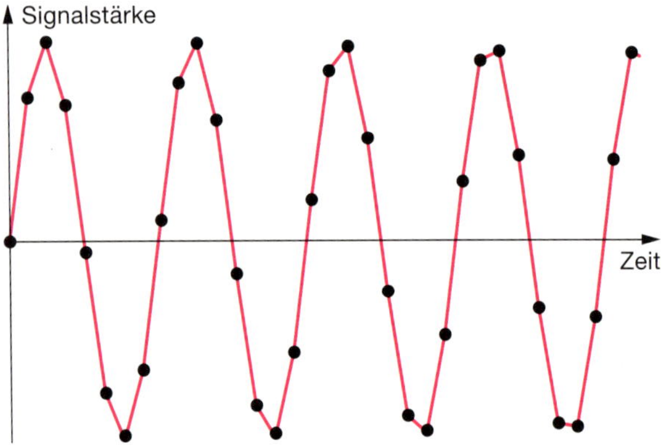

③
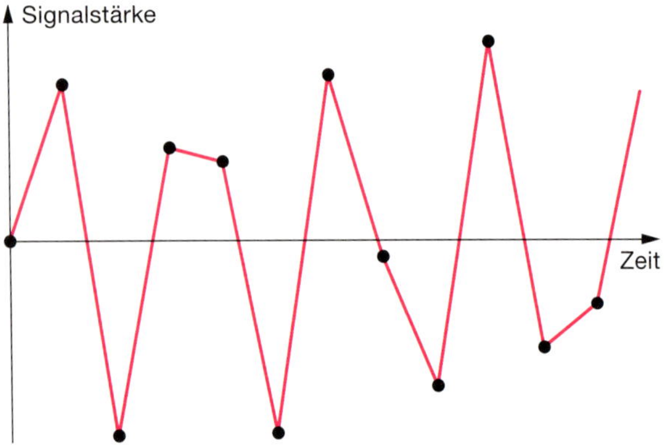

④
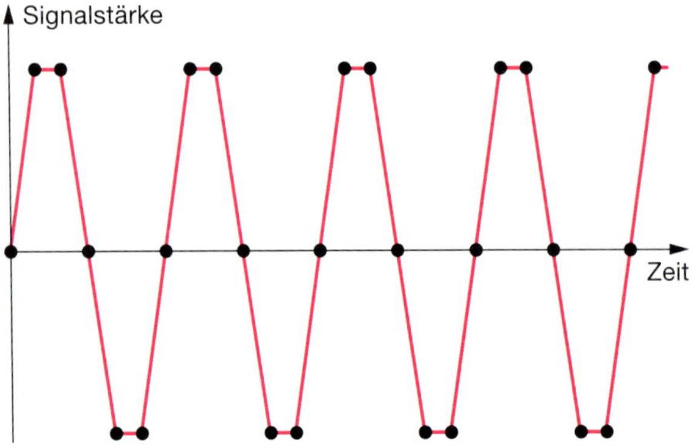

Das Umwandeln analoger Daten in digitale Daten wird als **Analog-Digital-Wandlung,** kurz **A/D-Wandlung,** bezeichnet. Die Probleme und auftretenden Fehler bei der A/D-Wandlung zeigt folgendes Beispiel.

Grundsätzlich sind drei Probleme zu berücksichtigen:

- Die Erfassung der Messdaten geschieht nicht kontinuierlich, sondern diskret.
- Zwischen zwei Messungen kann der Wandler für einen kurzen Moment keine neuen Messwerte erfassen.
- Beim Umwandeln in digitale Information muss einem Messwert eine feste Zahl zugeordnet werden.

Das erste Problem lässt sich an einem Beispiel verdeutlichen. Eine Messgröße liefert ein kontinuierliches Signal in Form einer Sinuskurve (Bild ①).
Wird das Signal häufig genug erfasst, dann ähnelt das Bild, das beim Auftragen der Messwerte entsteht, der Ausgangskurve noch ganz gut (Bild ②).
Findet die Abtastung nicht häufig genug statt, dann ist der Verlauf der ursprünglichen Werte nicht mehr nachvollziehbar (Bild ③).

Die Auswirkung des zweiten Problems ist einfach nachzuvollziehen: Durch die Zeitspanne, in der die Schaltung keine neuen Messwerte erfassen kann, gehen Werte verloren. Diese „Totzeit" muss daher so gering wie möglich ausfallen.

Um das dritte Problem zu verdeutlichen, wurde die Anzahl der zulässigen Werte eingeschränkt, wodurch der Quantisierungsfehler groß wird. Dadurch ist der Informationsverlust sehr deutlich zu erkennen, jedoch bleibt der globale Verlauf weiterhin erkennbar (Bild ④).

Soll eine Messgröße digital erfasst werden, muss also dafür Sorge getragen werden, dass die dafür verwendete Hardware schnell genug und hinreichend genau die Daten erfassen und auswerten kann.
Beim Digitalisieren von Schall, also von Musik und Sprache, ist die eingesetzte Hardware maßgeblich für die Klangqualität verantwortlich. Bei einer Audio-CD wird das Schallsignal 44 100-mal pro Sekunde mit einer Genauigkeit von 16 Bit (= 2^{16} = 65 536 Stufen) abgetastet und gespeichert. Ein Lied von 3 Minuten Dauer wird dann in etwa 8 Millionen Bits gespeichert!

Bei Messungen ist die Umwandlung in ein digitales Signal problembehaftet. Sie kann bei schlechten A/D-Wandlern zu fehlerhaften Werten führen.

Kalibrieren und Eichen

Bei allen drei vorgestellten Bauarten von Thermometern führt eine Änderung der Temperatur zu einer Änderung der Messgröße. Was fehlt ist eine Skala, an der direkt die Temperatur abgelesen werden kann.

Dazu ist es zunächst notwendig, Temperaturen unabhängig von einem Thermometer zu definieren. Der Physiker ANDERS CELSIUS legte im Jahr 1742 fest, dass der Siedepunkt von Wasser die Temperatur von 0 °C darstellt, der Gefrierpunkt 100 °C. Die Skala dazwischen teilte er linear in 100 gleiche Stücke. Im angelsächsischen Raum wird heutzutage in Grad Fahrenheit (°F) gemessen. Die Festlegung sieht dabei 0 °F bei der Temperatur einer Kältemischung (Wasser-Eis-Salz) vor, der Schmelzpunkt von Eis legt 32 °F und die Körpertemperatur 96 °F fest.

Momentan bildet die Internationale Temperaturskala von 1990 (kurz: ITS-90) die Grundlage für das **Kalibrieren** von Thermometern. In ihr sind Temperaturen physikalischen Vorgängen zugeordnet. Zumeist handelt es sich dabei um Erstarrungs- oder Schmelzpunkte von Metallen. So ist Beispielsweise der Erstarrungspunkt von Indium bei 156,5985 °C festgelegt.

Die Kalibrierung läuft dann folgendermaßen ab:

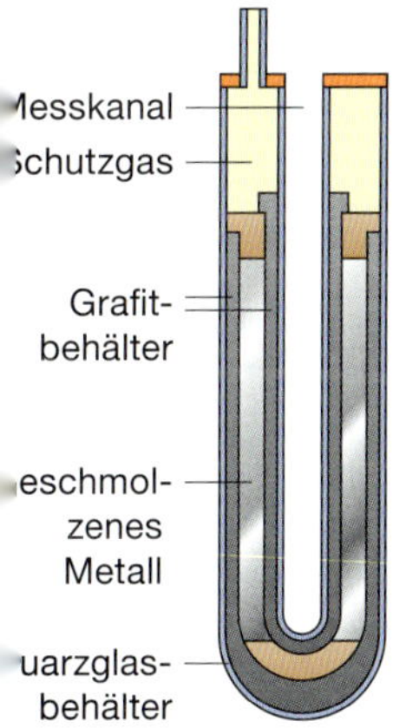

In einer Metallfixpunktzelle wird das Metall bis kurz über den Schmelzpunkt erhitzt. Anschließend wird das Erstarren eingeleitet, z.B. indem das Gefäß kurz abgekühlt wird. Beim Erstarren bleibt die Temperatur für einen gewissen Zeitraum konstant. In dieser Zeit wird das zu kalibrierende Thermometer in den Messkanal eingeführt. Der dann auf der zugehörigen Skala ablesbare Wert entspricht dem aus der ITS-90-Tabelle für das verwendete Metall.

Mit mindestens einem weiteren Fixpunkt, der vermessen wird, kann die Skala des Thermometers vervollständigt werden.

So wie für die Temperatur gibt es für nahezu jedes Messgerät Vorschriften und Möglichkeiten der Kalibrierung. Für Spannungsmessgeräte steht das Josephson-Spannungsnormal zur Verfügung, mit dessen Hilfe Spannungen mit einer Genauigkeit im Nanovoltbereich (Milliardstel Volt) erzeugt werden können. Für die Masse ist das Urkilogramm die Bezugsgröße.

In Deutschland ist die Physikalisch-Technische Bundesanstalt (PTB) in Braunschweig per Gesetz dazu verpflichtet, die Größen des SI-Systems nach den neuesten technischen Möglichkeiten vorzuhalten. Die PTB besitzt daher die Normale für Zeit, Strecke, Masse usw. In ihren Labors können auch technische Messgeräte kalibriert werden.

Das **Eichen** von Geräten ist eine gesetzliche Pflicht zur Überprüfung der Kalibrierung von Messeinrichtungen, deren „Messgenauigkeit im öffentlichen Interesse liegt". Die amtliche Überprüfung der Messeinrichtungen im Handel und im Gewerbe ist zum Schutz der Verbraucher gedacht. Es soll sichergestellt werden, dass der Kunde beim Kauf von Waren die bezahlte Menge tatsächlich erhält.

Dafür wird in regelmäßigen Abständen amtlich überprüft, ob die Waagen beim Metzger, die Zapfsäulen an der Tankstelle, die Wasseruhren in Gebäuden u. v. m. im Rahmen der Vorschriften genau messen.

Das wohl präsenteste Produkt der Eichung ist der Füllstrich („Eichstrich") an Gläsern im Gastronomiegewerbe. Er macht für jeden Gast sofort erkennbar, ob das bestellte Getränkevolumen auch enthalten ist. Die Einführung des Füllstrichs ist eine der ältesten Eichvorschriften und ist im „Gesetz, betreffend die Bezeichnung des Raumgehaltes der Schankgefäße" vom 20. Juli 1881 festgehalten, in dem es u. a. heißt: „Schankgefäße (Gläser, Krüge, Flaschen etc.), welche zur Verabreichung von Wein, Obstwein, Most oder Bier in Gast- und Schankwirtschaften dienen, müssen mit einem bei der Aufstellung des Gefäßes auf einer horizontalen Ebene den Sollinhalt begrenzenden Strich (Füllstrich) und in der Nähe des Strichs mit der Bezeichnung des Sollinhalts nach Litermaß versehen sein."

Die Kontrollen über die Maße für einen fairen Handelsbetrieb gehen aber noch weiter zurück. Bereits im Mittelalter gab es Eichmeister, die an den Markttagen die Gewichte der Händler oder die Längenmaßstäbe der Brotprüfer nachmaßen.

Durch Kalibrieren wird die Skala eines Messgerätes festgelegt.
Beim Eichen wird die Genauigkeit der Skala durch den Gesetzgeber überprüft.

Sensoren zur Wetterbeobachtung

Sensoren zur Erfassung von Wetterdaten liefern die Grundlage für präzise Wettervorhersagen. Sie sind somit Entscheidungshilfen für eine korrekte Kleiderwahl, erlauben die Planung von Prozessen in der Agrarwirtschaft und sicherer Routen in Luft- und Seefahrt.

Thermometer

Für die Messung von Temperaturen gibt es eine Vielzahl von Sensoren, die sich im Messprinzip deutlich unterscheiden.

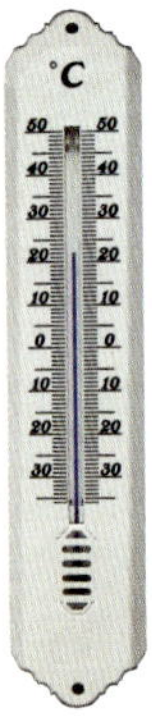

Die klassische Form eines Thermometers ist das Flüssigkeitsthermometer. Eine Flüssigkeit befindet sich in einem Glasröhrchen. Der Vorratsbehälter der Flüssigkeit wird in die zu überwachende Umgebung gebracht. Durch die thermische Ausdehnung verändert sich die Steighöhe im Röhrchen. Anhand einer angebrachten Skala kann die Temperatur abgelesen werden. Eine digitale Umsetzung dieses Messverfahrens ist schwierig, da die Steighöhe schlecht in ein elektronisches Signal gewandelt werden kann.

Heißleiter, auch **NTC-Widerstände** genannt (NTC: Negative Temperature Coefficient) und **Kaltleiter** (PTC: Positive Temperature Coefficient) sind elektronische Bauelemente, deren Widerstand von der Temperatur abhängt. Während bei Kaltleitern der elektrische Widerstand mit der Temperatur zunimmt, nimmt der Widerstand von Heißleitern bei Erwärmung ab.

Um mit NTC- bzw. PTC-Widerständen ein Thermometer zu bauen, werden eine elektrische Quelle und ein Stromstärkemessgerät benötigt. Im zentralen Versuch ist beispielhaft das Verhalten eines Kaltleiters dargestellt. Bei Zimmertemperatur fließt ein elektrischer Strom von 50 mA durch die Anordnung. Wird der PTC durch die Hitze der Streichholzflamme erwärmt, so ist ein Rückgang der Stromstärke festzustellen. Der Zeigerausschlag des Messgeräts ist folglich ein Maß für die Temperatur. Der PTC hat als Sensor die Messgröße Temperatur in die Größe Stromstärke umgewandelt.

Eine weitere Möglichkeit, die Größe Temperatur in eine elektrische Größe zu wandeln, bietet der **Seebeck-Effekt:** Im Experiment wird dazu eine Kupferschleife an ihren Enden durch eine Platte aus Konstantan verbunden. Das eine Ende der Platte taucht in Eiswasser, das andere wird mit einem Gasbrenner erwärmt. Dabei kann beobachtet werden, dass eine in der Mitte befestigte Magnetnadel ausschlägt. Das dafür notwendige Magnetfeld wird durch einen Strom im Bügel erzeugt, weshalb eine Spannung als Ursache des Stroms vorhanden sein muss.

Die Entstehung der Spannung kann mit folgendem Gedankenexperiment nachfollzogen werden: Zwischen den Enden der Konstantanplatte entsteht ein Temperaturgefälle. Aufgrund der Eigenbewegung der Elektronen bewegen sich diese durch den Leiter. Die Elektronen im rechten Teil haben aufgrund der Erwärmung eine größere mittlere Geschwindigkeit als die im linken. Dadurch strömen (diffundieren) mehr Elektronen vom warmen in den kalten Bereich als umgekehrt.

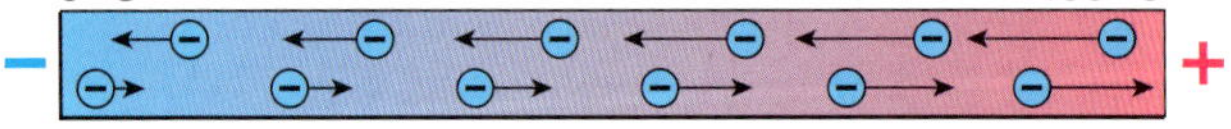

Durch die Ladungsumverteilung entsteht eine Spannung zwischen den Leiterenden, deren Größe abhängig von der Temperaturdifferenz ist. Die Messgröße Temperatur ist von diesem Sensor in die Größe elektrische Spannung gewandelt worden.

Zentraler Versuch

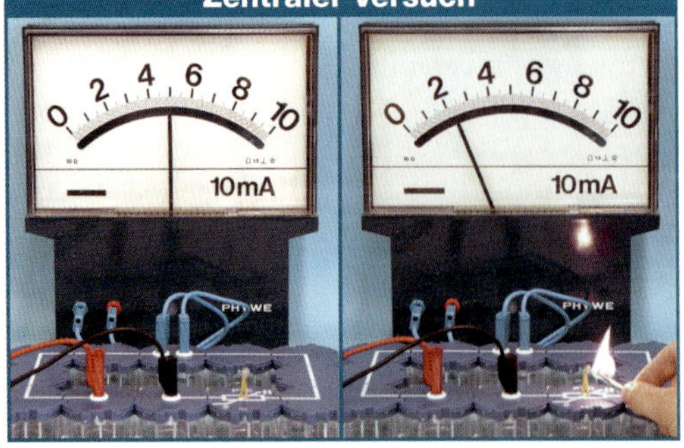

NTC- und PTC-Widerstände verändern die elektrische Stromstärke bei Temperaturänderung.
Beim Seebeck-Effekt wird aufgrund einer Temperaturdifferenz eine Spannung erzeugt.
Beide Sensoren wandeln Temperaturen in eine elektrische Größe.

Drucksensoren

Die Messung des Luftdrucks ist nicht nur in der Meteorologie wichtig, sondern wird auch in der Luftfahrt genutzt. In einem Experiment soll die grundlegende Technik der Druckmessung verdeutlicht werden: Eine geschlossene Metalldose wird in ein Gefäß mit Wasser getaucht. Eine Seite der Dose ist mit einer Gummimembran bespannt. Das Innere der Dose ist über einen Schlauch mit einem U-Rohr verbunden, in das vorher gefärbtes Wasser gefüllt wurde.

Zentraler Versuch

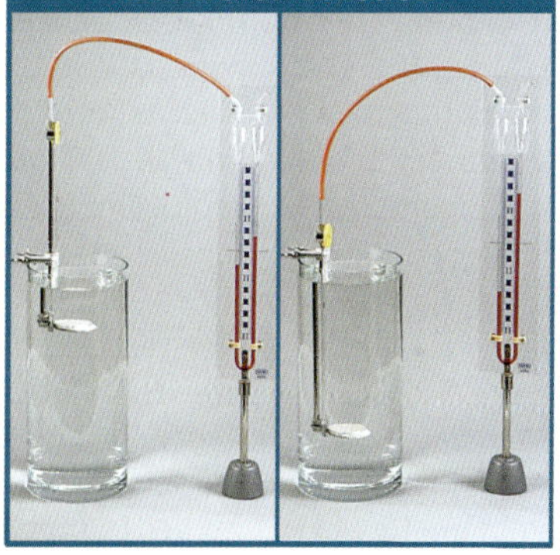

Mit zunehmender Wassertiefe sinkt der Pegel im linken Schenkel des U-Rohrs und der im rechten steigt an.

Das ist sofort einsichtig. Während auf das offene Ende des U-Rohrs lediglich der aktuelle Luftdruck wirkt, wirkt auf die linke Seite zusätzlich der Schweredruck der Wassersäule auf die Membran. Weil die Wassersäule über der Membran zunimmt, der äußere Luftdruck aber als konstant angesehen werden kann, wird die Wassersäule in Richtung des geringeren Drucks verschoben. Die Information über den Wasserdruck wird in eine Höhendifferenz im U-Rohr gewandelt.

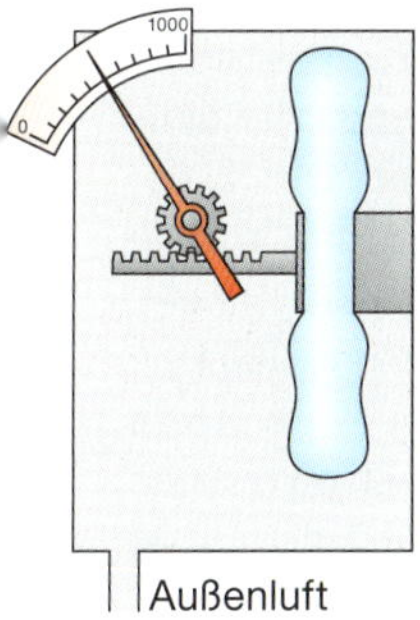

In der Luftfahrt werden Barometer als Höhenmesser verwendet. Dabei wird kein wassergefülltes U-Rohr als Sensor benutzt, sondern eine geschlossene, speziell geformte Dose aus Metall, in der nur ein sehr geringer Druck herrscht (Aneroiddose). Steigt der Luftdruck im Gehäuse, wird die Dose zusammengedrückt; sinkt der Luftdruck, dehnt sie sich wieder aus. Die Dose ist über eine Mechanik mit einem Zeiger verbunden, der die zugehörige Flughöhe anzeigt. Die Messgröße Luftdruck wird vom Höhenmesser in eine Höhenangabe gewandelt.

Durch Änderungen der Wetterlage kann es dazu kommen, dass sich der aktuelle Luftdruck ändert, was zu einer Fehlanzeige des Höhenmessers führt. Daher besitzen Höhenmesser eine Stellschraube (im Bild unten links), mit dem der Zeiger vor jedem Start auf die Flugplatzhöhe eingestellt wird.

Zur Umwandlung der Messgröße „Druck" in eine elektrische Größe werden heutzutage vielfach Halbleiter-Drucksensoren benutzt, die zur Gruppe der MEMS-Sensoren (Micro Electro Mechanical Systems) gehören. Es handelt sich um Bauelemente, die mithilfe von speziellen Ätzverfahren hergestellt werden. Dabei werden mechanische Bauelemente (bewegliche Teile wie Federn, Membrane etc.) mit elektrischen Elementen (Leitungen, Widerständen, Kondensatoren, etc.) auf einem Halbleiterchip direkt miteinander verbaut, sodass mechanische Größen direkt in elektrische Größen gewandelt werden können.

Grundlage der Messung ist dabei die Ermittlung der Auslenkung einer Membran, wie im mechanischen Barometer. Die Längenänderung wird mithilfe eines Kondensators in elektrische Signale gewandelt.

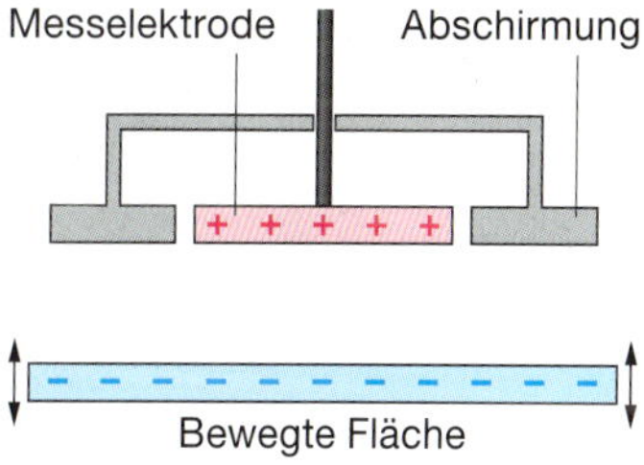

Ein Kondensator besteht im einfachsten Fall aus zwei Metallplatten, die isoliert voneinander aufgestellt sind. Er ist in der Lage, Ladungen zu speichern. Wie groß die Speicherkapazität ist, hängt dabei vom Abstand der Platten ab. Ändert sich der Plattenabstand – eine geometrische Größe – dann ändert sich die Kapazität – eine elektrische Größe. Die Kapazitätsänderung wird in einen digitalen Wert umgerechnet, der als Druckwert interpretiert zur Auswertung verwendet werden kann.

Der Druck wird mithilfe einer Membran ermittelt, bei der sich der Abstand zweier Flächen verändert. Die Veränderung ist ein Maß für den Druck.
Kondensatoren wandeln die Änderung des Abstands in eine elektrische Größe um und sind deswegen Grundlage für eine Vielzahl von Sensoren.

Anemometer

Anemometer, wie die Geräte zur Ermittlung der Windgeschwindigkeit heißen, gibt es in zahlreichen Bauformen und technischen Umsetzungen. Das wohl bekanntestes Anemometer ist das Schalenanemometer.

Es besteht aus zumeist drei oder vier schalenartigen Gefäßen, die mit Verbindungsstreben an einer drehbar gelagerten Achse befestigt sind. Der Wind treibt die Schalen an, was sich in einer Drehung der Schalen um die zentrale Achse äußert. Die Drehgeschwindigkeit ergibt sich dabei aus der antreibenden Wirkung des Windes in den Schalen und der abbremsenden Wirkung des Windes durch die gewölbten halbkugelförmigen Schalenhüllen. Die Drehgeschwindigkeit kann mit einem Tachometer ermittelt und in die zugehörige Windgeschwindigkeit umgerechnet werden.

Zentraler Versuch

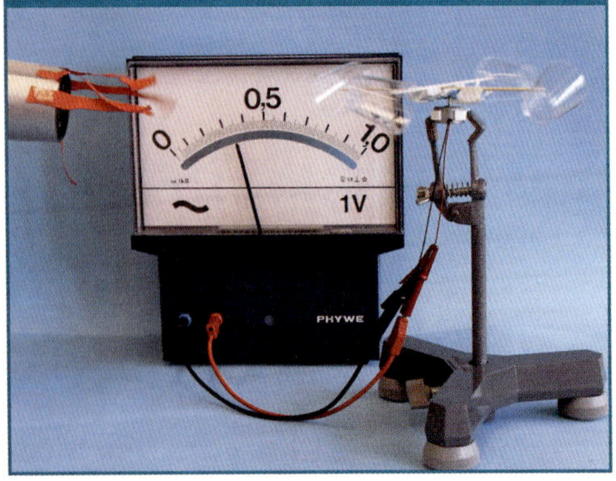

Zur Digitalisierung ist jedoch ein Spannungssignal als Ausgang von Vorteil. Dazu wird das Schalenanemometer auf einen Generator montiert. Im zentralen Versuch wird dazu ein Fahrraddynamo verwendet. Die vom Dynamo erzeugte Spannung ist abhängig von seiner Drehgeschwindigkeit. Damit ist die gemessene Spannung ein Maß für die Windgeschwindigkeit.

Das im Versuch angeschlossene Spannungsmessgerät muss kalibriert werden, um eine Skala für die Windgeschwindigkeit zu erhalten. Aufgrund der großen bewegten Masse ist das Schalenanemometer jedoch sehr träge und kann kurzfristige Änderungen der Windgeschwindigkeit nicht gut detektieren.

Um einen genügend großen Auftrieb bei Flugzeugen zu erzeugen, muss die Geschwindigkeit, mit der die Luft die Tragflächen umströmt, groß genug sein. Die Kenntnis der Geschwindigkeit, mit der sich ein Luftfahrzeug durch die Luft bewegt, ist essentiell für den Piloten. Diese Information wird mit einem Fahrtmesser angezeigt.

Die Messung der Geschwindigkeit geschieht prinzipiell über die Messung von Druckunterschieden. Im Zentralen Versuch wird dazu ein mit gefärbtem Wasser gefülltes U-Rohr an einem Ende mit einem Schlauch versehen, während das andere Ende offen bleibt. Auf das eine Ende des Schlauchs wird mit einem Föhn Luft geblasen. Zu beobachten ist, dass die Flüssigkeitssäule im rechten Schenkel des U-Rohrs ansteigt. Je stärker der Föhn bläst, desto höher steigt die Flüssigkeit und ist somit ein Maß für die Luftgeschwindigkeit.

Zentraler Versuch

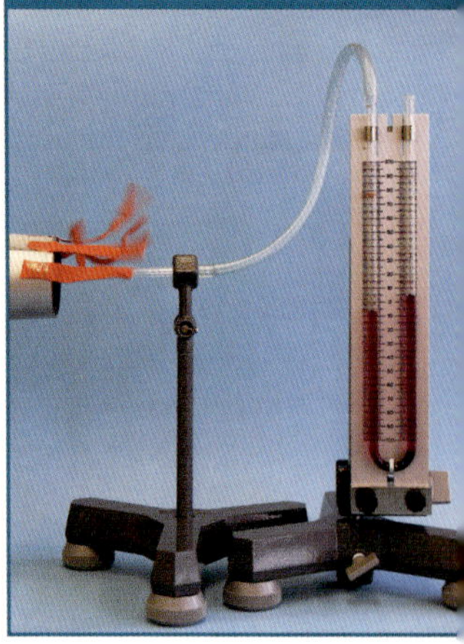

An der Spitze des Schlauchs wirkt zum einen der herrschende Luftdruck (statischer Druck) und der Druck, der durch die bewegt Luft hinzukommt (Staudruck). Die Summe der beiden wird als Gesamtdruck bezeichnet. Am offenen Ende des U-Rohrs wirkt nur der statische Druck. Die Druckdifferenz von Gesamtdruck im linken Schenkel des U-Rohrs und statischem Druck im rechten Schenkel führt zur Auslenkung der Wassersäule und ist ein Maß für den Staudruck.

Bei Segelflugzeugen wird der Staudruck mit einem Staurohr gemessen, der statische Druck mithilfe kleiner Öffnungen am Rumpf. Im Fahrtmesser wird der Staudruck mit einer Mechanik auf einen Zeiger übertragen.

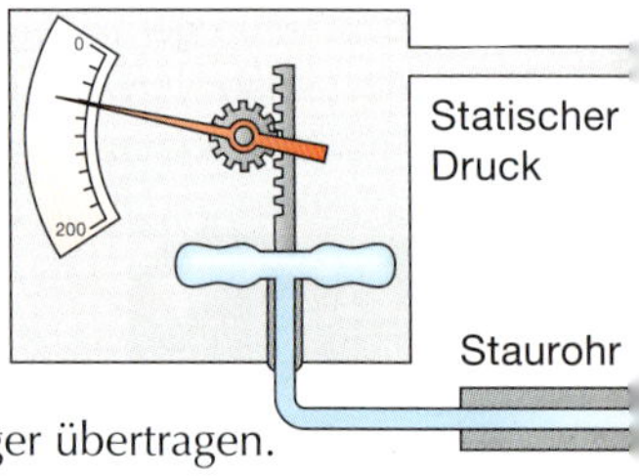

Die Windgeschwindigkeit kann durch Sensoren rein mechanisch – wie in einem Flugzeug – oder durch Wandlung in ein elektrisches Signal – durch einen Generator – gemessen werden.

Aufgaben

1 Fahrtmesser in Flugzeugen, wie oben beschrieben, haben einen Nachteil. Überlege, welche Auswirkungen es hat, wenn ein Flugzeug in großer Höhe fliegt.

2 Im Jahr 1999 stürzte die 125 Millionen Dollar teure Marssonde Climate Orbiter beim Landeanflug auf dem Mars ab. Das Problem war nicht technischer Natur, sondern beruhte auf der Tatsache, dass die Sonde ein amerikanisch-europäisches Projekt war. Formuliere eine Vermutung für den tatsächlichen Absturzgrund.

3 Für Piloten von Segel- und Motorflugzeugen sind die unterschiedlichen Einheiten der Instrumente gewöhnungsbedürftig. Dabei gelten folgende Größen:

	Segelflugzeug	Motorflugzeug
Höhe	m	ft
Geschwindigkeit	$\frac{km}{h}$	kt
Steiggeschwindigkeit	$\frac{m}{s}$	$\frac{ft}{min}$

Dabei gilt: 1 ft (1 Fuß) = 0,3048m

1 kt (1 Knoten) = 1 $\frac{NM}{h}$

1 NM (1 nautische Meile) = 1,852 km

Rechne um:

a) 100 $\frac{km}{h}$ in kt **b)** 150kt in km/h.

c) 30000 ft in m **d)** 500 $\frac{ft}{min}$ in $\frac{m}{s}$ und in $\frac{km}{h}$

4 Drucksensoren werden nicht nur bei der Wetterbeobachtung und in der Luftfahrt benötigt. Stelle eine Liste zusammen, wo Drucksensoren noch benötigt werden.

5 In den MEMS zur Druckmessung ist meist auch ein Temperatursensor verbaut. Begründe, warum dieser notwendig ist, vor allem wenn eine Genauigkeit von 5 cm bei der Höhenmessung realisiert werden soll.

6 Mit einem Dosenvariometer (rechts) kann ein Pilot feststellen, ob er sich im Steig- oder im Sinkflug befindet. Erkläre die Funktionsweise des Variometers.

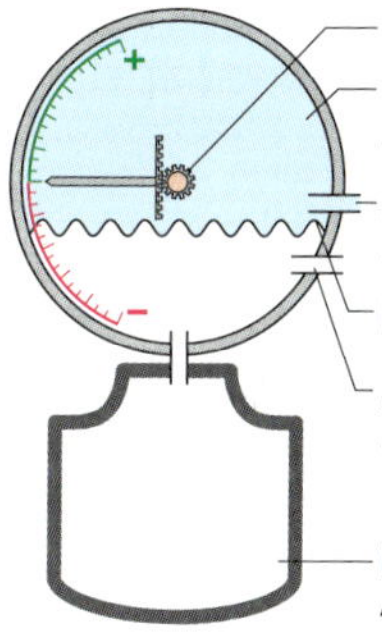

Sensoren zur Wetterbeobachtung — Versuche und Aufträge

V1 a) In zwei wassergefüllte Bechergläser wird jeweils etwas Farbstoff gegeben. Ein Streifen Löschpapier verbindet die beiden Gläser. Dann wird eines des Bechergläser erwärmt.
b) Beschreibe die Beobachtung. Erkläre, wieso es ein Modellversuch für den Seebeck-Effekt ist.

V2 a) Jeder Luftdruckmesser (Barometer) ist als Höhenmesser verwendbar. Erkläre diese zweite Verwendung. Beschreibe die Veränderungen, die an dem Barometer vorgenommen werden müssen, um es als Höhenmesser verwenden zu können.
b) Gehe mit einem Barometer in den Keller eines Hochhauses und in das oberste Stockwerk. Vergleiche die Barometerstände. Begründe die unterschiedlichen Anzeigen.
c) Je höher du steigst, desto dünner wird die Luft in der Atmosphäre. Beschreibe den Einfluss, den dies auf die Skala eines als Höhenmesser verwendeten Barometers hat.
b) Beschreibe, wie das Anemometer mithilfe eines Fahrrads kalibriert werden kann und führe es durch.

V3 Besorge dir einen etwa 12 Meter langen, durchsichtigen Kunststoffschlauch. Fülle diesen komplett mit Wasser und versperre ein Ende des Schlauchs mit einem Stopfen. (Am besten legst du den Schlauch dafür in eine mit Wasser gefüllte Wanne).
a) Ziehe den Schlauch im Schultreppenhaus mit einer Schnur am verschlossenen Ende vorsichtig aus der Wanne nach oben, bis nur noch das Ende in der Wanne ist. Beschreibe deine Beobachtung.
b) Finde eine Erklärung für deine Beobachtung.
c) Markiere den Wasserpegel mithilfe von Klebestreifen einen Monat lang. Notiert jeweils das dazugehörige Wetter. Gibt es einen Zusammenhang?
d) Kalibriere dein Barometer mithilfe von Wetterdaten und beschrifte es für alle Mitschüler sichtbar.
e) Früher wurde statt Wasser eine Quecksilberfüllung zur Messung verwendet. Erläutere den/die Vorteile.

V2 a) Baue aus Strohalmen, Plastikbechern, einem Fahrraddynamo (oder einem kleinen Elektromotor), etwas Klebstoff und einem Multimeter ein Anemometer.

Sensoren in Mobiltelefonen

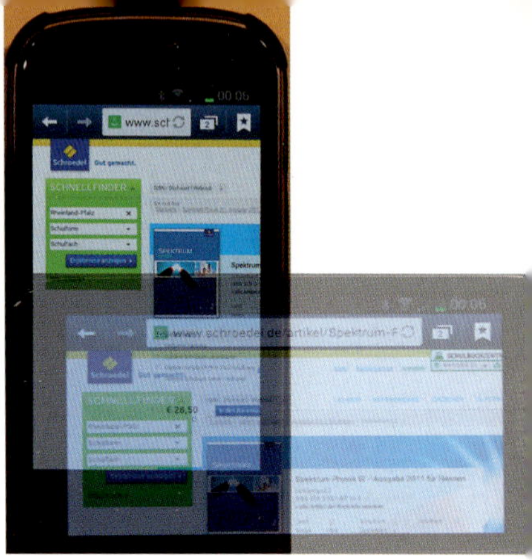

Moderne Mobiltelefone, Smartphones, besitzen eine Vielzahl von Sensoren. Das Mikrofon dient zur Kommunikation, der Touchscreen zur Interaktion mit dem Gerät, der Lagesensor sorgt für die korrekte Ausrichtung des Bildschirms. An ausgewählten Beispielen sollen einige der Sensoren in ihrer Funktionsweise beleuchtet werden.

Tastatur und Touchscreen

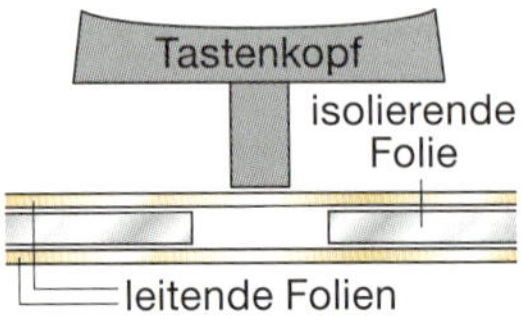

Eine herkömmliche Tastatur hat eine sehr einfache Funktionsweise: Jede einzelne Taste ist ein Schalter, der beim Drücken einen Stromkreis schließt. Bei günstigen Tastaturen sind die Kontakte und Leitungen auf zwei Folien gedruckt, die durch eine dritte Folie isoliert voneinander sind. An den Kontaktstellen der Tasten ist ein Loch in die isolierende Folie gestanzt; die Dicke der Folie stellt damit den Abstand der beiden Kontakte zueinander dar. Beim Druck auf die Taste berühren sich die beiden Kontaktflächen und der Stromkreis wird geschlossen.

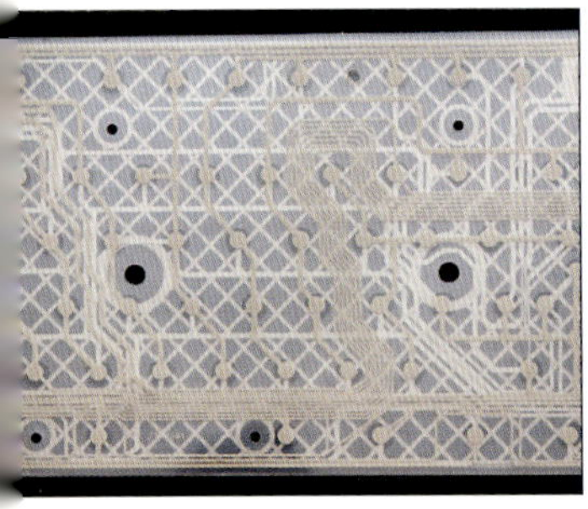

Eine normale Computertastatur besitzt etwa 104 Tasten und somit 104 Schalter. Auf dem Bild sind die Folien einer Tastatur zu sehen. Die hellgrauen Streifen sind die Leiterbahnen, die hellen Punkte die Kontakte. Die Anschlüsse führen zum Tastaturprozessor. Dabei ist zu erkennen, dass sich mehrere Kontakte eine Leiterbahn teilen. Die Zuordnung zu den Tasten geschieht dabei folgendermaßen:
Die Tasten sind – wie im Schema dargestellt – zeilen- und spaltenweise angeordnet. Der Tastaturpozessor legt mehrfach pro Sekunde an jede Leiterbahn der Zeile eine Spannung und prüft, ob auf einer der Leiterbahnen einer Spalte ein Strom fließt. Mit der Kombination von aktivierter Spalte und aktivierter Zeile steht dann fest, welche Taste der Anwender gedrückt hat. Im Beispiel sind die 3. Zeile und die 2. Spalte aktiviert, was nur das Ergebnis der rot markierten Taste sein kann. Die ermittelte Taste wird dann per Kabel oder Funk an den Computer übertragen.

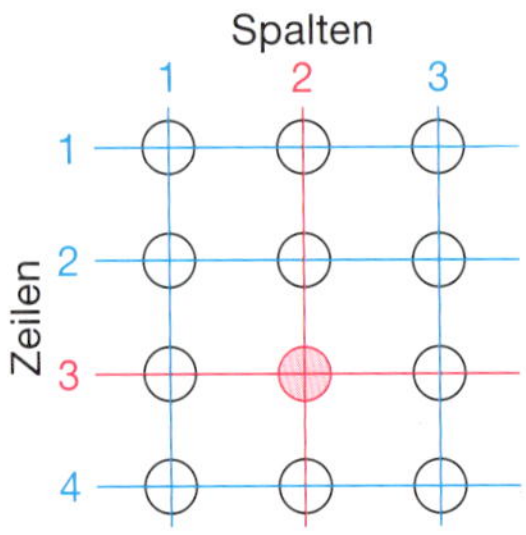

Bei den heutzutage am häufigsten verbauten berührungsempfindlichen Bildschirmen ist die Funktionsweise ähnlich. Über dem Monitor liegen auf verschiedenen Ebenen dünne Leiterbahnen, die senkrecht zueinander ausgerichtet sind. Die Glasscheibe auf der Oberfläche dient dem Schutz der empfindlichen Leiter.

Die Steuerung legt, wie bei der herkömmlichen Tastatur auch, in schneller Folge nacheinander an die Leiterbahnen eine Spannung, wodurch elektrische Felder entstehen. Wie bei magnetischen Feldern kann die Struktur des Feldes mit Feldlinien dargestellt werden. Befinden sich Gegenstände im elektrischen Feld, so verändern diese den Feldlinienverlauf.

In der rechten Anordnung ist ein Finger als geerdeter Leiter zwischen die geladenen Leiterbahnen gebracht worden. Wie zu erkennen ist, hat sich die Form des Feldes geändert. Die Änderung des Feldes wird bei einem Touchscreen von der Steuerelektronik registriert. Da bekannt ist, welche Leiterbahnen gerade aktiv sind, kann die Position des Fingers bestimmt werden.

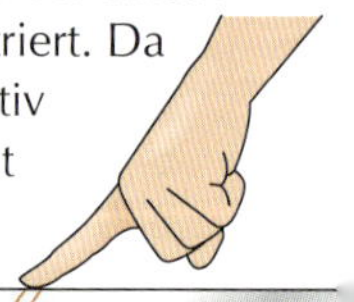

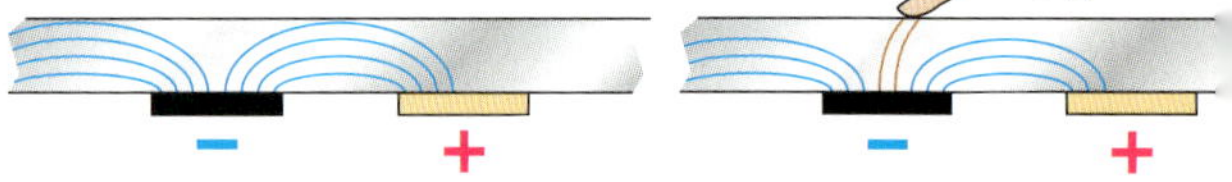

Da die menschliche Haut ein elektrischer Leiter ist, kann ein aufgelegter Finger das elektrische Feld beeinflussen und einen Touchscreen bedienen. Im Winter sind Mobiltelefone nur dann mit Handschuhen bedienbar, wenn in sie Metallfäden eingewebt sind!

Der Touchscreen ist die konsequente Weiterentwicklung der herkömmlichen Tastatur.
Während bei der Tastatur mechanische Schalter bewegt werden, wird bei einem Touchscreen die Veränderung eines elektrischen Feldes ermittelt und ausgewertet.

Bildsensoren

Augenblicke fotografisch festzuhalten ist heutzutage sehr bequem: Einfach das Mobiltelefon zücken und den Schnappschuss anfertigen. Es müssen keine Filme mehr gekauft und entwickelt werden. Möglich macht dies ein Sensor für Licht.

Zentraler Versuch

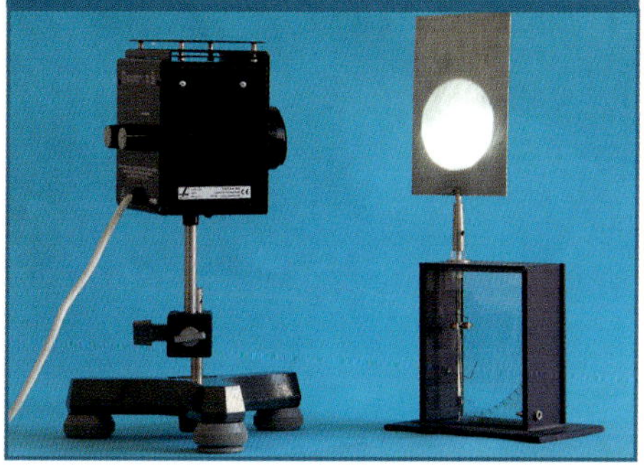

Der zentrale Versuch besteht aus einer Zinkplatte, deren Oberfläche mit Schmirgelpapier gereinigt wurde. Die Zinkplatte befindet sich auf einem Elektrospkop und kann mit einer Quecksilberdampflampe beleuchtet werden. Zunächst wird die Zinkplatte positiv geladen und anschließend mit der Lampe beleuchtet. In einem weiteren Versuch wird die Platte negativ geladen und dann dem Licht der Quecksilberdampflampe ausgesetzt.
Bei positiv geladener Zinkplatte bleibt die Ladungsmenge erhalten, unabhängig ob beleuchtet wird oder nicht. Ist die Platte negativ geladen, so zeigt das Elektroskop eine Entladung im Beleuchtungsfall an. Licht ist also in der Lage, aus einer Metalloberfläche Elektronen auszulösen. Dieser Effekt heißt **Fotoeffekt.**

Der Fotoeffekt wird in Digitalkameras zur Bilderzeugung genutzt. Kernstück ist dabei ein **CCD-Sensor** (engl: „charge-coupled device"; „ladungsgekoppeltes Bauteil"). Für die Erfindung des CCD wurde im Jahr 2009 der Nobelpreis verliehen.

Ein CCD besteht aus einer Vielzahl von lichtempfindlichen Sensoren, die zeilen- und spaltenweise angeordnet sind, den Bildpunkten. Fällt Licht auf einen Bildpunkt, dann werden durch den Fotoeffekt Elektronen freigesetzt. Dabei ist die Menge der Elektronen abhängig von der Beleuchtungsstärke und der Beleuchtungszeit. Die ausgelösten Elektronen müssen von einer elektronischen Schaltung erfasst und ausgewertet werden. Dafür werden sie zunächst in einer Art Kondensator zwischengespeichert, bis sie erfasst werden.

Mit einem CCD-Sensor ist es lediglich möglich, Hell-Dunkelwerte zu registrieren. Die damit erzeugbaren Bilder sind Schwarz-Weiß-Bilder. Für die Erzeugung von Farbbildern sind Informationen über die drei Grundfarben Rot, Grün und Blau notwendig. Aus der Überlagerung dieser drei Farben können die ursprünglichen Farben reproduziert werden.

Der Fotoeffekt ist die Grundlage für die digitale Bildaufnahme. Durch Lichteinfall werden Elektronen aus einer Metalloberfläche ausgelöst, was von einer Elektronik erfasst und als Bildinformation gespeichert wird.

Technische Realisierung

Für die Realisierung von Farbaufnahmen mit CCD-Sensoren gibt es unterschiedliche Möglichkeiten:

- Mithilfe von Prismen wird das einfallende Licht in seine Farbanteile Rot, Grün und Blau zerlegt und diese jeweils einem einzelnen Sensor zugeführt.

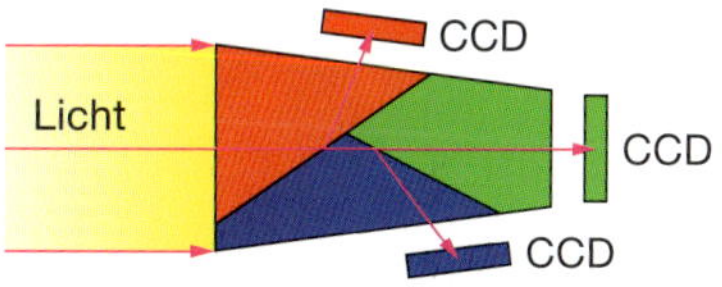

- Ein Sensor mit drei nebeneinander liegenden Farbfiltern registriert das an einem Bildpunkt ankommende Licht mit den drei Farbwerten.

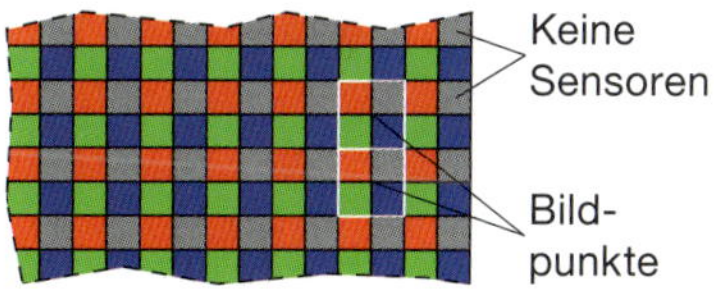

Die Helligkeitswerte der einzelnen Farben werden als RGB-Werte (Rot-Grün-Blau-Werte) in jeweils 256 Abstufungen gespeichert.

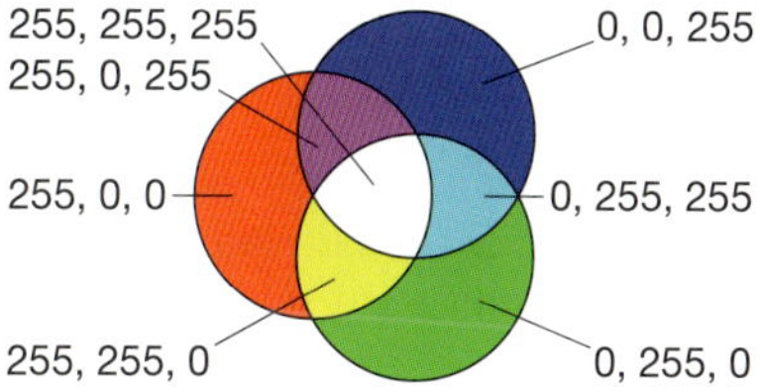

Mit der reinen Erfassung der Sensordaten ist der Vorgang beim Fotografien oder Filmen mit einer Digitalkamera noch nicht abgeschlossen. Nachdem die Auswerteelektronik die Rohdaten des CCD-Sensors erfasst hat, werden diese quantisiert. Um die dabei entstehende Datenmenge zu reduzieren, wird zumeist noch eine Kompression der Bilddaten vorgenommen, die dann auf einen Datenträger geschrieben werden können.

Mikrofone

Die Erfindung des Mikrofons war ein Meilenstein für die menschliche Kommunikation, weil es erstmals möglich war, Sprache über große Entfernungen zu übertragen.

Dazu ist es notwendig, die Schallwellen, die beim Sprechen ausgesandt werden, in elektrische Signale zu wandeln. Für die Wandlung gibt es zwei grundsätzlich unterschiedliche Möglichkeiten: die Verwendung von dynamischen Mikrofonen oder von Kondensatormikrofonen.

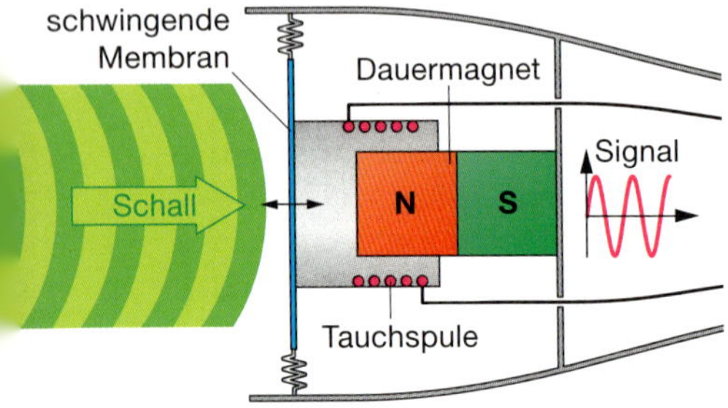

Dynamische Mikrofone funktionieren wie ein Lautsprecher, nur in umgekehrter Richtung. Eine schwingungsfähige Membran ist fest mit einer Spule verbunden. Die Spule befindet sich im Feld eines Permanentmagneten. Wird in das Mikrofon gesprochen, schwingt die Membran im Rhythmus der Schallwellen mit. Im selben Rhythmus wird damit die Spule im Magnetfeld hin und her bewegt. Die Bewegung durch das Magnetfeld führt zu einer kontinuierlichen Änderung der Feldstärke, wodurch eine Spannung in der Spule induziert wird. Die Größe der Spannung hängt von der Geschwindigkeit ab, mit der sich die Membran und somit die Spule bewegt. Auf diese Weise werden die Schallinformationen in elektrische Signale umgewandelt.

Mit einem Oszilloskop kann dieser Effekt sichtbar gemacht werden. Die Ausgänge des dynamischen Mikrofons werden direkt mit dem Eingang des Oszilloskops verbunden. Wird in das Mikrofon gesprochen, ist ein Ausschlag der Anzeige zu erkennen.

Zentraler Versuch

Aufgrund der Bauart sind dynamische Mikrofone sehr robust und auch für große Lautstärken geeignet. Bei der Konstruktion muss aber beachtet werden, dass die Masse von Membran und Spule, die in Schwingung versetzt werden, nicht zu groß sein darf, sonst können sehr schnelle Schwingungen, also hohe Töne, nicht mehr aufgenommen werden.

Für hohe Töne sind **Kondensatormikrofone** besser geeignet. Ihre Membran ist deutliche leichter gebaut als die von dynamischen Mikrofonen, weshalb sie den schnellen Schwingungen hoher Frequenzen besser folgen kann als die schwerere eines dynamischen Mikrofons.

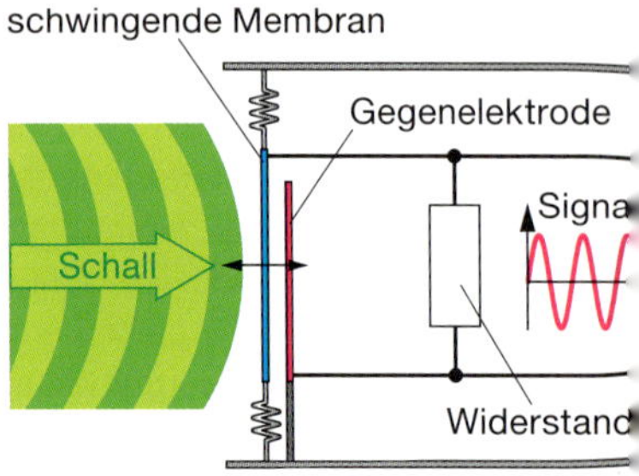

Wie der Name schon sagt, ist das Kernstück ein Kondensator. Eine „Platte" des Kondensators ist die Membran, die die Schalwellen aufnimmt, die andere „Platte" ist ortsfest. Bewegt sich die Membran durch die Schallwellen, so ändert sich deren Abstand zur Gegenelektrode. Eine Änderung des Abstandes bewirkt eine Veränderung der Kapazität des Kondensators und damit geht eine Ladungsverschiebung einher.

Die Ladungsverschiebung ist nicht besonders groß, weshalb eine Verstärkerschaltung in Kondensatormikrofonen integriert ist. Das bedeutet, dass eine Spannungsversorgung notwendig ist, um ein Kondensatormikrofon zu betreiben. Professionelle Mischpulte im Audiobereich stellen daher eine Phantomspannung bereit. Diese ist so beschaltet, dass dynamische Mikrofone davon nicht beeinflusst werden, Kondensatormikrofone aber die für ihren Betrieb notwendige Spannung erhalten.

Wegen der leichten Bauart der Membranen sind Kondensatormikrofone sehr empfindlich und kompakt in den Außenmaßen. Daher sind sie für den Einbau in Mobiltelefone gut geeignet. Sie werden als MEMS in Halbleiterbauweise gefertigt und sind nur wenige Millimeter groß. Vielfach enthalten sie auch gleich einen A/D-Wandler.

Mikrofone wandeln Schall in elektrische Größen.
Je nach Mikrofontyp geschieht dies induktiv durch eine Spule oder kapazitiv durch einen Kondensator.

A/D-Wandlung von Audioinhalten — Streifzug

Die Schallaufzeichnung- und Übetragung geschieht heutezutage fast ausschließlich digital, z. B. in Audio-Dateien oder bei der Sprachübertragung über das Internet. Dazu müssen die Schallsignale in computerlesbare Zahlenwerte gewandelt werden.

Für eine Audiodatei in der Klangqualität von CDs wird das Audiosignal eines Mikrofons 44 100-mal pro Sekunde „abgetastet". Die Genauigkeit, die Quantsierung, mit der das geschieht, beträgt 16 Bit, also in 65 537 Stufen. Für eine Stereoaufnahme wird dieser Vorgang für den linken und den rechten Kanal getrennt durchgeführt. Damit ergibt sich eine Datenrate von

$$44100\,\frac{1}{s}\cdot 16\text{ bit}\cdot 2\text{ Kanäle} = 1\,411\,200\,\frac{\text{bit}}{s} = 176\,400\,\frac{\text{Byte}}{s}.$$

Um ein Lied von drei Minuten Länge aufzuzeichnen, werden also

$$176\,400\,\frac{\text{Byte}}{s}\cdot 180\text{ s} = 31\,752\,000\text{ Byte} \approx 30\text{ MB}$$

benötigt. Weil Audio-CDs eine maximale Speicher kapazität von etwa 650 MB besitzen, ist darauf gerade genug Platz für eine gute Stunde Musik!

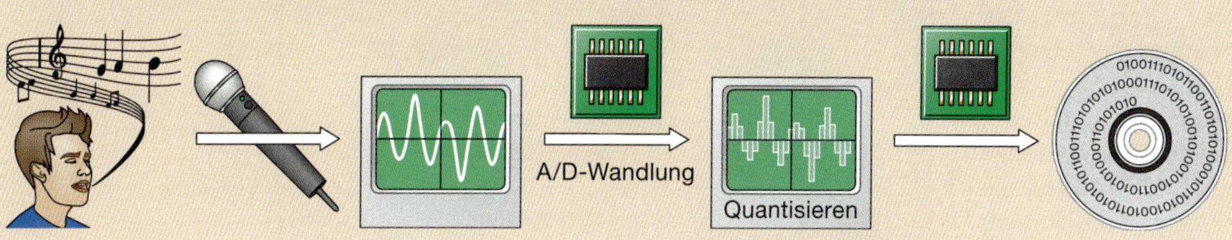

Datenkompression bei Audiodateien — Streifzug

Der bequeme Bezug von Musik aus dem Internet und die Nutzung von Speicherkarten zum Hören von Musik wäre nicht möglich, wenn die Datenmengen so groß wären wie auf einer CD. Ebenso wäre die Bandbreite von Mobilfunknetzen viel zu gering, um Sprachdaten in CD-Qualität übertragen zu können.

Im Audio-Bereich hat sich das Format MP3 (eigentlich MPEG-1 Audio Layer III, MPEG = Moving Picture Experts Group), als De-facto-Standard zum Speichern von Musik durchgesetzt. Eine Audio-Datei im MP3-Format, die mit einer Kompressionsdatenrate von 128 $\frac{\text{kbit}}{s}$ erstellt wurde, ist etwa um den Faktor 10 kleiner als die vergleichbare Datei in CD-Qualität. Die einmal durchgeführte Kompression der Daten ist nicht reproduzierbar, sodass durch den Kompressionsvorgang verlorengegangene Daten nicht wiederhergestellt werden können. Der Kniff an dem Kompressionsverfahren ist, das Hören als aktiven Vorgang zu nutzen. So können z. B. Frequenzen, die sehr dicht beieinanderliegen, von unserem Gehör nicht mehr getrennt wahrgenommen werden. Ebenso ist unser Ohr nach einem lauten Ton für leise Geräusche nicht sofort wieder aufnahmefähig. Werden diese Daten weggelassen, „Isst sch en Lid nch hrn, bwhl ncht mhr all Infrmatonen vrhandn snd".

Ein MP3-Encoder untersucht daher zunächst die unkomprimierte Audio-Datei, ermittelt die Stellen, an denen Daten ohne Hörverlust weggelassen werden können, und errechnet die neuen Daten. Gleichzeitig wird das Stereosignal so zusammengefasst, dass Daten gespart werden, indem von einer Seite nur die Änderungen gegenüber dem anderen Ohr gespeichert werden. Zum Schluss werden die Daten mit einem herkömmlichen Pack-Algortithmus komprimiert.

Im Mobilfunkbereich müssen bei der Sprachübertragung noch mehr Daten eingespart werden. Dazu wird beim GSM-Standard für die Spracherzeugung im Mund- und Rachenraum ein mathematisches Modell verwendet. Beim Kodieren der Sprache werden die Parameter ermittelt, die unsere Stimme am besten beschreibt. Die Parameter werden übertragen und beim Empfänger in die „Stimmenfunktion" eingesetzt, die damit die Ausgabe produziert. Weil dieses Verfahren für die menschliche Stimme optimiert ist, lassen sich schlecht Geräusche und Musik übermitteln.

Lagesensoren

Fotokameras hinterlegen in den Metadaten der Bilder eine Information, ob die Kamera hochkant oder längs gehalten wurde, damit die Software das Bild korrekt anzeigen kann. Smartphones drehen den Bildschirminhalt in Abhängigkeit von der Lage des Telefons. Verantwortlich dafür ist ein dreifach vorhandener Sensor auf einem winzigen Mikrochip.

Zentraler Versuch

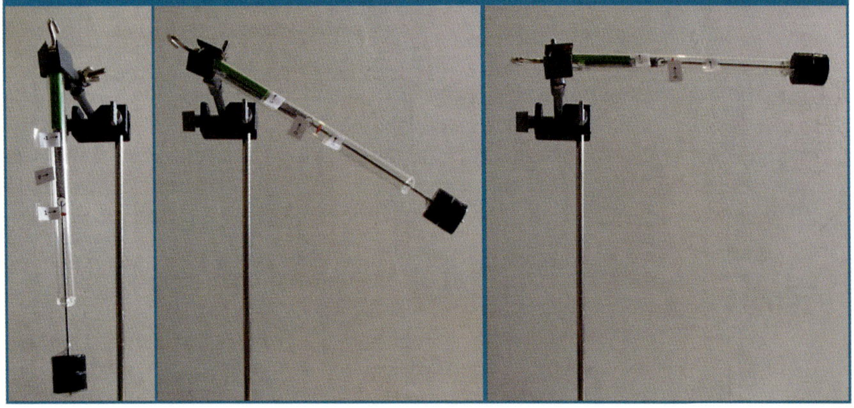

Das Prinzip des Sensors, mit dem die Lage im Raum ermittelt werden kann, verdeutlicht das Experiment des zentralen Versuchs:
Ein Wägestück ist an der Stange einer Federwaage fxiert. Ist die Federwaage senkrecht positioniert, dann befindet sich die Anzeige an der Position 1. Nun wird die Federwaage entgegen dem Uhrzeigersinn langsam gedreht. Dabei ist festzustellen, dass die Anzeige immer weiter abnimmt, bis sie in waagrechter Stellung bei der Nullmarkierung angekommen ist. Wird die Federwaage noch weiter gedreht, dann wird die Feder nicht auf Zug, sondern auf Druck belastet und in aufrechter Stellung wird schließlich ein Wert von –1 angezeigt.

Mit dieser Anordnung ist es möglich, eine Aussage über den Neigungswinkel der Anordnung zu machen, wenn der angezeigte Wert bekannt ist. Ein Wert von 0,8 bedeutet beispielsweise, dass der Kraftmesser etwas aus der vertikalen Position heraus gekippt wurde. Bei einem negativen Wert wäre die Anordnung bereits über die Horizontale hinaus gedreht worden. Mit der Anordnung des zentralen Versuch ist es also möglich, die Neigung um die Drehachse des Kraftmessers festzustellen.

Lagesensoren werden als MEMS realisiert, arbeiten aber prinzipiell so, wie es bei der Lagebestimmung im zentralen Versuch beschrieben ist.

Wie in der Grafik rechts zu sehen ist, enthalten die Mikrochips eine bewegliche Masse, die über Federn an den Wänden gehalten wird. Die Federmasse ist mit dünnen Stäben versehen, die jeweils eine Kondensatorplatte darstellen. Wird der Chip gedreht, so führt dies zu einer Dehnung der Feder – in Abhängkeit vom Drehwinkel – wodurch sich der Abstand der Kondensatorplatten ändert. Die sich einstellende Kapazität des Kondensators wird von einer elektronischen Schaltung erfasst und digitalisiert, sodass der Neigungswinkel ausgegeben werden kann.
In einem Chip sind drei Sensoren, jeweils senkrecht zueinander, verbaut, die die Lage für jede Raumachse erfassen (im Bild als *x*-, *y*- und *z*-Achse bezeichnet). Jede Änderung der Ausrichtung des Mobiltelefons kann somit erfasst und an die laufende Software weitergeben werden. Je nach Programm kann somit entweder der Bildschirm passend gedreht, eine Figur in einem Spiel bewegt oder ein mit dem Telefon verbundenes Fluggerät gesteuert werden.

Lagesensoren detektieren die Kraftwirkung auf eine Probemasse. Über einen Kondensator werden diese Informationen in elektrische Größen gewandelt.
Für die Lagebestimmung im Raum sind drei Lagesensoren notwendig.

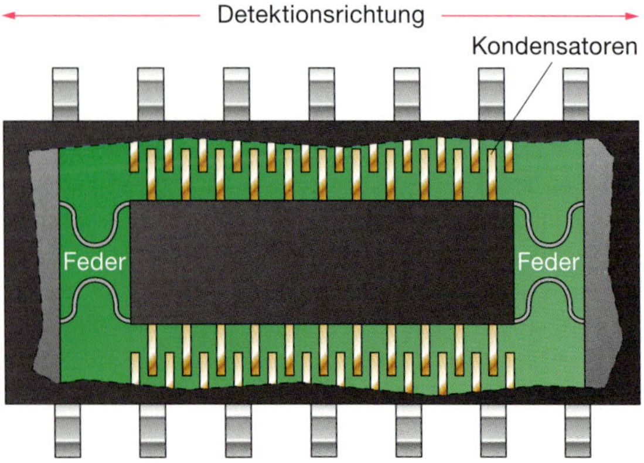

Aufgaben

1 In den Bildern rechts ist jeweils der Verlauf der Messwerte der Sensoren für die *x*-, *y*- und *z*-Achse eines Smartphones zu sehen. Beschreibe, wie das Telefon in den Fällen ① bis ③ gehalten oder gedreht wurde.

2 Ermittle mit mathematischen Mitteln oder einer Zeichnung die Sensorwerte eines Kraftmessers, an dem ein 10 g-Wägestück hängt trägt, wenn dieser um 20°, 45°, −30° aus der Senkrechten gedreht wird.

3 Überlege dir Sensorwerte im Bereich von −10 bis +10 für die *x*-, *y*- und *z*-Achse und beschreibe, welche Lage das zugehörige Gerät im Raum einnimmt.

4 Bei CCD-Sensoren kann es bei zu starker Belichtung dazu kommen, dass der Konsensator, in dem die Ladung zwischengespeichert wird, „überläuft" und Ladung in benachbacharte Sensoren gelangt. Beschreibe, welche Auswirkungen das auf das produzierte Bild hat.

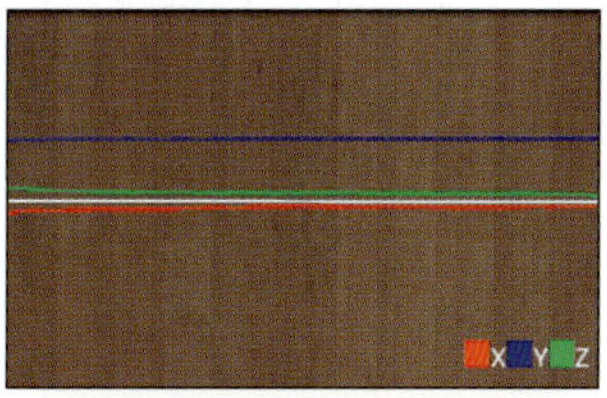

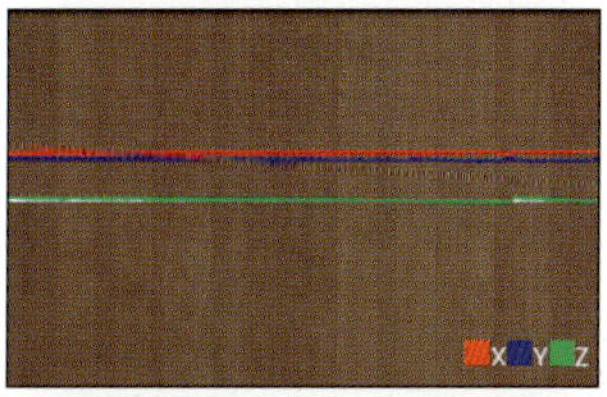

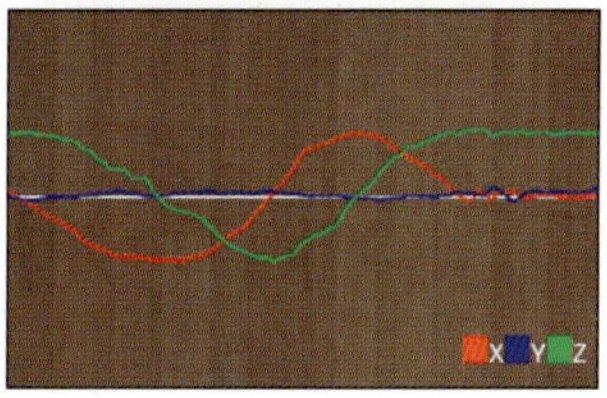

5 Berechne, wie viele Spielmuten eine DVD (8 GB Speicherkapazität) bzw. eine Blue-Ray-Disc (50 GB) hätte, wenn 128 kBit-komprimierte Musikdateien darauf gespeichert wären. Vergleiche mit dem Wert für un komprimierte Musik.

6 **a)** Berechne den Speicherplatz, den ein 90-minütiger Film benötigen würde, der in einer Auflösung von Full HD (1920 x 1080 Bildpunkte, RGB) aufgezeichnet ist.
b) Vergleiche den Wert mit den Speicherkapazitäten verfügbarer Speichermedien.

Sensoren in Mobiltelefonen — Versuche und Aufträge

V1 *Hinweis:* Für die Durchführung dieses Versuches benötigst du das Programm „audacity", das es kostenfrei im Internet gibt.
Schließe ein Mikrofon an den Computer an und öffne das Programm audacity.
a) Nimm einen kurzen Text mithilfe des Programms auf. Wiederhole die Aufnahme mit unterschiedlichen Projektfrequenzen (8000 Hz, 16 000 Hz, 44 100 Hz). Vergrößere anschließend die Wellenkurven auf der Zeitachse. Beschreibe die sichtbaren Unterschiede.
b) Unter dem Menüpunkt „Effekt" gibt es den Effekt „Verstärken" . Wende ihn auf dein Tonbeispiel an und beschriebe die Veränderung der Wellenkurve.
c) Im selben Menü gibt es den Effekt „Tempo/Tonhöhe ändern". Wende diese/n Effekt/e an und beschreibe jeweils die Änderungen an der Wellenkurve.

V2 Installiere auf deinem Smartphone einen Audioeditor. Schieße dann mit einem Ball gegen eine Wand und zeichne die entstehenden Töne auf.
a) Schau dir die aufgezeichnete Kurve an. Ordne Zeitpunkte der Welle dem durchgeführten Schuss zu.
b) Überlege, wie du mit der App und einem Zollstock die (mittlere) Ballgeschwindigkiet berechnen kannst.
c) Ermittle die Geschwindigkeiten anderer Bewegungen, die du auf dieselbe Art erfassen kannst.

V3 Installiere auf deinem Smartphone eine App, mit der du die Werte der Beschleunigungssensoren aufzeichnen kannst.
a) Zeichne die Beschleunigungen beim Gehen, Sprinten und Fahrradfahren auf. Vergleiche die Ergebnisse.
b) Armbänder, die Bewegungen aufzeichnen, können mithilfe einer geeigneten Software die Art der Bewegung erschließen (Hüpfen, Joggen, Treppensteigen, …). Zeichne für verschiedene Tätigkeiten die Beschleunigungsmuster auf. Suche anschließend die Charakteristika der Kurven heraus und ordne sie begründet der zugehörigen Tätigkeit zu.
c) Erstelle ein Memory-Spiel, bestehend aus Pärchen von Karten mit den Beschleunigungskurven und den zugehörigen Bewegungen.

V4 **a)** Recherchiere zum Thema „Schalldruck und Dezibel-Skala".
b) Installiere auf deinem Smartphone eine App zur Bestimmung der Lautstärke. Miss damit die Lautstärke unterschiedlicher Geräusche.
c) Erstelle ein Plakat, auf dem die Lautstärken der Geräusche aufsteigend angeordnet sind. Kennzeichne markante Punkte auf dem Plakat.

Sensoren als Assistenten

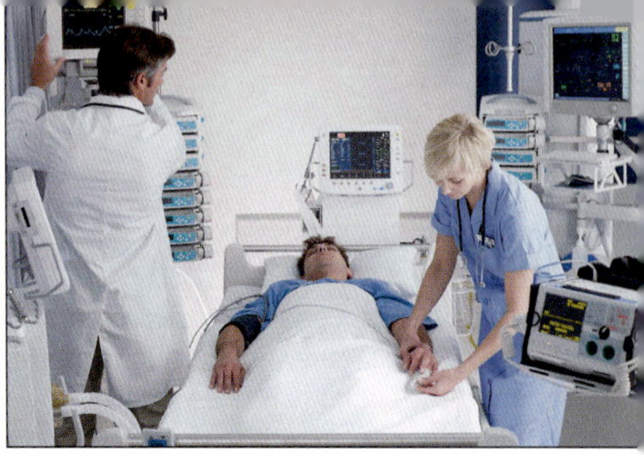

Ein Assistent ist laut Wörterbuch ein Helfer. Vor allem im medizinischen Bereich unterstützen Sensoren die Arbeit von Ärzten, indem sie automatisiert Vitalparameter von Patienten erfassen.

Blutzuckermessung

Diabetes mellitus, kurz Diabetes, ist eine Stoffwechselerkrankung, durch die der im Blut vorhandene Zuckerspiegel nicht ausreichend reguliert werden kann. Bei einem gesunden Erwachsenen liegt der Zuckerwert bei etwa 80–140 $\frac{mg}{dl}$. Liegt der Wert deutlich darüber oder darunter, dann wird es lebendbedrohlich für den Organismus. Daher ist es wichtig, bei einer Diabetes den Blutzuckerwert zu kennen und diesen durch die Gabe von Insulin oder die Zufuhr von Nahrung im normalen Bereich zuhalten.

Diabetes mellitus heißt übersetzt „honigsüßer Durchfluss". Der Name hat seinen Ursprung darin, dass der Zucker über den Urin ausgeschieden wird, dieser also süßlich schmeckt. Die menschliche Zunge war lange Zeit ein Sensor zur Diagnostik der Zuckerkrankheit, indem der Urin von Patienten von einem Arzt probiert wurde.

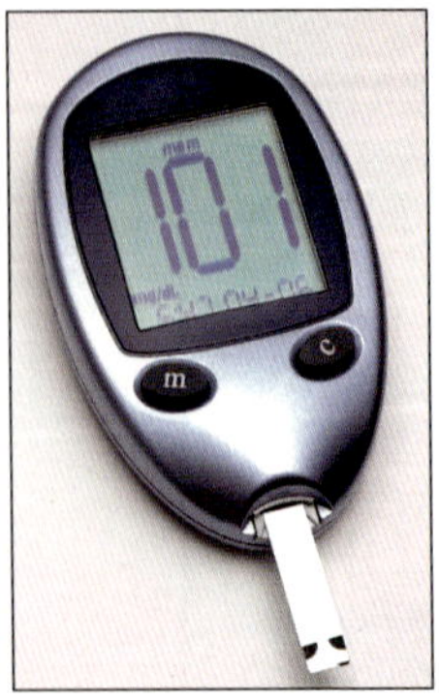

Zum Bestimmen des Zuckerwertes ist diese Form der Messung jedoch nicht zuverlässig genug. Moderne Blutzuckermessgeräte können den Blutzuckerwert genau bestimmen und so die exakte Dosierung des Medikaments festlegen. Die Geräte arbeiten mit Teststäbchen, auf die ein Tropfen Blut aufgebracht wird. Das Teststäbchen wird in das Messgerät geschoben und nach kurzer Zeit wird der Blutzuckergehalt angezeigt.

Auf dem Teststreifen befindet sich ein Enzym, das nur mit dem Zucker im Blut reagiert und dabei eine Blaufärbung hervorruft. Die Intensität der Blaufärbung hängt vom Zuckergehalt im Blut ab. Das Enzym im Teststreifen wandelt die Information „Blutzuckergehalt" in eine optische Größe „Blaufärbung", weshalb die Bezeichnung „Biosensor" Verwendung findet.

Im Messgerät selbst sind eine Lichtquelle und ein Fotosensor verbaut. Der Fotosensor arbeitet ähnlich wie der CCD-Chip. Er wandelt die Farbinformation auf dem Teststreifen schließlich in ein elektrisches Signal, das von der Elektronik des Gerätes ausgewertet wird. Schließlich wird für den Patienten der Blutzuckerwert auf dem Display des Gerätes angezeigt.

Neben der fotometrischen Methode gibt es ein nichtoptisches Messverfahren. Dafür wird der Biosensor Glucoseoxidase verwendet. Dieses Enzym reagiert nur mit dem Kohlenstoff des Blutzuckers (Glucose).
Bei der Reaktion entsteht Wasserstoffperoxid, das durch

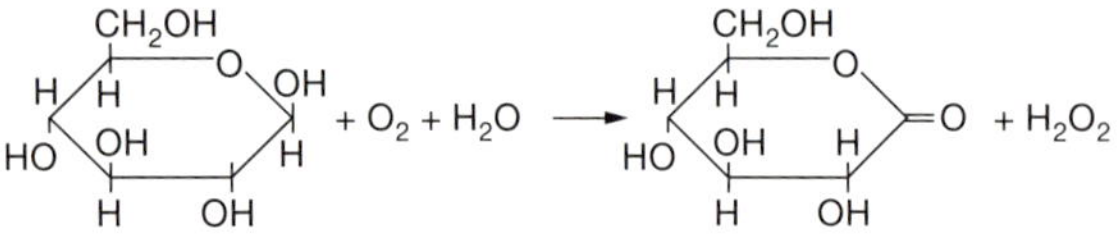

Glucose — Glucose-Lactose

eine angelegte Spannung in Sauerstoff und Wasserstoff gespalten wird.

$$H_2O_2 \rightarrow H_2 + O_2 + 2e^-.$$

Die Anzahl der dabei frei werdenden Elektronen wird mithilfe eines Strommessgeräts (Amperemeter, daher auch amperometrische Messung) ermittelt; sie ist proportional zum Glucose-Gehalt in der Blutprobe. Die Stromstärke wird schließlich in den absoluten Wert des Blutzuckergehalts umgerechnet und angezeigt.

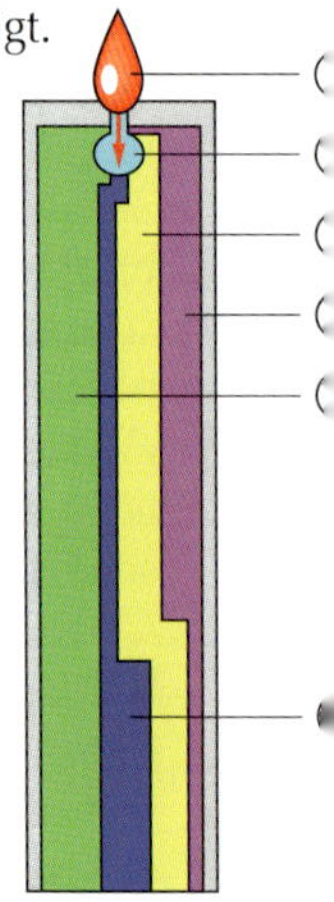

Der Teststreifen enthält alle zur Messung notwendigen Teile:
Das Blut ① wird in die Reaktionskammer ② transportiert und reagiert dort mit dem Enzym. Mit der Elektrode ⑥ wird geprüft, ob genug Blut in der Kammer ist. Die Elektroden ③ und ⑤ führen die eigentliche Strommessung durch. Eine „Korrekturelektrode" ④ reduziert Einflussfaktoren im Blut (Medikamente, Vitamine), die sich negativ auf die Messung auswirken. Die Messung benötigt etwa 1 Sekunde und 0,3–0,6 Mikroliter Blut.

Blutzuckermessgeräte können amperometrisch oder fotometrisch den Blutzuckergehalt mithilfe von Biosensoren bestimmen. Sie helfen den Patienten, die richtige Medikation vorzunehmen.

Computertomografie

Die Computertomografie (von gr. tomé: „Schnitt" und gráphein: „schreiben") ermöglicht Ärzten einen dreidimensionalen Blick in den Körper und dient diagnostischen Zwecken.

Grundlage der Computertomographie ist das **Röntgen.** Röntgenstrahlung ist kurzwellige elektromagnetische Strahlung, die massive Körper durchdringen kann. Auf dem Weg durch den Körper wird die Röntgenstrahlung durch die Gefäße, Fasern und Knochen abgeschwächt. Die Abschwächungen können mit einer CCD-Kamera oder einer Fotoplatte detektiert werden und zeigen ein

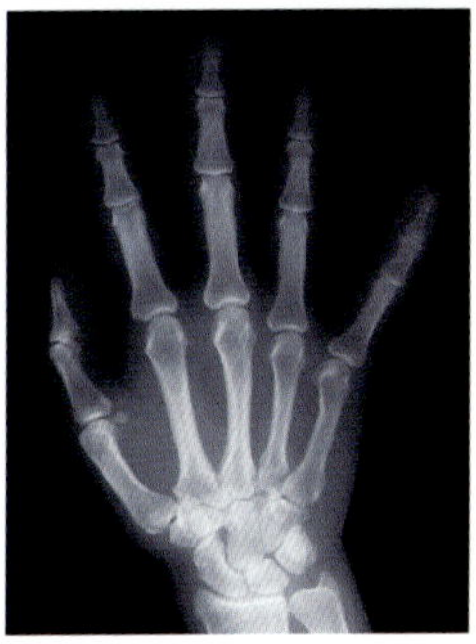

Bild vom Inneren des untersuchten Körpers. Bereiche, in denen die Strahlung stark absorbiert wird, erscheinen auf dem Röntgenbild heller, die durchlässigeren dunkel. Auf diese Weise können Röntgenbilder von Körpern erstellt werden, deren Ausdehnung nicht allzugroß ist.

So ist es nicht möglich, einen Menschen vom Kopf bis zu den Füßen zu Röntgen. Das Röntgenbild wäre wenig brauchbar. Um eine Innenansicht vom Körper zu erhalten, wird ein Computertomograf benötigt. Bei der Aufnahme wird der Röntgenstrahl kreisförmig um den Patienten herum bewegt und die ankommende Strahlung von Sensoren registriert.

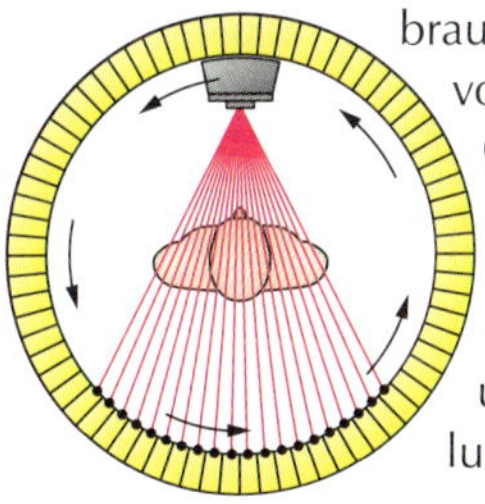

In Abhängigkeit von der Art des durchstrahlten Gewebes registrieren die Sensoren die nicht absorbierte Menge an Strahlung. Aus diesen Daten kann mithilfe eines Computers die Innenansicht rekonstruiert werden. Um die Arbeitsweise zu verstehen, soll vereinfacht keine kreisförmige Durchstrahlung erfolgen, sondern eine Zeilen- und Spaltenweise, z. B. soll die Abtastung in 6 Zeilen und 6 Spalten durchgeführt werden.

Beim Durchstrahlen einer Zeile oder Spalte kann dabei nur die verbleibende Strahlung gemessen werden, es kann keine Aussage über den genauen Ort der Absorbtion gemacht werden. Daher wird der Wert der angekommenen Strahlung auf die Anzahl der Zellen in der Zeile bzw. Spalte gleichmäßig verteilt. In einem Beispiel soll der Wert der ausgesandten Strahlung 10 sein und es sollen sich folgende Werte ergeben:

Rein	10↓	10↓	10↓	10↓	10↓	Raus
10→	1 0,6	0,8 0,6	1,6 0,6	0,6 0,6	1 0,6	3
10→	1 0,8	0,8 0,8	1,6 0,8	0,6 0,8	1 0,8	4
10→	1 1,6	0,8 1,6	1,6 1,6	0,6 1,6	1 1,6	8
10→	1 1,2	0,8 1,2	1,6 1,2	0,6 1,2	1 1,2	6
10→	1 0,4	0,8 0,4	1,6 0,4	0,6 0,4	1 0,4	2
Raus	5	4	8	3	5	

Von jeder Zelle ist nun bekannt, welche Strahlung in beiden Richtungen jeweils durchgekommen ist. Diese Werte werden addiert.

1,6	1,4	2,2	1,2	1,6
1,8	1,6	2,4	1,4	1,8
1,6	2,4	3,2	2,2	2,6
2,2	2	2,8	1,8	2,2
1,4	1,2	2	1	1,4

Beim Röntgenbild gilt, dass es umso heller ist, je mehr Strahlung absorbiert wird. Daher werden den Zahlenwerten abschließend passend gestufte Grauwerte zugewiesen. Damit wird das vorher nicht sichtbare Bild des Inneren des untersuchten Körpers sichtbar. Mit einer größeren Anzahl an Spalten und Zeilen und einer besseren Abstufung im Graubereich lassen sich deutlich detailreichere Bilder erzeugen.

1,6	1,4	2,2	1,2	1,6
1,8	1,6	2,4	1,4	1,8
1,6	2,4	3,2	2,2	2,6
2,2	2	2,8	1,8	2,2
1,4	1,2	2	1	1,4

Moderne Computertomografen (CT) sind darüber hinaus noch in der Lage, viele solcher Schnittbilder nebeneinander zu erzeugen und daraus eine dreidimensionale Innenansicht zu generieren, die zur Diagnose von Krankheiten oder Vorbereitungen von komplizierten Operationen verwendet werden.

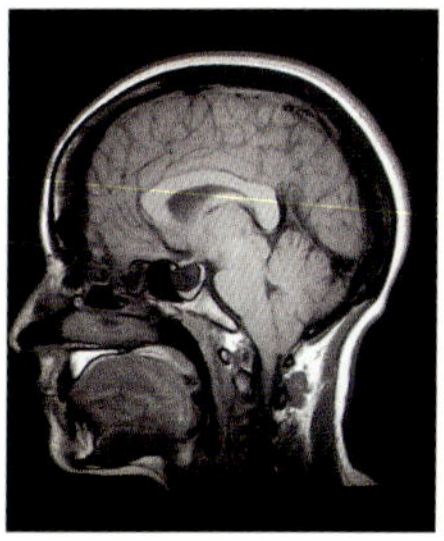

Computertomografen können Bilder aus dem Inneren von Körpern durch die Überlagerung von Aufnahmen aus verschiedenen Blickwinkeln berechnen. Neben den eigentlichen Sensoren ist dafür eine Software zuständig.

Antiblockiersystem

Das Bremssystem eines Autos ist relevant für dessen Sicherheit. Eine nicht oder nur ungenügend funktionierende Bremse kann zu schweren Unfällen führen. Umgekehrt kann ein Blockieren der Räder ebenfalls zu unkontrollierbaren Fahrsituationen führen. Blockierte Räder bedeuten, dass das Auto rutscht und damit nicht mehr lenkbar ist, da keine Seitenführungskräfte übertragen werden. Ein modernes Bremssystem muss ein Blockieren der Räder unterbinden können.

Dazu muss die Elektronik, die für die Steuerung des Bremssystem zuständig ist, Informationen darüber erhalten, ob die Räder in Rotation sind oder nicht. Benötigt wird ein Sensor, der Informationen über eine Drehbewegung in elektrische bzw. digitale Signale umwandeln kann. Besonders filigran oder komplex darf der Sensor dabei nicht sein. Die Räder liegen außerhalb der schützenden Karosserie und sind Staub, Schmutz, Nässe und großen Temperaturschwankungen ausgesetzt.

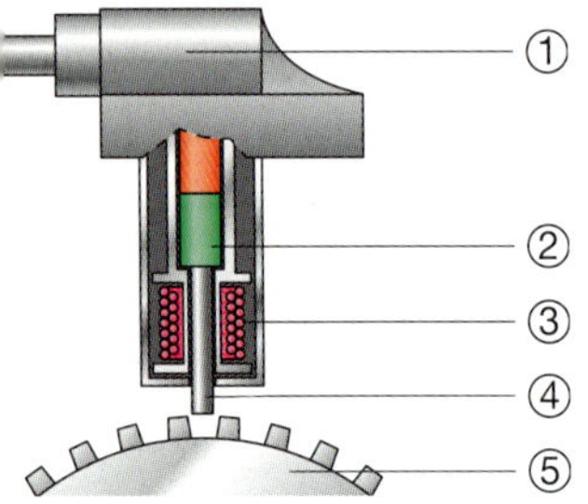

Die Radsensoren des ABS arbeiten auf der Grundlage wechselnder magnetischer Felder. In einem Gehäuse ① ist eine Spule mit einem Eisenkern untergebracht ③. Das Ende des Eisenkerns ist mit einem Dauermagnet verbunden ②. Unter dem Eisenkern ist ein Zahnrad mit Lücken angebracht ⑤, das auf der Welle des Autorades sitz. Dreht sich das Rad nicht, so ist das Magnetfeld in der Spule konstant, sodass keine Induktionsspannung entsteht. Drehen sich das Rad und somit auch das Zahnrad, ändert sich das Magnetfeld, je nachdem, ob dem Eisenkern eine Zinke oder eine Lücke des Zahnrades gegenübersteht. Die Änderung der Feldstärke führt zu einer Induktionsspannung.

Prinzipiell ergibt sich dabei eine Rechteckspannung als Ausgangssignal. Die Anzahl der Rechtecke pro Zeit ist ein Maß für die Drehgeschwindigkeit der Achse und des Reifens. Diese Art von Sensor wird als passiv bezeichnet, da keine Versorgungsspannung zum Betrieb des Sensors notwendig ist.

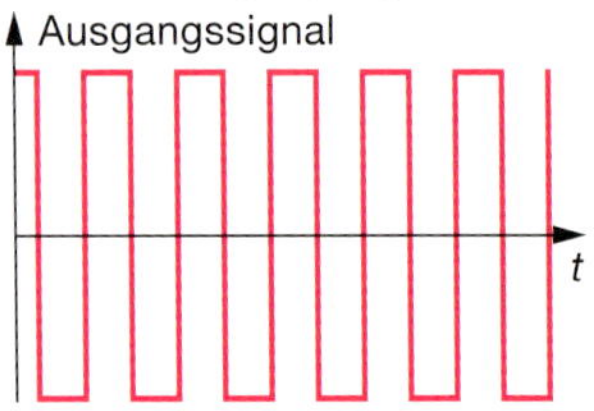

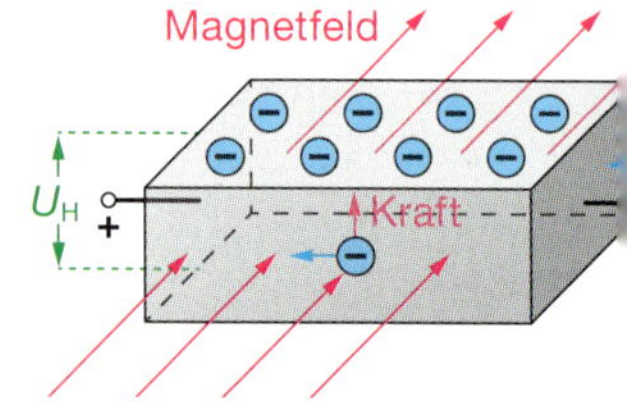

In neueren Fahrzeugen wird ein aktiver Sensor verwendet. Dabei wird die Spule durch ein Halbleiterplättchen ersetzt, das von einem konstanten Strom durchflossen wird (im Bild durch die Anschlüsse links und rechts). Die Elektronen bewegen sich dabei von rechts nach links. Das Magnetfeld übt nach der Linken-Hand-Regel eine Kraft auf die bewegten Elektronen aus, sodass diese nach oben abgelenkt werden. Auf der Oberseite des Plättchens kommt es dadurch zu einem Elektronenüberschuss, auf der Unterseite zu einem Elektronenmangel. Zwischen Ober- und Unterseite ist eine Spannung U_H messbar. Diese Spannung wird als **Hallspannung** bezeichnet, der Sensor als *Hallsonde*. Eine Hallsonde wandelt ebenso wie eine Spule Änderungen eines Magnetfeldes in eine Spannung. Da die Ablenkung der Elektronen auch bei einem unveränderlichen Magnetfeld stattfindet, kann eine Hallsonde auch statische Magnetfelder detektieren.

Zentraler Versuch

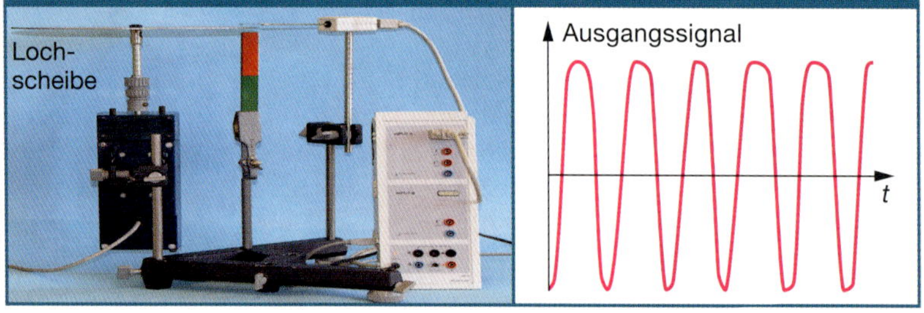

Im zentralen Versuch wird eine gelochte Eisenscheibe von einem Motor angetrieben. Die Hallsonde ist oberhalb der Lochreihe angebracht, der Magnet darunter. Rotiert die Scheibe, so ändert sich das Magnetfeld ständig, was die Hallsonde registriert.
Unabhängig davon, ob ein passiver oder ein aktiver Sensor zum Einsatz kommt, landen die Messdaten in der Elektronik, die die Bremsen der einzelnen Räder ansteuert. Wird bei einem Bremsmanöver das Blockieren eines Rades festgestellt, löst die Elektronik die Bremse ein wenig, sodass sich das Rad wieder dreht. Dadurch wird das Auto wieder steuerbar und Zusammenstöße können vermieden werden.

Drehzahlsensoren nutzen die Änderungen von Magnetfeldern zur Überwachung von Rotationsbewegungen.

Regensensoren

Moderne Autos unterstützen den Fahrer, indem sie automatisch auf Ereignisse reagieren. Der Regensensor beispielsweise bietet Komfort und Sicherheit in einem, da er für den Fahrer das Einschalten des Scheibenwischers übernimmt und somit stets für einen guten Blick auf die Straße sorgt.

Für die Detektion von Regentropfen auf der Windschutzscheibe gibt es zwei Sensoren, die unterschiedliche physikalische Prinzipien nutzen; sie arbeiten entweder optisch oder elektrisch.

Die Grafik rechts oben zeigt das Prinzip des optischen Sensors: Das Licht einer LED wird über ein Prisma auf die Unterseite der Windschutzscheibe gelenkt. Dort wird es aufgrund der Totalreflexion zurückgeworfen. Das reflektierte Lichtbündel wird vom Prisma erneut an die Windschutzscheibe gelenkt, der Reflexionsvorgang wiederholt sich mehrfach. Schließlich wird das Licht von einem Lichtsensor, einer Empfangsdiode, registriert. Befinden sich auf der Windschutzscheibe Regentropfen, dann wird nicht das gesamte Licht reflektiert, sondern ein Teil wird durch die Tropfen ausgekoppelt.

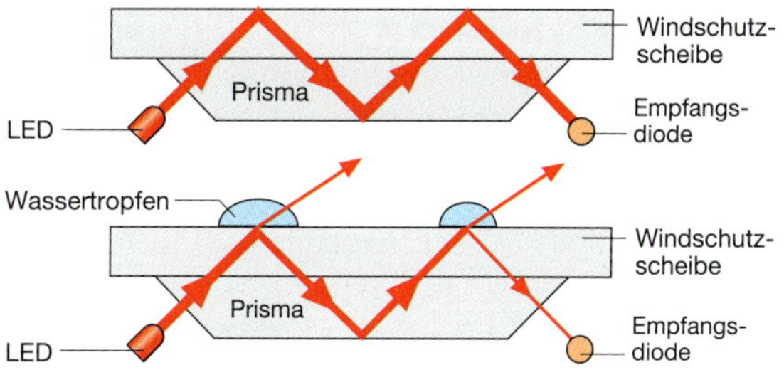

Zentraler Versuch

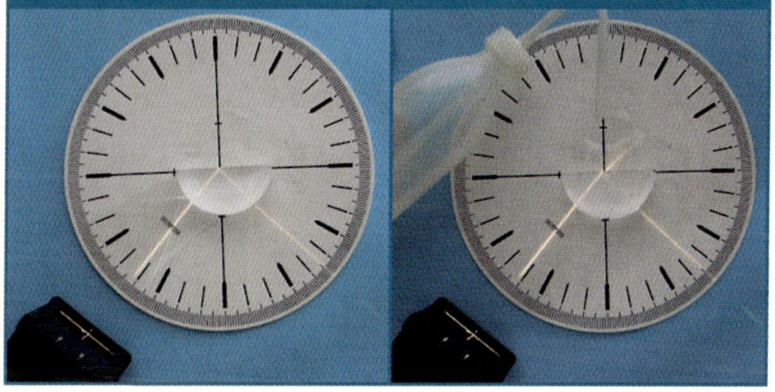

Im zentralen Versuch ist dies deutlich zu erkennen. Im linken Bild ist das schmale Lichtbündel so eingestellt, dass eine Totalreflexion am Übergang vom Glaskörper zur Luft stattfindet. Im rechten Bild wurde auf die Stelle, an der die Reflexion stattfindet, ein Tropfen Wasser gegeben. Es ist gut zu erkennen, dass die Umgebung des Tropfens leuchtet und das reflektierte Bündel deutlich lichtschwächer ist als vorher.

Je nach Menge der Regentropfen ist die Auskopplung mehr oder weniger stark. Die Abschwächung des Lichtsignals im Detektor ist damit ein Maß für die Benetzung der Scheibe mit Wasser. Diese Information wird an eine Elektronik weitergegeben, die die Geschwindigkeit des Scheibenwischers steuert. Dabei ist der Sensor im Wischbereich montiert, sodass immer die aktuelle Wassermenge detektiert wird. Das Bild links zeigt den Regensensor an der Frontscheibe eines PKW. Gut erkennbar sind links und rechts die Sende- bzw. Empfangsdioden. Heute wird meist infrarotes Licht verwendet, da der Regensensor damit auch bei schwarz gefärbtem Glas funktioniert und er im geschwärzten Bereich der Scheibe unauffällig untergebracht werden kann.

Mit dem Regensensor steht auch ein Sensor für die Helligkeit zur Verfügung, weshalb immer häufiger auch das Ein- und Ausschalten des Lichts vom Regensensor mit gesteuert wird.

Der Nachteil der optischen Regensensoren besteht in ihrer Größe und der benötigten Optik und Elektronik direkt an der Windschutzscheibe. Die nächste Entwicklungsstufe besteht deshalb aus einem Sensor, bei dem die Auswerteelektronik getrennt platziert werden kann. Das Messprinzip des Sensors ist wieder kapazitiv: Dünne Drähte, die in der Scheibe eingelassen sind, bilden die „Platten" eines Kondensators. Sind Regentropfen im Bereich der Drähte, so ändert sich die Kapazität dieses Kondensators, wobei die Größe der Kapazitätsänderung mit der Regenmenge korrespondiert. Eine Elektronik wertet die Änderung aus und steuert die Geschwindigkeit der Scheibenwischerblätter entsprechend.

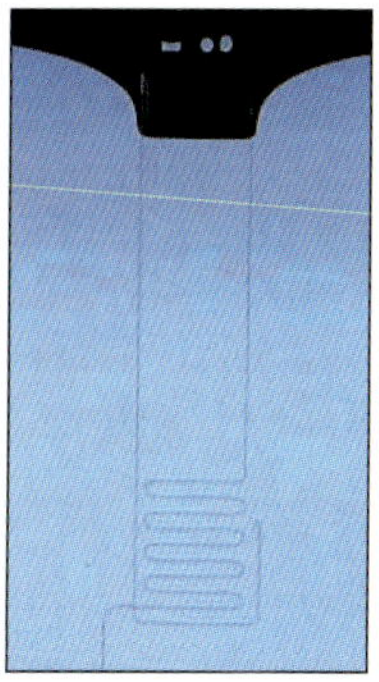

Regensensoren können optisch oder kapazitiv arbeiten. Sie reagieren auf Veränderungen durch Wasserbeschlag und wandeln diese Information in ein elektrisches Signal.

Rauchwarnmelder

Untersuchungen zeigen, dass schlafende Menschen im Zimmer befindlichen Rauch fast nie wahrnehmen und deshalb im Falle eines Brandes akut gefährdet sind. Rauchwarnmelder als Sensoren für die Gefahr und als Alarmgeber sind daher in vielen Bundesländern für Wohnungen und Häuser vorgeschrieben.

Die gebräuchlichste Sensorik von Rauchwarnmeldern ist die optische. Der zentrale Versuch verdeutlicht die grundsätzliche Arbeitsweise: Auf der linken Seite ist eine Lichtquelle montiert, die auf eine schwarze Pappe leuchtet. Auf der rechten Seite ist ein Fotowiderstand (LDR – Light Dependent Resistor) montiert. Der LDR ist an eine elektrische Quelle angeschlossen; das Stromstärkemessgerät zeigt die aktuelle Stromstärke von 12 mA an.

Zentraler Versuch

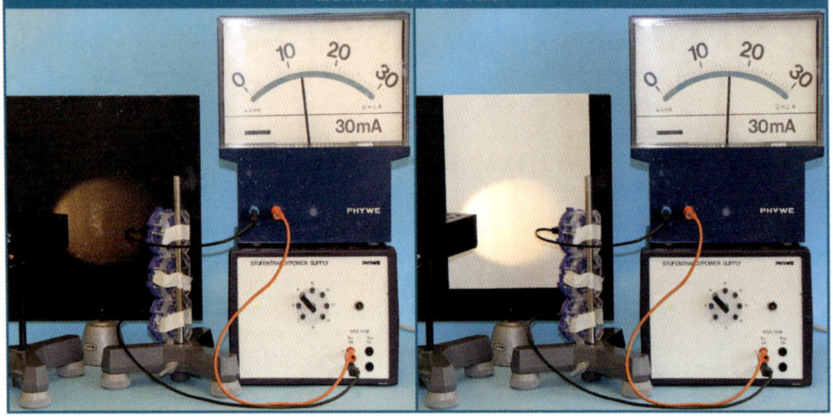

Wird vor die Pappwand ein Blatt weißes Papier gehalten, dann ändert sich die Anzeige am Messgerät (rechtes Bild), die Stromstärke wird bei stärkerer Beleuchtung größer, sie beträgt jetzt 16 mA. Da die angelegte Spannung konstant geblieben ist, muss sich der Widerstand im Stromkreis verändert haben.
Der Widerstand eines LDR hängt also von der Beleuchtungsstärke ab. Anhand der Anzeige kann im Versuch dabei unterschieden werden, ob ein Papierbogen in den Strahlengang eingebracht worden ist oder nicht.

Diese Eigenschaft wird in optischen Rauchwarnmeldern genutzt. Im Bild rechts ist ein geöffneter Rauchwarnmelder zu sehen. Der eigentliche Sensor befndet sich in der Rauchkammer ①, einer schwarzwandigen Plastikkammer. (Der ebenfalls schwarze Deckel ist für das Foto entfernt worden.) Die Wände mit den Raucheinlassschlitzen ② sind so konzipiert, dass kein Licht und keine Insekten in das Kammerinnere gelangen können.

In regelmäßigen Abständen sendet die Leuchtdiode ③ Licht durch eine kleine runde Öffnung in die Kammer. Ist die Kammer leer, so gelangt das Licht nicht zum Fotowiderstand (Lichtweg a). Befindet sich aber Rauch in der Kammer, der durch die Schlitze eingedrungen ist, dann wird das Licht an den Rauchteilchen gestreut (b) und gelangt zum Sensor ④. Dadurch ändert sich sein Widerstand, was der Steuerchip ⑤ registriert und einen Alarmton über den Lautsprecher ⑥ ausgibt. Damit der Rauchwarnmelder funktioniert, ist eine ständige Spannungsversorgung notwendig. Das Blinken der Kontroll-LED ⑦ zeigt an, dass der Batterieladestand ⑧ ausreichend ist. Bei zu schwacher Batterie wird zusätzlich ein akustisches Signal ausgegeben, das den notwendigen Batteriewechsel anzeigt und somit die Sicherheit weiterhin gewährleistet.

Rauchwarnmelder sind nützlich, weil der menschliche Sensor für Rauch im Schlaf nicht funktioniert. Durch Detektion von Streulicht ermittelt ein optischer Rauchwarnmelder, ob Rauchpartikel in der Luft sind und gibt akustisch ein Alarmarmsignal.

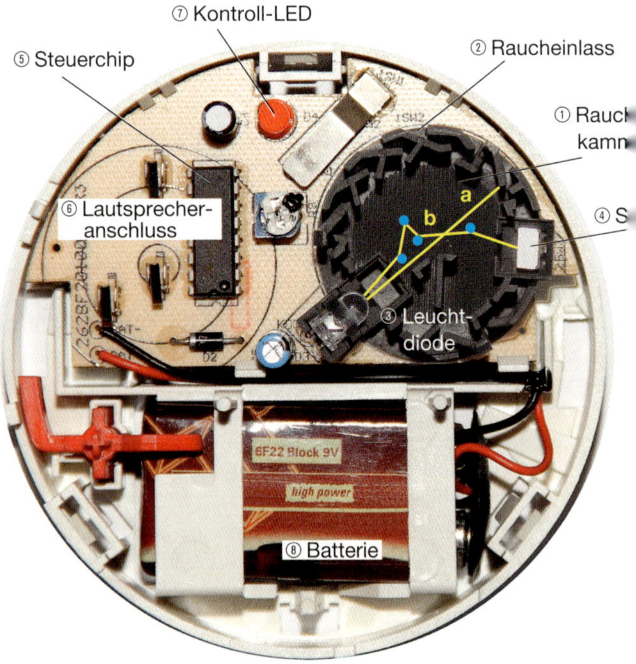

Aufgaben

1 Die Motordrehzahl wird in modernen Fahrzeugen von einem induktiven Sensor überwacht. Dabei wird im Zahnrad absichtlich an einer Stelle eine größere Lücke gelassen. Erläutere, wozu diese zusätzliche Lücke dienen könnte.

2 Aktive Drehzahlsensoren haben einen Vorteil gegenüber passiven. Überlege dir dafür das Ausgangssignal bei unterschiedlichen Geschwindigkeiten und begründe damit den Vorteil.

3 Der Scan eines CT ergab die rechts stehenden Ergebnisse.
Konstruiere das angezeigte Bild, wenn folgende Farbzuordnung gilt:

	101–135
	156–180
	136–155

4 Begründe, bei welcher Temperatur eine Scheibenreparatur im Bereich des Regensensors mit einem Kunststoff möglich ist.

5 Zur Ergänzung von Rauchwarnmeldern werden Geräte eingesetzt, die einen NTC bzw. PTC beinhalten. Ermittle, welche zusätzliche Größe damit überwacht wird und nenne Gründe dafür.

waagerechte Scanrichtung

68	78	72	82	72	78	68
68	78	72	82	72	78	68
68	78	72	82	72	78	68
68	78	72	82	72	78	68
68	78	72	82	72	78	68
68	78	72	82	72	78	68
68	78	72	82	72	78	68

senkrechte Scanrichtung

62	62	62	62	62	62	62
78	78	78	78	78	78	78
74	74	74	74	74	74	74
74	74	74	74	74	74	74
78	78	78	78	78	78	78
82	82	82	82	82	82	82
70	70	70	70	70	70	70

Sensoren als Assistenten — Versuche und Aufträge

V1 Für die folgenden Experimente benötigst du ein Blutzuckermessegrät mit den zugehörigen Teststreifen (und der Bedienungsanleitung).
Hinweis: Mit echtem Blut darf im Unterricht nicht experimentiert werden!
a) Mache dich mit der Bedienung des Gerätes anhand der Bedienungsanleitung vertraut.
b) Stelle mithilfe einer Waage folgende Glucose-Lösungen mit jeweils 250 ml destilliertem Wasser her: 1,00 g, 1,25 g, 1,50 g, 1,75 g, 2,00 g.
Rühre die Lösungen gut um, sodass die Glucose vollständig aufgelöst ist. Ermittle dann mit dem Testgerät die Zuckerkonzentration.
c) Berechne die Konzentrationen der Zuckerlösungen aus b). Überlege und nenne Gründe, woher die Abweichungen kommen können.
d) Ist es möglich, einen Korrekturfaktor zu ermitteln? Wenn ja, berechne diesen.
e) Erstelle für die Nachbargruppe eine Lösung nur dir bekannter Glucose-Konzentration. Gib die Lösung der Nachbargruppe und überprüfe, wie genau sie die Konzentration bestimmen können.
f) Setze folgende Lösungen mit jeweils 250 ml destilliertem Wasser an:
1,71 g Rohrzucker; 0,90 g Fruchtzucker; 0,90 g Traubenzucker; 1,71 g Malzzucker; 1,80 g Milchzucker.
Miss die Zuckerkonzentration mit dem Messgerät. Interpretiere deine Ergebnisse.

V2 Besorge dir im Baumarkt einen günstigen Rauchwarnmelder. Laut Angaben reagieren die meisten nicht auf jede Art von „Rauch".
a) Untersuche, ob der Rauchwarnmelder auf den Rauch einer verlöschenden Kerze, Mehlstaub, Wasserdampf, Kreidestaub, ... reagiert.
b) Vergleiche deine Ergebnisse mit den Angaben in einer evtuell beigefügten Bedienungsanleitung.
c) Überelege, warum es sinnvoll ist, dass der Rauchwarnmelder nicht auf jede Verunreinigung der Luft mit Schwebstoffen reagiert.

A3 **a)** Informiere dich über weitere bildgebende Verfahren in der Medizin.
b) Erstelle ein Plakat, das die Vor- und Nachteile der einzelnen Verfahren aufführt.
c) Recherchiere den Begriff „Äquivalentdosis" und bewerte die Verfahren bezüglich der auftretenden Dosis. Vergleiche auch mit der natürlichen Strahlendosis.

SENSOREN

Spirometer

Ein Spirometer wird in der Medizin zur Untersuchung der Lunge eingesetzt. Der Patient atmet durch ein Rohr, in dem ein Sensor die ein- und ausgeatmete Luftmenge misst.
Aus dem zeitlichen Verlauf der Atemkurve kann der Arzt Rückschlüsse auf den Zustand der Lunge ziehen und das Lungenvolumen ermitteln.

Gleiswaagen

Bei Güterzügen ist es notwendig, die Masse des gesamten Zuges zu kennen. Dazu werden Gleiswaagen verwendet. Das sind spezielle Gleise, die mit Dehnungsmessstreifen ausgerüstet sind. Damit kann ein kompletter Zug im Vorbeifahren gewogen werden.

Radar

Ein Radargerät kann die Entfernung von metallischen Gegenständen messen. Dazu wird die Laufzeit von elektromagnetischen Wellen (Radarwellen) verwendet. Mit einem Radargerät überwachen Polizisten die Geschwindigkeit von Fahrzeugen oder Fluglotsen den Luftverkehr am Himmel.

Seismograf

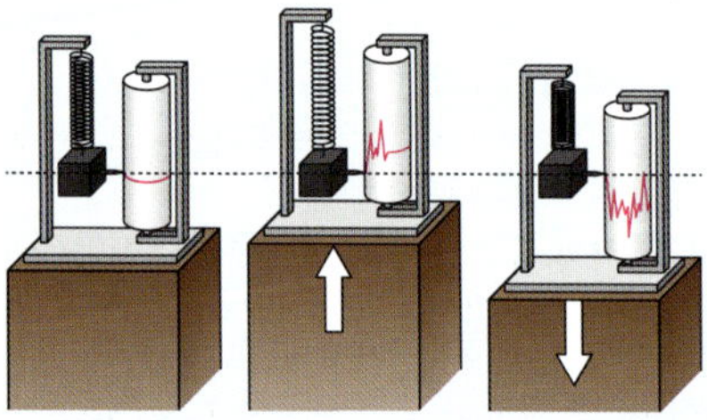

Seismografen dienen zur Detektion von Erdbebenwellen, die sich über die Erdoberfläche ausbreiten. Eine von der Erde entkoppelte Masse bleibt dagegen in Ruhe. Die Relativbewegung zwischen der Erde und der Masse kann mit einem Stift aufgezeichnet werden.

Hygrometer

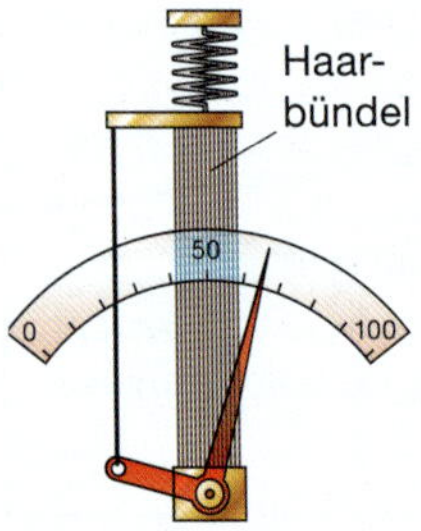

Hygrometer messen die Luftfeuchtigkeit. Der Sensor dafür sind Haare von Menschen oder Pferden, weil sich deren Länge mit der Luftfeuchtigkeit ändert.

GPS

Viele Autos und Flugzeuge navigieren heutzutage mithilfe von GPS-Geräten. Es handelt sich dabei um keinen Sensor im eigentlichen Sinne, sondern eine Antenne empfängt Zeitsignale von Satelliten. Aus diesen Zeitsignalen kann eine Software die Position berechnen. Es werden Zeitdaten in Positionsdaten gewandelt.

Sensoren im Alltag — Grundwissen

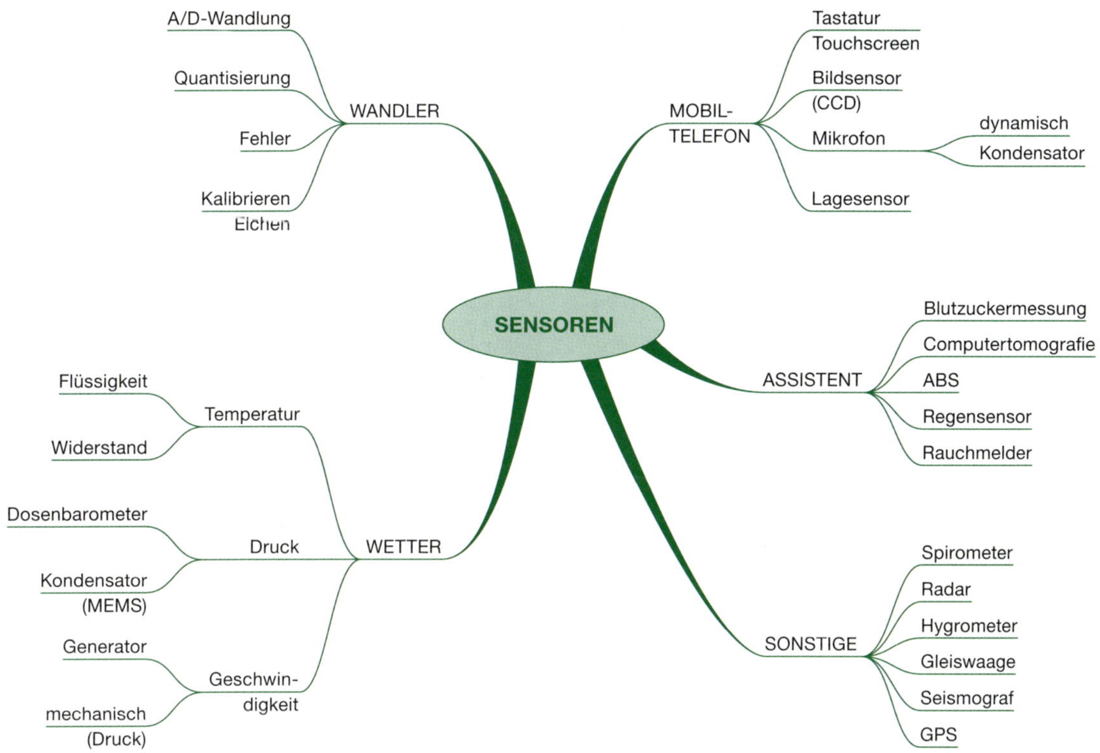

it *t*	Strecke *s*
0 s	3,8 m
5 s	7,08 m
0 s	7,55 m
5 s	6,14 m
0 s	3,8 m
5 s	1,46 m
0 s	0,05 m
5 s	0,52 m
0 s	3,8 m

A1 Gegeben sind die Messwerte der Tabelle links.
a) Zeichne die Punkte jeweils in ein eigenes Koordinatensystem für den Fall, dass die *y*-Achse in Schritten von ① einem, ② fünf, ③ zehn und ④ zwanzig Millimeter skaliert ist.
b) Rekonstruiere daraus den Kurvenverlauf und beschreibe deine Beobachtung.

A2 Die Toleranz für die Füllung von Maßbierkrügen beim Oktoberfest beträgt 0,1 Liter. Durch die „schamlose Ausnutzung" dieser Regelung sei den Besuchern ein Verlust von 5 Mio € entstanden.
a) Beschreibe, was mit „schamlos ausgenutzt" gemeint ist.
b) Beurteile diese Regelung bei einem Preis für die Maß von 9,50 € und 7 400 000 Litern verkauftem Bier.

A3 Die Stromversorgung der Marssonde Curiosity erfolgt mit Hilfe einer „Plutoniumbatterie". Sie besteht zum einem aus einem Plutoniumblock, der sich durch radioaktiven Zerfall erwärmt.
a) Begründe, welcher Sensor den zweiten Teil der „Batterie" darstellt.
b) Nenne Vor- und Nachteile dieser „Batterie"-Art.

A4 Erkläre, warum in der Nähe der Höröffnung eines Smartphones ein Näherungssensor mit kurzer Reichweite (ca. 5 cm) eingebaut ist.

A5 Durch Erwärmen können in CCD-Sensoren ebenfalls Elektronen ausgelöst werden. Beschreibe, welche Auswirkungen das auf die Bildaufnahme hat. Berücksichtige dabei, dass moderne Digitalkameras einen Bereich bis 6400 ISO abdecken können.

A6 Beschreibe die Auswirkungen, wenn ein Sänger zu laut in ein Mikrofon singt.

A7 Ein (nicht legaler) Trick bei Autoverkäufern war früher das Zurückdrehen des Tachometers. Dafür wurde der Tachometer ausgebaut und mit einer Bohrmaschine die Tachospindel rückwärts gedreht. Begründe, ob dieser Trick bei einem modernen Tachometer noch funktionieren würde, indem die Autoräder rückwärts gedreht werden.

Praxis und Forschung

Im Bereich der Physik werden heutzutage bedeutende Entdeckungen nur noch sehr selten durch Einzelpersonen am Schreibtisch oder in kleinen Labors gemacht, wie es bis zum Beginn des 20. Jahrhundert noch üblich war. Die Entdeckung der Radioaktivität durch BEQUEREL oder die Formulierung der Speziellen Relativitätstheorie durch EINSTEIN waren noch „klassische Einzelleistungen" der experimentellen bzw. theoretischen Physik. Später verlagerte sich die physikalische Forschung hin zu immer größeren Gruppen, in denen Experten ihr Wissen bündelten und dadurch die Physik als Wissenschaft vorantrieben.

Im Rahmen dieses Kapitels sollst du in mindestens einem physikalischen Thema „forschen". Dabei soll aber auch die Praxis nicht zu kurz kommen. Hierzu stehen dir Projekte als Anregungen zur Verfügung. Auch der eigenen Kreativität und Forschungslust sollen in diesem Kapitel keine Grenzen gesetzt werden. Denn: Erfolgreiches Forschen hängt immer vom persönlichen Einsatz ab; im Idealfall findest du daher eine Fragestellung, die dich wirklich anspricht, sodass die anstehende Arbeit mehr Lust als Last ist und dann auch erfolgreich abgeschlossen werden kann.

■ **Keine Einzelkämpfer, sondern Teamwork:** Insbesondere an Universitäten und Forschungsinstituten sind Arbeitsgruppen elementarer Baustein moderner physikalischer Forschung. Im Bild links sind Studenten und wissenschaftliche Mitarbeiter der Experimentellen Teilchen- und Astrophysik-Arbeitsgruppe (ETAP) der Universität Mainz im Rahmen ihres wissenschaftlichen Kolloquiums bei der Präsentation aktueller Forschungsergebnisse zu sehen. Der Forschungsort ist dabei nicht unbedingt auf den Universitätsstandort beschränkt; z. B. wird das ATLAS-Experiment am LHC im CERN von Mainz aus mit betreut und ausgewertet.
Auch in theoretischen Forschungsgruppen finden sich neben den Physikerinnen und Physikern immer häufiger Mathematikerinnen oder Informatiker, die z. B. Simulationen programmieren, mit denen theoretische Vorhersagen erstellt werden können. Immer ist es aber so, dass ohne den Beitrag des Einzelnen das zentrale Vorhaben schwieriger oder unmöglich würde.
Auch die Forschungsdauer unterscheidet sich: Manche Masterabsolventen sind im Rahmen ihrer Arbeit für ca. 2 Jahre an einem Projekt beteiligt; andere forschen „ein Leben lang".

Ablauf eines Projektes

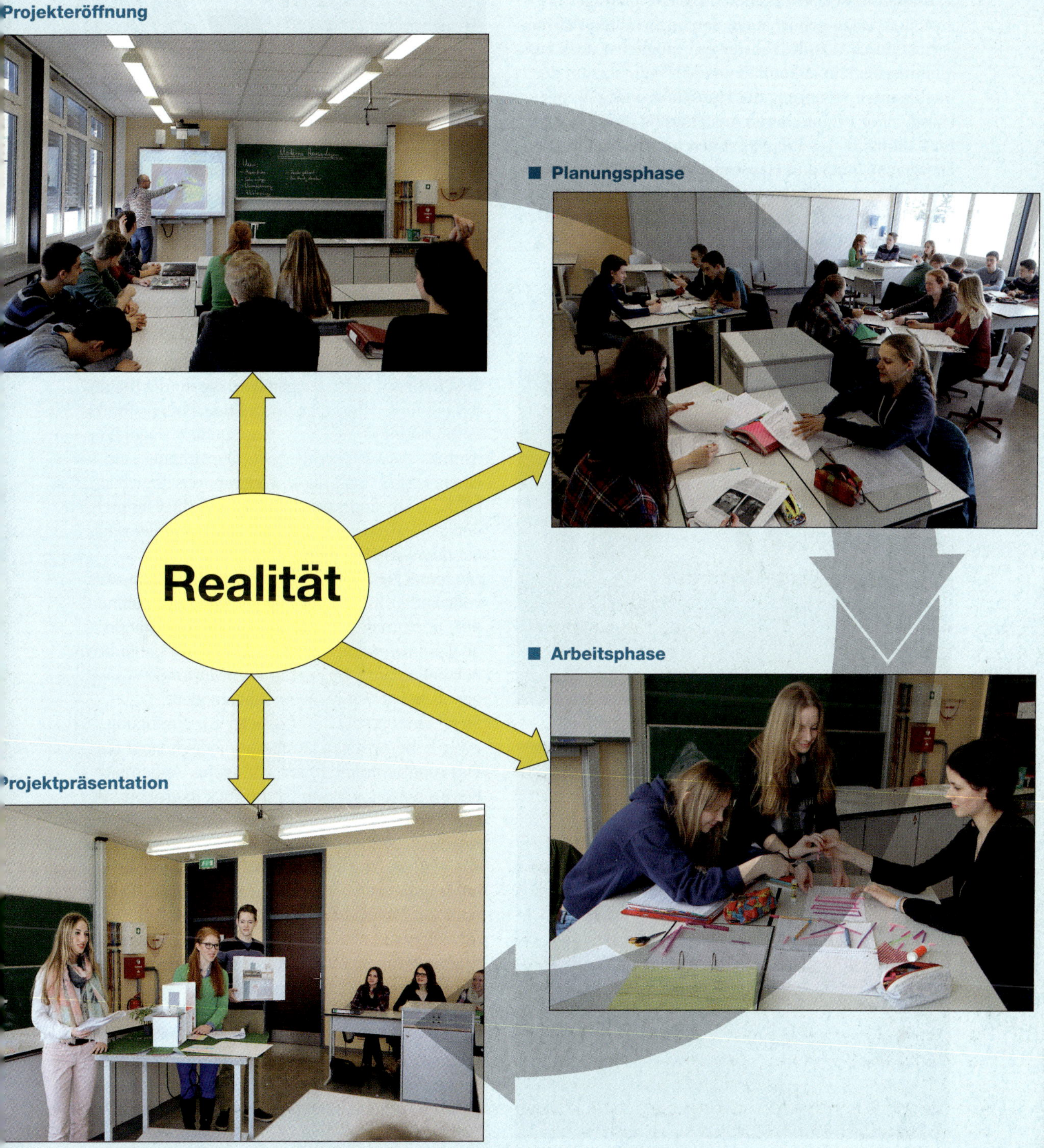

Moderne Hausanlagen – energetisch bauen und sanieren

In Zeiten knapper werdender Öl- und Gasressourcen wird es immer wichtiger, die Wärmetechnik eines Wohnhauses auf zukunftsträchtige Energieträger umzustellen. Dazu gehört auch, den ungewollten Wärmeverlust durch Wände, Fenster etc. möglichst stark zu minimieren. Hinzu kommen neue Möglichkeiten der intelligenten Steuerung der Hauselektronik z. B. per Handy oder PC und deren Ansteuerung über (W)LAN. Im Rahmen dieses Projekts sollen Informationen zur Energiegewinnung in Häusern, der Wärmedämmung und gegebenenfalls der elektronischen Steuerung erarbeitet und anhand eines selbstgebauten Modellhauses präsentiert werden.

Heizungsanlagen im Überblick

Öl- und Gasheizungen

Bei Öl- bzw. Gasheizungen wird die für die Brauchwasserbereitung bzw. Heizung nötige Energie durch die Verbrennung von Öl bzw. Gas auf dem Träger Entropie/warmes Wasser bereitgestellt. Die Brenner sind fest in einen Kessel integriert, wodurch die Bauweise sehr klein, leicht und kostengünstig ausfällt. Dadurch können sie platzsparend an der Wand im Keller oder auch auf dem Speicher montiert werden.
Moderne Heizkessel verbrennen den Brennstoff sehr vollständig, in den Verbrennungsabgasen können z. B. nur noch wenig schwefelhaltige Rückstände nachgewiesen werden. Der CO_2-Ausstoß ist dabei bei Gasheizungen pro umgesetzter Kilowattstunde etwas geringer als bei gleichwertigen Ölheizungen.
Steht ein öffentliches Gasnetz zur Verfügung, fallen zwar hohe Anschlusskosten an, jedoch steht dann das Gas rund um die Uhr zur Verfügung. Andernfalls muss der Brennstoff auf dem Grundstück in großen Tanks gelagert werden. Für einen Öltank wird ein eigener Raum im Haus benötigt. Flüssiggastanks können außerhalb des Hauses ober- und unterirdisch aufgestellt werden; beide werden von Tanklastwagen befüllt. Die Kosten dafür sind regional sehr unterschiedlich.

Moderne Brennwertheizungen, bei denen der Verbrennungsprozess optimiert und auf die Hausanlage abgestimmt ist, arbeiten inzwischen sehr effizient. Bei Gasbrennwertheizungen kann auch Biogas beigemischt werden, was zur Ressourcenschonung beiträgt. Reine Biogasbrenner sind in deutschen Privathäusern aufgrund der fehlenden Versorgungsinfrastruktur bisher nicht zu finden.

Wärmepumpen

Wärmepumpen sind ausführlich auf den Seiten 284 bis 287 beschrieben. Sie stellen eine moderne Möglichkeit dar, die im Erdreich bzw. in der Luft gespeicherte Wärme für die Heizung eines Hauses zu nutzen. Wärmepumpen werden mit elektrischem Strom betrieben, wobei die Wärme bei Privathäusern auf drei Arten gewonnen werden kann:

- **Luftwärmepumpen:** Für diese Art der Wärmepumpe sind die geringsten Umbaumaßnahmen nötig, weshalb sie am kostengünstigsten ist. Durch ein außen am Haus angebrachtes Aggregat wird Luft angesaugt, die in einem Wärmetauscher ihre auf dem Träger Entropie gespeicherte Energie abgibt und kältere Luft ausbläst. Die Wärmeenergie wird im Haus in einem zweiten Tauscher erneut umgeladen: auf Wasser bei einer klassischen Heizungsanlage oder auf Luft, falls das Haus nicht mehr über Heizkörper/Fußbodenheizung, sondern über Warmluftschlitze in den jeweiligen Räumen beheizt wird. Gerade an sehr kalten Tagen, an denen besonders stark geheizt werden muss, steht jedoch in der Außenluft nur wenig nutzbare Wärme zur Verfügung, weshalb die Anlage an diesen Tagen mit einer geringeren Effizienz arbeitet.
- **Erdwärmepumpen:** Diese Anlagen nutzen die im Erdreich vorhandene Wärme, die über Wärmetauscher dem Erdreich entnommen und im Haus der Heizungsanlage zugeführt wird. Um auch im Winter ausreichend Wärme zur Verfügung zu haben, werden zwischen zwei effizienten, aber auch aufwändigen und dadurch teureren Verfahren unterschieden. Entweder wird an nur einer Stelle des Grundstücks eine Tiefenbohrung vorgenommen (ca. 70 m; dort hat das Erdreich eine mittlere Temperatur von ca. 12 °C), oder es wird eine große Fläche (ca. 1 m) unter der Oberfläche genutzt, die idealerweise nicht bewachsen ist.
- **Grundwasserwärmepumpen** (genehmigungspflichtig): Befinden sich unter einem Grundstück ausreichend große Grundwasservorkommen, sind zwei Bohrungen nötig. Aus dem einen Bohrloch wird das Grundwasser entnommen, woraus die Wärmepumpe Energie entzieht und im Haus als Wärme zur Verfügung stellt. Das nun abgekühlte Wasser wird im zweiten Bohrloch vollständig zurückgeleitet.

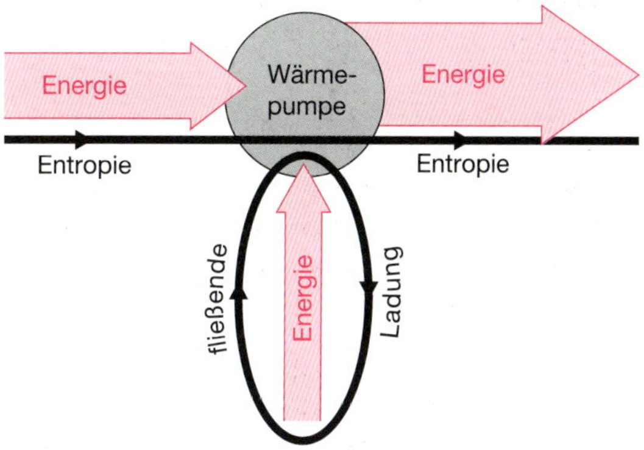

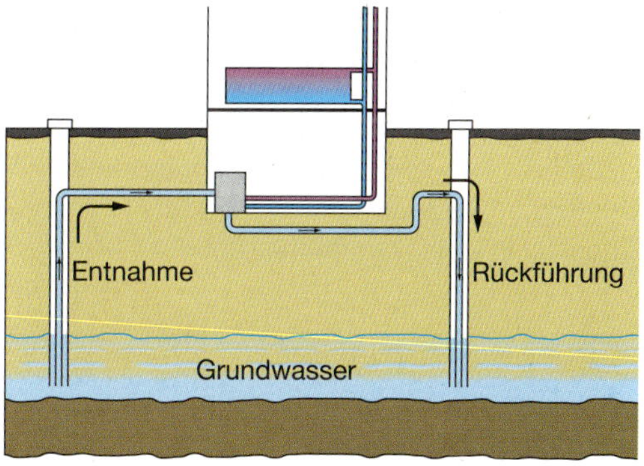

Weitere Heizungsanlagen

Zur Unterstützung der oben beschriebenen Heizungsanlagen werden immer häufiger ergänzende Systeme eingebaut, die helfen sollen, erneuerbare Energien zu nutzen oder Heizkosten zu reduzieren. Hierzu zählen z. B. der Einbau von Thermokollektoren auf den Hausdächern, die die Warmwasserbereitung unterstützen, oder der Einbau von Wasserwärmespeichern in bestehende Öfen- oder Kachelöfen.

Zusätzlich gibt es noch Pelletöfen, Blockheizkraftwerke, Fernwärme oder klassische Kaminöfen.

Wärmedämmung

Wärmeverluste

Ziel des Architekten bei einer Haussanierung bzw. eines Neubaus ist es immer, den Abfluss der im Haus erzeugten bzw. verfügbarem Wärme zu erschweren, um so Primärenergie zu sparen. Genauer betrachtet fließt Energie auf dem Träger Entropie durch geöffnete Fenster, schlecht gedämmte Wände, Dächer, undichte Rolladenkästen etc. in die Umgebung ab, und zwar umso mehr, je größer der Temperaturunterschied zwischen Innenraum und Außenluft ist.

Soll die Temperatur im Haus konstant bleiben, muss die Heizungsanlage die nach außen strömende Wärme ständig nachliefern. Daher ist das erste Ziel einer Wärmedämmmaßnahme, Verluste durch Konvektion zu verhindern, d. h. undichte Stellen z. B. mit Mitteln der Thermografie aufzuspüren und zu verschließen. Das zweite Ziel besteht darin, den Energie- bzw.- Entropiefluss durch Wände, Fenster, Türen usw. möglichst gering zu halten.

Der *U*-Wert

Neben der Konvektion gibt es die Wärmeverluste durch Wärmeleitung (Konduktion). Der Antrieb ist hier der Temperaturunterschied; die verwendeten Baustoffe beeinflussen dabei die Leitfähigkeit bzw. den Wärmewiderstand. Die Wärmeleitung durch die Wände ist gering, wenn diese dick sind und aus schlecht leitenden Mauerziegeln oder Porenbeton bestehen. Platten aus Styropor oder Mineralfasern, die auf dem Mauerwerk befestigt werden können, behindern die Wärmeleitung zusätzlich. Die gute Wärmedämmung dieser Materialien liegt an der sehr schlechten Wärmeleitfähigkeit der Luft, die in den Hohlräumen dieser Materialien eingeschlossen ist.

Bauteil	*U* in $\frac{W}{m^2 \cdot K}$
Ziegeldach	
- ungedämmt	6,0
- mit 10 cm Dämmschicht	0,4
Außenwand (Hohllochziegel, 24 cm dick)	
- ungedämmt	1,3
- mit 5 cm Dämmschicht	0,4
Fußboden (Stahlbeton mit Estrich, 16 cm dick)	
- ungedämmt	1,3
- mit 5 cm dicker Dämmschicht	0,5
Glasscheiben	
- einfach	5,8
- doppelt (6 mm Abstand)	1,5
- doppelt (12 mm Abstand)	1,1
- dreifach (2 · 12 mm Abstand)	0,7

Ingenieure, die den Energiebedarf eines Hauses berechnen wollen, müssen hierzu die Energieströme durch Außenwände, Dächer, Fenster usw. berechnen können. Hierfür wird ein einheitliches Maß verwendet, der **Wärmedurchgangskoeffizient *U*,** kurz ***U*-Wert.**

Der *U*-Wert gibt an, wie viel Energie in einer Sekunde durch 1 m² Mauerfläche fließt, wenn die Temperaturdifferenz zwischen der Innen- und der Außenluft 1 K beträgt.

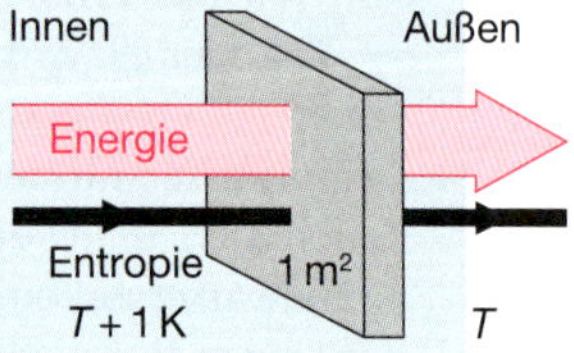

Elektronische Steuerung

Durch moderne Regelelektronik lassen sich ebenfalls die Heizkosten senken. Je nach Heizungsanlage gibt es Sparprogramme, Absenkautomatik, Warmwasserbetrieb usw. Ist die Heizungsanlage an einen Computer angeschlossen, kann von dort die Leistung der Anlage z.B. abhängig von den jeweiligen Zimmern geregelt werden. Ist die Steuerungsanlage über LAN oder WLAN an das Internet angeschlossen, kann die Anlage per App vom Smartphone oder Tablet eingestellt und gesteuert werden. Ebenso ist es in modernen Häusern möglich, per App vergessene Fenster zu schließen oder die Rollläden vor den Fenstern zur besseren Wärmedämmung und Diebstahlprophylaxe herabzulassen.

Moderne Hausanlagen – energetisch bauen und sanieren

Projekt

Projektidee
In der heutigen Zeit knapper Öl- und Gasressourcen ist es immer wichtiger, die Heizungsanlage eines Wohnhauses auf erneuerbare Energieträger umzustellen. Dazu gehört auch, den ungewollten Entropiestrom von Häusern durch Wände, Fenster etc. sehr stark zu minimieren. Hierzu sollst du dir eigenständig Informationen besorgen und diese in einer Projektmappe zusammenstellen sowie ein selbstgebautes Modellhaus im Rahmen einer Ausstellung präsentieren.

Recherche
Informiert euch zunächst genauer über die nötigen fachlichen Hintergründe, indem ihr die zugehörigen drei Buchseiten genauer lest und danach die vorbereitenden Aufgaben bearbeitet. Plant euer weiteres Vorgehen und legt Zuständigkeiten in der Gruppe fest. Als Arbeitszeit stehen euch einige Schulstunden zur Verfügung, wobei der Hausbau oder nötige Internetrecherchen zuhause erledigt werden müssen.

Vorbereitenden Aufgaben
- Befragt eure Eltern, über welche Heizungsanlage euer Haus verfügt und informieret euch über eure jährlichen Energiekosten.
- Sucht euch aus den im Text behandelten Heizungsanlagen zwei aus, wobei mindestens eine Anlage auf regenerativen Energien beruhen muss. Recherchiert hierzu ausführlich Vor- und Nachteile im Internet und stellt diese tabellarisch gegenüber.
- Wiederholt die aus dem Unterricht bekannten Begriffe für den Energietransport „Leitung", „Konvektion" (Mitführung) und „Strahlung".
- Beschreibt eure Heizungsanlage zuhause physikalisch: Auf welchem Weg und mit welchem Träger kommt die Wärme in das Zimmer?
- Erläutert das Prinzip der Thermografie mit eigenen Worten.
- Erläutert, weshalb eine Heizung im Winter fast durchgängig laufen muss und warum es nicht reicht, es einmal „warm zu machen". Geht dabei auf die Begriffe Dämmung, Entropiewiderstand und *U*-Wert ein.

Die Projektmappe
In ihr dokumentiert ihr eure Arbeit im Rahmen des Projekts „Hausbau". Sie ist „pro Person" anzulegen, wobei eine Kooperation innerhalb der Gruppe möglich ist. Die Mappe sollte folgende Dinge enthalten: Deckblatt; Inhaltsverzeichnis und Seitenzahlen; Lösungen/Antworten zu den vorbereitenden Aufgaben; Dokumentation des Hausbaus (Zeichnungen/Bilder; Bericht; ...); Exposé des Hauses; physikalische Beschreibung des Hauses (ca. 2 Seiten).

Das Modellhaus
Baut ein Modellhaus, welches ihr bestmöglich nach physikalischen und energetischen Prinzipien plant. Das Haus muss nicht „funktionieren", sondern soll ein Modell sein. *Beispiel:* Durch Heizungsrohrleitungen muss kein Wasser fließen, sondern die Rohrleitungen können durch Wollfäden angedeutet sein.

Euer Haus muss mindestens aber folgende Anforderungen erfüllen: Außenwände, davon eine mit „Einblick"; 1 Heizungsanlage (Modell); 1 Fenster; 1 Dach (abnehmbar).

Natürlich ist es schön, wenn euer Haus auch eine Tür hat, aber im Rahmen dieses Projekts liegt der Schwerpunkt weniger auf dem Wohnkomfort als vielmehr auf den physikalischen Eigenschaften des Hauses.

Das Exposé
Eure Modellhäuser sollen gemeinsam ausgestellt werden. Deswegen müsst ihr ein kurzes Exposé verfassen, das auf *genau einer* Seite die wichtigsten Eigenschaften eures Hauses in Stichworten beschreibt. Stellt es euch so vor, als ob ihr mit diesem Exposé, welches die hervorragenden technischen Eigenschaften eures Hauses enthält, Käufer für euer Modellhaus werben wolltet.

Das Fahrrad im Handyvideo

Ob für den Schulweg, den Einkauf oder das Fußballtraining – das Fahrrad ist ein Alltagsgegenstand, der aus dem Schülerleben nicht wegzudenken ist. Selten spielen dabei die vielen physikalischen Eigenschaften des Fahrrads eine Rolle. Erst wenn der Reifen platt, die Bremse defekt oder die Lampe kaputt ist, fallen diese ins Auge.
In diesem Projekt soll daher die Physik des Fahrrads näher beleuchtet und in einem selbst erstellten Film präsentiert werden.

Physikalische Facetten des Fahrrads

Optik

Bei Fahrrädern sind derzeit zwei verschiedene Beleuchtungssysteme gebräuchlich: Batteriebetriebene Fahrradlampen oder Leuchten, die durch einen Dynamo angetrieben werden. Durch spezielle Vorrichtungen wird das Licht nach der Erzeugung so reflektiert, dass es den Bereich der Straße vor dem Fahrrad beleuchtet. Weiter fallen am Rad die Reflektoren („Katzenaugen“) mit optischen Eigenschaften auf.

Stromkreis

Je nach verwendeter Beleuchtungseinrichtung kommt die Energie über einen elektrischen Stromkreis zur Lampe. Aber auch andere Bauteile funktionieren nicht ohne einen elektrischen Stromkreis wie z. B. digitale Tachometer.

Fortbewegung

Ein kräftiger Tritt in die Pedale bringt den Radfahrer gut voran; am Berg hingegen reicht auch ein kräftiger Antritt nur für kleine Fahrstrecken. Der Impuls, der über die Pedale von der Straße ins Rad gepumpt wird und damit zu einer Geschwindigkeit führt, ist also von verschiedenen Faktoren abhängig. Beim Bremsen steht umgekehrt das Ziel, möglichst schnell möglichst viel Impuls loszuwerden, im Vordergrund. Eisflächen als Impulsisolatoren führen zu gefährlichen Fahrsituationen.

Energieumlader

„Energiegeladen steigt der Fahrer auf sein Rad und fährt los“ – dieser Satz muss unter energetischen Aspekten genauer beschrieben werden. Die Energie kommt beim Fahrrad nämlich in unterschiedlichen Situationen vor: mal auf dem Träger fließende Ladung, mal auf dem Träger Impuls oder chemisch in der Muskulatur des Menschen gespeichert.

Und vieles mehr...

Viele weitere Facetten ergänzen das physikalische Bild des Fahrrads:

- Induktion beim Dynamo
- Tachometer
- Motor/Generator beim E-Bike
- Verschiedene Bremssysteme
- Federungen an der Gabel, dem Sattel oder der Hinterachse
- Gangschaltungen
- Luftwiderstand und Rollwiderstand der Reifen
- Klingel

In Deutschland sind derzeit etwa 71 Millionen Fahrräder in Betrieb. Pro Jahr werden von der Fahrradindustrie etwa 2 Milliarden Euro Umsatz gemacht. Auch die Anzahl der verkauften E-Bikes pro Jahr hat sich inzwischen auf über 400 000 erhöht.

Das Fahrrad im Handyvideo — Projekt

Projektidee

Im Rahmen des Projekts soll ein Alltagsgegenstand (z. B. das Fahrrad) unter physikalischen Gesichtspunkten untersucht werden. Dazu muss Wissen aus vielen vorangegangenen Unterrichtseinheiten (Optik, Energie, Elektrik, Mechanik) aktiviert und in der Gruppe auf das Fahrrad übertragen werden.

Am Ende des Projekts soll deine Gruppe einen (z. B. mit einem Handy aufgenommenen) Film präsentieren, der die wichtigsten physikalischen Aspekte rund um das Fahrrad beinhaltet (ähnlich wie in der „Sendung mit der Maus").

Inhalte des Films

Auf der linken Buchseite sind verschiedene Inhalte zum Thema Fahrrad genannt. Neben den Pflichtthemen

- Optik (Reflektoren, Lampenschirme, ...)
- Stromkreis (Dynamo- oder Batterielampe)
- Fortbewegung (Anfahren, Geschwindigkeit, Bremsen)
- Energieumlader

sollte noch ein zusätzliches Wahlthema z. B. aus der Rubrik „Und vieles mehr..." im Film vorkommen.

Recherche

Viele Inhalte, die ihr im Video darstellen und erklären sollt, werden in diesem Physikbuch beschrieben. Blättert einfach mal zu den entsprechenden Seiten zurück. Ohne Internet wird es aber trotzdem nicht gehen, da sich immer noch offene Fragen ergeben werden. Recherchiert auf geeigneten Seiten, um euch das nötige Wissen anzueignen. Beachtet auch: Der entstehende Film ist für eure Altersklasse, also lest im Video keine Fachtexte aus dem Internet ab, sondern formuliert selbst eigene (verständliche) Erklärungen.

Hinweise zum Film

- Die Qualität eures Films hängt nicht von der Laufzeit ab, sondern wird maßgeblich durch die Richtigkeit bzw. Verständlichkeit der dargestellten Inhalte bestimmt.
- Orientiert euch an einer Filmlaufzeit von 5 Minuten (als Richtwert).
- Achtet beim Sprechen des Filmtextes auf die physikalische Fachsprache sowie ein langsames und deutliches Sprechen.
- Überlegt genau, was ihr mit der Kamera aufnehmen möchtet (Drehbuch). Im Idealfall passen dann gesprochener Text sowie das Bildmaterial immer genau zusammen.
- Sollen im Video bestimmte Dinge hervorgehoben werden, können z. B. ins Bild gehaltene Papppfeile an Stäben auf verschiedene Details wie z. B. einen Tachometersensor am Vorderrad hinweisen.

- Videoschnitttechniken sind nicht gefordert. Wer diese beherrscht, darf seine Videos natürlich auch professionell schneiden; es genügt aber auch ein einfaches Handyvideo mit entsprechend hintereinander gefilmten Sequenzen.

Zeitplan

Zur Vorbereitung der Videodrehs benötigt ihr in der Gruppe etwa 2–3 Wochen, falls dies nicht im Unterricht geschieht. In dieser Zeit solltet ihr absprechen, wessen Fahrrad ihr für euren Film nutzen wollt und wer am Drehtag welche Materialien mitbringen soll. Darüber hinaus solltet ihr ein Drehbuch schreiben, was euch beim Filmen hilft bzw. euren Sprecher unterstützt, damit dieser nicht spontan Texte selbst erfinden muss.

Nach einem hoffentlich gelungenen Drehtag sind noch ein bis zwei Wochen nötig, um die entstandenen Handyvideos zusammenzusetzen und die Präsentation eures Films vorzubereiten, sofern dies nicht ebenfalls unter der Anleitung eures Lehrers im Unterricht geschieht.

Energieengpass im Heimatort ...?

Energieversorgung, Energiewende und Energiekosten sind Begriffe, die fast täglich in den Zeitungen zu finden sind. Im Alltag ist dies häufig keinen Gedanken wert – die Energie kommt einfach und praktisch mit dem elektrischen Strom ins Haus. Aber was passiert, wenn beim regionalen Energieanbieter ein Engpass auftritt? Wie wird Energie bereitgestellt?
In diesem Projekt sollst du Fachmann für verschiedene Kraftwerkstypen sein und dem Stadtrat deiner Heimatstadt (gespielt von deiner Klasse) eine physikalisch fundierte Bauempfehlung geben.

Faktoren einer Bauentscheidung

Bedarf
Ein zentraler Punkt vor dem Bau eines Kraftwerks ist die Abschätzung des nötigen Energiebedarfs. Bei den regionalen Energieversorgern sind Informationen über die benötigte Energiemenge des vergangenen Jahrs für den eigenen Ort/die Verbandsgemeinde zu bekommen.

Umweltverträglichkeit
Die Umweltverträglichkeit der Kraftwerke ist heute von zentraler Bedeutung. Hier spielen sowohl die eingesetzten Rohstoffe als auch die Lärm-, Geruchs- oder CO_2-Emissionen eine wichtige Rolle.

Standortfaktoren
Wichtige Standortfaktoren sind z. B. die Verfügbarkeit von Wasser aus Flüssen, die Anzahl der Sonnenstunden, Windstärken oder die benötigte Fläche für ein Kraftwerk. Ebenso müssen Naturschutzgebiete, Brutstätten seltener Tiere oder die Verkehrsinfrastruktur beachtet werden.

Kosten
Ein Kraftwerk sollte gewinnbringend laufen. Die eingesetzten Baukosten sollten nach einer absehbaren Zeit erwirtschaftet worden sein.

Projekt – Energieengpass im Heimatort ...?

Projektidee
Eure Heimatstadt plant zur Sicherung der Energieversorgung die Errichtung eines Kraftwerks und bittet euch um eine physikalische Stellungnahme zu den verschiedenen Möglichkeiten.
Dazu müsst ihr zunächst zu Fachleuten werden, Argumente sammeln und diese in einer von eurer Klasse gespielten Stadtratssitzung vorbringen. Ziel ist es, die „Stadtratsmitglieder" vom Bau eures favorisierten Kraftwerktyps zu überzeugen und die Abstimmung zu gewinnen.

Recherche
Auf Seite 374 im Buch sind verschiedene Kraftwerke im Vergleich beschrieben. Lest zunächst die dortigen Informationen durch, um einen ersten Eindruck über die verschiedenen Kraftwerksarten zu bekommen. Entscheidet euch dann für einen Kraftwerkstyp und recherchiert im Internet weitere Einzelheiten.

Aufgaben
- Schreibt eine ca. einseitige Stellungnahme/Erörterung für die örtliche Stadtverwaltung (euren Lehrer) über euren favorisierten Kraftwerkstyp als Empfehlung für den geplanten Bau.
- Bereitet eine Darstellung eures Kraftwerks auf einem geeigneten Medium (Plakat, Folie,...) vor, welches ihr dem „Stadtrat" präsentieren könnt.
- Ein „Speaker" soll die Ratsmitglieder in der Sitzung von den Vorteilen eures Kraftwerks überzeugen und versuchen, die abschließende Abstimmung für den Bau eines neuen Kraftwerks zu gewinnen.

Mögliche Vernetzung/Transfer
- Schreibt einen Zeitungsartikel über die Ratssitzung und deren Ergebnis.
- Schreibt einen Leserbrief zu dem Zeitungsartikel und ergänzt Argumente für oder gegen die vorgestellten Kraftwerksarten im Hinblick auf die CO_2-Emission (Treibhauseffekt).

Bau einer Wasserrakete

Raketen werden von riesigen Weltraumbahnhöfen unter Einsatz großer technischer Kenntnisse und enormer Kosten ins All geschossen. Das von Raketen genutzte Antriebsprinzip kann aber auch im Kleinen unter geringem Kosteneinsatz nachgebaut werden.
Mit Wasser gefüllte Raketen nutzen dabei den Rückstoß des ausströmenden Wassers, um erstaunliche Steighöhen zu erreichen. Sie können sogar zweistufig gebaut werden. Wie lange bleibt eine selbstgebaute Rakete in der Luft und welche Steighöhe erreicht sie? Kann sie auch eine kleine Last befördern, die dann abgekoppelt langsam zur Erde zurückschwebt? Fragen wie diese können im Projekt experimentell beantwortet werden.

Sicherheitshinweise

Um Zuschauer, Jury und euch selbst nicht zu gefährden, müssen folgende Sicherheitshinweise beim Bau der Wasserrakete beachtet werden:

- Für den Druckbehälter der Wasserraketen sind ausschließlich handelsübliche PET-Flaschen (max. 1,5 Liter) zugelassen. Kombinationen aus mehreren Flaschen sind bei entsprechend sicherer Verklebung zugelassen.
- Die Flaschen müssen (teil-)transparent sein; sie dürfen nur soweit beklebt oder bemalt sein, dass das Flascheninnere gut einsehbar ist.
- Zur Erhöhung der Flugzeit dürfen Flügel, Fallschirme o.ä. verwendet werden.
- **Die Wasserraketen müssen eine weiche Spitze haben.**
- Die Wasserraketen müssen von einer stabilen und standfesten Startrampe aus gestartet werden, die von jedem Team mitzubringen ist. Der Auslösemechanismus der Wasserrakete muss mithilfe einer langen Leine betätigt werden.
- Der Auslösemechanismus und die Startrampe sind wichtige (und schwer zu realisierende) Bestandteile der Aufgabenlösung. Jedes Team muss daher eine eigene Startrampe mitbringen.
- Der Startdruck sollte der Rakete entweder durch ein handelsübliches Fahrradventil oder durch ein Autoreifenventil zugeführt werden.
- Er beträgt für alle Teilnehmer maximal 5 bar. Dieser Druck darf in den eigenen Vorexperimenten nicht überschritten werden (Luftpumpe mit Manometer verwenden!). Unter Einhaltung dieser Obergrenze sind Kompressoren erlaubt.

Bau einer Wasserrakete — Projekt

Projektidee
Baut in einer Gruppe eine Wasserrakete mit Abschussvorrichtung, die möglichst hoch fliegt. Der Antrieb erfolgt durch einen Wasserstrahl, der unter Druck durch eine Düse gepresst wird und mit einem entgegengesetzten Impuls die Rakete verlässt.

Recherche
Informiert euch zunächst im Internet über verschiedene Möglichkeiten des Raketenbaus und notiert sinnvolle Hinweise.

Die Projektmappe
Die Projektmappe soll folgende Inhalte enthalten:
- Die Dokumentation der Bearbeitungszeit (mit Gruppentreffen, ausgeführten Arbeiten etc.) als Kurzbericht (ca. 3 Seiten)
- Eine maßstäbliche Zeichnung der Rakete
- Die physikalische Beschreibung des Antriebs und der Bremseinrichtung. (ca. 1 – 2 Seiten)
- Bilder mit verschiedenen Ansichten

Mögliche Vernetzung/Transfer
Alternativ zur Flughöhe können auch folgende Kriterien bewertet/erprobt werden:
- Längste Flugdauer
- Beförderung einer Besatzung („Hühnerei“) in einer Kapsel, die im Flug abgekoppelt wird.

Projekt – Bau einer Batterie

Projektidee
Batterien als Energiespeicher werden in vielen Geräten eingesetzt und ermöglichen eine kabellose Bereitstellung von Energie. Akkus können sogar erneut mit Energie geladen werden. Ziel des Projektes ist, selbst eine Batterie zu bauen und diese physikalisch zu beschreiben.

Recherche
Informiert euch zunächst im Internet über Möglichkeiten, Batterien selbst zu bauen. Berücksichtigt dabei insbesondere die „Kartoffelbatterie" und die Volta-Säule.

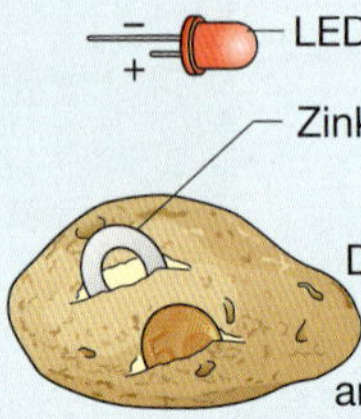

Aufgabe
Baut zwei Batterien entsprechend der gewünschten Zielsetzung. Führt damit verschiedene Versuche durch und dokumentiert die Ergebnisse.
Untersucht neben den eigenen Ideen folgende Schwerpunkte:
- Parallel- und Reihenschaltungen
- Verschiedene Geräte
- Verschiedene Elektroden

Die Projektmappe
Die Projektmappe soll folgende Inhalte enthalten:
- Dokumentation der Bearbeitungszeit (mit Gruppentreffen, ausgeführten Arbeiten etc.) als Kurzbericht
- Maßstäbliche Zeichnung der Batterie
- Physikalische Beschreibung der Funktionsweise der Batterie
- Bilder mit verschiedenen Ansichten
- Text zur Umweltverträglichkeit bzw. Entsorgung von Batterien
- Vergleich der Energiekosten einer aus einer Batterie bezogenen Kilowattstunde mit einer gelieferten kWh aus dem Stromnetz

Mögliche Vernetzung/Transfer
- Alternativ zur bisherigen Batterie kann die Art der Energiebereitstellung durch alternative Säuren, Zitronen etc. variiert werden.
- Erforschung der Brennstoffzellentechnik

Projekt – Reibung

Projektidee
Beim Autofahren ist die Haftung der Räder auf der Straße von zentraler Bedeutung. Die Haftkraft hängt dabei von verschiedenen Faktoren ab, die im Projekt untersucht werden sollen.

Recherche
Informiert euch zunächst im Internet über verschiedene Arten der Reibung und notiert zentrale Größen.

Aufgabe
Modelliert eine Landschaft mit verschiedenen Untergründen (Sand, Gummi, Holz, feuchter Belag, etc.). Experimentiert dort mit verschiedenen Autos/Reifenarten nach einem vorher festgelegten Versuchsprotokoll. Berücksichtigt dabei auch insbesondere unterschiedliche Massen von Fahrzeugen.

Präsentation
Stellt auf einem Flyer im A4-Format eure Ergebnisse zusammen und gebt am Schluss Fahrempfehlungen für Auto- und Radfahrer.

Mögliche Vernetzung/Transfer
Alternativ können auch folgende Situationen untersucht werden:
- Reibung in der Luft (Gegenwind, Fallschirm, etc)
- Reibung im Wasser (Gleitboote, Katamarane, Tragflügelboote, Hoovercraft, etc.)

Weitere Projektvorschläge

Projekt

Papierboot

Baut aus Papier und Klebstoff ein Boot, welches eine möglichst große Tragkraft hat. Die Masse des Bootes darf dabei höchstens 10 g betragen. Nach dem Bau wird das Boot mit Imprägnierspray oder Klarlack eingesprüht, sodass es wasserdicht ist und sich nicht im Wasser auflöst.

Kettenreaktionsmaschine

Baut eine „Kettenreaktionsmaschine", die möglichst viele Energieumlader enthält. Dabei soll ähnlich eines „Dominoeffekts" der nächste Umlader vom vorherigen ausgelöst werden. *Beispiel:*

Licht → Solarzelle → Motor → Seilwinde → Schalter → ...

Variationen:

- Es zählen nur Umladeprozesse auf andere Energieträger.
- Es muss eine zuvor festgelegte Strecke bzw. ein Hindernis überwunden werden.

Solarboot

Es ist ein unbemanntes Boot zu bauen, welches nur mit Solarantrieb fährt. Jede andere Art von Antrieb (z. B. Solarzelle als Segel) ist unzulässig. Es macht mehr Spaß, wenn das Boot ferngesteuert werden kann; dies ist aber nicht Pflicht. Es gewinnt das Boot, welches eine festgelegte Strecke am schnellsten zurücklegt. Sponsoren zu werben ist möglich.

Selbstbau-Barometer

Ein Barometer ist ein in vielen Haushalten vorkommendes Gerät zur Messung des Luftdrucks. Baut mit einfachen Mitteln ein Barometer und stellt Informationen zur Funktionsweise zusammen.
Recherchiert auch zu OTTO VON GUERICKE, dem Entdecker des Luftdrucks, und und berichtet darüber.

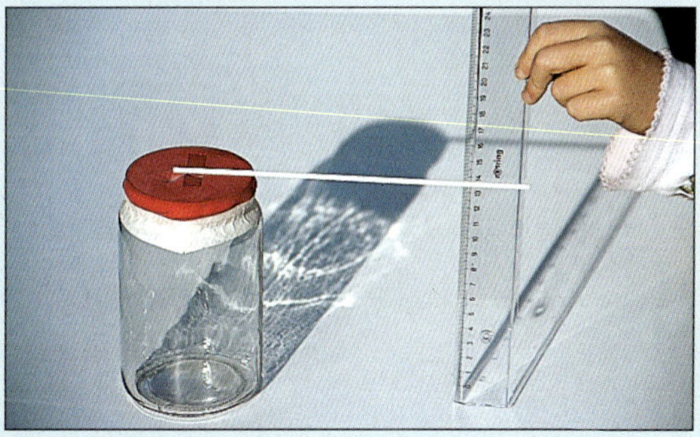

Kreativität

Blättert im Physikbuch noch einmal nach Themen, die euch besonders interessiert haben. Konzipiert zu einer selbstgewählten Fragestellung ein passendes Projekt. Schlagt dies eurem Lehrer vor und bearbeitet es im abgesprochenen Zeitraum. Dokumentiert eure Arbeiten.

Stichworte

T

U

V

W

Z

Bildquellen

123RF.com, Hong Kong (maridav):243.1 – Achim Roos, Holzgerlingen:311.1 – action press, Hamburg:142.3, 269.3 – ADAC e. V., München:131.1 – akg-images, Berlin:135.4, 143.2, 181.1-2, 195.1, 207.2, 225.1, 248.2, 256.1, 300.5, 300.7, 301.5, 358.1-3 – akg-images, Berlin (Erich Lessing; Nicolo' Orsi Battaglini):143.1; 238.1 – alamy images, Abingdon/Oxfordshire (CTK, travel images, Yuen Man Cheung):104.2, 218.1 – alamy images, Abingdon/Oxfordshire ():18.2 – Anja Hebel, Hinterzarten.:421.5 – Astrofoto, Sörth:45.1, 134.1, 259.1-2 – Astrofoto, Sörth (AAO/David Malin; Bernd Koch; DSS; ESO; NASA; NOAO/AURA/NSF; Shigemi Numazawa):246.1; 244.2, 246.3, 246.4, 246.6, 247.1, 247.3; 247.2; 241.2; 236.1, 240.2, 240.3, 245.2, 385.1, 408.4; 247.4; 245.3, 246.2 – aus: Gentner, Maier-Leibnitz, Bothe: Atlas typischer Nebelkammerbilder mit Einführung in die Wilsonsche Methode. Springer Verlag, Berlin 1940:149.2, 166.4, 197.3 – aus: Tritthart HA, Medizinische Physik und Biophysik. Schattauer, Stuttgart 1. Auflage 2001, S. 657:189.3-4 – B. Möschel, Schwerin:62.2, 241.1 – Bahn AG, Rüstwerk, Opladen:81.3, 84.7 – Bahnmüller, Geretsried:9.4 – Bauknecht Hausgeräte, Stuttgart:305.7 – Benjamin Dickert, Mainz:206.1 – Bernd Trambauer, Hemmingen:135.5-7 – Bernd Vorwerk, Wedel:218.2 – Bernhard Claßen, Barnstedt:207.1 – bildagentur-online, Burgkunstadt (Kroener, S. Ziese):81.4, 292.1 – Bridgeman images, Berlin:23.2, 149.3, 239.1, 256.2 – Bugsier-, Reederei- und Bergungsgesellschaft, Hamburg:356.1 – CareFusion (Images of the SpiroUSB © 2014, CareFusion Corporation; Used with permission):408.1 – CERN, Geneva 23:410.2 – CLAAS, Harsewinkel:301.4 – Conatex-Didactic Lehrmittel, www.conatex.de, Kirkel:211.2 – Conrad Electronic SE, Hirschau:136.7 – Conrad Electronic, Wels:387.2 – Cristian Maul, Mainz:415.1, 421.3 – Daimler Chrysler, Stuttgart:300.2, 301.2, 377.3 – DARC Verlag, Baunatal (Stefan Hüpper, Amateurfunkmagazin CQ DL):372.4 – Das Luftbild-Archiv, Biere:313.3 – Dehn + Söhne, Neumarkt i.d.OPf.:201.1 – Deuter, Wolfgang, Germering:130.2 – Deutscher Alpenverein e.V., München:375.5 – Deutsches Museum, München:87.3, 166.1, 194.2-3, 217.1, 225.2, 239.2, 294.1, 300.4, 300.6, 301.3, 343.1-3 – Dick Jones:366.2 – die bildstelle, Hamburg (ISOPIX SPRL, Rex Features Ltd):254.2, 277.1 – diGraph Medienservice Fontner-Forget, Lahr:133.4 – Dipl.-Ing. Hagen Marx, Andernach:291.1-2, 414.1, 414.3 – Dr. Bernhardt Brill, Hofgeismar:129.1 – Dr. Erwin Kretschmann:280.1 – Dr. Karl Sarnow, Hannover:176.1a-b – Dr. Michael Müller, Köln:11.1-6, 66.3-4, 67.1-2 – dreamstime.com, Brentwood (Aviahuismanphotography):408.3 – Druwe & Polastri, Cremlingen/Weddel:136.2, 349.2 – E.ON Energie, München:374.1, 375.1, 375.3 – E.ON, Düsseldorf (E.ON):373.1 – Education Development Center, Newton:219.2 – Einhell Germany, Landau a.d.Isar:362.3 – Erhard Mathias, Reutlingen:321.3 – Europa-Park, Rust:105.2 – Evil Mad Scientist Laboratories - www.evilmadscientist.com/Windell H. Oskay, Sunnyvale:400.4 – F. W. Oventrop, Olsberg:268.1 – F1online, Frankfurt (Fstop):131.2 – F1online, Frankfurt (Mollenhauer/mm-images):305.5 – fotolia.com, New York (Cornelia Wohlrab; Daniel Etzold; Frank-Peter Funke; Grischa Georgiew; Helmut Brands; Kramografie; M. Schuppich):81.2, 84.2; 416.4; 372.2; 10.1; 10.2; 205.1; 73.3 – FRAMEPOOL, München:121.1 – Frank Eiselt, Dresden:281.2-4, 288.2, 297.1 – Frank Küchenberg, Solingen:16.1, 21.1, 22.2, 136.5, 219.3, 339.1, 366.3, 354.2 – Franzis Verlag, Haar b. München (Hanus, Bo: Akkus und Batterien richtig pflegen und laden. S. 36):233.1 – GARDENA Deutschland, Ulm:99.3 – Gebr. Winter, Jungingen:393.4, 394.2 – Georg Schneider, Mainz:252.2 – Gerhard Glas, Offenbach:58.1, 82.1, 92 – Getty Images, München (NASA/Science Source):253.2 – GSI - Helmholtzzentrum für Schwerionenforschung, Darmstadt (Gaby Otto):253.1 – Helga Lade, Frankfurt (*Klaus Baier):262.1, *412.2 – Heliocentris Energiesysteme, Berlin:369.2, 375.4 – Hella, Lippstadt:405.3 – IBM Deutschland, Ehningen:228.1, 228.4 – Imago, Berlin (Jochen Tack):23.3 – Infineon Technologies, Neubiberg:393.3 – Informationskreis Kernenergie, Berlin:194.1 – Institut für Geophysik, Braunschweig (Matthias Bücker):321.1 – iStockphoto.com, Calgary (Alexandr Malyshev;DNY59;egon 69;eyemrs;OJO_Images;Peter Burnett;ranplett;serts;Soy-yo):263.4;403.1;416.5;189.1, 197.1, 403.2;402.1;377.1;260.1;385.3;392.1 – Julian Koch, Graz-Gedersberg:413.3 – Kamioka Observatory, ICRR (Institute for Cosmic Ray Research), The University of Tokyo, Hida-city, Gifu 506-1205:384.1 – Karlsruher Institut für Technologie, Karlsruhe:188.1 – Karwendel Foto Hubert Walther, Lenggries:293.1 – Kersten Ziesemer /Universität Rostock, Rostock:421.2 – Kleines Theater Bad Godesberg, Bonn:238.2 – Kurt Fuchs, Erlangen:311.2 – Lars-Patrick May, Ingelheim:66.2, 120.2, 419.1, 240.1, 263.3, 387.1, 410.1, 411.1-4, 412.3, 413.1-2, 416.1-3, 417.1, 421.4 – LEYBOLD®/LD Didactic, Hürth:136.3, 174.1, 179.1 – Liter of Light, MyShelter Foundation:63.1-2 – Lothar Brey, Landshut:392.3 – Lübke & Wiedemann, Stuttgart:19.2 – Manfred Vollmer, Essen (Manfred Vollmer):230.2 – Markus Rutz-Lewandowski:107.2-3, 112.1-2, 120.1, 122.2, 123.1, 130.1, 360.1, 361.1, 367.2 – Martin Ringbauer/Quantum Technology Lab (http://quantum.technology), St. Lucia:251.1 – mauritius images, Mittenwald:9.3, 38.1, 43.1, 72.1, 123.2 – mauritius images, Mittenwald (Eckart Pott; Fritz Mader; Geisser; Hans-Peter Merten; ib/Siegfried Grassegger; imagebroker.net; imagebroker/Dr. Wilfried Bahnmüller; Janusz Pokorski; Klaus Scholz; Matthias Tunger; Phototake; Thonig):274.1; 254.1; 418.1; 374.3; 201.2; 133.1; 347.3; 266.1; 354.1; 266.5; 216.2; 44.1 – Michael Langer, Vellmar:308.1, 387.3, 388.2-4, 389.1-2, 392.4-5, 394.3-4, 396.1, 397.1, 398.1, 400.1-3, 401.1-3, 404.1, 405.1-2, 405.4, 406.1-3 – Minkus Images, Isernhagen:8.1 – Minkus Images, Isernhagen:129.4 – mit freundlicher Unterstützung durch Prof. T. Wilhelm, Institut für Didaktik der Physik, Frankfurt:229.5-6 – Molecular Expressions at Florida State University, Tallahassee:239.3 – NASA Goddard Space Flight Center/COBE Science Working Group:248.1 – NASA, Houston/Texas:121.2 – NASA/ESA (gemeinfrei):252.1 – Okapia, Frankfurt (BAO/Imagebroker):365.1 – Okapia, Frankfurt (CNRI):189.2 – Okapia, Frankfurt (NASA/ScienceSource):250.1 – Okapia, Frankfurt (Stevan Stefanovic):321.4 – Olympus Europa, Hamburg (Olympus Optical CO, Hamburg):63.3 – Olympus Optical CO, Hamburg:63.5 – Panini Comics, Stuttgart:39.1 – Panthermedia.net, München (Kzenon; reisimon; tomoliveira):73.7; 132.1; 362.2 – Pavegen, London:365.2 – Physikalisch-Technische Bundesanstalt (PTB), Braunschweig (*Stork):257.1, *385.2 – Phywe Systeme, Göttingen:100.1, 118.1, 174.3, 392.2 – Picture Press, Hamburg (Nabiha Dahhan Photography; Wolfgang Neeb/Stern):35.3; 180.2 – Picture-Alliance, Frankfurt:29.1 – Picture-Alliance, Frankfurt (Alfons Rath):160.1 – Picture-Alliance, Frankfurt (ASA):138.1 – Picture-Alliance, Frankfurt (dpa):9.1, 35.2, 63.4, 79.1, 104.1, 108.1, 119.1, 142.1, 190.1, 237.1, 237.2, 269.4, 270.1, 305.1, 313.2 – Picture-Alliance, Frankfurt (dpa/Bernd Thissen; dpa/epa/Keystone/Keflas; dpa/Henning Kaiser; dpa/Martin Gerten; Neufried; Nicolas Gouhier/dpa; ZB/euroluftbild.de; ZB-Fotoreport/Andreas Lander):136.1; 122.1; 148.2; 26.1; 175.1; 123.4; 374.2; 9.2 – Projetos - www.projetos.de, Mülheim:233.2 – R. Fröhlich, Sarstedt:36.4, 57.5 – Radisson Blu Badischer Hof Hotel, Baden-Baden:94.1 – Rainer Dröse, Langenhagen:34.1 – Rainer Serret, Kassel:105.3, 106.1, 124.1-2 – Reinhard Stumpf, Neuss:24.1, 54.2, 71.1, 55.3, 57.1-4, 58.2, 59.1, 61.1, 84.1, 84.4, 62.3, 73.1, 97.1, 139.4, 265.1, 303.2, 372.1 – Robert Gendler, Avon, Ct.:244.1 – RWE Power, Essen:305.2-3 – RWE, Konzernpresse/www.rweimages.com, Essen:298.1, 346.1, 350.1, 368.1 – Senckenberg Forschungsinstitut und Naturmuseum, Frankfurt (Foto Senckenberg, Abt. Messelforschung):180.1 – Shutterstock.com, New York:420.1 – Shutterstock.com, New York (Andrew Gentry; Barnaby Chambers; Philip Lange; Vadim Ratnikov; Vladimir Gjorgiev):402.2; 27.2; 375.2; 81.1; 27.1 – Siemens Medical Solutions, Erlangen:201.3, 210.1 – Siemens, Erlangen:327.2-3, 362.1, 28.1-2, 149.1, 167.2-3 – Siemens-Nixdorf, Augsburg:301.1 – SIGMA-ELEKTRO, Neustadt (SIGMA SPORT):388.1 – Sigrun Otte-Spille, Hemmingen:139.5, 363.1, 363.3 – Silentwind Deutschland, Bremerhaven:233.3 – Silit Werke, Riedlingen:229.2 – Simon Wisser, Biederbach:408.2 – SOHO (NASA & ESA) (EIT Consortium):246.5 – Stefanie Brümmel, Rostock:421.1 – Stefanie Grabert, Sprockhövel:203.3 – Superbild - Your Photo Today, Ottobrunn (Bach):140.1 – Sven Simon, Mülheim an der Ruhr (Frank Hoermann):107.1 – teamwork, Hamburg (Karl-Bernd Karwasz):366.1 – Thomas Appel, Northeim:200.1, 204.3, 295.1, 313.1 – Tierbildarchiv Angermayer, Holzkirchen:216.1 – TopicMedia Service, Putzbrunn:293.2 – TopicMedia Service, Putzbrunn:293.3-4, 339.2 – U. Fries, Stadthagen:85.1 – ullstein bild, Berlin:300.3 – ullstein bild, Berlin (Roger-Viollet):105.4 – üstra Hannoversche Verkehrsbetriebe, Hannover:377.2, 412.1 – vario images, Bonn:67.3 – VEKA, Sendenhorst:27.3 – Visum, Hannover (Alfred Buellesbach; Andreas Reeg):337.1; 170.5 – Volkmar Rinke, Hildesheim:228.2 – Volkswagen, Wolfsburg:263.1 – WaterFrame, München (Ethan Daniels):75.1 – wikimedia.commons (Wolf Meusel/gemeinfrei):229.4 – wikipedia.org (gemeinfrei/NASA, ESA, M. Robberto (Space Telescope Science Institute/ESA) and the Hubble Space Telescope Orion Treasury Project Team):245.1 – Wildlife, Hamburg (D. Harms; Stuewer):366.4; 141.1 – Wilhelm Lambrecht, Göttingen:394.1 – Wolfgang Rieger, Taucha:21.2, 307.2, 341.1 – www.Qualcomm.com:229.3 – Zintek Srl - www.zintek.it, Porto Marghera - VE (zinc-titanium zintek® rolled sheet, made in Italy, Porto Marghera (VE)):78.1

Es war nicht in allen Fällen möglich, die Inhaber der Bildrechte ausfindig zu machen und um Abdruckgenehmigung zu bitten. Berechtigte Ansprüche werden selbstverständlich im Rahmen der üblichen Konditionen abgegolten.
Die Firmen ELWE GmbH, Klingenthal; LEYBOLD DIDACTIC GmbH, Köln und PHYWE AG, Göttingen stellten freundlicherweise Geräte für Versuchsaufbauten bzw. Illustrationsfotos zur Verfügung.

Ausschnitt aus der Nuklidkarte

Elemente	**B** 10,81	Elementsymbol Atommasse in u	
Stabile Nuklide	**Pb208** 52,4 %	Elementsymbol und Nukleonenzahl Häufigkeit des Vorkommens im natürlichen Element	

α-Zerfall: **Ra226** 1600 a (α, γ) ← $t_{1/2}$

β^--Zerfall: **Pb214** 26,8 min (β^-, γ) ← $t_{1/2}$ → β^+-Zerfall: **Na22** 2,60 a (β^+, γ)

Häufigkeit der Zerfallsarten: **Ac226** 29 h — Die farbigen Flächen sind ein Maß für die Häufigkeit der jeweiligen Zerfälle

β^--Zerfall (heißt im Buch β-Zerfall)

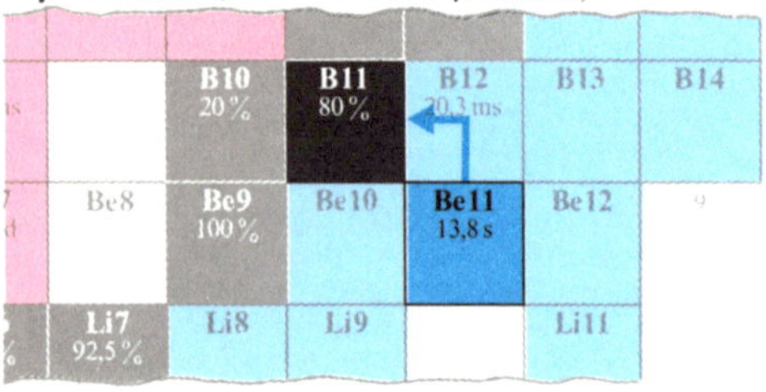

α-Zerfall

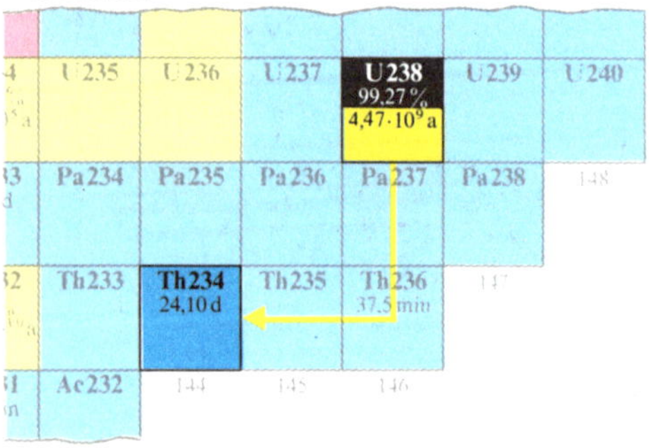

β^+-Zerfall (wird im Buch nicht erklärt)

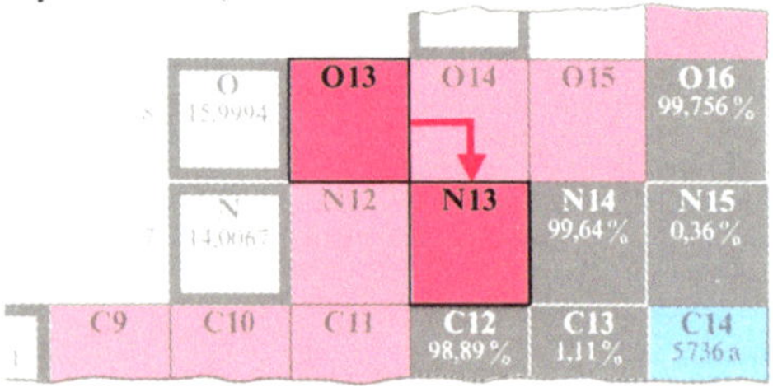

Z	120	121	122	123	124	125	126	127	128	129	
91					**Pa** 231,0359	**Pa216** 0,20 s	**Pa217** 4,9 ms	**Pa218** 0,12 ms			
90			**Th** 232,0381	**Th213** 0,14 s	**Th214** 0,10 s	**Th215** 1,2 s	**Th216** 28 ms	**Th217** 252 µs	**Th218** 0,1 µs	**Th219** 1,0 µs	**Th** 9,7
89	**Ac209** 0,10 s	**Ac210** 0,35 s	**Ac211** 0,25 s	**Ac212** 0,93 s	**Ac213** 0,80 s	**Ac214** 8,2 s	**Ac215** 0,17 s	**Ac216** ~0,3 ms	**Ac217** 0,07 µs	**Ac218** 0,27 µs	**Ac** 7
88	**Ra208** 1,4 s	**Ra209** 4,6 s	**Ra210** 3,7 s	**Ra211** 13 s	**Ra212** 13 s	**Ra213** 2,74 min	**Ra214** 2,5 s	**Ra215** 1,6 ms	**Ra216** 0,18 µs	**Ra217** 1,6 µs	**Ra** 14
87	**Fr207** 14,8 s	**Fr208** 59 s	**Fr209** 50,0 s	**Fr210** 3,18 min	**Fr211** 3,10 min	**Fr212** 20,0 min	**Fr213** 34,6 s	**Fr214** 5,0 ms	**Fr215** 0,09 µs	**Fr216** 0,70 µs	**Fr** 22
86	**Rn206** 5,67 min	**Rn207** 9,3 min	**Rn208** 24,4 min	**Rn209** 28,5 min	**Rn210** 2,4 h	**Rn211** 14,6 h	**Rn212** 24 min	**Rn213** 25 ms	**Rn214** 0,27 µs	**Rn215** 2,3 µs	**Rn** 4
85	**At205** 26,2 min	**At206** 29,4 min	**At207** 1,8 h	**At208** 1,63 h	**At209** 5,4 h	**At210** 8,3 h	**At211** 7,2 h	**At212** 314 ms	**At213** 0,11 µs	**At214** 790 ns	**At** ~0,
84	**Po204** 3,52 h	**Po205** 1,8 h	**Po206** 8,8 d	**Po207** 5,84 h	**Po208** 2,898 a	**Po209** 102 a	**Po210** 138,38 d	**Po211** 0,516 s	**Po212** 0,3 µs	**Po213** 4,2 µs	**Po** 164
83	**Bi203** 11,76 h	**Bi204** 11,3 h	**Bi205** 15,31 d	**Bi206** 6,24 d	**Bi207** 33,4 a	**Bi208** $3{,}68\cdot10^5$ a	**Bi209** 100 %	**Bi210** 5,01 d	**Bi211** 2,13 min	**Bi212** 60,55 min	**Bi** 45,5
82	**Pb202** $3\cdot10^5$ a	**Pb203** 51,9 h	**Pb204** 1,4 % $1{,}4\cdot10^{17}$ a	**Pb205** $1{,}5\cdot10^7$ a	**Pb206** 24,1 %	**Pb207** 22,1 %	**Pb208** 52,4 %	**Pb209** 3,25 h	**Pb210** 22,3 a	**Pb211** 36,1 min	**Pb** 10,(
81	**Tl201** 73,5 h	**Tl202** 12,2 d	**Tl203** 29,5 %	**Tl204** 3,78 a	**Tl205** 70,5 %	**Tl206** 4,20 min	**Tl207** 4,8 min	**Tl208** 3,054 min	**Tl209** 2,2 min	**Tl210** 1,3 min	13
80	**Hg200** 23,1 %	**Hg201** 13,2 %	**Hg202** 29,7 %	**Hg203** 46,6 d	**Hg204** 6,8 %	**Hg205** 5,2 min	**Hg206** 8,2 min				
79	**Au199** 3,13 d	**Au200** 48,4 min	**Au201** 26,4 min	**Au202** 28 s		**Au204** 40 s					
78	**Pt198** 7,2 %	**Pt199** 30,8 min	**Pt200** 12,5 h	**Pt201** 2,5 min							
77	**Ir197** 8,9 min	**Ir198** 8 s									

Gekürzt und vereinfacht übernommen aus der
Karlsruher Nuklidkarte
W. Seelmann-Eggebert, G. Pfennig, H. Münzel
Kernforschungszentrum Karlsruhe, Institut für Radiochemie